Bautechnik
Tabellen

Josef Wessig
Antje Claußen
Hannes Gerber
Klaus Littmann
Hans Rich
Johannes Wolff

westermann

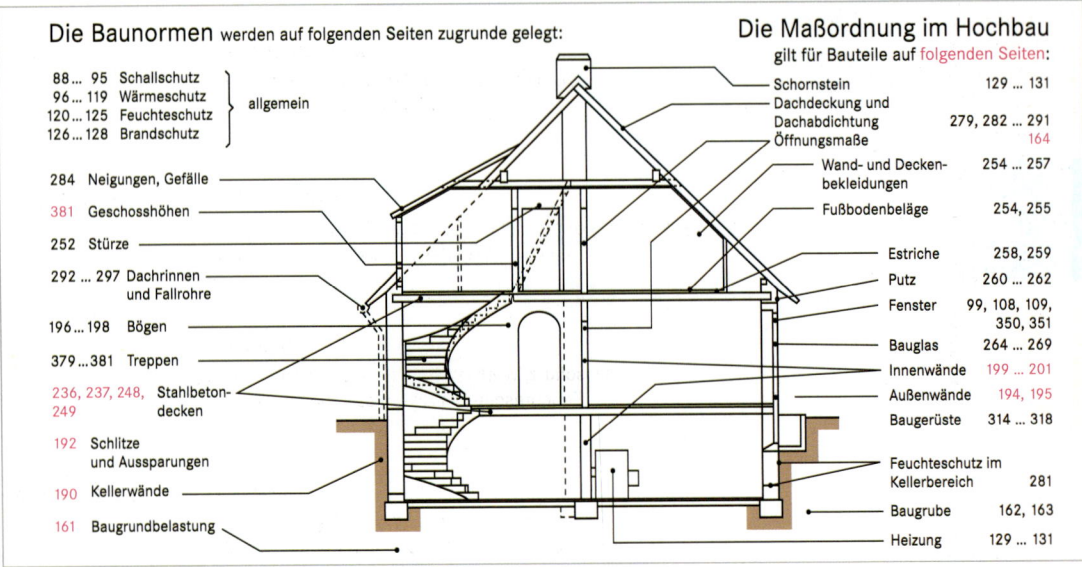

Die **Baunormen** werden auf folgenden Seiten zugrunde gelegt:

88... 95	Schallschutz
96... 119	Wärmeschutz
120... 125	Feuchteschutz
126... 128	Brandschutz

allgemein

284	Neigungen, Gefälle
381	Geschosshöhen
252	Stürze
292 ... 297	Dachrinnen und Fallrohre
196... 198	Bögen
379 ...381	Treppen
236, 237, 248, 249	Stahlbeton-decken
192	Schlitze und Aussparungen
190	Kellerwände
161	Baugrundbelastung

Die **Maßordnung im Hochbau**
gilt für Bauteile auf folgenden Seiten:

Schornstein	129 ... 131
Dachdeckung und Dachabdichtung	279, 282 ... 291
Öffnungsmaße	164
Wand- und Deckenbekleidungen	254 ... 257
Fußbodenbeläge	254, 255
Estriche	258, 259
Putz	260 ... 262
Fenster	99, 108, 109, 350, 351
Bauglas	264 ... 269
Innenwände	199 ... 201
Außenwände	194, 195
Baugerüste	314 ... 318
Feuchteschutz im Kellerbereich	281
Baugrube	162, 163
Heizung	129 ... 131

National

DIN	**D**eutsches **I**nstitut für **N**ormung e.V. (**DIN**): das Institut ist zuständig für die nationale Normung.
DIN-Normen	DIN-Normen gelten als „allgemein anerkannte Regeln der Technik". Im Bauwesen entstehen sie in der freiwilligen Zusammenarbeit von Vertretern der Bauwirtschaft, der Baustoffindustrie, der Architektenschaft, der Wissenschaft und der Baubehörden und definieren die Regeln, die sich langjährig bewährt haben.
bauaufsichtliche Zulassung	Solange sich Baustoffe bzw. Baukonstruktionen noch nicht über lange Zeit bewährt haben, wird ihr Einsatz im Rahmen der bauaufsichtlichen Zulassung durch das **D**eutsche **I**nstitut für **Bau**technik (**DiBt**), Berlin, geregelt.
Bauregelliste	Die Bauregelliste enthält die Normen und technischen Regelwerke für die Bauprodukte und Bauarbeiten, die bei der Planung und Ausführung von Bauten zu beachten sind. Sie wird vom Deutschen Institut für Bautechnik (DiBt), Berlin, im Einvernehmen mit den obersten Bauaufsichtsbehörden der Länder ständig aktualisiert.

Bauregelliste A Teil 1 enthält geregelte Bauprodukte.
Bauregellsite A Teil 2 enthält nicht geregelte Bauprodukte.
Bauregelliste A Teil 3 enthält nicht geregelte Bauarten.
Bauregelliste B Teil 1 enthält die Bauprodukte, die die harmonisierten Vorgaben der europäischen Bauproduktenrichtlinie erfüllen.
Bauregelliste B Teil 2 enthält die Bauprodukte, die außerhalb des Regelungsbereiches der Bauproduktenrichtlinie liegen und in anderen Richtlinien bestimmt sind, z.B. Maschinen- oder Gasgeräterichtlinie.

Liste C enthält Bauprodukte, für die es weder Technische Bestimmungen noch allgemein anerkannte Regeln der Technik gibt und die für die Erfüllung bauordnungsrechtlicher Anforderungen nur eine untergeordnete Bedeutung haben.

Europäisch

CEN	Für die europaweite Abstimmung wurde das Europäische Komitee für Normung (**CEN**: **C**omité **E**uropéen de **N**ormalisation, Brüssel) eingerichtet, in dem die nationalen Normenorganisationen Mitglieder sind.
EC	Eurocodes sind Entwurfs- und Bemessungsnormen mit vereinheitlichten technischen Spezifikationen für Entwurf und Ausführung von Bauwerken. Sie werden vom CEN entwickelt. Bis zur Einführung als Norm haben sie den Status von Normentwürfen. Die nationale Anwendung wird in **N**ationalen **A**nwendungs**d**okumenten (**NAD**) geregelt.
DIN EN	Deutsche Ausgabe einer europaweit eingeführten Norm.

International

ISO	Internationale Normenorganisation (**ISO**: **I**nternational **O**rganization for **S**tandardization), Genf.
DIN EN ISO	Deutsche Ausgabe einer europaweit und international eingeführten Norm.

Die wichtigsten Sicherheitshinweise im GHS-System (Globally Harmonized System, weltweit gültig)

H-Sätze	H = hazard	P-Sätze	P = precaution

Die H-Sätze ersetzen die R-Sätze der der EU-Gefahrstoffkennzeichnung.

H20-Reihe: Physikalische Gefahren
- H200 Instabil, explosiv.
- H201 Explosiv, Gefahr der Massenexplosion.
- H204 Gefahr durch Feuer oder Splitter, Spreng- und Wurfstücke.
- H205 Gefahr der Massenexplosion bei Feuer.
- H220 Extrem entzündbares Gas.
- H221 Entzündbares Gas.
- H223 Entzündbares Aerosol.
- H225 Flüssigkeit und Dampf leicht entzündbar.
- H228 Entzündbarer Feststoff.
- H250 Entzündet sich in Berührung mit Luft von selbst.
- H251 Selbsterhotzungsfähig; kann in Brand geraten.
- H261 In Berührung mit Wasser entstehen entzündbare Gase.
- H270 Kann Brand verursachen oder verstärken; Oxidationsmittel.
- H280 Enthält Gas unter Druck; kann bei Erwärmung explodieren.
- H290 Kann gegenüber Metallen korrosiv sein.

H300-Reihe: Gesundheitsgefahren
- H300 Lebensgefahr bei Verschlucken.
- H301 Giftig bei Verschlucken.
- H302 Gesundheitsschädlich bei Verschlucken. Kann bei Verschlucken und Eindringen in die Atemwege tödlich sein.
- H310 Lebensgefahr bei Hautkontakt.
- H311 Giftig bei Hautkontakt.
- H312 Gesundheilsschädlich bei Hautkontakt. Verursacht schwere Verätzungen der Haut und schwere Augenschäden.
- H315 Verursacht Hautreizungen.
- H317 Kann allergische Hautreaktionen verursachen.
- H319 Verursacht schwere Augenreizung.
- H331 Giftig bei Einatmen.
- H335 Kann die Atemwege reizen.
- H336 Kann Schläfrigkeit und Benommenheit verursachen.
- H350 Kann bei Einatmen Krebs erzeugen.
- H312+H332 Gesundheitsschädlich bei Hautkontakt oder Einatmen.

H400-Reihe: Umwellgefahren
- H400 Sehr giftig für Wasserorganismen.
- H410 Sehr giftig für Wasserorganismen mit langfristiger Wirkung.
- H411 Giftig für Wasserorganismen, mit langfristiger Wirkung.
- H412 Schädlich für Wasserorganismen, mit langfristiger Wirkung.
- H420 Schädigt die öffentliche Gesundheit und die Umwelt durch Ozonabbau in der äußeren Atmosphäre.

EUH-Sätze (nur in der EU gültig, teilweise Überführung der „R"-Sätze in das GHS):
- EUH203 Enthält Chrom (VI). Kann allergische Reaktionen hervorrufen.
- EUH204 Enthält Isocyanate. Kann allergische Reaktionen hervorrufen.
- EUH205 Enthält epoxidhaltige Verbindungen. Kann allergische Reaktionen hervorrufen.

Die P-Sätze ersetzen die S-Sätze der EU-Gefahrstoffkennzeichnung.

PI00-Reihe: Allgemeines
- P101 ärzlicher Rat erforderlich, Verpackung oder Kennzeichnungsetikett bereithalten.
- P102 Darf nicht in die Hände von Kindern gelangen.
- P103 Vor Gebrauch Kennzeichnungsetikett lesen.

P200-Reihe: Prävention
- P201 Vor Gebrauch besondere Anweisungen einholen.
- P202 Vor Gebrauch alle Sicherheitshinweise lesen und verstehen.
- P210 Von Hitze/Funken/offener Flamme/heißen Oberflächen fernhalten. Nicht rauchen.
- P211 Nicht gegen offene Flamme oder andere Zündquelle sprühen.
- P232 Vor Feuchtigkeit schützen.
- P233 Behälter dicht verschlossen halten.
- P234 Nur im Originalbehälter aufbewahren.
- P250 Nicht schleifen/stoßen/reiben..
- P251 Behälter steht unter Druck: Nicht durchstechen oder verbrennen, auch nicht nach der Verwendung.
- P261 Einatmen von Staub/Rauch/Nebel/Dampf vermeiden.
- P262 Nicht in die Augen, auf die Haut oder auf die Kleidung gelangen lassen.
- P270 Bei Gebrauch nicht essen, trinken oder rauchen.
- P271 Nur im Freien oder in gut belüfteten Räumen verwenden.
- P272 Kontaminierte Arbeitskleidung nicht außerhalb des Arbeitsplatzes tragen.

P300-Reihe: Reaktion
- P301 Bei Verschlucken:
- P302 Bei Berührung mit der Haut:
- P309 Bei Exposition oder UnWOhlsein:
- P310 Soforl Giftinformationszentrum oder Arzt anrufen.
- P330 Mund ausspülen.
- P331 Kein Erbrechen herbeiführen.
- P332 Bei Hautreizung:
- P333 Bei Hautreizung oder -ausschlag:
- P334 In kaltes Wasser tauchen/nassen Verband anlegen.
- P335 Lose Partikel von der Haut abbürsten.
- P305 + P351 + P338 Bei Kontakt mit den Augen: Einige Minuten lang behutsam mit Wasser spülen. Vorhandene Kontaktlinsen nach Möglichkeit entfernen. Weiter spülen.

P400-Reihe: Aufbewahrung
- P402 An einem trockenen Ort aufbewahren.
- P403 An einem gut belüfteten Ort aufbewahren.
- P410 Vor Sonnenbestrahlung schützen.
- P412 Nicht Temperaturen von mehr als 50 °C aussetzen.

P500-Reihe: Entsorgung
- P501 Inhalt/Behälter ... zuführen.
- P502 Informationen zur Wiederverwendung/Wiederverwertung beim Hersteller/Lieferanten erfragen.

Gebotszeichen II

Schutzkleidung tragen	Gesichtsschild tragen	Für Fußgänger	Übergang benutzen	Vor Öffnen Netzstecker ziehen	Vor Arbeitsbeginn freischalten

Dieses Lehr- und Lernbuch kann nur unverbindlich beraten. Für jedes konkrete Bauvorhaben sind die am Bauort und für die Bauzeit gesetzlichen Bestimmungen zu ermitteln. Diese können von den Angaben dieses Buches abweichen.

Vorwort zur 15. Auflage

Die jetzt vorliegende 15. Auflage der Bautechnik Tabellen enthält folgende überarbeitete Bereiche:

- den aktuellen Stand der deutschen und europäischen Normung,
- die Einführung der Eurocodes und
- die neue Energieeinsparverordnung.

Die Anpassung an die europäische und internationale Normung schafft auch weiterhin unübersichtliche Verhältnisse. In vielen Fällen gelten nationale und internationale Regelwerke für einen Sachverhalt. Die Auswahl für dieses Tabellenwerk erfolgte unter dem Gesichtspunkt der Bedeutung für die Baupraxis. Unter dieser Prämisse wurden teilweise auch Angaben aus zurückgezogenen Normen aufgenommen, wenn sich aktuelle Normen noch auf diese beziehen oder wenn sie zum Verständnis von früher verbauten Baustoffen erforderlich sind. Wird auf zurückgezogene Normen verwiesen, sind diese mit Klammerzeichen gekennzeichnet.

Das Erlernen von Arbeitstechniken wie auch die Begleitung der Ausführung von Bauarbeiten erfordert gut strukturierte Sachbücher, die das notwendige Wissen anwendungsorientiert zur Verfügung stellen. Gerade das Lernfeldfeldkonzept, das mit dem Ziel einer verstärkten Ausrichtung auf die berufliche Handlungskompetenz an den berufsbildenden Schulen eingeführt wurde, ist angewiesen auf Grundlagenwerke, die es erlauben, sich schnell und anschaulich zu informieren als Basis für selbstständiges Lernen und Handeln. Wie bisher sollen die Bautechnik Tabellen für Praktiker und Lernende grundlegendes und orientierendes Wissen bereitstellen. Es ist geeignet zur Einführung, zur Bearbeitung kleinerer Projekte, für den Überblick und die weitere Recherche.

Um den Umgang mit den englischsprachigen Versionen der Fachausdrücke zu erleichtern, wurden die Kapitelüberschriften auch in englischer Sprache aufgenommen.

Hinweise und Wünsche der Benutzer dieses Tabellenwerkes sind gern willkommen. Sie werden, soweit es möglich ist, bei der folgenden Bearbeitung berücksichtigt.

Autoren und Verlag

15. Auflage, 2015
Druck 1, Herstellungsjahr 2015

© Bildungshaus Schulbuchverlage
Westermann Schroedel Diesterweg Schöningh Winklers GmbH, Braunschweig
www.westermann.de

Druck und Bindung: westermann druck GmbH, Braunschweig

ISBN 978-3-14-23 5034-9

Inhaltsverzeichnis

5 Mauerwerk

4 Stoffe

Grund- und Nebenzeichen [1]

DIN 1080-1: 76, DIN 1304-1: 94, DIN 1301-1: 10

1.1	Raum und Zeit
A	Fläche (area)
a	Jahr (annus), Abstand
b, B	Breite
d, D	Durchmesser
d	Dicke
e	Exzentrizität (Ausmitte)
f	Durchbiegung, Pfeilhöhe
h	Höhe, h_L lichte Höhe
i	Trägheitsradius
O	Oberfläche
r, R	Radius (Halbmesser)
u, U	Umfang
V	Volumen (Rauminhalt)
x, y, z	Koordinaten
α, β, γ	feste Winkel
ε	Dehnung
λ	Schlankheitsgrad, Wellenlänge
τ, φ	Winkel
t	Zeit, Zeitdauer
S	Sekunde
min	Minute
h	Stunde (hour)
d	Tag (day)
n	Drehzahl
f	Frequenz
v	Geschwindigkeit
c	Ausbreitungsgeschwindigkeit einer Welle
a	Beschleunigung
g	Fallbeschleunigung

1.2	Mechanik
D	Druckkraft
E	Energie, Elastizitätsmodul, Erdlast
e	Erdlast je m oder m^2
F	Kraft allgemein (force)
G	Eigenlast; Schubmodul
g	Eigenlast je m oder m^2
H	Horizontallast
M	Moment
M	Biegemoment, Drehmoment
m	Masse
N	Längskraft
P	Verkehrslast (Einzellast)
p	Verkehrslast je m oder m^2
p	Druck = $F : A$ (pressure)
Q, V	Querkraft
q	Querkraft je m
q	Summe aus $g + p$
q	Staudruck

R	Resultierende Kraft
S	Schneelast
s	Schneelast je m oder m^2
V	Vertikallast; Vorspannkraft
W	Windlast
w	Windlast je m oder m^2
X, Y, Z	Kraftkomponenten
Z	Zugkraft
α	Dehnzahl (Dehnkoeffizient)
β	Festigkeit $\beta_D, \beta_Z, \beta_B$
β_S	Festigkeit a. d. Streckgrenze
γ	Wichte (Kraft durch Volumen)
γ	Sicherheitsbeiwert
δ	Bruchdehnung
δ	Wandreibungswinkel
ε	$+ \varepsilon$ Dehnung; $- \varepsilon$ Stauchung
η	Viskosität (Zähigkeit)
η	Sicherheitsbeiwert; Wirkungsgrad
μ	Reibungszahl
ϱ	Dichte (Masse durch Volumen)
σ	Spannung $\sigma_D, \sigma_Z, \sigma_B$
τ	Schubspannung
φ	Winkel der inneren Reibung
φ	Kriechzahl, Schwingbeiwert

1.3	Wärme
ϑ, t	Celsius-Temperatur
$\Delta\vartheta, \Delta T$	Temperaturdifferenz
T	absolute Temperatur
Q	Wärmemenge
Q	Wärmekapazität
c	Wärmekapazität, massebezogen
C	Wärmekapazität, volumenbezogen
α_ϑ	Temperatur-Dehnzahl
Φ, Q	Wärmestrom
q	Wärmestromdichte
λ	Wärmeleitfähigkeit
R	Wärmedurchlasswiderstand
Λ	Wärmedurchlasskoeffizient
h	flächenbezogener Wärme-übergangswert
U	Wärmedurchlasskoeffizient
H	temperaturspezifischer Wärmeverlust
H_0	spezifischer Brennwert
H_u	spezifischer Heizwert

1.4	Elektrizität
I	elektrische Stromstärke
R	elektrischer Widerstand
U	elektrische Spannung
P	elektrische Leistung (power)
W	elektrische Energie

1.5	Licht
c	Lichtgeschwindigkeit
I_V	Lichtstärke
Φ_V	Lichtstrom
Q_V	Lichtmenge
E_V	Beleuchtungsstärke
f	Brennweite
n	Brechzahl
Q_e	Strahlungsenergie
P	Strahlungsleistung
E_e	Bestrahlungsstärke
H_e	Bestrahlung
α	Absorptionsgrad
ϱ	Reflexionsgrad
τ	Transmissionsgrad

1.6	Schall
c	Schallgeschwindigkeit
L	Schalldruckpegel
p	Schalldruck

1.7	Nebenzeichen

Sie werden in normaler Schriftgröße den Hauptzeichen vorangestellt oder als Indizes verwendet

abs	absolut
calc	rechnerisch (calculated) oft durch Index R ersetzt
const	konstant
crit	kritisch
eff	wirksam (effective)
ela	elastisch
erf	erforderlich
ind	aufgewendet (indiziert)
lim	Grenzwert (limit)
max	Größtwert (maximal)
min	Kleinstwert (minimal)
pl	plastisch
red	gemindert (reduziert)
rel	bezogen (relativ)
tot	gesamt (total), in dieser Ausgabe der Bautabellen wird meist „ges" geschrieben
var	veränderlich (variabel)
vorh	vorhanden
zul	zulässig

[1] Es werden nur die wichtigsten allgemeinen Zeichen aufgeführt. Spezielle Zeichen finden sich in den entsprechenden Kapiteln.

Allgemeine mathematische Zeichen und Begriffe
Universal mathematical symbols and items

Zeichen	Verwendung	Sprechweise (Erläuterungen)

Pragmatische Zeichen (Nicht mathematisch im engeren Sinne. Bedeutung ist von Fall zu Fall zu präzisieren.)

$\approx$	$x \approx y$	x ungefähr gleich y
$\ll, <<$	$x \ll y, x << y$	x wesentlich kleiner y
$\gg, >>$	$x \gg y, x >> y$	x wesentlich größer y
$\triangleq$	$x \triangleq y$	x entspricht y
...		und so weiter bis, und so weiter (unbegrenzt), Punkt, Punkt, Punkt

Allgemeine arithmetische Relationen und Verknüpfungen

$=$	$x = y$	x gleich y
$\neq$	$x \neq y$	x ungleich y
$<$	$x < y$	x kleiner als y
$\leq$	$x \leq y$	x kleiner oder gleich y
$>$	$x > y$	x größer als y
$\geq$	$x \geq y$	x größer oder gleich y
$+$	$x + y$	x plus y, Summe von x und y
$-$	$x - y$	x minus y, Differenz von x und y
	$x \cdot y$ oder xy	x mal y, Produkt von x und y
— oder /	$\dfrac{x}{y}$ oder x/y	x durch y, Quotient von x und y
Σ	$\sum\limits_{i=1}^{n} x_i$	Summe über x_i von i gleich 1 bis n
$\sim$	$f \sim g$	f proportional zu g

Besondere Zahlen und Verknüpfungen

π		pi (3,1415926...); (Verhältnis Umfang zu Durchmesser eines Kreises)
e		e (2,7182281...); exp (1)
	x^n	x hoch n, n-te Potenz von x
$\sqrt{\ }$	$\sqrt{x}$	Wurzel (Quadratwurzel) aus x
$\sqrt[n]{\ }$	$\sqrt[n]{x}$	n-te Wurzel aus x
| |	$\|x\|$	Betrag von x
∞		unendlich

Elementare Geometrie

$\perp$	$g \perp h$	g und h stehen senkrecht zueinander (g orthogonal zu h)
$\|\|$	$g \|\| h$	g ist parallel zu h
$\uparrow\uparrow$	$g \uparrow\uparrow h$	g und h sind gleichsinnig parallel
$\uparrow\downarrow$	$g \uparrow\downarrow h$	g und h sind gegensinnig parallel
$\sphericalangle$	$\sphericalangle (g, h)$	nicht orientierter Winkel zwischen g und h
$\measuredangle$	$\measuredangle (g, h)$	orientierter Winkel von g nach h (Zählrichtung festgelegt)
	$\overline{PQ}$	Strecke von P nach Q
d	$d\,(P, Q)$	Abstand (Distanz) von P nach Q
$\triangle$	$\triangle (ABC)$	Dreieck ABC
$\cong$	$M \cong N$	M ist kongruent zu N

Exponentialfunktion und Logarithmus

exp	exp z oder e^z	Exponentialfunktion von z oder e hoch z
ln	ln x	natürlicher Logarithmus von x (Basis e)
	x^z	x hoch z
log	$\log_y x$	Logarithmus von x zur Basis y
lg	lg x	dekadischer Logarithmus von x (Basis 10)

Trigonometrische Funktionen sowie deren Umkehrungen

sin	sin α	Sinus von α
cos	cos α	Cosinus von α
tan	tan α	Tangens von α
cot	cot α	Cotangens von α
Arcsin	Arcsin β	Arcussinus von β
Arccos	Arccos β	Arcuscosinus von β
Arctan	Arctan β	Arcustangens von β

SI-Basiseinheiten [1]

DIN 1301-1: 10

Größe	Formelzeichen	Einheitenname	Einheitenzeichen
Länge	l	Meter	m
Masse	m	Kilogramm	kg
Zeit	t	Sekunde	s
elektrische Stromstärke	I	Ampere	A
thermodynamische Temperatur	T	Kelvin	K
Stoffmenge	n	Mol	mol
Lichtstärke	I_v	Candela	cd

[1] **S**ystème **I**nternational d'**U**nités (Internationales Einheiten System)

Vorsätze vor Kurzzeichen und Namen der Maßeinheiten

DIN 1304-1: 94

für Vielfache der Einheiten

da	Deka-	$\cdot 10^1$	Zehn-
h	Hekto-	$\cdot 10^2$	Hundert-
k	Kilo-	$\cdot 10^3$	Tausend-
M	Mega-	$\cdot 10^6$	Million-
G	Giga-	$\cdot 10^9$	Milliarde-
T	Tera-	$\cdot 10^{12}$	Billion-

für Teile der Einheiten

d	Dezi-	$\cdot 10^{-1}$	Zehntel-
c	Zenti-	$\cdot 10^{-2}$	Hundertstel-
m	Milli-	$\cdot 10^{-3}$	Tausendstel-
μ	Mikro-	$\cdot 10^{-6}$	Millionstel-
n	Nano-	$\cdot 10^{-9}$	Milliardstel-
p	Pico-	$\cdot 10^{-12}$	Billionstel-

Länge

nm	Nanometer	1 nm = 0,001 μm
μm	Mikrometer	1 μm = 0,001 mm
mm	Millimeter	1 mm = 0,001 m
cm	Zentimeter	1 cm = 0,01 m
dm	Dezimeter	1 dm = 0,1 m
m	Meter	1 m = 1000 mm
km	Kilometer	1 km = 1000 m

Zeit, Geschwindigkeit

h	Stunde	1 h = 60 min
min, m	Minute	1 min = 60 sec
sec, s	Sekunde	
d	Tag (dies)	= 24 h = 1440 min
		= 86400 sec
Wo	Woche	= 7 d
Mo	Monat	= 30 d
a	Jahr (annus)	= 360 d
m/s	Meter je Sekunde	1 m/s = 3,6 km/h
km/h	Kilometer je Stunde	
1/s	Eine je Sekunde (Drehzahl)	
Hz	Hertz	1 Hz = 1/s

Masse

g	Gramm	1 g = 0,001 kg
kg	Kilogramm	1 kg = 0,001 t
t	Tonne	
kg/m	Masse je Länge (t/m)	
kg/m^2	Masse je Fläche (t/m^2)	

Dichte

Dichte = Masse : Volumen

| kg/m^3 | Kilogramm je Kubikmeter |
| | $1\ g/cm^3 = 1\ kg/dm^3 = 1\ t/m^3$ |

Arbeit, Energie, Wärmemenge

Ws	Wattsekunde
kWh	Kilowattstunde
MWs	Megawattsekunde
J	Joule (sprich dschul)
kJ	Kilojoule
MJ	Megajoule
1Ws	= 1J = 1Nm

Leistung

Leistung = Energie : Zeit

W	Watt
kW	Kilowatt
MW	Megawatt
J/s	Joule je Sekunde
MJ/s	Megajoule je Sekunde
1W	= 1J/s = 1Nm/s

Fläche

mm^2	Quadrat-mm	1 mm^2 = 0,01 cm^2
cm^2	Quadrat-cm	1 cm^2 = 0,01 dm^2
dm^2	Quadrat-dm	1 dm^2 = 0,01 m^2
m^2	Quadratmeter	
a	Ar	1 a = 100 m^2
ha	Hektar	1 ha = 100 a
km^2	Quadrat-km	1 km^2 = 100 ha

Kraft, Last

mN	Millinewton	1 mN = 0,001 N
N	Newton	N = (kgm)/s^2
kN	Kilonewton	1 kN = 1000 N
MN	Meganewton	1 MN = 1000 kN
Nm	Newtonmeter (Moment)	
kNm	Kilonewtonmeter (Moment)	
N/m	Newton je m	
kN/m	Kilonewton je m (Last je m)	

Spannung

Spannung = Kraft : Fläche

N/m^2	Newton je m^2
N/mm^2	Newton je mm^2
MN/m^2	Meganewton je m^2
Pa	Pascal	1 Pa = 1 N/m^2
dPa	Dezipascal	
hpa	Hektopascal	
MPa	Megapascal	
bar	Bar	1 bar ≈ 10 mWs
mbar	Millibar	1 mbar = 1 hPa

1 mm WS = 1 mm Wassersäule
$\triangle$ 1 Liter je m^2 Fläche

Volumen, Rauminhalt

mm^3	Kubik-mm	1 mm^3 = 0,001 cm^3
cm^3	Kubik-cm	1 cm^3 = 0,001 dm^3
dm^3	Kubik-dm	1 dm^3 = 0,001 m^3
m^3	Kubikmeter	
ml	Milliliter	1 ml = 0,001 l / 1 cm^3
cl	Centiliter	1 cl = 0,01 l
l	Liter	1 l = 1 dm^3
hl	Hektoliter	1 hl = 100 l

Ergänzung zu „Maßeinheiten"

Winkel	Arbeit und Leistung

Winkel

1 Vollwinkel = 360° = 6,28 rad = 400 gon

1 Bogenmaß, Radiant (rad) = 57,3°

1 gon (früher „Neugrad") = 0,9° (100 gon = 90°)
Teilung in cgon = 1/100 gon und mgon = 1/1000 gon

1 Winkelgrad = 1° = 1,11 gon = 60' (Winkelminuten)

1 Winkelminute = 1' = 60'' (Winkelsekunden)

In der Vermessungstechnik wird wegen der dezimalen Teilbarkeit bevorzugt die Einheit **gon** verwendet.

In der Bautechnik ist dagegen die Einheit ° (**Grad**) gebräuchlich, weil die meisten Tabellen der Winkelfunktionen darauf aufbauen.

Arbeit und Leistung

Arbeit	:	Zeit	=	Leistung
Nm	:	s	=	Nm/s
J	:	s	=	J/s
kWh	:	h	=	kW
MWs	:	s	=	MW

Leistung	·	Zeit	=	Arbeit
Nm/s	·	s	=	Nm
J/s	·	s	=	J
kW	·	h	=	kWh
MW	·	s	=	MWs

Überholte und geltende Wärme-Maßeinheiten [1]

Diese Tabelle ist vor allem zum Umrechnen von Angaben aus älterer Fachliteratur von Nutzen.

Q [2]	Wärmemenge, Energiemenge	1 kcal	= 4,19	kWs	kJ
		1 erg	= 10^{-7}	Ws	J
c	Wärmekapazität, massebezogen spezifische Wärmekapazität	1 kcal/(kg · K)	= 4,19	kWs/(kg · K)	kJ/(kg · K)
C	Wärmekapazität, volumenbezogen Wärmespeicherzahl	1 kcal/(m³ · K)	= 4,19	kWs/(m³ · K)	kJ/(m³ · K)
H	Heizwert	1 kcal/kg	= 4,19	kWs/kg	kJ/kg
Q [2]	Wärmebedarf	1 kcal/h	= 1,16	W	J/s
Q [2]	Wärmeverlust				
Φ	Wärmestrom, Heizleistung	1 erg/s	= 10^{-7}	W	J/s
q	Wärmestromdichte	1 kcal/(m² · h)	= 1,16	W/m²	J/(m2 · s)
λ	Wärmeleitzahl, Wärmeleitfähigkeit	1 kcal/(m · h · K)	= 1,16	W/(m · K)	J/(m · s · K)
Λ	Wärmedurchlasskoeffizient				
h (früher α)	flächenbezogener Wärmeübergangskoeffizient	1 kcal/(m² · h · K)	= 1,16	W/(m² · K)	J/(m² · s · K)
U (früher k)	Wärmedurchgangskoeffizient				
R (früher $1/\Lambda$)	Wärmedurchlasswiderstand				
R_{si} (früher $1/\alpha_i$)	innerer Wärmeübergangswiderstand				
R_{se} (früher $1/\alpha_a$)	äußerer Wärmeübergangswiderstand	1 m² · h · K/kcal	= 0,86	m² · K/W	m² · s · K/J
R_T (früher 1/k)	Wärmedurchgangswiderstand				

[1] in der grünen Spalte ist W durch J/s ersetzt.
[2] Indizes siehe Energieeinsparverordnung EnEV: 14

Allgemeine mathematische Zahlen und Begriffe
Universal mathematical symbols and items

Römische Zahlzeichen

Schreibweise: von links nach rechts in abnehmender Reihenfolge; Symbole I, X und C höchstens dreimal nacheinander, Symbole V, L und D höchstens einmal; steht eine kleinere Zahl (z.B. **I**) vor einer größeren Zahl (z.B. **V**), so wird die kleinere von der größeren abgezogen.

I	=	1	II	=	2	III	=	3	IV	=	4	V	=	5	VI	=	6	VII	= 7	VIII	= 8	IX	= 9	X	= 10
X	=	10	XX	=	20	XXX	=	30	XL	=	40	L	=	50	LX	=	60	LXX	= 70	LXXX	= 80	XC	= 90	C	= 100
C	=	100	CC	=	200	CCC	=	300	CD	=	400	D	=	500	DC	=	600	DCC	= 700	DCCC	= 800	CM	= 900	M	= 1000
MC	= 1100	MCC	= 1200	MCCC	= 1300	MCD	= 1400	MD	= 1500	MDC	= 1600	MDCC	= 1700	MDCCC	= 1800	MCM	= 1900	MM	= 2000

M	CD	XC	VIII		M	CM	LXX	IV		M	M	VI		MM	C	XXX	III
1000	400	90	8	= **1498**	1000	900	70	4	= **1974**	1000	1000	6	= **2006**	2000	100	30	3 = **2133**

Griechisches Alphabet

DIN EN ISO 3098-3: 00

Winkel werden mit griechischen Buchstaben bezeichnet. Auch für die Formelzeichen vieler physikalischer Größen werden häufig Buchstaben des gleichen Alphabets verwendet.

Buchstabe	Benennung	Anwendungsbeispiel	Buchstabe	Benennung	Anwendungsbeispiel
α A	Alpha (a)	Freiwinkel; Längenausdehnungskoeffizient	ν N	Ny (n)	Sicherheitszuschlag; kinetische Viskosität
β B	Beta (b)	Keilwinkel; Tiefziehverhältnis	ξ Ξ	Ksi (x)	Schallausschlag
γ Γ	Gamma (g)	Spanwinkel; Volumenausdehnungskoeffizient	o O	Omikron (o)	
δ Δ	Delta (d)	Differenz (z. B. Temperaturdifferenz ΔT)	π Π	Pi (p)	Kreiszahl: 3,14159...
ε E	Epsilon (e)	Eckenwinkel; Dehnung	ϱ P	Rho (r)	Dichte
ζ Z	Zeta (z)	Widerstandsbeiwert	σ Σ	Sigma (s)	Normalspannung; Summe
η H	Eta (e)	Wirkungsgrad	τ T	Tau (t)	Scherspannung
ϑ Θ	Theta (th)	Celsius-Temperatur	υ Y	Ypsilon (ü)	
ι I	Jota (i)		φ Φ	Phi (f)	Drehwinkel; magnetischer Fluss
$\varkappa$ K	Kappa (k)	Einstellwinkel; elektrische Leitfähigkeit	χ X	Chi (ch)	Kompressibilität
λ Λ	Lambda (l)	Neigungswinkel; Wärmeleitfähigkeit	ψ Ψ	Psi (ps)	Energieflussdichte
μ M	My (m)	Reibungszahl; Permeabilität	ω Ω	Omega (o)	Winkelgeschwind.; elektrischer Widerstand

Umrechnung – deutsche in britische und amerikanische Maßeinheiten
Conversion – German in British and American measuring units

Einheitenumrechnung

Länge, Fläche, Volumen

Einheitenname	Zeichen
1 Zentimeter	1 cm
1 Zoll	1"
1 Meter	1 m
1 Kilometer	1 km
0,0929 Quadratmeter	0,0929 m²
0,405 Hektar	0,405 ha
1 Liter	1 l
4,54 Liter	4,54 l
158,988 Liter	158,988 l

Masse, Geschwindigkeit, Energie

Einheitenname	Zeichen
1 Tonne	1 t
1 Kilogramm	1 kg
10 Gramm	10 g
1 Kilometer pro Stunde	1 km/h
1 Joule	1 J

Kraft, Spannung, Festigkeit

Einheitenname	Zeichen
1 Newton	1 N
1 Newton pro Quadratmillimeter	1 N/mm²
1 Kilonewton pro Quadratmillimeter	1 kN/mm²

Temperatur

Einheitenname	Zeichen
1 Grad Celsius	1 °C
5/9 Kelvin [1]	5/9 K [1]

[1] als Temperaturdifferenz

unit conversions

length, area, volume

unit name	symbol
0.394 inch	0.394"
1 inch	1"
1.094 yard	1 yd
0.62 miles	0.62 mile
1 square foot	1 sq ft
1 acre	1 ac
1,76 pints	1,76 pt
1 gallon	1 gal
1 barrel	1 bbl

mass, velocity, energy

unit name	symbol
1 ton	1 t
2.205 pounds	2.205 pd
0.353 ounce	0.353 oz
0.62 miles per hour	0.62 mph
1 Joule	1 J

force, tension, tensile strength

unit name	symbol
1 Newton	1 N
1 Megapascal	1 MPa
1 Gigapascal	1 GPa

temperature

unit name	symbol
1 degree Celsius	1 °C
1 degree Fahrenheit [2]	1 °F

[2] direkte Umrechnung °C = (5/9) · (°F − 32)

Mathematik

T1 Masse, Kraft, Last

Eine **Masse von 1 kg** übt in Meereshöhe auf seine Unterlage eine **Kraft von 9,81 N** aus. In der Bautechnik ist es in den meisten Fällen erlaubt, auf **10 N** aufzurunden. Deshalb kann so wie nebenstehend umgerechnet werden. In der Bautechnik ist **Last eine Kraft**. Bei Fahrzeugen und Kränen wird die Belastbarkeit oft noch in Masseneinheiten (kg oder t) angegeben.

100 g	≙	1 N	
1 kg	≙	10 N	
10 kg	≙	100 N	
100 kg	≙	1000 N	= 1 kN = 10^3 N
1000 kg (1 t)	≙	10 kN	

T2 Vergleich von Druckspannungsmaßen (WS = Wassersäule)

	1 kN/cm²				≈	1000 m WS
1 MN/m² =	1 kN/10 cm² =	1 N/mm²		= 1 MPa	≈	100 m WS
	1 kN/dm²		= 1 bar		≈	10 m WS
		1 N/cm²			≈	1 m WS
	1 kN/m²			= 1 kPa	≈	10 cm WS
		1 N/dm²	= 1 mbar	= 1 hPa	≈	1 cm WS
		1 N/m²		= 1 Pa	≈	0,1 mm WS

T3 Druck, Spannung, Festigkeit

gegebene Maßeinheiten	geforderte Maß-einheiten	Pa N/mm²	mbar N/dm²	kPa kN/m²	bar kN/dm²	MPa MN/m² N/mm²
1 Pa = 1 N/m² =		**1**	10^{-2}	10^{-3}	10^{-5}	10^{-6}
1 mbar = 1 N/dm² =		10^2	**1**	0,1	10^{-3}	10^{-4}
1 kPa = 1 kN/m² =		10^3	10	**1**	0,1	10^{-3}
1 bar = 1 kN/dm² =		10^5	10^3	10^2	**1**	0,1
1 MPa = 1 N/mm² =		10^6	10^4	10^3	10	**1**
1 kN/cm² =		10^7	10^5	10^4	10^2	10

T4 Arbeit, Energie, Wärmemenge

gegebene Maßeinheiten	geforderte Maß-einheiten	Ws = J = Nm	kWs = kJ = kNm	MWs = MJ = MNm	kWh	veraltete Einheit: kcal
1 Ws = 1 J = 1 Nm =		**1**	0,001	10^{-6}	$2,78 \cdot 10^{-7}$	$2,4 \cdot 10^{-4}$
1 KWs = 1 kJ = 1 kNm =		1000	**1**	10^{-3}	$2,78 \cdot 10^{-4}$	0,24
1 MWs = 1 MJ = 1 MNm =		10^6	10^3	**1**	0,278	238
1 kWh =		$3,6 \cdot 10^6$	3600	3,6	**1**	862
veraltete Einheit: 1 kcal =		4187	4,2	$4,2 \cdot 10^{-3}$	$1,16 \cdot 10^{-3}$	**1**

T5 Leistung, Wärme- (Energie-) strom

gegebene Maßeinheiten	geforderte Maß-einheiten	W = J/s = Nm/s	kW = kJ/s = kNm/s	MW = MJ/s = MNm/s	veraltete Einheit: PS	veraltete Einheit: kcal/h
1 W = 1 J/s = 1 Nm/s =		**1**	10^{-3}	10^{-6}	$1,36 \cdot 10^{-3}$	0,86
1 kW = 1 kJ/s = 1 kNm/s =		10^3	**1**	10^{-3}	1,36	862
1 MW = 1 MJ/s = 1 MNm/s =		10^6	10^3	**1**	$1,36 \cdot 10^3$	$8,6 \cdot 10^5$
veraltete Einheiten: 1 PS =		736	0,736	$0,736 \cdot 10^{-3}$	**1**	634
1 kcal/h =		1,16	$1,16 \cdot 10^{-3}$	$1,16 \cdot 10^{-6}$	$1,58 \cdot 10^{-3}$	**1**

Rechenart	Regeln	Beispiele

Addition (Zusammenzählung)

	Regeln	Beispiele
Summand + Summand = Summe a + b = c	Nur gleichbenannte Zahlen können addiert werden Gleichbenannte Zahlen werden addiert, indem man die Zahlen addiert und die Benennung beibehält. Summanden können vertauscht werden.	$12 + 29 + 4 = 45$ $1\,m + 3{,}5\,m = 4{,}5\,m$ $5\,x + 6\,x + x = 12\,x$ $25\,N + 92\,N = 117\,N$ $a + b = b + a$

Subtraktion (Verminderung)

	Regeln	Beispiele
Minuend – Subtrahend = Differenz d – e = f	Nur gleichbenannte Zahlen können subtrahiert werden. Gleichbenannte Zahlen werden subtrahiert, indem man die Zahlen subtrahiert und die Benennung beibehält. Minuend und Subtrahend dürfen nicht vertauscht werden.	$27 - 14 - 6 = 7$ $8\,a - a - 9\,a = -2\,a$ $4\,a - b - 3\,a = a - b$ $9\,m - 4{,}8\,m = 4{,}2\,m$ $d - e \neq e - d$

Multiplikation (Vervielfachung)

	Regeln	Beispiele
Faktor · Faktor = Produkt g · h = i	Gleichbenannte und ungleichbenannte Zahlen können miteinander multipliziert werden. Die Faktoren können in beliebiger Reihenfolge miteinander multipliziert werden. Das Produkt zweier Zahlen mit gleichen Vorzeichen ist positiv, mit ungleichen Vorzeichen negativ.	$3 \cdot 4 = 12$ $2 \cdot 1\,m = 2\,m$ $g \cdot h = h \cdot g$ $6\,m \cdot 3\,N = 18\,Nm$ $(+1) \cdot (+1) = +1$ $(-1) \cdot (-1) = +1$ $(+1) \cdot (-1) = -1$ $(-1) \cdot (+1) = -1$

Division (Teilung)

	Regeln	Beispiele
Dividend : Divisor = Quotient k : r = m	Gleichbenannte und ungleichbenannte Zahlen können dividiert werden. Dividend und Divisor dürfen nicht vertauscht werden. Das Divisionszeichen kann durch einen Bruchstrich ersetzt werden. Division durch Null ist nicht zulässig. Der Quotient zweier Zahlen mit gleichen Vorzeichen ist positiv, mit ungleichen Vorzeichen negativ.	$75\,km : 3\,h = 25\,\frac{km}{h}$ $k : r \neq r : k$ $125 : 5 = \frac{125}{5}$ $a : 0$ nicht zulässig $(+1) : (+1) = +1$ $(-1) : (-1) = +1$ $(+1) : (-1) = -1$ $(-1) : (+1) = -1$

Rechenart	Regeln	Beispiele
Addition von Klammerausdrücken	Steht vor einer Klammer ein Plus-Zeichen, so bleiben bei Auflösung der Klammer alle Vorzeichen dieses Klammerausdrucks unverändert.	$25 + (8 + 6) = 25 + 8 + 6$ $47 + (9 - 7) = 47 + 9 - 7$ $d + (e - f) = d + e - f$
Subtraktion von Klammerausdrücken	Steht vor einer Klammer ein Minus-Zeichen, so ändern sich bei Auflösung der Klammer alle Vorzeichen des Klammerausdrucks.	$47 - (9 - 7) = 47 - 9 + 7$ $d - (e - f) = d - e + f$
Multiplikation von Klammerausdrücken	Summen oder Differenzen werden mit einem Faktor multipliziert, indem jedes Glied des Klammerausdrucks mit dem Faktor multipliziert wird. Summen oder Differenzen werden mit Summen oder Differenzen multipliziert, indem jedes Glied der ersten Klammer mit jedem Glied der zweiten Klammer multipliziert wird.	$3 \cdot (25 + 7) = 3 \cdot 25 + 3 \cdot 7$ $5 \cdot (13 - 9) = 5 \cdot 13 - 5 \cdot 9$ $d \cdot (e - f) = de - df$ $(8 + 5) \cdot (7 + 4) = 8 \cdot 7 + 8 \cdot 4$ $+ 5 \cdot 7 + 5 \cdot 4$

Klammerrechnen
Bracket calculation

Rechenart	Regeln	Beispiele
Division von Klammerausdrücken	Summen oder Differenzen werden durch einen Divisor dividiert, indem jedes Glied des Klammerausdrucks durch den Divisor dividiert wird.	$(36 + 10) : 4 = \dfrac{36}{4} + \dfrac{10}{4}$ $(a - b) : c = \dfrac{a}{c} - \dfrac{b}{c}$
	Summen oder Differenzen werden durch Summen oder Differenzen dividiert, indem jedes Glied der ersten Klammer durch den Klammerausdruck dividiert wird.	$(36 + 10) : (9 - 5) = \dfrac{36}{9 - 5} + \dfrac{10}{9 - 5}$ $(a - b) : (c + d) = \dfrac{a}{c + d} - \dfrac{b}{c + d}$
Ausklammern	Ein gemeinsamer Faktor oder Divisor innerhalb von Summen oder Differenzen kann ausgeklammert werden.	$6 \cdot 5 + 6 \cdot 3 = 6 \cdot (5 + 3)$ $\dfrac{a + b}{c} + \dfrac{d - e}{c} = \dfrac{1}{c}(a + b + d - e)$

Bruchrechnen
Fraction calculation

Rechenart	Regeln	Beispiele
Erweitern	Zähler und Nenner werden mit derselben Zahl multipliziert. Der Wert des Bruches wird dadurch nicht verändert.	$\dfrac{3}{4} = \dfrac{3 \cdot 5}{4 \cdot 5} = \dfrac{15}{20} = \dfrac{3}{4}$
Kürzen	Zähler und Nenner werden durch dieselbe Zahl dividiert. Der Wert des Bruches wird dadurch nicht verändert.	$\dfrac{6}{9} = \dfrac{6 : 3}{9 : 3} = \dfrac{2}{3} = \dfrac{6}{9}$
	Sind Zähler und/oder Nenner Summen oder Differenzen, so kann man nur kürzen, wenn ein gemeinsamer Faktor ausgeklammert werden kann.	$\dfrac{ab + ac}{ad - af} = \dfrac{a(b + c)}{a(d - f)} = \dfrac{b + c}{d - f}$
	Aus Summen oder Differenzen darf nicht gekürzt werden.	
Gleichnamig machen Hauptnenner suchen	Der Hauptnenner ist das kleinste gemeinsame Vielfache (kgV) aller Nenner.	$\dfrac{1}{4} + \dfrac{1}{6} + \dfrac{1}{9} + \dfrac{1}{15} = ?$
	Die Nenner werden in Primfaktoren zerlegt (Primzahl: eine nur durch 1 und sich selbst ohne Rest teilbare Zahl). Von jedem Primfaktor wird die größte vorkommende Gruppe berücksichtigt zur Bildung des Hauptnenners. Der Hauptnenner ist das Produkt der größten vorkommenden Gruppen von Primfaktoren.	$4 = 2 \cdot 2$ $6 = 2 \cdot 3$ $9 = 3 \cdot 3$ $15 = 3 \cdot 5$ $HN = 2 \cdot 2 \cdot 3 \cdot 3 \cdot 5 = 180$
	Haben die Nenner keine gemeinsamen Primfaktoren, so ist der Hauptnenner gleich dem Produkt der Nenner.	$\dfrac{1 \cdot 45}{4 \cdot 45} + \dfrac{1 \cdot 30}{6 \cdot 30} + \dfrac{1 \cdot 20}{9 \cdot 20} + \dfrac{1 \cdot 12}{15 \cdot 12} =$ $\dfrac{45}{180} + \dfrac{30}{180} + \dfrac{20}{180} + \dfrac{12}{180} = \dfrac{107}{180}$
Addition; Subtraktion	Gleichnamige Brüche werden addiert bzw. subtrahiert, indem man die Zähler addiert bzw. subtrahiert und den Nenner beibehält.	$\dfrac{3}{13} + \dfrac{5}{13} + \dfrac{2}{13} = \dfrac{3 + 5 + 2}{13} = \dfrac{10}{13}$ $\dfrac{5}{3a + b} - \dfrac{3c}{3a + b} = \dfrac{5 - 3c}{3a + b}$
	Ungleichnamige Brüche werden zuerst gleichnamig gemacht und dann wie gleichnamige Brüche addiert bzw. subtrahiert.	$\dfrac{1}{3} + \dfrac{1}{4} = \dfrac{1 \cdot 4}{3 \cdot 4} + \dfrac{1 \cdot 3}{4 \cdot 3} = \dfrac{7}{12}$

Bruchrechnen
Fraction calculation

Rechenart	Regeln	Beispiele
Multiplikation Bruch mit Bruch	Brüche werden multipliziert, indem man die Zähler und die Nenner miteinander multipliziert. Die Produkte sind, wenn möglich, zu kürzen.	$\frac{3}{5} \cdot \frac{2}{3} = \frac{3 \cdot 2}{5 \cdot 3} = \frac{6}{15} = \frac{2}{5}$
Ganze Zahl mit Bruch	Ganze Zahlen werden wie Scheinbrüche mit dem Nenner 1 behandelt.	$3 \cdot \frac{7}{8} = \frac{3 \cdot 7}{1 \cdot 8} = \frac{21}{8} = 2\frac{5}{8}$
Division Bruch durch Bruch	Ein Bruch wird durch einen Bruch dividiert, indem man den ersten Bruch mit dem Kehrwert des zweiten Bruchs multipliziert.	$\frac{3}{5} : \frac{2}{3} = \frac{3}{5} \cdot \frac{3}{2} = \frac{3 \cdot 3}{5 \cdot 2} = \frac{9}{10}$
Bruch durch ganze Zahl	Ganze Zahlen werden wie Scheinbrüche mit dem Nenner 1 behandelt.	$\frac{3}{4} : 2 = \frac{3}{4} : \frac{2}{1} = \frac{3 \cdot 1}{4 \cdot 2} = \frac{3}{8}$
Ganze Zahl durch Bruch	Die ganze Zahl wird mit dem Kehrwert des Bruchs multipliziert.	$3 : \frac{5}{7} = 3 \cdot \frac{7}{5} = \frac{3 \cdot 7}{1 \cdot 5} = \frac{21}{5} = 4\frac{1}{5}$
Umwandlung Bruch in Dezimalzahl	Man wandelt einen Bruch in eine Dezimalzahl um, indem man den Zähler durch den Nenner dividiert.	$\frac{7}{8} = 7 : 8 = 0{,}875$
Dezimalzahl in Bruch	Man wandelt eine Dezimalzahl in einen Bruch um, indem man aus der Dezimalzahl einen Scheinbruch macht und mit einem Vielfachen von 10 erweitert.	$0{,}719 = \frac{0{,}719}{1} = \frac{0{,}719 \cdot 1000}{1 \cdot 1000}$ $0{,}719 = \frac{719}{1000}$

Potenzen
Powers

Rechenart	Regeln	Beispiele
$a^n = b$ a : Basis n : Exponent b : Potenzwert	Ein Produkt aus gleichen Faktoren kann in verkürzter Schreibweise als Potenz (Stufenzahl) geschrieben werden. Ein Faktor ist die Basis (Grundzahl). Der Exponent (Hochzahl) gibt an, wie oft die Basis als Faktor gesetzt wird. Der Potenzwert ist positiv, wenn die Basis positiv ist oder wenn der Exponent geradzahlig ist. Der Potenzwert ist negativ, wenn die Basis negativ und der Exponent ungerade ist.	$5 \cdot 5 \cdot 5 \cdot 5 = 5^4$ $4 \cdot x \cdot x \cdot x = 4x^3$ $(+ a)^n = + a^n$ $(\pm a)^{2n} = + a^{2n}$ $(-a)^{2n-1} = - a^{2n-1}$
Addition; Subtraktion	Nur Potenzen mit gleicher Basis und gleichem Exponenten können addiert bzw. subtrahiert werden.	$9x^3 + 12x^3 - 5x^3 = 16x^3$
Multiplikation; Division	Potenzen mit gleicher Basis werden multipliziert bzw. dividiert, indem man die Exponenten addiert bzw. subtrahiert und die Basis beibehält.	$3^3 \cdot 3^2 = (3 \cdot 3 \cdot 3) \cdot (3 \cdot 3) = 3^5$ $7^3 : 7^2 = (7 \cdot 7 \cdot 7) : (7 \cdot 7) = 7^1 = 7$
Potenzieren	Potenzen werden potenziert, indem man die Exponenten multipliziert und die Basis beibehält.	$(3^2)^2 = (3 \cdot 3)^2 = (3 \cdot 3) \cdot (3 \cdot 3) = 3^4$
Potenzieren von Summen und Differenzen	Summen oder Differenzen potenziert man, indem man Potenzen in Produkte umwandelt und nach den Regeln des Klammerrechnens multipliziert.	$(a + b)^2 = (a + b) \cdot (a + b)$ $= a^2 + ab + ab + b^2 = a^2 + 2ab + b^2$ $(a - b)^2 = (a - b) \cdot (a - b)$ $= a^2 - ab - ab + b^2 = a^2 - 2ab + b^2$
Potenzieren mit dem Exponenten Null	Jede Potenz mit dem Exponenten Null hat den Potenzwert 1 (Basis $\neq$ 0).	$5^0 = 1 \quad a^0 = 1 \quad (a + b)^0 = 1$

Mathematik

Potenzen
Powers

Rechenart	Regeln	Beispiele
Potenzen mit gebrochenen Exponenten	Potenzen mit einem Bruch als Exponent (gebrochener Exponent) können als Wurzel geschrieben werden.	$8^{\frac{1}{3}} = \sqrt[3]{8} = 2$
Potenzen mit negativen Exponenten	Eine Potenz mit negativem Exponenten kann als Kehrwert der Potenz mit positivem Exponenten geschrieben werden.	$3^{-2} = \frac{1}{3^2} = \frac{1}{9}$
Zehnerpotenzen	Zahlen können als ein Vielfaches von Zehnerpotenzen (Potenzen mit der Basis 10) geschrieben werden: Zahlen > 1 haben positive Exponenten. Zahlen < 1 haben negative Exponenten.	$25300 = 2,53 \cdot 10000 = 2,53 \cdot 10^4$ $0,005 = 5 : 1000 = 5 \cdot 10^{-3}$

Wurzeln
Radicals

Rechenart	Regeln	Beispiele
$\sqrt[n]{a} = b$ n : Wurzelexponent a : Radikand b : Wurzelwert	Wurzelrechnung ist die Umkehrung der Potenzrechnung. Hierbei wird eine Zahl (Radikand) in eine Anzahl n (Wurzelexponent) gleicher Faktoren zerlegt. Der Wurzelexponent 2 wird meist nicht geschrieben. Der Wurzelwert ist positiv oder negativ, wenn der Wurzelexponent gerade und der Radikand positiv ist. Der Wurzelwert hat das Vorzeichen des Radikanden, wenn der Wurzelexponent ungerade ist.	$\sqrt[2]{16} = \sqrt{16} = \sqrt{4 \cdot 4} = 4$ $\sqrt[3]{125} = \sqrt[3]{5 \cdot 5 \cdot 5} = 5$ $\sqrt{25} = \pm 5 \qquad \sqrt[2n]{a} = \pm n$ $\sqrt[3]{27} = +3 \qquad \sqrt[3]{-27} = -3$ $\sqrt[2n-1]{a} = +b \qquad \sqrt[2n-1]{-a} = -b$
Addition; Subtraktion	Nur Wurzeln mit gleichen Wurzelexponenten und Radikanden können addiert bzw. subtrahiert werden.	$2 \cdot \sqrt[3]{64} + 3 \cdot \sqrt[3]{64} = 5 \cdot \sqrt[3]{64} = 5 \cdot 4$
Multiplikation; Division	Wurzeln mit gleichen Exponenten werden multipliziert bzw. dividiert, indem man das Produkt bzw. den Quotienten der Radikanden radiziert.	$\sqrt{9} \cdot \sqrt{16} = \sqrt{9 \cdot 16} = \sqrt{144} = 12$ $\sqrt[3]{54} : \sqrt[3]{2} = \sqrt[3]{\frac{54}{2}} = \sqrt[3]{27} = 3$
Potenzieren	Wurzeln werden potenziert, indem man den Radikanden potenziert und aus dieser Potenz die Wurzel zieht.	$(\sqrt{4})^3 = \sqrt{4^3} = \sqrt{64} = 8$
Radizieren	Wurzeln werden radiziert, indem man die Wurzelexponenten multipliziert und mit diesem Produkt aus dem Radikanden die Wurzel zieht.	$\sqrt[3]{\sqrt{64}} = \sqrt[6]{64} = 2$
Potenzschreibweise	Wurzeln können als Potenzen mit gebrochenen Exponenten geschrieben werden.	$\sqrt[3]{8} = 8^{\frac{1}{3}}$

Mathematik

Logarithmen
Logarithms

Rechenart	Regeln	Beispiele
$a^n = b$ $n = \log_a b$ n : Logarithmus a : Basis b : Numerus lg : dekadischer Logarithmus ln : natürlicher Logarithmus lb : binärer Logarithmus	Logarithmieren ist die 2. Umkehrung der Potenzrechnung. Hierbei wird der Potenzexponent (Logarithmus) gesucht, mit dem eine Basis potenziert werden muss, um einen bestimmten Potenzwert (Numerus) zu erhalten. Als Basis kann jede Zahl (außer 0 oder 1) genommen werden. Logarithmen zur Basis 10 heißen dekadische Logarithmen (lg). Logarithmen zur Basis e (e = 2,718281...) heißen natürliche Logarithmen (ln). Logarithmen zur Basis 2 heißen binäre Logarithmen (lb).	$\log_2 32 = 5$ $\quad 2^5 = 32$ $\log_{10} 100 = 2$ $\quad 10^2 = 100$ $\log_{10} 1000 = 3$ $\quad 10^3 = 1000$ $\log_{10} x = lg\, x$ $\log_e x = ln\, x$ $\log_2 x = lb\, x$

Gleichungen
Equations

Rechenart	Regeln	Beispiele
	Gleichungen sind Verknüpfungen gleichartiger mathematischer Terme durch Gleichheitszeichen.	linke Seite = rechte Seite $3 + 6 = 9$
Seitentausch	Eine Gleichung bleibt gleich, wenn die beiden Seiten miteinander vertauscht werden.	$4 + 7 = 11$ $11 = 4 + 7$
Seitenveränderung durch Addition und Subtraktion	Eine Gleichung bleibt gleich, wenn auf beiden Seiten der gleiche Summand (Subtrahend) addiert (subtrahiert) wird.	$5 + 8 = 13$ $5 + 8 + 3 = 13 + 3$ $14 - 9 = 5$ $14 - 9 - 2 = 5 - 2$
Seitenveränderung durch Multiplikation und Division	Eine Gleichung bleibt gleich, wenn auf beiden Seiten mit dem gleichen Faktor multipliziert oder durch den gleichen Divisor dividiert wird.	$4 \cdot 9 = 36$ $4 \cdot 9 \cdot 2 = 36 \cdot 2$ $\dfrac{4 \cdot 9}{3} = \dfrac{36}{3}$
Seitenveränderung durch Bildung des Kehrwerts	Eine Gleichung bleibt gleich, wenn auf beiden Seiten der Kehrwert gebildet wird.	$3 + 4 = 7$ $\dfrac{1}{3 + 4} = \dfrac{1}{7}$
Seitenveränderung durch Potenzieren und Radizieren	Eine Gleichung bleibt gleich, wenn auf beiden Seiten mit dem gleichen Exponenten potenziert oder dem gleichen Wurzelexponenten radiziert wird.	$6 + 7 = 13$ $(6 + 7)^2 = 13^2$ $\sqrt{6 + 7} = \sqrt{13}$
Seitenwechsel	Bringt man ein positives Glied einer Gleichung auf die andere Seite der Gleichung, so wird es negativ. Bringt man ein negatives Glied einer Gleichung auf die andere Seite der Gleichung, so wird es positiv. Bringt man einen Faktor einer Gleichung auf die andere Seite der Gleichung, so wird daraus ein Divisor. Bringt man einen Divisor einer Gleichung auf die andere Seite der Gleichung, so wird daraus ein Faktor.	$x + 3 = 12$ $x = 12 - 3$ $x - 5 = 8$ $x = 8 + 5$ $x \cdot 4 = 32$ $x = \dfrac{32}{4}$ $\dfrac{x}{6} = 7$ $x = 7 \cdot 6$

Mathematik

Rechenart	Regeln	Beispiele
Proportionen (Verhältnisgleichungen)	Haben zwei Verhältnisse den gleichen Wert, können sie gleichgesetzt und wie Gleichungen behandelt werden. Eine Proportion kann auch als Bruchgleichung geschrieben werden.	$a : b = c$ $x : y = c$ $a : b = x : y$
	Bei einer Proportion ist das Produkt der Außenglieder gleich dem Produkt der Innenglieder.	$a : b = x : y$ $a \cdot y = b \cdot x$
$a : b = x : y$ Innenglieder	Bei einer Proportion können die Außenglieder miteinander vertauscht werden.	$a : b = x : y$ $y : b = x : a$
	Bei einer Proportion können die Innenglieder miteinander vertauscht werden.	$a : b = x : y$ $a : x = b : y$
	Bei einer Proportion können zusammengehörige Innen- und Außenglieder miteinander vertauscht werden.	$a : b = x : y$ $b : a = y : x$
Außenglieder	Zwei Verhältnisse heißen direkt proportional, wenn sie im gleichen (geraden) Verhältnis zueinander stehen (z.B. Kraft und Druck: je größer die Kraft, desto größer der Druck).	$p_1 : F_1 = p_2 : F_2$ $\dfrac{p_1}{p_2} = \dfrac{F_1}{F_2}$
	Zwei Verhältnisse heißen indirekt proportional, wenn sie im umgekehrten (ungeraden) Verhältnis zueinander stehen (z.B. Fläche und Druck: je größer die Fläche, desto kleiner der Druck).	$p_1 : \dfrac{1}{A_1} = p_2 : \dfrac{1}{A_2}$ $\dfrac{p_1}{p_2} = \dfrac{A_2}{A_1}$

Lösen von Gleichungen 1. Grades mit 2 Unbekannten im Einsetzverfahren

Um die Unbekannten x und y berechnen zu können, sind **zwei voneinander unabhängige Gleichungen** erforderlich. Im Einsetzverfahren wird eine der beiden Unbekannten in einer der beiden Gleichungen ausgedrückt und in die andere Gleichung eingesetzt.	**Beispiel:** Wie viel Liter Zement (x) und wie viel Liter Sand (y) werden benötigt, um 1 m^3 Mörtel 1 : 4 Vt zu mischen, wenn sich das Volumen durch Einmischen und Verlust um 1/3 vermindert? $(x + y) \cdot 2/3 = 1000$ (1) $\quad\quad x : y = 1 : 4$ (2) Nach Gleichung (2) ist: $\quad\quad\quad\quad\boldsymbol{x = y/4}$ (3)	(3) in (1) eingesetzt: $(y/4 + y) \cdot 2/3 = 1000$ $\quad\quad y/4 + y = 1000 \cdot 3/2$ $\quad\quad\quad 5/4 \cdot y = 1500$ $\quad\quad\quad\quad\quad y = 1500 \cdot 4/5$ $\quad\quad\quad\quad\quad \boldsymbol{y = 1200}$ Einsetzen in Gleichung (2): $\quad\quad x : 1200 = 1 : 4$ $\quad\quad\quad\quad\quad \boldsymbol{x = 300}$

Dreisatz
Rule of three

Rechenart	Regeln	Beispiele
Gleiches Verhältnis (direkt proportional)	Liegt vor, wenn beide Angaben der Aussage zu- oder abnehmen	2 Säcke Zement kosten 14 Euro. Wie viel kosten 7 Säcke Zement? 1. Satz (Aussage): 2 Säcke kosten 14 Euro 2. Satz (Einzahl): 1 Sack kostet 14 Euro : 2 (Säcke) = 7 Euro 3. Satz (Schluss auf das neue Vielfache): 7 Säcke kosten 14 Euro : 2 (Säcke) · 7 (Säcke) = 49 Euro
Umgekehrtes Verhältnis (indirekt proportional)	Liegt vor, wenn eine Angabe der Aussage zu- und die andere abnimmt	3 LKW benötigen 2 Tage für den Abtransport einer bestimmten Menge Aushub. Wie viele Tage benötigen 4 LKW? 1. Satz (Aussage): 3 LKW benötigen 2 Tage 2. Satz (Einzahl): 1 LKW benötigt 2 Tage · 3 (LKW) = 6 Tage 3. Satz (Schluss auf das neue Vielfache): 4 LKW benötigen 2 Tage · 3 (LKW) : 4 (LKW) = 1,5 Tage

Prozentrechnung
Percentage calculation

Rechenart	Regeln	Beispiele
Prozentrechnung $1\% = \dfrac{1}{100}$ p : Prozentsatz P : Prozentwert G : Grundwert	Die Prozentrechnung ist eine Rechnung mit Proportionen, bei der alle Größen auf 100 Teile bezogen werden. Der Prozentsatz verhält sich zu 100 % wie der Prozentwert zum Grundwert. $$\dfrac{p}{100\%} = \dfrac{P}{G}$$	

Zinsrechnung
Interest calculation

Rechenart	Regeln	Beispiele
Zinsrechnung p : Jahreszinssatz Z : Zinsen K : Kapital	Die Zinsrechnung ist eine besondere Art der Prozentrechnung. Der Jahreszinssatz verhält sich zu 100 % wie die Zinsen (Zinswert) zum eingesetzten Kapital (Grundwert). $$\dfrac{p}{100\%} = \dfrac{Z}{K}$$	
i_T : Zinszeitraum in Tagen	Für eine bestimmte Anzahl von Tagen i_T wird die Höhe der Zinsen: $$Z = K \cdot \dfrac{p}{100\%} \cdot \dfrac{i_T}{360}$$	
i_M : Zinszeitraum in Monaten	Für eine bestimmte Anzahl von Monaten i_M wird die Höhe der Zinsen: $$Z = K \cdot \dfrac{p}{100\%} \cdot \dfrac{i_M}{12}$$	
Effektiver Zinssatz	Bei einem Darlehen kommen neben den Zinsen weitere Finanzierungskosten (Gebühren) hinzu. Auf die Kreditlaufzeit verteilt erhöhen sie die tatsächlichen Zinsen.	
Effektive Verzinsung (Rendite)	Effektive Verzinsung $= \dfrac{\text{Jahresertrag} \cdot 100}{\text{Kapitaleinsatz}}$	

Rechnen mit Zehnerpotenzen
Calculation with decimal powers

Regeln	Beispiele
Mit **sehr großen** und **sehr kleinen Zahlen** kann sicherer gerechnet werden, wenn sie als Produkt aus **Vorzahl · Zehnerpotenz** geschrieben werden. Dazu verschiebt man das Komma (bei ganzen Zahlen ein gedachtes) um so viele Stellen nach rechts oder links, bis nur noch **eine Stelle vor dem Komma** steht. Muss es bei sehr großen Zahlen **nach links** verschoben werden, dann ist die **Hochzahl positiv**, z.B.: $43500 = 4{,}35 \cdot 10^4$ Muss es bei sehr kleinen Zahlen **nach rechts** verschoben werden, dann ist die **Hochzahl negativ**, z.B.: $0{,}0035 = 3{,}5 \cdot 10^{-3}$	$10000 \quad = 1 \cdot 10^4$ $1000 \quad = 1 \cdot 10^3$ $100 \quad = 1 \cdot 10^2$ $10 \quad = 1 \cdot 10^1$ $1 \quad = 1 \cdot 10^0$ $0{,}1 \quad = 1 \cdot 10^{-1}$ $0{,}01 \quad = 1 \cdot 10^{-2}$ $0{,}001 \quad = 1 \cdot 10^{-3}$ $0{,}0001 \quad = 1 \cdot 10^{-4}$
	$\dfrac{10^{-n}}{1} = \dfrac{1}{10^n} \qquad\qquad \dfrac{1}{10^{-n}} = \dfrac{10^n}{1}$

Mathematik

Rechnen mit Zehnerpotenzen
Calculation with decimal powers

Umrechnen mit Zehnerpotenzen

Bei sehr großen (über 1000) und sehr kleinen (unter 0,01) Zahlenwerten empfiehlt es sich, **Zehnerpotenzen** zu verwenden:

Bei Zahlen **über 1** mit **positiven Hochzahlen** wird das **Komma** um so viel Stellen **nach links** gerückt, wie die Hochzahl angibt,

z. B.: 34850 m = 3,485 · 10^4 m.

Bei Zahlen **unter 1** mit **negativen Hochzahlen** wird das **Komma** um so viel Stellen **nach rechts** gerückt, wie die Hochzahl angibt,

z. B.: 0,0025 m = 2,5 · 10^{-3} m.

Beispiel:

Wie viel l eines lösemittelfreien Zweikomponenten-Beschichtungsstoffes werden benötigt, wenn dieser 50 µm dick auf 88 m^2 Oberfläche aufgetragen werden soll?

d = 50 µm = 0,00005 m = 5 · 10^{-5} m, A = 88 m^2

$V = A \cdot d$ = 88 m^2 · 5 · 10^{-5} m = 440 · 10^{-5} m^3

$\quad$ = 4,4 · 10^2 · 10^{-5} = 4,4 · 10^{2-5} = 4,4 · 10^{-3} m^3

$\quad$ = $\underline{4,4\ l}$, weil 1 l = 1 dm^3 = 0,001 m^3 = 10^{-3} m^3

Beispiel für die Anwendung bei einer Durchbiegungsberechnung

Wie viel cm biegt sich ein Stahlträger IPE 330 bei 5 m Stützweite durch, wenn er mit 30 kN/m gleichmäßig belastet ist? (MN und m als Maßeinheiten verwenden).

l = 5 m , l^4 $\quad$ = (5 m)^4 = 5^4 · m^4 $\quad$ = 625 m^4

q = 30 kN/m $\quad$ = 0,03 MN/m $\quad$ = 3 · 10^{-2} MN/m

E = 210000 N/mm^2(MN/m^2) $\quad$ = 2,1 · 10^5 MN/m^2

J_y = 11770 cm^4 $\quad$ = 11770 · (10^{-2} m)^4 = 11,770 · 10^{-5} m^4

Nebenrechnung für Einheiten:

$$\frac{MN/m \cdot m^4}{MN/m^2 \cdot m^4} = \frac{MN \cdot m^2 \cdot m^4}{m \cdot MN \cdot m^4} = \boxed{\frac{m}{1}}$$

$$f = \frac{q \cdot l^4}{76,8 \cdot E \cdot J} = \frac{3 \cdot 10^{-2}\ MN/m \cdot 625\ m^4}{76,8 \cdot 2,1 \cdot 10^5\ MN/m^2 \cdot 11,77 \cdot 10^{-5}\ m^4}$$

$$= \frac{3 \cdot 625\ m^4 \cdot 10^{-2}}{76,8 \cdot 2,1 \cdot 11,77\ m^3} = \frac{1875 \cdot 10^{-2}\ m}{1898} = 0,99 \cdot \boxed{10^{-2}\ m} \approx \mathbf{1\ cm}$$

Nebenrechnung für Zehnerpotenzen:

$$\frac{10^{-2}}{10^5 \cdot 10^{-5}} = \frac{10^{-2}}{10^0} = \boxed{10^{-2}}$$

Rechenhilfen
Calculation aids

Genauigkeit von Rechenergebnissen

Rechenergebnisse, z. B. aus Multiplikationen von Messergebnissen, dürfen nicht mehr Stellen hinter dem Komma haben als die Ausgangszahlen, weil andernfalls eine nicht vorhandene Genauigkeit vorgetäuscht wird.

Beispiel: 1,63 m · 1,43 m = 2,33 m^2 (und nicht etwa 2,3309 m^2)

Nicht zu verwechseln mit den Stellen hinter dem Komma sind wertanzeigende Ziffern. Als wertanzeigende Ziffern werden die Stellen einer Zahl bezeichnet, die deren Wert charakterisieren.

Zahlen mit drei wertangebenden Zahlen sind: $\quad$ 1,63 m
$\qquad\qquad$ 2340 l
$\qquad\qquad$ 5670000 Einwohner

Zahlenangaben werden auf eine gegebene Anzahl wertanzeigender Ziffern beschränkt, wenn keine hohe Genauigkeit gefordert oder möglich ist.

Rechenbeispiel:

Geben Sie die Oberfläche einer Kugel mit 35 cm Durchmesser in cm^2 auf zwei wertanzeigende Ziffern genau an:

$O = \pi \cdot d^2$ = 3,1415 · (35 cm)^2 = 3800 cm^2 (nicht 3848,3375 cm^2)

Geltungsbereich von Zahlen

4	gilt für 3,5	bis 4,4
4,0	gilt für 3,95	bis 4,04
4,00	gilt für 3,995	bis 4,004

Ab- und Aufrunden $\qquad$ DIN 1313: 98

Aufgerundet wird, wenn die **nächste** Stelle eine **5** oder mehr,

abgerundet wird, wenn die **nächste** Stelle eine **4** oder noch weniger ist.

373,845 ≈ 373,85 **auf**gerundet auf Hundertstel

373,845 ≈ 373,8 **ab**gerundet auf Zehntel

373,845 ≈ 374 **auf**gerundet auf Ganze

373,845 ≈ 370 **ab**gerundet auf Zehner

Gehalt an Stoffen in Gemischen
Percentage of substances in mixtures

1. Massengehalt (früher Gewichtsteile und -%)

Mt	= Massenteile	in	g / g
M%	= Massenprozent	in	g / 100 g
M‰	= Massenpromille	in	g / 1000 g
ppm	= parts per million	in	mg / kg

2. Volumengehalt (früher Raumteile und -%)

Vt	= Volumenteile	in	l / l
V%	= Volumenprozent	in	l / 100 l (l/hl)
V‰	= Volumenpromille	in	l / 1000 l (l/m^3)

Lehrsatz des Pythagoras

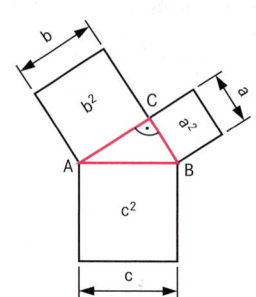

Im rechtwinkligen Dreieck ist das aus der Hypotenuse gebildete Quadrat flächengleich mit der Summe der beiden Quadrate, die aus den Katheten gebildet werden können.

a: Kathete
b: Kathete
c: Hypotenuse
$\cdot\rfloor$: rechter Winkel

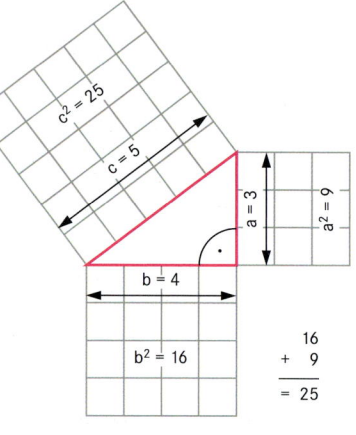

$c^2 = a^2 + b^2 \qquad a^2 = c^2 - b^2 \qquad b^2 = c^2 - a^2$

$c = \sqrt{a^2 + b^2} \qquad a = \sqrt{c^2 - b^2} \qquad b = \sqrt{c^2 - a^2}$

Beispiel: Wie lang sind die Sparren des Satteldaches im Bild?

Lösung: a = Dachhöhe = 6,48 m,
b = Sparrengrundmaß = 5,62 m : 2 = 2,81 m

$c = \sqrt{a^2 + b^2}$

$c = \sqrt{(6,48\text{ m})^2 + (2,81\text{ m})^2}$

$c = \sqrt{41,9904\text{ m}^2 + 7,8961\text{ m}^2}$

$c = \sqrt{49,8865\text{ m}^2}$

c = 7,06 m

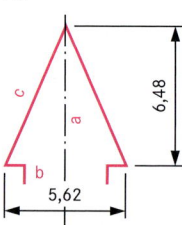

$\begin{array}{r} 16 \\ +\ \ 9 \\ \hline = 25 \end{array}$

Kathetensatz

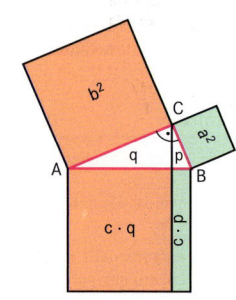

Im rechtwinkligen Dreieck ist das Katheten-quadrat flächengleich mit dem Rechteck, das aus der Hypotenuse und dem anliegenden Hypotenusenabschnitt gebildet werden kann.

$a^2 = c \cdot p$
$b^2 = c \cdot q$

a^2 : Kathetenquadrat
b^2 : Kathetenquadrat
c : Hypotenuse
p : Hypotenusenabschnitt
q : Hypotenusenabschnitt

Höhensatz

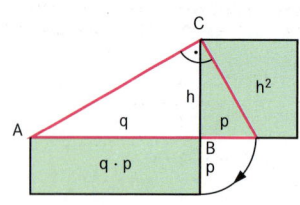

Im rechtwinkligen Dreieck ist das aus der Höhe gebildete Quadrat flächengleich mit dem Rechteck, das aus den beiden Hypotenusen-abschnitten gebildet werden kann.

$h^2 = q \cdot p$

h^2 : Hypotenusenquadrat
q : Hypotenusenabschnitt
p : Hypotenusenabschnitt

Mathematik

Anleitung und Anwendungsbeispiele

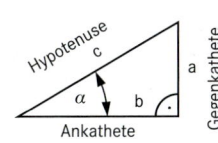

$\sin \alpha = \dfrac{a}{c}$	Sinus	=	$\dfrac{\text{Gegenkathete}}{\text{Hypotenuse}}$
$\cos \alpha = \dfrac{b}{c}$	Cosinus	=	$\dfrac{\text{Ankathete}}{\text{Hypotenuse}}$
$\tan \alpha = \dfrac{a}{b}$	Tangens	=	$\dfrac{\text{Gegenkathete}}{\text{Ankathete}}$
$\cot \alpha = \dfrac{b}{a}$	Cotangens	=	$\dfrac{\text{Ankathete}}{\text{Gegenkathete}}$

Längen gesucht	Bekannt	Rechnung
a	b und α	$a = b \cdot \tan \alpha$
a	c und α	$a = c \cdot \sin \alpha$
b	a und α	$b = a \cdot \cot \alpha$
b	c und α	$b = c \cdot \cos \alpha$
c	a und α	$c = a : \sin \alpha$
c	b und α	$c = b : \cos \alpha$

Winkel gesucht	Bekannt	Rechnung
α	a und c	$\sin \alpha = a : c$
α	b und c	$\cos \alpha = b : c$
α	a und b	$\tan \alpha = a : b$

Für jedes **recht**winklige Dreieck gilt:

1. Aus **einer** Seite und **einem** Winkel (außer dem rechten) kann man jede der anderen Seiten berechnen.

2. Aus **zwei** Seiten kann man jeden der beiden spitzen Winkel berechnen.

Bringe vor dem Rechnen das Dreieck in Gedanken in die unten gezeichnete Lage, so dass der rechte Winkel rechts und der bekannte Winkel (beziehungsweise der gesuchte Winkel) links liegen (hier stets α genannt). Das schützt vor Verwechslungen.

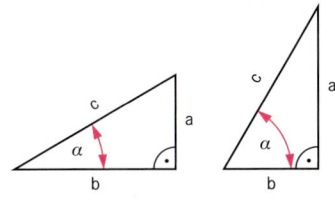

a) Wie groß ist β der **stumpfwinkligen Ecke** eines Gebäudes?

Lösung: Fluchtschnur in Verlängerung der Bauflucht des Gebäudes spannen und daran die 1,00 m lange Strecke AB abtragen.
In Punkt C mit Hilfe eines Bauwinkels das Lot BC errichten und die Strecke AC messen.

Wenn AC = 87 cm, dann ist $\cos \alpha$ = 0,87.

$$\alpha \approx 29,54°$$
$$\alpha \approx 29° \; 30'$$
$$\beta \approx 180° - 29° \; 30'$$
$$\beta \approx 150° \; 30'$$

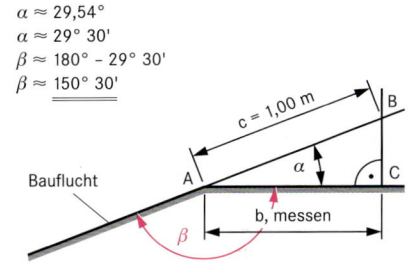

b) Wie viel Winkelgrad beträgt die **Dachneigung**?

Lösung: An der Sparrenunterkante 1,00 m von A nach B abtragen. Von B aus mit dem Lot Punkt C finden. Strecke AC messen, hier 66,3 cm. α berechnen.

$$b : c = 0,663 \text{ m} : 1,00 \text{ m}$$
$$= 0,663$$
$$= \cos \alpha$$
$$= 48,47°$$

Das Dach hat eine Neigung von etwa $\underline{\underline{48°30'}}$.

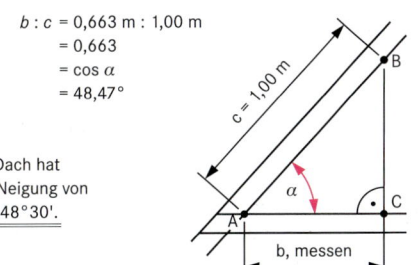

b) Ein **Pultdach** hat 4 m Tiefe und 1 m Höhe. Wie groß ist die Dachneigung in ° und in %?

Lösung: $\cot \alpha = 4 : 1 = 4,00; \quad \alpha = \underline{\underline{14°}}$
4 m $\triangleq$ 100 %,
1 m $\triangleq$ 100 : 4 = $\underline{\underline{25 \%}}$

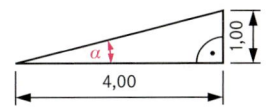

c) Wie groß ist die **Fläche eines Walmdaches** über einem Hausgrundriss von 10 m · 12 m bei allseitig 50 cm Dachüberstand und 40° Dachneigung?

Bei gleicher Neigung aller Dachflächen gilt:
Dachfläche = Grundfläche : cos Dachneigung

Lösung:
Grundfläche = (10 + 2 · 0,50) · (12 + 2 · 0,50)
= 11 · 13 = 143 m²
$\cos 40°$ = 0,766
Dachfläche = 143 m² : 0,766 = $\underline{\underline{186,68 \text{ m}^2}}$

1. Linien, geometrische Orte

1.1 Die **gerade Linie** ist die kürzeste Strecke zwischen zwei Punkten.

1.2 Das **Lot** ist die kürzeste Strecke zwischen einem Punkt und einer geraden Linie.

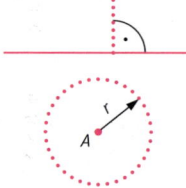

1.3 Der **Kreis** mit dem Radius r ist der geometrische Ort für alle Punkte, die von einem Punkt A aus die Entfernung r haben.

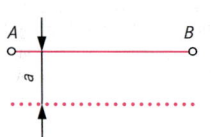

1.4 Die **Parallele** mit dem Abstand a ist der geometrische Ort für alle Punkte, die von einer Geraden AB die Entfernung a haben.

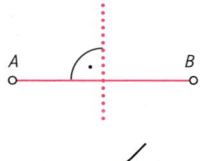

1.5 Das **Mittel-Lot** einer Strecke AB ist der geometrische Ort für alle Punkte, die von den Endpunkten einer Strecke gleich weit entfernt sind.

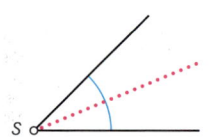

1.6 Die **Winkelhalbierende** ist der geometrische Ort für alle Punkte, die von den Schenkeln eines Winkels gleich weit entfernt sind.

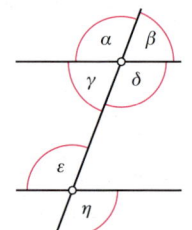

2. Winkel

2.1 **Nebenwinkel** sind zusammen 180° groß.

$\alpha + \beta = 180°$

2.2 **Scheitelwinkel** sind einander gleich.

$\alpha = \delta$

2.3 **Gegenwinkel** an II sind einander gleich.

$\alpha = \varepsilon$

2.4 **Wechselwinkel** an II sind einander gleich.

$\alpha = \eta \qquad \varepsilon = \delta$

2.5 **Entgegengesetzte Winkel** sind zusammen 180° groß.

$\beta + \eta = 180°$

2.6 **Winkel um einen Punkt** betragen zusammen 360°.

$\alpha + \beta + \gamma + \delta = 360°$

3. Dreiecke

3.1 Die **Winkelsumme** des △ ist 2 R.

$\alpha + \beta + \gamma = 180°$

3.2 Der **Außenwinkel** eines △ ist gleich der Summe der beiden nicht anliegenden Innenwinkel.

$\delta + \beta + \gamma$

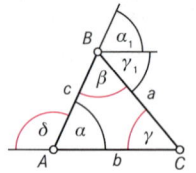

3.3 Im **gleichschenkligen** △ sind die Basiswinkel gleich.

$\alpha = \gamma$

3.4 Die Halbierungslinie des △ an der Spitze halbiert die Basis und steht senkrecht auf ihr.

3.5 Das Lot von der Spitze auf die Basis halbiert diese und den Winkel an der Spitze.

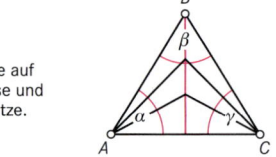

3.6 Die Mittelsenkrechte auf der Basis ist der geometrische Ort für die Spitzen aller gleichschenkligen △ über der gleichen Basis.

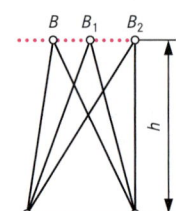

3.7 Dreiecke mit gleicher Grundlinie und gleicher Höhe sind **inhaltsgleich**.
Die Parallele zur Grundlinie ist der geometrische Ort für die Spitzen aller Dreiecke gleichen Inhalts.

3.8 Im **gleichseitigen Dreieck** ist jeder Winkel 60° groß. 1/3 von 180°.

4.a Kongruenz von Dreiecken

4.1 Zwei △ sind **kongruent** (d. h. deckungsgleich ≅), wenn sie übereinstimmen:

I. in einer Seite und zwei gleichliegenden Winkeln,

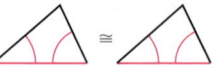

II. in zwei Seiten und dem eingeschlossenen Winkel,

III. in allen drei Seiten,

IV. in zwei Seiten und dem Gegenwinkel der größeren.

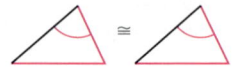

Mathematik

4.b Ähnlichkeit von Dreiecken

4.2 Zwei Dreiecke sind **ähnlich**:

I. wenn zwei Seitenverhältnisse und die eingeschlossenen Winkel gleich sind:

$AB : AC = A_1B_1 : A_1C_1$

$\alpha = \alpha_1$

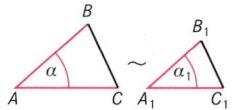

II. wenn zwei gleichliegende Winkel gleich sind:

$\alpha = \alpha_1$

$\gamma = \gamma_1$

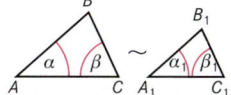

III. wenn zwei Seitenverhältnisse und die Gegenwinkel der größeren gleich sind:

$AC : CB = A_1C_1 : C_1B_1$

$\beta = \beta_1$

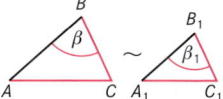

IV. wenn alle Seitenverhältnisse gleich sind:

$AB : AC = A_1B_1 : A_1C_1$

$AB : BC = A_1B_1 : B_1C_1$

dann ist auch:

$AC : BC = A_1C_1 : B_1C_1$

4.3 **In ähnlichen Dreiecken sind gleichliegende Winkel gleich, gleichliegende Seiten verhältnisgleich.**

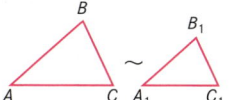

4.4 Eine **Parallele** zu einer Seite eines Dreiecks schneidet ein ähnliches Dreieck ab.

$\triangle ABC \sim \triangle DBE$

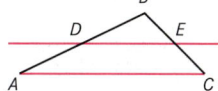

4.5 Die **Winkelhalbierende** teilt die gegenüberliegende Seite in einem Dreieck im Verhältnis der anderen beiden Seiten:

$BD : DC = AB : AC$

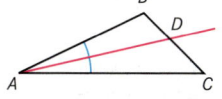

5. Wichtige Punkte im Dreieck

In jedem Dreieck schneiden sich in einem Punkte:	**Die vier wichtigen Punkte des Dreiecks:**
die 3 Winkelhalbierenden	Mittelpunkt des Inkreises,
die 3 Mittelsenkrechten	Mittelpunkt des Umkreises,
die 3 Seitenhalbierenden	Schwerpunkt,
die 3 Höhen	Höhenschnittpunkt.

Der **Schwerpunkt *S*** teilt jede Seitenhalbierende im Längenverhältnis 1 : 2. Der Eckabschnitt ist 2/3, der Seitenabschnitt 1/3 lang.

6. Parallelogramm

6.1 Im P. sind die **Gegenseiten** einander parallel.

$a \parallel c , \qquad b \parallel d$

6.2 Im P. sind die **Gegenseiten** gleich.

$a = c , \qquad b = d$

Im P. sind die gegenüberliegenden **Winkel** gleich.

$\alpha = \gamma , \qquad \beta = \delta$

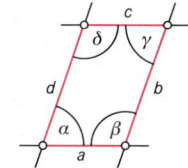

6.3 Im P. halbieren sich die **Diagonalen** gegenseitig.

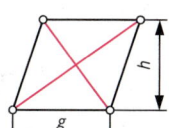

6.4 Ein **Viereck** ist ein P., wenn es eines der Kennzeichen 6.1 ... 6.3 zeigt.

6.5 Die **Winkelsumme** im Viereck ist 360°.

$\alpha + \beta + \gamma + \delta = 360°$

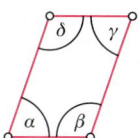

6.6 Jede **Diagonale** zerlegt das P. in 2 $\cong$ Dreiecke. Jedes Dreieck ist die Hälfte eines P. mit gleicher Grundlinie und gleicher Höhe.

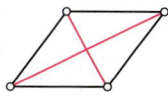

6.7 Im Rechteck sind die **Diagonalen** gleich. Im Quadrat und im Rhombus stehen die Diagonalen aufeinander senkrecht und halbieren die Winkel.

6.8 Parallelogramme mit gleicher Grundlinie und gleicher Höhe sind inhaltsgleich.

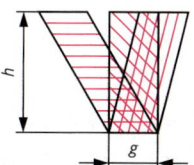

7. n-Ecke

7.1   Die **Winkelsumme** im n-Eck beträgt $(2n-4)\,90°$.

$$\alpha + \beta + \gamma + \delta + \varepsilon = 540°$$

7.2   Von jeder Ecke eines n-Eck gehen $n-3$ **Diagonalen** aus. Anzahl aller Diagonalen:

$$\frac{n\cdot(n-3)}{2}$$

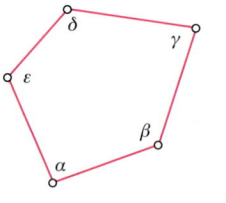

7.3   **Eckwinkel** im regelmäßigen n-Eck =

$$\frac{2n-4}{n}\,90°.$$

8. Körper

Die Rauminhalte von Zylinder, Halbkugel und Kegel über der gleichen Grundfläche verhalten sich wie $3:2:1$ zueinander.

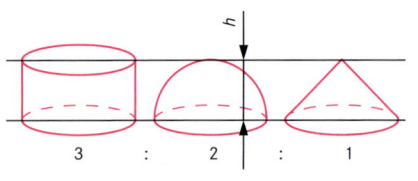

$$3 \quad : \quad 2 \quad : \quad 1$$

9. Kreise

9.1   Das Lot vom Mittelpunkt auf die **Sehne** halbiert diese, den zugehörigen Zentriwinkel und den zugehörigen Bogen. Die Halbierungslinie eines Zentriwinkels halbiert die Sehne und steht senkrecht auf ihr. Die Mittelsenkrechte der Sehne geht durch den Mittelpunkt.

Sehne = mittlerer Abschnitt der **Sekante** (der Schneidenden).

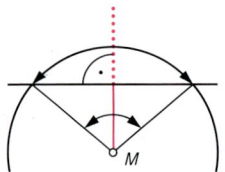

9.2   Der Radius steht im Berührungspunkt senkrecht auf der **Tangente**. Die im Berührungspunkt errichtete Senkrechte geht durch den Mittelpunkt.

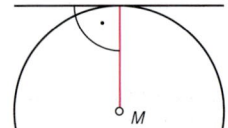

9.3   Im gleichen Kreis gehören zu gleichen **Sehnen** auch gleiche Bogen, gleiche Zentriwinkel, gleiche Peripheriewinkel, kongruente Kreisabschnitte (Segmente) und kongruente Kreisausschnitte (Sektoren).

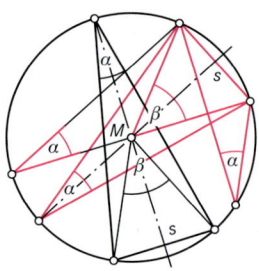

9.4   Der **Peripheriewinkel** ist die Hälfte des zugehörigen Zentriwinkels.

Satz des Thales: Der Peripheriewinkel über dem Durchmesser ist ein rechter Winkel. Der Halbkreis über der Hypotenuse ist der geometrische Ort für die Spitzen aller rechtwinkligen Dreiecke über der gleichen Hypotenuse.

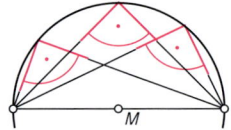

9.5   Schneiden sich zwei **Tangenten**, dann sind die Tangentenabschnitte gleich.

Tangentenwinkel + Zentriwinkel = $180°$.

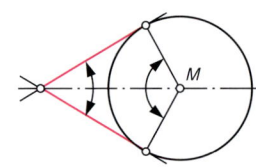

9.6   Um jedes Quadrat, Rechteck, Dreieck und regelmäßige Vieleck lässt sich ein **Umkreis** beschreiben.

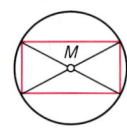

9.7   In jedes Quadrat, Rhombus, Dreieck und regelmäßige Vieleck lässt sich ein **Inkreis** einzeichnen.

$(\rightarrow 5.)$

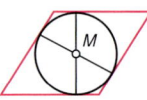

9.8   **Tangentensatz**:

Das Produkt aus ganzer Sekante c und deren äußerem Abschnitt a ist gleich dem Quadrat über der zugehörigen Tangente b:

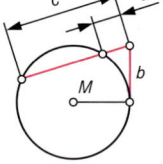

$$a\cdot c = b^2 \qquad a:b = b:c$$

Mathematik

In ( ) die Nummern der Lehrsätze der Geometrie, die der jeweiligen Konstruktion zugrunde liegen.

a) Auf der Geraden in einem Punkt P ein Senkrechte errichten:

1. Kreisbogen um P mit gleichem Radius nach rechts und links schlagen.

2. Kreisbogen mit größerem r um A und B schlagen.

3. Schnittpunkt C mit P verbinden ($\rightarrow$ Lehrsatz 3.4)

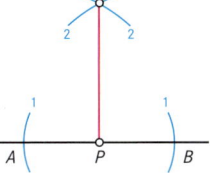

b) Von einem Punkt P aus auf eine Gerade ein Lot fällen:

1. Kreisbogen mit beliebigem r um P schlagen.

2. Kreisbögen mit einander gleichen Radien um A und B schlagen.

3. Schnittpunkt C mit P verbinden.

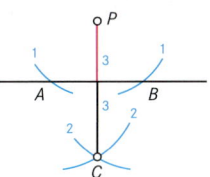

c) Strecke AB halbieren:

1. Kreisbögen mit einander gleichen Radien um A und B schlagen.

2. Schnittpunkte C und D verbinden.
$AE = EB, CE \perp AB$

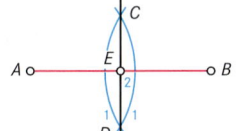

d) Im Endpunkt einer Geraden eine Senkrechte errichten:

1. Kreisbogen mit beliebigem r um P schlagen.

2. Kreisbögen mit einander gleichem r um A und dann um B schlagen.

3. A mit B verbinden und bis zum Schnittpunkt C verlängern $CP \perp AP$.

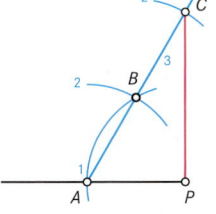

e) Einen Winkel halbieren:

1. Um S mit beliebigem r Kreisbogen schlagen.

2. Um A und B mit gleichem r Kreisbögen schlagen.

3. Schnittpunkt C mit S verbinden.

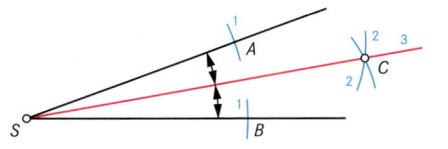

f) Eine Strecke in 5 (n) gleiche Teile teilen:

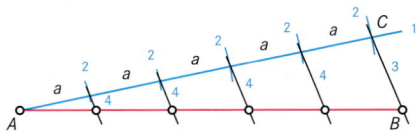

1. Unter beliebigem $\sphericalangle$ eine Gerade von A (oder von B) aus ziehen.

2. Eine beliebige Strecke a 5-mal (n-mal) auf 1 abtragen.

3. C mit B verbinden.

4. Parallele Linien zu 3 durch die Teilpunkte ziehen.

g) Ein Quadrat in einen gegebenen Kreis einzeichnen:

1. Zwei senkrecht aufeinander stehende Durchmesser eintragen ($\rightarrow$ **a)**).

2. Die benachbarten Schnittpunkte auf der Peripherie verbinden.

Ein regelmäßiges Achteck in einen gegebenen Kreis bzw. um ein gegebenes Quadrat zeichnen:

1. Wie **g)** 1.

2. Zwei der rechten Zentriwinkel halbieren ($\rightarrow$ **e)**) und die winkelhalbierenden Durchmesser einzeichnen

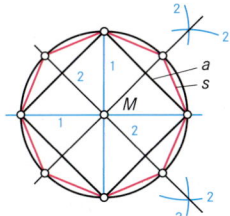

3. Wie **g)** 2.
$a = 1{,}848 \cdot s, \quad s = 0{,}541 \cdot a$

h) Eine Ecke beliebigen Winkels mit gegebenem Radius abrunden:

1. Im Abstand des gegebenen r zwei Parallelen ziehen, die sich in M schneiden.

2. Von M aus auf die Schenkel des abzurundenden $\sphericalangle$ Lote fällen.

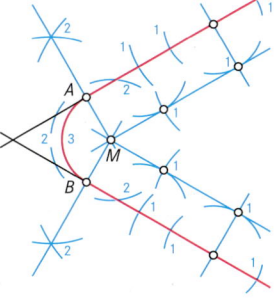

Bei unzugänglichem Mittelpunkt ($\rightarrow$ Anlegen von Kreisbögen bei unzugänglichem Mittelpunkt)

Mathematik

i) Segmentbogen aus Spannweite *s* und Stich *h* zeichnen:

1. Mittelsenkrechte auf *AB* errichten (→ **c)**).

2. Höhe *h* von D aus abtragen, *C* mit *A* verbinden.

3. Mittelsenkrechte auf *AC* errichten und bis Schnittpunkt *M* verlängern. *M* ist Kreismittelpunkt.

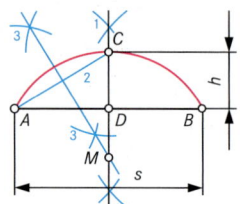

j) Elliptische Bögen (auch steigende) durch Vergatterung eines Halbkreises konstruieren:

Die drei grundsätzlichen Möglichkeiten zeigen die Bögen 1, 2 und 3. Bogen 3 a ist eine Vereinigung der Bögen 1 und 3.

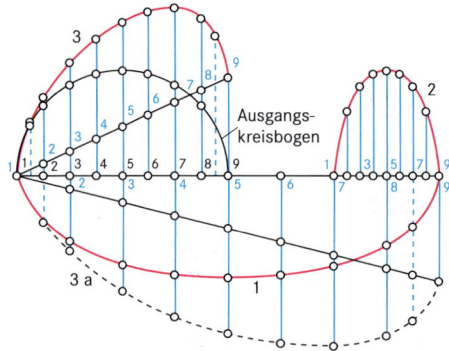

Auch geeignet, um die Linie von Bögen an bestehenden Gebäuden aufzunehmen, z. B. für Ausbesserungsarbeiten.

k) Hoher Korbbogen aus 3 Mittelpunkten bei gegebener Spannweite und Bogenhöhe:

1. Mittelsenkrechte auf *AC* = *s* errichten (→ **a)**) und Höhe *h* von *D* aus darauf abtragen.

2. Mit *h* = *DE* um D Kreisbogen schlagen und *AF* halbieren, ergibt Konstruktionsmaß *a*.

3. Von *D* aus die Strecken 3 *a* und 4 *a* abtragen, gibt die Punkte M_1, M_2 und M_3.

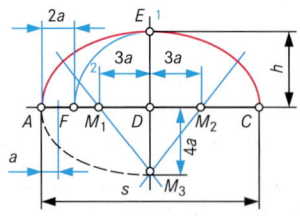

l) Flacher Korbbogen aus 5 Mittelpunkten bei gegebener Spannweite und Bogenhöhe:

1. Wie **k)** 1.

2. Mit *h* = *DE* um D Kreisbogen schlagen.

3. *E* mit *F* verbinden und über *F* hinaus verlängern gibt das Konstruktionsmaß *a*.

4. Maß *a* von D aus abtragen, M_1 und M_2 mit *G* verbinden. GM_1 und GM_2 halbieren, ergibt M_3 und M_4.

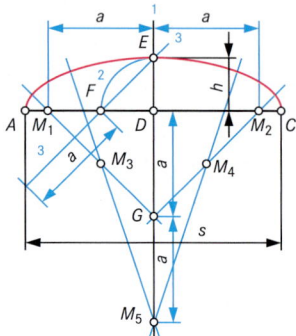

Verfahren **k)** ist geeignet für *h*/*s* = 1 : 2 bis 1 : 3,
Verfahren **l)** ist geeignet für *h*/*s* = 1 : 3 bis 1 : 5.
Verfahren, die nicht von gegebener Spannweite und Bogenhöhe ausgehen, sind für die Baupraxis untauglich.

m) Hoher steigender Bogen aus 2 Mittelpunkten bei gegebener Spannweite s_1, Steigung *t* und Bogenhöhe *h*:

1. Steigungslinie *AC* aus Spannweite *s* und Steigung *t* zeichnen.

2. Parallele zu *AC* im Abstand *h* ziehen.

3. Linke senkrechte Bogenbegrenzung über *A* hinaus verlängern bis zum Schnittpunkt *D*.

4. *AD* auf der Parallelen abtragen und in *E* Senkrechte errichten: M_1 (→ **a)**).

5. Waagerechte durch *C* ziehen und den großen Radius M_1A darauf von *C* aus abtragen ergibt *F*.

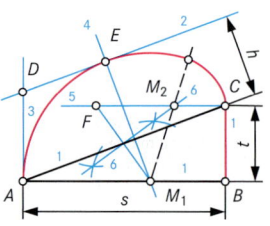

6. Mittelsenkrechte auf FM_1 ergibt M_2 (→ **c)**).

n) Spitzbogen aus Spannweite und Höhe:

Spannweite *s* = *AB* halbieren und in *C* die Höhe *h* errichten (→ **a)**).

2. *A* mit *D* verbinden und die Mittelsenkrechte darauf errichten.

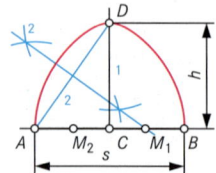

3. CM_1 links von *C* abtragen.
Wenn M_1 und M_2 zwischen *A* und *B* liegen, ist der Spitzbogen gedrückt, fallen sie mit *A* und *B* zusammen, ist er normal, liegen sie außerhalb von *A* und *B*, ist der Bogen überhöht.

o) Flacher steigender Bogen aus 3 Mittelpunkten bei gegebener Spannweite, Steigung und Bogenhöhe:

1. und 2. wie bei **m)**.

3. Auf ED Mittelsenkrechte errichten und M_2 so annehmen, dass der Kreisbogen um M2 durch AE und DC geht.

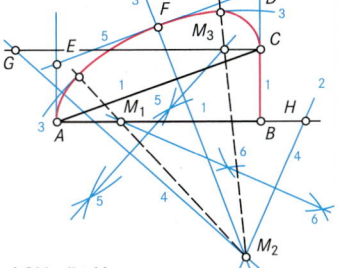

4. Den großen Radius M_2F von C bis G und von A bis H abtragen und H mit M_2 verbinden.

5. Mittelsenkrechte auf GM_2 gibt M_3.

6. Mittelsenkrechte auf HM_2 gibt M_1.

p) Normaler Normannischer Bogen (Tudorbogen) aus Spannweite s:

1. $AB = s$ dritteln.

2. Um M_1 und M_2 Kreisbogen schlagen.

3. E mit M_1 und M_2 verbinden und um M_1 und M_2 mit M_2A Kreisbogen schlagen.

4. Kreisbogen um M_3 und M_4.

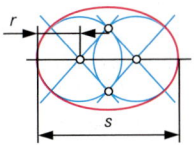

q$_a$) Oval (Korbbogen) aus der großen Achse s ($r \approx 0{,}3 \cdot s$):

Das Verfahren ist aus der Zeichnung zu ersehen.

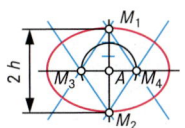

q$_b$) Oval (Korbbogen) aus kleiner Achse:

Die halbe kleine Achse dritteln und mit dem Zweidrittelteil um A Kreisbogen schlagen.

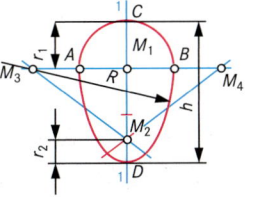

q$_c$) Überhöhtes Eirund aus der Höhe h zeichnen:

1. Senkrechte zeichnen, h abtragen und CD dritteln. Waagerechte durch den oberen Drittelpunkt M_1 ziehen.

2. $r_2 = 1/6\ h$ von D aus abmessen, ergibt M_2.

3. Kreisbogen mit $r_1 = 1/3\ h$ um M_1 schlagen und von A und B aus $R = h$ auf der waagerechten Achse abtragen: M_3 und M_4.

Die Konstruktion entspricht DIN 4051. Gemauerte Eikanäle und Betonrohre.

r) Bogen der Fledermausgaube (Karniesbogen)[1]:

1. Spannweite $s = AB$ halbieren ($\rightarrow$ **c)**) und in A, B und D Senkrechte errichten ($\rightarrow$ **d)**).

2. Von D aus h abtragen (hier $1/5\ s$) ergibt DC.

3. CB halbieren und auf EB Mittelsenkrechte errichten, ergibt M_1.

4. $M_1B = r$ über A und unter C abtragen, ergibt M_2 und M_3.

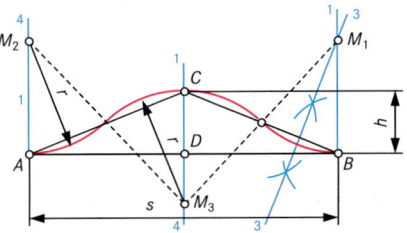

s) Spirale aus Quadrat mit Viertelkreisen[2]:

1. Quadrat $A\ B\ C\ D$ festlegen.

2. Viertelkreis 1 von A aus, 2 von B aus, 3 von C aus, 4 von D aus usw. ziehen.

Abstand: $a = 4 \cdot AB$.

t) Quadratische Parabel konstruieren:
Gegeben: Scheitelpunkt, Scheiteltangente und ein Punkt auf der Parabel.

1. Von P aus das Lot PA auf die Tangente fällen ($\rightarrow$ **b)**).

2. SA und PA in die gleiche Anzahl Abschnitte teilen ($\rightarrow$ **f)**).

3. Von den Punkten auf der Strecke AS aus Waagerechte, von den Punkten auf der Strecke PA Linien nach S ziehen.

4. Die Kreuzungspunkte miteinander zur Parabel verbinden.

Hinweis:
Bei kleinen Parabeln Kurvenlineal verwenden, bei sehr großen entsprechend viele Zwischenpunkte ansetzen.

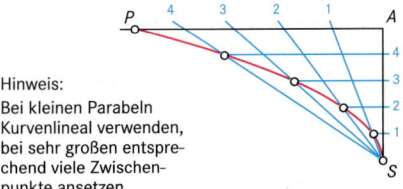

[1] Das gezeichnete Beispiel mit $h : s = 1 : 5$ hat die steilste für Biberschwanz- und Schieferdeckung gestattete Neigung.

Für Pfannendeckung ist nur $h : s = 1 : 8$ gestattet.

r ist dann gleich AC. An Gesimsen kommen Karniesbögen bis $h : s = 1 : 2$ vor.

[2] Die Spirale aus 2 Mittelpunkten mit Halbkreisen erscheint dagegen dem Auge zu wenig gerundet.

Anlegen von Kreisbögen bei unzugänglichem Mittelpunkt
Building of circular archs with inaccessible centres

3	3,5	4	4,5	5	6	7	8	9	10	12	14	16	18	Abstand x auf der Bauflucht in m[1]
					Für Kreisbögen mit den Radien r in m[1]									
				sind die Abstände y auf der Senkrechten zur Bauflucht in m										
0,04	0,04	0,03	0,03	0,03	0,02	0,02	0,02	0,02	0,01	0,01	0,01	0,01	0,01	0,50
0,17	0,15	0,13	0,11	0,10	0,08	0,07	0,06	0,06	0,05	0,04	0,04	0,03	0,03	1,00
0,40	0,34	0,29	0,26	0,23	0,19	0,16	0,14	0,13	0,11	0,09	0,08	0,07	0,06	1,50
0,76	0,63	0,54	0,47	0,42	0,34	0,29	0,25	0,21	0,20	0,17	0,14	0,13	0,11	2,00
1,34	1,05	0,88	0,76	0,67	0,55	0,46	0,40	0,35	0,32	0,26	0,23	0,20	0,18	2,50
	1,70	1,35	1,15	1,00	0,80	0,68	0,58	0,52	0,46	0,38	0,33	0,28	0,25	3,00
		2,06	1,67	1,43	1,13	0,94	0,81	0,71	0,63	0,52	0,45	0,39	0,34	3,50
			2,44	2,00	1,53	1,26	1,07	0,94	0,84	0,68	0,58	0,51	0,45	4,00
				2,82	2,03	1,64	1,39	1,21	1,07	0,88	0,74	0,65	0,57	4,50
					2,68	2,10	1,76	1,52	1,34	1,09	0,92	0,80	0,71	5,00
						2,67	2,19	1,88	1,65	1,34	1,13	0,98	0,86	5,50
						3,39	2,71	2,29	2,00	1,61	1,35	1,17	1,03	6,00
						4,40	3,34	2,78	2,40	1,91	1,60	1,38	1,22	6,50
							4,13	3,34	2,86	2,25	1,88	1,61	1,42	7,00
							5,22	4,03	3,39	2,63	2,18	1,88	1,64	7,50
								4,88	4,00	3,06	2,51	2,14	1,88	8,00
									5,64	4,06	3,28	2,77	2,41	9,00
										5,37	4,20	3,51	3,03	10,00
											6,79	5,42	4,65	12,00
												8,25	6,72	14,00
													9,83	16,00

Zunächst sind die Bogenanfangspunkte A und B zu bestimmen.

Schneiden sich die Baufluchten im rechten Winkel, dann wird der Bogenradius r von S aus abgetragen. ($\rightarrow$ **A1**)

Für α spitz oder stumpf zeigen **A2** und **A3** die Hilfskonstruktion, die zu den Bogenanfangspunkten A und B führt.

A1
$\alpha = 90°$

A2
$\alpha < 90°$

A3
$\alpha > 90°$

A4 Beispiel für Bogenradius 4 m

Gebrauch der Tafel: Von den Bogenanfangspunkten A und B aus auf den Baufluchten die Abstände x abtragen, an deren Endpunkten, rechtwinklig zu den Baufluchten, die Abstände y.
Die gefundenen Punkte der Bogenlinie verbinden.
($\rightarrow$ **A4**)

Zeichnen von Rundungsbögen bei **zugänglichem** Mittelpunkt. ($\rightarrow$ Geometrische Konstruktionen)

[1] Für das Abstecken von Kreisbögen mit $r = 30$ m bis 180 m werden die Tafelwerte für r, x, y **mit 10 malgenommen**, für Bögen mit $r = 30$ cm bis 1,8 m werden die Tafelwerte für r, x, y **durch 10 geteilt**.

Mathematik

Rechnerische Konstruktionen

Zur Tabelle: Für r = 1 m geben die Spalten s, h und b die Längen in m an. Für s = 1 m gibt Spalte r die Radien in m an. Die Spalte s/h sagt, wie viel mal größer die Spannweite als die Stichhöhe ist. Die den üblichen Stichhöhen 1/10, 1/8, 1/6 usw. nächstgelegenen Werte sind hervorgehoben, die Abweichungen sind unbedeutend. Für s/h = 1/10 ist z. B. der Wert 10,06 zu wählen.

Beispiel 1:
Ein Segmentbogen mit Spannweite s = 3 m und 1/8 Stich ist zu berechnen.

Es ergeben sich folgende Maße:

s = **3,00 m**

h = 300 cm : 8 = 37,5 cm

r = 3,00 m · 1,065 = 3,195 ≈ 3,20 m

b = 3,20 m · 0,977 = 3,13 m

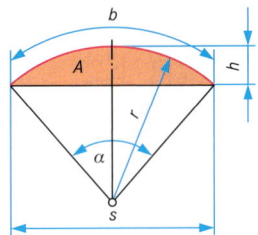

Beispiel 2:
Zwei Mauerfluchten stoßen im Winkel von 55° zusammen und sollen durch einen Mauerbogen mit r = 2,50 m verbunden werden.
Wie ist er zu berechnen?

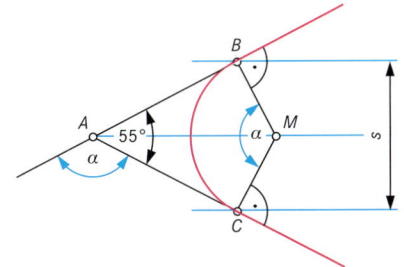

α = 180° – 55° = **125°** (→ Tabelle Zeile 125°)

s = 2,50 m · 1,774 = **4,44 m**

Von A aus Winkelhalbierende ziehen und Parallelen zu ihr im Abstand von 2,22 m. Deren Schnittpunkte mit den Mauerfluchten sind die Anfangspunkte des Rundungsbogens. Um B und C mit r = 2,50 m Bögen schlagen, in deren Kreuzungspunkt liegt Mittelpunkt M.
Die zeichnerische Lösung (→ Geometrische Konstruktionen)

Der Radius der Segmentbögen wird aus Spannweite s und Stichhöhe h errechnet nach:

$$r = \frac{\left(\frac{s}{2}\right) + h^2}{2h} \text{ , vereinfacht } r = \frac{s^2}{8h} + \frac{h}{2}$$

Daraus leiten sich folgende **Faustformeln** ab:

Für Stich:	ist der Radius =		
1/4	Spannweite minus	(1,5	· Stichhöhe)
1/6	Spannweite minus	(1	· Stichhöhe)
1/8	Spannweite plus	(0,5	· Stichhöhe)
1/10	Spannweite plus	(3	· Stichhöhe)
1/12	Spannweite plus	(6,5	· Stichhöhe)

Bogenradien, Bogenlängen, Bogenhöhen und Sehnenlängen

für s = 1			für den Radius 1		
r	α in °	$\frac{s}{h}$	s	h	b
5,737	10	45,81	0,174	0,0038	0,175
4,782	12	38,16	0,209	0,0055	0,209
4,103	14	32,69	0,244	0,0075	0,244
3,593	16	28,56	0,278	0,0097	0,279
3,196	18	24,41	0,313	0,0123	0,314
2,879	20	22,87	0,347	0,0152	0,349
2,619	22	20,77	0,382	0,0184	0,384
2,405	24	19,03	0,416	0,0219	0,419
2,223	26	17,56	0,450	0,0256	0,454
2,067	28	16,29	0,484	0,0297	0,489
1,932	30	15,19	0,518	0,0341	0,524
1,871	31	14,70	0,535	0,0364	0,541
1,814	32	14,24	0,551	0,0387	0,559
1,761	33	13,79	0,568	0,0412	0,576
1,710	34	13,38	0,585	0,0437	0,593
1,663	35	13,00	0,601	0,0463	0,611
1,618	36	12,63	0,618	0,0489	0,628
1,576	37	12,28	0,635	0,0517	0,646
1,536	38	11,95	0,651	0,0545	0,663
1,498	39	11,64	0,668	0,0574	0,681
1,462	40	11,34	0,684	0,0603	0,698
1,428	41	11,06	0,700	0,0633	0,716
1,395	42	10,79	0,717	0,0664	0,733
1,364	43	10,53	0,733	0,0696	0,750
1,335	44	10,29	0,749	0,0728	0,768
1,307	45	10,06	0,765	0,0761	0,785
1,279	46	9,83	0,782	0,0795	0,803
1,254	47	9,62	0,798	0,0829	0,820
1,229	48	9,41	0,814	0,0865	0,838
1,206	49	9,21	0,829	0,0900	0,855
1,183	50	9,02	0,845	0,0937	0,873
1,161	51	8,84	0,861	0,0974	0,890
1,140	52	8,66	0,877	0,101	0,908
1,121	53	8,49	0,892	0,105	0,925
1,101	54	8,33	0,908	0,109	0,942
1,083	55	8,17	0,924	0,113	0,960

Mathematik

Bogenradien, Bogenlängen, Bogenhöhen und Sehnenlängen
Arch radius', arch lengths, arch rises and chord lengths

für $s = 1$ r	α in °	$\frac{s}{h}$	für den Radius 1			für $s = 1$ r	α in °	$\frac{s}{h}$	für den Radius 1		
			s	h	b				s	h	b
1,065	56	8,02	0,939	0,117	0,977	0,607	111	3,80	1,648	0,434	1,937
1,048	57	7,87	0,954	0,121	0,995	0,603	112	3,76	1,658	0,441	1,955
1,031	58	7,73	0,970	0,125	1,012	0,599	113	3,72	1,668	0,448	1,972
1,015	59	7,60	0,985	0,130	1,030	0,596	114	3,68	1,677	0,455	1,990
1,000	60	7,46	1,000	0,134	1,047	0,593	115	3,65	1,687	0,463	2,007
0,985	61	7,33	1,015	0,138	1,065	0,590	116	3,61	1,696	0,470	2,025
0,971	62	7,21	1,030	0,143	1,082	0,587	117	3,57	1,705	0,478	2,042
0,957	63	7,09	1,045	0,147	1,100	0,583	118	3,53	1,714	0,485	2,059
0,943	64	6,97	1,060	0,152	1,117	0,580	119	3,50	1,723	0,493	2,077
0,930	65	6,86	1,075	0,157	1,134	0,577	120	3,46	1,732	0,500	2,094
0,918	66	6,75	1,089	0,161	1,152	0,574	121	3,43	1,741	0,508	2,112
0,906	67	6,64	1,104	0,166	1,169	0,572	122	3,40	1,749	0,515	2,129
0,894	68	6,54	1,118	0,171	1,187	0,569	123	3,36	1,758	0,523	2,147
0,883	69	6,45	1,133	0,176	1,204	0,566	124	3,33	1,766	0,531	2,164
0,872	70	6,34	1,147	0,181	1,222	0,564	125	3,30	1,774	0,538	2,182
0,861	71	6,25	1,161	0,186	1,239	0,561	126	3,26	1,782	0,546	2,199
0,850	72	6,15	1,176	0,191	1,257	0,559	127	3,23	1,790	0,554	2,217
0,840	73	6,06	1,190	0,196	1,274	0,556	128	3,20	1,798	0,562	2,234
0,831	74	5,98	1,204	0,201	1,292	0,554	129	3,17	1,805	0,570	2,251
0,821	75	5,89	1,218	0,207	1,309	0,552	130	3,14	1,813	0,577	2,269
0,812	76	5,81	1,231	0,212	1,326	0,549	131	3,11	1,820	0,585	2,286
0,803	77	5,74	1,245	0,217	1,344	0,547	132	3,08	1,827	0,593	2,304
0,794	78	5,65	1,259	0,223	1,361	0,545	133	3,05	1,834	0,601	2,321
0,786	79	5,57	1,272	0,228	1,379	0,543	134	3,02	1,841	0,609	2,339
0,778	80	5,49	1,286	0,234	1,396	0,541	135	3,00	1,848	0,617	2,356
0,770	81	5,42	1,299	0,240	1,414	0,539	136	2,97	1,854	0,625	2,374
0,762	82	5,35	1,312	0,245	1,431	0,537	137	2,94	1,861	0,634	2,391
0,755	83	5,28	1,325	0,251	1,449	0,536	138	2,91	1,867	0,642	2,409
0,747	84	5,21	1,338	0,257	1,466	0,534	139	2,89	1,873	0,650	2,426
0,740	85	5,14	1,351	0,263	1,484	0,532	140	2,86	1,879	0,658	2,443
0,733	86	5,08	1,364	0,269	1,501	0,531	141	2,83	1,885	0,666	2,461
0,726	87	5,01	1,377	0,275	1,518	0,529	142	2,80	1,891	0,674	2,478
0,720	88	4,95	1,389	0,281	1,536	0,527	143	2,78	1,897	0,683	2,496
0,713	89	4,89	1,402	0,287	1,553	0,526	144	2,75	1,902	0,691	2,513
0,707	90	4,83	1,414	0,293	1,571	0,524	145	2,73	1,907	0,699	2,531
0,701	91	4,77	1,427	0,299	1,588	0,523	146	2,70	1,913	0,708	2,548
0,695	92	4,71	1,439	0,305	1,606	0,521	147	2,68	1,918	0,716	2,566
0,689	93	4,65	1,451	0,312	1,623	0,520	148	2,65	1,923	0,724	2,583
0,683	94	4,60	1,463	0,318	1,641	0,519	149	2,63	1,927	0,733	2,601
0,678	95	4,54	1,475	0,324	1,658	0,518	150	2,61	1,932	0,741	2,618
0,673	96	4,49	1,486	0,331	1,676	0,517	151	2,58	1,936	0,750	2,635
0,668	97	4,44	1,498	0,337	1,693	0,515	152	2,56	1,941	0,758	2,653
0,663	98	4,39	1,509	0,344	1,710	0,514	153	2,54	1,945	0,767	2,670
0,657	99	4,34	1,521	0,351	1,728	0,513	154	2,51	1,949	0,775	2,688
0,653	100	4,29	1,532	0,357	1,745	0,512	155	2,49	1,953	0,784	2,705
0,648	101	4,24	1,543	0,364	1,763	0,511	156	2,47	1,956	0,792	2,723
0,643	102	4,19	1,554	0,371	1,780	0,510	157	2,45	1,960	0,801	2,740
0,639	103	4,15	1,565	0,378	1,798	0,509	158	2,43	1,963	0,809	2,758
0,634	104	4,10	1,576	0,384	1,815	0,508	159	2,40	1,967	0,818	2,775
0,630	105	4,05	1,587	0,391	1,833	0,508	160	2,38	1,970	0,826	2,793
0,626	106	4,01	1,597	0,398	1,850	0,506	162	2,34	1,975	0,844	2,827
0,622	107	3,97	1,608	0,405	1,868	0,505	164	2,30	1,981	0,861	2,862
0,618	108	3,93	1,618	0,412	1,885	0,503	167	2,24	1,987	0,887	2,915
0,614	109	3,88	1,628	0,419	1,902	0,502	170	2,18	1,992	0,913	2,967
0,611	110	3,84	1,638	0,426	1,920	0,500	180	2,00	2,000	1,000	3,142

Mathematik

α in °	$A =$			$s =$		$r =$		$R =$		Berech-nungs-größe	wenn bekannt sind
	s^2 mal	R^2 mal	r^2 mal	R mal	r mal	R mal	s mal	s mal	r mal		
60	0,433	1,299	5,196	1,732	3,464	0,500	0,289	0,577	2,000	A	s oder R oder r
90	1,000	2,000	4,000	1,414	2,000	0,707	0,500	0,707	1,414	S	R oder r
108	1,721	2,378	3,633	1,176	1,453	0,809	0,688	0,851	1,236	r	s oder R
120	2,598	2,598	3,464	1,000	1,155	0,866	0,866	1,000	1,155	R	s oder r
128,6	3,634	2,736	3,385	0,868	0,963	0,901	1,039	1,152	1,111		
135	4,828	2,828	3,314	0,765	0,828	0,924	1,207	1,307	1,082		
140	6,182	2,893	3,285	0,684	0,738	0,938	1,356	1,462	1,078		
144	7,694	2,939	3,249	0,618	0,650	0,951	1,539	1,618	1,051		
150	11,196	3,000	3,215	0,518	0,536	0,966	1,866	1,932	1,035		
157,5	20,109	3,062	3,183	0,390	0,398	0,981	2,515	2,563	1,020		

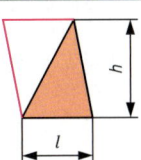

$b \cdot b = b^2$

$...b = 1,414 \cdot b$

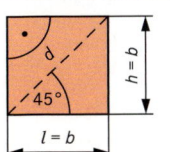

Dreieck

$A = \dfrac{l \cdot h}{2}$

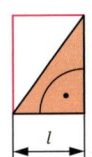

$l \cdot b$

$...b)$

$\dfrac{}{b^2}$

Trapez

$A = \dfrac{L + l}{2} \cdot h = l_m \cdot h$

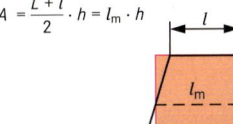

$... = $ Raute

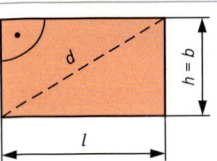

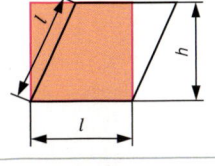

Unregelmäßiges Vieleck

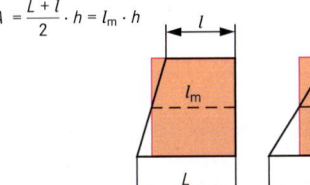

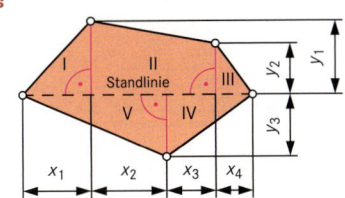

$...s)$

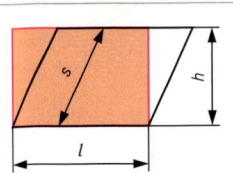

Durch Standlinie und Lote auf sie in Drei- und Vierecke teilen. Entfernung der Fußpunkte der Lote auf der Standlinie messen. Länge der Lote messen.

$A = AI + AII + AIII + AIV + AV$

$...amm$

$...$assende Bezeichnung für Quadrat, Rechteck, Rhombus
$...$oid. $F = l \cdot h$

h	=	Flächenhöhe
s	=	Seite, Sehne
B	=	Bogenlinie

l, L	=	Länge der Grundlinie
d, D	=	Durchmesser bzw. Diagonale
r, R	=	Halbmesser = Radius

Mathematik

Rechnerische Konstruktionen

Beispiel:
Korbbogen aus $s = 4$ m und $h = 1$ m zeichnen.

$$\frac{h}{s} = \frac{1 \text{ m}}{4 \text{ m}} = 0,25$$

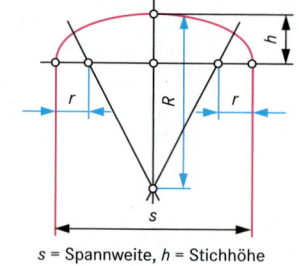

Lösung:
$r = 0,17 \cdot 4$ m $= 0,68$ m
$R = 0,89 \cdot 4$ m $= 3,56$ m

s = Spannweite, h = Stichhöhe

$\frac{h}{s}$	$\frac{s}{h}$
0,5	2
0,45	2,23
0,4	2,5
0,35	2,86
0,3	3,33
0,25	4
0,2	5
0,15	6,66
0,1	10

n-Eck

3-Eck
4-Eck
5-Eck
6-Eck
7-Eck
8-Eck
9-Eck
10-Eck
12-Eck
16-Eck

Winkelmaße
Angular dimensions

Umrechnungen Grad → Gon

Grad	Minuten					
	0'	10'	20'	30'	40'	50'
0°	0,0000	0,1852	0,3704	0,5556	0,7407	0,9259
1°	1,1111	1,2963	1,4815	1,6667	1,8519	2,0370
2°	2,2222	2,4074	2,5926	2,7778	2,9630	3,1481
3°	3,3333	3,5185	3,7037	3,8889	4,0741	4,2593
4°	4,4444	4,6296	4,8148	5,0000	5,1852	5,3704
5°	5,5556	5,7407	5,9259	6,1111	6,2963	6,4815
6°	6,6667	6,8519	7,0370	7,2222	7,4074	7,5926
7°	7,7778	7,9630	8,1481	8,3333	8,5185	8,7037
8°	8,8889	9,0741	9,2593	9,4444	9,6296	9,8148
9°	10,0000	10,1852	10,3704	10,5556	10,7407	10,9259

Umrechnungen Gon → Grad

Gon	Minuten				
	,0	,20	,40	,60	,80
0	0° 0'		10' 48''	21' 36''	32' 24''	43' 12''
1	0° 54'	1° 4' 48''	1° 15' 36''	1° 26' 24''	1° 37' 12''
2	1° 48'	1° 58' 48''	2° 9' 36''	2° 20' 24''	2° 31' 12''
3	2° 42'	2° 52' 48''	3° 3' 36''	3° 14' 24''	3° 25' 12''
4	3° 36'	3° 46' 48''	3° 57' 36''	4° 8' 24''	4° 19' 12''
5	4° 30'	4° 40' 48''	4° 51' 36''	5° 2' 24''	5° 13' 12''
6	5° 24'	5° 34' 48''	5° 45' 36''	5° 56' 24''	6° 7' 12''
7	6° 18'	6° 28' 48''	6° 39' 36''	6° 50' 24''	7° 1' 12''
8	7° 12'	7° 22' 48''	7° 33' 36''	7° 44' 24''	7° 55' 12''
9	8° 6'	8° 16' 48''	8° 27' 36''	8° 38' 24''	8° 49' 12''
10	9°	9° 10' 48''	9° 21' 36''	9° 32' 24''	9° 43' 12''

Einen Winkel mit einem biegsamen Meterstock anreißen

Voller Kreis $= 360°$
Kreis mit $r = 57,3$ cm
hat Umfang $= 360$ cm

Beispiel: Winkel 27° anreißen
1. Von S aus eine Gerade ziehen.
2. Mit $r = 57,3$ cm einen Kreisbogen anreißen.
3. Auf dem Bogen 27 cm messen, A mit S verbinden.

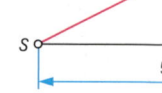

Fläche
Calcula

Quadrat
$A = l \cdot h$
$U = 4 \cdot b$
$d = \sqrt{2}$

Rechteck
$A = l \cdot h$
$U = 2 \cdot ($
$d = \sqrt{l^2}$

Rhombus
$A = l \cdot h$
$U = 4 \cdot l$

Rhomboi
$A = l \cdot h$
$U = 2 \cdot (l$

Parallelo
Zusamme
und Rhom

A = Fläch
U = Umfa
b = Breit

Kreis

$A = \dfrac{\pi \cdot d^2}{4} = 0{,}785 \cdot d^2$

$A = \pi \cdot r^2 = 3{,}14 \cdot r^2$

$U = \pi \cdot d = 3{,}14 \cdot d = 6{,}28 \cdot r$

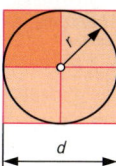

Ellipse

$A = \dfrac{\pi \cdot d \cdot D}{4} = 0{,}785 \cdot d \cdot D$

$U = D \cdot \mathbf{k}$

($\mathbf{k}$ = unbenannte Zahl)

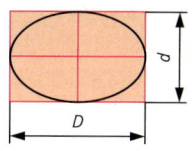

Halbkreis

$A = \dfrac{\pi \cdot d^2}{8} = 0{,}393 \cdot d^2$

$A = \dfrac{\pi \cdot r^2}{2} = 1{,}57 \cdot r^2$

$B = \pi \cdot r = 3{,}14 \cdot r = 1{,}57 \cdot d$

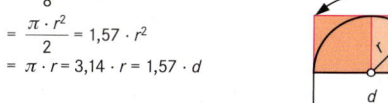

d/D	$\mathbf{k}$	d/D	$\mathbf{k}$	d/D	$\mathbf{k}$
0,3	2,193	0,5	2,422	0,7	2,691
0,4	2,301	0,6	2,553	0,8	2,836

Halbe Ellipse und Korbbogen
(Näherungswerte)

$A = 0{,}785 \cdot s \cdot h$

$B = \dfrac{s}{2} \cdot \mathbf{k}$

($\mathbf{k}$ = siehe oben)

$\dfrac{2h}{s} \cdot$ statt $\dfrac{d}{D}$

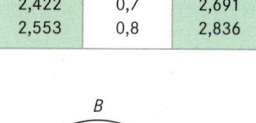

Viertelkreis

$A = \dfrac{\pi \cdot r^2}{4} = 0{,}785 \cdot r^2$

$A_1 = 0{,}215 \cdot r^2$

$B = \dfrac{\pi \cdot r}{2} = 1{,}57 \cdot r$

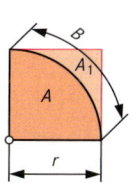

Spitzbogen

$A =$ Segment über $2h$

$A \approx 2/3 \cdot s \cdot h$

$r = \dfrac{h^2}{s} + \dfrac{s}{4}$

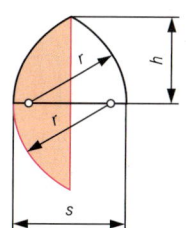

Kreisring

$d_m = \dfrac{D + d}{2} = d + a$

$A = \pi \cdot d_m \cdot a = \dfrac{\pi \cdot D^2}{4} - \dfrac{\pi \cdot d^2}{4}$

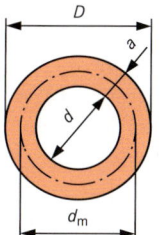

Steigender Bogen

$A = 2/3 \cdot s \cdot h$

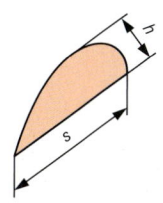

Kreisausschnitt = Sektor

$A = \dfrac{\pi \cdot d^2}{4} \cdot \dfrac{\alpha}{360°} = \dfrac{0{,}785 \cdot r^2 \cdot \alpha°}{90°} = B \cdot r \cdot 0{,}5$

$B = \pi \cdot d \cdot \dfrac{\alpha}{360°} = \dfrac{1{,}57 \cdot r \cdot \alpha°}{90°}$

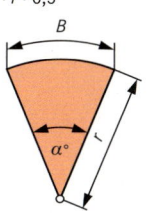

Parabelabschnitt von quadratischer Parabel

$A = 4/3 \cdot x \cdot y$

$A_1 = 1/3 \cdot x \cdot y$

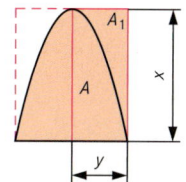

Kreisabschnitt = Segment

→ Segmentbögen

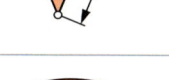

Regelmäßiges Vieleck (n-Eck)

$A = \dfrac{s \cdot h}{2} \cdot n$

$U = s \cdot n$

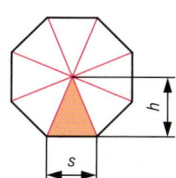

π	= 3,14159 ... $\approx$ 3,14 $\approx$ 3 1/7	
$\pi/2$ = 1,5708	$\pi/32$ = 0,0982	$\sqrt[3]{\pi}$ = 1,4646
$\pi/4$ = 0,7854	2π = 6,2832	$1/\pi$ = 0,3183
$\pi/8$ = 0,3927	$\dfrac{4\pi}{3}$ = 4,1888	$\dfrac{\pi^2}{4}$ = 2,4674
$\pi/3$ = 1,0472		
$\pi/6$ = 0,5236	π^2 = 9,8696	
$\pi/12$ = 0,2618	$\sqrt{\pi}$ = 1,7725	

Mathematik

Würfel = Kubus

$V = A \cdot H = b \cdot b \cdot b = b^3$

$M = 4 \cdot b^2$

$O = 6 \cdot b^2$

$\delta = \sqrt{3 \cdot b^2} = 1,73 \cdot b$

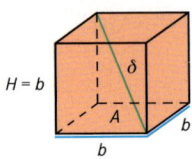

Quader = Prisma mit Grundfläche □ oder □

$V = A \cdot H = l \cdot b \cdot H$

$M = U \cdot H = (2\,l + 2\,b) \cdot H$

$O = M + 2\,A$

$\delta = \sqrt{l^2 + b^2 + H^2}$

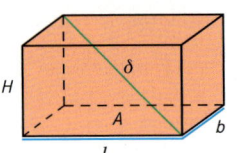

Zylinder, Hohlzylinder, Prisma

$V = A \cdot H$

$M = U \cdot H$

$O = M + 2\,A$

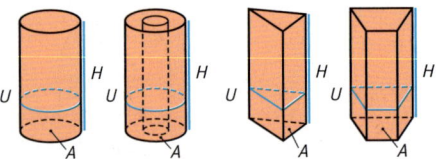

Pyramide, Kegel

$V = \dfrac{A \cdot H}{3}$

$M = \dfrac{U \cdot h}{2}$

gilt nur für quadratische und kreisrunde Grundflächen

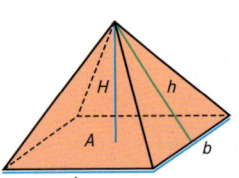

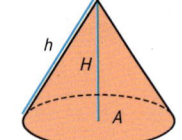

$M = l \cdot h_l + b \cdot h_b$

gilt nur für rechteckige Grundflächen

$O = M + A$

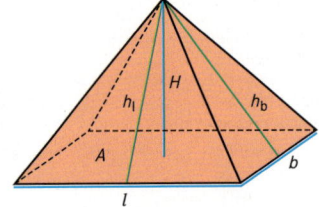

Walmdach, Schüttung

(mit gleicher Neigung der Seitenflächen)

$V = \dfrac{H}{6} \cdot b\,(2\,l + l_1)$

$M = h \cdot (l + l_1 + b)$

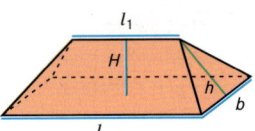

Pyramidenstumpf

$V = \dfrac{H}{3} \cdot (A + a + \sqrt{A \cdot a})$

$M = \dfrac{U + u}{2} \cdot h$

gilt nur für quadratische Grundflächen

Schüttung, umgedreht: Baugrube

Näherungsformeln:

$V = \dfrac{l + l_1}{2} \cdot \dfrac{b + b_1}{2} \cdot H$

(V etwas zu klein)

$V = \dfrac{A + a}{2} \cdot H$

(V deutlich zu groß)

$V = \dfrac{H}{6} \cdot [l \cdot (2\,b + b_1) + l_1 \cdot (b + 2\,b_1)]$ (genaues V)

Kegelstumpf (z.B. Kübel)

$V = 0,262 \cdot (D^2 + d^2 + D \cdot d) \cdot H$

$M = 1,57 \cdot (D + d) \cdot h$

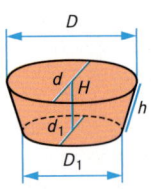

Elliptischer Kübel

$V = 0,131 \cdot [d \cdot (2\,D + D_1) + d_1 \cdot (2\,D_1 + D)] \cdot H$

$M = 0,785 \cdot (D + D_1 + d + d_1) \cdot h$

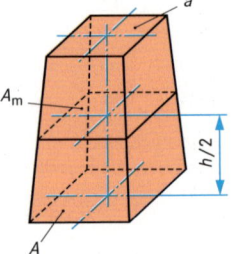

Simpsonsche Regel

Zum näherungsweisen Finden des Volumens aller regelmäßig geformten Körper:

$V = \dfrac{h}{6} \cdot (A + a + 4 \cdot A_m)$

Kugel

$V = \dfrac{\pi}{6} \cdot d^3 = 0,524 \cdot d^3$

$O = \pi \cdot d^2 = 3,14 \cdot d^2$

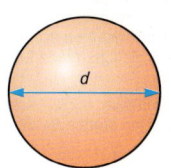

Halbkugel (-kuppel)

M = Kuppelfläche

$M = \dfrac{\pi}{2} \cdot d^2 = 1,57 \cdot d^2$

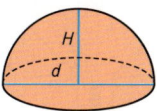

Elliptische Kuppel

$M = 3,14 + \dfrac{D + d}{2} \cdot H$

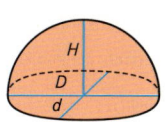

Kugelabschnitt (Kalotte)

$V = \pi \cdot H^2 \cdot (r - 0,333\, H) = 0,525\, H \cdot (0,75\, s^2 + H^2)$

$M = 6,28 \cdot r \cdot H = 3,14 \cdot \left(\dfrac{s^2}{4} + H^2\right)$

$r = \dfrac{s^2}{8\,H} + \dfrac{H}{2}$

$r = 2 \cdot \sqrt{H \cdot (2\,r - H)}$

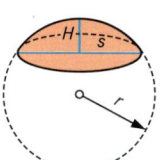

Fass (Tonne)

Näherungsformeln,
die etwas zu kleines
V liefern:

Bei kreisrunden Böden:

$V = 0,86 \cdot \left(\dfrac{D + d}{2}\right)^2 \cdot H$

Bei elliptischen Böden:

$V = 0,24 \cdot (D + d) \cdot (D_1 + d_1) \cdot H$

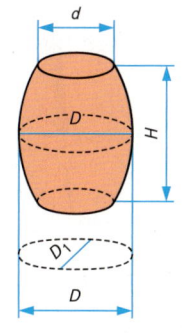

Drehkörper

Körper, die durch Drehung einer Fläche um eine Drehachse
entstehen.

V = erzeugende Fläche · Schwerpunktsweg
M = erzeugende Kante · Schwerpunktsweg

Beispiel: Ring

$V = A \cdot d \cdot \pi = b \cdot H \cdot d \cdot \pi$

$M = \pi \cdot D \cdot H$

$O = (2\,b + 2\,H) \cdot d \cdot \pi$

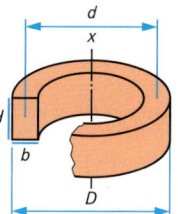

x = Drehachse

Geschweifte Pyramide

M = Summe aller Teilflächen
A_1 bis A_7

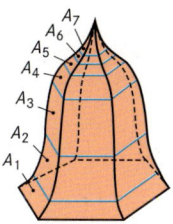

Geschweifter Kegel

$M = 2\,\pi \cdot r \cdot l = 6,28 \cdot r \cdot l$

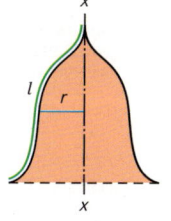

Rampe

gegen eine senkrechte Wand gelehnt:

$V = \dfrac{H^2}{6} \cdot (3\,b + 2\,H \cdot p) \cdot m$

Steigung Rampe 1 : m

Steigung Rampenseite 1 : p

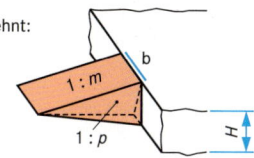

gegen eine schräge
Wand (z. B. Böschung)
gelehnt:

Steigung Gegenböschung 1 : n

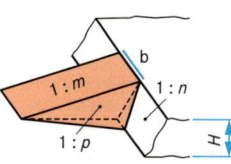

$V = \dfrac{H^2}{6} \cdot \left(3\,b + 2\,H \cdot p \cdot \dfrac{m - n}{m}\right) \cdot (m - n)$

A, a = große und kleine Grundfläche, M = Mantelfläche, O = Oberfläche, V = Volumen (Rauminhalt)

waagerecht gemessen:

l = Länge $\quad D, d$ = großer und kleiner Durchmesser
b = Breite $\quad U, u$ = großer und kleiner Umfang
r = Radius $\quad s$ = Sehne = d der Grundfläche

senkrecht gemessen:

H = Körperhöhe

schräg gemessen:

h = Flächenhöhe
δ = Körperdiagonale

Begriffe aus der Tragwerkplanung

Das **Tragwerk** ist die planmäßige Anordnung miteinander verbundener tragender und aussteifender Bauteile, die so entworfen sind, dass sie ein bestimmtes Maß an Tragwiderstand (z. B. Fundament, Stützen, Riegel, Decken, Trennwände) aufweisen.

Das **Tragsystem** ist die Summe der tragenden Bauteile eines Tragwerks und die Art und Weise, in der sie zur Erzielung eines bestimmten Tragwiderstands zusammenwirken (z.B. Durchlaufträger, Rahmen).

Das **Tragwerksmodell** ist die Idealisierung des Tragsystems für Schnittgrößenermittlung und Bemessung (auch **statisches System**).

Statik = Lehre vom Gleichgewicht der Kräfte

1.1 Eine Kraft F
ist bestimmt durch ihre Wirkungslinie, ihre Richtung und ihre Größe.

1.2 Der Angriffspunkt A
einer Kraft ist der Punkt auf der Wirkungslinie, in dem die Kraft an einem Körper angreift. Die Größe der Kraft wird meist in kN oder MN gemessen und zeichnerisch durch die Länge des Kraftpfeiles in einem Kraftmaßstab dargestellt.

2. Die Eigenlast G (Schwerkraft) ist eine lotrecht nach unten gerichtete Kraft, die von Massen, verursacht durch die Erdanziehung, auf alle Moleküle eines Stoffes ausgeübt wird.

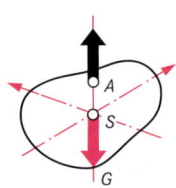

G = Summe aller

Meist wird die Last G als eine gleichmäßig verteilte **Flächenlast g** in kN/m^2 in die statische Berechnung eingesetzt.

In starren Körpern kann die Last G aber auch als eine **Einzelkraft** betrachtet werden, die am **Schwerpunkt S** angreift, der bei einem frei aufgehängten Körper senkrecht unter dem Aufhängepunkt A liegt.

3. Zusammensetzen von Kräften im zentralen Kräftesystem zu einer Resultierenden R:

Zeichnerisch, mittels Kräftepolygon nach unten stehender Skizze.

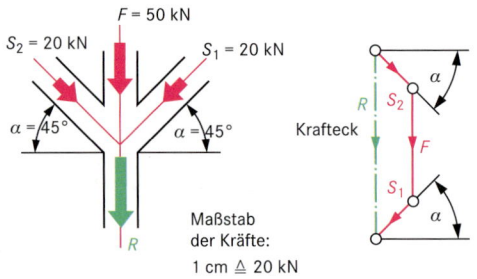

Maßstab der Kräfte:
1 cm ≙ 20 kN

Rechnerisch, mit den Kräften aus obiger Skizze.

$R = S_1 \cdot \sin \alpha$	$+ S_2 \cdot \sin \alpha$	$+ F$
$R = 20{,}0$ kN $\cdot$ 0,707	$+ 20{,}0$ kN $\cdot$ 0,707	$+ 50{,}0$ kN
$R = 14{,}12$ kN	$+ 14{,}12$ kN	$+ 50{,}0$ kN

$\underline{\underline{R = 78{,}24 \text{ kN}}}$

4. Zusammensetzen von Kräften mittels Polfigur und Seileck:

Lageplan der Kräfte mit Wirkungslinien   Krafteck mit Polfigur

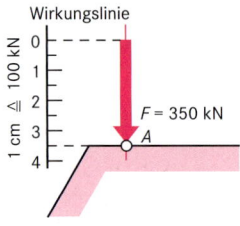
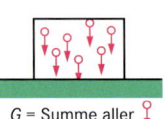

– Parallelverschiebung der Polstrahlen in den Lageplan ergibt das Seileck.

– Verbindung des ersten und letzten Polstrahls definiert die Lage und Größe der Resultierenden R.

– Parallelverschiebung von R in den Schnittpunkt des ersten und letzten Seilstrahls ergibt die Lage der Resultierenden im Lageplan.

Begriffe aus der Tragwerkplanung (Fortsetzung)

5. Zerlegen einer Kraft in 2 Komponenten:
Zeichnerisch, mittels Kräftedreieck, das zu einem Kräftepa-rallelogramm ergänzt werden kann.
Die Kräfte werden mit Hilfe eines Kräftemaßstabes abgegriffen.

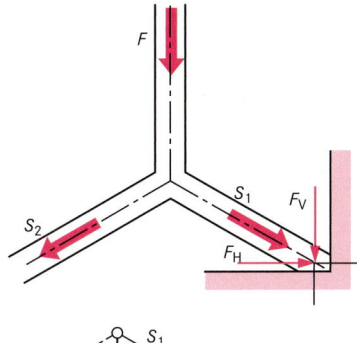

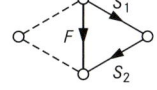

Rechnerisch, nach nebenstehender Skizze
(F aus obiger Skizze).

$$S_1 = \frac{F}{2} : \sin \alpha \qquad F_v = \text{Vertikalkomponente}$$

$$F_v = S_1 \cdot \sin \alpha = \frac{F}{2}$$

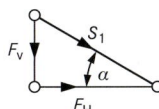

$$F_H = S_1 \cdot \cos \alpha \qquad F_H = \text{Horizontalkomponente}$$

6. Das Moment (statisches Moment, Drehmoment) **einer Kraft in Bezug auf einen Punkt** ist gleich dem Betrag der Kraft (F) mal dem Abstand (l) des Punktes rechtwinklig zur Wirkungslinie der Kraft.

$$M = F \cdot l \qquad \text{kN} \cdot \text{m} = \text{kNm}$$

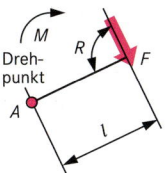

R = rechter Winkel

7. Kräftepaar = 2 parallele Kräfte gleichen Betrages, aber entge-gengesetzter Richtung.

Das **Moment eines Kräftepaares** ist gleich dem Betrag einer Kraft (F) mal dem Abstand (a) beider Kräfte.

Das Moment eines Kräfte-paares ist unabhängig von seinem Bezugspunkt.

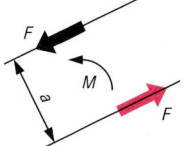

$$M = F \cdot a$$

8. Standmoment $F \cdot l$
ist das Moment, welches das stabile Gleichgewicht aufrechterhält.

$$M_S = G \cdot l_1$$

Kippmoment ist das Moment, das den Körper zum Kippen bringen könnte, hier bewirkt durch den horizontalen Erddruck E:

$$M_K = E \cdot l_2$$

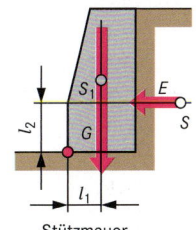

Stützmauer

9. Standsicherheit ist die Sicherheit gegen Umkippen des Bauwerkes oder Gerätes:

$$\text{Kippsicherheit} = \frac{\text{Standmoment}}{\text{Kippmoment}}$$

$$\eta_K = \frac{M_S}{M_K}$$

Im Hochbau: $\eta_K \geq 1,5$

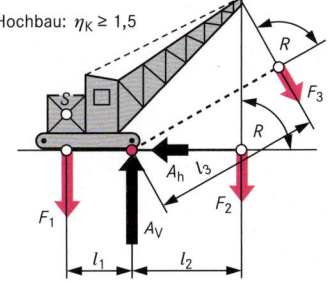

Das linksdrehende Standmoment aus der Eigenlast F_1 und dem Hebelarm l_1 muss größer sein als das rechtsdrehende Kippmoment aus der Last F_2 und dem Hebelarm l_2, bzw. aus dem Schrägzug F_3 und l_3.

Begriffe aus der Tragwerkplanung (Fortsetzung)

10. Hebelarten:

gleicharmige → a)

ungleich-
armige → b), d)

beidseitige → a), b)

einseitige → c)

gerade Hebel → a), b), c)

Winkelhebel → d)

Wesentliche Teile:
Drehpunkt ● –
Kraftarm – Lastarm

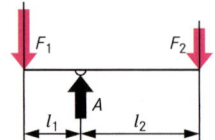
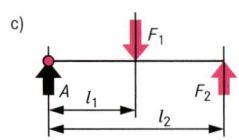
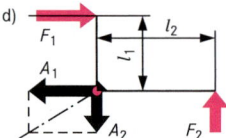

Gleichgewicht:
am Hebel, wenn:

$$F_1 : F_2 = l_2 : l_1$$

$$F_1 \cdot l_1 = F_2 \cdot l_2$$

Summe aller links-
drehenden Mo-
mente = Summe
aller rechtsdrehen-
den Momente.

11. Die **Auflagerkräfte** (A und B) wirken den Eigenlasten (G) entgegen. Sie sind mit ihnen im Gleichge-wicht.

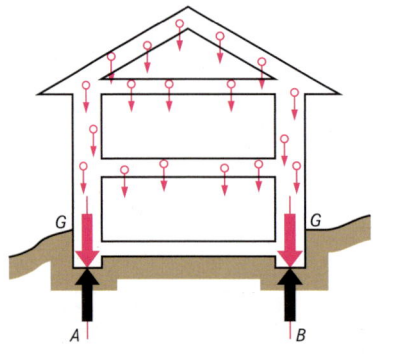

12. **Statisches System** mit Auflagersymbolen

festes Gelenklager   verschiebliches Gelenklager
(2 Bindungen)   (1 Bindung)

Die Gelenke werden oft nicht gezeichnet.

Volleinspannung (3 Bindungen)

13. Gleichgewichtsbedingungen:

Gleichgewicht besteht, wenn die Summe aller Horizontalkräfte gleich Null ist,

$$\Sigma H = 0$$

wenn die Summe aller Vertikalkräfte gleich Null ist

$$\Sigma V = 0$$

und wenn die Summe aller Mo-mente in Bezug auf einen beliebigen Punkt gleich Null ist.

$$\Sigma M = 0$$

Die Forderung ist erfüllt, wenn bei der zeichnerischen Untersu-chung **Krafteck** und **Seileck** geschlossen sind.

14. Beispiel für ein Stabilitätsproblem aus der Mechanik starrer Körper

Bei **stabilem** Gleichgewicht (a) ist das System bestrebt, nach einer Störung der Gleichgewichtslage wieder von selbst in diese Ausgangslage zurückzukehren.

Bei **labilem** Gleichgewicht (b) hat eine Störung zur Folge, dass sich das System von der Ausgangslage entfernt.

Bei **indifferentem** Gleichgewicht (c) befindet sich das System auch nach einer Störung wieder in einer Gleichgewichtslage.

a)   stabiles Gleichgewicht, weil S bei einer Bewegung ansteigt und der Körper dadurch selbsttätig in seine Ausgangslage zurückkehrt.
Diese Forderung muss bei allen üblichen Bauten erfüllt sein.
S = Schwerpunkt
A = Auflagerlinie

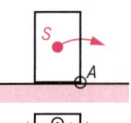

b)   labiles Gleichgewicht, weil S bei jeder Bewegung in eine tiefere Lage kommt und der Körper deshalb nicht mehr selbsttätig in seine Ausgangslage zurückkehrt.
Bei solchen Bauten sind zusätzliche Haltekräfte erfor-derlich.

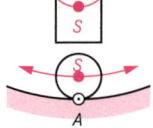
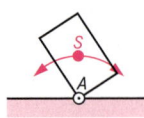

c)   indifferentes Gleichgewicht, weil S bei Bewegungen weder steigt noch fällt.
Der Körper kann deshalb nicht aus dem Gleichgewicht gebracht werden.

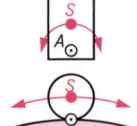

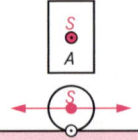

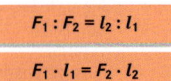

Auflagerkräfte, Biegemomente, Durchbiegung
Reaction forces, bending moments, deflection

für Belastungsfall	Auflager-/ Querkräfte	Biegemomente	Durchbiegung
a) Kragträger			
	$B = F$	$M(x) = -Fx$ $M_B = -Fl$	$f = \dfrac{Fl^3}{3\,EI}$
	$B = ql$	$M(x) = -\dfrac{q\,x^2}{2}$ $M_B = -\dfrac{q\,l^2}{2}$	$f = \dfrac{q\,l^4}{8\,EI}$
	$B = \dfrac{ql}{2}$	$M(x) = -\dfrac{q\,x^3}{6\,l}$ $M_B = -\dfrac{q\,l^2}{6}$	$f = \dfrac{q\,l^4}{30\,EI}$
b) Träger auf 2 Stützen			
	$A = F\,\dfrac{b}{l}$ $B = F\,\dfrac{a}{l}$	$M(x) = A \cdot x$ für $0 \le x \le a$ $M(x) = B\,(l-x)$ für $a \le x \le l$ $\max M = F \cdot a \cdot b/l$	$f_1 = \dfrac{1}{3} \cdot \dfrac{F}{EI} \cdot \dfrac{a^2\,b^2}{l}$
$a = b = \dfrac{l}{2}$	$A = B = \dfrac{F}{2}$	$M(x) = \dfrac{F}{2}\,x\,;\ \max M = \dfrac{Fl}{4}$	$f = \dfrac{1}{48} \cdot \dfrac{Fl^3}{EI}$
	$A = B = F$	$\max M = F \cdot a$	$f = \dfrac{Fa}{24\,EI}\,(3\,l^2 - 4a^2)$
	$A = B = F$	$\max M = \dfrac{Fl}{3}$ im mittleren Drittel	$f = \dfrac{Fl^3}{28{,}2\,EI}$
	$A = B$ $= \dfrac{3F}{2}$	$\max M = \dfrac{Fl}{2}$ in Trägermitte	$f = \dfrac{Fl^3}{20{,}2\,EI}$

Mechanik

für Belastungsfall	Auflager-/ Querkräfte	Biegemomente	Durchbiegung
Bei 5 und mehr gleich großen und gleich weit entfernten Einzellasten mit dem Abstand a können die Formeln für gleichmäßig verteilte Belastung ausreichend genau angewendet werden.			$q = \dfrac{F}{a}$
	$A = B = \dfrac{q\,l}{2}$	$M(x) = \dfrac{q\,x}{2}(l-x)$ $\max M = \dfrac{q\,l^2}{8}$	$f = \dfrac{5}{384}\cdot\dfrac{q\,l^4}{EI}$
	$A = B = \dfrac{q\,l}{4}$	$\max M = \dfrac{q\,l^2}{24}$	$f = \dfrac{3\,q\,l^4}{640\,EI}$
	$A = B = \dfrac{q\,l}{4}$	$M(x) = \dfrac{q\,l\,x}{2}\left(\dfrac{1}{2} - \dfrac{2}{3}\cdot\dfrac{x^2}{l^2}\right)$ $\max M = \dfrac{q\,l^2}{12}$	$f = \dfrac{1}{120}\cdot\dfrac{q\,l^4}{EI}$
	$A = \dfrac{1}{6}q\,l$ $B = \dfrac{1}{3}q\,l$	$M(x) = \dfrac{q\,l\,x}{6}\left(1 - \dfrac{x^2}{l^2}\right)$ $\max M = \dfrac{q\,l^2}{15,6}$ bei $x = 0,577\,l$	$f = 0,00652\,\dfrac{q\,l^4}{EI}$ bei $x = 0,5193\,l$
	$A = \dfrac{qc}{2l}(2l-c)$ $B = \dfrac{qc^2}{2l}$	$M(x) = A\cdot x - \dfrac{q\,x^2}{2}$ $\max M = \dfrac{q\,c^2}{8\,l^2}(2l-c)^2$ bei $x = \dfrac{A}{q}$	$f = \dfrac{q\cdot b\cdot c^3}{24\,EI}\cdot\left(4 - 3\dfrac{c}{l}\right)$ bei $x = c$
	$A = \dfrac{q\,b\,c}{l}$ $B = \dfrac{q\,a\,c}{l}$	$\max M = \dfrac{q\,a\,b\,c}{2\,l^2}(2l-c)$ bei $x = \dfrac{A}{q} + d$	$f_1 = \dfrac{q\,c}{384\,EI}\cdot$ $(lc^3 - 16\,abc^2 + 128\,a^2b^2)$ bei $x = a$
c) Träger auf 2 Stützen mit Kragarmen			
	$A = -\dfrac{F\,c}{l}$ $B = \dfrac{F}{l}(l+c)$	$M(x) = A\cdot x = -\dfrac{F\,c\,x}{l}$ $M_B = -F\,c$	$f = \dfrac{F\,l^2}{9\,EI}\cdot\dfrac{c}{\sqrt{3}}$ bei $x = 0,577\,l$ $f_1 = \dfrac{F\cdot c^2}{3\,EI}(l+c)$
	$A = B = F$	$M_A = M_B = -F\,c$	$f = \dfrac{F\,l^2\,c}{8\,EI}$ bei $\dfrac{l}{2}$ $f_1 = \dfrac{F\cdot c^2}{3\,EI}\cdot\left(c + \dfrac{3l}{2}\right)$
	$A = \dfrac{q}{2\,l}(l^2 - c^2)$ $B = \dfrac{q}{2\,l}(l+c)^2$	$\max M_F = \dfrac{q}{8\,l^2}(l^2 - c^2)^2$ $M_B = -\dfrac{q\,c^2}{2}$; $\max M_F = |M_B|$ bei $c = l\,(\sqrt{2} - 1)$	$f = \dfrac{q\,l^2}{384\,EI}(5l^2 - 12c^2)$ bei $x = \dfrac{l}{2}$ $f_1 = \dfrac{qc}{24\,EI}[c^2(4l+3c) - l^3]$

für Belastungsfall	Auflager-/ Querkräfte	Biegemomente	Durchbiegung
d) Träger auf 2 Stützen mit Kragarmen			
	$A = B = \dfrac{q}{2}(l + 2c)$	$M(x) = A \cdot x \left(1 - \dfrac{c}{x} - \dfrac{x}{l + 2c}\right)$ für $x \le c$ wird $M(x) = -\dfrac{q x^2}{2}$ $M_A = M_B = -\dfrac{q c^2}{2}$ $M_F = \dfrac{q l^2}{2}\left(\dfrac{1}{4} - \dfrac{c^2}{l^2}\right)$ für $c = 0{,}3535\, l$ wird $M_A = M_F = \pm \dfrac{q l^2}{16}$	$f = \dfrac{1}{16} \cdot \dfrac{q l^4}{EI}\left(\dfrac{5}{24} - \dfrac{c^2}{l^2}\right)$ $f_1 = \dfrac{1}{24} \cdot \dfrac{q l^4}{EI} \cdot$ $\left(3\,\dfrac{c^4}{l^4} + 6\,\dfrac{c^3}{l^3} - \dfrac{c}{l}\right)$
e) einseitig eingespannter Träger			
	$A = \dfrac{3}{8} q l$ $B = \dfrac{5}{8} q l$	$M(x) = \dfrac{q l x}{2}\left(\dfrac{3}{4} - \dfrac{x}{l}\right)$ $M_B = -\dfrac{q l^2}{8}$ $M_F = \dfrac{9}{128} q l^2$ bei $x = \dfrac{3}{8} l$	$f = \dfrac{2}{369} \cdot \dfrac{q l^4}{EI}$ bei $x = 0{,}4215\, l$
f) beidseitig eingespannter Träger			
	$A = B = \dfrac{q l}{2}$	$M(x) = -\dfrac{q l^2}{2}\left(\dfrac{1}{6} - \dfrac{x}{l} + \dfrac{x^2}{l^2}\right)$ min $M = M_A = M_B = -\dfrac{q l^2}{12}$ max $M = \dfrac{q l^2}{24}$	$f = \dfrac{1}{384} \cdot \dfrac{q l^4}{EI}$
g) Durchlaufträger, auch für ungleiche Stützweiten, wenn min $l \ge 0{,}8$ max l ist			
	$A = 0{,}375\, ql$ max $B = 1{,}250\, ql$ $Q_{bl} = -Q_{br} =$ $-0{,}625\, ql$	$M_1 = 0{,}070\, ql^2$ min $M_B = -0{,}125\, ql^2$	$f = 0{,}0054 \cdot \dfrac{q l^4}{EI}$
	max $A = 0{,}438\, ql$ max $C = -0{,}063\, ql$	max $M_1 = 0{,}096\, ql^2$ $M_B = -0{,}063\, ql^2$	$f = 0{,}0092 \cdot \dfrac{q l^4}{EI}$
	$A = 0{,}400\, ql$ $B = 1{,}100\, ql$ $Q_{bl} = -0{,}6\, ql$ $Q_{br} = 0{,}5\, ql$	$M_1 = 0{,}080\, ql^2$ $M_2 = 0{,}025\, ql^2$ $M_B = -0{,}100\, ql^2$	$f = 0{,}0068 \cdot \dfrac{q l^4}{EI}$
	max $A = 0{,}450\, ql$	max $M_1 = 0{,}101\, ql^2$ max $M_2 = -0{,}050\, ql^2$ $M_B = -0{,}050\, ql^2$	$f = 0{,}0099 \cdot \dfrac{q l^4}{EI}$
	max $A = -0{,}050\, ql$	max $M_2 = 0{,}075\, ql^2$ $M_B = -0{,}050\, ql^2$	$f = 0{,}0068 \cdot \dfrac{q l^4}{EI}$
	max $B = 1{,}200\, ql$ $Q_{bl} = -0{,}617\, ql$ $Q_{br} = 0{,}583\, ql$	max $M_B = -0{,}117\, ql^2$ $M_C = -0{,}033\, ql^2$	

Mechanik

Querschnittswerte
Section properties

Querschnitt	A	I_y	I_z	W_y	W_z
	bh	$\dfrac{bh^3}{12}$	$\dfrac{hb^3}{12}$	$\dfrac{bh^2}{6}$	$\dfrac{hb^2}{6}$
	$BH - bh$	$\dfrac{BH^3 - bh^3}{12}$	$\dfrac{ht_2^3 + 2t_1B^3}{12}$	$\dfrac{2\,I_y}{H}$	$\dfrac{2\,I_z}{B}$
	$(a + b - t)\,t$	$\dfrac{(a - t)\,t^3 + tb^3}{12}$	$\dfrac{(b - t)\,t^3 + ta^3}{12}$	$\dfrac{2\,I_y}{b}$	$\dfrac{2\,I_z}{a}$
	$t_1H + bt_2$	$\dfrac{t_1H^3 + bt_2^3}{3} - Ae_2^2$	$\dfrac{ht_1^3 + t_2B^3}{3} - Ae_1^2$	$W_o = \dfrac{I_y}{e_2}$ $\quad W_u = \dfrac{I_y}{H - e_2}$	$W_l = \dfrac{I_z}{e_1}$ $\quad W_r = \dfrac{I_z}{B - e_1}$
	$dB + d_1b_0$	$\dfrac{2b_1d^3 + b_0d_0^3}{3} - Ae^2$	$\dfrac{dB^3 + d_1b_0^3}{12}$	$W_o = \dfrac{I_y}{e}$ $\quad W_u = \dfrac{I_y}{d_0 - e}$	$\dfrac{2\,I_z}{B}$
	$ba - b_1a_1$	$\dfrac{a_1t_2^3 + 2t_1b^3}{3} - Ae^2$	$\dfrac{ba^3 - b_1a_1^3}{12}$	$W_o = \dfrac{I_y}{e}$ $\quad W_u = \dfrac{I_y}{b - e}$	$\dfrac{2\,I_z}{a}$
	$\dfrac{bh}{2}$	$\dfrac{bh^3}{36}$	$\dfrac{hb^3}{48}$	$W_o = \dfrac{bh^2}{24}$ $\quad W_u = \dfrac{bh^2}{12}$	$\dfrac{hb^2}{24}$
	$\dfrac{bh}{2}$	$\dfrac{bh^3}{36}$	$\dfrac{hb^3}{36}$	$W_o = \dfrac{bh^2}{24}$ $\quad W_u = \dfrac{bh^2}{12}$	$W_l = \dfrac{hb^2}{24}$ $\quad W_r = \dfrac{hb^2}{12}$
	πr^2	$\dfrac{\pi}{4}r^4$		$\dfrac{\pi}{4}r^3$	
	$\pi(R^2 - r^2)$	$\dfrac{\pi}{4}(R^4 - r^4)$		$\dfrac{I_y}{R}$	
	$\dfrac{\pi}{2}r^2$	$0{,}110\,r^4$	$\dfrac{\pi}{8}r^4$	$W_o = 0{,}191\,r^3$ $\quad W_u = 0{,}259\,r^3$	$\dfrac{\pi}{8}r^3$
	πab	$\dfrac{\pi}{4}ab^3$	$\dfrac{\pi}{4}ba^3$	$\dfrac{\pi}{4}ab^2$	$\dfrac{\pi}{4}ba^2$
	$0{,}866\,d^2$	$0{,}0601\,d^4$		$0{,}120\,d^3$	$0{,}104\,d^3$
	$0{,}828\,d^2$	$0{,}0547\,d^4$		$0{,}109\,d^3$	

○ Schwerpunkt ✕ Schubmittelpunkt ⊠ Schwerpunkt und Schubmittelpunkt

Mechanik

Spannung, Festigkeit

	Spannung	Festigkeit
Formel, Kenn-buchstaben	$$\text{Spannung} = \frac{\text{Kraft}}{\text{Fläche}} \qquad \sigma_N = \frac{|\vec{F}|}{B}$$	Für die Festigkeit gibt es in den z. Z. geltenden Normen und in der Literatur unterschiedliche Buchstaben: β in den älteren Normen und zum Teil noch in Büchern R für Stahl f in den neueren Normen
Erläuterung	Die mechanische Spannung σ (sigma) ist die Kraft F pro Flächeneinheit A, die während einer Belastung an einer Schnittfläche durch einen Körper wirkt. Je nach → Beanspruchungsart kann es sich um Zug- und/oder Druckspannung handeln. σ oder σ_N ist die Normalspannung, hier wirkt die Kraft im 90 °-Winkel zur Fläche A. Dies ist der Fall für die Beanspruchungsarten Druck, Zug, Biegung, Knicken, Torsion. Wirkt die Kraft, wie bei der Belastungsart Scheren, parallel zur Fläche, spricht man von der Scherspannung τ (tau).	Die Festigkeit ist keine physikalisch eindeutig definierbare Größe, sondern von Vereinbarungen abhängig, die in Prüfnormen festgelegt sind. Im Allgemeinen wird ein Grenzzustand definiert (z. B. der Bruch), in dem die herrschende Spannung (z. B. σ_{Bruch}) als (z. B. Bruch-) Festigkeit angenommen wird. Allgemein: $f = \sigma_{max}$ Die statische Festigkeit wird meist für eine Kurzzeitbeanspruchung angegeben, wobei die Zeit bis zum Erreichen der Höchstlast etwa 1 min beträgt.

Beanspruchungsarten

Beschreibung	Druck	Zug	Biegung	Knicken	Scheren	Torsion
Schema ━ = Fläche A ➡ = einwirkende Kräfte						
Festigkeit	Druckfestigkeit	Zugfestigkeit	Biegefestigkeit	Knickfestigkeit	Scherfestigkeit	Torsionsfestigkeit
Formelzeichen	f_c	f	f	f	f	f
Spannung	Druckspannung	Zugspannung	Biegespannung	Knickspannung	Scherspannung	Torsionsspannung
Formänderung	Dehnung	Dehnung	Durchbiegung	–	–	Verdrehwinkel

Materialprüfungen

In der Baustoffprüfung werden sehr unterschiedliche Materialprüfmaschinen eingesetzt: von einfachen, mechanisch angetriebenen Druckprüfgeräten bis zu computergesteuerten Großprüfgeräten z. B. für ganze Wand- oder Brückenbauteile.

Maximale Festigkeit von Konstruktionsbaustoffen in N/mm²
(n. K. Wesche, Baustoffe, Band 1, 3. Auflage, 1996)

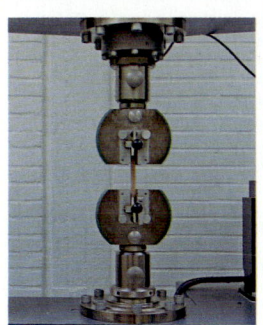

Zugprüfung

Druckprüfung

Druckfestigkeit	
Wandbausteine	80
Mauerwerk	20
Normalbeton	120
Leichtbeton	70
Zugfestigkeit	
Baustahl	800
Spannstahl	2000
Aluminium	500
Holz	250
Kunststoffe, verstärkt	1000

Einteilung der Baustoffe nach der Art der Formänderung

Einfache Baustoffe	Viskoelastische Baustoffe
Die Baustoffe werden hauptsächlich im Bereich der Gebrauchsspannungen beurteilt. Je steifer der Baustoff ist, desto steiler ist die Tangente der σ - ε - Linie, desto größer ist der E-Modul, z. B. bei Baustählen, Aluminium, Kupfer, Messing, Elastomeren, Holz mit Druckbeanspruchung in Faserrichtung. Die Stahlelastizität, bei der sich beim Dehnen und Stauchen die Abstände der Moleküle ändern, ist zu unterscheiden von der Gummielastizität, bei der beim Dehnen die vorher geknäuelten, leicht vernetzten Fadenmoleküle in eine gestrecktere, geordnetere Form gebracht werden. Sie haben jedoch das Bestreben, wieder in die ungeordnetere Form zurückzukehren. Typisch für gummielastische Stoffe sind der sehr niedrige E-Modul und die sehr große Bruchdehnung.	Viskoelastische Baustoffe haben ein Formänderungsverhalten, das sowohl auf elastische als auch auf viskose Anteile zurückzuführen ist. Es überlagern sich Hookesche Verformungen und Newtonsches Fließen. Bei der Entlastung geht die Verformung nicht ganz zurück. Typisch ist das Rückstellvermögen, welches bewirkt, dass die ursprüngliche Form langsam, aber meist nur teilweise, wieder erreicht wird. Das Rückstellvermögen ist wichtig für die Fugendichtung. Viskoelastische Baustoffe sind z. B. plastische Kunststoffe oberhalb der Glasübergangstemperatur (s. makro- und niedermakromolekulare Stoffe), plastoelastische Fugendichtungsmassen, Holz mit Druckbeanspruchung quer zur Faser, Kiessand als Baugrund.
Zähe Baustoffe	**Spröde Baustoffe**
Zähe Baustoffe besitzen eine große Bruchdehnung (fließfähig, stauchbar, verdrehbar, zähbrüchig), z. B. Frischkitt, Frischmörtel, Frischbeton, Leime, Anstrichstoffe, Weichblei, Polyethylenfolien oder andere thermoplastische Kunststoffteile.	Spröde Baustoffe besitzen nur eine kleine Bruchdehnung (nicht bleibend verformbar, sprödbrüchig). Sprödelastisch sind gehärtete Werkzeugstähle, Glas, Basalt, Holz mit Zugbeanspruchung parallel zur Faser. Sprödviskoelastische Baustoffe sind Mauerwerk, die meisten Bausteine, Grauguss.

Formänderungen

Dehnung	Elastische Dehnung
Dehnung (Stauchung) $\varepsilon = L - L_0/L$ Die Dehnung entspricht der Längenänderung dividiert durch die Ausgangslänge, die Maßzahl ist daher einheitslos. Der Stauchung entspricht auch das Setzen des Baugrundes.	Die elastische Dehnung ist die vorübergehende Dehnung im Bereich des geradlinigen Teils der Spannungs-Dehnungs-Linie, die bei Entlastung wieder zurückfedert. In diesem Bereich findet keine dauerhafte Veränderung des Baustoffs statt.
Bruchdehnung	**Bleibende Dehnung**
Die Bruchdehnung ist die gesamte Dehnung, die eine Baustoffprobe im Augenblick des Bruches erreicht. Im Zugversuch für Kunststoffe wird die Bruchdehnung auch Reißdehnung genannt. Im Zugversuch für metallische Werkstoffe nach DIN EN 10002-1: 01 werden Bruchdehnung A und gesamte Dehnung beim Bruch A_t unterschieden.	Die bleibende Dehnung ist der Teil der Dehnung, der bei Entlastung nicht zurückgeht, weil er durch plastisches Fließen und (oder) innere Zermürbung, beginnende Risse oder andere bleibende Veränderungen des Baustoffs verursacht wurde
Plastisches Fließen	**Kriechen**
Bei kristallinen Baustoffen tritt eine nennenswerte bleibende Verformung erst oberhalb der Fließgrenze auf. Bei großer Verformungsfähigkeit spricht man von Duktilität. Durch Recken kann die Fließgrenze erhöht werden, bei nachfolgender Druckbelastung aber herabgesetzt werden. Dieser Effekt wird als Bauschinger-Effekt bezeichnet.	Kriechen ist das allmähliche Nachgeben dauerhaft gedrückter Bauteile. Die sofort auftretende elastische Verformung nimmt im Laufe der Zeit zu und strebt einem Grenzwert zu, der sich aus der verzögert elastischen und verzögert bleibenden Verformung, dem viskosen Fließen, zusammensetzt. Bei Entlastung bleibt eine bleibende Dehnung bestehen. Die Kriechverformung wird rechnerisch als Vielfaches (zeitabhängige Kriechzahl t) der elastischen Verformung angegeben.
Viskoses Fließen	**Rückstellvermögen, Stndvermögen**
Flüssigkeiten setzen langsamen Formänderungen nur geringen Widerstand entgegen. Der Materialkennwert, der den Zusammenhang zwischen Verformungswiderstand und Verformungsgeschwindigkeit herstellt, heißt Viskosität. Viskose Verformungen sind bleibende Verformungen ohne elastischen Anteil. Die Viskosität ist stark von der Temperatur abhängig und besonders für die Verarbeitbarkeit von Beschichtungen und bituminösen Stoffen von großer Bedeutung.	Das Rückstellvermögen ist die Eigenschaft eines Dichtstoffes, die ursprüngliche Form und die ursprünglichen Maße ganz oder teilweise wieder anzunehmen, nachdem die Kräfte aufgehoben wurden, die die Verformung verursacht haben. Im Prüfverfahren nach DIN EN ISO 7389: 04 wird das Rückstellvermögen in Prozent durch Dehnung und Entspannung z. B. nach Wechsellagerung ermittelt. Das Standvermögen von Fugendichtstoffen z. B. Kitt wird nach DIN EN ISO 7390: 04 durch Absacken eines vertikalen Probekörpers bei 70°, 50° und 5°C gemessen.
Elastizitätsmodul E	**Schubmodul G**
E ist das Verhältnis der Spannung zur gleichzeitig vorhandenen elastischen Dehnung im linearen Teil der Spannungs-Dehnungs-Linie $E = \sigma/\varepsilon$ Hookesches Gesetz $\sigma = E \cdot \varepsilon$	ist das Verhältnis der Schubspannung zum gleichzeitig vorhandenen Gleitwinkel. $\tau = \dfrac{\gamma}{G}$ Manchmal heißt auch die Querdehnzahl Poissonzahl.

Mechanik

Arten der Formänderung und Eigenschaften der Baustoffe

Sehr vereinfacht dargestellt.
Vorsätze in Formelzeichen:
el = elastisch, bl = bleibend, ges = gesamt

Diagramme:
— erste Belastung
— zweite Belastung
---↑--- Bereich mehr-
facher Belastung

Elastische Baustoffe	Zähe Baustoffe

Nahezu rein elastisch federnde, vorübergehende Verformung

= **große Bruchdehnung** (fließfähig, stauchbar, biegsam, verdrehbar, zähbrüchig)

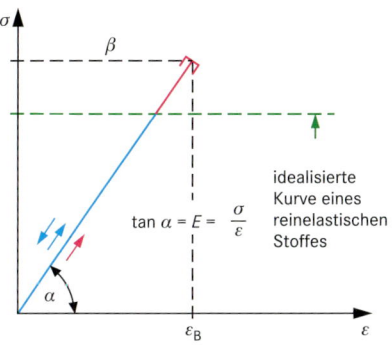

$\tan \alpha = E = \dfrac{\sigma}{\varepsilon}$

idealisierte Kurve eines reinelastischen Stoffes

Erste und weitere Belastungen deckungsgleich

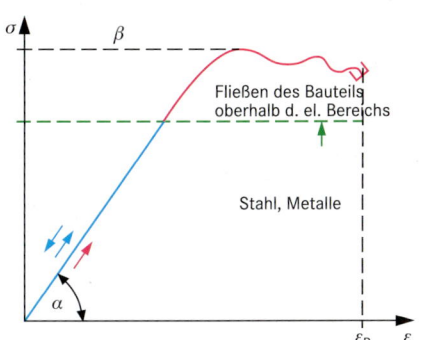

Fließen des Bauteils oberhalb d. el. Bereichs

Stahl, Metalle

Viskoelastische Baustoffe	Spröde Baustoffe

Plastisch-elastisches Verhalten, Verformungen gehen unvollständig zurück.

= **kleine Bruchdehnung**
(nicht bleibend verformbar, sprödbrüchig)

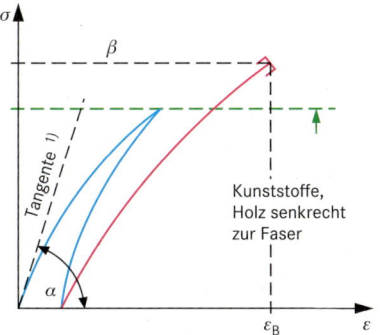

Kunststoffe, Holz senkrecht zur Faser

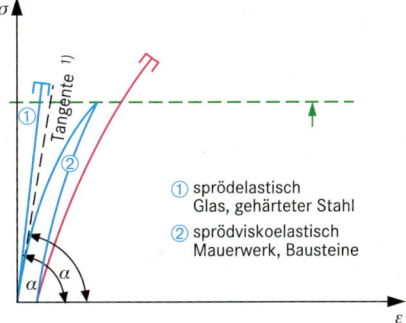

① sprödelastisch
Glas, gehärteter Stahl
② sprödviskoelastisch
Mauerwerk, Bausteine

σ = Spannung
β = Festigkeit
ε = Dehnung
ε_B = Bruchdehnung

[1] Die Ermittlung des Winkels α bei nicht geraden Spannungs-Dehnungslinien kann nach verschiedenen Methoden erfolgen.
Als Beispiel dient hier die Tangente im Koordinatenursprung.

Baustoffprüfungen

Druckfestigkeit

Festbeton   DIN EN 12 390-3: 02

Probekörper sind Würfel, Zylinder oder Bohrkerne. Die Probekörper werden bis zum Bruch in einer Druckprüfmaschine belastet. Die erreichte Höchstlast wird aufgezeichnet und die Druckfestigkeit berechnet.

$$f_c = \frac{F}{A_c}$$

f_c Bruchfestigkeit in N/mm^2

F Höchstkraft beim Bruch

A_c Fläche des Probenquerschnitts

Normale Bruchtypen bei Würfelproben

Normale Bruchtypen bei Zylinderproben

Mauerwerk   DIN EN 1052-1: 98

Die Druckfestigkeit von Mauerwerk normal zu den Lagerfugen wird aus der Festigkeit von kleinen Mauerwerksprüfkörpern, die bis zum Bruch belastet werden, hergeleitet. Die Prüfkörper werden einer gleichmäßigen Druckbelastung ausgesetzt. Die er-reichte Höchstlast F_{max} wird registriert. Die Druckfestigkeit jedes einzelnen Mauer-werksprüfkörpers ist

$$f_i = \frac{F_{i,max}}{A_i} \quad \text{in } N/mm^2$$

Daraus wird die mittlere Druckfestigkeit f der Mauerwerkskörper ermittelt.

Die charakteristische Druckfestigkeit ist

entweder $f_k = \dfrac{f}{1,2}$ oder $f_k = f_{i,min}$ in N/mm^2.

Der kleinere Wert ist maßgebend.

Bei mehr als fünf Prüfkörpern ist der 5%-Quantilwert basierend auf einem Vertrauensniveau von 95% zu berechnen.

Mauerwerksprüfkörper

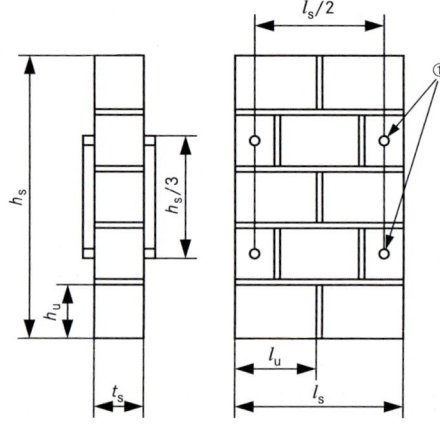

① Messung der Längenänderung

Bei Steinhöhen von höchstens 150 mm soll der Mauerwerkskörper mindestens 5 Schichten hoch sein. Bei Steinhöhen von mehr als 150 mm soll der Mauerwerkskörper mindestens 3 Schichten hoch sein. Die Höhe soll jedoch wenigstens das 3fache und höchstens das 15fache der Steinbreite betragen. Bei Steinen mit einer Sichtlänge von höchstens 300 mm soll die Höhe wenigstens das 2fache der Steinlänge, bei Steinen mit einer Sichtlänge von mehr als 300 mm das 1,5fache der Steinlänge betragen.

Biegezugfestigkeit

Prismatische Probekörper werden einem Biegemoment durch die Lasteintragung über obere oder untere Rollen ausgesetzt, dabei sind entweder die oberen oder die unteren Auflager Rollen. Oben kann ein Auflager (Dreipunktbiegung) oder zwei, meist symmetrisch angeordnete, Auflager (Vierpunktbiegung) verwendet werden. Bei Belastung bildet sich im Probekörper eine Zug- und eine Druckzone aus. Die aufgenommene Höchstlast wird aufgezeichnet und die Biegezugfestigkeit berechnet.

Bei Annahme der Gültigkeit des Hookeschen Gestzes lässt sich die Biegefestigkeit errechnen mit

$$\text{Max } \sigma_B = \frac{\text{Max } M}{W}$$

Max σ_B = maximale Biegespannung

Max M = maximales Biegemoment

W = Widerstandsmoment

l_W = lichte Weite

l_B = Auflägerlänge (ist von den Einspannbedingungen des Bauteils abhängig)

l = Stützweite

$l = l_W + 2\,(l_B/3 \text{ bis } l_B/2)$

Zugfestigkeit

Der Zugversuch (→ Beanspruchungsarten) besteht darin, eine Probe durch eine Zugbeanspruchung bei Temperaturen zwischen 10 und 35° C gleichmäßig zu dehnen, im Allgemeinen bis zum Bruch, um die mechanischen Baustoffkenngrößen zu bestimmen. Speziell auf den Zugversuch bezogen (siehe auch → Spannung, Festigkeit):

Bruch-dehnung A	Bleibende Verlängerung der Messlänge nach dem Bruch, bezogen auf die Anfangsmesslänge, in Prozent. Für den kurzen bzw. langen Proportio-nalstab ($l_0 = 5 \cdot d_0$ bzw. $l_0 = 10 \cdot d_0$) gelten die Bezeichnungen A_5 bzw. A_{10} (früher σ_{10}) für die Bruchdehnung: $A_5 = 1,2 \cdot A_{10}$.
Dehnung bei Höchstkraft	Vergrößerung der Anfangsmesslänge der Probe bei Höchstkraft, bezogen auf die Anfangsmess-länge in Prozent. A_g = nichtproportionale Dehnung bei F_m A_{gt} = gesamte Dehnung bei F_m
Höchstzug-kraft F_m	Größte Kraft, welche die Probe im Laufe des Versuchs nach Überschreiten der Streckgrenze getragen hat. Ergibt mit A Zugfestigkeit R_m.
Streckgrenze R_e (früher β_s)	Wenn der metallische Querschnitt eine Streck-grenze aufweist, erfolgt zu einem bestimmten Zeitpunkt im Versuchsablauf eine plastische Verformung ohne Zunahme der Kraft. Unterschie-den werden: Obere Streckgrenze R_{eH}: Spannung in dem Moment, in dem der erste deutliche Kraftabfall eintritt. Untere Streckgrenze R_{eL}: Kleinste Spannung im Fließbereich, wobei Einschwing-Erscheinungen nicht berücksichtigt werden.
Dehn-grenze R_p	Spannung bei einer bestimmten nichtproportio-nalen Dehnung. Das Formelzeichen wird ergänzt durch einen Index, der den Zahlenwert der nichtproportionalen Dehnung angibt, z. B. $R_{p0,2}$ (früher 0,2)
Dehn-grenze R_t	Spannung bei einer bestimmten gesamten Dehnung. Das Formelzeichen wird ergänzt durch einen Index, der den Zahlenwert der gesamten Dehnung in Prozent angibt, z. B. $R_{t0,5}$.

Spannungs-Dehnung-Linie mit unstetigem Übergang vom elastischen in den plastischen Bereich

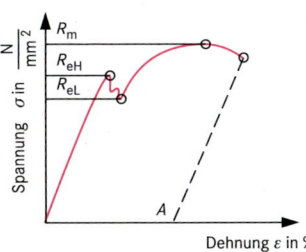

Streckgrenze f_{yk} in Abhängigkeit von der Temperatur T für Stahl S 235
(nach Stahlbau-Handbuch, Band 1, 2. Auflage 1982, S. 852)

T (°C)	f_{yk} (N/mm²)
20	235
100	224
200	207
250	196
300	183
350	168
400	152
450	133
500	113
550	89
600	63

Spaltzugfestigkeit

Spaltzugkräfte treten beispielsweise beim Einschlagen von Nägeln in Holz, beim Einteilen von Vorspannkräften im Spannbeton oder bei der Verwendung von Haken oder Rippen zur Verankerung der Bewehrung im Stahlbeton auf.

Beton   DIN EN 12 390-6: 01 und 06
Ein zylindrischer Probekörper wird einer Druckkraft ausgesetzt, die in unmittelbarer Nähe entlang seiner Längsachse aufgebracht wird. Die sich ergebende orthogonale Zugkraft verursacht den Bruch des Probekörpers unter Zugspannung.

$$f_{ct} = \frac{2 \cdot F}{\pi \cdot L \cdot d}$$

f_{ct} Spaltzugfestigkeit in N/mm²

F Höchstlast in N

L Länge der Kontaktlinie in mm

d Querschnittsmaß in mm

Scherfestigkeit

Die Scherkräfte wirken parallel zum belasteten Querschnitt.

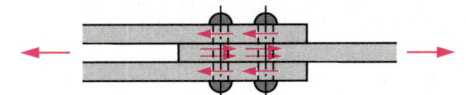

Scherbeanspruchung im Stahlbau

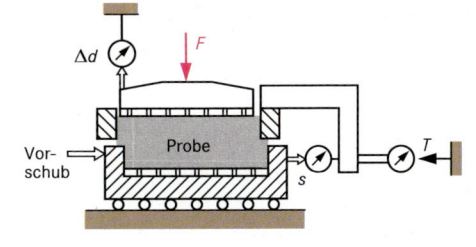

Schlagfestigkeit

Beim Kerbschlagbiegeversuch nach DIN 50115: 91 und DIN EN 10045-1: 91 wird die Kerbschlagarbeit für metallische Werkstoffe ermittelt. Die Normen ersetzen DIN 50115: 75. Die Kerbschlagarbeit ist ein wichtiger Zähigkeitskennwert. Die verbrauchte Schlagarbeit ist ein Maß für die Widerstandsfähigkeit einer gekerbten metallischen Probe gegen schlagartige Beanspruchung. Beispiel: KV = 121 J bedeutet: Arbeitsvermögen des Pendelschlagwerkes 300 J, Normalprobe mit V-Kerb, beim Bruch verbrauchte Schlagarbeit 121 J. Nach DIN EN ISO 179-1: 01 wird die Kerbschlagarbeit für Kunststoffe ermittelt. Die Norm ersetzt DIN 53453: 75.

Wird die verbrauchte Schlagarbeit (in kJ) auf die Anfangsquerschnittsfläche des Probekörpers an der Kerbe bezogen, so spricht man von Charpy-Kerbschlagzähigkeit a_{cN} (in kJ/m^2), wobei c für das Prüfverfahren nach Charpy und N für die Art der Kerbe N = A, B oder C steht.

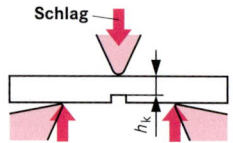

Für Kunststoffe gibt es in DIN EN ISO 179-1: 01 auch eine Schlagzähigkeitsprüfung. Für kleine fehlerfreie Holzproben ist ein Schlagbiegeversuch in DIN 52189-1: 81 genormt. Straßenbaustoffe und Schotter werden im Schlagprüfgerät nach DIN 52115-2: 97 durch Einwirkung von 20 Schlägen aus 420 mm Höhe zertrümmert. Der Grad der Zertrümmerung wird durch Siebung ermittelt. Ein Stoßversuch und ein Durchstoßversuch für Kunststoffteile sind in DIN EN ISO 6603-1: 00 genormt: Ein genormter Fallbolzen stößt auf Probeplatten. Fallhöhe bzw. Fallmasse werden gesteigert, bis ein Anriss, Durchriss, Durchstoß, Splittern erfolgt.

Bruchzähigkeit

Nach DIN EN ISO 12737: 99 ist die Bruchzähigkeit K_{lc} der Widerstand eines Material gegen Rissausbreitung für den ebenen Dehnungszustand in MPa · m^{0,5}. Bei geringen Abmessungen bis zum ebenen Spannungszustand sind die K_c-Werte höher.

Bruchzähigkeit von Werkstoffen
s. Hütte, 31. Auflage, Tab. 9-4

Werkstoff	K_c in MPa · m^{0,5}		
Stahl hochfest	50	...	154
Stahl, niedrig legiert			140
Glasfaserverstärkte Kunststoffe	20	...	60
Gusseisen	6	...	20
Stahlbeton	10	...	15
Holz senkrecht zur Faser	11	...	13
Granit			3
Polycarbonat			3
Holz parallel zur Faser	0,5	...	1
Glas	0,7	...	0,8
Epoxidharz	0,3	...	0,5
Zement			0,2

Haftfestigkeit, Abreißfestigkeit, Oberflächenzugfestigkeit

Mit Haftfestigkeit bezeichnet man die beim Bruch erreichte Haftspannung zwischen zwei Stoffen (z.B. Putze, Beschichtungen, Kleber). Je nach Richtung der wirkenden Kraft (→ Belastungsarten) unterscheidet man zwischen Haftzugfestigkeit und Haftscherfestigkeit. Führt man die Haftzugfestigkeitsprüfung an einer unbeschichteten Betonoberfläche durch, ergibt sich die Oberflächenzugfestigkeit. Für die Ermittlung der Haftzugfestigkeit bzw. der Oberflächenzugfestigkeit wird in die beschichte oder nicht beschichtete Oberfläche eine Ringnut mit dem Innendurchmesser 50 mm eingebracht.

Auf den entstehenden Kreis wird ein Stahlstempel mit 2 K Reaktionsharzkleber aufgebracht. Nach Erhärten des Klebers wird der Stempel mit dem Abreißprüfer abgezogen. Der Abreißprüfer misst die dafür notwendige maximale Kraft. Die Fläche des Stempels ist die Belastungsfläche A, aus der sich Oberflächenzugfestigkeit oder Haftzugfestigkeit in N/mm^2 ergeben. Zur Benennung und Zuordnung der Prüfergebnisse siehe Tabelle unten.

Bruchbild					
Versagensart	–	Kohäsionsversagen im Beton	Adhäsionsversagen zwischen Beton und Beschichtung	Kohäsionsversagen in der Beschichtung	Adhäsionsversagen zwischen mehreren Beschichtungslagen
Bezeichnung des Ergebnisses	Vor dem Abreißversuch	Oberflächenzugfestigkeit β_{OZ} ($\beta_{HZ} > \beta_{OZ}$)	Haftzugfestigkeit β_{HZ}	Haftzugfestigkeit β_{HZ}	Haftzugfestigkeit β_{HZ}

Verformung von Bauwerksteilen

1	Längenänderung bei Aufbringen der Last	$\Delta L_V = \dfrac{\sigma}{E} \cdot L$
2	Längenänderung durch Kriechen	$\Delta L_K = \Delta L_V \cdot \varphi$, ΔL_V aus 1.
3	Längenänderung durch Schwinden	$\Delta L_S = \varepsilon_S \cdot L$
4	Längenänderung durch Temperaturänderung ΔT	$\Delta L_T = \alpha_\vartheta \cdot \Delta T \cdot L$

L = Länge des Bauteils
ΔL = Verlängerung des Bauteils
α_ϑ = lineare Temperatur-Dehnzahl

Endkriechzahlen φ_∞ für Mauerwerk   DIN 1053-1: 96

Mauersteinart	Rechenwert	Wertebereich
Mauerziegel	1,0	0,5 bis 1,5
Kalksandsteine	1,5	1,0 bis 2,0
Leichtbetonsteine	2,0	1,5 bis 2,5
Betonsteine	1,0	0
Porenbetonsteine	1,5	1,0 bis 2,5

Endkriechzahlen φ_{70} für Beton- und Stahlbeton-bauteile nach 70 Jahren Belastungsdauer

Bela-stungs-alter t_0 (Tage)	Umweltbedingungen					
	trocken (Innenräume) 50 % rel. Feuchte			feucht (im Freien) 80 % rel. Feuchte		
	wirksame Bauteildicke h in mm					
	50	150	600	50	150	600
1	5,8	4,8	3,9	3,8	3,4	3,0
7	4,1	3,3	2,7	2,7	2,4	2,1
28	3,1	2,6	2,1	2,0	1,8	1,6
90	2,5	2,1	1,7	1,6	1,5	1,3
365	1,9	1,6	1,3	1,2	1,1	1,0

Kriechen von Holz und Holzwerk-stoffen   DIN EN 1995-1-1: 10

Die Endverformung $w_{G,fin}$ infolge der ständigen Einwirkung ist

$$w_{G,fin} = w_{G,inst} \cdot (1 + k_{def})$$

Die Endverformung $w_{Q,fin}$ infolge einer veränderlichen Einwirkung ist

$$w_{Q,fin} = w_{Q,inst} \cdot (1 + \psi_2 \cdot k_{def})$$

inst = Anfangswert, fin = Endwert
ψ_2 siehe Abschnitt Einwirkungen auf Tragwerke
k_{def} siehe Abschnitt Holzbau: Steifigkeitskennwerte, Nutzungs-klassen
Beispiel siehe Abschnitt Holzbau: Bemessungswerte der Festig-keiten

Endwerte der Feuchtedehnung $\varepsilon_{f\infty}$ (Schwinden, chemisches Quellen) für Mauerwerk in mm/m   DIN 1053-1: 96

Mauersteinart	Rechenwert	Wertebereich
Mauerziegel	0,0	+ 0,3 bis – 0,2
Kalksandsteine	– 0,2	– 0,1 bis – 0,3
Leichtbetonsteine	– 0,4	– 0,2 bis 0,5
Betonsteine	– 0,2	– 0,1 bis – 0,3
Porenbetonsteine	– 0,2	+ 0,1 bis 0,3

Verkürzung (Schwinden): Vorzeichen minus
Verlängerung (chemisches Quellen): Vorzeichen plus

Endschwindmaße ε_{CS70} für Beton- und Stahlbeton-bauteile nach 70 Jahren Trocknungsdauer

Umweltbedingungen					
trocken (Innenräume) 50 % rel. Luftfeuchte			feucht (im Freien) 80 % rel. Luftfeuchte		
wirksame Bauteildicke h in mm					
50	150	600	50	150	600
– 0,57	– 0,56	– 0,47	– 0,32	– 0,31	– 0,26

Schwind- und Quellmaß in % für Änderung der Holzfeuchte um 1% unterhalb des Fasersättigungs-bereiches   DIN EN 1995-1-1: 10

Baustoff	%
Fichte, Kiefer, Tanne, Lärche, Douglasie, Western Hemlock, Afzelia, Southern Pine, Eiche	0,25
Buche	0,30
Teak, Yellow Cedar	0,20
Azobe, (Bongossi), Ipe	0,36
Sperrholz, Brettsperrholz, Massivplatten	0,02
Furnierschichtholz ohne (mit) Querfurniere(n) in Faserrichtung der Deckfurniere,	0,01 (0,01)
rechtwinklig zur Faserrichtung der Deckfurniere	0,32 (0,03)
Kunstharzgebundene Spanplatten und Faserplatten	0,035
Zementgebundene Spanplatten	0,03
OSB-Platten OSB/2, OSB/3	0,03
OSB-Platten OSB/4	0,015

Die Werte gelten rechtwinklig zur Faserrichtung des Holzes bzw. in Plattenebene für eine etwa gleichförmige Feuchteänderung über den Querschnitt. In Faserrichtung des Holzes beträgt der Rechenwert 0,01 %. Die Fasersättigung darf für alle Holzarten rechnerisch mit 30 % Holzfeuchte angenommen werden.
Die Werte gelten für unbehindertes Quellen und Schwinden, bei behindertem Quellen darf mit den halbierten Quellmaßen gerechnet werden.

Elastizitätsmoduln von Baustoffen in kN/mm²

Mauerwerk nach DIN 1053-1: 96 (σ_0 in N/mm²)

Mauersteinsorte	Rechenwert	Wertebereich
Mauerziegel	$3,5 \cdot \sigma_0$	3,0 bis 4,0 · σ_0
Kalksandsteine	$3,0 \cdot \sigma_0$	2,5 bis 4,0 · σ_0
Leichtbetonsteine	$5,0 \cdot \sigma_0$	4,0 bis 5,5 · σ_0
Betonsteine	$7,5 \cdot \sigma_0$	6,5 bis 8,5 · σ_0
Porenbetonsteine	$2,5 \cdot \sigma_0$	2,0 bis 3,0 · σ_0

E ist der Sekantenmodul aus Gesamtdehnung bei etwa 1/3 der Mauerwerksdruckfestigkeit;
σ_0 ist der Grundwert nach DIN 1053-1: 96, Tabellen 4a, 4b und 4c

Mauerwerk nach Schubert,
Mauerwerk Kalender 2002, S. 16, Druckbeanspruchung senkrecht zu den Lagerfugen

Steinsorte	DIN	Festig-keits-klasse	Leicht-mörtel	Dünn-bett-mörtel
Mz, Hlz	105	4	2,5	4,0
		6	4,0	4,5
		8	5,0	5,5
		12	6,5	
Leichthoch-lochziegel	105-2, Zulassung	4	3,0	3,5
		6	4,0	4,5
		8	5,0	5,5
		12	6,5	7,5
		20	9,0	
KS	106	12		8,0
		20		10,0
Hbl	18151	2	2,2	2,0
		4	3,0	3,5
		6	3,6	4,5
		8	4,1	
V, Vbl	18152	2	2,0	2,0
		4	3,0	3,5
		6	3,7	5,0
		8	4,3	6,0
PB, PP	4165	2		1,0
		4		1,8
		6		2,5
		8		3,1

Mauerwerk aus			Normalmörtel			
Stein-sorte	DIN	Festig-keits-klasse	II	IIa	III	IIIa
Mz, Hlz	105	12	3,5	5,0	6,0	8,0
		20	5,0	6,5	8,5	11,0
		28	6,5	8,5	10,5	13,0
		36			12,5	16,0
		48			15,0	19,0
		60			18,0	22,5
Leicht-hoch-loch-ziegel	105-2 und Zulas-sung	4	2,0	2,5	3,0	4,5
		6	2,5	3,5	4,5	6,0
		8	3,0	4,0	5,5	7,5
		12	4,5	6,0	8,0	10,0
		20	7,0	9,0	12,0	15,0
KS	106	4	1,9	2,2	2,5	2,9
		6	2,6	3,0	3,4	4,0
		8	3,2	3,7	4,2	4,9
		12	4,3	5,0	5,7	6,6
		20	6,3	7,2	8,4	9,7
		28	8,1	9,3	10,7	12,4
		36	9,7	11,2	12,9	15,0
		48	12,0	13,9	16,0	18,5
		60	14,2	16,4	18,9	21,8
KSL	106	12	3,2	3,7	4,2	4,9
		20	5,0	5,8	6,6	7,7
		28	6,1	7,0	8,0	9,3
Hbl	18151	2	2,2	2,2	2,3	
		4	3,5	3,6	3,8	
		6	4,6	4,8	5,0	
		8	5,6	5,9	6,1	
V, Vbl	18152	2	2,2	2,4	2,5	
		4	3,7	3,9	4,1	
		6	4,9	5,2	5,6	
		8	6,0	6,4	6,8	
Hbn	18153	4	4,5	5,8	7,6	
		6	5,8	7,5	9,8	
		8	6,9	9,0	11,7	15,2
		12	8,8	11,5	15,0	19,5
PB, PP	4165	2			1,1	
		4			1,8	
		6			2,4	
		8			3,0	

Beton		DIN 1045: 88 u. DIN 4219-2: 79 (alte Normen)		
für **Normalbeton**			für **Leichtbeton**	
Festig-keits-klasse	Elasti-zitäts-modul	Schub-modul	Rohdichte-klasse	Elastizitäts-modul
B 5	(20)	–	1000	5
B 10	22	–	1200	8
B 15	26	–	1400	11
B 25	30	13	1600	15
B 35	34	14	1800	19
B 45	37	15	2000	23
B 55	39	16	–	–

Elastizitätsmoduln von Baustoffen in kN/mm²

Rechenwerte des E-Moduls (E_{cm}) für Beton
DIN EN 1992-1-1: 11

1	C12/15	27	9	C50/60	37
2	C16/20	29	10	C55/67	38
3	C20/25	30	11	C60/75	39
4	C25/30	31	12	C70/85	41
5	C30/37	33	13	C80/95	42
6	C35/45	34	14	C90/105	44
7	C40/50	35	15		
8	C45/55	36			

E_{cm} ist der mittlere Elastizitätsmodul (Sekantenmodul) bei $\sigma_c \approx 0,4 \cdot f_{cm}$

Rechenwerte des E-Moduls (E_{lcm}) für Leichtbeton
DIN 1045-1: 05, Tabelle 10

$E_{lcm} = \eta_E \cdot E_{cm}$ $\quad \eta_E = (\varrho/2200)^2$ mit ϱ in kg/m³

Vollholz

siehe Abschnitt Holzbau: Steifigkeitskennwerte, Nutzungsklassen **DIN EN 1995-1-1: 10**

Brettschichtholz

siehe Abschnitt Holzbau: Steifigkeitskennwerte, Nutzungsklassen **DIN EN 1995-1-1: 10**

Sperrholz

siehe Abschnitt Holzbau: Steifigkeitskennwerte, Nutzungsklassen **DIN EN 636: 12**

OSB-Platten

siehe Abschnitt Holzbau: Steifigkeitskennwerte, Nutzungsklassen **DIN EN 13 986: 05**

Kunstharzgebundene Platten für tragende Zwecke
DIN EN 13 986: 05

Technische Klasse P4 (Trockenbereich)

	Nenndicke in mm	E_{mean}	G_{mean}
Platten-beanspruchung	< 6 bis 13	3,20	0,20
	> 13 bis 20	2,90	0,20
	> 20 bis 25	2,70	0,20
	> 25 bis 32	2,40	0,10
	> 32 bis 40	2,10	0,10
	> 40 bis 50	1,80	0,10
Scheiben-beanspruchung	< 6 bis 13	1,80	0,86
	> 13 bis 20	1,70	0,83
	> 20 bis 25	1,60	0,77
	> 25 bis 32	1,40	0,68
	> 32 bis 40	1,20	0,60
	> 40 bis 50	1,10	0,55

Technische Klasse P6 (Trockenbereich)

	Nenndicke in mm	E_{mean}	G_{mean}
Platten-beanspruchung	< 6 bis 13	4,40	0,20
	> 13 bis 20	4,10	0,20
	> 20 bis 25	3,50	0,20
	> 25 bis 32	3,30	0,10
	> 32 bis 40	3,10	0,10
	> 40 bis 50	2,80	0,10
Scheiben-beanspruchung	< 6 bis 13	2,50	1,20
	> 13 bis 20	2,40	1,15
	> 20 bis 25	2,10	1,05
	> 25 bis 32	1,90	0,95
	> 32 bis 40	1,80	0,90
	> 40 bis 50	1,70	0,88

Technische Klasse P5 (Feuchtbereich)

	Nenndicke in mm	E_{mean}	G_{mean}
Platten-beanspruchung	< 6 bis 13	3,50	0,20
	> 13 bis 20	3,30	0,20
	> 20 bis 25	3,00	0,20
	> 25 bis 32	2,60	0,10
	> 32 bis 40	2,40	0,10
	> 40 bis 50	2,10	0,10
Scheiben-beanspruchung	< 6 bis 13	2,00	0,96
	> 13 bis 20	1,90	0,93
	> 20 bis 25	1,80	0,86
	> 25 bis 32	1,50	0,75
	> 32 bis 40	1,40	0,69
	> 40 bis 50	1,30	0,66

Technische Klasse P7 (Feuchtbereich)

	Nenndicke in mm	E_{mean}	G_{mean}
Platten-beanspruchung	< 6 bis 13	4,60	0,20
	> 13 bis 20	4,20	0,20
	> 20 bis 25	4,00	0,20
	> 25 bis 32	3,90	0,10
	> 32 bis 40	3,50	0,10
	> 40 bis 50	3,20	0,10
Scheiben-beanspruchung	< 6 bis 13	2,60	0,25
	> 13 bis 20	2,50	1,20
	> 20 bis 25	2,40	1,15
	> 25 bis 32	2,30	1,10
	> 32 bis 40	2,10	1,05
	> 40 bis 50	2,00	1,00

Für die Steifigkeitskennwerte E_{05} und G_{05} gelten die Rechenwerte:
$E_{05} = 0,8 \cdot E_{mean}$ und
$G_{05} = 0,8 \cdot G_{mean}$

Mechanik

Weitere Elastizitätsmoduln in kN/mm²

Material	E in kN/mm²
Diamant	1000
Carbonfaser	400
Baustahl	210
Nichtrostender Stahl – für Biegung und Stabilität, – für Zwängungsschnittgrößen	170 200
Paralleldrahtbündel	200
Bündel aus parallelen Spannlitzen	190
Vollverschlossenes Spiralseil	170
Offenes Spiralseil	150
Zink	128
Kupfer	125
Rundlitzenseile	90 ... 120
AR-Glasfaser	73
Kalknatronglas	70
Aluminiumlegierungen	60 ... 80
Naturseide	8,0
Baumwolle	6,0
Polyester	4,0
Polyamid	2,0
Polystyrol	0,30 ... 0,34
Epoxidharz	0,20 ... 0,30
Polycarbonat	0,20 ... 0,30
Polyvinylchlorid	0,10 ... 0,30

Hinweis:
E-Module in MN/m² = N/mm² sind unhandlich große Zahlen, die in den Tabellen deshalb in 10^3 N/mm² = 1 kN/mm² angegeben sind. Für das Ermitteln von Druckverkürzungen können diese Werte mit 1 Million multipliziert in kN/m² umgerechnet werden. Für Durchbiegungsberechnungen ist es günstiger, mit 100 multipliziert in kN/cm² umzurechnen.

Beispiel 1:
Wie viel dehnt sich ein 100 m langes **vollverschlossenes Stahlseil** von 25 mm Ø, das als Schrägabspannung einer Brücke, von dieser mit 100 kN aus Eigen- und Verkehrslast auf Zug beansprucht wird?

A = 398 mm² (metallischer Querschnitt)

vorh $\sigma_Z = \dfrac{F}{A} = \dfrac{100 \text{ kN}}{398 \text{ mm}^2}$ = 0,25 kN/mm² < zul σ,

$L_V = \dfrac{\text{vorh } \sigma_Z}{E} \cdot L = \dfrac{0,25 \text{ kN/mm}^2}{170 \text{ kN/mm}^2} \cdot$ 100 m = 0,15 m.

Beispiel 2:
Wie viel mm wird eine 4 m lange, 4 m hohe und 36,5 cm dicke Außenmauer im Endzustand niedriger und kürzer sein als bei ihrer Herstellung?

Mauerwerk aus KS 12-1,8, M. Gr. IIa.

Druckspannung in der obersten Lagerfuge:
vorh $\sigma_{D,0}$ = 1 MN/m² = 1000 kN/m²

Lufttemperatur beim Mauern etwa $\qquad$ + 15 °C
Lufttemperatur im Winter $\qquad$ – 15 °C

σ_D aus Eigenlast $= \dfrac{\gamma \cdot V}{A}$ $\qquad\qquad$ γ: gamma

$\qquad = \dfrac{18 \text{ kN/m}^3 \cdot 0,365 \text{ m} \cdot 4 \text{ m} \cdot 4 \text{ m}}{0,365 \text{ m} \cdot 4 \text{ m}} = 72 \, \dfrac{\text{kN}}{\text{m}^2}$

$\sigma_{D,m} = (\sigma_{D,0} + \sigma_{Du}) : 2$
$\qquad = (1000 + 1072) : 2 = 1036 \text{ kN/m}^2.$

Stauchung:

$\Delta L_V = \dfrac{\text{vorh } \sigma_{D,m}}{E_{MW} = 5 \text{ kN/mm}^2 = 5 \text{ Mill. kN/m}^2} \cdot L$

$\qquad = \dfrac{1036 \text{ kN/m}^2}{5\,000\,000 \text{ kN/m}^2} \cdot 4000 \text{ m} = \underline{0,83 \text{ m}}$

Kriechen:

$\Delta L_K = \Delta L_V \cdot \varphi$ = 0,83 mm · 1,5 = $\underline{1,25 \text{ mm}}$

Schwinden:

$\Delta L_S = \varepsilon_S \cdot L$ = 0,2 mm/m · 4 m = $\underline{0,8 \text{ mm}}$

Temperaturdehnung:

$\Delta L_T = \alpha_\vartheta \cdot \Delta T \cdot L$
$\qquad$ = 0,008 mm/K · m · 30 K · 4 m
$\qquad$ = $\underline{0,96 \text{ mm}}$

Gesamtverkürzung der Mauer:

waagerecht:
$\Delta L_{ges} = \Delta L_S + \Delta L_T$ = 0,8 mm + 0,96 mm = $\underline{1,76 \text{ mm}}$

senkrecht:
$\Delta H_{ges} = \Delta L_S + \Delta L_T + \Delta L_V + \Delta L_K$
$\qquad$ = 0,8 + 0,96 + 0,83 + 1,25 mm = $\underline{3,84 \text{ mm}}$

Beispiel 3:
Wie viel biegt sich ein Profil aus einer Aluminium-Legierung mehr durch als ein gleich großes Profil aus Stahl?

$\dfrac{210}{70}$ = 3 $\qquad$ Die Durchbiegung ist $\underline{3 \text{ x so groß.}}$

Beispiel 4:
Wie viel biegt sich ein Profil aus S235 mehr durch als ein gleich großes Profil aus S355?

S235 und S355 haben den gleichen E-Modul.

Die Durchbiegung ist $\underline{\text{gleich groß.}}$

Härte

Widerstand eines Körpers gegen Oberflächenverformung bzw. der Widerstand, den ein Körper dem Eindringen eines anderen Körpers entgegensetzt.

Mohshärte, Rosiwalhärte

Die Mohshärte beschreibt die Ritzbarkeit von Mineralien. Mineralien mit größeren Mohshärten ritzen solche mit kleinen. Die Rosiwalhärte gibt reziproke Volumenverluste an, die beim Schleifen gleicher Probekörper mit einer bestimmten Menge Schmirgel auftreten.

	Mohs-härte	Rosiwalhärte	Ritzbarkeit
Talk	1	0,03	mit Fingernagel schabbar
Gips, Steinsalz	2	1,25	mit Fingernagel ritzbar
Kalkspat	3	4,5	mit Kupfermünze
Flussspat	4	5	mit Messer leicht
Apatit	5	6,5	mit Messer noch
Feldspat	6	37	mit Stahlfeile
Quarz	7	120	
Topas	8	175	ritzt Fensterglas
Korund	9	1000	
Diamant	10	140000	
Ritzbarkeit siehe auch DIN 4022-1: 69			

Kugeldruckhärte von Metallen nach Brinell   DIN EN ISO 6506-1: 06

Bei der Härteprüfung von Metallen nach Brinell wird eine Hartmetallkugel (früher auch Stahlkugel) mit dem Durchmesser D mit einer Prüfkraft F in die Probe eingedrückt und der Eindruckdurchmesser d, der nach der Wegnahme der Prüfkraft F auf der Prüffläche entsteht, gemessen.

$$\text{Brinellhärte} = \text{Konstante} \cdot \frac{\text{Prüfkraft in N}}{\text{Oberfläche des Eindrucks in mm}^2}$$

Beispiel:
350 HBW 5/750 = Brinellhärte 350, bestimmt mit einer Kugel von 5 mm Durchmesser und mit einer Prüfkraft von 7,355 kN, die 10 s bis 15 s einwirkte (7,355 = 750 · 0,9806/100).

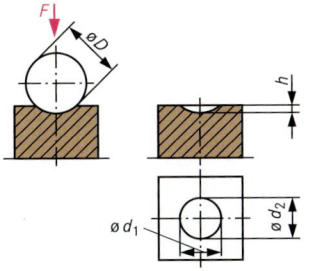

Härte harter Stoffe nach Vickers   DIN EN ISO 6507-1: 06

Es wird eine Diamantpyramide in die Probe eingedrückt.

Härte nach Rockwell   DIN EN ISO 6508-1: 06

Es wird ein Diamantkegel bzw. eine Stahlkugel in die Probe eingedrückt.

Rückprallhärte und Kugelschlaghärte von Beton

Rückprallhärte	DIN 1048-2: 91

Mit dem Rückprallhammer nach Schmidt wird ein Kennwert für das elastische Verhalten des Betons in oberflächennahen Schichten ermittelt, aus dem auf die Druckfestigkeit geschlossen werden kann. Messstellenwerte müssen bei waagerechtem Schlag mindestens 20 Skalenteile aufweisen.
R_m = Messstellenwert in Skalenteilen. Er ist ein arithmetisches Mittel aus 10 Werten R einer Messstelle.

Kugelschlaghärte

Mit einem Schlaghammer wird auf der Betonoberfläche ein Kugeleindruck erzeugt, ausgemessen und daraus auf die Betonfestigkeit geschlossen. Der Kugeldurchmesser beträgt im Allgemeinen 10 mm. Abgelesen werden die Eindruckdurchmesser, aus denen der mittlere Durchmesser gebildet wird. Der Kugeleindruck soll bei vollem Schlag zwischen 3 mm und 7 mm liegen.
Anstelle des Kugelschlaghammers wird heute weitgehend der Rückprallhammer eingesetzt.

Kugelschlaghammer nach Baumann-Steinrück

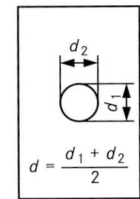 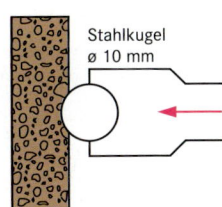

Stahlkugel ø 10 mm

$$d = \frac{d_1 + d_2}{2}$$

Vergleich der Ergebnisse von Kugelschlag- und Rückprallprüfungen			
Beton neu	Beton alt	Kugelschlag d in mm	Rückprall Skalenteile
C8/10	B 10	6,0	26
C12/15	B 15	5,5	30
C20/25	B 25	5,0	35
C30/37	B 35	4,7	40
C35/45	B 45	4,4	44
C45/55	B 55	4,2	48

Kugeleindruckhärte von Kunststoffen
DIN EN ISO 2039-1: 03

$$\text{Kugeleindruckhärte } HB = \frac{\text{Prüfkraft } F_m \text{ in N}}{\text{Oberfläche des Eindrucks in mm}^2}$$

Die Vorspannkraft F_0 muss 9,8 N betragen. Die Prüfkraft F_m muss einen der folgenden Werte haben:
49,0 N – 132 N – 358 N – 961 N.
Der Eindringkörper muss aus einer gehärteten Stahlkugel mit einem Durchmesser von 5,0 mm bestehen.

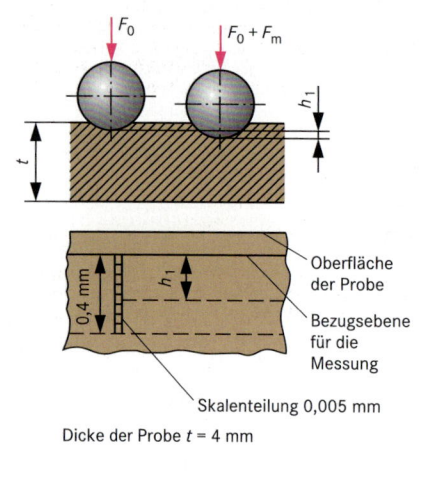

Oberfläche der Probe

Bezugsebene für die Messung

Skalenteilung 0,005 mm

Dicke der Probe t = 4 mm

Shore-Härte

Unter der Härte nach Shore wird der Widerstand gegen das Eindringen eines Körpers bestimmter Form unter definierter Federkraft verstanden.

Prüfung von Kautschuk und Elastomeren
DIN ISO 7619: 12

Das Härteprüfgerät nach Shore A ist im Bereich von 10 bis 90 Shore A anwendbar. Härtere Probekörper werden mit dem Härteprüfgerät nach Shore D gemessen.

Prüfung von Kunststoffen und Hartgummi
DIN EN ISO 868: 03

Shore-Durometer Typ A wird für weichere Materialien verwendet, Shore-Durometer Typ D für härtere Materialien.
Eindruckkörper für das Typ D Durometer
(Maße in mm)

ø3±0,5
ø1,25±0,15
Druckfuß
Volle Auslenkung: 2,5±0,04
Eindruckkörper 30° ±1°
R 0,1±0,012

Verschleiß

Unter Verschleiß wird die unerwünschte Veränderung der Oberfläche von Gebrauchsgegenständen durch Lostrennen kleiner Teile infolge mechanischer Ursachen verstanden.

Verschleißprüfung mit der Schleifscheibe nach Böhme
DIN 52 108: 10

Es wird das Verhalten anorganischer, nicht metallischer Werkstoffe bei Verschleiß durch schleifende Beanspruchung geprüft. Die Art der Beanspruchung entspricht einem Kornleitverschleiß. 22 Umdrehungen bilden eine Prüfperiode. Ein Versuch umfasst 16 Prüfperioden.

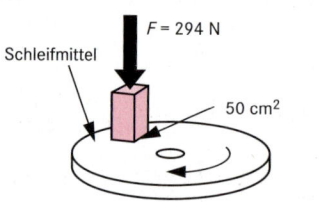

F = 294 N
Schleifmittel
50 cm²

Kugelstrahlversuch
DIN 53 154: 74

Untersuchung zur Beurteilung des Verhaltens von Anstrichen und ähnlichen Beschichtungen, wie sie in der Praxis durch kleine, sich oft wiederholende Schläge und Stöße auftreten.

Verschleißprüfung (20 Zyklen-Verfahren, Stuttgarter Prüfung)
DIN EN 660-1: 99

Der Verschleiß von Bodenbelägen, die mechanisch überwiegend durch Begehen beansprucht werden, vollzieht sich im Allgemeinen während verhältnismäßig langer Zeitspannen. Da für die Prüfung solche langen Zeitspannen nicht zur Verfügung stehen, ist man zur Beurteilung dieser Beläge gegen Verschleiß vorwiegend auf Kurzzeitversuche angewiesen. Solch einen Kurzzeitversuch stellt das 20-Zyklenverfahren dar.
Ermittelt wird der Dickenverlust Δl mit der Formel

$$\Delta l = \frac{10 \cdot \Delta m}{A \cdot \varrho}$$

Δm = Massenverlust in g
A = 150 cm²
ϱ in g/m³

Einwirkungen auf Tragwerke

DIN EN 1991: 10

DIN EN 1991 besteht aus folgenden Teilen:

Teil 1-1:	Allgemeine Einwirkungen auf Tragwerke - Wichten, Eigengewicht und Nutzlasten im Hochbau
Teil 1-2:	Allgemeine Einwirkungen – Brandeinwirkungen auf Tragwerke
Teil 1-3:	Allgemeine Einwirkungen – Schneelasten
Teil 1-4:	Allgemeine Einwirkungen – Windlasten
Teil 1-5:	Allgemeine Einwirkungen – Temperatureinwirkungen
Teil 1-6:	Allgemeine Einwirkungen – Einwirkungen während der Bauausführung
Teil 1-7:	Allgemeine Einwirkungen – Außergewöhnliche Einwirkungen
Teil 2:	Verkehrslasten auf Brücken
Teil 3:	Einwirkungen infolge von Kranen und Maschinen
Teil 4:	Einwirkungen auf Silos und Flüssigkeitsbehälter

Die Grundlagen der Tragwerksplanung und das bei der Bemessung von Tragwerken anzuwendende Sicherheitskonzept sind in DIN EN 1990:10 geregelt.

Die Rechenwerte der Vorgängernorm DIN 1055-1: 78 sind in dieser Auflage noch teilweise enthalten. Sie werden ergänzt durch die Wichten nach DIN EN 1991-1-1: 10. Die Wichten unterscheiden sich kaum von den bisherigen Rechenwerten. Im Umgang mit Altbauten dürften darüber hinaus auch die früher geltenden Lastannahmen von Interesse sein.

Die in den aktuellen Normen enthaltenen Einwirkungen heißen charakteristische Werte und werden mit dem Index k gekennzeichnet. Die Eigenlasten eines Tragwerkes dürfen in den meisten Fällen durch einen einzigen charakteristischen Wert angegeben und auf der Grundlage der Geometrie und der Durchschnittswichte berechnet werden. Für eine zeitabhängige, veränderliche Einwirkung ist der charakteristische Wert in der Regel so festgelegt, dass er mit einer Wahrscheinlichkeit von 98 % während einer Bezugsdauer von einem Jahr nicht überschritten wird bzw. nicht häufiger als einmal in 50 Jahren (im Mittel) erreicht oder überschritten wird.

Qualitätssicherung, Lastermittlung

Das durch die Norm DIN EN 1990: 10 festgelegte Zuverlässigkeitsniveau setzt unter anderem die Erfüllung folgender Voraussetzungen voraus:

– Mit der Wahl des Tragsystems und der Tragwerksplanung sind qualifizierte und erfahrene Personen beauftragt.
– Die Tragwerksplanung wird unabhängig geprüft, Ausnahmen werden gesetzlich geregelt.
– Die Bauausfuhrung erfolgt durch geschultes und erfahrenes Personal.
– In den Herstellerwerken, den Produktionsstatten und auf der Baustelle ist eine sachgemäße Aufsicht und Überwachung sichergestellt.
– Die Tragwerke werden den Planungsannahmen entsprechend genutzt und sachgerecht instand gehalten.
– Die in den Bauart- und Ausführungsnormen sowie sonstigen Regelungen gestellten Anforderungen an die Baustoffe werden erfüllt.

Beispiel zu Lastannahmen:

Ermittlung der Flächenlast einer Decke unter einem Wohnraum

Eigenlasten:

5 mm Bodenfliesen	$0,5 \cdot 0,22 = 0,11 \ kN/m^2$
45 mm Zementestrich	$4,5 \cdot 0,22 = 0,99 \ kN/m^2$
40 mm Dammplatten	$4,0 \cdot 0,01 = 0,04 \ kN/m^2$
16 cm Stahlbeton	$16,0 \cdot 0,25 = 4,00 \ kN/m^2$
	$g_k = 5,14 \ kN/m^2$

Nutzlasten:

Wohnraum, mit ausreichender Querverteilung (Kategorie A2)	$1,50 \ kN/m^2$
Zuschlag für leichte Trennwände	$1,20 \ kN/m^2$
	$q_k = 2,70 \ kN/m^2$

Die charakteristischen Werte (Index k) werden je nach Art der Einwirkung und Bemessungssituation mit unterschiedlichen Sicherheitsbeiwerten γ multipliziert, um die Bemessungswerte (Index d, d = design) zu erhalten:

$g_d = \gamma_G \cdot g_k$
$q_d = \gamma_Q \cdot q_k$

Teilsicherheitsbeiwerte γ_F für Einwirkungen

Einwirkung	Versagen des Tragwerks durch Bruch oder übermäßige Verformung		Verlust der Lagesicherheit des Tragwerks	
	ständig	veränderlich	ständig	veränderlich
ungünstig	$\gamma_G = 1,35$	$\gamma_G = 1,50$	$\gamma_G = 1,10$	$\gamma_G = 1,50$
günstig	$\gamma_G = 1,00$	–	$\gamma_G = 0,90$	–

Kombinationsbeiwerte Ψ für Einwirkungen auf Hochbauten

Kat.	Einwirkungen	Ψ_0	Ψ_1	Ψ_2
Nutzlasten nach DIN EN 1991-1-1 [1]				
A	Wohn- und Aufenthaltsräume	0,7	0,5	0,3
B	Büros	0,7	0,5	0,3
C	Versammlungsräume	0,7	0,7	0,6
D	Verkaufsräume	0,7	0,7	0,6
E	Lagerräume	1,0	0,9	0,8
F	Verkehrsflächen, $Q \leq 30kN$	0,7	0,7	0,6
G	Verkehrsflächen, $30 \ kN \leq Q \leq 160 \ kN$	0,7	0,5	0,3
H	Dächer	0	0	0
Schnee- und Eislasten nach DIN EN 1991-1-3				
Orte bis zu NN + 1 000 m		0,5	0,2	0
Orte über NN + 1 000 m		0,7	0,5	0,2
Windlasten nach DIN EN 1991-1-4				
		0,6	0,2	0
Temperatureinwirkungen (nicht Brand) nach DIN EN 1991-1-5				
		0,6	0,5	0
Baugrundsetzungen nach DIN EN 1997				
		1,0	1,0	1,0
Sonstige Einwirkungen				
		0,8	0,7	0,5

[1] Abminderungsbeiwerte für Nutzlasten in mehrgeschossigen Hochbauten siehe DIN EN 1991-1-1

Nachweis im Grenzzustand der Tragfähigkeit (ULS = Ultimate Limit State)

Allgemein muss gelten:

$E_d \leq R_d$ mit E_d = Bemessungswert der Beanspruchung (z. B. einwirkende Schnittgröße)

R_d = Bemessungswert des Tragwiderstands (z. B. aufnehmbare Schnittgröße)

Einwirkungskombinationen im Grenzzustand der Tragfähigkeit

Bemessungssituation	Einwirkungskombination	
ständig und vorübergehend (Grundkombination)	$E_d = E \cdot \left[\sum_{j \geq 1} \gamma_{G,j} \cdot G_{k,j} \, "+" \, \gamma_{Q,1} \cdot Q_{k,1} \, "+" \, \sum_{i>1} \gamma_{Q,i} \cdot \Psi_{0,i} \cdot Q_{k,i} \right]$	”+” bedeutet „ist zu kombinieren”
Außergewöhnliches (z. B. Fahrzeuganprall)	$E_d = E \cdot \left[\sum_{j \geq 1} G_{k,j} \, "+" \, A_d \, "+" \, \Psi_{1,1} \cdot Q_{k,i} \, "+" \, \sum_{i>1} \Psi_{2,i} \cdot Q_{k,i} \right]$	A_d ist der Bemessungswert der außergewöhnlichen Einwirkung

Nachweis im Grenzzustand der Gebrauchstauglichkeit (SLS = Serviceability Limit State)

Allgemein muss gelten:

$E_d \leq C_d$ mit E_d = Bemessungswert der Beanspruchung (z. B. berechnete Bauteilverformung)

R_d = Bemessungswert des Gebrauchstauglichkeitskriteriums (z. B. zulässiger Grenzwert der Bauteilverformung)

Einwirkungskombinationen im Grenzzustand der Gebrauchstauglichkeit

Bemessungssituation	Einwirkungskombination	
Charakteristische (seltene) Kombination	$E_{d,char} = E \cdot \left[\sum_{j \geq 1} G_{k,j} \, "+" \, Q_{k,1} \, "+" \, \sum_{i>1} \Psi_{0,i} \cdot Q_{k,i} \right]$	”+” bedeutet „ist zu kombinieren”
Häufige Kombination	$E_{d,freq} = E \cdot \left[\sum_{j \geq 1} G_{k,j} \, "+" \, \Psi_{1,1} \cdot Q_{k,1} \, "+" \, \sum_{i>1} \Psi_{2,i} \cdot Q_{k,i} \right]$	
Quasi-ständige Kombination	$E_{d,perm} = E \cdot \left[\sum_{j \geq 1} G_{k,j} \, "+" \, \sum_{i>1} \Psi_{2,i} \cdot Q_{k,i} \right]$	

Überblick über die europäischen Bemessungsnormen (Eurocodes)

Die Eurocodes wurden inzwischen in Europäische Normen (EN) überführt und in nationale Normen umgesetzt (DIN EN). Die meisten DIN EN sind in Deutschland bauaufsichtlich eingeführt und haben damit die alten, nationalen DIN abgelöst. Zu jeder DIN EN gibt es einen nationalen Anhang (NA), in dem ergänzende, länderspezifische Regelungen zusammengefasst sind.

Im Folgenden sind die Eurocodes und die daraus abgeleiteten, nationalen Normen (DIN EN) zusammengestellt:

Eurocode 0: Grundlagen der Tragwerksplanung
→ DIN EN 1990:10

Eurocode 1: Einwirkungen auf Tragwerke
→ DIN EN 1991-1 bis 4

Eurocode 2: Bemessung und Konstruktion von Stahlbeton- und Spannbetontragwerken
→ DIN EN 1992-1 bis 3

Eurocode 3: Bemessung und Konstruktion von Stahlbauten
→ DIN EN 1993-1 bis 6

Eurocode 4: Bemessung und Konstruktion von Verbundtragwerken aus Stahl und Beton
→ DIN EN 1994-1 bis 2

Eurocode 5: Bemessung und Konstruktion von Holzbauten
→ DIN EN 1995-1 bis 2

Eurocode 6: Bemessung und Konstruktion von Mauerwerksbauten
→ DIN EN 1996-1 bis 3

Eurocode 7: Entwurf, Berechnung und Bemessung in der Geotechnik
→ DIN EN 1997-1 bis 2

Eurocode 8: Auslegung von Bauwerken gegen Erdbeben
→ DIN EN 1998-1 bis 6

Eurocode 9: Bemessung und Konstruktion von Aluminiumtragwerken
→ DIN EN 1999 – 1

Für Werte, die in der aktuell gültigen Norm DIN EN 1991-1-1: 10 nicht angegeben sind, werden im Folgenden die Angaben aus der zurückgezogenen Norm DIN 1055-1: 78 verwendet, sofern sie noch baupraktische Bedeutung haben. Normverweise auf mittlerweile zurückgezogene Normen sind eingeklammert.

In DIN EN 1991-1-1: 10 sind für die Tragwerksplanung Wichten, in der alten Norm DIN 1055-1: 78 Rechenwerte in kN/m^3 festgelegt. Sind untere und obere Werte genannt, sollen diese stets so in die Rechnung eingesetzt werden, dass sie sich auf das Berechnungsergebnis ungünstig auswirken. (Hinweis: „v" bedeutet „oder")

Zur Erhöhung der Übersichtlichkeit wurden die Rechenwerte je nach Einheit mit den folgenden Farben hinterlegt:

     Rechenwert in kN/m^3 des Stoffes

     Rechenwert in kN/m^2 je cm Dicke eines Bauteils

     Rechenwert in kN/m^2 für die ganze Dicke des Bauteils, z. B. der Decke oder des Estrichs

Die Nummerierung entspricht nicht DIN EN 1991-1-1. Rohdichten sind in kg/dm^3 oder t/m^3 angegeben.

1. Metalle

	kN/m^3
Aluminium, Alu-Legierungen	27,28
Blei	114
Gusseisen	72,5
Kupfer	89
Kupfer-Zink-Legierung (Messing)	85
Stahl und Schmiedeeisen	78,5

2. Holz und Holzwerkstoffe

gegen Feuchte geschützt	kN/m^3
Nadelholz, allgemein	5
Laubholz D30 bis D40	7
Laubholz D60	9
Spanplatten nach DIN EN 312	7 ∨ 8
Baufurniersperrholz nach DIN 68 705-3	6
Baufurniersperrholz nach DIN 68 705-5	8
Hartfaserplatten nach DIN EN 622-2	10
mittelharte Faserplatten nach DIN EN 622-3	7
Dämmplatten nach DIN 68 750	2,5 ∨ 4

3. Beton und Mörtel

Rechenwerte gelten auch für die Betonfertigteile. Für Frischbeton die Werte um 1 kN/m^3 erhöhen! Stark abweichende Betonlast durch Probekörper nachweisen. Werte gelten nicht für den Schalungsdruck.				kN/m^3
Normalbeton				24
Stahlbeton				25

Porenbeton bewehrt, DIN 4223

Rohdichteklasse	in t/m^3	0,5	0,6	0,7	0,8
Rechenwert	kN/m^3	6,2	7,2	8,4	9,5

Leichtbeton

Rohdichteklasse	in t/m^3	1,0	1,2	1,4	1,6	1,8
Rechenwert	kN/m^3	10,0	12,0	14,0	16,0	18,0

Stahlleichtbeton

Rohdichteklasse	in t/m^3	1,0	1,2	1,4	1,6	1,8
Rechenwert	kN/m^3	11,0	13,0	15,0	17,0	19,0

Porenbeton unbewehrt, DIN 4166

Rohdichteklasse	in t/m^3	0,4	0,5	0,6	0,7	0,8
Rechenwert	kN/m^3	5,0	6,0	7,0	8,0	9,0

4. Mauerwerk

4.1 Mauerwerk aus natürlichen Steinen

unverputzt, Gewichte von Fugenmörtel und übliche Feuchte enthalten	kN/m^3
Erstarrungsgesteine:	
Basalt, Diabas, Diorit, Gabbro	29
Granit, Syenit, Porphyr	28
Trachit	26
Schichtgesteine: Grauwacke,	
Sandstein, Nagelfluh	27
Muschelkalk, auch Marmor	28
sonst. Kalksteine, Travertin	26
Vulkanischer Tuffstein	20
Umwandlungsgestein:	
Schiefer,	28
Gneis, Granulit	30
Serpentin	27

4.2 Mauerwerk aus künstlichen Steinen

unverputzt, mit Fugmörtel bei üblicher Feuchte, mit Leichtmauermörtel 1 kN/m^3 weniger.

Rohdichteklasse	in t/m^3	0,4	0,5	0,6	0,7	0,8	0,9	1,0
Rechenwert	kN/m^3	6	7	8	9	10	11	12

Rohdichteklasse	in t/m^3	1,2	1,4	1,6	1,8	2,0	2,2	2,4
Rechenwert	kN/m^3	14	16	16	18	20	22	24

5. Geschoss- und Dachdecken

5.1 Stahlbetondecken — DIN EN 1992-1-1

(einschließlich Stahleinlagen, ohne etwaige Stahlträger)	kN/m^2
Stahlbetonplatten pro cm Dicke	0,25

Stahlsteindecken aus Deckenziegeln

a) für teilvermörtelte Stoßfugen nach DIN 4159, Steinlänge: 25 cm

Rohdichte der Ziegel	kg/dm^3	0,6	0,8	1,0	1,2	
	11,5	1,25	1,45	1,65	1,85	
	14	1,5	1,75	2,0	2,25	
	16,5	1,9	2,15	2,4	2,75	kN/m^2
bei einer Deckendicke in cm	19	2,15	2,45	2,8	3,15	(ganze
	21,5	2,45	2,8	3,15	3,55	Dicke)
	24	2,75	3,1	3,5	3,95	
	26,5	3,05	3,45	3,9	4,3	
	29	3,35	3,8	4,25	4,7	

b) für vollvermörtelte Stoßfugen nach DIN 4159, Steinlänge: 25 cm

Rohdichte der Ziegel	kg/dm^3	0,6	0,8	1,0	1,2	
	11,5	1,45	1,6	1,85	2,0	
	14	1,8	1,95	2,2	2,45	
	16,5	2,2	2,4	2,65	2,95	kN/m^2
bei einer Deckendicke in cm	19	2,55	2,8	3,05	3,4	(ganze
	21,5	2,9	3,15	3,45	3,85	Dicke)
	24	3,2	3,55	3,9	4,3	
	26,5	3,7	4,1	4,45	4,8	
	29	4,05	4,45	4,85	5,25	

Stahlbeton-Balkendecken mit statisch **nicht** mitwirkenden Zwischenbauteilen aus Beton mit Balken-Achsabstand **62,5 cm** nach DIN 4158

Betonrohdichte der Zwischenbauteile	kg/dm^3	1,4	2,3	
	16	2,13	2,85	
bei einer Decken- dicke in cm	20	2,28	2,95	kN/m^2
	24	2,48	3,18	(ganze
bei **75 cm** Balken-Achsabstand und 20 cm Deckendicke		2,13	2,85	Dicke)

Einachsig gespannte Stahlbeton-Rippendecken
a) mit statisch **nicht** mitwirkenden Zwischenbauteilen aus Beton und **5 cm Betondruckplatte**

Betonrohdichte der Zwischenbauteile	kg/dm^3	1,4	2,3	
	17	2,95	3,58	
	19	3,14	3,75	
	21	3,71	4,38	
Rippen-	23	3,79	4,48	kN/m^2
Achs- Gesamt- decken-	25	3,87	4,55	(ganze
abstand: dicke	27	4,00	4,71	Dicke)
50 cm in cm	29	4,11	4,83	
	33	5,04	6,15	

b) mit statisch **nicht** mitwirkenden **Deckenziegeln** nach DIN 4160 mit **5 cm Betondruckplatte**

Ziegelrohdichte	kg/dm^3	0,6	0,9	
	19	2,55	2,95	
	21,5	2,80	3,25	
	24	3,05	3,55	
Rippen- Gesamt-	26,5	3,40	4,00	kN/m^2
Achs- decken-	29	3,65	4,30	(ganze
abstand: dicke	31,5	3,90	4,65	Dicke)
50 cm in cm	34	4,15	4,95	
	36,5	4,65	5,45	

Einachsig gespannte Stahlbeton-Rippendecken mit statisch **mitwirkenden** Zwischenbauteilen aus **Beton** nach DIN 4158. Rechenwerte → Herstellerangaben. Für Überschlagsrechnungen können die Deckengewichte nach den Angaben in der linken Spalte geschätzt werden. Bei zweiachsig gespannten Decken zusätzliche Rippen hinzurechnen.

Wie vor, mit statisch **mitwirkenden** Zwischenbauteilen aus **Ziegeln** nach DIN 4159, **ohne Aufbeton**.

Rohdichte	kg/dm^3	0,6	0,8	1,0	1,2	
	11,5	1,19	1,39	1,59	1,79	
	14	1,43	1,68	1,92	2,17	
	16,5	1,67	1,96	2,25	2,55	
a)	19	1,92	2,25	2,58	2,92	kN/m^2
Rippen- achs-	21,5	2,24	2,61	2,98	3,36	(ganze
abstand	24	2,50	2,91	3,32	3,74	Dicke)
50 cm	26,5	2,81	3,26	3,71	4,17	
	29	3,07	3,56	4,05	4,56	
	31,5	3,32	3,85	4,40	4,95	
	34	3,58	4,16	4,74	5,33	
	11,5	1,13	1,33	1,54	1,75	
	14	1,35	1,60	1,85	2,11	
	16,5	1,58	1,88	2,18	2,48	
b)	19	1,81	2,15	2,50	2,85	kN/m^2
Rippen- achs-	21,5	2,11	2,49	2,87	3,27	(ganze
abstand	24	2,39	2,77	3,20	3,64	Dicke)
62,5 cm	26,5	2,64	3,11	3,58	4,06	
	29	2,88	3,39	3,91	4,43	
	31,5	3,13	3,68	4,24	4,81	
	34	3,37	3,96	4,57	5,19	

(Spaltenbeschriftung links: Gesamtdeckendicke in cm)

Stahlbeton-Hohldielen nach DIN EN 1992-1-1: 10

Dicke in cm	5	6	7	8	9	
Normalbeton	0,85	1,00	1,15	1,30	1,50	kN/m^2
Leichtbeton	0,55	0,60	0,65	0,72	0,80	

Dicke in cm	10	11	12	14	16	
Normalbeton	1,65	1,85	2,01	–	–	kN/m^2
Leichtbeton	0,88	0,95	1,00	1,17	1,35	

5.2 Decken aus dampfgehärteten Poren- (Gas-)betonplatten pro cm — DIN 4223

Beton-Rohdichte in kg/dm^3	0,5	0,6	0,7	0,8
Rechenwert	0,062	0,072	0,084	0,095

Rippendecken ohne Füllkörper:
Eigenlasten sind nach der Form der Rippen zu ermitteln.

Einwirkungen auf Tragwerke – Wichten und Flächenlasten
Actions on structures – densities and weights

5.3 Decken aus Voll- und Lochsteinen

11,5 cm dick, nach DIN 105, 106, (398) und 18152, Steinfestigkeit ≥ 15 N/mm²	Stein-Rohdichte in kg/dm³	kN/m² (ganze Dicke)
Vollziegel, KS-Vollsteine	1,8	2,20
Hochlochklinker, LB-Vollsteine	1,6	2,05
Loch- und Porensteine	1,4	1,90
Loch- und Porensteine	1,2	1,70

5.4 Gewölbte Decken ohne Trägergewicht

Kappengewölbe, Stützweite ≤ 2 m einschließlich Hintermauerung	Gesamtdicke	
a) aus Vollsteinen nach DIN 105, 106 u. 398	11,5 cm	2,75
	24 cm	5,40
Stein-Rohdichte in kg/dm³	1,2	1,4
b) aus LB-Vollsteinen, Leichtziegeln, KSL	11,5 cm	1,80	2,25
	24 cm	3,60	4,50

5.5 Decken aus Glas-Stahlbeton

Betongläser nach (DIN 4243) mit Massivgläsern:	
a) Rippen: 8 cm hoch, 3 cm breit	1,00
b) 6 cm hoch, Rippen: 12 cm hoch, 5 cm breit	1,95
mit Hohlgläsern:	
c) Rippen: 10 cm hoch, 3 cm breit	1,40

6. Wände aus Platten und Glasbausteinen

Rechenwerte für unverputzte Wände einschließlich Fugmörtel. Gerippewände aus den Einzelbauteilen berechnen.

	Rohdichte in kg/dm³	Platten voll	hohl	
(Voll-) **Wandbauplatten aus Leichtbeton** nach DIN 18162 und **Hohlwandplatten aus Leichtbeton** nach DIN 18148	0,6	0,08	–	
	0,7	0,09	–	
	0,8	0,10	0,09	kN/m²
	0,9	0,11	0,10	
	1,0	0,12	0,11	
	1,2	0,14	0,13	
	1,4	0,15	0,15	

	kg/dm³	Fugendicke: normal	dünn	bewehrte Platten	
Porenbetonplatten, dampfgehärtet, DIN 4166 u. 4223	0,5	0,06	0,055	0,062	
	0,6	0,07	0,056	0,072	kN/m²
	0,7	0,08	0,075	0,084	
	0,8	0,09	0,085	0,095	

Wandbauplatten aus Gips	kg/dm³	kN/m²
Porengipsplatten n. DIN EN 12859	0,7	0,07
Gips-Wandbauplatten n. DIN EN 12859	0,9	0,09
Gipskartonplatten n. DIN 18180	–	0,09

Trennwände aus Gipskartonplatten nach DIN 18183 als Ständerwände mit		
Mineralwolleausfachung	einfache Beplankung	0,35
	doppelte Beplankung	0,50

Trennwände aus Gipsstuck-Bauplatten auf horizontalen Metallriegeln mit		
Mineralwolleausfachung	mit Abspachtelung	0,50
	mit Trockenputz	0,70

Trennwände aus Gips-Zwischenwandplatten

a) einfache Wände:	60 mm dick	0,55
	80 mm dick	0,75
	100 mm dick	0,90
b) Doppelwände m. 40 mm Mineralwolle 200 mm dick		1,50
c) Doppelwand m. Mineralwolleausfachung einschließlich 2 x 50 mm Holzwolle-Leichtbauplatten und 20 mm Luftschicht, 280 mm dick		1,80

Glasbaustein-Wände nach DIN 4242

Glasbausteine nach (DIN 18175)	80 mm dick	1,00
	100 mm dick	1,25
Sprossenlose Verglasung als Trenn- oder Lichtwand mit Profilbauglas	einschalig	0,27
	zweischalig	0,54

7. Putze

Drahtputz (Rabitzdecken und Verkleidungen), 30 mm Mörteldicke aus	
Gipsmörtel	0,50
Kalk-, Gipskalk- oder Gipssandmörtel	0,60
Zementmörtel	0,80
Gipskalkputz	
auf Putzträgern (z. B. Ziegeldrahtgewebe, Streckmetall) bei 30 mm Mörteldicke	0,50
auf Holzwolleleichtbauplatten mit einer	
Dicke von 15 mm und Mörtel mit einer Dicke von 20 mm	0,35
auf Holzwolleleichtbauplatten mit einer	
Dicke von 25 mm und Mörtel mit einer Dicke von 20 mm	0,45
Gipsputz, Dicke 15 mm	0,18
Kalk-, Kalkgips- und Gipssandmörtel, Dicke 20 mm	0,35
Kalkzementmörtel, Dicke 20 mm	0,40
Leichtputz nach DIN 18550-4, Dicke 20 mm	0,30
Putz aus Putz- und Mauerbinder nach (DIN 4211), Dicke 20 mm	0,40
Rohrdeckenputz (Gips), Dicke 20 mm	0,30
Wärmedämmputzsystem (WDPS) Dämmputz,	
Dicke 20 mm	0,24
Dicke 60 mm	0,32
Dicke 100 mm	0,40

Wärmedämmbekleidung aus Kalkzementputz mit einer Dicke von 20 mm und Holzwolleleichtbauplatten	kN/m²
Plattendicke 15 mm	0,49
Plattendicke 50 mm	0,60
Plattendicke 100 mm	0,80
Wärmedämmverbundsystem (WDVS) aus 15 mm dickem bewehrten Oberputz und Schaumkunststoff nach DIN V 18164-1 und (DIN 18164-2) oder Faserdämmstoff nach (DIN V 18165-1) und (DIN 18165-2)	0,30
Zementmörtel, Dicke 20 mm	0,42

Mechanik

8. Fußboden und Wandbeläge

	je cm Dicke	kN/m^2
Asphaltbeläge; Asphaltbeton		0,24
Asphaltmastix		0,18
Gussasphalt		0,23
Stampfasphalt als Platten		0,22
Betonwerksteinplatten (auch Terrazzo)		0,24
Estriche:		
Calciumsulfatestrich (Anhydritestrich, Natur-, Kunst- und REA [3] – Gipsestrich)		0,22
Gipsestrich		0,20
Gussasphaltestrich		0,23
Industrieestrich		0,24
Kunstharzestrich		0,22
Magnesiaestrich nach DIN 272:		
begehbare Nutzschicht in ein- oder mehrschichtigem Estrich		0,22
Unterschicht in Mehrschichtestrich		0,12
Zementestrich		0,22
Glasscheiben		0,25
Acrylglas		0,12
Gummibeläge		0,15
Keramische Wandfliesen (Steingut) einschließlich Verlegemörtel		0,19
Keramische Bodenfliesen (Steinzeug und Spaltplatten) einschließlich Verlegemörtel		0,22
Kunststoff-Fußböden		0,15
Linoleum		0,13
Natursteinplatten, einschließlich Verlegemörtel		0,30
Teppichböden		0,03
Sportböden: Elastikböden inkl. Oberbelag		0,12 [1]
Schwingböden		0,30 [1]
Parkett aus Laubholz[2]: Stabparkett		0,064
Mosaikparkett		0,064
Fertigparkett		0,060

	je cm	kN/m^2
Hochofenschlackensand		0,10
Kieselgur		0,03
Korkschrot, geschüttet		0,02
Magnesia, gebrannt		0,10
Schaumkunststoffe		0,01
Platten, Matten und Bahnen		
Asphaltplatten		0,22
Holzwolle-Leichtbauplatten nach (DIN 1101)		
Plattendicke ≤ 100 mm		0,06
Plattendicke > 100 mm		0,04
Kieselgurplatten		0,03
Korkschrotplatten aus imprägniertem Kork nach (DIN 18161-1), bituminiert		0,02
Mehrschicht-Leichtbauplatten n. (DIN 1102), unabhängig von der Dicke		
Zweischichtplatten		0,05
Dreischichtplatten		0,09
Korkschrotplatten aus Backkork nach (DIN 18161-1)		0,01
Perliteplatten		0,02
Polyurethan-Ortschaum nach (DIN 18159-1)		0,01
Schaumglas (Rohdichte 0,07 g/cm^3) in Dicken von 4 cm bis 6 cm mit Pappekaschierung und Verklebung		0,02
Schaumkunststoffplatten nach (DIN V 18164-1) und (DIN 18164-2)		0,004

Sperren gegen Feuchtigkeit	kN/m^2 (je Lage)
Bahnen im Lieferzustand	
Bitumen- und Polymerbitumen-Dachdichtungsbahn nach (DIN 52130) und (DIN 52132)	0,04
Bitumen- und Polymerbitumen-Schweißbahn nach (DIN 52131) und (DIN 52133)	0,07
Bitumen-Dichtungsbahn mit Metallbandeinlage nach (DIN 18190-4)	0,03
Nackte Bitumenbahn nach DIN 52129	0,01
Glasvlies-Bitumen-Dachbahn nach (DIN 52143)	0,03
Kunststoffbahnen, 1,5 mm Dicke	0,02

9. Sperr-, Dämm- und Füllstoffe

Lose Stoffe		kN/m^2
Bimskies, geschüttet		0,07
Blähglimmer, geschüttet		0,02
Blähschiefer, Blähton, geschüttet		0,15
Blähperlit		0,01

	je cm	kN/m^2
Faserdämmstoffe n. (DIN V 18165-1) und (DIN 18165-2) (z.B. Glas-, Schlacken, Steinfaser)		0,01
Faserstoffe, bituminiert, als Schüttung		0,02
Gummischnitzel		0,03
Hanfscheben, bituminiert		0,02
Hochofenschaumschlacke (Hüttenbims), Steinkohlenschlacke, Koksasche		0,14

10. Dachdeckungen

Die Rechenwerte gelten für 1 m^2 Dachfläche ohne Sparren, Pfetten und Dachbinder. Für Dachziegel, Betondachsteine und Glasdachsteine gelten sie, soweit nicht angegeben, ohne Vermörtelung, aber einschließlich der Latten.

Bei Vermörtelung: 0,1 kN/m^2 zuschlagen!

Deckung aus Dachziegeln, Beton- und Glasdachsteinen		kN/m^2 (ganze Dicke)
Betondachsteine m. mehrfacher Fußverrippung und hochliegender Längsfalz	≤ 10 St./m^2	0,50
	> 10 St./m^2	0,55
wie vor, tiefliegender Längsfalz	≤ 10 St./m^2	0,60
	> 10 St./m^2	0,65

[1] Der Rechenwert gilt für alle Schichten.

[2] Nicht in der Norm, Werte aus der Informationsschrift der Arbeitsgemeinschaft Holz e.V.

[3] Rauchgasentschwefelungsanlage

Mechanik

10. Dachdeckungen (Fortsetzung)

Deckung aus Dachziegeln, Beton- und Glasdachsteinen (Fortsetzung)	kN/m² (ganze Dicke)
Biberschwanzziegel 155/375 u. 180/380 und Biberschwanz-Betondachsteine als Spließdach (einschließlich Schindeln)	0,60
als Doppeldach und Kronendach	0,75
Falzziegel, Reformpfannen, Falzpfannen und Flachdachpfannen	0,55
Glasdachsteine in den zuvor genannten Deckungs- arten mit der gleichen Last wie die jeweiligen Decksteine	
Großformatige Pfannen ≤ 10 Stück/m²	0,50
Kleinformat-Biberschwanzziegel (Turmbiber)	0,95
Krempziegel, Hohlpfannen	0,45
wie vor, in Pappdocken verlegt	0,55
Mönch und Nonne, mit Vermörtelung	0,90
Strangfalzziegel	0,60
Schieferdeckung	
Altdeutsche Schieferdeckung und Schablonendeckung auf 24 mm Schalung, einschließlich Vordeckung und Schalung	
in Einfachdeckung	0,50
in Doppeldeckung	0,60
Schablonendeckung auf Lattung, einschließlich Lattung	0,45
Metalldeckung	
Aluminiumblechdach (Aluminium 0,7 mm dick, ein- schließlich 24 mm Schalung)	0,25
Aluminiumblechdach aus Well-, Trapez- und Klemmrippenprofilen	0,05
Doppelstehfalzdach aus Titanzink oder Kupfer, 0,7 mm dick, einschließlich Vordeckung und 24 mm Schalung	0,35
Stahlpfannendach (verzinkte Pfannenbleche)	
einschließlich Lattung	0,15
einschließlich Vordeckung und 24 mm Schalung	0,30
Stahlblechdach aus Trapezprofilen	

Stahlblechdach aus Trapezprofilen

Profilhöhe:		Blechdicke:		kN/m²
48,5	mm	0,75	mm	0,08
48,5	mm	1,00	mm	0,100
48,5	mm	1,25	mm	0,151
144	mm	0,75	mm	0,105
144	mm	1,00	mm	0,139
144	mm	1,25	mm	0,174

Dachdichtung und Dachdeckung mit bituminösen Dachbahnen und Kunststoffbahnen für Flachdächer	kN/m² (je Schicht)
Bahnen in verlegtem Zustand	
Bitumen- und Polymerbitumen-Dachdichtungsbahn nach (DIN 52130) und (DIN 52132), einschließlich Klebemasse bzw. Bitumen- und Polymerbitumen- Schweißbahn nach (DIN 52131) und (DIN 52133), je Lage	0,07
Bitumen-Dichtungsbahn nach DIN 18190-4, einschließlich Klebemasse, je Lage	0,06
Nackte Bitumenbahn nach DIN 52129, einschließlich Klebemasse, je Lage	0,04

	je Schicht	kN/m²
Glasvlies-Bitumen-Dachbahn nach DIN 52143, einschließlich Klebemasse, je Lage		0,05
Dampfsperre, einschließlich Klebemasse bzw. Schweißbahn, je Lage		0,07
Ausgleichsschicht, lose verlegt		0,03
Dachabdichtungen und Bauwerksabdichtungen aus Kunststoffbahnen, lose verlegt, je Lage		0,02
Oberflächenschutz: 5 cm Kiesschüttung		
einschließlich Deckaufstrich		1,00
Mehrgewicht für jeden weiteren cm		0,19
Bekiesung (Kiespressung), einschließlich Kieseinbettungsmasse		0,20
Besplittung, einschließlich Deckaufstrich		0,05
Schutzbahn, einschließlich Klebemasse		0,08

Deckung mit ebenen Faserzement- Dachplatten nach DIN EN 494	kN/m² (ganze Dicke)
Deutsche Deckung, einschließlich Lattung und 24 mm Schalung	0,40
Doppeldeckung, einschließlich Lattung	0,38
Waagerechte Deckung, einschließlich Lattung	0,25
Deckung mit Faserzement-Wellplatten nach DIN EN 494	
mit Befestigungsmaterial, ohne Pfetten	
Faserzement-Kurzwellplatten	0,24
Faserzement-Wellplatten	0,20
Sonstige Deckungen	
Deckung mit Kunststoffwellplatten (Profilformen nach DIN EN 494), ohne Pfetten, einschließlich Befesti- gungsmaterial	
aus faserverstärkten Polyesterharzen, (Rohdichte 1,4 g/cm³), Plattendicke 1 mm	0,03
wie vor, jedoch mit Deckkappen	0,06
aus glasartigem Kunststoff, (Rohdichte 1,2 g/cm³), Plattendicke 3 mm	0,08
PVC-beschichtetes Polyestergewebe ohne Tragwerk:	
Typ I (Reißfestigkeit 3,0 kN/5 cm Breite)	0,0075
Typ II (Reißfestigkeit 4,7 kN/5 cm Breite)	0,0085
Typ III (Reißfestigkeit 6,0 kN/5 cm Breite)	0,01
Rohr- und Strohdach, einschließlich Latten	0,70
Schindeldach, einschließlich Latten	0,25
Sprossenlose Verglasung:	
Profilbauglas, einschalig	0,27
Profilbauglas, zweischalig	0,54
Zeltleinwand, ohne Tragwerk	0,03

11. Baustoff-Lagerstoffe

	kN/m³
Blähton, Blähschiefer und Gips, gemahlen	15
Kalk	13
Kies und Sand, trocken oder erdfeucht; bei nasser Schüttung (nicht unter Wasser) Erhöhung um 2 kN/m³	18
Gipsmörtel ohne Sandzusatz	12
Kalk-, Gipssand-, Anhydritmörtel	18
Kalkzement-, Kalktrass-, Lehmmörtel	20
Zement-, Putz- und Mauerbindermörtel	21

Mechanik

Einwirkungen auf Tragwerke/Lastannahmen – Bodenkenngrößen
Actions on structures/design loads – soil characteristics

Auszug aus DIN 1055-2: 10

Die hier festgelegten **Bodenkenngrößen** gelten für die Berechnung der Standsicherheit und der Abmessungen von Bauten, die durch die Eigenlast des Bodens oder durch Erddruck belastet werden.

In schwierigen Fällen wird die Mitwirkung eines in Grundbau und Bodenmechanik erfahrenen Sachverständigen notwendig.

Wenn sich der anstehende **Boden nach Art und Beschaffenheit** in den Spalten 1 und 2 der Tabellen **T1** und **T2** einordnen lässt, dann darf mit den Rechenwerten „cal" (kalkulierte Werte) gerechnet werden.

cal γ = **Wichte** des erdfeuchten Bodens (Wichte = Last durch Volumen).

cal γ_r = Wichte des wassergesättigten Bodens.

cal γ' = Wichte des Bodens unter Auftrieb um 10 kN/m² (Auftrieb) kleiner als cal γ_r.

cal φ' = innerer **Reibungswinkel** des Bodens, bei bindigen Böden des dränierten (entwässerten) gewachsenen Bodens.

cal φ_u = Reibungswinkel des geschütteten (nicht konsolidierten) Bodens.

Der **Wandreibungswinkel δ** zwischen angreifender Erddrucklast E_a und der Flächennormalen auf die belastete Bauwerkfläche; er hängt von der Rauigkeit der Wandfläche ab.

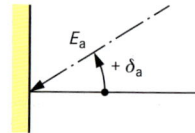

cal c = **Kohäsion** des entwässerten Bodens ($\rightarrow$ **T2**).

cal c_u = Kohäsion des nichtentwässerten Bodens.

Erdruhedruck:
Größter, im ungestörten, gewachsenen Boden auf eine lotrechte Fläche wirkender Erddruck. Er stellt sich nur an sehr biegesteifen Bauteilen ein, die so starr sind, dass sie sich in Erddruckrichtung nicht bewegen können ($\rightarrow$ **A1**).

Aktiver Erddruck:
Kleinster Erddruck, der sich hinter einer Wand einstellt, wenn sie vor dem Erddruck zurückweicht ($\rightarrow$ **A2**).
Die Resultierende des Erddrucks wird als Erddrucklast bezeichnet.

Erhöhter (aktiver) Erddruck:
Praktisch sich ergebender Erddruck, der wegen nicht ausreichender Wandbewegung größer ist als der aktive Erddruck, aber kleiner als der Erdruhedruck ($\rightarrow$ **A3**).

Verdichtungs-Erddruck:
Erddruck, der sich hinter einer Wand einstellt, wenn nichtbindiger oder bindiger Boden lagenweise geschüttet und verdichtet wird. Bei guter Verdichtung entspricht er dem Erdruhedruck. Bei sehr guter Verdichtung kann er höher als der Erddruck sein.

A1 In der Regel für Erdruhedruck zu bemessende Bauwerke

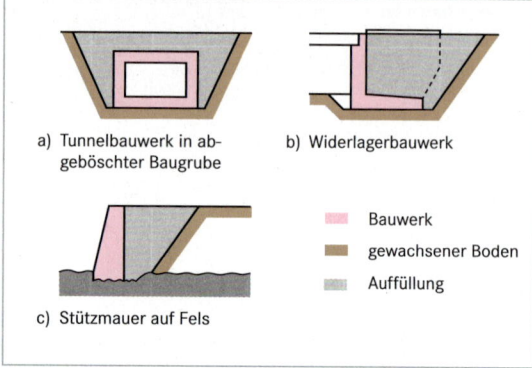

a) Tunnelbauwerk in abgeböschter Baugrube

b) Widerlagerbauwerk

c) Stützmauer auf Fels

- Bauwerk
- gewachsener Boden
- Auffüllung

A2 In der Regel für aktiven Erddruck zu bemessende Bauwerke

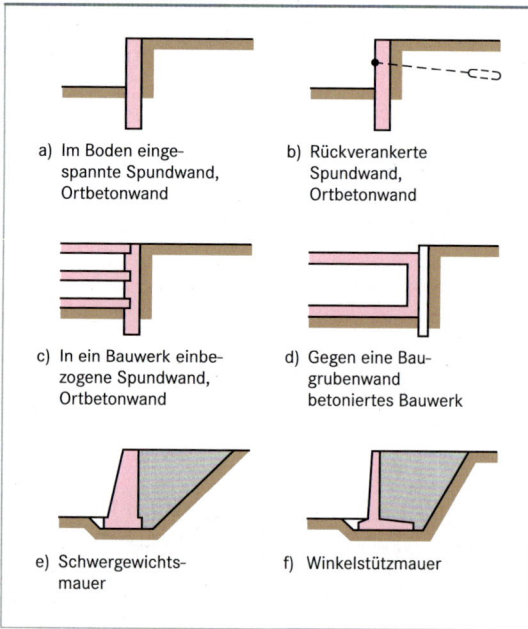

a) Im Boden eingespannte Spundwand, Ortbetonwand

b) Rückverankerte Spundwand, Ortbetonwand

c) In ein Bauwerk einbezogene Spundwand, Ortbetonwand

d) Gegen eine Baugrubenwand betoniertes Bauwerk

e) Schwergewichtsmauer

f) Winkelstützmauer

A3 In der Regel für erhöhten Erddruck zu bemessen

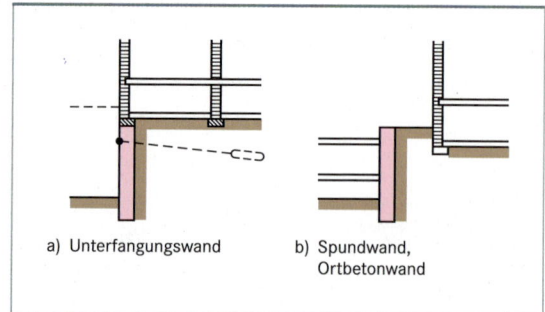

a) Unterfangungswand

b) Spundwand, Ortbetonwand

T1 Rechenwerte für nichtbindige Böden

Bodenart und Lagerung: l = locker m = mitteldicht d = dicht	Wichte kN/m³			Rei-bungs-winkel
	erd-feucht [1] cal γ	wasser-satt cal γ_r	unter Wasser cal γ'	cal φ'
Steile Sieblinie, enger Korngrößenbereich:				
1. **Sand**, nur wenig Schluff, „einkörnig", Dünensand l	17,0	19,0	9,0	30°
m	18,0	20,0	10,0	32,5°
d	19,0	21,0	11,0	35°
2. **Kies**, nur wenig Sand, Geröll, Steine l	17,0	19,0	9,0	32,5°
m	18,0	20,0	10,0	35°
d	19,0	21,0	11,0	37,5°
Flache Sieblinie, weiter Korngrößenbereich:				
3. **Kies-Sand**, ohne Schluff [2] l	18,0	20,0	10,0	30°
m	19,0	21,0	11,0	32,5°
d	20,0	22,0	12,0	35°
4. **Kies-Sand**, mit Schluff [2] l	18,0	20,0	10,0	30°
m	20,0	22,0	12,0	32,5°
d	22,0	24,0	14,0	35°

T1 ist gültig für gewachsene und geschüttete, auch für verdichtete Böden. Wenn die Lagerungsdichte unbekannt ist, dann für Berechnen des Erddrucks und der Auftriebssicherheit **lockere** Lagerung annehmen, für Ermitteln der Auflast und der Scherfestigkeit **mitteldichte** Lagerung.

Zahlenwerte für cal φ' in den Abschnitten 1 bis 3 dürfen um 2,5° erhöht werden, wenn kantige Körner überwiegen.

Um Sicherheit gegen Auftrieb oder Abheben nachzuweisen, sind die Wichten cal γ (erdfeucht) um 2 kN/m³ und die Wichten cal γ_r und cal γ' um 1 kN/m³ zu vermindern.

[1] cal = kalkulierte Werte = Rechenwerte

[2] Boden bei 4. ist gemischter körnig als Boden bei 3., auch Ausfallkörnung (fehlendes Mittelkorn) möglich.

T2 Rechenwerte

a) für anorganische bindige Böden

Bodenart und Zustand: w = weich s = steif h = halbfest	Wichte kN/m³		Reibungs-winkel	Kohäsion kN/m²	
	über Wasser [1] cal γ	unter Wasser cal γ'	cal φ'	cal c'	cal c_u
hoch-plastisch w	18,0	8,0	17,5°	0	15
s	19,0	9,0	17,5°	10	35
h	20,0	10,0	17,5°	25	75
mittelpla-stisch w	19,0	9,0	22,5°	0	5
s	19,5	9,5	22,5°	5	25
h	20,5	10,5	22,5°	10	60
noch plastisch w	20,0	10,0	27,5°	0	0
s	20,5	10,5	27,5°	2	15
h	21,0	11,5	27,5°	5	40

b) für organische Böden

Org. Ton, w	14,0	4,0	15°	0	10
Org. Schluff s	17,0	7,0	15°	0	20
Torf ohne Vorbelastung	11,0	1,0	15°	2	10
Torf unter mäßiger Vor-belastung	13,0	3,0	15°	5	20

T2 ist gültig für gewachsene, ruhig lagernde, bindige Böden, auch für geschüttete bindige Böden, die bis zu ≧ 95 % der einfachen Proktordichte verdichtet sind. Die **Kohäsion** ist für geschüttete Böden $c' = c_u = 0$ zu setzen.

Für sehr gemischtkörnige Böden (Ton + Sand + Kies) sind die Wichten um 1 kN/m³ zu erhöhen. Um Sicherheit gegen Auftrieb oder Abheben nachzuweisen, sind die Wichten für Böden über dem Grundwasserspiegel um 2 kN/m³, unter Wasser um 1 kN/m³ zu vermindern. Bei der Ermittlung des Erddrucks eines undränierten bindigen Bodens darf an Stelle einer Wandreibung eine Adhäsion $c_a = \frac{1}{2} \cdot c_u$ angesetzt werden.

DIN EN 1991-1-1: 10

1. Eigenlast

Die Eigenlast ist eine ständig vorhandene und in der Regel un-veränderliche Einwirkung. Sie resultiert aus dem Gewicht der tragenden und stützenden Bauteile und den unveränderlichen, von den tragenden Bauteilen dauernd aufzunehmenden Einwirkungen (z.B. Auffüllungen, Fußbodenbelägen, Putz usw.).

Alle bei der Bemessung anzusetzenden Eigenlasten werden als unabhängige Einwirkungen betrachtet.

2. Nutzlast

Nutzlasten sind veränderliche oder bewegliche Einwirkungen auf das Bauteil (z.B. Personen, Einrichtungsgegenstände, unbelastete leichte Trennwände, Lagerstoffe, Maschinen, Fahrzeuge).

Alle bei der Bemessung anzusetzenden Nutzlasten werden als unabhängige Einwirkungen betrachtet.

Eine **vorwiegend ruhende Nutzlast** ist eine statische Einwirkung und nicht ruhende Einwirkung, die jedoch für die Tragwerkspla-nung als ruhende Einwirkung betrachtet werden darf.

3. Abgrenzung von Eigen- und Nutzlast

Die charakteristischen Werte der Eigenlasten des Tragwerks und von nicht tragenden Teilen des Bauwerks sind aus den Wichten bzw. Flächenlasten der Baustoffe nach **DIN EN 1991-1-1: 10** zu ermitteln.

Die Eigenlasten von z.B. losen Kies- und Bodenschüttungen auf Dächern oder Decken und die Einwirkungen aus Bodenanschüt-tungen gegen Wände von Kellergeschossen oder aus anstehen-dem Grundwasser sind veränderliche Einwirkungen. Dies gilt insbesondere dann, wenn diese Einwirkungen z.B. infolge von Re-paraturarbeiten vorübergehend entfernt werden können und wenn sie sich auf die Standsicherheit des Bauwerks oder einzelner Teile des Tragwerks auswirken können.

Mechanik

4. Trennwandzuschlag

Statt eines genauen Nachweises darf der Einfluss leichter unbelasteter Trennwände bis zu einer Höchstlast von 5 kN/m durch einen gleichmäßig verteilten Zuschlag zur Nutzlast berücksichtigt werden. Ausgenommen sind Wände mit einer Last von mehr als 3 kN/m Wandlänge, die parallel zu den Balken von Decken ohne ausreichende Querverteilung stehen.

Wandlast einschließlich Putz in kN/m	≤ 3	$3 < q_k \leq 5$
Zuschlag zur Nutzlast in kN/m^2	$\geq 0{,}80$	$\geq 1{,}20$

Bei Nutzlasten von 5 kN/m^2 und mehr ist dieser Zuschlag nicht erforderlich.
Lasten infolge beweglicher Trennwände müssen als Nutzlast behandelt werden.

5. Bekanntgabe zulässiger Nutzlasten

In Gebäuden und baulichen Anlagen, die in Kategorie E1 bis E3 eingeordnet werden, ist in jedem Raum die nach Tabelle **T1** angenommene Nutzlast anzugeben.

Bei Decken, die von Personenfahrzeugen oder von Gabelstaplern befahren werden, ist an den Einfahrten der Räume die zulässige Gesamtlast nach Tabelle 6.1 DE bzw. 6.4 DE DIN EN 1991-1-1: 10 angegeben.

An den Zufahrten von Decken, die von schweren Fahrzeugen befahren werden, ist die zulässige Gesamtlast des Fahrzeugs der entsprechenden Brückenklasse nach DIN 1072 anzugeben.

6. Lotrechte Nutzlasten

6.1 Gleichmäßig verteilte Nutzlasten und Einzellasten für Decken, Balkone und Treppen

T1 Lotrechte Nutzlasten für Decken, Treppen und Balkone

K = Kategorie				
K	**Nutzung**	**Beispiele**	q_k kN/m^2	Q_k kN
A1	Spitzböden	Für Wohnzwecke nicht geeigneter, aber zugänglicher Dachraum bis 1,80 m lichter Höhe	1,0	1,0
A2	Wohn- und Aufenthaltsräume	Räume mit ausreichender Querverteilung der Lasten, z.B. mit Stahlbetondecken. Räume und Flure in Wohngebäuden.	1,5	–
B1	Büroflächen, Arbeitsflächen, Flure	Flure in Bürogebäuden, Büroflächen, Arztpraxen, Stationsräume, Aufenthaltsräume einschl. der Flure	2,0	2,0
B2		Küchen und Behandlungsräume einschließlich Operationsräume ohne schweres Gerät	3,0	3,0
B3		wie B1 und B2, jedoch mit schwerem Gerät	5,0	4,0

K	**Nutzung**	**Beispiele**	q_k kN/m^2	Q_k kN
C1	Räume, Versammlungsräume und Flächen, die der Ansammlung von Personen dienen können (mit Ausnahme von unter A, B, D und E festgelegten Kategorien)	Flächen mit Tischen; z. B. Schulräume, Cafés, Restaurants, Speisesäle, Lesesäle, Empfangsräume	3,0	4,0
C2		Flächen mit fester Bestuhlung; z.B. Flächen in Kirchen, Theatern oder Kinos, Kongresssäle, Hörsäle, Versammlungsräume, Wartesäle	4,0	4,0
C3		Frei begehbare Flächen	5,0	4,0
C4		Sport- und Spielflächen	5,0	7,0
C5		Flächen für große Menschenansammlungen; z.B. Tribünen mit fester Bestuhlung	5,0	4,0
C6	Flächen mit regelmäßiger Nutzung durch erhebliche Menschenansammlungen, Tribünen ohne feste Bestuhlung		7,5	10,0
D1	Verkaufsräume	Flächen von Verkaufsräumen bis 50 m^2 Grundfläche in Wohn-, Büro-Gebäuden	2,0	2,0
D2		Flächen in Einzelhandelsgeschäften und Warenhäusern	5,0	4,0
D3		Flächen wie D2, jedoch mit erhöhten Einzellasten infolge hoher Regale	5,0	7,0
E1.1	Fabriken und Werkstätten, Ställe, Lagerräume und Zugänge, Flächen mit erheblichen Menschenansammlungen	Flächen in Fabriken $^{1)}$ und Werkstätten $^{1)}$, mit leichtem Betrieb und Flächen in Großviehställen	5,0	4,0
E1.2		Lagerflächen, einschließlich Bibliotheken	6,0 $^{2)}$	7,0
E2.1		Flächen in Fabriken$^{1)}$ und Werkstätten$^{1)}$ mit mittlerem oder schwerem Betrieb, Tribünen ohne feste Bestuhlung	7,5 $^{2)}$	10,0

Mechanik

K	Nutzung	Beispiele	q_k kN/m²	Q_k kN
T1	Treppen und Treppen-podeste [4)]	Treppen und Treppenpodeste der Kategorie A und B1 ohne nennenswerten Fußgängerverkehr	3,0	2,0
T2		Treppen und Treppenpodeste der Kategorien B1 mit erheblichem Publikumsverkehr, B2 bis E sowie alle Treppen, die als Fluchtweg dienen	5,0	2,0
T3		Zugänge von Treppen und Tribünen ohne feste Sitzplätze, die als Fluchtweg dienen	7,5	3,0
Z [4)]	Zugänge Balkone u. Ähnliches	Dachterrassen, Laubengänge, Loggien usw., Balkone, Ausstiegspodeste	4,0	2,0

T2 Lotrechte Nutzlasten für Parkhäuser und Flächen mit Fahrzeugverkehr

K	Nutzung	A [2)] m²	q_k kN/m²		2 x Q_k [1)] kN
F1	Verkehrs- und Parkflächen für leichte Fahrzeuge ≤ 30 kN	≤ 20	3,5	oder	20
F2		> 20	2,5	oder	20
F3	Zufahrtsrampen	≤ 20	5,0	oder	20
F4		> 20	3,5	oder	20

[1)] Die Achslast wird auf zwei Aufstandsflächen von je 10 cm x 10 cm in einem Abstand von 1,80 m verteilt.

[2)] A ist die Lasteizugsfläche des betrachteten Tragelements (Decke, Unterzug, Stütze).

T3 Nutzlasten für Dächer

K	Nutzung	Q_k kN
H	Nicht begehbare Dächer, außer für übliche Erhaltungsmaßnahmen, Reparaturen	1,0

Eine Überlagerung der Einwirkungen nach **T3** mit den Schneelasten ist nicht erforderlich. Bei Dachlatten sind zwei Einzellasten von je 0,5 kN in den äußeren Viertelpunkten der Stützweite anzunehmen. Für hölzerne Querschnittsabmessungen, die sich erfahrungsgemäß bewährt haben, ist bei Sparrenabständen bis etwa 1 m kein Nachweis erforderlich. Leichte Sprossen dürfen mit einer Einzellast von 0,5 kN in ungünstigster Stellung berechnet werden, wenn die Dächer nur mithilfe von Bohlen und Leitern begehbar sind.

[1)] Lasten gelten als vorwiegend ruhend

[2)] Mindestwerte

[3)] bei Weiterleitung der Lasten Abminderung um 0,5 kN/m² möglich

[4)] Die Einwirkungen sind der Nutzungskategorie des jeweiligen Gebäudes oder Gebäudeteils zuzuordnen.

7. Horizontale Nutzlasten

7.1 Horizontale Nutzlasten infolge von Personen auf Brüstungen, Geländern und anderen Konstruktionen, die als Absperrung dienen

Die charakteristischen Werte gleichmäßig verteilter Nutzlasten, die in der Höhe des Handlaufs, aber nicht höher als 1,2 m wirken, sind in Tabelle **T4** enthalten.

T4 Horizontale Nutzlasten q_k infolge von Personen auf Brüstungen, Geländern und anderen Konstruktionen, die als Absperrung dienen

Kategorie	Horizontale Nutzlast q_k kN/m
A, B1, F [2)], H, T1, Z [1)]	0,5
B2, B3, C1 bis C4, D, E, T2, Z [1)]	1,0
C5, C6, T3	2,0

[1)] Kategorie entsprechend der Einstufung in die Gebäudekategorie

[2)] Anprall wird durch konstruktive Maßnahmen ausgeschlossen.

Die horizontalen Nutzlasten nach Tabelle **T4** sind in Absturzrichtung in voller Höhe und in der Gegenrichtung mit 50 % (mindestens jedoch 0,5 kN/m) anzusetzen. Wind- und horizontale Nutzlasten brauchen nicht überlagert zu werden.

7.2 Horizontallasten zur Erzielung einer ausreichenden Längs- und Quersteifigkeit

Neben der vorgeschriebenen Windlast und etwaigen anderen waagerecht wirkenden Lasten sind zum Erzielen einer ausreichenden Längs- und Quersteifigkeit folgende beliebig gerichtete Horizontallasten zu berücksichtigen:

Tribünenbauten und ähnliche Sitz- und Steheinrichtungen	eine in Fußbodenhöhe angreifende Horizontallast von 1/20 der lotrechten Nutzlast
Gerüste	eine in Schalungshöhe angreifende Horizontallast von 1/100 aller lotrechten Lasten
Einbauten, die innerhalb von geschlossenen Bauwerken stehen und keiner Windbeanspruchung unterliegen	eine Horizontallast von 1/100 der Gesamtlast in Höhe des Schwerpunktes

Mechanik

Windlasten

Die nachfolgenden Angaben zur Ermittlung der Windlasten sind für ausreichend steife, nicht schwingungsanfällige Bauwerke bzw. Bauteile anwendbar. Dazu können in der Regel Wohn-, Büro- und Industriegebäude mit einer Höhe bis zu 25 m sowie diesen in Form und Konstruktion ähnliche Gebäude gezählt werden.

Windlasten sind veränderliche, freie Einwirkungen.

$$\text{Winddruck } w = c \cdot q$$

w Winddruck

w_e Winddruck auf der Außenfläche

w_i Winddruck auf der Innenfläche

c aerodynamischer Beiwert

c_{pe} aerodynamischer Beiwert für den Außendruck

c_{pi} aerodynamischer Beiwert für den Innendruck

q Geschwindigkeitsdruck

Die allgemeine Bezeichnung Winddruck steht sowohl für den Fall einer durch Windlasten auf einer Fläche verursachten Druckbeanspruchung als auch für den Fall einer Sogbeanspruchung. Die Vorzeichenregelung bei der Angabe von aerodynamischen Beiwerten und damit verbunden auch von Winddrücken ist so geregelt, dass ein Druck auf eine Fläche positiv ist und ein Sog auf eine Fläche negativ ist.

Basisgeschwindigkeitsdruck

Der Basisgeschwindigkeitsdruck $q_{b,0}$ ist abhängig von der Basiswindgeschwindigkeit $v_{b,0}$ und der Dichte der Luft ϱ:

$$q_{b,0} = \frac{\varrho}{2} \cdot v_{b,0}^2 = \frac{v_{b,0}^2}{1600}$$

$q_{b,0}$ Basisgeschwindigkeitsdruck in kN/m²

$v_{b,0}$ Basiswindgeschwindigkeit (s. T1)
      Dichte der Luft in kg/m³

ϱ bei einem Luftdruck von 1013 hPa und T = 10°C auf Meereshöhe beträgt ϱ = 1,25 kN/m³

T1   Basiswindgeschwindigkeit und -druck

Windzone	$v_{b,0}$ in m/s	$q_{b,0}$
1	22,5	0,32
2	25,0	0,39
3	27,5	0,47
4	30,0	0,56

Böengeschwindigkeitsdruck

Den Regeln für den Böengeschwindigkeitsdruck, der bei nicht schwingungsfähigen Konstruktionen angewendet wird, liegt eine Böengeschwindigkeit zu Grunde, die über eine Böendauer von 2 s bis 4 s gemittelt ist.

Bei Bauwerken bis zu einer Höhe von 25 m über dem Gelände darf zur Vereinfachung ein über die gesamte Gebäudehöhe konstanter Böengeschwindigkeitsdruck q_p angesetzt werden. Auf den Nordseeinseln ist der Ansatz der vereinfachten Geschwindigkeitsdrücke nur für Gebäude bis 10 m Höhe zugelassen.

T2   Windzonenkarte

Zum Küstenbereich zählt ein entlang der Küste landeinwärts verlaufender Streifen von 5 km Breite.

☐ Zone 1   ▦ Zone 2   ▦ Zone 3   ▦ Zone 4

Windzone		Vereinfachter Böengeschwindigkeitsdruck q_p in kN/m² bei einer Gebäudehöhe h in Grenzen von		
		$h \leq$ 10 m	10 m $< h \leq$ 18 m	18 m $< h \leq$ 25 m
1	Binnenland	0,50	0,65	0,75
2	Binnenland	0,65	0,80	0,90
	Küste und Inseln der Ostsee	0,85	1,00	1,10
3	Binnenland	0,80	0,95	1,10
	Küste und Inseln der Ostsee	1,05	1,20	1,30
4	Binnenland	0,95	1,15	1,30
	Küste der Nord- und Ostsee und Inseln der Ostsee	1,25	1,40	1,55
	Inseln der Nordsee	1,40	–	–

Mechanik

Aerodynamische Beiwerte

Einfluss der Lasteinzugsfläche

Die im Folgenden angegebenen Außendruckbeiwerte gelten nicht für hinterlüftete Wand- und Dachflächen. Der maßgebende Außendruckbeiwert c_{pe} ist in Abhängigkeit von der Lasteinzugsfläche A zu bestimmen. Die Außendruckbeiwerte für $A < 10\,m^2$ sind nur für den Nachweis der Verankerungen von unmittelbar durch Windeinwirkungen belasteten Bauteilen einschließlich deren Unterkonstruktion zu verwenden.

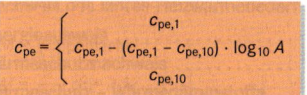

$$c_{pe} = \begin{cases} c_{pe,1} & \text{für } A \le 1\,m^2 \\ c_{pe,1} - (c_{pe,1} - c_{pe,10}) \cdot \log_{10} A & \text{für } 1\,m^2 < A \le 10\,m^2 \\ c_{pe,10} & \text{für } A > 10\,m^2 \end{cases}$$

$c_{pe,1}$ Außendruckbeiwert für $A \le 1\,m^2$
$c_{pe,10}$ Außendruckbeiwert für $A > 10\,m^2$
A Lasteinzugsfläche

Vertikale Wände von Gebäuden mit rechtwinkligem Grundriss

Die Wände sind entsprechend der Windanströmrichtung und der vorliegenden geometrischen Verhältnisse in die Wandbereiche A bis E einzuteilen.

Grundriss:

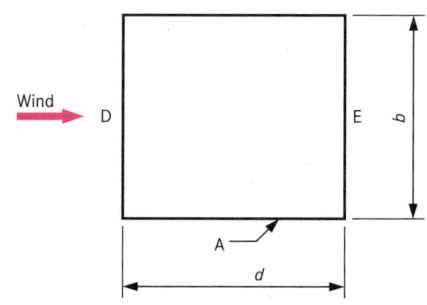

$$e = \min \begin{cases} b \\ 2 \cdot h \end{cases}$$

b = Breite des Bauwerks rechtwinklig zur Windanströmung

Entstehung des Windsogs

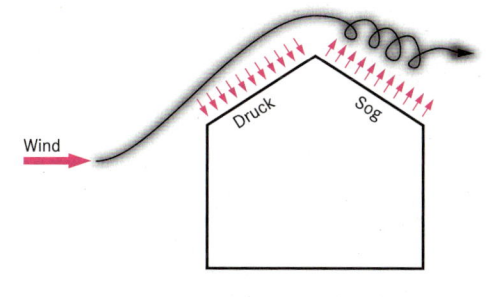

Ansicht A für $e < d$

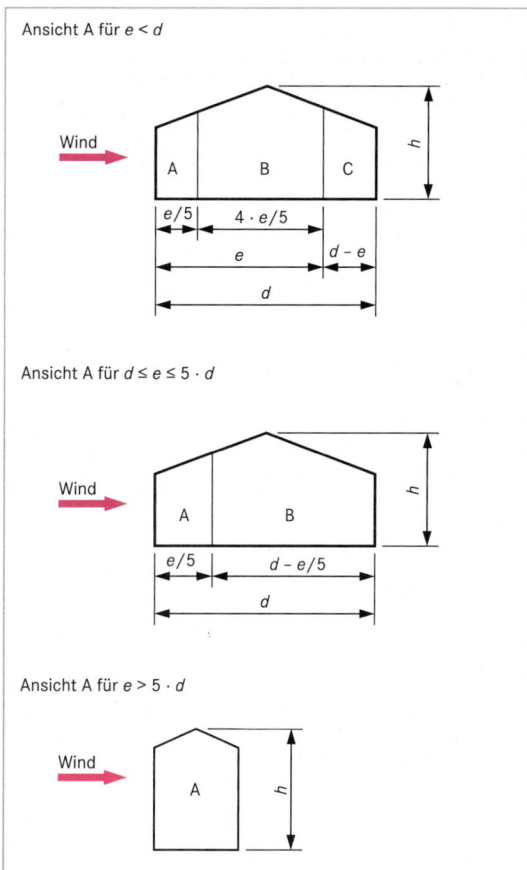

Ansicht A für $d \le e \le 5 \cdot d$

Ansicht A für $e > 5 \cdot d$

Aerodynamische Beiwerte für vertikale Wände

	h/d	≥ 5	1	$\le 0,25$
A	$c_{pe,1}$	−1,7	−1,4	−1,4
	$c_{pe,10}$	−1,4	−1,2	−1,2
B	$c_{pe,1}$	−1,1	−1,1	−1,1
	$c_{pe,10}$	−0,8	−0,8	−0,8
C	$c_{pe,1}$	−0,7	−0,5	−0,5
	$c_{pe,10}$	−0,5	−0,5	−0,5
D	$c_{pe,1}$	+1,0	+1,0	+1,0
	$c_{pe,10}$	+0,8	+0,8	+0,7
E	$c_{pe,1}$	−0,7	−0,5	−0,5
	$c_{pe,10}$	−0,5	−0,5	−0,3

Zwischenwerte dürfen linear interpoliert werden. Bei einzeln im Gelände stehenden Gebäuden können im Sogbereich auch größere Werte auftreten. Für $h/d > 5$ ist die Gesamtwindkraft nach **DIN EN 1991-1-4: 10, Abschnitte 7.6 - 7.8 und 7.9.2** zu ermitteln.

Satteldächer (Dachneigung ≥ 5°)

Satteldächer sind getrennt nach der Luvseite (dem Wind zugewandt) und der Leeseite (dem Wind abgewandt) in die Dachbereiche F bis J einzuteilen.

Im Bereich von Dachüberständen darf für den Unterseitendruck der Wert der anschließenden Wandfläche, auf der Oberseite der Druck der anschließenden Dachfläche angesetzt werden.

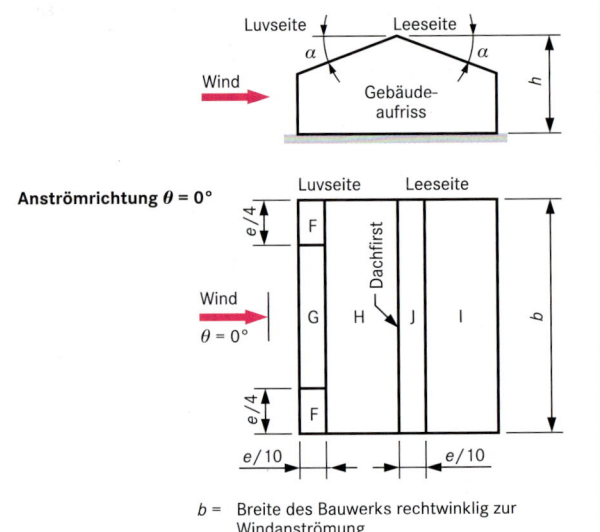

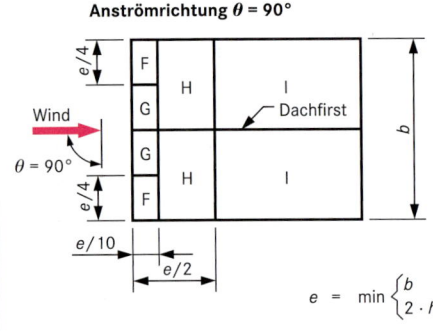

$$e = \min \begin{cases} b \\ 2 \cdot h \end{cases}$$

b = Breite des Bauwerks rechtwinklig zur Windanströmung

Aerodynamische Beiwerte für Satteldächer

Windanströmung $\theta = 0°$

	α	5°	15°	15°	30°	30°	45°	60°	75°
F	$c_{pe,1}$	− 2,5	− 2,0	+0,2	− 1,5	+0,7	+0,7	+0,7	+0,8
	$c_{pe,10}$	− 1,7	− 0,9		− 0,5				
G	$c_{pe,1}$	− 2,0	− 0,8	+0,2	− 1,5	+0,7	+0,7	+0,7	+0,8
	$c_{pe,10}$	− 1,2	− 1,5		− 0,5				
H	$c_{pe,1}$	− 1,2	− 0,3	+0,2	− 0,2	+0,4	+0,6	+0,7	+0,8
	$c_{pe,10}$	− 0,6							
I	$c_{pe,1}$	− 0,6	− 0,4		− 0,4		− 0,2	− 0,2	− 0,2
	$c_{pe,10}$								
J	$c_{pe,1}$	+0,2/	− 1,5		− 0,5		− 0,3	− 0,3	− 0,3
	$c_{pe,10}$	− 0,6	− 1,0						

Windanströmung $\theta = 90°$

	α	5°	15°	30°	45°	60°	75°
F	$c_{pe,1}$	− 2,2	− 2,0	− 1,5	− 1,5	− 1,5	− 1,5
	$c_{pe,10}$	− 1,6	− 1,3	− 1,1	− 1,1	− 1,1	− 1,1
G	$c_{pe,1}$	− 2,0	− 2,0	− 2,0	− 2,0	− 2,0	− 2,0
	$c_{pe,10}$	− 1,3	− 1,3	− 1,4	− 1,4	− 1,2	− 1,2
H	$c_{pe,1}$	− 1,2	− 1,2	− 1,2	− 1,2	− 1,0	− 1,0
	$c_{pe,10}$	− 0,7	− 0,6	− 0,8	− 0,9	− 0,8	− 0,8
I	$c_{pe,1}$	+0,2/	− 0,5	− 0,5	− 0,5	− 0,5	− 0,5
	$c_{pe,10}$	− 0,6					

Sind sowohl positive als auch negative aerodynamische Beiwerte angegeben, so ist der für die betrachtete Beanspruchungssituation ungünstigere Wert zu verwenden.

Für Dachneigungen zwischen den angegebenen Werten darf linear interpoliert werden, sofern das Vorzeichen der Druckbeiwerte nicht wechselt.

Flachdächer (Dachneigung < 5°)

Dächer mit einer geringeren Neigung als ±5° sind in die Dachflächenbereiche F bis I einzuteilen. Der Dachflächenbereich F darf für sehr flache Baukörper mit $h/d < 0,1$ entfallen, in diesem Fall verläuft der Randbereich G über die gesamte Trauflänge.

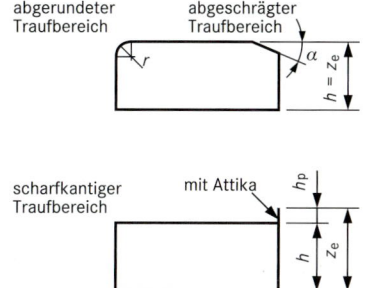

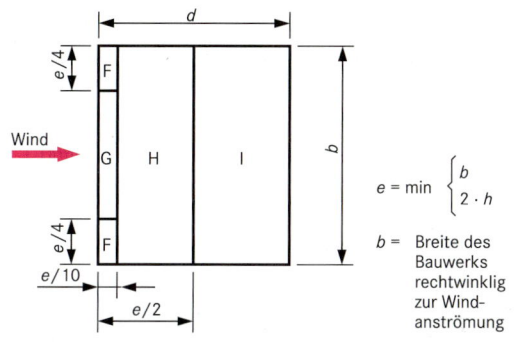

$e = \min \begin{cases} b \\ 2 \cdot h \end{cases}$

$b =$ Breite des Bauwerks rechtwinklig zur Windanströmung

Aerodynamische Beiwerte für Flachdächer

		scharf-kantiger Trauf-bereich	mit Attika, $h_p/h =$			abgerundeter Traufbereich, $r/h =$			abgeschrägter Traufbereich, $\alpha =$		
			0,025	0,05	0,1	0,05	0,1	0,2	30°	45°	60°
F	$c_{pe,1}$	− 2,5	− 2,2	− 2,0	− 1,8	− 1,5	− 1,2	− 0,8	− 1,5	− 1,8	− 1,9
	$c_{pe,10}$	− 1,8	− 1,6	− 1,4	− 1,2	− 1,0	− 0,7	− 0,5	− 1,0	− 1,2	− 1,3
G	$c_{pe,1}$	− 2,0	− 1,8	− 1,6	− 1,4	− 1,8	− 1,4	− 0,8	− 1,5	− 1,9	− 1,9
	$c_{pe,10}$	− 1,2	− 1,1	− 0,9	− 0,8	− 1,2	− 0,8	− 0,5	− 1,0	− 1,3	− 1,3
H	$c_{pe,1}$	− 1,2	− 1,2	− 1,2	− 1,2	− 0,4	− 0,3	− 0,3	− 0,3	− 0,4	− 0,5
	$c_{pe,10}$	− 0,7	− 0,7	− 0,7	− 0,7						
I	$c_{pe,1}$	+0,2/	+0,2/	+0,2/	+0,2/	±0,2	±0,2	±0,2	±0,2	±0,2	±0,2
	$c_{pe,10}$	− 0,6	− 0,6	− 0,6	− 0,6						

Innendruck in geschlossenen Baukörpern

Wände mit einer Öffnungsfläche bis 30 % gelten als **durchlässige Wand**. Sind mehr als 30 % der Wandfläche offen, gilt die Wand als offene Wand. Fenster, Türen und Tore sind als geschlossen anzusehen, wenn sie nicht bei einem Sturm betriebsbedingt geöffnet werden müssen.

In Räumen mit durchlässigen Wänden in Gebäuden, z.B. Hallen, ist es erforderlich, den Innendruck zu berücksichtigen, sofern sich dieser ungünstig auswirkt. Der Innendruck wirkt auf alle Raumabschlüsse gleichzeitig und mit gleichem Vorzeichen.

Innen- und Außendruck sind gleichzeitig wirkend anzunehmen. Bei üblichen Wohn- und Bürogebäuden kann auf den Ansatz des Innendrucks verzichtet werden.

Die Bestimmung des Innendrucks bei vollständig von Außenwänden umgebenen Räumen erfolgt in Abhängigkeit vom Flächenparameter μ mit den Druckbeiwerten nach nebenstehender Abbildung, $\mu = A_1/A_2$.

A_1 ist die Gesamtfläche der Öffnungen in den leeseitigen und windparallelen Flächen, A_2 ist die Gesamtfläche der Öffnungen aller Wände.

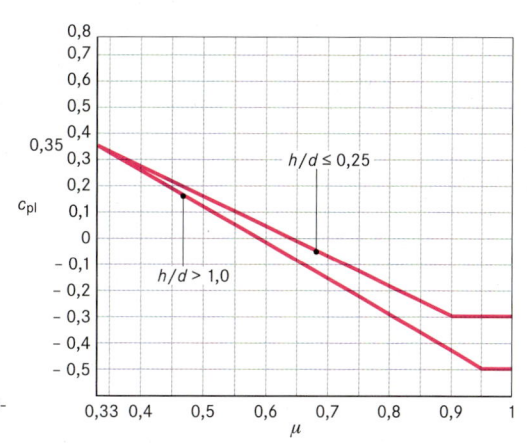

Resultierende Windkraft

Die auf ein Bauwerk oder ein Bauteil wirkende resultierende Windkraft F ist:

$$F = c \cdot q \cdot A$$

q Geschwindigkeitsdruck

c Kraftbeiwert, Summe aus c_{pe} und c_{pi}

A Bezugsfläche, auf welche der Kraftwert bezogen ist

Ist das Tragwerk empfindlich für asymmetrische Lasten (z. B. Gebäude mit nur einem Aussteifungskern), muss zusätzlich eine Druckverteilung gemäß Abbildung untersucht werden.

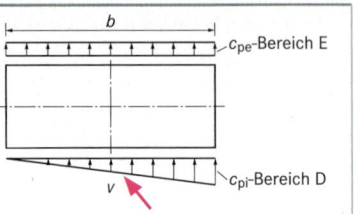

Abminderung des Geschwindigkeitsdrucks bei vorübergehenden Zuständen

Für Bauwerke, die nur zeitweilig bestehen, sowie für vorübergehende Zustände, z. B. für Bauwerke im Bauzustand, darf die Windlast abgemindert werden.

Dauer des vorübergehenden Zustandes	Mit schützenden Sicherungsmaßnahmen	Mit verstärkenden Sicherungsmaßnahmen	Ohne Sicherungsmaßnahmen
bis zu 3 Tagen	$0,1 \cdot q$	$0,2 \cdot q$	$0,5 \cdot q$
bis zu 3 Monaten von Mai bis August	$0,2 \cdot q$	$0,3 \cdot q$	$0,5 \cdot q$
bis zu 12 Monaten	$0,2 \cdot q$	$0,3 \cdot q$	$0,6 \cdot q$
bis zu 24 Monaten	$0,2 \cdot q$	$0,4 \cdot q$	$0,7 \cdot q$

Schützende Sicherungsmaßnahmen sind z. B. Niederlegen von Bauteilen am Boden, Einhausung oder Einschub in Hallen.

Beispiel: Ermittlung des Winddrucks für einen allseitig geschlossenen Baukörper

Ermittlung des vereinfachten Geschwindigkeitsdruckes q:
Binnenland, Windzone 2, $h = 9,90$ m
$q = 0,65$ kN/m² über die gesamte Gebäudehöhe

Wandbereiche:
Einflussbreite $e = \min (b = 10,00$ m, $2 \cdot h = 19,80$ m$) = 10,00$ m
$e/d = 10,00/9,00 = 1,11$
Breite der Fläche A: $b_A = e/5 = 10,00/5 = 2,00$ m
$h/d = 9,90/9,00 = 1,10$

$w_e = c_{pe} \cdot q$
$w_A = -1,21 \cdot 0,65 = -0,79$ kN/m²
$w_B = -0,80 \cdot 0,65 = -0,52$ kN/m²
$w_D = +0,80 \cdot 0,65 = +0,52$ kN/m²
$w_E = -0,50 \cdot 0,65 = -0,33$ kN/m²

Dachbereiche:
Abmessung der Fläche F rechtwinklig zur Windanströmrichtung:
$b_F = e/4 = 10,00/4 = 2,50$ m

Abmessung der Flächen F und G parallel zur Windanströmrichtung:
$d_F = d_G = e/10 = 10,00/10 = 1,00$ m

$w_F = +0,70 \cdot 0,65 = +0,46$ kN/m²
$w_G = +0,70 \cdot 0,65 = +0,46$ kN/m²
$w_H = +0,53 \cdot 0,65 = +0,34$ kN/m²
$w_J = -0,37 \cdot 0,65 = -0,24$ kN/m²
$w_I = -0,27 \cdot 0,65 = -0,18$ kN/m²

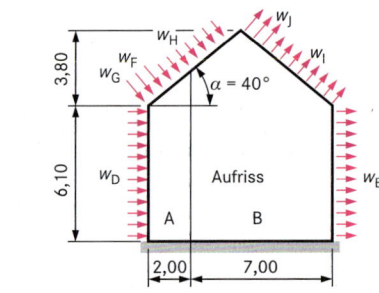

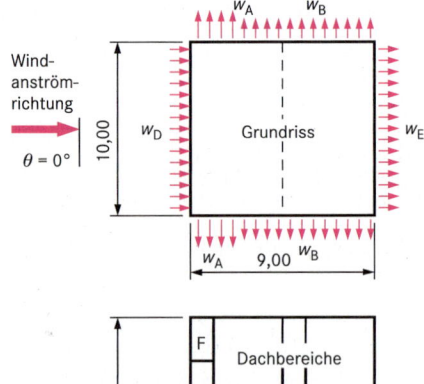

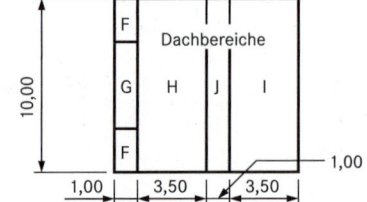

Charakteristische Werte der Schneelasten

Schneelast auf dem Boden

Der charakteristische Wert der Schneelast s_k ist abhängig von der geografischen Lage (Schneelastzone und der Geländehöhe über dem Meeresspiegel).

Für Orte mit einer Höhenlage > 1500 m üNN und bestimmte Regionen der Schneelastzone 3 (z. B. Oberharz, Hochlagen des Fichtelgebirges, Reit im Winkel, Obernach/Walchensee) können sich höhere Schneelasten ergeben, die von den örtlichen zuständigen Stellen festzulegen sind.

Zone	Charakteristischer Wert
1	$s_k = \max \begin{cases} 0{,}65 \\ 0{,}19 + 0{,}91 \cdot \left(\frac{A + 140}{760}\right)^2 \end{cases}$
1a	wie 1, multipliziert mit 1,25
2	$s_k = \max \begin{cases} 0{,}85 \\ 0{,}25 + 1{,}91 \cdot \left(\frac{A + 140}{760}\right)^2 \end{cases}$
2a	wie 2, multipliziert mit 1,25
3	$s_k = \max \begin{cases} 1{,}10 \\ 0{,}31 + 2{,}91 \cdot \left(\frac{A + 140}{760}\right)^2 \end{cases}$

s_k charakteristischer Wert der Schneelast auf dem Boden

A Geländehöhe über dem Meeresspiegel in m

Im Bereich des norddeutschen Tieflands (s. Schneezonenkarte) muss in den Schneelastzonen 1 und 2 zusätzlich die Bemessungssituation mit Schnee als außergewöhnliche Einwirkung untersucht werden. In diesem Fall gilt für die Schneelast:

$$s_{Ad} = 2{,}3 \cdot s_k$$

Schneezonenkarte

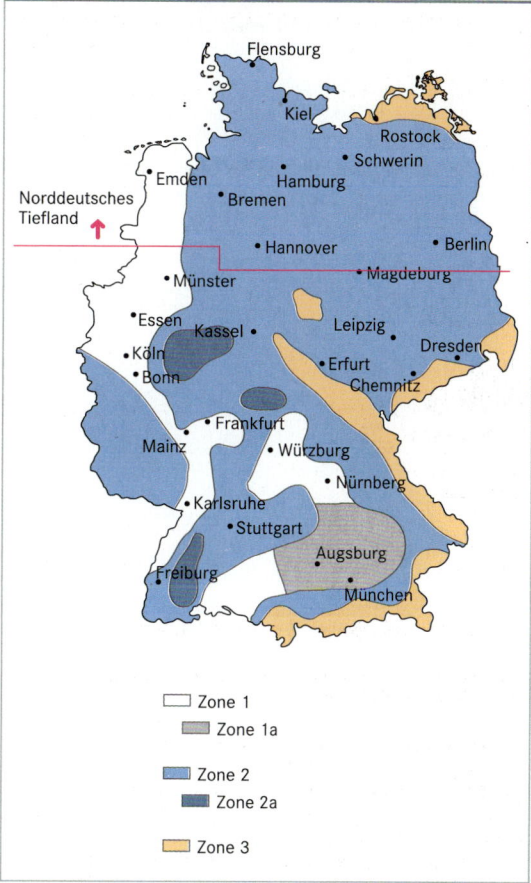

- ☐ Zone 1
- Zone 1a
- Zone 2
- Zone 2a
- Zone 3

Schneelast auf dem Dach

Der charakteristische Wert der Schneelast auf dem Dach ist abhängig von der Dachform und dem charakteristischen Wert der Schneelast auf dem Boden.

$$s_i = \mu_i \cdot s_k$$

s_i charakteristischer Wert der Schneelast auf dem Dach, auf die Grundrissprojektion der Dachfläche zu beziehen

μ_i Formbeiwert der Schneelast entsprechend der vorliegenden Dachform

s_k charakteristischer Wert der Schneelast auf dem Boden

Dachneigung α

	$0° \leq \alpha \leq 30°$	$30° < \alpha \leq 60°$	$\alpha > 60°$
μ_1	0,8	$0{,}8 \cdot (60 - \alpha)/30$	0
μ_2	$0{,}8 + 0{,}8 \cdot \alpha/30$	1,6	1,6

Für Dächer mit Brüstungen, Schneefanggittern oder anderen Hindernissen an der Traufe ist der Formbeiwert mindestens $\mu_1 = 0{,}8$ anzusetzen.

Die Schneelast ist als lotrecht wirkend anzunehmen.

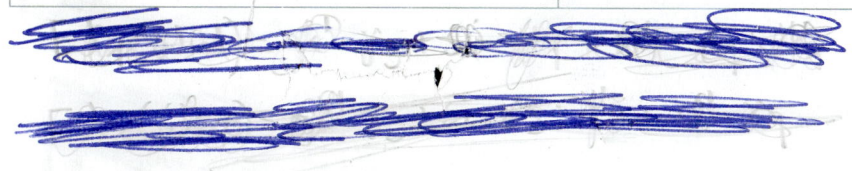

Mechanik

73

Sattel-, Pult- und Flachdächer

Bei Satteldächern sind drei verschiedene Lastbilder zu untersuchen, von denen das ungünstigste maßgebend wird.

Lastbild a stellt sich ohne Windwirkung ein, die Lastbilder b und c erfassen Verwehungs- und Abtaueinflüsse. Letztere werden allerdings nur bei Tragwerken maßgebend, die empfindlich gegenüber ungleichmäßig verteilten Lasten sind (z. B. Kehlbalkendächer). Bei Flach- und Pultdächern ist im Allgemeinen der Ansatz einer auf der gesamten Dachfläche gleichmäßig verteilten Schneelast ausreichend.

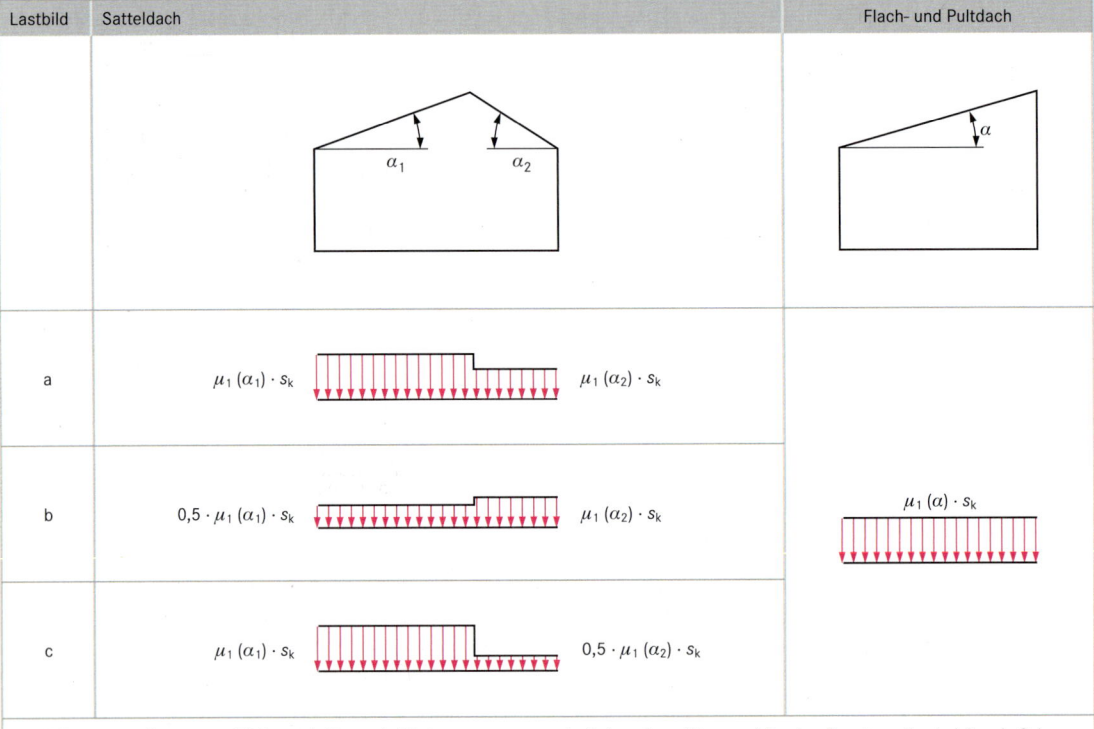

Lastbild	Satteldach	Flach- und Pultdach
a	$\mu_1(\alpha_1) \cdot s_k$ $\mu_1(\alpha_2) \cdot s_k$	
b	$0,5 \cdot \mu_1(\alpha_1) \cdot s_k$ $\mu_1(\alpha_2) \cdot s_k$	$\mu_1(\alpha) \cdot s_k$
c	$\mu_1(\alpha_1) \cdot s_k$ $0,5 \cdot \mu_1(\alpha_2) \cdot s_k$	

An **Höhenversprüngen** von Dächern ab 50 cm sind Schneeanhäufungen zu berücksichtigen. An **Aufbauten und Wänden** sind Schneeverwehungen möglich. Sie sind bei der Ansichtsfläche von Dachaufbauten von ≥ 1m² oder einer Höhe von 50 cm zu berücksichtigen. Die Wichte des Schnees ist mit $\gamma = 2,0$ kN/m³ anzunehmen. (s. DIN EN 1991-1-3, 5.3.6 und 6.2)

An Schneefanggittern und **Dachaufbauten**, die abgleitende Schneemassen anstauen, entsteht eine linienförmige Schneelast.

An auskragenden Dachbereichen entsteht ein **Schneeüberhang an der Traufe**. Hierfür ist an der Trauflinie rechnerisch eine linienförmige Schneelast anzusetzen.

Aneinandergereihte Satteldächer

Bei aneinander gereihten Satteldächern oder Sheddächern müssen neben dem normalen Schneelastfall (Formbeiwert μ_1) auch verwehte Schneelasten (Formbeiwert μ_2) untersucht werden. Für die Innenfelder gilt bei verwehten Schneelasten der mittlere Neigungswinkel

$\bar{\alpha} = 0,5 \cdot (\alpha_1 + \alpha_2)$

Mechanik

Bemessungskonzept

Es sind die **Tragfähigkeit** (kein Verlust der Lagesicherheit, kein Festigkeitsversagen, kein Stabilitätsversagen, keine Materialermüdung) und die **Gebrauchstauglichkeit** (Verformungen und Verschiebungen, Schwingungen, Schäden einschließlich Rissbildung, Schäden durch Materialermüdung) nachzuweisen.

1. Zugfestigkeit

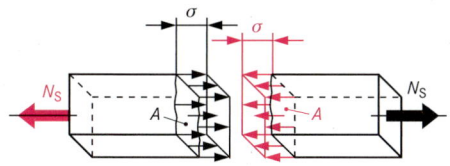

Allgemein gilt:

$$\text{Spannung} = \frac{\text{Kraft}}{\text{Fläche}}$$

Querschnittsschwächungen durch Schraubenlöcher, Dübelfehlflächen, Verblattungen, Mauerschlitze u. Ä. sind zu berücksichtigen:
Voller Querschnitt minus Schwächung = Nettoquerschnitt

Bei einem Zugstab mit gleichbleibendem, ungestörtem Querschnitt A ist:

$$\sigma_d = \frac{N_{S,d}}{A} < f_d = \frac{f_u}{\gamma_M}$$

Beispiel 1:

Der **Zugstab eines Verbandes** erhält aus der Windlast (Gebrauchslast = charakteristischer Wert der Einwirkung) eine Kraft $N_k = 50$ kN.

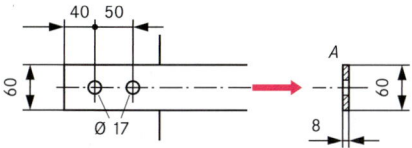

Bei einer veränderlichen Einwirkung ist der Teilsicherheitsbeiwert für die Einwirkung

$\gamma_F = 1,50$

Der Bemessungswert für die Einwirkung ist
$N_{S,d} = 1,50 \cdot 50 = 75$ kN

Werkstoff S 235

$f_{y,k} = 24$ kN/cm^2 (Streckgrenze)

$\gamma_{M0} = 1,0$ Teilsicherheitsbeiwert (Material) nach
DIN EN 1993-1-1: 10

gewählt: Zugstab Fl 60 x 8

$A = 4,8$ cm^2

$$\sigma_d = \frac{75}{4,8} = 15,6 \text{ kN/cm}^2 < \frac{f_y}{\gamma_{M0}} = \frac{23,5}{1,0} = 23,5 \text{ kN/cm}^2$$

Der Nachweis im Bereich des Anschlusses wird hier nicht geführt, s. hierzu Abschnitt Stahlbau.

2. Druckfestigkeit

$$\text{Spannung} = \frac{\text{Kraft}}{\text{Fläche}} \qquad \sigma \leq \text{zul } \sigma$$

Beispiel 2:

Auflager eines Stahlträgers IPE 450 auf Mauerwerk 12/II a, $d = 24$ cm, Auflagerkraft 223 kN

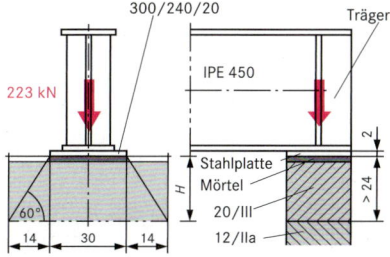

Nach DIN 1053-1: 96, Abschnitt 6.9.3, darf die Druckverteilung von Einzellasten innerhalb des Mauerwerks unter 60° angesetzt werden. Der höher beanspruchte Wandbereich darf in Mauerwerk mit größerer Festigkeit ausgeführt werden. Unter Einzellasten, z.B. unter Balken, Unterzügen, Stützen usw., darf eine gleichmäßig verteilte Auflagerpressung von maximal $1,3 \cdot \sigma_0$ angenommen werden.

Mit der in der Baupraxis noch gültigen DIN 1053-1: 96, Tabelle 4a, beträgt die zulässige Spannung für Mauerwerk 12/IIa
zul σ = $1,3 \cdot 0,16 = 0,21$ kN/cm^2
erf A = $223/0,21 = 1062$ cm^2

Bei einer Trägerbreite von 19 cm ist
vorh A = $19 \cdot 24 = 456$ cm^2

Im Auflagerbereich wird Mauerwerk mit größerer Festigkeit gewählt: 20/III
zul σ = $1,3 \cdot 0,24 = 0,31$ kN/cm^2
erf A = $223/0,31 = 719$ cm^2

Gewählt: Stahlplatte 300/240/20
vorh A = $30 \cdot 24 = 720$ cm^2

Unter der Stahlplatte wird Mauerwerk 20/III mit der Höhe 24 cm gemauert, damit bei einer Druckverteilung unter 60° die zulässige Spannung von 12/IIa nicht überschritten wird:
erf A = $223/0,16 = 1394$ cm^2
erf l = $1394/24 = 58$ cm

Die Stahlplatte ist 30 cm lang, der Überstand auf beiden Seiten ist somit 14 cm.

Die Höhe des Mauerwerks größerer Festigkeit beträgt
$H = 14 \cdot \tan 60° = 24,2$ cm

Es werden 3 Schichten NF oder 4 Schichten DF mit > 58 cm Länge angeordnet.

3. Scherfestigkeit (Abscheren)

$$\tau_v = \frac{\text{Kraft parallel zur Scherfläche}}{\text{Scherfläche}}$$

Nach DIN EN 1995-1-1: 10 beträgt die charakteristische Spannung für das Abscheren parallel zur Faser eines Holzbalkens C24.

$f_{v,k} = 4,0$ MN/m^2 = $0,4$ kN/cm^2 mit $k_{c,r} = 2,0/f_{v,k}$ [MN/m^2]

Bei dem Anschluss einer Strebe mit einem Versatz ist die durch die Versatzfläche in den Anschlussstab eingeleitete Kraft als Scherkraft in der Vorholzfläche $l_v \cdot b$ aufzunehmen. Die erforderliche Vorholzlänge ergibt sich aus

$$l_v = \frac{s_d \cdot \cos \alpha}{b \cdot k_{c,r} \cdot f_{v,k}}$$

3. Scherfestigkeit (Abscheren) (Fortsetzung)

Beispiel 3:

Eine Strebe wird mit einem Stirnversatz an einen Deckenbalken angeschlossen. Der Bemessungswert der Strebenkraft beträgt 60 kN, die Strebe ist unter 45° geneigt. Die Einwirkungsdauer ist kurz.

Die Versatztiefe beträgt 4 cm.

Ermittlung der Vorholzlänge nach DIN EN 1995-1-1: 10

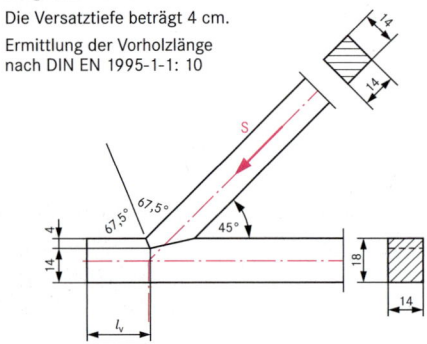

$$\text{erf } l_v = \frac{60 \cdot 0,707}{14 \cdot 0,9 / 1,3 \cdot 2,0 / 4,0 \cdot 0,4} = 21,9 \text{ cm}$$

Zur Erzielung einer gleichmäßigen Spannungsverteilung beträgt die Mindestvorholzlänge 20 cm, die größte das 8fache der Versatztiefe.

20 cm < 21,9 cm < 8 · 4 = 32 cm

Bemessung nach DIN EN 1995-1-1: 10 siehe Abschnitt Holzbau: Zimmermannsmäßige Verbindungen.

4. Biegefestigkeit, Schubfestigkeit

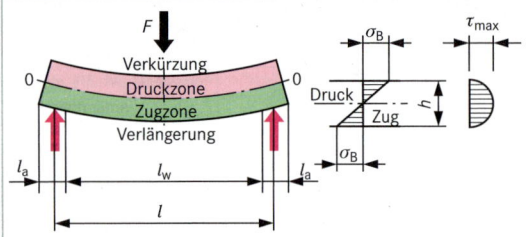

0 –·– 0 Spannungs-Nulllinie oder neutrale Faser

l_w = lichte Weite

l_a = Auflagerlänge (ist von den Einspannbedingungen des Bauteils abhängig)

l = Stützweite

$l = l_w + 2 \, (l_a/3 \text{ bis } l_a/2)$

Auf der sicheren Seite kann $l_a/2$ angesetzt werden.

Bei **Holz- und Stahlquerschnitten** ist das Trägheitsmoment I ein Maß für die Biegesteifigkeit des Balkens oder Trägers. Es wird auch Flächenmoment 2. Grades genannt, da es die Summe der Produkte aller Querschnittsflächen-Teilchen mal dem Quadrat ihrer Abstände von der Schwerlinie ist.

I_y bezogen auf die waagerechte y-Achse

I_z bezogen auf die senkrechte z-Achse

Bei Rechteckquerschnitten ist

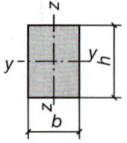

$$I_y = \frac{b \cdot h^3}{12}, \quad I_z = \frac{h \cdot b^3}{12}$$

Das **Widerstandmoment W** ist ein Maß für die Biegefestigkeit des Balkens oder Trägers.

$$\text{Widerstandsmoment} = \frac{\text{Trägheitsmoment}}{\text{Randabstand von der Nulllinie}} \quad \frac{\text{cm}^4}{\text{cm}}$$

$$= \text{cm}^3$$

$$\sigma_B = \frac{M}{W}, \quad \max \sigma_B = \frac{\max M}{W} \quad \frac{\text{kN cm}}{\text{cm}^3} = \frac{\text{kN}}{\text{cm}^2}$$

Für die gebräuchlichen Stahlquerschnitte sind I und W aus Tabellen zu entnehmen.

Infolge der Querkraft V entstehen im Inneren die Schubspannungen τ. Stellt man sich den oben dargestellten Balken aus mehreren, lose aufeinander liegenden Lagen bestehend vor, so würden sich diese Lagen infolge der Durchbiegung gegeneinander verschieben. Bei einem monolithischen Balken ist dies jedoch nicht der Fall, zwischen den Lagen wirken die Schubspannungen τ, die die Verschiebung verhindern. Allgemein gilt:

$$\tau = \frac{V \cdot S}{I \cdot b},$$

wobei S das Flächenmoment 1. Grades und b die Querschnittsbreite ist. Für den Fall eines Rechteckquerschnitts ist die Schubspannung wie oben dargestellt verteilt und der Maximalwert beträgt:

$$\tau_{max} = 1,5 \cdot \frac{V}{A}$$

Beispiel 4 (nur Tragfähigkeitsnachweise):

Ein nicht stabilitätsgefährdeter Stahlträger soll bei 4 m Stützweite mit 3 x 30 kN, jeweils in den Viertelspunkten, belastet werden. Zwei Drittel der Lasten sind Eigenlasten, ein Drittel der Lasten sind Nutzlasten. Welcher Träger ist zu wählen? Als Längeneinheit wird cm gewählt.

$$M_{y,max} = \frac{F \cdot l}{2} = \frac{30 \text{ kN} \cdot 400 \text{ cm}}{2} = 6000 \text{ kNcm}$$

Teilsicherheitsbeiwert für die Lasten:

$\gamma_G = 1,35$ bzw. $\gamma_Q = 1,50$

$M_{yd} = 1,35 \cdot 4000 \text{ kNcm} + 1,50 \cdot 2000 \text{ kNcm}$

Werkstoff S 235

$$\sigma_{Rd} = \frac{f_y}{\gamma_{M0}} = \frac{23,5}{1,0} = 23,5 \text{ kN/cm}^2$$

$$W_{y,erf} = \frac{M_{yd}}{\sigma_{Rd}} = \frac{8400}{23,5} = 357 \text{ cm}^3$$

gewählt: HEA 200 mit W_y = 389 cm^3

Schubspannungsnachweis:

$V_{z,max} = 1,5 \cdot F = 1,5 \cdot 30 = 45 \text{ kN}$

$V_{zd} = 1,35 \cdot 30 + 1,50 \cdot 15 = 63 \text{ kN}$

Für doppeltsymmetrische I-Profile kann die Schubspannung infolge Querkraft V_z wie folgt berechnet werden:

$$\tau = \frac{V_z}{A_{Vz}}$$

mit $A_{yz} = A - 2 \cdot b \cdot t_f + (t_w + 2 \cdot r) \cdot t_f = 18,1 \text{ cm}^2$ (HEA 200)

t_f = Flanschdicke, t_w = Stegdicke

$$\tau_d = \frac{63}{18,1} = 3,48 \text{ kN/cm}^2$$

$$\tau_{Rd} = \frac{f_y}{\sqrt{3} \cdot \gamma_{M0}} = \frac{23,5}{1,73 \cdot 1,0} = 13,6 \text{ kN/cm}^2 \geq \tau_d$$

Bemessen von Bauteilen
Dimensioning of structural elements

Beispiel 5 (nur Tragfähigkeitsnachweise n. DIN EN 1995-1-1: 10):
Ein **Deckenbalken aus Vollholz** (NH C24) wird mit 6,0 kN/m belastet. Zwei Drittel der Last sind Eigenlasten, ein Drittel sind Nutzlasten. Der Balken befindet sich im Gebäudeinneren (Nutzungsklasse 1), die Nutzlast hat eine mittlere Lasteinwirkungsdauer (vgl. Abschnitt Holzbau). Die Spannweite des Balkens beträgt 4,0 m.

$$M_{y,max} = \frac{r \cdot l^2}{8} = \frac{6 \cdot 4^2}{8} = 12 \text{ kNm} = 1200 \text{ kNcm}$$

$$W_{y,erf} = \frac{M_{yd}}{k_{mod} \cdot f_{m,k}/\gamma_M} = \frac{1,35 \cdot 800 + 1,50 \cdot 400}{0,8 \cdot 2,4/1,3} = 1138 \text{ cm}^3$$

gewählt 14/24 mit $W_y = 1344$ cm^3

Schubspannungsnachweis:

$$V_{zd} = \frac{(1,35 \cdot 4 + 1,50 \cdot 2) \cdot 4}{2} = 16,8 \text{ kN}$$

$$\tau_d = 1,5 \cdot \frac{V_{zd}}{A_{eff}} = 1,5 \cdot \frac{16,8}{14 \cdot 24 \cdot 0,5} = 0,15 \text{ kN/cm}^2 \le f_{v,d}$$

$$f_{v,d} = k_{mod} \cdot f_{v,k}/1,3 = 0,8 \cdot 0,4/1,3 = 0,25 \text{ kN/cm}^2 \ge \tau_d$$

Festigkeitswerte und Modifikationsfaktoren siehe Abschnitt Holzbau.

Bemessen von Bauteilen, Gebrauchstauglichkeit, Durchbiegung
Dimensioning of structural elements, serviceability, deflection

System	Stahl ($E = 210\,000$ N/mm^2)				Holz ($E = 10\,000$ N/mm^2)			
	erf I (cm^4)			vorh f	erf I (cm^4)			vorh f
	$l/200$	$l/300$	$l/500$		$l/150$	$l/300$	$l/500$	
F (cantilever, point load at free end)	31,8	47,6	79,5	31,5	500	1000	1668	1,5
q (cantilever, UDL)	23,8	35,7	59,5	42	375	750	1250	2,0
F (simply supported, central point load, $l/2$)	7,95	11,9	19,9	126	125	250	418	6,0
$F\ F$ (simply supported, two loads at $l/3$)	10,1	15,2	25,3	98,7	160	320	533	4,7
$F\ F\ F$ (simply supported, three loads at $l/4$)	9,43	14,1	23,6	106	148	297	495	5,05
q (simply supported, UDL)	9,91	14,9	24,8	101	156	313	520	4,8
q (propped, UDL)	4,12	6,19	10,3	243	65	130	216	11,6
q (fixed-fixed, UDL)	2,98	4,47	7,45	336	46,9	93,8	156	16,0
	▪ $\cdot M \cdot l$	▪ $\cdot M \cdot l$	▪ $\cdot M \cdot l$	$\frac{l^2 \cdot \max \sigma}{h \cdot \text{▪}}$	▪ $\cdot M \cdot l$	▪ $\cdot M \cdot l$	▪ $\cdot M \cdot l$	$\frac{l^2 \cdot \max \sigma}{h \cdot \text{▪}}$

I in cm^4; f in cm; $M = \max |M|$ in kNm; $\max \sigma$ in N/mm^2; l in m; h in cm; ▪ = Tabellenwert

Kern

Der Kern des Querschnitts ist die Fläche, in der der Angriffspunkt der Kraft liegen muss, wenn der Querschnitt ausschließlich Spannungen von demselben Vorzeichen erhalten soll.

Die Kernweite ist $k = \dfrac{W}{A} = \dfrac{\text{Widerstandsmoment}}{\text{Querschnittsfläche}}$

Quadrat

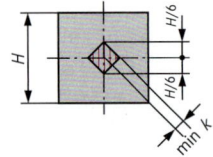

min $k = 0{,}1179 \cdot H$

Hohles Quadrat

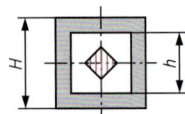

min $k = 0{,}1179 \cdot H \cdot [1 + (\frac{h}{H})^2]$

Rechteck

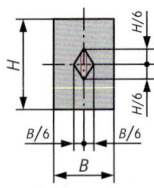

min $k = \dfrac{B \cdot H}{6 \cdot \sqrt{B^2 + H^2}}$

Kreis

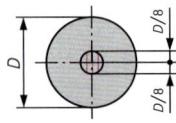

min $k = \dfrac{D}{8}$

Kreisring

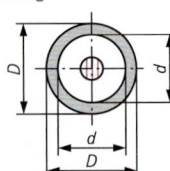

min $k = \dfrac{D}{8} \cdot [1 + (\frac{d}{D})^2]$

Randspannungen bei versagender Zugzone

Greift eine Druckkraft außerhalb des Kerns, aber noch innerhalb des Querschnitts an, so ist auch bei Ausschluss der Zugspannungen ein Gleichgewichtszustand möglich. Man setzt hierbei voraus, dass der gedrückt wirksame Teil des Querschnitts von dem unwirksamen Teil (**klaffende Fuge**) durch eine gerade Nulllinie getrennt ist. Die Resultierende des entstehenden Spannungskeils fällt mit der Wirkungslinie von N zusammen.

In waagerechten Mauerwerksfugen und zwischen Fundament und Baugrund können keine Zugspannungen aufgenommen werden. Wird der Querschnitt durch M und N beansprucht, wirkt tatsächlich nur N mit der Ausmitte e.

$e = \dfrac{M}{N}$

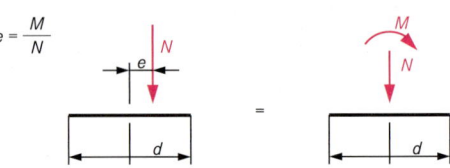

Momente können somit bei Vorhandensein von Auflast aufgenommen werden.
$M = N \cdot e$, dabei muss e innerhalb des Querschnitts liegen ($< d/2$).
Mit einem Sicherheitsbeiwert von 1,5 ergibt sich

$e = \dfrac{\frac{d}{2}}{1{,}5} = \dfrac{d}{3}$

Querschnitt

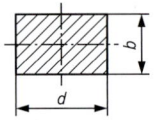

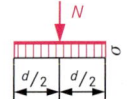

$e = 0$ $\sigma = \dfrac{N}{b \cdot d}$

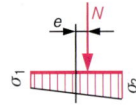

$e < \dfrac{d}{6}$ $\sigma_{2,1} = \dfrac{N}{b \cdot d} \pm \dfrac{6 \cdot N \cdot e}{b \cdot d^2}$

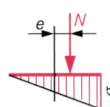

$e = \dfrac{d}{6}$ $\sigma = \dfrac{2 \cdot N}{d \cdot b}$

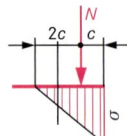

$\dfrac{d}{6} < e$ $c = \dfrac{d}{2} - e$

$e < \dfrac{d}{3}$ $\sigma = \dfrac{2 \cdot N}{3 \cdot c \cdot b}$

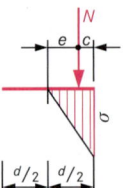

$e = \dfrac{d}{3}$ $\sigma = \dfrac{4 \cdot N}{d \cdot b}$

Mechanik

Die **Reibung** wirkt sich am Bau **nützlich** aus, um Verschiebungen von Bauwerken und Gerüsten durch Horizontalkräfte, wie Wind- und Erddruck, zu verhindern. Hierbei ist die **Haftreibung** entscheidend, → **A1** bis **A3**.

Schädlich wirkt sie in Maschinen, wo sie ihren Wirkungsgrad vermindert, und beim Verschieben von Behältern oder Geräten auf ihrer Unterlage, wo sie den Kraft- und Leistungsaufwand erhöht. Maßgebend ist in diesem Fall die **Gleitreibung** (kleiner als Haftreibung).

Die **Reibung** (der Reibungswiderstand) F_R kann als eine Kraft betrachtet werden, → **A1** u. **A2**.
Sie wirkt in der Berührungsfläche zweier Körper der Verschiebekraft H entgegen, die Gleiten verursachen könnte, → **A3**.

Der **Reibungswiderstand** ist abhängig von der Beschaffenheit der sich berührenden Oberflächen und proportional der die Körper zusammenpressenden Normalkraft F_n; er ist unabhängig von der Größe der Berührungsfläche. Ausgedrückt kann er durch den Reibungsbeiwert μ (Mü) oder auch durch den Reibungswinkel ϱ (Rho) werden, bei dem ein Körper auf einer Schräge ins Rutschen kommt, → **A2**.

Der **Reibungsbeiwert μ** ist das Verhältnis der Reibungskraft F_R zur Normalkraft F_n.

$$\text{Reibungsbeiwert } \mu = \frac{F_R}{F_n} = \tan \varrho$$

Der Reibungsbeiwert μ für Mauerwerk oder Beton auf Beton kann mit 0,76 angenommen werden.

$$\text{Gleitsicherheit} = \frac{\text{Reibungskraft}}{\text{Verschiebekraft}} \qquad \eta_g = \frac{F_{Rd}}{H_d} \geq 1,10$$

Diese Forderung gilt nach DIN EN 1997-1: 09.

Beispiel:
Mauer mit Eigenlast $G = F_n = 20,0$ kN und Verschiebekraft $H = 9,0$ kN aus Erddruck.

Reibungskraft $F_{Rd} = \mu \cdot F_n = 0,76 \cdot 20,0 = 15,2$ kN

Gleitsicherheit $\eta_g = \dfrac{F_{Rd}}{H_d} = \dfrac{15,2}{1,5 \cdot 9,0} = \underline{\underline{1,13}} \geq 1,10$

A1

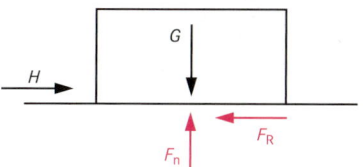

A2

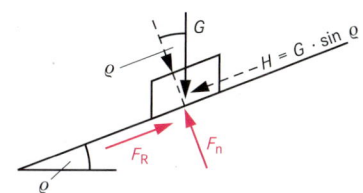

A3

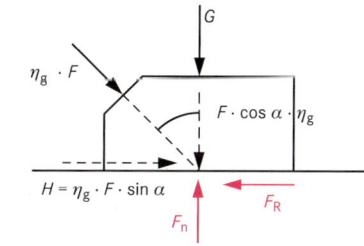

Wird die schräge Kraft F mit dem Sicherheitsbeiwert multipliziert, ergibt sich

$\eta_g \cdot F \cdot \sin \alpha < \mu \cdot (G + \eta_g \cdot F \cdot \cos \alpha)$ oder

$\text{erf } G > \dfrac{\eta_g \cdot F \cdot \sin \alpha}{\mu} - (\eta_g \cdot F \cdot \cos \alpha)$

Ist F eine Zugkraft (z. B. Seilkraft), dann beträgt das erforderliche Fundamentgewicht

$\text{erf } G > \dfrac{\eta_g \cdot F \cdot \sin \alpha}{\mu} + \eta_g \cdot F \cdot \cos \alpha$

Weitere Reibungsbeiwerte μ aus der Literatur:

Beton auf Stahl	0,45 - 0,30
Mauerwerk auf Beton	0,76
Holz auf Holz	0,50
Stahl auf Stahl, trocken	0,15
Ortbeton auf Baugrund	$\tan \varphi'$
Betonfertigteile auf Baugrund	$\tan(\frac{2}{3}\varphi')$

φ' = Reibungswinkel des Bodens
Kohäsion darf nicht berücksichtigt werden.

Der Erdwiderstand vor der vertikalen Fläche des Gründungskörpers wird i.A. nicht berücksichtigt, da er erst bei größeren Verschiebungen wirksam wird.

Stabilitätsgefährdend sind das **Biegeknicken** (einfach: **Knicken**) und das **Biegedrillknicken**. Das **Drillknicken** stellt einen Sonderfall des Biegedrillknickens dar:

In älterer Literatur und in früheren Regelwerken wird das Biegedrillknicken bei Beanspruchung durch Biegemomente und Querlast als **Kippen** bezeichnet.

Biegeknicken

Leonhard Euler hat 1744 als Erster einen schlanken, mittig gedrückten Stab untersucht und folgende kritische Last ermittelt

$$F_{krit} = \frac{\pi^2 \cdot E \cdot I}{(\beta \cdot l)^2} \quad \text{oder} \quad F_{krit} = \frac{\pi^2 \cdot E \cdot A}{\lambda^2}$$

Der Stab weicht aus, ohne dass seine Festigkeitsgrenze erreicht wird.

l Stablänge

$\beta \cdot l$ Knicklänge

β Knicklängenbeiwert (s. **T1**)

I Flächenmoment 2. Grades (beschreibt die Querschnittsform)

A Querschnittsfläche

E Elastizitätsmodul (materialspezifische Größe)

$i = \sqrt{\dfrac{I}{A}}$ Trägheitsradius, geometrische Größe in cm

$\lambda = \dfrac{\beta \cdot l}{i}$ (lambda), dimensionslose Größe, Schlankheit

Rechteckquerschnitt $i = 0,289 \cdot b,$

Kreisquerschnitt $i = 0,25 \cdot \varnothing$

Kann der Stab in 2 Richtungen ausweichen, ist für jede der beiden Richtungen die jeweilige Schlankheit zu ermitteln, da nicht nur der Trägheitsradius, sondern auch die Knicklänge unterschiedlich sein können. Für schlanke Stäbe ($\lambda > 80$) kann die aufnehmbare Gebrauchslast näherungsweise aus der Eulerschen Knicklast abgeschätzt werden, wenn als globaler Sicherheitsbeiwert für Holz 3,5 und für Stahl 2,5 gewählt wird.

Modifikation des grundlegenden Ansatzes von Euler:

Der Stabilitätsfall als sprunghafte Veränderung des Tragverhaltens mit unbestimmten Verformungen spielt in der Praxis sehr selten eine Rolle. Deswegen wird eine gestörte Lage durch den Ansatz von Imperfektionen sichergestellt. Bei sicherem Ansatz dieser **Imperfektionen** wird die ideale Knicklast nicht erreicht. Zu jedem Belastungszustand gibt es einen eindeutigen Verformungs- und Beanspruchungszustand. An die Stelle der früheren Nachweise **Spannungsnachweis** (mit Schnittgrößen des unverformten Systems, Theorie I. Ordnung) und **Stabilitätsnachweis** tritt als Regelfall der Tragsicherheitsnachweis (mit Schnittgrößen am verformten System, Theorie II. Ordnung), der für Einzelbauteile als **Ersatzstabnachweis** geführt wird.

Sowohl im Holzbau als auch im Stahlbau erfolgt der Knicknachweis nach dem Ersatzstabverfahren. In Abhängigkeit von der Schlankheit des Stabes wird ein Faktor k_c (im Holzbau) bzw. χ (im Stahlbau) ermittelt, mit dem die Normalkraft-Tragfähigkeit des Querschnitts abgemindert wird. Im Stahlbetonbau kann aufgrund des nichtlinearen Verformungsverhaltens des Verbundbaustoffs Stahlbeton das Ersatzstabverfahren nicht ohne weiteres angewendet werden, hier steht das Modellstützenverfahren zur Verfügung.

Der Nachweis nach dem Ersatzstabverfahren wird in folgender Form geführt (mit den Bezeichnungen aus den jeweiligen Bemessungsnormen, s. Abschnitt Holzbau bzw. Abschnitt Stahlbau):

$$\frac{N_d/A}{k_c \cdot f_{c,0,d}} \leq 1,0 \quad \text{im Holzbau bzw.}$$

$$\frac{N_{Ed}/A}{\chi \cdot f_y/\gamma_{M1}} \leq 1,0 \quad \text{im Stahlbau}$$

Beispiel: Holzstütze

Eine 3 m hohe Stütze aus Vollholz (NH C24) im Inneren eines Gebäudes (Nutzungsklasse 1) wird mit einer ständigen Last von 56 kN und einer nicht ständigen Last von 25 kN belastet. Die nicht ständige Last hat eine mittlere Einwirkungsdauer. Die Stütze ist unten und oben gelenkig gelagert (Euler-Fall 2).

Gewählt: $a/b = 14/14$, $A = 196\,cm^2$, $i = 4,05\,cm$

$$\frac{N_d}{A} = \frac{1,35 \cdot 56\,kN + 1,50 \cdot 25\,kN}{196\,cm^2} = \frac{113,1\,kN}{196\,cm^2} = 0,58\,kN/cm^2$$

$$\lambda = \frac{\beta \cdot l}{i} = \frac{300\,cm}{4,05\,cm} = 74 \Rightarrow k_c = 0,508$$

$$f_{c,0,d} = \frac{0,80 \cdot 2,1\,kN/cm^2}{1,3} = 1,29\,kN/cm^2$$

$$\frac{0,58\,kN/cm^2}{0,508 \cdot 1,29\,kN/m^2} = 0,89 \leq 1,0$$

(Bemessung nach DIN EN 1995-1-1:10, s. Abschnitt Holzbau)

Beispiel: Stahlstütze

Statt der Holzstütze soll bei gleichen Randbedingungen ein Stahlhohlprofil QRO 80*5 aus Stahl S235 verwendet werden.

QRO 80*5 $A = 14,7\,cm^2$, $i = 3,05\,cm$, Knicklinie a

$$\frac{N_{Ed}}{A} = \frac{1,35 \cdot 56\,kN + 1,50 \cdot 25\,kN}{14,7\,cm^2} = \frac{113,1\,kN}{14,7\,cm^2} = 7,7\,kN/cm^2$$

$$\lambda = \frac{\beta \cdot l}{i} = \frac{300\,cm}{3,05\,cm} = 98,4; \quad \lambda_1 = 93,9 \text{ für Stahl S235}$$

$$\frac{\lambda}{\lambda_1} = \frac{98,4}{93,9} = 1,05 \Rightarrow \chi = 0,631$$

$$\frac{N_{Ed}/A}{\chi \cdot f_y/\gamma_{M1}} = \frac{7,7\,kN/cm^2}{0,631 \cdot \dfrac{23,5\,kN/cm^2}{1,1}} = 0,57 \leq 1,0$$

(Bemessung nach DIN EN 1993-1-1:10, s. Abschnitt Stahlbau)

Mechanik

T1 Bemessungslasten für Holz- und Stahlstützen in kN

Querschnitt und Baustoff		Knicklänge in m / Abmessung	2,50	3,00	3,50	4,00	4,50	5,00	5,50
	Nadelholz C24, quadratischer Querschnitt, Nutzungsklasse 2, Lasteinwirkungsdauer der veränderlichen Last mittel ($k_{mod} = 0,8$)	10	50,5	36,5	27,5	21,4	17,1	13,9	11,6
		12	98,0	72,8	55,4	43,3	34,8	28,5	23,7
		14	165	128	99,1	78,3	63,1	51,9	43,3
		16	247	202	161	129	105	86,8	72,8
		18	341	294	244	199	164	136	115
		20	444	399	344	289	241	202	171
		22	557	515	460	398	338	287	245
		26	812	774	724	661	589	516	449
	HEB (IPB) nach DIN 1025-2:95 aus Stahl S235	100	283	225	180	145	120	100	84
		120	449	374	309	256	214	180	154
		160	871	776	681	592	513	444	386
		180	1110	1012	910	809	715	629	553
		200	1383	1280	1173	1063	955	853	760
		240	1986	1876	1761	1640	1516	1392	1271
		300	2938	2820	2698	2571	2439	2302	2162
		360	3560	3415	3265	3108	2945	2776	2604
	Hohlprofile mit quadratischem Querschnitt, warmgefertigt nach DIN EN 10210-2 aus Stahl S235, Abmessungen $B \cdot T$	40 · 4	31	22	17	13	10	8	7
		50 · 4	62	45	34	27	21	17	14
		60 · 4	103	78	60	47	38	31	26
		80 · 5	236	199	162	132	108	90	75
		100 · 5	341	311	275	237	201	171	146
		120 · 8	673	637	590	534	473	413	359
		160 · 8	969	942	911	874	830	778	720
		200 · 8	1257	1234	1210	1181	1149	1112	1069
	Hohlprofile mit kreisförmigem Querschnitt, warmgefertigt nach DIN EN 10210-2 aus Stahl S235, Abmessungen $D \cdot T$	33,7 · 3,2	9,9	7,0	5,2	4,0	3,2	2,6	2,1
		48,3 · 4	35,8	25,7	19,3	14,9	11,9	9,7	8,1
		60,3 · 4	68,5	50,5	38,3	30,0	24,0	19,7	16,4
		88,9 · 4	170	142	115	93,3	76,4	63,4	53,3
		101,6 · 5	262	231	196	163	136	113	96,0
		139,7 · 8	408	387	360	328	292	257	224
		177,8 · 8	858	834	805	770	727	678	623
		219,1 · 8	1093	1072	1049	1022	991	955	913

Knickbiegelinie für die 4 Euler-Fälle

WP = Wendepunkte:
Der Abstand der Wendepunkte jeder Knickbiegelinie ist identisch mit der Knicklänge des jeweiligen Stabes.

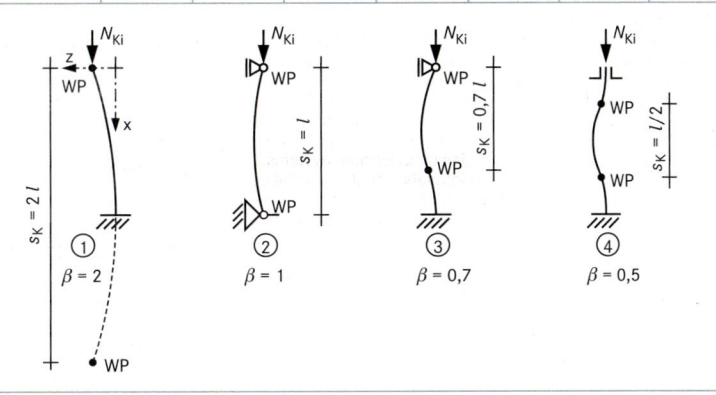

1. Bewegung, Geschwindigkeit

Geschwindigkeit v ist das Verhältnis des zurückgelegten Weges s zur dafür benötigten Zeit t.

Geschwindigkeit $= \dfrac{\text{Weg}}{\text{Zeit}}$

$$v = \frac{s}{t}$$ in $\dfrac{m}{s}$ oder $\dfrac{km}{h}$

1.1 Gleichförmige Bewegung

Gleichförmige Bewegung, wenn die Geschwindigkeit konstant ist.

Geradlinige Bewegung → **A1**

Bewegung auf gekrümmten Bahnen, z.B. Kreisbewegung → **A2**

A1

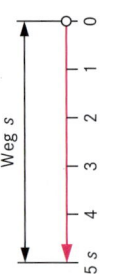

A2

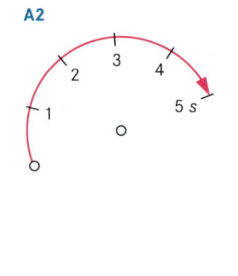

1.2 Gleichmäßig beschleunigte Bewegung

v_0 = Ruhezustand, Beginn der Bewegung

v = Endgeschwindigkeit

v_m = mittlere Geschwindigkeit

s = zurückgelegter Weg

a = Beschleunigung, Geschwindigkeitszunahme je Zeiteinheit

$a = \dfrac{v}{t}$ $\qquad v = a \cdot t$ $\qquad a = \dfrac{v - v_0}{2} = \dfrac{v}{2}$

$s = \dfrac{v}{2} \cdot t = \dfrac{a \cdot t}{2} \cdot t = \dfrac{a}{2} \cdot t^2$

$$a = \frac{2s}{t^2}$$ in $\dfrac{m}{s^2}$ oder $\dfrac{km}{h^2}$ → **A3**

A3

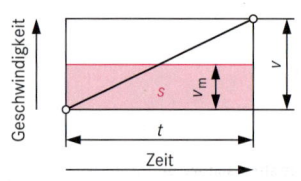

1.3 Verzögerung

Verzögerung ist negative Beschleunigung, z.B. durch Bremsen beim PKW hervorgerufen: s ist hier der Bremsweg.

1.4 Freier Fall

Der Freie Fall ist eine gleichmäßig beschleunigte Bewegung mit der Anfangsgeschwindigkeit:

$v_0 = 0$ m/s → **A4**

Fallbeschleunigung g

$= \text{const } a = 9{,}81 \dfrac{m}{s^2}$

Meist ausreichend genau kann für g (a) 10 m/s² gesetzt werden.

A4

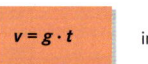

Endgeschwindigkeit:

$$v = g \cdot t$$ in $\dfrac{m}{s}$

Gesamtweg:

$$s = \frac{g}{2} \cdot t^2$$ in m

2. Masse m

Die Masse m eines Körpers zeigt sich als **Trägheit gegenüber Bewegungsänderung** (Beschleunigung, Verzögerung oder Richtungsänderung). Jeder feste, flüssige oder gasförmige Stoff hat seine Masse, unabhängig von Ort und Zustand. Einheit: **g, kg, t**. Masse wird durch Wiegen gemessen, indem sie mit einer bekannten Masse verglichen wird.

3. Kraft F

Die Kraft F ist die **Ursache von Bewegungsänderungen** (Beschleunigung, Verzögerung oder Richtungsänderung).

Kraft = Masse · Beschleunigung

$$F = m \cdot a$$ $\qquad$ $1\,N = 1\,kg \cdot 1\,m/s^2$

1 Newton ist die Kraft, die einem Körper der Masse 1 kg eine Beschleunigung von 1 m/s² allerorten erteilt.

Gewichtskraft G ist die Ursache für den freien Fall, → **A4**

Gewichtskraft = Masse · Fallbeschleunigung

$$G = m \cdot g$$ $\qquad$ $10\,N = 1\,kg \cdot 10\,m/s^2$

Die Größe der Gewichtskraft ist ortsabhängig.

Mechanik

4. Arbeit W

Arbeit bedeutet die Überwindung einer Gegenkraft F längs eines Weges s.
In **A5** arbeitet F_1 gegen F.

Arbeit = Kraft · Weg   in Joule, kJ oder MJ

$$W = F \cdot s$$ in J = Nm = N · m

$$1\,J = 1\,Nm = 1\,\frac{kg \cdot m^2}{s^2}$$

Arbeit setzt Bewegung voraus. Arbeit gegen die Schwerkraft zeigt das Beispiel des Bauaufzuges in **A6**. Arbeit gegen den Eindringwiderstand des Erdbodens das Beispiel der Ramme in **A7**.

A5

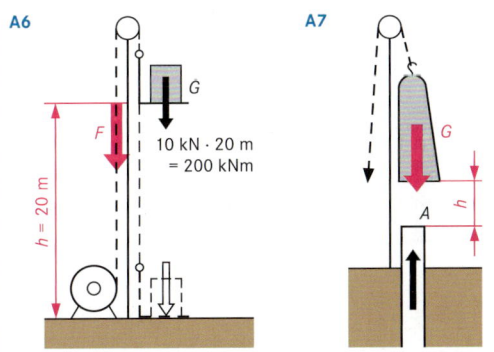

A6   **A7**

G

F 10 kN · 20 m
= 200 kNm

G

A

$h = 20\,m$

5. Energie E

Energie = Arbeitsfähigkeit = gespeicherte Arbeit

Es gibt zwei Arten mechanischer Energie:

Energie der (Höhen-) Lage	Energie der Bewegung
= **potentielle** Energie	= **kinetische** Energie
= ruhende Energie	= Wucht
in **A7** der gehobene,	in **A7** der fallende,
in Höhe h ruhende	bei A ankommende
Rammbär:	Rammbär:

$$E = G \cdot h \qquad = \qquad E = \frac{m \cdot v^2}{2}$$

$$\text{pot}\ E = \text{kin}\ E \quad (v^2 = 2 \cdot g \cdot h)$$

$$m \cdot g \cdot h = \frac{m \cdot v^2}{2} = \frac{m \cdot \not{2} \cdot g \cdot h}{\not{2}}$$

6. Dynamische Betrachtung

Dynamische Betrachtung der Maschinen, z. B. des Hebels in **A8**, ohne die Verluste, z. B. die Reibung, zu berücksichtigen.

A8

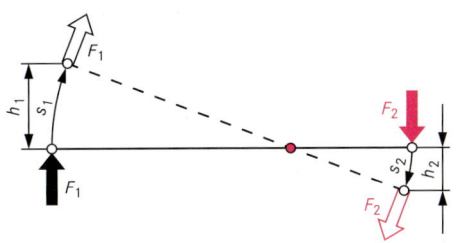

Maschinen mindern die Kraft oder den Weg

aber sparen:

$$F_1 \cdot s_1 = F_2 \cdot s_2$$
$$W_1 = W_2 \qquad \longleftrightarrow \qquad \textbf{keine Arbeit}$$
(sie sind Arbeitsumwandler)

$$F_1 \cdot h_1 = F_2 \cdot h_2$$
$$E_1 = E_2 \qquad \longleftrightarrow \qquad \textbf{keine Energie}$$
(sie sind Energieumwandler)

$$\frac{F_1 \cdot s_1}{t} \qquad \frac{F_2 \cdot s_2}{t}$$
$$P_1 = P_2 \qquad \longleftrightarrow \qquad \textbf{keine Leistung}$$

Übersetzungsverhältnis der Maschinen:

Kräfteverhältnis = umgekehrtes Wegeverhältnis

Was an Kraft weniger eingesetzt wird, muss am Weg zugesetzt werden (und umgekehrt).

$$F_1 : F_2 = s_2 : s_1$$

7. Leistung P

Leistung ist das Verhältnis der Arbeit W zur dafür benötigten Zeit t.

Die Einheit der Leistung ist Watt W (auch kW).

$$P = \frac{W}{t} = \frac{F \cdot s}{t} = \frac{G \cdot h}{t}$$

$$1\,W = \frac{1\,J}{s} = 1\,\frac{1\,Nm}{s} = 1\,\frac{1\,kg \cdot m^2}{s^3}$$

Beispiel:
Der Motor in **A6** leistet nach Abzug der Reibungsverluste noch 16 kW. In wie viel Sekunden kann er die 10 kN 20 m hochheben?

vorh $P = 16\,kW = 16\,kN\,m/s$

aus $P = \dfrac{G \cdot h}{t}$

folgt: $t = \dfrac{G \cdot h}{P} = \dfrac{10\,kN \cdot 20\,m}{16\,kN\,m/s} = \underline{\underline{12{,}5\,s}}$

Für alle Maschinen gilt die dynamische Betrachtung
$F_1 : F_2 = s_2 : s_1$.
Arbeit $F_1 \cdot s_1$ = Arbeit $F_2 \cdot s_2$, $F_1 = (F_2 \cdot s_2) : s_1$

1. Hebel

Vom Hebel abgeleitete Maschinen → **A1** bis **A7**, (oder 2. bis 8.).

2. Feste Rolle → A1

Sie ist ein gleicharmiger Hebel.

$$F_1 = F_2$$

3. Lose Rolle → A2

Sie ist ein einseitiger Hebel, dessen Kraftarm doppelt so lang ist
wie der Lastarm.

$$F_1 = \frac{F_2}{2}$$

Meist mit einer festen Rolle zum Umlenken des
Seiles verbunden,

$\eta = 0{,}95$ [1].

4. Flaschenzug → A3

Aus losen und festen Rollen, → **A3**.
Jede lose Rolle halbiert die erforderliche Zugkraft F_1:

$$F_1 = \frac{F_2}{2 \cdot \text{Zahl der losen Rollen}}$$

Andere Erklärung: In **A3** verteilt sich die Last auf 4 Seilstücke, an
dem gezogenen ist deshalb nur $1/4$ von F_2 erforderlich.
Flaschenzüge anderer Konstruktion (Differential-, Schnecken-
trieb-, Schrauben- u. a. Flaschenzüge) werden zweckmäßiger-
weise nur dynamisch betrachtet.

$\eta = 1 - (0{,}05 \cdot \text{Zahl der losen und festen Rollen})$ [1]

5. Kurbel mit Seiltrommel → A4

Es handelt sich um einen ungleicharmigen Hebel

$$F_1 = \frac{F_2 \cdot r}{R} \qquad \eta = 0{,}93 \text{ [1]}$$

6. Zahnradwinde (Vorgelege mit Kurbel) → A5

$$F_1 = \frac{F_2 \cdot r_1 \cdot r_2}{R_1 \cdot R_2} \qquad \eta = 0{,}85 \text{ [1]}$$

7. Schneckenwinde → A6

Z = Zahl der Zähne des Zahnrades

z = für 1-gängige Schnecke = 1

z = für 2-gängige Schnecke = 2

$$F_1 = \frac{F_2 \cdot r \cdot z}{R \cdot Z} \qquad \eta \approx 0{,}5 \text{ [1]}$$

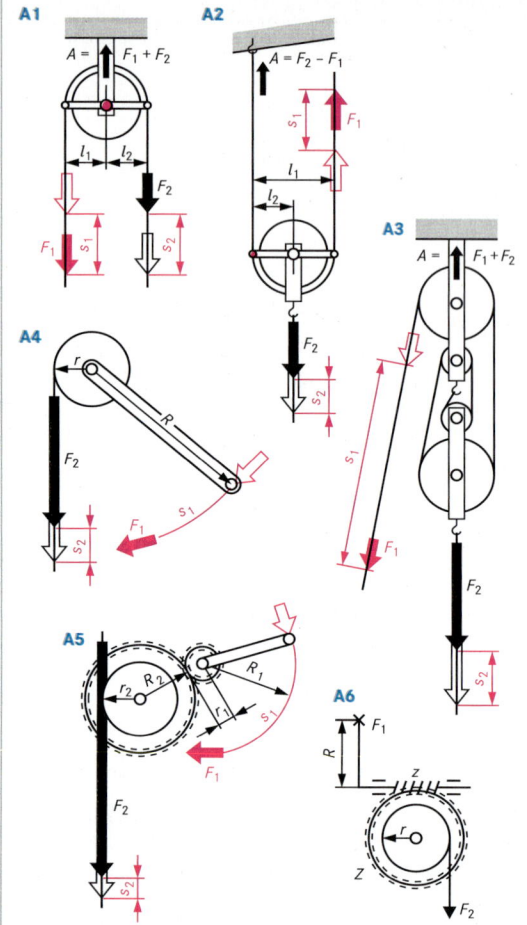

Wirkungsgrad η

Der Wirkungsgrad η der Maschinen gibt das Verhältnis:

nutzbare (effektive)		zur	aufgewendeten (indizierten)	
Arbeit	W_e		Arbeit	W_i
Energie	E_e		Energie	E_i
Leistung	P_e		Leistung	P_i

$$\eta = \frac{W_e}{W_i} = \frac{E_e}{E_i} = \frac{P_e}{P_i} \qquad \eta \text{ (Eta)}$$

Der Wirkungsgrad η ist immer kleiner als 1 (bzw. kleiner als
100 %). In ihm sind alle entscheidenden Verluste erfasst, nicht nur
die Reibung, sondern auch Wärme-, elektrische und chemische
Verluste.

W_i minus Verlustarbeit = W_e
E_i minus Energieverlust = E_e
P_i minus Verlustleistung = P_e

[1] Den Formeln ist der Faktor $1/\eta$ anzufügen.

Bei der Kurbel z. B.: $F_1 = \dfrac{1}{\eta} \cdot \dfrac{F_2 \cdot r}{R}$

Mechanik

8. Riementrieb (auch Kettentrieb) → A7

Übersetzungsverhältnis $\quad i = \dfrac{n_1}{n_2} = \dfrac{D}{d} = \dfrac{R}{r} = \dfrac{Z_1}{Z_2}$

$$F_1 = \dfrac{F_2}{i} \qquad\qquad d \cdot n_1 = D \cdot n_2$$

n = Umdrehungen pro min.
Z = Zähnezahl bei Kettentrieben

A7

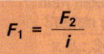

treibende Scheibe
Drehzahl n_1

getriebene Scheibe
Drehzahl n_2

9. Schiefe Ebene

Fall 1: → A8

Die Kraft F greift parallel zur schiefen Ebene an.

$$\dfrac{F}{G} = \dfrac{h}{s} \qquad F = \dfrac{G \cdot h}{s} = G \cdot \sin\alpha$$

Die Arbeit, die Last G senkrecht zu heben, und die Arbeit, sie auf der schiefen Ebene um die Strecke s zu heben, sind gleich:
$F \cdot s = G \cdot h$

A8

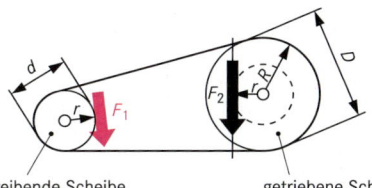

Fall 2: → A9

Die Kraft F greift parallel zur Basis der schiefen Ebene an.

$$\dfrac{F}{G} = \dfrac{h}{l} \qquad F = \dfrac{G \cdot h}{s} = G \cdot \tan\alpha$$

Ein Teil der Kraft drückt auf die schiefe Ebene und verursacht Reibungsverluste.

A9

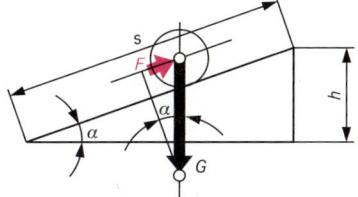

10. Keil, eine schiefe Ebene → A10

$$\dfrac{F}{N} = \dfrac{\text{Rückenbreite } r}{\text{Seitenlänge } s}$$

$$F = \dfrac{N \cdot r}{s} = N \cdot 2 \cdot \sin\dfrac{\alpha}{2}$$

A10

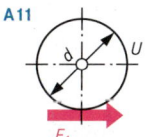

11. Schraube → A11

Eine um einen Kreiszylinder gewickelte schiefe Ebene.

F_1 greift am Umfang der Schraube an. F_2 wirkt in Richtung der Zylinderachse, ähnlich wie in Nr. 9, Fall 2.

A11

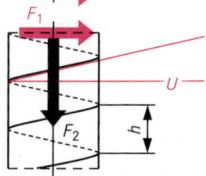

$$\dfrac{F_1}{F_2} = \dfrac{h}{U}$$

$$F_1 = \dfrac{F_2 \cdot h}{U} = \dfrac{F_2 \cdot h}{d \cdot \pi}$$

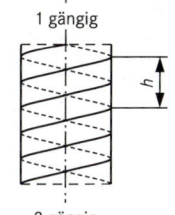

1 gängig

2 gängig

Bei Schrauben ist die Reibung beträchtlich, sie verursacht Verluste oder bewirkt erwünschte „Selbsthemmung".

Beispiel:

Mit welcher Kraft F_3 muss man einen Schraubenschlüssel, $l = R = 12$ cm, drehen, um bei einer Ganghöhe $h = 2$ mm und einem mittleren Schraubendurchmesser $d = 16$ mm ($r = 8$ mm) eine Kraft in Richtung der Schraubenachse von $F_2 = 1$ kN zu erzielen?

Die Reibung soll bei diesem Beispiel nicht berücksichtigt werden, weshalb eine deutlich größere Kraft am Schraubenschlüssel aufgewendet werden muss.

Kraft am mittleren Schraubenumfang:

$$F_1 = \dfrac{F_2 \cdot h}{d \cdot \pi} = \dfrac{1000 \text{ N} \cdot 0,2 \text{ cm}}{1,6 \text{ cm} \cdot 3,14} = 39,25 \text{ N}$$

Hebelkraft:

$$F_3 = \dfrac{F_1 \cdot r}{R} = \dfrac{39,25 \text{ N} \cdot 0,8 \text{ cm}}{12 \text{ cm}} = \underline{2,62 \text{ N}}$$

Elektrizität ist eine **Energieart**.

Mittels elektrischer Motore kann sie in mechanische Arbeit, mittels elektrischer Widerstands-Heizdrähte oder -stäbe in Wärme und mittels Glüh- oder Gasentladungslampen in Licht umgewandelt werden.

Die elektrische Energie wird meist in kWh gemessen:
1000 Wh = **1 kWh**, 1000 kWh = 1 MWh.

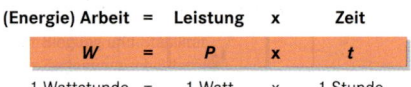

(Energie) Arbeit	=	Leistung	x	Zeit
W	**=**	**P**	**x**	**t**
1 Wattstunde	=	1 Watt	x	1 Stunde

Leistung	=	Spannung	x	Stromstärke
P	**=**	**U**	**x**	**I**
1 Watt	=	1 Volt	x	1 Ampère

Stromstärke	=	Spannung	:	Widerstand
I	**=**	**U**	**:**	**R**
1 Ampère	=	1 Volt	:	1 Ohm

Beispiel:

Eine 200 W-Baustellen-Leuchte soll von einem 12 V-Akku für eine Brenndauer von mindestens 15 Stunden versorgt werden.

a) Welche Stromstärke fließt durch die Leuchte?

$$P = U \cdot I \qquad I = \frac{P}{U} = \frac{200 \text{ V} \cdot \text{A}}{12 \text{ V}} = \underline{16,67 \text{ A}}$$

b) Wie groß ist der Stromverbrauch in 15 h?

$$W = P \cdot t \qquad W = 16,67 \text{ A} \cdot 15 \text{ h} = \underline{250 \text{ Ah}}$$

c) Wie groß muss die Akku-Kapazität mindestens sein, wenn 20 % Reserve verbleiben soll?

$$250 \text{ Ah} \cdot 1,20 = \underline{300 \text{ Ah Akku-Kapazität}}$$

c) Wie viel elektrische Energie wird täglich verbraucht?

$$W = P \cdot t \qquad W = 200 \text{ W} \cdot 15 \text{ h} = 3000 \text{ Wh} = \underline{3 \text{ kWh}}$$

Hinweis:

„W" kann das Formelzeichen für Energie, aber auch die Maßeinheit für die elektrische Leistung in Watt sein, in diesem Fall wird W nicht kursiv geschrieben.

Kennzeichen für:	Gleichstrom	Wechselstrom	Drehstrom
Motor oder Zählerschild	⎓ ⎓ ――― oder „konstant"	230 V ∼ 50	∼ 50 cos φ 400 V △ 230 V Y
Zahl der Leitungen	2 und	2 und	3 und Erd- o. Mittelpunktsleitung
		Erder- oder Nullleitung	

Bei **Wechselstrom** wechselt die Richtung des Stromes 50 mal in der Sekunde: 50 Hz (Hertz). Er kann mittels Transformatoren einfach auf höhere oder niedrigere Spannungen gebracht werden. Die übliche Spannung für den Verbraucher ist 230 V.

Drehstrom entsteht durch die Verkettung von 3 Wechselströmen in der Weise, dass deren Maximalwerte jeweils um 1/3 Schwingung (Periode) gegeneinander verschoben sind. Je nach der Schaltung können dadurch Spannungen von 230 V oder 400 V abgegriffen werden, → **A1**.

A1 Die Stromversorgung auf einer Baustelle über einen Anschluss- uund Verteilerschrank (AV-Schrank)

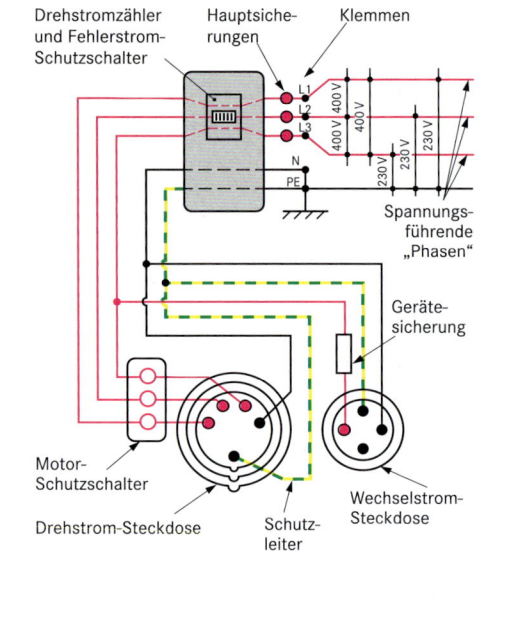

Verhüten von Schäden und Unfällen

Baustromverteiler (AV-Schränke) sind die Voraussetzung für eine sichere Stromversorgung von Baustellen.

Die ausreichende **Erdung** des AV-Schrankes ist für das Wirksamwerden von Schutzmaßnahmen an den Geräten unbedingt erforderlich.

Die Wirkung der Erdung hängt von der Art und dem Feuchtegehalt des Erdbodens ab.

Ideal ist es, wenn der eingeschlagene **Staberder**, meist ein verzinktes Stahlprofil oder -rohr, bis in das Grundwasser getrieben werden kann. Ist das nicht oder nur mit unvertretbar hohem Aufwand zu erreichen, muss von einem Fachmann der vorhandene Erdungswiderstand gemessen und daraus die erforderliche Länge des Erders ermittelt werden.

Wenn nötig, müssen mehrere Staberder eingeschlagen werden, deren Abstand mindestens doppelt so groß wie die wirksame Länge der einzelnen Erder sein soll. Es können auch Banderder in einer Tiefe von 50 cm verlegt oder vorhandene stählerne Wasserleitungsrohre als Erder benutzt werden.

Mechanik

Gefahren für den Menschen

Der menschliche Körper leitet den elektrischen Strom recht gut, besonders in feuchter Umgebung.

Lebensgefährlich können schon geringe Ströme von nur 0,05 A (Ampère) sein, die bereits bei Spannungen von nur etwa 50 Volt sich ergeben können. Besonders gefährlich ist es, wenn der Strom seinen Weg über die Nähe des Herzens nimmt.

Spannungen von 230 oder 400 Volt können, wenn eine Hand ein spannungsführendes Metallteil berührt und der Strom über die andere Hand oder die Füße gut abfließen kann, zur Verkrampfung der Handmuskeln führen, die das Wiederloslassen unmöglich macht.

Kontakt mit Hochspannungsleitungen kann zur Bildung eines Lichtbogens und zu tödlichen Verbrennungen führen.

Erste Hilfe bei elektrischen Unfällen

- Auf keinen Fall die betroffene Person berühren, solange noch die Möglichkeit des Stromflusses besteht. Daher:

- Strom sofort abschalten, zumindest den Stecker aus der Zuleitung herausziehen, besonders, wenn eine Verkrampfung der Hand vorliegt.

- Sind Atmung und Puls noch feststellbar, den Verunglückten in Seitenlage bringen. Wenn nicht, dann in Rückenlage flach betten, dann, wenn vorhanden, losen Zahnersatz entfernen.

- Den Rettungsdienst verständigen und dabei Art und Ort des Unfalls genau angeben.

- Bei Bewusstlosigkeit so schnell wie möglich nach der „Mund-zu-Mund-Methode" etwa 15 mal pro Minute beatmen, bis die Atmung wieder einsetzt oder ein Arzt eintrifft.

- Während kurzer Beatmungspausen möglichst die „Herzdruck-massage" anwenden: Beide Hände flach übereinander auf das untere Ende des Brustbeines legen und dieses etwa im Abstand von einer Sekunde ruckartig 3 bis 4 cm tief eindrücken. Der Brustkorb kehrt dann infolge seiner eigenen Elastizität wieder in seine Ausgangslage zurück, wobei sich das Herz erneut mit Blut füllen kann.

- Atemspende und Herzdruckmassage sind in kurzen Abständen so lange, notfalls stundenlang, zu wiederholen, bis ein Arzt eintrifft.

Sicherungsvorrichtungen

Sicherungsvorrichtungen sollen Zerstörungen und Brände durch übermäßig hohe Ströme bei Überlastung oder Kurzschluss verhindern.

„Flicken" von Sicherungen führt zum Verlust des Versicherungsschutzes!

Schmelzsicherungen

Schmelzsicherungen haben einen Schmelzleiter, der den Stromfluss bei den üblichen „flinken" Sicherungen beim 3,5fachen Nennstrom sofort unterbricht.

„Träge" Sicherungen halten dagegen kurzzeitig hohe Stromstöße aus.

Leistungsschutzschalter (LS-Schalter)

LS-Schalter, auch „Sicherungsautomaten" genannt, ersetzen Schmelzsicherungen. Bei Überlastung unterbricht ein elektromagnetischer Auslöser bei 2,5- bis 3,5fachem Nennstrom sofort.

Sind Sicherungen durchgebrannt oder haben Sicherungsautomaten ausgelöst, sollte unbedingt vor dem erneuten Einschalten erst die Ursache gesucht werden.

Motorschutzschalter

Motorschutzschalter schalten den Strom mit thermischen Auslösern, meist Bimetallstreifen, bei zu großer Stromaufnahme ab und verhindern damit Schäden.

Fehlerstrom (FI)-Schutzschaltung

Beim Auftreten von Berührungsspannungen wird von FI-Schaltern schon nach 0,2 Sekunden allpolig abgeschaltet. Der Auslösestrom beträgt je nach Typ:

0,03 A; 0,3 A; 0,5 A oder 1 A.

Auf Baustellen sollte möglichst ein FI 0,03 eingesetzt werden, weil nur damit Gesundheitsschäden weitgehend verhindert werden können.

FI-Schalter sind täglich durch Drücken der Prüftaste und monatlich durch einen Elektrofachmann zu überprüfen.

Sichere Anlagen

Steckverbindungen

Für **Wechselstrom** sind **Schutzkontakt**-Steckdosen und -stecker erforderlich.

Dadurch sind alle metallischen Teile an den Geräten und Leuchten mit dem Erder verbunden.

Für **Drehstrom** erfüllen **5-polige Rundsteckdosen und -stecker** die Forderungen für Baustellenanschlüsse.

Gummischlauchleitungen

Gummischlauchleitungen, meist „Kabel" genannt, sind innerhalb der Baustelle möglichst hoch, an Stahlseilen zur Zugentlastung, aufzuhängen. Am Boden sind sie in Stahlrohren oder zwischen Bohlen zu verlegen, die gegen das Auseinandergleiten gesichert sind. „Kabel" auf Rollen dürfen nur dann mit der angegebenen Höchststromstärke, bzw. mit der maximalen Leistung in W oder kW belastet werden, wenn sie voll ausgerollt sind. Wenn nicht, können sie unzulässig heiß werden!

Handleuchten

Handleuchten müssen strahlwassergeschützt sowie mit Schutzglas und -korb versehen sein.

Hinweise

Vor Stemm- und Bohrarbeiten an Wänden und Decken in Bauten mit Elektroinstallationen muss der Strom abgeschaltet werden. Es ist mit einem Suchgerät festzustellen, ob im Arbeitsbereich Elt-, Gas- oder Wasserleitungen liegen.

Begriffe, Formelzeichen, Einheiten

Schwingung = hin- und hergehende Bewegung.

Schwingungszahl = Frequenz f
= Anzahl der Schwingungen je Sekunde.
Einheit: 1 Hz (Hertz) = 1 Schwingung/Sekunde

Welle = wandernde Schwingung, → **A1**.
Im Innern von Stoffen (z. B. in der Luft oder in festen Körpern) bilden sich **Längswellen** (Longitudinalwellen). In dünnen Platten und Stäben sowie an der Oberfläche von Wasser und festen Stoffen bilden sich **Querwellen** (Transversalwellen).
Jeder schwingende Körper stößt die angrenzende Luft an und erzeugt Luftschallwellen.
Wellenlänge λ = Abstand der Maximalwerte, → **A1**.

Hörschall = Schwingungen von 16 Hz bis 16 000 Hz,
Infraschall = Schwingungen unter 16 Hz,
Ultraschall = Schwingungen über 16 000 Hz.

Erschütterung = fühlbare Schwingung unter 70 Hz.

Ton = regelmäßige Tonschwingung, meist einer Grundfrequenz mit Obertönen.

Geräusch = unregelmäßige Schallschwingungen, Gemisch vieler Frequenzen.

Lärm = störende Töne und Geräusche.

Luftschall = von „Schallquellen", aber auch von schwingenden Bauteilen ausgehend.

Körperschall = in Bauteilen sich ausbreitender Schall, oft als **Trittschall**, → **A2**.

Schallgeschwindigkeit = Wellenlänge · Frequenz
$$c = \lambda \cdot f \ (\lambda = c/f)$$

c in m/s:
in Luft bei ≈ 20 °C		334
in Wasser nach Temperatur	1400	... 1480
in Mauerwerk und Beton	3000	... 4000
in Holz nach Richtung	3400	... 5000
in Stahl	4800	... 5100
in Glas	5000	... 5400

Schalldruck p in µPa = µN/m² ist der Wechseldruck, der mit einem Messgerät festgestellt werden kann. Der von unserem Ohr gerade noch wahrnehmbare geringste Schalldruck p_0 = 20 µPa = 20 µN/m².

Schallpegel L in dB (Dezibel), besser als „Schalldruckpegel" bezeichnet, ermöglicht es, sich in vielen Zehnerpotenzen unterscheidende Werte einfacher darzustellen. Dazu wird der dekadische Logarithmus aus dem Quotienten der Messgröße p zur Bezugsgröße p_0 (Schwellenwert) gebildet:
L = 10 lg p^2/p_0 = 20 lg p/p_0 in dB, → **A3** und **T1**.
Dadurch wird erreicht, dass aus dem großen Schalldruckbereich von 1 (Hörschwelle) zu 1 Million (Schmerzschwelle) eine übersichtliche Zahlenreihe von 0 dB bis 120 dB wird.

Merkregel: Oberhalb von 40 dB wirkt eine Pegeländerung um 10 dB wie eine Verdopplung bzw. Halbierung der wahrgenommenen „Lautheit".

A1 Längswelle in Luft oder im Körperinnern:

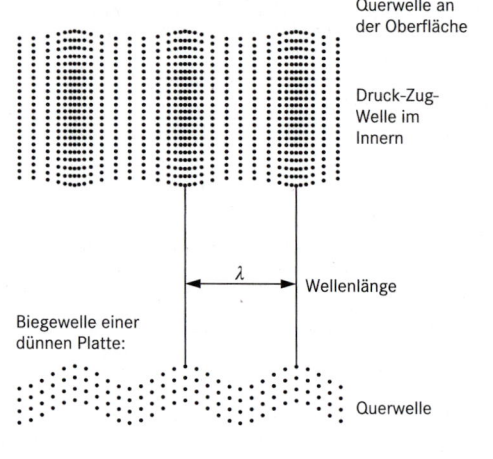

Querwelle an der Oberfläche

Druck-Zug-Welle im Innern

λ — Wellenlänge

Biegewelle einer dünnen Platte:

Querwelle

A2

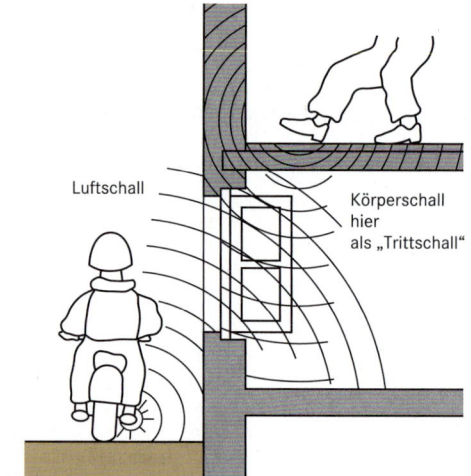

Luftschall

Körperschall hier als „Trittschall"

A-bewerteter Schallpegel L_p in dB(A) ist ein Maß für die vom Menschen wahrgenommene Stärke eines Geräusches. Der Mensch hört tiefe Töne weniger laut als hohe Töne. Die Schall-Teildrücke in 16 Frequenzbereichen (Terzen) zwischen 100 und 3150 Hz werden deshalb vom Messinstrument jeweils so stark gemessen (bewertet), wie es der Hörempfindung entspricht. Diese Abhängigkeit zeigt sich auch in der Bezugskurve für die erforderliche Luftschall-Dämmung in **A4**.

Schallpegeldifferenz D = $L_1 - L_2$ in dB(A).
L_1 = Schallpegel im Senderaum,
L_2 = Schallpegel im Empfangsraum.

Begriffe, Formelzeichen, Einheiten (Fortsetzung)

Schalldämm-Maß R in dB ist eine Messgröße zur Kennzeichnung der Luftschalldämmung eines Bauteils, es ist abhängig von der Frequenz.

$$R = D + 10 \cdot \lg \cdot \left(\frac{\text{Prüffläche}}{\text{Absorptionsfläche Empfangsraum}} \right)$$

$$R = D + 10 \cdot \lg (S/A)$$

Bau-Schalldämm-Maß R' in dB berücksichtigt auch die Schall-Leitung auf Nebenwegen, z. B. Decken und Wänden, wie in **A4** angedeutet.

Bewertetes Schalldämm-Maß R_W, beziehungsweise **bewertetes Bau-Schalldämm-Maß R'_W** sind in einer einzigen Zahl ausgedrückte Angaben zur Kennzeichnung der Luftschalldämmung von Bauteilen. Zu seiner Ermittlung wird die frequenzabhängige Bezugskurve in **A3** um ganze dB nach oben (günstig) bzw. nach unten (ungünstig) so weit verschoben, bis die mittlere Unterschreitung der Bezugskurve durch die Messkurve ≤ 2 dB wird.

R_W bzw. R'_W entspricht dem Wert der verschobenen Bezugskurve bei 500 Hz. In **A3**: 37 dB. Die Bezugskurve zeigt in ihrer Ausgangslage bei 500 Hz 52 dB. Sie kann also bei geringen Anforderungen an den Luftschallschutz, z. B. 47 dB um 5 dB nach unten und muss bei hohen Anforderungen, z.B. 57 dB bei Wohnungs-Trennwänden, um 5 dB nach oben verschoben werden.

Die Luftschalldämmung wird verbessert bei:
einschaligen Wänden durch eine möglichst große flächenbezogene Masse (kg/m²), durch Vermeiden von Undichtigkeiten und Verringern der Schall-Längsleitung auf Nebenwegen durch möglichst schwere flankierende Wände und Decken;

Vorsatzschalen durch geringe Eigensteifigkeit und wenig steife Verbindung zur Wand;

zweischaligen Haustrennwänden durch möglichst großen Abstand der möglichst schweren Schalen und Vermeiden von „Schallbrücken" und Füllen des Hohlraumes mit „weichem" Dämmstoff.

Ähnliches gilt auch für Decken, Türen und Fenster.

A3 Ermittlung von R_W (R'_W):

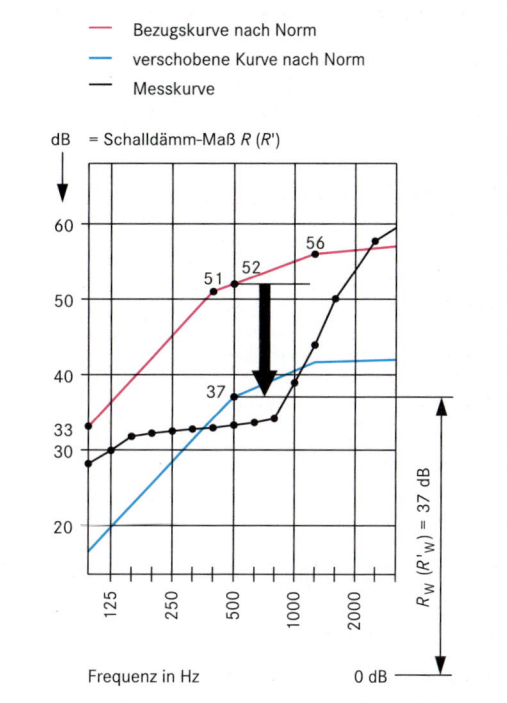

- Bezugskurve nach Norm
- verschobene Kurve nach Norm
- Messkurve

dB = Schalldämm-Maß R (R')

Frequenz in Hz

R_W (R'_W) = 37 dB

0 dB

T1 Schallpegel bekannter Geräusche in dB (A)

	Entfernung			
Verständliches Flüstern	1 m	15	...	30
Leises Sprechen	1 m	30	...	50
Normales Sprechen	1 m	50	...	65
Lautes Sprechen oder Musik	1 m	60	...	70
PKW	10 m	60	...	80
Lautes Rufen oder Schreien	1 m	70	...	90
Hauptverkehrsstraße	10 m	80	...	90
Presslufthammer	10 m	90	...	100
Kampfflugzeug	100 m	110	...	140

T2 Luftschall-Dämm-Maß R'_W (Abnahme des Schallpegels zwischen Raum 1 und Raum 2)

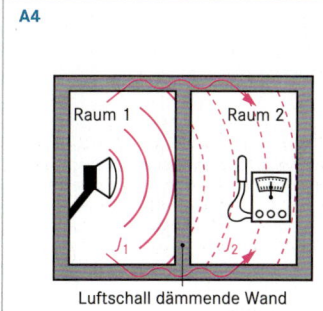

A4

Luftschall dämmende Wand

R'_W in dB	**Empfundener Schallpegel** im Raum 2, wenn für den Raum 1 angenommen wird:			
	etwas lautes Sprechen (60 dB)		Kindergeschrei (80 dB)	
10	50 dB,	wie normales Sprechen,	70 dB,	wie lautes Rufen,
20	40 dB,	etwas leiser als Sprechen,	60 dB,	wie lautes Sprechen,
30	30 dB,	wie leises Sprechen,	50 dB,	wie norm. Sprechen,
40	20 dB,	wie Flüstern,	40 dB,	etwas leiser als Sprechen,
50	10 dB,	gerade noch hörbar,	30 dB,	wie leises Sprechen,
60	0 dB,	praktisch unhörbar,	20 dB,	wie Flüstern,
70		unhörbar	10 dB,	gerade noch hörbar.

Bauphysik

Trittschalldämmung

Trittschallpegel L_T ist der Schallpegel je Terz[1) Frequenzbereich in dB, der im Raum unter einer Decke entsteht, wenn diese mit einem Norm-Hammerwerk angeregt wird, → **A1**.
Der Trittschallpegel ist frequenzabhängig.

Norm-Trittschallpegel L_n, wie oben, aber bei Annahme einer Bezugs-Absorptionsfläche im Empfangsraum von 10 m².

Bewerteter Norm-Trittschallpegel $L_{n,w}$ bzw. $L'_{n,w}$ bei Berücksichtigung der Schallausbreitung auf Nebenwegen sind Einzahlangaben zur Kennzeichnung des Trittschallverhaltens gebrauchsfertiger Decken- und Treppenkonstruktionen.
Zur Beurteilung wird, wie beim Luftschall, die frequenzabhängige Bezugskurve für den Norm-Trittschallpegel um ganze dB nach oben (ungünstig) bzw. nach unten (günstig) verschoben, bis die mittlere Überschreitung der Bezugskurve durch die Messkurve ≤ 2 dB wird.
$L_{n,w}$ bzw. $L'_{n,w}$ entspricht dann dem Wert der verschobenen Bezugskurve bei 500 Hz, → **A2**.

Trittschallminderung ΔL ist die Differenz der Norm-Trittschallpegel einer Decke ohne und mit Deckenauflage (je Terzbereich), sie ist frequenzabhängig.

$$\Delta L = L_{n,0} - L_{n,I} \qquad \text{in dB}$$

Äquivalent bewerteter Norm-Trittschallpegel $L_{n,W,eq}$ ist eine Einzahlangabe zur Kennzeichnung des Trittschallverhaltens einer Decke ohne Deckenauflage. Aus dieser und dem Trittschallverbesserungsmaß der Deckenauflage ΔL_W ergibt sich der **bewertete Norm-Trittschallpegel** der fertigen Trenndecke.

$$L_{n,W} = L_{n,W,eq} - \Delta L_W \qquad \text{in dB}$$

Trittschall-Verbesserungsmaß einer Deckenauflage ΔL_W ist eine Einzahlangabe zur Kennzeichnung der Trittschallverbesserung einer Massivdecke durch eine Deckenauflage. Es kennzeichnet die frequenzabhängige Trittschallminderung ΔL der geprüften Deckenauflage durch eine Zahl.

Der Trittschallschutz von Holzbalkendecken, die aus Rohdecke, Fußboden und Gehbelag bestehen, wird durch $L_{n,W,eq,H}$ beschrieben. Der Fußboden und der Gehbelag werden durch die Verbesserungsmaße $\Delta L_{W,H}$ und $\Delta L_{W,H2}$ beschrieben.

Der bewertete Norm-Trittschallpegel der gesamten Holzbalkendecke ist:

$$L_{n,W,H} = L_{n,W,eq,H} - \Delta L_{W,H} - \Delta L_{W,H2} \qquad \text{in dB}$$

Siehe dazu **T3** und **T4**

[1) Terz: 1,26 fache Erhöhung der Frequenz ($\approx \sqrt[3]{2}$)

Drei Terzen ergeben eine Oktave und damit eine Verdoppelung der Frequenz.

Für schalltechnische Messungen wird der für das menschliche Gehör relevante Frequenzbereich in gleichmäßige Terzbänder aufgeteilt und der Schalldruckpegel jeweils bei den Mittenfrequenzen dieser Terzbänder gemessen.

A1 Übertragen von Trittschall

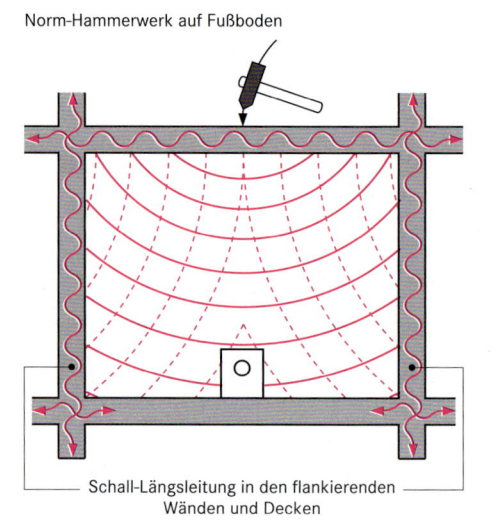

Norm-Hammerwerk auf Fußboden

Schall-Längsleitung in den flankierenden Wänden und Decken

A2 Ermittlung von $L_{n,W}$ ($L'_{n,W}$):

— Bezugskurve nach Norm
— verschobene Kurve nach Norm
— Messkurve

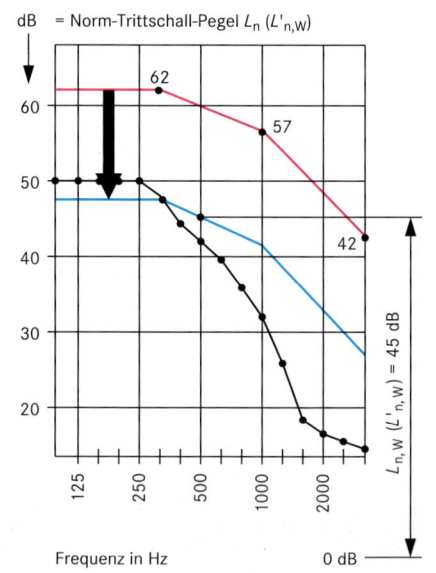

dB   = Norm-Trittschall-Pegel L_n ($L'_{n,W}$)

Frequenz in Hz

T1 Bewertetes Schalldämm-Maß R_W in dB [1]

Flächenbezogene Masse

T2 Äquivalenter bewerteter Norm-Trittschallpegel $L_{n, W, eq, R}$ in dB [1]

Einschalige Massiv-decke, Estrich und Gehbelag unmittelbar aufgebracht	Einschalige Massiv-decke mit schwimmen-dem Estrich auf Dämm-stoff	Massiv-decke mit Unterdecke, Gehbelag und Estrich sind unmittelbar aufgebracht	Massivdecke mit schwim-mendem Estrich und Unterdecke auf Dämm-stoff	der Massivdecke einschließlich Putz, Trennschicht oder Verbund-estrich in kg/m²		ohne Unterdecke	mit Unterdecke
				für T1	für T2		
					135	86	75
41	49	49	52	150	160	85	74
44	51	51	54	200	190	84	74
47	53	53	56	250	225	82	73
49	55	55	58	300	270	79	73
51	56	56	59	350	320	77	72
53	57	57	60	400	380	74	71
54	58	58	61	450	450	71	69
55	59	59	62	500	530	69	67

T3 Trittschall-Verbesserungsmaß ΔL_W von schwimmenden Estrichen in dB

(Rechenwerte, nur auf Massivdecken gültig)		bei einem Höchstwert der dynamischen Steifigkeit vom Dämmstoff s' in MN/m³ [2]	mit hartem Bodenbelag		mit weich-federndem Bodenbelag ($\Delta L_W \geq 20$ dB)	
			A	B	A	B
1. Estriche nach DIN 18 560-2: 04 Auf Dämmschichten mit den angegebenen Höchstwerten der dynamischen Steifigkeit der eingesetzten Trittschall-Dämmstoffe nach (DIN 18164-2) oder (DIN 18165-2). [2]	Flächen-bezogene Masse in kg/m²	50	20	22	20	23
		40	22	24	22	25
		30	24	26	24	27
		20	26	28	26	30
In Spalte **A**: für Gussasphalt-Estriche	≥ 45	15	27	29	29	33
In Spalte **B**: für alle Estriche	≥ 70	10	29	30	32	34
2. Schwimmende Holzfußböden a) aus Holzspanplatten nach (DIN 68771) auf Lagerhölzern mit Dämmstreifen-Unterlagen ≥ 100 mm breit; aus Dämmstoffen nach (DIN 18165) mit dynamischer Steifigkeit $s \leq 20$ MN/m³.			24		–	
b) aus vollflächig verlegten Holzspanplatten, $d \geq 22$ mm mit $s \leq 10$ MN/m³			25		–	

T4 Trittschall-Verbesserungsmaß ΔL_W von weichfedernden Bodenbelägen für Massivdecken

Verbundbeläge (mit dem maßgeblichen Trittschall-Verbesserungsmaß gekennzeichnet)			in dB [3]		
Linoleum-Verbundbelag nach (DIN 18 173)			14 [3]		
PVC-Verbundbeläge mit genadeltem Jutefilz als Träger, nach (DIN 16 952-1)			13 [3]		
PVC-Verbundbeläge mit Korkment als Träger, nach (DIN 16 952-2)			16 [3]		
PVC-Verbundbeläge mit einer Unterschicht aus Schaumstoff, nach (DIN 16 952-3)			16 [3]		
PVC-Verbundbeläge mit Synthesefaser-Vliesstoff als Träger, nach (DIN 16 952-4)			13 [3]		
Textile Bodenbeläge nach DIN 61151 (m. d. maßgebl. VM gekennzeichnet), Nadelvlies, $d = 5$ mm			20		
Polteppiche aus Polyamid, Polypropylen, Polyacrylnitril, Polyester, Wolle oder deren Mischungen, nach DIN 53 855-3: 79	mit einer Normdicke d_{20}		4 mm	6 mm	8 mm
	ΔL_W in dB, Unterseite geschäumt		19	24	28
	ΔL_W in dB, Unterseite ungeschäumt		19	21	24

Befriedigende Trittschalldämmung wird erreicht durch **schwimmenden Estrich** ausreichender Dicke, → **T3**, der auf einem möglichst weichfedernden Dämmstoff ruht, dessen dynamische Steifigkeit (frequenzabhängig) umso geringer sein muss, je leichter die Rohdecke ist. **Schallbrücken** durch Estrichmörtel, der durch Plattenfugen dringt oder die Wand berührt, müssen unbedingt vermieden werden. Sehr ungünstig wirkt Estrich, der unter leichten Trennwänden zum Nachbarraum hin durchläuft.

Beispiel: Decke mit Putz: 380 kg/m², Zement-Estrich: 80 kg/m², harter Bodenbelag, keine Unterdecke, → **T2** und **T3**.
Gefordert: Trittschallpegel $L'_{n, W} \leq 46$ dB.
vorh. $L_{n, W, eq, R} = 74$ dB. Trittschall-Verbesserungs-Maß erf.
$\Delta L_W = L_{n, W, eq, R} - L'_{n, W} = 74 - 46 = 28$ dB.
Dynamische Steifigkeit s nach **T3** für 28 dB = 20 MN/m³.

[1] Zwischenwerte sind linear zu interpolieren.
[2] → „Trittschall-Dämmstoffe".
[3] Mindestwerte, nur für aufgeklebte Bodenbeläge.

Bauphysik

T1 Mindestforderungen und Vorschläge für erhöhten Schallschutz
Auszüge aus DIN 4109 und Beiblatt 2

R'_w = bewertetes (Luft-) Schalldämm-Maß von Decken und Wänden, $L'_{n,w}$ = bewerteter Norm-Trittschallpegel von Decken	Mindestforderung		Erhöhter Schallschutz	
	R'_w dB	$L'_{n,w}$ dB	R'_w dB	$L'_{n,w}$ dB
Geschosshäuser mit Wohnungen und Arbeitsräumen:				
Decken unter allg. nutzbaren Dachräumen, z. B. Trockenböden, Abstellräumen	53	53 [1]	≥ 55	≤ 46
Wohnungstrenndecken (auch Treppen) u. Decken zw. fremd. Arbeitsräumen	**54**	**53** [1]	**≥ 55**	**≤ 46** [2]
Decken über Kellern, Hausfluren, Treppenräumen unter Aufenthaltsräumen	52	53 [1]	≥ 55	≤ 46 [2]
Decken über Durchfahrten, Sammelgaragen u. Ä. unter Aufenthaltsräumen	55	53 [4]	–	≤ 46 [3]
Decken unter/über Spiel- und ähnlichen Gemeinschaftsräumen	55	46 [5]	–	–
Decken unter Terrassen und Loggien über Aufenthaltsräumen	–	53 [3]	–	≤ 46
Decken unter Laubengängen	–	53 [3]	–	≤ 46
Decken und Treppen innerhalb zweigeschossiger Wohneinheiten	–	53 [3]	–	≤ 46
Decken unter Hausfluren	–	53 [3]	–	≤ 46 [2]
Treppen und Treppenpodeste	–	58 [6]	–	≤ 46 [2]
Wohnungstrennwände und Wände zwischen fremden Arbeitsräumen	**53**	–	**≥ 55**	–
Treppenhauswände und Wände neben Hausfluren	**52** [7]	–	**≥ 55**	–
Wände neben Durchfahrten, Einfahrten von Sammelgaragen u. Ä.	55	–	–	–
Wände von Spiel- oder ähnlichen Gemeinschaftsräumen	55	–	–	–
Einfamilien-Doppelhäuser und Einfamilien-Reihenhäuser:				
Decken	–	48 [3]	–	≤ 38 [2]
Treppen, Treppenpodeste und Decken unter Fluren	–	53 [8]	–	≤ 46 [2]
Haus- bzw. Wohnungstrennwände	**57**	–	**≥ 67**	–
Schulen und vergleichbare Unterrichtsgebäude:				
Decken zwischen Unterrichtsräumen oder ähnlichen Räumen	55	53	–	–
Decken zwischen „besonders lauten" Räumen und Unterrichtsräumen	55	46	–	–
Wände zwischen Unterrichtsräumen oder ähnlichen Räumen und Fluren	47	–	–	–
Wände zwischen Unterrichtsräumen und Treppenräumen	52	–	–	–
Wände zw. Unterrichtsräumen und „besonders lauten" Räumen (Sporthallen)	55	–	–	–
Türen zwischen Fluren und Unterrichtsräumen oder ähnlichen Räumen	32	–	–	–

[1] Weichfedernde Bodenbeläge dürfen im Allgemeinen nicht auf den Trittschallschutz angerechnet werden. In Wohnungen mit nicht mehr als 2 Wohnräumen dürfen sie nach DIN 4109, Beiblatt 1 berücksichtigt werden, wenn sie auf dem Produkt oder auf der Verpackung mit dem entsprechenden Verbesserungsmaß bzw. nach Eignungsprüfung gekennzeichnet sind und mit der Werksbescheinigung nach (DIN 50 049) ausgeliefert werden.

[2] Weichfedernde Bodenbeläge dürfen auf den Trittschallschutz angerechnet werden. Die Mindestanforderungen an die Decke nach DIN 4109 müssen jedoch auch ohne die Berücksichtigung von Bodenbelägen erfüllt werden.

[3] Die Anforderung an die Trittschalldämmung gilt nur für die Trittschallübertragung in fremde Aufenthaltsräume, ganz gleich, ob sie in waagerechter, schräger oder senkrechter (nach oben) Richtung erfolgt.

[4] Wegen der verstärkten Übertragung tiefer Frequenzen können hier zusätzliche Maßnahmen zur Körperschalldämmung erforderlich sein.

[5] Bezüglich der Luftschalldämmung gegen Außenlärm siehe DIN 4109, Tabelle 9.

[6] Keine Anforderungen in Gebäuden mit nicht mehr als zwei Wohnungen bzw. Nutzungseinheiten und in Gebäuden mit einem Aufzug.

[7] Die Werte für die Luftschalldämmung solcher Wände gelten bei Vorhandensein von Türen für die Wand allein.

[8] Bei einschaligen Decken gilt: Wegen der Austauschbarkeit von weichfedernden Bodenbelägen nach DIN 4109, Beiblatt 1, Tab. 18, die sowohl dem Verschleiß als auch besonderen Wünschen der Bewohner unterliegen, dürfen diese bei dem Nachweis der Anforderungen an den Trittschallschutz nicht angerechnet werden.

Anmerkung:
Aufgrund der festgelegten Anforderungen allein kann nicht erwartet werden, dass Geräusche von außen oder aus benachbarten Räumen nicht mehr wahrgenommen werden. Es ist also Rücksicht zu nehmen und unnötiger Lärm möglichst zu vermeiden!

Das Durchhören, besonders die Verständlichkeit von Sprache aus benachbarten Räumen, wird sehr vom Pegel der Grundgeräusche beeinflusst. Als Faustregel kann gelten, dass die Schalldämm-Maße der Wände etwa um 10 dB höher sein müssen, wenn der Grundgeräuschpegel z.B. in ruhiger Wohnlage um 10 dB niedriger als normal ist.

Die Luftschalldämmung von Wänden und Decken wird maßgeblich von ihrer flächenbezogenen Masse bestimmt.
Die Schalldämm-Maße der Tabellen **T2** und **T3** werden jedoch nur erzielt, wenn die mittlere flächenbezogene Masse $m'_{L, Mittel}$ der flankierenden Wände und Decken mindestens 300 kg/m^2 beträgt.

T2 Bewertetes Schalldämm-Maß
$R'_{W,R}$ von einscha-ligen, biegesteifen Wänden u. Decken[1]

für flächen-bezogene Masse m' in kg/m^2	$R'_{W,R}$ in dB
85 ⎫	34
90	35
95 ⎬ [2]	36
105	37
115	38
125 ⎭	39
135	40
150	41
160	42
175	43
190	44
210	45
230	46
250	47
270	48
295	49
320	50
350	51
380	52
410	53
450	54
490	55
530	56
580	57
630 ⎫	58
680	59
740	60
810 ⎬ [3]	61
880	62
960	63
1040 ⎭	64

T3 Luftschalldämmung gemauerter Wände, Auszug aus Tab. 5, DIN 4109, Bbl. 1: 89

Bewert. Schall-Dämm-Maß $R'_{W,R}$ in dB	Beidseitiges Sichtmauer-werk oder mit beidseitigem Dünnlagenputz		Beidseitig je 10 mm Putz P IV (Gips- oder Kalk-gipsputz) 20 kg/m^2		Beidseitig je 15 mm Putz P I, P II, P III (Kalk-, Kalkzement, Zementputz) 50 kg/m^2	
	Stein-Roh-dichteklasse	Wanddicke in cm	Stein-Roh-dichteklasse	Wanddicke in cm	Stein-Roh-dichteklasse	Wanddicke in cm
a) Einschaliges Mauerwerk, mit Normalmörtel gemauert						
47	0,8	30	0,8 [5]	30	0,6 [4]	30
	1,0	24	1,0 [5]	24	0,8 [5]	24
	1,6	17,5	1,4	17,5	1,2	17,5
	1,8	15	2,2	11,5	1,8	11,5
	2,2	11,5				
53	0,8	49	0,7	49	0,6	49
	1,0	49	1,2	36,5	1,0	36,5
	1,2	36,5	1,4	30	1,2	30
	1,4	30	1,8	24	1,6	24
	1,8	24	2,0	20	2,0	20
55	1,0	49	0,9	49	0,9	49
	1,4	36,5	1,4	36,5	1,4	36,5
	1,8	30	1,6	30	1,6	30
	2,2	24	2,0	24	2,0	24
57	1,2	49	1,2	49	1,2	49
	1,8	36,5	1,8	36,5	1,6	36,5
	2,0	30	2,0	30	2,0	30
b) Zweischaliges Mauerwerk, mit Normalmörtel gemauert und mit durchgehender Gebäudetrennfuge, Auszug aus Tab. 6 in DIN 4109, Beiblatt 1						
57	0,6 [2]	2 x 24	0,6 [6]	2 x 24	0,7 [6]	2 x 17,5
	0,9 [2]	2 x 17,5	0,8 [6]	2 x 17,5	0,9 [6]	2 x 15
	1,0 [2]	2 x 15	1,0 [6]	2 x 15	1,2 [6]	2 x 11,5
	1,4 [2]	2 x 11,5	1,4 [6]	2 x 11,5	–	–
67	1,0	2 x 24	1,0 [7]	2 x 24	0,9 [7]	2 x 24
	1,4	2 x 17,5	1,2	2 x 20	1,2	2 x 20
	1,8	2 x 15	1,4	2 x 17,5	1,4	2 x 17,5
	2,2	2 x 11,5	1,8	2 x 15	1,6	2 x 15
			2,2	2 x 11,5	2,0	2 x 11,5

[1] Bei Poren- und Leichtbeton mit ϱ_R ≤ 0,8 kg/dm^3 sowie bei zweischaligem Mauerwerk mit flächenbezogener Masse d. Einzel-schale von ≤ 250 kg/m^2 kann $R'_{W,R}$ um 2 dB angehoben werden.

[2] Bei Wänden aus Gips-Wandbauplatten nach DIN 4103-2 und zusätzlich am Rand angebrachten Bitumenfilzstreifen von 2 bis 4 mm Dicke darf $R'_{W,R}$ um 2 dB angehoben werden.

[3] Diese Werte gelten nur für das Ermitteln des Schalldämm-Maßes zweischaliger Wände aus biegesteifen Schalen nach DIN 4109 Abschnitt 23.2.

[4] Bei Schalen aus Porenbetonstreifen und -platten nach DIN 4165 und 4166 sowie Leichtbetonsteinen mit Blähton als Zuschlag kann die Stein-Rohdichteklasse um 0,1 niedriger sein.

[5] Bei Steinen, wie in [4] genannt, kann die Stein-Rohdichteklasse um 0,2 niedriger sein.

[6] Bei Schalenabstand ≥ 50 mm und flächenbezogener Masse jeder einzelnen Schale ≥ 100 kg/m^2 um 0,2 bis 0,6 niedriger. Näheres → DIN 4109, Bbl. 1, S. 7 u. [1]…[5].

[7] Bei Schalen aus Steinen, wie in [4] genannt, und Bedingungen wie in [6], kann die Stein-Rohdichteklasse um 0,2 niedriger sein.

T1 Mindestwerte der Schalldämmung $R'_{W, res}$ von Außenbauteilen in dB

Diese Mindestwerte der resultierenden Schalldämmung in dB(A) sind je nach Verhältnis der Außenfläche eines Raumes $A_{(W + F)}$ zur Grundfläche des Raumes AG nach DIN 4109, Tab. 9 zu korrigieren. Unterschiedliche Kombinationen von R'_W-Wand zu R'_W-Fenster möglich. Beispiele für 50 % Fensterflächenanteil nach Tab. 10 in ( ) aufgeführt.

Lärm-pegel-be-reich	Maß-gebl. Außen-lärm-pegel	Betten-räume in Kranken-anstalten/ Sanatorien	Wohnräume, Übernach-tungs-, Unterrichts- und ähnliche Räume	
				Büroräume
I	bis 55	35 (50/30)	30 (50/25)	–
II	56 ... 60	35 (40/32)	30 (50/25)	30 (50/25)
III	61 ... 65	40 (40/37)	35 (40/32)	30 (50/25)
IV	66 ... 70	45 (50/42)	40 (40/37)	35 (40/32)
V	71 ... 75	50 (60/45)	45 (60/40)	40 (60/35)
VI	76 ... 80	*)	50 (60/45)	45 (50/42)
	über 80	*)	*)	50 (60/45)

*) Anforderungen nach örtlichen Gegebenheiten.

T2 Zulässiger Schallpegel in schutzbedürftigen Räumen

Von Geräuschen aus haustechnischen Anlagen und Gewerbebe-trieben in dB(A):

Geräuschquelle	Wohn- und Schlafräume	Unterrichts- und Arbeitsräume [1]
Wasserinstallationen	≤ 35 [2]	≤ 35 [2]
Haustechnische Anlagen	≤ 30 [3][4]	≤ 35 [4]
Betriebe tags 6 ... 22 Uhr	≤ 35	≤ 35 [4]
Betriebe nachts 22 ... 6 Uhr	≤ 25	≤ 35 [4]

T3 Anforderungen an die Schalldämmung zwischen „besonders lauten" und schutz-bedürftigen Räumen nach DIN 4109 in dB

Art der „besonders lauten" Räume mit einem Schall-pegel größer als 80 dB(A), Werte in ( ) f. 75...80 dB(A)	Bewertetes Schalldämm-Maß R'_W von Wand/Decke	Trittschall-schutzmaß der Decken $L'_{n,W}$ [5]
Räume mit besonders lauten haustechn. Anlagen	62 (57)	43
wie Handwerks-, Gewerbe-und Verkaufsräume, Küchen in Gaststätten und Krankenhäusern	62 (57)	43
Gasträume nur bis 22 Uhr in Betrieb	55	43
Gastr. (max $L_{A,F}$ ≤ 85 dB(A)) auch nach 22 Uhr in Betrieb	55	43
Räume von Kegelbahnen	62	33
Fußböden von Kegelbahnen	67	33
Gasträume mit elektro-akustischen Anlagen (max $L_{A,F}$ ≤ 95 dB(A))	–	13
	72	28

T4 Zulässiger Arbeitslärm in der Nachbarschaft

Zulässiger Arbeitslärm in der Nachbarschaft von Wohngebäuden, nach VDI 2058, Bl 1 (6.73).

„Immissions-Richtwerte Außen", gemessen 50 cm vor der Mitte des geöff-neten Fensters oder 3 ... 4 m vor dem Gebäude in ≥ 1,20 m Höhe	Zulässiger Schallpegel in dB(A)	
Art des Baugebietes	tags	nachts
Industriegebäude nur gewerbl. Anlagen	≤ 70	≤ 70
Gewerbegebäude überwiegend gew. Anl.	≤ 65	≤ 50
Mischgebiet, auch Dorfgebiet	≤ 60	≤ 45
Allg. Wohngebiet, überw. Wohnungen	≤ 55	≤ 40
Reines Wohngebiet, nur Wohnungen	≤ 50	≤ 35
Kurgebiet, Krankenh., Pflegeanstalten	≤ 45	≤ 35
Zulässige kurzzeitige Spitzenwerte	≤ + 30	≤ + 20
„Immissions-Richtwerte Innen", für Wohnräume bei Geräuschüber-tragung innerhalb von Gebäuden.	tags	nachts
unabhängig von deren Lage	≤ 35	≤ 25
Zul. kurzzeitige Geräuschspitzen	≤ + 10	≤ + 10
Zulässiger Verkehrslärm vor Wohn-gebäuden, gemessen 1 bis 2 m vor der Wand oder dem Fenster (nach DIN 18005-1).	tags	nachts
für allgemeine und reine Wohngebiete	≤ 55	≤ 45
Überschreitung, nur ausnahmsweise	≤ + 10	≤ + 10

T5 Zulässiger Lärm von Baumaschinen

„Emissions-Richtwerte": Schallpegel in dB(A), gemessen im freien Feld, 7 m von der Maschine entfernt in 1,20 m Höhe		Leer-lauf	Arbeits-last
Kompressoren	< 5 m³/min	≤ 70	≤ 76
	≥ 5 bis 10³/min	≤ 72	≤ 78
	≥ 10 m³/min	≤ 75	≤ 81
Betonmischer mit Verbrennungsmotor	< 150 l	≤ 68	≤ 68
	≥ 150 l	≤ 80	≤ 80
Transportbetonmischer		≤ 80	≤ 80
Betonpumpen		–	≤ 81
Bagger	≤ 85 kW	≤ 78	≤ 81
	> 85 kW	≤ 81	≤ 84
Planier-raupen	≤ 110 kW, Fahr-geräusch ≤ 90 dB	≤ 87	≤ 87
	> 110 kW, Fahr-geräusch ≤ 92 dB	≤ 90	≤ 90
Krane		–	≤ 75

[1] Praxis-, Sitzungs- u. ä. Räume (nicht Großraumbüros).

[2] Einzelne kurzzeitige Spitzen beim Betätigen der Armaturen sind nicht zu berücksichtigen.

[3] In der Zeit von 6 bis 22 Uhr darf dieser Wert bis zu 35 dB(A) betragen.

[4] Bei lüftungstechnischen Anlagen sind bei Dauergeräuschen ohne auffällige Einzeltöne 5 dB(A) mehr zulässig.

[5] Jeweils in Richtung der Schallausbreitung.

Schallemission = Schallaussendung von Schallquellen.

Schallimmission = Schalleinwirkung auf Menschen, Räume und Bauwerke.

Beispiele der Deckenarten (Schwerpunkt Altbau)

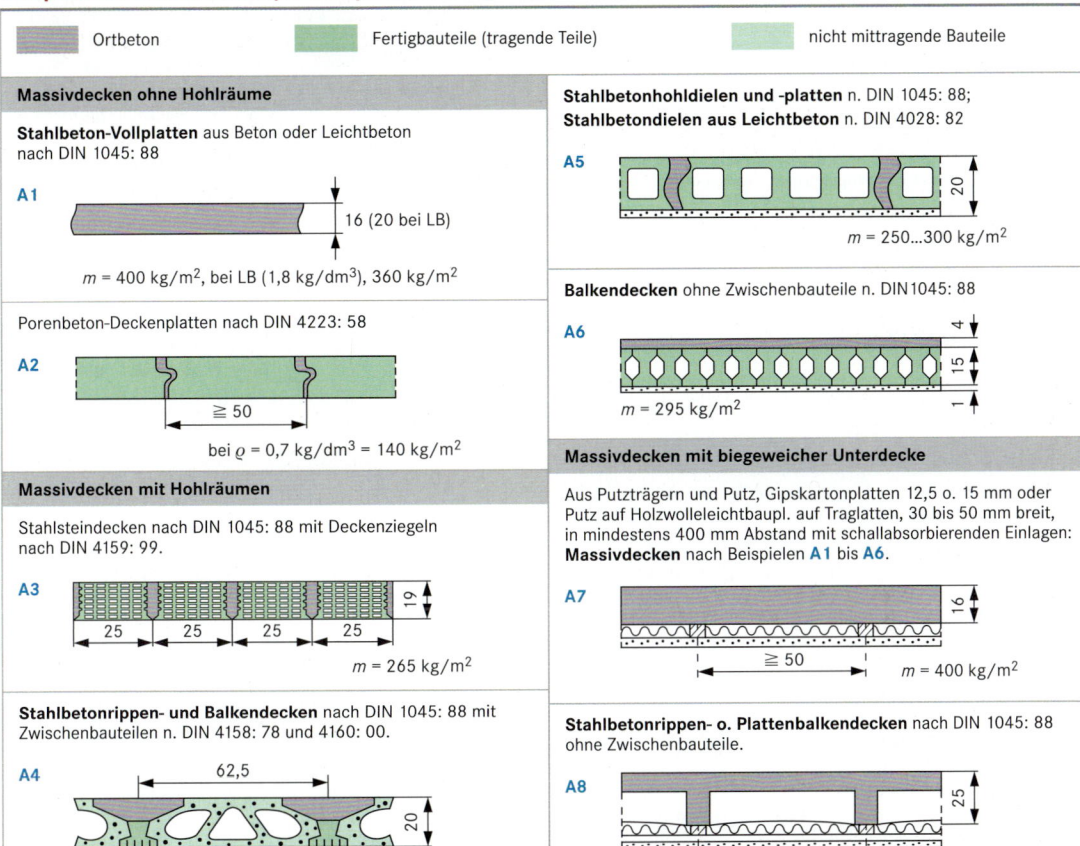

Ortbeton · Fertigbauteile (tragende Teile) · nicht mittragende Bauteile

Massivdecken ohne Hohlräume

Stahlbeton-Vollplatten aus Beton oder Leichtbeton nach DIN 1045: 88

A1

16 (20 bei LB)

$m = 400\ kg/m^2$, bei LB (1,8 kg/dm^3), 360 kg/m^2

Porenbeton-Deckenplatten nach DIN 4223: 58

A2

$\geqq 50$

bei $\varrho = 0,7\ kg/dm^3 = 140\ kg/m^2$

Massivdecken mit Hohlräumen

Stahlsteindecken nach DIN 1045: 88 mit Deckenziegeln nach DIN 4159: 99.

A3

25 · 25 · 25 · 25 · 19

$m = 265\ kg/m^2$

Stahlbetonrippen- und Balkendecken nach DIN 1045: 88 mit Zwischenbauteilen n. DIN 4158: 78 und 4160: 00.

A4

62,5

20

B 25

$m = 250 \cdot 280\ kg/m^2$

Stahlbetonhohldielen und -platten n. DIN 1045: 88; **Stahlbetondielen aus Leichtbeton** n. DIN 4028: 82

A5

20

$m = 250...300\ kg/m^2$

Balkendecken ohne Zwischenbauteile n. DIN 1045: 88

A6

4 · 15 · 1

$m = 295\ kg/m^2$

Massivdecken mit biegeweicher Unterdecke

Aus Putzträgern und Putz, Gipskartonplatten 12,5 o. 15 mm oder Putz auf Holzwolleleichtbaupl. auf Traglatten, 30 bis 50 mm breit, in mindestens 400 mm Abstand mit schallabsorbierenden Einlagen: **Massivdecken** nach Beispielen **A1** bis **A6**.

A7

16

$\geqq 50$ · $m = 400\ kg/m^2$

Stahlbetonrippen- o. Plattenbalkendecken nach DIN 1045: 88 ohne Zwischenbauteile.

A8

25

$\geqq 50$ · $m = 240\ kg/m^2$

Mindestanforderungen an Trittschalldämmstoffe

DIN 4108-10: 08

Dämmstoff	Anwendung [1]	Zusammendrückbarkeit			Dynamische Steifigkeit	
		Stufe	Nutzlast kPa	Anforderung mm	Stufe	Anforderung MN/m
Mineralfaserdämmstoffe (MW) nach DIN EN 13 162	sh	CP5	≤ 2,0	≤ 5	≤ SD30	≤ 30
	sg	CP2	≤ 5,0	≤ 2	–	–
Polystyrol-Hartschaum (EPS) nach DIN EN 13 163	sh	CP5	≤ 2,0	≤ 5	≤ SD30	≤ 30
	sm	CP3	≤ 4,0	≤ 3	≤ SD30	≤ 30
	sg	CP2	≤ 5,0	≤ 2	≤ SD50	≤ 50
Blähperlite (EPB) nach DIN EN 13 169	sm	CP3	≤ 4,0	≤ 3	≤ SD30	≤ 30
	sg	CP2	≤ 5,0	≤ 2	–	–
Holzfaserdämmstoffe (WF) nach DIN EN 13 171	sh	CP5	≤ 2,0	≤ 5	≤ SD50	≤ 50
	sg	CP2	≤ 5,0	≤ 2	≤ SD50	≤ 50

[1] DIN V 4108-10 unterscheidet für die Anwendung als Trittschalldämmung drei Stufen für die Zusammendrückbarkeit:

sg = gering, sm = mittel, sh = hoch

Begriffe, Formelzeichen, Einheiten

Temperatur ϑ (auch T) in °C (Celsius) ist die Wirkung der Wärme, welche von Lebewesen gefühlt wird und die mittels Thermometern gemessen werden kann (ϑ = Theta).

0 °C = Gefrierpunkt-Temperatur von Wasser, Schmelztemperatur von Eis bei Normaldruck

100 °C = Siedepunkt-Temperatur von Wasser, Kondensationstemperatur von Wasserdampf bei Normaldruck.

Temperaturdifferenz ΔT (Delta-T) in K (Kelvin).

Wärmemenge Q in Ws = J (Joule) = Nm.

Baupraktisch zweckmäßiger ist:

> **1 kWs = 1 kJ = 1 kNm**

Das ist die Wärmemenge, die von einer 1000 Watt-Kochplatte in 1 s abgegeben wird.

Massebezogene Wärmekapazität c in kWs/kg · K ist die Wärmemenge, die 1 kg eines Stoffes um 1 K erwärmt oder abkühlt.

T1 Stoff	(runde Werte)	$\dfrac{kWs}{kg \cdot K}$
Wasser		4,2
Eis		2,1
Holz und Holzwerkstoffe		2,1
Kunststoffe und Schaumkunststoffe		1,5
Pflanzliche Fasern und Textilfasern		1,3
Luft mit normalem Feuchtegehalt		1,0
Mineralische Bau- und Dämmstoffe		1,0
Aluminium		0,8
sonstige Baumetalle, z. B. Stahl		0,4

Volumenbezogene Wärmekapazität C (S)
(für die Baupraxis aussagekräftiger als c).

> $C = c \cdot \varrho$ in $\dfrac{kWs}{m^3 \cdot K}$

T2 Stoff	ϱ in kg/m³	$\dfrac{kWs}{m^3 \cdot K}$
Wasser	1000	4200
Stahl	7850	3150
Stahlbeton	2500	2500
Vollstein-Mauerwerk	1800	1800
Nadel-Vollholz	500	1050
Leichtziegel-Mauerwerk	800	800
Porenbeton-Mauerwerk	500	500
Zellulose-Dämmstoff	60	116
Mineralwolle-Dämmstoff	30	30

Wirksame Wärmespeicherfähigkeit C_{wirk}

T3 $C_{wirk} = c \cdot \varrho \cdot d \cdot A$ in $\dfrac{kWs}{K \cdot m^3} \cdot m \cdot m^2 = \dfrac{kWs}{K}$

Bei Wärmeschutzberechnungen werden nach DIN 4108-6 nur Schichtdicken bis 10 cm für die Wärmespeicherung von solarer Energie berücksichtigt. Wärmedämmschichten im Bauteil schotten i.d.R. dahinterliegende Speichermassen ab.

T4 Wärme ist eine Energieart, sie ist schnelle Hin- und Her-Bewegung der Moleküle und Molekülteile.

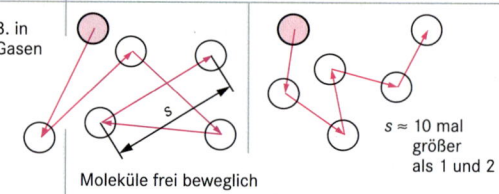

	bei einer hohen Temperatur	bei einer tieferen Temperatur	am absoluten Nullpunkt
1. in festen Stoffen	jedes Molekül ist an seinen Platz gebunden		
2. in Flüssigkeiten	Moleküle frei beweglich		s nur wenig größer als in 1
3. in Gasen	Moleküle frei beweglich		$s \approx$ 10 mal größer als 1 und 2

Zustandsänderungen unter Wärmeeinfluss

Die meisten Stoffe ziehen sich beim Erstarren etwas zusammen. Wasser hat dagegen bei 4°C seine größte Dichte und dehnt sich beim Gefrieren um 1/11, das sind ≈ 9 %, aus.

Reine Elemente und Verbindungen mit gleicher Molekülgröße zeigen einen festen Schmelzpunkt. Verbindungen, die aus einem Gemisch von unterschiedlich großen Molekülen bestehen, zeigen dagegen zwischen fest und flüssig einen Übergangsbereich (Erweichungsbereich).

A1 Die temperaturabhängigen Stoffzustände

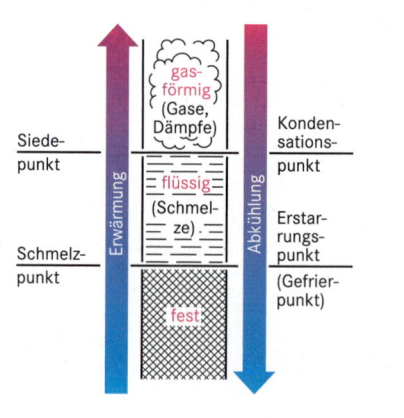

Begriffe, Formelzeichen, Einheiten

Lineare Temperatur-Dehnzahl α_T ($\alpha_{\vartheta,T}$), sie sagt aus, um wie viel mm sich 1 m eines festen Baustoffes bei 1 K Temperaturerhöhung ausdehnt und bei -erniedrigung zusammenzieht.

Einheiten: $\dfrac{mm}{m \cdot K} = \dfrac{10^{-3}}{K}$ $\left(\text{auch } \dfrac{m}{m \cdot K} = \dfrac{10^{-6}}{K}\right)$

T5 Baustoff (α_T-Werte stark gerundet)	$\dfrac{mm}{m \cdot K}$
Mauerwerk aus Mauerziegeln, Kalkmörtel, Blähtonbeton unbewehrt, Basalt, Marmor, Kalkstein, Schamotte, Lehmmörtel	0,006
MW aus Kalksand- u. Porenbetonsteinen, Kalkzementmörtel, Beton aus Kalksteinsplitt, Leichtbeton, Fliesen, Bauglas, Granit, Sandstein, Dolomit	0,008
Kiessandbeton, normaler Stahlbeton, Zementmörtel, Faserzement-Bauteile	0,01
Baustahl, Betonstahl, Stahlguss	0,012
Nichtrostende Stähle	0,016
Kupfer	0,017
Messing, Bronze	0,018
Glasfaserverstärkte Polyesterplatten	0,012 … 0,04
Aluminium	0,024
Zink, Blei	0,029
Asphaltplatten u. -beläge, Phenolharze	0,03
Polyvinylchlorid, Acrylglas, Polystyrol	0,08
Melaminharz	0,05
Polyamide	0,1
Glasfaserverstärkte Epoxidharzplatten	0,12 … 0,18
Polyurethane	0,12
Polyethylen	0,12 … 0,23

Hinweis:

Die Temperaturdehnung ist bei fest miteinander verbundenen Baustoffen mit sehr unterschiedlichen Temperatur-Dehnzahlen zu beachten, besonders wenn sie starken Temperaturdifferenzen ausgesetzt sind. Beispiele sind z.B. Fassadenelemente und Außen-Fensterbänke, besonders an der Südseite, Flachdächer sowie Stahlträger im Mauerwerk bei Brandbeanspruchung.

Schmelzwärme ist die Wärmemenge, die für das Schmelzen von 1 kg eines festen Stoffes aufgewendet werden muss. Besonders hoch ist die Schmelzwärme von Eis mit 334 kWs/kg. Beim Gefrieren wird die gleiche Wärmemenge wieder freigesetzt, allerdings bei einer Temperatur von 0°C, und ist dadurch kaum nutzbar. Zur Energiespeicherung werden deshalb Salze eingesetzt, deren Schmelztemperatur mindestens 50°C beträgt.

Verdampfungswärme ist die Wärmemenge, die für das Verdampfen von 1 kg eines flüssigen Stoffes aufgewendet werden muss. Besonders hoch ist wieder die Verdampfungswärme von Wasser mit 2260 kWs/kg.

Sie wird jedoch als **Kondensationswärme** wieder frei. Weil sie bei Temperaturen über 40°C anfällt, kann diese bei „Brennwertkesseln" für Heizzwecke genutzt werden. Besonders bei Erdgasfeuerung mit hohem Wasserdampfanteil sind dadurch Energieeinsparungen von 10 bis 20 % möglich; außerdem wird die Kondensatbildung im Schornstein („Sott") stark vermindert, → Schornsteine.

Volumenvergrößerung durch Temperaturerhöhung, genauer: „Volumenausdehnungskoeffizient α_T" ist bei Gasen, z.B. Luft oder Abgasen, von großer Bedeutung. Alle Gase dehnen sich bei 1 K Temperaturerhöhung um den 273. Teil ihres Ausgangsvolumens aus. – 273°C ist der absolute Nullpunkt, bei dem das Volumen von Gasen fast Null werden müsste. Wird die Temperaturdehnung behindert, kommt es zur Druckerhöhung, z.B. im Dampfkessel. Erfolgt die Ausdehnung bei gleichbleibendem Druck, erniedrigt sich die Dichte des Gases. Das bewirkt den Auftrieb von Gasen gegenüber ihrer kälteren Umgebung, wie hier dargestellt:

A2

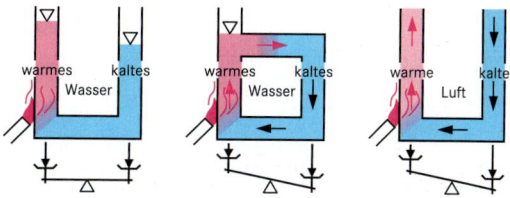

warmes / kaltes Wasser   warmes / kaltes Wasser   warme / kalte Luft

Dieser Auftrieb kann im Schornstein für den nötigen **Zug** sorgen. Wie **A3** zeigt, wird die Auftriebskraft außer von der Temperaturdifferenz auch von der „wirksamen Höhe" zwischen der Feuerungstür und der Schornsteinmündung bestimmt.

A3

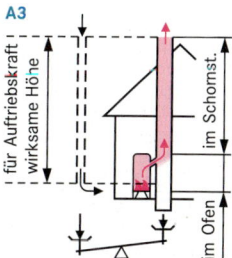

für Auftriebskraft wirksame Höhe · im Schornst. · im Ofen

Die **Luftumwälzung** (Zirkulation) in Räumen, die von Heizkörpern oder Öfen ausgeht, beruht ebenfalls auf dem Auftrieb warmer Luft. Wie aus **A4** zu ersehen, kann das jedoch zu unangenehmen Zugerscheinungen in Fußbodennähe, besonders im Beispiel a), führen.

A4

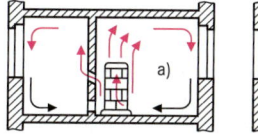 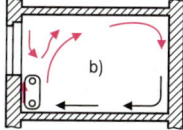

a)   b)

In Luftschichten kann die durch Temperaturunterschiede bewirkte **Konvektion** die erwünschte Dämmwirkung bei großer Dicke vermindern. Auch in Flüssigkeiten bewirkt die Dichteverminderung durch Temperaturanstieg Auftrieb, der früher in **Zentralheizungen** auch ohne Umwälzpumpe für die nötige „Zirkulation" sorgte, → **A2**.

1. Wärmeströmung

Strömende Flüssigkeiten und Gas können Wärmeenergie transportieren. Die Leistungsfähigkeit dieses Transportes hängt von der volumenbezogenen Wärmekapazität des Transportmittels ab und von dem pro Zeiteinheit bewegten Volumen. Dieses wiederum ist das Produkt aus dem Querschnitt und der Geschwindigkeit.

$\dot{V} = c \cdot A$

$\dot{V}$: Volumenstrom in [m^3/s]

c: mittlere Strömungsgeschwindigkeit in [m/s]

A: Querschnittsfläche an der Stelle in [m^2]

Wegen seiner hohen Wärmekapazität ist **Wasser ein sehr gutes Wärme-Transportmittel**.

Das erklärt die Verwendung in Zentralheizungen, als Kühlmittel in Verbrennungsmotoren und als Salzsole (wegen der Frostgefahr) in Solaranlagen.

Luft als Wärmeträger erfordert große Rohrquerschnitte oder hohe und deshalb manchmal unangenehme Luftgeschwindigkeiten. Von Vorteil ist das schnelle Ansprechen auf erhöhten Wärmebedarf und dass die Luft im Sommer auch zum Kühlen eingesetzt werden kann.

Eine besondere Form der Wärmeströmung ist die **Konvektion**, wobei der Auftrieb der warmen Luft die Raumluft bewegt. Die dafür erforderliche Energie wird allerdings als Abkühlung der Luft entnommen.

Ebenso kann Winddruck oder Windsog zu einer unkontrollierten Wärmeströmung (Luftbewegung) durch undichte Bauteile führen.

2. Wärmeleitung

Bei der Wärmeleitung wird die Wärmeenergie, ähnlich wie bei der Schall-Leitung, von Molekül zu Molekül übertragen, ohne dass diese ihren Ort verändern. Sie "zittern" nur um einen Fixpunkt und **geben** dabei ihre **Bewegungsenergie** durch **Stöße** an ihre **Nachbarmoleküle** weiter.

Das erklärt, warum kristalline Stoffe, bei denen die Moleküle bzw. Atome in Reih und Glied angeordnet sind, die Wärme sehr viel besser leiten als die gleichen Stoffe in glasiger (amorpher), also regelloser Form. So hat z. B. **Wasser** die Wärmeleitzahl 0,5 (allerdings ohne gleichzeitige Konvektion).

Eis hat dagegen die Wärmeleitzahl 2.

Mineralisches Glas hat die Wärmeleitzahl 0,8.

Kristalline Mineralien mit etwa der gleichen Rohdichte von etwa 2500 kg/m^3 wie Glas, z.B. Quarzit, zeigen eine Wärmeleitfähigkeit von etwa 3,5.

Metalle dagegen haben Leitfähigkeiten von 40 bis 400, weil bei ihnen die leicht beweglichen Elektronen den Hauptanteil an der Wärmeleitung übernehmen. Die Metalle besitzen deshalb auch eine hohe Leitfähigkeit für den elektrischen Strom.

Stoffe mit einer gerichteten (anisotropen) **Struktur**, z. B. Holz, aber auch Schiefer, haben je nach Richtung der Wärmeströmung unterschiedliche Leitfähigkeiten: Bei Kiefernholz z.B. senkrecht zur Faserrichtung 0,13, parallel zur Faserrichtung dagegen 0,35.

Wärmedämmstoffe haben eine Leitfähigkeit deutlich unter 0,1.

3. Wärmestrahlung

Wärmestrahlen sind elektromagnetische Wellen, die feste Körper und Flüssigkeiten erwärmen, wenn sie darauf treffen. Gase, wie Luft, werden von ihnen kaum erwärmt.

Wärmestrahlung besteht meist aus einem Bündel unterschiedlicher Wellenlängen (→ Kurven in **A1**), deren Maximum umso weiter im kurzwelligen Bereich liegt, je heißer die strahlungsaussendende Oberfläche ist.

Sichtbare Wärmestrahlung ist Licht, wie es z. B. von der Sonne, von Leuchtstoffröhren und von Glühlampen ausgesandt wird.

Unsichtbare Wärmestrahlung ist langwellig und wird als **Infrarot-(IR-)strahlung** bezeichnet. Es wird von allen warmen Flächen ausgesandt wie Öfen und Heizkörper. Sehr langwellige Wärmestrahlung geben warme Wand-, Decken- und Fußbodenflächen, aber auch die menschliche Haut ab. In der Nähe von kalten Flächen empfinden wir diese Wärmeabstrahlung als „Kältestrahlung".

A1 Verteilung der Wellenlängen, das „Spektrum" einiger Wärmestrahlungen (stark vereinfacht).

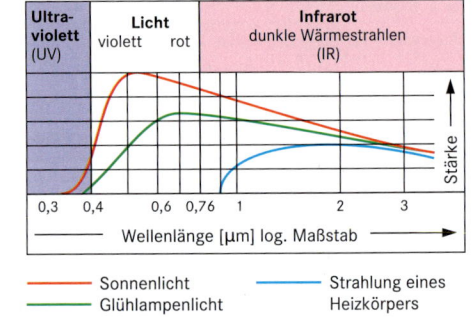

Strahlungsverhalten von Oberflächen

Als Kennwert kann der Emissionsgrad ε dienen, denn die Wärmeabstrahlung unterliegt der gleichen Gesetzmäßigkeit wie die Wärmeaufnahme (Absorption) durch Stahlung: Der Emissionsgrad gibt an, wieviel Wärmestrahlung ein Stoff im Vergleich zu einem schwarzen Körper abgibt. Je größer ε (Epsilon), umso stärker wird eine Fläche aufgeheizt, umso mehr kühlt sie durch Wärmeabstrahlung aus.

T1 Emissiongrade von Oberflächen	ε in %
Aluminium, Kupfer, Edelmetalle, poliert	6 … 10
Alu, Blei, Zink, oxidiert; Stahl, blank	25 … 40
Stahl, Gusseisen, angerostet	50 … 75
Mauerwerk, Putz, Beton, Holz, Erdreich	60 … 80
tiefschwarze Flächen	100

Die Werte gelten zwischen 0 °C und 100 °C.

Nutzung der Sonneneinstrahlung

Bevorzugt im Frühjahr und Herbst kann Heizenergie eingespart werden, wenn die tagsüber eingestrahlte Sonnenenergie eine zusätzliche Heizung in den Abendstunden erübrigt.

Nach der „Energieeinsparverordnung" kann die eingesparte Energie auf den Jahres-Heizwärmebedarf angerechnet werden.

Durchlassverhalten von Wärmeschutzverglasung

A2

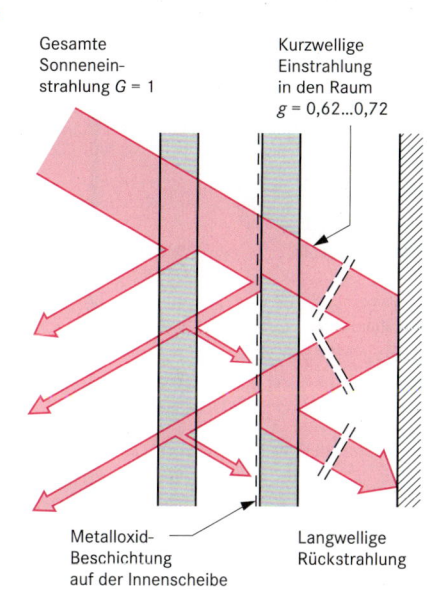

Gesamte Sonneneinstrahlung $G = 1$

Kurzwellige Einstrahlung in den Raum $g = 0,62...0,72$

Metalloxid-Beschichtung auf der Innenscheibe

Langwellige Rückstrahlung

(ohne Berücksichtigung der Scheibenerwärmung)

Spektrale Durchlässigkeit von Verglasungen

A3

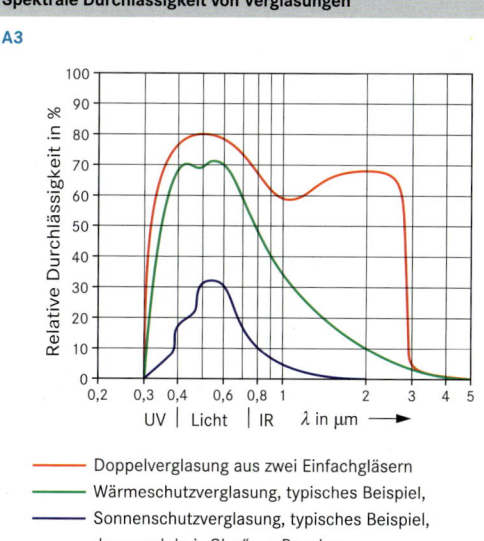

Relative Durchlässigkeit in %

UV | Licht | IR λ in µm

— Doppelverglasung aus zwei Einfachgläsern
— Wärmeschutzverglasung, typisches Beispiel,
— Sonnenschutzverglasung, typisches Beispiel,
   dazu auch bei „Glas", → Bauglas.

Schutz vor Überhitzung durch übermäßige Sonneneinstrahlung

Im Sommer führt starke Sonneneinstrahlung zu unbehaglichen Raumtemperaturen, bzw. zu hohen Kosten für die Raumklimatisierung.

Da Glas die Wärmerückstrahlung nach außen behindert, weil es die langwellige Infrarotstrahlung nur wenig durchlässt, → **A3**, kann es schnell zu Überhitzung kommen.

Durchlassverhalten von Sonnenschutzverglasung

A4

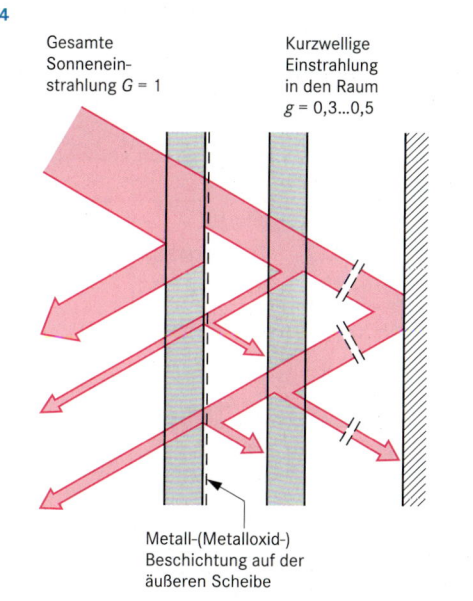

Gesamte Sonneneinstrahlung $G = 1$

Kurzwellige Einstrahlung in den Raum $g = 0,3...0,5$

Metall-(Metalloxid-) Beschichtung auf der äußeren Scheibe

Einen wirksamen Schutz vor Überhitzung bieten auch Vordächer oder auf der Außenseite angebrachte Markisen, Jalousien, Roll- und Klappläden. Verschattungen auf der Innenseite haben dagegen nur eine sehr geringe Wirkung.

Schäden durch hohe und stark schwankende Oberflächentemperaturen an Außenoberflächen

Diese Schäden zeigen sich oft an schwarzen Flachdachabdichtungen auf Dämmschichten, die nicht durch Platten oder Kies vor übermäßiger Aufheizung geschützt sind.

Wie bei **A1** erwähnt, nehmen schwarze Flächen nicht nur viel Energie durch Sonneneinstrahlung auf, sondern strahlen in kalten wolkenlosen Nächten so viel Energie ab, dass ihre Oberflächentemperatur bis zu 10 K unter die herrschende Außenlufttemperatur absinken kann. Die Verformungen und Spannungen in der Dachhaut sind dem großen Temperaturunterschied entsprechend hoch.

Schäden durch zu große Temperaturunterschiede können auch in der **Putzschicht von „Wärmedämm-Verbundsystemen"** auftreten, besonders an Südwest-Fassaden und bei dunklem Putz.

Die **Wärmeleitfähigkeit** λ sagt aus, welcher Wärmestrom (Heizleistung) in Watt durch eine 1m dicke Schicht eines Baustoffes mit einer Fläche von $1\,m^2$ fließt, wenn zwischen seinen Innen- und Außenoberflächen ein Temperaturunterschied (ΔT) von 1 Kelvin besteht.

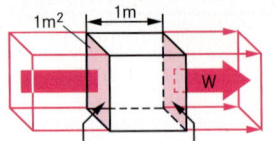

$$\lambda = \frac{\text{Wärmestrom} \cdot \text{Dicke}}{\text{Fläche} \cdot \text{Temperaturunterschied}} = \frac{W \cdot m}{m^2 \cdot K} = \frac{W}{m \cdot K}$$

1 K Temperaturunterschied der beiden Oberflächen

(DIN EN 12524) enthält Kennwerte für Baustoffe, die in Paketen von europäischen Normen geregelt sind.
Für diese Baustoffe sind in DIN V 4108-4 keine Werte mehr angegeben.

Baustoff	$\varrho^{1)}$ $\frac{kg}{m^3}$	λ $\frac{W}{m \cdot K}$	$\mu^{2)}$	Baustoff	$\varrho^{1)}$ $\frac{kg}{m^3}$	λ $\frac{W}{m \cdot K}$	$\mu^{2)}$
1. Putze, Estriche und andere Mörtelschichten				**2. Beton-Bauteile**			
1.1 Putze				2.1 Beton nach DIN EN 206 ³⁾			
1.1.1 Putzmörtel aus Kalk, Kalkzement, hydr. Kalk	(1800)	1,00	15/35	mittlere Rohdichte	1800	1,15	60/100
					2000	1,35	60/100
1.1.2 Putzmörtel aus Kalkgips, Gips, Anhydrit	(1400)	0,70	10		2200	1,65	70/120
				hohe Rohdichte	2400	2,00	80/130
				armiert (mit 1% Stahl)	2300	2,3	80/130
1.1.3 Leichtputz	< 1300	0,56	15/20	armiert (mit 2% Stahl)	2400	2,5	80/130
1.1.4 Leichtputz	≤ 1000	0,38	15/20	2.2 Leicht- und Stahlleichtbeton mit geschlossenem Gefüge nach DIN 4219 hergestellt unter Verwendung von Zuschlägen mit porigem Gefüge nach (DIN 4226-2) ohne Quarzsandzusatz ⁴⁾	800	0,39	
1.1.5 Leichtputz	≤ 700	0,25	15/20		900	0,44	
1.1.6 Gipsputz ohne Zusatz	(1200)	0,51	10		1000	0,49	
1.1.7 Wärmedämmputz nach DIN 18550-3 Wärmeleitfähigkeitsgruppe 060 070 080 090 100	(≥ 200)	0,060 0,070 0,080 0,090 0,1	5/20		1100 1200 1300 1400 1500 1600 1800 2000	0,55 0,62 0,70 0,79 0,89 1,0 1,3 1,6	70/150
1.1.8 Kunstharzputz	(1100)	0,70	50/200		350	0,11	
1.2 Mauermörtel					400	0,13	
1.2.1 Zementmörtel	(2000)	1,6			450	0,15	
1.2.2 Normalmörtel NM	(1800)	1,2			500	0,15	5/10
1.2.3 Dünnbettmauermörtel	(1600)	1,0	15/35	2.3 Dampfgehärteter Porenbeton nach DIN 4223-1	550	0,18	
1.2.4 Leichtmauermörtel nach DIN 1053-1	≤ 1000	0,36			600	0,19	
1.2.5 Leichtmauermörtel nach DIN 1053-1	≤ 700	0,21			650	0,21	
					700	0,22	
1.2.6 Leichtmauermörtel	250 400 700 1000 1500	0,10 0,14 0,25 0,38 0,69	5/20		750 800 900 1000	0,24 0,25 0,29 0,31	5/10
				2.4 Leichtbeton mit haufwerkporigem Gefüge			
1.3 Estriche				2.4.1 mit nichtporigen Zuschlägen nach (DIN 4226-1)	1600	0,81	3/10
1.3.1 Asphalt ³⁾	2100	0,70	50000		1800	1,1	5/10
1.3.2 Zement-Estrich	(2000)	1,4			2000	1,4	
1.3.3 Anhydrit-Estrich	(2100)	1,2	15/35	2.4.2 mit porigen Zuschlägen nach (DIN 4226-2) ohne Quarzsandzusatz ⁴⁾	600	0,22	
1.3.4 Magnesia-Estrich	1400 2300	0,47 0,70			700 800 1000 1200 1400 1600 1800 2000	0,26 0,28 0,36 0,46 0,57 0,75 0,92 1,2	5/15

¹⁾ ϱ = Rohdichte, Werte in ( ) dienen nur dazu, die flächenbezogene Masse zu ermitteln, z.B. um den sommerlichen Wärmeschutz nachzuweisen.

²⁾ μ = Wasserdampfdiffusionswiderstandszahl. Werden zwei Werte genannt, ist jeweils der für die Baukonstruktion ungünstigere in die Rechnung einzusetzen.

³⁾ Werte aus DIN EN 12524

⁴⁾ bei Quarzsandzusatz λ um 20% höher.

Bauphysik

Baustoff		$\varrho^{1)}$	λ	$\mu^{2)}$	Baustoff		$\varrho^{1)}$	λ	$\mu^{2)}$
2.4.2.1	ausschließlich unter Verwendung von Naturbims	400	0,12	5/15	**4. Mauerwerk, einschließlich Mörtelfugen**				
		450	0,13		4.1	Mauerwerk aus Mauerziegeln n. DIN V 105-1 bis DIN V 105-6 bzw. Mauerziegel nach DIN EN 771-1			
		500	0,15		4.1.1	Vollklinker, Hochloch-klinker, Keramikklinker mit Normalmörtel oder Dünnbettmörtel	1800	0,81	50/100
		550	0,16				2000	0,96	
		600	0,18				2200	1,2	
		650	0,19				2400	1,4	
		700	0,20		4.1.2	Vollziegel, Hochloch-ziegel, Füllziegel mit Normalmörtel oder Dünnbettmörtel	1200	0,50	5/10
		750	0,22				1400	0,58	
		800	0,24				1600	0,68	
		900	0,27				1800	0,81	
		1000	0,32				2000	0,96	
		1100	0,37				2200	1,2	
		1200	0,41				2400	1,4	
		1300	0,47						
2.4.2.2	ausschließlich unter Verwendung von Blähton	400	0,13	5/15	4.1.3	Hochlochziegel mit Lochung A und B nach DIN V 105-2 bzw. LD-Ziegel nach DIN EN 771-1			
		450	0,15						
		500	0,16			mit Leichtmörtel	550	0,27	5/10
		550	0,18				600	0,28	
		600	0,19				650	0,30	
		650	0,21				700	0,31	
		700	0,23				750	0,33	
		800	0,26				800	0,34	
		900	0,30				850	0,36	
		1000	0,35				900	0,37	
		1100	0,39				950	0,38	
		1200	0,44				1000	0,40	
		1300	0,50			mit Normalmörtel oder Dünnbettmörtel	550	0,32	5/10
		1400	0,55				600	0,33	
		1500	0,60				650	0,35	
		1600	0,68				700	0,36	
		1700	0,76				750	0,38	
3. Bauplatten							800	0,39	
3.1	Porenbeton-Bauplatten und Porenbeton-Planbauplatten, unbewehrt, nach DIN 4166						850	0,41	
3.1.1	Porenbeton-Bauplatten (Ppl) mit normaler Fugendicke und Mauermörtel, nach DIN 1053-1 verlegt	400	0,20	5/10			900	0,42	
		500	0,22				950	0,44	
		600	0,24				1000	0,45	
		700	0,27		4.1.4	Hochlochziegel HLzW und Wärmedämmziegel WDz nach DIN V 105-2, bzw. LD-Ziegel nach DIN EN 771-1			
		800	0,29						
3.1.2	Porenbeton-Plan-bauplatten (Pppl), dünnfugig verlegt	350	0,11	5/10		mit Leichtmörtel	550	0,19	5/10
		400	0,13				600	0,20	
		450	0,15				650	0,20	
		500	0,16				700	0,21	
		550	0,18				750	0,22	
		600	0,19				800	0,23	
		650	0,21				850	0,23	
		700	0,22				900	0,24	
		750	0,24				950	0,25	
		800	0,25				1000	0,26	
3.2	Wandplatten aus Leichtbeton nach DIN 18162	800	0,29	5/10		mit Normalmörtel	550	0,22	5/10
		900	0,32				600	0,23	
		1000	0,37				650	0,23	
		1200	0,47				700	0,24	
		1400	0,58				750	0,25	
3.3	Wandbauplatten aus Gips nach (DIN 18163), auch mit Poren, Hohl-räumen, Füllstoffen oder Zuschlägen	750	0,35	5/10			800	0,26	
		900	0,41				850	0,26	
		1000	0,47				900	0,27	
		1200	0,58				950	0,28	
3.4	Gipskartonplatten nach DIN 18 180	800	0,25	4/10			1000	0,29	

Baustoff			$\varrho^{1)}$	λ	$\mu^{2)}$
4.2	Mauerwerk aus Kalk-sandsteinen nach DIN V 106-1		1000 1200 1400	0,50 0,56 0,70	5/10
	Mauerwerk aus Kalk-sandsteinen nach DIN V 106-2		1600 1800 2000	0,79 0,99 1,1	15/25
	Mauerwerk aus Kalk-sandsteinen EN 771-2 in Verbindung mit E DIN 20 000-412		2200	1,3	
4.3	Mauerwerk aus Hüttensteinen nach DIN 398		1000 1200 1400 1600 1800 2000	0,47 0,52 0,58 0,64 0,70 0,76	70/100
4.4	Mauerwerk aus Porenbeton-Plan-steinen (PP) nach DIN V 4165		350 400 450 500 550 600 650 700 750 800	0,11 0,13 0,15 0,16 0,18 0,19 0,21 0,22 0,24 0,25	5/10
4.5	Mauerwerk aus Betonsteinen				
4.5.1	Hohlblöcke (Hbl) nach DIN V 18151, Gruppe 1 [4)]				
	mit Leichtmörtel $\lambda = 0,21$ oder Dünnbettmörtel 2 K $b = 17,5$ cm 2 K $b = 20$ cm 3/4 K $b = 24$ cm 4/5 K $b = 30$ cm		450 500 550 600 650 700 800 900	0,20 0,22 0,23 0,24 0,26 0,28 0,31 0,34	5/10
	mit Leichtmörtel $\lambda = 0,36$ 2 K $b = 17,5$ cm 2 K $b = 20$ cm 3/4 K $b = 24$ cm 4/5 K $b = 30$ cm		450 500 550 600 650 700 800 900	0,21 0,23 0,24 0,25 0,27 0,29 0,32 0,36	5/10
	mit Normalmörtel 2 K $b = 17,5$ cm 2 K $b = 20$ cm 3/4 K $b = 24$ cm 4/5 K $b = 30$ cm 5/6 K $b = 36,5$ cm 6 K $b = 42,5$ cm 6 K $b = 49$ cm		450 500 550 600 650 700 800 900 1000 1200 1400 1600	0,24 0,26 0,27 0,29 0,30 0,32 0,35 0,39 0,45 0,53 0,65 0,74	5/10

Baustoff			$\varrho^{1)}$	λ	$\mu^{2)}$
4.5.2	Hohlblöcke (Hbl) nach DIN V 18151 und Hohlwandplatten nach DIN 18148, Gruppe 2				
	mit Leichtmörtel $\lambda = 0,21$ oder Dünn-bettmörtel 1 K $b = 11,5$ cm 1 K $b = 15$ cm 1 K $b = 17,5$ cm		450 500 550 600 650 700 800 900	0,22 0,24 0,26 0,27 0,29 0,30 0,34 0,37	5/10
	mit Leichtmörtel $\lambda = 0,36$ 1 K $b = 11,5$ cm 1 K $b = 15$ cm 1 K $b = 17,5$ cm		450 500 550 600 650 700 800 900	0,23 0,25 0,27 0,28 0,30 0,32 0,36 0,40	5/10
	1 K $b = 11,5$ cm 1 K $b = 15$ cm 1 K $b = 17,5$ cm 2 K $b = 24$ cm 2/3 K $b = 30$ cm 3/4 K $b = 36,5$ cm 5 K $b = 42,5$ cm		450 500 550 600 650 700 800 900 1000 1200 1400 1600	0,28 0,29 0,31 0,32 0,34 0,36 0,41 0,46 0,52 0,60 0,72 0,76	5/10
4.5.3	Vollblöcke (Vbl, S-W) nach DIN V 18152				
	mit Leichtmörtel $\lambda = 0,21$ oder Dünn-bettmörtel		450 500 550 600 650 700 800 900 1000	0,14 0,15 0,16 0,17 0,18 0,19 0,21 0,25 0,28	5/10
	mit Leichtmörtel $\lambda = 0,36$		450 500 550 600 650 700 800 900 1000	0,16 0,17 0,18 0,19 0,20 0,21 0,23 0,26 0,29	5/10
	mit Normalmörtel		450 500 550 600 650 700 800 900 1000	0,18 0,20 0,21 0,22 0,23 0,25 0,27 0,30 0,32	5/10

[1)] ϱ = Rohdichte, Werte in ( ) dienen nur dazu, die flächenbezogene Masse zu ermitteln, z. B. um den sommerlichen Wärmeschutz nachzuweisen.

[2)] μ = Wasserdampfdiffusionswiderstandszahl. Werden zwei Werte genannt, ist jeweils der für die Baukonstruktion ungünstigere in die Rechnung einzusetzen.

[3)] Werte aus DIN EN 12 524
[4)] bei Quarzsandzusatz λ um 20 % höher.

Baustoff		$\varrho^{1)}$	λ	$\mu^{2)}$	Baustoff		$\varrho^{1)}$	λ	$\mu^{2)}$
4.5.4	Vollblöcke (Vbl) und Vbl-S nach DIN V 18 152 aus Leicht-beton mit anderen leichten Zuschlägen als Naturbims und Blähton				4.5.5	Vollsteine (V) nach DIN V 18152 (Fortsetzung)			
	mit Leichtmörtel $\lambda = 0{,}21$ oder Dünn-bettmörtel	450	0,22	5 / 10		mit Normalmörtel	1000	0,46	5 / 10
		500	0,23				1200	0,54	
		550	0,24				1400	0,63	
		600	0,25				1600	0,74	10 / 15
		650	0,26				1800	0,87	
		700	0,27				2000	0,99	
		800	0,29		4.5.6	Mauersteine nach DIN 18153 aus Beton			
		900	0,32				800	0,60	5 / 15
		1000	0,34				900	0,65	
	mit Leichtmörtel $\lambda = 0{,}36$	450	0,23	5 / 10			1000	0,70	
		500	0,24				1200	0,80	
		550	0,25				1400	0,90	20 / 30
		600	0,26				1600	1,1	
		650	0,27				1800	1,2	
		700	0,28				2000	1,4	
		800	0,30				2200	1,7	
		900	0,32				2400	2,1	
		1000	0,35		**5. Wärmedämmstoffe nach Europäischen Normen**				
	mit Normalmörtel	450	0,28	5 / 10	5.1	Mineralwolle (MW) nach DIN EN 13 162	– ...	0,030 ... 0,050	1
		500	0,29						
		550	0,30						
		600	0,31		5.2	Expandierter Polysty-rolschaum (EPS) nach DIN EN 13 163	– ...	0,030 ... 0,050	20 / 100
		650	0,32						
		700	0,33						
		800	0,36		5.3	Extrudierter Polystyrol-schaum (XPS) nach DIN EN 13 164	– ...	0,026 ... 0,045	80 / 250
		900	0,39						
		1000	0,42						
		1200	0,49		5.4	Polyurethan-Hart-schaum (PUR) nach DIN EN 13 165	– ...	0,020 ... 0,040	40 / 200
		1400	0,57						
		1600	0,62						
		1800	0,68		5.5	Phenolharz-Hart-schaum (PF) nach DIN EN 13 166	– ...	0,020 ... 0,035	10 / 60
		2000	0,74						
4.5.5	Vollsteine (V) nach DIN V 18152								
	mit Leichtmörtel $\lambda = 0{,}21$ oder Dünn-bettmörtel	450	0,21	5 / 10	5.6	Schaumglas (CG) nach DIN EN 13 167	– ...	0,038 ... 0,055	5)
		500	0,22						
		550	0,23						
		600	0,24		5.7	Holzwolle-Leichtbau-platten nach DIN EN 13 168	– ...	0,060 ... 0,10	2 / 5
		650	0,25						
		700	0,27						
		800	0,30		5.7.1	Holzwolle-Platten (WW)	– ...	0,060 ... 0,10	
		900	0,33						
		1000	0,36						
	mit Leichtmörtel $\lambda = 0{,}36$	450	0,22	5 / 10	5.7.2	Holzwolle-Mehrschichtplatten nach DIN EN 13 168 (WW-C)			
		500	0,23			mit expandiertem Polystyrolschaum (EPS) nach DIN EN 13 163	– ...	0,030 ... 0,050	20 / 50
		550	0,25						
		600	0,26						
		650	0,27			mit Mineralwolle (MW) nach DIN EN 13 162	– ...	0,030 ... 0,050	1
		700	0,29						
		800	0,32						
		900	0,35						
		1000	0,38			Holzwolledeck-schicht(en) nach DIN EN 13 168	– ...	0,10 ... 0,14	2 / 5
	mit Normalmörtel	450	0,31	5 / 10					
		500	0,32						
		550	0,33						
		600	0,34						
		650	0,35						
		700	0,37						
		800	0,40						
		900	0,43						

$^{5)}$ praktisch diffusionsdicht, $s_d \geq 1500$ m

Bauphysik

103

Baustoff		$\varrho^{1)}$	λ	$\mu^{2)}$	Baustoff		$\varrho^{1)}$	λ	$\mu^{2)}$
5.8	Blähperlit (EPB) nach DIN EN 13 169	–	0,045 ... 0,065	5	7.2	Abdichtstoffe [3)] (Fortsetzung)			
						Polyurethanschaum	70	0,05	60
5.9	Expandierter Kork (ICB) nach DIN EN 13 170	–	0,040 ... 0,055	5/10		Polyethylenschaum	70	0,05	100
					7.3	Dachbahnen, Dachabdichtungsbahnen			
5.10	Holzfaserdämmstoff (WF) nach DIN EN 13 171	–	0,032 ... 0,060	5		Bitumendachbahn (DIN 52 128)	(1200)	0,17	10 000/ 80 000
	Schaumkunststoffe, an der Verwendungsstelle hergestellt					Nackte Bitumenbahn (DIN 52 129)	(1200)	0,17	2 000/ 20 000
	PUR-Ortschaum nach (DIN 18 159-1) WLG					Glasvlies-Bitumen- dachbahn DIN 52 143	–	0,17	20 000/ 60 000
	035 040	(> 45)	0,035 0,040	30/100		Kunststoff-Dachbahn (DIN 16 729) (ECB)	–	–	50 000/ 90 000
	UF-Ortschaum nach (DIN 18 159-2) WLG					Kunststoff-Dachbahn (DIN 16 730) (PVC-P)	–	–	10000/ 3000
	035 040	(≥ 10)	0,035 0,040	1/3		Kunststoff-Dachbahn (DIN 16 731) (PIB)	–	–	400 000/ 1 750 000
					7.4	Folien, $d \geq 0,05$ mm			
						PTFE-Folien	–	–	10 000
6. Holz und Holzwerkstoffe						PA-Folie	–	–	50 000
						PP-Folie	–	–	1 000
6.1	Konstruktionsholz [3)]	500 700	0,13 0,18	20/50 50/200		Weitere Folien		s_d in mm	
6.2	Holzwerkstoffe [3)]					Polyethylenfolie 0,15 mm		50	
	Sperrholz [6)]	300 500 700 1000	0,09 0,13 0,17 0,24	50/150 70/200 90/220 110/250		Polyethylenfolie 0,25 mm		100	
						Polyesterfolie 0,2 mm		50	
						PVC-Folie		30	
						Aluminium-Folie 0,05 mm		1500	
	Zementgebundene Spanplatte	1200	0,23	30/50		PE-Folie (gestapelt) 0,15 mm		8	
	Spanplatte	300 600 900	0,10 0,14 0,18	10/50 15/50 20/50		Bituminiertes Papier 0,1 mm		2	
						Aluminiumverbundfolie 0,4 mm		10	
						Unterspannbahn für Wände		0,2	
	OSB-Platten	650	0,13	30/50		Glanzlack		3	
						Vinyltapete		2	
	Holzfaserplatte, einschließlich MDF	250 400 600 800	0,07 0,10 0,14 0,18	2/5 5/10 10/12 10/20	**8. Sonstige gebräuchliche Stoffe [7)]**				
					Baustoff		$\varrho^{1)}$	λ	$\mu^{2)}$
7. Beläge, Abdichtstoffe und Abdichtungsbahnen					8.1	Lose Schüttungen abgedeckt [8)] aus porigen Stoffen:			
7.1	Fußbodenbeläge [3)]					Blähperlit	(≤ 100)	0,060	
	Gummi	1200	0,17	10 000		Blähglimmer	(≤ 100)	0,070	
	Kunststoff	1700	0,25	10 000		Korkschrot, expand.	(≤ 200)	0,055	
	Unterlagen, poröser Gummi o. Kunststoff	270	0,10	10 000		Hüttenbims	(≤ 600)	0,13	3
	Filzunterlage	120	0,05	15		Blähton, Blähschiefer	(≤ 400)	0,16	
	Wollunterlage	200	0,06	15		Bimskies	(≤ 1000)	0,19	
	Korkunterlage	< 200	0,05	10		Schaumlava	(≤ 1200)	0,22	
	Korkfliesen	> 400	0,065	20			(≤ 1500)	0,27	
	Teppich/Teppich- boden	200	0,03	5		aus Polystyrol- schaumstoff	(15)	0,050	3
	Linoleum	1200	0,17	800		aus Sand, Kies, Splitt (trocken)	(1800)	0,70	3
7.2	Abdichtstoffe [3)]				8.2	Fliesen [3)]	2300	1,3	∞
	Silikon o. Füllstoff	1200	0,35	5000	8.3	Glas			
	Silikon m. Füllstoff	1450	0,50	5000		Natronglas	2500	1,00	∞
	Silikonschaum	750	0,12	100 000		Quarzglas	2200	1,40	∞
	PVC-P	1200	0,14	100 000		Glasmosaik	2000	1,20	∞
	Elastomerschaum	60 - 80	0,05	10 000					

[6)] Diese Werte gelten auch vorläufig für Hartfaserplatten und Furnierschichtholz

[7)] nicht genormt, λ ist ein Grenzwert

[8)] Dichte bei losen Schüttungen als Schüttdichte angegeben

Baustoff		$\varrho^{1)}$	λ	$\mu^{2)}$
8.4	Natursteine			
	Kristalliner Naturstein	2800	3,5	10 000
	Sediment-Naturstein	2600	2,3	2/250
	Sediment, leicht	1500	0,85	20/30
	Poröses Gestein	1600	0,55	15/20
	Basalt	2700 bis 3000	3,5	10 000
	Gneis	2400 bis 2700	3,5	10 000
	Granit	2500 bis 2700	2,8	10 000
	Marmor	2800	3,5	10 000
	Schiefer	2000 bis 2800	2,2	800/1000
	Kalkstein, extraweich	1600	0,85	20/30
	Kalkstein, weich	1800	1,1	25/40
	Kalkstein, halbhart	2000	1,4	40/50
	Kalkstein, hart	2200	1,7	150/200
	Kalkstein, extrahart	2600	2,3	200/250
	Sandstein (Quarzit)	2600	2,3	30/40
	Naturbims	400	0,12	6/8
	Kunststein	1750	1,3	40/50
8.5	Lehmbaustoffe	500	0,14	
		600	0,17	
		700	0,21	
		800	0,25	
		900	0,30	
		1000	0,35	5/10
		1200	0,47	
		1400	0,59	
		1600	0,73	
		1800	0,91	
		2000	1,1	
8.6	Böden, naturfeucht			
	Ton oder Schlick oder Schlamm	1200 bis 1800	1,5	50
	Sand und Kies	1700 bis 2200	2,0	50
8.7	Glasmosaik	2000	1,2	∞
8.8	Metalle			
	Aluminiumlegierung	2800	160	∞
	Bronze	8700	65	∞
	Messing	8400	120	∞
	Kupfer	8900	380	∞
	Gusseisen	7500	50	∞
	Blei	11300	35	∞
	Stahl	7800	50	∞
	Nichtrostender Stahl	7900	17	∞
	Zink	7200	110	∞

Merkwerte der Wärmeleitzahlen

Baumetalle sind gute Wärmeleiter	40 ... 400
Mineralische Baustoffe sind mittlere Wärmeleiter	0,14 ... 4
Holz und Wärmedämmstoffe sind schlechte Wärmeleiter	0,02 ... 0,2

Wärmedurchlasswiderstand R

Ist die Summe der Teilwiderstände d/λ der einzelnen Baustoffschichten eines Bauteiles, z.B. einer Wand oder Decke.

$$R = \frac{\text{Schichtdicken}}{\text{Wärmeleitzahlen}}$$

$$= \frac{d_1}{\lambda_1} + \frac{d_2}{\lambda_2} + \frac{d_3}{\lambda_3} + \frac{d_{...}}{\lambda_{...}} = \frac{m}{W/(m \cdot K)} = \frac{m^2 \cdot K}{W}$$

Der Wärmedurchlasswiderstand $R = d/\lambda$ gibt an, welcher Temperaturunterschied ΔT in K bewirkt, dass durch 1 m² des Bauteiles der Dicke d ein Wärmestrom von 1 Watt fließt.

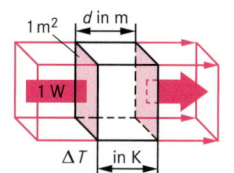

Die **Mindest-Durchlasswiderstände** n. DIN 4108, die den Tabellen **T1** und **T2** auf der nächsten Seite entnommen werden können, sollen **Kondenswasserniederschläge** an und in Bauteilen **verhindern**.

Diese R-Werte dürfen deshalb auch dann nicht unterschritten, bzw. die ebenfalls dort angegebenen maximalen U-Werte nicht überschritten werden, wenn für den Bauteil beim Regelnachweis nach der Wärmeschutzverordnung ein niedrigerer R-Wert ausreichen würde. Ist bei **aneinander gereihten Gebäuden** die Nachbarbebauung zunächst nicht gesichert, müssen für **Wohnungstrennwände** die Grenzwerte nach DIN 4108 ebenfalls eingehalten werden.

Beispiel 1: Treppenhauswand aus KSL-12-1,6 mit beidseitigem Kalkgipsputz 1,5 cm

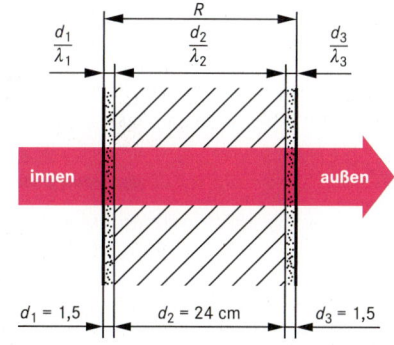

$$R = \frac{d_1}{\lambda_1} + \frac{d_2}{\lambda_2} + \frac{d_3}{\lambda_3}$$

$$= \frac{0,015}{0,70} + \frac{0,24}{0,79} + \frac{0,015}{0,70}$$

$$= 0,02 + 0,30 + 0,02 = \underline{\underline{0,34}} \frac{m^2 \cdot K}{W}$$

Mindestwerte für Wärmedurchlasswiderstände von Bauteilen

DIN 4108-2: 13

Der Mindestwärmeschutz ist an jeder Stelle eines Bauteils auch in Bereichen von Wärmebrücken einzuhalten.

So wird bei ausreichender Beheizung und Lüftung sowie üblicher Nutzung bei einem hygienischen Raumklima Tauwasserfreiheit an Innenoberflächen von Außenbauteilen sichergestellt.

Bei der Berechnung des Wärmedurchlasswiderstandes R werden nur die raumseitigen Schichten bis zur Bauwerksabdichtung bzw. der Dachdichtung berücksichtigt.

T1 Bauteile

Bauteil	Beschreibung	R in m² · K/W
Wände beheizter Räume	gegen Außenluft, Erdreich, Tiefgaragen, nicht beheizte Räume (auch nicht beheizte Dachräume oder nicht beheizte Kellerräume außerhalb der wärmeübertragenden Umfassungsfläche)	1,2
Dachschrägen beheizter Räume	gegen Außenluft	1,2
Decken beheizter Räume nach oben und Flachdächer	gegen Außenluft	1,2
	zu belüfteten Räumen zwischen Dachschrägen und Abseitenwänden bei ausgebauten Dachräumen	0,90
	zu nicht beheizten Räumen, zu bekriechbaren oder noch niedrigeren Räumen	0,90
	zu Räumen zwischen gedämmten Dachschrägen und Abseitenwänden bei ausgebauten Dachräumen	0,35
Decken beheizter Räume nach unten	gegen Außenluft, gegen Tiefgarage, gegen Garagen (auch beheizte), Durchfahrten (auch verschließbare) und belüftete Kriechkeller	1,75
	gegen nicht beheizten Kellerraum	0,90
	unterer Abschluss (z. B. Sohlplatte) von Aufenthaltsräumen unmittelbar an das Erdreich grenzend bis zu einer Raumtiefe von 5 m	
	über einem nicht belüfteten Hohlraum, z. B. Kriechkeller, an das Erdreich grenzend	
Bauteile an Treppenräumen	Wände zwischen beheiztem Raum und direkt beheiztem Treppenraum, Wände zwischen beheiztem Raum und indirekt beheiztem Treppenraum, sofern die anderen Bauteile des Treppenraums die Anforderungen der Tabelle 3 erfüllen	0,07
	Wände zwischen beheiztem Raum und indirekt beheiztem Treppenraum, wenn nicht alle anderen Bauteile des Treppenraums die Anforderungen der Tabelle 3 erfüllen	0,25
	oberer und unterer Abschluss eines beheizten oder indirekt beheizten Treppenraumes	wie Bauteile beheizter Räume
Bauteile zwischen beheizten Räumen	Wohnungs- und Gebäudetrennwände zwischen beheizten Räumen	0,07
	Wohnungstrenndecken, Decken zwischen Räumen unterschiedlicher Nutzung	0,35

T2 Wärmedurchlasswiderstand von Luftschichten

DIN EN ISO 6946: 08

Dicke der Luftschicht mm	Richtung des Wärmestromes in der ruhenden Luftschicht m² · K/W		
	Aufwärts	Horizontal	Abwärts
0	0,00	0,00	0,00
5	0,11	0,11	0,11
7	0,13	0,13	0,13
10	0,15	0,15	0,15
15	0,16	0,17	0,17
25	0,16	0,18	0,19
50	0,16	0,18	0,21
100	0,16	0,18	0,22
300	0,16	0,18	0,23

Zwischenwerte können mittels linearer Interpolation ermittelt werden.

Eine **ruhende Luftschicht** ist von der Umgebung abgeschlossen. Entwässerungsöffnungen (Drainageöffnungen) in Form von offenen vertikalen Fugen in der Außenschale eines zweischaligen Mauerwerks werden nicht als Lüftungsöffnungen angesehen.

Eine **schwach belüftete Luftschicht** hat Luftaustausch mit der Außenumgebung bei Öffnungen über 500 mm² bis 1500 mm² je m Länge für vertikale und je m² Oberfläche für horizontale Luftschichten.

Eine **stark belüftete Luftschicht** hat Öffnungen zwischen Luftschicht und Außenumgebung über 1500 mm² je m Länge für vertikale und je m² Oberfläche für horizontale Luftschichten. Beim Wärmedurchlasswiderstand des Bauteils werden alle Schichten zwischen Luftschicht und Außenumgebung vernachlässigt. Für die Luftschicht wird der Wärmeübergangswiderstand R_{Si} nach **T3** eingesetzt.

Die rechts dargestellte Berechnung des U-Wertes gilt für alle homogenen Bauteile. Das sind Bauteile, deren Schichten über die ganze Fläche durchlaufen und nicht von anderen Baustoffen unterbrochen werden. Bei inhomogenen Bauteilen wie Fachwerk oder gedämmten Sparrendächern werden Balken- (A) und Gefachbereich (B) gesondert gerechnet und entsprechend den Flächenanteilen gewichtet.

$$R = \frac{a}{l} \cdot R_A + \frac{b}{l} \cdot R_B$$

Diese Rechnung berücksichtigt nur den Wärmefluss lotrecht zur Bauteilebene. Wärmeabfluss über Querleitung innerhalb des Bauteils wird hierbei nicht erfasst. R wird deshalb etwas höher und im Ergebnis günstiger als in der Realität. Für die meisten Bauteile sind die Abweichungen gering, so dass diese Berechnung für baupraktische Entscheidungen ausreichend gute Näherungswerte ergibt.

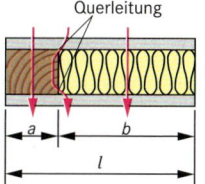
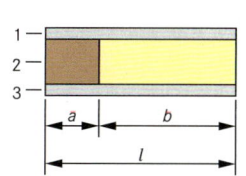

Für einen normgerechten Wärmeschutznachweis ist eine zweite Rechnung erforderlich. Hier werden die R-Wert-Anteile für die einzelnen Schichten ermittelt, wobei nur die inhomogene Schicht (2) entsprechend ihren Flächenanteilen aufgeteilt wird.

Bei dieser Rechnung wird davon ausgegangen, dass sich die Wärme beim Übergang von einer Bauteilschicht in die nächste durch Querleitung jeweils gleichmäßig über die ganze Fläche verteilt. R wird hierbei etwas geringer und damit im Ergebnis ungünstiger als in der Realität.

$$R = R_1 + R_2 + R_3 = R_1 + \left(\frac{a}{l} \cdot R_{2A} + \frac{b}{l} \cdot R_{2B} \right) + R_3$$

Zur Berechnung des U-Wertes für ein inhomogenes Bauteil wird der Mittelwert aus diesen beiden Berechnungen herangezogen.

T3 Wärmeübergangswiderstände DIN EN ISO 6946: 08

	Richtung des Wärmestromes m² · K/W		
	Aufwärts	Horizontal	Abwärts
R_{si}	0,10	0,13	0,17
R_{se}	0,04	0,04	0,04

Werte unter „Horizontal" gelten für Richtungen des Wärmestromes von ± 30° zur horizontalen Ebene.

Der **Wärmedurchgangskoeffizient**, der „U-Wert", sagt aus, welcher Wärmestrom in Watt durch ein **Bauteil** mit einer Fläche von 1 m² fließt, wenn sich die Lufttemperaturen vor und hinter ihm um 1 K unterscheiden.

Bei der Berechnung sind außer der Summe der Wärmedurchlasswiderstände R zusätzlich noch die **Wärmeübergangswiderstände** R_{si} und R_{se} zu berücksichtigen.

Der „U-Wert" ist dann der **Kehrwert** des Wärmedurchgangswiderstandes R_T.

$$R_T = R_{si} + R + R_{se} \qquad \text{in } \frac{m^2 \cdot K}{W}$$

$$U = \frac{1}{R_T} \qquad \text{in } \frac{W}{m^2 \cdot K}$$

Beispiel 2:

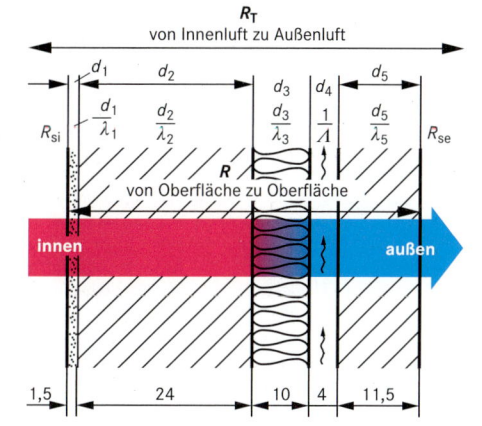

Wie groß ist der U-**Wert** der obigen **Außenwand** mit Kalk-Innenputz ($\lambda = 0,87$), Innenschale mit KSL-12-1,4 ($\lambda = 0,70$, Mineralwolle-Dämmplatte WLG 035, gering (n. DIN 1053) belüfteter Luftschicht und Außenschale mit VMz-12-1,8 ($\lambda = 0,81$)?

Innenüberg.	Innenputz	Innenschale	Dämmschicht	Luftschicht	Außenschale	Außenüberg.

$$R_T = R_{si} + \frac{0,015}{0,87} + \frac{0,24}{0,70} + \frac{0,10}{0,035} + 0,16 + \frac{0,115}{0,81} + R_{se}$$

$$R_T = 0,13 + 0,02 + 0,34 + 2,86 + 0,16 + 0,14 + 0,04$$

$$R_T = 3,69 \text{ m}^2 \cdot \text{K/W} \qquad U = \frac{1}{3,69} = \underline{\mathbf{0,27 \text{ W/(m}^2 \cdot \text{K)}}}$$

T1 Wärmedurchlasswiderstände von Massivdecken

DIN V 4108-4: 13

ohne Aufbeton und Putz (bes. für Altbauten)

R in $\dfrac{m^2 \cdot K}{W}$ ☐ an der ungünstigsten Stelle 🟩 Mittelwert

Bauteil	d mm	R 🟩	☐
1.1 Stahlbetonrippendecke nach DIN 1045 mit Zwischenbauteilen nach DIN 4158.	120	0,20	0,06
	140	0,21	0,07
	160	0,22	0,08
	180	0,23	0,09
	200	0,24	0,10
	220	0,25	0,11
	250	0,26	0,12
1.2 Stahlbetonbalkendecke nach DIN 1045 mit Zwischenbauteilen nach DIN 4158.	120	0,16	0,06
	140	0,18	0,07
	160	0,20	0,08
	180	0,22	0,09
	200	0,24	0,10
	220	0,26	0,11
	240	0,28	0,12
2.1 wie 1.1 und 1.2 aus Deckenziegeln nach DIN 4160 ohne Querstege.	115	0,15	0,06
	140	0,16	0,07
	165	0,18	0,08
2.2 wie 1.1 und 1.2 aus Deckenziegeln nach DIN 4160 mit Querstegen.	190	0,24	0,09
	225	0,26	0,10
	240	0,28	0,11
	265	0,30	0,12
	290	0,32	0,13
3.1 Stahlsteindecken nach DIN 1045, Ziegel teilvermörtelt, DIN 4159.	115	0,15	0,06
	140	0,18	0,07
	165	0,21	0,08
	190	0,24	0,09
	215	0,27	0,10
	225	0,27	0,10
	240	0,30	0,11
	265	0,33	0,12
	290	0,36	0,13
3.2 wie 3.1 Ziegel vollvermörtelt nach DIN 4159.	115	0,13	0,06
	140	0,16	0,07
	165	0,19	0,08
	190	0,22	0,09
	225	0,25	0,10
	240	0,28	0,11
	265	0,31	0,12
	290	0,34	0,13
4. Stahlbetonhohldielen nach DIN 1045.	65	0,13	0,03
	80	0,14	0,04
	100	0,15	0,05

Die R-Werte von hohlraumfreien Stahlbeton-, Porenbeton- und Leichtbeton-Deckenplatten werden mit Hilfe der entsprechenden ϱ und λ-Werte berechnet.

Weitere Angaben zu den Decken → Massivdecken.

T2 Wärmedurchgangszahlen von Fenstern und Fenstertüren

DIN EN ISO 10 077-1: 10

U_w, U_g, U_f in $\dfrac{W}{m^2 \cdot K}$

Art der Verglasung	U_g	U_f 0,8	1,0	1,2	1,4	1,6	1,8	2,0
					U_w			
Einscheibenverglasung	5,7	4,2	4,3	4,3	4,4	4,5	4,5	4,6
	3,3	2,7	2,8	2,8	2,9	2,9	3,0	3,1
	3,2	2,6	2,7	2,7	2,8	2,9	2,9	3,0
	3,1	2,6	2,6	2,7	2,7	2,8	2,9	2,9
	3,0	2,5	2,5	2,6	2,7	2,7	2,8	2,8
	2,9	2,4	2,5	2,5	2,6	2,7	2,7	2,8
	2,8	2,3	2,4	2,5	2,5	2,6	2,6	2,7
	2,7	2,3	2,3	2,4	2,5	2,5	2,6	2,6
	2,6	2,2	2,3	2,3	2,4	2,4	2,5	2,6
	2,5	2,1	2,2	2,3	2,3	2,4	2,4	2,5
	2,4	2,1	2,1	2,2	2,2	2,3	2,4	2,4
	2,3	2,0	2,1	2,1	2,2	2,2	2,3	2,4
	2,2	1,9	2,0	2,0	2,1	2,2	2,2	2,3
	2,1	1,9	1,9	2,0	2,0	2,1	2,2	2,2
Zweischeiben oder Dreischeiben-Isolierverglasung	2,0	1,8	1,9	2,0	2,0	2,1	2,1	2,2
	1,9	1,8	1,8	1,9	1,9	2,0	2,1	2,1
	1,8	1,7	1,8	1,8	1,9	1,9	2,0	2,1
	1,7	1,6	1,7	1,7	1,8	1,9	1,9	2,0
	1,6	1,6	1,6	1,7	1,7	1,8	1,9	1,9
	1,5	1,5	1,5	1,6	1,7	1,7	1,8	1,8
	1,4	1,4	1,5	1,5	1,6	1,7	1,7	1,8
	1,3	1,3	1,4	1,5	1,5	1,6	1,6	1,7
	1,2	1,3	1,3	1,4	1,5	1,5	1,6	1,6
	1,1	1,2	1,3	1,3	1,4	1,4	1,5	1,6
	1,0	1,1	1,2	1,3	1,3	1,4	1,4	1,5
	0,9	1,1	1,1	1,2	1,2	1,3	1,4	1,4
	0,8	1,0	1,1	1,1	1,2	1,2	1,3	1,4
	0,7	0,9	1,0	1,0	1,1	1,2	1,2	1,3
	0,6	0,9	0,9	1,0	1,0	1,1	1,2	1,2
	0,5	0,8	0,8	0,9	1,0	1,0	1,1	1,2
	1,5	1,4	1,5	1,6	1,6	1,7	1,7	1,8
	1,4	1,4	1,4	1,5	1,5	1,6	1,7	1,7
	1,3	1,3	1,4	1,4	1,5	1,5	1,6	1,7
Zweischeiben oder Dreischeiben-Isolierverglasung mit wärmetechnisch verbessertem Scheibenrandverbund	1,2	1,2	1,3	1,3	1,4	1,5	1,5	1,6
	1,1	1,2	1,2	1,3	1,3	1,4	1,5	1,5
	1,0	1,1	1,1	1,2	1,3	1,3	1,4	1,4
	0,9	1,0	1,1	1,1	1,2	1,3	1,3	1,4
	0,8	0,9	1,0	1,1	1,1	1,2	1,2	1,3
	0,7	0,9	0,9	1,0	1,1	1,1	1,2	1,2
	0,6	0,8	0,9	0,9	1,0	1,0	1,1	1,2
	0,5	0,7	0,8	0,9	0,9	1,0	1,0	1,1

Diese Werte gelten bei einem Flächenanteil des Rahmens von 30 % an der Gesamtfensterfläche

Korrekturwerte für Glasteilungen   DIN V 4108-4: 13

Bezeichnung des Korrekturwertes	Korrekturwert ΔU_W $W/(m^2 \cdot K)$
Sprossen im Scheibenzwischenraum (einfaches Sprossenkreuz)	+ 0,1
Sprossen im Scheibenzwischenraum (mehrfache Sprossenkreuze)	+ 0,2

A1 Beispiele von Wärmeschutzverglasungen

mit einer Metalloxidbeschichtung auf der nach außen gerichteten Seite der inneren Scheibe.

Zweifachglas   Dreifachglas

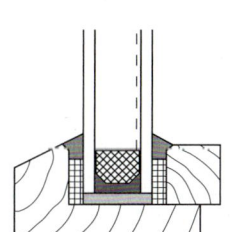
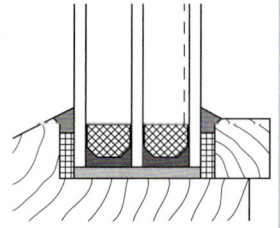

U_g = 1,0 W/(m² · K) U_g = 0,7 W/(m² · K)
U_f = 1,5 W/(m² · K) U_f = 1,4 W/(m² · K)
g = 0,53 g = 0,63

Anforderungen an Luftdichtheit   DIN V 4108-4: 13

Konstruktionsmerkmale	Klasse nach DIN EN 12 207
Holzfenster (auch Doppelfenster) mit Profilen nach DIN 68121-1, ohne Dichtung	2
Alle Fensterkonstruktionen mit alterungsbeständiger, leicht auswechselbarer, weichfedernder Dichtung, in einer Ebene umlaufend	3

Die Klassen 2 und 3 nach DIN EN 12 207 entsprechen den Beanspruchungsgruppen B und C nach DIN 18055.

Rechnerische Bemessung des U-Wertes   DIN EN ISO 10 077-1: 10

Der Wärmedurchgangskoeffizient U_W eines einscheibenverglasten Fensters ist nach folgender Gleichung zu berechnen:

$$U_W = \frac{A_g \cdot U_g + A_f \cdot U_f + l_g \cdot \psi_g}{A_g + A_f}$$

U_g Wärmedurchgangskoeffizient der Verglasung
U_f Wärmedurchgangskoeffizient des Rahmens
A_g Fläche der Verglasung
A_f Fläche des Rahmens
ψ_g längenbezogener Wärmedurchgangskoeffizient für die Wärmebrücke am Glasrandverbund
l_g Gesamtumfangslänge der Verglasung

Beispiel für Dreifachverglasung A1 im Holzfenster 1,30 · 1,30 m:

$$U_W = \frac{1,21 \cdot 1,0 + 0,48 \cdot 1,5 + 4,40 \cdot 0,06}{1,21 + 0,48}$$

$$U_W = 1,0 \frac{W}{m^2 \cdot K}$$

Längenbezogener Wärmedurchgangskoeffizient ψ DIN EN ISO 10 077-1: 10

Rahmenwerkstoff	Zweischeiben- oder Dreischeiben-Isolierverglasung, unbeschichtetes Glas, Luft- oder Gaszwischenraum [1]	Zweischeiben- oder Dreischeiben-Isolierverglasung mit niedrigem Emissionsgrad [1]
Holz- und Kunststoffrahmen	0,06 (0,05)	0,08 (0,06)
Metallrahmen mit wärmetechnischer Trennung	0,08 (0,06)	0,11 (0,08)
Metallrahmen ohne wärmetechnische Trennung	0,02 (0,01)	0,05 (0,04)

[1] Die Werte in Klammern gelten für einen wärmetechnisch verbesserten Scheibenrandverbund. Dies ist z. B. der Fall, wenn Abstandhalter anstelle von Aluminium in Edelstahl oder Kunststoff ausgeführt sind.

Sommerlicher Wärmeschutz bei Fenstern   DIN 4108-2: 03

Eine hohe Sonneneinstrahlung über Fenster kann im Sommer zu Überhitzung von Räumen führen. Die Begrenzung des Sonnenenergieeintrags ist durch einen rechnerischen Nachweis zu führen. Dieser kann entfallen, wenn der Fensterflächenanteil die folgenden Höchstwerte nicht überschreitet:

Neigung der Fenster gegenüber der Horizontalen	Orientierung der Fenster	Fensterflächenanteil f in %
Über 60° bis 90°	Nord-West über Süd bis Nord-Ost	10
	Alle anderen Nordorientierungen	15
Von 0° bis 60°	Alle Orientierungen	7

Ziele und Maßnahmen der Energie-einsparverordnung (EnEV)

Ziel der Energieeinsparverordnung ist die nachhaltige Reduzierung des Energiebedarfs von Gebäuden vorrangig aus Gründen des Klimaschutzes. Der Energiebedarf eines Gebäudes wird neben dem Verhalten der Nutzer durch die technische Ausstattung des Bauwerks bestimmt. Den Energiebedarf eines Gebäudes beeinflussen im Wesentlichen zwei Faktoren:

1. die Wärmedämmung der Gebäudehülle und
2. die haustechnischen Einrichtungen zur Wärmeerzeugung bis hin zur Wohnungslüftung.

Gegenüber der EnEV 2009 sind die Anforderungen in der EnEV 2014 weiter erhöht worden. Danach wird der zulässige Jahres-Primärenergiebedarf um durchschnittlich ca. 12,5 % gesenkt und die erforderliche Wärmedämmung eines Gebäudes um ca. 10 % erhöht. Dies gilt für alle Neubauten. Für Altbauten bleiben die Anforderungen bei der Modernisierung auf dem Niveau der EnEV 2009.

Die Umsetzung der Verordnung wird zukünftig strenger überprüft. Ausgestellte Energieausweise müssen registriert werden. Ein Stichprobenkontrollsystem soll die Einhaltung der Neubauanforderungen der EnEV sicherstellen.

Käufern und Mietern muss ein Energieausweis für das Objekt vorgelegt werden. In Immobilienanzeigen bei Verkauf und Vermietung müssen energetische Kennwerte bezogen auf die Wohnfläche angegeben werden.

Verstöße gegen Bestimmungen der EnEV sind Ordnungswidrigkeiten und können mit Bußgeldern geahndet werden.

Verfahren des Wärmeschutznachweises nach EnEV

Die Energieeinsparverordnung gibt einzuhaltende Grenzwerte zum Energiebedarf und zur Wärmedämmung vor und verweist für die Berechnung dieser Werte auf einschlägige Normen.

Zur Ermittlung des Jahres-Primärenergiebedarfs wird DIN V 18 599:02 herangezogen. Diese Norm aus zehn Normteilen bietet Berechnungsverfahren für die allgemeine energetische Bewertung von Gebäuden sowie zur Berechnung des Primärenergiebedarfs für Heizung, Kühlung, Lüftung, Trinkwasser und Beleuchtung. Mit diesen Verfahren sind Berechnungen für die ganze Bandbreite von Wohn- und Nichtwohngebäuden möglich. Die Berechnungen sind entsprechend komplex und mit vertretbarem Aufwand nur mit einer Branchensoftware z. B. für Gebäudeenergieberater durchführbar.

Für Wohngebäude kann alterativ das bisherige Berechnungsverfahren nach DIN 4108-6 in Verbindung mit DIN 4701-10 angewendet werden. Diese Normen sehen ein Monatsbilanzverfahren und ein vereinfachtes Heizperiodenverfahren vor. Für den Nachweis nach EnEV ist jedoch nur das genauere Monatsbilanzverfahren zulässig.

Zur überschlägigen Optimierung der Gebäudehülle liefert das Heizperiodenverfahren hinreichend genaue Daten. Es ist mit Taschenrechner oder Tabellenkalkulation noch gut handhabbar und wird deshalb an einem Beispiel auf den folgenden Seiten dargestellt.

Das Bauteilverfahren, die Einhaltung von Grenzwerten für den U-Wert, ist nur für Änderungen im Bestand vorgesehen.

T1 Wärmetechnische Werte zur Ausführung des Referenzgebäudes

Bauteil/System	Wohngebäude	Nichtwohngebäude	
		Raumtemperatur ≥ 19 °C	Raumtemperatur 12 ... < 19 °C
	U in W/(m$^2 \cdot$ K)	U in W/(m$^2 \cdot$ K)	U in W/(m$^2 \cdot$ K)
Außenwand, Geschossdecke gegen Außenluft	$U = 0,28$	$U = 0,28$	$U = 0,35$
Außenwand gegen Erdreich, Bodenplatte, Wände und Decken zu unbeheizten Räumen	$U = 0,35$	$U = 0,35$	$U = 0,35$
Dach, oberste Geschossdecke, Wände zu Abseiten	$U = 0,20$	$U = 0,20$	$U = 0,35$
Fenster, Fenstertüren	$U_W = 1,30$ $g_\perp = 0,60$	$U_W = 1,30$ $g_\perp = 0,60$	$U_W = 1,90$ $g_\perp = 0,60$
Dachflächenfenster	$U_W = 1,40$ $g_\perp = 0,60$	$U_W = 1,40$ $g_\perp = 0,60$	$U_W = 1,90$ $g_\perp = 0,60$
Lichtkuppeln	$U_W = 2,70$ $g_\perp = 0,64$	$U_W = 2,70$ $g_\perp = 0,64$	$U_W = 2,70$ $g_\perp = 0,64$
Außentüren	$U = 1,80$	$U = 1,80$	$U = 2,90$
Wärmebrückenzuschläge für o. a. Bauteile	$\Delta U_{WB} = 0,05$	$\Delta U_{WB} = 0,05$	$\Delta U_{WB} = 0,1$
Luftdichtheit	Volumenstrom ohne raumlufttechnische Anlage 3 h^{-1} Volumenstrom ohne raumlufttechnische Anlage 1,5 h^{-1}		
Sonnenschutzvorrichtung	keine	Sommerlicher Wärmeschutz nach DIN 4108-2: 03, bei Sonnenschutzverglasung $g_\perp = 0,35$	
Heizungsanlage	Brennwertkessel (verbessert) mit Auslegungstemperatur 55/45 °C	Brennwertkessel (verbessert) mit Ausgangstemperatur 55/45 °C und zusätzlichen Leistungsangaben	
Warmwasserbereitung	Zentral mit Heizungsanlage	Solaranlage mit zusätzlichen Leistungsangaben	
Kühlung	Keine	Differenzierte Leistungsangaben zur Raumlufttechnik	
Lüftung	Zentrale Abluftanlage		
Für Nichtwohngebäude sind in der EnEV darüber hinaus weitere Werte u. a. zu Vorhangfassaden und Beleuchtung angegeben.			

Bauphysik

Schritte zum Nachweis des Wärmeschutzes

Der Planungsablauf für ein Gebäude zum Einhalten der Anforderungen zum Energiebedarf nach EnEV verläuft in folgenden Schritten:

1. Planung des Gebäudes entsprechend der vorgesehenen Nutzung mit Ausrichtung, Nettogrundfläche und Gebäudegeometrie.

2. Erfassung und Berechnung aller wärmetechnischen Daten zur gewählten Baukonstruktion (U-Werte, g-Werte) und zur Gebäudegeometrie (Bauteilflächen) sowie Erfassung aller anlagentechnischen Daten zu Heizung, Warmwasserbereitung, Raumlufttechnik und Beleuchtung.

3. Berechnung des Jahres-Primärenergiebedarfs Q_P für dieses Gebäude entsprechend dem Referenzgebäudeverfahren: Zur Berechnung werden die Referenzwerte aus **T1** verwendet; das Ergebnis ist der Sollwert (Höchstwert) für das auszuführende Gebäude, der einzuhalten ist.

4. Berechnung des Jahres-Primärenergiebedarfs Q_P für dieses Gebäude mit den vorgesehenen Bauteilen und vorgesehener technischer Ausstattung. Bei Einhalten des Sollwertes nach 2. sind die Anforderungen der EnEV für den Jahres-Primärenergiebedarf erfüllt.

5. Berechnung des spezifischen Transmissionswärmeverlustes H'_T für die wärmeübertragende Umfassungsfläche. Die Anforderungen der EnEV sind eingehalten, wenn der berechnete den Höchstwert nach **T3** nicht überschreitet.

6. Bei Nichteinhalten der beiden Grenzwerte sind ohne wesentliche Einschränkung der Nutzung die Wärmedämmung der Außenbauteile bzw. die heiz- und raumlufttechnischen Einrichtungen weiter zu optimieren. Sollte dies nicht ausreichen, kann z.B. eine Erhöhung des Fensterflächenanteils auf der Südseite zusätzliche solare Energiegewinne erzielen.

Anforderungen an die Luftdichtheit   EnEV: 14

Die wärmeübertragende Umfassungsfläche eines Gebäudes einschließlich der Fugen ist dauerhaft luftundurchlässig entsprechend dem Stand der Technik abzudichten. Der erforderliche Mindestluftwechsel muss durch Fenster oder Lüftungseinrichtungen sichergestellt sein, die im geschlossenen Zustand ebenfalls luftundurchlässig sind. Bei Überprüfung der Luftdichtheit mit einem Blower-Door-Test darf der gemessene Volumenstrom bei Gebäuden

– ohne raumlufttechnische Anlagen 3 h^{-1} und
– mit raumlufttechnischen Anlagen 1,5 h^{-1}

nicht überschreiten.

T2 Höchstwerte des auf die wärmeübertragende Umfassungsfläche bezogenen Transmissionswärmeverlustes   EnEV: 14

Gebäudetyp		H'_T
Freistehendes Wohngebäude	mit $A_N \leq 350\,m^2$	0,40
	mit $A_N > 350\,m^2$	0,50
Einseitig angebautes Wohngebäude		0,45
Alle anderen Wohngebäude		0,65
Erweiterungen und Ausbauten von Wohngebäuden gemäß § 9 Absatz 5		0,65

Für die Berechnung der wärmeübertragenden Umfassungsfläche sind die Außenflächen der Bauteile einzusetzen.

T3 Anlagenaufwandszahl e_P für Heizungsanlagen [1] (Auswahl)   DIN V 4701-10: 03

q_h in kWh/ (m²a)	Niedertemperatur-Kessel mit gebäudezentraler Trinkwassererwärmung				Brennwert-Kessel mit gebäudezentraler Trinkwassererwärmung				Brennwert-Kessel und solar unterstützte Trinkwassererwärmung			
	Gebäudenutzfläche A_N in m²				Gebäudenutzfläche A_N in m²				Gebäudenutzfläche A_N in m²			
	100	150	200	300	100	150	200	300	100	150	200	300
40	2,29	2,01	1,87	1,73	2,11	1,86	1,74	1,61	1,21	1,16	1,14	1,12
50	2,13	1,89	1,77	1,65	1,96	1,75	1,64	1,53	1,19	1,15	1,14	1,12
60	2,01	1,80	1,70	1,59	1,85	1,67	1,57	1,48	1,18	1,15	1,13	1,12
70	1,92	1,74	1,65	1,55	1,76	1,60	1,52	1,44	1,17	1,14	1,13	1,12
80	1,85	1,69	1,60	1,52	1,70	1,55	1,48	1,41	1,17	1,14	1,13	1,12
90	1,79	1,64	1,57	1,49	1,64	1,51	1,45	1,38	1,16	1,14	1,13	1,12

q_h in kWh/ (m²a)	Brennwertkessel und Lüftungsanlage mit Wärmerückgewinnung				Wärmepumpe mit gebäudezentraler Trinkwassererwärmung				Dezentrale elektrische Direktheizung mit Lüftungsanlage, dezentrale Trinkwassererwärmung			
	Gebäudenutzfläche A_N in m²				Gebäudenutzfläche A_N in m²				Gebäudenutzfläche A_N in m²			
	100	120	150	170	100	120	150	170	100	120	150	170
40	1,48	1,41	1,34	1,31	1,32	1,26	1,20	1,17	1,95	1,94	1,93	1,93
50	1,42	1,37	1,31	1,28	1,22	1,17	1,12	1,09	1,90	1,90	1,89	1,89
60	1,38	1,33	1,28	1,26	1,15	1,10	1,06	1,04	1,92	1,91	1,91	1,91
70	1,35	1,30	1,26	1,24	1,09	1,05	1,01	0,99	1,95	1,95	1,95	1,94
80	1,32	1,28	1,24	1,23	1,05	1,01	0,98	0,96	2,00	2,00	1,99	1,99
90	1,30	1,27	1,23	1,22	1,01	0,98	0,95	0,93	2,05	2,05	2,05	2,05

[1] Zwischenwerte können linear interpoliert werden.

Bauphysik

$$Y = Y_1 + \left[\left(\frac{X - X_1}{X_2 - X_1} \right) \cdot (Y_2 - Y_1) \right]$$

111

Das folgende Berechnungsbeispiel eines freistehenden, eingeschossigen Einfamilienhauses mit flach geneigtem Dach und unbeheiztem Keller und Dachraum basiert auf dem vereinfachten Heizperiodenverfahren. Die Berechnung mit den Referenzwerten nach T1 auf der vorherigen Seite ergibt einen Höchstwert für den Jahresheizwärmebedarf von 117,46 W/(m². K), der mit der gewählten Konstruktion einzuhalten ist.

Prinzip der Berechnung:

Spezifischer Transmissionswärmebedarf
+ Wärmebrückenzuschlag
+ Spezifischer Lüftungswärmebedarf
– Solare Wärmegewinne
– Interne Wärmegewinne

= Jahresheizwärmebedarf

Ermitteln des Jahres-Heizwärmebedarfs im Regelverfahren

beispielhaft an einem freistehenden Einfamilienhaus mit flachgeneigtem Dach, der Keller wird nicht beheizt.

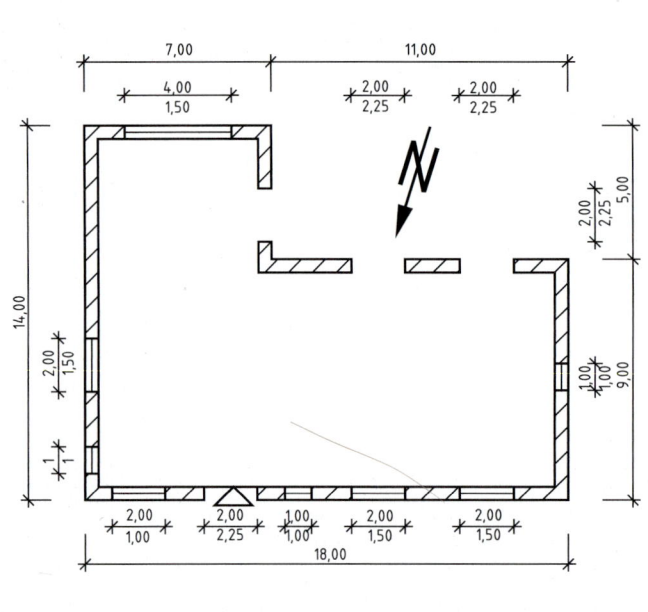

Bauteilaufbau und U-Werte:

Fenster und Fenstertüren
(nach Werksangaben):
$U_w = 1,46$ g = 0,60

Hauseingang: $U = 1,8$,

Außenwände:

1,5 cm	Kalk-Innenputz
24,0 cm	KSL, $\varrho_R = 1,4$
14,0 cm	Mineralwolle 035
11,5 cm	VMz, $\varrho_R = 1,8$
51,0 cm	Wanddicke
	$U = 0,21$ W/(m^2 · K)

Erdgeschossdecke:

1 cm	Gipsputz
16 cm	Stahlbetonplatte
16 cm	Dämmplatten 035
2 cm	(19 mm) Spanplatten
35 cm	Deckendicke
	$U = 0,20$ W/(m^2 · K)

Kellerdecke:

5 cm	Zementestrich
10 cm	Dämmplatten 040
18 cm	Stahlbetonplatte
33 cm	Deckendicke
	$U = 0,34$ W/(m^2 · K)

Höhe der Außenwände

Erdgeschossdecke:	0,35 m
+ lichte Raumhöhe:	2,50 m
anzurechnende **Höhe**:	2,85 m

Temperatur-Korrekturfaktor F_x DIN V 4108-6: 03

Wärmestrom nach außen über Bauteil	F_x
Außenwand, Fenster	1,0
Dach (als Systemgrenze)	1,0
Oberste Geschossdecke (Dachraum nicht ausgebaut)	0,8
Abseitenwand (Drempelwand)	0,8
Wände und Decken zu unbeheizten Räumen	0,5
Kellerdecke/Kellerwände zu unbeheiztem Keller, Fußboden auf Erdreich, Flächen des beheizten Kellers gegen Erdreich	0,6

Trennwände zwischen beheizten Wohngebäuden gelten als wärmeundurchlässig und werden bei der Berechnung der Hüllfläche nicht berücksichtigt (z. B. bei Reihenhäusern oder Mehrfamilienhäusern).

Grunddaten des Gebäudes

Bruttogebäudevolumen:	$V_e = 561,50$ m^3
Nettogebäudevolumen:	$0,8 \cdot V_e = 449,20$ m^3
Gebäudenutzfläche:	$A_N = 0,32 \cdot V_e = 179,68$ m^2
Gebäudehüllfläche:	$A = 576,40$ m^2
Verhältnis A/V_e:	$A/V_e = \frac{576,40}{561,50} = 1,03$
Luftwechselrate:	$n = 0,6$ h^{-1}
Heizungsanlage:	Brennwertkessel

Weitere Faktoren

F_c, F_S, F_W, F_F	Temperaturkorrekturfaktoren für transparente Bauteile für Verschattung, Sonnenschutzeinrichtungen und Rahmenanteil
F_{GT}	Faktor beinhaltet die Heizgradtagzahl für die Heizperiode bei einer Innentemperatur von 19 °C

Spezifischer Transmissionswärmebedarf in W/K

Bauteil	Fläche A_i m²	U_i-Wert W/(m²·K)	$U_i \, A_i$ W/K	Faktor F_x	$F_x \cdot U_i \cdot A_i$ W/K
Außenwand: Nord	37,80	0,21	7,94	1,0	7,94
Außenwand: West	34,40	0,21	7,22	1,0	7,22
Außenwand: Süd	36,30	0,21	7,62	1,0	7,62
Außenwand: Ost	35,90	0,21	7,54	1,0	7,54
Kellerdecke	197,00	0,34	66,98	0,6	40,19
Dach (Decke zum nicht ausgebauten Dachgeschoss)	197,00	0,20	39,40	0,8	31,52
Fenster Nord 90°	9,00	1,00	9,00	1,0	9,00
Fenster West/Ost 90°	9,50	1,00	9,50	1,0	9,50
Fenster Süd 90°	15,00	1,00	15,00	1,0	15,00
Haustür	4,50	1,50	6,75	1,0	6,75
	ΣA_i = 576,40				$\Sigma (F_x \cdot U_i \cdot A_i)$ = 142,28

Wärmebrückenzuschlag ΔU in W/(m²·K); hier pauschal, ansonsten detaillierte Ermittlung

bei Verwendung von Planungsbeispiel DIN 4108 Bbl. 2 (Regelfall)	ΔU_{WB} = 0,05	
sonst	ΔU_{WB} = 0,10	$\Delta U_{WB} \cdot \Sigma A_i$ = 28,82
	$H_T = \Sigma (F_x \cdot U_i \cdot A_i) + U_{WB} \cdot A$ in W/K = 171,10	

Spezifischer Lüftungswärmebedarf in W/K:

bei Luftwechselrate n, in h⁻¹ = 0,6 und freier Lüftung		
mit Luftdichtigkeitsprüfung:	Faktor 0,163	
ohne Luftdichtigkeitsprüfung:	Faktor 0,190	H_V = Faktor · V_e in W/K = 91,52
	Spezifischer Wärmeverlust $H = H_T + H_V$ = 262,62	

Solare Wärmegewinne Q_S

	I_x kWh/m²·a	g	A_i m²	$F_F F_W F_C F_S$	Q_S kWh/HP
$Q_S, F_{e,N}$ = $F_S \cdot F_C \cdot F_F \cdot I_{N\,90°} \cdot g \cdot A_W$	100	0,60	9,00	0,567	306,18
$Q_S, F_{e,S}$ = $F_S \cdot F_C \cdot F_F \cdot I_{S\,90°} \cdot g \cdot A_W$	270	0,60	15,00	0,567	1377,81
$Q_S, F_{e,W/O}$ = $F_S \cdot F_C \cdot F_F \cdot I_{W/O} \cdot g \cdot A_W$	155	0,60	9,50	0,567	500,94
(HP: Heizperiode)				Q_S in kWh/HP = 2184,93	

Interne Wärmegewinne in kWh/HP

	$Q_i = 22 \cdot A_N$	Q_i in kWh/HP = 3952,96

Jahresheizwärmebedarf in kWh/a $Q_h = F_{GT} \cdot (H_T + H_V) - 0,95 \, (Q_S + Q_i)$

mit Nachtabschaltung	F_{GT} = 66		Q_h = 11502,22
ohne Nachtabschaltung	F_{GT} = 69,6		
Jahres-Heizwärmebedarf in kwh/(m²·a) bezogen auf einen m² Gebäudenutzfläche		$Q''_h = Q_h/A_N$	Q''_h = 64,02
Jahres-Primärenergiebedarf in kwh/(m²·a) e_P = 1,52 ($\rightarrow$ Anlagenaufwandszahl) Q_{tw} = 12,5 kWh/(m²·a) (Pauschalwert)		$Q''_P = (Q''_h + Q_{tw}) \cdot e_P$	Q''_P = 116,30
Spezifischer Transmissionswärmeverlust in W/(m²·K)		$H'_T = H_T/A = 171,10/576,40$	H'_T = 0,30

Einhalten der Höchstwerte nach EnEV ($\rightarrow$ Jahresheizwärmebedarf, Höchstwerte)

Sollwerte:	$Q''_P \leq 117,46$ kWh/(m²·a)		Istwerte:	Q''_P = 116,30 kWh/(m²·a)	erfüllt!
	$H'_T \leq 0,40$ W/(m²·K)			H'_T = 0,30 W/(m²·K)	erfüllt!

Bauphysik

Auf europäischer Ebene ist 2002 eine EG-Richtlinie über die Gesamtenergieeffizienz von Gebäuden beschlossen worden. Diese Richtlinie ist mit dem Energieeinspargesetz (EnEG) und der Energieeinsparverordnung (EnEV) in deutsches Recht umgesetzt worden. Die wesentlichen Ziele sind,

- die energetische Effizienz von Gebäuden ganzheitlich zu beurteilen,
- die energetische Modernisierung im Gebäudebestand zu verbessern,
- transparente Informationen für Verbraucher zu schaffen und
- Informationen und Anforderungen an die energetische Verbesserung der technischen Gebäudeausrüstung zu geben.

Der Energieausweis dokumentiert den Nachweis, bietet transparente Informationen für Bauherren und Nutzer und gibt Hinweise zur wärmetechnischen Verbesserung der Bausubstanz und technischen Gebäudeausrüstung.

Für alle Gebäude muss ein Energieausweis jeweils bei Errichtung, Verkauf und Neuvermietung ausgestellt und dem künftigen Käufer oder Mieter zugänglich gemacht werden. Damit wird der gesamte Gebäudebestand nach und nach erfasst und hinsichtlich Energiebedarf dokumentiert. Ausnahmen hiervon gelten für Baudenkmäler.

In öffentlichen Gebäuden, in denen Behörden etc. für eine große Anzahl von Menschen Dienstleistungen erbringen, ist an gut sichtbarer Stelle für die Öffentlichkeit der Energieausweis auszuhängen.

Teile des Energieausweises sind:

- Beschreibung des Gebäudes,
- Berechneter Energiebedarf des Gebäudes oder
- Gemessener Energieverbrauch des Gebäudes für zurückliegende Heizperioden,
- Aushangformular für Nichtwohngebäude,
- Modernisierungsempfehlungen zur kostengünstigen Verbesserung der Energiebilanz.

Mit der Angabe der Endenergie und Primärenergie wird die Effizienz eines Gebäudes in jeweils einer einzigen Kennzahl ausgedrückt. Die Endenergie ist die vom Nutzer nutzbare Energiemenge, die mit Zählern erfassbar ist. Die Primärenergie berücksichtigt weiter die Herstellungsprozesse, Umwandlungs- und Transportverluste und damit z. B. auch regenerative Energien. Bei der Darstellung des Energiebedarfs wurde ein sogenannter Bandtacho eingeführt. Ein Musterformular für den berechneten Energiebedarf eines Wohngebäudes ist auf der Folgeseite abgebildet.

Energieausweise für Neubauten sind auf der Basis von Bedarfsrechnungen zu erstellen. Bei bestehenden Gebäuden kann dies auch auf der Basis einer Verbrauchsmessung erfolgen.

In Immobilienanzeigen zum Verkauf oder zur Vermietung von Gebäuden müssen folgende Pflichtangaben aufgeführt werden:

1. die Art des Energieausweises: Energiebedarfsausweis oder Energieverbrauchsausweis,
2. den im Energieausweis genannten Wert des Endenergiebedarfs oder Endenergieverbrauchs,
3. die im Energieausweis genannten wesentlichen Energieträger für die Heizung des Gebäudes.

Zur Ausstellung von Energieausweisen sind Absolventen von baubezogenen Studiengängen an Universitäten und Fachhochschulen aus den Bereichen Architektur, Hochbau, Bauingenieurwesen, Gebäudetechnik, Bauphysik, Maschinenbau und Elektrotechnik berechtigt sowie Handwerksmeister der zulassungspflichtigen Bau-, Ausbau- und anlagentechnischen Gewerke. Voraussetzung für die Ausstellungsberechtigung sind einschlägige Inhalte in Studium, Ausbildung oder einer Fortbildungsmaßnahme.

Ein wichtiger Bestandteil des Energieausweises sind konkrete kostengünstige Modernisierungsempfehlungen. Während das auf den vorigen Seiten dargestellte Heizperiodenverfahren nur pauschale Annahmen für die Gebäudetechnik berücksichtigt, erfasst die Bedarfsrechnung nach DIN V 18599 sehr detailliert die einzelnen Einflussfaktoren und gibt ein komplexes Abbild des Gebäudes. Die Bewertung berücksichtigt die Wechselwirkungen zwischen Baukörper, Nutzung und Anlagentechnik und zeigt differenzierte Optimierungspotenziale für alle Gebäudetypen auf.

T1 Die Struktur von DIN V 18 599: 11

Teil	Inhalt
1	Überblick, Bilanzierungsmethodik, Bilanzgleichungen
2	Berechnung des Nutzungsenergiebedarfs
3	Energiebedarf für Heizen, Kühlen, Be- und Entfeuchten in zentralen Analgen (Außenluftaufbereitung)
4	Bewertung von Beleuchtung und Tageslichtversorgung
5	Bewertung von Heizsystemen
6	Bewertung von Wohnungslüftungsanlagen
7	Energiebedarf für Raumlufttechnik und Klimakälteerzeugung
8	Bewertung von Warmwassersystemen
9	Berechnung des Endenergieaufwandes für Kraft-Wärme-gekoppelte Systeme (z. B. Blockheizkraftwerke)
10	Randbedingungen für Gebäude und Klimadaten

Lüftung

DIN 1946-6: 09

Lüftungsstufe	Beschreibung	Beispiel
Lüftung zum Feuchteschutz	notwendige Lüftung zur Sicherstellung des Bautenschutzes (Feuchte) unter üblichen Nutzungsbedingungen bei teilweise reduzierten Feuchtelasten	zeitweilige Abwesenheit der Nutzer und kein Wäschetrocknen in der Nutzungseinheit
Reduzierte Lüftung	Notwendige Lüftung zur Sicherstellung der hygienischen Mindestanforderungen sowie des Bautenschutzes (Feuchte) unter üblichen Nutzungsbedingungen bei teilweise reduzierten Feuchte- und Stofflasten	zeitliche Abwesenheit von Nutzern
Nennlüftung	Notwendige Lüftung zur Sicherstellung der hygienischen Anforderungen sowie des Bautenschutzes bei Anwesenheit der Nutzer (Normalbetrieb)	Mindestluftwechsel nach EnEV § 6
Intensivlüftung	zeitweilig notwendige Lüftung mit erhöhtem Luftvolumenstrom zum Abbau von Lastspitzen (Lastbetrieb)	Feste, Familienfeiern

Berechneter Energiebedarf des Gebäudes

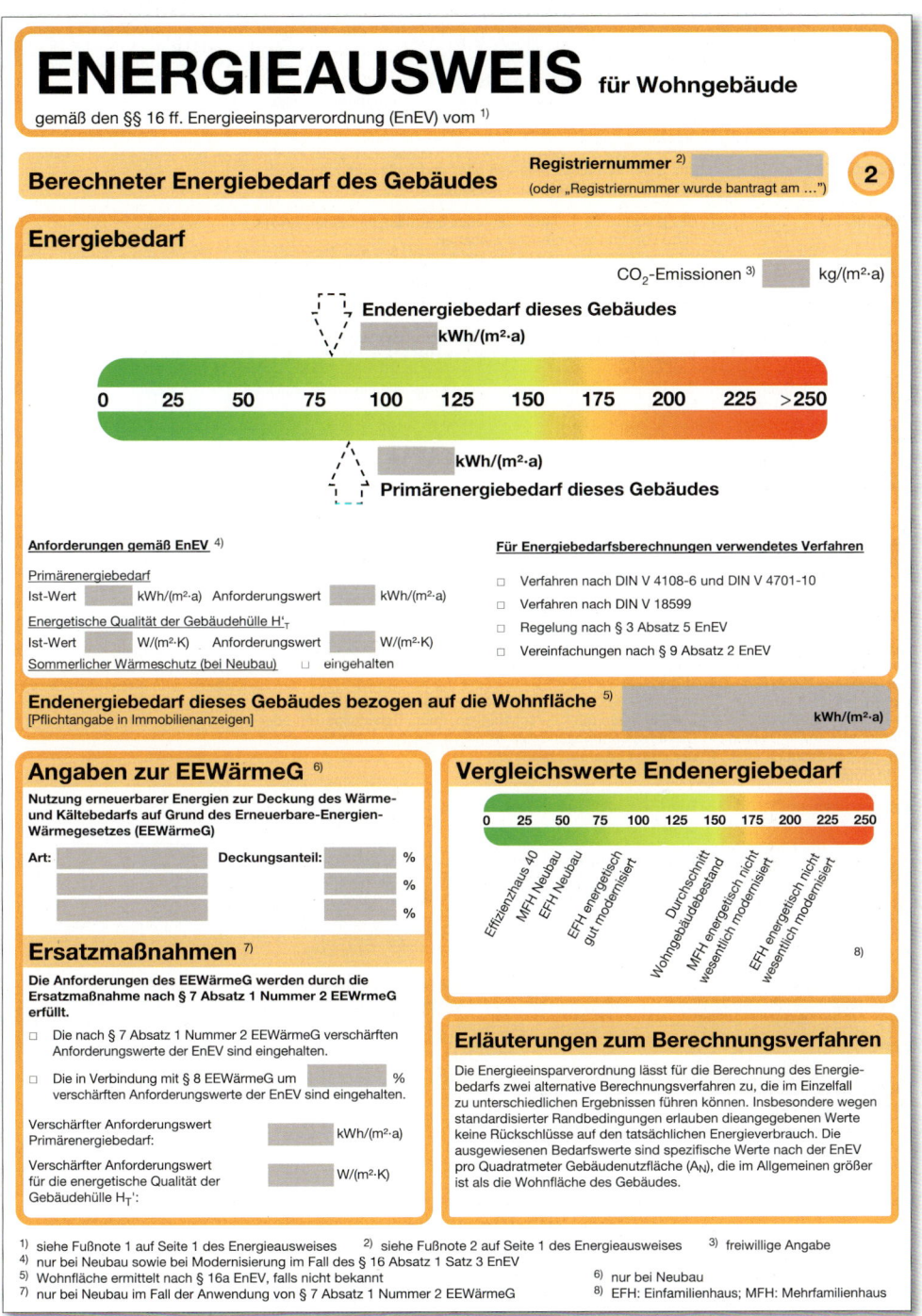

ENERGIEAUSWEIS für Wohngebäude

gemäß den §§ 16 ff. Energieeinsparverordnung (EnEV) vom [1]

Berechneter Energiebedarf des Gebäudes

Registriernummer [2]
(oder „Registriernummer wurde bantragt am ...")

2

Energiebedarf

CO_2-Emissionen [3] kg/(m²·a)

Endenergiebedarf dieses Gebäudes
kWh/(m²·a)

| 0 | 25 | 50 | 75 | 100 | 125 | 150 | 175 | 200 | 225 | >250 |

kWh/(m²·a)
Primärenergiebedarf dieses Gebäudes

Anforderungen gemäß EnEV [4]

Primärenergiebedarf
Ist-Wert kWh/(m²·a) Anforderungswert kWh/(m²·a)
Energetische Qualität der Gebäudehülle H'_T
Ist-Wert W/(m²·K) Anforderungswert W/(m²·K)
Sommerlicher Wärmeschutz (bei Neubau) ☐ eingehalten

Für Energiebedarfsberechnungen verwendetes Verfahren

☐ Verfahren nach DIN V 4108-6 und DIN V 4701-10
☐ Verfahren nach DIN V 18599
☐ Regelung nach § 3 Absatz 5 EnEV
☐ Vereinfachungen nach § 9 Absatz 2 EnEV

Endenergiebedarf dieses Gebäudes bezogen auf die Wohnfläche [5]
[Pflichtangabe in Immobilienanzeigen]

kWh/(m²·a)

Angaben zur EEWärmeG [6]

Nutzung erneuerbarer Energien zur Deckung des Wärme- und Kältebedarfs auf Grund des Erneuerbare-Energien-Wärmegesetzes (EEWärmeG)

Art: Deckungsanteil: %
  %
  %

Ersatzmaßnahmen [7]

Die Anforderungen des EEWärmeG werden durch die Ersatzmaßnahme nach § 7 Absatz 1 Nummer 2 EEWrmeG erfüllt.

☐ Die nach § 7 Absatz 1 Nummer 2 EEWärmeG verschärften Anforderungswerte der EnEV sind eingehalten.
☐ Die in Verbindung mit § 8 EEWärmeG um % verschärften Anforderungswerte der EnEV sind eingehalten.

Verschärfter Anforderungswert
Primärenergiebedarf: kWh/(m²·a)

Verschärfter Anforderungswert
für die energetische Qualität der
Gebäudehülle H_T': W/(m²·K)

Vergleichswerte Endenergiebedarf

| 0 | 25 | 50 | 75 | 100 | 125 | 150 | 175 | 200 | 225 | 250 |

Effizienzhaus 40
MFH Neubau
EFH Neubau
EFH energetisch gut modernisiert
Durchschnitt Wohngebäudebestand
MFH energetisch nicht wesentlich modernisiert
EFH energetisch nicht wesentlich modernisiert
[8]

Erläuterungen zum Berechnungsverfahren

Die Energieeinsparverordnung lässt für die Berechnung des Energiebedarfs zwei alternative Berechnungsverfahren zu, die im Einzelfall zu unterschiedlichen Ergebnissen führen können. Insbesondere wegen standardisierter Randbedingungen erlauben dieangegebenen Werte keine Rückschlüsse auf den tatsächlichen Energieverbrauch. Die ausgewiesenen Bedarfswerte sind spezifische Werte nach der EnEV pro Quadratmeter Gebäudenutzfläche (A_N), die im Allgemeinen größer ist als die Wohnfläche des Gebäudes.

[1] siehe Fußnote 1 auf Seite 1 des Energieausweises
[2] siehe Fußnote 2 auf Seite 1 des Energieausweises
[3] freiwillige Angabe
[4] nicht bei Neubau sowie bei Modernisierung im Fall des § 16 Absatz 1 Satz 3 EnEV
[5] Wohnfläche ermittelt nach § 16a EnEV, falls nicht bekannt
[6] nur bei Neubau
[7] nur bei Neubau im Fall der Anwendung von § 7 Absatz 1 Nummer 2 EEWärmeG
[8] EFH: Einfamilienhaus; MFH: Mehrfamilienhaus

Höchstwerte für Wärmedurchgangskoeffizienten U bei erstmaligem Einbau, Ersatz und Erneuerung von Bauteilen

Bauteil	Maßnahme	Gebäude mit Innentemperaturen U_{max} in W/(m² · K)	
		≥ 19 °C	12 ... ≤ 19 °C
Außenwände	Außenwände ersetzen oder erstmals einbauen, auf der Außenseite Bekleidungen in Form von Platten, plattenartigen Bauteilen, Verschalungen sowie Mauerwerks-Vorsatzschalen anbringen	0,24	0,35
Fenster, Fenstertüren	das gesamte Bauteil ersetzen oder erstmalig einbauen, zusätzliche Vor- und Innenfenster einbauen	1,3	1,9
Dachflächenfenster	das gesamte Bauteil ersetzen oder erstmalig einbauen, zusätzliche Vor- und Innenfenster einbauen	1,4	1,9
Verglasungen	die Verglasung oder verglaste Flügelrahmen ersetzen	1,1	–
Vorhangfassaden	das gesamte Bauteil ersetzen oder erstmalig einbauen,	1,5	1,9
Glasdächer	das gesamte Bauteil ersetzen oder erstmalig einbauen, die Verglasung oder verglaste Flügelrahmen ersetzen	2,0	2,7
Fenster, Fenstertüren, Dachflächenfenster mit Sonderverglasungen	das gesamte Bauteil ersetzen oder erstmalig einbauen, zusätzliche Vor- und Innenfenster einbauen	2,0	2,8
Sonderverglasungen	die Verglasung oder verglaste Flügelrahmen ersetzen	1,6	–
Vorhangfassaden mit Sonderverglasungen	das gesamte Bauteil ersetzen oder erstmalig einbauen,	2,3	3,0
Dachflächen einschließlich Dachgauben, Wände gegen unbeheizten Dachraum (einschließlich Abseitenwänden), oberste Geschossdecken	Bauteile ersetzen oder erstmals einbauen, Dachdeckung einschließlich darunter liegender Lattungen und Verschalungen ersetzen oder neu aufbauen, bei Wänden zum unbeheizten Dachraum auf der kalten Seite Bekleidungen oder Verschalungen anbringen oder erneuern oder Dämmschichten einbauen	0,24	0,35
Dachflächen mit Abdichtung	eine Abdichtung, die das Gebäude wasserdicht abdichtet, ersetzen	0,20	0,35
Wände gegen Erdreich oder unbeheizte Räume (mit Ausnahme von Dachräumen) sowie Decken nach unten gegen Erdreich oder unbeheizte Räume	Bauteile ersetzen oder erstmalig einbauen, außenseitige Bekleidungen oder Verschalungen, Feuchtigkeitssperren oder Drainagen anbringen oder erneuern, Deckenbekleidungen auf der Kaltseite anbringen	0,30	–
Fußbodenaufbauten	Fußbodenaufbauten auf der beheizten Seite aufbauen oder erneuern	0,50	–
Decken nach unten an Außenluft	Bauteilen ersetzen oder erstmalig einbauen, außenseitige Bekleidungen oder Verschalungen, Feuchtigkeitssperren oder Drainagen anbringen oder erneuern, Deckenbekleidungen auf der Kaltseite anbringen	0,24	0,35

Wärmedämmung von Wärmeverteilungs- und Warmwasserleitungen sowie Armaturen

Zeile	Art der Leitung	Mindestdicke der Dämmung bei λ = 0,035 W/(mK)
1	Innendurchmesser bis 22 mm	20 mm
2	Innendurchmesser über 22 mm bis 35 mm	30 mm
3	Innendurchmesser über 35 mm bis 100 mm	gleich Innendurchmesser
4	Innendurchmesser über 100 mm	100 mm
5	Leitungen und Armaturen nach den Zeilen 1 bis 4 in Wand- und Deckendurchbrüchen, im Kreuzungsbereich von Leitungen, an Leitungsverbindungsstellen, bei zentralen Leitungsnetzverteilern	1/2 der Anforderungen der Zeilen 1 bis 4
6	Wärmeverteilungsleitungen nach den Zeilen 1 bis 4, die nach Inkrafttreten dieser Verordnung in Bauteilen zwischen beheizten Räumen verschiedener Nutzer verlegt werden.	1/2 der Anforderungen der Zeilen 1 bis 4
7	Leitungen nach Zeile 6 im Fußbodenaufbau	6 mm

Normung der Wärmedämmstoffe

Die Normung von Wärmedämmstoffen wird zur Zeit von DIN-Normen auf europäisch harmonisierte DIN-EN-Normen umgestellt. Damit ändert sich in vielen Fällen das bisherige System aus Prüf- und Produktnormen.

Da die Umsetzung in der Baupraxis einige Zeit in Anspruch nehmen wird, werden hier auch weiterhin die bisherigen Festlegungen für Wärmedämmstoffe nach teils noch gültigen und teils zurückgezogenen Normen dargestellt.

Zur neuen Normung erfolgt eine Übersicht zur Struktur der DIN 4108-10 und der daraus folgenden Klassifizierung der Wärmedämmstoffe in den Produktnormen.

Schaumkunststoffe
DIN V 18 164-1: 02

Stoffarten:

Polystyrol (PS)-Hartschaum,

a) Partikelschaum, z. B. „Styropor",

b) Extruderschaum, z. B. „Styrodur", „Styrofoam",

Polyurethan (PUR)-Hartschaum,

Phenolharz (PF)-Hartschaum.

Lieferformen:

a) Bahnen (B) oder Platten (P) aus Blöcken oder vom Band abgeschnitten (Bandware),

b) Platten, im Nennmaß gef. (Automatenplatten).

Auch ein- oder mehrseitig beschichtet (z. B. Folien), an den Oberflächen oder Kanten profiliert.

Ortschaum
(DIN 18 159-1: 91, -2: 78)

Ortschäume werden auf der Baustelle geschäumt (Montageschaum).
Nicht gegen Trittschall, in Außenwänden mit Zulassung.
Polyurethan-Ortschaum $\varrho \ge 37$ kg/m³, vor UV schützen.
Harnstoff-Formaldehyd-Ortschaum, $\varrho \ge 10$ kg/m³, offenporig.
Wärmeleitfähigkeitsgruppen: 0,35; 0,40
Brandverhalten: B2, B1

Faserdämmstoffe
(DIN V 18 165-1: 02)

a) mineralische **Min** (Gesteins-, Glas-, Schlackenfasern),
b) pflanzliche **Pfl** (Holz-, Kokos-, Torffasern).

Form	Bindung	Beschichtung	Lieferart
Matte, **M**	mit oder ohne	versteppt, vernadelt	gerollt
Filz, **F**	gebunden	verklebt	gerollt
Platte, **P**	gebunden	verklebt	eben

Anwendungstypen (**W** und **WD**, wie Schaumstoff).

WL nicht druckbelastbar, zwischen Sparren oder Balken.

WV für Abreiß- u. Scherbeanspruchung, in Vorsatzschalen ohne Unterkonstruktion.

W wie WL; WD wie W, WL u. WV; WV wie W u. WL verwendbar, in hinterlüfteten Fassaden: hydrophob.

Wärmeleitfähigkeitsgruppen: 035, 040, 045, 050

Brandverhalten: mind. B2, B1 u. A mit Prüfzeugnis

Maße: wie bei Schaumdämmstoffen

Holzfaserplatten
DIN EN 622-4: 97

Poröse Platten
Kurzzeichen: **SB** mit Rohdichte ≤ 450 kg/m³
Wärmeleitfähigkeitsgruppen: 040, 045, 050, 055...070
Brandverhalten: mind. B2, einschl. Beschichtung

Mehrschicht-Leichtbauplatten
(DIN 1101: 00)

a) mit Hartschaum-Dämmschicht: **HS-ML**
b) mit Mineralfaser-Dämmschicht: **Min-ML**

Dicken: Gesamtdicke in mm/Schichtendicken Holzwolle/Dämmstoff/Holzwolle in mm

Wärmeleitfähigkeitsgruppen (nur Dämmschicht): 040, 045

Brandverhalten: mind. B2, B1 mit Prüfzeichen

Beispiel: DIN 1101-Min-ML 50/3-5/35/10-040-B1

Anwendungstypen: W, WD, WV wie HS u. Faserplatten

WB biegebeanspruchbar, z. B. für Fachwerkbekleidung.

Korkplatten
DIN 18 161-1: 76

	ϱ in kg/m³	
	f. WD	f. WS
BK = Backkork, korkharzgebunden	≥ 80	≥ 120
IK = Imprägn. Kork, bitumengebunden	≥ 120	≥ 200

Anwendungstypen: WD u. WS, Bedeutung $\rightarrow$ **T1**
Brandverhalten: B1 und B2
Wärmeleitfähigkeitsklassen: 045, 050, 055
Maße: 0,50 · 1 m, Dicken: 30, 40, 50, 60, 80 mm
Meist expandierter Korkschrot

Schaumglas
(DIN 18 174: 81)

WDS: mit mindestens 0,5 N/mm² druckbelastbar
WDH: mit mindestens 0,7 N/mm² druckbelastbar
Wärmeleitfähigkeitsgruppen: 045, 050, 055, 060
Brandverhalten: A1, beschichtet: mind. B2
Bezeichnung: DIN 18 174-WDS-055-100(d)-A1

Perlite

Perlite ist geschäumter vulkanischer Rohperlit.
Hyperlite: hydrophobiert, für Kerndämmung
Schüttdichten: 60 – 170 kg/m³, auch bituminiert

Zellulose-Dämmstoffe (z. B. „Isofloc")

Recycling-Papier mit Borax u. Borsäure versetzt.
Wärmeleitfähigkeitsklasse: 045
Brandklasse: B2
Verarbeitung: im Sprüh- oder Einblasverfahren

Bauphysik

Kurzzeichen für Bezeichnungsschlüssel von Wärmedämmstoffen

DIN 4108-10: 08

Die Mindestanforderungen für Wärmedämmstoffe in den einzelnen Anwendungsgebieten werden mit Kurzzeichen in DIN 4108-10 angegeben. Die Einteilung der Wärmedämmstoffe in Stufen und Klassen sowie deren Kennzeichnung wird in den Werkstoffnormen DIN EN 13162 bis 13171 festgelegt.

Der Bezeichnungsschlüssel besteht aus Kurzzeichen für die definierte Eigenschaft, Ziffern für die jeweilige physikalische Größe oder Klasseneinteilung sowie Buchstaben oder Ziffern in Klammern für die jeweilige Randbedingung, unter der die physikalische Größe gilt.

Kurz-zeichen	Eigenschaft	Erläuterung der Angaben		Beispiel
T	Grenzabmaße für die Dicke	Einteilung in Klassen		T5
L	Grenzabmaße für die Länge	Einteilung in Klassen	Je höher die Klasse, desto geringer die Grenzabmaße	L1
W	Grenzabmaße für die Breite	Einteilung in Klassen		W1
S	Grenzabmaße für die Rechtwinkligkeit	Einteilung in Klassen		S2
P	Grenzabmaße für die Ebenheit	Einteilung in Klassen		P3
DS	Dimensionsstabilität	Einteilung in Stufen bei einer Temperatur- oder/und Feuchtebedingung in °C bzw. %, im Bsp. Normklima		DS(N)2
BS	Biegefestigkeit	Angabe in Stufen in kPa		BS125
CS	Druckspannung oder Druckfestigkeit	Stufen der Druckspannung bei 10 % Stauchung oder Druckfestigkeit in kPa		CS(10)90
TR	Zugfestigkeit senkrecht zur Plattenebene	Zugfestigkeit in Stufen in kPa		TR20
PL	Punktlast	Einteilung der Punktlast in Stufen in N bei einer festgelegten Verformung		PL(5)100
SD	Dynamische Steifigkeit	Angabe in Stufen in MN/m^3		SD30
DLT	Verformung bei Druck- und Temperatur-beanspruchung	Einteilung in Belastungsstufen mit Angabe der zulässigen Verformung in %		DLT(2)5
CP	Zusammendrückbarkeit	Einteilung in Stufen; je kleiner die Ziffer, desto belastbarer		CP3
CC	Kriechverhalten	Angabe der Nennlast in kPa bei (Dickenverringerung/Kriechverhalten/Dauer in Jahren)		CC(2,5/2/50)100
WS	Kurzzeitige Wasseraufnahme	Wert Stufen in kg/m^2		WS0,5
WL	Langzeitige Wasseraufnahme	Wert Stufen in kg/m^2		WL1
MU	Stufe der Wasserdampf Diffusions-widerstandszahl	Angabe des μ-Wertes		MU10
Z	Nennwert des Wasserdampfdiffusions-widerstandes	Angabe des s_d-Wertes in %		Z1,5
WD(V)	Stufe der Wasseraufnahme durch Diffusion	Grenzwerte in Stufen für Wasseraufnahme in %		WD(V)15
WL(T)	Stufe der Wasseraufnahme durch Eintauchen	Grenzwerte in Stufen für Wasseraufnahme in %		WL(T)5

Beispiel für einen Bezeichnungsschlüssel für ein Mineralwolle-Produkt:
MW – EN 13162 – T6 – DS(T+) – CS(10)70 – TR15 – PL(5)100 – MU1 – CP3

Wärmedämmstoffe für Gebäude

DIN EN...	Werkmäßig hergestellte Produkte aus
13162	Mineralwolle (MW)
13163	expandiertem Polystyrol (EPS)
13164	extrudiertem Polystyrolschaum (XPS)
13165	Polyurethan-Hartschaum (PUR)
13166	Polyphenolharzschaum (PF)
13167	Schaumglas (CG)
13168	Holzwolle (WW)
13169	Blähperlit (EPB)
13170	expandiertem Kork (ICB)
13171	Holzfasern (WF)

Kennzeichnung und Etikettierung

Beispiel: Angaben für Mineralwolle-Produkt
- Produktname
- Hersteller
- Herstellungsjahr
- Schicht oder Produktionszeit
- Klasse des Brandverhaltens
- Nennwert des Wärmedurchlasswiderstandes
- Nennwert der Wärmeleitfähigkeit
- Nenndicke
- Bezeichnungsschlüssel
- Nennlänge und Nennbreite
- Art einer etwaigen Kaschierung
- Anzahl der Stücke/Gesamtfläche der Verpackung

Anwendungsgebiete von Wärmedämmungen
DIN 4108-10: 08

DIN V 4108-10 definiert anwendungsbezogene Anforderungen an werkmäßig hergestellte Wärmedämmstoffe.
Dazu sind Anwendungsgebiete beschrieben, für die jeweils Mindestanforderungen an die technischen Eigenschaften der Wärmedämmstoffe für diesen Anwendungsbereich festgelegt werden.

Decke, Dach

Piktogramm	Anwendung
DAD	Außendämmung von Dach oder Decke, vor Bewitterung geschützt, Dämmung unter Deckungen
DAA	Außendämmung von Dach oder Decke, vor Bewitterung geschützt, Dämmung unter Abdichtungen
DUK	Außendämmung des Daches, der Bewitterung ausgesetzt (Umkehrdach)
DZ	Zwischensparrendämmung, zweischaliges Dach, nicht begehbare, aber zugängliche oberste Geschossdecken
DI	Innendämmung der Decke (unterseitig) oder des Daches, Dämmung unter den Sparren/Tragkonstruktion, abgehängte Decke usw.
DEO	Innendämmung der Decke oder Bodenplatte (oberseitig) unter Estrich ohne Schallschutzanforderungen
DES	Innendämmung der Decke oder Bodenplatte (oberseitig) unter Estrich mit Schallschutzanforderungen

Wand

Piktogramm	Anwendung
WAB	Außendämmung der Wand hinter Bekleidung
WAA	Außendämmung der Wand hinter Abdichtung
WAP	Außendämmung der Wand unter Putz
WZ	Dämmung von zweischaligen Wänden, Kerndämmung
WH	Dämmung von Holzrahmen- und Holztafelbauweise
WI	Innendämmung der Wand
WTH	Dämmung zwischen Haustrennwänden mit Schallschutzanforderungen
WTR	Dämmung von Raumtrennwänden

Perimeter

Piktogramm	Anwendung
PW	Außen liegende Wärmedämmung von Wänden gegen Erdreich (außerhalb der Abdichtung)
PB	Außen liegende Wärmedämmung unter der Bodenplatte gegen Erdreich (außerhalb der Abdichtung)

Anmerkungen:
Für die Kennzeichnung von Anwendungsgebieten z. B. bei der Produktkennzeichnung oder in technischen Informationen sind Piktogramme festgelegt, die jeweils das Kurzzeichen beinhalten und die Lage im Bauwerk kennzeichnen.

T1 g Wasserdampf in 1 m³ Luft bei relativ. Luftfeuchten in %:			**Luft-temperatur**	**T2 Dampfdruck in Pa** über Wasser bzw. Eis in 100 % feuchter Luft				
100	**75**	**50**	**°C**	**,0**	**,2**	**,4**	**,6**	**,8**
23,0	17,3	11,5	+ 25	3169	3208	3246	3284	3324
21,8	16,4	10,9	24	2985	3021	3059	3095	3132
20,6	15,5	10,3	23	2810	2845	2880	2915	2950
19,4	14,6	9,7	22	2645	2678	2711	2744	2777
18,3	13,7	9,2	21	2487	2518	2551	2582	2613
17,3	13,0	8,7	+ 20	2340	2369	2399	2428	2457
16,3	12,2	8,2	19	2197	2227	2254	2283	2310
15,4	11,6	7,7	18	2065	2091	2119	2145	2172
14,5	10,9	7,3	17	1937	1963	1988	2014	2039
13,7	10,3	6,8	16	1818	1841	1866	1889	1914
12,8	9,6	6,4	+ 15	1706	1729	1750	1773	1795
12,1	9,1	6,1	14	1599	1621	1642	1663	1684
11,4	8,6	5,7	13	1498	1518	1538	1559	1578
10,7	8,0	5,4	12	1403	1422	1441	1460	1479
10,0	7,5	5,0	11	1312	1330	1349	1367	1385
9,4	7,1	4,7	+ 10	1228	1245	1262	1279	1296
8,8	6,6	4,4	9	1148	1163	1179	1195	1211
8,3	6,2	4,2	8	1073	1088	1103	1117	1133
7,7	5,8	3,9	7	1002	1016	1030	1045	1059
7,3	5,5	3,7	6	935	949	961	975	988
6,8	5,1	3,4	+ 5	872	884	896	907	919
6,4	4,8	3,2	4	813	825	837	849	861
6,0	4,5	3,0	3	759	770	781	793	803
5,6	4,2	2,8	2	705	716	727	737	748
5,2	3,9	2,6	1	657	667	677	687	696
4,8	3,6	2,4	+ 0	611	621	630	640	648
			– 0	611	600	592	582	572
4,5	3,4	2,3	– 1	562	552	543	534	527
4,1	3,1	2,1	2	517	509	501	492	484
3,8	2,9	1,9	3	476	468	461	452	444
3,5	2,6	1,8	4	437	430	423	415	408
3,3	2,5	1,6	5	401	395	388	382	375
3,0	2,3	1,5	– 6	368	362	356	350	343
2,8	2,1	1,4	7	337	333	327	321	315
2,5	1,9	1,3	8	310	304	298	294	288
2,3	1,8	1,2	9	284	279	274	269	264
2,1	1,6	1,1	10	260	255	251	246	242
2,0	Zwischen-werte gerad-linig (linear) interpolie-ren		– 11	237	233	229	226	221
1,9			12	217	213	209	206	202
1,8			13	198	195	191	188	184
1,7			14	181	178	175	172	168
1,6			15	165	162	159	157	153
1,5	1 Pa = 1 N/m² = 0,01 hPa		– 16	150	148	145	142	139
1,4			17	137	135	132	129	127
1,3			18	125	123	121	118	116
1,2			19	114	112	110	107	105
1,1			20	103	101	99	97	95

Begriffe und Einheiten

1. **Absolute Luftfeuchte** = g Wasserdampf, die in 1 m³ einer bestimmten Luft enthalten sind.

2. **Höchstmögliche absolute Luftfeuchte** = g Wasserdampf, die in einer mit Wasserdampf gesättigten Luft enthalten sind. Warme Luft kann mehr in sich tragen als kalte, → **T1**, Spalte 100 %.

3. **Relative Luftfeuchte** = Verhältnis von absoluter Luftfeuchte zu höchstmöglicher absoluter Luftfeuchte in % ausgedrückt.

$$\frac{\text{vorh. absolute Luftfeuchte} \cdot 100}{\text{höchstmögl. absolute Luftfeuchte}} = \left\{ \begin{array}{l} \text{\% relative} \\ \text{Luftfeuchte} \end{array} \right.$$

Beispiele: In 1 m³ Luft von 20°C sind 13,8 g Wasserdampf enthalten. Sie hat daher eine relative Luftfeuchte von 13,8 : 17,3 = 0,79 = **79 %**. Hat Luft von 25°C 60 % relative Feuchte, dann enthält sie (bei 100 % relativ. Feuchte 23 g/m³) 23 · 0,6 = 13,8 g Wasserdampf pro m³ Luft.

4. **Klima**	Lufttem-peratur	relative Luft-feuchte
Behaglichkeitsklima des Menschen	+ 21 ± 2	40 ... 70
Normklima für Baustoffprüfung	+ 20 ± 2	65 ± 5
für Berechnungen nach DIN 4108:	°C	%
Außenklima im Winter	– 10 °C	80 %
Innenklima im Winter	+ 20 °C	50 %
Außen- u. Innenklima im Sommer	+ 12 °C	70 %
Klima im Tauwasserbereich Sommer	+ 12 °C	100 %
Dachdeckenoberfläche im Sommer	+ 20 °C	–

5. **Wasserdampfabgabe** in g je Stunde, z. B.:
   1 erwachsener Mensch im Sitzen ≈ 40 g/h;
   1 erwachsener Mensch bei leichter Arbeit ≈ 125 g/h;
   1 Gasflamme ≈ 400 g/h.

6. **Taupunkt** ist die Temperatur, bei der sich bei abkühlender Luft ein Teil ihres Wasserdampfes als flüssiges Kondenswasser (Tauwasser) niederschlägt.

   Beispiel: 75 % rel. feuchte Luft von 20°C enthält nach **T1** 13 g/m³ Wasserdampf. In der Spalte für 100 % findet man 12,8 g/m³ bei +15°C. Der Taupunkt liegt also etwas über +15°C. **T3** zeigt den genaueren Wert von 15,4°C.

7. **Wasserdampfdruck _p_** in Pa (N/m²) = 0,01 mbar.
   Beispiel: Nach **T2** übt der in 100 % feuchter Luft von +20°C enthaltene Wasserdampf einen Druck von 2340 Pa aus. Ist die Luft nur 60 % rel. feucht, dann ist ihr Dampfdruck 2340 · 0,6 ≈ 1400 Pa.

   Durch den Druckunterschied von 2340 – 1400 = 940 Pa **diffundiert** (breitet sich aus) der Wasserdampf aus der 100 % feuchten in die 60 % feuchte Luft. Das geschieht auch (gebremst) durch offenporige Bau- und Dämmstoffe hindurch: **Wasserdampfdiffusion**.

8. **Wasserdampf-Sättigungsdruck _p_S** ist der Wasserdampf-druck in 100 % relativ feuchter Luft (die zu tauen beginnt). **T2** nennt nur Sättigungsdrücke.

9. **Diffusions-Widerstandszahl μ** eines Bau- oder Dämmstoffes ist eine einheitenlose Verhältnis-Zahl, die angibt, wie viel mal größer sein Diffusionswiderstand als der von ruhender Luft ist. μ von Luft = 1. → Kennwerte von Baustoffen

10. Der **s_d-Wert**, nach Norm die wasserdampfdiffusionsäquivalente Luftschichtdicke, gibt an, wie viel Meter dick eine ruhende Luftschicht wäre, die das Hindurchdiffundieren von Wasserdampf ebenso stark bremst wie das **Bauteil** von der Dicke s in m.

$$s_d = \mu \cdot s \qquad m = 1 \cdot m$$

11. **Diffusionshemmend** sind Schichten mit
    0,5 m < s_d < 1500 m.
    Diese Werte erreichen PE (Polyethylen)-Folien von mindestens 0,1 mm Dicke und einem μ-Wert von 100 000.
    Bei 0,1 mm = 0,0001 m Dicke:
        100 000 · 0,0001 m = **10 m.**
    Mit Zehnerpotenzen:
        $1 \cdot 10^5 \cdot 1 \cdot 10^{-4} = 1 \cdot 10^1\,m$ = **10 m.**

12. **Diffusionsdicht** sind Schichten mit **$s_d \geq$ 1500 m**, was mit einer PE-Folie von mindestens 1 mm Dicke oder einer Alu-Folie von mindestens 0,1 mm Dicke erzielt werden kann.
    Diffusionshemmende und -dichte Schichten werden auf der dem Wasserdampfdruck ausgesetzten Innenseite von Außenwänden, Dachdecken und Dachflächen angebracht, um das Eindiffundieren von Wasserdampf zu erschweren und damit auch die Bildung von Tauwasser (die Wasserdampfkondensation) im Innern des Bauteiles möglichst zu unterbinden.

13. Als „**diffusionsoffen**" werden Schichten mit **$s_d \leq$ 0,5 m** bezeichnet, wie z.B. als wind- und verlustarme Unterspannfolien und Unterdachplatten verwendet werden. Bei ihrem Einsatz genügen auch raumseitig s_d-Werte zwischen 1 m und 10 m, die durch Folien oder Platten erzielt werden können, die in den Fugen gegen Luftdurchgang abgedichtet werden.
    Die Unterseite nicht belüfteter Dächer sollte mind. 6 x dichter als ihre Oberseite sein.
    Eine „diffusionsoffene" Konstruktion ermöglicht das Austrocknen der Konstruktion. Außerdem verhindert sie das Eindringen von Insekten, so dass oft auf chemischen Holzschutz verzichtet werden kann.
    Näheres dazu unter „Holzschutz".

14. Auch bei „**wasserabweisenden**" **Schichten**, z. B. Außenputzen und Außenanstrichen auf Mauerwerk, muss der **s_d-Wert** begrenzt werden; er sollte **nicht größer als 2 m** sein, damit eventuell doch eingedrungene Feuchtigkeit schnell wieder austrocknen kann.
    Mehr dazu unter „Regenschutz", zu „belüfteten" Dächern.

15. **Tauwasser, auf der inneren Oberfläche** von Bauteilen, die einen geheizten Raum umgeben, wird verhindert, wenn eingehalten wird:

$$erf.\ R = R_{si} \cdot \frac{\theta_i - \theta_e}{\theta_i - \theta_S} - (R_{si} + R_{se})\ in\ \frac{m^2 \cdot K}{W}$$

R_{si}, R_{se} = Wärmeübergangswiderstand: innen, außen,
θ_i, θ_e = Lufttemperaturen: innen, außen,
θ_S = Taupunkt-Temperatur der Innenluft, (Sättigungstemperatur).

Auf diesem Zusammenhang beruhen die in DIN 4108 festgelegten Mindest-R-Werte.
Tauwassergefahr im Innern von Bauteilen bei normaler Raumluftfeuchte (50 %) kann mit Hilfe des grafischen Verfahrens erkannt werden. → Nachweis von Tauwasserausfall

T3 Taupunkt-Temperaturen von Luft

T	Relative Luftfeuchte								
°C	50%	55%	60%	65%	70%	75%	80%	85%	90%
+ 30	18,4	20,0	21,4	22,7	23,9	25,1	26,2	27,2	28,2
29	17,5	19,0	20,4	21,7	23,0	24,1	25,2	26,2	27,2
28	16,6	18,1	19,5	20,8	22,0	23,1	24,2	25,2	26,2
27	15,7	17,2	18,6	19,8	21,1	22,2	23,3	24,3	25,2
+ 26	14,8	16,3	17,6	18,9	20,1	21,2	22,3	23,3	24,2
25	13,9	15,3	16,7	18,0	19,1	20,2	21,3	22,3	23,2
24	12,9	14,4	15,7	17,0	18,2	19,3	20,3	21,3	22,3
23	12,0	13,5	14,8	16,1	17,2	18,3	19,4	20,3	21,3
+ 22	11,1	12,5	13,9	15,1	16,3	17,4	18,4	19,4	20,3
21	10,2	11,6	12,9	14,2	15,3	16,4	17,4	18,4	19,3
20	9,3	10,7	12,0	13,2	14,4	15,4	16,5	17,4	18,3
19	8,3	9,8	11,1	12,3	13,4	14,5	15,5	16,4	17,3
+ 18	7,4	8,8	10,1	11,3	12,4	13,5	14,5	15,4	16,3
17	6,5	7,9	9,2	10,4	11,5	12,5	13,5	14,5	15,4
16	5,6	7,0	8,2	9,4	10,5	11,5	12,5	13,4	14,3
15	4,7	6,0	7,3	8,5	9,6	10,6	11,6	12,5	13,4
+ 14	3,7	5,1	6,4	7,5	8,6	9,6	10,6	11,5	12,4
13	2,8	4,2	5,4	6,6	7,7	8,7	9,6	10,5	11,4
12	1,9	3,2	4,5	5,6	6,7	7,7	8,7	9,6	10,4
11	1,0	2,3	3,6	4,7	5,8	6,7	7,7	8,6	9,4
+ 10	0,1	1,4	2,6	3,7	4,8	5,8	6,7	7,6	8,4
9	−0,8	0,5	1,7	2,8	3,8	4,8	5,7	6,6	7,5
8	−1,6	−0,4	0,7	1,8	2,9	3,9	4,8	5,6	6,4
7	−2,4	−1,2	−0,2	0,9	1,9	2,9	3,8	4,7	5,5
+ 6	−3,2	−2,1	−1,0	−0,1	0,9	1,9	2,8	3,7	4,5
5	−4,0	−2,3	−1,9	−0,9	0,1	1,0	1,8	2,7	3,5
4	−4,8	−3,7	−2,7	−1,7	−0,9	0,0	0,9	1,7	2,5
3	−5,7	−4,6	−3,5	−2,6	−1,7	−0,9	−0,1	0,7	1,5

Näherungsweise darf geradlinig interpoliert werden.

Ablesebeispiel:

In einem Raum beträgt die Temperatur 20 °C bei 50 % relativer Luftfeuchte. Die Taupunkttemperatur bei diesem Raumklima ist 93 °C. Bei Wandoberflächen-Temperaturen von 93 °C und darunter fällt Tauwasser aus.

Bauphysik

Beispiel zum Rechengang:
Es ist zu untersuchen, wie sich die Temperatur im Winter und im Sommer sowie die Wasserdampfdrücke im Winter in einer mehrschichtigen SW-Außenwand eines Wohnhauses verteilen. Schichtenaufbau, → Spalte 1 und **A2**.

Lösungsweg:

a) Klimadaten, → Luftfeuchte

 Dampfdrücke, → Wasserdampf

 Dampfdruck der Innenluft: $0,5 \cdot 2340$ = $\underline{1170 \text{ Pa}}$

 Dampfdruck der Außenluft: $0,8 \cdot 260$ = $\underline{208 \text{ Pa}}$

b) Stoffwerte in Spalten 1 bis 3, μ-Werte in Spalte 4 und λ_R-Werte in Spalte 6 eintragen.

c) s_d-Werte aus $\mu \cdot s$ berechnen und in Spalte 5 eintragen

d) d/λ_R-Werte aus Spalten 3 und 6 errechnen und mit R_{si}, R_{se} und R der Luftschicht in Spalte 7 eintragen.

e) d/λ_R-Werte der Spalte 7 als waagerechte Einteilung von **A1** antragen. Dafür ein DIN A4-Blatt Millimeterpapier verwenden und wie auf der folgenden Seite gezeigt einteilen.
 Besser ist es, die **A1** bis **A4** je auf ein eigenes Blatt, möglichst größer, zu zeichnen.

f) In **A1** und **A2** die Punkte A, B und C geradlinig verbinden.

g) Die Temperaturen in **A1** an den Schichtgrenzen zwischen A und B und in die Spalte 8 eintragen.

h) Zu den Temperaturen der Spalte 8 die Wasserdampf-Sättigungs-drücke in Spalte 9 eintragen.

h) s_d-Werte der Spalte 5 als waagerechte Einteilung von Abb. 2 auftragen.

k) Dampfdrücke der Innen- und Außenluft (→ a)) als D und E in **A2** antragen. Die geradlinige Verbindung D – E ergibt die vorhandene Verteilung der Dampfdrücke p in den Wandschichten.

l) Die Dampfdrücke an den Schichtgrenzen ablesen und in die Spalte 10 eintragen.

m) Die Wasserdampf-Sättigungsdrücke p_s aus der Spalte 9 in **A2** antragen und der Linie p_s zeichnen.

Ergebnis:

Die Linien p und p_s in **A2** berühren sich nicht.

Falls sie sich berühren, würde es bei – 10°C Außentemperatur in der Wand tauen. Eine kleine Menge Tauwasser können massive Wände speichern und im Sommer wieder daraus verdunsten. Die Berechnung der noch zulässigen Tauwassermenge ist hier nicht wiedergegeben, → DIN 4108-4.

Die Linie p_s in **A2** ist im Bereich der Dämmschicht nicht geradlinig, deshalb wurde hier ersatzweise die Dämmschicht geteilt, noch besser wäre es, sie zu vierteln. In kritischen Fällen kann so eine etwaige Berührung von p und p_s und damit Tauwasserniederschlag besser erkannt werden. Berechnungen sind mit Software einfach durchführbar.

	1	2	3	4	5	6	7	8	9	10
	zu **A1** und **A2** der Folgeseite-Schichtenfolge von innen nach außen	Rohdichte	Schicht-dicke	Diff.-wider-stands-zahl	diff.-aquiv. Luft-sch.-d.	Wärme-leitzahl	Wärme-durchl.-wider-stand	Temperatur an den Schicht-grenzen	Dampfsätti-gungsdruck	Dampfdruck (vorhanden)
		ϱ_R	d	μ	s_d $(= \mu \cdot s)$	λ	d/λ (o. R_s)	θ_{si} °C	p_s Pa	p Pa
	Schicht	$\frac{kg}{m^3}$	m	1	m	$\frac{W}{m \cdot K}$	$\frac{m^2 \cdot K}{W}$	+ 20,0	2340	1170
	Wärmeüber-gang innen	–	–	–	–	–	0,13	+ 18,5	2132	1170
1	Kalk-Innenputz	1800	0,015	15	0,23	0,87	0,02	+ 18,2	2091	1140
2	Mauerwerk aus KSL	1600	0,24	15	3,60	0,79	0,30	+ 14,6	1663	710
3	Wärme-dämmung (PS-Partikel-Hartschaum)	20	0,06	70	4,20	0,035	1,71 in der Mitte	(+ 4,4)	(837)	(470)
4	Luftschicht belüftet nach DIN 1053	–	0,04	–	–	–	0,17	– 5,8	375	208
5	Verblend-schale aus VMz 1,8	1800	0,115	–	–	0,81	0,14	– 7,9	312	208
	Wärmeüber-gang außen	–	–	–	–	–	0,04	–9,5	272	208
								– 10,0	260	208
	Summen:	–	0,47	–	8,03	$R_T = 2,51$ $U = 1/2,51 \approx$ **0,40**		$\Delta\theta = 30$ K		

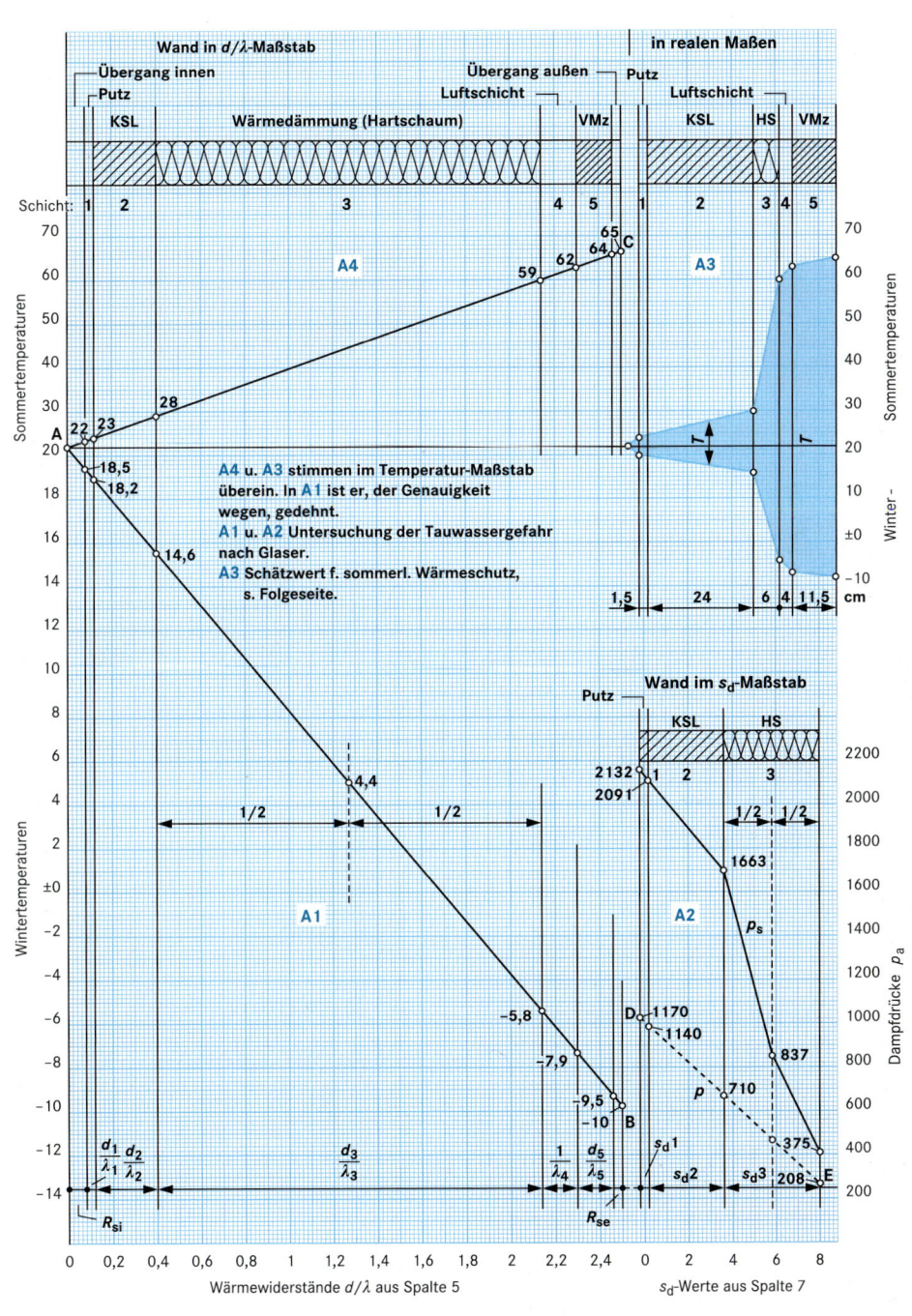

Erkenntnisse aus dem Beispiel

Tauwasser im Innern von Bauteilen bildet sich voraussichtlich nicht, wenn in der grafischen Untersuchung in **A2** S. 123 die Linien des vorhandenen Wasserdampfdruckes p und des Sättigungsdruckes p_s **sich nicht berühren**.

Wenn sich die Linien p und p_s in einem Punkt, wie unten in **A1** in 2 Punkten, wie in **A2** oder auf einer Strecke in **A3 berühren**, dann ist zu untersuchen, ob die Menge des im **Winter** (als Befeuchtungsperiode gelten nach DIN 4108 60 Tage mit 1440 Stunden) anfallenden Tauwassers im **Sommer** (als Trocknungsperiode gelten 90 Tage mit 2160 Stunden) wieder in die Umgebungsluft (nach innen und außen) verdunsten kann. Für die auf der nächsten Seite aufgeführten Bauteilausführungen kann das ausreichende Austrocknen angenommen werden.

a) Die **Baustoffe**, die mit dem Tauwasser in Kontakt kommen, dürfen **nicht geschädigt** werden, z.B. durch Korrosion oder Pilzbefall.

b) Bei **Dach-** und **Wand**konstruktionen darf die Tauwassermenge **höchstens 1 kg pro m²** betragen, dies gilt nicht für die Bedingungen c) und d).

c) An **Berührungsflächen** von kapillar nicht aufnahmefähigen Schichten darf zur Begrenzung des Ablaufens oder Abtropfens **höchstens 0,5 kg/m²** Tauwasser ausfallen. Das gilt z.B. zwischen Faserdämmstoff- oder Luftschichten einerseits und Dampfsperr- oder Betonschichten andererseits.

d) Bei **Holz** darf sich der massebezogene Feuchtegehalt **höchstens um 5 %**, bei **Holzwerkstoffen höchstens um 3 %** erhöhen. Das gilt nicht für Holzwolle-Leichtbauplatten und Mehrschicht-Leichtbauplatten mit Schaumkunststoffen.

Das Verfahren zum Errechnen der Tauwassermenge und der Austrocknung wird hier nicht gebracht.

Außenwandbeispiele:

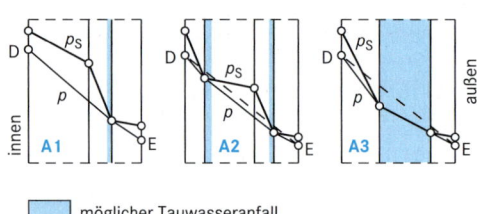

möglicher Tauwasseranfall

Typische Ergebnisse zur Tauwassergefahr (S. 123):

A1 Tauwasseranfall in **einer** Ebene,

A2 Tauwasseranfall in **zwei** Ebenen,

A3 Tauwasseranfall in einem breiten **Bereich**.

Regeln:
In mehrschichtigen Außenwänden, Dächern und Dachdecken soll der Wärmedurchlasswiderstand R von innen nach außen möglichst zunehmen, die Dampfdichte, der s_d-Wert, abnehmen.
Eine Luftschicht ist eine Kapillarsperre, aber keine Diffusionssperre.
Eine Dampfsperrschicht bzw. eine Dichtungsschicht ist sowohl eine Kapillarsperre als auch eine Diffusionssperre.

Sommerlicher Wärmeschutz

Nachweis:
In **A3** auf S. 123 die Wandschichten in den wirklichen Maßen einzeichnen. Die in **A1** an der Linie A – B und die in **A4** an der Linie A – C abgelesenen Temperaturen in **A3** nach unten und oben eintragen und mit einer Linie verbinden.

Die so erhaltene Kurve der höchsten Sommer- und niedrigsten Wintertemperaturen umschließt eine Fläche A (blau angelegt), die es gestattet, die sommerliche Wärmebelastung zu schätzen. In den Abb. **A4** bis **A9** (dieser Seite) sind bei Wänden und Decken gleiche Dämmstoffe und gleiche Massivbaustoffe unterschiedlich angeordnet und die sich ergebenden Temperaturverteilungen eingezeichnet.

Regel:
Je mehr die Verteilung **A7** oder **A9** (dieser Seite) ähnelt, desto günstiger ist der sommerliche Wärmeschutz, nächtliches Lüften und Sonnenschutz der Fenster vorausgesetzt.

Außenwände:

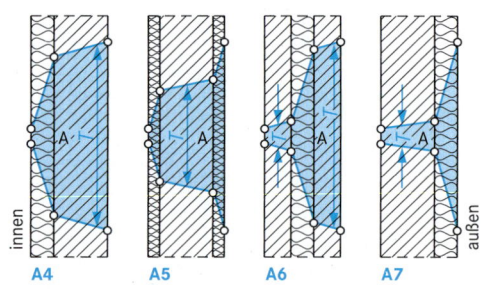

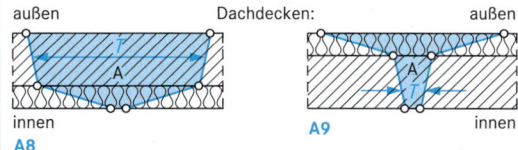

Die maximalen **Temperaturdifferenzen** in den Massivbauteilen T sind jeweils in den linken Beispielen am größten und damit auch die dadurch verursachten **Temperaturdehnungen**. An der **Außen-Oberfläche** sind dagegen die Temperaturdifferenzen und die dadurch verursachten Temperaturbeanspruchungen bei den rechten Beispielen am größten. Bei Flachdächern ohne Bekiesung sind die Temperaturdifferenzen wegen der Strahlungswirkung noch größer.

Ausreichender Tauwasserschutz

Bei ausreichender Wärmedämmung nach DIN 4108-2: 03 und luftdichter Ausführung nach DIN 4108-7: 01 ist für die nachfolgend genannten Bauteile **kein rechnerischer Nachweis** des Tauwasseranfalles infolge Dampfdiffusion erforderlich:

1. Außenwände

1.1 Ein- und zweischaliges Mauerwerk nach DIN 1053-1, Wände aus Normalbeton nach DIN EN 206-1 bzw. DIN 1045-2, Wände aus gefügedichtem Leichtbeton nach DIN 4219-1 und DIN 4219-2, Wände aus haufwerkporigem Leichtbeton nach DIN 4232, jeweils mit Innenputz und folgenden Außenschichten:

- Putz nach (DIN 18 550-1) oder Verblendmauerwerk nach DIN 1053-1;

- Angemörtelte oder angemauerte Bekleidungen nach DIN 18 515-1 und DIN 18 515-2, bei einem Fugenanteil von mindestens 5 %;

- Hinterlüftete Außenwandbekleidungen nach DIN 18 516-1 mit und ohne Wärmedämmung;

- Außendämmungen nach DIN 1102 oder nach DIN 18 550-3 oder durch ein zugelassenes Wärmedämmverbundsystem.

1.2 Wände mit Innendämmung:

- Bei Wänden unter 1.1 mit Wärmedämmschicht $R \leq 1,0$ m$^2 \cdot$ K/W sowie $s_{d,i} \geq 0,5$ m für Wärmedämmschicht inkl. Innenputz bzw. Innenbekleidung

- Bei Wänden aus Mauerwerk nach DIN 1053-1 und aus Normalbeton nach DIN EN 206-1 bzw. DIN 1045-2 mit Innendämmung aus Holzwolleleichtbauplatten nach (DIN 1101) mit $R \leq 0,5$ m$^2 \cdot$ K/W bei den unter 1.1 genannten Außenschichten (ohne Außendämmung)

1.3 Wände in Holzbauart nach DIN 68 800-2: 1996-05, 8.2 mit vorgehängten Außenwandbekleidungen, zugelassenen Wärmedämmverbundsystemen oder Mauerwerk-Vorsatzschalen bei raumseitiger diffusionshemmender Schicht mit $s_{d,i} \geq 2$ m.

1.4 Holzfachwerkwände mit Luftdichtheitsschicht und

- mit wärmedämmender Ausfachung;

- mit Innendämmung (über Fachwerk und Gefach) mit Wärmedämmschicht $R \leq 1,0$ m$^2 \cdot$ k/W und diffusionsäquivalenter Luftschichtdicke mit Innenputz und Innenbekleidung 1,0 m $\leq s_{d,i} \leq 2$ m;

- mit Innendämmung (über Fachwerk und Gefach) aus Holzwolleleichtbauplatten nach DIN 1101;

- mit Außendämmung (über Fachwerk und Gefach) als Wärmedämmverbundsystem oder Wärmedämmputz mit $s_{d,e} \leq 2$ m oder mit hinterlüfteter Außenwandbekleidung.

1.5 Kelleraußenwände aus einschaligem Mauerwerk nach DIN 1053-1 oder Beton mit außen liegender Wärmedämmung (Perimeterdämmung)

2. Nichtbelüftete Dächer

2.1 Dächer m. einer diffusionshemmenden Schicht ($s_d \geq 100$ m) unter oder in der Wärmedämmschicht (am Ort aufgebrachte Klebemassen nicht berücksichtigen). Höchstens 20 % des gesamten Wärmedurchlasswiderstandes R dürfen unterhalb dieser Schicht liegen.

2.2 Es werden folgende Grenzwerte der s_d-Werte für die Schichten oberhalb (außen) und unterhalb (innen) der Wärmedämmschicht eingehalten:

s_d in m	
außen	innen
$s_{d,e}$	$s_{d,i}$
$\leq 0,1$	$\geq 1,0$
$\leq 0,3$	$\geq 2,0$
$> 0,3$	$s_{d,i} \geq 6 \cdot s_{d,e}$

$s_{d,e}$ ist die Summe der Werte der wasserdampfdiffusionsäquivalenten Luftschichtdicken der Schichten, die sich oberhalb der Wärmedämmschicht befinden bis zur ersten Luftschicht.

$S_{d,i}$ ist die Summe der Werte der wasserdampfdiffusionsäquivalenten Luftschcihtdicken der Schcihten, die sich unterhalb der Wärmedämmschicht bzw. unterhalb gegebenenfalls vorhandener Untersparrendämmungen befinden sich bis zur ersten belüfteten Luftschicht.

Bei nicht belüfteten Dächern mit $s_{d,e} \leq 0,2$ m kann bei Einhalten der Bedingungen nach DIN 68 800-2 auf chemischen Holzschutz verzichtet werden.

2.3 Einschalige Dächer aus Porenbeton nach DIN 4223 ohne diffusionshemmende Schicht an der Unterseite.

2.4 Dächer mit Wärmedämmung oberhalb der Dachabdichtung („Umkehrdächer") und dampfdurchlässiger Auflast auf der Wärmedämmschicht (z.B. Grobkies).

3. Belüftete Dächer

3.1 Dächer mit einem belüfteten Raum oberhalb der Wärmedämmung, die folgende Bedingungen erfüllen:

a) **Dachneigung ≥ 5°**, → **A10** mit Lüftungsöffnungen an zwei gegenüberliegenden Traufen:

Querschnitt ≥ 2 ‰ der zugehörigen Dachfläche, mindestens jedoch **200 cm^2 je m** Traufe.

Lüftungsöffnung am **Dachfirst** mindestens **0,5 ‰** der gesamten geneigten Dachfläche.

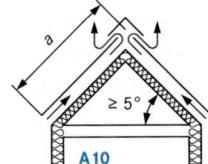

Freier Lüftungsquerschnitt **über der Wärmedämmschicht ≥ 200 cm^2 je m**, senkrecht zur Strömungsrichtung, **freie Höhe mindestens 2 cm**.

b) **Dachneigung < 5°**:
Diffusionshemmende Schicht ($s_d \geq 100$ m) unterhalb der Wärmedämmschicht

3.2 **Dächer aus Porenbeton** ohne zusätzliche Wärmedämmschicht und ohne Dampfsperrschicht an der Unterseite.

T1 Baustoffe nach europäischen und deutschen Klassen

Bauaufsichtliche Anforderung	Zusatzanforderungen		Europäische Klasse nach DIN EN 13501-1	Deutsche Klasse nach DIN 4102-1
	kein Rauch	kein brennendes Abfallen/ Abtropfen		
„Nichtbrennbar" ohne Anteile von brennbaren Baustoffen	x	x	A1	A1
„Nichtbrennbar" mit Anteilen von brennbaren Baustoffen	x	x	A2 s1,d0	A2
"Schwerentflammbar"	x	x	B,C s1,d0	B1
		x	A2,B,C s2,d0 A2,B,C s3,d0	
	x		A2,B,C s1,d1 A2,B,C s1,d2	
			A2,B,C s3,d2	
"Normalentflammbar"		x	D s1/s2/s3,d0 E	B2
			D s1/s2/s3,d1 D s1/s2/s3,d2 E d2	
„Leichtentfl."			F	B3

s (smoke)   s1: keine/kaum Rauchentwicklung
s2: begrenzte Rauchentwicklung
s3: wenn s0 und s1 nicht erfüllt werden

d (droplets)   d0: kein brennendes Abtropfen/Abfallen
d1: kein fortdauerndes brenn. Abtropfen/Abfallen
d2: wenn d0 und d1 nicht erfüllt werden

T2 Zuordnung der bauaufsichtlichen Anforderung zu den Feuerwiderstandsklassen n. DIN 4102-2

Bauaufsichtliche Anforderung	Feuerwiderstandsklasse nach DIN 4102-2	Kurzbezeichnung nach DIN 4102-2
feuerhemmend	Feuerwiderstandsklasse F30	F30-B
	... und in den wesentlichen Teilen aus „nichtbrennbaren" Baustoffen	F30-AB
	... und aus „nichtbrennbaren" Baustoffen	F30-A
hochfeuerhemmend	Feuerwiderstandsklasse F60 und in den wesentlichen Teilen aus „nichtbrennbaren" Baustoffen	F60-AB
	... und aus „nichtbrennbaren" Baustoffen	F60-A
feuerbeständig	Feuerwiderstandklasse F90 und in den wesentlichen Teilen aus „nichtbrennbaren" Baustoffen	F90-AB
	... und aus „nichtbrennbaren" Baustoffen	F90-A
	Feuerwiderstandsklasse F120 und aus „nichtbrennbaren" Baustoffen	F120-A
	Feuerwiderstandsklasse F180 und aus „nichtbrennbaren" Baustoffen	F180-A

T3 Europäische Klassifizierung zum Feuerwiderstand nach DIN EN 13501-3

Kurzzeichen	Kriterium	Anwendungsbereich
R (Resistance)	Tragfähigkeit	zur Beschreibung der Feuerwiderstandsfähigkeit
E (Etancheite)	Raumabschluss (Der Brandbeanspruchung von nur einer Seite zu widerstehen)	
I (Isolation)	Wärmedämmun (unter Brandeinwirkung)	
W (Radiation)	Begrenzung des Strahlungsdurchtritts	
M (Mechanical)	Mechanische Einwirkung auf Wände (Stoffbeanspruchung)	
S (Smoke)	Begrenzung der Rauchdurchlässigkeit (Dichtheit, Leckrate)	Rauchschutztüren (als Zusatzanforderung auch bei Feuerschutzabschlüssen), Lüftungsanlagen einschl. Klappen
C ... (Closing)	Selbstschließende Eigenschaft (ggf. mit Anzahl der Lastspiele) einschl. Dauerfunktion	Rauchschutztüren, Feuerschutzabschlüsse (einschl. Abschlüsse für Förderanlagen)
i → o i ← o i ↔ o (in – out)	Richtung der klassifizierten Feuerwiderstandsdauer	Nichttragende Außenwände, Installationsschächte/ –kanäle, Lüftungsanlagen bzw. -klappen
a ↔ b (above – below)	Richtung der klassifizierten Feuerwiderstandsdauer	Unterdecken

T4 Zuordnung der bauaufsichtlichen Anforderung zu den Feuerwiderstandsklassen nach DIN EN 13501-2 [Vergleich nach DIN 4102]

	Raumabschluss	Raumabschuss	Innenwände	Außenwände	
feuerhemmend	R30 [F30]	REI30 [F30]	EI30 [F30]	E30 (i→o) EI30 (i←o) [W30]	E30 (a→b) EI30 (a←b) EI30 (a↔b) [F30]
hochfeuerhemmend	R60 [F60]	REI60 [F60]	EI60 [F60]	E60 (i→o) E60 (i←o) [W60]	E60 (a→b) EI60 (a←b) EI60 (a↔b) [F60]
feuerbeständig	R90 [F90]	REI90 [F90]	EI90 [F90]	E90 (i→o) EI90 (i←o) [W90]	E90 (a→b) EI90 (a←b) EI90 (a↔b) [F90]
Feuerwiderstandsfähigkeit 120 min	R120 [F120]	REI120 [F120]			
Brandwand		REI90-M [F90]	EI90-M [F90]		

T5 Brandschutzanforderungen an Wohngebäude
(Auswahl)

Gebäudeklasse		2	3	4
OFF des obersten Geschosses		$\leq 7\,m$	$\leq 7\,m$	$\leq 13\,m$
Zahl der Wohneinheiten		≤ 2	≥ 3	–
Tragende und aussteifende Wände u. Stützen	Dach [1]	0	0	0
	Sonstige	F 30	F 30	F 60-AB
	Keller	F 30-AB	F 90-AB	F 90-AB
max BGF		insgesamt $\leq 400\,m^2$	–	NE $\leq 400\,m^2$
Nichttragende Außenwände		0	0	F 30-B
Außenwandbekleidungen		0	0	B 1
Decken	Dach [1]	0	0	0
	Sonstige	F 30	F 30	F 60
	Keller	F 30-AB	F 90-AB	F 90-AB
Gebäudeabschlusswand Abstand höchstens 40 m		BW F 60	BW F 60	BW F 60-A +M
Wohnungstrennwände	Dach [2]	F 30	F 30	F 60
	Sonstige	F 30	F 30	F 90-AB

[1] darüber kein Aufenthaltsraum möglich
[2] Trennwände bis unter Dachhaut

Brandtechnische Einstufung von Wänden (Auswahl)

In DIN 4102-4: 94 erfolgt die brandtechnische Zuordnung nach Wandbaustoff, Wanddicke, Art des Brandangriffes (von allen Seiten oder nur von einer Seite) und von der Ausnutzung der Tragfähigkeit der Wand.

Das Verhältnis aus vorhandener Beanspruchung und nach DIN 1053 zulässiger Beanspruchung (vorh σ/zul σ) ergibt den Ausnutzungsgrad α_2.

In der Norm werden folgende Ausnutzungsgrade unterschieden:

$\alpha_2 = 1{,}0$ (100 % Ausnutzung)
$\alpha_2 = 0{,}6$ (60 % Ausnutzung)
$\alpha_2 = 0{,}2$ (20 % Ausnutzung)

Nach der Beanspruchungsart:
a) einseitig, raumabschließende Wände: tragend, nichttragend
b) mehrseitig, tragende, nicht raumabschließende Außenwände
   mehrseitig, tragende, nicht raumabschließende Innenwände.

Bemerkungen zu T5:
Die Bauordnungen der Länder unterscheiden sich. Beispielhaft wurde hier die Musterbauordnung von 11/2002 ausgewählt:

Spalten 2, 3:
Gebäude geringer Höhe sind Gebäude, bei denen der Fußboden keines Geschosses mit Aufenthaltsräumen im Mittel mehr als 7 m über der Geländeoberfläche liegt.

Spalte 4:
Gebäude mittlerer Höhe sind Gebäude, bei denen der Fußboden mindestens eines Aufenthaltsraumes im Mittel mehr als 7 m und nicht mehr als 22 m über der Geländeoberfläche liegt.
Für freistehende Wohngebäude mit nicht mehr als einer Wohnung (Gebäudeklasse 1) gibt es keine Mindestanforderungen.

Gebäudeabschlusswände sind z. B. herzustellen bei aneinandergereihten Gebäuden auf demselben Grundstück, die weniger als 2,50 m von der Nachbargrenze entfernt errichtet werden. Öffnungen sind unzulässig.

Gebäudetrennwände unterteilen ausgedehnte Gebäude in höchstens 40 m lange Gebäudeabschnitte (Brandabschnitte). Öffnungen in Gebäudetrennwänden erlaubt die Bauordnung unter bestimmten Bedingungen.

Brandwände

Bei Brandwänden wird zusätzlich zur Erhaltung der Tragwirkung und Raumtrennung unter ruhender Last die Widerstandsfähigkeit gegenüber **Stoßlasten** gefordert. Da Mauerwerk nur geringe Zugspannungen aufnehmen kann, ist die Brandwandprüfung für gemauerte Wände eine viel weitgehendere Prüfung als die der Feuerwiderstandsdauer F 90.

Weiteres → **T4**, S. 128.

Bemerkungen zu T5:
Die Anforderungen des Brandschutzes an Bauteile sind nicht in Normen, sondern in den **Bauordnungen der Bundesländer** und den zugehörigen Verordnungen, Vorschriften und Richtlinien festgelegt. Diese unterscheiden sich, besonders in den alten Bundesländern, teilweise erheblich voneinander.

Zu den Tabellen T1 - T3, S. 128:
Die DIN 4102-4 enthält Angaben über Baustoffe und Bauteile nach ihrem Brandverhalten auf der Grundlage von Prüfungen.

Hier konnten aus der Fülle von Angaben lediglich die Klassifizierungen einiger Arten von gemauerten Wänden vorgestellt werden. Diese Auswahl dient zur Orientierung; weitergehende Ansprüche kann nur die DIN 4102 selbst erfüllen. (Allein Teil 4 umfasst mehr als 100 Seiten.)

[1] Baustoffe der Klassen A2 und B1 bedürfen eines Prüfzeichens d. Institutes für Bautechnik in Berlin, sofern sie nicht im Anhang zur Prüfzeichenverordnung ausgenommen sind.

[2] Bei Holzbauteilen wird d. Feuerwiderstandsklasse wesentlich vom Querschnitt und der Art der Bekleidung (Beplankung) bestimmt. Maßgebend sind die Festlegungen in DIN 4102-4, die beim Nachweis herangezogen werden muss.

Bauphysik

T1 Nichttragende, raumabschließende Wände aus Mauerwerk

Einstufung der Wände n. DIN 4102-4, Tab. 38 bei einseitiger Brandbeanspruchung (Leicht- oder Normalmörtel)

Konstruktionsmerkmale

d_1
d_2
d_1

Wände mit Mörtel
(bei zweischaligen Trennwänden ist Putz nur außen erforderlich)

Mindestdicke d_2 in mm für die Feuerwiderstandsklassen-Benennung, ( )-Werte gelten für Wände mit beidseitigem Putz PIV oder mineralischem Leichtputz.

	F30-A	F60-A	F90-A
Mauerziegel nach DIN V 105-1[1]: **Voll- und Hochlochziegel** Mauerziegel nach DIN V 105-2[1]: **Wärmedämmziegel und Hochlochziegel**	115 (70)	115 [6] (70)	115 [7] (100) [8]
Kalksandsteine nach: DIN V 106-1[1]: **Voll-, Loch-, Block-, Hohlblock-, Plansteine, Planelemente, Bauplatten** DIN V 106-2[1]: **Vormauerschale und Verblender**	70 (50)	115 (70)	115 (100)

T2 Tragende, raumabschließende Wände

Mindestdicke d_2 in mm für die Feuerwiderstandsklassenbenennung. ( )-Werte gelten für Wände mit beidseitigem Putz aus P IV o. miner. Leichtmörtel

	F 30-A	F 60-A	F 90-A
Voll- und Hochlochziegel, Lochung A und B nach DIN 105-1[1] unter Verwendung von Normalmörtel:			
Ausnutzungsfaktor $\alpha_2 = 0{,}2$	115 (115)	115 (115)	115 (115)
Ausnutzungsfaktor $\alpha_2 = 0{,}6$	115 (115)	115 (115)	140 (115)
Ausnutzungsfaktor $\alpha_2 = 1{,}0$	115 (115)	115 (115)	175 (115)

Kalksandsteine nach DIN V 106-1[1] unter Verwendung von Normal- oder Dünnbettmörtel bis F90-A für alle α_2-Werte: 115 und (115) mm.

Feuerwiderstandsklasse	F 120-A	F 180-A
Ausnutzungsfaktor $\alpha_2 = 0{,}2$	115 (115)	175 (140)
Ausnutzungsfaktor $\alpha_2 = 0{,}6$	140 (115)	200 (140)
Ausnutzungsfaktor $\alpha_2 = 1{,}0$	200 (140)	240 (175)

Porenbetonsteine und Planelemente [9] nach DIN 4165[1] unter Verwendung von Dünnbettmörtel: Rohdichteklasse ≥ 0,4

Feuerwiderstandsklasse	F 30-A	F 60-A	F 90-A
Ausnutzungsfaktor $\alpha_2 = 0{,}6$	115 (115)	115 (115)	150 (115)
Ausnutzungsfaktor $\alpha_2 = 1{,}0$	115 (115)	150 (115)	175 (150)

T3 Tragende, nicht raumabschließende Wände

Mindestdicke d_2 in mm für die Feuerwiderstandsklassenbenennung. ( )-Werte gelten für Wände mit beidseitigem Putz aus P IV o. miner. Leichtmörtel

	F 30-A	F 60-A	F 90-A
Voll- und Hochlochziegel, Lochung A und B nach DIN 105-1 unter Verwendung von Normalmörtel:			
Ausnutzungsfaktor $\alpha_2 = 0{,}2$	115 (115)	115 (115)	115 (115)
Ausnutzungsfaktor $\alpha_2 = 0{,}6$	115 (115)	115 (115)	175 (115)
Ausnutzungsfaktor $\alpha_2 = 1{,}0$	115 (115)	115 (115)	240 (115)
Kalksandsteine nach DIN V 106-1 unter Verwendung von Normal- oder Dünnbettmörtel:			
Ausnutzungsfaktor $\alpha_2 = 0{,}6$	115 (115)	115 (115)	140 [5] (115)
Ausnutzungsfaktor $\alpha_2 = 1{,}0$	115 (115)	115 (115)	140 [5] (115)

T4 Mindestwanddicke von 1- und 2-schaligen Brandwänden (einseitige Brandbeanspruchung); Wände aus Mauerwerk nach DIN 1053-1, unter Verwendung Normalmörtel II, II a, III und III a, DM

Wanddicke d immer ohne Putz angegeben	Roh-dichte-klasse	Mindestdicke d in mm Ausführung:	
		1-schalig	2-schalig
Ziegel nach DIN V 105-1[1] und vergleichbare Voll- u. Loch-steine	≥ 1,8	240 (175)	2 x 175
	≥ 1,2	240 (175)	2 x 200 (2 x 150) [11]
Kalksandsteine nach DIN V 106-1[1] * nur Dünnbett-mörtel	≥ 1,8	175*	2 x 150*
	≥ 1,4	240	2 x 175
	≥ 0,9	300 (300)	2 x 200 (2 x 175)

1) Normenzitat entsprechend DIN 4102-4
5) bei Dünnbettmörtel ist d mindestens 115 mm
6) Dünnbettmörtel $d \geq 70$ mm
7) Rohdichteklasse ≥ 1,8 und Dünnbettmörtel $d \geq 100$ mm
8) Rohdichteklasse ≥ 1,8 und Dünnbettmörtel $d \geq 70$ mm
9) nach allgemeiner Zulassung
11) bei Dünnbettmörtel und Plansteinen mit Nut und Feder nur bei Vermörtelung der Stoß- und Lagerfugen

Bauphysik

Abgasanlagen

Abgasanlagen sind aus Bauprodukten hergestellte Anlagen zur Abführung der Abgase von Wärmeerzeugungsanlagen (Feuerstätten) oder ortsfester Verbrennungsmotoren ins Freie. Verbindungsstücke zwischen dem Abgasstutzen der Feuerstätte und dem senkrechten Teil der Abgasanlage werden zur Abgasanlage gerechnet. Die freie Beweglichkeit der Innenschale mehrschaliger Abgasanlagen darf nicht behindert werden.

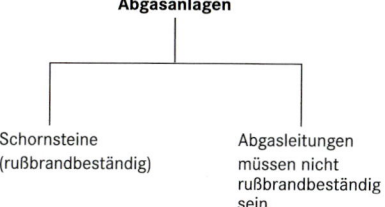

Abgasanlagen
- Schornsteine (rußbrandbeständig)
- Abgasleitungen müssen nicht rußbrandbeständig sein

Schacht wird die bauliche Anlage genannt, die die Abgasleitung umschließt.

Luft-Abgas-System (LAS) ist eine Abgasanlage mit nebeneinander oder ineinander angeordnetem Schacht. Das LAS führt der Feuerstätte Verbrennungsluft über den Luftschacht aus dem Bereich der Mündung der Abgasanlage zu und die Abgase über den Abgasschacht über das Dach ins Freie ab.

Feuerstätten sind Einrichtungen, in denen Gas, Heizöl, Kohle, Holz bzw. Holzpellets zur Erzeugung von Wärme verbrannt werden.

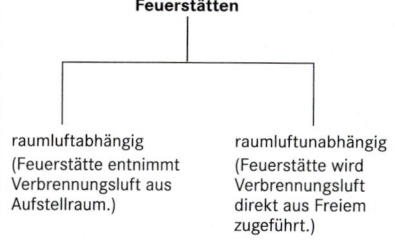

Feuerstätten
- raumluftabhängig (Feuerstätte entnimmt Verbrennungsluft aus Aufstellraum.)
- raumluftunabhängig (Feuerstätte wird Verbrennungsluft direkt aus Freiem zugeführt.)

Montage-Abgasanlage wird auf der Baustelle eingebaut unter Verwendung kompatibler Bauprodukte, die von einem oder verschiedenen Herstellern kommen dürfen.

System-Abgasanlage wird unter Verwendung kompatibler Bauprodukte eines Herstellers erstellt, der die Produkthaftung für die gesamte Anlage übernimmt.

Abgasanlage für Unterdruck ist eine Anlage, bei der im Betrieb der statische Druck im Inneren niedriger ist als der statische Druck in der Umgebung der Abgasanlage in gleicher Höhe.

Abgasanlage für Überdruck ist eine Anlage, bei der im Betrieb der statische Druck im Inneren höher sein darf als der statische Druck in der Umgebung der Abgasanlage in gleicher Höhe.

Abgasanlage für trockene Betriebsweise ist eine Anlage, bei der im Betrieb die Temperatur an der inneren Oberfläche über der Wasserdampftaupunkttemperatur des Abgases liegen muss.

Abgasanlage für feuchte Betriebsweise ist eine Anlage, bei der im Betrieb die Temperatur an der inneren Oberfläche unterhalb der Wasserdampftaupunkttemperatur des Abgases liegen darf.

Einfachbelegung bezeichnet den Anschluss nur einer Feuerstätte an die Abgasanlage.

Mehrfachbelegung bezeichnet den Anschluss mehrerer gleichartiger Feuerstätten an eine Abgasanlage.

Gemischtbelegung bezeichnet den Anschluss mehrerer Feuerstätten für unterschiedliche Brennstoffe.

Mehrschalige Abgasanlagen sind Anlagen, die aus der abgasführenden Schale und mindestens einer zusätzlichen Schale bestehen.

Temperaturklassen
DIN V 18 160-1: 06

gibt die maximal zulässige Nennbetriebstemperatur des Bauproduktes für die Anlage an

Temperatur-Klasse	Zul. Abgas-Temp. in °C	Temperatur-Klasse	Zul. Abgas-Temp. in °C
T080	≤ 80	T250	≤ 250
T100	≤ 100	T300	≤ 300
T120	≤ 120	T400	≤ 400
T140	≤ 140	T450	≤ 450
T160	≤ 160	T600	≤ 600
T200	≤ 200		

Kennzeichnung von Abgasanlagen
DIN V 18 160-1: 06

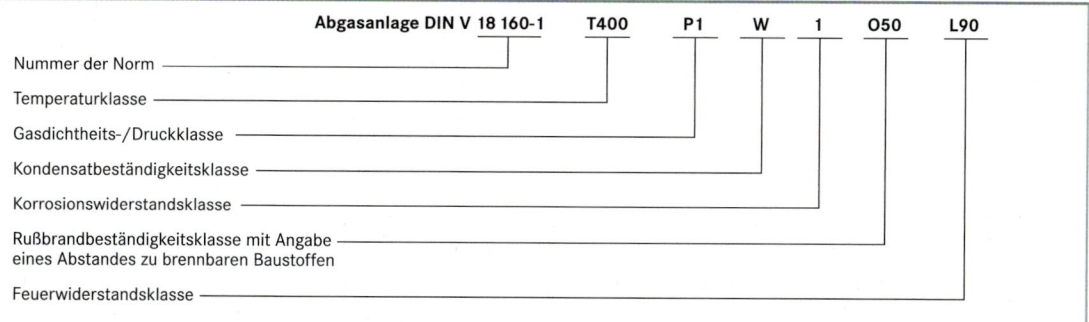

Abgasanlage DIN V 18 160-1   T400   P1   W   1   O50   L90

- Nummer der Norm
- Temperaturklasse
- Gasdichtheits-/Druckklasse
- Kondensatbeständigkeitsklasse
- Korrosionswiderstandsklasse
- Rußbrandbeständigkeitsklasse mit Angabe eines Abstandes zu brennbaren Baustoffen
- Feuerwiderstandsklasse

Kurzzeichen der Klassifizierung

Kurzzeichen	Benennung
A1, A2	Baustoffklasse für nicht brennbare Baustoffe
B1, B2	Baustoffklasse für brennbare Baustoffe
L30, L90	Feuerwiderstandsklasse
H1, H2	Gasdichtheits-/Druckklasse für Überdruck 5000 Pa
N1, N2	Gasdichtheits-/Druckklasse für Unterdruck
P1, P2	Gasdichtheits-/Druckklasse für Überdruck 200 Pa
D, W	Kondensatbeständigkeitsklasse
Txxx	Temperaturklasse für die Temperatur xxx
1, 2, 3	Korrosionswiderstandsklasse
G	Rußbrandbeständigkeitsklasse für Abgasanlagen mit Rußbrandbeständigkeit
xx	Abstand der äußeren Oberfläche der Abgasanlage zu brennbaren Stoffen in gerundeten Millimetern
O	Rußbrandbeständigkeitsklasse für Abgasanlagen ohne Rußbrandbeständigkeit
xx	Abstand der äußeren Oberfläche der Abgasanlage zu brennbaren Stoffen in gerundeten Millimetern
z. B. O50	Abgasanlage ohne Rußbrandbeständigkeit mit 50 mm Abstand zwischen äußerer Oberfläche und brennbaren Stoffen

Gasdichtheits-/Druckklasse

Die Gasdichtheitsklasse nach DIN EN 1443/Druckklasse gibt an, für welche Betriebsweise das Produkt geeignet ist.

Feuerwiderstandsklasse

Die Feuerwiderstandsklasse gibt die Zeitspanne an, der die Abgasanlage bei Brandbeanspruchung widersteht.

Baustoffklassen

DIN 4102-1: 98

A [1] A1 A2	nicht brennbare Baustoffe [1]
B B1 [1] B2	brennbare Baustoffe schwer entflammbare Baustoffe [1] normal entflammbare Baustoffe

[1] Die Bezeichnungen dürfen nur dann verwendet werden, wenn das Brandverhalten nach DIN 4102-1 ermittelt worden ist.

Feuerwiderstandsklassen

DIN V 18 160-1: 06

Anforderungen	Klasse nach DIN 4102-6
kein Feuerwiderstand	L00
feuerhemmend	L30
hochfeuerhemmend	L60
feuerbeständig	L90
hochfeuerbeständig	L120

Kondensatbeständigkeitsklasse

Die Kondensatbeständigkeitsklasse gibt an, ob das Bauprodukt für trockene (D) oder für feuchte (W) Betriebsweise geeignet ist.

Korrosionswiderstandsklasse

Klasse	1	2	3
Mögliche Brennstoffarten; ggfs. mit Angabe des Schwefelgehaltes	Gas: Schwefelgehalt ≤ 50 mg/m^3 Erdgas: L+H, Flüssiggas	Gas: Erdgas: L+H, Flüssiggas	Gas: Erdgas: L+H, Flüssiggas
	Öl und Kerosin: Schwefelgehalt ≤ 50 mg/m^3	Öl und Kerosin: Schwefelgehalt $\leq 0,2$ % (Massenanteil)	Öl und Kerosin
	–	Holz für ausschließlich offen betriebene Feuerstätten	Holz Kohle Torf

Gasdichtheits-/Druckklasse und zulässige Betriebsweisen

Klasse	Leckrate in $l \cdot s^{-1} \cdot m^2$	Prüfdruck in Pa	Betriebsweise	Verwendung
N1	2,0	40	Unterdruck	im Gebäude/im Freien
N2	3,0	20	Unterdruck	im Gebäude/im Freien
P1	0,006	200	Über-/Unterdruck [1]	im Gebäude/im Freien
P2	0,120	200	Über-/Unterdruck [1]	im Freien [3]
H1	0,006	5000	Über-/Unterdruck [2]	im Gebäude/im Freien
H2	0,120	5000	Über-/Unterdruck [2]	im Freien [3]

[1] Überdruck maximal 200 Pa   [2] Überdruck maximal 5000 Pa   [3] bei Unterdruck auch im Gebäude

Brennstoffe – Heizwert – Besondere Bestimmungen

Holzfeuerung: Oft hohe Temperatur der Abgase (Rauchgase) verlangen bei gemauerten Schornsteinen Vollziegel oder HLz-Lochung A mit MGr. II oder IIa vermauert und möglichst quadratischem Querschnitt mit wenig Fugen, bei genügend Höhe, um ausreichenden „Zug" zu gewährleisten. „Schornsteinbrand", der bei starkem Rußansatz möglich ist, stellt eine Gefahr dar.

Kohlefeuerung: Ähnlich wie bei Holzfeuerung.
Bei modernen „Niedertemperatur-Heizkesseln" mit Abgastemperaturen bis hinab zu 100 °C können sich Versottungs- und Zugprobleme ergeben, weshalb mehrschalige, wärmegedämmte Schornsteinsysteme zu empfehlen sind.

Ölfeuerung: Durch den Wasser- und auch Schwefelgehalt (SO_2) im Abgas ist besonders bei den wirtschaftlichen Niedertemperatur-Heizkesseln die **Versottungsgefahr** sehr groß („Sott" ist ein schmieriger Belag auf der Innenseite von Schornsteinrohren aus schwefelsäure- und rußhaltigem Kondenswasser, der sehr aggressiv ist). Erforderlich sind deshalb mehrschalige Schornsteinsysteme mit hoher Wärmedämmung (Dämmgruppe I) und möglichst dichten Innenrohren (Keramik oder Schamotte) oder Hinterlüftung der Rohre.

Gasfeuerung: Der sehr große Gehalt der Abgase an Wasser, → T1, verursacht einen erheblichen Kondenswasseranfall an den Rohrwandungen, wenn diese kälter als der Taupunkt sind. Dieser liegt bei Gasfeuerung zumeist zwischen 30 und 50 °C und wird deshalb oft, besonders beim Wiederanfahren nach Brennpausen unterschritten. Vorteilhaft ist, dass die Abgase von Gasheizungen kaum Schwefelsäure enthalten. Erforderlich sind daher mehrschalige Schornsteinsysteme, möglichst mit glasierten Innenrohren und einem Wassersammelgefäß am unteren Schornsteinende. Gas-Brennwertkessel stellen dagegen wegen der kühlen und ziemlich trockenen Abgase geringe Ansprüche an die Gasableitung, sie muss nur dicht sein.

Die **Abgasleitungen** müssen bei Brennwertanlagen feuchteunempfindlich sein, wogegen die Temperaturbeanspruchung so gering ist, dass dafür teilweise sogar Kunststoff verwendet werden kann.

Der **Heizwert** H_u eines Brennstoffes ist die Wärmemenge, die bei vollständiger Verbrennung eines Kilogramms o. eines Norm-Kubikmeters (bei Gasen) des Brennstoffes frei wird, wenn der in den Abgasen enthaltene Wasserdampf (mit der in ihm enthaltenen Verdampfungswärme) als Dampf entweicht; deshalb „unterer Heizwert".

T1 Heizwert

Brennstoff		Heizwert H_u		das Abgas enthält ≈ g/kWh Energie		
		MJ	kWh	CO_2	H_2O	SO_2
1 m³	Erdgas	32	8,8	130	300	0,01
1 kg	Heizöl EL	43	11,9	170	150	1 … 4
1 kg	Steinkohle	30	8,3	270	20	≈ 3
1 kg	Braunk.-Brikett	20	5,6	210	50	≈ 6
1 kg	Holz (lufttrocken)	13	3,6	340	100	–

Der **Brennwert** (auch „oberer Heizwert" H_o) ist die Wärmemenge, die bei vollständiger Verbrennung eines Brennstoffes frei wird, wenn d. in den Abgasen enthaltene **Wasserdampf zu Wasser kondensiert**.
Brennwertkessel mit einem **Kondensator** vor der Schornsteineinmündung ermöglichen es, die im Wasserdampf gespeicherte (latente) Energie zumindest teilweise zu nutzen.
T1 zeigt, dass Erdgas beim Verbrennen besonders viel Wasserdampf freisetzt, weil es fast vollständig aus Methan (CH_4) besteht und deshalb viel Wasserstoff (H) enthält.
Hier sind **Energieeinsparungen von 10 bis 20 %** gegenüber herkömmlichen Anlagen möglich. Bei Heizöl sind die möglichen Einsparungen weit geringer und bei Kohle bedeutungslos.

Der **thermische Auftrieb**, der bei herkömmlichen Öfen meist für ausreichend **„Zug"** im Schornstein sorgt, ist wegen der niedrigen Abgastemperaturen (60 bis 80°C) bei Brennwertanlagen bedeutungslos.
Hier muss ein Gebläse für die Abfuhr unter Überdruck sorgen, weshalb **Anschlüsse und Schornstein völlig dicht** sein müssen und Energie für den Antrieb des Gebläses aufgewendet werden muss.

Bauarten von Abgasanlagen

DIN V 18 160-1: 06

Schornsteine (rußbrandbeständige Abgasanlagen)	Abgasleitungen
Schornsteine aus Mauerwerk aus Mauerziegel DIN V 105-100: 05 außer Hochlochziegel B und C, Kalksand-Vollsteine nach DIN V 106: 05, Hütten-Vollsteine nach DIN 398	**Abgasleitungen aus Bauprodukten für Montage-Abgasanlagen** bestehend aus: Innenschale, Außenschale und ggfls. Dämmschale
Montageschornsteine bestehend aus einer Innenschale, einer Dämmschale (keine Pflicht, wenn Außenschale mind. 10 cm dick), einer Außenschale	**Systemabgasleitungen** bestehend aus Formstücken, die vorgefertigt die verschiedenen Schalen zur Dämmung und Abgasführung enthalten
Systemschornsteine bestehend aus Schorsteinformstücken, die vorgefertigt die verschiedenen Schalen zur Dämmung und Abgasführung enthalten.	**Luft-Abgassysteme**
	Mit getrennten Luft- und Abgasschächten - konzentrisch angeordnet - nebeneinander angeordnet

Bauphysik

Wichtige chemische Elemente
Important chemical elements

Gruppen		Ordnungszahl	Deutscher Name	Häufige Wertigkeit	Eigenschaften, Verwendung, wichtige Verbindungen (elementar oder in Verbindungen)
Nichtmetalle = Säurebildner		1	**Wasserstoff**	**+ 1**	häufigstes Element im All, leichtestes Gas, brennbar
	Edelgase	2 / 10 / 18 / 36	Helium / Neon / Argon / Krypton	0	Ballonfüllung / Lichtreklame / Isolierung in Fensterscheiben / Füllung von Halogenlampen — nicht brennbare reaktionsträge Gase, in geringen Anteilen in der Atmosphäre
	Halogene	9 / 17 / 53	**Fluor** / **Chlor** / Iod	– 1	in Flusssäure, / in Salzsäure — reaktionsfreudige Gase / braune Flüssigkeit / violette Kristalle — Halogene = Salzbildner
	Chalkogene	8 / 16 / 34	**Sauerstoff** / **Schwefel** / Selen	– 2 / + 4 / + 6	20 % der Luft, Atmung, Oxidation, häufigstes Element / in Streichhölzern, Schwefelsäure, Sulfaten / Selen-Zellen, wichtiger Bestandteil in Laser-Druckern
	Stickstoffgruppe	7 / 15 / 33 / 51	**Stickstoff** / Phosphor / Arsen / Antimon	– 3 / – 5	79 % der Luft, in Salpetersäure, Nitraten, Dünger / leicht brennbar, giftig, roter, weißer Phosphor / Verbindungen giftig, in Bleilegierungen — / in Flammschutzmitteln, Legierung — Halbleiter
	C-gruppe	6 / 14	**Kohlenstoff** / **Silicium** 4)	– 4 / + 4	in Kohlen, Koks, Kohlensäure, Kohlendioxid / in Sand, in Zement, Halbleiter, zweithäufigstes Element in der Erdrinde
Metalle = Basenbildner	Leichtmetalle — Alkalimetalle	3 / 11 / 19	**Lithium** / **Natrium** / **Kalium**	+ 1	hochwertige Batterien u. Akkus, leichtestes Metall, hochreaktiv / leicht brennbar, in Kochsalz, Soda und Natron / leicht brennbar, in Kalisalzen
	Erdalkalimetalle	12 / 20 / 56	**Magnesium** / **Calcium** 5) / Barium	+ 2	leicht brennbar, in Magnesit, Leichtmetalllegierungen, Feuerwerk / leicht brennbar, in Kalk, Zement, Gips / in „Schwerspat", Bariumsulfat ist ein Weißpigment
	Schwermetalle — Erdmetalle	5 / 13	Bor / **Aluminium**	+ 3	Borate (Brandschutz), Bornitrid als Hartstoff, Borax im Glas / Baumetall, in Tonwaren, dritthäufigstes Element in der Erdrinde
	Kupfergruppe	29 / 47 / 79	**Kupfer** / Silber / Gold	+ 1 / + 2	Baumetall, Salze giftig, guter elektrischer Leiter, in Legierungen / Edelmetalle, noch bessere elektrische Leiter als Kupfer
	Zinkgruppe	30 / 48 / 80	**Zink** / Cadmium 6) / Quecksilber	+ 2	Baumetall, verzinken, galvanische Elemente, mit Cu: Messing / kadmieren (Rostschutz), Ni-Cd-Akkumulatoren / flüssig, Verbindungen giftig, in Legierungen (Amalgame)
	Zinngruppe	22 / 50 / 82	Titan / **Zinn** / **Blei**	+ 4 / + 2	im Titanweiß, Titanbleche, hochwertige Leichtmetalllegierungen / Baumetall, verzinnen, mit Cu: Bronze, Stanniol / Baumetall, verbleien, Strahlenschutz, Bleiakku
	Chromgruppe	24 / 42 / 74 / 92	Chrom / Molybdän / Wolfram / Uran	+ 3 / + 5 / + 6	Legierungsmetalle für Stähle, hochschmelzend, korrosionsbeständig, Verbindungen giftig / radioaktiv, Kernkraftwerke, abgereichert als Gewicht (Flugzeugbau)
	Eisengruppe	25 / 26 / 27 / 28	Mangan / **Eisen** / Nickel / Kobalt	(+ 2) / + 3 / (+ 7)	in Werkzeugstählen, Magnetstähle, in Trockenbatterien / in Stahl und Gusseisen, Schmiedeeisen, rote Blutkörperchen / in Werkzeugstählen, Akkus, Katalysatoren, Vernickeln / in Werkzeugstählen, Pigmenten und (blauen) Gläsern
	Platingruppe	76 / 77 / 78	Osmium / Iridium / Platin	+ 4 / + 8	mit W im Glühlampenfaden, Implantatmetalle, / Schreibfedern, Zündkerzen, Pigmente — chemisch beständig / Schmuckmetall, Zahnersatz, Elektrolyse — und hitzebeständig

Periodensystem der Elemente
Periodic table of the elements

Gruppe*	1 (Ia)	2 (IIa)	3 (IIIb)	4 (IVb)	5 (Vb)	6 (VIb)	7 (VIIb)	8 (VIII)	9 (VIII)	10 (VIII)	11 (Ib)	12 (IIb)	13 (IIIa)	14 (IVa)	15 (Va)	16 (VIa)	17 (VIIa)	18 (VIIIa)
1 (K)	**1 H** Wasserstoff −252,9 0,0899																	**2 He** Helium −268,9 0,1785
2 (L)	**3 Li** Lithium 180,5 0,534	**4 Be** Beryllium 1278 1,848											**5 B** Bor 2300 2,46	**6 C** Kohlenstoff 3550 3,51	**7 N** Stickstoff −195,8 1,25006	**8 O** Sauerstoff −182,96 1,429	**9 F** Fluor −188,1 1,696	**10 Ne** Neon −246,1 0,899
3 (M)	**11 Na** Natrium 97,8 0,971	**12 Mg** Magnesium 648,8 1,738											**13 Al** Aluminium 660,5 2,699	**14 Si** Silicium 1410 2,33	**15 P** Phosphor 44 1,82	**16 S** Schwefel 113 2,07	**17 Cl** Chlor −34,6 3,214	**18 Ar** Argon −189,4 1,784
4 (N)	**19 K** Kalium 63,7 0,862	**20 Ca** Calcium 839 1,55	**21 Sc** Scandium 1539 2,989	**22 Ti** Titan 1660 4,51	**23 V** Vanadium 1890 6,09	**24 Cr** Chrom 1857 7,19	**25 Mn** Mangan 1246 7,21	**26 Fe** Eisen 1535 7,86	**27 Co** Cobalt 1495 8,89	**28 Ni** Nickel 1453 8,902	**29 Cu** Kupfer 1083,5 8,96	**30 Zn** Zink 419,6 7,14	**31 Ga** Gallium 29,8 5,904	**32 Ge** Germanium 937,4 5,323	**33 As** Arsen 613 5,72	**34 Se** Selen 217 4,82	**35 Br** Brom 58,8 3,14	**36 Kr** Krypton −152,3 3,749
5 (O)	**37 Rb** Rubidium 39 1,532	**38 Sr** Strontium 769 2,63	**39 Y** Yttrium 1523 4,469	**40 Zr** Zirconium 1855 6,506	**41 Nb** Niob 2468 8,57	**42 Mo** Molybdän 2617 10,28	**43 Tc** Technetium 2172 11,5	**44 Ru** Ruthenium 2310 12,45	**45 Rh** Rhodium 1966 12,41	**46 Pd** Palladium 1552 12,02	**47 Ag** Silber 961,9 10,5	**48 Cd** Cadmium 321 8,642	**49 In** Indium 156,6 7,31	**50 Sn** Zinn 232 7,29	**51 Sb** Antimon 630,7 6,691	**52 Te** Tellur 449,6 6,24	**53 I** Iod 113,5 4,93	**54 Xe** Xenon −107 5,897
6 (P)	**55 Cs** Cäsium 28,4 1,873	**56 Ba** Barium 725 3,65	**57...71**	**72 Hf** Hafnium 2150 13,31	**73 Ta** Tantal 2996 16,654	**74 W** Wolfram 3407 19,26	**75 Re** Rhenium 3180 21,20	**76 Os** Osmium 3045 22,61	**77 Ir** Iridium 2410 22,65	**78 Pt** Platin 1772 21,45	**79 Au** Gold 1064,4 19,32	**80 Hg** Quecksilber −356,6 13,546	**81 Tl** Thallium 1457 11,85	**82 Pb** Blei 327,5 11,34	**83 Bi** Bismut 271,4 9,80	**84 Po** Polonium 254 9,20	**85 At** Astat 302 k. A.	**86 Rn** Radon −61,8 9,73
7 (Q)	**87 Fr** Francium 27 k.A.	**88 Ra** Radium 700 5,50	**89...103**	**104 Rf** Rutherfordium k. A. k. A.	**105 Db** Dubnium k. A. k. A.	**106 Sg** Seaborgium k. A. k. A.	**107 Bh** Bohrium k. A. k. A.	**108 Hs** Hassium k. A. k. A.	**109 Mt** Meitnerium k. A. k. A.	**110 Ds** Darmstadtium k. A. k. A.	**111 Rg** Roentgenium k. A. k. A.	**112 Cn** Copernicum k. A. k. A.	**113 Uut*** Ununtrium k. A. k. A.	**114 Fl** Flerovium k. A. k. A.	**115 Uup*** Ununpentium k. A. k. A.	**116 Lv** Livermorium k. A. k. A.	**117 Uus*** Ununseptium k. A. k. A.	**118 Uuo*** Ununoctium k. A. k. A.

6 (P) Lanthanoide:

57 La Lanthan 920 6,145	**58 Ce** Cer 798 6,77	**59 Pr** Praseodym 931 6,773	**60 Nd** Neodym 1010 7,008	**61 Pm** Promethium 1080 7,264	**62 Sm** Samarium 1072 7,52	**63 Eu** Europium 822 5,26	**64 Gd** Gadolinium 1311 7,89	**65 Tb** Terbium 1360 8,23	**66 Dy** Dysprosium 1409 8,56	**67 Ho** Holmium 1470 8,795	**68 Er** Erbium 1522 9,066	**69 Tm** Thulium 1545 9,321	**70 Yb** Ytterbium 824 6,966	**71 Lu** Lutetium 1656 9,841

7 (Q) Actinoide:

89 Ac Actinium 1047 10,07	**90 Th** Thorium 1750 11,72	**91 Pa** Protactinium 1554 15,37	**92 U** Uran 1132,4 18,95	**93 Np** Neptunium 640 20,45	**94 Pu** Plutonium 641 19,84	**95 Am** Americium 994 13,67	**96 Cm** Curium 1340 13,51	**97 Bk** Berkelium 986 13,25	**98 Cf** Californium 900 15,10	**99 Es** Einsteinium 860 k. A.	**100 Fm** Fermium 1526 k. A.	**101 Md** Mendelevium 827 k. A.	**102 No** Nobelium 827 k. A.	**103 Lr** Lawrencium 1627 k. A.

Legend:

Ordnungszahl — Elementsymbol

26 Fe — Fe festes Element; Hg flüssiges Element; O gasförmiges Element; U natürliches, radioaktives Element; Rf künstliches, radioaktives Element

Elementname — Eisen 1535 7,86

Schmelzpunkt (feste Elemente)

Siedepunkt (flüssige/gasförmige Elemente)

Dichte: feste/flüssige Elemente in kg/dm^3; gasförmige Elemente in kg/m^3

Gruppierung:
- Nichtmetall
- Leichtmetall
- Edelmetall
- Halbmetall
- Schwermetall
- Edelgas

* IUPAC-Empfehlung; herkömmliche Gruppenbezeichnung; k.A.: keine Angabe

Stoffe

133

Moleküle sind die aus mindestens zwei Atomen zusammengesetzten kleinsten Teilchen eines Stoffes. Moleküle bauen sich aus **Atomen** auf, die im Molekül fest miteinander verbunden sind. Jedes Element und jede chemische Verbindung besteht aus bestimmten, charakteristischen Molekülarten.

Ionen sind elektrisch geladene Atome oder „Teile" von Molekülen.

1. Elemente	2. Verbindungen	3. Gemische
bestehen aus **gleichen** Molekülen und diese aus **gleichen** Atomen	bestehen aus **gleichen** Molekülen und diese aus **ungleichen** Atomen	bestehen aus **ungleichen** Molekülen
z. B. Sauerstoff O_2	z. B. Wasser H_2O	z. B. feuchte Luft aus Stickstoff, Sauerstoff und Wasserdampf $N_2 + O_2 + H_2O$

Baustoffe sind meist Gemische von Verbindungen.

Wichtige chemische Verbindungen: | Säuren | Laugen | Wasser und Salze |

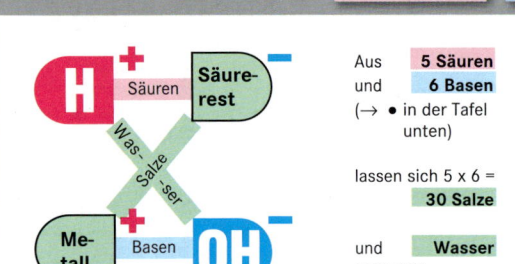

Aus **5 Säuren**
und **6 Basen**
($\rightarrow$ • in der Tafel unten)

lassen sich 5 x 6 = **30 Salze**

und **Wasser** erzeugen

4 Arten Ionen ergeben, paarweise verbunden,
4 Arten Verbindungen.

Säuren = anorgan. und organ. Verbindungen, die in Wasser und anderen polaren Lösungsmitteln in Protonen (**H**⁺) und negativ geladene Säurereste dissoziieren.

Laugen = wässrige Lösungen von Basen (= im Wesentlichen die Hydroxide der I. und II. Hauptgruppe des PSE), in denen **OH**⁻-Ionen im Überschuss vorhanden sind.

Wasser ist eine Flüssigkeit, in der gleich viel **H**⁺-Ionen und **OH**⁻-Ionen enthalten sind. Ihre Wirkungen heben sich deshalb gegenseitig auf, Wasser ist chemisch neutral.

Salze = Verbindungen, die in wässrigen Lösungen in positive Metallionen (oder Ammoniumionen) und negative Säurerestionen dissoziieren.

Gehören die beiden Ionenarten zu etwa gleich starken Säuren und Laugen ($\rightarrow$ Tafel unten), dann sind in der Salzlösung etwa gleiche Mengen **H**⁺-Ionen und **OH**⁻-Ionen enthalten und die Lösung reagiert neutral.

Säurenstärke	• Wichtige Säuren			
	• Chlorwasserstoffsäure = Salzsäure	HCl	**H**⁺.....................Cl⁻	
	• Salpetersäure	H (NO₃)	**H**⁺.....................(NO₃)⁻	
	• Schwefelsäure	H₂ (SO₄)	2 **H**⁺.....................(SO₄)²⁻	
	Fluorwasserstoffsäure = Flusssäure	HF	**H**⁺.....................F⁻	
	Essigsäure = Essig	HOOCCH₃	**H**⁺.....................(CH₃·COO)⁻	
	• Kohlensäure	H₂ (CO₃)	2 **H**⁺.....................(CO₃)²⁻	
	Schwefelwasserstoffsäure	H₂S	2 **H**⁺.....................S²⁻	
	• Kieselsäure	H₂ (SiO₃)	2 **H**⁺.....................(SiO₃)²⁻	
	Wasser	H₂O	**H**⁺.....................**OH**⁻	
Basenstärke	• Eisenhydroxid } (praktisch unlöslich)	Fe (OH)₃	Fe³⁺.....................3 **OH**⁻	
	• Aluminiumhydroxid	Al (OH)₃	Al³⁺.....................3 **OH**⁻	
	• Ammoniumhydroxid, Salmiaklauge	(NH₄) OH	(NH₄)⁺.....................**OH**⁻	
	• Magnesiumhydroxid, Magnesialauge	Mg (OH)₂	Mg²⁺.....................2 **OH**⁻	
	• Calciumhydroxid, Kalklauge	Ca (OH)₂	Ca²⁺.....................2 **OH**⁻	
	• Natriumhydroxid, Natronlauge	Na OH	Na⁺.....................**OH**⁻	
	• Kaliumhydroxid, Kalilauge	K OH	K⁺.....................**OH**⁻	
	• Wichtige Hydroxide (= Basen), Laugen		Ionen	

A1 Beispiel: Salzsäure   **A2 Beispiel: Kalklauge**   **A3 Wasser**   **A4 Beispiel: Lösung des Calciumchlorids**

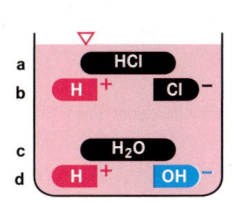 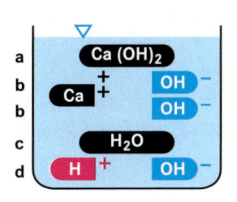 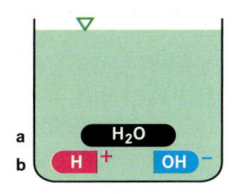 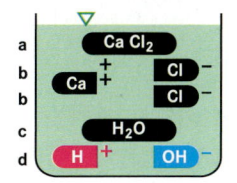

a ganze Säuremoleküle
b Ionen der Säure
c ganze Wassermoleküle
d Ionen des Wassers

a ganze Hydroxidmoleküle
b Ionen des Hydroxids
c ganze Wassermoleküle
d Ionen des Wassers

a ganze Wassermoleküle
b Ionen des Wassers

a ganze Salzmoleküle
b Ionen des Salzes
c ganze Wassermoleküle
d Ionen des Wassers

T1 Salze

Benennung		- chlorid Cl^-	- nitrat $(NO_3)^-$	- sulfat $(SO_4)^{2-}$	- carbonat $(CO_3)^{2-}$	- silikat $(SiO_3)^{2-}$
Kalium	K^+	KCl im Steinsalz, z.B. im Kainit l 340	$K(NO_3)$ Kalisalpeter, im Schwarzpulver l 310	$K_2(SO_4)$ im Alaun l 110	$K_2(CO_3)$ Pottasche s 1100	$K_2(SiO_3)$ Kaliwasserglas, in Feldspaten, in Glimmern u k
Natrium	Na^+	NaCl Kochsalz, im Steinsalz, im Meerwasser l 360	$Na(NO_3)$ Natronsalpeter, in Düngemitteln s 880	$Na_2(SO_4)$ Glaubersalz, in Ausblühungen, im Meerwasser l 190	$Na_2(CO_3)$ Soda l 220	$Na_2(SiO_3)$ Natronwasserglas, in Glas, in Feuerschutzmitteln u k
Ammonium	$(NH_4)^+$	$(NH_4)Cl$ Salmiakstein = Lötstein l 370	$(NH_4)\cdot(NO_3)$ Ammonsalpeter, in Düngemitteln, in Sprengstoff s 1870	$(NH_4)_2\cdot(SO_4)$ in Düngemitteln, in Feuerschutzmitteln s 750	$(NH_4)_2\cdot(CO_3)$ im Hirschhornsalz l 220	instabil
Calcium	Ca^{2+}	$CaCl_2$ in Tausalzen s 750	$Ca(NO_3)_2$ Mauersalpeter s 1270	$Ca(SO_4)$ Anhydrit, im Gips, im Gipsstein, im „harten" [1] Wasser w 2	$Ca(CO_3)$ Kalkstein, Marmor, Kreide, im Kalkputz, im Dolomit u 0,013	$Ca(SiO_3)$ im Zement, in Hornblende, im Augit, im Glas u k
Magnesium	Mg^{2+}	$MgCl_2$ in Steinholz-„lauge" s 540	$Mg(NO_3)_2$ s 710	$Mg(SO_4)$ Bittersalz, in Ausblühungen, im Meerwasser l 360	$Mg(CO_3)$ Magnesitstein, im Dolomit u 0,09	$Mg(SiO_3)$ in Glimmern, in Hornblende, im Augit u
Aluminium	Al^{3+}	$AlCl_3$ l 460	$Al(NO_3)_3$ s 730	$Al(SO_4)_3$ im Alaun l 360	instabil	$Al_2(SiO_3)_3$ im Kaolin, im Ton in Feldspaten, in Ziegeln u k

Löslichkeit der Salze in Wasser: g Salz in 1 l Wasser bei 20°C,
→ in der rechten unteren Ecke jedes Feldes. Zu 4 Gruppen:

u = praktisch unlöslich   < 1 g/l,
w = wenig löslich   1 bis 10 g/l,
l = löslich   10 bis 500 g/l,
s = sehr löslich   > 500 g/l.

k = die kolloidale Zerteilung hat bautechnische Bedeutung, z.B. in den dickflüssigen Wassergläsern, im geschmeidigen Ton-Wasser-Gemisch.

[1] Die meisten Salze bilden **Hydrate**, d.h. binden chemisch verhältnismäßig fest ganze Wassermoleküle, dabei Kristalle bildend (Kristallwasser).

Gipsstein z.B. ist Calciumsulfat-di-Hydrat = $Ca(SO_4) \cdot 2 H_2O$.

Auf die unterschiedlichen Hydrate ist in der Tabelle nicht hingewiesen.

Stoffe

Wichtige chemische Vorgänge
Important chemical processes

a)	**Metall**	+	**Sauerstoff**	→	**Metalloxid**			Entstehen einer Base,
	Ca	+	O	→	CaO	Calciumoxid		wässrige Lösungen der
b)	**Metalloxid**	+	**Wasser**	→	**Metallhydroxid** = Base			Base heißen Lauge
	CaO	+	H_2O	→	Ca $(OH)_2$	Calciumhydroxid		
c)	**Nichtmetall**	+	**Sauerstoff**	→	**Nichtmetalloxid**			
	C	+	O_2	→	CO_2	Kohlendioxid		Entstehen einer Säure
d)	**Nichtmetalloxid**	+	**Wasser**	→	**Säure**			
	CO_2	+	H_2O	→	$H_2(CO_3)$	Kohlensäure		
e)	**Metall**	+	**Säure**	→	**Salz**	+	**Wasserstoff** ↑	
	Ca	+	2 HCl	→	$CaCl_2$	+	H_2 ↑	
f)	**Metalloxid**	+	**Säure**	→	**Salz**	+	**Wasser**	Entstehen eines Salzes
	CaO	+	2 HCl	→	$CaCl_2$	+	H_2O	
g)	**Metallhydroxid**	+	**Säure**	→	**Salz**	+	**Wasser**	
	Ca $(OH)_2$	+	2 HCl	→	$CaCl_2$	+	2 H_2O	
h)	**Salz**	+	**Säure**	→	**Salz**	+	**Säure** ↑	
	$CaCl_2$	+	$H_2 (SO_4)$	→	Ca (SO_4)	+	2 HCl ↑	Umwandlung von
i)	**Salzlösung**	+	**Salzlösung**	→	**Salz** ↓	+	**Salzlösung**	Salzen
	$CaCl_2$	+	$Na_2 (SO_4)$	→	Ca (SO_4) ↓	+	2 NaCl	

siehe auch: Wichtige chemische Verbindungen

Einfaches chemisches Rechnen
Simple chemical calculation

Chemische Formeln geben die Zusammensetzung einer chemischen Verbindung in Kurzform an. Jedes chemische Zeichen steht in ihr stellvertretend für ein Atom in einem Molekül, wobei die tiefstehende Zahl rechts die Zahl der jeweiligen Atome angibt. Multipliziert mit den jeweiligen Atommassen erhält man die Massenanteile im Molekül (Kristall).

Chemische Gleichungen zeigen die Formeln der Stoffe vor und nach einer Reaktion, verbunden durch einen Pfeil (→), der die Richtung angibt, in der die Reaktion abläuft.

Gesetz von der Erhaltung der Masse:
Bei einer chemischen Reaktion bleibt die Gesamtmasse der beteiligten Stoffe gleich. Die Summe der Massen der Reaktionsprodukte ist gleich der Summe der Massen der Ausgangsstoffe.

Gesetz der konstanten Proportionen:
Elemente verbinden sich untereinander in konstanten Proportionen, d. h. in bestimmten Massenverhältnissen, die sich aus den Atommassen und den Wertigkeiten errechnen lassen.

Wertigkeit = Valenz bezeichnet man das Mengenverhältnis, in dem sich ein Element mit einem anderen zu einer Verbindung umsetzt, s. Spalten „Atommassen" u. „Wertigkeiten" (Ionen-Wertigkeiten) in Tabelle: wichtige chemische Elemente. Manche Atome, z.B. Eisen, haben mehrere mögliche Wertigkeiten.

Beispiel: Wie viel kg trockenes Weißkalkhydrat entstehen beim Löschen aus 100 kg reinem Weißfeinkalk?

Atommassen	Calcium:	Ca = 40
	Sauerstoff:	O = 16
	Wasserstoff:	H = 1

CaO	+	H_2O	→	Ca $(OH)_2$	
				40 mt	56 kg Branntkalk (CaO)
40 mt		2 mt	+	32 mt	ergeben 74 kg Weißkalk-
+ 16 mt	+	16 mt	+	2 mt	hydrat (Ca$(OH)_2$)
56 mt	+	18 mt	→	74 mt	mt = Massenteile

$$100 \text{ kg Branntkalk ergeben } \frac{74 \text{ kg} \cdot 100 \text{ kg}}{56 \text{ kg}} = 132 \text{ kg}$$

Es entstehen 132 kg Weißkalkhydrat.

Chemische Bindungsarten
Chemical bonds

Atombindung (kovalente Bindung) hält Nichtmetall-Atome in **Molekülen** zusammen, indem Elektronen gemeinsam benutzt werden können und so volle (stabile) Achterschalen bilden, z. B. H_2O, CO_2. In organischen Stoffen, z. B. Cellulose, und Kunststoffen bilden sie fadenförmige (lineare), flächige oder körperliche, räumlich vernetzte Makromoleküle.

Ionenbindung hält Metall- und Nichtmetall-Atome in regelmäßig aufgebauten **Ionenkristallen** (meist „Salzen") durch elektrische Anziehungskräfte zusammen, wobei die Metalle Elektronen abgeben und zu positiven Kationen, die Nichtmetalle durch Elektronenauf-

nahme zu negativen Anionen werden. Die Formel gibt hier nur das Verhältnis der Atome im Kristall wieder.
Die meisten spröden Baustoffe gehören dazu.

Metallbindung hält Metallatome in **Metall-Kristallen** durch elektrische Anziehungskräfte zusammen, wobei die überschüssigen Elektronen der Metalle eine negative „Wolke" zwischen den positiven Metall-Kationen bilden. Die Beweglichkeit der Elektronen bewirkt die besonderen Eigenschaften der Metalle: Leitfähigkeit und Verformbarkeit.

Stoffe

Bestimmen des pH-Wertes mittels Indikator: Säuren, Laugen, Salzlösungen und Wasser enthalten H^+- und OH^- Ionen. Ihr Verhältnis bestimmt, ob die Flüssigkeit sauer, neutral oder alkalisch (basisch) ist.

Ein Maßstab dafür ist der pH-Wert, der die Konzentration der H^+-Ionen in der Flüssigkeit angibt und mit Indikatoren, Papier- oder Plastikstreifen, aber auch mittels Messgeräten bestimmt werden kann, → unten.

Unfallverhütung:

Säuren mit pH < 3 und Laugen mit pH > 11 wirken ätzend, deshalb Schutzbrille und Handschuhe tragen, Spritzer mit viel Wasser abspülen; wenn nötig Arzt aufsuchen!

Beim Verdünnen immer Säure in Wasser gießen, nicht umgekehrt, sonst Spritzgefahr.

Anwendung der pH-Wert Bestimmung:

Kalkmörtel, der noch nicht völlig karbonatisiert (in Calciumcarbonat $CaCO_3$ umgewandelt) ist und deshalb noch alkalisch reagiert (pH > 9), darf nicht mit ölhaltigen Stoffen beschichtet werden, da diese sonst verseift werden.

Beton, der karbonatisiert ist (pH < 9), schützt den Stahl nicht mehr vor Korrosion (Rost), es müssen bei Vorliegen korrosiver Bedingungen Schutzmaßnahmen eingeleitet werden. pH-Wert mit „Phenolphthaleïn", → unten, oder mit „Epsilon-Blau"-Lösung (1g/l) bestimmen.

Wasseruntersuchungen: pH-Wert besser mit „Methylrot" (1g/l) bestimmen, weil es im sauren Bereich (pH < 4,5) deutlicher anzeigt als Universalindikatoren. Tropfenweise zugeben bis Färbung.

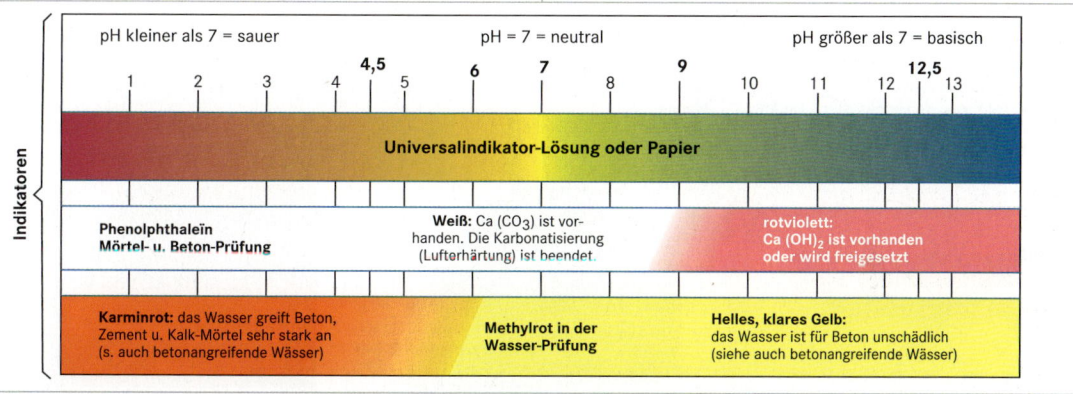

Sie ordnet die Metalle nach ihrer chemischen Reaktionsfähigkeit und gestattet, den Ablauf von chemischen Vorgängen vorauszusagen, in denen ein oder zwei Metalle mit Ionen in Lösung zusammenkommen.

Es gelten die **Regeln**:

1. Je weiter rechts ein Metall in der Reihe steht, desto **chemisch aktiver** ist es, desto leichter gibt es Elektronen ab (wird es oxidiert), desto **„unedler"** reagiert es.

2. Jedes Metall kann alle anderen Metalle, die in der Reihe links von ihm stehen, **aus deren Salzlösungen verdrängen**. Beispiel: $Zn + CuCl_2 \rightarrow ZnCl_2 + Cu$. Das edlere Metall schlägt sich metallisch nieder. Metallpaare, die so reagieren können, dürfen nicht gemeinsam verarbeitet werden.

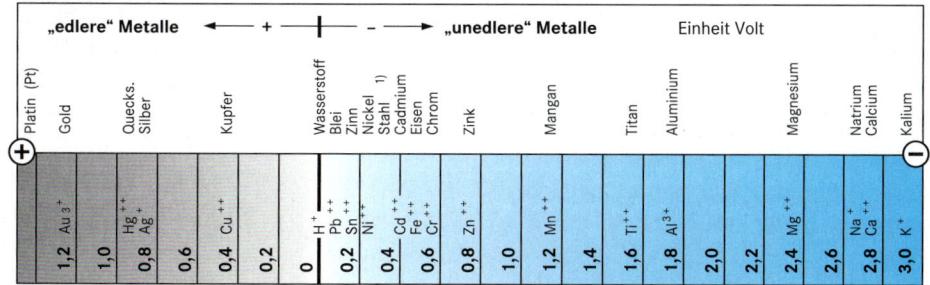

1) Gegenüber luftgesättigtem Wasser

Stoffe

Stoffe treten je nach ihrer chemischen Zusammensetzung in unterschiedlichen Strukturen auf. Ionische Verbindungen kristallisieren in Gitterstrukturen, kovalent gebundene Verbindungen bilden Molekülstrukturen.

Molekülstrukturen bestehen aus: (meros = Teil)

- Monomeren: einzelne Moleküle (Wasser, Luft)

- Oligomeren: wenige Moleküle zu größeren Einheiten verknüpft (Rohrzucker)

- Polymere oder
  Makromoleküle: viele Monomere zu großen, fadenförmigen oder flächenförmigen oder räumlich angeordneten Einheiten verknüpft

Beispiel: ionische Struktur
Die Ionen Na^+ und Cl^- fügen sich zum **Kristallkörper**
Na^+Cl^- = Kochsalz zusammen.
Form der Kristalle = Würfel.

Na^+
Cl^-

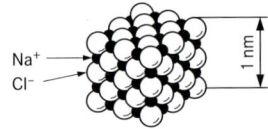

Kristallformen

Nadelförmige Kristalle
Beispiel: Gipskristalle können durch Nadelform verfilzen
Foto: Rutilkristall

Voluminöse Kristalle
Beispiele: Würfelförmige Salzkristalle oder sechseckige Kalkkristalle
Foto: Apatitkristall

Plättchenförmige Kristalle
Beispiel: Calciumhydroxidkristalle in Betongefüge auskristallisiert
Foto: Wulfenitkristall

Molekülstrukturen

Fadenstruktur
Alkane, Paraffin, Polyethylen
Foto: Nonan

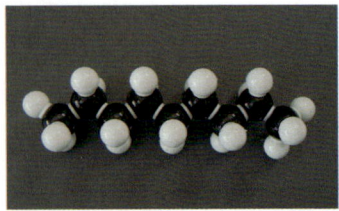

Flächenstruktur
Graphit
Foto: aromatisches Molekül

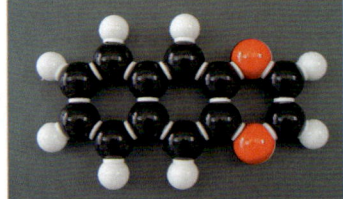

Raumstruktur
natürliches Polymer
Foto: Zuckermolekül

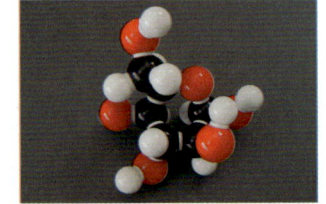

Polymerstrukturen

Thermoplaste
unverzweigte Fadenmoleküle, schmelzbar, in Lösemitteln löslich

Elastomere
weitmaschig vernetzt, gummi-elastisch, quellbar, unlöslich

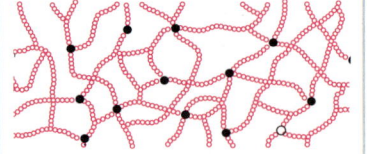

Duromere
engmaschig vernetzt, hart, nicht schmelzbar, unlöslich

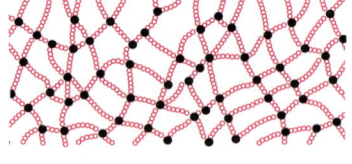

Wirkung eines Lösemittels auf Thermoplaste

Lösemittel und Verdünnungsmittel sind hauptsächlich flüchtige Flüssigkeiten.
Sie wirken wie ein „Schmiermittel" zwischen den Fadenmolekülen.

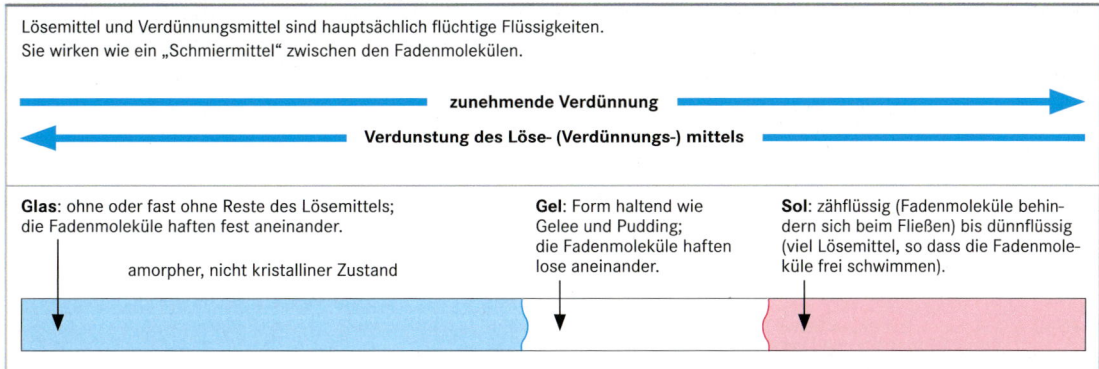

zunehmende Verdünnung

Verdunstung des Löse- (Verdünnungs-) mittels

Glas: ohne oder fast ohne Reste des Lösemittels; die Fadenmoleküle haften fest aneinander.

amorpher, nicht kristalliner Zustand

Gel: Form haltend wie Gelee und Pudding; die Fadenmoleküle haften lose aneinander.

Sol: zähflüssig (Fadenmoleküle behindern sich beim Fließen) bis dünnflüssig (viel Lösemittel, so dass die Fadenmoleküle frei schwimmen).

Beispiele: Kieselsäure im Zement-Wasser-Leim u. Zementstein in Wassergläsern; Glutinleime (Haut- und Knochenleime), verdunstende lösemittelhaltige Lacke und Bitumenlösung.

Wirkung der Temperatur

T_m: Schmelztemperatur T_g: Glasübergangstemperatur T_s: Siedetemperatur T_z: Zersetzungstemperatur

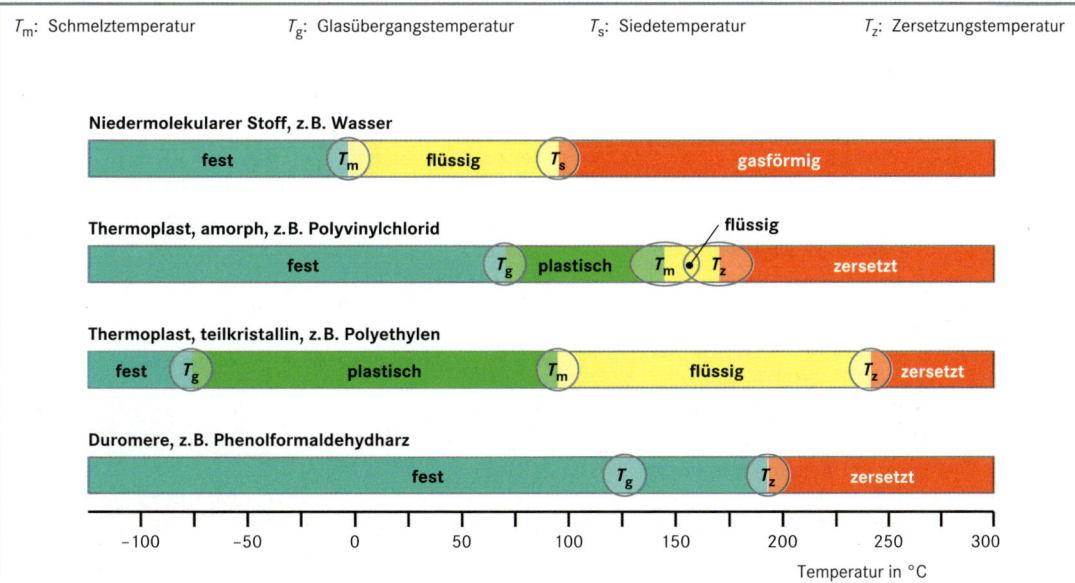

Als **Schmelztemperatur** T_m bezeichnet man die Temperatur, bei der ein Stoff vom festen in den flüssigen Aggregatzustand übergeht, also schmilzt.
Beispiel: Eis schmilzt bei 0°C zu Wasser.

Die **Glasübergangstemperatur** T_g ist die Temperatur, bei der ein amorpher Kunststoff die größte Änderung der Verformbarkeit aufweist. Dieser so genannte Glasübergang trennt den bei tieferer Temperatur liegenden *spröden* energieelastischen Bereich (= Glasbereich) vom oberhalb liegenden *weichen* entropieelastischen Bereich (= gummielastischer Bereich).
Beispiel: Ein Gummischlauch wird unterhalb von rd. –100 °C glashart und zersplittert beim Schlag. Eine spröde Plexiglasverpackung wird oberhalb von rd. 80 °C plastisch verformbar.

Als **Siedetemperatur** T_s bezeichnet man die Temperatur (bei gegebenem Druck), bei der ein Stoff vom flüssigen in den gasförmigen Aggregatzustand übergeht, also siedet oder kocht.
Beispiel: Wasser siedet bei 100 °C und geht in Wasserdampf über.

Als **Zersetzungstemperatur** T_z bezeichnet man die Temperatur, bei der die chemischen Bindungen eines Stoffes zerstört werden. Diese Temperatur ist von der Umgebung abhängig (Sauerstoffgehalt, beeinflussende Chemikalien etc.). Nach der Zersetzung ist der Stoff irreversibel, d.h. nicht umkehrbar zerstört.

Stoffe

139

Kurz-zeichen	Typ	Bezeichnung	Handelsnamen (Auswahl)	Verwendungsbeispiele
ABS	T	Acrylnitril-Butadien-Styrol	Novodur, Novacral, Megalac	Schlagfeste Kunststoffteile
BR*	E	Butyl-Kautschuk (rubber)	Exxon-Butyl, Bucar	Fugendichtungsmassen
CR*	E	Chloropren-Kautschuk (rubber)	Neoprene, Baypren, Perbunan C	Pattex-Kleber, Taucheranzug
EP	D	Epoxid (-Harze)	Araldit, Epoxin, Epikote, Lekutherm	2K-Kleber, Bodenbeschichtung
MC	T	Methylcellulose	Methylan	Tapetenkleister, Mörtelzusatz
MF	D	Melamin-Formaldehyd (-Harz)	Albamid, Getalit, Getadur, Resopal	Möbeloberflächen, Holzwerkstoffe
PA	T	Polyamid	Perlon, Ultramid, Vestamid, Vestolen	Seile, Elektroinstallation
PB	T	Polybuten	Vestolen BT	Flexible Rohre, Fußbodenheizung
PC	T	Polycarbonat	Makrolon, Makrofol	Lichtkuppeln, CD, DVD
PE-HD	T	Polyethylen hoher Dichte	Baylon, Hostalen, Supralen, Vestolen	Folien, Rohre, Platten
PE-LD	T	Polyethylen geringer Dichte		
PET	T	Polyethylen-Terephthalat	Hostadur, Ultradur, Eastapak	Getränkeflaschen, Folien, Fleece
PF	D	Phenol-Formaldehyd (-Harz)	Arophenal, Trolitan, Asplit	Bakelit, Leime, Fassadenplatten
PIB	T E	Polyisobutylen	Oppanol, Rhepanol	Klebstoff, Dichtungsmaterial, Folien
PMMA	T	Polymethyl-Methacrylat	Degalan, Degalas, Resarit, Plexiglas	Acrylglas, Lichtanlagen
PP	T	Polypropylen	Hostaplen PP, Novaplen, Vestolen P	Folien, Rohre, Platten
PS	T	Polystyrol, ungeschäumt	Hostyren, Luran, Terluran, Vestyron	Gehäuse f. Elektronik, Verpackung
	T	Polystyrol, geschäumt	Styrodur, Styrofoam, Styropor	Dämmungen, Verpackungen
PTFE	T	Polytetrafluorethylen	Hostaflon, Fluon, Teflon	Brückenlager, Folien
PUR	T E D	Polyurethan	Desmodur, Desmoflex, Moltopren	Schäume, Lacke, 2K-Kleber
PVAc	T	Polyvinylacetat	Acronal, Moricoll, Ponal, Vinnapas	Leime, Haftbrücken
PVB	T	Polyvinylbutyral	Pioloform, Trosifol	Verbundglas, Lacke
PVC-U	T	Polyvinylchlorid – hart	Hostalit, Solvic, Trosiplast, Vestolit	Fenster, Fußböden, Fassadenplatten
PVC-P	T	Polyvinylchlorid, mit Weichmacher	Delifol, Leschuplast, Rhenofol, Vinnol	Dichtungen, weiche Fußbodenbeläge
SAN	T	Styrol-Acrylnitril (-Copolymer)	Luran, Vestoran	Lichtleiter, Verglasung
SB	E	Styrol-Butadien-Kautschuk	Buna, Perbunan	Reifen, Dichtungen, Transportbänder
SI	E	Silicone	Baysilon, Palesit, Silopren, Sista	Dichtungsmasse, Hydrophobierung
SR*	E	Polysulfid-Kautschuk (rubber)	Perduren, Thiokol	Dichtungen
UF	D	Harnstoff-Formaldehyd (-Harz)	Beckaminol, Iporka, Kaurit, Urecoll	Holzleim, Holzwerkstoffe
UP	D	Ungesättigte Polyester	Leguval, Paletal, Polyleit, Vestopal	Polymerbeton, GFK, Spachtel
		D = Duromer, E= Elastomer, T= Thermoplast		

Kurzzeichen für faserverstärkte Kunststoffe

GFK	Glasfaserverstärkte Kunststoffe
MFK	Metallfaserverstärkte Kunststoffe
CFK	Carbonfaserverstärkte Kunststoffe

Beispiele für das Verbinden der Zeichen

GF-UP	Glasfaserverstärktes Polyester
CF-EP	Carbonfaserverstärktes Epoxid
PA-SF-PF	Polyamidfaserverstärktes Phenolharz

Risiken beim Einsatz von Kunststoffen (oft vermindert durch Zusätze oder Copolymere)

Art des Risikos	Gefahr groß —————————— geringer —————————→ kaum
Entflammbarkeit und Weiterbrennen	PS, PE, PP, PMMA, PETP, PVC, PVC-C, PC, MF, PF, PTFE
Abtropfen beim Brennen	PE, PP, PS, PMMA
Giftige Gase beim Brennen	PVC, PVC-C (Bildung von HCl, mit $H_2O \rightarrow$ Salzsäure) PUR (Bildung von Blausäure (HCN) und Ammoniak (NH_3) möglich)
Auswirkungen von organischen Lösemitteln, z.B. beim Beschichten und Kleben	PS, PVC, PE, PP, PUR PMMA, MF, PF, PTFE
Erweichen bei höheren Temperaturen	PVC-P, PVC-U, PE, PS, PMMA, PP, PC, PVC-C, EP, MF, PF, PTFE

Lieferformen und Anwendungen

Weichschaum (PUR)

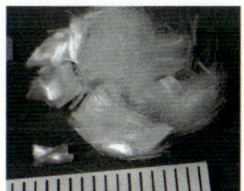

Fasern aus Füllstoff (PAN)

Durchsichitge und opake Wellplatten (PC)

Kunststoffdispersion als Betonzusatz (SB)

Profile für Fenster (PVC-U)

Doppelstegplatten mit Faserverstärkung (PS)

Rolladenprofile (PVC-U)

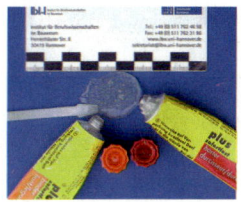

2K-Kleber (EP)

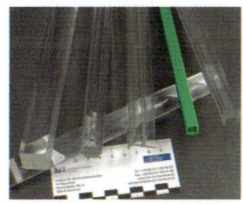

Kunststoffhalbzeuge (PMMA)

Glasfaserverstärktes Rohr (UP)

Baufolien (PE)

Chips zur Beschichtungs-einfärbung (PVAc)

Bitumen, Teerpech
Bitumen, tar pitch

Bitumen: aus Erdöl destilliertes Gemisch unterschiedlich langer Kohlenwasserstoffmoleküle, bei dem die kürzeren als „Weichmacher" dienen, hat einen relativ großen Erweichungsbereich.

Teerpech: aus Kohle gewonnen, ist ähnlich, hat aber einen engen Erweichungsbereich, und wird deshalb schnell flüssig oder spröde. Es enthält giftige benzolartige (cyclische) Verbindungen.

Löse- und Verdünnungsmittel: sind meist kurzkettige, benzin- oder dieselähnliche Kohlenwasserstoffe, die als „Schmiermittel" Bitumen erweichen oder verflüssigen können.
Sie sind meist leicht entzündlich und in höheren Konzentrationen oft auch giftig.

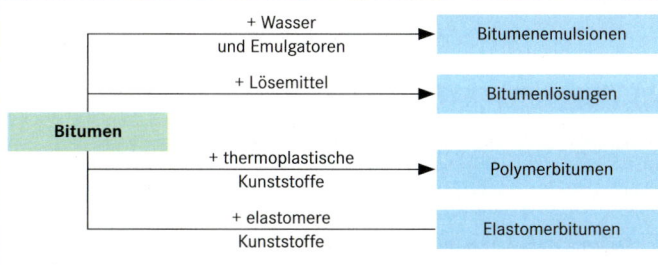

Aus **Bitumenemulsionen und Bitumenlösungen** werden bei Zugabe von Grob- und Feinzuschlägen (Splitt- und Brechsand) **Kaltasphalt**, bei Zugabe von Feinzuschlägen und Fasern **Spachtel-** und **Dickbeschichtungen** hergestellt.

Aus **Bitumen** oder **Polymerbitumen** werden bei Zugabe von Grob- und Feinzuschlägen **Gussasphalt** und **Asphaltbeton** hergestellt.

Elastomerbitumen wird mit Filzen, Vliesen und Gewebe zu **Dichtungs-** und **Dachbahnen** verarbeitet.

Luftdruck in der Atmosphäre bei mittleren Wetterverhältnissen

Infolge ihres Gewichtes drückt die Quecksilbersäule mit dem gleichen **Druck p in N/mm^2** wie die Luft.

Beispiel:
Quecksilber, ϱ = 13,59 kg/dm^3
$p = h \cdot g_R$ ($g_R = \varrho \cdot 9{,}81$ N/kg)
= 7,5 dm $\cdot$ 133,3 N/dm^3
= 999,75 N/dm$^2 \approx$ 1kN/dm^2
= 1 bar

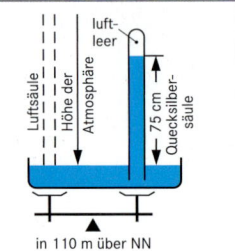

in 110 m über NN

Druckmesser (Barometer)

Quecksilberbarometer (ähnlich wie im Bild oben), Dosenbarometer, Wassersäulen-Druckmesser, auch für feine Druckunterschiede, z.B. Schornsteinzug, als Schrägrohrmanometer, → Abb. rechts)

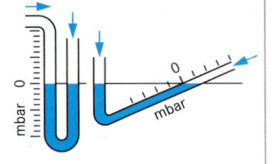

T1 Luftdruck in der Atmosphäre

Höhe über Meereshöhe NN	**Bar** bar	Millibar mbar = hPa	N/mm^2 = MN/m^2	m Wassersäule m WS	Quecksilbersäule mm HgS
0 m	1,0133	1013,3	0,101	10,33	760,0
110,3 m	**1,000**	**1000**	**0,100**	**10,20**	**750,0**
271,2 m	0,9807	980,7	0,098	**10,00**	735,6

Drücke in Innenräumen

Vergleiche mit Autoreifen ca. 200 kN/m^2:
Traglufthallen: mind. 0,30 kN/m^2 Überdruck,
Kegeldach Infoturm Göttingen: ca. 1 kN/m^2,
Luftkissendächer: 0,5 bis 1,0 kN/m^2,
tragende Schläuche Fuji-Pavillon EXPO '70: 8-25 kN/m^2

T2 Zusammensetzung trockener Luft

Zusammensetzung trockener Luft in der Atmosphäre bis etwa 10 km Höhe bei 0°C:

Gasart		V %	M.-%	g/m^3-Luft
Sauerstoff	O_2	21	23	297
Kohlendioxid	CO_2	0,03	0,04	0,5
Stickstoff	N_2	78	75,5	976
Edelgase	A	0,97	1,4	12,5

Dichte der Luft $\approx$ **1,3 g/l** $\approx$ **1,3 kg/m^3** $\triangleq$ 1293 g/m^3

Gase in geschlossenen Behältern

Bei gleich bleibender Temperatur stehen **Drücke** und **Volumina** eines Gases **im umgekehrten Verhältnis** zueinander, → Abb. rechts.

$V_1 : V_2 = p_2 : p_1$
$V_1 \cdot p_1 = V_2 \cdot p_2 = V_3 \cdot p_3\ldots$

$V \cdot p$ = konstant (unveränd.)

$V_1 = 3$ l
$p_1 = 1$ bar

$V_2 = 2$ l
$p_2 = 1{,}5$ bar

$p_3 = 3$ bar $\quad V_3 = 1$ l

Beispiel:
Einer 20 l-Gasflasche mit 80 bar Überdruck können 80 $\cdot$ 20 l = 1600 l Gas von 1 bar Druck entnommen werden.

Kennzeichnung:
Gelb: Acetylen
Blau: Sauerstoff
Rot: andere brennbare Gase
Grün: Stickstoff
Grau: andere nicht brennbare Gase

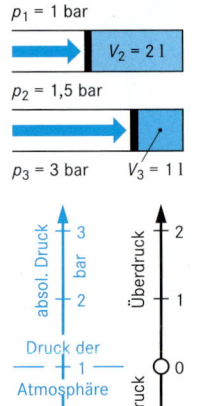

Luftdrücke, Druckdifferenzen und Unterdrücke

Luftdrücke, Druckdifferenzen und Unterdrücke, z. B. in **Schornsteinen**, werden in hPa angegeben:
1 hPa = 100 Pa (N/m^2) = 1 mbar $\approx$ 1 cm Wassersäule

Windstärken
Wind force

Die Windstärke wird international nach der 12-teiligen **Beaufort-Skala** angegeben. Ein Vergleich mit den Werten d. Tab. Lastannahmen – Windlasten zeigt, dass die **Windlast**, mit der die Standfestigkeit eines Gebäudes berechnet wird, dem **Staudruck eines Orkans** entspricht.

Zum Einfluss des Winddrucks auf die **Luftdichtheit** von Fenstern, → Wärmeschutz.
Zum Einfluss der Hauptwindrichtung auf das **Dachdecken**, → Dachdeckung.

T3 Windstärken in 10 m Höhe über offenem Gelände (am Boden meist stark gebremst):

Beaufort-Grad	Geschwindigkeit v		Staudruck q		Benennung	Kennzeichen: es bewegen sich
	m/s	km/h	mbar = hPa $\approx$ cm WS	kN/m^2 = Pa		
3	3,4 5,2	12,3 18,7	0,072 . . . 0,17	0,0072 . . 0,017	schwache Brise	Blätter, leichte Wimpel
6	9,9 12,4	35,6 44,6	0,61 0,96	0,061 . . . 0,096	starker Wind	starke Äste, Planen
9	18,3 21,5	65,9 77,4	2,1 2,9	0,21 0,29	Sturm	lose Dachsteine
12	> 29	> 104	> 5,3	> 0,53	Orkan	schwere Gegenstände

Stoffe

Schadstoffe in der Luft

Ozon O$_3$ ist schädlich, kommt aber meist nur im Freien in höheren Konzentrationen vor.

Kohlenstoffdioxid CO$_2$
Seine Dichte ist erheblich höher als die der Luft, es sammelt sich deshalb bevorzugt am Boden tiefer Gruben und Schächte an. Es ist geruchlos und wird nicht bemerkt bis **Erstickung** droht.

Kohlenstoffmonoxid CO entsteht bei unvollständiger Verbrennung mit Luftmangel. Es ist geruchlos, **giftig** und brennbar (Verpuffung).

Schwefeldioxid SO$_2$ und Stickstoffdioxid NO$_2$
sind in Abgasen enthalten. Mit Regenwasser bilden sich Säuren, die mit dem Luftsauerstoff weiteroxidieren und aggressiver werden, „Saurer Regen". Sie greifen vor allem kalkhaltige Natursteine, Mörtel und Beton an.

Stäube, davon sind besonders Asbest-Feinstaub (Asbestose und Krebsgefahr) und Quarz-Feinstaub (Staublunge, Silikose) sehr gefährlich, deshalb Atemschutz. Auch Rußpartikel in der Luft können schädlich sein. Als **Feinstaub** wird Staub mit Partikelgrößen < 10 μm (0,01 mm) bezeichnet.

Flüchtige organische Substanzen, **VOC** (volatile organic compounds), sind die Verunreinigungen der Luft durch Lösemittel, Kraftstoffe und andere, organische Verbindungen.
→ VOC-Verordnung

Sonderfall: Die Atmungs- und Verbrennungsvorgänge, → **A1** verbrauchen **Sauerstoff O$_2$**. Wenn der O$_2$-Gehalt der Luft in abgeschlossenen Räumen auf 17 V% gesunken ist, besteht Lebensgefahr.

Lüften von Wohnungen

Lüften von Wohnungen ist erforderlich, **um „verbrauchte" Atemluft durch frische Außenluft zu ersetzen**. In DIN EN 12831: 03 wird mit dem Luftwechsel β = 0,5 m^3/(h · m^3) = 0,5/h gerechnet, d.h., pro Stunde soll bei normaler Nutzung die Hälfte der Raumluft ausgewechselt werden, **um die Luftfeuchte zu regulieren**, indem überschüssiger Wasserdampf nach außen abgeführt wird. Das ist besonders wirkungsvoll, wenn kalte Außenluft, deren absolute Feuchte selbst bei hoher relativer Luftfeuchte gering ist, einströmt. Deren relative Feuchte sinkt beim anschließenden Erwärmen erheblich:

Beispiel 1:

Außenluft von 9°C: 8,8 g H$_2$O/m^3 bei 100 % rel. Feuchte

erwärmt auf 20°C: 8,7 g H$_2$O/m^3 bei 50 % rel. Feuchte

Umgekehrt wird Feuchte ins Haus geholt, wenn beim Lüften warme „schwüle" Luft im Sommer in einen kühlen, ungeheizten Raum gelangt:

Beispiel 2:

Außenluft von 25°C: 18,4 g H$_2$O/m^3 bei 80 % rel. Feuchte

abgekühlt auf 15°C: 12,8 g H$_2$O/m^3 bei 100 % rel. Feuchte

Es fallen pro m^3:   5,6 g als Kondenswasser an kalten Stellen des Raumes aus;

bei 40 m^3 Raum-
volumen: 5,6 · 40 =   224 g (cm^3) pro Lüftung.

A1 Kreisläufe des Sauerstoffs u. des Kohlenstoffs

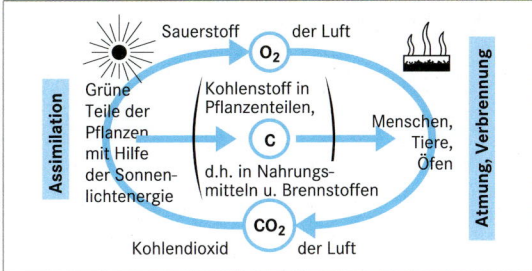

T4 Höchste zulässige Immissionswerte schädlicher Gase und Dämpfe

Geruchsschwelle der Stoffe		AGW, früher MAK-Werte		nach TA Luft	
				Lang-zeit	Kurz-zeit
				Einwirkung	
Name, Formel	$\frac{cm^3}{m^3}$	$\frac{cm^3}{m^3}$	$\frac{mg}{m^3}$	JW1 mg/m^3	JW2 mg/m^3
Kohlendioxid CO$_2$	ohne	5000	9000	–	–
Kohlenmonox. CO	ohne	30	35	10	30
Schwefeldiox. SO$_2$	0,5	2	5	0,14	0,40
„ wasserst. H$_2$S	< 0,1	10	15	0,005	0,01
Stickst.-diox. NO$_2$	ohne	5	9	0,08	0,20
Formaldehyd HCHO	< 1	1	1,2	0,6	–

Maße: cm^3/m^3 = ml/m^3 = ppm = Volumen-Millionstel
mg/m^3 = (cm^3/m^3) · Molekülmasse : 24

Immission = **Einwirkung** von Luftverunreinigungen (Gase, Dämpfe, Stäube) auf Menschen, Tiere, Pflanzen und Sachen, z.B. Bauwerke, → **T4**.

Emission = **Abgabe** von Luftverunreinigungen, z.B. SO$_2$ durch einen Schornstein, Formaldehyd aus einer Kleberschicht oder Spanplatten. In der TA-Luft sind die zulässigen Höchstmengen für etwa 200 Schadstoffe festgelegt.

TA-Luft = Technische Anleitung zur Reinhaltung der Luft, vom Bundesministerium für Umwelt, Naturschutz und Reaktorsicherheit (2002).

AGW-Wert = Der Arbeitsplatzgrenzwert ist der Grenzwert für die zeitlich gewichtete durchschnittliche Konzentration eines Stoffes in der Luft am Arbeitsplatz in Bezug auf einen gegebenen Referenzzeitraum. Er gibt an, bei welcher Konzentration eines Stoffes akute oder chronische schädliche Auswirkungen auf die Gesundheit im Allgemeinen nicht zu erwarten sind.

Lüftungshinweise

Im **Winterhalbjahr** führt Dauerlüftung, z.B. durch Kippfenster, zu hohen Wärmeverlusten. Günstig ist **Stoßlüftung**, besonders um stoßartig anfallende Feuchte, z.B. vom Kochen und Duschen, abzuführen.
Bei vollem Luftaustausch in einem Raum von 40 m^3 gehen nur etwa 4 Wh (enthalten in etwa 1/3 cm^3 Öl) an Energie verloren. Dauerlüftung ist nur beim Einsatz von Wärmetauschern sinnvoll. Die mögliche Feuchteabfuhr durch so genannte „atmungsaktive" (diffusionsoffene) Wände ist unbedeutend.
Im **Sommerhalbjahr** sollte, besonders bei schwülem Wetter, möglichst nur nachts gelüftet werden.

Stoffe

1. Flüssigkeitsoberfläche A

Flüssigkeitsoberflächen sind waagerecht. Ihre Teilchen sind im stabilen Gleichgewicht, weil alle Moleküle der Flüssigkeit beweglich sind.

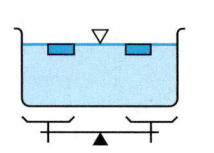

a)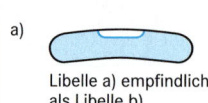

Libelle a) empfindlicher als Libelle b)

b)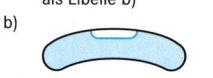

Dies gilt auch in miteinander verbundenen Gefäßen.
Beispiele:

Schlauchwaage

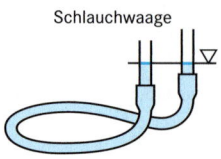

Wasserstandsrohr

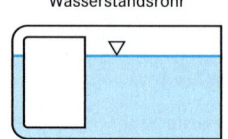

2. Druckkraft F

Die Druckkraft F von Flüssigkeiten (Boden- und Seitendruckkraft) = gedrückte Fläche x Tiefe ihres Schwerpunktes unter dem Flüssigkeitsspiegel x Dichte der Flüssigkeit x Umrechnungsfaktor N/kg (korrekt: Fallbeschleunigung g).

einfach:

$$F = A \cdot h \cdot \varrho_{Fl} \cdot 10 \text{ N/kg}$$

$$N = m^2 \cdot m \cdot \frac{kg}{m^3} \cdot 10 \frac{N}{kg}$$

korrekt:

$$F = A \cdot h \cdot \varrho_{Fl} \cdot g$$

$$10 \text{ N} = 1 \text{ m}^2 \cdot 1 \text{ m} \cdot 1 \frac{kg}{m^3} \cdot 10 \frac{m}{s^2}$$

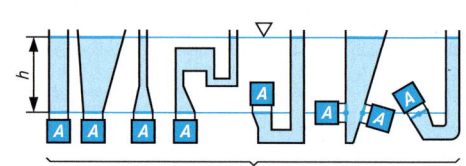

Druckkraft auf Fläche A gleich groß

3. Seitendruckkraft F je m Kanallänge (Einheiten wie bei 2.)

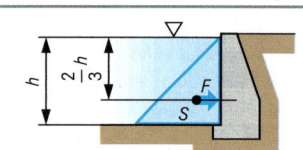

$$F = \frac{h^2}{2} \cdot \varrho_{Fl} \cdot 10 \frac{N}{kg} \quad (g = 10 \frac{m}{s^2})$$

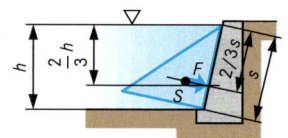

$$F = \frac{s \cdot h}{2} \cdot \varrho_{Fl} \cdot 10 \frac{N}{kg} \quad (g = 10 \frac{m}{s^2})$$

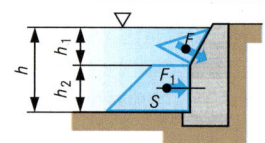

$$F_1 = \frac{h + h_1}{2} \cdot h_2 \cdot \varrho_{Fl} \cdot 10 \frac{N}{kg}$$

Die Wirkungslinie der Seitendruckkräfte geht durch den Schwerpunkt der Druckfigur.

4. Druck p (Druckspannung in Flüssigkeiten)

$$p = \frac{F}{A} = \frac{A \cdot h \cdot \varrho_{FL} \cdot 10 \text{ N/kg}}{A} = h \cdot \varrho_{Fl} \cdot 10 \text{ N/kg} (\cdot 10 \text{ m/s}^2)$$

$p = 0,01 \text{ m} \cdot 1000 \text{ kg/m}^3 \cdot 10 \text{ N/kg}$

$p = 100 \text{ N/m}^2 = \underline{\underline{1 \text{ mbar}}}$

1 cm Wassersäule $\triangleq$ 1 mbar

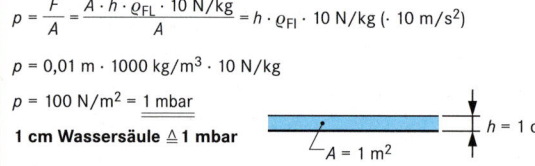
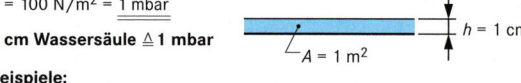

$h = 1 \text{ cm}$

$A = 1 \text{ m}^2$

$p = 10 \text{ m} \cdot 1000 \text{ kg/m}^3 \cdot 10 \text{ N/kg}$

$= 100\,000 \text{ N/m}^2 = 100 \text{ kN/m}^2 = \underline{\underline{1 \text{ bar}}}$

10 m Wassersäule $\triangleq$ 1 bar

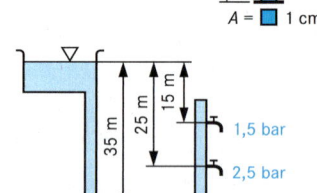

$h = 10 \text{ m}$

$A = \blacksquare 1 \text{ cm}^2$

Beispiele:

a) Druck in einer Taucherglocke und in einem Taucheranzug in 20 m Tiefe: jeweils 2 bar.

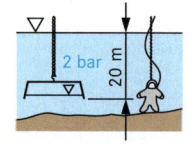

2 bar

20 m

b) Druck in der Wasserleitung in einem Netz mit Hochbehälter.

35 m / 25 m / 15 m

1,5 bar

2,5 bar

3,5 bar

Rechenbeispiel:

Welcher Druck herrscht in 3 m Tiefe in einer Flüssigkeit der Dichte 1,5 kg/l ?

$\varrho_{Fl} = 1,5 \text{ kg/l} = 1500 \text{ kg/m}^3 \qquad p = 3 \text{ m} \cdot 1500 \frac{kg}{m^3} \cdot 10 \frac{N}{kg} = 45\,000 \frac{N}{m^2} = \underline{\underline{0,45 \text{ bar}}}$

Stoffe

5. Druckübertragung in Flüssigkeiten

In Flüssigkeiten wird der Druck allseitig und gleichmäßig übertragen. Ein Beispiel ist die **hydraulische Presse**, meist als Öldruckpresse, die als „Flüssigkeitshebel" bezeichnet werden kann.

$$\frac{F_1}{F_2} = \frac{A_1}{A_2} \; ; F_2 = \frac{F_1 \cdot A_2}{A_1} = \frac{10 \text{ kN} \cdot 12\,000 \text{ cm}^2}{2 \text{ cm}^2} = \underline{\underline{60\,000 \text{ kN} = 60 \text{ MN}}}$$

Beispiele: Hydraulische Presse, hydraulische Bremse, Wagenheber.

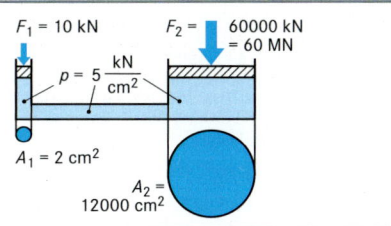

6. Auftrieb F_A

F_A ist eine senkrecht nach oben gerichtete Kraft, die der Differenz aus der Bodendruckkraft in der Tiefe h_1 und der in der Tiefe h_2 entspricht.

$$F_A = V_{Körper} \cdot \varrho_{Fl} \cdot g$$

Auftrieb $\triangleq$ Gewichtskraft des vom Körper verdrängten Flüssigkeitsvolumens.
$g \approx 10 \text{ N/kg} = 10 \text{ m/s}^2$

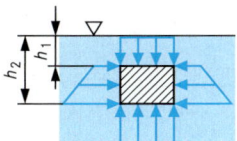

Beispiel:
Auftriebswaage zur Volumenbestimmung:
Stein zuerst in Luft, dann in Wasser wiegen.

7. Schwimmen

$\varrho_{Körper} < \varrho_{Flüssigkeit}$

Beispiel 1:
e = Eintauchtiefe

$$\frac{e}{h} = \frac{\varrho \text{ d. schwimm. Quaders}}{\varrho \text{ der Flüssigkeit}}$$

$$\varrho_{Qu} = \frac{\varrho_{Fl} \cdot e}{h} \; ; \; \varrho_{Fl} = \frac{\varrho_{Qu} \cdot e}{h}$$

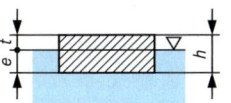

Beispiel 2:
Aräometer, misst die Dichte der Flüssigkeit mit Hilfe der Eintauchtiefe und z. B. damit den Alkoholgehalt der Flüssigkeit.

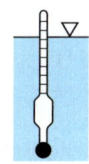

Beispiel 3:
Ein Schwimmkörper hat einen Freibord t = 50 cm. Wie groß darf die gleichmäßig verteilte Nutzlast werden, damit der Körper gerade nicht untergeht? Bei einer zusätzlichen Eintauchtiefe von t beträgt der zusätzliche nach oben gerichtete Wasserdruck $\gamma \cdot t$.
Die Wichte von Wasser beträgt γ = 10 kN/m^2: 10 · 0,50 = q, daraus q = 5,0 kN/m^2.

8. Gleichgewichtsarten beim Schwimmen

Form und Lage des schwimmenden Körpers bestimmen die Stabilität.

a) **stabiles** Gleichgewicht:
Beim Drehen kehrt der Körper von allein wieder in seine Ausgangsstellung zurück, wichtig für Schiffe.

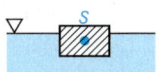

b) **labiles** Gleichgewicht:
Der Körper kehrt nicht in die Ausgangslage zurück

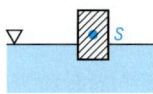

c) **indifferentes** Gleichgewicht:
Der Körper ist immer im Gleichgewicht.

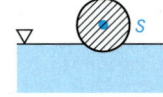

9. Stabilität

Die **Stabilität** beim Schwimmen ist umso größer, je größer das aufrichtende Drehmoment ist.
S = Körperschwerpunkt,
S_1 = Schwerpunkt des verdrängten Volumens,
G = Gewichtskraft des Körpers,
F_A = Auftriebskraft,
$F_A \cdot l$ = aufrichtendes Drehmoment

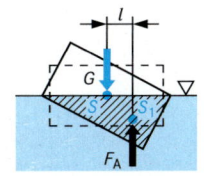

Kohäsion (lat. cohaerere = zusammenhängen) ist die Zusammenhangskraft in Flüssigkeiten und Feststoffen.

An der Oberfläche von Flüssigkeiten bewirkt diese Kraft die „Oberflächenspannung", die, ähnlich wie eine Gummihaut, versucht, die Oberfläche möglichst klein zu halten. Von den Flüssigkeiten hat Benzin eine geringe, Wasser eine hohe (72,6 mN/m) und Quecksilber die höchste (480 mN/m) Oberflächenspannung gegen Luft, → **A1** und nächste Seite.

Adhäsion (lat. adhaerere = Anhaften) ist das Haftvermögen zwischen Stoffen. Bauwichtig ist die Adhäsion von Flüssigkeiten und Teigen, die nur dann zu guter **Benetzung** führt, wenn die Oberflächenspannung der Flüssigkeit niedriger als die des Feststoffes ist. Benetzung ist wiederum Voraussetzung für gutes **Haften**, z. B. des Putzes oder der Beschichtungen (Wasserspritzer als Benetzungstest).

Die **Polarität**, verursacht durch Ladungen oder Teilladungen in den Molekülen, beeinflusst die Oberflächenspannung, → **A1**.

Polar sind z. B. mineralische und metallische Stoffe, die auch vom etwas weniger polaren Wasser gut benetzt und deshalb **hydrophil** (gr. philos = Freund), also „wasserfreundlich" genannt werden.

Unpolar sind organische, wachsartige und ölige Natur- und Kunststoffe mit geringer Oberflächenspannung. Sie werden deshalb vom polaren Wasser kaum benetzt und **hydrophob** (gr. phobos = Flucht) also „wasserabstoßend" genannt. Unpolare Flüssigkeiten, wie Benzin, benetzen fast alle festen Stoffe gut.

Hydrophobieren, z. B. mit Silikonen oder Silanen, macht polare Stoffe wasserabstoßend.

A1 Benetzungsverhalten von Stoffen gegenüber Wasser

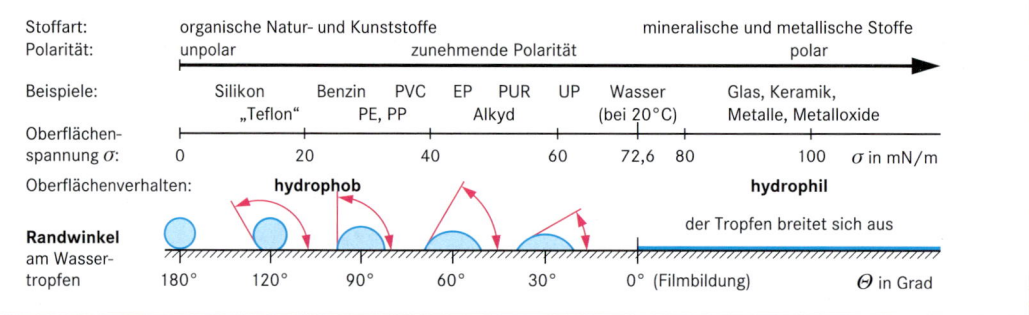

Kapillares Saugen geschieht in Kapillarporen polarer mineralischer Stoffe, die offen und möglichst durchgehend sind, → **A2** und **A3** a).

A2 Poren

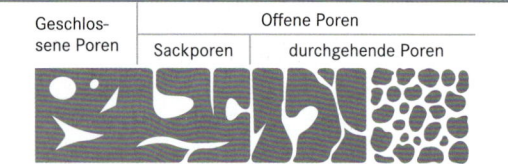

Kapillares Zurückhalten von Wasser kommt in Kapillarporen zur Wirkung, die durch „Hydrophobieren" wasserabstoßend wurden, → **A3** b).

Kapillarporen mit Porenweiten zwischen 0,1 mm u. 0,1 μm saugen besonders gut. Gröbere saugen nur wenig hoch, → **A4**, feinere saugen äußerst langsam, aber sehr hoch.

Porenformen: **Röhrenporen** finden sich im Holz.

In Ziegelsteinen sind es **Spaltenporen**, die das Wasser beim Austrocknen hinterlässt. In KS-Steinen, im Mörtel und Beton kommen dazu Zwickelporen zwischen Körnern, so genannte **Haufwerksporen**, → **A2** rechts.

> Die Saughöhe hängt von der Porenweite ab, → **A4**:
> Bei Röhrenporen: max h in mm = 30 mm^2 : d in mm,
> bei Spaltenporen: max h in mm = 15 mm^2 : d in mm.

Beispiel:
Riss von 0,3 mm, max h = 15 mm^2 : 0,3 mm = <u>50 mm</u>.
Diese Gesetzmäßigkeit gilt auch im Fall **A3** b).

A3 Kapillarwirkungen

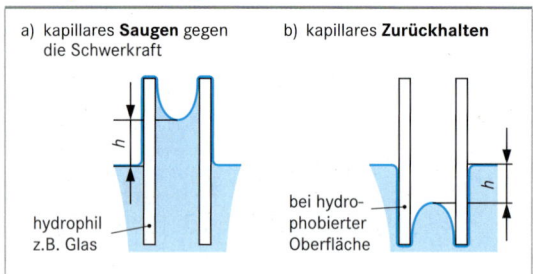

a) kapillares **Saugen** gegen die Schwerkraft

b) kapillares **Zurückhalten**

A4 Saugen im keiligen Spalt

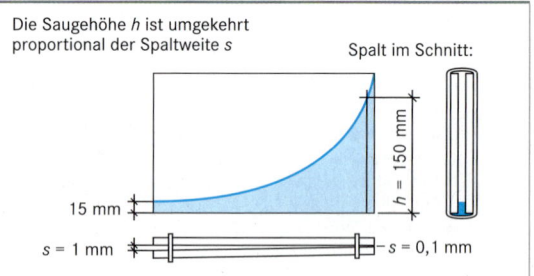

Die Saughöhe h ist umgekehrt proportional der Spaltweite s

Grenzflächenenergie

Spezifische **Grenzflächenenergie** ist der genauere Ausdruck für die Ober-(Grenz-) flächenspannung.

Erstens, weil jede Oberfläche eine „Grenzfläche" zwischen Feststoffen, Flüssigkeiten oder Gasen ist; zweitens, weil es sich hier nicht um eine Spannung im üblichen Sinne handelt, sondern um die Energie in Nm, die benötigt wird, die Grenzfläche um 1 m^2 zu vergrößern.

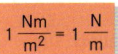

$$1 \frac{Nm}{m^2} = 1 \frac{N}{m}$$

das Maß der Oberflächenspannung
Formelzeichen σ

Grenzflächenaktive Stoffe

Grenzflächenaktive Stoffe, auch „Tenside" genannt, bestehen aus kurzen Fadenmolekülen, → **A5**, die an einem Ende polar (hydrophil), am anderen aber unpolar (hydrophob) sind. Sie ordnen sich an Grenzflächen in Form von Membranen so an, dass ihre polaren Enden zum Wasser oder einem anderen polaren Stoff, ihre unpolaren Enden zur Luft oder zum unpolaren Stoff, z. B. Öl zeigen, → **A6**. Verwendet werden sie als Waschmittel, → **A7**, Fließmittel oder „Luftporenbildner" in Mörtel oder Beton, → **A8** oder als „Emulgator" für Emulsionen, → **A9**.

A5 Grenzflächenaktive Stoffe (Tenside) und ihre Anwendungsgebiete:

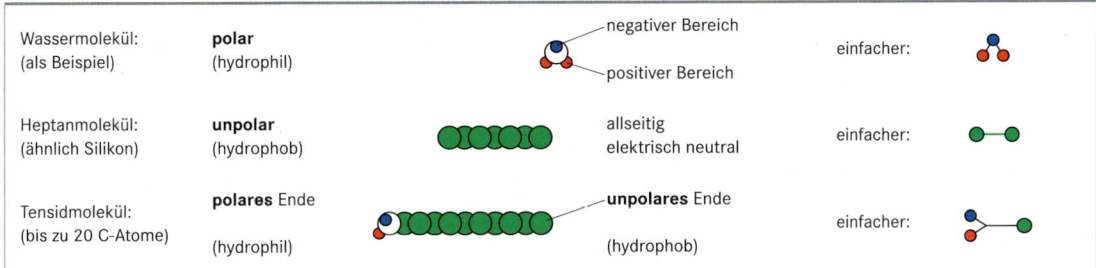

A6 Schäummittel, als Beispiel eine Seifenblase:

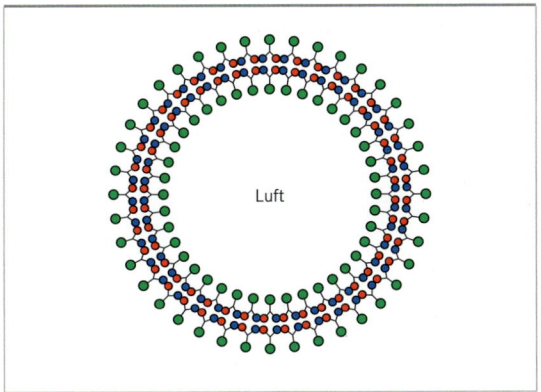

A7 Wasch- (Netz-) mittel:

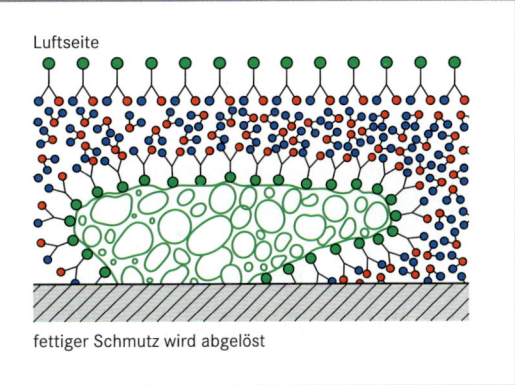

A8 Luftporenbildner in Beton:

A9 Emulgator (Öl in Wasser):

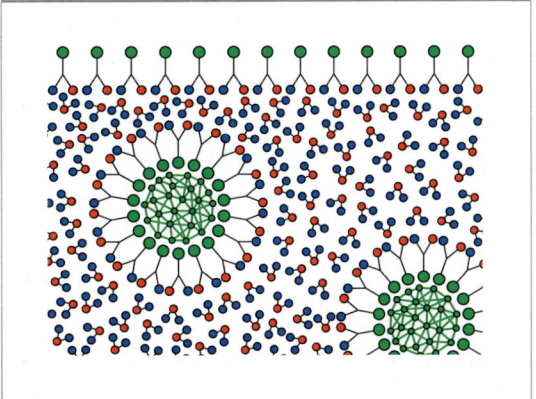

Begriffe

Begriff	Bedeutung
Kapillare Wasseraufnahme	Aufnahme von Wasser in Baustoffe mit Kapillarporen durch die → Kapillarwirkung. Kapillare Wasseraufnahme ist die Hauptursache von Durchfeuchtungen feinporiger Baustoffe, z. B. von Außenputz, Verblendsteinen und Dachsteinen durch Regeneinwirkung oder von nicht abgesperrtem Beton oder Mauerwerk im erdnahen Bereich.
Kapillarbrechende Schicht	Schicht unter oder zwischen Baustoffen, die durch große Hohlräume die Kapillarwirkung unterbindet. Unter Fundamentplatten kann das Hochsaugen von Wasser durch eine kapillarbrechende Schicht aus Grobsand ohne Anteil unter 1 mm bei mindestens 15 cm Stärke unterbunden werden.
Austrockenverhalten	Geschwindigkeit, mit der ein wasserhaltiger, kapillarporöser Baustoff das Wasser durch Verdunstung abgibt. Das Austrockenverhalten wird von der Porenweite und von der Oberflächenbeschaffenheit beeinflusst: Stoffe mit vielen Kapillarporen zwischen 0,1 u. 10 µm Ø, z. B. Ziegelsteine, saugen viel und schnell, → T1, trocknen aber auch schnell wieder aus. Stoffe, die im Wesentlichen Grobporen mit > 1 mm Ø und Mikroporen mit < 0,1 µm Ø besitzen (→ Porenweiten), z. B. Porenbeton, die schwach u. langsam saugen, trocknen auch nur langsam aus, wenn sie durch lange Wassereinwirkung durchnässt sind.
Hydrophobieren	Verringern oder Verhindern der kapillaren Wasseraufnahme durch Imprägnierung mit unpolaren Stoffen niedriger → Oberflächenspannung. Hydrophobieren von Putz- o. Steinfassaden kann die Wasseraufnahme bei Schlagregen stark vermindern; gelangt jedoch durch Risse trotzdem Wasser hinter die wasserabstoßende Oberfläche, dann wird das Austrocknen behindert, da das Wasser nicht kapillar an die Baustoffoberfläche gelangen kann.
Saugfähigkeit	Die Saugfähigkeit von Mauersteinen, die für die zweckmäßigste Art des Vermauerns oder Verputzens von großer Bedeutung ist, kann durch die Wasseraufnahme pro dm^2 Saugfläche in der 1. Minute, nachdem der Stein 1 cm tief in ein Wasserbett gelegt wurde, bestimmt werden → Mauerwerk, Verarbeitung.
Winddruck	Winddruck kann die Wasseraufnahme durch Einwirkung auf das ablaufende Regenwasser an Fassaden erhöhen. Selbst ein Orkan mit Windstärke 12, → Windstärken, kann jedoch nur bei Rissen > 0,2 mm die Wasseraufnahme nennenswert erhöhen. Bei Rissen von > 1 mm kann sich der Winddruck auch bei mäßiger Stärke sehr ungünstig auswirken.
Frostgefährdung	Frostgefährdet sind feinporige, saugfähige Baustoffe, wenn sie stark wassergesättigt und die Porenwände nicht ausreichend zugfest sind, um dem Eisdruck zu widerstehen. Je niedriger der Sättigungsgrad $S = W_V : W_{max}$ (→ T1 rechts) desto wahrscheinlicher ist ein Material frostbeständig.
Frostschiebend	Frostschiebend sind bindige, kapillarporige Böden, die das Grundwasser in die Frostzone emporsaugen und dort in längeren Frostperioden so genannte Eislinsen bilden. Eine Kornverteilung frostschiebenden Bodens (schluffiger Ton), → Baustoffstrukturen.
Salzausblühungen	Salzausblühungen entstehen vorwiegend an feinporigen kapillarsaugenden Steinen, wenn Wasser, das gelöste Salze aus dem Material oder der Umgebung enthält, an der Oberfläche abtrocknet.

T1 Kapillare Wasseraufnahme, Werte

Wasseraufnahmekoeffizient (w-Wert)

Der Wasseraufnahmekoeffizient w ist die Wassermenge in kg (l), welche in der ersten Stunde von 1 m² Wasser-Berührungsfläche des porigen Baustoffes aufgenommen wird. Ist die Wasseraufnahme sehr gering, wird das Saugen über mehrere Stunden fortgeführt und die Zeit in der Wurzel der Stunden ($\sqrt{h}$) eingesetzt, denn in 4 Stunden wird die 2-fache, in 9 Stunden die 3-fache Wassermenge gegenüber der ersten Stunde gesaugt.

$$w = \frac{\text{Wassermenge}}{\text{Fläche} \cdot \sqrt{h}} = \frac{kg}{m^2 \cdot \sqrt{h}} = kg\,(m^2 \cdot h^{0,5})$$

w wird im Prüfversuch durch Eintauchen des Prüfkörpers in Wasser (Abb. unten) bestimmt. Risse oder grobe Poren (> 1 mm) erhöhen hierbei jedoch die Wasseraufnahme ganz erheblich. Für Fassadenputze sind in DIN EN 998-1: 10 maximale w-Werte festgelegt.

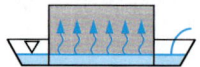

Beispiele

	w	v	W_{max}	W_V	S
	$\dfrac{kg}{m^2 \cdot \sqrt{h}}$	$\dfrac{m}{\sqrt{h}}$	V %	V %	$\dfrac{W_V}{W_{max}}$
Vollziegel VMz	25,0	0,14	30	22	0,73
Hochlochziegel HLz	9,0	0,05	34	25	0,74
Kalksandstein KS	7,8	0,03	25	19	0,76
Porenbetonstein	4,5	0,02	60	35	0,58

Sauggeschwindigkeit

Die **Sauggeschwindigkeit v** gibt die Höhe (Tiefe) in m an, bis zu der die Wasserfront nach der ersten Stunde (1. h) eingedrungen ist, → Porenweiten. Der v-Wert ist weniger genau als der w-Wert, für praktische Vergleiche aber oft ausreichend.

$$v = \frac{\text{Saughöhe}}{1.h\,(\sqrt{h})} = \frac{m}{1.h\,\sqrt{h}} \text{ oder } \frac{m}{\sqrt{h}} = m \cdot h^{0,5}$$

Kapillardruck

Der Kapillardruck p, der beim Saugen wirksam wird, beträgt für Wasser in mineralischen Baustoffen:

$$p = \frac{4 \cdot \sigma}{d} = \frac{4 \cdot 0,075\,N/m}{d\,\text{in}\,m}$$

für d = 1 mm: $p = \dfrac{0,3\,N/m}{0,001\,m} = 300\,\dfrac{N}{m^2}$

Wasseraufnahme

Die drucklose **Wasseraufnahme W_V** ergibt sich nach druckloser Wasserlagerung bis zur Sättigung.

Die maximale **Wasseraufnahme W_{max}**, bei der auch die „Sackporen" gefüllt sind, kann sich im nassen Zustand bei häufigen Temperaturschwankungen einstellen, im Versuch durch Druck- oder Vakuumeinwirkung.

Hier besteht hohe Gefahr von Frostschäden.

Stoffe

Die **Gleichgewichtsfeuchte**, auch „Sorptionsfeuchte" genannt, hängt von der jeweils herrschenden relativen Luftfeuchte und vom Anteil an **Mikroporen** < 0,1 μm ab. In DIN 4108-4: 13 sind folgende Werte genannt, die etwa der Gleichgewichtsfeuchte bei 85 % relativer Luftfeuchte (r. F.) entsprechen:

T2 Volumenbezogener Feuchtegehalt u_v

Material	V %
Ziegelsteine und andere keramische Stoffe	1,5
Kalksandstein und Beton mit dichter Gesteinskörnung	5
Beton mit poriger Gesteinskörnung	15
Leichtbeton, haufwerksporig, mit dichter Gesteinskörnung	5
Leichtbeton, haufwerksporig, mit poriger Gesteinskörnung	4
Porenbeton, dampfgehärtet (früher Gasbeton)	3,5
Gips und Anhydrit	2
Gussasphalt, Asphaltmastix, Schaumglas	0

T3 Massebezogener Feuchtegehalt u_m

Material	m %
Anorganische Stoffe, lose geschüttet, Blähperlit	5
Mineralische Faserdämmstoffe (Glas- und Steinwolle)	1,5
Holz, Holzwerkstoffe, org. Faserdämmstoffe	15 *
Korkdämmstoffe	10
Schaumkunststoffe aus Polystyrol, Polyurethan	5

* aus Sorptionsisotherme → **A1**

Umrechnung:
V % = m % · Rohdichte (bei Lochsteinen u.Ä.
m % = V % : Rohdichte Scherbenrohdichte)

Diese Werte, auch „Praktische Feuchtegehalte" genannt, wurden bei der Festlegung der Rechenwerte der Wärmeleitfähigkeit λ_R nach DIN 4108 zugrunde gelegt.

A1 Sorptionsisotherme

Sorptionsisothermen geben den Zusammenhang zwischen Umgebungsfeuchte und Stofffeuchte an.

Mit ihrer Hilfe lässt sich bestimmen, welcher Feuchtegehalt sich im Baustoff bei welcher Umgebungsfeuchte als Gleichgewichtsfeuchte einstellt.

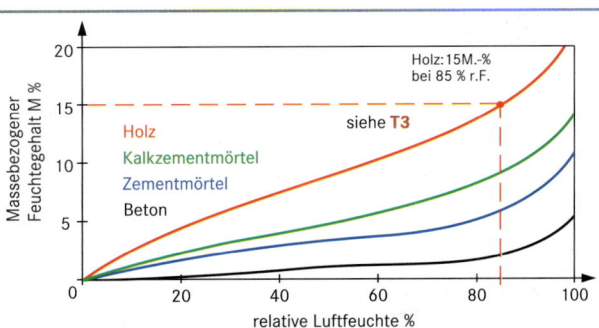

Holz: 15 M.-% bei 85 % r.F.
siehe **T3**
Holz
Kalkzementmörtel
Zementmörtel
Beton
Massebezogener Feuchtegehalt M %
relative Luftfeuchte %

T4 Messwerte für den Regenschutz:

w = Wasseraufnahmezahl,
s_d = Diffusionsäquivalente Luftschichtdicke

Faustregel: Je größer w, um so mehr Wasser wird aufgenommen, je kleiner s_d, um so schneller verdunstet es wieder.

Nach DIN V 18550: 05 gilt für

wasserhemmende Schichten: $0,5 < w < 2,0$ kg/(m² · h^{0,5})

wasserabweisende Schichten: $w \cdot s_d \leq 0,2$ kg/(m · h^{0,5})
$w \leq 0,5$ kg/(m² · h^{0,5})
$s_d \leq 2,0$ m

Es genügt, wenn bei mineralischen Putzen bei Prüfung nach 28 Tagen $w \leq 1$ kg/(m² · h^{0,5}) ist.

T5 Zuordnung von Fugenabdichtungsarten

nach DIN 18540: 14 zu den **Regenbeanspruchungsgruppen I bis III** nach DIN 4108-3: 01

Für **offene, schwellenförmige Horizontalfugen** nach **A2**:

für Schlagregenbeanspruchung	empfohlene Schwellenhöhe
I	$h \geq 60$ mm
II	$h \geq 80$ mm
III	$h \geq 100$ mm

Damit sind sie **regensicher**, auch gegen verhältnismäßig großen Winddruck.

A2 Schnitt durch Horizontalfuge, h = Schwellenhöhe, → **T5**.

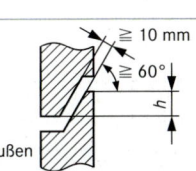

≧ 10 mm
≧ 60°
h
außen

Besondere Eigenschaften des Wassers

- Anomalie: Höchste Dichte bei +4°C; Eis schwimmt
- Größte Oberflächenspannung aller Flüssigkeiten (Ausnahme: Quecksilber) Oberflächenspannung zieht das Wasser zu Tropfen zusammen; hohe Oberflächenspannung bedingt hohe → kapillare Steighöhe
- Höchste Verdampfungswärme aller Flüssigkeiten; Kühleffekt beim Schwitzen
- Hohe Schmelzwärme
- Höchste Wärmekapazität aller Flüssigkeiten; guter Wärmespeicher
- Geringe Wärmeleitfähigkeit

Die Struktur des Wassermoleküls kann diese Eigenschaften erklären. Das Wassermolekül ist gewinkelt gebaut und aufgrund der unterschiedlichen Elektronegativitäten von Sauerstoff und Wasserstoff sehr polar. Daher ist es auch zur Bildung von Wasserstoffbrückenbindungen fähig. Diese sorgen für einen hohen Zusammenhalt des Wassers, der wiederum für die o.g. Eigenschaften verantwortlich ist.

Eigenschaften des Wassers

Eigenschaft	Wert	Einheit (Bedingungen)
Brechungsindex	1,33251	– (25 °C, sichtbares Licht)
	1,310	– (Eis, sichtbares Licht)
Dichte	0,999975	kg/dm^3 (3,98°C)
Molmasse	18,01528	g/mol
Oberflächenspannung	72	mN/m
Schmelzpunkt	0	°C (bei 1013 hPa)
Schmelzwärme	332,5	kJ/kg
Siedepunkt	100	°C (bei 1013,25 hPa)
spezifische Wärmekapazität	4183	$J/(kg \cdot K)$ (20°C)
Verdampfungswärme	2257	kJ/kg
Viskosität	1,001	$mPa \cdot s$ (20°C)
Wärmeleitfähigkeit	0,5984	$W/(m \cdot K)$ (20°C)

Wassermolekül

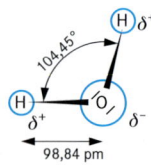

Wasserstoffbrückenbindungen

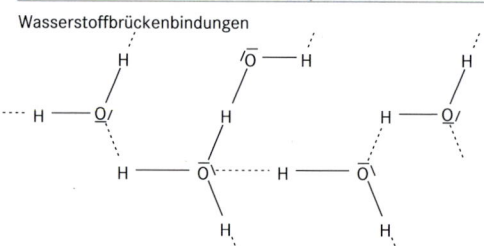

Dichte von Wasser oberhalb und unterhalb von 4°C

	Eis		flüssiges Wasser			Maximum						
°C	0	0	1	2	3	4	5	7	9	11	13	21
g/cm^3	0,918	0,99984	0,9999	0,99994	0,99996	0,99997	0,99996	0,9999	0,99978	0,9996	0,99938	0,99799

Hydrophobie, Hydrophobieren

Hydrophobieren bedeutet, einen porösen Baustoff wasserabweisend zu machen oder seine kapillare Wasseraufnahme zu vermindern. Der Wirkstoff, mit dem hydrophobiert wird, belegt die inneren Poren- und Kapillaroberflächen, verändert deren Oberflächenspannung und macht sie dadurch wasserabweisend. Die Poren und Kapillaren werden dabei aber nicht verschlossen, das heißt, dass die Diffusionsfähigkeit des Baustoffes nahezu unverändert bleibt.

Hydrophobierungsmittel sind meist auf Basis siliciumorganischer Verbindungen und brauchen für die Reaktion zum endgültigen Wirkstoff (Siliconharz) Feuchtigkeit, die aber auf jedem Baustoff in ausreichender Menge vorhanden ist.

Der Hydrophobierungsstoff bindet an der Baustoffoberfläche an und streckt die wasserabweisenden Alkylgruppen von der Oberfläche weg. Diese wirken wie eine molekulare Wachsschicht und lassen das Wasser abperlen.

Hydrophobierungsstoff, Wirkprinzip

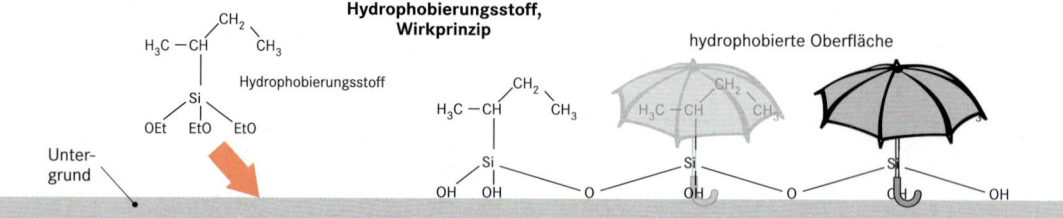

T1 Regenbeanspruchungsgruppen

I Geringe Schlagregenbeanspruchung:
Windarme Gebiete mit **< 600 mm** Jahresniederschlag; in besonders geschützten Lagen auch bei größeren Niederschlagsmengen.

II Mittlere Schlagregenbeanspruchung:
Allgemein Gebiete mit **600 bis 800 mm** Jahresniederschlag; in geschützten Lagen auch bei > 800 mm Niederschlag; Hochhäuser und Häuser in exponierter Lage von Gebieten nach I.

III Starke Schlagregenbeanspruchung:
Allgemein Gebiete mit **> 800 mm** Jahresniederschlag, windreiche Gebiete mit geringer Niederschlagsmenge, z. B. Küstengebiete, Mittel- und Hochgebirge, Alpenvorland; Hochhäuser u. Häuser in exponierter Lage auch in Gebieten nach II.

T2 Außenwandbauarten mit ausreichendem Regenschutz

Gegen Regenbeanspruchung I:

– Nach DIN V 18550: 05 verputzte Außenwände aus Mauerwerk, Wandbauplatten o. Ä. **ohne Nachweis** über Regenschutz.

– Einschaliges Sichtmauerwerk, wenn mindestens 31 cm dick.

Gegen Regenbeanspruchung II:

– Nach DIN V 18550: 05 verputzte Außenwände aus Mauerwerk, Wandbauplatten o. Ä. mit einem **wasserhemmenden Außenputz** oder einem Kunstharzputz.

– Zweischaliges Verblendmauerwerk **ohne** Luftschicht.

– Einschaliges Sichtmauerwerk, wenn mindestens 37,5 cm dick.

– Außenwände mit angemauerten oder angemörtelten Bekleidungen nach DIN 18 515.

– Außenwände in Holzbauweise mit direkt auf der Außenbeplankung aufgebrachter wasserdichter Schicht oder mit schuppenförmiger Bekleidung.

– Wie vor, mit 11,5 cm dicker Mauerwerks-Vorsatzschale; mit Vorrichtung, die das Holz trockenhalten kann.

Gegen Regenbeanspruchung III:

– Zweischaliges Verblendmauerwerk mit Luftschicht.

– Außenwände mit hinterlüfteten Außenwandbekleidungen nach DIN 18 515 und DIN 18 516 und nach Richtlinien.

– Zweischaliges Verblendmauerwerk ohne Luftschicht mit Vormauersteinen DIN 105/106 der Druckfestigkeitsklasse 20 N/mm^2 u. **wasserabweisendem Fugmörtel**.

– Außenwände mit gefügedichter Beton-Außenschale nach DIN 1045.

– Außenwände mit angemörtelten Bekleidungen nach DIN 18 515 mit Unterputz und **wasserabweisendem Fugmörtel**.

– Nach DIN 18 550 verputzte Außenwände aus Mauerwerk, Beton oder Wandbauplatten mit einem **wasserabweisenden Außenputz** oder einem Kunstharzputz.

– Außenwände in Holzbauweise mit vorgesetzter Bekleidung nach DIN 18 516 und nach Richtlinien.

– Wie vor, aber mit 11,5 cm dicker Mauerwerks-Vorsatzschale mit Luftschicht.

Voraussetzungen für ausreichenden Regenschutz

Voraussetzungen für ausreichenden Regenschutz sind regendicht geschlossene Fugen, Risse und Löcher sowie regendicht, aber beweglich (meist elastoplastisch) geschlossene Dehnungsfugen. So kann Regenwasser nur noch in die kapillar aktiven Poren der Gebäude-Außenfläche eingesaugt werden, nachdem es der Wind trotz überstehender Dächer gegen sie geweht hat.

Die Innenflächen bleiben aber nur dann trocken, wenn dort in der Zeiteinheit mehr Wasser verdunsten kann als von außen nachgesaugt wird. Das gilt auch für poröse Dachdeckungen, z. B. aus Dachziegeln oder Dachsteinen. Deshalb ist auch ausreichendes Lüften eine Vorbedingung.

T3 Schäden, die durch Wasser in den Bauteilen bewirkt werden können

1. Durch physikalische Vorgänge:

1.1 **Die Wärmeleitfähigkeit wird erhöht** und damit der Heizwärmebedarf des Raumes.
Regel: 1 V % höhere Feuchte: ≈ 10 % größeres λ.

1.2 **Die Temperatur** kann an den inneren Oberflächen infolge 1.1 unterschritten werden (Kondenswasser).

1.3 **Zusätzliche Heizenergie** wird zum Trocknen der Bauteile verbraucht (Verdunstungsenergie).

1.4 Wasser kann manche **Bindemittel angreifen**, z. B. Gips-Innenputz und manche Kleber.

1.5 **Lösliche Salze** können aus dem Spritz- oder Grundwasser aufgesaugt werden und, wenn sie „hygroskopisch" (wasseranziehend) sind, die Feuchtigkeit im Bauteil mit den Folgen nach 1.1 erhöhen. Beim Auskristallisieren an der Oberfläche können „Ausblühungen" entstehen und unterhalb der Oberfläche können manche Salze durch den „Kristallisationsdruck" Zermürbungen verursachen.

1.6 **Frostschäden** können entstehen, wenn die Kapillarporen weitgehend gefüllt sind.

2. Durch chemische oder biologische Vorgänge:

2.1 Stahl kann **rosten**, z.B. können Stahlbauteile rosten, wenn die Beschichtung defekt ist. Die Bewehrung im Stahlbeton kann nur rosten, wenn Wasser vorhanden ist.

2.2 Schwefeldioxid kann zu **Schwefelsäure** umgewandelt werden und zerstörend wirken.

2.3 Kohlensäurehaltiges Regenwasser kann Kalkstein lösen und „**Kalksinter**" oder Kalkfahnen auf Mauerwerk oder Sichtbeton bilden.

2.4 **Schwämme, Pilze, Algen und Flechten** können nur bei ausreichender Feuchtigkeit wachsen.
Der Feuchtegehalt von Holzbauteilen z. B. soll deshalb keinesfalls höher als 20 % sein.

Bezeichnungen von Phasengemischen [1]

	Äußere Phase	Innere Phase	a) molekularfein zerteilt	b) kolloidfein zerteilt [2]
Aggregatzustände der Phasen	fest	fest	Mischkristalle, Doppelsalze, z. B. Dolomit	dichte, durchsichtige, feste Stoffe, z. B. farbige Gläser, Kunststoffe
		flüssig	Mischkristalle, Hydrate, z. B. Gipsstein	wassersatte feinporige, amorphe feste, z. B. nasser Zementstein
		gasförmig	feste Gaslösungen, z. B. CO im Stahl	trockene feinporige, amorphe feste, z. B. trockener Zementstein
	flüssig	fest	Lösungen („echte" Lösung) z. B. Gips in Wasser	Suspensionen = Schlämmen, Schlamme, hochdisperse
		flüssig	Flüssiggemische, z. B. Alkohol in Wasser	Hochdisperse Emulsionen [3]
		gasförmig	flüssige Gaslösungen, z. B. Sauerstoff in Wasser	Hochdisperse Schäume
	gasförmig	fest	(nicht möglich, molekularfein zerteilte Stoffe sind Gase)	trockene Stäube, Pulver, Mehle, **Beispiele siehe**
		flüssig		z. B. unsichtbare Wassertröpfchen in der Luft
		gasförmig	Gasgemische, z. B. die Luft	– (nicht möglich, Gase

[1] Bei Gemsichen unterscheidet man die äußere Phase (Zerteilungsmittel) und die innere Phase (zerteilter Stoff).

[2] „Kolloidfein" bedeutet, dass die Teilchen lichtmikroskopisch nicht mehr erkennbar sind.

[3] Beim „Brechen" der Emulsionen ballen sich die feinen Tröpfchen zusammen (z.B. Ausflocken von Milch).

[4] Grenzen nicht einheitlich.

[5] Für Asphalt, Dichtungsstoffe und Kitte werden Körnungen < 0,25 mm „Füller" genannt.

[6] Korngrößen werden an einen Schrägstrich geschrieben.

Beispiel: Sand 1/4 mm ist ein Korngemenge, das auf dem 1mm-Maschendrahtsieb liegen bleibt und durch das 4 mm-Quadratlochsieb fällt.

Die Stoffart ist zusätzlich zu nennen, z.B. Natursand, Quarzmehl, Basaltsplitt usw.

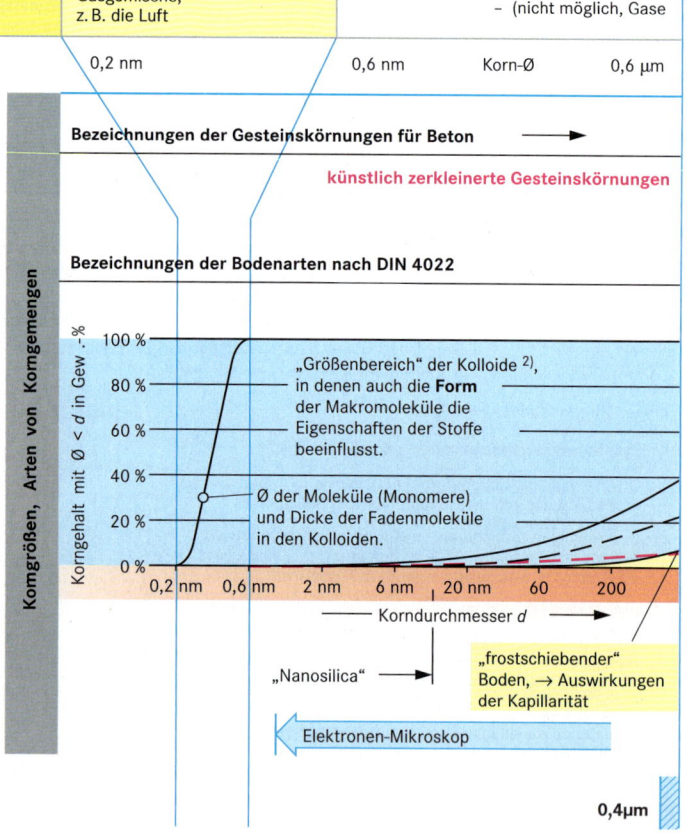

c) **mehlfein** zerteilt	d) **sandfein** zerteilt	e) **grobkörnig**
dichte, undurchsichtige, feste Stoffe, z.B. farbige Gläser, Kunstst.	dichte, feste Stoffe mit körnigem Gefüge, z.B. Sandsteine	z.B. Granit
Stoffe, z.B. nasser Ziegel	wassersatte, grobporige, feste Stoffe, z.B. nasser Porenbetonst.	z.B. nasser Bimsbetonstein
Stoffe, z.B. trockener Ziegel	trockene grobporige, feste Stoffe, z.B. trock. Porenbetonst.	z.B. trockener Bimsbetonstein
Teige, Breie, z.B. Weißkalkteig	wassersatte Sande, Kiese, Splitte … **Beispiele siehe hierunter** ↓	
Emulsionen, 3) z.B. Bitumen-Wasser-Emulsionen	(unbeständig, z.B. „Lavalampen")	
Schäume, z.B. Seifenschaum	(unbeständig, z.B. Seifenblasen)	
Schluffe; Rauche, Aerosole, **hierunter** ↓	trockene Sande, Kiese, Splitte … **Beispiele siehe hierunter** ↓	
Nebel, z.B. sichtbare Wassertröpfchen in der Luft, Aerosol	(unbeständig, z.B. Regentropfen in der Luft)	

sind in einzelne Moleküle zerteilt) –

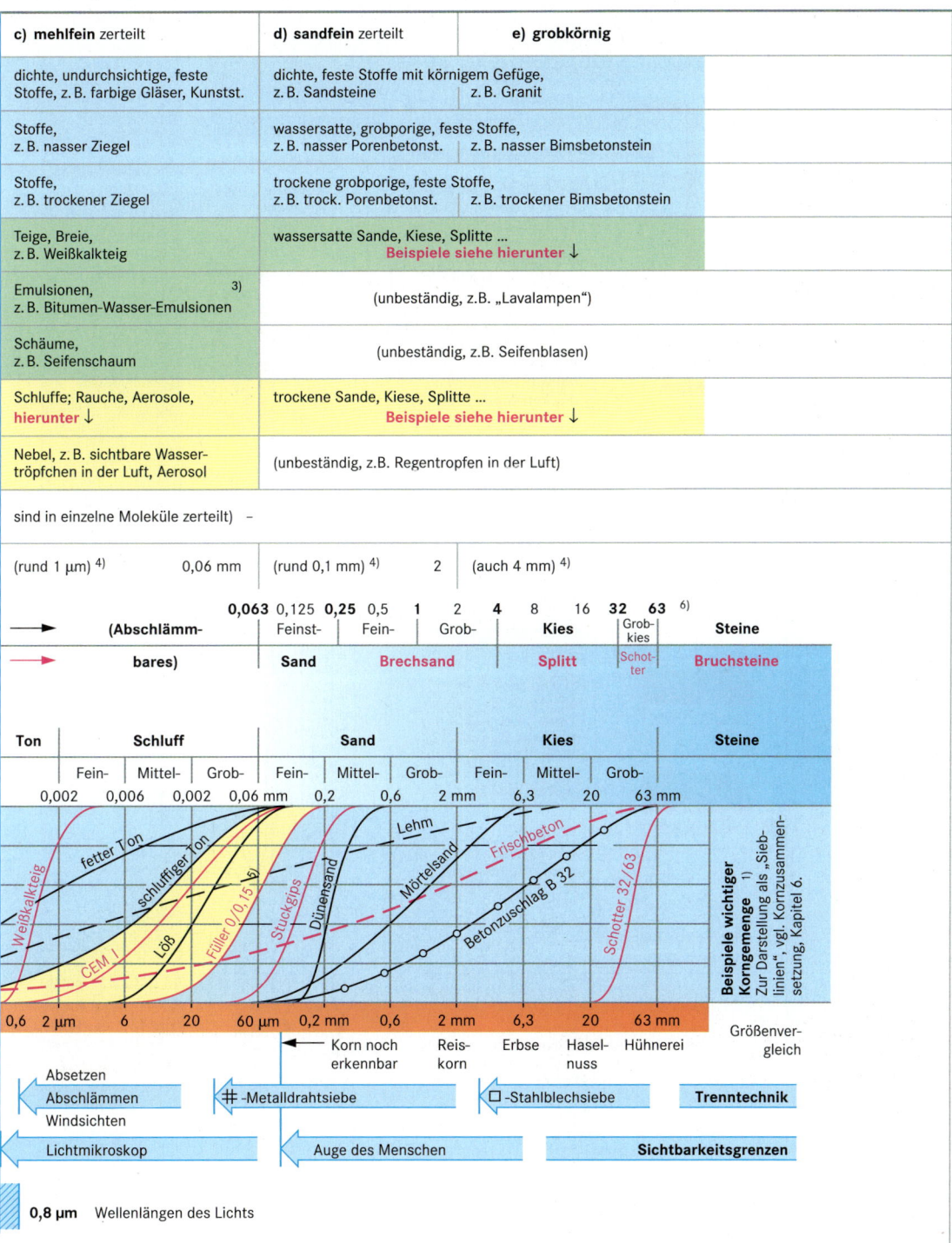

(rund 1 μm) 4)   0,06 mm | (rund 0,1 mm) 4)   2 | (auch 4 mm) 4)

Stoffe

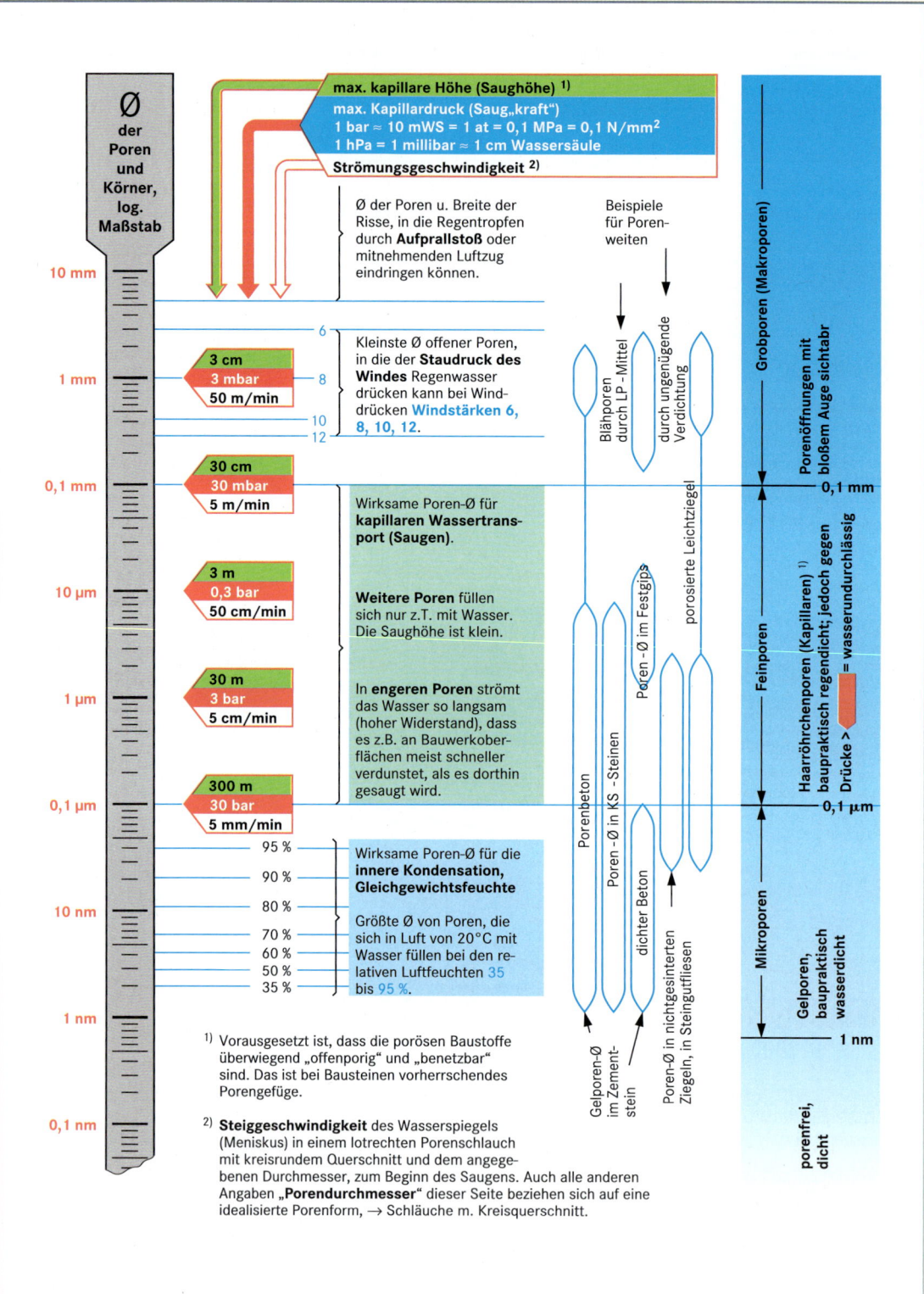

Ø der Poren und Körner, log. Maßstab

max. kapillare Höhe (Saughöhe) [1]

max. Kapillardruck (Saug„kraft")
$1 bar \approx 10 mWS = 1 at = 0,1 MPa = 0,1 N/mm^2$
$1 hPa = 1 millibar \approx 1 cm Wassersäule$

Strömungsgeschwindigkeit [2]

Ø der Poren u. Breite der Risse, in die Regentropfen durch **Aufprallstoß** oder mitnehmenden Luftzug eindringen können.

Beispiele für Porenweiten

Kleinste Ø offener Poren, in die der **Staudruck des Windes** Regenwasser drücken kann bei Winddrücken **Windstärken 6, 8, 10, 12**.

Wirksame Poren-Ø für **kapillaren Wassertransport (Saugen)**.

Weitere Poren füllen sich nur z.T. mit Wasser. Die Saughöhe ist klein.

In **engeren Poren** strömt das Wasser so langsam (hoher Widerstand), dass es z.B. an Bauwerkoberflächen meist schneller verdunstet, als es dorthin gesaugt wird.

Wirksame Poren-Ø für die **innere Kondensation, Gleichgewichtsfeuchte**

Größte Ø von Poren, die sich in Luft von 20°C mit Wasser füllen bei den relativen Luftfeuchten 35 bis 95 %.

Scale values (left axis):
- 10 mm
- 1 mm
- 0,1 mm
- 10 µm
- 1 µm
- 0,1 µm
- 10 nm
- 1 nm
- 0,1 nm

Pressure/velocity boxes:
- 3 cm / 3 mbar / 50 m/min
- 30 cm / 30 mbar / 5 m/min
- 3 m / 0,3 bar / 50 cm/min
- 30 m / 3 bar / 5 cm/min
- 300 m / 30 bar / 5 mm/min

Wind strengths: 6, 8, 10, 12

Humidity values: 95 %, 90 %, 80 %, 70 %, 60 %, 50 %, 35 %

Right-side labels:
- Blähporen durch LP-Mittel
- durch ungenügende Verdichtung
- Porenbeton
- Poren-Ø in KS-Steinen
- dichter Beton
- Poren-Ø in nichtgesinterten Ziegeln, in Steingutfliesen
- Gelporen-Ø im Zementstein
- Poren-Ø im Festgips
- porosierte Leichtziegel

Far-right categories:
- Grobporen (Makroporen) — Porenöffnungen mit bloßem Auge sichtbar — 0,1 mm
- Feinporen — Haarröhrchenporen (Kapillaren) [1] baupraktisch regendicht, jedoch gegen Drücke > = wasserundurchlässig — 0,1 µm
- Mikroporen — Gelporen, baupraktisch wasserdicht — 1 nm
- porenfrei, dicht

[1] Vorausgesetzt ist, dass die porösen Baustoffe überwiegend „offenporig" und „benetzbar" sind. Das ist bei Bausteinen vorherrschendes Porengefüge.

[2] **Steiggeschwindigkeit** des Wasserspiegels (Meniskus) in einem lotrechten Porenschlauch mit kreisrundem Querschnitt und dem angegebenen Durchmesser, zum Beginn des Saugens. Auch alle anderen Angaben „**Porendurchmesser**" dieser Seite beziehen sich auf eine idealisierte Porenform, → Schläuche m. Kreisquerschnitt.

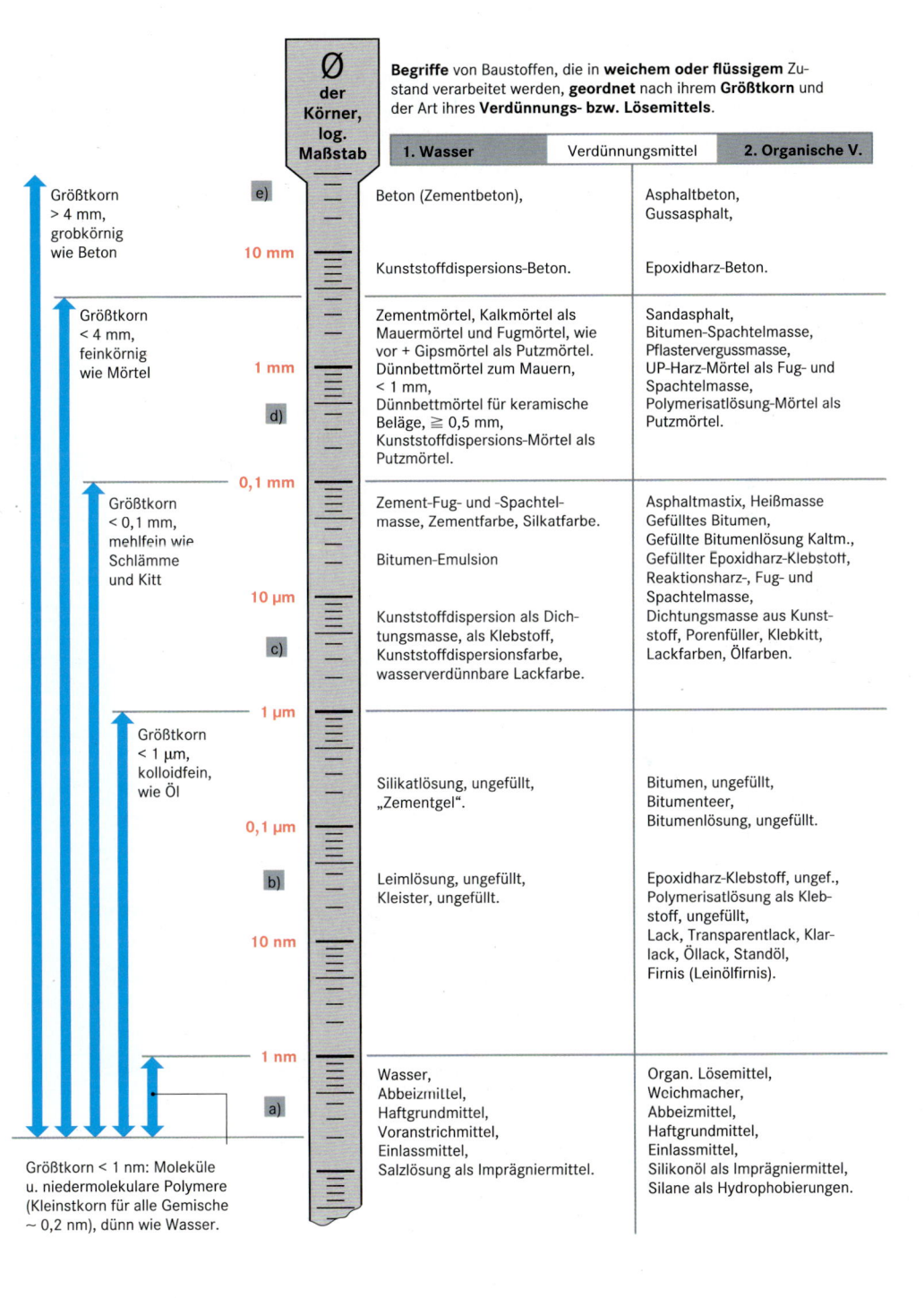

Ø der Körner, log. Maßstab

Begriffe von Baustoffen, die in **weichem oder flüssigem** Zustand verarbeitet werden, **geordnet** nach ihrem **Größtkorn** und der Art ihres **Verdünnungs- bzw. Lösemittels.**

1. Wasser	Verdünnungsmittel	2. Organische V.

e) Größtkorn > 4 mm, grobkörnig wie Beton

10 mm — Beton (Zementbeton), | Asphaltbeton, Gussasphalt,

Kunststoffdispersions-Beton. | Epoxidharz-Beton.

Größtkorn < 4 mm, feinkörnig wie Mörtel

1 mm — **d)** Zementmörtel, Kalkmörtel als Mauermörtel und Fugmörtel, wie vor + Gipsmörtel als Putzmörtel. Dünnbettmörtel zum Mauern, < 1 mm, Dünnbettmörtel für keramische Beläge, ≥ 0,5 mm, Kunststoffdispersions-Mörtel als Putzmörtel. | Sandasphalt, Bitumen-Spachtelmasse, Pflastervergussmasse, UP-Harz-Mörtel als Fug- und Spachtelmasse, Polymerisatlösung-Mörtel als Putzmörtel.

0,1 mm — Größtkorn < 0,1 mm, mehlfein wie Schlämme und Kitt

Zement-Fug- und -Spachtelmasse, Zementfarbe, Silkatfarbe. Bitumen-Emulsion | Asphaltmastix, Heißmasse Gefülltes Bitumen, Gefüllte Bitumenlösung Kaltm., Gefüllter Epoxidharz-Klebstoff, Reaktionsharz-, Fug- und Spachtelmasse, Dichtungsmasse aus Kunststoff, Porenfüller, Klebkitt, Lackfarben, Ölfarben.

10 µm — **c)** Kunststoffdispersion als Dichtungsmasse, als Klebstoff, Kunststoffdispersionsfarbe, wasserverdünnbare Lackfarbe.

1 µm — Größtkorn < 1 µm, kolloidfein, wie Öl

Silikatlösung, ungefüllt, „Zementgel". | Bitumen, ungefüllt, Bitumenteer, Bitumenlösung, ungefüllt.

0,1 µm — **b)** Leimlösung, ungefüllt, Kleister, ungefüllt. | Epoxidharz-Klebstoff, ungef., Polymerisatlösung als Klebstoff, ungefüllt, Lack, Transparentlack, Klarlack, Öllack, Standöl, Firnis (Leinölfirnis).

10 nm —

1 nm — **a)** Wasser, Abbeizmittel, Haftgrundmittel, Voranstrichmittel, Einlassmittel, Salzlösung als Imprägniermittel. | Organ. Lösemittel, Weichmacher, Abbeizmittel, Haftgrundmittel, Einlassmittel, Silikonöl als Imprägniermittel, Silane als Hydrophobierungen.

Größtkorn < 1 nm: Moleküle u. niedermolekulare Polymere (Kleinstkorn für alle Gemische ~ 0,2 nm), dünn wie Wasser.

Stoffe

155

Die unterschiedlichen Dichteangaben

$$\text{Dichte } \varrho = \frac{m}{V} \left(\frac{\text{Masse}}{\text{Volumen}} \right)$$ Die Angaben in $\frac{kg}{dm^3} = \frac{kg}{l} = \frac{t}{m^3} = \frac{g}{cm^3}$ sind gleichwertig.

Die Dichtezahl sagt, welche Masse ein dm^3 (l) besitzt. Da reines Wasser bei + 4°C die Dichte 1 hat, sagt die Dichtezahl auch, wie viel mal schwerer oder leichter als Wasser ein Stoff ist.

Die in DIN 4109 bei den Wärmeleitzahlen aufgeführten ϱ_R-Werte **in kg/m³ (g/l) haben 1000 mal größere Zahlenwerte** als die Dichten in kg/dm³, sind jedoch für leichte Stoffe, besonders Dämmstoffe, zweckmäßiger.

T1 Gase, Flüssigkeiten und dichte feste Stoffe

füllen ihren Raum porenfrei aus, daher nur ein Begriff →

ϱ ist die Reindichte des porenfreien Stoffes, z.B. Metalle, Glas, ungeschäumte Kunststoffe.

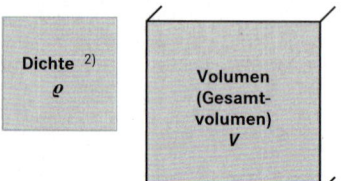

T2 Porige feste Stoffe

z.B. porige Vollsteine.
Es sind zu unterscheiden →

ϱ_R ist die Rohdichte des porigen Stoffes, z.B. Vollziegel, Kalksandvollstein, Porenbeton, Holz, Schaumkunststoff usw.

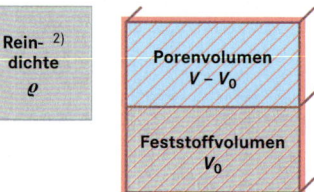

T3 Porige feste Körper mit Kammern

z.B. Loch- und Hohlsteine →

ϱ_{Sch} ist die Rohdichte des Scherbens, (Scherbenvolumen = Steinvolumen – Kammer- bzw. Lochvolumen).

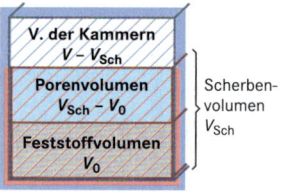

T4 Korngemenge aus porigen Körnern

z.B. Bimskies →

ϱ_K ist die Rohdichte der porigen Körner, auch „Kornrohdichte", z.B. bei Blähton, Bims, Ziegelsplitt und ähnlichen Stoffen.

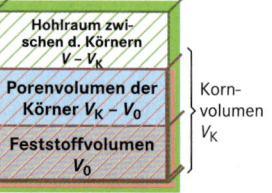

T5 Korngemenge aus dichten Körnern

z.B. Basaltsplitt, Glaswolle →

ϱ ist die Reindichte der Körner oder Fasern, (bei Fasern statt Schüttdichte: „Packungsdichte").

Ermitteln der Dichte

$$\varrho = \frac{\text{Masse}}{\text{Feststoffvolumen}} = \frac{m}{V_0}$$

V_0 = Rauminhalt des porenfrei zusammengedrückt gedachten Stoffes

$$\varrho_{Sch} = \frac{\text{Masse}}{\text{Scherbenvolumen}} = \frac{m}{V_{Sch}}$$

V_{Sch} = Gesamtvolumen des Steines minus Volumen der Kammern im Stein.

$$\varrho_R = \frac{\text{Masse}}{\text{Gesamtvolumen}} = \frac{m}{V}$$

$$\varrho_K = \frac{\text{Masse}}{\text{Volumen der Körner}} = \frac{m}{V_K}$$

V_K = Gesamtvolumen des Korngemenges minus Hohlraum zwischen den Körnern.

Ermitteln von Porigkeit bzw. Hohlräumigkeit

Beispiel zu T2: Porigkeit eines porigen Stoffes
$$\varepsilon = \frac{(V - V_0) \cdot 100}{V} = \frac{(\varrho - \varrho_R) \cdot 100}{\varrho} = \dots V\% \quad {}^{5)}$$

Beispiel zu T3: Hohlräumigkeit eines Korngemenges
$$\varepsilon = \frac{(V - V_K) \cdot 100}{V} = \frac{(\varrho_K - \varrho_S) \cdot 100}{\varrho_K} = \dots V\%$$

A1 Zusammenhang bei Hölzern und Holzwerkstoffen

A2 Zusammenhang bei natürlichen und künstlichen Steinen

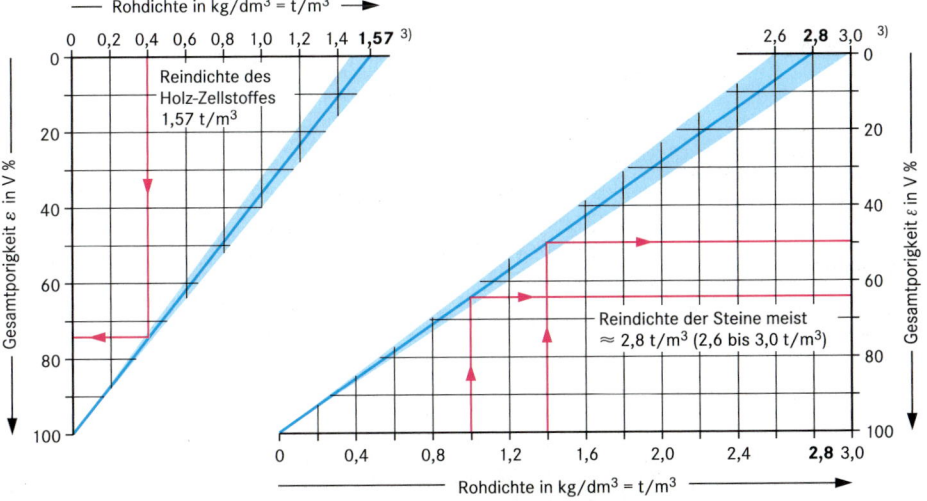

Beispiel zu A1:
Eine poröse Holzfaserplatte SB mit der Rohdichte 400 kg/m^3 = 0,4 t/m^3 enthält ≈ 75 V % Porenraum ($\varepsilon = 0,75$) und ≈ 25 V % feste porenfreie Holzmasse.

Beispiel zu A2:
Ein Hohlblockstein Hbl aus Leichtbeton hat die Steinrohdichte 1 kg/dm^3 und die Betonrohdichte 1,4 kg/dm^3. Er enthält:
≈ 50 V % Feststoff im Beton und
≈ 50 V % Poren im Beton oder
≈ 65 V % Hohlraum in Kammern und im Beton und
≈ 35 V % Feststoff im ganzen Stein.

---

1) Steinrohdichte der Mauersteine, → Mauersteinarten und Kurzzeichen

2) „Dichte" statt „Reindichte" zu verwenden, ist nach DIN 1306 erlaubt, wenn die Verwechslung mit „Rohdichte" nicht möglich ist.

3) Zu jeder der Reindichten lässt sich ein Diagramm nach dem Beispiel von **A1** oder **A2** zeichnen.

4) Zwei Schüttdichten sind zu unterscheiden: „lose eingelaufen" und „eingerüttelt".

5) ε = Porigkeit = Hohlräumigkeit n. DIN 66 161: 10

Zum schnelleren Aufsuchen der Werte sind an dieser Stelle Dichte-Angaben zusammengestellt, die in den Bautabellen verstreut enthalten sind; sie wurden durch weitere Werte ergänzt.

Zu den Begriffen **Reindichte, Rohdichte, Scherben-** (Beton-) **Rohdichte** und **Schüttdichte** → Dichte von Baustoffen.

Unter „Einwirkungen auf Tragwerke" sind **Wichten in kN/m³** genannt. Ihre Zahlenwerte sind **zehnmal so groß wie die** zugehörigen **Rohdichtewerte in t/m³** bzw. betragen ein **Hundertstel der Rohdichtewerte in kg/m³**.

Beispiel:
Stahlbeton: 25 kN/m³ ≙ 2,5 t/m³ = 2500 kg/m³

Wenn im Folgenden drei Zahlen genannt sind, dann bedeuten sie:
Kleinstwert ·· **Häufigwert** ·· Größtwert

T1 Reindichte ϱ von festen porenfreien Stoffen

in t/m³ = kg/dm³ = g/cm³	
Eis (luftfrei)	0,918
Gips (Festgips, porenfrei)	2,4
Glas (Bauglas als Silikatglas)	2,5
Glas (Borsilikatglas)	2,1
Glas (Flintglas, metallhaltig)	3,1 … 3,9
Holzstoff (Zellulose, Lignin)	1,57
Portlandzement (CEM I)	3,1
Portland-Hüttenzement (CEM II/AS)	3,05
Hochofenzement (CEM III A oder B)	3,0

Minerale (auch als Mehle)	
Baryt (Schwerspat)	4,5
Anhydrit	2,9 … 3,0
Brauneisenstein (Erz)	4,0
Dolomit	2,85 … 2,95
Feldspäte	2,53 … 2,77
Gipsstein (als Kristall)	2,4
Kalzit (Kristall im Kalkstein)	2,7
Kaolinit (im Ton)	2,6
Quarz	2,65

Steine, künstliche und natürliche	
Beton, Zementmörtel, Porenbeton	2,65
Kalksandsteine	2,65
Naturbims	2,4
Sinterbims, Hochofenschlacke	2,9
Ziegel, Keramik, Blähton	2,7
Basalt, Basaltlava	3,0 … 3,1
Granite, Syenite	2,65 … 2,85
Marmore, Kalksteine, Dolomit	2,7 … 2,9
Sandsteine, Grauwacke	2,65 … 2,7
Vulkanische Tuffsteine	2,65 … 2,75

Kunststoffe ohne Füllstoffe und Weichmacher		
EP	Epoxidharz	1,2
MF	Melaminharze	1,5
PA	Polyamide	1,0 … 1,2
PC	Polycarbonate	1,2
PE	Polyethylen, niedriger Dichte	0,92
	Polyethylen, hoher Dichte	0,94 … 0,97
PF	Phenolharze	1,3
PP	Polypropylen	0,90
PS	Polystyrol	1,05
PTFE	Polytetrafluorethylen (Teflon)	2,2
PUR	Polyurethane, linear	1,21
	Polyurethane, vernetzt	1,26
PVC	Polyvinylchlorid, hart	1,38 … 1,40
	Polyvinylchlorid, weichgemacht	1,2 … 1,3
UF	Harnstoffharze	1,5
UP	Polyesterharze	1,1 … 1,4
PMMA	Polymethylmethacrylat	1,19

Metalle	
Aluminium, gewalzt	2,73
Aluminium, gegossen	2,65
Aluminium, legiert aus Al, Cu und Mg	2,8
Baustahl und Stahlguss	7,85
Blei (Hartblei)	11,4
Bronze, 80 % Cu + 20 % Sn	8,74
Grauguss, Temperguss, GGG-Guss	7,25
Kupfer	8,9
Magnesiumlegierung	1,85
Messing (M 60)	8,5
Quecksilber (flüssig)	13,5
Zink, gewalzt	7,18
(20 weitere Metalle → chem. Elemente)	

T2 Dichte ϱ von Flüssigkeiten

bei 20 °C in t/m³ = kg/l = g/ml	
Benzin (Testbenzin)	0,79
Benzol	0,88
Dieselöl (leichtes Heizöl)	0,85 … 0,90
Ethanol (96 %)	0,79
Salzsäure (38 %)	1,20
Schmieröl	0,85
Schwefelsäure (50 %)	1,40
Seewasser	1,02

T3 Dichte ϱ von Gasen

in kg/m³ = g/l		
Ammoniak	(NH_4)	0,77
Acetylen	(Ethin)	1,17
Butan	(C_4H_{10})	2,70
Chlor	(Cl_2)	3,22
Kohlenstoffoxid	(CO)	1,25
Kohlenstoffdioxid	(CO_2)	1,98
Luft, bei 0 °C		1,29
Methan	(CH_4)	0,72
Propan	(C_2H_6)	2,00
Sauerstoff	(O_2)	1,43
Stickstoff	(N_2)	1,25
Wasserstoff	(H_2)	0,09

T4 Rohdichte ϱ_R fester Stoffe

in t/m³ = kg/dm³ = g/cm³			
Beton, normal	2,0 ··	**2,4** ··	2,6
Beton, schwer (f. Strahlenschutz)		2,6 ··	5,0
Leichtbeton, geschlossenes Gefüge		1,0 ··	2,0
Leichtbeton, korn- u. haufwerkporig	0,6 ··	**1,0** ··	1,4

Mauersteine			
Klinker	1,9 ··	**2,0** ··	2,2
Vollziegel, KS-Vollsteine	1,6 ··	**1,8** ··	2,0
Lochziegel, KS-Lochsteine	1,0 ··	**1,4** ··	1,6
Leichtbeton-Hohlblocksteine	0,6 ··	**1,2** ··	1,6
Leicht-Hochlochziegel	0,7 ··	**0,8** ··	0,9
Porenbetonsteine	0,4 ··	**0,5** ··	0,7
Schamottesteine	0,8 ··	**1,4** ··	2,1
Steinzeug, Porzellan	2,0 ··	**2,2** ··	2,5
(Weiteres → Mauersteinarten)			

Natursteine			
Basalt		2,9 ··	3,0
Granite, Syenite		2,6 ··	2,8
Marmore, Kalksteine, Dolomite		2,6 ··	2,8
Sandsteine, Grauwacke		2,6 ··	2,7
Basaltlava		2,2 ··	2,4
Vulkanische Tuffsteine		1,8 ··	2,0

Mauerwerk			
normal	1,0 ··	**1,4** ··	1,8
hochfest aus Klinkern	1,6 ··	**2,0** ··	2,4
Vor- (Sicht-) Mauerwerk	1,6 ··	**1,8** ··	2,0
Leichtmauerwerk	0,5 ··	**0,8** ··	1,0
Granit-Mauerwerk	2,6 ··	**2,7** ··	2,8
Sandstein- u. Kalksteinmauerwerk	2,5 ··	**2,6** ··	2,7
(Weiteres → Lastannahmen)			

Wandbauplatten	
(Rohdichteklassen):	
aus Gips	0,7; 0,9; 1,2
aus Leichtbeton	0,8; 1,0; 1,2; 1,4
aus Porenbeton	0,5; 0,6; 0,7; 0,8
Leichtbeton-Hohlwandplatten	0,8; 0,9; 1,0; 1,2; 1,4
Ton-Hohlplatten (Hourdis)	0,8; 1,0
Leichtziegelplatten	0,6; 0,8; 1,0
Holzwolle-Leichtbauplatten (HWL)	0,36 bis 0,57

Dach- und Deckenplatten	
(Rohdichteklassen):	
Bewehrter Porenbeton	0,5; 0,6; 0,7; 0,8
Stahlbetondielen	0,8; 1,0; 1,2; 1,4; 1,6

Putze und Estriche			
Gipsestrich			2,0
Gipsputz			1,2
Gips-Sand-Mörtel			1,8
Kalkmörtel			1,8
Zementmörtel			2,1
Anhydritmörtel			2,1
Leichtmörtel	0,7 ··	**1,0** ··	1,5
Dämm-Mörtel	0,3 ··	**0,5** ··	0,7
Kunststoff-Dispersionsmörtel	1,0 ··		1,1
Gussasphalt			2,3

Holz- und Holzwerkstoffe			
(Werte für darrtrocken bis 15 M.-% feucht)			
Fichte, Tanne	0,43	··	0,49
Kiefer, Föhre	0,48	··	0,56
Lärche	0,55	··	0,63
Eiche	0,63	··	0,72
Buche	0,66	··	0,76
Holzspanplatten, leichte	0,25	··	0,50
Holzspanplatten, schwere	0,50	··	0,80
Holzfaserplatten, porig	0,23	··	0,35
Holzfaserplatten, mittelhart	0,35	··	0,80
Holzfaserplatten, hart	0,80	··	1,0

Wärmedämmplatten			
PS- (Polystyrol-) Hartschaum	0,015	··	0,035
PUR- (Polyurethan-) Hartschaum	0,03	··	0,04
PF- (Phenolharz) Hartschaum	0,03	··	0,04
Faserdämmstoffe	0,01	··	0,05
Korkplatten	0,08	··	0,10
Zellulose-Dämmstoffe	0,03	··	0,05
Schaumglas	0,1	··	0,15

T5 Schüttdichten ϱ_S von Korngemengen

in t/m³ = kg/l			
Mörtelbindemittel			
Weißkalk- u. Karbidkalkhydrat (CL)	0,3	··	0,6
Dolomitkalkhydrate (DL)	0,4	··	0,6
Hydraulischer Kalk HL2, Trasskalk	0,6	··	0,9
Hydraulischer Kalk HL5	0,6	··	1,0
Putz- und Mauerbinder	0,8	··	1,1
Zemente (CEM I, CEM II u. CEM III)	0,9	··	1,4
Trass (hydraulischer Zusatzstoff)	0,8	··	0,9
Stuckgips	0,7	··	0,9
Fertigputzgips, Haftputzgips { leicht	0,6	··	0,9
u. Maschinenputzgips { normal	0,9	··	1,1
Anhydritbinder	0,8	··	1,0

Gesteinskörnungen					
	Körnung	trocken	...	feucht	
Natursand mit	{ 0/1	1,1	...	1,45	
günstiger Sieblinie	{ 0/2	1,2	...	1,5	
	{ 0/4	1,3	...	1,55	
Natur-Kiessand	{ 0/8	1,4	...	1,6	
mit günstiger	{ 0/16	1,5	...	1,7	
Sieblinie	{ 0/32	1,6	...	1,8	
Natur-Kiessand	{ 0/8	1,3	...	1,55	
mit brauchbarer	{ 0/16	1,4	...	1,65	
Sieblinie	{ 0/32	1,5	...	1,75	
Naturkies aus	{ 2/8	1,7			
Granit, Kalkstein	{ 4/16	1,5			
Basalt o. Gabbro	{ 8/32	1,7			
Naturbims		0,6			
Hüttenbims,	{ 2/8	0,83			
Blähschiefer	{ 4/16	0,75			
Blähton	{ 8/25	0,6			
Naturbims (Einkorn)		0,5			

Sonstige Stoffe			
Schnee, lose	0,1 ··	**0,2** ··	0,3
Schnee, nass, fest	0,5 ··	**0,7** ··	0,9

Stoffe

Benennung   DIN 18 196 (Auszug)

Hauptgruppe	Kornanteile in m %		Bindigkeit: bindig b / nicht bindig nb		2)	Zeichen	Bindigkeit
	> 2 mm	≤ 0,06 mm	Boden-gruppe ↓ Benennung		2)		
Grobkörnig	> 40	≤ 5	Kies	enggestufter Kies 1)		GE	nb
				weitgest. Kies-Sanggem.		GW	nb
				intermittierend gest. "		GI	nb
	≤ 40	≤ 5	Sand	enggestufter Sand 1)		SE	nb
				weitgest. Sand-Kiesgem.		SW	nb
				intermittierend gest. "		SI	nb
Gemischtkörnig	> 40	5··15	Kies-Schluff-Gemische			GU	nb
		15··40				G̅U̅	b
	> 40	5··15	Kies-Ton-Gemische			GT	(b)
		15··40				G̅T̅	b
	≤ 40	5··15	Sand-Schluff-Gemische			SU	nb
		15··40				S̅U̅	b
	≤ 40	5··15	Sand-Ton-Gemische			ST	(b)
		15··40				S̅T̅	b
Feinkörnig	Korn-anteil in m % ≤ 0,06 mm	Lage zur A-Linie in einem Diagramm in DIN 18 196 (hier nicht wiedergegeben) in m % ober- o. unterhalb ↓ Bodengruppe			Wasser-gehalt an der Fließ- 3) grenze in m%	Kurzzeichen	Bindigkeit
	> 40	≥ 4	Schluff	leicht plast.	≤ 35	UL	b
				mittelplast.	35··50	UM	b
	> 40	≤ 7	Ton.	leicht plastisch	≤ 35	TL	b
				mittelplastisch	35··50	TM	b
				ausgeprägt plast.	> 50	TA	b

1) **Siebliniencharakter**:
„enggestuft" **E**:   steile Sieblinie, z. B. Dünensand
„weitgestuft" **W**:   flache Sieblinie, gleichmäßige Körnung
„intermittierend" **I**: bei Zuschlag „Ausfallkörnung"

2)
Ton	**T**	unter 0,002 mm	
Sch**l**uff	**U**	über 0,002	bis 0,06 mm
Sand	**S**	über 0,06	bis 2,0 mm
Kies (**g**ravel)	**G**	über 2,0	bis 63 mm
Steine	**X**	über 63	bis 200 mm
Blöcke	**Y**	über 200 mm	

3) Der Grad der **Plastizität** wird wie folgt nach dem Wasserge-halt bei der **Fließgrenze** unterteilt:

Kurzzeichen ↓		Massenanteil W_L
leicht plastisch	**L**	kleiner als 35 %
mittelplastisch	**M**	35 bis 50 %
ausgeprägt plastisch	**A**	über 50 %

Merkmale für die Bodenarten

1. **Siebversuch:**
   unter 0,06 mm **auswaschen**, Rest trocknen

2. **Trockenfestigkeitsversuch** (ohne Grobkorn):
   Haselnussgroße Kugeln formen, völlig trocknen, zerdrücken.

Festigkeit	keine	reine Sande
	gering:	Sand, schluffig
	mittel:	Schluff, tonig
	hoch:	Ton, Mergel

3. **Knetversuch:**
   Bodenprobe (weich, aber nicht klebrig) zu etwa 3 mm dicken Röllchen formen, aus den Röllchen wieder Klümpchen formen und diese erneut ausrollen:

Die Röllchen zerkrümeln	geringe	Ton, stark sandig; Schluff schwach tonig
Der Klumpen zerkrümelt	mittlere	Schluff und Ton; Ton, schwach sandig
Klumpen oft knetbar	hohe **Plastizität**	Ton, schwach schluffig; Ton

4. **Schüttelversuch:**
   Sehr feuchte nussgroße Probe auf der flachen Hand hin- und herschütteln, bis sie glänzt; dann mit Finger darauf drücken. Wird die Probe dabei **matt**, enthält sie **Schluff**, je schneller sie matt wird, um so mehr Schluff.

5. **Schneideversuch:**
   Erdfeuchte Probe mit Messer schneiden; ist die Schnittfläche **stumpf**, dann enthält die Probe **viel Schluff**, ist sie **glänzend**, dann enthält sie **viel Ton**.

6. **Reibeversuch:**
   Erdfeuchte Probe zwischen den Fingern zerreiben; Sand macht sich durch Knirschen bemerkbar, Schluff fühlt sich mehlig, Ton fühlt sich seifig an und bleibt an den Fingern kleben; angetrocknet lässt er sich nur durch Abwaschen entfernen.
   Schluff dagegen lässt sich auch trocken leicht entfernen.

7. **Farbe:**
   Die **Farbe** des Bodens lässt auf den Gehalt an Humus schließen: Je dunkler, umso höher ist der Humusanteil.

8. **Konsistenzbestimmung** im Feldversuch:
   Breiig   ist Boden, der beim Pressen zwischen den Fingern hindurchquillt.

   Weich   ist Boden, der sich leicht kneten lässt.

   Steif   ist Boden, der sich schwer kneten, aber in der Hand zu etwa 3 mm dicken Walzen ausrollen lässt, ohne zu zerbröckeln.

   Halbfest ist Boden, wenn er beim Ausrollen bröckelt, aber sich dann noch zu einem Klumpen formen lässt.

   Fest   (hart) ist ausgetrockneter (meist heller) Boden, der sich nicht mehr kneten, sondern nur noch zerbrechen lässt.

Die Konsistenz ist wichtig für die zulässige Belastung bindiger Bodenarten.

Baugrund: Aufnehmbarer Sohldruck für mittig belastete Fundamente
Maximal soil pressure for central loaded foundations

DIN 1054: 10

σ_{zul} in kN/m² für Streifenfundamente

Streifen-fundamente auf nichtbindigem Boden	Funda-ment-breite	Kleinste Einbindetiefe d (früher t) in m			
	b	0,5	1,0	1,5	2,0
Nur Sicherheit gegen Grundbruch (Setzungen bei $b \leq$ 1,5 m ca. 2 cm, bei $b > 1,5$ m propor-tional zu b mehr)	0,5	200	270	340	400
	1	300	370	440	500
	1,5	400	470	540	600
	2	500	570	640	700
	2,5	500	570	640	700
	3	500	570	640	700
Mit Begrenzung der Setzungen (Setzungen bei $b \leq 1,5$ m ca. 1 cm, $b > 1,5$ m ≤ 2 cm)	0,5	200	270	340	400
	1	300	370	440	500
	1,5	330	360	390	420
	2	280	310	340	360
	2,5	250	270	290	310
	3,0	220	240	260	280

0,30 m $\leq d <$ 0,50 m, $b \geq$ 0,30 m: σ_{zul} = 150 kN/m²

Vorausetzungen

Bodengruppe nach DIN 18 196		SE, GE, SU, GU, GT	SE, SW, SL, GE, GW, GT, SU, GU
Ungleichförmigkeits-zahl nach DIN 18 196	U	≤ 3	> 3
Mittlere Lagerungs-dichte nach DIN 18 126	D	$\geq 0,30$	$\geq 0,45$
Mittlerer Verdichtungs-grad nach DIN 18 127	D_{Pr}	$\geq 95\%$	$\geq 98\%$
Mittlerer Spitzenwider-stand der Drucksonde	q_c	$\geq 7,5$ MN/m²	$\geq 7,5$ MN/m²

Streifenfundamente mit Breiten b bzw b' von 0,50 m bis 2,00 m auf bindigem Boden					
Reiner Schluff (UL nach DIN 18196)	steif bis fest	130	180	220	250
Gemischtkörniger Boden	steif	150	180	220	250
	halbfest	220	280	330	370
	fest	330	380	440	500
Tonig schluffiger Boden (UM, TL, TM nach DIN 18 196)	steif	120	140	160	180
	halbfest	170	210	250	280
	fest	280	320	360	400
Ton-Boden (TA nach DIN 18 196)	steif	90	110	130	150
	halbfest	140	180	210	230
	fest	200	240	270	300
Mittlere einaxiale Druckfestigkeit $q_{u,k}$ in kN/m²	steif	120 bis 300			
	halbfest	300 bis 700			
	fest	> 700			

Bei 2,00 < $b \leq$ 5,00 m muss σ_{zul} um 10 % je m zusätzlicher Fun-damentbreite vermindert werden. Die Anwendung der genannten Werte kann bei mittig belasteten Fundamenten zu Setzungen von ca. 2 bis 4 cm führen.

Aufnehmbarer Sohldruck für Fels

σ_{zul} zwischen 500 kN/m² und 10 MN/m²

Voraussetzung für die Erhöhung der Werte bei nichtbindigem Boden

Bodengruppe nach DIN 18 196		SE, GE, SU, GU, GT	SE, SW, SL, GE, GW, GT, SU, GU
Ungleichförmigkeits-zahl nach DIN 18 196	U	≤ 3	> 3
Mittlere Lagerungs-dichte nach DIN 18 126	D	$\geq 0,50$	$\geq 0,65$
Mittlerer Verdichtungs-grad nach DIN 18 127	D_{Pr}	$\geq 98\%$	$\geq 100\%$
Mittlerer Spitzenwider-stand der Drucksonde	q_c	≥ 15 MN/m²	≥ 15 MN/m²

Nachweisform $\sigma_{vorh} \leq \sigma_{zul}$

σ_{vorh} ist der auf die Fundamentsohlfläche bezogene charakte-ristische Sohldruck.

Für das Tabellenverfahren müssen folgende Voraussetzungen erfüllt sein:

• Die Geländeoberfläche und die Schichtgrenzen müssen annähernd waagerecht verlaufen. Der Baugrund muss bis in eine Tiefe unter der Gründungssohle, die der zweifachen Funda-mentbreite entspricht, mindestens aber bis in 2,0 m Tiefe eine ausreichende Festigkeit aufweisen. Das Fundament darf nicht regelmäßig oder überwiegend dynamisch beansprucht werden.

• In bindigen Schichten darf kein nennenswerter Porenwasser-überdruck entstehen. Ist die Einbindetiefe auf allen Seiten des Gründungskörpers $d > 2,00$ m, so darf σ_{zul} um die Spannung erhöht werden, die sich aus der Bodenentlastung ergibt, die der Mehrtiefe entspricht.

• Dabei darf der Boden weder vorübergehend noch dauernd entfernt werden, solange die maßgebende charakteristische Beanspruchung vorhanden ist.

• Bei Rechteckfundamenten mit einem Seitenverhältnis $b_x : b_y < 2$ und bei Kreisfundamenten darf σ_{zul} um 20 % erhöht werden, bei nichtbindigen Böden dürfen die auf der Grundlage des Grund-bruches ermittelten σ_{zul} um 20 % erhöht werden bei $b \geq 0,50$ m, $d \geq 0,50$ m und $d \geq 0,6 \cdot b$;

• σ_{zul} darf um bis zu 50 % erhöht werden, wenn sich bis in die zu überprüfende Tiefe nachweisen lässt, dass der Boden eine hohe Festigkeit aufweist.

Verminderung des aufnehmbaren Sohldruckes bei Grundwasser: Die für nichtbindigen Boden auf der Grundlage des Grundbruches ermittelte aufnehmbare Spannung σ_{zul} gilt für den Fall, dass der Abstand zwischen Grundwasserspiegel und Gründungssohle mindestens so groß ist wie b. Liegt der Grundwasserspiegel in Höhe der Gründungssohle, dann ist σ_{zul} um 40 % zu verringern. Zwischenwerte dürfen geradlinig interpoliert werden. Liegt der Grundwasserstand über der Gründungssohle, dann reicht die Abminderung von 40 % nur aus, wenn d größer als 0,80 m und außerdem größer als b ist. σ_{zul} für nichtbindigen Boden mit Setzungsbegrenzung darf angewendet werden, solange σ_{zul} nicht größer ist als der auf der Grundlage des Grundbruches ermittelte abgeminderte Wert.

Baugrubensicherung

Bei **Aushubarbeiten** dürfen senkrechte Wände nur dann ohne besondere Sicherung bis 1,25 m Tiefe hergestellt werden, wenn die anschließende Geländeoberfläche bei nichtbindigen Böden nicht stärker als 1 : 10, bei bindigen Böden nicht stärker als 1 : 2 geneigt ist.

In mindestens steifen bindigen Böden darf bis zu 1,75 m Tiefe ausgehoben werden, wenn der mehr als 1,25 m über der Sohle liegende Bereich unter einem Winkel von 45° geböscht wird **A1** oder gesichert wird **A2**.[1]

A1 Graben mit geböschten Kanten

A2 Teilweise verbauter Graben

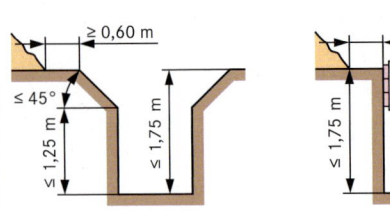

Nicht verbaute Baugruben und Gräben mit einer Tiefe von mehr als 1,25 bzw. 1,75 m müssen mit abgeböschten Wänden hergestellt werden. Ohne rechnerischen Nachweis der Standsicherheit dürfen folgende **Böschungswinkel β** nicht unterschritten werden:

	Böschungswinkel	Bodenklassen
nichtbindige o. weiche bindige Böden:	$\beta = 45°$	3 u. 4
steife oder halbfeste bindige Böden:	$\beta = 60°$	5
Fels:	$\beta = 80°$	6 u. 7

T1 Mindestbreiten b für Gräben mit betretbarem Arbeitsraum, abhängig vom äußeren Rohrdurchmesser (OD in mm) von Abwasserleitungen

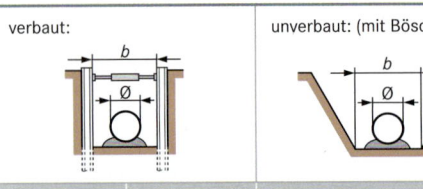

DN in mm (Nennweite des Rohrs)	Mindestbreite in m – verbaut	Mindestbreite in m – unverbaut	
		Böschungswinkel > 60°	Böschungswinkel ≤ 60°
≤ 225	OD + 0,40	OD + 0,40	OD + 0,40
> 225 ≤ 350	OD + 0,50	OD + 0,50	OD + 0,40
> 350 ≤ 700	OD + 0,70	OD + 0,70	OD + 0,40
> 700 ≤ 1200	OD + 0,85	OD + 0,85	OD + 0,40
> 1200	OD + 1,00	OD + 1,00	OD + 0,40

T2 Mindestgrabenbreite in Abhängigkeit von der Grabentiefe b. Verlegung von Abwasserleitungen

Grabentiefe in m	Mindestgrabenbreite in m
< 1,00	keine Vorgabe
≥ 1,00 ≤ 1,75	0,80
> 1,75 ≤ 4,00	0,90
> 4,00	1,00

Arbeitsraum vor Kellerwänden

Die in **A3** und **A4** angegebene Mindest-Arbeitsraumbreite von 0,50 m ist unbedingt erforderlich, um Schal- und Abdichtungsarbeiten, z.B. das Auftragen von Dickbeschichtungen, ordnungsgemäß ausführen zu können. Der Arbeitsraum darf auch bei verbauten Baugruben nicht durch Gurtungen oder Querriegel eingeengt werden, wenn diese weniger als 1,75 m über der Baugrubensohle angebracht sind.

A3 Arbeitsraumbreite bei Mauerwerk

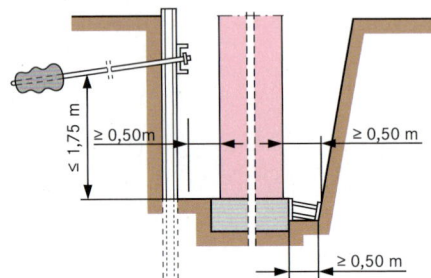

A4 Arbeitsraumbreite bei geschalten Betonwänden

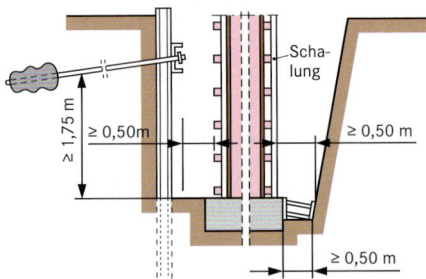

Der **Schutzstreifen** von mindestens 0,60 m Breite, wie in **A1** und **A2**, der bei nicht oder nur teilweise verbauten Baugruben am oberen Rand gefordert wird, ist unbedingt von jeder Belastung freizuhalten.

Für allgemein zugelassene Straßenfahrzeuge sowie Bagger und Hebezeuge bis zu 12 t Gesamtgewicht muss ein Schutzstreifen von mind. 1,00 m Breite, für schwerere Fahrzeuge sowie Bagger und Hebezeuge von mehr als 12 t von mindestens 2,00 m Breite freigehalten werden.

Vor allem sind **Vibrationen**, z. B. von Kompressoren, die auf feuchten Erdboden wie ein Betonrüttler wirken, vom Baugrubenrand fernzuhalten.

Nach **starken Regenfällen** sowie nach Tauwetter und nach Sprengungen sind nicht- oder nur teilweise verbaute Böschungen zu überprüfen.

Für Gräben werden statt des traditionellen waagerechten oder senkrechten Norm-Verbaus zunehmend Verbau-Geräte verwendet, welche komplett eingesetzt werden können.

[1] **Gräben,** > 1,25 m tief, mit Leitern versehen, > 0,80 m breit, mit Laufsteg zum Überqueren.

Aufmessen des Baugrubenaushubs

A5

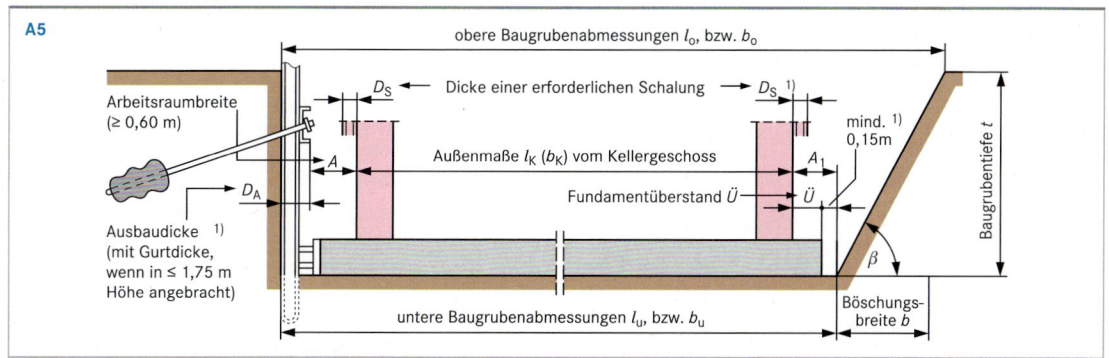

Beispiele für das Errechnen der Maße für den Erdaushub

Keller-Außenwände	mit Ausbau	mit Böschung
aus Mauerwerk	$l_o = l_u = l_K + 2 \cdot A + 2 \cdot D_A$	$l_o = l_K + 2 \cdot A (2 \cdot \ddot{U}) + 2 \cdot B$ $l_u = l_K + 2 \cdot A (2 \cdot \ddot{U})$
aus Ortbeton in Schalung	$l_o = l_u = l_K + 2 \cdot A + 2 \cdot D_A + 2 \cdot D_S$	$l_o = l_K + 2 \cdot D_S + 2 \cdot A (2 \cdot \ddot{U}) + 2 \cdot B$ $l_u = l_K + 2 \cdot D_S + 2 \cdot A (2 \cdot \ddot{U})$

Bei **Fundamentplatten** mit größerem Überstand kann bei Böschungswinkeln ≤ 60° eventuell auch statt A der Fundamentüberstand $\ddot{U}$ eingesetzt werden, wenn das Maß A_1 trotzdem gesichert ist.	Die **Baugrubentiefe t** zählt bei Streifenfundamenten, die meist gesondert abgerechnet werden, von Oberfläche Erdboden bis Oberfläche Fundament, bei Plattenfundamenten bis Unterfläche Fundament. [2]

Boden- und Felsklassen nach DIN 18 300: 12 (Auszug)

	Böden, lösbar mit:	Böschungs-		Auflockerung in $V\%$	
		winkel β	breite B	vorüber- gehend	bleibend
1. Oberboden: enthält neben anorganischen Stoffen auch Humus und Bodenlebewesen	Schaufel, Spaten	wird abgetragen		je nach Bodenart	
2. Fließende Bodenarten: von flüssiger bis breiiger Beschaffenheit, geben Wasser schwer ab	–	ungeeignet		–	
3. Leicht lösbare Bodenarten: Sande, Kiese, Kiessande mit ≤ 15 m % Schluff und Ton; ≤ 30 % Steine mit > 63 mm Ø.	Schaufel, Spaten	40° (45° n. DIN 4124: 00)	1,2 · h (1 · h)	8…15	1…3
4. Mittelschwer lösbare Bodenarten: Sand-Kies-Gemische mit > 15 m % Schluff u. Ton; ≤ 30 % Steine mit > 63 mm Ø. Bindige Böden je nach Wassergehalt: weich bis halbfest.	Spaten und Hacke			10…20	3…5
5. Schwer lösbare Bodenarten: wie Klassen 3 u. 4, Steine: > 30 % von > 63 mm Ø u. < 0,01 m³ Volumen (< 30 cm Ø); Ausgeprägt plastische Tone, die weich bis halbfest sind.	Picke, Brech- stange, Keile, schwere Bagger- schaufel	60°	0,58 · h (≈ 0,6)	20…30	6…10
6. Leicht lösbarer Fels und vergleichbare Bodenarten: Stark klüftiger, brüchiger, bröckeliger und schiefriger Fels; feste, stark bindige Böden (Ton), gefrorene Böden; Böden m. > 30 % Steinen von 0,01…0,1 m³ V.		80°	0,18 · h (≈ 0,2)	30…40	8…12
7. Schwer lösbarer Fels: unverwitterter fester Fels; festgelagerter Tonschiefer, Nagelfluh, Schlackenhalden.	Bohren u. Sprengen			35…50	10…15

[1] Für die **Schalung** und für den **Ausbau** je 0,15 m ansetzen; Gurthölzer oder -träger zusätzlich berücksichtigen, wenn ≤ 1,75 m über der Sohle.

[2] Bei bindigem Boden **Schutzschicht** liegen lassen und erst unmittelbar vor dem Betonieren abheben, wenn Gefahr von Starkregen droht.

Bodenauflockerung: vorübergehend und bleibend:

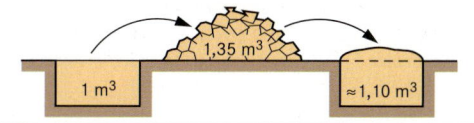

Stoffe

Die auf dem **Grundmodul 1 am ≙ 12,5 cm** aufbauende Maßordnung wird **Achtelmeter-(Oktameter-) Ordnung** genannt.

Weil sie von den Abmessungen der Mauersteine ausgeht, wird sie bevorzugt im **handwerklichen Bauen**, besonders im **Mauerwerksbau**, angewendet. Hierbei wird zwischen den Rohbaurichtmaßen der Planung und den Nennmaßen der Bauteile und Bauwerke unterschieden.

Rohbau-Richtmaße RR sind bevorzugt ganze Vielfache des Grundmoduls 12,5 cm. Bei Wänden und Anschlägen sind auch halbe **am** gebräuchlich.

Rohbau-Nennmaße (praktische „Sollmaße") errechnen sich aus den Rohbau-Richtmaßen unter Berücksichtigung der Fugendicken. Die unterschiedlichen Nennmaße, die sich daraus für jedes Richtmaß ergeben, sind unten und auf der nächsten Seite dargestellt.

T1 Errechnen der Nennmaße aus den Baurichtmaßen

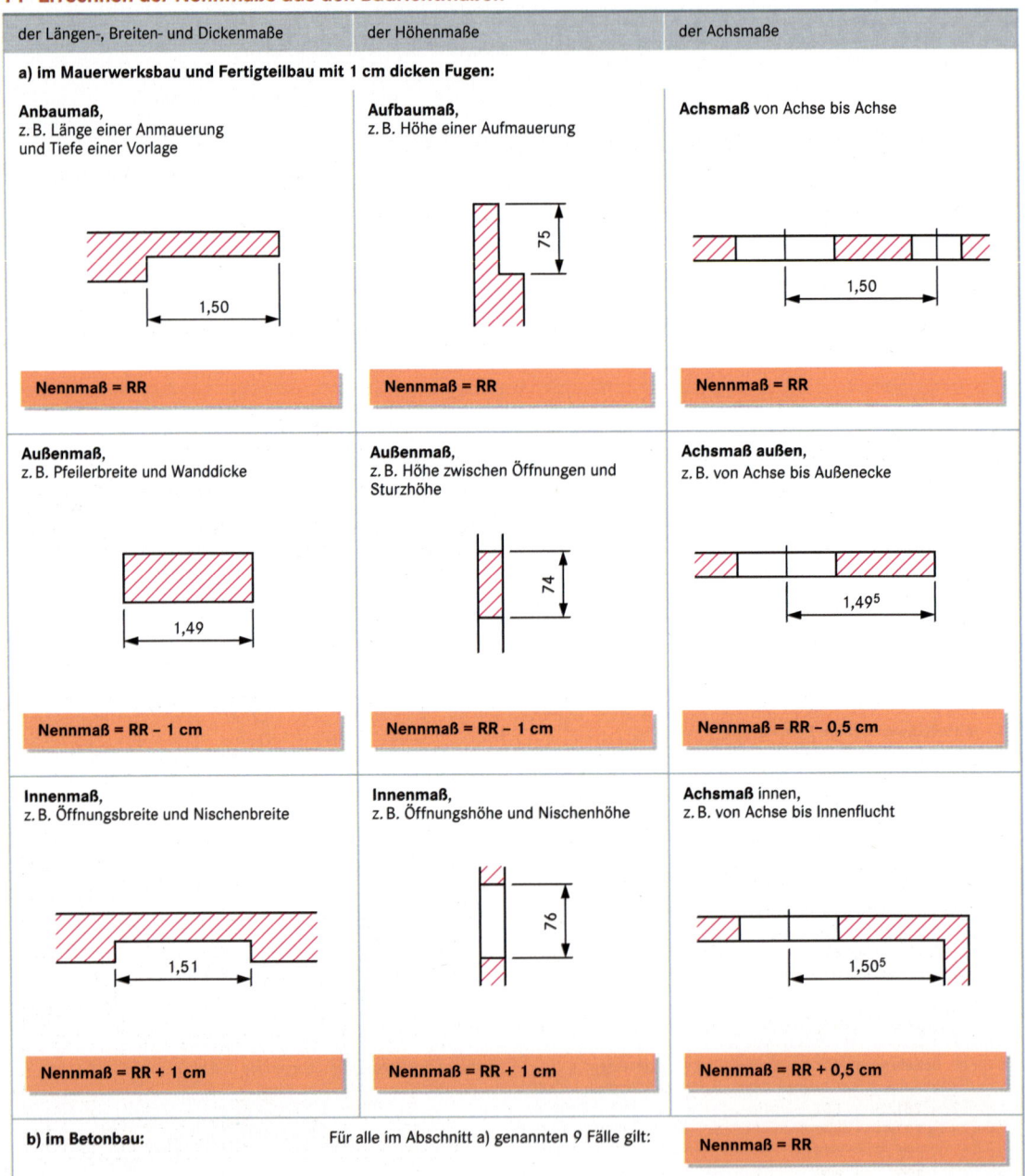

| der Längen-, Breiten- und Dickenmaße | der Höhenmaße | der Achsmaße |

a) im Mauerwerksbau und Fertigteilbau mit 1 cm dicken Fugen:

Anbaumaß, z. B. Länge einer Anmauerung und Tiefe einer Vorlage — 1,50 — **Nennmaß = RR**

Aufbaumaß, z. B. Höhe einer Aufmauerung — 75 — **Nennmaß = RR**

Achsmaß von Achse bis Achse — 1,50 — **Nennmaß = RR**

Außenmaß, z. B. Pfeilerbreite und Wanddicke — 1,49 — **Nennmaß = RR – 1 cm**

Außenmaß, z. B. Höhe zwischen Öffnungen und Sturzhöhe — 74 — **Nennmaß = RR – 1 cm**

Achsmaß außen, z. B. von Achse bis Außenecke — 1,49⁵ — **Nennmaß = RR – 0,5 cm**

Innenmaß, z. B. Öffnungsbreite und Nischenbreite — 1,51 — **Nennmaß = RR + 1 cm**

Innenmaß, z. B. Öffnungshöhe und Nischenhöhe — 76 — **Nennmaß = RR + 1 cm**

Achsmaß innen, z. B. von Achse bis Innenflucht — 1,50⁵ — **Nennmaß = RR + 0,5 cm**

b) im Betonbau: Für alle im Abschnitt a) genannten 9 Fälle gilt: **Nennmaß = RR**

Achtel-meter	Maße in cm		Schichtenzahl für Steinhöhe in cm				Höhe in cm
am	genau	rund	5,2	11,3	24	7,1	rund
1/2	6,25	6	1			1	8,5
1	**12,5**	**12,5**	2	**1**		2	16,5
1 1/2	18,75	19	3				
2	25	**25**	4	**2**	1	3	**25**
2 1/2	31,25	31	5			4	33,5
3	**37,5**	**37,5**	6	**3**		5	41,5
3 1/2	43,75	44	7				
4	50	50	8	**4**	2	6	**50**
4 1/2	56,25	56	9			7	58,5
5	**62,5**	**62,5**	10	**5**		8	66,5
5 1/2	68,75	69	11				
6	75	**75**	12	**6**	3	9	**75**
6 1/2	81,25	81	13			10	83,5
7	**87,5**	**87,5**	14	**7**		11	91,5
7 1/2	93,75	94	15				
8	100	**100**	16	**8**	4	12	**100**
8 1/2	106,25	106	17			13	108,5
9	**112,5**	**112,5**	18	**9**		14	116,5
9 1/2	118,75	119	19				
10	125	**125**	20	**10**	5	15	**125**
10 1/2	131,25	131	21			16	133,5
11	**137,5**	**137,5**	22	**11**		17	141,5
11 1/2	143,75	144	23				
12	150	**150**	24	**12**	6	18	**150**
12 1/2	156,25	156	25			19	158,5
13	**162,5**	**162,5**	26	**13**		20	166,5
13 1/2	168,75	169	27				
14	175	175	28	**14**	7	21	**175**
14 1/2	181,25	181	29			22	183,5
15	**187,5**	**187,5**	30	**15**		23	191,5
15 1/2	193,75	194	31				
16	200	**200**	32	**16**	8	24	**200**
16 1/2	206,25	206	33			25	208,5
17	**212,5**	**212,5**	34	**17**		26	216,5
17 1/2	218,75	219	35				
18	225	**225**	36	**18**	9	27	**225**
18 1/2	231,25	231	37			28	233,5
19	**237,5**	**237,5**	38	**19**		29	241,5
19 1/2	243,75	244	39				
20	250	**250**	40	**20**	10	30	**250**
20 1/2	256,25	256	41			31	258,5
21	**262,5**	**262,5**	42	**21**		32	266,5
21 1/2	268,75	269	43				
22	275	**275**	44	**22**	11	33	**275**
22 1/2	281,25	281	45			34	283,5
23	**287,5**	**287,5**	46	**23**		35	291,5
23 1/2	293,75	294	47				
24	300	**300**	48	**24**	12	36	**300**

T2 Mauermaße

RR		Zu jedem Rohbaurichtmaß gehören 5 Nennmaße → T1
am	**cm**	
1/2	6	Beispiel: Zum Rohbaurichtmaß
1	**12,5**	4 am = 5 M = **50 cm** gehören:
1 1/2	19	
2	25	
2 1/2	31	
3	**37,5**	
3 1/2	44	
4	50 / 50	
4 1/2	56	
5	**62,5**	
5 1/2	69	
6	75	
6 1/2	81	
7	**87,5**	
7 1/2	94	
8	**100**	

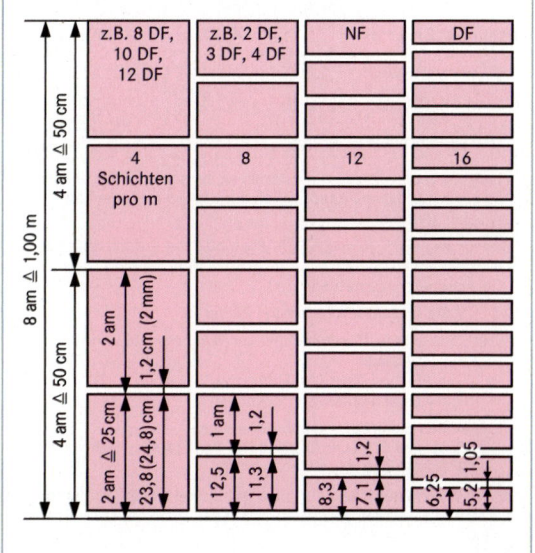

+ 1 = **51** Innenmaß

+ 0,5 = **50,5** Achsmaß innen

= 50 {Anbaumaß / Aufbaumaß / Achsmaß}

– 0,5 = **49,5** Achsmaß außen

– 1 = **49** Außenmaß

Bei **waagerechten Mauermaßen** gilt diese Regel nur für Normalmörtel-Stoßfugen von 1 cm.

Bei mörtellosen Nut-Feder-Stoßfugen und annähernd auch bei Dünnbett-Stoßfugen entsprechen die Nennmaße, wie beim Betonbau, den Rohbau-Richtmaßen.

Bei **senkrechten Maßen** von Mauerwerk mit Dünnbett-Lagerfugen entsprechen ebenfalls die Nennmaße annähernd den Rohbau-Richtmaßen.

Abweichungen von 1 bis 3 mm brauchen nicht berücksichtigt zu werden.

An Nut-Feder-Steinen müssen an Öffnungen die Federn eventuell abgeschlagen werden, um die zulässigen Abweichungen nach DIN 18202: 05 nicht zu überschreiten.

T3 Zusammenspiel der Schichtmaße

Damit Ausbauteile, z. B. Fenster, Türen, Treppen usw. unabhängig von den Rohbauarbeiten vorgefertigt werden können, ist es nötig, die in **A1** genannten **zulässigen Maßabweichungen** nicht zu überschreiten und nicht „alle Maße am Bau zu nehmen".
Zahlenbeispiel: Siehe **A1**, Maße in mm.

Nennmaß (Sollmaß) = Zeichnungsmaß (1,01 m) = Maß, das z. B. eine Öffnung aufweisen soll und in der Zeichnung eingetragen wird	101
Höchstmaß = das größte zulässige Maß	102
Mindestmaß = das kleinste zulässige Maß	100
Grenzabweichung = Differenz zw. Höchstmaß und Nennmaß oder Mindestmaß und Nennmaß	1
Maßtoleranz = Differenz zwischen Höchstmaß und Mindestmaß → **A1**	2

Ebenheitstoleranz = Bereich für die zulässige Abweichung einer Fläche von der Ebene.

Winkeltoleranz = Bereich der zulässigen Abweichung eines Winkels vom Nennwinkel.

Stichmaß t (ein Hilfsmaß) = Abstand eines Punktes von einer Bezugslinie, → **A2**, **A3**.

Istmaß = ein am Bauteil gemessenes Maß.

Maßabweichung = Differenz zwischen Ist- und Nennmaß.

Prüfung: Messverfahren nach Wahl des Prüfers.

T1 Grenzabweichungen

Grenzabweichungen sind gültig für Bauwerkmaße bei Bauten im Hochbau aus Baustoffen jeder Art.

Grenzabweichungen in mm bei Nennmaßen in m:

Anwendungsfälle		≤ 1	> 1 ≤ 3	> 3 ≤ 6	> 6 ≤ 15	>15 ≤ 30	> 30 < 60
Maße im Grundriss	1)	± 10	± 12	± 16	± 20	± 24	± 30
Maße im Aufriss	2)	± 10	± 16	± 16	± 20	± 30	± 30
Lichtm. im Grundriss	3)	± 12	± 16	± 20	± 24	± 30	–
Lichtmaße im Aufriss	4)	± 16	± 20	± 20	± 30	–	–
Öffnungen (Fenster)	5)	± 10	± 12	± 16	–	–	–
" m. Fertiglaibungen		± 8	± 10	± 12	–	–	–

1) Längen, Breiten, Achs- u. Rastermaße, zwischen Gebäudeecken und/oder Achsschnittpunkten an der Bauwerkteiloberfläche (Decke) gemessen.

2) Geschosshöhen, Podesthöhen, Abstände von Aufstandflächen u. Konsolen an übereinander liegenden Messpunkten, z. B. Deckenkanten, gemessen.

3) z. B. Maße zwischen Wänden und Pfeilern.

Die Maße sind in 10 cm Abstand von den Ecken zu nehmen, → **A4**: lichte Breite in 10 cm Abstand über dem Fußboden, in 10 cm Abstand unter der Decke.

4) z. B. Höhen unter Decken und Unterzügen. Die Maße sind in 10 cm Abstand von den Ecken zu nehmen, → **A5**: lichte Höhe.

5) Auch Türen und Einbauelemente, gemessen an den Kanten in 10 cm Abstand von den Ecken und in der Mitte der Öffnungsseiten.

A1
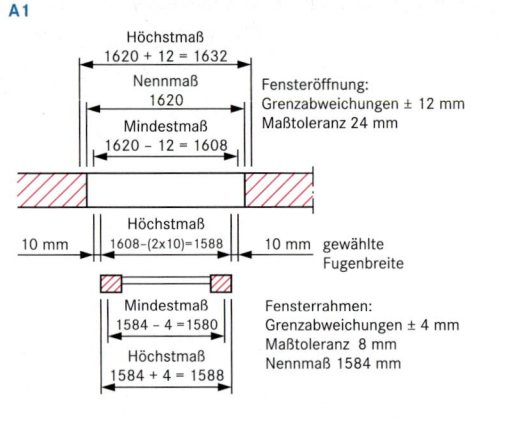

Höchstmaß 1620 + 12 = 1632
Nennmaß 1620
Mindestmaß 1620 – 12 = 1608

Fensteröffnung: Grenzabweichungen ± 12 mm Maßtoleranz 24 mm

10 mm | Höchstmaß 1608–(2x10)=1588 | 10 mm gewählte Fugenbreite

Mindestmaß 1584 – 4 =1580
Höchstmaß 1584 + 4 = 1588

Fensterrahmen: Grenzabweichungen ± 4 mm Maßtoleranz 8 mm Nennmaß 1584 mm

A2
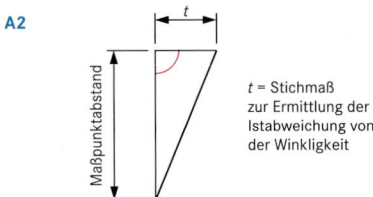

Maßpunktabstand

t = Stichmaß zur Ermittlung der Istabweichung von der Winkligkeit

A3
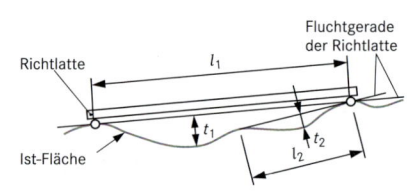

Richtlatte
Fluchtgerade der Richtlatte
l_1
t_1
t_2
l_2
Ist-Fläche

○ Messpunkte auf der Fläche, t_1, t_2 = Stichmaße zur Ermittlung der Istabweichung von der Ebenheit.
l_1, l_2 = Messpunktabstände.

A4
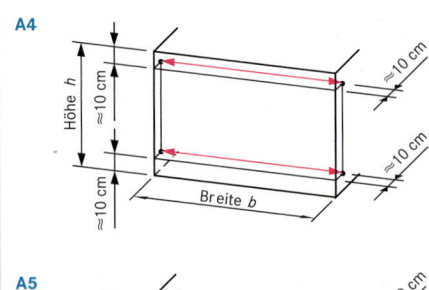

Höhe h
≈10 cm
≈10 cm
≈10 cm
Breite b

A5
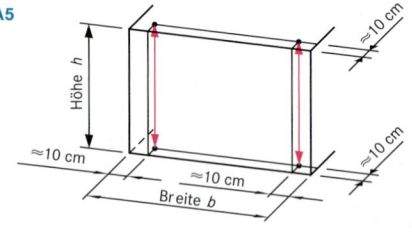

Höhe h
≈10 cm
≈10 cm
≈10 cm
Breite b

T2 Grenzabweichungen für vor-
gefertigte Beton- u. Stahlbauteile   DIN 18 203-1: 97

		bei Nennmaßen in m				
für die Dicken von	$\leq 0{,}15$	$> 0{,}15$ $\leq 0{,}3$	$> 0{,}3$ $\leq 0{,}6$	$> 0{,}6$ $\leq 1{,}0$	$> 1{,}0$ $\leq 1{,}5$	$> 1{,}5$
Deckentafeln	± 6	± 8	± 10	–	–	–
Wand- und Fassadentafeln	± 5	± 6	± 8	–	–	–
Stützen und Bindern	± 6	± 6	± 8	± 12	± 16	± 20

T3 Winkelabweichungen für vertikale,
horizontale und geneigte Flächen   DIN 18 202: 13

Stichmaße als Grenzwerte in mm bei Nennmaßen in m:

auch für Öffnungen, unabhängig vom Baustoff	$\leq 0{,}5$	$> 0{,}5$ ≤ 1	> 1 ≤ 3	> 3 ≤ 6	> 6 ≤ 15	> 15 ≤ 30	> 30 < 60
	3	6	8	12	16	20	30

T4 Ebenheitsabweichungen   DIN 18 202: 13

Stichmaße als Grenzwerte in mm, im Hochbau bei jeder Lage der Fläche unabhängig vom Baustoff. Zwischenwerte linear einfügen und auf ganze mm runden.	Messpunktabstände m				
	0,1	1	4	10	15
1. Nichtflächenfertige Oberseite von Decken, Unterbeton und Unterböden.	10	15	20	25	30
2. Wie 1., aber bei erhöhten Anforderungen, z. B. unter schwimmenden Estrichen, Industrieböden, Fliesen, Platten, Verbundestrichen. Fertige Oberflächen für untergeordnete Zwecke, z. B. Lagerräume, Keller.	5	8	12	15	20
3. Flächenfertige Böden, z. B. Nutzestriche und Estriche zur Aufnahme von Bodenbelägen, wie Fliesenbeläge, gespachtelte und geklebte Beläge und Beschichtungen.	2	4	10	12	15
4. Wie 3., aber bei erhöhten Anforderungen.	1	3	9	12	15
5. Nichtflächenfertige Wände und Unterseiten von Rohdecken.	5	10	15	25	30
6. Flächenfertige Wände und Decken-Unterseiten, z. B. geputzte Wände und Decken, untergehängte Decken.	3	5	10	20	25
7. Wie 6., jedoch bei erhöhten Anforderungen.	2	3	8	15	20

T5 Grenzabweichungen für vorgefertigte Beton-, Stahlbeton- u. Spannbeton-Bauteile   DIN 18 203-1: 97

gültig **für die Längen- und Breitenmaße in mm** Bauteile	bei Nennmaßen in m							
	$\leq 1{,}5$	$> 1{,}5$ ≤ 3	> 3 ≤ 6	> 6 ≤ 10	> 10 ≤ 15	> 15 ≤ 22	> 22 ≤ 30	> 30
1. Längen stabförmiger Bauteile, z. B. Stützen, Binder...	± 6	± 8	± 10	± 12	± 14	± 16	± 18	± 20
2. Längen und Breiten von Deckenplatten u. Wandtafeln	± 8	± 8	± 10	± 12	± 16	± 20	± 20	± 20
3. Längen vorgespannter Bauteile	–	–	–	± 16	± 16	± 20	± 25	± 30
4. Längen und Breiten von Fassadentafeln	± 5	± 6	± 8	± 10	–	–	–	–

T6 Grenzabweichungen für Träger, Binder u. Stützen aus Bauschnittholz, Baurundholz und
Holzwerkstoffen sowie für daraus hergestellte genagelte, gedübelte, geleimte oder sonstwie verbundene Bauteile   DIN 18 203-3: 08

Zeile	Träger, Binder, Stützen			Mess-bezugs-feuchte	Grenzabweichungen in mm						
					bei Nennmaßen in m						
					bis 0,10	über 0,10 bis 0,40	über 0,40 bis 0,80	über 0,80 bis 2,00	über 2,00 bis 6,00	über 6,00 bis 20,00	über 20,00
1	Breite und Höhe	Vollholz	Sägerau	20 %	+ 3 – 1	+ 4 – 2	–				
2			Gehobelt, egalisiert		± 1	$\pm 1{,}5$	–				
3		Holzwerkstoffe		10 %	± 1	$\pm 1{,}5$	–				
4		Zusammengesetzte Querschnitte		20 %	wie Vollholz		+ 5 – 2	+ 6 – 3	+ 8 – 4	–	–
5		Balkenschichtholz		15 %	± 1	$\pm 1{,}5$	–				
6		Einteilige Brett-schicht-holzbau-teile	Breite	12 %	± 2		+ 1 % – 0,5 %			–	–
			Höhe		+ 4 – 2						
7	Längen und Abstände (z. B. zwischen Bohrungen)			wie Zeilen 1 bis 6	± 2				$\pm 0{,}1$ %		± 20

Mauerwerk

Mauersteine
Masonry bricks

DIN 105-100: 12; DIN V 106: 05; DIN 398: 76; DIN V 4165-100: 05;
DIN 18945: 13; DIN V 18 151-100: 05; DIN V 18 152-100: 05; DIN V 18 153-100: 05

Steinarten

Kurzzeichen (Auswahl)		Druckfestig-keitsklassen (N/mm^2)		
Mauerziegel, DIN V 105-100: 12				
Mz	Vollziegel			
HLz	Hochlochziegel		4	6
Lz	Langlochziegel			
VMz	Vormauer-Vollziegel	8	10	12
VHLz	Vormauer-Hochlochziegel	16	20	28
HLzT	Mauertafelziegel			
KMz	Vollklinker			
KHLz	Hochlochklinker	28		
Leichthochlochziegel, DIN V 105-100: 12		2	4	6
HLz, VHLz, HLzT, siehe oben		8	10	12
KMz Hochfeste Ziegel und Klinker				
KHLz	siehe oben! DIN 105-100: 12	36	48	60
Keramikklinker, DIN 105-100: 12				
KK	Keramik-Vollklinker			
KHK	Keramik-Hochlochklinker	60		
Planziegel, DIN 15-6: 13				
PMz, PHLz, PVMz, PVHLz, PKMz,				
PKHLz siehe oben ohne P-Vorsatz				
Kalksandsteine, DIN V 106: 05				
KS	Kalksand-Voll- u. Blockstein			
KS L	KS-Loch- u. Hohlblockstein		4	6
KS L-R	KS-Hohlblockstein Nut + Feder	8	10	12
KS-R P	KS-Planblockstein Nut + Feder	16	20	28
KS L-R P	KS-Planhohlblockstein	36	48	60
KS XL	KS-Plan- o. Rasterelement			
KS-Vormauersteine und Verblender, DIN V 106: 05				
KS Vm	KS-Vormauerstein		10	12
KS Vb	KS-Verblender (nur ≥ 16 N/mm²)	16	20	28
Hüttensteine, (DIN 398: 76)				
HSV, VHSV	Hütten-Vollstein	6	12	20
HSL, VHSL	Hütten-Lochstein	28		
HSHbl	Hütten-Hohlblockstein			
PP	Porenbeton-Plansteine DIN V 4165-100: 05	2	4	6 8
PPE	Porenbeton-Planelement			
V	Vollsteine aus Leichtbeton	2	4	6 8
Vbl	Vollblöcke aus Leichtbeton	12		
Vbl SW	Vollblöcke aus Leichtbeton mit Schlitzen und besonderen Wärmedämmeigenschaften DIN V 18 152-100: 05	20	(nur V, Vbl, Vbl-P)	
Vbl SW-P	Planvollblock s.o.			
1-6K Hbl	Hohlblockstein aus Leicht-beton, DIN V 18151-100: 05 xK = Kammeranzahl	2 / 8	4 / 12	6
1-6K Hbl-P	Planhohlblock s.o.			
1-6K Hbn	Hohlblockstein aus Normalbe-ton mit geschlossenem Gefüge, DIN V 18 153-100: 05	2 / 8	4 / 12	6
1-6K Hbn-P	Planhohlblockstein s.o.			
Lehmsteine, DIN 18945: 13				
LS	Lehmvollsteine u. Lehmlochsteine	2, 3, 4, 5, 6		

Steinformate (Auswahl)

Länge x Breite x Höhe						Kurzzeichen		
Nennmaße [1] (Sollmaße) cm			in Achtelmeter (am)			nach [2] [1] Dünn-format	Wand-dicke	nach DIN 398
24	· 11,5 ·	5,2	**2**	· **1**	· 1/2	DF	(Dünnformat)	
24	· 11,5 ·	7,1	**2**	· **1**	· 2/3	NF	(Normal-format)	
24	· 11,5 ·	11,3	**2**	· **1**	· 1	2 DF	–	–
24	· 17,5 ·	11,3	**2**	· **1 1/2**	· 1	3 DF	–	–
24	· 24 ·	11,3	**2**	· **2**	· 1	4 DF	–	–
30	· 24 ·	11,3	**2 1/2**	· **2**	· 1	5 DF	–	–
36,5	· 24 ·	11,3	**3**	· **2**	· 1	6 DF	–	–
49	· 24 ·	11,3	**4**	· **2**	· 1	8 DF	–	–
49	· 30 ·	11,3	**4**	· **2 1/2**	· 1	10 DF	–	–
24	· 24 ·	23,8	**2**	· **2**	· 2	8 DF	240	–
24	· 30 ·	23,8	**2**	· **2 1/2**	· 2	10 DF	300	30 a
24	· 36,5 ·	23,8	**2**	· **3**	· 2	12 DF	365	–
30	· 24 ·	23,8	**2 1/2**	· **2**	· 2	10 DF	240	–
36,5	· 17,5 ·	23,8	**3**	· **1 1/2**	· 2	9 DF	175	17,5
36,5	· 24 ·	23,8	**3**	· **2**	· 2	12 DF	240	24 a
36,5	· 30 ·	23,8	**3**	· **2 1/2**	· 2	15 DF	300	–
49	· 11,5 ·	23,8	**4**	· **1**	· 2	8 DF	115	–
49	· 17,5 ·	23,8	**4**	· **1 1/2**	· 2	12 DF	175	–
49	· 24 ·	23,8	**4**	· **2**	· 2	16 DF	240	–

Steine nach der Dezimeter-Maßordnung

so genannte „Euro"-Formate, z.B.: $29 \cdot 9 \cdot 9\ cm^3$
$29 \cdot 19 \cdot 9\ cm^3, 29 \cdot 19 \cdot 19\ cm^3$

[1] Wenn die Steinbreite gleich der Wanddicke ist (der Stein also nur in einer Lage gemauert werden kann), ist die Breite unter-strichen. Im Steinkurzzeichen wird dann die Steinbreite in mm in eine Klammer hinter die DF-Angabe gesetzt, z.B.: 10 DF (240).

Plansteine bzw. -elemente werden i.d.R. in Dünnbettmörtel versetzt.

[2] Die DF-Angaben können als Ergebnis einer Multiplikation von Länge x Breite x Höhe in am, also als Rauminhalt des Steines in Vielfachen eines DF-Steines, betrachtet werden.

1. nach Rohstoffart und Herstellungsart

1.1 Mauerziegel (DIN 105-100) aus Ton, Lehm oder tonigen Massen mit oder ohne Zusatz von Magerungsmitteln oder porenbildenden Stoffen, z. B. Sägemehl oder Schaumstoffperlen, geformt, getrocknet und bei Temperaturen von etwa 1000 °C **gebrannt**.

Mauerziegel werden als LD-Ziegel (LD = low density mit Rohdichten ≤ 1000 kg/m^3) für ungeschütztes Mauerwerk und als HD-Ziegel (HD = high density mit Rohdichten > 1000 kg/m^3) für geschütztes und ungeschütztes Mauerwerk verwendet.

Der Entwurf DIN EN 771-1/A1: 14 sieht vor, die Kennzeichnung „LD" durch den Buchstaben P (für „protected" = geschützt, gemeint ist ein Schutz vor Regen und aufsteigender Feuchte) und die Kennzeichnung „HD" durch den Buchstaben U („unprotected" = ungeschützt, gemeint ist, Regen oder aufsteigender Feuchte ausgesetzt) zu ersetzen.

Keramikklinker aus ausgesuchten Rohstoffen haben Scherbenrohdichten ≥ 2 kg/dm^3.

1.2 Im Wasserdampf gehärtete Steine (gehärtet bei 160 bis 220 °C in 4 bis 8 Stunden):

Kalksandsteine (DIN V 106) aus Kalk und Quarzsand.

Hüttensteine (DIN 398) aus Kalk (und Zement) und granulierter Hochofenschlacke. Hüttensteine werden nicht mehr produziert; da kein aktueller Regelungsbedarf besteht, wurde die Norm 389 2013 ersatzlos zurückgezogen.

Porenbetonsteine (DIN V 4165-100) aus Kalk (und Zement) und fein gemahlenen kieselsäurehaltigen Stoffen mit gasbildenden Stoffen (meist Aluminiumpulver).

1.3 In freier Luft gehärtete Steine:
Leichtbetonsteine aus Zement oder anderen genormten hydraulischen Bindemitteln mit Leichtzuschlägen

als **Hohlblocksteine** (DIN V 18 151-100)
Vollsteine und Vollblöcke (DIN V 18 152-100)

Aus **Normalbeton: Hohlblocksteine**
(DIN V 18 153-100)

Historische Mauersteinformate (Maße in cm)	l	b	h
Reichsformat	25	12	6,5
Oldenburger Format	22	10,5	5,2
Süddeutsches Format	29	14	6,5
Klosterformat	28,5	13,5	8,5

2. nach Steingröße und Handhabung

2.1 Kleinformatige Einhandsteine:
Die Steinbreiten ≤ 11,5 cm kann die Hand des Maurers überspannen, meist keine Griffhilfe,
Formate: DF, NF, 2 DF.

2.2 Mittelformatige Einhandsteine mit Griffhilfen
(Griffschlitze, Grifflöcher, Grifftaschen, Griffleisten):
3 DF, 4 DF u.a.

2.3 Großformatige Zweihandsteine, meist mit 2 Griffschlitzen oder Grifftaschen, Steinhöhe meist 23,8 cm, Formate > 5 DF, sie sollten für das Versetzen von Hand nicht schwerer als 25 kg sein, besser ≤ 15 kg.

2.4 Planblöcke und -elemente werden bei größeren Gewichten bevorzugt mit einem leichten Kran versetzt, sie haben meist besondere Löcher für die Greifer des Hebezeuges.
Für die Lagerfuge wird Dünnbettmörtel aufgetragen. Die Stoßfugen, meist in „Nut-Feder"-Ausführung, bleiben oft mörtelfrei.

Beispiele:

Großformatige Kalksandsteine KS XL:
99,8 bzw. 49,8 cm lang, 49,8 bzw. 62,3 cm hoch, mit Breiten: 11,5; 15,0; 17,5; 20,0; 24,0; 30,0; 36,5 cm

Porenbeton-Planelemente PPE:
bis 149,9 cm lang, 49,9 oder 62,4 cm hoch und 11,5; 15; 17,5; 20; 24; 30 oder 36,5 cm breit.

Planziegel:
vorzugsweise 50 cm lang; 50 cm hoch, 17,5; 20 oder 24 cm breit.

2.5 Trocken zu versetzende Füllkörper
mit durchgehenden Kammern, die schichtweise, nach 1 m oder stockwerkhoch mit Mörtel oder Beton verfüllt werden, Körper sind aus Ziegel, Leicht- oder Holzbeton bzw. Styropor. Sie sind nicht genormt und müssen eine **bauaufsichtliche Zulassung** des Institutes für Bautechnik in Berlin besitzen, deren Bestimmungen genau einzuhalten sind.

3. nach Druckfestigkeitsklassen

Festigkeitsklasse	Prüfergebnis in N/mm^2	
	Mittelwert	Einzelwert
2	≥ 2,5	≥ 2,0
4	≥ 5,0	≥ 4,0
6	≥ 7,5	≥ 6,0
8	≥ 10,0	≥ 8,0
10	≥ 12,5	≥ 10,0
12	≥ 15,0	≥ 12,0
16	≥ 20,0	≥ 20,0
20	≥ 25,0	≥ 20,0
28	≥ 35,0	≥ 28,0
36	≥ 45,0	≥ 36,0
48	≥ 60,0	≥ 48,0
60	≥ 75,0	≥ 60,0

Lochungsarten bei Mauerziegeln und Klinkern

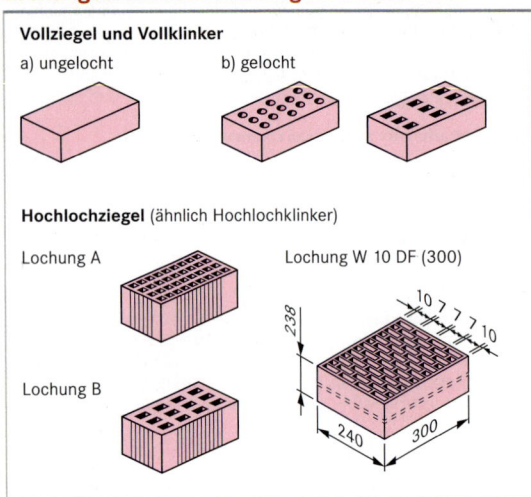

Vollziegel und Vollklinker
a) ungelocht   b) gelocht

Hochlochziegel (ähnlich Hochlochklinker)

Lochung A   Lochung W 10 DF (300)

Lochung B

T1 Löcher und Stege bei Mauerziegeln
(DIN 105-100: 12)

Ziegelbezeichnung (Beispiele)		Kurz-zeichen	Lochquerschnitt	
			gesamt in % der Lagerfl.	einzeln
HD-Ziegel	Vollziegel, gelocht	Mz	≤ 15	≤ 6
	Hochlochziegel A	HLzA	> 15 ≤ 50	≤ 2,5
	Hochlochziegel B	HLzB	> 15 ≤ 50	≤ 6
	Hochlochziegel C	HLzC	≤ 50	≤ 16
LD-Ziegel	Hochlochziegel A	HLzA	> 15 ≤ 55	≤ 2,5
	Hochlochziegel B	HLzB	> 15 ≤ 55	≤ 6
	Hochlochziegel C	HLzC	> 15 ≤ 50	≤ 16
	Hochlochziegel W	HLzW	≤ 55	≤ 6
	Wärmedämm-ziegel	WDz	≤ 50	≤ 6

Lochungsarten bei Kalksandsteinen

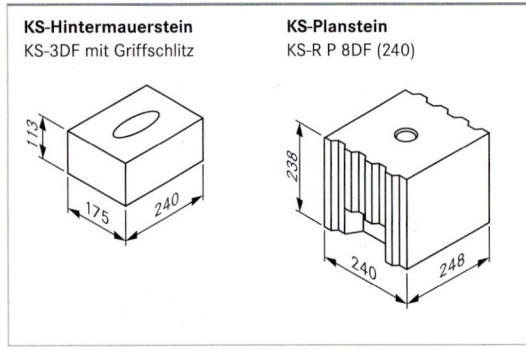

KS-Hintermauerstein
KS-3DF mit Griffschlitz

KS-Planstein
KS-R P 8DF (240)

T2 Löcher und Grifföffnungen bei KS-Steinen
(DIN V 106: 05)

Kalksandstein-bezeichnung (Beispiele)	Kurz-zeichen	Lochquerschnitt	
		gesamt in % der Lagerfläche	Einzel-Ø in mm
KS-Voll-, Blockstein	KS	≤ 15 % 1)	≤ 60
KS-Lochstein	KS L	15 - 50 % 1)	2)
KS-Hohlblockstein	KS L	15 - 50 % 1)	
KS-Planelement	KS XL	≤ 15 %	≤ 50

1) Löcher u. Grifföffnungen, Grifföffnungen ≤ 80 cm²
2) je nach Steinbreite u. Lochreihenanzahl

Lochungsarten bei Leichtbeton-Blocksteinen

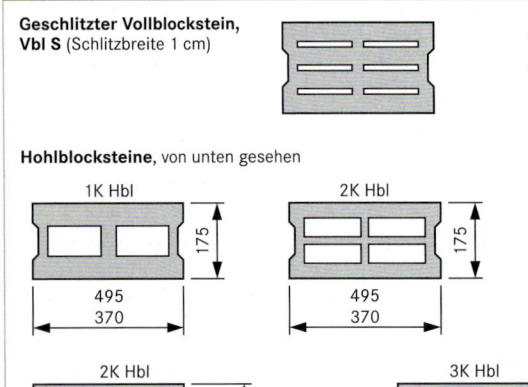

Geschlitzter Vollblockstein, Vbl S (Schlitzbreite 1 cm)

Hohlblocksteine, von unten gesehen

1K Hbl   2K Hbl

2K Hbl   3K Hbl   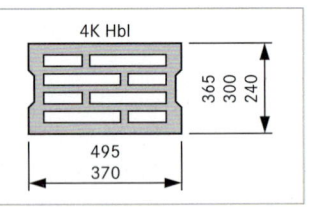 4K Hbl

T3 Kammern bei Leichtbeton-Blocksteinen
(DIN V 18 151-100: 05; 18 152-100: 05)

Steinbezeichnung	Kurz-zeichen	Wanddicken (Steinbreiten) cm
Vollblockstein (auch mit 1 cm Schlitzen)	Vbl	15 bis 36,5
1-Kammer-Hohlblock	1K Hbl	15 und 17,5
2-Kammer-Hohlblock	2K Hbl	17,5
3-Kammer-Hohlblock	3K Hbl	24 und 30
4-Kammer-Hohlblock	4K Hbl	36,5
5-Kammer-Hohlblock	5K Hbl	30 und 42,5
6-Kammer-Hohlblock	6K Hbl	42,5 und 49

Rohdichteklassen [1)]

Porenbetonsteine	0,30	0,35	0,40	0,45	0,50	0,55	0,60	0,65	0,70	0,75	0,80	0,85	0,90	0,95	1,00
Leichtbetonsteine															
Hohlblöcke	0,45	0,50	0,55	0,60	0,65	0,70	0,80	0,90		1,00	1,20	1,40	1,60		
Vollsteine und Vollblöcke	0,45	0,50	0,55	0,60	0,65	0,70	0,80	0,90		1,00	1,20	1,40	1,60	1,80	2,00
Mauerziegel															
LD-Ziegel		0,6		0,7		0,8		0,9		1,0					
HD-Ziegel											1,2	1,4	1,6	1,8	2,0	2,2	2,4
Wärmedämmziegel	sollen künftig mit einer neuen Norm DIN 105-7 geregelt werden.														
Hochlochziegel W	0,55	0,60	0,65	0,70	0,75	0,80	0,85	0,90	0,95	1,00					
und WDz (bei Überschreitung der Mindestlochreihenzahl)															
Kalksandsteine		0,6		0,7		0,8		0,9		1,0	1,2	1,4	1,6	1,8	2,0	2,2
Normalbetonsteine						0,80		0,90		1,00	1,20	1,40	1,60	1,80	2,0	2,2	2,4

[1)] Die Rohdichte ϱ_R von Mauersteinen wird in Masse (kg) pro Volumen einschließlich aller Hohlräume (dm^3) angegeben. Sie beeinflusst maßgeblich: Wärmedämmung bzw. -speicherung, Luftschalldämmung, Tragfähigkeit und Transportaufwand. Die RDK ist nach unten und nach oben begrenzt: RDK 1,4 enthält Rohdichten von 1201-1400.

Steinvolumen zum Errechnen der Steinmasse

Masse in kg
$= \varrho_R$ in $kg/dm^3 \cdot V$ in dm^3

Format	V in dm^3
DF	1,44
NF	1,96
2 DF	3,12
3 DF	4,75
4 DF	6,51
5 DF	8,14
6 DF	9,90
(7½ DF)	12,6)
8 DF	13,7
9 DF	15,2
10 DF	17,1
12 DF	20,8
15 DF	26,1
16 DF	28,0
20 DF	35,0
24 DF	42,6

Die Formate können der Tabelle Mauersteine – Steinformate entnommen werden.

Beispiele:
Ein KS 12 – **1,8** – 3 DF
hat die Masse:
1,8 $kg/dm^3 \cdot$ 4,75 dm^3
= 8,55 kg

Ein HLz 8 – **0,8** – 12 DF
hat die Masse:
0,8 $kg/dm^3 \cdot$ 20,8 dm^3
= 16,64 kg

zusätzlich 3 - 5 % Baufeuchte berücksichtigen

Bedeutung der Stein-Kurzzeichen

In den Mauerstein-Normen sind Kurzzeichen angegeben, die in ihrer Reihenfolge etwa dem folgenden Schema entsprechen. Die CE Kennzeichnung nach DIN EN 771 umfasst weitere baustofftechnische Kennwerte, z.B. Angaben zum Brandverhalten, zur Wasseraufnahme, zur Wärmeleitfähigkeit.

Steinname   DIN-Nr.   Steinart   Festigkeitsklasse   –   Rohdichteklasse   –   Format

Vormauer-Vollziegel DIN 105-100: 05   **VMz 28   –   1,8   –   DF**
28 N/mm^2 – 1,8 kg/dm^3 – Dünnformat

Leicht-Hochlochziegel DIN V 105-100 HLzW   **8   –   0,8   –   12 DF (240)**
Lochung W 8 N/mm^2 – 0,8 kg/dm^3 – 12 x Dünnformat für 24 cm Wanddicke

Klinker-Mauerziegel DIN 105-100: 05   **KMz 36   –   2,2   –   NF**
36 N/mm^2 – 2,2 kg/dm^3 – Normalformat

Kalksand-Verblender DIN V 106: 05   **KS Vb 20   –   1,8   –   2 DF**
20 N/mm^2 – 1,8 kg/dm^3 – 2 x Dünnformat

Kalksand-Hohlblockstein DIN V 106: 05   **KS L-E 12   –   1,4   –   10 DF (300)**
mit Nut-Feder-System   12 N/mm^2 – 1,4 kg/dm^3 – 10 x Dünnformat für 30 cm Wanddicke

Kalksand-R-Planstein DIN V 106: 05   **KS-R P 12   –   1,8   –   5 DF (150)**
mit Nut-Feder-System   12 N/mm^2 – 1,8 kg/dm^3 – 5 x Dünnformat für 15 cm Wanddicke

Leichtbeton-Hohlblockstein DIN V 18 151-100: 05 3K Hbl 2 – 0,7 – 12 DF – 365/240/238
3-Kammer-Hohlblock   2 N/mm^2 – 0,7 kg/dm^3 – f. 24 cm Wanddicke
23,8 cm hoch und 36,5 cm lang

Leichtbeton-Vollblockstein DIN V 18 152-100: 05   **Vbl 2 – 0,8 – 8 DF – 240/240/238**
2 N/mm^2 – 0,8 kg/dm^3 – für 24 cm Wanddicke 23,8 cm hoch und 24 cm lang

Normalbeton-Hohlblock DIN V 18 153-100: 05   **2K Hbn 6 – 1,6 – 10 DF – 240/300/238**
2-Kammer-Hohlblock   6 N/mm^2 – 1,6 kg/dm^3 – für 30 cm Wanddicke
23,8 cm hoch und 24 cm lang

Porenbeton-Planelement DIN V 4165-100: 05   **PPE4 – 0,60 – 999x300x499**
4 N/mm^2 – 0,6 kg/cm^3 – 99,9 cm lang, 30 cm breit und 49,9 cm hoch

Porenbeton-Planstein DIN V 4165-100   **PP 4 – 0,6-749x300x249 (≙ 30 DF)**
4 N/mm^2 – 0,6 kg/dm^3 – 74,9 cm lang, 30 cm breit und 24,9 cm hoch

Hütten-Vollstein DIN 398   **HSV 2,0   –   12   –   3 DF**
2,0 kg/dm^3 – 12 N/mm^2 – 3 x Dünnformat

Anforderungen

Normalmauermörtel dürfen ohne besonderen Nachweis nur verwendet werden, wenn sie den Angaben der Tabelle **T1** (A1 in der Norm) entsprechend zusammengesetzt sind. Die Namen der Kalk-Bindemittel sind an DIN EN 459-1: 02 „Baukalk" angeglichen, → Baukalke.

Zusammensetzung und Konsistenz des Mörtels müssen vollfugiges Vermauern ermöglichen, dies gilt besonders für Mörtel der Gruppen III und IIIa.

Werkmörteln dürfen auf der Baustelle keine Gesteinskörnung und Zusätze (Zusatzstoffe und Zusatzmittel) zugegeben werden. Bei ungünstigen Witterungsbedingungen (Nässe, niedrige Temperatur) ist Mörtel mindestens der Gruppe II zu verwenden. Der Mörtel muss vor Beginn des Erstarrens verarbeitet sein.

T2 Mörtelprüfverfahren

Prüfverfahren Verf. I bis Verf. III legen verschiedene Probengrößen und Prüfbelastungen fest.

Prüfverfahren	Probengröße	Prüfbelastung
Verf. I Verf. II Verf. III	20 mm x 20 mm x 12 mm 80 mm x 80 mm x 12 mm 50 mm x 50 mm x 12 mm	Vollflächig Druckstempel ☐ 40 x 40 mm Druckstempel Ø 20 mm

Anforderungen an Mörtel

Mörtelart	Mörtelgruppe	Mörtelklasse DIN EN 996-2	Fugendruckfestigkeit 1)		
			Verf. I N/mm^2	Verf. II N/mm^2	Verf. III N/mm^2
Normal- mauermörtel G	I	M 1	–	–	–
	II	M 2,5	1,25	2,5	1,75
	IIa	M 5	2,5	5,0	3,5
	III	M 10	5,0	10,0	7,0
	IIIa	M 20	10,0	20,0	14,0
Leicht- mauermörtel L	LM 21	M 5	2,5	5,0	3,5
	LM 36	M 5	2,5	5,0	3,5
Dünnbettmörtel T	DM	M 10	–	–	–

1) Referenzstein ist Kalksandstein DIN 106-KS 12-2,0-NF (ohne Lochung und Griföffnung)

Festigkeitsklassen von Lehmmauermörtel   DIN 18946: 13

Festigkeitsklasse	Druckfestigkeit N/mm^2	Haftscherfestigkeit N/mm^2
M0	–	–
M2	≥ 2,0	≥ 0,02
M3	≥ 3,0	≥ 0,03
M4	≥ 4,0	≥ 0,04

Herstellung von Baustellenmörtel

Auf der Baustelle nach Rezept hergestellte Mörtel (ausschließlich NM) werden aus Gründen der Qualität und Wirtschaftlichkeit kaum noch eingesetzt. Bindemittel sind trocken und wettergeschützt zu lagern, die Gesteinskörnung ist vor Verunreinigung zu schützen. DIN V 18580 enthält Rezepturen für MG I, II, IIa und III.

Anwendungseinschränkungen

Mörtelgruppe I nicht zulässig für:
– Gewölbe und Kellermauerwerk,
– > 2 Vollgeschosse und bei Wanddicken < 24 cm (bei zweischaligen Wänden: Dicke der Innenschale),
– das Vermauern der Außenschale,
– das Übermauern von Flachstürzen.

LM und DM nicht zulässig für:
– Gewölbe und Sichtmauerwerk.

Mörtelgruppen III u. IIIa nicht zulässig:
– zum Vermauern der Außenschalen zweischaliger Außenwände, aber zum nachträglichen Verfugen erlaubt.

T1 Mörtelzusammensetzung und Mischungsverhältnisse für Normalmauermörtel in Raumteilen

DIN V 18580: 07

		1	2	3	4	5	6	7
		Mörtel- gruppe	Luftkalk		Hydraulischer Kalk (HL2)	Hydraulischer Kalk (HL5), Putz- und Mauerbinder (MC5)	Zement	Sand 2) aus natürlichem Gestein
			Kalkteig	Kalkhydrat				
1	I	1	–	–	–	–	4
2		–	1	–	–	–	3
3		–	–	1	–	–	3
4		–	–	–	1	–	4,5
5	II	1,5	–	–	–	1	8
6		–	2	–	–	1	8
7		–	–	2	–	1	8
8		–	–	–	1	1	3
9	IIa	–	1	–	–	1	6
10		–	–	–	2	1	8
11	III	–	–	–	–	1	4

2) Die Werte des Sandanteils beziehen sich auf den lagerfeuchten Zustand.

Mörtel unterschiedlicher Arten und Gruppen dürfen auf einer Baustelle nur dann gemeinsam verwendet werden, wenn sichergestellt ist, dass keine Verwechslung möglich ist.

Leichtmauermörtel

Durch Verwendung von **Leichtzuschlägen**, wie z. B. Blähperlite, Blähglimmer, Schaumglas, Polystyrolperlen u. Ä. kann die Rohdichte von Mörtel und damit seine Wärmeleitfähigkeit erheblich verringert werden.

Bei Mauerwerk aus Leichtsteinen können dadurch bei normaler Fugendicke günstigere Rechenwerte λ der Wärmeleitfähigkeit des Mauerwerks nach DIN 4108 eingesetzt werden.

Ungünstig wirkt sich die gegenüber Normalmauermörtel erhöhte Querdehnung auf die Mauerwerksdruckfestigkeit aus, → Mauerwerk, Bemessung.

Leichtmauermörtel wird vorwiegend als Werk-Trockenmörtel geliefert.

T3 Anforderungen an Leichtmauermörtel „LM"

Prüfungen nach DIN 18 555-1, -3: 82, 18 555-4: 86,
DIN EN 1052-3: 07

Anforderungen in Bezug auf	Eignungsprüfung		Güteprüfung	
	LM 21	LM 36	LM 21	LM 36
Druckfestigkeit [1] i. A. v. 28 Tg. in N/mm^2	≥ 7 [2]	≥ 7 [2]	≥ 5	≥ 5
Haftscherfestigkeit [3] i. A. v. 28 Tg. in N/mm^2	$\geq 0,20$	$\geq 0,20$	–	–
Trockenrohdichte [5] i. A. v. 28 Tg. in kg/dm^3	$\leq 0,7$	$\leq 1,0$	[4]	[4]
Wärmeleitfähigkeit λ_{10tr} in W/(m · K) [5]	$\leq 0,18$	$\leq 0,27$	–	–

[1] Zusätzlich ist die Druckfestigkeit des Mörtels in der Fuge zu prüfen. Näheres in DIN 1053-1 bei Tabelle A2. Die Werte der Eignungsprüfung gelten auch als Richtwert bei Werkmörtel.

[2] Gilt als Richtwert.

[3] Als Referenzstein ist Kalksandstein DIN 106-KS 12 - 2,0 - NF (ohne Lochung bzw. Grifföffnung) zu verwenden. Alleinige Bezugsquelle siehe DIN 1053-1, S. 20 bei Tab. A2. Die maßgebende Haftscherfestigkeit = Prüfwert · Faktor 1,2.

[4] Grenzabweichung höchstens 10 % vom bei der Eignungsprüfung ermittelten Wert.

[5] Wird die Trockenrohdichte nach Zeile 5 (DIN EN 1745: 02) eingehalten, gelten die Anforderungen an λ_{10tr} als erfüllt. Wenn bei LM 21 $\varrho_{tr} > 0,7$ kg/dm^3, bei LM 36 $\varrho_{tr} > 1,0$ kg/dm^3 oder bei Zusatz von Quarzsand, sind die Anforderungen nachzuweisen.

Anwendungseinschränkung für Leichtmauermörtel

Er ist nicht zulässig für Gewölbe und der Witterung ausgesetztes Sichtmauerwerk.

In der Regel sind die Leichtmauermörtel nur für die Verwendung mit genormten Steinen zugelassen. Die Verwendung m. anderen Steinen muss im Zulassungsbescheid des Mörtels und der Steine ausdrücklich bestimmt sein, was neben d. Wärmeleitfähigkeit auch hinsichtlich der Tragfähigkeit der Wände entscheidend ist.

Dünnbettmörtel

Bei Verwendung von sog. **„Plansteinen"** mit Höhenabweichungen von max ± 1,0 mm, also beim Steinhöhen-Nennmaß von 24,8 cm mit Istmaßen von 24,7 ... 24,9 cm, ergeben sich **Lagerfugendicken von 1 bis 3 mm.**

Bei sehr maßgenauen Porenbetonsteinen schwankt die Lagerfugendicke sogar nur zwischen 0,5 u. 1,5 mm.

Der dafür geeignete **Dünnbettmörtel**, ein Zementmörtel der Gruppe III, wird meist mit Sand 0/0,25 mm hergestellt. Er wird ausschließlich als Werkmörtel hergestellt.

Entscheidend für seine Brauchbarkeit sind eine ausreichende **Verarbeitungszeit** und, besonders bei saugenden Steinen (KS, PP), eine genügend lange **Korrigierbarkeitszeit**, was durch entsprechende organische Zusätze erreicht wird. Er wird meist als Werk-Trockenmörtel geliefert.

Aufgebracht wird Dünnbettmörtel mit Mörtelschlitten, durch Aufkämmen, Aufrollen oder Eintauchen des Steines.

T4 Anforderungen an Dünnbettmörtel „DM"

Prüfungen nach DIN 18 555-3: 82; 18 555-8: 87;
DIN EN 1052-3: 07

Anforderungen in Bezug auf	Eignungsprüfung	Güteprüfung
Druckfestigkeit im Alter von 28 Tagen [1] in N/mm^2	≥ 14	≥ 10
Druckfestigkeit bei Feucht-Lagerung [2] n. 28 Tg. in N/mm^2	≥ 70 % vom Istwert der Zeile 1	
Haftscherfestigkeit [3] im Alter von 28 Tagen in N/mm^2	$\geq 0,5$	–
Verarbeitbarkeitszeit	≥ 4 h	–
Korrigierbarkeitszeit	≥ 7 min	–

[1] Siehe Fußnote [1] bei **T2**.

[2] Bis zum Alter von 7 Tagen im Klima 20°/95 %, danach 7 Tage Normalklima 20°/65 % u. 14 Tage unter Wasser von 20 °C.

[3] Siehe Fußnote [3] bei **T3**.

Eignungsprüfungen

sind für Mörtel erforderlich,

a) wenn die Brauchbarkeit des Zuschlags nachzuweisen ist,

b) wenn Zusatzstoffe oder Zusatzmittel verwendet werden, → Betonherstellung.

c) bei Baustellenmörtel, wenn nicht nach **T1** zusammengesetzt oder MGr IIIa hergestellt,

d) bei Werkmörtel, einschließlich Leichtmauer- und Dünnbettmörtel,

e) bei Bauwerken mit mehr als sechs gemauerten Vollgeschossen.

Die Eignungsprüfung ist zu wiederholen, wenn sich die Ausgangsstoffe oder die Zusammensetzung des Mörtels wesentlich ändern.

Weitere Angaben zu „Mörtel", → Beton, Stahlbeton, Mörtel.

Abstimmung von Stein und Mörtel

Bei **stark saugfähigen Steinen** und/oder ungünstigen Umgebungsbedingungen (Hitze, Wind) ist ein **vorzeitiger und zu hoher Wasserentzug** aus dem Mörtel durch **Vornässen der Steine** oder andere geeignete Maßnahmen einzuschränken, wie z.B.:

a) durch Verwenden von Mörtel mit **verbessertem Wasser-rückhaltevermögen**,

b) durch Nachbehandlung des Mauerwerks, z.B. Besprühen.

Empfehlungen zur Arbeitstechnik

Das **Vornässen der Steine** ist eine Maßnahme, mit der Schäden vermieden werden können. Es sollte jedoch rechtzeitig (möglichst 1 Stunde vorher) und gründlich erfolgen, damit die Steine beim Vermauern oberflächlich wieder abgetrocknet, im Kern aber noch feucht sind. Besonders wichtig ist das Vornässen bei schubbeanspruchtem Mauerwerk, z.B. von Stürzen, Bogenauflagern oder bei Beanspruchung durch Erschütterungen.

Der Mörtel muss beim Aufsetzen der Steine noch ausreichend verformungs- und klebfähig sein!
Nach d. Aufsetzen des Steines darf dieser in seiner Lage nur so lange korrigiert werden, wie der Mörtel noch nicht angesteift ist, sonst werden Festigkeit und Schlagregensicherheit des Mauerwerks stark beeinträchtigt.

Stoßfugenrisse im Verblendmauerwerk können sich an d. Seite des jeweils vorher versetzten Steines ausbilden, wenn der Stoßfugenmörtel am nächsten Stein beim Heranschieben schon zu sehr angesteift ist und deshalb nicht mehr ausreichend haftet.

Prüfvorschlag (angelehnt an DIN 18 555-8):
Auf einem sauberen Stein wird etwa 1,5 cm dick Mörtel aufgetragen und mit der Kelle eingeebnet.
Nach 1 Minute wird darauf mit mäßigem Druck ein gleichartiger Stein aufgelegt und etwas hin- und herbewegt. 30 Sekunden nach dem Auflegen wird dieser wieder abgehoben. Bleibt an mindestens der halben Steinfläche Mörtel kleben, → **A1**, passen Saugfähigkeit der Steine und Wasser-Rückhaltevermögen des Mörtels ausreichend gut zueinander.
Soll die Lagerfuge mit einem **Mörtelschlitten** weit im Voraus aufgetragen werden, ist eine Wartezeit bis zum Aufsetzen von 3 Minuten praxisnäher.

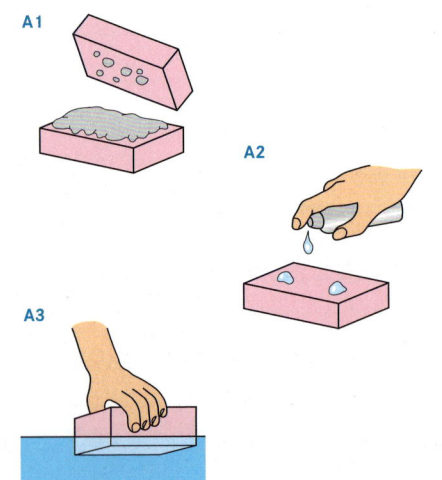

A1

A2

A3

Tropfversuch

Auf die Flach-, Längs- und Kopfseiten mehrerer Steine je einige einzelne, etwa gleich große Wassertropfen geben, → **A2**. Der Versuch soll im Schatten durchgeführt werden und die Steine dürfen nicht vorher durch die Sonne erwärmt sein.
Zur Beurteilung der Ergebnisse, → **T1**.

T1 wenn der Stein

die Wasser-tropfen im Versuch **A2**	g Wasser je dm^2 in **A3** saugt	dann Steine so behandeln:	erforderliche Eigenschaften des Mörtels (Fertigmörtels)
erst nach **mehr als einer Minute** aufsaugt	< 5	vor und beim Vermauern vor Regen schützen	steifer Mörtel, der für dichte Steine, z.B. Klinker, geeignet ist
in **3 bis 60 Sekunden** aufsaugt	5 bis 15	1)	mäßiges Wasserrück-haltevermögen (Normalmörtel)
in ≤ 2 **Sekunden** aufsaugt	> 15	lange und kräftig vornässen	starkes Wasserrück-haltevermögen

1) Bei Kalksand- und Porenbetonsteinen, die mäßig, aber langanhaltend saugen, ist deshalb Vornässen zu empfehlen.

Tauchversuch

Mehrere Steine trocken wiegen, dann 1 Minute lang etwa 1 cm tief in Wasser tauchen, → **A3** .
Anhaftendes Wasser sofort abschleudern und abtupfen. Steine nochmals wiegen.

Wasseraufnahme = Nassgewicht – Trockengewicht

$$\text{Saugfähigkeit} = \frac{\text{g Wasseraufnahme in der 1. Minute}}{\text{dm}^2 \text{ Wasser-Berührungsfläche}}$$

→ Stoffe, Auswirkungen der Kapillarität.

Mauern bei Frostwetter

Droht Frost, sind **Schutzmaßnahmen** erforderlich, **Frostschutzmittel** im Mörtel jedoch nicht erlaubt.
Gefrorene Steine dürfen nicht vermauert werden.
Frisches Mauerwerk ist rechtzeitig vor Frost zu schützen, z.B. durch Abdecken.
Auf **gefrorenem Mauerwerk** darf nicht weitergemauert werden.
Der **Einsatz von Salzen** zum Auftauen ist nicht zulässig, weil dadurch hohe Dauerfeuchte oder Ausblühungen verursacht werden.
Durch **Frost geschädigtes Mauerwerk** muss vor dem Weitermauern abgetragen werden.

Mauern mit und ohne Stoßfugenvermörtelung

Beim Mauern sind die Lager- und Längsfugen stets satt zu verfüllen. Dünnbettmörtel ist ebenfalls vollflächig aufzutragen (aufzukämmen). Die Stoßfugen sind in Abhängigkeit von der Steinform so zu verfüllen, bzw. der Dünnbettmörtel an den Stoßfugen so vollflächig aufzutragen, dass die Anforderungen an die Wand hinsichtlich des Schlagregen-, Wärme-, Schall- und Brandschutzes erfüllt werden können.

Beispiele für Vermauerungsarten und Fugenausbildung, → **A4**, **A5**, **A6**.

Die **Dicke der Fugen** soll so gewählt werden, dass das Maß von Stein und Fuge zusammen einem Baurichtmaß entspricht. In der Regel sollen die **Stoßfugen 10 mm** und die **Lagerfugen 12 mm** dick sein. Als vermörtelt gilt eine Stoßfuge, wenn mindestens die halbe Steinbreite auf der gesamten Steinhöhe vermörtelt ist. Wird das Mauerwerk durch Schlagregen beansprucht, ist die Stoßfuge vollständig zu vermörteln.

Beim Mauern mit **Dünnbettmörtel** müssen Stoß- und Lagerfugen **1 bis 3 mm** dick sein. Werden **Steine mit Mörteltaschen** vermauert, sollen die Steine entweder knirsch verlegt und die Mörteltaschen nachträglich verfüllt werden, → **A4**, was bei Einsatz von Mörtelschlitten günstig ist, oder durch Auftragen von Mörtel auf die Steinflanken vermauert werden, → **A5**. „Knirsch" heißt, die Steine werden ohne Mörtel so dicht versetzt, wie dies wegen der herstellungsbedingten Unebenheiten der Stoßfugenflächen möglich ist. Der **Abstand** der Steine darf nach DIN EN 1996-1/NA: 12 **höchstens 5 mm** sein. Die Knirsch-Verlegung sowie die Vermauerung mit Stoßfugen ≤ 5 mm gelten als „ohne Stoßfugenvermörtelung". Bei Fugendicken über 5 mm müssen die Fugen beim Mauern an der Außenseite verschlossen werden, was auch bei „Nut-Feder"-Stoßfugen, → **A6**, gilt. Stoßfugen in Bögen und Gewölben dürfen am Rücken höchstens 20 mm und müssen an der Leibung mindestens 5 mm dick sein.

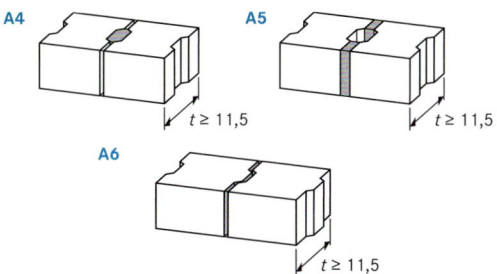

A4   A5 $t \geq 11{,}5$ A6 $t \geq 11{,}5$ $t \geq 11{,}5$

Soll auf die Vermörtelung der Stoßfugen verzichtet werden, müssen die Steine hinsichtlich ihrer Form und Maße hierzu geeignet sein. Die Steine sind stumpf oder mit Verzahnung durch ein Nut- und Federsystem „knirsch" zu verlegen, bzw. ineinander verzahnt zu versetzen, → **A6**. Bei Fugendicken über 5 mm müssen die Fugen an der Außenseite mit Mörtel verschlossen werden.

Die erforderlichen Maßnahmen hinsichtlich des Schlagregen-, Wärme-, Schall- und Brandschutzes sind bei dieser Vermauerungsart besonders zu berücksichtigen.

Fugen in Bögen und Gewölben dürfen am Rücken **höchstens 20 mm** und müssen an der Leibung **mindestens 5 mm** dick sein.

Verband

A7

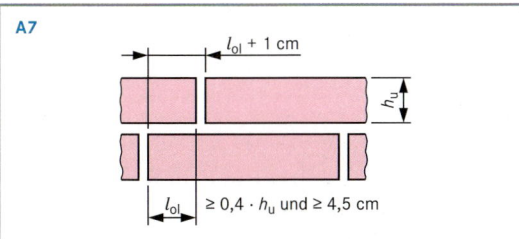

$l_{ol} + 1$ cm h_u l_{ol} $\geq 0{,}4 \cdot h_u$ und $\geq 4{,}5$ cm

Es muss im Verband gemauert werden, d.h., die Stoß- und Längsfugen übereinander liegender Schichten müssen versetzt sein.

Das Überbindemaß l_{ol} muss $\geq 0{,}4 \cdot h_u$ jedoch mindestens 4,5 cm sein; wobei h_u das Sollmaß der Steinhöhe ist, es gilt auch für das Überbinden von Längsfugen.

Das Überbindemaß l_{ol} darf bei Elementmauerwerk bis auf 0,2 x h_u reduziert werden, muss aber mindestens 12,5 cm betragen.

Die Steine einer Schicht sollten gleiche Höhe haben, auch an Öffnungslaibungen und Anschlägen.

In Schichten mit Längsfugen (Verbandsmauerwerk) darf die Steinhöhe nicht größer als die Steinbreite sein. Das gilt sinngemäß auch für Teilsteine in Pfeilern.

A8 Zusätzliche Lagerfugen an Wandenden und unter Stützen

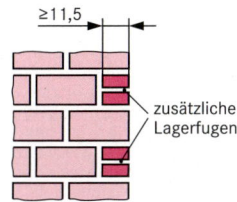

≥11,5   zusätzliche Lagerfugen

An Wandenden und unter Einbauteilen (z.B. Stützen) ist eine zusätzliche Lagerfuge in jeder zweiten Schicht zum Längen- und Höhenausgleich zulässig, sofern die Aufstandsfläche der Steine mind. 11,5 cm beträgt und Stein- und Mörtelfestigkeit der des übrigen Mauerwerks entsprechen.

T2

Stein-höhe h_u in cm	Mindestüberbindung $l_{ol} \geq 0{,}4 \cdot h_u$ und $\geq 4{,}5$ cm in cm		Regel-maß l_{ol} in cm	Richtmaß $l_{ol} + 1$ cm in cm	in am
5,2 7,1 11,3	}	4,5	5,2	6,25	1/2
17,5 23,8	7,0 9,5 }		11,5	12,5	1
48,8	19,5		24	25	2

Ein-Stein-Mauerwerk

A9 Ecksteine im gleichen Format wie in den Wänden

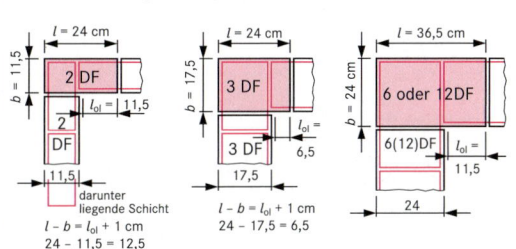

$l = 24$ cm, $b = 11{,}5$, 2 DF, $l_{ol} = 11{,}5$, 2 DF, 11,5, darunter liegende Schicht, $l - b = l_{ol} + 1$ cm, 24 − 11,5 = 12,5

$l = 24$ cm, $b = 17{,}5$, 3 DF, $l_{ol} = 6{,}5$, 3 DF, 17,5, $l - b = l_{ol} + 1$ cm, 24 − 17,5 = 6,5

$l = 36{,}5$ cm, $b = 24$ cm, 6 oder 12 DF, 6(12)DF, $l_{ol} = 11{,}5$, 24

Besteht jede Schicht einer Mauer aus nur **einer Steinreihe**, bestimmt also ein Steinmaß, meist die Breite, die Dicke der Wand, spricht man von „Ein-Stein-Mauerwerk". Hier gilt:

– Bei dünnen und quer zur Wand auf **Biegung** (Wind, Erddruck usw.) beanspruchten Wänden ist **größtmögliche Überbindung** anzustreben.

– An **Mauerecken, -enden und -stößen** sollten **möglichst ganze Steine** liegen.

– Eine ausreichende Überbindung ist gegeben, wenn der Stein um $l_{ol} + 1$ cm länger als breit ist, → **A8**. Zu „$l_{ol} + 1$", → **T2**.

Weiteres zum Verband, → nächste Seite.

Ein-Stein-Mauerwerk

A1 Teil- oder Ergänzungssteine an der Ecke

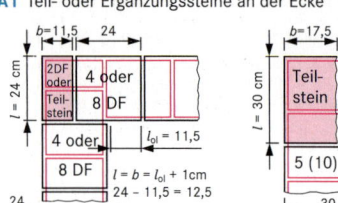

Ecken mit Teilsteinen:
Erfüllt das verwendete Steinformat die **Forderung Länge = Breite + (l_{ol} + 1 cm)** nicht, z. B. bei 4, 5, 8 oder 10 DF-Steinen, → **A1**, dann müssen **Teilsteine**, falls verfügbar, auch entsprechend kleinere Formate eingesetzt werden, z. B. 2 DF, wie im linken Beispiel von **A1**. Teil- oder Ergänzungssteine, besonders als Lochsteine, sollten geschnitten, nicht geschlagen werden, um Festigkeits-Schwachstellen zu vermeiden.

Bei **Blocksteinen** für 25 cm (2 am) Schichthöhe dürfen an Wandenden u. unter Stürzen zum Längen- und Höhenausgleich kleinerformatige 11,5 cm hohe Steine verwendet werden, sofern die Aufstandsfläche der Steine mindestens 11,5 cm lang ist und die Steine mindestens die gleiche Festigkeit wie die im übrigen Mauerwerk haben.

In **Außenwänden**, besonders an Ecken und Anschlägen, sollten die **Ergänzungssteine keinesfalls eine höhere Stein-Rohdichte** und damit eine schlechtere Wärmedämmung als die im übrigen Wandbereich aufweisen.
Für den **Maßausgleich** in Wandmitte gibt es bei großformatigen Ziegeln **Verschiebeziegel**.

An Mauerstößen und Mauerkreuzungen muss so eingebunden werden, dass sich in beiden Richtungen **Mindestüberbindungen** von 4,5 cm bei Schichthöhen bis 12,5 cm u. von 9,5 cm bei 25 cm Schichthöhe ergeben, → **A2**.

A2 Durchbinden an Kreuzungen und Stößen

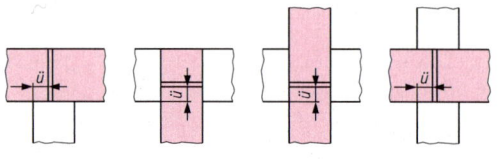

Verbandsmauerwerk

In den Schichten liegen zwei oder mehr Steinreihen nebeneinander, die durch Bindersteine miteinander verbunden werden.
Zusätzlich gelten hier folgende **Regeln**:
a) Bei 12,5 cm Schichthöhe ist es günstiger, **statt zwei „Dreiviertel" einen 3 DF-Stein** und statt einem „Dreiviertel" einen halben 3 DF-Stein zu verwenden, → **Variante A** in **A3**.

b) Für **Sichtmauerwerk** aus DF- oder NF-Steinen ist die **Variante B** üblich. Hier liegen an Ecken u. Mauerenden jeweils so viele „Läufer-Dreiviertel", wie die Wand Achtelmeter (am) bzw. „Köpfe" dick ist.

c) Im **„Verband mit Vierteln"** nach **Variante C** liegen hinter einem ganzen Stein an d. Ecke oder am Mauerende zwei Viertelsteine. Damit werden Steine eingespart. Die kleine **Fugendeckung**, die sich dabei ergibt, ist erlaubt und beeinträchtigt die Festigkeit nicht.

A3 Variante A mit 3 DF und halben 3 DF-Steinen

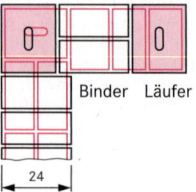
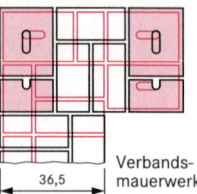

Binder   Läufer

Verbandsmauerwerk

Variante B mit „Dreivierteln"

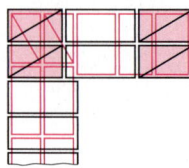
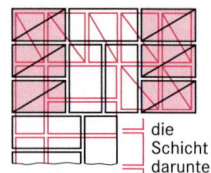

die Schicht darunter

Variante C mit „Ganzen" und „Vierteln"
erlaubte Fugendeckung

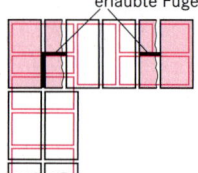
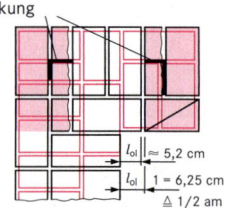

$l_{ol} \approx 5{,}2$ cm
l_{ol} 1 = 6,25 cm
≙ 1/2 am

A4

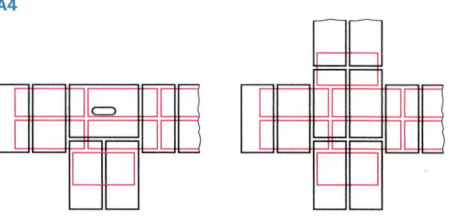

d) An **Mauerstößen** soll möglichst eine Läuferschicht in eine Binderschicht einbinden, an **Kreuzungen** jeweils die Läuferschicht durchlaufen, wie in **A4** gezeigt.

Die Überbindung l_{ol} muss bei klein- und mittelformatigen Steinen mindestens 4,5 cm, besser jedoch 5,2 cm betragen.

Pfeilerverbände

Pfeiler sind kurze Wände, deren Querschnittsflächen kleiner als 1000 cm^2 sind. Gemauerte Querschnitte kleiner als 400 cm^2 sind als tragende Teile unzulässig.

Für **Pfeiler**, die nur mäßig auf Druck, aber **stark auf Biegung beansprucht** sind, wie z. B. Türpfeiler, sind Verbände zu empfehlen, die möglichst nur ganze Steine benötigen, wie z. B. im linken Beispiel der Abb. **A5b**. Die dabei unvermeidliche **Fugendeckung** im Innern des Pfeilers ist hier vertretbar. Beim „**Schornsteinverband**" im rechten Beispiel von **A5b** kann der verbleibende Hohlraum einen **Bewehrungskorb** aufnehmen und mit Beton verfüllt werden, der den Korrosionsschutz sicherstellt. Die Biegefestigkeit des Pfeilers kann dadurch wesentlich erhöht werden.

A5 a) Pfeiler ohne Fugendeckung

b) Pfeiler mit Fugendeckung

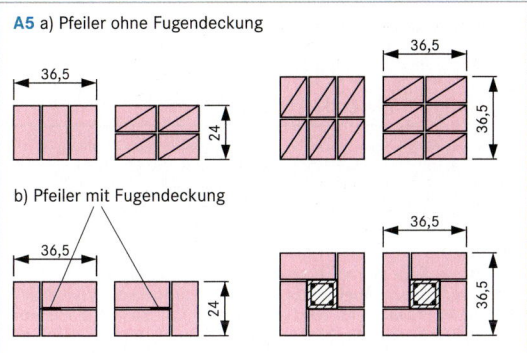

Stumpf- und spitzwinklige Ecken

Auch hier sollte ein **Überbindemaß von 5,2 cm** durch einen entsprechend zugeschnittenen oder im Handel erhältlichen Eckstein eingehalten werden.

Bei diesem muss die **schräge Länge l_S um 6,25 cm kürzer als die gerade Länge l** sein, was auch für spitze Winkel gilt.

Für den, z.B. bei Erkern, häufig vorkommenden Winkel von 135° (90 + 45)° werden in **A6** die Maße für den **größtmöglichen Eckstein** genannt, der aus einem Stein mit der Grundfläche von 24 x 11,5 cm^2 hergestellt werden kann.

Bei 11,5 cm dicken Verblendschalen ergeben sich dabei an der inneren Ecke Lücken, die mit kleinen Steinstücken ausgefüllt werden.

Für **großformatige Steine** mit 25 cm Schichthöhe soll $l - l_S =$ **12,5 cm** sein, damit die Regelüberbindung sichergestellt ist.

A6

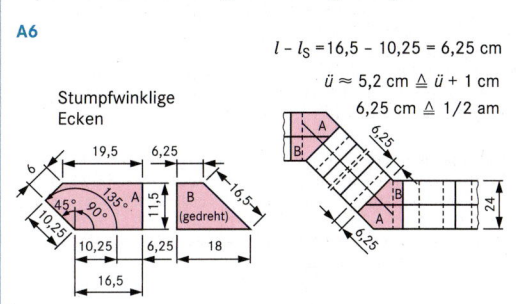

1 bis **4** **Konstruktionsverbände** (Trageverbände), hohe Mauerfestigkeit bezweckend.

5 bis **8** **Zierverbände** ermöglichen, mit d. Fugenbild zu spielen. Läuferverband als Zierverband verwendet.

8 Wilder Verband = Läuferverband mit etwa 8 Scheinbindern je m^2 Ansichtsfläche.

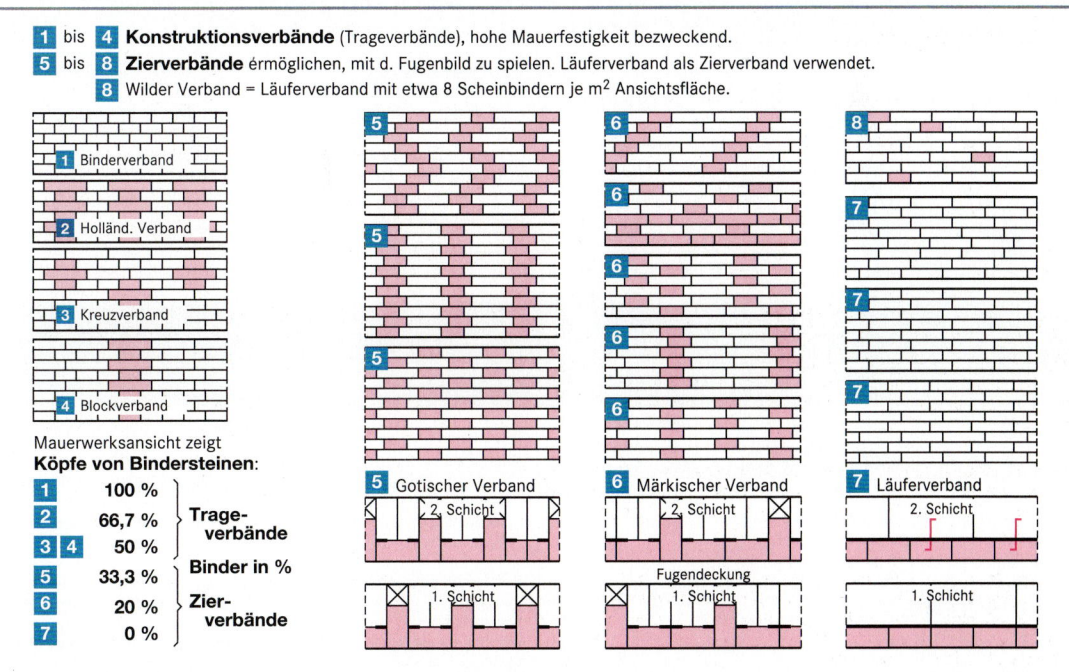

Mauerwerksansicht zeigt **Köpfe von Bindersteinen**:

1	100 %	
2	66,7 %	Trageverbände
3 **4**	50 %	
5	33,3 %	Binder in %
6	20 %	Zierverbände
7	0 %	

Abweichende Kapitel- und Tabellennummern der Normen werden in **blau** wiedergegeben.

1. Anwendungsbereich

Diese Norm gilt für Mauerwerk aus künstlichen und natürlichen Steinen. Die Aufgaben der Wände hinsichtlich des Wärme-, Schall- und Brandschutzes sind zu beachten. Baustoffe, die nicht den hier genannten Normen entsprechen, bedürfen eines besonderen Nachweises ihrer Brauchbarkeit, z. B. durch eine allgemeine bauaufsichtliche Zulassung.

2. Begriffe

Rezeptmauerwerk „RM" ist Mauerwerk, dessen Druckfestigkeit in Abhängigkeit von Steinfestigkeitsklasse, Mörtelart und -gruppe nach den Tabellen DIN 1053-1, 4a und 4b festgelegt wird.

Mauerwerk nach Eignungsprüfung „EM" wird nach den bei einer Prüfung ermittelten Grundwerten σ_0 bemessen (DIN 1053-2 und DIN 1053-1, Tab. 4c).

Tragende Wände sind überwiegend auf Druck beanspruchte, scheibenartige Bauteile zur Aufnahme vertikaler Lasten, z. B. Deckenlasten, sowie horizontaler Lasten, z. B. Windlasten.

Aussteifende Wände sind scheibenartige Bauteile zur Aussteifung des Gebäudes oder zur Knickaussteifung tragender Wände. Sie gelten stets auch als tragend.

Nichttragende Wände sind scheibenartige Bauteile, die überwiegend nur durch ihre Eigenlast beansprucht werden und auch nicht zum Nachweis der Gebäude- oder Knickaussteifung herangezogen werden.

Ringanker sind in Wandebene liegende horizontale Bauteile zur Aufnahme von Zugkräften, die in den Wänden infolge von äußeren Lasten oder von Verformungsunterschieden entstehen können.

Ringbalken sind in Wandebene liegende horizontale Bauteile, die außer Zugkräften auch Biegemomente infolge von rechtwinklig zur Wandebene wirkenden Lasten aufnehmen können.

3. Bautechnische Unterlagen

Als solche gelten insbesonders die Bauzeichnungen, der Nachweis der Standsicherheit, eine Baubeschreibung sowie etwaige Zulassungs- und Prüfbescheide.

Für die Beurteilung und Ausführung des Mauerwerks sind in den **bautechnischen Unterlagen mindestens folgende Angaben** erforderlich:

a) Wandaufbau, Mauerwerksart (RM o. EM)
b) Art, Rohdichte- und Druckfestigkeitsklasse der zu verwendenden Steine,
c) Mörtelart und Mörtelgruppe,
d) Ringanker und Ringbalken, aussteifende Bauteile,
e) Schlitze und Aussparungen,
f) Verankerungen der Wände,
g) Bewehrungen des Mauerwerks und
h) verschiebliche Auflagerungen.

4. Druckfestigkeit des Mauerwerks

Sie wird bei der Berechnung nach dem vereinfachten Verfahren nach DIN 1053-1, Abschnitt 6 charakterisiert durch die **Grundwerte** σ_0 der zulässigen Druckspannungen, die in Abhängigkeit von den Steinfestigkeitsklassen, der Mörtelart und den Mörtelgruppen in DIN 1053-1, Tabellen 4a und 4b festgelegt sind.

Für **Mauerwerk aus Natursteinen** ergeben sich die Grundwerte σ_0 der zulässigen Druckspannungen in Abhängigkeit von der Güteklasse des Mauerwerks, der Steinfestigkeit und der Mörtelgruppe in DIN 1053-1, Tabelle 14.

5. Baustoffe

5.1 Mauersteine

Es dürfen nur Mauerziegel und Klinker nach DIN 105-1[1] bis 5, Radialziegel nach DIN 1057-1[1], Kalksandsteine nach DIN 106-1, -2[1], Hüttensteine nach DIN 398[1], Porenbetonsteine nach DIN 4165[1], Leichtbetonsteine nach DIN 18151[1] und 18152[1] und Betonsteine nach DIN 18153[1] verwendet werden.
Für Natursteine gilt DIN 1053-1, Abschnitt 12.

5.2 Mauermörtel

Es dürfen nur Mörtel verwendet werden, die den Bedingungen der DIN 1053-1, Anhang A Mauermörtel entsprechen.
Verarbeitung: Zusammensetzung und Konsistenz des Mörtels müssen vollfugiges Vermauern ermöglichen.
Dies gilt besonders für Mörtel der Gruppen III und IIIa.

[1] Normenzitat entsprechend DIN 4102-4

1 Nachweis der Standsicherheit — 6.1

Der Nachweis der Standsicherheit darf mit dem **vereinfachten Verfahren** geführt werden, wenn die folgenden und die in **T1** genannten Voraussetzungen erfüllt sind:
- Gebäudehöhe über Gelände höchstens 20 m,
- Als Gebäudehöhe darf bei geneigten Dächern das Mittel von First- und Traufhöhe gelten.

- Stützweite der aufliegenden Decke l höchstens 6,00 m, sofern nicht die Biegemomente aus dem Deckendrehwinkel durch konstruktive Maßnahmen, z. B. Zentrierleisten, begrenzt werden; bei zweiachsig gespannten Decken ist für l die kürzere der beiden Stützweiten einzusetzen.

Beim vereinfachten Verfahren brauchen bestimmte Beanspruchungen, z. B. Biegemomente aus Deckeneinspannung, ungewollte Exzentrizitäten, Wind auf Außenwände usw. nicht nachgewiesen zu werden, da sie durch konstruktive Regeln und Grenzen berücksichtigt sind.

T1 Voraussetzungen für die Anwendung des vereinfachten Verfahrens

Tab.1

Bauteil	d in cm	h_s in m	p in kN/m²
Innenwände	$\geq 11,5 < 24$	$< 2,75$	
	≥ 24	–	≤ 5
einschalige Außenwände	$\geq 17,5$ [1] < 24	$\leq 2,75$	
	≥ 24	$\leq 12 \cdot d$	
Tragschale zwei-schaliger Außen-wände und 2-schaliger Haus-trennwände	$\geq 11,5$ [2] $< 17,5$ [2]	$\leq 2,75$	≤ 3 [3]
	$\geq 17,5 < 24$		≤ 5
	≥ 24	$\leq 12 \cdot d$	

d = Wanddicke, h_s = lichte Wandhöhe
p = Verkehrslast der aufliegenden Decke

[1] Bei eingeschossigen Garagen und vergleichbaren Bauwerken, die nicht zum dauernden Aufenthalt von Menschen vorgesehen sind, auch $d \geq 11,5$ cm zulässig.

[2] Geschossanzahl = maximal 2 Vollgeschosse zuzüglich ausgebautes Dachgeschoss, aussteifende Querwände im Abstand $\leq 4,50$ m bzw. Randabstand von einer Öffnung $\leq 2,0$ m.

[3] Einschließlich Zuschlag für nichttragende Trennwände.

Ist die Gebäudehöhe größer als 20 m oder treffen die in diesem Abschnitt enthaltenen Voraussetzungen nicht zu oder soll die Standsicherheit des Bauwerks oder einzelner Bauteile genauer nachgewiesen werden, ist der Standsicherheitsnachweis nach DIN 1053-1, Abschnitt 7 zu führen.

2 Ermitteln der Schnittgrößen infolge von Lasten
6.2

Auflagerkräfte aus Decken sind bei durchlaufenden, einachsig gespannten Deckenplatten und Balken bei der ersten Innenstütze unter Berücksichtigung der Durchlaufwirkung zu berechnen, bei den übrigen Innenstützen nur dann, wenn das Verhältnis der angrenzenden Stützweiten kleiner als 0,7 ist.
Ansonsten dürfen diese **Auflagerkräfte** unter der Annahme berechnet werden, dass die Tragwerke auf den Auflagern gestoßen und frei drehbar gelagert sind.

Tragende Wände unter einachsig gespannten Decken, die parallel zur Deckenspannrichtung verlaufen, sind mit einem Deckenstreifen angemessener Breite zu belasten, so dass eine mögliche Lastabtragung in Querrichtung berücksichtigt ist. Die Ermittlung der Auflagerkräfte aus zweiachsig gespannten Decken darf nach DIN 1045 erfolgen.

Knotenmomente brauchen im Allgemeinen nach dem vereinfachten Verfahren nicht nachgewiesen zu werden.
Näheres unter DIN 1053-1, Absatz 6.2.2.

3 Windlasten
6.3

Der Einfluss der Windlast rechtwinklig zur Wandebene darf beim vereinfachten Verfahren in der Regel vernachlässigt werden, wenn ausreichende horizontale Halterungen vorhanden sind. Als solche gelten z.B. Decken mit Scheibenwirkung oder statisch nachgewiesene Ringbalken im Abstand der zulässigen Geschosshöhen nach **T1**.

4 Räumliche Steifigkeit
6.4

Diese ist auch in Bezug auf den Einfluss der Windlasten sicherzustellen. Auf ihren rechnerischen Nachweis darf verzichtet werden, wenn die Geschossdecken als steife Scheiben ausgebildet sind bzw. statisch nachgewiesene Ringbalken vorliegen.
Außerdem müssen in Längs- und Querrichtung des Gebäudes eine ausreichende Anzahl von genügend langen aussteifenden Wänden vorhanden sein, die ohne größere Schwächungen und ohne Versprünge bis auf die Fundamente heruntergeführt sind.

5 Zwängungen
6.5

Durch geeignete Baustoffwahl, Wärmedämmung und Abstimmung der Fundamentstreifen sind Zwängungen zu vermeiden. Spannungsumlagerungen können zu Schäden im Mauerwerk führen. Bei kleineren Zwängungen kann eine konstruktive Bewehrung einer Rissbildung entgegenwirken.

6 Aussteifung und Knicklänge
6.7

6.1 Allgemeine Annahmen für aussteifende Wände
6.7.1

Je nach Anzahl der rechtwinklig zur Wandebene unverschieblich gestalteten Ränder werden zwei-, drei und vierseitig gehaltene sowie frei stehende Wände unterschieden.

A1

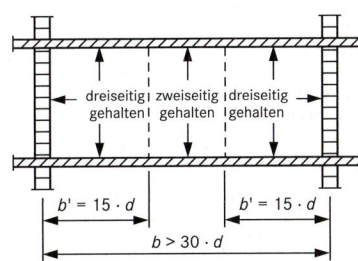

Als **unverschiebliche Halterung** dürfen horizontal gehaltene Deckenscheiben und aussteifende Querwände oder andere ausreichend steife Bauteile angesehen werden. Unabhängig davon ist das Bauwerk als Ganzes ausreichend auszusteifen.

Bei **einseitig angeordneten Querwänden** darf unverschiebliche Halterung der auszusteifenden Wand nur angenommen werden, wenn Wand und Querwand aus Baustoffen annähernd gleichen Verformungsverhaltens **gleichzeitig im Verband hochgeführt** werden.

Einseitig angeordnete Querwände steifen auch bei gleichzeitigem Hochmauern nur aus, wenn ein Abreißen der Wände infolge stark unterschiedlicher Verformung nicht zu erwarten ist. Die zug- und druckfeste Verbindung kann auch durch andere Maßnahmen, z. B. einen **Stumpfstoß** mit einer ausreichenden Anzahl von Flachankern, sichergestellt werden.

A1

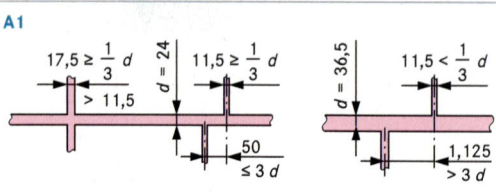

Wand gilt als beidseitig ausgesteift

gilt nur als einseitig ausgesteift

A2

auszusteifende Wand

aussteifende Wände

Beidseitig angeordnete Querwände, deren Mittelebenen gegeneinander um mehr als die dreifache Dicke der auszusteifenden Wand versetzt sind, werden wie einseitig angeordnete Wände behandelt,
→ **A1**.

Die **wirksame Länge** aussteifender Wände muss mindestens **1/5 der lichten Geschosshöhe** betragen. Ihre **Dicke** muss **mindestens 1/3 der auszusteifenden Wand**, aber nicht geringer als 11,5 cm sein, → **A1**.

Bei **Öffnungen in aussteifenden Wänden** muss die Länge des im Bereich der auszusteifenden Wand verbleibenden Wandteiles ohne Öffnungen mindest. 1/5 der mittleren Höhe der Öffnungen, auch von Fenstern, betragen, → **A2**.

Bei **beidseitig** angeordneten nicht versetzten **Querwänden** darf auf das gleichzeitige Hochführen verzichtet werden, wenn jede der beiden Querwände den vorstehend genannten Bedingungen für aussteifende Wände genügt. Auf Konsequenzen aus unterschiedlichen Verformungen und aus bauphysikalischen Anforderungen ist besonders zu achten.

6.2 Knicklängen　　　　　　　　　　6.7.2

Die **Knicklänge** h_k von **zweiseitig gehaltenen Wänden** darf im Allgemeinen gleich der **lichten Geschosshöhe** h_s angenommen werden:

$$h_k = h_s$$

Bei Platten- und anderen flächig aufgelagerten **Massivdecken** darf die Einspannung der Wand in der Decke durch **Abminderung der Knicklänge** berücksichtigt werden:

Knicklänge $h_k = \beta \cdot h_s$

Sofern kein genauerer Nachweis für β nach DIN 1053-1, Abschnitt 7 erfolgt, gilt vereinfacht:
$\beta = 0{,}75$ für Wanddicke $d \leq 17{,}5$ cm,
$\beta = 0{,}90$ für Wanddicken 17,5 cm $< d \leq 25$ cm,
$\beta = 1{,}00$ für Wanddicken > 25 cm.

Als flächig aufgelagerte Massivdecken gelten in diesem Sinn auch Stahlbetonbalken- und Rippendecken nach DIN 1045 mit Zwischenbauteilen, bei denen die Auflagerung durch Randbalken erfolgt.

Die so **vereinfacht ermittelte Abminderung** der Knicklänge ist jedoch nur zulässig, wenn keine größeren horizontalen Lasten als die planmäßigen Windlasten rechtwinklig auf die Wände wirken und folgende **Mindestauflagertiefen** a auf den Wänden der Dicke d gegeben sind:
für $d \geq 24$ cm : $a \geq 17{,}5$ cm,
für $d < 24$ cm : $a = d$.

Für **drei- und vierseitig gehaltene Wände** gilt:

Knicklänge $h_k = \beta \cdot h_s$

Bei Wänden mit lichter Geschosshöhe $h \leq 3{,}50$ m darf β in Abhängigkeit von Wanddicke d sowie von b und b' nach **T1** angenommen werden, falls kein genauerer Nachweis nach DIN 1053-1, Abschnitt 7 erfolgt. Ein Faktor β ungünstiger als bei zweiseitiger Halterung braucht nicht angesetzt zu werden. Zu b und b', → **A2** rechts.

Ist $b > 30 \cdot d$ bei vierseitiger bzw. $b' > 15 \cdot d$ bei dreiseitiger Halterung, so gelten die Wände als zweiseitig gehalten.

T1 Faktor β zur Bestimmung der Knicklänge
Tab. 3

dreiseitig gehaltene Wand					vierseitig gehaltene Wand				
	d in cm		b'	β	b			d in cm	
24	17,5	11,5	m		m	11,5	17,5	24	30
			0,65	**0,35**	2,00				
			0,75	**0,40**	2,25				
			0,85	**0,45**	2,50				
			0,95	**0,50**	2,80				
			1,05	**0,55**	3,10	$b \leq$			
			1,15	**0,60**	3,40	3,45			
			1,25	**0,65**	3,80				
		$b' \leq$	1,40	**0,70**	4,30				
		1,75	1,60	**0,75**	4,80	$b \leq 5{,}25$			
			1,85	**0,80**	5,60				
	$b' \leq 2{,}60$ m		2,20	**0,85**	6,60	$b \leq 7{,}20$			
			2,80	**0,90**	8,40				
	$b' = 3{,}60$ m					$b \leq 9{,}00$ m			

Ist die Wand in Höhe des mittleren Drittels **durch vertikale Schlitze oder Nischen geschwächt**, so ist für d die **Restwanddicke** einzusetzen oder ein freier Rand anzunehmen. Ist die Restwanddicke, unabhängig von der Lage, kleiner als 1/2 d oder 11,5 cm, so ist an ihrer Stelle eine Öffnung anzunehmen.

Mauerwerk

Bei **Öffnungen** in der Wand, deren lichte Höhe größer als 1/4 der Geschosshöhe oder deren lichte Breite größer als 1/4 der Wandbreite oder deren Gesamtfläche größer als 1/10 der Wandfläche ist, sind die Wandteile zwischen Wandöffnung und aussteifender Wand als dreiseitig, die Wandteile zwischen Öffnungen als zweiseitig gehalten anzusehen.

6.3 Bemessen nach dem vereinfachten Verfahren   6.9

6.3.1 Spannungsnachweis bei zentrischer und exzentrischer Druckbeanspruchung   6.9.1

Für den Gebrauchszustand ist auf der Grundlage einer linearen Spannungsverteilung unter Ausschluss von Zugspannungen nachzuweisen, dass die zulässigen Druckspannungen

$$\text{zul } \sigma_D = k \cdot \sigma_o$$

nicht überschritten werden.

Es bedeuten:

σ_o **Grundwerte** nach den **T2**, **T3** und **T4**

k **Abminderungsfaktor** für
- Wände als Zwischenauflager: $k = k_1 \cdot k_2$,
- Wände als einseitiges Endauflager:
  $k = k_1 \cdot k_2$ oder $k = k_1 \cdot k_3$, wobei der kleinere Wert maßgebend ist.

k_1 Faktor zur Berücksichtigung unterschiedlicher Sicherheitsbeiwerte bei Wänden und „kurzen Wänden" (Pfeilern).
$k_1 = 1,0$ für Wände und für „kurze Wände" (< 1000 cm²), die aus einem oder mehreren ungetrennten Steinen oder aus getrennten Steinen mit < 35 % Lochanteil bestehen und nicht durch Schlitze oder Aussparungen geschwächt sind.
$k_1 = 0,8$ für alle anderen „kurzen Wände".
Mauerquerschnitte < 400 cm² (kleiner als 11,5 x 36,5 oder kleiner als 17,5 x 24) sind nicht als „tragend" zulässig.
Schlitze und Aussparungen berücksichtigen!

k_2 Faktor zur Berücksichtigung der Traglastminderung bei **Knickgefahr** nach Abschnitt 6.3.2:

$k_2 = 1,0$ für $h_k/d \leq 10$

$k_2 = \dfrac{25 - h_k/d}{15}$ für $10 < h_k/d \leq 25$

mit Knicklänge nach Abschnitt 6.2.

k_3 Faktor zur Berücksichtigung der Traglastminderung durch den **Drehwinkel** von Decken:

$k_3 = 1,0$ für $l \leq 4,20$ m

$k_3 = 1,7 - l/6$ für $4,20$ m $< l \leq 6,00$ m

mit l als Deckenstützweite in m nach 6.1.
Wird die Traglastminderung durch konstruktive Maßnahmen, z.B. Zentrierleisten, begrenzt, so gilt unabhängig von der Stützweite $k_3 = 1$.
Bei Decken über dem obersten Geschoss, besonders bei Dachdecken gilt $k_3 = 0,5$ für alle Werte von l, wenn klaffende Fugen vorausgesetzt.

T2 Grundwerte σ_o der zulässigen Druckspannungen für Mauerwerk mit Normalmörtel   Tab. 4a

Stein-festig-keits-klasse	Normalmörtel-Gruppe (NM)				
	I MN/m²	II MN/m²	II a MN/m²	III MN/m²	III a MN/m²
2	0,3	0,5	0,5 [1]	–	–
4	0,4	0,7	0,8	0,9	–
6	0,5	0,9	1,0	1,2	–
8	0,6	1,0	1,2	1,4	–
12	0,8	1,2	1,6	1,8	1,9
20	1,0	1,6	1,9	2,4	3,0
28	–	1,8	2,3	3,0	3,5
36	–	–	–	3,5	4,0
48	–	–	–	4,0	4,5
60	–	–	–	4,5	5,0

[1] $\sigma_o = 0,6$ MN/m² bei ≥ 30 cm dicken Außenwänden. Diese Erhöhung gilt jedoch nicht für den Nachweis der Auflagerpressung nach Abschnitt 6.3.3.

T3 Grundwerte σ_o der zulässigen Druckspannungen für Mauerwerk mit Dünnbett- (DM) u. Leichtmörtel (LM)   Tab. 4b

Steine der Festigkeits-klasse	Dünnbett-mörtel [1] MN/m²	Leichtmörtel	
		LM 21 MN/m²	LM 36 MN/m²
2	0,6	0,5 [2]	0,5 [2,3]
4	1,1	0,7 [4]	0,8 [5]
6	1,5	0,7	0,9
8	2,0	0,8	1,0
12	2,2	0,9	1,1
20	3,2	0,9	1,1
28	3,7	0,9	1,1

[1] Verwendung nur bei Porenbeton-Plansteinen nach DIN 4165 [6] und bei Kalksandplansteinen. Die Werte gelten für Vollsteine. Für Kalksand-Lochsteine und Kalksand-Hohlblocksteine nach DIN V 106 gelten die entsprechenden Werte der Tabelle 4a bei Mörtelgruppe III bis Steinfestigkeitsklasse 20.

[2] Für Mauerwerk mit Mauerziegeln nach DIN 105-1 [6] bis Teil 4 gilt $\sigma_o = 0,4$ MN/m².

[3] $\sigma_o = 0,6$ MN/m² bei Außenwänden mit Dicken ≥ 30 cm. Diese Erhöhung gilt jedoch nicht für den Nachweis der Auflagerpressung nach Abschnitt 6.3.3 und für den Fall nach Fußnote [2].

[4] Für Kalksandsteine nach DIN V 106 der Rohdichteklasse $\geq 0,9$ und für Mauerziegel nach DIN 105-1 [6] bis 4 gilt: $\sigma_o = 0,5$ MN/m².

[5] Für Mauerwerk mit den in Fußnote [4] genannten Mauersteinen gilt $\sigma_o = 0,7$ MN/m².

[6] Normenzitat nach 1053-1

T4 Zulässiges σ_o bei Eignungsprüfung   Tab. 4c

Nennfestigkeit β_M (N/mm²)	1,0 ... 9,0	11 ... 13	16 ... 25
σ_o in MN/m²	$0,35 \cdot \beta_M$	$0,32 \cdot \beta_M$	$0,30 \cdot \beta_M$

6.3.2 Nachweis der Knicksicherheit

Der Faktor k_2 nach Absatz 6.3.1 berücksichtigt im vereinfachten Verfahren die ungewollte Ausmitte und die Verformung nach Theorie II. Ordnung. Dabei ist vorausgesetzt, dass in halber Geschosshöhe nur Biegemomente aus Knotenmomenten nach Abschnitt 6.2 und aus Windlasten auftreten. Greifen größere horizontale Lasten an oder werden vertikale Lasten mit größerer Exzentrizität eingeleitet, so ist der Knicksicherheitsnachweis nach DIN 1053-1, Abschnitt 7 zu führen.

Ein **Versatz der Wandachsen** infolge einer Änderung der Wanddicken gilt dann nicht als größere Exzentrizität, wenn der Querschnitt der dickeren tragenden Wand den Querschnitt der dünneren tragenden Wand umschreibt.

6.3.3 Auflagerpressung

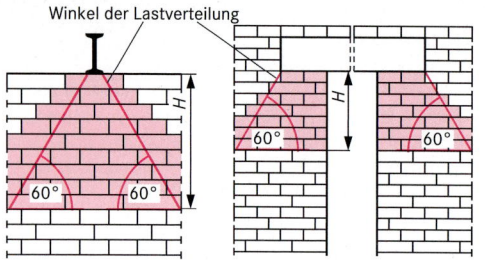

Winkel der Lastverteilung

Werden Wände von Einzellasten belastet, so muss die Aufnahme der **Spaltzugkräfte** sichergestellt sein. Dies kann bei sorgfältig ausgeführtem Mauerwerksverband als gegeben angenommen werden.

Die **Druckverteilung unter Einzellasten** darf dann innerhalb des Mauerwerks unter 60° angesetzt werden. Der höher beanspruchte Wandbereich darf in höherer Mauerwerksfestigkeit ausgeführt werden. Abschnitt 5 (Zwängungen) ist dabei zu beachten.

Unter Einzellasten, z. B. unter Balken, Unterzügen, Stützen usw. darf eine gleichmäßig verteilte Auflagerpressung von $1,3 \cdot \sigma_o$ mit σ_o nach **T2**, **T3** oder **T4** auf der vorherigen Seite angenommen werden, wenn zusätzlich nachgewiesen wird, dass die Mauerwerksspannung in halber Wandhöhe den Wert von zul $\sigma_D = k \cdot \sigma_o$ nicht überschreitet.

Teilflächenpressungen rechtwinklig zur Wandebene dürfen den Wert $1,3 \cdot \sigma_o$ nach **T2**, **T3** oder **T4** auf der vorherigen Seite nicht überschreiten.
Bei Einzellasten $F \geq 3$ kN ist zusätzlich die Schubspannung in den Lagerfugen der belasteten Steine nach Abschnitt 6.3.5 nachzuweisen. Bei Loch- und Kammersteinen ist z. B. durch Unterlagsplatten sicherzustellen, dass die Druckkraft auf mindestens 2 Stege übertragen wird.

6.3.4 Zug- und Biegezugspannungen

In tragenden Wänden dürfen Zugspannungen rechtwinklig zu den Lagerfugen nicht in Rechnung gestellt werden.

Biegezugspannungen σ_z parallel zur Lagerfuge in Wandrichtung dürfen bis zu folgenden Höchstwerten in Rechnung gestellt werden:
zul $\sigma_z = 0,4 \cdot \sigma_{oHS} + 0,12 \cdot \sigma_D \leq$ max σ_z
zul σ_z Biegezugspannung parallel zur Lagerfuge,
σ_D zugehörige wirksame Druckspannung rechtwinklig zur Lagerfuge,
σ_{oHS} siehe **T1**,
max σ_z siehe **T2**.

T1 Zulässige abgeminderte Haftscherfestigkeit σ_{oHS}

Tab. 5

Mörtelart und Mörtelgruppe	NM I	NM II	MN IIa LM 21 LM 36	NM III DM	NM III a
σ_{oHS} in MN/m² [1]	0,01	0,04	0,09	0,11	0,13

[1] Für Mauerwerk mit unvermörtelten Stoßfugen sind die σ_{oHS}-Werte zu halbieren. Als vermörtelt gilt eine Stoßfuge, bei der etwa die halbe Wanddicke oder mehr vermörtelt ist.

T2 Zulässige Biegezugspannung parallel zur Lagerfuge

Tab. 6

Steinfestig-keitsklasse	2	4	6	8	12	20	≥ 28
zul σ_z in MN/m²	0,01	0,02	0,04	0,05	0,10	0,15	0,20

6.3.5 Schubnachweis

Ist ein Nachweis der räumlichen Steifigkeit nach 4 nicht erforderlich, darf im Regelfall auch der Schubnachweis für die aussteifenden Wände entfallen. Ist ein Schubnachweis erforderlich, darf für Rechteckquerschnitte (keine zusammengesetzte) das folgende vereinfachte Verfahren angewendet werden:

$$\tau = \frac{c \cdot Q}{A} \leq \text{zul } \tau$$

Scheibenschub:
zul $\tau = \sigma_{oHS} + 0,2 \cdot \sigma_{DM} \leq$ max τ

Plattenschub:
zul $\tau = \sigma_{oHS} + 0,3 \cdot \sigma_{DM}$

Q Querkraft

c für normale Wände und Scheibenschub = 1,0; für hohe Wände (H/L ≥ 2) u. Plattenschub = 1,5,

A überdrückte Querschnittsfläche,

σ_{oHS} siehe **T1**,

σ_{DM} mittlere zugehörige Druckspannung ⊥ zur Lagerfuge im ungerissenen Zustand,

max τ = $0,010 \cdot \beta_{NSt}$ für Hohlblocksteine,

      = $0,012 \cdot \beta_{NSt}$ für Hochlochsteine und Steine mit Grifföffnungen,

      = $0,014 \cdot \beta_{NSt}$ für Vollsteine ohne Grifföffnungen oder -löcher,

β_{NSt} Nennwert der Steindruckfestigkeit.

Beispiel 1:

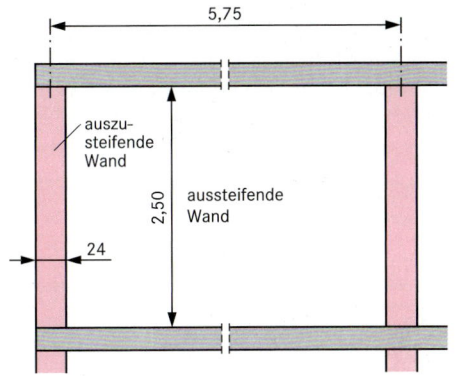

Eine 2,50 m hohe und 24 cm dicke **Außenwand** aus Kalksand-Plansteinen KS-R P 12-1,8 in Dünnbettmörtel ist dreiseitig gehalten (Decke unten und oben + aussteifende Wand). Die Breite b' bis zu einer Tür beträgt 2,80 m. Die Wand ist das Endauflager für eine Decke mit 5,75 m Stützweite.

Wie groß ist zul σ_D?

1. Knicklänge

Nach **T1**, S.180 ist für 24 cm Wanddicke bei 3-seitiger Halterung $\beta = 0,90$.

Für h_s = lichte Geschosshöhe = 2,50 m ist:

$h_k = \beta \cdot h_s = 0,90 \cdot 2,50 \text{ m} = \underline{2,25 \text{ m}}$ (225 cm).

2. Abminderungsfaktoren

$k_1 = \underline{1,0}$ (für Wände)

$\dfrac{h_k}{d} = \dfrac{225 \text{ cm}}{24 \text{ cm}} = 9,375 < 10$

k_2 für $\dfrac{h_k}{d} \leq 10 = \underline{1,0}$

$k_3 = 1,7 - \dfrac{l}{6} = 1,7 - \dfrac{5,75}{6} = \underline{0,74}$

k_3 ist ungünstiger als k_2, daher:

$k = k_1 \cdot k_3 = 1,0 \cdot 0,74 = \underline{0,74}$

3. Zulässige Druckspannung

Der Grundwert für $\sigma_o = 2,2 \text{ MN/m}^2$ nach **T3**, S. 181

zul $\sigma_D = k \cdot \sigma_o = 0,74 \cdot 2,2 \text{ MN/m}^2 = \underline{1,628 \text{ MN/m}^2}$

Bei 0,24 m Wanddicke entspricht

zul $\sigma = 1,63 \text{ MN/m}^2$ einer zulässigen Streckenlast von $1,63 \cdot 0,24 = 0,39 \text{ MN/m} = \underline{390 \text{ kN/m}}$.

Beispiel 2:

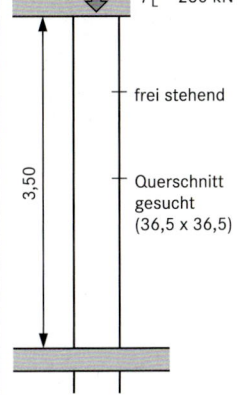

Ein quadratischer **Pfeiler** wird aus der Stahlbetondecke mit 280 kN belastet.

Der Pfeiler ist zweiseitig gehalten (von den Decken unten und oben), 3,50 m hoch und soll aus VMz 20-1,8 in Mörtelgruppe III gemauert werden.

$\sigma_o = 2,4 \text{ MN/m}^2$ (**T2**, S.183).

Welchen Querschnitt in Ziegelmaßen muss der Pfeiler mindestens besitzen?

Für den gewählten Querschnitt ist der Spannungsnachweis zu führen.

1. Vorbemessung (ohne Sicherheitsfaktor)

mit Eigenlast für geschätzten Querschnitt 49/49:

$F_G = V \cdot g_R = 0,49 \text{ m} \cdot 0,49 \text{ m} \cdot 3,50 \text{ m} \cdot 18 \text{ kN/m}^3$

$F_G = 15,13 \text{ kN} = \underline{0,015 \text{ MN}}$

$F = F_L + F_G = 0,28 + 0,015 = \underline{0,295 \text{ MN}}$

erf $A = \dfrac{F}{\sigma_o} = \dfrac{0,295 \text{ MN}}{2,4 \text{ MN/m}^2} = \underline{0,12 \text{ m}^2}$

erf $b = \sqrt{A} = \sqrt{0,12} = \underline{0,35 \text{ m}}$

gewählt: $b = \mathbf{0,365 \text{ m}}$ (Pfeiler 36,5/36,5)

2. Knicklänge

$h_k = h_s = \underline{3,50 \text{ m}}$ (zweiseitig gehalten)

3. Sicherheitsfaktoren

$k_1 = \underline{1,0}$ für Wände (und Pfeiler > 1000 cm²)

$\dfrac{h_k}{d} = \dfrac{350 \text{ cm}}{36,5 \text{ cm}} = 9,59 < 10$, somit $k_2 = \underline{1,0}$

$k_3 = \underline{1,0}$ (kein Drehwinkel)

$k = k_1 \cdot k_2 = 1,0 \cdot 1,0 = \underline{\underline{1,0}}$

4. Druckspannungen

zulässige Druckspannung:

zul $\sigma_D = k \cdot \sigma_o = 1,0 \cdot 2,4 \text{ MN/m}^2 = \underline{2,4 \text{ MN/m}^2}$

vorhandene Druckspannung:

vorh $\sigma_D = \dfrac{F}{A} = \dfrac{0,295 \text{ MN}}{0,365 \text{ m} \cdot 0,365 \text{ m}} = \dfrac{0,295 \text{ MN}}{0,133 \text{ m}^2}$

vorh $\sigma_D = \underline{2,22 \text{ MN/m}^2} < $ zul $\sigma_D = 2,4 \text{ MN/m}^2$

Das genauere Berechnungsverfahren nach Abschnitt 7 der DIN 1053-1 darf auf einzelne Bauteile, einzelne Geschosse oder ganze Bauwerke angewendet werden.

Die vereinfachte Berechnung ist möglich, wenn die Nutzlast nicht größer als 5 kN/m^2 ist.

Beispiel Außenwand:

Eine Decke (= Zwischendecke) zwischen 2 Geschossen ist in eine Außenwand eingespannt. Das Deckeneinspannmoment wird ermittelt, indem die Auflagerkraft der Decke mit 5 % der Stützweite des Deckenfeldes multipliziert wird.

$$M_z = A_z \cdot e_z$$

$$e_z = 0,05 \cdot l_1$$

Bei gleich hohen Geschossen mit gleichen Außenwänden ergeben sich für den **Wand-Decken-Knoten** Wandmomente in der Größe $0,5 \cdot M_z$

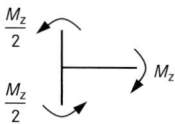

Für die Exzentrizität am Wandkopf (Wandfuß) unterhalb (oberhalb) der Decke

$$e = \frac{M_{Wand}}{N_{Wand}}$$

wird maximal 1/3 der Wanddicke angesetzt.

N ist die Normalkraft in der Wand aus allen Lasten oberhalb der betrachteten Stelle.

$$e = \frac{M_{Wand}}{N_{Wand}} \leq \frac{d}{3}$$

Momente aus Windlasten rechtwinklig zur Wandebene dürfen im Regelfall bis zu einer Höhe von 20 m über Gelände vernachlässigt werden, wenn die Wanddicke ≥ 24 cm ist und die lichte Geschosshöhe $h_s \leq 3,00$ m ist.

Entsprechend der Exzentrizität ist die Randspannung im Mauerwerk σ zu ermitteln (siehe Abschnitt Mechanik: Kern, Randspannungen bei versagender Zugzone).

Der Nachweis erfolgt nach DIN 1053-1 Abschnitt 7.9.1:

Die mit dem Sicherheitsbeiwert multiplizierte Spannung muss kleiner als der Rechenwert der Druckfestigkeit des Mauerwerks sein.

Der Sicherheitsbeiwert ist $\gamma_W = 2,0$ für Wände (DIN 1053-1, Abschnitt 7.9.1), der Rechenwert der Druckfestigkeit darf zu $\beta_R = 2,67 \cdot \sigma_0$ angenommen werden.

Bei exzentrischer Beanspruchung darf die Kantenpressung

$$\beta_R = 1,33 \cdot 2,67 \cdot \sigma_0$$

nicht überschreiten, wenn die mittlere Spannung den Wert $\beta_R = 2,67 \cdot \sigma_0$ nicht überschreitet.

σ_0 ist der Grundwert der zulässigen Spannung nach DIN 1053-1, Tabelle 4a oder 4b.

vorh $\sigma \cdot 2,0 \leq 1,33 \cdot 2,67 \cdot \sigma_0$ bzw.

vorh $\sigma_{mittel} \cdot 2,0 \leq 2,67 \cdot \sigma_0$

Will man die Kombination Steinfestigkeitsklasse/Mörtelgruppe finden, ermittelt man

$$\text{erf } \sigma_0 = \frac{2,0 \cdot \text{vorh } \sigma}{1,33 \cdot 2,67} \quad \text{und}$$

$$\text{erf } \sigma_0 = \frac{2,0 \cdot \text{vorh } \sigma_{mittel}}{2,67}$$

und geht mit dem größeren Wert in DIN 1053-1, Tabelle 4a oder 4b.

Nachweis der Knicksicherheit in halber Geschosshöhe für eine Exzentrizität $e + f$ (e ist in halber Geschosshöhe bei entfallendem Windnachweis = 0)

$$f = \overline{\lambda} \cdot \frac{1 + m}{1800} \cdot h_k$$

$$\overline{\lambda} = \frac{h_k}{d} \leq 25 \qquad \overline{\lambda} = \text{Schlankheit der Wand}$$

h_k Knicklänge der Wand

$$m = \frac{6 \cdot e}{d}$$

$m = 0$ wenn $e = 0$

Bei zweiseitig (d. h. oben und unten) gehaltenen Wänden ist

$$h_k = h_s$$

h_s lichte Geschosshöhe

Bei flächig aufgelagerten Decken, z. B. Massivdecken, darf die Knicklänge reduziert werden, z. B. wenn bei einer Wanddicke von 24 cm die Auflagertiefe mindestens 18 cm beträgt, bei Wanddicken kleiner als 24 cm die Auflagertiefe mindestens gleich der Wanddicke ist. Siehe Tabelle 7, DIN 1053-1.

$$h_k = \beta \cdot h_s$$

$$\beta = 1 - 0,15 \cdot \frac{E_b I_b}{E_{mw} I_{mw}} \cdot h_s \cdot \left(\frac{1}{l_1} + \frac{1}{l_2} \right) \geq 0,75$$

E_{mw} E-Modul des Mauerwerks nach DIN 1053-1, Abschnitt 6.6, z. B. für Kalksandsteine

E_{mw} = 3000 · σ_0

E_b E-Modul des Betons nach DIN 1045

I_{mw} Flächenmoment 2. Grades der Mauerwerkswand

I_b Flächenmoment 2. Grades der Betondecke

l_1, l_2 Angrenzende Deckenstützweiten, bei Außenwänden ist $1/l_2 = 0$

Bei Wanddicken ≤ 17,5 cm ist β = 0,75.

Bei rechnerischer Exzentrizität im Knotenanschnitt

$$e = \frac{M}{N} > \frac{d}{3} \text{ ist } \beta = 1 \text{ zu setzen.}$$

Nachweis in halber Wandhöhe mit einer Exzentrizität

$$e = N \cdot f \leq \frac{d}{2}$$

Randspannung σ (siehe Abschnitt Mechanik: Kern, Randspannungen bei versagender Zugzone) Nachweis wie am Wandkopf/Wandfuß

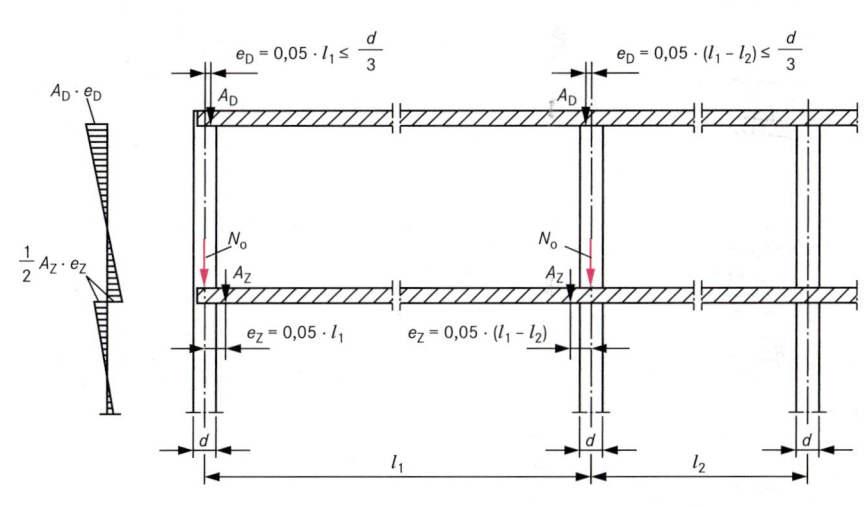

Knicklängen   7.7.2

Die Knicklänge h_K von Wänden ist in Abhängigkeit von der lichten Geschosshöhe h_s wie folgt in Rechnung zu stellen:

a) Frei stehende Wände:

$$h_K = 2 \cdot h_s \sqrt{\frac{1 + N_o/N_u}{3}} \qquad (7)$$

Hierin bedeuten:

N_o Längskraft am Wandkopf
N_u Längskraft am Wandfuß

b) Zweiseitig gehaltene Wände:
Im Allgemeinen gilt
$$h_K = h_s \qquad (8a)$$

c) Dreiseitig gehaltene Wände (mit einem freien vertikalen Rand):

$$h_K = \frac{1}{1 + \left(\frac{\beta \cdot h_s}{3b}\right)^2} \cdot \beta \cdot h_s \geq 0,3 \cdot h_s \qquad (9a)$$

d) Vierseitig gehaltene Wände:
für $h_s \leq b$:
$$h_K = \frac{1}{1 + \left(\frac{\beta \cdot h_s}{3b}\right)^2} \cdot \beta \cdot h_s \qquad (9b)$$

für $h_s > b$: $h_K = \frac{b}{2}$ \qquad (9c)

Hierin bedeuten:

b Abstand des freien Randes von der Mitte der aussteifenden Wand, bzw. Mittenabstand der aussteifenden Wände

β wie bei zweiseitig gehaltenen Wänden

Ist $b > 30\,d$ bei vierseitig gehaltenen Wänden, bzw. $b > 15\,d$ bei dreiseitig gehaltenen Wänden, so sind diese wie zweiseitig gehaltene zu behandeln. Hierin ist d die Dicke der gehaltenen Wand. Ist die Wand im Bereich des mittleren Drittels durch vertikale Schlitze oder Nischen geschwächt, so ist für d die Restwanddicke einzusetzen oder ein freier Rand anzunehmen. Unabhängig von der Lage eines vertikalen Schlitzes oder einer Nische ist an ihrer Stelle ein freier Rand anzunehmen, wenn die Restwanddicke kleiner als die halbe Wanddicke oder kleiner als 115 mm ist.

Vereinfachtes Berechnungsverfahren

Nachweise in den Grenzzuständen der Tragfähigkeit

1 Nachweis bei zentrischer und exzentrischer Druckbeanspruchung	**4.2.2**

1.1 Grundlagen der Bemessung   **4.2.2.1**

Im Grenzzustand der Tragfähigkeit ist nachzuweisen:

$$N_{Ed} \leq N_{Rd} \qquad (4.3)$$

Dabei ist N_{Ed} der Bemessungswert der einwirkenden Normalkraft. Im Allgemeinen genügt der Ansatz:

$$N_{Ed} = 1{,}35\, N_{Gk} + 1{,}5\, N_{Qk} \qquad (NA.1)$$

In Hochbauten mit Decken aus Stahlbeton, die mit charakteristischen Nutzlasten von maximal 2,5 kN/m² belastet sind, darf vereinfachend angesetzt werden:

$$N_{Ed} = 1{,}4\, (N_{Gk} + N_{Qk}) \qquad (NA.2)$$

Im Fall größerer Biegemomente M, z.B. bei Windscheiben, ist auch der Lastfall max M + min N zu berücksichtigen. Dabei gilt:

$$\min N_{Ed} = 1{,}0\, N_{Gk} \qquad (NA.3)$$

Dabei ist N_{Rd} der Bemessungswert der aufnehmbaren Normalkraft. Grundlage ist ein rechteckiger Spannungsblock, dessen Schwerpunkt mit dem Angriffspunkt der Lastresultierenden übereinstimmt. Für Rechteckquerschnitte gilt:

$$N_{Rd} = \Phi_S \cdot A \cdot f_d \qquad (4.4)$$

Dabei ist A die Gesamtfläche des Querschnitts.

Gemauerte Querschnitte, deren Flächen kleiner als 400 cm² sind, sind als tragende Teile unzulässig.

Beim Nachweis, dass dieser Mindestquerschnitt eingehalten ist, sind alle Schlitze und Aussparungen zu berücksichtigen.

$f_d = \zeta \cdot \dfrac{f_k}{\gamma_m}$ ist der Bemessungswert der Druckfestigkeit des

Mauerwerks; ζ ist der Abminderungswert zur Berücksichtigung von Langzeitwirkung und weiterer Einflüsse; ζ ist im Allgemeinen mit 0,85 anzunehmen; in begründeten Fällen, z.B. Kurzzeitbelastung, dürfen auch größere Werte für ζ (mit $\zeta \leq 1$) eingesetzt werden; bei außergewöhnlichen Einwirkungen gilt generell $\zeta = 1$;

f_k ist die charakteristische Druckfestigkeit des Mauerwerks;

γ_M ist der Teilsicherheitsbeiwert nach **T1**;

Φ_S ist der Abminderungsfaktor zur Berücksichtigung der Schlankheit der Wand und von den Lastexzentrizitäten.

T1 Teilsicherheitsbeiwerte γ_M für Baustoffeigenschaften

Tab. 1

	Mauerwerk
Normale Einwirkungen	1,5
Außergewöhnliche Einwirkungen	1,3

Bei Wandquerschnitten kleiner als 0,1 m², ist die Bemessungsdruckfestigkeit des Mauerwerks f_d mit dem Faktor 0,8 zu verringern.

T2 Charakteristische Druckfestigkeit f_k in N/mm² von Einsteinmauerwerk aus Hochlochziegeln mit Lochung A (HLzA), Lochung B (HLzB), Mauertafelziegeln T1 sowie Kalksand-Loch- und Hohlblocksteinen mit Normalmauermörtel

Steindruck-festigkeits-klasse	f_k in N/mm²			
	NM II	NM IIa	NM III	NM IIIa
4	2,1	2,4	2,9	–
6	2,7	3,1	3,7	–
8	3,1	3,9	4,4	–
10	3,5	4,5	5,0	5,6
12	3,9	5,0	5,6	6,3
16	4,6	5,9	6,6	7,4
20	5,3	6,7	7,5	8,4
28	5,3	6,7	9,2	10,3
36	5,3	6,7	10,6	11,9
48	5,3	6,7	12,5	14,1
60	5,3	6,7	14,3	16,0

T3 Charakteristische Druckfestigkeit f_k in N/mm² von Einsteinmauerwerk aus Vollziegeln sowie Kalksand-Vollsteinen und Kalksand-Blocksteinen mit Normalmauermörtel

Steindruck-festigkeits-klasse	f_k in N/mm²			
	NM II	NM IIa	NM III	NM IIIa
2	–	–	–	–
4	2,8	–	–	–
6	3,6	4,0	–	–
8	4,2	4,7	–	–
10	4,8	5,4	6,0	–
12	5,4	6,0	6,7	7,5
16	6,4	7,1	8,0	8,9
20	7,2	8,1	9,1	10,1
28	8,8	9,9	11,0	12,4
36	10,2	11,4	12,7	14,3
48	10,2	11,4	15,1	16,9
60	10,2	11,4	15,1	18,9

T4 Charakteristische Druckfestigkeit f_k in N/mm² von Einsteinmauerwerk aus Mauerziegeln und Kalksandsteinen mit Leichtmörtel

Steindruck-festigkeitsklasse	f_k in N/mm²	
	LM 21	LM 36
2	1,2	1,3
4	1,6	2,2
6	2,2	2,9
8	2,5	3,3
10	2,8	3,3
12	3,0	3,3
16	3,0	3,3
20	3,0	3,3
28	3,0	3,3

T1 Anwendungsgrenzen für das vereinfachte Berechnungsverfahren nach DIN EN 1996-3/NA

Bauteil		Voraussetzungen			
		Wanddicke t [mm]	Lichte Wandhöhe h [m]	aufliegende Decke	
				Stützweite l_l [m]	Nutzlast [1] q_k [kN/m²]
1	tragende Innenwände	≥ 115 < 240	≤ 2,75	≤ 6,00	≤ 5
2		≥ 240	–		
3	tragende Außenwände und zweischalige Haustrennwände	≥ 115 [2] < 150 [2]	≤ 2,75	≤ 6,00	< 3
4		≥ 150 < 175			
5		≥ 175 < 240			≤ 5
6		≥ 240	≤ 12 · t		

[1] einschließlich Zuschlag für nichttragende innere Trennwände

[2] Als einschalige Außenwand nur bei eingeschossigen Garagen und vergleichbaren Bauwerken, die nicht zum dauernden Aufenthalt von Menschen vorgesehen sind.
Als Tragschale zweischaliger Außenwände und bei zweischaligen Hasutrennwänden bis maximal zwei Vollgeschosse zuzüglich ausgebautes Dachgeschoss; aussteifende Querwände im Abstand ≤ 4,50 m bzw. Randabstand von einer Öffnung ≤ 2,0 m

Traglastfaktor nach DIN EN 1996-3/NA 4.2.2.3

Maßgebend für die Bemessung der Wand ist der kleinere der Werte Φ_1 und Φ_2.

$\Phi_1 = \min(\Phi_1, \Phi_2)$

a) Traglastminderung durch Deckenverdrehung bei Endauflagern:

Bei Decken zwischen Geschossen (Traglastminderung durch Lastausmitte bei Endauflagern auf Außen- und Innenwänden)

für $f_k \geq 1,8$ N/mm²: $\quad \Phi_1 = 1,6 - \dfrac{l_f}{6} \leq 0,9 \cdot a/t$

für $f_k \geq 1,8$ N/mm²: $\quad \Phi_1 = 1,6 - \dfrac{l_f}{5} \leq 0,9 \cdot a/t$

l_f = Stützweite der Decke, bei zweiachsig gespannten Decken ist l_f die kürzere der beiden Stützweiten

a/t = Verhältnis von Deckenauflagertiefe zur Dicke der Wand

Bei Decken über dem obersten Geschoß, insbesondere bei Dachdecken, gilt aufgrund geringer Auflasten

$\Phi_1 = 0,333$

Wird die Traglastminderung infolge Deckenverdrehung durch konstruktive Maßnahmen, z.B. Zentrierleisten mittig unter dem Deckenauflager, vermieden, so gilt unabhängig von der Deckenstützweite $\Phi_1 = 0,9 \cdot a/t$ bei teilweise aufliegender Deckenplatte (siehe Bild) und $\Phi_1 = 0,9$ bei vollaufliegender Deckenplatte.

Teilweise aufliegende Deckenplatte

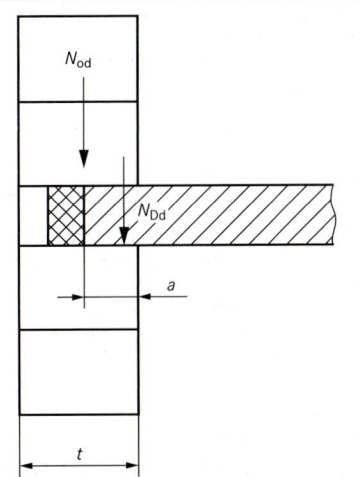

N_{od} der Bemessungswert der vertikalen Lasten am Wandfuß des darüber liegenden Geschosses

N_{Dd} der Bemessungswert der Lasten aus Decken und Unterzügen

a die Deckenauflagertiefe

t die Dicke der Wand

b) Traglastminderung bei Knickgefahr

$\Phi_2 = 0,85 \cdot \left(\dfrac{a}{t}\right) - 0,0011 \cdot \left(\dfrac{h_{ef}}{t}\right)^2$

$h_{ef} = \varrho_2 \cdot h$

h_{ef} rechnerische Knicklänge

ϱ_2 der Abminderungsfaktor der Knicklänge

h die lichte Geschosshöhe

T1 Abminderungsbeiwert ϱ_2 zur Ermittlung der Knicklänge h_{ef} für 2-seitig gehaltene Wände

Wanddicke t [cm]	Abminderungsbeiwert ϱ_2 [-]	Mindestauflagertiefe a [mm]
≤ 17,5	0,75	$a = t$
17,5 < t ≤ 25	0,90	$a = t$
> 25	1,00	$a \geq 17,5$

T2 Knicklänge h_{ef} bei mehrseitig gehaltenen Wänden

3-seitig gehaltene Wände

$$h_{ef} = \frac{1}{1 + \left(\alpha_3 \cdot \frac{\varrho_2 \cdot h}{3 \cdot b'}\right)^2} \cdot \varrho_2 \cdot h \geq 0,3 \cdot h$$

$b' \leq 15 \cdot t$

b' Abstand des freien Randes von der Mitte der aussteifenden Wand (unabhängig von der Lage eines vertikalen Schlitzes oder einer Aussparung ist an ihrer Stelle ein freier Rand anzunehmen, wenn die Restwanddicke kleiner oder kleiner als 115 mm ist)

α_3 Anpassungsfaktor nach **T3**

4-seitig gehaltene Wände

Für $\alpha_4 \cdot \frac{h}{b} \leq 1$: $h_{ef} = \dfrac{1}{1 + \left(\alpha_3 \cdot \frac{\varrho_2 \cdot h}{b}\right)^2} \cdot \varrho_2 \cdot h$

Für $\alpha_4 \cdot \frac{h}{b} > 1$: $h_{ef} = \alpha_4 \cdot \dfrac{b}{2}$

$b \leq 30 \cdot t$

b Abstand der aussteifenden Wände (unabhängig von der Lage eines vertikalen Schlitzes oder einer Aussparung ist an ihrer Stelle ein freier Rand anzunehmen, wenn die Restwanddicke kleiner als die halbe Wanddicke oder kleiner als 115 mm ist)

α_4 Anpassungsfaktor nach **T3**

Für normalformatiges Mauerwerk und Elementmauerwerk mit einem planmäßigen Überbindemaß $l_0/h_e \geq 0,4$ dürfen die Anpassungsfaktoren α_3 und α_4 gleich 1,0 angesetzt werden.

T3 Anpassungsfaktoren α_3 und α_4 zur Abschätzung der Knicklänge von Wänden aus Elementmauerwerk mit einem Überbindemaß $0,2 \leq l_{ol}/h_u < 0,4$

Elementgeometrie h_u/l_u	0,5	0,625	1,0	2,0
3-seitige Lagerung α_3	1,0	0,90	0,83	0,75
4-seitige Lagerung α_4	1,0	0,75	0,67	0,60

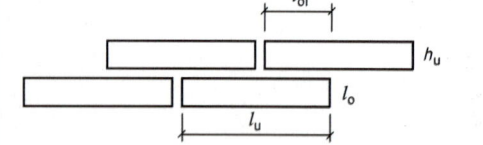

2 Nachweis für vertikal nicht beanspruchte Wände mit gleichmäßig verteilter horizontaler Bemessungslast

Bei vorwiegend windbelasteten, nichttragenden Ausfachungswänden ist kein gesonderter Nachweis erforderlich, wenn

a) die Wände vierseitig gehalten sind (z. B. durch Verzahnung, Versatz oder Anker) und

b) die Größe der Ausfachungsflächen $h_i \cdot l_i$ nach Tabelle **T4** eingehalten ist, wobei h_i die Höhe und l_i die Länge der Ausfachungsfläche ist.

T4 Größte zulässige Werte der Ausfachungsfläche von nichttragenden Außenwänden ohne rechnerischen Nachweis

1	2	3	4	5
Wanddicke t mm	Größte zulässige Werte [1)2)] der Ausfachungsfläche bei m² bei einer Höhe über Gelände von:			
	0 m bis 8 m		8 m bis 20 m [3)]	
	$h_i/l_i = 1,0$	$h_i/l_i \geq 2,0$ oder $h_i/l_i \leq 0,5$	$h_i/l_i = 1,0$	$h_i/l_i \geq 2,0$ oder $h_i/l_i \leq 0,5$
115 [3)4)]	12	8	–	–
150 [4)]	12	8	8	8
175	20	14	13	9
240	36	25	23	16
≥ 300	50	33	35	23

[1)] Bei Seitenverhältnissen $0,5 < h_i/l_i < 1,0$ und $1,0 < h_i/l_i < 2,0$ dürfen die größten zulässigen Werte der Ausfachungsfächer geradlinig interpoliert werden.

[2)] Die angegebenen Werte gelten für Mauerwerk mindestens der Steindruckfestigkeitsklasse 4 mit Normalmauermörtel mindestens der Gruppe NM IIa und Dünnbettmörtel.

[3)] In Windlastzone 4 nur im Binnenland zulässig.

[4)] Bei Verwendung von Steinen der Festigkeitsklassen ≥ 12 dürfen die Werte dieser Zeile um 1/3 vergrößert werden.

3 Nachweis für unbewehrte Mauerwerkswände bei Gebäuden mit höchstens drei Geschossen

Allgemeine Anwendungsbedingungen

(1) Die in diesem Anhang angegebene vereinfachte Berechnungsmethode darf bei Gebäuden angewendet werden, wenn die folgenden Bedingungen eingehalten sind:

- das Gebäude hat nicht mehr als drei Geschosse über Geländehöhe;
- die Wände sind rechtwinklig zur Wandebene durch die Decken und das Dach in horizontaler Richtung gehalten, und zwar entweder durch die Decken und das Dach selbst oder durch geeignete Konstruktionen, z. B. Ringbalken mit ausreichender Steifigkeit;
- die Auflagertiefe der Decken und des Daches auf der Wand beträgt mindestens 2/3 der Wanddicke, jedoch nicht weniger als 85 mm;
- die lichte Geschosshöhe ist nicht größer als 3,0 m;
- die kleinste Gebäudeabmessung im Grundriss beträgt mindestens 1/3 der Gebäudehöhe;
- die charakteristischen Werte der veränderlichen Einwirkungen auf den Decken und dem Dach sind nicht größer als 5,0 kN/m²;
- die größte lichte Spannweite der Decken beträgt 6,0 m;
- die größte lichte Spannweite des Daches beträgt 6,0 m, ausgenommen Leichtgewichts-Dachkonstruktionen, bei denen die Spannweite 12,0 m nicht überschreiten darf.

3 Nachweis für unbewehrte Mauerwerkswände bei Gebäuden mit höchstens drei Geschossen (Forts.)

– das Verhältnis hef / tef von Innen- und Außenwänden ist nicht größer als 21;

h_{ef} die Knicklänge der Wand

t_{ef} die effektive Wanddicke

Bemessungswert des vertikalen Tragwiderstands einer Wand

$N_{Rd} = c_A f_d A$

$c_A = 0,70$ für $h_{ef} / t_{ef} \leq 10$, vollaufliegende Decke

$c_A = 0,50$ für $h_{ef} / t_{ef} \leq 18$

     $= 0,36$ für $18 < h_{ef} / t_{ef} \leq 21$;

$c_A = 0,45$ teilaufliegende Decke und $t \geq 30$cm

f_d Bemessungswert der Druckfestigkeit des Mauerwerks;

A die belastete Bruttoquerschnittsfläche der Wand ohne Öffnungen.

4 Nachweis von Kellerwänden nach DIN EN 1996-3/ NA: 2012-01

Allgemeine Anwendungsbedingungen

Nach DIN EN 1996-3/NA darf die Bemessung von Kelleraußenwänden unter Erddruck nach einem vereinfachten Verfahren erfolgen, wenn nachstehende Randbedingungen eingehalten sind:

– Wanddicke $t \geq 20$ cm

– lichte Höhe der Kellerwand h $\leq 2,60$ m

– Die Kellerdecke wirkt als Scheibe und kann die aus dem Erddruck resultierenden Kräfte aufnehmen.

– Im Einflussbereich des Erddruckes auf die Kellerwand beträgt der charakteristische Wert q_k der Verkehrslast auf der Geländeoberfläche nicht mehr als 5 kN/m² und es ist keine Einzellast > 15 kN im Abstand von weniger als 1,5 m zur Wand vorhanden.

– Die Anschütthöhe h_e darf höchstens $1,15 \cdot h$ betragen.

– Die Geländeoberfläche steigt nicht an.

– Es darf kein hydrostatischer Druck auf die Wand wirken.

– Am Wandfuß ist entweder keine Gleitfläche, z.B. infolge einer Feuchtigkeitssperrschicht, vorhanden, oder es sollten konstruktive Maßnahmen ergriffen werden, um die Querkraft aufnehmen zu können. Sperrschichten aus besandeten Bitumendachbahnen R500 nach DIN EN 13969 in Verbindung mit DIN V 20000-202 oder aus mineralischen Dichtungsschlämmen nach DIN 18195-2 haben einen ausreichenden Reibungsbeiwert und gelten nicht als Gleitflächen.

– Für die Verfüllung und Verdichtung des Arbeitsräume sind die Vorgaben aus DIN EN 1996-2/NA, Anhang E (3) einzuhalten.

– Der vereinfachten Berechnungsmethode wurde ein Erddruckbeiwert von $\leq 1/3$ zugrunde gelegt. Nach DIN EN 1996-1-1/ NA kann ein Nachweis von Kellerwänden mit einem beliebigen Erddruckbeiwert geführt werden.

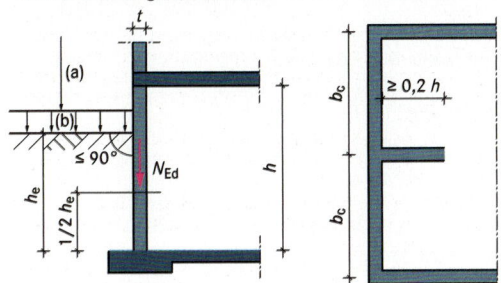

(a) keine Einzellasten ≥ 15 kN näher als 1,5 m an der Wand, gemessen in horizontaler Richtung

(b) Charakteristische Verkehrslast auf Geländeoberfläche ≤ 5 kN/m²

T1 Faktor β

$\beta = 20$ für $b_c \geq 2 \, h$

$\beta = 60 - 20 \, b_c/h$ für h $< b_c < 2 \, h$

$\beta = 40$ für $b_c \leq h$

Bei Elementmauerwerk mit einem verminderten Überbindemaß von $0,2 \cdot h_u \leq l_{ol} < 0,4 \cdot h_u$ ist generell $\beta = 20$ anzusetzen.

Nachweise:

a) Auf der Grundlage eines vertikalen Bogenmodells ergibt sich ein Mindestwert für die einwirkende Normalkraft je Meter Wandlänge

$$N_{Ed,min} \geq \frac{\gamma_e \cdot h \cdot h_e^2}{\beta \cdot t} \, [kN/m]$$

$t =$ Wanddicke

$h_e =$ Höhe der Anschüttung

$h =$ Lichte Höhe der Kellerwand

$\gamma_e =$ Wichte der Anschüttung

$f_d =$ Bemessungswert der Druckfestigkeit **T2** bis **T4**, S. 186

$b_c =$ Abstand zwischen aussteifenden Querwänden oder anderen aussteifenden Elementen

     $N_{Ed,min}$ = Bemessungswert der kleinsten vertikalen Belastung der Wand in halber Höhe der Anschüttung

In halber Höhe der Anschüttung ist die Tragfähigkeit unter maximaler Normalkraftbeanspruchung und einer Lastexzentrizität von $e \leq 1/3$ nachzuweisen:

$$N_{Ed,max} \leq \frac{t \cdot f_d}{3} \, [kN/m]$$

$N_{Ed,max}$ = Bemessungswert der maximalen vertikalen Belastung der Wand in halber Höhe der Anschüttung

Der Nachweis der Querkrafttragfähigkeit (Plattenschub) gilt mit diesen Nachweisen ebenfalls als erbracht. Ein gesonderter Querkraftnachweis ist bei Einhaltung der Anwendungsbedingungen nach Abschnitt 4 nicht erforderlich.

Es ist zu beachten, dass der Nachweis bei entsprechend frühzeitiger Verfüllung des Arbeitsraumes gegebenenfalls auch im Bauzustand zu führen ist, bei dem die volle Auflast aus Eigenlast der Obergeschosse noch nicht wirkt.

| 1 Wandarten/Wanddicken | 8.1 |

| 1.1 Allgemeines | 8.1.1 |

Die statisch erforderliche Wanddicke ist nachzuweisen. Hierauf darf verzichtet werden, wenn die gewählte Wanddicke offensichtlich ausreicht. Die im Folgenden festgelegten Mindestwanddicken sind einzuhalten.

Innerhalb eines Geschosses soll zur Vereinfachung von Ausführung und Überwachung das **Wechseln von Steinarten und Mörtelgruppen** möglichst **eingeschränkt** werden, → DIN 1053-1, 5.2.3.

Steine, die **unmittelbar der Witterung ausgesetzt** bleiben, müssen **frostwiderstandsfähig** sein. Sieht die Stoffnorm hinsichtlich der Frostwiderstandsfähigkeit unterschiedliche Klassen vor, so sind bei Schornsteinköpfen, Kellereingangs-, Stütz- und Gartenmauern, stark strukturiertem Mauerwerk und ähnlichen Anwendungsbereichen Steine mit der höchsten Frostwiderstandsfähigkeit zu verwenden.

Unmittelbar der Witterung ausgesetzte, horizontale und leicht geneigte Sichtmauerwerksflächen, wie z.B. Mauerkronen, Schornsteinköpfe oder Brüstungen, sind durch geeignete Maßnahmen (z.B. Abdeckung) so auszubilden, dass Wasser nicht eindringen kann.

| 1.2 Tragende Wände | 8.1.2 |

Wände, die mehr als ihre Eigenlast aus einem Geschoss zu tragen haben, und **aussteifende Wände** sind stets als tragende Wände anzusehen. Wände, die der Aufnahme von horizontalen Kräften rechtwinklig zur Wandebene dienen, dürfen auch als nichttragende Wände ausgebildet sein.

Tragende Innen- und Außenwände sowie aussteifende Wände sind mindestens 11,5 cm dick, sofern aus Gründen der Standsicherheit, der Bauphysik oder des Brandschutzes nicht größere Dicken erforderlich sind.

Die **Mindestmaße tragender Pfeiler** betragen:
11,5 cm x 36,5 cm bzw. 17,5 cm x 24 cm.

Kellerwände

A1 Lastannahmen für Kellerwände

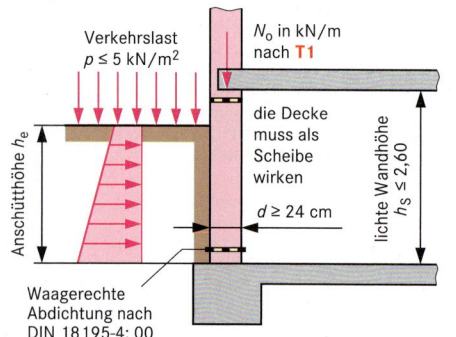

Bei **Kellerwänden** darf der Nachweis auf Erddruck entfallen, wenn die folgenden Bedingungen erfüllt sind, → **A1**:

a) Lichte Höhe der Kellerwand $h_S \leq 2,60$ m. Wanddicke $d \geq 24$ cm.

b) Die Kellerdecke wirkt als Scheibe und kann die Kräfte aus dem Erddruck aufnehmen.

c) Im Einflussbereich des Erddrucks auf die Kellerwände beträgt die Verkehrslast auf der Geländeoberfläche nicht mehr als 5 kN/m², die Geländeoberfläche steigt nicht an und die Anschütthöhe ist nicht größer als die Wandhöhe h_S.

d) Die Auflast N_0 der Kellerwand unterhalb der Kellerdecke liegt innerhalb folgender Grenzen:
max $N_0 \geq N_0 \geq$ min N_0,
max $N_0 = 0,45 \cdot d \cdot \sigma_0$,
min N_0 nach **T1**

Es bedeuten:
N_0 = Streckenlast in kN/m,
h_S, h_e und $d \rightarrow$ **A1**,
$\sigma_0 \rightarrow$ DIN 1053-1, Tabelle 4a, 4b und 4c.

Ist die dem Erddruck ausgesetzte Kellerwand durch Querwände oder statisch nachgewiesene Bauteile im Abstand b ausgesteift, so dass eine zweiachsige Lastabtragung in der Wand stattfinden kann, gilt für N_0:
bei $b \leq h_S$: $N_0 \geq 1/2$ min N_0
bei $b \geq 2 h_S$: $N_0 \geq$ min N_0
Zwischenwerte geradlinig einschalten!

Eine andere Möglichkeit ist der Nachweis nach DIN 1053-1, Gl. (17) in Verbindung mit DIN 1053-1, Gl. (19) und (20), der hier nicht wiedergegeben wird.

T1 Min N_0 für Kellerwände ohne rechnerischen Nachweis

Tab. 8

Wand-dicke d in cm	Min N_0 bei einer Anschütthöhe h_e			
	1,0 m kN/m	1,5 m kN/m	2,0 m kN/m	2,5 m kN/m
24	6	20	45	75
30	3	15	30	50
36,5	0	10	25	40
49	0	5	15	30

Zwischenwerte sind geradlinig einzuschalten.

Beispiel:
Kellerwand mit $d = 36,5$ cm, $h_S = 2,25$ m, $h_e = 2,20$ m und $N_0 = 32$ kN/m, $b = 5,0$ m $> 2 h_S$.
Darf der rechnerische Nachweis entfallen?

Die Differenz zwischen 2 m und 2,50 m = 50 cm,
die Differenz zwischen 2 m und 2,20 m = 20 cm,
die Differenz in **T1**, ΔN_0 zwischen 25 kN/m und 40 kN/m
= 15 kN/m

$\Delta h_e = 50$ cm entspricht $\Delta N_0 = 15$ kN/m

$\Delta h_e = 20$ cm entspricht $\Delta N_0 = \dfrac{15 \cdot 20}{50} = 6$ kN/m

$25 + 6 = \underline{\textbf{min } N_0 = \textbf{31 kN/m}} <$ vorh. $N_0 = 32$ kN/m.

Der rechnerische Nachweis darf entfallen.

1.3 Nichttragende Wände   8.1.3

Sie müssen auf ihre Fläche wirkende Lasten auf tragende Bauteile, z. B. Wand- oder Deckenscheiben, abtragen.

Nichttragende Außenwände:
Bei **Ausfachungswänden** von Fachwerk-, Skelett- und Schottensystemen darf auf einen statischen Nachweis verzichtet werden, wenn

a) die Wände vierseitig gehalten werden, z. B. durch Verzahnung, Versatz oder Anker,

b) die Bedingungen nach **T2** erfüllt sind,

c) Normalmörtel mindestens der Mörtelgruppe II a, Dünnbettmörtel oder Leichtmörtel LM 36 verwendet wird.

In **T2** ist ε das Verhältnis der größeren zur kleineren Seite der Ausfachungsfläche. Bei Verwendung von Steinen der Festigkeitsklasse ≥ 20 und gleichzeitig bei einem Seitenverhältnis $\varepsilon = h/l \geq 2{,}0$ dürfen die Werte der **T2**, Spalten 3, 5 u. 7 verdoppelt werden. (h, l = Höhe bzw. Länge der Ausfachungsfläche).

T2 Größte zulässige Ausfachungsfläche von nichttragenden Ausfachungsflächen ohne rechnerischen Nachweis   Tab. 9

1	2	3	4	5	6	7
Wand-dicke	Größte zulässige Ausfachungsfläche bei einer Höhe über Gelände von [1]					
	0 bis 8 m		8 bis 20 m		20 bis 100 m	
d cm	$\varepsilon = 1{,}0$ m^2	$\varepsilon \geq 2{,}0$ m^2	$\varepsilon = 1{,}0$ m^2	$\varepsilon \geq 2{,}0$ m^2	$\varepsilon = 1{,}0$ m^2	$\varepsilon \geq 2{,}0$ m^2
11,5 [2]	12	8	8	5	6	4
17,5	20	14	13	9	9	6
24	36	25	23	16	16	12
≥ 30	50	33	35	23	25	17

[1] Bei Seitenverhältnissen zwischen 1,0 u. 2,0 dürfen die Zwischenwerte geradlinig zwischengeschaltet (interpoliert) werden.

[2] Bei Verwendung von Steinen der Festigkeitsklassen ≥ 12 dürfen die Werte dieser Zeile um 1/3 vergrößert werden.

Für **nichttragende innere Trennwände**, die nicht durch auf ihre Fläche wirkende Windlasten beansprucht werden, siehe DIN 4103-1.

Nichttragende innere Trennwände, die Windlasten erhalten können, müssen wie nichttragende Außenwände behandelt werden.

1.4 Anschluss der Wände an die Decken und den Dachstuhl   8.1.4

Umfassungswände müssen an die Decken entweder durch Zuganker oder durch Reibung angeschlossen werden.

Anschluss durch Zuganker (bei Holzbalkendecken Anker mit Splinten) sind in den belasteten Wandbereichen, nicht in Fenster-Brüstungsbereichen, anzuordnen.

Bei fehlender Auflast sind erforderlichenfalls **Ringanker** vorzusehen.

Der **Abstand der Zuganker** soll **im Allgemeinen 2 m**, darf jedoch in Ausnahmefällen 4 m nicht überschreiten. Bei Wänden, die parallel zur Deckenspannrichtung verlaufen, müssen die Maueranker mindestens einen 1 m breiten Deckenstreifen und mindestens 2 Deckenrippen oder 2 Balken, bei Holzbalkendecken 3 Balken, erfassen oder in Querrippen eingreifen.

Werden mit den Umfassungswänden verankerte Balken über einer Innenwand gestoßen, so sind sie hier zugfest miteinander zu verbinden.

Giebelwände sind durch Querwände oder Pfeilervorlagen ausreichend auszusteifen, falls sie nicht kraftschlüssig mit dem Dachstuhl verbunden werden.

Anschluss durch Haftung und Reibung:
Bei **Massivdecken** sind keine besonderen Zuganker erforderlich, wenn die **Auflagertiefe** der Decke **mindestens 10 cm** beträgt.

2 Ringanker und Ringbalken   8.2

2.1 Ringanker   8.2.1

Ringanker sind in alle Außenwände und in die Querwände, die als vertikale Scheiben dem Abtragen horizontaler Lasten (z. B. Wind) dienen, unter folgenden Voraussetzungen zu legen:

a) bei Bauten, die mehr als 2 Vollgeschosse haben oder länger als 18 m sind,

b) bei Wänden mit vielen o. sehr großen Öffnungen, besonders dann, wenn die Summe der Öffnungsbreiten 60 % der Wandlänge oder bei Fensterbreiten von mehr als 2/3 der Geschosshöhe, 40 % übersteigt,

c) wenn die Baugrundverhältnisse es erfordern.

A1 Ringanker   **A2 Ringbalken**

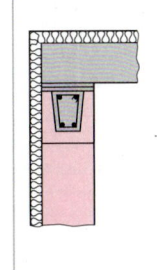

Die Ringanker sind in jeder Deckenlage oder unmittelbar darunter anzubringen. Sie dürfen aus Stahlbeton, bewehrtem Mauerwerk, Stahl oder Holz ausgebildet werden und müssen unter Gebrauchslast eine **Zugkraft von 30 kN** aufnehmen können.

In Gebäuden, in denen der Ringanker nicht durchgehend ausgebildet werden kann, ist die Ringankerwirkung auf andere Weise sicherzustellen.

Mauerwerk

Ringanker aus Stahlbeton sind mit mindestens 2 durchlaufenden Rundstäben (z. B. 2 Ø 10 mm) zu bewehren. Stöße sind nach DIN 1045 auszubilden und möglichst gegeneinander zu versetzen.

Ringanker aus bewehrtem Mauerwerk sind gleichwertig zu bewehren, z. B. mit drei „murfor"-Bewehrungsstreifen, korrosionsgeschützt, mit insgesamt 6 Ø 5 mm oder mit 6 Rundstäben Ø 6 mm aus BSt 500 S.

Auf diese Ringanker dürfen dazu parallel liegende durchlaufende Bewehrungen mit vollem Querschnitt angerechnet werden, wenn sie in Decken oder in Fensterstürzen im Abstand von höchstens 0,50 m von der Mittelebene der Wand bzw. der Decke liegen.

2.2 Ringbalken 8.2.2

Werden Decken ohne Scheibenwirkung verwendet oder werden aus Gründen der Formänderung der Dachdecke Gleitschichten unter den Deckenauflagern angeordnet, so ist die horizontale Aussteifung der Wände durch Ringbalken oder statisch gleichwertige Maßnahmen sicherzustellen. Die Ringbalken und ihre Anschlüsse an die aussteifenden Wände sind für eine horizontale Last von 1/100 der vertikalen Last der Wände und gegebenenfalls aus Wind zu bemessen.

Bei der Bemessung von Ringbalken unter Gleitschichten sind außerdem Zugkräfte zu berücksichtigen, die den verbleibenden Reibungskräften entsprechen.

3 Schlitze und Aussparungen 8.3

T1 Ohne Nachweis zulässige Schlitze und Aussparungen in tragenden Wänden Tab. 10

1	2	3	4	5	6	7	8	9	10
Wanddicke d	Horizontale und schräge Schlitze, nachträglich hergestellte Schlitzlänge:		Vertikale Schlitze und Aussparungen, nachträglich hergestellt			Vertikale Schlitze und Aussparungen im gemauerten Verband			
	unbe-[1][3] schränkt cm Tiefe	≤ 1,25 m[1] lang[2] cm Tiefe	Tiefe[4] cm	Einzelschlitzbreite cm[5]	Abstand der Schlitze und Aussparungen von Öffnungen	Breite[5] cm	Restwanddicke cm	Mindestabstand	
								von Öffnungen cm	untereinander
≥ 11,5	–	–	≤ 1	≤ 10		–	–	≥ 2fache Schlitzbreite bzw. ≥ 24 cm	≥ Schlitzbreite
≥ 17,5	0	≤ 2,5	≤ 3	≤ 10		≤ 26	≥ 11,5		
≥ 24	≤ 1,5	≤ 2,5	≤ 3	≤ 15	≥ 11,5 cm	≤ 38,5	≥ 11,5		
≥ 30	≤ 2	≤ 3	≤ 3	≤ 20		≤ 38,5	≥ 17,5		
≥ 36,5	≤ 2	≤ 3	≤ 3	≤ 20		≤ 38,5	≥ 24		

[1] Horizontale und schräge Schlitze nur zulässig in einem Bereich ≤ 40 cm ober- oder unterhalb der Rohdecken sowie jeweils an einer Wandseite.
Nicht zulässig bei Langlochziegeln.

[2] Mindestabstand in Längsrichtung von Öffnungen ≥ 49 cm, vom nächsten Horizontalschlitz die zweifache Schlitzlänge.

[3] Die Tiefe darf um 1 cm vergrößert werden, wenn Werkzeuge verwendet werden, mit denen die Tiefe genau eingehalten werden kann.
Damit dürfen auch in Wänden ≥ 24 cm gegenüberliegende je 1 cm tiefe Schlitze ausgeführt werden.

[4] Schlitze, die höchstens 1 m über den Fußboden reichen, dürfen bei Wanddicken ≥ 24 cm bis 8 cm tief und 12 cm breit sein.

[5] Die Gesamtbreite von Schlitzen nach Spalten 5. u. 7 darf je 2 m Wandlänge die Maße der Spalte 7 nicht überschreiten. Bei geringeren Wandlängen als 2 m sind die Werte in Spalte 7 proportional zur Wandlänge zu verringern.

Schlitze und Aussparungen, bei denen die Grenzwerte nach T1 eingehalten werden, dürfen ohne Berücksichtigung bei der Bemessung des Mauerwerks ausgeführt werden.

Vertikale Schlitze und Aussparungen sind auch dann ohne Nachweis zulässig, wenn die Querschnittsschwächung bezogen auf 1 m Wandlänge nicht mehr als 6 % beträgt und die Wand nicht 3- oder 4-seitig gehalten gerechnet ist. Dabei müssen eine Restwanddicke nach T1, Spalte 8 und ein Mindestabstand nach Spalte 9 eingehalten werden. Alle übrigen Schlitze und Aussparungen sind bei der Bemessung zu berücksichtigen.

A1 **Wandbereiche**, in denen nachträglich **keine vertikalen**, **keine horizontalen und schrägen** Schlitze und Aussparungen hergestellt werden dürfen:
Beispiele für zulässige Schlitze / Aussparungen

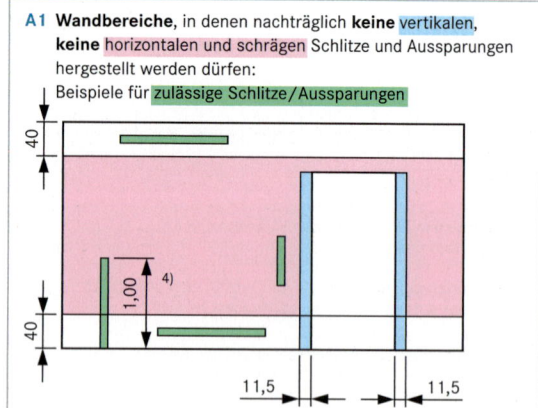

Mauersteine

Es dürfen alle genormten Steinarten verwendet werden. Für tragendes **bewehrtes Mauerwerk** darf der Lochanteil nicht größer als 35 % sein; rechteckige Löcher dürfen nicht gegeneinander versetzt sein, damit die erforderliche Druckfestigkeit auch quer zur Lochrichtung gewährleistet ist.

Für **Ringanker** und auch für **nichttragendes bewehrtes Mauerwerk** gelten diese Beschränkungen nicht.

Mörtel

Das **Einbetten des Stahls** muss satt in **Zementmörtel** der Gruppen III oder III a bzw. in **Beton** (mind. B15) erfolgen. Für die **Druckzone**, die keine Bewehrung erhält, dürfen alle Mörtelarten der Gruppe I verwendet werden.

Bewehrungsstahl

Es sind **gerippte Betonstähle** nach DIN 488-1 zu verwenden. Zum Einlegen in Lagerfugen normaler Dicke (10 - 20 mm) sind Rundstäbe von 5, 6 oder höchstens 8 mm Ø geeignet. Besonders günstig sind **Bewehrungsstreifen** nach **A4**, weil damit die Lage der Bewehrung in der Fuge sicher eingehalten wird und durch die eingeschweißten Verbindungsstege der Verbund mit dem Mörtel sehr gut ist.

Korrosionsschutz

Ungeschützte Bewehrung darf in **Mörtelfugen** nur eingelegt werden, wenn das Bauteil einem **dauernd trockenen Raumklima** ausgesetzt ist, z. B. in Innenwänden. Der Abstand zwischen Stahl und Wandoberfläche muss mindestens 30 mm betragen, → **A2a**.
In **Formsteinen** muss die Mörtelüberdeckung mindestens doppelt so groß wie der Stahl-Ø (≤ 14 mm) sein, → **A2b**.

In **betonverfüllten Aussparungen** müssen die in DIN 1045 geforderten Betondeckungen durch Abstandshalter oder andere Maßnahmen sichergestellt werden.

Geschützte Bewehrungen, z. B. feuerverzinkt, kunststoffummantelt oder aus nichtrostendem Stahl, sind für Bauteile erforderlich, die **nicht** einem **dauernd trockenen Raumklima** ausgesetzt sind. Bei Verwendung feuerverzinkter Bewehrung dürfen von außen keine Sulfate und Chloride einwirken und auch deren Anteile in den Mauersteinen und im Mörtel dürfen nur gering sein.

Korrosionsschutz

Bewehrte Mauerwerksbauteile müssen ≥ 11,5 cm dick sein. Zu unterscheiden ist zwischen

• **konstruktiver Bewehrung**, z. B. zur Rissesicherung bei nichttragenden Trennwänden und

• **statischer Bewehrung**, z. B. Ringankern, -balken, Stürzen und durch Erd- oder Winddruck beanspruchten Wänden.

A2 Erforderliche Mörteldeckung

A3 Ringankerbewehrung

6 Ø 5
in drei
Lagerfugen

A4 Eck-Ausbildungen

a) Murfor-Bewehrung *)
einseitig geschnitten und abgeknickt

b) Murfor-Bewehrung *)
überlappend verlegt (eventuell mit Zulagewinkel)

*) Murfor-Bewehrung d. Fa. BEKAERT ist in 5, 10, 15, 18 cm Breite lieferbar

Bemessung

Hier kann nur auf DIN 1053-3 und den Aufsatz „Bewehren von Mauerwerk zur Rissesicherung und zur Lastabtragung" von Prof. Dr.-Ing. W. Mann und Dipl. Ing. J. Zahn, im Mauerwerkkalender 1990, aus dem das **Ringanker-Bemessungsbeispiel** entnommen wurde, hingewiesen werden.

Zweckmäßig werden nach **A3** in 3 Lagerfugen Bewehrungsgitter mit je 2 Ø 5 oder 6 Stabstähle BSt 500 S, Ø 6 eingelegt. Die Gitter werden an den Ecken einseitig geschnitten und abgeknickt, → **A4a** oder überlappt, → **A4b**.

Nachweis:
3 Bewehrungsgitter „murfor" mit 3 x 2 = 6 Ø5 mm,
$A_S = 6 \times 0,2 \text{ cm}^2 = $ **1,2 cm²** BSt 500 ($\beta_S = 50 \text{ kN/cm}^2$).
Bei 1,75facher Sicherheit gegenüber der Fließgrenze beträgt die aufnehmbare Zugkraft
$Z = 1,2 \times 50/1,75 = $ **34,3 kN** > gef $Z = 30$ kN.

Sind zusätzlich **Biegemomente** aufzunehmen, wird der Ringanker zum **Ringbalken** und er muss entsprechend für Biegung bemessen werden, was hier nicht behandelt wird.

Die erforderlichen **Bewehrungsstöße** sind so zu verteilen, dass jeweils nur ein Gitter mit $A_S/3$ gestoßen wird.

Die **Übergreifungslängen** $l_{\ddot{u}}$ müssen nach DIN 1045 bei voller Stahlausnutzung in Lagerfugen mit MGr. III (MGr. III a) für **Bewehrungsgitter** mit Ø 5 mm:
$l_{\ddot{u}} \geq$ **1,0 (0,50)** m, für **gerippte Stäbe** mit 0,6 Ø mm:
$l_{\ddot{u}} \geq$ **1,71 (0,86)** m betragen (Klammerwerte bei MGr. III a).

Die **Verankerungslängen** l_2 für die Bewehrung biegebeanspruchter Bauteile, z. B. Stürze, betragen bei voller Stahlausnutzung und **Bewehrungsgittern** mit Ø 0,5 mm bei MGr. III (III a): **48 (24)** cm, bei **Rundstäben** mit Ø 0,6 mm bei MGr. III (III a): **58 (29)** cm hinter der Auflager-Vorderkante des Sturzes.

Allgemeine Anforderungen

Allgemeine Anforderungen an Wände aus Mauerwerk	Anforderungen aus Klimafaktoren/Makroumweltbedingungen (sind bei Baustoffwahl und Ausführung zu beachten)	
Für tragende Innen- und Außenwände gilt als Mindestdicke t_{min} = 115 mm. Bei Außenwänden aus nicht frostbeständigen Steinen ist ein Außenputz oder ein anderer Witterungsschutz vorzusehen	– Regen und Schnee – Kombination von Wind und Regen – Temperaturschwankungen – Schwankungen der relativen Luftfeuchte	
Tragende Mauerwerkswände können sein: – einschalig ohne Zwischenraum und durchlaufende Fuge, – zweischalig ohne Luftschicht mit mörtelausgefüllter Fuge, – einschaliges Verblendmauerwerk bestehend aus Sichtmauerwerk und Hintermauerwerk im Verband gemauert, – tragendes Hintermauerwerk mit vorgesetztem, nicht tragenden Vormauer- oder Verblendmauerwerk.	**Mörtelart nach Umweltanforderung**	
	P	in nicht angreifender Umgebung
	M	in mäßig angreifender Umgebung
	S	für stark angreifende Umgebung

Klassifizierung nach Mikroumweltbedingungen
(zusätzlich Oberflächenbehandlungen und Schutzbekleidungen berücksichtigen)

Klasse	Mikrobedingungen des Mauerwerks	Beispiele für Mauerwerk in diesem Zustand
MX1	**In trockener Umgebung**	Innenmauerwerk für normale Wohnräume und Büros, einschließlich der Innenschale von zweischaligen Außenwänden, die im Normalfall nicht feucht werden. Verputztes Außenmauerwerk, das keinem mäßigen oder starken Schlagregen ausgesetzt und von Feuchte in benachbartem Mauerwerk oder Bauteilen getrennt ist.
MX2 MX2.1	**Feuchte oder Durchnässung ausgesetzt** Feuchte, aber keinen Frost-Tau-Wechselbedingungen oder Sulfattreiben oder angreifenden Chemikalien in signifikanten Mengen ausgesetzt	Innenmauerwerk, das großen Mengen an Wasserdampf ausgesetzt ist, wie z. B. in einer Wäscherei. Außenwände, die von einem Dachüberstand oder einer Mauerabdeckung geschützt und keinem starken Schlagregen oder Frost ausgesetzt sind. Mauerwerk frostfrei gegründet und in gut entwässerten, nicht angreifenden Böden.
MX2.2	Durchnässung, aber keinen Frost-Tau-Wechselbedingungen oder Sulfattreiben oder angreifenden Chemikalien in signifikanten Mengen ausgesetzt	Mauerwerk, das weder Frost noch angreifenden Chemikalien ausgesetzt ist, z. B. in Außenwänden mit Mauerkronen oder mit Dachüberstand, in Brüstungsmauern, in freistehenden Mauern, im Boden, unter Wasser.
MX3 MX3.1	**Feuchte oder Durchnässung und Frost-Tau-Wechseln ausgesetzt** Feuchte oder Durchnässung und Frost-Tau-Wechselbedingungen, aber keinem Sulfattreiben oder angreifenden Chemikalien in signifikanten Mengen ausgesetzt	Mauerwerk wie Klasse MX2.1, aber Frost-Tau-Wechsel ausgesetzt
	Starker Durchnässung und Frost-Tau-Wechselbedingungen, aber keinem Sulfattreiben oder angreifenden Chemikalien in signifikanten Mengen ausgesetzt	Mauerwerk wie Klasse MX2.2, aber Frost-Tau-Wechsel ausgesetzt
MX4	**Der Einwirkung von salzhaltiger Luft, Meerwasser oder Tausalzen ausgesetzt**	Mauerwerk im Küstenbereich, Mauerwerk an Straßen, auf denen im Winter Tausalz gestreut wird
MX5	**In einer Umgebung mit stark angreifenden Chemikalien**	Mauerwerk in Berührung mit gewachsenen oder aufgefüllten Böden oder Grundwasser, wobei Feuchte und Sulfate in signifikanten Mengen vorhanden sind. Mauerwerk in Berührung mit stark sauren Böden, kontaminiertem Boden oder Grundwasser. Mauerwerk in der Nähe von Industriegebieten, mit atmosphärisch angreifenden Chemikalien.

Anforderungen an die Ausführung von zweischaligen Mauerwerkskonstruktionen
(mit Luftschicht oder mit Wärmedämmung, die ganz oder teilweise den Schalenzwischenraum ausfüllt)

Anforderungen an Mauerschalen, Luftschicht und Dämmung (Schalen verbunden durch nichtrostende Anker)		Anforderungen an senkrechte Dehnungsfugen in Vormauerschalen (l_m maximaler horizontaler Abstand)	
Schalenabstand	≥ 6 cm, ≤ 15 cm	Mauerwerk aus	l_m (in m)
Luftschichtdicke	≥ 6 cm, 4 cm wenn Mauermörtel einseitig glatt	Ziegel, Naturstein	12
Dämmschichtdicke	≤ 15 cm, mit Luftschicht ≤ 11 cm	Kalksandstein	8
Außenschale	≥ 9,0 cm, aus frostwiderstandsfähigem Mauerwerk o. nichtfrostbest. Mauersteinen mit Außenputz, Entwässerungs- oder Lüftungsöffnungen können oberhalb von Abdichtungen vorgesehen werden.	Beton, Betonwerkstein, Porenbeton	6

T1 Bewährte Anforderungen für Mauersteine in Bezug auf Dauerhaftigkeit

Expositions-klasse (siehe Tabelle A.1)	Mauerziegel nach EN 771-1	Kalksand-steine nach EN 771-2	Betonsteine nach EN 771-1		Poren-betonsteine nach EN 771-4	Beton-werksteine nach EN 771-5	Natursteine nach EN 771-6
			Dichte Gesteins-körnungen	Leichte Gesteins-körnungen			
MX1 [1]	Alle	Alle	Alle	Alle	Alle	Alle	Alle
MX2.1	F0, F1 oder F2/S1 oder S2	Alle	Alle	Alle	Alle	Alle	Alle
MX2.2	F0, F1 oder F2/S1 oder S2	Alle	Alle	Alle	≥ 400 kg/m^3	Alle	Alle
MX3.1	F1 oder F2/S1 oder S2	Frost-Tau-Wechselbe-ständig	Frost-TauWech-selbeständig	Frost-TauWech-selbeständig	≥ 400 kg/m^3	Alle	Den Hersteller konsultieren
MX3.2	F2/S1 oder S2	Frost-Tau-Wechselbe-ständig	Frost-TauWech-selbeständig	Frost-TauWech-selbeständig	≥ 400 kg/m^3	Alle	Den Hersteller konsultieren
MX4	In jedem Falle ist der Grad der Beanspruchung durch Salze, Durchnässung und Frost-Tau-Wechsel abzuschätzen und der Hersteller zu konsultieren.						
MX5	In jedem Falle sollte eine genaue Einschätzung der Umgebung und der Auswirkungen der vorhandenen Chemikalien unter Berücksichtigung der Konzentrationen, vorhandenen Mengen und Reaktionszeiten vorgenommen und der Hersteller konsultiert werden.						

[1] Die Klasse MX1 gilt nur, solange das Mauerwerk oder einer oder mehrere seiner Bestandteile nicht während der Bauausführung über einen längeren Zeitraum stärkeren Beanspruchungen ausgesetzt ist.

Anforderungen an Mauerwerksfugen und an Fußpunkte des Schalungszwischenraums

Die Ausführung der Mauerwerksfugen erfolgt in der Regel im Fugenglattstrich. Bei nachträglicher Verfugung müssen die Fugen der Sichtflächen mindestens 1,5 cm tief flankensauber ausgekratzt und anschließend handwerksgerecht ausgefugt werden.

Die Innenschalen und die Geschossdecken sind an den Fußpunkten des Schalenzwischenraums gegen Feuchte zu schützen. DIN 18195-4 ist zu beachten. Dies gilt auch bei Fenster- und Türstürzen sowie im Bereich von Sohlbänken. Die Mauerwerksschalen sind an ihren Berührungspunkten (z. B. Fenster- und Türanschlägen) gegen Feuchtigkeit abzudichten.

Anforderungen an die statisch wirksame Verbindung von Vormauer- und Hintermauerschale

Die Mauerwerksschalen sind durch Anker nach allgemeiner bauaufsichtlicher Zulassung aus nichtrostendem Stahl oder durch Anker nach DIN EN 845-1 zu verbinden, → A3

Die Drahtanker sind unter Beachtung ihrer statischen Wirksamkeit so auszuführen, dass sie keine Feuchte von der Außen- zur Innenschale leiten können (z. B. durch Aufschieben einer Kunststoffscheibe, → A1).

Für Drahtanker gelten folgende Festlegungen: vertikaler Abstand max. 500 mm, horizontaler Abstand max. 750 mm, Schalenabstand max. 150 mm. Anker, die erhöhte Schalenabstände ermöglichen, sind bauaufsichtlich geregelt. In Abhängigkeit von der Windbelastung (eingeteilt in Windzonen 1 -4) und der Gebäudehöhe werden zwischen 7 und 9 Drahtanker pro m^2 gefordert. An allen freien Rändern (von Öffnungen, an Gebäudeecken, entlang von Dehnungsfugen und an den oberen Enden von Außenschalen) sind zusätzliche Anker gefordert. → A2

Außenschalen von 115 mm Dicke sollen in Höhenabständen von etwa 12 m abgefangen werden und dürfen bis 25 mm über ihr Auflager vorstehen. Bei einem Überstand von bis zu 38 mm müssen sie alle zwei Geschosse abgefangen werden. Außenschalen mit der Dicke $t \geq 105$ mm und ≤ 115 mm und einem max. Überstand von 15 mm über ihr Auflager dürfen die Höhe über Gelände von max. 25 m erreichen und müssen in Höhenabständen von 6 m abgefangen werden.

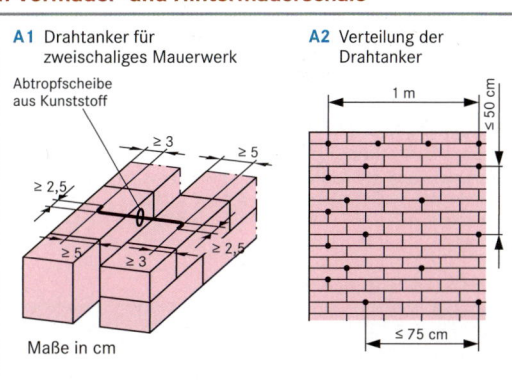

A1 Drahtanker für zweischaliges Mauerwerk

A2 Verteilung der Drahtanker

Abtropfscheibe aus Kunststoff

Maße in cm

A3 Beispiele für asymmetrische Maueranker nach DIN EN 845-1: 13

1 Dünnbett-Mörtelfuge (vorderes Ende)
2 Schraubenbefestigung
3 Befestigung mittels Verbunddübeln (Kunstharzmörtel)
4 am Holzrahmen angeschraubt
5 am Holzrahmen angenagelt
6 im Mörtel verankert (hinteres Ende)

Aus Gründen der Übersichtlichkeit ist die Wärmedämmung nicht dargestellt.

Mauerwerk

Bögen und Gewölbe

Bögen und Gewölbe sind nach der **Stützlinie** für ständige Last zu formen; der **Schub** ist durch geeignete Maßnahmen aufzunehmen. Bei größerer Stützweite und stark wechselnder Last sind sie nach der Elastizitätstheorie zu berechnen.

Bei günstigem Stichverhältnis, voller Hintermauerung oder reichlicher Überschüttungshöhe und mit überwiegender ständiger Last sowie bei kleinen Stützweiten darf das Stützlinienverfahren angewendet werden.
Zum Aufreißen von Bögen → Anlegen von Kreisbögen.

Erfahrungswerte für kleine Bögen im Hochbau

Mindest-Bogendicke

bei einer Spannweite	Halbkreis- oder Rundbögen	Segmentbögen bei ≈1/8 Stich
bis 1 m	11,5 cm	24 cm
1 bis 2 m	24 cm	36,5 cm
2 bis 3,5 m	36,5 cm	36,5 … 49 cm
3,5 bis 5 m	49 cm	49 … 61,5 cm

Wenn das Widerlager ohne beträchtliche Auflast und < 3 m hoch ist, dann soll es

mindestens breit sein	1/4 bis 1/5 der Spannweite	1/2 bis 1/3 der Spannweite

Mörtelgruppe I, LM und DM für Gewölbe nicht zulässig.

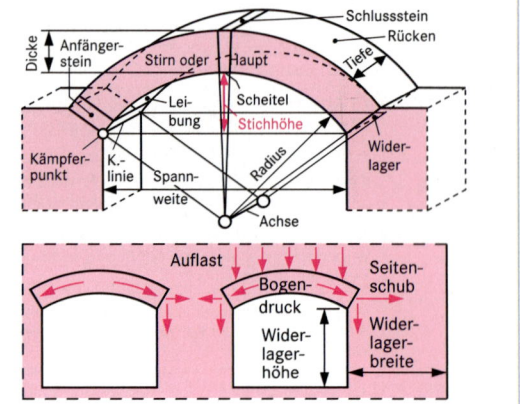

Radialziegel und -klinker für Rundmauerwerk und Schornsteine

DIN SPEC 1057-100: 09, DIN EN 13084-5: 05 und 06

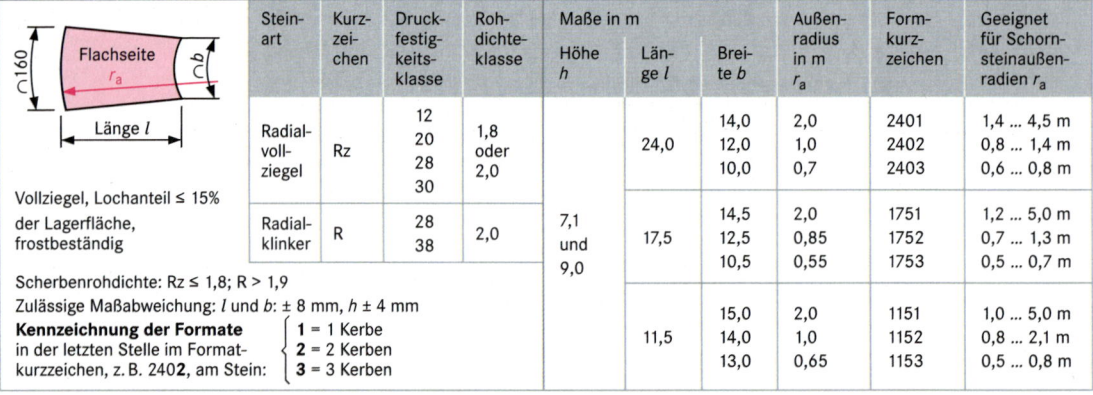

	Stein-art	Kurz-zei-chen	Druck-festig-keits-klasse	Roh-dichte-klasse	Maße in m Höhe h	Län-ge l	Brei-te b	Außen-radius in m r_a	Form-kurz-zeichen	Geeignet für Schorn-steinaußen-radien r_a
Radial-voll-ziegel	Rz	12 20 28 30	1,8 oder 2,0		24,0	14,0 12,0 10,0	2,0 1,0 0,7		2401 2402 2403	1,4 … 4,5 m 0,8 … 1,4 m 0,6 … 0,8 m
Radial-klinker	R	28 38	2,0	7,1 und 9,0	17,5	14,5 12,5 10,5	2,0 0,85 0,55		1751 1752 1753	1,2 … 5,0 m 0,7 … 1,3 m 0,5 … 0,7 m
					11,5	15,0 14,0 13,0	2,0 1,0 0,65		1151 1152 1153	1,0 … 5,0 m 0,8 … 2,1 m 0,5 … 0,8 m

Vollziegel, Lochanteil ≤ 15% der Lagerfläche, frostbeständig

Scherbenrohdichte: Rz ≤ 1,8; R > 1,9
Zulässige Maßabweichung: l und b: ± 8 mm, h ± 4 mm
Kennzeichnung der Formate in der letzten Stelle im Format-kurzzeichen, z. B. 240**2**, am Stein:
1 = 1 Kerbe
2 = 2 Kerben
3 = 3 Kerben

Kanalklinker (Beispiele)

DIN 4051: 02

Kanalklinker A + B

Kanalschachtklinker C

Art	Länge	x	Breite	x	H/h	Radius r in m		
A	24	x	11,5	x	6,7/5,6	0,27	0,69	∞
B	24	x	11,5	x	6,7/4,6	0,17	0,31	12,0
C	24	x	11,5/7,7	x	7,1	0,37	0,52	1,01
Fugen außen/innen bei r						2/0,5	1/1	0,5/2

Beispiel 1:
Ein Bogen soll aus NF-Steinen (24 · 11,5 · 7,1) mit r = 1,50 m, d = 36,5 cm und b = 7,1 cm, gewölbt werden. Ist dieser Bogen zulässig?
Lösung:
Nach Tab. S. 197 soll r mindestens 1,85 m sein.
Mit r = 1,50 m werden die **Außenfugen > 2 cm**.

Beispiel 2:
Die Außenfuge eines beliebigen Bogens soll 1 cm statt 2 cm dick sein.
Lösung: $\dfrac{1,5 \text{ cm}}{1 \text{ cm} - 0,5 \text{ cm}} = \dfrac{1,5}{0,5} = \underline{\underline{3}}$

d. h., der Radius r ist **3 mal so groß** wie der zugehörige Tabellenwert.

Mauerwerk

Radien und Fugendicken, wenn ohne Ring- oder Keilsteine gemauert wird

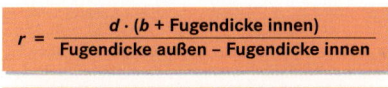

$$r = \frac{d \cdot (b + \text{Fugendicke innen})}{\text{Fugendicke außen} - \text{Fugendicke innen}}$$

$$a = \frac{d \cdot (b + \text{Fugendicke außen})}{\text{Fugendicke außen} - \text{Fugendicke innen}}$$

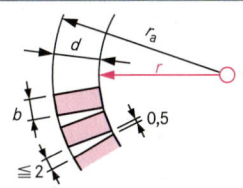

Die Werte in cm bei Fugendicken: 2 cm außen und 0,5 cm innen.

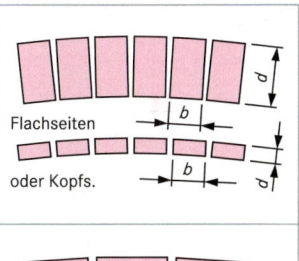

Flachseiten

oder Kopfs.

			b = 11,5 cm		b = 10,5 cm		b = 12 cm	
		d	$r \geq$	d	$r \geq$	d	$r \geq$	

Rundmauerwerk im Binderverband oder in dünner Verblendschale aus aufrecht stehenden Mauersteinen.

Gewölbe aus Langloch- oder anderen Leichtsteinen, auf „Kuff" gemauert.

d	$r \geq$	d	$r \geq$	d	$r \geq$
5,2	39	5,2	39	6,5	55
7,1	57	–	–	10,0	84
11,5	92	10,5	77	12,0	100
24,0	192	22,0	162	25,0	209

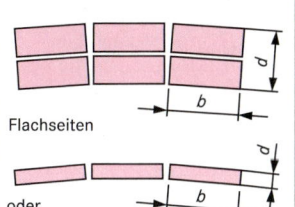

Flachseiten

oder Läuferseiten

Rundmauerwerk im Läuferverband, Kreuzverband oder im Zierverband oder in dünner Verblendschale aus Ziegeln, die auf ihren Läuferseiten stehen.

Gewölbe, auf „Schwalbenschwanz" gemauert.

		b = 24 cm		b = 22 cm		b = 25 cm	
d	$r \geq$	d	$r \geq$	d	$r \geq$		
5,2	85	5,2	79	6,5	111		
7,1	117	–	–	10,0	170		
11,5	188	10,5	158	12,0	204		
24,0	392	22,0	330	25,0	425		
36,5	596	33,5	505	38,0	645		
49,0	800	45,0	675	51,0	865		

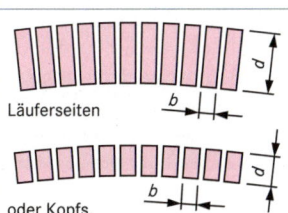

Läuferseiten

oder Kopfs.

Rundmauerwerk aus Roll- oder Stehschichten

Bogen und **Gewölbe**, auf „Kuff" gemauert

b = 5,2 cm		b = 7,1 cm		b = 11,5 cm		b = 5,2 cm		b = 6,5 cm	
d	$r \geq$	d	$r \geq$	d	$r \geq$	d	$r \geq$	d	$r \geq$
11,5	44	11,5	59	11,5	93	10,5	40	12,0	56
24,0	91	24,0	122	24,0	194	22,0	84	25,0	117
36,5	139	36,5	185	36,5	295	33,5	128	38,0	178
49,0	186	49,0	249	49,0	395	45,0	171	51,0	238

Soll die Fuge außen < 2 cm dick sein, → Beispiel 2, dann ergibt sich der zugehörige Bogenradius r, indem der Tabellenwert multipliziert wird mit folgendem Faktor:

$$\frac{1,5 \text{ cm}}{(\text{gewünschte Fugendicke in cm}) - 0,5 \text{ cm}}$$

Soll die Außenfuge		dann min r der Tabelle
1,5 cm	dick sein	multipliziert mit 1,5
1,25 cm	dick sein	multipliziert mit 2
1,0 cm	dick sein	multipliziert mit 3

Soll der Bogenradius r größer sein als der in der Tabelle angegebene r-Wert, → Beispiel 3, dann ergibt sich die zugehörige äußere Fugendicke, indem zunächst **x** ausgerechnet wird:

$$x = \frac{\text{gewünschter Bogenradius in cm}}{\text{Tabellenwert } r \text{ in cm}}$$

$$\text{Fugendicke außen} = \frac{x \cdot 0,5 \text{ cm} + 1,5 \text{ cm}}{x}$$

Beispiel 3:

Die Bauzeichnung gibt für eine 24 cm dicke Viertelkreismauer aus DF-Steinen (24 · 11,5 · 5,2) im Binderverband einen Rundungshalbmesser r = 4,00 m an. Wie ist der Bogen einzuteilen?

Lösung:

Nach der Tabelle ist $r \geq$ 192 cm, der Faktor **x** daher

$$x = \frac{400}{195} = 2,05; \text{ gewählt } \mathbf{2}$$

$$\text{Außenfuge} = \frac{2 \cdot 0,5 + 1,5}{2} = \frac{2,5}{2} = \mathbf{1,25 \text{ cm dick}}$$

Der **Innenbogen** (r = 4,00 m) ist 4,00 · 0,785 = 3,14 m ($r \cdot \pi/4$) lang. In Kopfbreiten von je 11,5 + 0,5 cm geteilt, ergeben sich 314 : 12 ≈ **26 Steine/Schicht** mit 314 : 26 = 12,08 cm und 12,08 − 11,5 = **0,58 cm** (5,8 mm) Fugendicke innen.

Der **Außenbogen** (R = 4,24 m) ist 4,24 · 0,785 = 3,33 m lang. Es ergeben sich Kopfbreiten + Fuge von 333 : 26 (Steinzahl) = 12,8 cm u. 12,8 − 11,5 = 1,3 cm (13 mm) Fugendicke außen.

Grundlagen zur Bogenberechnung, → Mathematik.

Mauerwerk

Gewölbewirkung 8.5.3

Voraussetzung für Anwendung dieses Abschnittes ist, dass sich neben und oberhalb des Trägers und der Lastflächen eine Gewölbewirkung ausbilden kann, dort also keine störenden Öffnungen liegen und der Gewölbeschub aufgenommen werden kann.

Bei **Sturz- und Abfangträgern** unter Wänden braucht als Last nur die Eigenlast des Teils der Wände eingesetzt zu werden, der durch ein gleichseitiges Dreieck über dem Träger umschlossen wird.

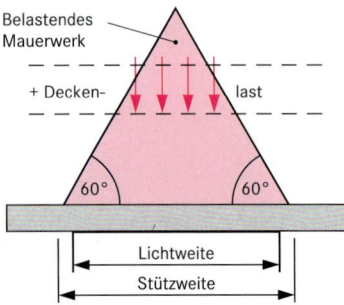

Gleichmäßig verteilte Deckenlasten oberhalb des Belastungsdreiecks bleiben bei der Bemessung der Träger unberücksichtigt.

Deckenlasten, die **innerhalb des Belastungsdreiecks** als gleichmäßig verteilte Last auf das Mauerwerk wirken, sind nur einzusetzen, soweit sie innerhalb des Dreiecks liegen.

Als gleichmäßig verteilt gelten auch Lasten aus Balkendecken mit Balkenabständen ≤ 1,25 m.

Für **Einzellasten**, z.B. von Unterzügen, die innerhalb oder in der Nähe des Lastdreiecks liegen, darf eine Lastverteilung unter 60° angenommen werden. Liegen Einzellasten außerhalb des Lastdreiecks, so brauchen sie nur berücksichtigt zu werden, wenn sie noch innerhalb der Stützweite des Trägers und unterhalb einer Horizontalen angreifen, die 25 cm über der Dreiecksspitze liegt.

Solchen Einzellasten ist die Eigenlast des in der Abb. dunkler gerasterten Mauerwerksbereiches zuzuschlagen.

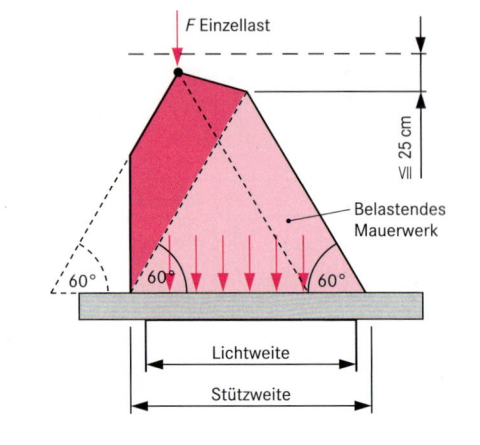

Sowohl das gleichzeitige Hochmauern tragender und aussteifender Wände als auch die ersatzweise angewandte Abtreppung (liegende Verzahnung) hindern beim Aufstellen von Gerüsten und beim Einsatz von Versetzgeräten sehr.
DIN 1053-1: 96 gestattet es jedoch, **Wände stumpf zu stoßen**, wenn sie als **zweiseitig gehalten** nachgewiesen sind.

Aus schalltechnischen Gründen ist der Stumpfstoß zu vermörteln. Werden die gezeigten **Edelstahl-Flachanker** eingelegt, können die Wände auch als **drei- oder vierseitig gehalten** nachgewiesen werden.

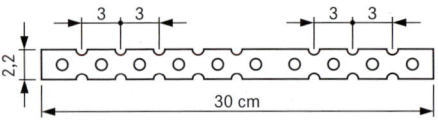

Behinderungen lassen sich vermeiden, wenn die Flachanker zunächst nach unten abgebogen und erst beim Hochmauern der Anschlusswand wieder in die Fugenrichtung gebogen werden.
Vor dem Hochmauern der Anschlusswand ist auch die mögliche Sturmbelastung zu beachten.
Kelleraußenecken sind grundsätzlich im Verband zu mauern.

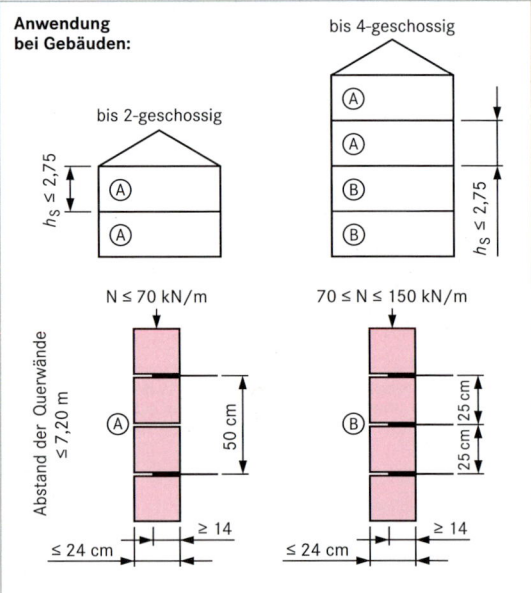

Diese **nichttragenden** und **nicht aussteifenden**, nur der Trennung von Innenräumen dienenden Wände werden erst dadurch **standfest**, dass sie mit benachbarten tragenden Bauteilen verbunden werden.

Ein- oder mehrschalig ausgeführt können sie auch Aufgaben des **Brand-, Wärme-, Feuchte- und Schallschutzes** übernehmen.

Nach der **Beanspruchung** wird unterschieden:
Einbaubereich 1 mit **geringer** Menschenansammlung in Wohnungen, Hotel-, Büro-, Kranken- und ähnlich genutzten Räumen, einschließlich der Flure.
Einbaubereich 2 mit **großer** Menschenansammlung in größeren Versammlungs- und Schulräumen, in Hörsälen, Ausstellungs- und Verkaufsräumen.

Die **lotrechte statische Belastung** aus Eigenlast (+ Bekleidung, z. B. Putz) muss aufgenommen und auf andere tragende Bauteile abgetragen werden.
Der **Standsicherheitsnachweis** wird mit den Festlegungen geführt, die in den Normen der Wandbauteile festgelegt sind.

Leichte Konsollasten, z. B. von Bücherregalen oder leichten Wandschränken, von ≤ 0,4 kN/m Wandlänge, bei denen die vertikale Wirkungslinie nicht weiter als 0,3 m vor der Wandoberfläche liegen darf, müssen sich an jeder Stelle der Wand anbringen lassen, → K in **A1**.

Horizontalkräfte, die von Konsollasten bewirkt werden, sind zu berücksichtigen.

Bauteile, die gegen Absturz sichern

Trennwände, Brüstungen und Umwehrungen zwischen Verkehrsflächen, die um ≥ 1 m unterschiedlich hoch liegen, müssen gegen **Absturz** sichern.
Die Gefahr entsteht, wenn die Bauteile von der höher gelegenen Verkehrsfläche aus durchbrochen werden, besonders durch **stoßartige Belastungen**:

Der **weiche Stoß** darf vereinfachend als quasistatischer Lastfall gerechnet werden mit einer Stoßkörpermasse = **50 kg** (menschlicher Körper) bei einer Aufprallgeschwindigkeit von **2 m/s**.

Der **harte Stoß** verursacht durch eine kleine kompakte Masse **1 kg** mit einer Aufprallgeschwindigkeit 4,47 m/s meist begrenzte örtliche Zerstörungen.

Stöße dürfen die Bauteile zwar beschädigen, aber nicht zu ihrem Versagen führen:

a) die Bauteile müssen standsicher bleiben,

b) sie dürfen nicht aus den Halterungen reißen,

c) Wandteile, die Menschen ernsthaft verletzen könnten, dürfen nicht herabfallen,

d) der Stoß darf sie nicht durchstoßen.

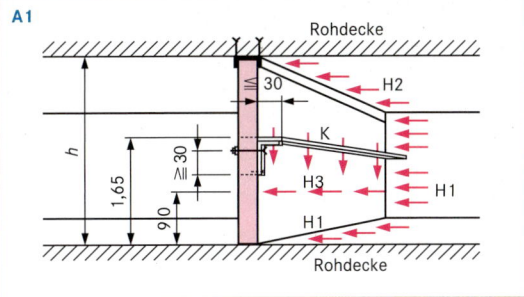

A1

T1 Stoßübertragungsfaktoren α'

abhängig von der mitschwingenden Wandmasse m

α'	1,0	0,96	0,89	0,75	0,64	0,49	0,40
m in kg	≤ 50	75	100	150	200	300	400

m aus der Gesamtmasse m_t der Wand geschätzt:
λ nach **T2**

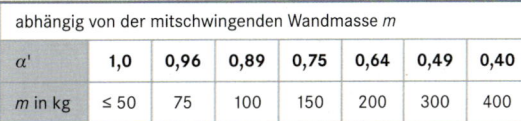

$$m = \lambda \cdot m_t$$

T2 Auflagerbedingungen der Wand

	λ
Balken auf zwei Stützen	0,50
quadratische Platte, an 4 Eckpunkten aufgelagert	0,29
quadratische Platte, vierseitig eingespannt	0,12
Elementausschnitt, zweiseitig gelagert	0,50

Beschränkungen siehe DIN 4103-1, Tab. 1

Einwirkende Stoßenergie < Widerstandsenergie

$$\alpha' \cdot E_{Basis} < 1/2 \cdot F_V \cdot \delta_V$$

Es bedeuten:
α' = Stoßübertragungsfaktor nach **T1**,
F = Einzellast, bei der das Bauteil versagt,
δ_u = Durchbiegung kurz vor dem Versagen.
E_{Basis} = 100 Nm

Statische Belastungen

Ausreichende Biege-Grenztragfähigkeit muss gegenüber einer **0,9 m** über dem Fußpunkt der Wand angreifenden **horizontalen Streifenlast** nachgewiesen werden, → H3 in **A1**.
Sie beträgt im Einbaubereich 1: p_1 = 0,5 kN/m,
Sie beträgt im Einbaubereich 2: p_2 = 1,0 kN/m.

Windlasten sind diesen Lasten zu überlagern. Für streifenförmig unterstützte Beplankung oder für ausgesteifte Deckflächen ist jedoch nur die Streifenlast einzusetzen. Für den **Gebrauchsfall** ist der Spannungsnachweis gemäß den Normen der gewählten Wandbauart mit deren zulässigen Spannungen zu führen.

Bei **Geländern** sind p_1 und p_2 in Holmhöhe anzusetzen, wenn diese von 0,90 m abweicht.

Mauerwerk

Gipswandbauplatten

Rohdichteklassen (kg/dm^3)			
DIN 18 163 (alt)		**DIN EN 12 859: 11**	
PW	0,6 - 0,7	NR	0,6 - 0,8
GW	0,7 - 0,9	MR	0,8 - 1,1
SW	0,9 - 1,2	HR	1,1 - 1,5

Trennwände aus Gipswand-bauplatten
DIN 4103-2: 10

T1 Zulässige Wandhöhe für Wände, mind. unten u. oben angeschl., beliebig lang, große Öffnungen erlaubt:

Einbau-bereich	Dicke [mm]	Plattenart	Wand-höhe
1 (geringe Menschen-ansammlung)	60	PW, GW, SW	3,50 m
	80	PW, GW, SW	4,50 m
	100	PW, GW, SW	7,00 m
2 (große Menschen-ansammlung)	80	PW,	2,75 m
	80	GW, SW	3,50 m
	100	PW, GW, SW	5,00 m

T2 Zulässige Wandlängen in m bei 3-seitig angeschlossenen Wänden ohne große Öffnungen:

Einbau-be-reich	Wand-höhe h [m]	Plattendicke [mm], Plattenart			
		60 PW GW SW	80 PW	80 GW SW	100 PW GW SW
1	1,50	2,25	2,50	2,50	2,75
	2,00	2,50	3,00	3,50	3,50
	2,50	3,00	3,50	4,00	4,00
	3,00	3,25	3,75	4,25	4,50
	3,50	3,50	4,00	4,50	5,00
	4,00	–	4,25	4,75	5,25
2	1,50	1,50	2,00	2,25	2,50
	2,00		2,25	2,50	2,75
	2,50		2,50	3,00	3,25
	3,00	hier ist		3,25	3,50
	3,50	ein Nachweis		3,50	3,70
	4,00	erforderlich			4,00

T3 Zul. Wandlängen in m bei 4-seitig angeschlossenen Wänden ohne große Öffnungen:

1	3,00		hier sind beliebige Wandlängen erlaubt	
	3,50			
	4,00	8,00		
	4,50	–		
	5,00	–	12,50	12,50
	5,50	–	13,75	13,75
2	3,00	4,50	6,00	beliebige Wandlängen
	3,50		7,00	
	4,00		8,00	10,00
	4,50	hier ist		
	5,00	ein Nachweis		
	5,50	erforderlich		16,50

Nichttragende Kalksandstein-Innenwände

Die **Kalksandstein-Bauplatten** für 7 und 10 cm dicke Wände mit Nut-Feder-System, → nächste Seite, werden mit Normalmörtel mit Dünnbettmörtel versetzt.
Für Wanddicken ≥ 11,5 cm m. Normalmörtel mindestens Gr. IIa oder Dünnbettmörtel. Trockene Steine vornässen!

T4 Zulässige Wandlängen in m von 3-seitig gehaltenen und von 4-seitig gehaltenen Innenwänden ohne Auflast:

Ein-bau-ber.	Wand-höhe [m]	Wanddicke [cm]									
		5		7		10		11,5/15		17,5/20	
		3s	4s	3s	4s	3s	4s	3s	4s	3s	4s
1	2,5	1,5	3,0	2,5	5,0	3,5	7,0	5,0			
	3,0	1,75	3,5	2,75	5,5	3,75	7,5	5,0			
	3,5	2,0	4,0	3,0	6,0	4,0	8,0	5,0	10,0	8,0	12,0
	4,0	nicht zulässig		3,25	6,5	4,25	8,5	5,0			
	4,5			3,5	7,0	4,5	9,0	5,0			
	>4,5-6										
2	2,5	0,75	1,5	1,5	3,0	2,5	5,0	3,0	6,0		
	3,0	1,0	2,0	1,75	3,5	2,75	5,5	3,25	6,5		
	3,5	1,25	2,5	2,0	4,0	3,0	6,0	3,5	7,0	6,0	12,0
	4,0	nicht zulässig		2,25	4,5	3,25	6,5	3,75	7,5		
	4,5			2,5	5,0	3,5	7,0	4,0	8,0		
	>4,5-6										

mit Auflast: [1]

1	2,5	2,75	5,5	4,0	8,0						
	3,0	3,0	6,0	4,25	8,5						
	3,5	3,25	6,5	4,5	9,0	6,0	12,0	8,0	12,0	10,0	12,0
	4,0	nicht zulässig		4,75	9,5						
	4,5										
	>4,5-6										
2	2,5	1,25	2,5	2,75	5,5	4,0	8,0				
	3,0	1,5	3,0	3,0	6,0	4,25	8,5				
	3,5	1,75	3,5	3,25	6,5	4,5	9,0	6,0	12,0	8,0	12,0
	4,0	nicht zulässig		3,5	7,0	4,75	9,5				
	4,5			3,75	7,5	5,0	10,0				
	>4,5-6										

ohne Auflast, oberer Rand frei:

1	2,25	3,5		7,5		9,0		9,0			
	2,5	4,0		8,0		10,0		10,0			
	3,0	5,0		9,0							
	3,5	6,0		10,0						12,0	
	4,0	nicht zulässig		10,0		12,0		12,0			
	4,5			10,0							
	>4,5-6										
2	2,25	2,0		3,5		5,0		6,0		9,0	
	2,5	2,5		4,0		6,0		7,0		10,0	
	3,0			4,5		7,0		8,0			
	3,5			5,0		8,0		9,0		12,0	
	4,0	nicht zulässig		6,0		9,0		10,0			
	4,5			7,0		10,0					
	>4,5-6										

▨ Stoßfugen vermörtelt

[1] mit Auflast bedeutet: Fuge unter der Decke erst **nach Verformung** unter Eigenlast schließen!

Gipswandbauplatten

DIN EN 12859: 11

Klassen der Wasseraufnahmekapazität		Visuelle Identifizierung
H3	Keine Anforderung	natur
H2	≤ 5 %	blau
Rohdichte-klassen	kg/m^3	Visuelle Identifizierung (nur H3)
D	hohe Rohdichte	$1100 \leq \varrho \leq 1500$	rosa
M	mittlere Rohdichte	$800 \leq \varrho < 1100$	natur

Vorzugsmaße: Dicken: 60, 80, 100 mm
  Länge: 666 mm; Höhe: 500 mm
3 Platten = 1m² Wand, Nut und Federfugen

Einschalige Wände aus Gipswandbauplatten	Dicke mm	Rohdichte kg/dm^3	Gewicht kg/m^2
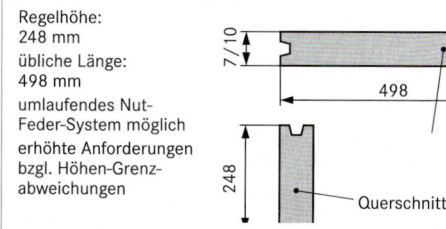	60	0,85	53
	80	0,85 / 0,75	70
	100	0,85	87
	100	1,2	120
		1,35	137

Kalksandstein-Bauplatten KS-P

DIN V 106: 05

Regelhöhe:
248 mm
übliche Länge:
498 mm
umlaufendes Nut-Feder-System möglich
erhöhte Anforderungen bzgl. Höhen-Grenz-abweichungen

7/10   498

248   Querschnitt

	Breite (cm)	Länge (m)	RDK (kg/dm^3)
KS-P	7	49,8	1,8 - 2,0
KS-P	10	24,8	1,2 - 1,4

Beispiele:

Dicke (cm)	Wandflächengewicht (kg/m^2) nach DIN 1055 bei		
	Rohdichte 1,2	Rohdichte 1,4	Rohdichte 2,0
7	–	–	140 $^{1)}$
7	–	–	150 $^{2)}$
10	140 $^{1)}$	160 $^{1)}$	–
10	150 $^{2)}$	170 $^{2)}$	–

$^{1)}$ beidseitig Dünnlagenputz ($d = 2 \cdot 5$ mm) oder einseitig Putz ($d = 10$ mm)

$^{2)}$ beidseitig Putz ($d = 2 \cdot 10$ mm)

Wandbauplatten aus Leichtbeton
unbewehrt, Kurzzeichen Wpl

DIN 18 162: 00

Längen: 49 u. 99 cm ± 3 mm
Höhen: 24 u. 32 cm ± 4 mm
Breiten: 5, 6, 7
  und 10 cm ± 3 mm

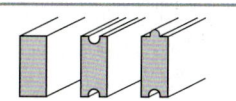

Rohdichte-klasse	Wandgewicht in kg pro m² bei Plattendicken in cm			
	5	6	7	10
0,8	38,0	45,2	53,2	76,0
1,0	47,7	56,6	66,8	95,4
1,2	58,4	68,0	80,0	116,8
1,4	67,2	79,6	93,2	134,4

Porenbeton-Bau und -Planbauplatten

DIN 4166: 97

Längen: 36,5; 39; 49; 59; 61,5; 74; 99 cm; Planplatten jeweils + 9 mm	Höhen: 19; 24; 39 cm; Planplatten jeweils + 9 mm und 49,9 und 62,4 cm	Breiten: 2,5; 3; 5; 7; 10; 11,5; 12; 12,5; 15; 17,5; 20 cm
Rohdichteklassen: 0,35; 0,4; 0,45; 0,5; 0,55; 0,6; 0,65; 0,7; 0,8; 0,9; 1,0 kg/dm^3		Biegezug-festigkeit: ≥ 0,4 N/mm²

Ausführungen: N = Nut, NF = Nut und Feder
Beispiel: DIN 4166 – Ppl 0,5 – 490 x 100 x 240, NF

Roh-dichte-klasse	Wandgewicht in kg pro m² bei Plattendicken in cm					
	5	7,5	10	12,5	15	17,5
0,4	20	30	40	50	60	70
0,5	25	38	50	63	75	80
0,6	30	45	60	75	90	106
0,7	35	53	70	86	105	123
0,8	40	60	80	100	120	140

Hohlwandplatten aus Leichtbeton
Kurzzeichen Hpl

DIN 18 148: 00

Auch ohne Stirnseitennut,

Längen: 49 (49,5) cm ± 3 mm,
Höhen: 23,8 u. 17,5 cm ± 4 mm,
Druckfestigkeit ≥ 2,5 N/mm².

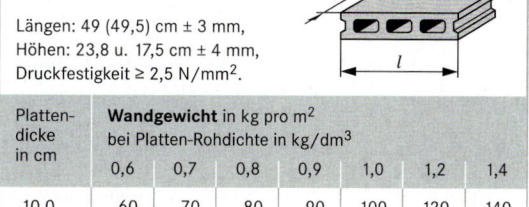

Platten-dicke in cm	Wandgewicht in kg pro m² bei Platten-Rohdichte in kg/dm^3						
	0,6	0,7	0,8	0,9	1,0	1,2	1,4
10,0	60	70	80	90	100	120	140
11,5	69	81	92	104	115	138	161

Tonhohlplatten (Hourdis)

DIN 278: 78

Längen: 50, 60, 70, 80, 90, 100, 110 cm
Breiten: 20 und 25 cm, Dicken: 6, 7, 8 und 12 cm
Verkrümmung: ≤ 1,5 % der Länge

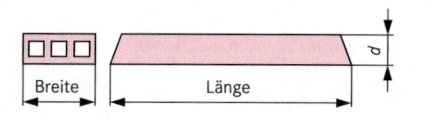

1. Erstarrungsgesteine oder Magmatite

Tiefengesteine, Plutonite,
Ergussgesteine = Vulkanite

Durch Ausfluss von Magma (Lava) oder durch Erstarrung dicht unter der Erdoberfläche bildeten sich die überwiegend dichten bis blasigen Vulkanite. Sie bestehen aus einer glasigen bis feinkristallinen Grundmasse, in die Einsprenglinge größerer Kristalle eingebettet sind (porphyrische Struktur). Bisweilen enthalten sie größere Mengen an Nebengesteinseinschlüssen, die beim Aufstieg der Magmen von diesen mitgerissen wurden.

Laven = oberflächlich austretende Magmen, meist glasig erstarrt:

Rhyolitlava	Trachytlava	Andesitlava	**Basaltlava**

Dichte Vulkanite (glasige Grundmasse) und Subvulkanite (feinkristalline Grundmasse)

Rhyolit	Trachyt	**Andesit**	**Basalt**

Durch langsame Abkühlung haben hier die Maßnahmen die Gelegenheit vollständig auszukristallisieren. Solche Gesteine sind deshalb mittelkörnig (Körner 1 mm – 3,3 mm) oder sogar grobkörnig 3,3 mm – 1 cm und größer. Man unterscheidet zwischen gleichkörnigen Plutoniten und solchen, die Einsprenglinge führen (= porphyrartige Struktur).

Tiefengesteine = Plutonische Gesteine:

Granit	**Syenit**	**Diorit**	**Gabbro**

Hauptbestandteile:

Quarz Feldspäte Glimmer (Biotit u. Muscovit)	Feldspäte Glimmer	Feldspäte Hornblende Glimmer (Biotit) Pyroxene	Feldspäte Pyroxen Olivin

← hellfarbig, sauer   dunkelfarbig, basisch →

Ablagerungen
(Sedimente)

Die Sedimentgesteine sind häufig durch Eisenverbindungen gefärbt: gelb bis rötlich durch Eisenhydroxide (Limonit, wie Rost), rötlich durch Hämatit (Fe_2O_3), bläulich und schwarz durch Manganoxide und Manganhydroxide sowie bisweilen durch kohlige Substanz.

Pyroklastite

Die bei Eruptionen von Vulkanen ausgeworfenen Materialien lagerten sich zu pyroklastischen Gesteinen (Pyroklastite) ab. Man unterscheidet nach Korngröße: Asche (bis 2 mm), Lapillus (2 – 64 mm), Bomben (> 64 mm)
Lose Pyroklaste bezeichnet man als Tephra, verfestigte als Tuff. Tuff dient z.T. auch als Oberbegriff für Pyroklastite.

Klastische Sedimente

Durch Verwitterungsprozesse zerkleinerte Gesteine, die durch Wasser oder Eis abtransportiert und wieder abgelagert wurden.

In steigender Korngröße:
Ton
Mergel (Ton mit Kalk)
Lehm (Ton mit Sand)
Sand
Kies
außerdem:
Kalkschlamm (feinkörnig, Mikrit)
Dolomitschlamm (feinkörnig, Dolomitmikrit)

Chemische Sedimente

Werden aus übersättigten Lösungen abgeschieden, z. B. aus kalkhaltigen Quellen, austrocknenden Flachmeerbereichen oder warmen Mineralquellen

Biogene Sedimente

Entstehen aus den Resten von Tieren und Pflanzen, z. B. Riffkalke aus Korallen, Muschelkalk aus Muscheln oder Diatomeenerde (Kieselgur) aus den Schalen der Kieselalgen

Basaltstele

Findling aus Sedimentgestein

Sandsteinplatten

2. Ablagerungsgesteine
(Sedimentgesteine)

Die Ablagerungen verfestigten sich durch **Bindemittel**, die das Wasser herbeiführte (Kieselsäuregel, Kalk, Ton, Eisenverbindungen), zu:

Vulkanische Tuffgesteine

Rhyolit
Trachittuff
und andere

Schieferton

Sandsteine [2]
Konglomeratgesteine

Kalkstein
Dolomitstein
Travertin (Kalktuff) [3]

Gipsstein,
Anhydrit,
Steinsalz

Muschelkalkstein,
Kreide

3. Umwandlungsgesteine
(Metamorphe Gesteine)

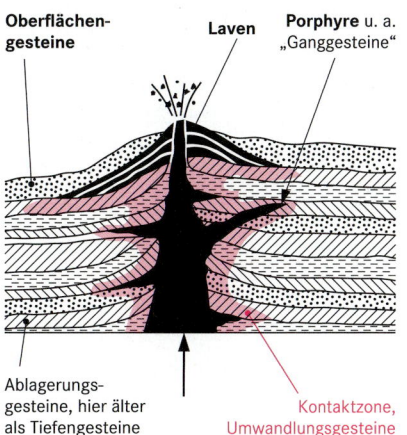

Oberflächen-gesteine — Laven — Porphyre u. a. „Ganggesteine"

Ablagerungs-gesteine, hier älter als Tiefengesteine

Kontaktzone, Umwandlungsgesteine

Kontaktmetamorphe Gesteine entstehen in den Kontaktzonen ausschließlich durch hohe Temperaturen. Geringe Bedeutung, lediglich Fruchtschiefer wird genutzt.

Regionalmetamorphe Gesteine entstehen durch hohen Druck und hohe Temperatur in großen Tiefen. Die Bestandteile der Gesteine verändern sich dadurch. Bei geringeren Intensitäten spricht man von Schieferung, bei höheren Intensitäten entstehen metamorphe Paralleltexturen. Beispielsweise entstehen aus Granit Gesteine, die in ihrer Zusammensetzung dem Granit gleich sind, aber eine gerichtete Struktur aufweisen, die dem Granit fehlt. Diese Gesteine nennt man Gneise.
Aus Sedimenten entstehen Paragesteine, im Beispiel Para-gneis.
Aus Magmatiten entstehen Orthogesteine, hier Orthogneis.

Beispiele für regionalmetamorphe Gesteine:
• Gneis aus Granit
• Marmor aus Kalkstein oder Dolomit
• Tonschiefer („Dachschiefer") aus Schieferton
• Quarzite aus Sandsteinen

Granitsäule

Marmorfiguren

Kalksteinmauerwerk

Mauerwerk

Richtzahlen für Auswahl und Bewertung von Naturstein

Die hier genannten Gesteine sind auf den vorigen Seiten durch Fettdruck hervorgehoben.		Rohdichte ϱ_R in $\frac{kg}{dm^3}$	Wasseraufnahme „Tiefbauwassergeh." w_V in V%	Druckfestigkeit (trocken) MN/m^2	Abnutzen beim Schleifen in $\frac{cm^3}{50\ cm^2}$	Wärmeleitzahl λ in $\frac{W}{K \cdot m}$
Gesteinsgruppen	Gesteinsarten					
Erstarrungsgesteine	Granit, Syenit	2,6 … 2,8	0,4 … 1,4	160 … 240	5 … 8	≈ 3,5
	Diorit, Gabbro	2,8 … 3,0	0,5 … 1,2	170 … 300	5 … 8	
	Diabas	2,8 … 2,9	0,3 … 1,0	180 … 250	5 … 8	
	Quarzporphyr, Keratophyr Porphyrit, Andesit	2,5 … 2,8	0,4 … 1,8	180 … 300	5 … 8	
	Basalt, Melaphyr	2,9 … 3,0	0,2 … 0,8	250 … 400	5 … 8,5	
	Basaltlava	2,2 … 2,4	9,0 … 24	80 … 150	12 … 15	2,3
Schichtgesteine	**Kieselige Gesteine** (Silikate):					
	a) Quarz, Quarzit, Grauwacke	2,6 … 2,7	0,4 … 1,3	150 … 300	7 … 8	≈ 3,5
	b) quarzitische Sandsteine	2,6 … 2,7	0,4 … 1,3	120 … 200	7 … 8	
	c) sonstige Quarzsandsteine	2,0 … 2,7	0,5 … 24	30 … 180	10 … 14	2,3
	Kalksteine:					
	a) dichte, feste Kalk- und Dolomitsteine, Marmore	2,6 … 2,9	0,4 … 1,8	80 … 180	15 … 40	3,5
	b) sonstige Kalksteinarten, Muschelkalksteine u. ähnliche	1,7 … 2,6	0,5 … 25	20 … 90	–	≈ 2,3
	c) Travertin	2,4 … 2,5	4,0 … 10	20 … 60	–	
	Vulkanische Tuffsteine	1,8 … 2,0	12 … 30	20 … 30	–	
Umwandlungsgesteine	Gneise, Granulat	2,6 … 3,0	0,3 … 1,8	160 … 280	4 … 10	≈ 3,5
	Amphibolit	2,6 … 3,1	0,3 … 1,2	170 … 280	6 … 12	
	Serpentin	2,6 … 2,8	0,3 … 1,8	140 … 250	8 … 18	
	Dachschiefer	2,7 … 2,8	1,4 … 1,8	–	–	
zum Vergleich	übliche Hochlochziegel	1,2 … 1,6	10 … 30	10 … 20	–	≈ 0,6
	Hochbauklinker	1,9 … 2,1	2 … 10	35 … 70	15 … 20	1,0

Dichte Natursteine, Rohdichte > 2,5 kg/dm³, überwiegend Hartgesteine, regendicht, z.T. wasserdicht, luftdicht, kaum wassersaugend, meist frostbeständig.

Porige Natursteine, Rohdichte < 2,5 kg/dm³, die meisten davon saugfähig, z.T. nicht frostbeständig, überwiegend mittelharte Gesteine, Ritzhärte < 5, der Härte des ungehärteten Stahles.

Mindestdruckfestigkeiten

Gesteinsarten	β_{St} in MN/m²
Kalkstein, Travertin, vulkanische Tuffsteine	20
Weiche Sandsteine (mit tonigem Bindemittel) und dergleichen	30
Dichte feste Kalksteine und Dolomite (einschließlich Marmor), Basaltlava u. dgl.	50
Quarzitische Sandsteine, Grauwacken und dergleichen	80
Granit, Syenit, Diorit, Quarzporphyr, Melaphyr, Diabas und dergleichen	120

Die **Druckfestigkeit** von Gestein, das für tragende Bauteile verwendet wird, muss ≥ 20 MN/m² betragen.
Für Güteklasse N4 ist jedoch Gestein mit β_{St} = 5 MN/m² zulässig, wenn die Grundwerte σ_0 **T1**, Seite 208 für die Steinfestigkeit β_{St} = 20 N/m² nur zu einem Drittel angesetzt werden.

Güteklasseneinstufung

Güteklasse	Grundeinstufung	Fugenhöhe zu Steinlänge h/l	Neigung der Lagerfuge $\tan \alpha$	Übertragungsfaktor η
N1	Bruchsteinmauerwerk	≤ 0,25	≤ 0,30	≥ 0,5
N2	Hammerrecht.- Schichtenmw.	≤ 0,20	≤ 0,15	≥ 0,65
N3	Schichtenmauerwerk	≤ 0,13	≤ 0,10	≥ 0,75
N4	Quadermauerwerk	≤ 0,07	≤ 0,05	≥ 0,85

Nach seiner **Ausführung** (Steinform, Verband und Fugenausbildung) wird das Natursteinmauerwerk in die **Güteklassen N1 bis N4** eingestuft. Die aufgeführten **Anhaltswerte** von Fugenhöhe/ Seitenlänge, Neigung der Lagerfuge und Übertragungsfaktor (Verhältnis von Überlappungsfläche der Steine zu Wandquerschnitt im Grundriss) sind als Mittelwerte anzusetzen.

Erkennungsmerkmale wichtiger gesteinsbildender Minerale
Identification marks of important rock-forming minerals

Name	chemische Formel	Farbe	Dichte in g/cm³	Härte	Spalt-barkeit	Glanz und weitere Kennzeichen
Quarz	SiO_2	farblos – weiß	2,63	7	–	Fettglanz
Orthoklas	$K[AlSi_2O_8]$	rosa – elfenbein	2,55 - 2,63	6	+++	Glasglanz
Plagioklas	$Na[AlSi_3O_8]+[Ca[AlSi_2O_8]$	weiß – dunkelgrau	2,63 - 2,76	6 - 6,5	+++	Glasglanz
Biotit	$K(Mg,Fe^{2+},Mn)_3[(OH,F)_2/(Al,Fe^{3+})Si_3O_{10}]$	dunkel-braun – schwarz	2,8 - 3,2	2,5 - 3	+	Perlmuttglanz, blättriger Aufbau
Muskovit/ Sarizit	$KAl_2[(OH,F)_2/AlSi_3O_{10}]$	farblos – gelblich/ grünlich	2,78 - 2,88	2 - 2,5	+++	Perlmuttglanz, blättriger Aufbau
Amphibol (z. B. Hornblende)	$(Na,K)Ca_2(Mg,Fe^{2+},Fe^{3+},Al)_5[OH,F]_2/(Si,Al)_2Si_8O_{22}]$	grünlich – bläulich – schwarz	2,9	5 - 6	+++	Glas- bis Seidenglanz, 6-eckige Kristalle
Pyroxen (Augit)	$(CaMg,Fe^{2+},Fe^{3+},Ti,Al)_2[Si,Al)_2O_6]$	schwarz	3,3 - 3,5	5 - 6	++	Glasglanz, 8-eckige Kristalle
Olivin (Fayalit)	$Fe_2[SiO_4]$	olivgrün	3,6	6,5 - 7	+	Glasglanz
Olivin (Forsterit)	$Mg_2[SiO_4]$	gelbgrün	3,2	6,5 - 7	+	Glasglanz
Calcit = Kalkspat	$Ca[CO_3]$	weiß	2,6 - 2,8	3	+++	Glas- bis Perlmuttglanz, schäumt mit 5% HCl
Dolomit = Bitterspat	$CaMg[CO_3]_2$	weiß – braun	2,85 - 3	3,5 - 4	+++	Glas- bis Perlmuttglanz, schäumt nicht mit 5% HCl
Hämatit	Fe_2O_3	stahlgrau – rötlich – schwarz	4,9 - 5,3	5,5 - 6,5	+	Metallglanz
Limonit (= Gemenge aus Goethit und Lepidokrit)	$\alpha + \gamma$ FeOOH	rostfarben	3,8 - 4,2	5 - 5,5	+++	Seiden- bis Fettglanz
Mn-Oxide z. B. Psilomelan	$(Ba,Mn^{2+})_3(O,OH)_6Mn_8O_{16}$	schwarz	4,4 - 4,7	5 - 6	–	als Glaskopf starker Glasglanz, sonst mattschwarz

+ = mäßige Spaltbarkeit,   ++ = gute Spaltbarkeit,   +++ = sehr gute Spaltbarkeit

Auftreten der Steine

Massig: keine Schichtung, Schieferung oder Lagigkeit, Zerteilung des Gesteins nur in Klüften, typisch für Tiefengesteine wie Granit oder Sedimentgesteine wie Riffkalk.

Bankig: Dickplattige Schichtungen im Meterbereich. Bei Sedimentgesteinen bei Änderungen der Sedimentationsbedingungen. Bei Erstarrungsgesteinen schichtweises Erstarren.

Schichtig: wie bankig, Begriff aber auf Sedimentgesteine beschränkt.

Plattig: Bankung oder Schichtung im 10 cm-Bereich oder darunter. Vor allem bei Kalksteinen (Plattenkalke).

Säulig: Bei Vulkaniten, v. a. Basalt, durch Volumenschwund bei Erstarren auftretende Erscheinung, meist 6-eckige (aber auch 4- und 5-eckige) Säulen.

Schiefrig: Bei Umwandlungsgesteinen durch starke Deformationen entstehende, engständige Trennflächen. In feuchtem Zustand leicht spaltbare Gesteine, z. B. Schiefer.

T1 Anforderungen an Natursteinmauerwerksverbände

Kriterien		Mauerwerksverbände polygonale Mauerwerksverbände			orthogonale Mauerwerksverbände			
		Findlings-mauerwerk	Bruchstein-zyklopen-mauerwerk	Zyklopen-mauerwerk	Bruchstein-schichten-mauerwerk	Schichtenmauerwerk		Quader-mauerwerk
1. Güteklasse [1]		–	N1		N1	N2	N3	N4 [2]
2. Steinform		rundlich	polyedrisch	polyedrisch	annähernd quader-förmig bis wildförmig polyedrisch	quader-förmig bis annähernd quaderförmig	quaderförmig	quaderförmig
3. Stein-bearbei-tung	3.1 Bearbeitung	keine - gering	bruchrau	hammer-recht	bruchrau	hammer-recht, minde-stens 120mm Tiefe	bearbeitet, mindestens 150 mm Tiefe	maßgerecht, auf ganzer Tiefe
	3.2 Dicke der Lagerfuge d_L	–		≤ 30 mm	–	≤ 30 mm	≤ 30 mm	nach Maß, ≤ 20 mm
	3.3 Verhältnis d_L/l_u	–	$\leq 0{,}25$	$\leq 0{,}20$	$\leq 0{,}25$	$\leq 0{,}20$	$\leq 0{,}13$	$\leq 0{,}07$
4. Verband und Fugen-verlauf	4.1 Übertragungs-faktor η_l	–	$\geq 0{,}5$	$\geq 0{,}5$	$\geq 0{,}5$	$\geq 0{,}65$	$\geq 0{,}75$	$\geq 0{,}85$
	4.2 Fugennei-gung α_L	–	–	–	$\tan \alpha_L \leq 0{,}30$	$\tan \alpha_L \leq 0{,}15$	$\tan \alpha_L \leq 0{,}10$	$\tan \alpha_L \leq 0{,}05$
	4.3 Fugenverlauf, Stein- und Schicht-höhen	wilder Polygonalverband (opus incertum)		–	unregelmäßiges Schichtenmauerwerk mit versetzten Lagerfu-gen und wechselnden Stein- und Schichthöhen			
			Polygonalverband (opus antiquum)		–	regelmäßiges Schichtenmauerwerk mit durchgehenden Lagerfugen und wechselnden Schichthöhen		
		keine differenzierbaren Lager- und Stoßfugen			–	regelmäßiges Schichtenmau-erwerk mit durchgehenden Lagerfugen und konstanten Schichthöhen		

[1] Diese Güteklassen stellen Grundeimstufungend ar. Je nach Ausführung (insbesondere Steinform, Verband und Fugenausbildung) sind in Abhängigkeit von den jeweiligen Anforderungen auch abweichende Güteklasseneinstufungen möglich.

[2] Gilt auch für tragendes Mauerwerk aus maßgerechten Steinen der Tolaranzklasse D1 bis D3 nach DIN EN 771-6: 2011-07, Tabelle 1.

Polygonale Mauerwerksverbände (Beispiele)

A1 Findlingsmauerwerk

A2 Bruchsteinzyklopenmauerwerk

A3 Zyklopenmauerwerk

Orthogenale Mauerwerksverbände (Beispiele)

A4 Bruchstein-Schichtenmauerwerk

A5 Schichtenmauerwerk, Güteklasse N2

A6 Unregelmäßiges Schichtenmauer-werk, Güteklasse N3

A7 Regelmäßiges Schichtenmauerwerk

A8 Quadermauerwerk

Güteklassen
Die Güteklassen N1, N2, N3, N4 legen jeweils die Bereiche der Steinfestigkeit in Kombination mit den erforderlichen Druck-festigkeiten der gewählten Mörtelart nach DIN V 18580 fest.

Abgerechnet wird nach:

Abrechnungseinheiten:
– **Flächenmaß (m²)**   – **Längenmaß (m)**

Soweit die ausgeführte Leistung Zeichnungen entspricht, ist diese aus Zeichnungen zu ermitteln. Sind solche Zeichnungen nicht vorhanden, ist die Leistung aufzumessen.

1. Der **Ermittlung der Leistung**, gleichgültig, ob sie nach Zeichnung oder nach Aufmaß erfolgt, sind zugrunde zu legen:

   – für Bauteile aus **Mauerwerk** deren Maße

   – für **Bodenbeläge** deren Maße

   – für **Fassaden** mit mehrschaligem Aufbau für das Sicht- und Verblendmauerwerk und für die Dämmstoffschicht die Maße der Außenseite der Außenschale

   – für die nachträgliche **Verfugung** die Maße der zu verfugenden Fläche.

2. **Wandmauerwerk** wird von Oberseite Rohdecke bis Unterseite Rohdecke gerechnet.

3. **Fugen** werden übermessen.

4. Mauerwerk mit abgeschrägtem Querschnitt wird bis zur höchsten Kante gerechnet.

5. Bei **Wanddurchdringungen** wird nur eine Wand als durchgehend berücksichtigt, bei Wänden ungleicher Dicke die dickere Wand.

6. Bei **Gewölben** werden die Maße der abgewickelten Untersicht zugrunde gelegt.

7. **Stürze**, Rolladenkästen, Überwölbungen und Entlastungsbögen werden gesondert gerechnet, auch wenn die Öffnung oder Nische abgezogen wird.

8. Bei der **Abrechnung nach Längenmaß** werden Bauteile wie Leibungen bei Sicht- und Verblendmauerwerk, Sohlbänke, Gesimse, Bänder, Stürze, Überwölbungen, Entlastungsbögen, Auskragungen, Rollschichten, Mauerwerksschrägen sowie gemauerte Stufen in ihrer größten Länge gemessen. Abfangungen für Mauerwerksschalen werden in der größten Länge des abgefangenen Bauteils gemessen.

9. **Tür- und Fensterpfeiler** im Wandmauerwerk werden, wenn sie schmaler als 50 cm sind und die beiderseits dieser Pfeiler liegenden Öffnungen abgezogen werden, gesondert gerechnet; andernfalls gelten sie als Wandmauerwerk.

10. Gemauerte **Schornsteine** werden in ihrer Achse von Oberfläche Fundament bis Oberfläche Dachhaut gemessen.

11. Liefern, Schneiden, Biegen und Einbauen von **Bewehrungsstahl** werden gesondert gerechnet.
    Maßgebend ist die errechnete Masse. Bei genormten Stählen gelten die Angaben in den DIN-Normen, bei anderen Stählen die Angaben im Profilbuch des Herstellers.

12. Bindet eine **Aussparung** anteilig in angrenzende, getrennt zu rechnende Flächen ein, wird zur Ermittlung der Übermessungsgröße die jeweils anteilige Aussparungsfläche gerechnet.

13. Unmittelbar zusammenhängende, verschiedenartige Aussparungen, z.B. Öffnung mit angrenzender Nische, werden getrennt gerechnet.

Es werden abgezogen:

1. Bei **Abrechnung nach Flächenmaß**:

   – **Öffnungen** (auch raumhoch) und Durchdringungen über 2,5 m² Einzelgröße.

   – **Nischen** sowie **Aussparungen** für einbindende Bauteile, soweit für das dahinterliegende Mauerwerk besondere Ansätze in der Leistungsbeschreibung vorgesehen sind.

   – Bei Bodenbelägen aus Flach- oder Rollschichten Aussparungen über 0,5 m² Einzelgröße.

   – Unterbrechungen der Mauerwerksfläche durch Bauteile, z. B. durch Fachwerkteile, Stützen, Unterzüge, Vorlagen, mit einer Einzelbreite über 30 cm.

2. Bei **Abrechnung nach Längenmaß**:
   Unterbrechungen über 1 m Einzellänge.

Nebenleistungen, besondere Leistungen:

Nebenleistungen sind Leistungen, die auch ohne Erwähnung im Vertrag zur vertraglichen Leistung gehören. Hierzu gehören allgemein z.B. das Einrichten der Baustelle, das Vorhalten von Werkzeugen und Geräten, Sicherheits- und Schutzmaßnahmen nach den Unfallverhütungsvorschriften oder Messungen für das Ausführen und Abrechnen der Arbeiten.

Besondere Leistungen sind Leistungen, die nur dann zur vertraglichen Leistung gehören, wenn sie in der Leistungsbeschreibung besonders erwähnt werden.

Bei Maurerarbeiten sind Nebenleistungen z.B. das Auf-, Um- und Abbauen sowie Vorhalten der Arbeits- und Schutzgerüste, soweit diese Gerüste für die eigene Leistung notwendig sind, oder das Aussparen und Vermauern aller für die Ausführung der eigenen Leistung erforderlichen Rüstlöcher.
Besondere Leistungen bei Maurerarbeiten sind z.B. Glattstriche an Leibungen, Stürzen und Brüstungen für den Einbau von Fenstern und Türen, das Herstellen und Schließen von Aussparungen, das Herstellen von Bewegungs- und Scheinfugen sowie Fugendichtungen oder der Umbau von Gerüsten für Zwecke anderer Unternehmer.

Beispiel:
Bei der Herstellung von Mauerwerk ist das Einhalten der üblichen Anforderungen an die Ebenheit von Rohbauwänden in DIN 18 202 geregelt (→ Ebenheitstoleranzen). Diese Ebenheitstoleranzen für eine nicht flächenfertige Wand (Rohbauwand) sind ausreichend zum Verputzen mit Dickputzen. Das Einhalten dieser Toleranzen ist eine Nebenleistung. Für dünnlagigen Putz werden erhöhte Anforderungen an die Ebenheit der Rohbauwand gestellt. Es müssen z. B. vereinzelt auftretende unvermörtelte Stoßfugen geschlossen werden. Dies ist ein erhöhter Aufwand, der vertraglich vereinbart und zusätzlich vergütet werden muss. Maßnahmen zur Erfüllung erhöhter Anforderungen an die Ebenheit oder Maßhaltigkeit sind bei Maurerarbeiten besondere Leistungen.

Schüttdichten für das Berechnen des
Mörtel-Mischungsverhältnisses, → Mischen von Mörtel,
Verwendung für Mauermörtel, → Mörtel,
Verwendung für Putzmörtel, → Putz.

Lagerung von Kalk

Kalkhydrat und hydraul. Kalk	in trockenen Räumen (wie Zement)
Feinkalke (ungelöscht) in Säcken	Möglichst sofort löschen. Nur in Kunststoffsäcken längere Zeit lagerfähig.
Kalkteig, Vormörtel, Putzmörtel mit Luftkalk	Nasshalten: Mit PE-Folie lückenlos überdecken, damit die Aufnahme von CO_2 und damit die Karbonatisierung verhindert wird.

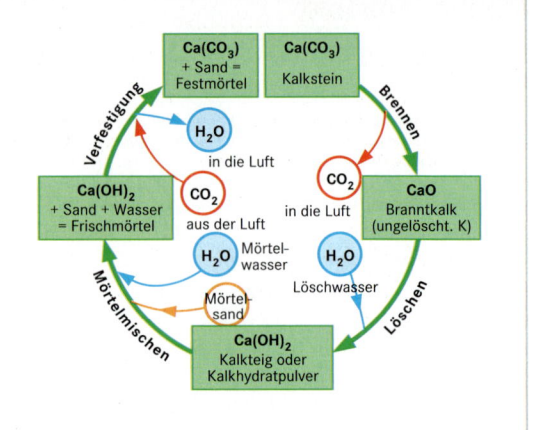

T1 Baukalkarten

Gruppe	Benennung	Kurz-zeichen	Druckfestigkeit f_C in N/mm^2 nach		Schütt-dichten kg/dm^3	Handelsformen: Verarbeitung nach Herstellervorschrift	
			7 Tg.	28 Tagen		vorher löschen	Löschen nicht nötig
Luftkalke nach CaO- und MgO-anteil	Weißkalk 90	CL 90	–	–	} 0,3 ... 0,6 [5]	Ungelöschter Weiß-Feinkalk oder Stückkalk	Weißkalkhydrat und -teig sowie Karbidkalkhydrat und -teig
	Weißkalk 80	CL 80	–	– [1]			
	Weißkalk 70	CL 70	–	–			
	Dolomitkalk 85	DL 85	–	– [1]	} 0,4 ... 0,6 [5]	Halbgelöschtes Dolomitkalkhydrat	Vollständig gelöschte Dolomitkalkhydrate
	Dolomitkalk 80	DL 80	–	–			
Hydrau-lische Kalke nach Festigkeit	Hydraul. Kalk 2	HL 2	–	2 bis 7	0,4 ... 0,8	–	Natürliche hydraulische Kalke [3] (NHL) und puz-zolanhaltige hydraulische Kalke (NHL-P) [4]
	Hydraul. Kalk 3,5	HL 3,5	≥1,5	3,5 bis 10	0,5 ... 0,9	–	
	Hydraul. Kalk 5	HL 5	≥ 2	5 bis 15 [2]	0,6 ... 1,0	–	

Beispiele für Normbezeichnungen

Weißkalk DIN EN 459-CL 90
Natürlicher hydraulischer Kalk DIN EN 459-NHL 3,5

Kennzeichnung auf dem Lieferschein, der Rechnung oder anderem Begleitdokument:

a) Baukalkart, → **T1** (L von englisch „lime" = Kalk);
b) Normbezeichnung, siehe oben;
c) Kennzeichen für die Überwachung auf Verpackung oder Lieferschein: Baukalk-Gütezeichen;
d) Handelsform der Baukalkart, z.B. ungelöschter Kalk, Feinkalk, Kalkhydrat;
e) Herstellungsort;
f) gegebenenfalls Anweisungen für die Verarbeitung, z.B. Löschanweisung;
g) Bruttomasse (-gewicht), bei Lieferung in Säcken Abweichungen bis zu 2% erlaubt;
h) Sicherheitsanweisungen nach nationalen Regelwerken.

Erläuterungen

Baukalke enthalten als Hauptbestandteile Oxide und Hydroxide des Calciums (CaO und $Ca(OH)_2$) mit geringen Anteilen auch von Magnesium-, Silizium-, Aluminium- und Eisenoxiden.
Luftkalke erhärten langsam durch Aufnahme von CO_2 (→ Abb. oben) zu Calciumkarbonat ($CaCO_3$).
Ungelöschte Kalke reagieren bei Wasserzusatz unter Wärmeentwicklung zu Calciumhydroxid $[Ca(OH)_2]$.
Zum **Löschen** auf der Baustelle werden auf 1 kg Kalk etwa 3 l Wasser benötigt. Die Hälfte davon wird vorher in das Löschgefäß gegeben, der Rest unter Rühren bei beginnendem „Kochen". Verarbeitung erst nach der vorgeschriebenen **Einsumpfdauer**, z.B. 12 Stunden, erlaubt.
Hydraulische Kalke, im Anlieferungszustand verarbeitbar, mit **beschränkter Verarbeitungszeit**.
Erneutes Unterrühren von Wasser bei beginnender Versteifung vermindert die Endfestigkeit. Hydraulische Kalke erhärten auch unter Wasser. Zusätzliche Luftlagerung trägt durch Karbonatisierung noch zum Erhärtungsprozess bei.

[1] Auch reine Weiß- und Dolomitkalkmörtel weisen nach ihrer Karbonatisierung eine für viele Anwendungsfälle ausreichende Druckfestigkeit auf.
[2] HL 5 mit < 0,9 kg/dm^3 nur m. ≤ 20 N/mm^2 Festigkeit
[3] Natürliche hydraulische Kalke werden aus tonhaltigem Kalkstein bei < 1250°C gebrannt und dann gemahlen.

[4] Bei puzzolanhaltigen hydraulischen Kalken werden bis zu 20% geeignete puzzolanische, z.B. Trass, oder auch hydraulische Stoffe nach dem Brennen zugemahlen.
[5] Diese Werte beziehen sich auf gelöschte Kalke.

Verwendung für Putzmörtel, → Putze.

Die **Verfestigung von Baugipsen** erfolgt, indem sie einen Teil des Anmachwassers chemisch binden, d. h. in die nadelförmigen Calciumsulfat-Dihydratkristalle einbinden. Diese bilden eine Gitterstruktur, → kristalline Stoffe, mit einem großen Anteil an Kapillarporen, die starkes kapillares Saugen und Austrocknen bewirken. Höchste Festigkeit besitzt Gips nur im trockenen Zustand.

Je mehr **Anmachwasser** zugesetzt wird, desto poröser und leichter, aber weniger fest wird der Festgips.

Gips sollte möglichst in das Wasser eingestreut werden und nach beginnender Versteifung nicht mehr durch Wasserzusatz und Rühren wieder verarbeitbar gemacht werden. Die Folgen wären geringe Festigkeit und Risse.

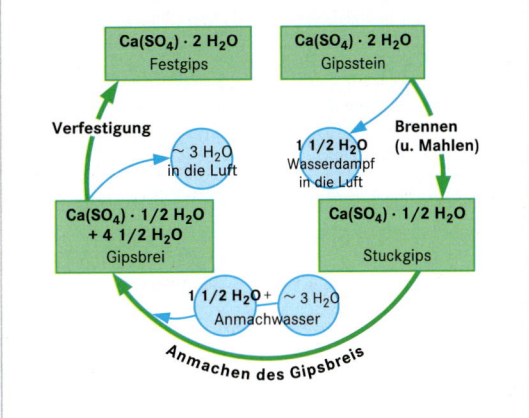

T2 Baugipssorten, Verwendung und Eigenschaften

Gruppen: 1. ohne im Werk beigemischte Zusätze 2. mit Zusätzen für besondere Eigenschaften		Versteifungs-		Festigkeit		
		beginn min	fortschritt	Biegezug N/mm^2	Druck N/mm^2	Härte N/mm^2
1.	**Stuckgips**: Gips- und Gipskalkputze, Rabitzarbeiten	8 bis 25	schnell	≥ 2,5	–	≥ 10
	Putzgips: Gips-, Gipssand- und Gipskalkputz	≥ 3	langsam	≥ 2,5	–	≥ 10
2.	**Fertigputzgips**: versteift langsamer als 1.	≥ 25	lange verarbeitbar	≥ 1,0	≥ 2,5	–
	Haftputzgips: für einlagige Innenputze	≥ 25	normal	≥ 1,0	≥ 2,5	–
	Maschinenputzgips: für maschinelles Putzen	≥ 25	normal	≥ 1,0	≥ 2,5	–
	Ansetzgips: bessere Haftung an Gipsplatten	≥ 25	langsam	≥ 2,5	≥ 6,0	–
	Fugengips: zum Verbinden von Gipsbauplatten	≥ 25	langsam	≥ 1,5	≥ 3,0	–
	Spachtelgips: zum Verspachteln von Gipsbauplatten	≥ 15	langsam	≥ 1,0	≥ 2,5	–

Festgipsrückstände im Mischgefäß und am Werkzeug beschleunigen die Verfestigung unzulässig, deshalb müssen diese vor erneutem Einsatz gründlich entfernt werden.

Einstreumenge = Gipsmenge, die 100 g Wasser in sich einzusaugen vermag, wenn der Gips durch die Finger so schnell eingestreut wird, dass nach 2 Minuten kein Wasserspiegel mehr sichtbar ist. Im Durchschnitt beträgt die Einstreumenge etwa 160 ± 20 g pro 100 g Wasser.

Der **Wasser-Gips-Wert** *w* = W/G ergibt sich, wenn 100 g Wasser durch x g Gips geteilt wird,

z. B. 100 g : 160 g = 0,625.

Damit können die Mengen bei Maschinenmischung ermittelt werden.

Versteifungsbeginn ermitteln:

Den Gips in 100 g Wasser 1 min lang einstreuen, 1/2 Minute ziehen lassen und 1 min rühren (Knollen zerdrücken), damit 3 Kuchen von etwa 10 bis 12 cm Ø und 5 mm Dicke auf Glasplatten auftragen. Im Minutenabstand Messerschnitte durch die Kuchen ziehen. Die Versteifung (Erstarrung) beginnt, wenn die Ränder des Schnittes nicht mehr zusammenlaufen.

Feuchtebeständigkeit von Festgips:

Nass werden gipsgebundene Bauteile nur, wenn sie **flüssiges Wasser** in sich einsaugen. Wasserdampf aus feuchter Luft ist unschädlich, weil Festgips nur Kapillarporen enthält, → Porenweiten. Gips darf jedoch nicht längerwährender Einwirkung von Feuchtigkeit ausgesetzt werden.

Anhydrit ist wasserfreies Calciumsulfat Ca(SO$_4$), dem für Anhydritbinder noch „Anreger" (meist basische Salze) beigemischt werden.

Nach der 28-Tage-Druckfestigkeit gibt es **zwei Festigkeitsstufen: AB 5 und AB 20**.

Anhydritbinder wird überwiegend für **Estriche** verwendet, → „Estriche".

Farbstoffe dürfen nur vom Hersteller beigemischt werden. Verschiedene Marken nicht mischen!

Kennzeichnung auf den Säcken:

Das **Erstarren** beginnt ≥ 25 Minuten und endet ≤ 12 Stunden nach dem Anmachen des Mörtels.

Anhydritbinder dürfen bis zum Alter von 28 Tagen höchstens 0,2 mm pro m quellen.

T1 Zementarten | Hauptbestandteile

Zement-art	Bezeichnung	Kurzzeichen	Portlandzementklinker **K** Anteil M.-%	Weitere Bestandteile Art (Kurzzeichen)	Anteil in M.-%
CEM I	Portlandzement	CEM I	95 - 100	–	0
CEM II	Portlandhüttenzement	CEM II/A-S CEM II/B-S	80 - 94 65 - 79	Hüttensand (**S**)	6 - 20 21 - 35
	Portlandsilicastaubzement	CEM II/A-D	90 - 94	Silicastaub (**D**)	6 - 10
	Portlandpuzzolanzement	CEM II/A-P CEM II/B-P CEM II/A-Q CEM II/B-Q	80 - 94 65 - 79 80 - 94 65 - 79	Natürliche Puzzolane (**P**) Künstliche Puzzolane (**Q**)	6 - 20 21 - 35 6 - 20 21 - 35
	Portlandflugaschezement	CEM II/A-V CEM II/B-V CEM II/A-W CEM II/B-W	80 - 94 65 - 79 80 - 94 65 - 79	SiO_2-reiche Flugasche (**V**) SiO_2-arme Flugasche (**W**)	6 - 20 21 - 35 6 - 20 21 - 35
	Portlandschieferzement	CEM II/A-T CEM II/B-T	80 - 94 65 - 79	Gebrannter Schiefer (**T**)	6 - 20 21 - 35
	Portlandkalksteinzement	CEM II/A-L CEM II/B-L CEM II/A-LL CEM II/B-LL	80 - 94 65 - 79 80 - 94 65 - 79	Kalkstein (**L**) Kalkstein (**LL**)	6 - 20 21 - 35 6 - 20 21 - 35
	Portlandkompositzement	CEM II/A-M CEM II/B-M	80 - 94 65 - 79	Alle Bestandteile möglich	6 - 20 21 - 35
CEM III	Hochofenzement	CEM III/A CEM III/B CEM III/C	35 - 64 20 - 34 5 - 19	Hüttensand (**S**)	36 - 65 66 - 80 81 - 95
CEM IV	Puzzolanzement	CEM IV/A CEM IV/B	65 - 89 45 - 64	Puzzolane (**D, P, Q, V**)	11 - 35 36 - 55
CEM V	Kompositzement	CEM V/A CEM V/B	40 - 64 20 - 38	Hüttensand (**S**) und Puzzolane (**P, Q, V**)	18 - 30 31 - 50

T2 Zementfestigkeitsklassen

Festig-keits-klasse	Druckfestigkeit in N/mm^2			Sack-Kenn-farbe	Farbe des Auf-drucks
	2 Tg.	7 Tg.	28 Tage		
32,5 N **32,5 R**	– ≥ 10	≥ 16 –	≥ 32,5	≤ 52,5	hell-braun	schwarz rot
42,5 N **42,5 R**	≥ 10 ≥ 20	– –	≥ 42,5	≤ 62,5	grün	schwarz rot
52,5 N **52,5 R**	≥ 20 ≥ 30	– –	≥ 52,5		rot	schwarz weiß

T3 Anforderungen an Zemente mit Sondereigenschaften

Zement	Zementart	Eigenschaft	Anforderung
LH	alle	Hydratationswärme ≤ 270 J/g	
HS	CEM I CEM I CEM III/B	C_3A-Gehalt Al_2O_3-Gehalt Hüttensandgehalt	≤ 3 M.-% ≤ 5 M.-% ≤ 66 M.-%
NA	alle CEM III/A CEM III/B	Na_2O-Äquivalent	≤ 0,60 M.-% ≤ 1,10 M.-% ≤ 2,00 M.-%

T4 Bestandteile

Alle Bestandteile sind feinteilige Stoffe, die (z.T. nur in Gegenwart von Portlandzementklinker) hydraulisch erhärten. Es werden unterschieden:

K Portlandzementklinker: Aus Kalkstein und Ton und/oder Mergel bei rd. 1500 °C gebrannt.

S Hüttensand: Granulierte, schnell abgekühlte Hochofenschlacke

D Silicastaub: Feinstes SiO_2 aus Filteranlagen z.B. der Aluminium-gewinnung

P Puzzolane: Natürliche hydraulische Stoffe, z.B. Trass, Kiesel-gur, Diatomeenerde oder Santorinerde

Q Künstliche Puzzolane: Zusammenfassender Begriff für alle nicht gesondert aufgeführten Stoffe wie z.B. Ziegelmehl aus der Ziegelherstellung

V, W Flugaschen: Steinkohlenflugaschen aus Kraftwerksfiltern mit unterschiedlichen Kieselsäure (SiO_2)-Anteilen

L, LL Kalkstein: Kalksteinmehle mit unterschiedlich hohen Gehal-ten (L > LL) an organischem Kohlenstoff

Ergänzungen

Zur Regulierungung des **Erstarrungsverhaltens** wird in geringen Mengen Calciumsulfat, meist als Gips oder Anhydrit, beim Mahlen zugegeben. Um Schäden durch Treiben zu vermeiden, darf deshalb zementhaltigen Mischungen auf der Baustelle kein weiterer Gips zugegeben werden.

Die **Verarbeitungszeit** zählt vom Beginn des Mischens bis zum **Erstarrungsbeginn**.

Die Erstarrung darf bei den Festigkeitsklassen **32,5** und **42,5** frühestens nach **60 Minuten**, bei **52,5** frühestens nach **45 Minuten** einsetzen.

Die **Erstarrung** muss bei allen Zementarten spätestens nach **12 Stunden beendet** sein.

Die anschließende **Verfestigung** erreicht nach 28 Tagen die Normwerte und steigt, besonders bei langsam erhärtenden Zementen der niedrigen Festigkeitsklassen, auf deutlich höhere Endwerte.

Die gegenüber früher niedrigeren Nennfestigkeiten sind durch ein neues Prüfverfahren nach DIN EN 196-1: 05 bedingt.

Die **Zemente 32,5** entsprechen deshalb dem früheren **Z 35**, die **CEM 42,5** dem **Z 45** und die **CEM 52,5** dem früheren **Z 55**.

Die **Raumbeständigkeit** ist durch ein für alle Zementarten und -festigkeitsklassen gleiches Dehnungsmaß von höchstens 10 mm nach DIN EN 196-3: 09 sichergestellt.

Beispiele für Normbezeichnungen

Portlandzement DIN 1164–CEM I 42,5 R
bedeutet: Portlandzement (CEM I) der Festigkeitsklasse 42,5 mit hoher Anfangsfestigkeit (R von engl. **r**apid = schnell, früher PZ 45 F).

Hochofenzement DIN 1164–CEM III B 32,5-LH/HS
bedeutet: Hochofenzement mit 66 bis 80 % Hüttensand (CEM III/B) der Festigkeitsklasse 32,5 mit üblicher Anfangsfestigkeit, niedriger Hydrationswärme (LH) und hohem Sulfatwiderstand (HS).

Die **Lieferung** erfolgt in Säcken mit 25 kg Bruttogewicht oder in Transportbehältern.
Die Säcke bzw. Lieferscheine müssen mit folgenden Angaben versehen sein:
– Normbezeichnung,
– Lieferwerk,
– Kennzeichen für die Überwachung,
– Bruttogewicht des Sackes (25 kg ± 2 %) oder
– Nettogewicht des losen Zementes.

Die Lieferscheine des losen Zementes dazu:
– Tag und Stunde der Lieferung,
– amtliches Kennzeichen des Fahrzeuges,
– Auftraggeber, Auftragsnummer und Empfänger.

Die **Güteüberwachung** erfolgt nach DIN EN 197-2: 00 durch Eigen- und Fremdüberwachung der Werke.

Putz- und Mauerbinder
Plaster and mortar

DIN EN 413-1: 11

Putz- und Mauerbinder ist ein werkmäßig hergestelltes, feingemahlenes **hydraulisches Bindemittel**, dessen Festigkeit im Wesentlichen auf dem Vorhandensein von Portlandzementklinker beruht.
Beim **Mischen**, ausschließlich mit Sand und Wasser, ohne Zugabe weiterer Stoffe bildet er einen verarbeitbaren, zum Putzen und Mauern geeigneten Mörtel.

Erstarrungsbeginn, bestimmt nach DIN EN 413-2: 05, darf nicht früher als nach 60 min erfolgen.
Erstarrungsende, bestimmt nach DIN EN 413-2: 05, darf nicht später als nach 15 Std. erfolgen.
Raumbeständigkeit, bestimmt nach DIN EN 196-3: 09, darf nicht mehr als 10 mm betragen.
Siebrückstand auf einem Sieb mit 90 µm MW darf nicht mehr als 15 % betragen.

Arten der Binder	Portland-zement-klinker	Organische Stoffe	Luft-poren-bildner	Festig-keits-klasse	Druckfestgkeit in N/mm^2 nach		Anforderungen an den Frischmörtel	
					7 Tagen	28 Tagen	in V %	Wasserrückhalte-vermögen in M.-%
MC 5	≥ 25 %		mit	5	–	≥ 5 ≤ 15	≥ 8 ≤ 20	≥ 80
MC 12,5			mit			≥ 12,5		
MC 12,5 X		≤ 1 %	ohne	12,5	≥ 7	≤ 32,5		
MC 22,5 X	≥ 40 %					≥ 22,5		
			ohne	22,5	≥ 10	≤ 42,5	≤ 6	≥ 75

Beispiel für die Normbezeichnung

Putz- und Mauerbinder DIN EN 413-1 MC 12,5 X
bedeutet: Putz- und Mauerbinder von der Festigkeitsklasse 12,5 ohne Luftporenbildner (MC 12,5 X) nach dieser Norm.

Lieferung in **gelben Säcken** mit **blauem Aufdruck** oder in Transportbehältern.
Die Angaben auf dem Sack bzw. dem Lieferschein müssen denen entsprechen, die oben für Zement angegeben sind.
Die **Güteüberwachung** erfolgt ebenfalls so wie bei Zement angegeben.

Mauermörtel

Begriffe	
Mauermörtel	Gemisch aus einem oder mehreren anorganischen Bindemitteln, Zuschlägen, Wasser und ggf. Zusatzstoffen und/oder Zusatzmitteln für Lager-, Stoß- und Längsfugen, Fugenglattstrich und nachträgliches Verfugen
Frischmauermörtel	vollständig gemischter, gebrauchsfertiger Mörtel
Mauermörtel nach Eignungsprüfung	Mörtel, dessen Zusammensetzung und Herstellungsverfahren vom Hersteller so ausgewählt werden, dass bestimmte Eigenschaften erreicht werden (Eignungsprüfungskonzept)
Mauermörtel nach Rezept	in vorbestimmten Mischungsverhältnissen hergestellter Mörtel, dessen Eigenschaften aus den vorgegebenen Anteilen der Bestandteile abgeleitet werden (Rezeptkonzept)
Normalmauermörtel (G)	Mauermörtel ohne besondere Eigenschaften
Dünnbettmörtel (T)	Mauermörtel nach Eignungsprüfung mit einem Größtkorn weniger als oder gleich einem festgelegten Wert, DIN EN 998-2 nennt ≤ 2 mm.
Leichtmauermörtel (L)	Mauermörtel nach Eignungsprüfung mit einer Trockenrohdichte des Festmörtels unterhalb eines bestimmten Wertes. DIN EN 998-2 nennt hier ≤ 1300 kg/m^3, die meisten Hersteller nennen ≤ 1500 kg/m^3 als Grenze.
Werkmauermörtel	Mörtel, der in einem Werk zusammengesetzt und gemischt wird; es kann sich hierbei um Trockenmörtel handeln, der gemischt ist und lediglich die Zugabe von Wasser erfordert, oder um gebrauchsfertigen Nassmörtel.
werkmäßig vorbereiteter Mauermörtel	Mörtel, der aus Ausgangsstoffen besteht, die im Werk abgefüllt, zur Baustelle geliefert und dort nach Herstellerangaben und -bedingungen gemischt werden
Kalk-Sand-Werk-Vormörtel	Mörtel, der aus Ausgangsstoffen besteht, die im Werk zusammengesetzt und gemischt werden, der zur Baustelle geliefert wird und dem dort weitere Bestandteile nach Anweisung des Werkes oder von diesem geliefert (z. B. Zement) beigefügt werden
Baustellenmauermörtel	Mörtel, der aus den einzelnen Ausgangsstoffen auf der Baustelle zusammengesetzt und gemischt wird
Eigenschaften des Frischmörtels	
Verarbeitbarkeitszeit	Zeit, in der der Mörtel verarbeitet werden kann. Sie ist vom Hersteller anzugeben.
Chloridgehalt	Der Chloridgehalt sollte einen Massenanteil von 0,1 % Cl bezogen auf die Trockenmasse des Mörtels nicht übersteigen. Sofern erforderlich, ist der Chloridgehalt des ausgelieferten Mörtels vom Hersteller anzugeben.
Luftgehalt	Sofern für den Verwendungszweck, für den der Mauermörtel in den Handel gebracht wird, erforderlich, ist die Bandbreite, in die der Luftgehalt fällt, vom Hersteller anzugeben.
Eigenschaften des Festmörtels	
Druckfestigkeit	Für Mauermörtel nach Eignungsprüfung ist die Druckfestigkeit vom Hersteller anzugeben. Der Hersteller darf die Druckfestigkeitsklasse nach der Tabelle unten angeben, wobei die Druckfestigkeit mit einem „M" gefolgt von der Druckfestigkeitsklasse in N/mm^2, oberhalb derer die Druckfestigkeit liegt, zu bezeichnen ist.

Mörtelklassen nach Druckfestigkeit							
Klasse	M 1	M 2,5	M 5	M 10	M 15	M 20	M d
Druckfestigkeit [N/mm^2]	1	2,2	5	10	15	20	d

d bedeutet eine vom Hersteller angegebene Druckfestigkeit, die höher als 20 N/mm^2 (in Stufen von 5 N/mm^2) ist

Verbundfestigkeit	Für Mauermörtel nach Eignungsprüfung, die für die Verwendung in Bauteilen, die Anforderungen an die Standsicherheit unterliegen, bestimmt sind, ist die Verbundfestigkeit zwischen Mörtel und Mauerstein als charakteristische Anfangsscherfestigkeit (Haftscherfestigkeit) anzugeben. Diese Deklaration kann entweder auf der Grundlage von Prüfungen oder auf der Grundlage von Tabellenwerten erfolgen. Der Hersteller hat anzugeben, worauf seine Deklaration beruht.
Wasseraufnahme	Für Mauermörtel, die zur Verwendung in Außenbauteilen bestimmt und der Witterung unmittelbar ausgesetzt sind, ist die Wasseraufnahme vom Hersteller anzugeben.
Wasserdampfdurchlässigkeit	Für Mauermörtel, der zur Verwendung in Außenbauteilen bestimmt ist, ist die Wasserdampfdurchlässigkeit vom Hersteller unter Bezugnahme auf EN 1745:02, Tabelle A.12 anzugeben. Diese Tabelle enthält Werte für den Wasserdampfdiffusionskoeffizienten für Mörtel. Danach gilt für Mörtel mit Rohdichten von 200 kg/m^3 < 1600 kg/m^3 ein Wasserdampfdiffusionskoeffizient von $\mu = 5 - 20$ und für Mörtel mit Rohdichten ≥ 1600 kg/m^3 ein Wasserdampfdiffusionskoeffizient von $\mu = 15 - 35$. Die Prüfung erfolgt nach DIN EN 1015-18:03
Trockenrohdichte	Sofern für den Verwendungszweck, für den der Mauermörtel in den Handel gebracht wird, erforderlich, ist die Bandbreite der Trockenrohdichte, in die der Mauermörtel fällt, vom Hersteller anzugeben. Die Prüfung erfolgt nach DIN EN 1015-10:07. Für Leichtmauermörtel darf die Trockenrohdichte nicht größer als 1 300 kg/m^3 sein.

Mauermörtel mit besonderen Eigenschaften

DIN V 18580: 07	Kurzzeichen	
Diese Vornorm legt die Anforderungen an Mauermörtel fest, die durch CE-gekennzeichnete Mauermörtel nach DIN EN 998-2: 10 für eine direkte Verwendung für Mauerwerk nach DIN 1053-1, DIN 1053-3 und DIN 1053-4 zusätzlich zu erfüllen sind.	NM	Normalmörtel
	LM	Leichtmörtel
	DM	Dünnbettmörtel

Mindestanforderungen an die Druckfestigkeit im Alter von 28 Tagen						Verbundfestigkeit	
Mörtelart	Mörtel-gruppe	Mörtel-klasse nach DIN EN 998-2: 10	Fugendruckfestigkeit in N/mm^2 nach DIN EN 1052-3: 07			Anfangsscherfe-stigkeit (Haftscher-festigkeit)	Mindesthaft-scherfestigkeit (Mittelwert)
			Verfahren I	Verfahren II	Verfahren III	DIN EN 1052-3: 07	DIN EN 1052-3: 07
Normal-mauermörtel	I	M 1	–	–	–	–	–
	II	M 2,5	1,25	2,5	1,75	0,04	0,10
	IIa	M 5	2,5	5	3,5	0,08	0,20
	III	M 10	5	10	7 ·	0,1	0,25
	IIIa	M 20	10	20	14	0,12	0,30
Leichtmauer-mörtel	21	M 5	2,5	5	3,5	0,08	0,20
	36	M 5	2,5	5	3,5	0,08	0,20
Dünnbett-mörtel	–	M 10	–	–	–	0,20	0,50

Für die Bezeichnung von Mauermörteln gilt DIN EN 998-2: 10, Abschnitt 6 (siehe Spalte 3 dieser Tabelle). Zusätzlich ist der Mauermörtel unter Verweis auf diese Tabelle aus DIN V 18580 mit der Angabe der Mörtelart und der Mörtelgruppe zu bezeichnen.

Beispiele: Normalmauermörtel DIN V 18580 NM IIa;
Leichtmauermörtel DIN V 18580 LM 21;
Dünnbettmörtel DIN V 18580 DM

Die Prüfung der Festigkeiten muss mit Referenzsteinen erfolgen. Referenzsteine sind Kalksandsteine DIN 106-KS 12-2,0-NF (ohne Lochung bzw. Grifföffnung) mit einer Eigenfeuchte von 3 % bis 5 % (Masseanteil), deren Eignung für diese Prüfung von der Amtlichen Material-prüfanstalt für das Bauwesen beim Institut für Baustoffkunde und Materialprüfung der Universität Hannover, Nienburger Straße 3, D-30617 Hannover, bescheinigt worden ist.

Baustellenmörtel

DIN V 18580: 07

Zusammensetzung, Mischungsverhältnisse für Normalmauermörtel (Angaben in Raumteilen)						

Die Zusammensetzung der Mörtelgruppen für Normalmauermörtel, die ohne Eignungsprüfung als Rezeptmörtel hergestellt werden sollen, ergibt sich ohne besonderen Nachweis aus folgender Tabelle. Die Tabelle gilt nur, wenn die Ausgangsstoffe den Anforderungen der Norm (Abschnitt 4) entsprechen.

Mörtelgruppe	Luftkalk		Hydraulischer Kalk (HL2)	Hydraulischer Kalk (HL5), Putz- und Mau-erbinder	Zement	Sand aus natür-lichem Gestein, lagerfeucht
	Kalkteig	Kalkhydrat				
I	1	–	–	–	–	4
	–	1	–	–	–	3
	–	–	1	–	–	3
	–	–	–	1	–	4,5
II	1,5	–	–	–	1	8
	–	2	–	–	1	8
	–	–	2	–	1	8
	–	–	–	1	–	3
IIa	–	1	–	–	1	6
	–	–	–	2	1	8
III	–	–	–	–	1	4

Stahlbeton

Güteanforderungen

Güteanforderungen an den Sand für Mauer-, Putz- und Fugmörtel:

a) **„Gemischtkörnig"**, d. h., die Sieblinie soll im günstigen Bereich liegen, → Kornzusammensetzung.

b) **Gedrungene Kornform** ist günstiger als plattige und langsplittrige, möglichst Natursand.

c) **Festes Korn**, nicht schiefrig oder mergelig.

d) **Möglichst wenig „Abschlämmbares"** = Schluff oder Ton, **< 13 V % nach 1 Stunde, ≤ 9 V % nach 24 Stunden.** Besonders ungünstig für Sichtmauerwerk und Außenputz, wenn es sich sehr langsam absetzt (Ton).

e) **Frei von organischen Stoffen**: Humus oder Kohle beeinträchtigen Festigkeit und Beständigkeit.

f) **Frei von Salzen** (Sulfate, Chloride, Nitrate), Festigkeitsverminderung und Ausblühgefahr.

g) **Frei von Ton- oder Mergelknollen**, sie können Aussprengungen verursachen. **Schwefelkieskristalle** können zu rostbraunen Triefflecken führen.

Richtige Kornzusammensetzung:
Bindemittel-Wasser-Leim ist Klebemittel zwischen den Sandkornoberflächen.

Feinkorn 0,063/0,25 mm fehlt:
Bindemittel-Wasser-Leim dient zum Teil als Füllmasse für den zu großen Hohlraum.

Einkornsand:
Zu hohlräumig. Er benötigt viel Bindemittel zum Füllen der Hohlräume.

Sand mit splitteriger Kornform: Sperrig, verdichtungsunwillig. Er benötigt Bindemittelüberschuss als „Schmiermittel".

A1 Siebversuch

Siebversuch mit Blechrandsiebsatz, Ø 20 cm:

Einen Eimer mit einer Durchschnittsprobe des Sandes auf sauberer Unterlage ausbreiten und mischen.

Etwa 2 kg davon auf einem Blech trocknen, aber nicht glühen.

Nochmals gut mischen. 500 g davon abwiegen, in den Siebsatz füllen und etwa 5 Minuten maschinell oder händisch. Siebsatz auseinandernehmen und die Korngruppen auf den einzelnen Sieben wiegen.

Mit dem Siebboden und dem feinsten Sieb beginnen und nach jeder Wägung die nächste Korngruppe hinzuschütten und die Gewichte notieren.

Einen zweiten Siebversuch durchführen.

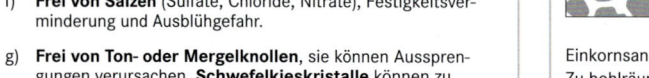

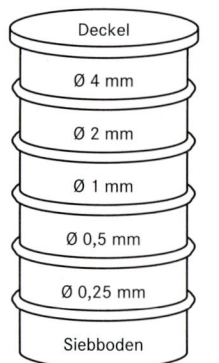

Deckel
Ø 4 mm
Ø 2 mm
Ø 1 mm
Ø 0,5 mm
Ø 0,25 mm
Siebboden

Beispiel:

Korn-Ø in mm	0/0,25	0/0,5	0/1	0/2	0/4	0/8
1. Versuch	122	190	276	392	473	500
2. Versuch	128	200	274	398	477	500
Summen	250	390	550	790	950	1000
Masse-%	**25**	**39**	**55**	**79**	**95**	**100**

Transparentpapier auf Siebliniengrafik folgende Seite auflegen und Sieblinie zeichnen.
Ergebnis: Sand ist gemischtkörnig.

A2 Absetzversuch

a) **Schnellversuch**:
In zwei geradwandige 1 l-Flaschen oder Standzylinder jeweils 500 g trockenen Sand und 3/4 Liter Wasser geben. Schütteln und 1 Stunde weichen lassen. Gefäß schließen, in beide Hände nehmen und durch Umkehren und kräftiges Schütteln den Sand wiederholt durch die Wassersäule hindurchfallen lassen, so dass die feinen Bestandteile **ausgeschlämmt** werden. Gefäß **1 Stunde ruhig stehen lassen** und dann die Höhen H und h messen.

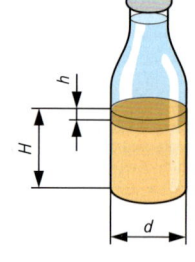

$$\frac{h \cdot 100}{H} = \text{V \% Abschlämmbares}$$

Falls Ergebnis weniger als die Hälfte von 13 V %, ist es positiv und die Prüfung beendet.

b) Die **Absetzgeschwindigkeit** lässt auf die Art der Feinteilchen schließen: Schluff setzt sich schon nach Minuten ab, Ton erst nach Stunden. Ton ist schädlicher als Schluff.

c) Liegt das Ergebnis nach 1 Stunde nahe 13 V %, bzw. nach 24 Std. nahe 9 V % oder soll der Sand für Außenputz, Sichtmauerwerk oder Estrich dienen, sollte in **M.-% umgerechnet** werden.
Feststoffmengen in 1 cm^3 Schlamm und die zulässigen Anteile in Masse-% → Gesteinskörnungen.

d) Der **Auswaschversuch** liefert allein sichere Werte für den Gehalt an Abschlämmbarem in M.-%, denn die Feststoffanteile im Schlamm sind je nach Art, z. B. Schluff oder Ton, sehr unterschiedlich.

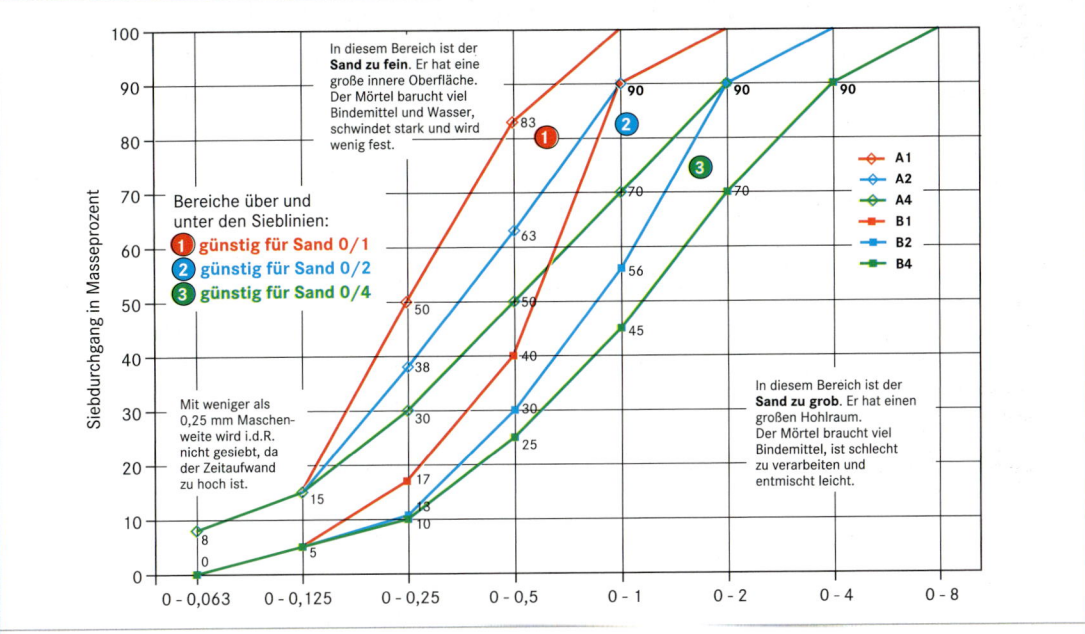

In diesem Bereich ist der **Sand zu fein**. Er hat eine große innere Oberfläche. Der Mörtel baucht viel Bindemittel und Wasser, schwindet stark und wird wenig fest.

Bereiche über und unter den Sieblinien:
1 **günstig für Sand 0/1**
2 **günstig für Sand 0/2**
3 **günstig für Sand 0/4**

Mit weniger als 0,25 mm Maschenweite wird i.d.R. nicht gesiebt, da der Zeitaufwand zu hoch ist.

In diesem Bereich ist der **Sand zu grob**. Er hat einen großen Hohlraum. Der Mörtel braucht viel Bindemittel, ist schlecht zu verarbeiten und entmischt leicht.

Siebdurchgang in Masseprozent

Legend: A1, A2, A4, B1, B2, B4

Putzsand soll nach DIN V 18 550 von der Korngruppe 0/0,25 mm 10 bis 30 M.-% und von seiner Größtkorngruppe mindestens 10 M.-% enthalten.

A3 Schüttdichte abhängig vom Feuchtegehalt

Mäßig feuchter Sand lagert sich beim Schütten nicht so dicht zusammen wie nasser oder trockener.

lagerfeucht bis 1,25 m³ gelockert

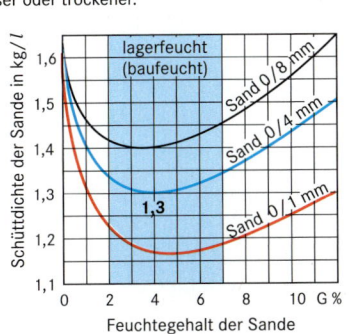

1 m³ Sand trocken oder triefnass

Schüttdichte der Sande in kg/l

lagerfeucht (baufeucht)

Sand 0/8 mm
Sand 0/4 mm
Sand 0/1 mm

1,3

Feuchtegehalt der Sande

Bestimmen der Schüttdichte, auch feucht, → **A5**.

Der Gehalt an **organischen Stoffen** kann durch Aufgießen von 3 %-iger **Natronlauge** (NaOH) festgestellt werden. Wird die Flüssigkeit nach 24 Std. (dazwischen öfter schütteln) rötlich oder braun, ist der Anteil unzulässig hoch.
Die Flasche nicht mit Kork-, sondern mit Gummi- oder Kunststoffstopfen schließen!

A4 Bestimmen der Kornrohdichte

Bestimmen der Kornrohdichte von Sand oder Kies:

Vom getrockneten Sand oder Kies so viel abwiegen, dass der Messzylinder ≈ halb gefüllt ist. Das ist die **Trockenmasse M_{tr}**.
Diese Probe 1/2 Stunde unter Wasser lagern, dann auf und mit einem Tuch trocknen und wiegen, das ergibt die **Nassmasse M_n**.
Die Probe in 500 cm³ Wasser schütten und **Volumen V** ablesen.

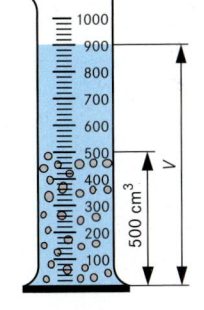

$$\varrho_{tr} = M_{tr} : (V - 500)$$
$$\varrho_n = M_n : (V - 500)$$

A5 Bestimmen der Schüttdichte von Sand

In den Messzylinder bis zum 1000 cm³-Strich trockenen Sand einfüllen und die Gewichtszunahme feststellen.
Bei Kies besser diesen 10 Liter-Kasten leer und gestrichen voll wiegen.

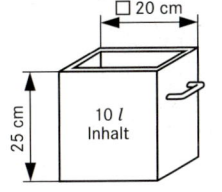

ϱ_S = Massezunahme in kg: 10 l in kg/l.

Mörtelgruppen zum [1]		Bindemittel in der Reihenfolge wie im Mischungsverhältnis, in (…) : Mörtelbezeichnung	Mischungsverhältnis in Raumteilen zum		Zei-len-Nr.	l, die 1 m³ fertiger Mörtel erfordert		
Mauern	Putzen		Mauern	Putzen		1. Bi.m	2. Bi.m	Sand
I (–) [3]	**P Ia** (–) [3]	Luftkalkteig (Luftkalkmörtel)	1 : 3,5 [2] 1 : 4 1 : 4,5 [2]	1 : 3,5 [2] 1 : 4 1 : 4,5 [2]	1 2 3	345 305 275	– – –	1210 1220 1240
		Weißkalkhydrate CL 90, CL 80 Dolomitkalkhydrate DL 85, DL 80 (Luftkalkmörtel)	1 : 3 [2] 1 : 3,5 1 : 4	1 : 3 [2] 1 : 3,5 1 : 4	4 5 6	400 345 305	– – –	1200 1210 1220
	P Ib (–) [3]	Weißkalkhydrat CL 70 (früher „Wasserkalkmörtel")	1 : 3 1 : 3,5 1 : 4	1 : 3 1 : 3,5 1 : 4	7 8 9	400 345 305	– – –	1200 1210 1220
	P Ic (–) [3]	Hydraulischer Kalk HL 2 (HL 3,5) (Hydraulischer Kalkmörtel)	1 : 3 1 : 3,5 1 : 4	1 : 3 1 : 3,5 1 : 4	10 11 12	390 340 300	– – –	1170 1190 1200
II (≥ 2,5)	**P IIa** (≥ 2,5)	Weißkalkhydrat und wenig Zement Hydraulischer Kalk HL 5 [4] oder Putz- und Mauerbinder (Hochhydraulischer Kalkmörtel)	1 : 1/4 : 4 1 : 3 1 : 3,5 1 : 4	1 : 1/4 : 4 1 : 3 1 : 3,5 1 : 4	13 14 15 16	280 390 340 300	70 – – –	1120 1170 1190 1200
	P IIb (≥ 2,5)	Weißkalkhydrat CL 90, CL 80, CL 70 und Portlandzement CEM I (Kalkzementmörtel)	2 : 1 : 8 – –	2 : 1 : 9 2 : 1 : 10 2 : 1 : 11	17 18 19	260 240 226	130 120 113	1170 1200 1240
IIa (≥ 5)	–	Weißkalkhydrat und Zement [4] Hydraulischer Kalk HL 5 und Zement	1 : 1 : 6 2 : 1 : 8	– –	20 21	195 280	195 140	1170 1120
III (≥ 10)	**P IIIa** (≥ 10)	Zement und zusätzlich [5] bis zu 0,25 RT Weißkalkhydrat (Zementmörtel mit Kalkzusatz)	1 : 0,2 : 3 1 : 0,2 : 3,5 1 : 0,2 : 4	1 : 0,2 : 3 1 : 0,2 : 3,5 1 : 0,2 : 4	22 23 24	390 340 300	80 70 60	1170 1190 1200
III und IIIa (≥ 20)	**P IIIb** (≥ 2,5)	zum Mauern: CEM I 32,5 R zum Putzen: CEM I 32,5 (R) (Zementmörtel)	1 : 3 1 : 4	1 : 3 1 : 4 1 : 5	25 26 27	390 300 250	– – –	1170 1200 1250
–	**P IVa**	Stuck- oder Putzgips (Gipsmörtel)	–	1 : 0	28	1200	–	–
– – –	**P IVb** (≥ 2,5)	Stuck- oder Putzgips mit Sand (Gipssandmörtel)	– – –	1 : 1 1 : 2 1 : 3	29 30 31	670 450 340	– – –	670 900 1020
– – – –	**P IVc** (≥ 2,5)	Stuck- oder Putzgips (1. Bindemittel) und Weißkalkhydrat (2. Bindemittel) (Gipskalkmörtel) [6]	– – – –	1 : 0,5 : 3 1 : 1 : 4 1 : 1 : 3 1 : 2 : 4	32 33 34 35	310 230 280 200	155 230 280 400	930 920 840 800
– – – –	**P IVd** (–) [3]	Weißkalkhydrat (1. Bindemittel) und Putz- oder Stuckgips (2. Bindem.) (Kalkgipsmörtel) [7]	– – – –	1 : 0,2 : 3 1 : 0,2 : 4 1 : 0,4 : 3 1 : 0,4 : 4	36 37 38 39	380 290 360 270	75 60 140 110	1140 1160 1110 1080
–	**Va**	Anhydritbinder (Anhydritmörtel) [8]	–	1 : 2,5	40	440	–	1100
–	**Vb** (≥ 2,5)	Anhydritbinder und Weißkalk (Anhydritbinderkalkmörtel)	– –	3 : 1 : 12 2 : 1 : 8	41 42	280 270	93 135	1120 1080

[1] nach DIN V 18550: 05

[2] Das jeweils fetteste MV gilt für Sande mit ungünstiger, die mageren MV für Sande mit günstiger Kornzusammensetzung.

[3] Das (–) bedeutet: keine Mindestdruckfestigkeit gefordert.

[4] Mö. II kann auch aus NHL-P5, früher „Trasskalk", hergestellt werden. Auch eine Mischung Kalkhyd. + Trass + Portlandzement ergibt M.-mö. II, b. guter Kornzusammens. auch M.-mö. IIa.

[5] Der Zementgehalt darf nicht gekürzt werden, wenn Luftkalke oder andere, die Verarbeitung verbessernde Stoffe zugesetzt werden.

[6] Zulässig: 0,5 bis 1 RT Stuckgips oder 0,5 bis 1 RT Putzgips.

[7] Zulässig: 0,1 bis 0,2 RT Stuckgips oder 0,2 bis 0,5 RT Putzgips.

[8] 1 : 2,5 ist das magerste Mischungsverhältnis nach DIN 18550.

T1 Ein 150l-Mischer benötigt für ungefähr 125l Frischmörtel:

Zeile, → links	Bindemittel 1. l	2. l	Sand l
4	50	–	150
5	43	–	151
6	38	–	153
7	50	–	150
8	43	–	151
9	38	–	153
10	49	–	146
11	43	–	149
12	38	–	150
13	35	9	140
14	49	–	146
15	43	–	149
16	38	–	150
17	33	16	146
18	30	15	150
19	28	14	155
20	24	24	146
21	35	18	140
22	49	10	146
23	43	9	149
24	38	7,5	150
25	49	–	146
26	38	–	150
27	31	–	156

T2 Schüttdichten, Sackgewichte und Sackinhalte

- Diese Werte wurden der Tabelle links zugrunde gelegt.

Bindemittel, Sand, Vormörtel	Schüttdichte lose eingelaufen kg/l	• kg/l	Sack-Gewicht kg	Inhalt l
Weißkalkhydrate: CL 70, CL 80, CL 90	0,3 ·· 0,6	**0,5**	33	~ 67
Dolomitkalkhydrate: DL 80, DL 85	0,4 ·· 0,6	**0,5**	33	~ 67
Hydraulischer Kalk HL 2	0,4 ·· 0,8	**0,7**	40	~ 57
Hydraulischer Kalk HL 3,5	0,5 ·· 0,9	**0,8**	40	~ 50
Hydraulischer Kalk HL 5	0,6 ·· 1,0	**1,0**	40	~ 40
Putz- und Mauerbinder MC	0,8 ·· 1,1	**1,0**	40	~ 40
Zemente CEM I, CEM II, CEM III	0,9 ·· 1,4	**1,2**	25	~ 20
Trass (hydraulischer Zusatzstoff)	0,8 ·· 0,9	**0,8**	50	~ 63
Stuckgips, Putzgips	0,7 ·· 0,9	**0,9**	40 (30)	44 (33)
Anhydritbinder	0,8 ·· 1,1	**1,0**	40	~ 40
Kalkteig, abgelagert (≈ 65 % Wasser)	–	**1,25**	–	–
Mörtelsand, baustellenfeucht	1,2 ·· 1,4	**1,3**	–	–
Luftkalk-Vormörtel, nass, unverdichtet	1,5 ·· 1,7	**1,6**	–	–
Kalk-Trass-Verblendvormörtel, erdfeucht	1,3 ·· 1,5	**1,4**	–	–

T3 Zumessen nach Raumteilen

Günstig ist ein **Messkasten** aus Brettern der Grundfläche 32 cm · 32 cm ≈ **0,1 m²**, der **pro cm Höhe 1 Liter** fasst.	Mischgefäß	Vollinhalt	Arbeitsinhalt
	Baueimer, Ø oben 30 cm	14 l	10 l
	Karre = 1 Mörtelkübel	85 l	75 l
	Mörtelmischer, klein	100 l	85 l
	Mörtelmischer, mittel	150 l	125 l

Maschinenmischen nach Raumteilen

Die **Mischanweisung** mit den Bindemittel- und Sandmengen deutlich sichtbar am Mischer anbringen!

Wenn es die Mischergröße zulässt, sind die Bindemittel in ganzen Säcken, nötigenfalls auch in halben, zuzumessen.

Für den Sand möglichst einen **Messkasten**, → **T3**, verwenden. Für **Zusätze**, die nur in kleinen Mengen beigegeben werden, entsprechend kleine Zumessgefäße, z. B. Dosen, verwenden, die völlig gefüllt der Menge entsprechen.

Bei hydraulischen Bindemitteln jeweils nur so viel Mörtel auf Vorrat mischen, wie in einer Stunde verarbeitet werden kann.

Handmischen von gipshaltigen Mörteln

Wird ausnahmsweise für kleine Innen-Putzarbeiten der Gips im Kübel dem vorher gemischten Kalkmörtel oder dem Luftkalk-Vormörtel zugemischt, wird der Stuck- oder Putzgips erst kurz vor dem Putzen in zusätzlich eingegebenes Wasser eingestreut, wobei auf 1 l Gips etwa 0,6 l Wasser benötigt werden. Nach dem Aufsaugen des Wassers (keine Inseln!) rasch mit dem Kalkmörtel vermischen.

Zumessen nach Massenteilen

Das Gewicht einer Sandmenge wird viel weniger vom Feuchtegehalt beeinflusst als die Schüttdichte und damit das Volumen. Leider hat die zunehmende Verwendung von Transportbeton dazu geführt, dass auf den Baustellen kaum noch Mischer mit Waage zur Verfügung stehen.

Die **Vorteile des Zumessens nach Masse** können trotzdem genutzt werden, wenn volle Bindemittelsäcke, deren Masse bekannt ist, mit dem Gewicht des Sandes in einem Messkasten, → **T3** kombiniert werden.

Das Sandgewicht lässt sich mittels der in **T2** genannten Schüttdichte oder besser durch Wiegen eines vollen 10 l Eimers mit einer Federwaage feststellen; z.B. bei 13 kg Nettogewicht ist die Schüttdichte 13 kg : 10 l = **1,3 kg/l**

$$\text{Erf. Mt Sand} = \frac{\text{Raumteile Sand} \cdot \text{Schüttdichte von Sand}}{\text{Schüttdichte von Bindemittel}}$$

Beispiel:

Welches Mischungsverhältnis in Masseteilen hat der Kalkhydratmörtel 1 : 3 in Rt nach Zeile 4 in der Tabelle links?

Mit Sand $= \dfrac{3 \cdot 1,3}{0,5} = 7,8$

Mischungsverhältnis in Masseteilen = 1 : 7,8

Stahlbeton

Eigenschaften und Herstellung von Normalbeton, Schwerbeton und gefügedichtem Leichtbeton sind in der DIN EN 206: 14 geregelt. Die für die Anwendung dieser Norm erforderlichen nationalen Regelungen sind in DIN 1045-2: 08 gegeben. Die Beziehungen dieser zentralen Normen zu anderen Regelwerken stellen sich wie folgt dar:

T1 Beziehungen zwischen den Normen und Regelwerken

Bemessung und Konstruktion: DIN EN 1992-1-1:11	Beton: DIN EN 206:14 und DIN 1045-2:08	Betonausführung DIN 1045-3:12	Ergänzende Regeln für Fertigteile, DIN 1045-4: 12

Mitgeltende Regelwerke

Prüfverfahren für Frischbeton: DIN EN 12 350 (u.a.)	Zement: DIN EN 197-1: 11, DIN 1164
Prüfverfahren für Festbeton: DIN EN 12 390, DIN 1048-5: 91 (u. a.)	Flugasche für Beton: DIN EN 450
Nachweis der Betondruckfestigkeit in Bauwerken: DIN 1048-4	Silicastaub für Beton: Allgemeine bauaufsichtliche Zulassungen
Gesteinskörnungen für Beton: DIN EN 12620:08	Trass: DIN 51 043:79
Hartstoffe für zementgebundene Hartstoffestriche: DIN 1100:04	Pigmente zum Einfärben von zement- und kalkgebundenen Baustoffen: DIN EN 12 878: 14
Zugabewasser: DIN EN 206: 14	Referenzbetone: DIN EN 480-1: 11
DafStb-Richtlinien: Beton mit rezyklierten Gesteinskörnungen, Restwasser, Verzögerter Beton, Trockenbeton, Alkalireaktion, Betonbau im Umgang mit wassergefährdenden Stoffen	Zusatzmittel für Beton, Mörtel und Einpressmörtel: DIN EN 934

T2 Begriffe

Beton nach Eigenschaften	Beton, dessen Eigenschaften festgelegt sind. Diese Eigenschaften sind vom Hersteller zu erzielen.
Beton nach Zusammensetzung	Beton, dessen Zusammensetzung festgelegt ist. Diese definierte Zusammensetzung ist vom Hersteller zu verwenden.
Expositionsklassen	Systematisierung und Klassifizierung der Umgebungsbedingungen für Beton
Frischbeton	Fertig gemischter, noch verarbeitbarer und verdichtbarer Beton
Festbeton	Eingebauter, mindestens sieben Tage erhärteter, tragfähiger Beton mit definierbaren Festigkeiten
Gesteinskörnung	Zuschlag
Grüner Beton	Eingebauter und verdichteter, aber nur unwesentlich erstarrter Beton
Grünstandfestigkeit	Belastbarkeit des grünen Betons
Hersteller	Werk oder Person, das oder die Beton herstellt
Hydraulisch erhärtend	Unter Einbindung von Wasser stattfindende Erhärtung, die auch das Erhärten unter Wasser und damit wasserfeste Bindemittel ermöglicht
Puzzolane	Natürliche, hydraulisch erhärtende Bindemittel wie Trass oder Puzzolanerde, siehe auch → Zemente
Standardbeton	Beton mit einer nach Norm geregelten Zusammensetzung
Verwender	Baustelle oder Person, die den Frischbeton einbaut
Wasserzementwert	Masseverhältnis wirksamer Wassergehalt zu Zement in einem Beton
Wirksamer Wassergehalt	Gesamtmenge des dem Beton zugegebenen Wassers minus der Menge, die von der Gesteinskörnung aufgenommen wird
Zementleim	Die Mischung aus Wasser und Zement vor dem Erstarren
Zugabewasser	Jedes zur Anmischung von Beton geeignete Wasser, das keine Bestandteile enthält, die die Erhärtung beeinflussen oder Korrosion verursachen

T3 Beton als 5-Stoff-System

Stoff	Beispiele für Variable
Zement	– Zementart, -festigkeitsklasse – Zementgehalt – Besondere Eigenschaften
Gesteinskörnung (Zuschlag)	– Rohdichte – Natürlich, künstlich, Sand, Kies, Brechsand, Splitt – Kornaufbau, Sieblinie – Besondere Eigenschaften
Wasser	Begrenzung betonschädlicher Inhaltsstoffe
Zusatzstoffe	– Flugasche, Trass, Silicastaub – Gesteinsmehl – Pigmente – Kunststoff (-dispersionen) – Fasern (Stahl, Glas, Kunststoff)
Zusatzmittel	BV, FM, LP, DM, VZ, BE, ST, CR

T4 Beispiele für Entwurfseigenschaften (Leistungsmerkmale) von Frischbeton

Verarbeitbarkeit (Konsistenz)

Verarbeitbarkeitszeit

Entmischungsneigung
– Wasserrückhaltevermögen (kein „Bluten", d. h. Absetzen von Anmachwasser)
– Absetzen von Feinmörtel
– Absetzen der groben Gesteinskörnung (Sedimentation der groben Gesteinskörnung)
– Zusammenhaltevermögen (Absondern von Grobkorn beim Verfüllen und Aufprall)

Ansteifverhalten

Grünstandfestigkeit

Schwindverhalten

T5 Zusatzmittel   DIN EN 934-1: 08

Zusatzmittel werden dem Beton in geringen Mengen (< 5 M.-% bezogen auf Zementmasse) und fein verteilt zugegeben, um bestimmte Eigenschaften des Frischbetons oder des Festbetons gezielt zu beeinflussen. Zusatzmittel müssen nachweislich den Anforderungen der DIN EN 934-1: 08 entsprechen.

Wirkungs-gruppe	Wirkung	Farbkenn-zeichnung	Rohstoffe
Betonver-flüssiger (BV)	Verbesserung der Verarbeitbarkeit und/oder Verringerung des Wasseranspruchs	Gelb	Lignin- oder Melamin- oder Naphthalin-sulfonate, Polycarboxylate oder Mischungen daraus
Chromat-reduzierer (CR)	Binden im Zement evtl. enthaltenes Chromat	Rosa	Eisen(II)sulfat
Dichtungsmittel (DM)	Verringerung des Porenvolumens und der kapil-laren Wasseraufnahme	Braun	Salze höherer Fettsäuren, z. B. Ca-Stearat oder Zn-Stearat
Beschleuniger (BE)	Beschleunigung der Festigkeitsentwicklung in einer frühen Phase oder Beschleunigung des Erstarrens des Zementleims bis zur Grünstand-festigkeit	Grün	Silikate, Aluminate, Carbonate, Formiate, Aluminiumhydroxid und Aluminiumsulfat
Fließmittel (FM)	Erhebliche Verbesserung der Verarbeitbarkeit und/oder Verringerung des Wasseranspruchs	Grau	Melamin- oder Naphthalinsulfonate, Polycarboxylate oder Mischungen daraus
Luftporen-bildner (LP)	Bildung von kleinen, gleichmäßig verteilten Luftporen im Festbeton (oft zur Verbesserung der Frostbeständigkeit)	Blau	Seifen natürlicher Harze und andere nicht-ionische und anionische Tenside
Stabilisierer (ST)	Verhinderung des „Blutens" von Frischbeton (Abscheidung von Wasser)	Violett	Celluloseether und Stärkeether
Verzögerer (VZ)	Verlängerung des Verabeitungszeitraumes durch Verzögerung der Erstarrung des Zementleims	Rot	Zucker wie Saccharose und Gluconate, auch Phosphate und Ligninsulfonate

Stahlbeton   219

Gesteinskörnungen für Beton und Stahlbeton mit dichtem Gefüge

Die Gesteinskörnung soll möglichst grobkörnig und hohlraumarm sein: so grob wie Mischen, Fördern und Einbringen (Schalungsquerschnitt und Bewehrungsabstand) es zulassen.

Das **Größtkorn** soll 1/3 der kleinsten Bauteilabmessung nicht überschreiten.

Im Stahlbeton soll der Durchmesser des gröbsten Kornes höchstens die Hälfte des kleinsten Bewehrungsabstandes betragen.

Siebversuche sind erforderlich: bei der ersten Lieferung einer Gesteinskörnung und beim Wechsel der Gewinnungsstätte.
Die Siebversuche werden nach DIN EN 933-1: 12 durchgeführt, Prüfsiebe sind in DIN ISO 3310-1: 01 oder DIN ISO 3310-2: 01 festgelegt.

Die **Kornform** soll möglichst gedrungen sein.
Körner mit ungünstiger Form (plattig oder langsplittrig) mit Länge: Dicke > 3 : 1 sollen im Zuschlag > 8 mm höchstens 50 % Anteil haben.

Abschlämmbare Bestandteile: Bestimmen mit einem **Absetzversuch**, → Mörtelsandprüfung.
In **zwei** 1000 cm³ Messzylinder je 500 cm³ der aus dem Gesamtzuschlag ausgesiebten Korngruppe 0/4 und 3/4 l Wasser geben, schütteln.

Die Dicke der Schlammschicht wird, wenn das überstehende Wasser klar ist, nach 1 Stunde, wenn es nach 1 Std. noch trüb ist, erst nach 24 Std. abgemessen.

Es darf angenommen werden, dass 1 cm³ der Schlammschicht nach **1 Stunde 0,6 g** Abschlämmbares und nach **24 Stunden 0,9 g** davon enthält.

Auswaschversuch: Auf einem 0,063 mm-Sieb werden 1000 g der Körnung bis 4 mm oder 2000 g der Körnungen bis 8 mm oder 5000 g noch gröberer Körnungen mit dem Wasserstrahl ausgewaschen.

Um das Feinsieb zu schonen, muss darüber ein gröberes Sieb angeordnet werden.

Die Proben müssen vor und nach dem Versuch getrocknet werden. Aus der Massedifferenz und der Ausgangsmasse kann der %-Wert errechnet werden.

Beispiel:
Ausgangsmasse: 956 g, Endmasse: 927 g.

Anteil < 0,063 = 956 – 927 = 29 g $\triangleq \dfrac{29 \cdot 100}{956}$ = 3,03 M.-%

T1 Zulässiger Anteil an Abschlämmbarem

Korngruppen	in M.-%
0/1, 0/2, 0/4	4,0
0/8, 1/2, 1/4, 2/4	3,0
0/16, 0/32, 2/8, 4/8	2,0
0/63, 2/16, 4/16, 4/32	1,0
8/16, 8/32, 16/32, 32/63	0,5

T2 Siebungs-Probemengen

Größt-Ø	in kg	
	gesamt	je Siebung
≤　2 mm	10	0,5
≤　8 mm	20	2
≤ 32 mm	30	5
≤ 63 mm	40	10

Siebversuch:
Ermitteln der Kornverteilung mittels Handsiebung.

Proben an verschiedenen Stellen entnehmen, bis Durchschnittsprobe > 4facher Gesamtmenge, → **T2**.

Auf sauberer Unterlage ausbreiten, teilen und ausschneiden. Rest wieder mischen, bis die Gesamtmenge nach **T2** erreicht ist.

Bei > 100 °C trocknen (nicht glühen), abkühlen, mischen, Einzelmenge (bei 0/16 z.B. 5 kg) grammgenau abwiegen, in den Siebsatz geben und sieben.

Die groben Siebe können nach wenigen Minuten, beginnend mit Sieb 32, abgenommen werden.

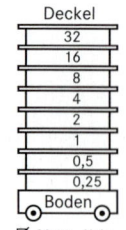

Deckel
32
16
8
4
2
1
0,5
0,25
Boden

Ø 30 cm - Holzrandsiebe
od. Ø 40 cm - Blechrandsiebe

Jeweils über Papier prüfen, ob noch etwas durchfällt und Siebe mit Inhalt zur Seite stellen. Mit restlichem Siebsatz weitersieben. Beim Wiegen mit dem Boden (0/0,25) beginnen und dann die Rückstände mit zunehmend größeren Sieben dazuschütten und die Gewichtssummen feststellen und in Zeile 1 notieren.
Den Versuch mit neuem Siebgut wiederholen und in Zeile 2 notieren. Die Werte aus den Zeilen 1 und 2 addieren und in Zeile 3 eintragen, daraus die M.-% ermitteln und in Zeile 4 eintragen. Transparentpapier auf den passenden Sieblinienvordruck, → Kornzusammensetzung, legen.

Die Sieblinie zeichnen und beurteilen.

Beispiel 1: Sieblinie von Kies 0/16 ermitteln.

Z.	Ø →	0/0,25	0/0,5	0/1	0/2	0/4	0/8	0/16	0/32
1	1. V.	296	782	1310	1882	2480	3512	4760	4980
2	2. V.	312	775	1376	1888	2506	3502	4782	5000
3	Su.:	608	1557	2686	3770	4986	7014	9542	9980
4	M.-%	6	16	27	38	50	70	95	100

Urteil: Sieblinie liegt im Bereich ❸ des Siebliniendiagramms.

Beispiel 2 in **T5**:
Sieblinie einer Mischung von Kies und Sand ermitteln.
Die Sieblinie von Sand (S) und Kies (K) feststellen.
Probeweise 50 % Sand 0/4 und 50 % Kies 8/32 nehmen.

Sieblinie	0/0,25	0/0,5	0/1	0/2	0/4	0/8	0/16	0/32
Sand	12	24	40	60	92	100	100	100
Kies	0	0	0	0	0	8	50	100
1/2 v.S.	6	12	20	30	46	50	50	50
1/2 v.K.	0	0	0	0	0	4	25	50
Su. M.-%	6	12	20	30	46	54	75	100

Urteil: Sieblinie liegt im Bereich ❸

T3 Zusatzstoffe

DIN EN 206: 14

Betonzusatzstoffe sind sehr fein verteilte anorganische (mineralische) oder organische Feststoffe, die der Verbesserung bestimmter Eigenschaften des Frisch- oder Festbetons dienen. Im Gegensatz zu den Zusatzmitteln müssen sie in die Stoffraumrechnung des Betons einbezogen werden.

Gruppe	Art (Normung)		Einsatz
Inerte Zusatzstoffe	Gesteinsmehle	(DIN EN 12620: 08)	Sieblinie, Fließeigenschaften
	Pigmente	(DIN EN 12 878: 14)	Färbung
Aktive Zusatzstoffe (künstliche Puzzolane)	Flugasche	(DIN EN 450-1: 12, -2: 05)	Erhärtungsfördernder Zusatz zum Bindemittel
	Trass	(DIN 51043: 79)	
	Silicastaub		

T4 Gesteinskörnungen (Zuschlag)

DIN EN 12620: 08; DIN 4226-100: 02

Gesteinskörnungen werden differenziert in normale Gesteinskörnungen und schwere Gesteinskörnungen (DIN EN 12620: 08), leichte Gesteinskörnungen (DIN EN 12620: 08) und rezyklierte Gesteinskörnungen (DIN 4226-100: 02).

Zuschlagart	Natürlicher Zuschlag		Künstlicher Zuschlag	Kornrohdichte in kg/dm^3
	Natürlich gekörnt	Mechanisch zerkleinert		
Normale Gesteinskörnung	Flusssand, Flusskies, Grubensand, Grubenkies, Moränensand, Dünensand	Brechsand, Splitt und Schotter aus geeigneten Natursteinen	Hochofen- u. Metallhüttenschlacke, Klinkerbruch, Sintersplitt, Korund, Si-Carbid	≥ 2,0 - < 3,0
Leichte Gesteinskörnung	Bims, Lavakies, Lavasand	Gebrochener Bims	Blähschiefer, Blähton, Ziegelsplitt	0,4 - 2,0
Hochwärmedämmende Gesteinskörnung	–	Gebrochene Schaumlava, gebrochener Tuff	Perlit, Schaumglasgranulat, Schaumkunststoffe	0,1 - 0,4
Schwere Gesteinskörnung	Baryt (Schwerspat), Magnetit	Baryt, Magnetit, Roteisenstein, Ilmenit, Hämatit	Stahlgranulat, Stahlsand, Schwermetallschlacke	≥ 3,0
Rezyklierte Gesteinskörnung	–	–	Betonsplitt u. -brechsand Bauwerkssplitt u. -brechsand	≥ 2,0
			Mauerwerkssplitt, Mauerwerksbrechsand	≥ 1,8
			Mischsplitt u. Mischbrechsand	≥ 1,5

T5 Sieblinien

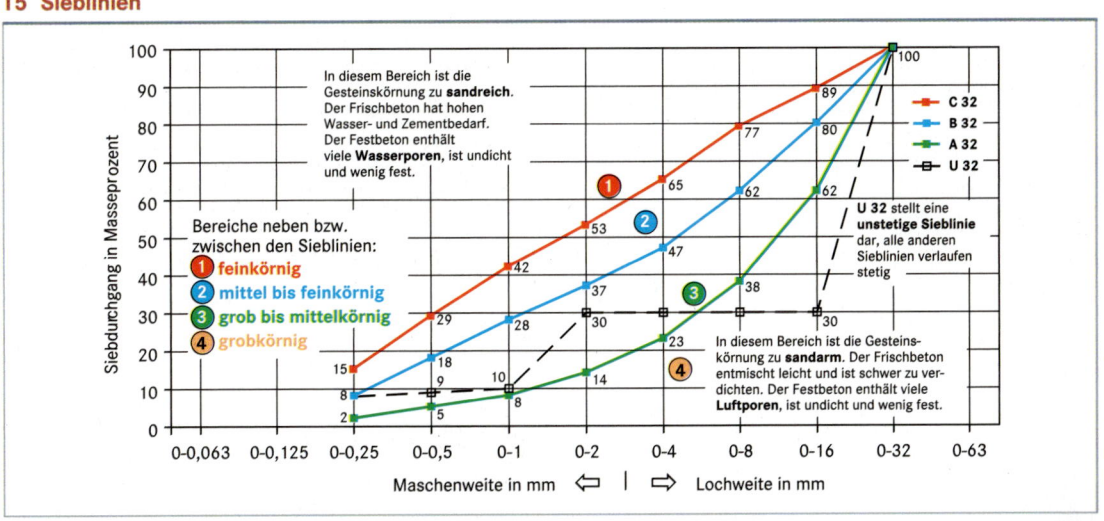

Kornanteile und Körnungsziffern der Sieblinien

DIN 1045-2: 08

Sieblinie	Kornanteil (Siebdurchgang) in M.-% bei Maschenweiten [mm]								Körnungs-ziffer k
	0,25	0,5	1,0	2,0	4,0	8,0	16,0	32,0	
A32	2	5	8	14	23	38	62	100	5,48
B32	8	18	28	37	47	62	80	100	4,20
C32	15	29	42	53	65	77	89	100	3,30
U32	2	5	8	30	30	30	30	100	5,65
A16	3	8	12	21	36	60	100	–	4,60
B16	8	20	32	42	56	76	100	–	3,66
C16	18	34	49	62	74	88	100	–	2,75
U16	3	8	12	30	30	30	100	–	4,87
A8	5	14	21	36	61	100	–	–	3,63
B8	11	26	42	57	74	100	–	–	2,90
C8	21	39	57	71	85	100	–	–	2,77
U8	5	17	30	30	30	100	–	–	3,88

Die Körnungsziffer k ist die Summe der in % angegebenen Rückstände auf dem vollständigen Siebsatz mit 9 Sieben bis 63 mm geteilt duch 100:

$$k = \frac{\Sigma \, \text{Rückstände [M.-\%]}}{100 \, \%}$$

Abschätzung des Wasseranspruchs

Abschätzung des Wasseranspruchs w [kg/m^3] von Frischbeton für verschiedene Konsistenzklassen (→ Frischbeton) in Abhängigkeit von der Sieblinie der Gesteinskörnung

Kon-sistenz-klasse	Wasser-anspruch in kg/m^3	Sieblinie								
		A8	B8	C8	A16	B16	C16	A32	B32	C32
F1	Hoch	155 ± 20	175 ± 20	205 ± 20	140 ± 20	150 ± 20	185 ± 20	130 ± 15	140 ± 20	165 ± 20
	Niedrig	150 ± 20	170 ± 20	185 ± 20	120 ± 20	140 ± 20	175 ± 20	105 ± 15	130 ± 20	160 ± 20
F2	Hoch	190 ± 15	205 ± 15	230 ± 15	170 ± 15	185 ± 15	215 ± 15	155 ± 10	175 ± 10	200 ± 10
	Niedrig	185 ± 15	200 ± 15	215 ± 15	155 ± 15	180 ± 15	205 ± 15	135 ± 10	165 ± 15	195 ± 15
F3	Hoch	210 ± 10	225 ± 10	250 ± 10	190 ± 10	205 ± 10	235 ± 10	175 ± 10	195 ± 10	220 ± 10
	Niedrig	205 ± 10	220 ± 10	235 ± 10	175 ± 10	200 ± 10	225 ± 10	150 ± 10	185 ± 10	215 ± 10
Körnungsziffer k		3,64	2,89	2,27	4,60	3,66	2,75	5,48	4,20	3,30

Stahlbeton

T1 Schütt- und Kornrohdichten von Gesteinskörnungen

Mittelwerte		Schüttdichte lose eingelaufen		Kornroh-dichte
Art des Betonzuschlags	Kör-nung mm Ø	feucht kg/l	tro-cken kg/l	ϱ_K kg/dm^3
Natursand mit günstiger Sieblinie	0/1	1,1	1,45	2,65
	0/2	1,2	1,5	2,65
	0/4	1,3	1,55	2,65
Hochofenschlackensand	0/4	–	1,4	2,7
Hüttenbimssand	0/4	–	0,9	1,3
Naturbimssand	0/4	– 2)	0,7	1,1
Blähschiefersand	0/4	–	1,0	1,7
Blähtonsand	0/4	–	0,7	1,4
Naturkiessand mit günstiger Sieblinie	0/8	1,4	1,6	2,65
	0/16	1,5	1,7	2,65
	0/32	1,6	1,8	2,65
Naturkiessand mit brauchbarer Sieblinie	0/8	1,3	1,55	2,65
	0/16	1,4	1,65	2,65
	0/32	1,5	1,75	2,65
Naturkies	2/8	1,7	1,7	2,65
Granit, Kalkstein 3)	oder 4/16	1,5	1,5	2,65
Basalt, Gabbro 3)	oder 8/32	1,7	1,7	2,90
Naturbims	2/8	–	0,6	0,8
Hüttenbims		–	0,83	1,1
Blähschiefer	oder 4/16	–	0,75	1,0
Blähton	oder 8/32	–	0,6	0,8
Naturkies	„Einkorn"	1,6	1,6	2,65
Granit, Kalkstein 3)	2/4 o. 4/8	1,3	1,3	2,65
Basalt, Gabbro 3)	8/16 oder 16/32	1,5	1,5	2,9
Naturbims		–	0,5	0,8
Hüttenbims		– 2)	0,73	1,1
Blähschiefer		–	0,67	1,0
Blähton		–	0,5	0,8

T2 Nutzinhalt von Betonmischern

Nenninhalt 4) des Mischers in m^3		150 l 0,15	250 l 0,25	330 l 0,33	500 l 0,50	750 l 0,75	1000 l 1,00
Nutzinhalt in m^3 fertig-verdichteter Beton	KS	0,15	0,25	0,33	0,50	0,75	1,00
	KP	0,17	0,29	0,38	0,57	0,86	1,15
	KR	0,19	0,31	0,41	0,62	0,94	1,25

A1 Wasser im Frischbeton

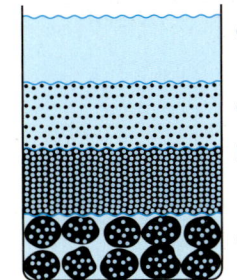

d Zugabewasser zum „deutlich feuchten" Betonzuschlag

c Wasser im „deutlich feuchten" Sand

b Wasser im „bautrockenen" Sand, in den engsten Zwischenräumen zwischen Körnern des Feinsandes

a Wasser in den offenen Poren der Körner des Zuschlages

Mengen des Zugabewassers in den Betonrezepten
→ Betonrezepte:

d → Spalten 7, 13 und 19

c + d → Spalten 5, 11 und 17

b + c + d → die wirksame Wassermenge für den **wirklichen Wasserzementwert**.

Die in den Spalten 9, 15 und 21 genannten W/Z-Werte erhöhen sich also beim Mischen mit „bautrockenem" Zuschlag. Das Zugabewasser sollte deshalb so knapp wie möglich zugemessen werden, damit beim Erhärten des „Zement-Wasser-Leimes" zu „Zementstein" möglichst wenig Wasserporen entstehen, welche die Festigkeit des Betons vermindern. Die erforderliche Verarbeitbarkeit ist besser durch BV- oder FM-Zusatzmittel zu erreichen.

T3 Betonsortenverzeichnis

Das **Betonsortenverzeichnis** eines Bauwerkes gibt die lieferbaren Betonarten an. Die Eigenschaften des Betons werden durch den **Ausschreibenden** festgelegt. Der **Hersteller** liefert den Nachweis, dass diese Eigenschaften erreicht werden.
Der **Verwender** muss auf der Baustelle prüfen, ob der gelieferte Beton der Bestellung entspricht.

Wichtige Angaben im Betonsortenverzeichnis:

– Festigkeitsklasse,

– Konsistenzbereich,

– Eignung der Außenbauteile, für Stahlbeton usw.,

– Art, Festigkeitsklasse und Masse des Bindemittels,

– Wassergehalt und Wasser/Zement-Wert,

– Art, Masse und Sieblinienbereich der Gesteinskörnung,

– ggf. Art und Masse des zugesetzten Mehlkorns,

– ggf. Art und Masse der Zusatzstoffe und -mittel,

– Festigkeitsentwicklung,

– erforderliche Nachbehandlung.

---

1) Die Zahlenwerte der Schütt- und Kornrohdichten streuen erheblich, beeinflusst von Porigkeit, Kornform, Wassergehalt und Reindichte.

Für Unterrichtszwecke sind diese Tabellenwerte brauchbar, für die Baustelle Hersteller befragen.

2) Mittelwerte nicht angebbar, weil die Körner Wasser aufnehmen.

3) Gebrochenes Korn; Splitt, Schotter usw.

4) Nach DIN 459: 95.

Stahlbeton

Beton- und Ze- ment- festig- keits- klas- sen	Gesteins- körnung ③ niedriger ④ hoher Wasser- anspruch		T1 „Stampfbeton", Konsistenz F1, steif						T2 „Rüttelbeton", Konsistenz F2, plastisch					
			Ze- ment	Zuschläge				Mischungs- verhältnis (trockener Zuschlag)	Ze- ment	Zuschläge				Mischungs- verhältnis (trockener Zuschlag)
				feucht		trocken				feucht		trocken		
			Z ≥ $\frac{kg}{m^3}$	W $\frac{l}{m^3}$	G $\frac{kg}{m^3}$	W $\frac{l}{m^3}$	G $\frac{kg}{m^3}$	z : w : g kg : kg : kg w ≙ W/Z-Wert	Z $\frac{kg}{m^3}$	W $\frac{l}{m^3}$	G $\frac{kg}{m^3}$	W $\frac{l}{m^3}$	G $\frac{kg}{m^3}$	z : w : g kg : kg : kg w ≙ W/Z-Wert
	Korn- Ø mm													
Sp. 1	2	3	4	5	6	7	8	9	10	11	12	13	14	15
C 8/16 mit CEM 32,5 oder 32,5 R	0/16	③	210	80	2025	157	1948	1 : 0,74 : 9,3	230	100	1960	175	1885	1 : 0,76 : 8,2
		④	230	80	1970	175	1885	1 : 0,76 : 8,2	253	105	1900	195	1810	1 : 0,77 : 7,2
	0/32	③	190	85	2070	145	2010	1 : 0,76 : 10,6	210	100	2010	160	1953	1 : 0,76 : 9,3
		④	210	82	2030	160	1953	1 : 0,76 : 9,3	230	105	1960	180	1885	1 : 0,78 : 8,2
	0/64	③	170	95	2107	130	2067	1 : 0,79 : 12,2	190	110	2050	145	2010	1 : 0,78 : 8,2
		④	190	90	2070	150	2010	1 : 0,78 : 10,6	207	105	2015	165	1955	1 : 0,79 : 9,4
C 12/15 mit CEM 32,5 oder 32,5 R	0/8	③	288	95	1880	175	1800	1 : 0,60 : 6,3	325	117	1803	195	1725	1 : 0,61 : 5,3
		④	325	105	1805	200	1712	1 : 0,61 : 5,3	360	130	1745	220	1655	1 : 0,61 : 4,6
	0/16	③	265	80	2070	157	1903	1 : 0,59 : 7,2	297	102	1898	175	1825	1 : 0,58 : 6,1
		④	297	85	1915	175	1825	1 : 0,58 : 6,1	330	108	1833	195	1745	1 : 0,59 : 5,3
	0/32	③	240	85	2030	145	1970	1 : 0,60 : 8,2	270	103	1960	160	1903	1 : 0,59 : 7,1
		④	270	85	1978	160	1903	1 : 0,59 : 7,1	300	107	1896	180	1823	1 : 0,60 : 6,1
C 12/15 mit CEM 42,5 oder 42,5 R	0/8	③	265	93	1907	175	1825	1 : 0,66 : 6,9	297	117	1823	195	1745	1 : 0,65 : 5,9
		④	297	105	1828	200	1733	1 : 0,67 : 5,8	330	130	1745	220	1655	1 : 0,66 : 5,0
	0/16	③	240	80	2000	157	1925	1 : 0,65 : 8,0	270	100	1925	175	1850	1 : 0,64 : 6,9
		④	270	82	1943	175	1850	1 : 0,64 : 6,9	300	105	1868	195	1778	1 : 0,65 : 5,9
	0/32	③	215	85	2048	145	1988	1 : 0,67 : 9,2	243	102	1985	160	1927	1 : 0,65 : 7,9
		④	243	83	2005	160	1927	1 : 0,65 : 7,9	270	105	1925	180	1850	1 : 0,66 : 6,9
C 20/25 mit CEM 32,5 oder 32,5 R	0/8	③	336	95	1848	175	1786	1 : 0,52 : 5,3	372	120	1760	195	1683	1 : 0,52 : 4,5
		④	372	108	1762	200	1670	1 : 0,53 : 4,5	408	133	1672	220	1585	1 : 0,53 : 3,5
	0/16	③	308	82	1940	157	1865	1 : 0,50 : 6,1	340	103	1862	175	1790	1 : 0,51 : 5,3
		④	340	85	1880	175	1790	1 : 0,51 : 5,3	375	110	1792	195	1707	1 : 0,52 : 4,6
	0/32	③	280	87	1993	145	1935	1 : 0,51 : 6,9	310	105	1925	160	1868	1 : 0,51 : 6,0
		④	310	85	1943	160	1868	1 : 0,51 : 6,0	340	108	1862	180	1790	1 : 0,52 : 5,3
C 20/25 mit CEM 42,5 oder 42,5 R	0/8	③	308	95	1870	175	1790	1 : 0,56 : 5,8	340	118	1787	195	1710	1 : 0,57 : 5,0
		④	340	107	1788	200	1695	1 : 0,58 : 5,0	375	130	1705	220	1615	1 : 0,58 : 4,3
	0/16	③	280	82	1965	157	1890	1 : 0,56 : 6,8	310	102	1888	175	1815	1 : 0,56 : 6,2
		④	310	85	1995	175	1815	1 : 0,56 : 6,2	340	107	1822	195	1725	1 : 0,57 : 5,1
	0/32	③	252	85	2015	145	1955	1 : 0,57 : 7,6	280	103	1952	160	1895	1 : 0,57 : 6,8
		④	280	85	1970	160	1895	1 : 0,57 : 6,8	305	107	1890	180	1818	1 : 0,59 : 6,0

Beton C 20/25 mit CEM 32,5; Gesteinskörnung 0/16 und hohem Wasseranspruch Konsistenz F2 oder F3 werden kaum eingesetzt (vgl. Expositionsklassen – Mindestanforderungen) in den Expositionsklassen:

XC3 und XF1, da dort die Mindestbedingungen Zementgehalt, Festigkeit und W/Z-Wert eingehalten werden.

Kurzzeichen:
Z = Zement,
W = Wasser,
G = Zuschlag

☐ (grün) nur für unbewehrten Beton   ☐ auch für Stahlbeton

Stahlbeton

T3 Beton, Konsistenz F3, weich

Ze-ment	Zuschläge				Mischungs-verhältnis
	feucht		trocken		(trockener Zuschlag)
Z ≥ $\frac{kg}{m^3}$	W $\frac{l}{m^3}$	G $\frac{kg}{m^3}$	W $\frac{l}{m^3}$	G $\frac{kg}{m^3}$	z : w : g kg : kg : kg w ≙ W/Z-Wert
Sp. 16	17	18	19	20	21
253	120	1890	193	1818	1 : **0,76** : 7,2
285	128	1817	215	1730	1 : **0,75** : 6,1
230	118	1955	175	1897	1 : **0,76** : 8,2
260	128	1877	200	1805	1 : **0,76** : 6,9
207	120	2007	160	1967	1 : **0,77** : 9,5
235	123	1950	180	1892	1 : **0,76** : 8,1
360	140	1715	215	1640	1 : **0,59** : 4,6
395	155	1645	240	1560	1 : **0,60** : 3,9
330	123	1822	193	1752	1 : **0,58** : 5,3
363	132	1743	215	1660	1 : **0,59** : 4,8
300	120	1890	175	1835	1 : **0,58** : 6,2
330	130	1820	300	1745	1 : **0,60** : 5,3
330	140	1742	215	1667	1 : **0,65** : 5,1
363	155	1656	240	1570	1 : **0,66** : 4,3
300	123	1845	193	1775	1 : **0,64** : 5,9
330	130	1778	215	1693	1 : **0,65** : 5,1
270	120	1920	175	1863	1 : **0,64** : 6,9
297	130	1845	200	1773	1 : **0,67** : 6,0
408	143	1670	215	1598	1 : **0,52** : 3,9
455	158	1575	240	1492	1 : **0,52** : 3,3
375	125	1780	193	1712	1 : **0,51** : 4,6
418	135	1697	215	1617	1 : **0,51** : 3,9
340	120	1855	175	1802	1 : **0,51** : 5,3
380	132	1768	200	1700	1 : **0,52** : 4,5
375	142	1700	215	1627	1 : **0,57** : 4,3
418	155	1610	240	1525	1 : **0,57** : 3,7
340	123	1810	193	1740	1 : **0,56** : 5,1
380	133	1730	215	1648	1 : **0,56** : 4,3
305	120	1985	175	1830	1 : **0,57** : 6,0
342	130	1802	200	1733	1 : **0,58** : 5,1

T4 Rohdichte

Prüfverfahren nach DIN EN 12 390-7 : 09 in Leicht-, Normal- und Schwerbeton eingeteilt

Leichtbeton	Dichte > 800 kg/m^3 und < 2000 kg/m^3
Normalbeton	Dichte > 2000 kg/m^3 und < 2600 kg/m^3
Schwerbeton	Dichte > 2600 kg/m^3

T5 Druckfestigkeitsklassen für Normal-, Schwer- und Leichtbeton DIN EN 206 : 14

Druckfestig-keitsklassen	Mindestdruck-		Druckfestig-keitsklassen	Mindestdruck-	
	Zylinder [1] N/mm^2	Würfel [2] N/mm^2		Zylinder [1] N/mm^2	Würfel [2] N/mm^2
Normal- und Schwerbetone			Leichtbetone		
C8/10	8	10	LC8/9	8	9
C12/15	12	15	LC12/13	12	13
C16/20	16	20	LC16/18	16	18
C20/25	20	25	LC20/22	20	22
C25/30	25	30	LC25/28	25	28
C30/37	30	37	LC30/33	30	33
C35/45	35	45	LC35/38	35	38
C40/50	40	50	LC40/44	40	44
C45/55	45	55	LC45/50	45	50
C50/60	50	60	LC50/55	50	55
Hochfeste Normal- und Schwerbetone			Hochfeste Leichtbetone		
C55/67	55	67	LC55/60	55	60
C60/75	60	75	LC60/66	60	66
C70/85	70	85	LC70/77	70	77
C80/95	80	95	LC80/88	80	88
C90/105	90	105	[1] Ø 150 mm, Länge 300 mm		
C100/115	100	115	[2] Kantenlänge 150 mm		

Zuschlagfeuchten, die in den Spalten 6, 12, 18 und 21 der Betonrezepte zugrunde gelegt wurden:

0/8: bei ③ 4,5%, bei ④ 5,5% **0/32**: bei ③ 3%, bei ④ 4%
0/16: bei ③ 4%, bei ④ 5% **0/63**: bei ③ 2%, bei ④ 3%

Stahlbeton

Konsistenz des Frischbetons, Konsistenzklassen

Setzmaß nach DIN EN 12350-2: 09		Ausbreitmaß nach DIN EN 12350-5: 09		
Klasse	Setzmaß in mm [1]	Klasse	Ausbreitmaß in mm [1]	Beschreibung
S1	10 – 40	F1	≤ 340	Steif
S2	50 – 90	F2	350 – 410	Plastisch
S3	100 – 150	F3	420 – 480	Weich
S4	160 – 210	F4	490 – 550	Sehr weich
S5	≥ 220	F5	550 – 620	Fließfähig
Setzzeit nach DIN EN 12350-3: 09		F6	≥ 630 [2]	Sehr fließfähig
Klasse	Zeit in s	**Verdichtungsmaß nach DIN EN 12350-4: 09**		
V0	≥ 31	Klasse	Verdichtungsmaß c	Beschreibung
V1	21 – 30	C0	≥ 1,46	Sehr steif
V2	11 – 20	C1	1,45 – 1,26	Steif
V3	6 – 10	C2	1,25 – 1,11	Plastisch
V4	3 – 5	C3	1,10 – 1,04	Weich

[1] Werte werden auf 10 mm gerundet

[2] ab Ausbreitmaßen > 700 mm gilt die RiLi selbstverdichtender Beton des DAfStb

Darstellung der Konsistenzprüfverfahren

DIN EN 12350-2 bis -5: 09

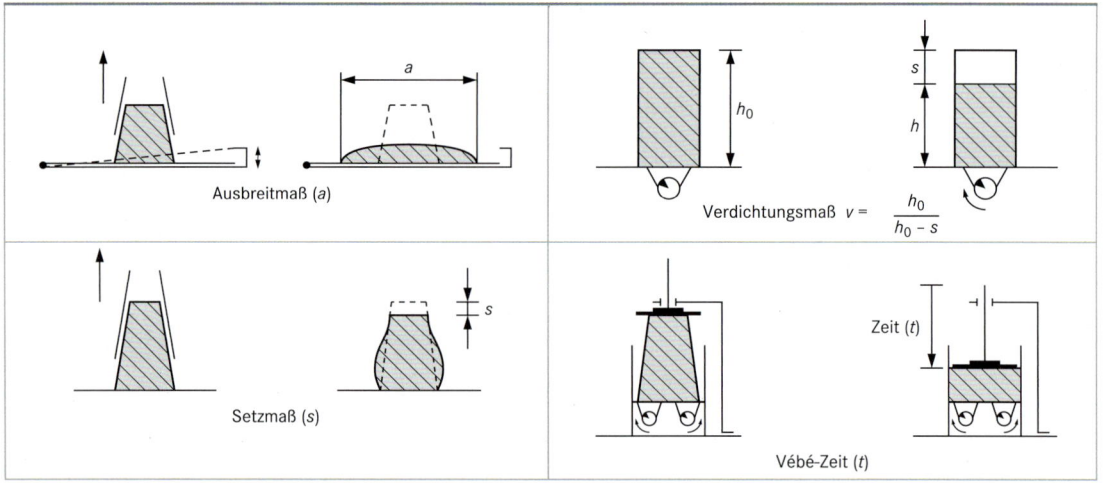

Ausbreitmaß (a)

Verdichtungsmaß $v = \dfrac{h_0}{h_0 - s}$

Setzmaß (s)

Vébé-Zeit (t)

Beton nach Eigenschaften/Zusammensetzung
Concrete characteristics/composition

DIN EN 206: 14

	Beton nach Eigenschaften	Beton nach Zusammensetzung
Ausschreibender	Legt die Eigenschaften fest	Legt die Eigenschaften fest und sorgt für die Erstprüfung
Hersteller (z. B. Betonwerk)	Stellt den Beton her, führt die Erstprüfung durch und sichert die Konformität zur Norm	Stellt den Beton nach der angegebenen Zusammensetzung her
Verwender (Baustelle)	Führt die Annahmeprüfung durch	Führt die Annahmeprüfung durch

	Korrosions- oder Angriffsrisiko	Klasse [1]	Beschreibung der Umgebung	Beispiele für Umgebungsbedingungen (weitere Beispiele und Erläuterungen s. DIN EN 1992-1-1: 11)
1	Kein Korrosions- oder Angriffs-risiko	X0	Kein Angriffsrisiko	Bauteil ohne Bewehrung in nicht betonangreifender Umgebung
2	Bewehrungskorrosion, ausgelöst durch Karbonatisierung	XC1	Trocken oder ständig nass	Bauteile in Innenräumen mit normaler Luftfeuchte; Bauteile, die sich ständig unter Wasser befinden
		XC2	Nass, selten trocken	Teile von Wasserbehältern; Gründungsbauteile
		XC3	Mäßige Feuchte	Bauteile, zu denen die Außenluft häufig oder ständig Zugang hat; Innenräume mit hoher Luftfeuchte
		XC4	Wechselnd nass und trocken	Außenbauteile mit direkter Beregnung; Bauteile in Wasserwechselzonen
3	Bewehrungskorrosion, ausgelöst durch Chloride, ausgenommen Meerwasser	XD1	Mäßige Feuchte	Bauteile im Sprühnebelbereich von Verkehrsflächen; Einzelgaragen
		XD2	Nass, selten trocken	Schwimmbecken; Bauteile, die chloridhaltigen Industrie-abwässern ausgesetzt sind
		XD3	Wechselnd nass und trocken	Bauteile im Spritzwasserbereich von taumittel-behandelten Straßen; direkt befahrene Parkdecks
4	Bewehrungskorrosion, ausgelöst durch Chloride aus Meerwasser	XS1	Salzhaltige Luft, kein unmittelbarer Kontakt mit Meerwasser	Außenbauteile in Küstennähe
		XS2	Unter Wasser	Bauteile in Hafenanlagen, die ständig unter Wasser liegen
		XS3	Tidebereich, Spritzwas-ser- und Sprühnebel-bereich	Kaimauern in Hafenanlagen
5	Betonangriff durch Frost mit und ohne Taumittel	XF1	Mäßige Wassersättigung ohne Taumittel	Außenbauteile
		XF2	Mäßige Wassersättigung mit Taumittel oder Meerwasser	Bauteile im Sprühnebel- oder Spritzwasserbereich von taumittelbehandelten Verkehrsflächen, (s.a. XF4); Bau-teile im Sprühnebelbereich von Meerwasser
		XF3	Hohe Wassersättigung ohne Taumittel	Offene Wasserbehälter; Bauteile in der Wasser-wechsel-zone von Süßwasser
		XF4	Hohe Wassersättigung mit Taumittel oder Meerwasser	Taumittelbehandelte Bauteile; überwiegend horizontale Bauteile im Spritzwasserbereich von taumittelbehan-delten Verkehrsflächen, direkt befahrene Parkdecks, Bauteile i. d. Wasserwechselzone von Meerwasser, Räumerlaufbahnen von Kläranlagen
6	Betonangriff durch chemischen Angriff der Umgebung	XA1	Chemisch schwach angreifende Umgebung	Behälter von Kläranlagen; Güllebehälter
		XA2	Chemisch mäßig angrei-fende Umgebung und Meeresbauwerke	Bauteile, die mit Meerwasser in Berührung kommen oder in betonangreifenden Böden
		XA3	Chemisch stark an-greifende Umgebung	Industrieabwasseranlagen mit chemisch angreifenden Abwässern; Gärfuttersilos und Futtertische der Landwirt-schaft; Kühltürme mit Rauchgasableitung
7	Betonkorrosion durch Verschleiß	XM1	Mäßige Verschleiß-beanspruchung	Industrieböden, luftbereifte Fahrzeuge
		XM2	Starke Verschleißbean-spruchung	Industrieböden, gummibereifte Gabelstapler
		XM3	Sehr starke Verschleiß-beanspruchung	Industrieböden, Stahl- oder Vulkollanräder

[1] zusätzliche Feuchtigkeitsklassen in DIN EN 1992-1-1: 11 für Betonkorrosion infolge Alkali-Kieselsäurereaktion

Expositions-klasse	Umgebungsbedingung	Höchst-zulässiger w/z-Wert	Mindestzement-gehalt in kg/m^3	Mindestzementge-halt bei Anrechnung von Zusatzstoffen in kg/m^3	Mindestfestigkeits-klasse [1]
Bewehrungskorrosion, ausgelöst durch Karbonatisierung					
XC1	trocken oder ständig nass	0,75	240	240	C16/20
XC2	nass, selten trocken	0,75	240	240	C16/20
XC3	mäßige Feuchte	0,65	260	240	C20/25
XC4	wechselnd nass und trocken	0,60	280	270	C25/30
Bewehrungskorrosion durch Chloride (XD), auch aus Meerwasser (XS)					
XD1/XS1	mäßig feucht	0,55	300	270	C30/37
XD2/XS2	nass, selten trocken	0,50	320 [2]	270	C35/45
XD3/XS3	wechselnd nass und trocken	0,45	320 [2]	270	C35/45
Frostangriff ohne und mit Taumittel [4]					
XF1	mäßige Wassersättigung, ohne Taumittel	0,60	280	270	C25/30
XF2 [3]	mäßige Wassersättigung, mit Taumittel	0,55	300	–	C25/30 [5]
		0,50	320	–	C35/45
XF3	hohe Wassersättigung, ohne Taumittel	0,55	300	270	C25/30 [5]
		0,50	320	270	C35/45
XF4 [3]	hohe Wassersättigung, mit Taumittel	0,50	320	–	C30/37 [5]
Betonkorrosion durch chemischen Angriff					
XA1	schwacher chemischer Angriff	0,60	280	270	C25/30
XA2	mäßiger chemischer Angriff	0,50	320	270	C35/45
XA3 [6]	starker chemischer Angriff	0,45	320	270	C35/45
Betonkorrosion durch Verschleißbeanspruchung [7]					
XM1	mäßige Beanspruchung	0,55	300 [8]	270	C30/37
XM2	starke Beanspruchung	0,55	300 [8]	270	C30/37
XM2	starke Beanspruchung	0,45	320 [8]	270	C35/45
XM3	sehr starke Beanspruchung	0,45	320 [8]	270	C35/45

[1] Für Normal- und Schwerbeton, jedoch nicht für Leichtbeton.

[2] Bei massigen Bauteilen (kleinste Bauteilabmessung 80 cm) Mindestzementgehalt $\geq$ 300 kg/m^3.

[3] Keine Anrechnung von aktiven Zusatzstoffen auf den Zementgehalt und den Wasserzementwert.

[4] Zusätzliche Anforderungen an die Gesteinskörnung nach DIN EN 12620:08.

[5] Zusätzliche Anforderungen an den mittleren Luftgehalt im Frischbeton in Abhängigkeit vom Größtkorn.

[6] Zusätzlicher Schutz des Betons erforderlich.

[7] Gesteinskörnungen bis 4 mm Größtkorn müssen überwiegend aus Quarz oder aus Stoffen mindestens gleicher Härte bestehen, das größere Korn muss einen hohen Verschleißwiderstand aufweisen. Das Korngemisch soll möglichst grobkörnig bei mäßig rauer Oberfläche und gedrungener Gestalt sein.

[8] Höchstzementgehalt 360 kg/m^3, außer bei hochfesten Betonen.

T1 Verdichten von Beton mit Innenrüttlern nach DIN 4235-2: 78

Gültig für **Normalbeton**,
für Leicht- und für Schwerbeton die Maße Wirkbereich und Abstand bis zur Hälfte kleiner wählen.
Die Rüttelzeit sollte im Versuch erprobt werden.

Gruppe	Fliehkraft	Ø der Flasche	Ø des Wirkbe-reiches	Abstand des Eintauch-stand
1	< 2,5 kN	< 40 mm	30 cm	25 cm
2	2,5...6 kN	40...60 mm	50 cm	40 cm
3	> 6 kN	> 60 mm	80 cm	70 cm

T2 Nachbehandeln von Beton-Außenbauteilen

Außentemperatur in °C / Maßnahmen	> 25	25 bis 10	10 bis 5	5 bis 3	< 3
Abdecken mit Folien	X	X	X	X	X
Besprühen mit Dichtfilm	X	X	X		
Benetzen, dauernd feucht halten	X	X			
Holzschalung nässen	X	X			
Stahlschalung vor Sonne schützen	X	X			
Wärmedämmung auflegen				X	X
Umschließen des Bauteils mit beheiztem Zelt					X

T3 Dauer der Nachbehandlung in Abhängigkeit vom Wetter in Tagen:

Sonneneinstrahlung	Wind-anfall	relative Luft-feuchte	Außentemperatur, → **T2**					
			25 bis 10 °C			10 bis 5 °C		
			Festigkeitssteigerung des Betons [1]: **s** = schnell, **m** = mittel, **l** = langsam					
			s	m	l	s	m	l
mäßig	schwach	≥ 80%	≥ 1	≥ 2	≥ 3	≥ 2	≥ 3	≥ 4
mäßig	mittel	≥ 50%	≥ 2	≥ 3	≥ 4	≥ 3	≥ 5	≥ 6
stark	stark	< 50%	≥ 2	≥ 4	≥ 5	≥ 4	≥ 8	≥ 10

[1] Beispiele für Steigerung der Betonfestigkeit:

schnell:	CEM 42,5 R und 52,5	und W/Z < 0,50
mittel:	CEM 32,5 R, 42,5 u. 52,5	und W/Z = 0,50...0,60
	CEM 32,5	und W/Z < 0,50
langsam:	CEM 32,5	und W/Z = 0,50...0,60
	CEM III 32,5-NW HS	und W/Z < 0,50

T4 Stoffraumrechnung

Die Stoffraumrechnung ist die rechnerische Ermittlung der Zusammensetzung des Frischbetonvolumens (i.d.R. für 1 m³) aus dem Volumen der Ausgangsstoffe.
Grundlage ist die folgende Gleichung (ohne Berücksichtigung der Zuschlagfeuchte):

$$1000 = \frac{z}{\varrho_z} + \frac{f}{\varrho_f} + \frac{w}{\varrho_w} + \frac{g}{\varrho_g} + p \qquad [\text{dm}^3]$$

z : Zementgehalt $\qquad$ [kg/m³]

f : Zusatzstoffgehalt (z.B. Flugasche, Silicastaub, Gesteinsmehl) $\qquad$ [kg/m³]

w : Wassergehalt $\qquad$ [kg/m³]

g : Gehalt an Gesteinskörnung $\qquad$ [kg/m³]

p : Porenvolumen $\qquad$ [dm³/m³]

ϱ_z : Dichte des Zements $\qquad$ [kg/m³]

ϱ_f : Dichte der Zusatzstoffe $\qquad$ [kg/m³]

ϱ_w : Dichte des Wassers $\qquad$ [kg/m³]

ϱ_g : Rohdichte der Gesteinskörnung $\qquad$ [kg/m³]

Beispiele für **Stoffraumrechnung**

Gegeben:

– Zementgehalt:
z = 300 kg/m³ CEM I 42,5 R $\qquad$ ϱ_z = 3,1 kg/dm³

– Zusatzstoffgehalt:
f = 60 kg/m³ Flugasche $\qquad$ ϱ_f = 2,3 kg/dm³

– Wassergehalt:
w = 170 kg/m³ $\qquad$ ϱ_w = 1,0 kg/dm³

– Luftporen:
p = 1,5 Vol.-% $\qquad$ p = 15 dm³/m³

– Rohdichte der Gesteinskörnung: $\qquad$ ϱ_g = 2,6 kg/dm³

Gesucht:

Gehalt an Gesteinskörnung g pro m³:

Lösung:

$$1000 = \frac{300}{3,1} + \frac{60}{2,3} + \frac{170}{1,0} + \frac{g}{2,6} + 15$$

$$g = \left(1000 - \frac{300}{3,1} - \frac{60}{2,3} - \frac{170}{1,0} - 15\right) \cdot 2,6$$

$$\underline{g = 1800 \text{ kg/m}^3}$$

Frischbetondruck auf lotrechte Schalungen abhängig von Konsistenz und Betoniergeschwindigkeit

A1 Grafische Darstellung:

Diagramm für die Bestimmung des Frischbetondrucks $\sigma_{hk,max}$ in Abhängigkeit von der Steig-geschwindigkeit v und der Konsistenzklasse bei einem Erstarrungsende t_E von 5 Stunden

A2   A3

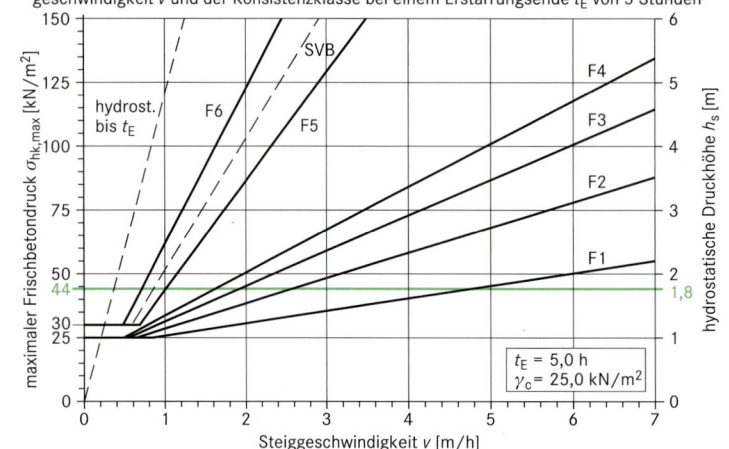
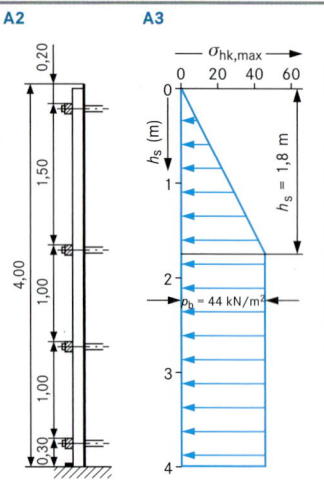

A2 Beispiel: Eine 4 m hohe Wand soll mit Normalbeton F3 (Frisch-beton-Wichte 25 kN/m³) in 2 Stunden betoniert werden.

Betonier-Geschwindigkeit = 4 m : 2 h = 2 m/h.

Bei 2 m/h ablesen: Frischbetondruck $\sigma_{hk,\,max}$ = <u>44 kN/m²</u>, max. Druckhöhe h_s = 1,8 m.

Die Druckverteilung nach **A3** ergibt sich, wenn die Wandschalung voll mit Beton gefüllt ist.

Wenn mit VZ das Erstarren verzögert wird, dann müssen die in **A1** abgelesenen Werte mit folgenden Faktoren multipliziert werden:

Verzögerung	Ausbreitmaßklasse nach DIN 1045-2				
	F1	F2	F3	F4	F5, F6
um 5 h	1,15	1,25	1,40	1,70	2,0
um 10 h	1,45	1,80	2,15	3,10	4,0

Konsistenzbereiche des Betons nach DIN 1045-2: 08; DIN 1045: 88; DIN 1045: 78

Konsistenz	DIN 1045-2: 08				DIN 1045: 88			DIN 1045: 78		
	Ausbreitmaß		Verdichtungsmaß							
	Klasse	a in cm	Klasse	v in cm	Klasse	a in cm	v in cm	Klasse	a in cm	v in cm
sehr steif			C0	≥ 1,46						
steif	F1	≤ 34	C1	1,45 ... 1,26	KS		≥ 1,20	K1		1,45 ... 1,26
plastisch	F2	35 ... 41	C2	1,25 ... 1,11	KP	35 ... 41	1,19 ... 1,08	K2	≤ 40	1,25 ... 1,11
weich	F3	42 ... 48	C3	1,10 ... 1,04	KR	42 ... 48	1,07 ... 1,02	K3	41 ... 50	1,10 ... 1,04
sehr weich	F4	49 ... 55			KF	49 ... 60				
fließfähig	F5	56 ... 62								
sehr fließfähig	F6	≥ 63								

Selbstverdichtender Beton (SVB-Richtlinie Juni 2003): Selbstverdichtender Beton (SVB, auch SCC) ist ein Beton, der ohne Einwirkung zusätz-licher Verdichtungsenergie allein unter dem Einfluss der Schwerkraft fließt, entlüftet sowie die Bewehrungszwischenräume und die Schalung vollständig ausfüllt. Ein Restporenvolumen wie bei hinreichend verdichtetem Rüttelbeton ist auch bei Selbstverdichtendem Beton vorhanden. Die Schalung ist für d. vollen Flüssigkeitsdruck zu bemessen, wenn nicht im Einzelfall Erfahrungen über geringere Schalungsdrücke vorliegen.

Zuordnung der Festigkeitsklassen alt – neu
Assignment of old and new strength classes

DIBt Mitteilungen 1/2002

Normalbeton

B	5	10	15	25	35	45	55	65	75	85	95	105	115
C	8/10	8/10	12/15	20/25	30/37	35/45	45/55	55/67	60/75	70/85	80/95	90/105	100/115

Bezeichnungen für Beton in der DIN 1045
1932 noch keine B-Bezeichnungen, aufgrund der Würfeldruckfestigkeit B120, B160
1943 B50, B120, B160, B225, B300, B450, B600
1972 Bn50, Bn100, Bn150, Bn250, Bn350, Bn450, Bn550
1978 B5, B10, B15, B25, B35, B45, B55

Eigenschaften nach DIN 488-1: 09 und DIN 1992-1-1: 11 mit DIN EN 1992-1-1/NA: 13

Benennung	B500A	B500B	B500A	B500B	Art der Anforderung/ Quantilwert in %
Erzeugnisform	Betonstahl		Betonstahlmatten		
Duktilität	normal	hoch	normal	hoch	
E-Modul in N/mm^2	200 000				
Streckgrenze f_{yk} in N/mm^2	500				5
Bemessungswert f_{yd} in N/mm^2	435				5
Verhältnis Zugfestigkeit/Streckgrenze f_{tk}/f_{yk}	≥ 1,05	≥ 1,08	≥ 1,05	≥ 1,08	10
Stahldehnung unter Höchstlast ε_{uk} in %	2,5	5,0	2,5	5,0	10
Biegerollendurchmesser beim Rückbiegeversuch	Ø ≤ 16: 5 Ø; 16 < Ø ≤ 28: 8 Ø; 28 < Ø ≤ 32: 10 Ø				Mindestwinkel 90° ohne Bruch oder sichtbare Risse

Betonstabstahl — gesamter Nennquerschnitt A_S in cm^2

Ø mm	Gewicht kg/m	Umfang cm	bei Stückzahl											
			1	2	3	4	5	6	7	8	9	10	11	12
6	0,222	1,89	**0,283**	0,566	0,85	1,13	1,41	1,70	1,98	2,26	2,54	2,83	3,11	3,40
8	0,395	2,51	**0,503**	1,01	1,51	2,01	2,51	3,02	3,52	4,02	4,52	5,03	5,53	6,04
10	0,617	3,14	**0,785**	1,57	2,36	3,14	3,93	4,71	5,50	6,28	7,07	7,85	8,64	9,42
12	0,888	3,77	**1,13**	2,26	3,39	4,52	5,65	6,79	7,92	9,05	10,2	11,3	12,4	13,6
14	1,21	4,40	**1,54**	3,08	4,62	6,16	7,70	9,24	10,8	12,3	13,9	15,4	16,9	18,5
16	1,58	5,03	**2,01**	4,02	6,03	8,04	10,1	12,1	14,1	16,1	18,1	20,1	22,1	24,1
20	2,47	6,28	**3,14**	6,28	9,42	12,6	15,7	18,8	22,0	25,1	28,3	31,4	34,5	37,7
25	4,83	7,85	**4,91**	9,82	14,7	19,6	24,6	29,5	34,4	39,3	44,2	49,1	54,0	58,9
28	4,83	8,80	**6,16**	12,3	18,5	24,6	30,8	36,9	43,1	49,3	55,4	61,8	67,8	73,9

Lagermatten

Mattenbe- zeichnung	Länge Breite	Mattenaufbau in Längsrichtung und Querrichtung					Querschnitte		Gewicht		Details Randausbildung
		Stabab- stände	Stabdurchmesser		Anzahl der Längsrandstäbe (Randeinsparung)		längs	quer	je Matte	m^2	Querschnitt-Angaben zur seitlichen Darstellung eines Mattenrandes
			Innen- bereich	Rand- bereich							
					links	rechts					
	m	mm	mm				cm^2/m		kg	kg	
Q 188 A/B		150 ·	6,0				1,88		41,7	3,02	keine Randeinsparung
		150 ·	6,0					1,88			
Q 257 A/B		150 ·	7,0				2,57		56,8	4,12	keine Randeinsparung
		150 ·	7,0					2,57			
Q 335 A/B	6,00 / 2,30	150 ·	8,0				3,35		74,3	5,38	keine Randeinsparung
		150 ·	8,0					3,35			
Q 424 A/B		150 ·	9,0 /	7,0	− 4 /	4	4,24		84,4	6,12	Randeinsparung
		150 ·	7,0					4,24			
Q 524 A/B		150 ·	10,0 /	7,0	− 4 /	4	5,24		100,9	7,31	Randeinsparung
		150 ·	10,0					5,24			
Q 636 A/B	6,00 / 2,36	100 ·	9,0 /	7,0	− 4 /	4	6,36		132,0	9,36	Randeinspannung
		125 ·	10,0					6,28			
R 188 A/B		150 ·	6,0				1,88		32,6	2,43	keine Randeinsparung
		250 ·	6,0					1,13			
R 257 A/B		150 ·	7,0				2,57		41,2	2,99	keine Randeinsparung
		250 ·	6,0					1,13			
R 335 A/B	6,00 / 2,30	150 ·	8,0				3,35		50,2	3,64	keine Randeinsparung
		250 ·	6,0					1,13			
R 424 A/B		150 ·	9,0 /	8,0	− 2 /	2	4,24		67,2	4,87	Randeinsparung
		250 ·	8,0					2,01			
R 524 A/B		150 ·	10,0 /	7,0	− 2 /	2	5,24		75,7	5,49	Randeinsparung
		250 ·	8,0					2,01			

Stahlbeton

Querschnitte von Flächenbewehrungen a_s [cm^2/m]

Stab-abstand [cm]	Durchmesser Ø [mm]									Stäbe pro m
	6	8	10	12	14	16	20	25	28	
5,0	5,65	10,05	15,71	22,62	30,79	40,21	62,83	98,17	–	20,00
6,0	4,71	8,38	13,09	18,85	25,66	33,51	52,36	81,81	102,63	16,67
7,0	4,04	7,18	11,22	16,16	21,99	28,72	44,88	70,12	87,96	14,29
7,5	3,77	6,70	10,47	15,08	20,53	26,81	41,89	65,45	82,10	13,33
8,0	3,53	6,28	9,82	14,14	19,24	25,13	39,27	61,36	76,97	12,50
9,0	3,14	5,59	8,73	12,57	17,10	22,34	34,91	54,54	68,42	11,11
10,0	2,83	5,03	7,85	11,31	15,39	20,11	31,42	49,09	61,58	10,00
12,5	2,26	4,02	6,28	9,05	12,32	16,08	25,13	39,27	49,26	8,00
15,0	1,88	3,35	5,24	7,54	10,26	13,40	20,94	32,72	41,05	6,67
20,0	1,41	2,51	3,93	5,65	7,70	10,05	15,71	24,54	30,79	5,00
25,0	1,13	2,01	3,14	4,52	6,16	8,04	12,57	19,63	24,63	4,00

Stababstände

Der lichte Abstand zwischen parallelen Einzelstäben darf nicht geringer sein als

$$max \begin{cases} 20 \text{ mm} \\ Ø \\ d_g + 5 \text{ mm} \end{cases} \quad \text{mit } d_g = \text{Größtkorndurchmesser des Zuschlags}$$

Schweißen von Betonstählen
Welding of reinforcing steel

DIN EN ISO 17660-1: 06

Schweißneigung von geripptem Betonstahl

Betonstahl nach DIN 488-1:09 ist grundsätzlich schweißgeeignet. Bei der Instandsetzung und Erweiterung von Bauten muss die Schweiß-eignung der vorhandenen Betonstähle nachgewiesen werden. Andere Stahlarten (schweißgeeignete Baustähle oder nichtrostende Stähle) dürfen an Betonstähle angeschweißt werden.

Zulässige Schweißverfahren und Anwendungsfälle nach DIN EN 1992-1-1: 11, Tabelle 3.4

Belastungsart	Schweißverfahren	Zugstäbe	Druckstäbe
vorwiegend ruhend	Abbrennstumpfschweißen (RA)	Stumpfstoß	
	Lichtbogenhandschweißen (E) und Metall-Lichtbogenschweißen (MF)	Stumpfstoß mit Ø ≥ 20 mm, Laschen-, Überlapp-, Kreuzungsstoß, Verbindung mit anderen Stahlteilen	
	Metall-Aktivgasschweißen (MAG)	Laschen-, Überlapp-, Kreuzungsstoß, Verbindung mit anderen Stahlteilen	
	Metall-Aktivgasschweißen (MAG)	–	Stumpfstoß Ø ≥ 20 mm
	Reibschweißen (FR)	Stumpfstoß und Verbindung mit anderen Stahlteilen	
	Widerstandspunktschweißen (RP) (mit Einpunktschweißmaschine)	Überlappstoß bis 28 mm Kreuzungsstoß bis 28 mm	
nicht vorwiegend ruhend	Abbrennstumpfschweißen (RA)	Stumpfstoß	
	Lichtbogenhandschweißen (E)	–	Stumpfstoß Ø ≥ 14 mm
	Metall-Aktivgasschweißen (MAG)	–	Stumpfstoß Ø ≥ 14 mm

Balkenbreite b [cm]	Durchmesser Ø [mm]						
	10	12	14	16	20	25	28
10	1	1	1	1	1	1	–
15	3	3	3	(3)	2	2	1
20	5	4	4	4	3	3	2
25	6	6	6	5	5	4	3
30	8	(8)	7	7	6	5	4
35	10	9	(9)	8	7	6	5
40	11	11	10	9	8	7	6
45	13	12	(12)	11	10	8	7
50	15	14	13	12	11	9	(8)
55	16	15	14	14	12	10	8
60	18	17	16	15	13	11	9
Bügeldurchmesser Ø$_{Bü}$	≤ 8 mm				≤ 10 mm	≤ 12 mm	≤ 16 mm

Die Tabellenwerte gelten für das Nennmaß der Betondeckung von c_{nom} = 25 mm bezogen auf die Bügelbewehrung.
Die angegebenen Tabellenwerte in ( ) unterschreiten die geforderten Abstände geringfügig.

Mindestbetondeckung c_{min} zum Schutz gegen Korrosion und Vorhaltemaß Δc_{dev} in Abhängigkeit von der Expositionsklasse: Nennmaß der Betondeckung $c_{nom} = c_{min} + \Delta c_{dev}$

Zeile	Spalte	1	2	3
		Mindestbetondeckung c_{min} [1) 2)] [mm]		Vorhaltemaß Δc_{dev} [mm]
	Expositions-klasse	Betonstahl	Spannglieder im sofortigen und im nachträglichen Verbund 3)	(über die Mindestbetondeckung hinausgehende Betondeckung)
1	XC1	10	20	10
2	XC2 XC3 XC4	20 20 25	30 30 35	
3	XD1 XD2 XD3 4)	40	50	15
4	XS1 XS2 XS3	40	50	

1) Werte dürfen für Bauteile aus Normalbeton, deren Betonfestigkeit um 2 Festigkeitsklassen höher liegt, als nach der Tab. für die Expositionsklassen XC, XD bzw. XS mindestens erforderlich ist, um 5 mm vermindert werden. Für Bauteile der Expositionsklasse XC1 ist keine Abminderung zulässig.

2) Wird der Ortbeton kraftschlüssig mit einem Fertigteil verbunden, dürfen die Werte an den der Fuge zugewandten Rändern auf 5 mm im Fertigteil und auf 10 mm im Ortbeton verringert werden. Die Bedingungen zur Sicherstellung des Verbundes müssen jedoch eingehalten werden (s. u.). Auf das Vorhaltemaß der Betondeckung darf auf beiden Seiten der Verbundfuge verzichtet werden.

3) Die Mindestbetondeckung bezieht sich bei Spanngliedern im nachträglichen Verbund auf die Oberfläche des Hüllrohres.

4) Im Einzelfall können besondere Maßnahmen zum Korrosionsschutz der Bewehrung nötig sein.

Zur Sicherstellung des Verbundes darf aber die Mindestbetondeckung c_{min} nicht kleiner sein als:
- der Stabdurchmesser d_s der Betonstahlbewehrung oder der Vergleichsdurchmesser eines Stabbündels d_{sv},
- der 2,5fache Nenndurchmesser d_p einer Litze oder der 3fache Nenndurchmesser eines gerippten Drahts im sofortigen Verbund,
- der äußere Hülldurchmesser eines Spanngliedes im nachträglichen Verbund.
Vorhaltemaß zur Gewährleistung des Mindestmaßes.
Die Werte für das Vorhaltemaß Δc nach obiger Tabelle dürfen um

5 mm abgemindert werden, wenn dies durch eine entsprechende Qualitätskontrolle bei Planung, Entwurf, Herstellung und Bauausführung gerechtfertigt werden kann. Für ein bewehrtes Bauteil, bei dem der Beton gegen unebene Flächen geschüttet wird, sollte das Vorhaltemaß Δc_{dev} grundsätzlich um das Differenzmaß der Unebenheit erhöht werden, mindestens jedoch um 20 mm und bei Herstellung unmittelbar auf den Baugrund um 50 mm. Oberflächen mit architektonischer Gestaltung, wie strukturierte Oberflächen oder grober Waschbeton, erfordern ebenfalls ein erhöhtes Vorhaltemaß.

Stahlbeton

Stahlbeton = bewehrter Beton

Stahlbetonbalken und -platten sind **Verbundbauteile, in denen die Druckkräfte vom druckfesten Beton** (auch Mauerwerk), die **Zugkräfte vom zugfesten Bewehrungsstahl** aufgenommen

werden. In Stahlbetonstützen übernehmen Bewehrungsstäbe auch einen Anteil der Druckkraft.

T1 In den Zeichnungen und der Baubeschreibung sind anzugeben:

1. übersichtliche Darstellung der Bauteile, der einzubauenden Betonstahlbewehrung und die Spannglieder sowie alle Einbauteile.

In **Bewehrungszeichnungen** sind insbesondere anzugeben:

2. erforderliche Festigkeitsklasse des Betons, die Expositionsklassen und weitere Anforderungen,

3. Beton- und Spannstahlsorten, Anzahl, Durchmesser, Form und Lage der Bewehrungsstähle, ihr Abstand, Übergreifungs- und Verankerungslängen, Rüttelgassen,

4. Schweißstellen: Maße, Anordnung und Ausbildung der Schweißstellen, Schweißzusatzwerkstoffe,

5. das Verlegemaß c_v der Bewehrung, das sich aus dem Nennmaß c_{nom} ableitet sowie das Vorhaltemaß Δc_{dev} der Betondeckung,

6. bei gebogenen Bewehrungsstäben die erforderlichen Biegerollendurchmesser.

Bei Verwendung von **Fertigteilen** sind anzugeben:

7. Art der Fertigteile,

8. Typ oder Positionsnummer und Eigenlast der Fertigteile,

9. die Mindestdruckfestigkeitsklasse des Betons beim Transport und bei der Montage,

10. Art, Lage und zulässige Einwirkungsrichtung der für den Transport und die Montage erforderlichen Anschlagmittel, Abstützpunkte und Lagerungen,

11. gegebenenfalls zusätzliche konstruktive Maßnahmen zur Sicherung gegen Stoßbeanspruchung,

12. die auf der Baustelle zusätzlich zu verlegende Bewehrung in gesonderter Darstellung.

T2 Aufzeichnungen während der Bauausführung

Bei überwachungspflichtigen Arbeiten ist ein **Bautagebuch** fortlaufend zu führen. Es muss auf der Baustelle verfügbar sein und ist mindestens 5 Jahre aufzubewahren.

T3 Frischbetontemperatur

1. Die Frischbetontemperatur darf im Allgemeinen +30°C nicht überschreiten.

2. Bei Lufttemperaturen zwischen +5°C und –3°C darf die Temperatur des Betons beim Einbringen +5°C nicht unterschreiten. Sie darf +10°C nicht unterschreiten, wenn der Zementgehalt im Beton kleiner ist als 240 kg/m³ oder wenn Zemente mit niedriger Hydratationswärme verwendet werden.

3. Bei Lufttemperaturen unter –3°C muss die Betontemperatur beim Einbringen mindestens +10°C betragen und anschließend wenigstens 3 Tage auf min. +10°C gehalten werden.

T4 Ausschalfristen (Anhaltswerte):

für Zement-festigkeits-klasse	1 seitliche Schalung der Balken u. Schalung der Wände, Säulen oder Pfeiler	2 Schalung der Decken-platten	3 Stützung der Balken und weitge-spannte Decken-platten
CEM 32,5 CEM 32,5 R u.	3 Tage	8 Tage	20 Tage
42,5	2 Tage	5 Tage	10 Tage
CEM 42,5 R u. 52,5	1 Tag	3 Tage	6 Tage

Die Werte der Spalten 2 und 3 gelten auch für Montagestützen unter Fertigteilen, deren Tragfähigkeit vom Ortbeton abhängig ist.

Alle Tabellenwerte sind nur gültig, wenn die **Betontemperatur stets mindestens + 5°C** war und der Beton ausreichend erhärtet ist. Vorsicht ist bei Bauteilen angebracht, die nach dem Ausschalen die volle rechnungmäßige Last tragen müssen.

Fristen verlängern, unter Umständen verdoppeln, wenn die Betontemperatur überwiegend unter + 5°C lag. Frostzeiten sind hinzuzuzählen, wenn der Beton nicht ausreichend wärmegeschützt ist.

Hilfsstützen so lange wie möglich stehen lassen: unter Balken u. Platten mit 3 bis 8 m Stützweite eine, mittig, in den Geschossen übereinander.

T5 Schutzmaßnahmen bei Frostgefahr

Sie sind abhängig von den Witterungsbedingungen, den Ausgangsstoffen, der Beton-Zusammensetzung sowie von der Art und den Maßen der Bauteile und der Schalung:

An **gefrorene Bauteile** darf nicht anbetoniert werden. Durch Frost geschädigter Beton ist vor dem Weiterbetonieren zu entfernen. Gefrorene Gesteinskörnung darf nicht verwendet werden.

Wenn nötig, sind **bei Frostgefahr Wasser und/oder Gesteinskörnung vorzuwärmen**, wobei die Frischbetontemperatur im Allgemeinen ≤ 30°C sein sollte.

Mehr als 70°C heißes Wasser ist zuerst mit der Gesteinskörnung zu mischen, bevor Zement zugegeben wird. Bei feingliedrigen Bauteilen sollte der Zementgehalt erhöht und/oder Zement einer höheren Festigkeitsklasse verwendet werden.

Die **Wärmeverluste** des eingebrachten Betons sind möglichst gering zu halten, z.B. durch wärmedämmendes Abdecken der luftberührten frischen Betonflächen, Verwenden wärmedämmender Schalungen, späteres Ausschalen, Umschließen des Arbeitsplatzes oder durch Wärmezufuhr. Dabei darf dem Beton das zum Erhärten notwendige Wasser nicht entzogen werden.

Aussteifung	Unverschieb- liche Tragwerke, ausgesteift durch lotrechte Bauteile wie Wandscheiben oder Bauwerks- kerne	Die Auswirkung der Bauteilverformung (Theorie II. Ordnung) dürfen vernachlässigt werden, wenn die Beanspruchungen hierdurch um weniger als 10% vergrößert werden. Vereinfacht gilt bei annähernd symmetrischer Verteilung der aussteifenden Bauteile: $$\frac{F_{V,Ed} \cdot L^2}{\Sigma E_{cd} \cdot I_c} \leq K \cdot \frac{n_s}{n_s \cdot 1,6}$$ $F_{V,Ed}$ = gesamt vertikale Last L = Gesamthöhe des Gebäudes oberhalb der Einspannung (Gründung) E_{cd} = Elastizitätsmodul des Betons I_c = Trägheitsmoment des ungerissenen Querschnitts der aussteifenden Bauteile K = 0,31, wenn nachgewiesen werden kann, dass die aussteifenden Bauteile ungerissen bleiben (Zustand I), darf K mit 0,62 angesetzt werden n_s = Anzahl der Geschosse
Decke	Platte: $l/h \geq 3$; $b/h \geq 5$ l: (kürzere) Stützweite; b: Querschnitts- breite; h: Bauhöhe	Die Lasten wirken quer zur Fläche.
		Vollplatten: Mindestdicke allgemein 70 mm, für Platten mit Querkraftbewehrung in Form von auf- gebogenen Stahleinlagen 160 mm, mit Querkraftbewehrung (Bügel) oder Durchstanzbewehrung 200 mm; Rippendecken: sie dürfen bei einer linearelastischen Schnittgrößenermittlung als Vollplatten angenommen werden, wenn folgende Bedingungen eingehalten werden: Achsabstand der Rippen $s \leq 150$ cm, Dicke des Deckenspiegels h_f mind. 1/10 des lichten Rippenabstandes, mind. aber 50 mm, Stegabmessungen $h_w/b_m \leq 4$, lichter Querrippenabstand höchstens die 10fache Deckendicke.
		Liniengestützte Platten: Einachsig gespannte Platten mit allseitiger Auflagerung: $l_{max}/l_{min} \geq 2$ Zweiachsig gespannte Platten: $l_{max}/l_{min} < 2$ Einfeldrige Platten Mehrfeldrige Platten (Durchlaufplatten)
		Punktgestützte Platten: Flachdecken
		Platten mit unterbrochener Linienstützung: deckengleiche „Unterzüge"
		Ortbetondecken
		Halbfertigteildecken
	Scheibe	Die Lasten wirken parallel zur Fläche. Die Windlasten werden über die Deckenscheibe zu den aussteifenden Wandscheiben geleitet.
Träger	Balken, Plattenbalken	$b/h < 5$, b: Querschnittsbreite, h = Bauhöhe Unterzüge, Überzüge, Stege von Deckenversprüngen
	Wandartiger Träger, Scheibe	$l/h < 3$, h: Bauhöhe
Stütze	$b/h \leq 4$ b, h: Querschnitts- seiten, $b \geq h$	Die geringste Seitenlänge ist 200 mm für Stützen mit Vollquerschnitt, die vor Ort senkrecht betoniert werden, 120 mm für waagerecht betonierte Fertigteilstützen.

Wand	$b/h > 4$ b, h: Querschnitts- seiten, $b \geq h$ Mindestdicken:	Decke:	nicht durchlaufend		durchlaufend	
		Wand:	bewehrt	unbewehrt	bewehrt	unbewehrt
		$\leq$ C 12/15		20		14
		$\geq$ C 16/20	12	14	10	12

Fundament	Streifenfundament	unter Wänden; unter Einzelstützen Fundamentbalken
	Einzelfundament	unter Stützen; bewehrt: Fundamentplatte; Köcherfundament
	Sohlplatte	z.B. Teil einer weißen Wanne

Stahlbeton

Platten

Vollplatten haben in jeder Richtung die gleiche Plattensteifigkeit, wenn ungerissener Zustand angenommen und der Einfluss der Bewehrung vernachlässigt wird. Schnittkräfte für rechteckige Platten wurden von Czerny umfassend angegeben.

1. Frei drehbar gelagerte Platten, Ecken verankert

An zwei rechtwinklig aneinander stoßenden, frei drehbar gelagerten Rändern tritt an der Ecke eine Einzelkraft auf, die zu verankern ist, z.B. durch ausreichende Auflast (**kein Abheben durch Eckverankerung**). Ein Unterzug, der den Rand versteift, eine ebenso wirkende Attika als Überzug bei Dachdecken verhindern das Abheben (**kein Abheben durch Randversteifung**). Die Einzelkraft bewirkt negative Biegemomente, für die auf der Oberseite der Platte in Diagonalrichtung Bewehrung anzuordnen ist. Auf der Plattenunterseite entstehen rechtwinklig dazu Zuspannungen in gleicher Größenordnung. Hierfür ist unten Bewehrung einzulegen. Die Bewehrung darf nach DIN EN 1992-1-1: 11, 9.3.1.3 durch eine parallel zu den Seiten verlaufende obere und untere Netzbewehrung in den Plattenecken ersetzt werden, die in jeder Richtung die gleiche Querschnittsfläche wie die Feldbewehrung und mindestens eine Länge von $0,3 \cdot \min l_{eff}$ hat (Drillbewehrung).

2. Frei drehbar gelagerte Platten, abhebende Ecken

Im Bereich der Ecke kann z.B. eine Platte, die auf Mauerwerk aufliegt, von den Auflagern abheben. Quadratische Platten liegen nur noch mit $L/2$ in der Mitte jeder Seite auf. Durch die verloren gegangene Einspannung über die Diagonale werden die Feldmomente der Platte größer. Die abgehobenen Ecken wirken wie Kragarme. Auch hier ist eine obere Bewehrung vorzusehen.

3. Drillweiche isotrope Platten

Die Platte hat parallel zu den Auflagerlinien die gleiche Biegesteifigkeit, jedoch keine Verwindungssteifigkeit. Bei Anordnung von z.B. gleich hohen schmalen Rippen im gleichen Abstand in x- wie auch in y-Richtung liegt ein torsionsweicher isotroper Trägerrost vor. Eine Verankerung der Ecken ist nicht erforderlich, da keine Einspannung der Platte in der Diagonalen erfolgt. Völlig drillweiche Platten gibt es nicht, da selbst bei Kassettendecken die Deckenplatten eine gewisse Biegesteifigkeit und die Rippen eine gewisse Torsionssteifigkeit besitzen. Ein vollständiger Wegfall der Drillbewehrung ist nicht zu empfehlen.

Vergleich der Mittenmomente von frei aufliegenden Quadrat- und Kreisplatten

$L = \varnothing$, Flächenlast p	
drillsteif, Ecke verankert	$p \cdot L^2/27,2$
drillsteif, Ecke unverankert	$p \cdot L^2/23,6$
drillweich	$p \cdot L^2/13,1$
Kreisplatte	$p \cdot L^2/21,3$

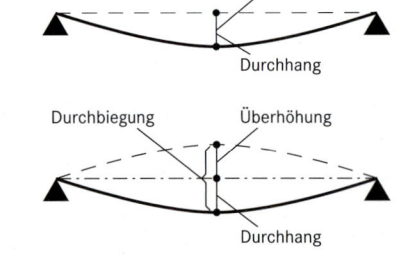

Begrenzung der Verformung von Stahlbetonbauteilen ohne direkte Berechnung

Der Nachweis der Begrenzung der Durchbiegung darf für Stahlbetonbauteile vereinfacht durch eine Begrenzung der Biegeschlankheit l/d geführt werden. Das statische System wird über den Beiwert K berücksichtigt. Die folgende Tabelle enthält Grundwerte der zulässigen Biegeschlankheiten $l/d \le$ Tafelwert für die Betongüte C30/37, eine Betonstahlspannung von $\delta_S = 310$ N/mm^2 sowie Bewehrungsgrade von $\varrho = 1,5\%$ und $\varrho = 0,5\%$. Bei Balken und Platten mit Stützweiten über 7 m, die leichte Trennwände tragen, sind die Werte l/d der Tabelle mit $7/l_{eff}$, bei Flachdecken mit Stützweiten über 8,5 m mit $8,5/l_{eff}$ zu multiplizieren.

Statisches System	K	Beton hoch beansprucht $\varrho = 1,5\%$	Beton gering beansprucht $\varrho = 0,5\%$
l_{eff}	1,0	14	20
l_{eff}	1,3	18	26
l_{eff}	1,5	20	30
l_{eff}	1,2	17	24
l_{eff}	0,4	6	8

Schalungsüberhöhung

Überhöhungen sind zulässig, um einen Teil oder den gesamten Durchhang auszugleichen. Die Schalungsüberhöhung sollte im Allgemeinen 1/250 der Stützweite nicht überschreiten.

Verformungen in vertikaler Richtung von biegebeanspruchten Bauteilen

Durchhang: vertikale Bauteilverformung bezogen auf die Verbindungslinie der Unterstützungspunkte, Begrenzung auf 1/250 der Stützweite,

Durchbiegung: vertikale Bauteilverformung bezogen auf die Systemlinie des Bauteils (z.B. bei Schalungsüberhöhung bezogen auf die überhöhte Lage), Begrenzung auf 1/500 der Stützweite. Bei Kragträgern ist für die Stützweite die 2,5fache Kraglänge anzusetzen.

Stützweite

Die effektive Stützweite l_{eff} eines Bauteils (Balken, Platte) darf wie folgt bestimmt werden:

$l_{eff} = l_n + a_1 + a_2$.

Dabei ist l_n der lichte Abstand zwischen den Auflagervorderkanten und den rechnerischen Auflagerlinien des betrachteten Feldes.

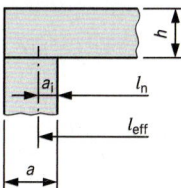 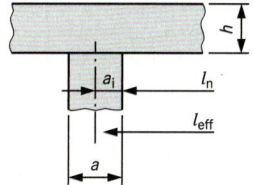

Nicht durchlaufende Bauteile

durchlaufende Bauteile

$$a_i = \min \left\{ \frac{1}{2} a; \frac{1}{2} h \right.$$

Mitwirkende Plattenbreite von Plattenbalken

$b_{eff} = \Sigma b_{eff,i} + b_w$

mit

$b_{eff,i} = 0{,}2 \cdot b_i + 0{,}1 \cdot l_0 \le 0{,}2 \cdot l_0 \le b_i$

Dabei ist l_0 die wirksame Stützweite, b_i die tatsächlich vorhandene Gurtbreite, b_w die Stegbreite.

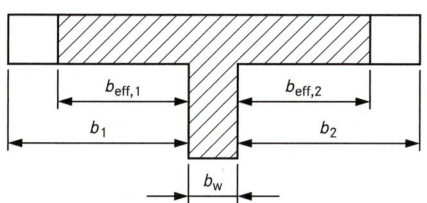

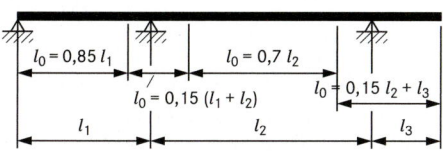

Schnittgrößen von Durchlaufträgern

Für Durchlaufträger, bei denen das Stützweitenverhältnis benachbarter Felder mit annähernd gleichen Steifigkeiten $0{,}5 < l_{eff,1}/l_{eff,2} < 2{,}0$ beträgt, in Riegeln von Rahmen, die vorwiegend auf Biegung beansprucht sind, einschließlich durchlaufender, in Querrichtung kontinuierlich gestützter Platten, sollte das Verhältnis x/d den Wert 0,45 für Beton mit der Festigkeitsklasse C50/60 und den Wert 0,35 für Beton ab der Festigkeitsklasse C55/67 und für Leichtbeton nicht übersteigen, sofern keine geeigneten konstruktiven Vorgaben zur Sicherstellung ausreichender Duktilität getroffen werden.

Mindestmomente

Das Bemessungsmoment am Rand monolithisch verbundener Auflager darf nicht kleiner sein als 65 % des Volleinspannmoments am Anschnitt.

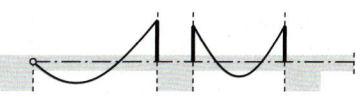

Momentenumlagerung

Für die Nachweise in den Grenzzuständen der Tragfähigkeit dürfen die unter Verwendung des linear-elastischen Verfahrens ermittelten Momente umgelagert werden.

Für Durchlaufträger, bei denen das Stützweitenverhältnis benachbarter Felder mit annähernd gleichen Steifigkeiten $0{,}5 < l_{eff,1}/l_{eff,2} < 2{,}0$ beträgt, in Riegeln von Rahmen, die vorwiegend auf Biegung beansprucht sind, einschließlich durchlaufender, in Querrichtung kontinuierlich gestützter Platten, gelten für mögliche Momentumlagerungen die folgenden Grenzen (Normalbeton bis C50/60):

Stahl, hoch duktil	$\delta \ge 0{,}64 + 0{,}8\, x_d/d \ge 0{,}7$
Stahl, normal duktil	$\delta \ge 0{,}64 + 0{,}8\, x_d/d \ge 0{,}85$

δ ist das Verhältnis des umgelagerten Moments zum Ausgangsmoment vor der Umlagerung.

x_d/d ist die bezogene Druckzonenhöhe im Grenzzustand der Tragfähigkeit nach Umlagerung, berechnet mit den Bemessungswerten der Einwirkungen und der Baustofffestigkeiten.

Bei verschieblichen Rahmen ist keine Umlagerung zugelassen.

Stützen in rahmenartigen Tragwerken müssen für die ohne Umlagerung berechneten Momente bemessen werden.

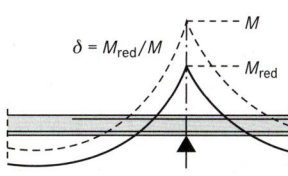

Deckengleicher Unterzug (Unterbrochene Stützung)

Bei örtlichem Wegfall der Plattenstützung auf kurzer Länge wird für die Plattenberechnung zunächst ein durchgehendes Auflager angenommen. Die gegenüber der durchlaufenden Stützung geänderte Tragwirkung kann wie folgt erfasst werden:

$l_n/h \le 7$	Konstruktive Bewehrung ohne rechnerischen Nachweis
$7 < l_n/h \le 15$	Näherungsverfahren nach DAfStb Heft 240: 91
$l_n/h > 15$	Berechnung nach der Plattentheorie

l_n Länge der fehlenden Stützung, $l_{eff} = 1{,}05 \cdot l_n$
h Plattendicke

Stahlbeton

Teilsicherheitsbeiwerte γ_M für Baustoffeigenschaften

Beton	γ_C	1,50	Ermittlung der Grenzdruckspannung von Beton: $f_{cd} = \alpha_{cc} \cdot f_{ck}/\gamma_C$ mit $\alpha_{cc} = 0,85$ als Beiwert zur Berücksichtigung von Langzeitauswirkungen auf die Betondruckfestigkeit.
Beton-/Spannstahl	γ_s	1,15	

Festigkeits- und Formänderungskennwerte von Normalbeton C12/15 bis C50/60 in N/mm²

Normal-beton	C	12/15	16/20	20/25	25/30	30/37	35/45	40/50	45/55	50/60
Druck-festigkeit	f_{ck}	12	16	20	25	30	35	40	45	50
	f_{cm}	20	24	28	33	38	43	48	53	58
	f_{cd}	6,8	9,1	11,3	14,2	17,0	19,8	22,7	25,5	28,3
Zug-festigkeit	f_{ctm}	1,6	1,9	2,2	2,6	2,9	3,2	3,5	3,8	4,1
	$f_{ctk;0,05}$	1,1	1,3	1,5	1,8	2,0	2,2	2,5	2,7	2,9
	$f_{ctk;0,95}$	2,0	2,5	2,9	3,3	3,8	4,2	4,6	4,9	5,3
E-Modul	E_{cm}	27000	29000	30000	31000	33000	34000	35000	36000	37000

Dimensionsgebundene Bemessungstafel für den Rechteckquerschnitt ohne Druckbewehrung für Biegung (k_d-Verfahren)

Betonstahl B500

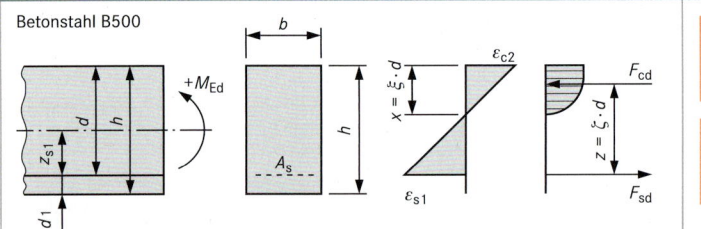
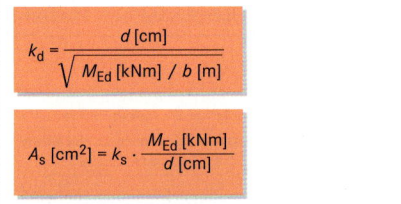

$$k_d = \frac{d\,[cm]}{\sqrt{M_{Ed}\,[kNm]\,/\,b\,[m]}}$$

$$A_s\,[cm^2] = k_s \cdot \frac{M_{Ed}\,[kNm]}{d\,[cm]}$$

k_d für Betonfestigkeitsklasse C …									k_s	$\xi = x/d$	$\zeta = z/d$	ε_{cs} [‰]	ε_{s1} [‰]
12/15	16/20	20/25	25/30	30/37	35/45	40/50	45/55	50/60					
14,34	12,41	11,10	9,93	9,07	8,39	7,85	7,40	7,02	2,32	0,025	0,991	−0,64	25,00
7,90	6,84	6,12	5,47	5,00	4,63	4,33	4,08	3,87	2,34	0,048	0,983	−1,26	25,00
5,87	5,08	4,54	4,06	3,71	3,44	3,21	3,03	2,87	2,36	0,069	0,975	−1,84	25,00
4,94	4,27	3,82	3,42	3,12	2,89	2,70	2,55	2,42	2,38	0,087	0,966	−2,38	25,00
4,39	3,80	3,40	3,04	2,77	2,57	2,40	2,27	2,15	2,40	0,104	0,958	−2,89	25,00
4,01	3,47	3,10	2,78	2,53	2,35	2,20	2,07	1,96	2,42	0,120	0,950	−3,40	25,00
3,63	3,14	2,81	2,51	2,29	2,12	1,99	1,87	1,78	2,45	0,147	0,939	−3,50	20,29
3,35	2,90	2,60	2,32	2,12	1,96	1,84	1,73	1,64	2,48	0,174	0,927	−3,50	16,56
3,14	2,72	2,43	2,18	1,99	1,84	1,72	1,62	1,54	2,51	0,201	0,916	−3,50	13,90
2,97	2,57	2,30	2,06	1,88	1,74	1,63	1,53	1,46	2,54	0,227	0,906	−3,50	11,91
2,85	2,47	2,21	1,97	1,80	1,67	1,56	1,47	1,40	2,57	0,250	0,896	−3,50	10,52
2,72	2,36	2,11	1,89	1,72	1,59	1,49	1,41	1,33	2,60	0,277	0,885	−3,50	9,12
2,62	2,27	2,03	1,82	1,66	1,54	1,44	1,36	1,29	2,63	0,302	0,875	−3,50	8,10
2,54	2,20	1,97	1,76	1,61	1,49	1,39	1,31	1,24	2,66	0,325	0,865	−3,50	7,26
2,47	2,14	1,91	1,71	1,56	1,44	1,35	1,27	1,21	2,69	0,350	0,854	−3,50	6,50
2,41	2,08	1,86	1,67	1,52	1,41	1,32	1,24	1,18	2,72	0,371	0,846	−3,50	5,93
2,35	2,03	1,82	1,63	1,49	1,38	1,29	1,21	1,15	2,75	0,393	0,836	−3,50	5,40
2,28	1,98	1,77	1,58	1,44	1,34	1,25	1,18	1,12	2,79	0,422	0,824	−3,50	4,79
2,23	1,93	1,73	1,54	1,41	1,30	1,22	1,15	1,09	2,83	0,450	0,813	−3,50	4,27
2,18	1,89	1,69	1,51	1,38	1,28	1,19	1,13	1,07	2,87	0,477	0,801	−3,50	3,83
2,14	1,85	1,65	1,48	1,35	1,25	1,17	1,10	1,05	2,91	0,504	0,790	−3,50	3,44
2,10	1,82	1,62	1,45	1,33	1,23	1,15	1,08	1,03	2,95	0,530	0,780	−3,50	3,11
2,06	1,79	1,60	1,43	1,30	1,21	1,13	1,07	1,01	2,99	0,555	0,769	−3,50	2,81
2,03	1,75	1,57	1,40	1,28	1,19	1,11	1,05	0,99	3,04	0,585	0,757	−3,50	2,48
1,99	1,72	1,54	1,38	1,26	1,17	1,09	1,03	0,98	3,09	0,617	0,743	−3,50	2,17

V_{Rd}	Bemessungswert der aufnehmbaren Querkraft eines Bauteils ohne Querkraftbewehrung
$V_{Rd,s}$	Bemessungswert der durch die Tragfähigkeit der Querkraftbewehrung begrenzten aufnehmbaren Querkraft
$V_{Rd,max}$	Bemessungswert der durch die Druckstrebenfestigkeit begrenzten maximal aufnehmbaren Querkraft
$V_{Ed} \le V_{Rd}$	Rechnerisch ist keine Querkraftbewehrung erforderlich. Bei Balken und einachsig gespannten Platten mit $b/h < 5$ ist jedoch eine Mindestquerkraftbewehrung erforderlich.
$V_{Ed} > V_{Rd}$	Querkraftbewehrung erforderlich. $V_{Ed} \le V_{Rd,s}$
$V_{Ed} \le V_{Rd,max}$	Der Bemessungswert der einwirkenden Querkraft darf in keinem Querschnitt des Bauteils den Wert $V_{Rd,max}$ überschreiten.

Bemessungswert der einwirkenden Querkraft

Bei gleichmäßig verteilter Last und direkter Auflagerung darf für den Nachweis eines Bauteils ohne Querkraftbewehrung und für die Ermittlung der Querkraftbewehrung der Bemessungswert V_{Ed} aufgrund der direkten Einleitung auflagernaher Lastanteile in einer Entfernung d (statische Höhe) vom Auflagerrand ermittelt werden. Die Abminderung gilt nicht für den Nachweis der Druckstrebentragfähigkeit $V_{Rd,max}$.

Bauteile aus Normalbeton ohne rechnerisch erforderliche Querkraftbewehrung, $N = 0$

$V_{Rd,c} = C_{Rd,c} \cdot k \cdot (100 \, \varrho_l \cdot f_{ck})^{1/3} \cdot b_w \cdot d$

$k = 1 + (200/d)^{0,5} \le 2$ mit d in [mm]

$\varrho_l = A_{sl}/(b_w \cdot d) \le 0,02$ (Bewehrungsgrad)

$C_{Rd,c} = 0,15/\gamma_c$

Bauteile mit rechnerisch erforderlicher Querkraftbewehrung, $N = 0$

Die Bemessung erfolgt auf der Grundlage eines Fachwerkmodells. Die Neigung θ der Druckstreben des Fachwerks ist begrenzt.

Für Normalbeton und $N = 0$ ist

$0,58 \le \cot\theta \le 1,2/(1 - V_{Rd,cc}/V_{Ed}) \le 3,0$ mit

$V_{Rd,cc} = 0,24 \cdot f_{ck}^{1/3} \cdot b_w \cdot d$

Bei senkrecht zur Bauteilachse angeordneter Querkraftbewehrung:

$V_{Rd,s} = A_{sw} \cdot f_{yd} \cdot \cot\theta \cdot z/s$ bzw zur Ermittlung von $a_{sw,erf}$

$a_{sw,erf} = A_{sw,erf}/s \ge V_{Ed}/(f_{yd} \cdot z \cdot \cot\theta)$

$\cot\theta$ darf vereinfacht mit 1,2 angenommen werden.

s = Abstand der Querkraftbewehrung (Bügel)

$V_{Rd,max} = \nu_1 \cdot f_{cd} \cdot b_w \cdot z/(\cot\theta + \tan\theta)$ mit

$\nu_1 = 0,75 \cdot (1,1 - f_{ck}/500) \le 1,0$

Schubkraftübertragung in Fugen

Rauigkeit der Fuge	
sehr glatt $c = 0$ $\mu = 0,50$ $\nu = 0$	Die Oberfläche wurde gegen Stahl, Kunststoff oder glatte Holzschalung betoniert. Unbehandelte Fugenoberflächen sollten bei der Verwendung von Betonen im ersten Betonierabschnitt mit fließfähiger bzw. sehr fließfähiger Konsistenz (Ausbreitmaßklasse ≥ F5) als sehr glatte Fugen eingestuft werden.
glatt $c = 0,20$ $\mu = 0,60$ $\nu = 0,20$	Die Oberfläche wurde abgezogen oder im Gleit- bzw. Extruder-Verfahren hergestellt, oder sie blieb nach dem Verdichten ohne weitere Behandlung.
rau $c = 0,40$ $\mu = 0,70$ $\nu = 0,50$	Die Rauigkeit der Oberfläche wurde durch Rechen erzeugt, 3 mm mit ungefähr 40 mm Abstand, oder erzeugt durch entsprechendes Freilegen der Gesteinskörnungen oder durch andere Methoden, die ein äquivalentes Tragverhalten herbeiführen; alternativ darf die Oberfläche eine definierte Rauigkeit aufweisen.
verzahnt $c = 0,50$ $\mu = 0,90$ $\nu = 0,70$	Die Geometrie der Verzahnung entspricht den Angaben in DIN EN 1992-1-1 Bild 6.9. Wenn eine Gesteinskörnung mit $d_0 \ge 16$ mm verwendet und das Korngerüst mindestens 6 mm tief freigelegt wird, darf die Fuge als verzahnt eingestuft werden.

Der Bemessungswert der in der Kontaktfläche zwischen Fertigteil und Ortbeton zu übertragenden Schubkraft ist

$$v_{Ed} = \frac{F_{cdj}/F_{cd} \cdot V_{Ed}}{z \cdot b_i}$$

Dabei ist

F_{cdj} der Bemessungswert des über die Fuge zu übertragenden Längskraftanteils,

F_{cd} der Bemessungswert der Gurtlängskraft infolge Biegung im betrachteten Querschnitt $F_{cd} = M_{Ed}/z$

b_i Breite der Fuge

Für den inneren Hebelarm darf $z = 0,9 \, d$ angesetzt werden. Ist die Verbundbewehrung jedoch gleichzeitig auch eine Querkraftbewehrung, muss die Ermittlung des inneren Hebelarms nach DIN EN 1992-1-1/NA: 13 Abschnitt NCL 6.2.3 (1) erfolgen.

Der Bemessungswert der Schubkraft der Fuge beträgt:

$V_{Rd} = c \cdot f_{cdt} \cdot \mu \cdot \sigma_N + \varrho \cdot f_{yd} \cdot (1,2 \cdot \mu \cdot \sin\alpha + \cos\alpha) \le 0,5 \cdot \nu \cdot f_{cd}$

Dabei ist:

c, μ, ν s.o.

$f_{cdt} = 0,085 \cdot f_{ctk;0,05}/\gamma_c$ Bemessungswert der Betonzugfestigkeit

σ_N Spannung rechtwinklig zur Fuge, positiv bei Druck, bei Zugkraft ist $c \cdot f_{cdt} = 0$ zu setzen

ϱ Bewehrungsgrad der die Fuge kreuzenden Verbundbewehrung

f_{yd} Bemessungswert der Stahlspannung

α Neigungswinkel der Verbundbewehrung, $45° \le \alpha \le 90°$

f_{cd} Bemessungswert der Betondruckfestigkeit

Stahlbeton

Bemessungshilfen für mittig gedrückte Querschnitte (ohne Berücksichtigung des Knickens)

$N_{Rd} = F_{cd} + F_{sd}$ mit:
F_{cd} Betontraganteil in MN
F_{sd} Traganteil Betonstahl in MN
Voraussetzungen: – Beton C25/30
  – Dehnungsbegrenzung auf $\varepsilon_{c1} = 0,21\%$
  – Betonstahl B500

Betontraganteil F_{cd} f. Rechteckquerschnitt, Abmessungen in cm

	20	25	30	40	50	60	70
20	0,567	0,708	0,850	1,133	1,417	1,700	1,983
25		0,885	1,063	1,417	1,771	2,125	2,479
30			1,275	1,700	2,125	2,550	2,975
40				2,267	2,833	3,400	3,967
50					3,542	4,250	4,958
60						5,100	5,950
70							6,942

Betontraganteil F_{cd} für Kreisquerschnitt, Durchmesser in cm

	20	25	30	40	50	60	70
20	0,445	0,695	1,001	1,780	2,782	4,006	5,452

Betonstahltraganteil F_{sd} , Ø in mm, n = Stabanzahl

Ø / n	12	14	16	20	25	28
4	0,190	0,259	0,338	0,528	0,825	1,034
6	0,285	0,388	0,507	0,792	1,237	1,552
8	0,380	0,517	0,676	1,056	1,649	2,069
10	0,475	0,647	0,844	1,319	2,062	2,586
12	0,570	0,776	1,013	1,583	2,474	3,103
14	0,665	0,905	1,182	1,847	2,886	3,621
16	0,760	1,034	1,351	2,111	3,299	4,138
18	0,885	1,164	1,520	2,375	3,711	4,655
20	0,950	1,293	1,689	2,639	4,123	5,172

Verbundbedingungen

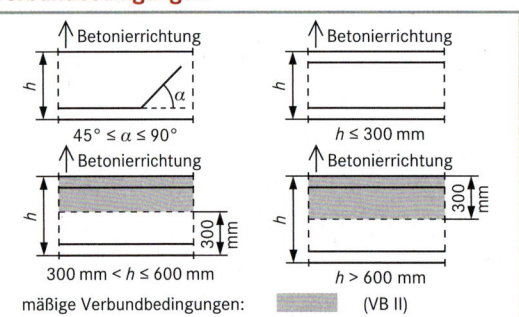

45° ≤ α ≤ 90°

$h ≤ 300$ mm

300 mm < h ≤ 600 mm

$h > 600$ mm

mäßige Verbundbedingungen: (VB II)

Bemessungswert der Verbundspannungen f_{bd} in N/mm²

Verbund bedin-gungen (VB)	C 12/15	C 16/20	C 20/25	C 25/30	C 30/37	C 35/45	C 40/50	C 45/55	C 50/60
gut (I)	1,6	2,0	2,3	2,7	3,0	3,4	3,7	4,0	4,3
mäßig (II)	1,1	1,4	1,6	1,9	2,1	2,4	2,6	2,8	3,0

Bemessen unbewehrter Betonbauteile

Bei unbewehrten Bauteilen sind aufgrund der geringen Verformungsfähigkeit (Duktilität) des Betons die Grenzspannungen wie folgt zu ermitteln:

Grenzdruckspannung: $f_{cd,pl} = \alpha_{cc,pl} \cdot f_{ck}/\gamma_c$ mit $\alpha_{cc,pl} = 0,70$

Grenzzugspannung: $f_{ctd,pl} = \alpha_{ct,pl} \cdot f_{tck,0,05}/\gamma_c$ mit $\alpha_{ct,pl} = 0,70$

Druckglied aus unbewehrtem Beton

Der Bemessungswert der Normalkraft in einer schlanken Stütze oder Wand darf nach DIN EN 1992-1-1:2011-01, 12.6.5.2 wie folgt berechnet werden:

$N_{R,d} = b \cdot h_w \cdot f_{cd,pl} \cdot \Phi$ mit $\alpha_{cc,pl} = 0,70$

Dabei sind:

b Gesamtbreite des Querschnitts

h_w Gesamtdicke des Querschnitts

Φ Faktor zur Berücksichtigung der Lastausmitte einschließlich der Auswirkungen der Tragwerksverformung (Theorie II. Ordnung) und des Kriechens des Betons

Für ausgesteifte Bauteile darf der Faktor Φ angenommen werden mit:

$\Phi = 1,14 \cdot (1 - 2 \cdot e_{tot}/hw) - 0,02 \cdot l_0/h_w \le (1 - 2 \cdot e_{tot}/h_w)$

$e_{tot} = e_0 + e_i$

e_0 Lastausmitte Theorie I. Ordnung

e_i die ungewollte zusätzliche Ausmitte infolge geometrischer Imperfektionen. Sie darf vereinfacht mit $l_0/400$ angenommen werden, wobei $l_0 = \beta \cdot l_{col}$ die Knicklänge ist. Im Allgemeinen gilt $\beta = 1$.

Beiwerte zur Berücksichtigung der Theorie II. Ordnung

l_0/h	24	22	20	18	16	14	12	10	8	6	4
$100 \cdot \Phi$	52	57	63	68	73	78	83	88	93	97	98

Rechenwerte der Betonfestigkeit $f_{cd,pl}$ in N/mm²

C	12/15	16/20	20/25	25/30	30/37	35/45
$f_{cd,pl}$	5,60	7,47	9,33	11,67	14,00	16,33

Beispiel: Mittig belastete Stütze aus unbewehrtem Beton
a/b = 25/25
l_0 = 4,20 m

Betonfestigkeitsklasse C35/45
f_{ck} = 35 N/mm²

$f_{cd,pl} = \dfrac{0,70 \cdot 35 \text{ N/mm}^2}{1,5} = 16,3 \text{ N/mm}^2$

$l_0/h = 420/25 = 16,8 \rightarrow 100 \cdot \Phi = 71$ (interpoliert)

Die maximal aufnehmbare Druckkraft ergibt somit zu:

$N_{Rd} = \dfrac{0,25 \cdot 0,25 \cdot 16,3 \cdot 71}{100} = 0,723 \text{ MN} = 723 \text{ kN}$

Stahlbeton

T1 Grundmaß der Verankerungslänge $l_{b,rqd}$ für Ø ≤ 32 mm

$$l_{b,rqd} = \frac{\varnothing}{4} \cdot \frac{\sigma_{Sd}}{f_{bd}}$$

mit Ø   Stabdurchmesser
σ_{Sd} Bemessungswert der Betonstahlspannung am Verankerungsbeginn
f_{bd} Bemessungswert der Verbundspannung

Grundmaß der Verankerungslänge bezogen auf den Stabdurchmesser $l_{b,rqd}$ /Ø (Ø ≤ 32 mm) und $\sigma_{Sd} = f_{yd} = 435$ N/mm²

Beton C	12/15	16/20	20/25	25/30	30/37	35/35	40/50	45/55	50/60
$l_{b,rqd}$ /Ø, guter Verbund	66	54	47	40	36	32	29	27	25
$l_{b,rqd}$ /Ø, mäßiger Verbund	95	78	67	58	51	46	42	39	36

T2 Erforderliche Verankerungslänge $l_{b,eq}$

$$l_{b,eq} = \alpha_1 \cdot \alpha_4 \cdot l_{b,rqd} \cdot \geq l_{b,min}$$

mit α_1 Beiwert zur Berücksichtigung der Verankerungsart (s. **T3**, Zeilen 1 und 2)
α_4 Beiwert zur Berücksichtigung von angeschweißten Querstäben (s. **T3**, Zeile 3)
α_1, α_4 Kombination der Beiwerte (s. **T3**, Zeilen 4 und 5)
$l_{b,rqd}$ Grundmaß der Verankerungslänge (s. **T1**)
$l_{b,min}$ Mindestwert der Verankerungslänge
   = 0,3 · α_1 · α_4 · $l_{b,rqd}$ ≥ 10 · Ø, bei direkter Lagerung ≥ 6,7 · Ø (Zugstäbe)
   = 0,6 · α_1 · α_4 · $l_{b,rqd}$ ≥ 10 · Ø (Druckstäbe), $l_{b,rqd}$ jeweils berechnet mit $\sigma_{Sd} = f_{yd}$

T3 Zulässige Verankerungsarten von Betonstahl und dazugehörige Beiwerte α_i

	Verankerungsarten			Beiwert α_i	
				Zugstäbe [1]	Druckstäbe
1	Gerade Stabenden		$l_{b,eq}$	1,0	1,0
2	Haken ≥ 5 Ø $\alpha \geq 150°$ D $l_{b,eq}$	Winkelhaken ≥ 5 Ø $\alpha \geq 90°$ $\alpha < 150°$ D $l_{b,eq}$	Schlaufen D $l_{b,eq}$	0,7 [2] (1,0)	–
3	Gerade Stabenden mit mindestens einem angeschweißten Querstab innerhalb von $l_{b,eq}$	angeschweißter Querstab $l_{b,eq}$		0,7	0,7
4	Haken ≥ 5 Ø $\alpha \geq 150°$ angeschweißter Querstab D $l_{b,eq}$	Winkelhaken ≥ 5 Ø $\alpha \geq 90°$ $\alpha < 150°$ angeschweißter Querstab D $l_{b,eq}$	Schlaufen angeschweißter Querstab D $l_{b,eq}$	0,5 (0,7)	–
	mit mindestens einem angeschweißten Querstab innerhalb von $l_{b,eq}$				
5	Gerade Stabenden mit mindestens zwei angeschweißten Querstäben innerhalb von $l_{b,eq}$ Nur bei Einzelstäben mit Ø ≤ 16 mm und bei Doppelstäben mit Ø ≤ 12 mm erlaubt	s_q ≥ 5 Ø ≥ 5 cm < 10 cm angeschweißte Querstäbe s_q $l_{b,eq}$		0,5	0,5

[1] Die angegebenen Werte in Klammern gelten, wenn:
- Betondeckung im Krümmungsbereich senkrecht zur Krümmungsebene < 3 · Ø oder
- kein Querdruck vorhanden ist oder
- keine enge Verbügelung vorhanden ist

[2] Bei Schlaufenverankerung mit Biegerollendurchmesser D ≥ 15 · Ø darf α_i auf 0,5 reduziert werden.

Stahlbeton

T1 Maschenregel für Zwei-Ebenen-Stoß (gilt für ungeschnittene Matten nach Lieferprogramm)

Q-Matten	Maschenzahl im Verbundbereich I (guter Verbund)										Maschenzahl im Verbundbereich II (mäßiger Verbund)									
	Tragstoß Längsrichtung					Tragstoß Querrichtung					Tragstoß Längsrichtung					Tragstoß Querrichtung				
	C20/25	C25/30	C30/37	C35/45	C40/50	C20/25	C25/30	C30/37	C35/45	C40/50	C20/25	C25/30	C30/37	C35/45	C40/50	C20/25	C25/30	C30/37	C35/45	C40/50
Q 188 A	1	1	1	1	1	1	1	1	1	1	2	2	2	1	1	2	1	1	1	1
Q 257 A	2	1	1	1	1	1	1	1	1	1	3	2	2	2	1	2	2	2	1	1
Q 335 A	2	2	1	1	1	2	1	1	1	1	3	3	2	2	2	3	2	2	2	1
Q 424 A	2	2	2	1	1	2	2	2	2	2	4	3	3	2	2	3	3	2	2	2
Q 524 A	3	2	2	2	2	2	2	2	2	2	4	4	3	3	2	4	3	3	2	2
Q 636 A	4	3	3	2	2	6	5	4	4	4	5	4	4	3	3	8	7	6	5	5

R-Matten	Maschenzahl im Verbundbereich I (guter Verbund)										Maschenzahl im Verbundbereich II (mäßiger Verbund)									
	Tragstoß Längsrichtung					Verteilerstoß Querrichtung					Tragstoß Längsrichtung					Verteilerstoß Querrichtung				
	C20/25	C25/30	C30/37	C35/45	C40/50	C20/25	C25/30	C30/37	C35/45	C40/50	C20/25	C25/30	C30/37	C35/45	C40/50	C20/25	C25/30	C30/37	C35/45	C40/50
R 188 A	1	1	1	1	1	1	1	1	1	1	1	1	1	1	1	2	1	1	1	1
R 257 A	1	1	1	1	1	1	1	1	1	1	1	1	1	1	1	2	1	1	1	1
R 335 A	1	1	1	1	1	1	1	1	1	1	2	1	1	1	1	2	1	1	1	1
R 424 A	1	1	1	1	1	2	1	1	1	1	2	2	1	1	1	3	2	2	2	1
R 524 A	1	1	1	1	1	2	1	1	1	1	2	2	2	1	1	3	2	2	2	2

T2 Übergreifungsstöße

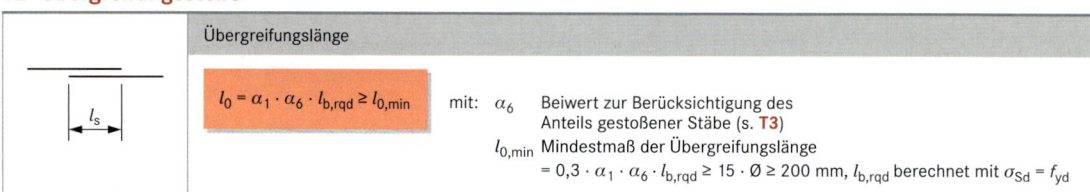

Übergreifungslänge

$$l_0 = \alpha_1 \cdot \alpha_6 \cdot l_{b,rqd} \geq l_{0,min}$$

mit: α_6 Beiwert zur Berücksichtigung des Anteils gestoßener Stäbe (s. **T3**)

$l_{0,min}$ Mindestmaß der Übergreifungslänge
$= 0,3 \cdot \alpha_1 \cdot \alpha_6 \cdot l_{b,rqd} \geq 15 \cdot \varnothing \geq 200$ mm, $l_{b,rqd}$ berechnet mit $\sigma_{Sd} = f_{yd}$

T3 Beiwert α_6

Anteil der ohne Längsversatz gestoßenen Stäbe		≤ 33 %	> 33 %	Definition
Zugstöße	Ø < 16 mm	1,2 [1]	1,4 [1]	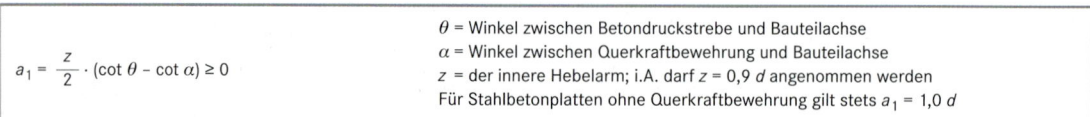
	Ø ≥ 16 mm	1,4 [1]	2,0 [2]	
Druckstöße		1,0		

[1] Falls $s \geq 10\,\varnothing$ und $s_0 \geq 5\,\varnothing$ gilt $\alpha_6 = 1,0$
[2] Falls $s \geq 10\,\varnothing$ und $s_0 \geq 5\,\varnothing$ gilt $\alpha_6 = 1,4$

T4 Versatzmaß a_1

$$a_1 = \frac{z}{2} \cdot (\cot\theta - \cot\alpha) \geq 0$$

θ = Winkel zwischen Betondruckstrebe und Bauteilachse
α = Winkel zwischen Querkraftbewehrung und Bauteilachse
z = der innere Hebelarm; i.A. darf $z = 0,9\,d$ angenommen werden
Für Stahlbetonplatten ohne Querkraftbewehrung gilt stets $a_1 = 1,0\,d$

Mindestbewehrung biegebeanspruchter Bauteile

In biegebeanspruchten Bauteilen ist eine Mindestbewehrung vorzusehen, die für ein duktiles Bauteilverhalten sorgen und damit ein schlagartiges Versagens verhindern soll. Die Bewehrung ist für das Rissmoment M_{cr} zu berechnen, bei dem die Biegezugspannung gerade die mittlere Betonzugfestigkeit f_{ctm} erreicht.

$$A_{s,min} = \frac{M_{cr}}{z_{II} \cdot f_{yk}}$$

mit $M_{cr} = \dfrac{f_{ctm} \cdot I}{z_{I,c1}}$

z_{II} Hebelarm der inneren Kräfte nach Rissbildung (Zustand II)

f_{yk} Steckgrenze des Bewehrungsstahls

I Flächenmoment II. Grades im Zustand I (vor Rissbildung)

$z_{I,c1}$ Schwerachsenabstand bis zum Zugrand im Zustand I

Verankerung der Biegezugbewehrung

An frei drehbaren oder schwach eingespannten Endauflagern muss eine Bewehrung für die folgende Kraft ausreichend verankert werden:

$$F_{Ed} = V_{Ed} \cdot (a_1/z) + N_{Ed} \geq V_{Ed}/2$$

mit a_1 Auflagertiefe

z innerer Hebelarm

Bis zum Endauflager müssen mindestens 25 % der Feldbewehrung geführt und verankert werden. Erforderliche Verankerungslängen:

direktes Auflager $l_{bd,dir} = 0,67 \cdot l_{b,eq} \geq 0,67 \cdot \varnothing$

indirektes Auflager $l_{bd,ind} = 1,0 \cdot l_{b,eq} \geq 10 \cdot \varnothing$

direktes Auflager   indirektes Auflager

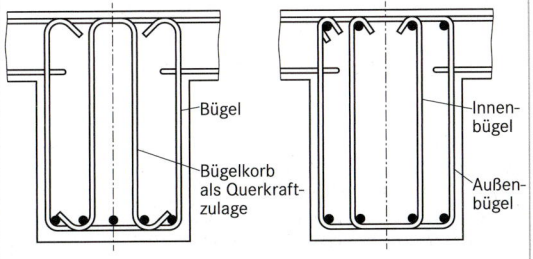

Querkraftbewehrung

Die Querkraftbewehrung muss in der Regel mit der Schwerachse des Bauteils einen Winkel von 45° bis 90° bilden. Sie darf aus einer Kombination folgender Bewehrungen bestehen:

– Bügel, die die Längszugbewehrung und die Druckzone umfassen,

– aufgebogene Stäbe bzw. Schrägstäbe,

– Querkraftzulagen in Form von Körben, Leitern usw., die ohne Umschließung der Längsbewehrung verlegt sind, aber ausreichend in der Druck- und Zugzone verankert sind.

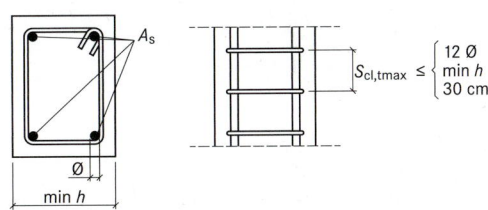

Bügel

Innenbügel

Bügelkorb als Querkraftzulage

Außenbügel

Höchstabstände der Querkraftbewehrung

Schubbeanspruchung	Bügelabstände s_{max} für ≤ C50/60	
	Längsabstand	Querabstand
$0 \leq V_{Ed}/V_{Rd,max} \leq 0,30$	$0,7 \cdot h \leq 30\,cm$	$1,0 \cdot h \leq 80\,cm$
$0,30 \leq V_{Ed}/V_{Rd,max} \leq 0,30$	$0,5 \cdot h \leq 30\,cm$	$1,0 \cdot h \leq 60\,cm$
$0,60 \leq V_{Ed}/V_{Rd,max} \leq 0,30$	$0,25 \cdot h \leq 20\,cm$	$1,0 \cdot h \leq 60\,cm$

Konstruktive Durchbildung von Stützen

Längsbewehrung:

Mindestdurchmesser $\varnothing_l \geq 12$ mm

Mindestbewehrung $A_{s,min} \geq 0,15 \cdot \dfrac{|N_{Ed}|}{f_{yd}}$

Höchstbewehrung $A_{s,max} \geq 0,09 \cdot A_c$
mit A_c = Betonquerschnittsfläche

Mindestanzahl   1 Stab je Ecke bei polygonalem Querschnitt
6 Stäbe bei Kreisquerschnitten

Höchstabstand $s_l \leq 30$ cm, bei $b \leq 40$ cm genügt ein Stab je Ecke

Querbewehrung:

Die Querbewehrung kann aus Bügel, Schlaufen oder Wendeln bestehen. Bügel müssen durch Haken geschlossen werden. Durch Bügel können max. 5 Stäbe in der Ecke gegen Ausknicken gesichert werden. Für weitere Stäbe sind Zusatzbügel erforderlich.

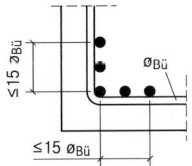

Der Durchmesser der Querbewehrung muss $\varnothing_l/4$, mindestens jedoch 6 mm betragen.

Der Abstand der Querbewehrung $s_{cl,tmax}$ darf den kleinsten der drei folgenden Werte nicht überschreiten:

– das 12-fache des kleinsten Durchmessers der Längsstäbe;

– die kleinste Seitenlänge oder den Durchmesser der Stütze;

– 300 mm.

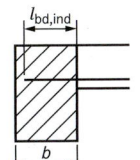 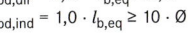

$$s_{cl,tmax} \leq \begin{cases} 12\,\varnothing \\ min\,h \\ 30\,cm \end{cases}$$

Die Mindestabstände sind in den folgenden Fällen mit dem Faktor 0,6 zu multiplizieren:

– unmittelbar über und unter Balken oder Platten über eine Höhe gleich der größeren Abmessung des Stützenquerschnitts;

– bei Übergreifungsstößen der Längsstäbe, wenn deren größter Durchmesser größer als 14 mm ist. Dabei sind mindestens 3 gleichmäßig auf der Stoßlänge angeordnete Stäbe erforderlich.

Wird der Widerstand gegen Abplatzen der Betondeckung erhöht, darf die Querbewehrung aus Bügeln auch mit 90°-Winkelhaken geschlossen werden. Die Bügelschlösser sind entlang der Stütze zu versetzen und mindestens eine der folgenden Maßnahmen muss ergriffen werden:

– Vergrößerung des Mindestbügeldurchmessers um 2 mm,

– Halbierung der Mindestbügelabstände,

– angeschweißte Querstäbe (Bügelmatten);

– Vergrößerung der Winkelhakenlänge von 10 Ø auf ≥ 15 Ø.

Zulässige Rissbreiten

Expositionsklasse	X0,XC1	XC2 – XC4, XD1 – XD3, XS1 – XS3
Einwirkungskombination	quasi-ständig	
Rechenwert der Rissbreite w_k in mm	0,4	0,3

Grenzdurchmesser $\varnothing_s$* bei Betonstählen

Stahl-spannung σ_s in N/mm^2 (Zustand II)	Grenzdurchmesser $\varnothing_s$* bei Last- und Zwangbeanspruchung für $f_{ct,0}$ = 2,9 N/mm^2		
	w_k = 0,4 mm	w_k = 0,3 mm	w_k = 0,2 mm
160	54	41	27
200	35	26	17
240	24	18	12
280	18	13	9
320	14	10	7
360	11	8	5
400	9	7	4
450	7	5	3

Höchstwerte der Stababstände

Stahl-spannung σ_s in N/mm^2 (Zustand II)	Höchstwerte der Stababstände lim s_l in mm bei Lastbeanspruchung für $f_{ct,0}$ = 2,9 N/mm^2		
	w_k = 0,4 mm	w_k = 0,3 mm	w_k = 0,2 mm
160	300	300	200
200	300	250	150
240	250	200	100
280	200	150	50
320	150	100	–
360	100	50	–

Mindestbewehrung bei Zwangsbeanspruchung

$$A_{s,min} = k_c \cdot k \cdot f_{ct,eff} \cdot A_{ct}/\sigma_s$$

Modifizierung der Grenzdurchmesser

Bei Zwangsbeanspruchung:

$$\varnothing_s = \varnothing_s^* \cdot (k_c \cdot k \cdot h_{cr} \cdot f_{ct,eff})/(4 \cdot (h-d) \cdot f_{ct,0}) \geq \varnothing_s^* \cdot f_{ct,eff}/f_{ct,0}$$

Bei Zwangsbeanspruchung:

$$\varnothing_s = \varnothing_s^* \cdot (\sigma_c \cdot A_s)/(4 \cdot (h-d) \cdot b \cdot f_{ct,0}) \geq \varnothing_s^* \cdot f_{ct,eff}/f_{ct,0}$$
oder
$$s_l \leq \lim s_l$$

mit:

k_c = 1,00 bei reinem Zug

$\quad$ = 0,40 bei reiner Biegung

k = 0,80 für

$\quad$ = 0,52 für (Zwischenwerte interpolieren)

$\quad$ = 1,00 äußeren Zwang, z. B. Stützensenkung

h_{cr} = Höhe der Zugzone im Querschnitt vor Rissbildung

$f_{ct,eff}$ = Zugfestigkeit des Betons beim Auftreten der Risse

h = Höhe des Querschnitts

b = Breite des Querschnitts

d = statische Nutzhöhe

$f_{ct,0}$ = 2,9 N/m^2

σ_s = zulässige Spannung in der Bewehrung unmittelbar nach Rissbildung in Abhängigkeit vom Grenzdurchmesser $\varnothing_s$ bzw. bei Lastbeanspruchung die vorhandene Spannung im Zustand II unter quasi-ständiger Lastkombination

A_s = Querschnitt der Bewehrung

Wasserundurchlässige Bauwerke aus Beton
Watertight concrete buildings

Weiße Wannen

Empfohlene Mindestdicken von Bauteilen in mm				
Bauteil	Bean-spruchungs-klasse	Ausführungsart		
		Ortbeton	Element-wände	Fertig-teile
Wände	1	240	240	200
	2	200	240 (200)	100
Boden-platte	1	250		200
	2	150		100

Beanspruchungsklasse 1:
Drückendes und nichtdrückendes Wasser sowie zeitweise aufstauendes Sickerwasser

Beanspruchungsklasse 2:
Bodenfeuchte und nichtstauendes Wasser.

Nutzungsklassen:
A: keine Feuchtstellen auf der Bauteiloberfläche zulässig
B: Feuchtstellen auf der Bauteiloberfläche sichtbar

Rechenwerte der Trennrissbreiten gemäß DIN EN 1992-1-1: 11 in Abhängigkeit vom Druckgefälle, wenn der Wasserzutritt durch Selbstheilung der Risse begrenzt werden soll.

Druckgefälle h_w/h_b	Zulässige Rissbreite w in mm (Rechenwert)
≤ 10	0,20
> 10 bis ≤ 15	0,15
> 15 bis ≤ 25	0,10

h_w = Druckhöhe des Wassers in m
h_b = Bauteildicke in m
Für angreifende Wässer mit > 40 mg/l CO$_2$ (kalklösende Kohlensäure) und pH < 5,5 darf die Selbstheilung nicht in Ansatz gebracht werden. Eine Begrenzung der Trennrissbreite unter der Annahme der Selbstheilung der Risse erfüllt die Anforderungen der Nutzungsklasse A bei Beanspruchungsklasse 1 nur in Kombination mit raumklimatischen und bauphysikalischen Maßnahmen und erst nach Abklingen des temporären Wasserdurchtritts durch die Selbstheilung der Risse.

Stahlbeton

Arbeitsmodell für Feuchtebedingungen in einem Betonbauteilquerschnitt bei einseitigem drückenden Wasser (Beton mit w/z ≤ 0,55)

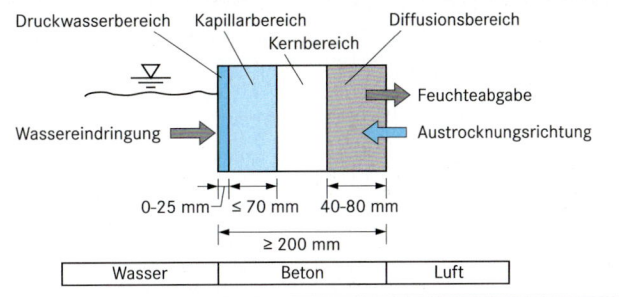

Sichtbeton
Exposed concrete

DBV Merkblatt Sichtbeton 2004

Sichtbetonklasse			Beispiel
Sichtbeton mit	geringen Anforderungen	SB1	Betonflächen mit geringen gestalterischen Anforderungen, z. B. Kellerwände oder Bereiche mit vorwiegend gewerblicher Nutzung
	normalen Anforderungen	SB2	Betonflächen mit normalen gestalterischen Anforderungen, z. B. Treppenhausräume, Stützwände, Feuchtebedingungen
	besonderen Anforderungen	SB3	Betonflächen mit hohen gestalterischen Anforderungen, z. B. Fassaden im Hochbau
		SB4	Betonflächen mit besonders hoher gestalterischer Bedeutung, repräsentative Bauteile im Hochbau

Zur Erfüllung der Anforderungen an die Sichtbetonklasse sind die Hinweise des Merkblatts DBV Merkblatt Sichtbeton Fassung 2004 zu beachten.

Die gestalterische Wirkung der Ansichtsfläche einer Sichtbetonklasse ist grundsätzlich nur in ihrer Gesamtwirkung angemessen beurteilbar, d.h. nicht nach Maßgabe absolut erklärter Einzelmerkmale. Die Verfehlung von vertraglich vereinbarten Einzelmerkmalen im Sinne des Merkblattes soll daher nicht zu einer Pflicht zur Mängelbeseitigung führen, wenn der Gesamteindruck des betroffenen Bauteils oder Bauwerks in seiner positiven Gestaltungswirkung nicht gestört ist.

Der Gesamteindruck bei vorhandenen oder nicht vorhandenen Farbtonunterschieden ist i. d. R. erst nach längerer Standzeit (u. U. nach mehreren Wochen) beurteilbar. Die Farbtongleichmäßigkeit ist aus dem üblichen Betrachtungsabstand gemäß Abschnitt 7 zu beurteilen.

Gegebenenfalls sollten mehrere Erprobungsflächen angefertigt werden.

Anforderungen an geschalte Sichtbetonflächen nach Klassen bezüglich		SB1	SB2	SB3	SB4
Textur		T1	T2	T2	T3
Porigkeit	Saugende Schalhaut	P1	P2	P3	P4
	Nichtsaugende Schalhaut		P1	P2	P3
Farbtongleichmäßigkeit	Saugende Schalhaut	FT1	FT2	FT2	FT2
	Nichtsaugende Schalhaut	FT1	FT2	FT2	FT3
Ebenheit		E1	E1	E2	E3
Arbeits- und Schalhautfugen		AF1	AF2	AF3	AF4
Erprobungsfläche		freigestellt	empfohlen	dringend empfohlen	erforderlich
Schalhautklasse		SHK1	SHK2	SHK2	SHK3
Kosten		niedrig	mittel	hoch	sehr hoch

Die Ebenheitsanforderungen gelten nicht bei bearbeiteten oder strukturierten Flächen.
Die Arbeitsfugen bleiben sichtbar.
Zu beachten sind auch die Abschnitte 5.1.2 und 7 des DBV Merkblatt Sichtbeton.
Praxiserfahrungen haben gezeigt, das in der Schalhautklasse 3 ein mehrfacher Einsatz der Schalhaut ausgeschlossen sein kann.

Stahlbeton

Anforderungen an geschalte Sichtbetonflächen

T1	Weitgehend geschlossene Zementleim- bzw Mörtelfläche In den Schalelementstößen ausgetretener Zementleim/Feinmörtel bis ca. 20 mm Breite und ca. 10 mm Tiefe zulässig Rahmenabdruck des Schalelements zulassen
T2	Geschlossene und weitgehend einheitliche Betonfläche In den Schalelementstößen ausgetretener Zementleim/Feinmörtel bis ca. 10 mm Breite und ca. 5 mm Tiefe zulässig Versatz der Elementstöße bis ca. 5 mm Tiefe zulässig, Höhe verbleibender Grate bis ca. 5 mm zulässig Rahmenabdruck des Schalelements zulassen
T3	Glatte, geschlossene und weitgehend einheitliche Betonfläche In den Schalelementstößen ausgetretener Zementleim/Feinmörtel bis ca.3 mm zulässig Feine, technisch unvermeidbare Grate bis ca. 3 mm zulässig Weitere Anforderungen (z.B. an Schalungsstöße, Rahmenabdruck) sind detailliert festzulegen
P1	Ca. 3000 Porenanteil in mm^2 der Poren mit Durchmesser d in den Grenzen 2 mm $< d <$ 15 mm (je Prüffläche 500 mm x 500 mm)
P2	Ca. 2250 Porenanteil in mm^2 der Poren mit Durchmesser d in den Grenzen 2 mm $< d <$ 15 mm (je Prüffläche 500 mm x 500 mm)
P3	Ca. 1500 Porenanteil in mm^2 der Poren mit Durchmesser d in den Grenzen 2 mm $< d <$ 15 mm (je Prüffläche 500 mm x 500 mm)
P4	Ca. 750 Porenanteil in mm^2 der Poren mit Durchmesser d in den Grenzen 2 mm $< d <$ 15 mm (je Prüffläche 500 mm x 500 mm)
TF1	Hell-/Dunkelverfärbungen sind zulässig, Rost- und Schmutzflecken sind unzulässig
TF2	Gleichmäßige, großflächige Hell-/Dunkelverfärbungen zulässig Unterschiedliche Arten und Vorbehandlungen der Schalhaut sowie Ausgangsstoffe verschiedener Art und Herkunft unzulässig
TF3	Großflächige Verfärbungen, verursacht durch Ausgangsstoffe verschiedener Art und Herkunft, unterschiedliche Art und Vorbe- handlung der Schalhaut, ungeeignete Nachbehandlung des Betons sind unzulässig Zulässig sind geringe Hell-/Dunkelverfärbungen (z.B. leichte Wolkenbildung, geringe Farbabweichungen) Unzulässig sind Rost- und Schmutzflecken, deutlich sichtbare Schüttlagen sowie Verfärbungen, verursacht durch Nichteinhaltung der Vorgaben aus DBV Merkblatt Sichtbeton, Anhang A, Tabelle A.3 Auswahl eines besonderen und geeigneten Trennmittels notwendig. Hinweis: Farbtonunterschiede und Verfärbungen sind auch bei größter handwerklicher Sorgfalt und bei Einhaltung der Vorgaben aus DBV Merkblatt Sichtbeton, Anhang A, Tabelle A.3 nicht gänzlich auszuschließen
E1	Ebenheitsanforderungen nach DIN 18 202, Tabelle 3, Zeile 5
E2	Ebenheitsanforderungen nach DIN 18 202, Tabelle 3, Zeile 6
E3	Ebenheitsanforderungen nach DIN 18 202, Tabelle 3, Zeile 6. Höhere Ebenheitsanforderungen sind gesondert zu vereinbaren. Dafür erforderliche Aufwendungen und Maßnahmen sind vom Auftraggeber detailliert festzulegen. Hinweis: Höhere Ebenheitsan- forderungen, z. B. nach DIN 18 202, Tabelle 3, Zeile 7, sind technisch nicht zielsicher erfüllbar.
AF1	Versatz der Flächen zwischen zwei Betonierabschnitten bis ca. 10 mm zulässig
AF2	Versatz der Flächen zwischen zwei Betonierabschnitten bis ca. 10 mm zulässig Feinmörtelaustritt auf dem vorhergehenden Betonierabschnitt muss rechtzeitig entfernt werden Trapezleiste o. Ä. empfohlen
AF3	Versatz der Flächen zwischen zwei Betonierabschnitten bis ca. 5 mm zulässig Feinmörtelaustritt auf dem vorhergehenden Beonierabschnitt muss rechtzeitig entfernt werden Trapezleiste o. Ä. empfohlen
AF4	Planung der Detailausführung erforderlich Versatz der Flächen zwischen zwei Betonierabschnitten bis ca. 5 mm zulässig Feinmörtelaustritt auf dem vorhergehenden Betonierabschnitt muss rechtzeitig entfernt werden Weitere Anforderungen (z. B. Ausbildung von Arbeits- und Schalhautfugen) sind detailliert festzulegen
SHK1	Bohrlöcher Nagel- und Schraublöcher, Kratzer Beschädigung der Schalhaut durch Innenrüttler Betonreste Zementschleier, Reparaturstellen, Aufquellen der Schalhaut im Schraub- bzw. Nagelbereich („Ripplings")	Mit Kunststoffstöpsel zu verschließen Zulässig Zulässig In Vertiefungen (Nagellöchern, Kratern etc.) zulässig keine flächigen Anhaftungen Zulässig
SHK2	Bohrlöcher, Kratzer Nagel- und Schraublöcher Beschädigung der Schalhaut durch Innenrüttler Kratzer Betonreste Zementschleier, Reparaturstellen, Aufquellen der Schalhaut im Schraub- bzw. Nagelbereich („Ripplings")	Als Reparaturstellen zulässig Ohne Absplitterungen zulässig Nicht zulässig, nach Absprache mit dem Auftraggeber ggf. zul. Nicht zulässig Zulässig Nicht zulässig, nach Absprache mit dem Auftraggeber ggf. Zulässig
SHK3	Bohrlöcher, Betonreste Nagel- und Schraublöcher, Kratzer Beschädigung der Schalhaut durch Innenrüttler Zementschleier, Reparaturstellen, Aufquellen der Schalhaut im Schraub- bzw. Nagelbereich („Ripplings")	Nicht zulässig Als Reparaturstellen in Abstimmung mit dem Auftraggeber ggf. zul. Nicht zulässig In Abstimmung mit dem Auftraggeber zulässig Nicht zulässig

Stahlbeton

Definition

Leichtbeton ist ein gefügedichter Beton mit einer Trockenroh-dichte von nicht weniger als 800 kg/m^3 und nicht mehr als 2000 kg/m^3. Er wird unter Verwendung von grobem Leichtzu-schlag hergestellt.
Er wurde entwickelt, um Lasten zu minimieren und die Wärme-dämmung zu erhöhen.

Zuordnung der Festigkeitsklassen alt-neu DIBt Mitteilungen 1/2002

LB	LC	LB	LC
8	8/9	35	35/38
10	12/13	45	45/50
15	16/18	55	50/55
25	25/28		

Rechenwert ϱ der Trockenrohdichte zur Bestimmung der Baustoffeigenschaften in kg/m^3

	Rohdichteklasse					
	1,0	1,2	1,4	1,6	1,8	2,0
ϱ	801...1000	1001...1200	1201...1400	1401...1600	1601...1800	1801...2000

Charakteristischer Wert der Wichte von unbewehrtem Leichtbeton zur Lastermittlung

	Rohdichteklasse					
	1,0	1,2	1,4	1,6	1,8	2,0
kN/m^3	10,5	12,5	14,5	16,5	18,5	20,5

Charakteristischer Wert der Wichte von bewehrtem Leichtbeton zur Lastermittlung

	Rohdichteklasse					
	1,0	1,2	1,4	1,6	1,8	2,0
kN/m^3	11,5	13,5	15,5	17,5	19,5	21,5

DIN EN 1992-1-1:11 gilt auch für die Bemessung und Konstruk-tion unbewehrter Wände in Wohngebäuden aus Leichtbeton der Festigkeitsklasse LC8/9.

Die Wärmedehnzahl von Leichtbeton hängt im Wesentlichen von der Art des verwendeten Zuschlags ab und kann über einen weiten Bereich von $4 \cdot 10^{-6}$ bis $14 \cdot 10^{-6}/K$ variieren. Für Bemes-sungszwecke, bei denen die Wärmedehnung nicht maßgebend ist, darf mit einem Wert von $8 \cdot 10^{-6}/K$ gerechnet werden. Der Unterschied der Wärmedehnzahlen von Stahl und Leichtbeton darf bei der Bemessung vernachlässigt werden.

Bei Leichtbeton darf für die Kriechzahl φ der Wert von Normalbe-ton (DIN EN 1992-1-1:11, Bild 3.1) angenommen und mit einem Faktor $\eta_E = (\varrho \cdot 2200)^2$ multipliziert werden. Die so ermittelten Kriechverformungen sind bei Leichtbeton der Festigkeitsklassen LC12/13 und LC16/18 zusätzlich mit einem Faktor $\eta_2 = 1,3$ zu multiplizieren.

Die Endwerte der Trocknungsschwinddehnung für Leichtbeton darf ermittelt werden, indem die Werte von Normalbeton aus DIN EN 1992-1-1:11, Tabelle 3.2 mit dem Faktor η_3 multipliziert werden. Dieser beträgt:

$\eta_3 = 1,5$ für $f_{lck} \leq LC16/18$
$\eta_3 = 1,2$ für $f_{lck} \geq LC20/22$

Der Abminderungswert zur Berücksichtigung von Langzeitwir-kungen auf die Druckfestigkeit α_{lcc} beträgt für Leichtbeton bei Verwendung des Parabel-Rechteck-Diagramms nach DIN EN 1992-1-1:11, Bild 3.3 $\alpha_{lcc} = 0,75$.

Der Bemessungswert für den Querkraftwiderstand eines Leichtbetonbauteils ohne Normalkraft wird gegenüber einem Normalbetonbauteil mit dem Faktor $\eta_1 = 0,40 + 0,60 \cdot \varrho/2200$ abgemindert.

Die Grundwerte der zulässigen Biegeschlankheit von Stahlbeton-bauteilen nach DIN EN 1992-1-1:11, 7.4.2 sind mit dem Faktor $\eta_E^{0,15} = (\varrho/2200)^{0,30}$ abzumindern.

Festigkeits- und Formänderungskennwerte von Leichtbeton LC12/13 bis LC50/55 in N/mm^2

Leichtbeton	LC	12/13	16/18	20/22	25/28	30/33	35/38	40/44	45/50	50/55
Druck-festigkeit	f_{lck}	12	16	20	25	30	35	40	45	50
	f_{lcm}	17	22	28	33	38	43	48	53	58
	$f_{lcd} (\gamma_c=1,5)$	6,0	8,0	10,0	12,5	15,0	17,5	20,0	22,5	25,0
Zug-festigkeit	f_{lctm} $f_{lck;0,05}$ $f_{lck;0,95}$	wie für Normalbeton mit Faktor $\eta_1 = 0,40 + 0,60 \cdot \varrho/2200$ mit ϱ in kg/m^3								
E-Modul	E_{lcm}	wie für Normalbeton mit Faktor $\eta_E = (\varrho/2200)^2$ mit ϱ in kg/m^3 Diese Werte stellen den mittleren Elastizitätsmodul als Sekante bei 0,4 f_{lcm} dar.								

Abschätzung der Leichtbetondruckfestigkeitsklasse LC

w/z	Zementgehalt CEM I 42,5 R	Schüttdichte des Leichtzuschlags in kg/m^3				
		400	500	600	700	800
0,70	225 kg/m^3	8/9	12/13	16/18	20/22	20/22
0,50	300 kg/m^3	16/18	20/22	25/28	30/33	35/38
0,35	450 kg/m^3	20/22	25/28	35/38	40/44	50/55

Stahlbeton

Begriffe und Forderungen

Konstruktive Angaben zu Stahlbeton-Rippendecken sind nicht mehr in DIN EN 1992-1-1: 11 enthalten. In DIN EN 1992-1-1: 11 wird die Rippendecke nur noch unter dem Gesichtspunkt der Berechnung als Vollplatte behandelt. Die Bezeichnungen der Ausführungen 1–4 beziehen sich auf (DIN 1045: 88) und dienen zur Beurteilung des Bestandes. Neue Decken müssen nach DIN EN 1992-1-1: 11 berechnet werden.

(DIN 1045: 88)

Als Stahlbeton-Rippendecken werden Plattenbalkendecken mit einem lichten Balkenabstand (= Rippenabstand) von ≤ 70 cm bezeichnet. Ein statischer Nachweis der Druckplatte (Gurtplatte) ist nicht erforderlich, wenn die Dicke der Gurtplatte mind. 1/10 des lichten Abstands zwischen den Rippen oder 50 mm beträgt, wobei der größere Wert maßgebend ist. Die Breite der Längsrippen b_0 beträgt mindestens 5 cm. Die Druckplatte kann ganz oder teilweise durch Zwischenbauteile nach DIN 4158 und DIN 4159 ersetzt werden, wenn die Nutzlast höchstens 5 kN/m², Einzellasten höchstens 7,5 kN betragen und die Decke nur von Pkw befahren wird.

Querrippenabstand s_q

Nutzlast kN/m²	Lichte Rippenlänge	Achsabstand der Längsrippen s_L	
		$s_L \leq l/8$	$s_L > l/8$
≤ 2,75 (in zug. Fluren 3,50)	≤ 6,00 m		12 d_0
> 2,75	> 6,00 m	10 d_0	8 d_0

l Stützweite der Längsrippen
d_0 Gesamtdicke der Rippendecke

DIN EN 1992-1-1: 11 5.3.1 und 10.9.3 (11)

Rippen- und Kassettendecken dürfen für die Schnittgrößenermittlung bei einem Verfahren nach DIN EN 1992-1-1: 11 5.4 und 5.5 als Vollplatten betrachtet werden, wenn die Gurtplatte zusammen mit den Rippen eine ausreichende Torsionssteifigkeit besitzt. Dies kann vorausgesetzt werden, wenn gleichzeitig der Rippenabstand 1500 mm nicht übersteigt, die Rippenhöhe unter der Gurtplatte die 4fache Rippenbreite nicht übersteigt, die Dicke der Gurtplatte mind. 1/10 des lichten Abstands zwischen den Rippen oder 50 mm beträgt, wobei der größere Wert maßgebend ist, und Querrippen vorgesehen sind, deren lichter Abstand nicht größer als die 10fache Deckendicke ist.

Decken aus Rippen mit Zwischenbauteilen ohne Aufbeton dürfen für die Schnittgrößenermittlung bei einem Verfahren nach DIN EN 1992-1-1: 11 5.4 und 5.5 als Vollplatten angesehen werden, wenn **Querrippen in einem Abstand s_T** angeordnet werden:

Gebäudeart	Achsabstand der Längsrippen s_L	
	$s_L \leq l_L/8$	$s_L > l_L/8$
Wohngebäude	–	12 h
andere Gebäude	10 h	8 h

l_L effektive Stützweite der Längsrippen,
h Gesamtdicke der Rippendecke (entspricht d_0)

Ausführungen

A1 Mit geschalten Rippen (meist mit Schalkörpern)

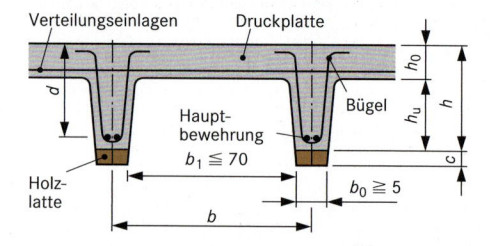

A2 Mit statisch nicht mitwirkenden Zwischenbauteilen (Beton oder Ziegel)

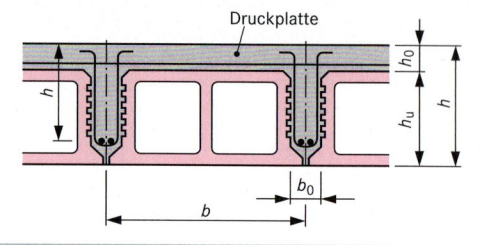

A3 Mit statisch mitwirkenden Zwischenbauteilen, hier mit vorgefertigten Rippen

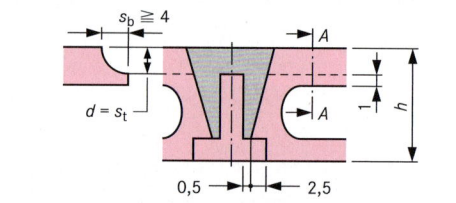

A4 Stahlsteindecke aus statisch mitwirkenden Deckenziegeln nach DIN 4159: 99

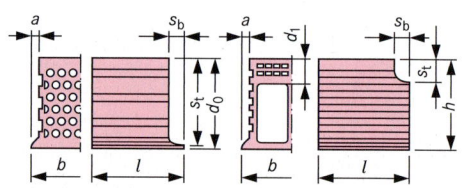

Bezeichnungen der Ziegelarten: **ZRT, ZRV, ZST, ZSV, ZWT, ZWV,** dabei bedeuten:

Z = Ziegel,
S = für Stahlsteindecken,
W = für Wände,
R = für Rippendecken (mit Aufbeton),
T = für teilvermörtelte,
V = für vollvermörtelte Stoßfugen (im Bereich negativer Momente mit Druckzone unten).

Decken nur einachsig gespannt, keine Aufbiegungen und keine Schubbewehrung; meist in 1 m breiten Deckenstreifen vorgefertigt. Erforderliche Dicken und Lasten nach Herstellerangaben.

Stahlbeton

Nachträglich mit Ortbeton ergänzte Deckenplatten (Teilfertigteildecken)

Werden Fertigteile, die mit einer statisch mitwirkenden Ortbetonschicht versehen sind, als Verbundbauteile nach DIN EN 1992-1-1: 11 10.9.3 bemessen, muss die Ortbetonschicht mindestens eine Dicke von 40 mm aufweisen.

Die Querbewehrung darf entweder in den Fertigteilen oder im Ortbeton liegen. Bei einer Bewehrung im Ortbeton ist zu beachten, dass übliche Berechnungsverfahren für Plattenschnittgrößen mit Ansatz gleicher Steifigkeiten in beiden Richtungen nur gelten, wenn der Abstand der Längsbewehrung zur zugehörigen Querbewehrung in der Höhe 50 mm oder $d/10$ nicht überschreitet (der größere Wert ist maßgebend). Bei zweiachsig gespannten Platten darf für die Beanspruchung rechtwinklig zur Fuge nur die Bewehrung berücksichtigt werden, die durchläuft oder gestoßen ist. Voraussetzung hierfür ist, dass der Durchmesser der Bewehrungsstäbe $\emptyset \leq 14$ mm, der Bewehrungsquerschnitt $a_s \leq 10$ cm^2/m und der Bemessungswert der Querkraft $V_{Ed} \leq 0,3\ V_{Rd,max}$ ist. Darüber hinaus ist der Stoß durch biegesteife Bewehrung (z.B. Gitterträger) im Abstand höchstens der zweifachen Deckendicke zu sichern. Der Betonstahlquerschnitt dieser Bewehrung im fugenseitigen Stoßbereich ist dabei für die Zugkraft der gestoßenen Längsbewehrung zu bemessen.

Die günstige Wirkung der Drillsteifigkeit darf bei der Schnittgrößenermittlung nur berücksichtigt werden, wenn sich innerhalb des Drillbereiches von $0,3\ L$ ab der Ecke keine Stoßfuge der Fertigteilplatten befindet oder wenn die Fuge durch eine Verbundbewehrung im Abstand von höchstens 100 mm vom Fugenrand gesichert wird. Die Aufnahme der Drillmomente ist nachzuweisen.

Bei Endauflagern ohne Wandauflast ist eine Verbundsicherheitsbewehrung von mindestens 6 cm^2/m entlang der Auflagerlinie anzuordnen. Diese sollte auf einer Breite von 0,75 m angeordnet werden.

a) Stoß der Querbewegung

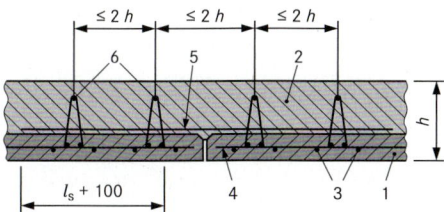

b) Stoß der Längsbewegung

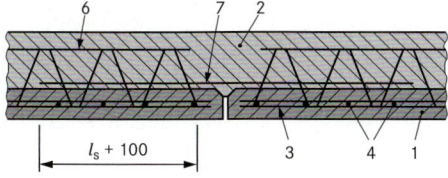

1 Fertigplatte,
2 Ortbeton,
3 Längsbewehrung,
4 statisch erforderliche Querbewehrung (in der Fertigteilplatte),
5 statisch erforderliche Querbewehrung (Stoßzulage),
6 Gitterträger,
7 Längsbewehrung (Stoßzulage)

Dach- und Deckenplatten (Stahlbeton)

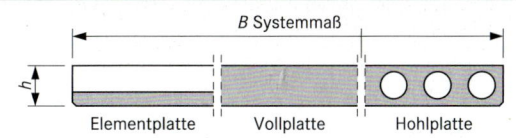

Elementplatte — Vollplatte — Hohlplatte

– Abfasungen: gebrochen, Katheten je 10 mm für untere Kanten
– Alle Abmessungen ausreichend für Feuerwiderstandsklasse F 90-A nach DIN 4102-4 (F 60-A bei Hohlplatten h = 100 mm)

Querschnittswerte [mm]											
b \ h	100	120	140	160	180	200	220	240	260	280	300	320
bis 3000											

Spannbeton-Fertigdecken

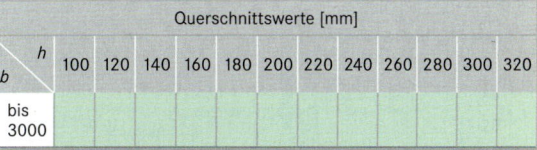

1,20

– Abfasungen: gebrochen, Katheten je 10 mm für untere Kanten
– Alle Abmessungen ausreichend für Feuerwiderstandsklasse F 90-A nach DIN 4102-4

Querschnittswerte [mm]				
b \ h	150	200	260	320	400
bis 1200				

Deckenplatten (π-Platten)

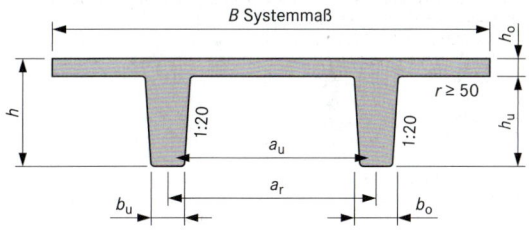

B Systemmaß

B = ca.1,50 bis max. 3,0 m
a_r = Rippenabstand = $a_u + b_u$
a_u = lichte Weite zwischen den Rippen; in der Regel 1,0 m

– Abfasungen: gebrochen, Katheten je 10 mm für untere Rippenkanten

Querschnittswerte [mm]							
h_u	200	300	400	500	600	700	800
b_u				190			
b_o	210	220	230	240	250	260	270

– Alle Abmessungen ausreichend für Feuerwiderstandsklasse F 90-A nach DIN 4102-4

h_o	≥ 60	F 30-A
	≥ 100	F 90-A
	üblich von 60 bis ca. 250 mm	

Skelettbauweise:
Stützen und Riegel sind die tragende Konstruktion, die in der Regel durch Stb.-Decken-scheiben und Stb.-Wand-scheiben ausgesteift sind. Die Ausfachung erfolgt oft durch Mauerwerkswände.

Großtafelbauweise:
Wand- und Deckentafeln sind tragende und zugleich raum-abschließende Bauwerkteile.

Raumzellenbauweise:
Die tragenden, in sich abgeschlossenen Raumzellen ergeben zusammenwirkend das Bauwerk.

Binder (T-Profil)

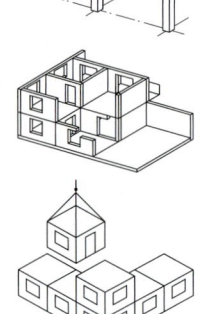

	Querschnittswerte [mm]		
	h	b_o	b
	600	400	190
	800	400	190
	1000	400	190
	1200	500	190
	1400	600	190
	1600	700	250
	1800	800	250
	2000	800	250

Unterzüge

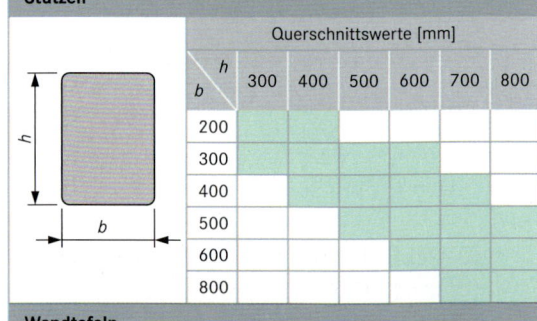

Typenprogramm Skelettbau (2009):

Pfetten

	Querschnittswerte [mm]			Feuerwiderstands-klasse nach DIN 4102-4	
	h	b_u	b_o	Stahlbeton	Spannbeton
	400	150	190		F 30-A
		190	230		F 90-A
	500	150	200		F 30-A
		190	240	F 90-A	F 90-A
	600	150	210		F 30-A
		190	250		F 90-A
	800	190	270		F 90-A

	Querschnittswerte [mm]			Feuerwiderstands-klasse nach DIN 4102-4	
	h	b_u	b_m	Stahlbeton	Spannbeton
	850	190	250	F 90-A	F 90-A
	950	190	270		

Binder (I-Profil)

	Querschnittswerte [mm]			
	h	b_o	b	h_u
	800	400	120	150
	1000	400	120	150
	1200	500	120	160
	1400	600	120	250
	1600	700	120	250
	1800	800	150	350
	2000	800	150	350
	2200	800	150	350
	2400	800	150	350

Querschnittswerte [mm]

b \ h	400	500	600	700	800	900	1000	1200	1400
300									
400									
500									
600									
800									

Stützen

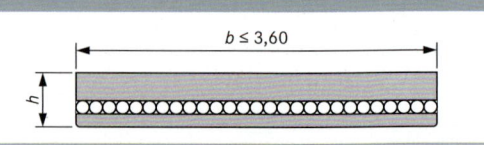

Querschnittswerte [mm]

b \ h	300	400	500	600	700	800
200						
300						
400						
500						
600						
800						

Wandtafeln

$b \le 3,60$

Querschnittswerte [mm]

Breiten $b \le 3600$

		100 bis 200 in 20 mm-Staffelung		
Normalbeton				
Leichtbeton	h	200	240	300
Mehrschichttafel		220	240	260

Stahlbeton

Schadensverhütung

Stahl ist im Beton vor Korrosion (Rost) geschützt, solange der pH Wert > 12 bleibt.

Chloride, z. B. aus Tausalz, können jedoch auch dann zur Korrosion führen. Bei pH Werten < 9 besteht immer dann Korrosionsgefahr, wenn gleichzeitig ausreichend Feuchtigkeit vorhanden ist. Der pH Wert kann mittels eines Indikators festgestellt werden ($\to$ einfache bauchemische Untersuchungen).

Das Absinken des pH Wertes wird durch die **Karbonatisierung des Betons** infolge CO_2-Aufnahme bewirkt. Das geschieht umso schneller, je weniger dicht der Beton ist, und das ist vor allem bei hohen W/Z-Werten des Frischbetons, schlechter Verdichtung und ungenügender Nachbehandlung der Fall.

Die **Karbonatisierungstiefe** unter der Betonoberfläche beträgt bei üblichem Beton unter normalen Umgebungsbedingungen in Außenbauteilen nach 10 Jahren etwa 15 mm und erreicht nach ungefähr 40 Jahren einen Wert von etwa 20 mm.

Im Hinblick auf die jeweils vorliegende Beanspruchung ist eine ausreichende Betondeckung vorzusehen. Schutz und Instandsetzung sind in Deutschland durch die **DAfStb-Richtlinie: Schutz und Instandsetzung von Betonbauteilen (Instandsetzungs-Richtlinie)**, Berlin, Wien, Zürich, 2001 geregelt.

Instandsetzen von Stahlbetonbauteilen (beispielhafte Abfolge der Arbeitsgänge)

1. **Losen Beton restlos entfernen**, festen, aber karbonatisierten Beton jedoch nur bei sehr hohen Ansprüchen an die Langzeitwirkung.

2. **Stahl gründlich entrosten**, z. B. durch Strahlen, möglichst in voller Länge der rostbefallenen statischen Bewehrungsstäbe.

3. **Korrosionsschutzanstriche aufbringen**. Meist sind es lösemittelfreie Epoxidharze mit aktiven Pigmenten, z. B. Zementklinkermehl oder Bleimennige. Die erste Schicht sollte sofort nach dem Entrosten aufgetragen werden. In die zweite Schicht wird, solange sie noch klebrig ist, Quarzsand eingestreut, wenn mit zementgebundenem Mörtel saniert wird.

4. Falls erforderlich, **Haftbrücke** aufbringen.

5. Einen Grobmörtel auf die Haftbrücke bzw. auf den Untergrund auftragen. In vielen Fällen können **kunststoffmodifizierte Mörtel** verwendet werden.

6. Mit Feinmörtel und Beschichtung, möglichst CO_2-dicht und wasserdampfdurchlässig, können wieder einheitliche Oberflächen hergestellt werden.

7. Von vielen Herstellern werden Systemlösungen angeboten, die eine sachgemäße Instandsetzung nach den Vorgaben der „**Instandsetzungsrichtlinie**" garantieren.

Beton- und Stahlbetonarbeiten – Aufmaß und Abrechnung
Concrete and reinforced concrete works – measurement and payment

Auszug aus DIN 18 331: 12
Abrechnungseinheiten, aus den Konstruktionsmaßen getrennt nach Art und Maßen ermittelt:

Nach **Raummaß (m^3)**:
- Massige Bauteile (Fundamente, Stützmauern u. Ä.)

abgezogen werden:
- Öffnungen, Nischen u. Ä. > 0,5 m^3 Einzelgröße,
- Schlitze, Kanäle u. Ä. > 0,1 m^3 je m Länge,
- Durchdringungen und Einbindungen von Bauteilen, wie Einzelbalken, Stützen u. Ä. > 0,5 m^3 Einzelgröße, wenn sie durch vorgegebene Betonierfugen baulich abgegrenzt sind. Auch aus Einzelteilen zusammengesetzte Bauteile, z. B. Fenster- oder Türrahmungen und Stürze, gelten als nur ein Bauteil.

Nach **Flächenmaß (m^2)**:
- Beton-Sauberkeitsschichten und Unterbeton,
- Decken, Wände, Fundament- und Bodenplatten,
- flächige Fertigteile,
- Treppenläufe, mit u. ohne Stufen, Podestplatten,
- Aussparungen, z. B. Öffnungen, Nischen, Schlitze u. Ä.,
- Dämm-, Trenn- u. Schutzschichten sowie ähnliche,
- besondere Ausführung von Betonflächen z. B. Bearbeitung,
- Schalungen in der Abwicklung der geschalten Flächen, (Nischen, Schlitze, Fugen u. Ä. werden dabei übermessen),
- Schalungen für Aussparungen (Öffnungen, Schlitze u. Ä.) in der Abwicklung der geschalten Fläche.

abgezogen werden:
- Öffnungen, Durchdringungen u. Ä. > 2,5 m^2 Einzelgröße

Nach **Längenmaß (m)**:
- Stützen, Vorlagen, Stürze, Unterzüge u. Ä.,
- Fertigteile und Stufen,
- Herstellen und Schließen von Schlitzen und Kanälen,
- Herstellen von Fugen, einschließlich Liefern u. Einbau von Fugenbändern, -blechen u. a. Fugenfüllungen,
- Betonpfähle, Umwehrungen,
- Schalungen für Plattenränder, Schlitze, Kanäle u. Ä.

Nach **der Anzahl (Stück)**:
- Stützen, Vorlagen, Balken, Stürze, Unterzüge,
- Fertigteile (auch m. Konsolen, Winkelungen u. Ä.),
- Treppenstufen,
- Herstellen und Schließen von Aussparungen, z. B. Öffnungen, Nischen, Hohlräumen, Schlitzen u. Ä.,
- Herstellen von Vouten, Auflagerschrägen u. Konsolen,
- Einbauen bzw. Liefern und Einsetzen von Einbauteilen, Bewehrungsanschlüssen, Dübelleisten, Ankerschienen, Verbindungselementen, Iso-Körben u. Ähnlichem,
- Betonpfähle, Herrichten von Pfahlköpfen und Fußverbreiterungen,
- Abdeckungen und Umwehrungen,
- Schalung für Aussparungen, Profilierungen u. Ä.,
- vorkonfektionierte Formteile, z. B. Fugenbänder,
- Fertigteile m. besonders bearbeiteter Oberfläche.

Nach **Gewicht (kg oder t)**:
- Liefern, Schneiden, Biegen und Verlegen von Bewehrungen, Unterstützungen, Montageeisen u. Ä. (Bindedraht und Verschnitt nicht berücksichtigt),
- Einbauteile, Verbindungselemente und Ähnliches.

Mehrschichtige Wand- und Dachkonstruktionen
Multilayered wall and roof constructions

Einschichtige Wände z. B. aus Leichtmauerwerk übernehmen die Funktionen Wärmedämmung, -speicherung, Regenschutz und Tauwasserschutz gleichzeitig.

Bei Dächern und zunehmend auch bei Wänden erfordern jedoch die **steigenden Anforderungen an den Wärmeschutz** mehrschichtige Ausführungen, bei denen jede Bauteilschicht spezielle Aufgaben übernimmt.

Die **Probleme**, die sich aus der **Wasserdampfkondensation** in den Baustoffen und besonders an den Schichtgrenzen ergeben können, sind ggf. durch **Hinterlüftung der Fassade** bzw. durch **Unterlüftung der Dachhaut**, bei unbelüfteten Konstruktionen durch **luftdichte** und **diffusionshemmende bzw. -dichte Schichten** auf der Raumseite bzw. durch außen angeordnete, sehr diffusionsoffene Schichten lösbar.

→ ablaufendes Wasser   ⋯▸ Wasserdampf

1. Belüftete Ausführungen

1.1 Hinterlüftete **Vormauerschalen** oder hinterlüftete großformatige Platten aus Betonwerkstein, Naturstein oder aus Stahlbeton als Sichtbeton oder mit Riemchen bzw. Fliesen.

1.2 Hinterlüfteter Vorhang aus dünnen **großformatigen Platten**, z. B. aus Faserzement, Metall (Aluminium oder beschichtetes Stahlblech), Glas oder Kunststoff.

1.3 Hinterlüftete Bekleidung mit **kleinformatigen Platten**, z. B. aus Dachziegeln, Beton-Dachsteinen, Natur- oder Kunstschiefer, Holzschindeln oder Kunststoff.

1.4 Unterlüftete Dachhaut aus dünnen **großformatigen Platten**, z. B. aus Faserzement, Metall (Trapez- oder Wellblech), faserverstärktem Kunststoff, Kunststoff- oder Bitumendachbahnen.

1.5 Unterlüftete Dachhaut aus **kleinformatigen Platten** wie Dachziegel, Beton-Dachsteinen, Natur- oder Kunstschiefer, Schindeln, Glasdachsteinen oder Faserzement-Dachplatten.

2. Unbelüftete Ausführungen

2.1 **Möglichst dampfdurchlässige Bekleidung** mit Putz als Wärmedämmputz und/oder als Wärmedämmverbundsystem (Putz auf geklebter oder mit Dübeln befestigter Dämmschicht). Die Bekleidung mit Vormauersteinen oder Natursteinplatten ist problematisch, wenn diese diffusionsdicht sind.

2.2 **Flachdach-Normalausführung:**

1: Rohdecke,
2: diffusionsdichte Schicht,
3: Wärmedämmung,
4: Dampfdruck-Ausgleichsschicht,
5: Dachdichtung (Bitumen- o. Kunststoff),
6: Kies- oder Plattenabdeckung zum Schutz der Abdichtung.

2.3 **Flachdach mit oben liegender Dämmung** („Umkehrdach"):
Im Gegensatz zu 2.2 liegt der überwiegende Teil der Wärmeschicht oberhalb der Abdichtung. Diese Dämmung besteht aus extrudiertem Polystyrol mit Stufenfalz. Abdeckung möglichst mit Betonplatten (Schutz vor Windsog und UV). Abdichtung mit Gefälle, um Stauwasser zu vermeiden.

Hinterwand bzw. Rohdecke

Wärmedämmung und -speicherung

a) getrennt in zwei Schichten:

Wand oder Decke
aus wärmespeicherndem Mauerwerk oder Beton, $\varrho = 1400...2400$ t/m^3.

▨ **Wärmedämmschicht**

b) vereinigt in einer Schicht:

Wand oder Decke
aus Leichtziegeln, Leicht- oder Porenbeton, Holz, $\varrho = 400...1200$ t/m^3.

▨ **Zusatzdämmschicht**

Beläge, Beschichtungen

T1 Bewegungsarten der Bauwerkteile und ihre Ursachen

Wenn die Fläche der Tabelle als Vorderansicht eines Pfeilers angesehen wird, dann geben die roten
➡ Pfeile die Richtung an, in der sich die Oberkante des Pfeilers bewegt.

Unvermeidbare Bewegungen, die Bewegungsfugen erfordern	irreversibel (nicht oder kaum wiederholbar)	1. Kurzzeit-Bewegungen in der Bauzeit	lastabhängige Verformungen	**1.1 Stauchen** der Bauteile beim Aufbringen der Last auf Wände oder Pfeiler, auch auf Deckenplatten (auch Biegestauchen).

1.1 Stauchen der Bauteile beim Aufbringen der Last auf Wände oder Pfeiler, auch auf Deckenplatten (auch Biegestauchen).

1.2 Setzen nichtbindiger Böden, beim Aufbringen von Lasten durch dichtere Lagerung.

2.1 Kriechen von Baustoffen unter Dauerlast, z. B. Beton in Stützen oder in Spannbetonbauteilen.

2.2 Setzen bindiger Böden unter Dauerlast (Auspressen von Wasser).

2.3 Schwinden feinstporiger neubaufeuchter Bauteile durch Trocknen bis zur Gleichgewichtsfeuchte.

2.4 Feuchtedehnung mancher Ziegelsteine.

2.5 Temperatur-Zusammenziehung von Beton, der bei Erhärten heiß wurde

3.1 Temperaturdehnung und Zusammenziehung durch Temperaturwechsel

3.2 Quellen und Schwinden beim Wechsel der Feuchte feinstporiger Stoffe, z. B. Holz, Zementmörtel.

3.3 Elastische Dehnstauchung bei mäßiger, besonders bei schwingender Beanspruchung.

4.1 Schrumpfreißen zu weicher Mörtel und Betone während des Erhärtens.

4.2 Treiben durch chemische Vorgänge oder durch Kristallisieren, z. B. bei Zement-Gipsmischung (Sulfattreiben).

4.3 Frostdehnung von wassersatten Böden und Baustoffen „Eislinsen-" bildung bei sog. „frostschiebenden" Böden.

Left-side vertical labels:
2. Langzeit-Bewegungen, die in einem Ruhezustand enden — lastunabhängige Volumenänderungen
reversibel (wiederholbar)
3. Wiederholte Hin- und Her-Bewegungen — lastabhängige — lastunabhängige
4. Vermeidbare Bewegungen, die durch fehlerhafte Arbeitsweise verursacht werden — lastunabhängige

A1 Ausführung von Dehnungsfugen

nach DIN 18540: 14, mit elastischen Fugendichtstoffen für Außenwandfugen zwischen Bauteilen aus Beton und/oder unverputztem Mauerwerk und/oder Naturstein

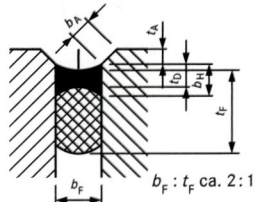

$b_F : t_F$ ca. 2 : 1

nach DIN 18542: 09, mit imprägnierten Dichtungsbändern aus Schaumkunststoff für Fugen der Gebäudehülle im Hochbau

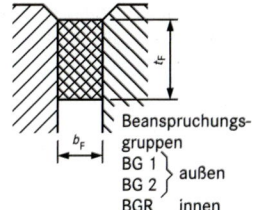

Beanspruchungsgruppen
BG 1
BG 2 } außen
BGR innen

F   frühbeständig
NF   nicht frühbeständig
b_F Breite der Fuge
b_A Breite der Fase
b_H Breite der Haftfläche

t_A Tiefe der Fase
t_F Tiefe des Abdichtungssystems
t_D Tiefe des Dichtstoffes

T2 Abmessungen von Fugen und Fugendichtungen*

DIN 18 540: 14

Fugenabstand in mm		≤ 2	2 bis 3,5	3,5 bis 5	5 bis 6,5	6,5 bis 8
Fugenbreite b_F						
Nennmaß	mm	15	20	25	30	35
Mindestmaß	mm	10	15	20	25	30
Fugentiefe ca.	mm	30	40	50	60	70
Tiefe Fugendichtstoff t_D						
Nennmaß	mm	8	10	12	15	15
Mindestmaß	mm	± 2	± 2	± 2	± 3	± 3

* Bedingungen: ΔT = 80 K, α_ϑ = 1,1 · 10^{-5}K^{-1}, max. Verformung Fugendichtstoff 25 %

Berechnung bei abweichenden Bedingungen:

$$\boxed{\text{F1} \quad a = \frac{0,25 \cdot b}{\alpha_\vartheta \cdot \Delta T}} \quad \boxed{\text{F2} \quad b_F = \frac{a \cdot \alpha_\vartheta \cdot \Delta T}{0,25}} \quad \boxed{\text{F3} \quad s = \alpha_\vartheta \cdot \Delta T \cdot a}$$

a = Abstand zwischen den Bewegungsfugen in m,
b_F = Breite der Dehnungsfugen in mm,
α_ϑ = Temperaturdehnzahl in mm/(m · K), → Wärme,
ΔT = Temperaturunterschied,
s = Veränderung der Fugenbreite.

Beispiel:
Eine 12 m lange Mauer, beiderseits anstoßend, wird bei 20 °C Lufttemperatur mit Faserzementplatten abgedeckt, max ΔT = 100 K, α_ϑ = 0,01 mm/(m · K), Fugenbreite b_F zunächst mit 15 mm eingesetzt.

gewählt:

$\max a = \dfrac{0,25 \cdot 15 \text{ mm} \cdot \text{m} \cdot \text{K}}{0,01 \text{ mm} \cdot 100 \text{ K}} = \underline{3,75 \text{ m}},$ \qquad \underline{2,00 \text{ m}}, → **F1**

$\min b_F = 2,00 \cdot 0,01 \cdot 100 : 0,25 = \underline{8 \text{ mm}} < 15 \text{ mm},$ → **F2**

$\max s = 0,01 \cdot 100 \cdot 2,00 = \underline{2 \text{ mm}},$ → **F3**

ΔT von 40 K (Abkühlung auf –20 °C) erweitert die Fugen um $s = 0,01 \cdot 40 \cdot 2,00 = \underline{0,8 \text{ mm}}$ → **F3**

Der Dichtstoff dehnt sich dabei um $100 \cdot 0,8/15 = \underline{5,3 \%}$ aus.

Nach DIN EN 1991-1-5/NA: 10 min. Außentemperatur –24 °C und max. Außentemperatur +37 °C. Sonneneinstrahlung ist zusätzlich zu berücksichtigen.

Beläge, Beschichtungen

Pflastersteine

Pflastersteine aus Naturstein		DIN EN 1342: 13

Die Norm fordert keine Mindestwerte, enthält aber Angaben zu im Straßenbau bewährten Anforderungen

Bauklasse nach RStO [3]	Druckfestigkeit [MPa]	Biegefestigkeit [MPa]
RstO 5 u. 6	60	5
RstO 4	80	8
RstO 3	100	10

Frostbeständigkeit wird für alle Bauklassen gefordert.
Die Größen werden generell nach den Nennmaßen unterschieden.
Die Einteilung in Großpflaster (bis 300 mm), Kleinpflaster (70 bis 100 mm) und Mosaikpflaster (50 u. 60 mm) ist nur noch eine Sprachregelung.

[3] Richtlinien für die Standardisierung des Oberbaus von Verkehrsflächen

Pflastersteine aus Beton	DIN EN 1338: 03

Zahlreiche Arten von **Verbundpflastersteinen**, auch mit Fase, Quadrat-, Rechteck-, Sechseckpflaster.
Vorzugshöhen, je nach Bettung, Unterbau, Steinform und Belastung: 60, 80, 100, 120 und 140 mm.

Zulässige Maßabweichungen:
Dicke < 100 mm: Länge und Breite ± 2 mm, Höhe ± 3 mm
Dicke > 100 mm: Länge und Breite ± 3 mm, Höhe ± 4 mm

Andere Eigenschaften nach Herstellerangaben:
Witterungsbeständigkeitsklassen (2, 3),
Spaltungsfestigkeit, Abriebwiderstand,
Gleitwiderstand.

Pflasterklinker, Pflasterziegel

Pflasterklinker, DIN 18 503: 03, sind Pflasterziegel mit besonderen Anforderungen an die Wasseraufnahme und an die Scherbenrohdichte. Die Scherbenrohdichte ist mind. 2,0 kg/dm^3 im Mittelwert und die Wasseraufnahme darf max. 6 % betragen.
DIN EN 1344: 13, Abschnitt 4 legt u.a. folgende Anforderungen für Pflasterziegel und Pflasterklinker fest:

Biegebruchlast (N/mm)		
Klasse	Mittelwert ≥ (N/mm)	Einzelwert ≥ (N/mm)
T0	keine Anforderung	
T1	30	15
T2	30	24
T3	80	50
T4	80	34

Abriebwiderstand			
Klasse	A1	A2	A3
Abriebvolumen ≤ mm^3	2100	1100	450

Gleit-/Rutschwiderstand				
Klasse	U0	U1	U2	U3
Mittlerer Wert ≥	keine Anforderung	35	45	55

Fußbodenplatten

Fußbodenplatten aus Naturstein, meist aus Kalkstein (Solnhofer) oder Sandstein (Solling, Main): 25 x 25, (15, 20, 30, 40, 50) x 30, (20, 25) x 40 (in cm) und unregelmäßiger Dicke 1 bis 4 cm.	
Bodenklinkerplatten, DIN 18 158:86 Oberfläche glatt, genarbt, gekörnt, gerieft, gerippt, gewürfelt, gekuppt.	29 x 29 24 (11,5) x 19,4 19,4 (9,4) x 19,4
Dazu Rinnsteine u.a. Formstücke.	1 bis 4 cm dick

Fußbodenplatten aus Beton

Bezeichnung	Maße in cm		
	a	b	c
A { 20	20	28,1	2
25	25	35,2	2,5
A 30	30	42,2	3
B 35	35	49,3	3,5
C 40	40	56,4	4
D 50	50	70,5	5
60	60	84,6	6
Toleranz	± 0,1 cm		± 0,2

B = Halbplatte
D = Viertelplatte
A = Quadratplatte
C = Dreieckplatte,

Beton-Fußbodenplatten auch mit 0,7 bis 1,5 cm dickem **Hartbeton-Belag** aus Siliziumkarbid, Korund oder Hartmetallen und mit 1,0 bis 1,5 cm dickem **Terrazzo-Belag** aus farbigem Natursteinsplitt, geschliffen. Meist 30 x 30 cm^2, d = 2,5··3 cm.

Gehwegplatten aus Beton   DIN EN 1339: 03

Nennmaße nach Herstellerangaben, Abweichungen nach Klassen					
Klasse	Kennzeichnung	Nennmaße der Platte mm	Länge mm	Breite mm	Dicke mm
1	N	Alle	± 5	± 5	± 3
2	P	≤ 600 > 600	± 2 ± 3	± 2 ± 3	± 3 ± 3
3	R	Alle	± 2	± 2	± 2

Die Differenz zwischen zwei beliebigen Messungen der Länge, Breite und Dicke einer einzelnen Platte muss ≤ 3 mm betragen.

Wandbekleidungen

Wandplatten aus Betonwerkstein	DIN V 18500: 06

Die Norm unterscheidet nach **Bearbeitungsart** (z. B. geschliffen, feingeschliffen, poliert, gesägt, ausgewaschen, feinausgewaschen, gestrahlt, abgesäuert, gespalten, bossiert, gespitzt, gestockt, scharriert), **besonderer Gestaltung** (z. B. Formschalung) und **Oberflächenbehandlung** (z. B. Polierwachs, Versiegelungsmasse, Fluat).

Maßbeispiele (keine Standardisierung):
☐ 15 und 20 cm Seitenlänge (ca. 1,5 cm dick),
☐ 25, 30, 35 cm Seitenlänge (ca. 2 cm dick),
☐ 1 x 2 m (≥ 5 cm dick)

Beläge, Beschichtungen

Keramische Fliesen und Platten für Bodenbeläge und Wandbekleidungen

DIN EN 14411: 12

Nach dem Formungsverfahren werden gebrannte Fliesen und Platten unterteilt in:

Stranggepresste Fliesen und Platten (A):
Aus plastischer Masse mittels Strangpresse geformt und abgeschnitten.

„**Präzision**" steht für die Herstellung als Doppelplatten, die nach dem Brennen gespalten werden.

„**Natur**" steht für die Herstellung als Einzelplatten.

Fliesen und Platten können glasiert (GL) oder unglasiert (UGL) sein; sie sind unbrennbar und lichtecht. Je nach Wasseraufnahme werden sie den Gruppen I bis III zugeordnet.

Wasseraufnahme / Formgebung	I $E_b \leq 3\%$	Gruppe		
		II_a $E_b > 3\%$ $\leq 6\%$	II_b $E_b > 6\%$ $\leq 10\%$	III $E_b > 10\%$
Formgebung A: Stranggepresst	AI_a	AII_{a-1} *	AII_{b-1} *	AIII
	AI_b	AII_{a-2} *	AII_{b-2} *	
Formgebung B: Trockengepresst	BI_a	BII_a	BII_b	$BIII$ **
	BI_b			

* Gruppe AII_a und AII_b werden in zwei Teile mit verschiedenen Produktanforderungen unterteilt. Teil 1 umfasst die meisten Fliesen und Platten dieser Gruppe. Teil 2 beschreibt spezifische Produkte.

** Gruppe BIII: ausschließlich glasierte Fliesen und Platten; trockengepresste unglasierte Fliesen und Platten mit einer Wasseraufnahme > 10 % fallen nicht in diese Produktgruppe.

Für die Gruppen AI bis BIII definiert die Norm DIN EN 14411 in den Anhängen A bis L die Güteanforderungen, wie Maßtoleranzen, Oberflächenbeschaffenheit, physikalische und chemische Eigenschaften. Frostbeständigkeit ist zwingend nur für Fliesen und Platten der Gruppe I gefordert; in II und III können Materialien frostbeständig sein.

Maße

Modulare Maße (M) haben die Grundeinheit M = 100 mm; abgeleitete Module sind 1M, 2M, 3M und 5M sowie deren Vielfache und Teilbare. Maße, die nicht auf diesem Grundmodul aufbauen, werden als **nichtmodulare** Maße bezeichnet.

Das **Werkmaß (W)** bestimmt das Produktionsmaß der Fliesen und Platten innerhalb der zulässigen Fertigungstoleranzen.

Das **Koordinierungsmaß (C)** umfasst das Werkmaß zuzüglich einer Fugenbreite.

Oberflächenbeschaffenheit: GL (glasiert) oder UGL (unglasiert)

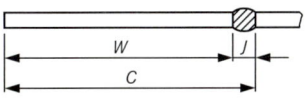

Kennzeichnung:
Beispiel 1
Keramische Fliese / Platte der 1. Güteklasse nach EN 14411, Anhang A, Präzision 25 cm x 12,5 cm (W 240 mm x 115 mm x 10 mm) GL poliert, maximale Trockenmasse: … kg

Beispiel 2
Keramische Fliese / Platte der 1. Güteklasse nach DIN EN 14411, Anhang A, Natur 15 cm x 15 cm (W 150 mm x 12 mm) UGL maximale Trockenmasse: … kg

Außenwandbekleidungen mit angemörtelten Fliesen und Platten

DIN 18 515-1: 98; -2: 93

Größtmaße der Fliesen oder Platten: 0,12 m² Fläche, 40 cm Seitenlänge, 15 mm Dicke (geriffelt: 20 mm). **Mörtel** möglichst mit Trasszement.

Zementmörtel im Mischungsverhältnis		Sand
Spritzbew.	1:2 ·· 1:3	0/4
Unterputz	1:3 ·· 1:4	0/4
Dickbett	1:4 ·· 1:5	0/4
Fugenmörtel		geeigneter Werktrockenmörtel

Sand mit dichtem Gefüge (gute Sieblinie).
Das Porenvolumen der haftvermittelnden Schicht der Rückseite der verwendeten Fliesen oder Platten muss mind. 20 mm³/g betragen, ansonsten ist ein Dünnbettmörtel mit Klebeeigenschaften erforderlich.
Unmittelbares Ansetzen möglich auf Beton nach DIN 1045 und auf Mauerwerk aus Steinen der Festigkeitsklassen ≥ 12 mit Mörtel der Gruppe II.
Die Ansetzfläche muss frei von Staub, Trennmitteln, Ausblühungen und Verunreinigungen sein, sonst ist bewehrter und verankerter **Unterputz** nötig.
Zum Ausgleich größerer Maßungenauigkeiten ist ein ≥ 10 mm dicker **Ausgleichsputz** nötig.
Muss dieser dicker als 25 mm sein, ist er zu bewehren und zu verankern.
Ein **Spritzbewurf** ist vor dem Ansetzen im Dickbettverfahren bzw. vor dem Aufbringen des Unterputzes erforderlich. Dieser muss vor dem Weiterarbeiten aushärten und seine Spannungen abbauen können.

Beim **Ansetzen im geschlossenen Dickbett** (im Mittel 15 mm dick) ist jede angesetzte Fliesen- oder Plattenreihe von oben mit Mörtel zu verfüllen und schräg abzugleichen.

Beim **Ansetzen im Dünnbett** mit mind. 3 mm Dicke auf einem Unterputz ist das „Floating-Buttering" Verfahren, → Mörtelartige Massen, anzuwenden.

Auf **Wärmedämmschichten** ist ein mit Baustahlgitter bewehrter Unterputz zum Abtragen der Beanspruchungen erforderlich. Die Bewehrung muss aus nichtrostendem Stahl C 700, 50 mm x 50 mm mit mind. 2 mm Stab-Ø bestehen und über tragfähige Anker aus nichtrostendem Stahl mit dem belastbaren Teil der Außenwand kraftschlüssig verbunden werden.
Der Unterputz aus PIII ist in 2 Lagen aufzubringen, wobei die 1. Lage bis zur Bewehrung reicht und die 2. Lage nach 4 bis maximal 24 Stunden aufgetragen wird. Die Bewehrung soll dadurch mittig im 25 bis 35 mm dicken Unterputz zu liegen kommen.

Anmauerung auf Aufstandsflächen ist nach DIN 18 515-2 zulässig bei Wohngebäuden bis zu 2 Vollgeschossen und einem 4 m hohen Giebel, bei anderen Gebäuden bis zu 8 m Höhe.
Die Dicke der Anmauerung muss mindestens 5,5 cm und darf höchstens 9 cm betragen.

Beläge, Beschichtungen

Gipskartonplatten

DIN 18 180: 07

Gipskarton-Bauplatten GKB:
Für Wand- und Deckenbekleidungen auf Unterkonstruktionen, zum Ansetzen als Wand-Trockenputz und zur Bekleidung von Montagewänden.
Imprägniert (verzögerte Wasseraufnahme): **GKB I**.

Gipskarton-Feuerschutzplatten GKF:
für Bauteile mit Brandschutzanforderungen.
Imprägniert: GKF I.

Bandgefertigte Gipskartonplatten

Dicken-Nenn-maß t (mm)	Masse in kg/m²	
	GKB, GKBI	GKF, GKFI
9,5	≥ 6,5	≥ 8
12,5	≥ 8,5	≥ 10
15	≥ 10,2	≥ 12
≥ 18	≥ 0,68 · t	≥ 0,8 · t

Nennbreite w und Nennlänge l sind herstellerabhängig.
Gipskarton-Putzträgerplatten GKP:
Dicke: 9,5 mm; Masse: ≥ 6,5 kg/m².

Längskantenausführungen:
Abgeflacht: **AK**, volle Kante: **VK**, runde Kante: **RK**.
Halbrund: **HRK**; halbrund und abgeflacht: **HRAK**.
Beispiel: **DIN 18 180-GKB 12,5-2000 AK-A2**
bedeutet: Gipskarton-Bauplatte, 12,5 mm dick, 2 m lang, abgeflachte Kante, Brandschutzklasse A2.

Gipskarton-Verbundplatte nach DIN 18 184: 08
Verbundplatte DIN 18 184-VBPSP-W-0,25-12,5-50-B1
bedeutet: 12,5 mm dicke Gipskartonplatte mit 50 mm dicker **Polystyrol**-Wärmedämmplatte der Wärmeleitgruppe 025 und Brandschutzklasse B1. Kennzeichnung durch **blaue Schrift**.

Verbundplatte DIN 18 184-VBPURP-W-020-9,5-30-B2
bedeutet: 9,5 mm dicke Gipskartonplatte mit 30 mm dicker **Polyurethan**-Wärmedämmplatte der Wärmeleitgruppe 020 und Brandschutzklasse B2. Kennzeichnung durch **schwarze Schrift**.

Maße: 1250 mm breit und 2500 mm lang
Kombinationen: 9,5 cm GK mit 20 bis 30 mm Dämmstoff
12,5 cm GK mit 20 bis 60 mm Dämmstoff
Auch mit **diffusionsdichter Schicht** zwischen GK u. Dämmstoff.

Wandbauplatten aus Gips

DIN EN 12 859 : 11

Rohdichteklassen	Rohdichte in kg/m³	Mindesthärte in Shore C-Einheiten
Hohe Rohdichte (D)	1100 bis 1500	80
Mittlere Rohdichte (M)	800 bis 1100	55
Niedrige Rohdichte (L)	600 bis 800	40

Biegefestigkeit	Bruchlasten
Typ A	1,7 – 4,0 kN je nach Dicke und Rohdichte
Typ B, erhöhte Bruchlasten	2,0 – 5,0 kN je nach Dicke und Rohdichte (nur Platten mittlerer und hoher Rohdichte)

Wasseraufnahme-fähigkeitsklasse	Anforderungen
H 3	Keine Anforderungen
H 2	≤ 5 % der Trockenmasse
H 1	≤ 2,5 % der Trockenmasse

Gipskartonplatten an Deckenunterkonstruktionen

Zulässige Stützweiten

DIN 18 181: 08

bei Beplankungsdicken von mindestens 12,5 mm Unter-konstruktion	Gesamtlast in kN/m²		
	≤ 0,15	> 0,15 ≤ 0,30	> 0,30 ≤ 0,50
Stahlblechprofile, DIN 18182-1: 07:	1)	1)	1)
Grundprofil CD 60 x 27 x 06	900	750	600
Tragprofil CD 60 x 27 x 06	1000	1000	750
Holzlatten (Breite x Höhe)			
Grundlatte 48 x 24	750	650	600
direkt 50 x 30	850	750	600
befestigt 60 x 40	1000	850	700
Grundlatte 30 x 50 2)	1000	850	700
abgehängt 40 x 60	1200	1000	850
Traglatte 48 x 24	700	600	500
50 x 30	850	750	600

Grundlatten und Traglatten (-profile) an jedem Kreuzungspunkt mit je einer Schraube verbinden.
1) Stützweite bei Grundprofilen = Abstand der Abhängungen, bei Tragprofilen = Abstand der Grundprofile (Latten), bei Brandschutzanforderungen kleinere Stützweiten nach DIN 4102-4: 94 wählen.
2) Nur mit Traglatten von 50 mm Breite und 30 mm Höhe.

Spannweiten der Gipskartonplatten (maximal)

Plattenart	Platten-dicke	Quer-	Längs-
		befestigung	
Montagewände und Vorsatzschalen			
Gipskartonplatten mit geschlossener Sichtfläche	12,5	625	
	15	750	625
	18	900	
	25	1250	
Deckenbekleidung und Unterdecken			
Gipskartonplatten mit geschlossener Sichtfläche	12,5	500	
	15	550	420
	18	625	
Gipskarton-Lochplatten	9,5	320	
	12,5	320	
GK-Putzträgerplatten	9,5	500	–

Bei Brandschutzanforderungen gilt DIN 4102-4: 94.

Abstände der Befestigungsmittel (Maximalwerte)

Plattenart	Schnellbauschrauben	Klammern (unter 45°)	Nägel 3)
Montagewände und Vorsatzschalen:			
GK-Pl. m. geschl. Sichtflächen	250	80	120 4)
Gipskarton-Lochplatten	170	80	120
Deckenbekleidungen und Unterdecken:			
bei allen Gipskartonplatten	170	80	120

3) Auch, wenn Nägel mit der Hand eingeschlagen werden.
4) Ohne Brandschutzanforderungen 170 mm erlaubt.

Eindringtiefen s bei Holz-Unterkonstruktionen:
für Schnellbauschrauben ≥ 5 d_N für Nägel glatt ≥ 12 d_N
für Klammern ≥ 15 d_N für Nägel gerillt ≥ 8 d_N
d_N = Nenn-Ø d. Schraube = Draht-Ø d. Klammer = Nagelschaft-Ø.

Beläge, Beschichtungen

Befestigung von einlagigen Gipsfaserplatten (d = 10 mm) auf Holzkonstruktionen für Decken und nichttragende Wände (nach Herstellerangaben)*

Art und Größe der Befestigungsmittel	Befestigungsmittel-			
	Abstand in cm bei		Bedarf in Stck./m^2 bei	
	Wand	Decke	Wand	Decke
Klammern $d \geq$ 1,5 mm $b \geq$ 30 mm	20	15	32	30
Schnellbauschrauben d = 3,9 mm l = 30 mm (verzinkt)	25	20	26	22

* als Verbindungsmittel sind auch Nägel aus verzinktem oder nichtrostendem Stahl bauaufsichtlich zugelassen:

a) Nägel nach DIN 1052-10: 12 und DIN EN 1995-1-1: 10 mit d_n = 2 - 3 mm und einer Mindesteinschlagtiefe s = 30 mm

b) Sondernägel nach DIN 1052-10: 12 und DIN EN 1995-1-1: 10 mit d_n = 2 - 3 mm und einer Mindesteinschlagtiefe s = 27 mm

Holz-Unterkonstruktionen für Gipsfaserplatten an Decken

Teil der Unterkonstruktion	Breite b in mm	Höhe h in mm	zulässige Stützweite in mm
Traglatten Traglatten	48 50	24 30	700 850
Grundlatten, direkt befestigt Grundlatten, abgehängt	60 40	40 60	1000 1200

Gipsfaserplatten, z.B. „Fermacell"

Vorwiegend 10 mm dick, 1000 mm breit und 1500 mm lang, aber auch raumhohe Platten lieferbar.

Gipsfaser-Verbundplatten gem. bauaufsichtlicher Zulassung, auch mit diffusionsdichter Schicht

Gesamtdicke, mm	Gipsfaserplatte, mm	Hartschaumplatte, mm	Wärmewiderstand R in m$^2 \cdot$K/W
30	10	20	0,528
40	10	30	0,778
50	10	40	1,028
60	10	50	1,278

Max. Mittenabstände der Unterstützungshölzer

Plattendicke in mm	Nägel Ø · l 2) (mm · 10 mm) DIN EN 10230-1:00	Holzbreite mm	dicke mm	cm$^{1)}$
25	31 · 50 (25 · 55)	$\geq$ 50	$\geq$ 30	$\leq$ 50
35	31 · 60 (31 · 65)	$\geq$ 50	$\geq$ 30	$\leq$ 67
50	34 · 90 (34 · 90)	$\geq$ 60	$\geq$ 40	$\leq$ 100
75	– (42 · 110)	$\geq$ 60	$\geq$ 40	$\leq$ 100

1) gilt nur für Wände. Für Dachschrägen und Decken Abstände immer $\leq$ 50 cm.

2) Nägel ( ) nur mit Unterlegscheibe Ø $\geq$ 20 mm. Auf jedem Holz 3 Nägel für 50 cm breite und 4 Nägel für 62,5 cm breite Platten. An Decken Nägel schräg einschlagen.

Profile aus Stahlblech
DIN 18 182-1: 07

Profil		Steghöhe $h \pm 0,2$ mm	Flanschbreite gleichschenklig b mm	
Arten	Kurzzeichen			Grenzabmaße
C-Deckenprofil	CD 48 CD 50	48 60	27	± 0,2
U-Deckenprofil	UD 28	28,5	27 27/45h	± 0,5
C-Wandprofil	CW 30 CW 50	28,8 48,8	35^b 50^b	± 3
	CW 60 CW 75	58,8 73,8		
	CW 100 CW 125 CW 150	98,8 123,8 148,8		
U-Wandprofil	UW 30	30	30	± 0,5
	UW 50 UW 60 UW 75 UW 100 UW 125 UW 150	50 60 75 100 125 150	40	± 0,5
L-Wandinneneckprofil	LWi 50 LWi 60	50 60	50 60	± 0,5
L-Wandaußeneckprofil	LWa 50 LWa 60	50 60	50 60	± 0,5
U-Aussteifungsprofil	UA 50 UA 60	48,8 58,8	27 40	± 1
	UA 75 UA 100 UA 125 UA 150	73,8 98,8 123,8 148,8		

Beläge, Beschichtungen

Ein Estrich besteht aus einer oder mehreren Schichten Estrichmörtel, die auf der Baustelle in mehreren möglichen Verfahren verlegt werden, um eine vorgegebene Höhenlage zu erreichen, einen Bodenbelag aufzunehmen oder unmittelbar als Betriebsfläche genutzt zu werden. Der Begriff „Estrich" bezeichnet im Deutschen sowohl den fertigen Boden als auch den Estrichmörtel.
Estriche werden nach Art des Bindemittels unterschieden, aber unabhängig vom Bindemittel nach Eigenschaften klassifiziert.

Estricharten

Estriche werden unterschieden nach der	
Art des verwendeten Bindemittels	Kurzzeichen nach DIN EN 13 318
Gussasphaltestrich	(AS)
Calciumsulfatestrich	(CA), [Anhydritestrich]
Zementestrich	(CT)
Magnesiaestrich	(MA)
Kunstharzestrich	(SR)
Verlege-/Nutzungsart	
Industrieestrich	(F)
Heizestrich	(H)
Schwimmender Estrich	(S)
Estrich auf Trennschicht	(T)
Verbundestrich	(V)
Verlegetechnik	
Hand- bzw. kellenverlegter Estrich	
Fließestrich, selbstnivellierend	
Fertigteile, Trockenestrich	

Eigenschaften zur Klassifizierung

Bezeichnung der Eigenschaft	Kurzzeichen nach DIN EN 13 813
Druckfestigkeit	(C)
Biegezugfestigkeit	(F)
Verschleißwiderstand	(A)
Verschleißwiderstand durch Rollbeanspruchung	(RWA)
Verschleißwiderstand nach BCA	(AR)
Oberflächenhärte	(SH)
Härte an Würfeln	(IC)
Härte an Platten	(IP)
Biegeelastizitätsmodul	(E)
Haftzugfestigkeit	(B)
Schlagfestigkeit	(IR)

Klassifizierung von Estrichmörteln

Druckfestigkeitsklassen												
Klasse	C5	C7	C12	C16	C20	C25	C30	C35	C40	C50	C60	C70	C80
Druckfestigkeit in N/mm²	5	7	12	16	20	25	30	35	40	50	60	70	80

Biegezugfestigkeitsklassen												
Klasse	F1	F2	F3	F4	F5	F6	F7	F10	F15	F20	F30	F40	F50
Biegezugfestigkeit in N/mm²	1	2	3	4	5	6	7	10	15	20	30	40	50

Bezeichnungsbeispiele:
EN 13 813 CT-C20-F4
Zementestrichmörtel nach DIN EN 13 813 mit der Druckfestigkeitsklasse 20 N/mm² (C20) und der Biegezugfestigkeitsklasse 4 N/mm² (F4).

EN 13 813 SR-C40-B2,0-AR1-IR-4
Kunstharzestrichmörtel mit der Druckfestigkeitsklasse 40 N/mm² (C40), der Haftzugfestigkeitsklasse 2 N/mm² (B2,0), der Verschleißwiderstandsklasse AR1 und der Schlagfestigkeitsklasse IR4.

Estrich-Verlegearten

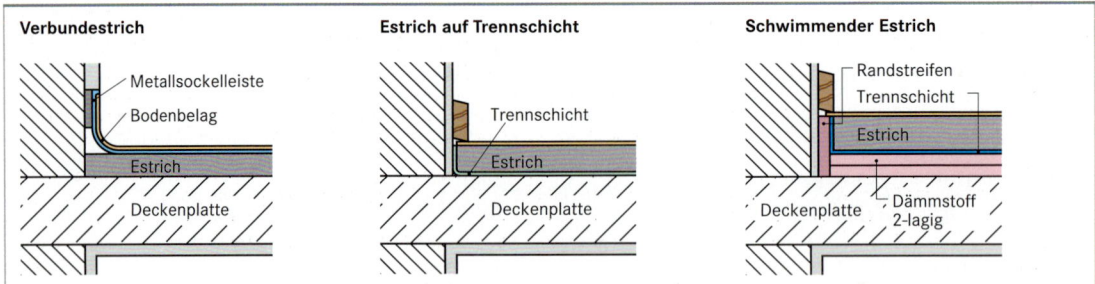

Verbundestrich — Metallsockelleiste, Bodenbelag, Estrich, Deckenplatte

Estrich auf Trennschicht — Trennschicht, Estrich, Deckenplatte

Schwimmender Estrich — Randstreifen, Trennschicht, Estrich, Deckenplatte, Dämmstoff 2-lagig

Beläge, Beschichtungen

Estrichanwendung

Estrichmörtelart	Untergrund						
	Beton [1]	Calcium sulfat-estrich	Guss-asphalt [2]	Holz [3]	Magnesia-estrich	Stahl	Zement-estrich
Calciumsulfatestrich	+	+	o	o	o	o	+
Gussasphalt	o	–	+	o	–	o	o
Kunstharzestrich	+	o	o	o	o	o	+
Magnesiaestrich	+	o	o	+	+	o	+
Zementestrich	+	o	o	o	–	o	+

[1] bei Stahlbetondecken mit Sperrschicht
[2] und andere bituminöse Schichten
[3] bei ausreichender Biegesteifigkeit

+	geeignet
o	mit besonderen Maßnahmen geeignet
–	nicht geeignet

Belegreife oder Belegbarkeit von Estrichmörteln; Feuchtemessung

Als **Belegreife** wird der Gehalt an Restfeuchte in Masse-% bezeichnet, bei dessen Unterschreitung die Estrichoberfläche ohne Gefahr der (kurz- oder langfristigen) Beschädigung von Estrich und Belag oder Beschichtung endbehandelt werden kann.

Die maximal zulässige Restfeuchte ist von der Diffusionsdichtigkeit des Belages oder der Beschichtung auf der Estrichfläche abhängig. Die **Belegbarkeit** sagt aus, dass der Estrich belegt oder beschichtet werden kann, ohne dass hierdurch ein Schaden an der Fußbodenkonstruktion zu erwarten ist. Hierfür muss der Estrich ausreichend trocken und die Oberfläche ausreichend fest und eben (nach DIN 18 202: 13j260) sein.

Die **Restfeuchte** kann nach dem **CM-Verfahren** (Calciumcarbid-Methode) gemessen werden, als weitere Methode nennt das **WTA-Merkblatt 4-11-02** „Messung der Feuchte bei mineralischen Baustoffen" (2002) die **Folienmethode**. Außerdem gibt es die Bohrlochmethode, bei der die Luftfeuchte mit Hilfe eines elektronischen Luftfeuchtemessgerätes in einem Bohrloch gemessen wird. Daraus kann auf der Grundlage der → Sorptionsisotherme auf die Feuchte des Estrichs geschlossen werden.

CM-Verfahren

Eine Probe des Estrichs wird zerkleinert, gewogen und im druckdichten Behälter mit CaC_2 umgesetzt, nach der Gleichung $CaC_2 + H_2O \rightarrow C_2H_2 + Ca(OH)_2$ entsteht Ethin, das einen Druck erzeugt, der proportional der vorhandenen Feuchtigkeit ist. Das Ergebnis wird in CM-Massezprozent angegeben.

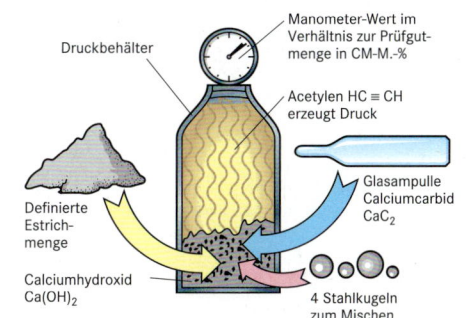

Manometer-Wert im Verhältnis zur Prüfgut-menge in CM-M.-%

Druckbehälter

Acetylen HC ≡ CH erzeugt Druck

Glasampulle Calciumcarbid CaC_2

Definierte Estrich-menge

Calciumhydroxid $Ca(OH)_2$

4 Stahlkugeln zum Mischen

Folienmethode

Eine PE-Folie von rd. 50 cm mal 50 cm wird mit geeignetem Klebeband auf den Estrich geklebt. Sind nach wenigen Stunden Wassertropfen an der Unterseite der Folie zu sehen, ist der Estrich noch zu feucht.

Trockenestrich

a) aus Gipskartonplatten	b) aus Gipsfaserplatten (z. B. „Fermacell")
Sie sind 2 m · 0,6 m groß u. 25 mm dick, und bestehen aus 3 wasserfest verklebten GK-Platten mit Nut- u. Feder-Verfalzung, die das Verlegen im Verband ermöglicht.	1,50 m · 0,50 m groß, bestehend aus zwei 10 mm (12,5 mm) dicken Gipsfaserplatten, die gegeneinander um 50 mm versetzt miteinander verklebt sind. Die Oberflächen sind spezialimprägniert, sodass darauf Textilbeläge, keramische Fliesen und auch Parkett geklebt werden können. Bei dünnen Gehbelägen, z. B. PVC-Bahnen, ist Spachtelung nötig. Zur Verbesserung der Wärmedämmung sind die Platten unterseitig mit 20 oder 30 mm Schaumstoff und zur Erhöhung der Schalldämmung auch mit 12 / 10 mm hochverdichteter Mineralwolle oder mit 5 mm PE-Schaumfolie versehen.
Ober- und Unterseiten sind mit einer wasserfesten Kaschierung gegen Feuchtigkeit geschützt. Es gibt auch Elemente mit aufgeklebtem Polystyrolschaum und Elemente für Fußbodenheizungen.	Die Dämmwerte von Estrich nach DIN 18 560 werden nicht erreicht.

Beläge, Beschichtungen

Aufgaben von Putzen/Putzsystemen

Putze dienen der Gestaltung von Oberflächen und zur Erfüllung von bauphysikalischen Aufgaben (Witterungsschutz, Feuchteregulierung, Wärmeschutz, Schallschutz, Raumakustik).

Beispiele:

1. Ebene Oberflächen als Sichtflächen oder Untergrund
2. Beständigkeit gegen in Innenräumen einwirkende Feuchtigkeit als Innenwand- oder Deckenputz in Feuchträumen
3. Mechanische Beanspruchbarkeit (Abriebfestigkeit) als Sockelputz oder Treppenhauswandputz
4. Witterungsbeständigkeit (Regenschutz) als Außenwandputz
5. Strukturierung bzw. Farbgebung bei allen sichtbaren Innen- und Außenputzen

Definition Putz/Putzsystem
DIN V 18550: 05

Ein an Wänden oder Decken ein- oder mehrlagig in bestimmter Dicke aufgetragener Belag aus Putzmörteln (mineralischer Putz) oder Beschichtungen mit putzartigem Aussehen (Kunstharzputze).

Putzarten
DIN V 18550: 05

a) Putze, die allgemeinen Anforderungen genügen

c) Putze für Sonderzwecke
  - Sanierputz
  - Putz als Brandschutzbekleidung
  - Putz mit Strahlungsabsorption
  - schallabsorbierender Putz (Akustikputz)

b) Putze, die zusätzlichen Anforderungen genügen
  - wasserhemmender Putz
  - wasserabweisender Putz
  - Innenwandputz mit erhöhter Abriebfestigkeit
  - Innenwand- und Innendeckenputz für Feuchträume
  - Wärmedämmputz

Putzmörtel
DIN EN 998-1: 10

Kurzzeichen	Bezeichnung	Unterscheidung
	Mörtel nach Eignungsprüfung Mörtel nach Rezept	Herstellung
	Werkmörtel werkmäßig hergestellter Mörtel Baustellenmörtel	Herstellungsart
GW LW CR R T	Normalputzmörtel Leichtputzmörtel Edelputzmörtel Sanierputzmörtel Wärmedämmputzmörtel	Eigenschaften/ Verwendungszweck

Anforderungen an Putze/Putzsysteme
DIN V 18550: 05

Allgemein:
Die Putzlagen müssen gleichmäßig am Putzgrund und aneinander fest haften. Putzsysteme müssen auf den Putzgrund abgestimmt sein. Innerhalb der Lagen soll der Mörtel ein gleichmäßiges Gefüge besitzen. Abriebfestigkeit und Oberflächenbeschaffenheit sind nach der Putzanwendung auszuwählen. Die Oberfläche des Putzes soll rissfrei sein.

Außenputze:
- Witterungsbeständigkeit (Feuchteeinwirkungen und wechselnde Temperaturen)
- Der Regenschutz kann als „wasserhemmendes" oder „wasserabweisendes" Putzsystem ausgeführt werden.
- Mineralische Außenputze sollten im Oberputz die Druckfestigkeit $\geq 2,5$ N/mm^2 aufweisen.
- **Außensockelputz:** Der Oberputz soll die Festigkeit $\geq 2,5$ N/mm^2 aufweisen. Auf Mauerwerk aus Steinen der Druckfestigkeitsklasse ≤ 8 soll Putz aus Mörtel mit hydraulischem Bindemittel der Kategorie CS III als wasserabweisendes Putzsystem hergestellt werden.
- **Kellerwandaußenputz** muss im erdberührten Bereich zusätzlich abgedichtet werden. Als Träger von Beschichtungen muss er aus Mörteln mit hydraulischem Bindemitteln der Kategorie CS IV hergestellt werden. Bei Mauerwerk aus Steinen der Druckfestigkeitsklasse ≤ 8 sollte die Mindestdruckfestigkeit für CS IV von 6 N/mm^2 nicht wesentlich überschritten werden.

Innenputze:
- als Träger von Anstrichen und Tapeten soll der Mörtel Kategorie CS II entsprechen
- Innenputze für Feuchträume müssen beständig gegen langzeitig einwirkende Feuchte sein und schließen die Verwendung von Mörteln mit Baugips aus. Häusliche Küchen und Bäder gelten nicht als solche Feuchträume.

Qualitätsstufen für abgezogene, geglättete und gefilzte/abgeriebene **Putzoberflächen**:
Q1: Geschlossene Putzfläche; **Q2**: Standard, z.B. „Q2-abgezogen" (geeignet z.B. als dekorativer Oberputz oder für keramische Wandbeläge); **Q3**: z.B. „Q3-abgezogen", erhöhte Anforderungen an Ebenheit (geeignet z.B. für fein strukturierte Wandbekleidungen); **Q4**: z.B. „Q4-geglättet", erhöhte Anforderungen an Ebenheit (geeignet für Wandbekleidungen mit Glanz)

Beläge, Beschichtungen

Regenschutz von Putz/Putzsystemen

DIN V 18 550: 05

Anforderungsgruppe	Anforderungen an die	
	Wasseraufnahme w-Wert [kg(m$^2 \cdot h^{0,5}$)]	Diffusionsfähigkeit s_d-Wert [m]
wasserhemmend	0,5 – 2,0	–
wasserabweisend*	≤ 0,5	≤ 2,0
*zusätzliche Anforderung	$w \cdot s_d \leq 0,2$ kg (m$^2 \cdot h^{0,5}$)	
	bei max. s_d gilt $w \leq 0,1$	bei max. w gilt $s_d \leq 0,4$

Putzaufbau/Mischungsverhältnisse

DIN EN 998-1: 10; DIN V 18 550: 05

Der Putzaufbau ist so zu wählen, dass die Aufnahme der in den einzelnen Putzlagen durch Schwinden oder Temperaturdehnungen auftretenden Spannungen gewährleistet ist. Bei mineralischen Putzen ist diese Forderung erfüllt, wenn die Festigkeit des Oberputzes geringer als die Festigkeit des Unterputzes ist oder beide Putzlagen gleich fest sind.
Für Mörtel nach Rezept werden keine genormten Mischungsverhältnisse (Rezepturen) für alle Länder Europas festgelegt.
Bewährte Baustellenmörtel können sinngemäß nach DIN V 18 550: 05 bearbeitet werden.

Putzmörtelgruppen

Putze mit mineralischen Bindemitteln (mineralische Putze)		DIN V 18 550: 05
Putzmörtelgruppe	Mörtelart	Anwendung
P I	Luftkalkmörtel, Wasserkalkmörtel, Mörtel mit hydraulischem Kalk	Innen- und Außenputz
P II	Kalkzementmörtel, Mörtel mit hochhydraulischem Kalk oder mit Putz- und Mauerbinder	Innen- und Außenputz
P III	Zementmörtel mit oder ohne Zusatz von Kalkhydrat	Innen- und Außenputz
P IV	Gipsmörtel und gipshaltige Mörtel	Innenputz
Putze mit organischen Bindemitteln (Kunstharzputze)		DIN 18 558: 85
Putzmörtelgruppe	Typ Beschichtungsstoff	Anwendung
P Org 1	Beschichtungen mit putzartigem Aussehen	Innen- und Außenputz
P Org 2	Kunstharzputze erfordern einen Grundanstrich.	Innenputz

Dicke von Putzlagen bzw. Putzsystemen

DIN V 18 550: 05

Putze	Mittl. d/max. d	mind. d
Putze, die den allgemeinen Anforderungen genügen als Außenputz	Ø d = 20 mm	d = 15 mm
Putze, die den allgemeinen Anforderungen genügen als Innenputz	Ø d = 15 mm	d = 10 mm
Einlagige wasserabweisende Putze aus Werkmörtel an Außenflächen	Ø d = 15 mm	d = 10 mm
Einlagige Innenputze aus Werktrockenmörtel	Ø d = 10 mm	d = 5 mm
Wärmedämmputze mit EPS-Leichtzuschlägen, wärmedämmender Unterputz	max. d = 100 mm	d = 20 mm
Wärmedämmputze mit EPS-Leichtzuschlägen, wasserabweisender Oberputz	Ø d = 8 mm	d = 6 mm
einschließlich eines ggfls. erforderlichen Ausgleichsputzes	max. d = 12 mm	
Wärmedämmputz mit EPS-Leichtzuschlägen, Ausgleichsputz	–	d = 4 mm
Sanierputz, ein- oder mehrlagig	–	d = 20 mm
Dünnlagenputz	max. d = 5 mm	d = 3 mm

Putztechnik – Vorarbeiten

Mischen und Lagern der Putzmörtel → Kap. 6: Mischen von Mörtel auf der Baustelle. **Berücksichtigen des Wetters** bei Außenputz: Nicht putzen, wenn Nachtfrost oder Schlagregen zu erwarten sind. An der Putzoberfläche muss eine Temperatur ≥ 5°C während des Erhärtens eingehalten werden. Zu schnelles Trocknen durch Sonnenbestrahlung oder starken Wind ist zu vermeiden. Der **Putzgrund** ist auf Putzfähigkeit zu prüfen: Ob sauber (Staub, Entschalungsmittel), zu stark oder zu schwach saugend, zu nass oder zu trocken, frei von Frost und von Salzausblühungen.

Spritzbewurf: Offenen (warzenförmigen) Spritzbewurf besonders auf zu glattem und zu dichtem Putzgrund (z. B. Beton, KS-Steine) aus P III aufbringen. Geschlossener Spritzbewurf auf zu stark oder ungleich saugenden Putzgrund (Beton oder MW mit Dämmplatten-Teilflächen) oder auf Putzgrund, der vor zu großer Wasseraufnahme bewahrt werden soll (z. B. HWL-Platten) aufbringen. Bei geschlossenem Spritzbewurf ist möglichst grobe Körnung (bis 8 mm) zu verwenden.

Haftgrundierungen sind besonders bei Gipsputzen auf STB-Decken vorzusehen. **Putzträger**, z. B. Streckmetall oder Ziegeldrahtgewebe, besonders über Holz oder Stahl in Mauerflächen. Putzbewehrung, z. B. Glasfasergewebe, ist bei Putz über Wärmedämmplatten nötig; dabei sind die Herstellerhinweise zu beachten, z. B. erst 2/3 der Putzdicke aufbringen, dann das Gewebe und den restlichen Putz.

Putze – Anforderungen

Anforderungen	Z.	Mörtelgruppe für Unterputz	Druckfestigkeitskategorie	Mörtelgruppe für Oberputz	Druckfestigkeitskategorie	Anforderungen	Z.	Mörtelgruppe für Unterputz	Druckfestigkeitskategorie	Mörtelgruppe für Oberputz	Druckfestigkeitskategorie
ohne besondere Anforderungen	1	–	–	P I	CS I	übliche Beanspruchung	1	–	–	P I	CS I
	2	P I	CS I	P I	CS I		2	P I	CS II	P I	CS I
	3a	–	–	P II	CS II		3	–	–	P II	CS II
	3b	–	–	P II	CS III		4a	P II	CS II	P I	CS III
	4a	P II	CS II	P I	CS I		4b	P II	CS II	P II	CS II
	4b	P II	CS III	P I	CS I		4c	P II	CS II	P IV	4)
	5a	P II	CS II	P II	CS II		4d	P II	CS II	P Org1	–
	5b	P II	CS III	P II	CS II		4e	P II	CS II	P Org2	–
	5c	P II	CS III	P II	CS III		5	–	–	P III	CS IV
	6	P II	CS III	P Org1	–		6a	P III	CS III	P I	CS I
	7	–	–	P Org1 1)	–		6b	P III	CS III	P II	CS II
	8	–	–	P III	CS IV		6c	P III	CS IV	P II	CS III
wasserhemmend	9	P I	CS I	P I	CS I		6d	P III	CS IV	P III	CS IV
	10	–	–	P I	CS I		6e	P III	CS III	P Org1	–
	11a	–	–	P II	CS II		6f	P III	CS III	P Org2	–
	11b	–	–	P II	CS III		7	–	–	P IV	4)
	12a	P II	CS II	P I	CS I		8a	P IV	4)	P I	CS I
	12b	P II	CS III	P I	CS I		8b	P IV	4)	P II	CS II
	13a	P II	CS II	P II	CS II		8c	P IV	4)	P IV	4)
	13b	P II	CS III	P II	CS II		8d	P IV	4)	P Org1	–
	13c	P II	CS III	P II	CS III		8e	P IV	4)	P Org2	–
	14	P II	CS III	P Org1	–		9a	–	–	P Org1 1)	–
	15	–	–	P Org1 1)	–		9b	–	–	P Org2 1)	–
	16	–	–	P III	CS IV	Feuchträume	10	–	–	P II	CS II
wasserabweisend	17	P I	CS I	P I	CS I		11	P II	CS II	P I 3)	CS I
	18a	P II	CS II	P I	CS I		12a	P II	CS II	P II	CS II
	18b	P II	CS III	P I	CS I		12b	P II	CS III	P Org1	–
	19	–	–	P I	CS I		13a	–	–	P III	CS III
	20a	–	–	P II	CS II		13b	–	–	P III	CS IV
	20b	–	–	P II	CS III		14a	P III	CS III	P II	CS II
	21a	P II	CS I	P II	CS I		14b	P III	CS IV	P III	CS IV
	21b	P II	CS III	P II	CS II		14c	P III	CS III	P Org1	–
	21c	P II	CS III	P II	CS III		14d	P III	CS IV	P Org1	–
	22	P II	CS III	P Org1	–		15	–	–	P Org1 1)	–
	23	–	–	P Org1 1)	–							
	24	–	–	P III	CS IV							
Kellerwandaußenputz	25	–	–	P III 2)	CS IV	**Leichtputze**					
						wasserabweisend		–	–	P I	CS I
								–	–	P II	CS II
Außensockelputz	26	–	–	P III 2)	CS IV			P II	CS II	P I	CS I
	27	P III	CS IV	P III 2)	CS IV			P II	CS II	P II	CS II
	30	P III	CS IV	P II 2)	CS III			P II	CS III	P II	CS III
	31	P II	CS III	P II 2)	CS II 5)						CS IV 6)
	32	P II	CS II 5)	P II 2)	CS II 5)						

Klassifizierung der Eigenschaften von Festmörtel

Eigenschaften	Kategorien	Werte
Druckfestigkeit nach 28 Tagen	CS I	0,4 bis 2,5
	CS II	1,5 bis 5,0
	CS III	3,5 bis 7,5
	CS IV	≥ 6
Kapillare Wasseraufnahme $kg/(m^2 \cdot h^{0,5})$	W 0	Nicht festgelegt
	W 1	$c \leq 0{,}40$
	W 2	$c \leq 0{,}20$
Wärmeleitfähigkeit $W/(m \cdot K)$	T 1	$\leq 0{,}1$
	T 2	$\leq 0{,}2$

1) „Nur bei Beton mit geschlossenem Gefüge als Putzgrund."

2) „Ein Sockelputz sowie ein Kellerwandaußenputz sind im erdberührten Bereich immer abzudichten. Der Putz dient als Träger der vertikalen Abdichtung."

3) dünnlagige Oberputze

4) Druckfestigkeit $\geq 2{,}0\ N/mm^2$

5) $\geq 2{,}5\ N/mm^2$

6) Wird ein Leichtputz als Sockelputz verwendet, ist er im erdberührten Bereich immer zusätzlich abzudichten.

für Putzarbeiten

DIN 18350: 12

1. **Maße** aus der Bauzeichnung entnehmen, sonst aufmessen. Flächen oder Bauwerkteile nach deren Konstruktionsmaßen (Rohbaumaßen) errechnen. Der Ermittlung liegen zugrunde:

   Putz, Stuck, Dämmung, Bekleidung. Auf Flächen **ohne begrenzende Bauteile** die zu bekleidenden Flächen. Auf Flächen **mit begrenzenden Bauteilen** die zu behandelnden Flächen bis zu den sie begrenzenden ungeputzten, ungedämmten bzw. nicht bekleideten Bauteilen.

   Bei Fassaden die zu behandelnden Flächen.

2. **Als Längenmaß** wird die größte gegebenenfalls abgewickelte Bauteillänge gemessen.

   Fugen werden übermessen.

3. **Wandhöhen** überwölbter Räume werden bis zum Gewölbeanschnitt, die Höhe der Stirnwände bis 2/3 des Gewölbestichs gerechnet.

4. **Gewölbte Deckenflächen** werden nach der Fläche der abgewickelten Untersicht gerechnet.

5. **Gehrungen, Kreuzungen, Verkröpfungen und Endungen von Stuckgesimsen** werden gesondert gerechnet.

6. **Öffnungen, Aussparungen und Nischen** in Decken, Wänden, Dächern, Schalungen, Wand- und Deckenbekleidungen, Vorsatzschalen, Dämmungen, Sperren und leichten Außenwandbekleidungen werden bis zu 2,5 m^2 übermessen.

   Aussparungen über 2,5 m^2 werden abgezogen. Bei der Ermittlung der Abzugsmaße sind die kleinsten Maße der Aussparung zugrunde zu legen.

   Bindet eine Aussparung anteilig in angrenzende, getrennt zu rechnende Flächen ein, wird zur Ermittlung der Übermessungsgröße die jeweils anteilige Aussparungsfläche gerechnet.

7. **Unterbrechungen** bis zu 1,0 m Einzellänge werden bei Abrechnung nach Längenmaß übermessen.

8. **Rückflächen** von Nischen sowie Leibungen werden unabhängig von ihrer Einzelgröße mit ihren Maßen gesondert gerechnet.

9. **Zusammenhängende Aussparungen**, z.B. Öffnungen mit angrenzender Nische, werden getrennt gerechnet.

10. Bei **vieleckigen Einzelflächen** ist zur Ermittlung der Maße das kleinste umschriebene Rechteck zugrunde zu legen.

11. **Unterbrechungen** in der zu bearbeitenden Fläche **durch Bauteile**, z.B. Fachwerkteile, Stützen, Unterzüge, Vorlagen, Gesimse, Balkonplatten oder Podeste werden bis zu einer Einzelbreite von 30 cm übermessen.

für Anstricharbeiten

DIN 18363: 12

1. Der **Ermittlung der Leistung** sind die Maße der behandelten Fläche zugrunde zu legen.

2. **Leisten, Sockelfliesen** etc. bis 10 cm Höhe werden übermessen.

3. **Rückflächen von Nischen** sowie Leibungen werden unabhängig von ihrer Einzelgröße mit ihren Maßen gesondert gerechnet.

4. **Zusammenhängende Aussparungen**, z.B. Öffnung mit angrenzender Nische, werden getrennt gerechnet.

5. **Gesimse, Lisenen, Eckverbände, Umrahmungen und Faschen** von Füllungen oder Öffnungen werden unabhängig davon, ob sie behandelt werden, übermessen. Es wird jeweils das größte, gegebenenfalls abgewickelte Bauteilmaß zugrunde gelegt.

6. **Fenster, Türen, Trennwände und Bekleidungen** werden je beschichtete Seite nach Fläche gerechnet; Verglasungen und Füllungen werden übermessen.

7. Bei **Türen** und **Blockzargen** über 60 mm Dicke sowie Futter und Bekleidungen, Stahltürzargen etc. wird die abgewickelte Fläche gerechnet.

8. Bei **vieleckigen Einzelflächen** z.B. bei Treppenwangen, Eckverbänden, ist zur Ermittlung der Maße das kleinste umschriebene Rechteck zugrunde zu legen.

9. **Gitter, Roste, Zäune, Stabgeländer** etc. werden einseitig bis zu den begrenzenden Bauteilen gerechnet.

10. **Rohrgeländer** werden nach Länge der Rohre und deren Durchmesser gerechnet.

11. **Profile, Heizkörper, Trapezfolie, Wellbleche** etc. werden nach abgewickelter Fläche oder, soweit vorhanden, nach Tabellen gerechnet.

12. Bei **Rohrleitungen** werden Schieber, Flansche etc. übermessen und gesondert gerechnet.

13. Werden **Türen, Fenster, Rollläden** etc. nach Anzahl gerechnet, bleiben Abweichungen von den vorgeschriebenen Maßen bis jeweils 5 cm in der Höhe und Breite sowie bis 3 cm in der Tiefe unberücksichtigt.

14. **Unterbrechungen** in der zu beschichtenden Fläche durch Fachwerkteile, Stützen, Unterzüge, Vorlagen etc. mit einer Einzelbreite bis 30 cm werden übermessen.

15. **Unterbrechungen** bis zu 1 m Einzellänge werden bei Abrechnung nach Längenmaß übermessen.

für Fliesen- und Estricharbeiten

DIN 18352: 12; DIN 18353: 12

Fliesen und Estricharbeiten werden nach den **Rohbaumaßen** berechnet.
Fußleisten und Gesimse nach ihrer Rohbaulänge unter Angabe der Breiten und Gliederungen.
Mosaiken und Zierfriese nach Länge und Stück werden den Flächen zugeschlagen.
Öffnungen, Pfeiler und dergleichen ≤ 0,1 m^2 Einzelfläche werden nicht abgezogen.

Abrechnung
   nach Flächenmaß:
   Bodenbelag $A = (l \cdot b) - (l_1 \cdot b_1) + (l_2 \cdot b_2)$
   Wandbelag $A = (b + l + 2 \cdot b_1 + 2 \cdot b_2 - l_2) \cdot h$

   nach Längenmaß:
   Gesims $L = b + l + 2 \cdot b_1 + 2 \cdot b_2 - l_2$

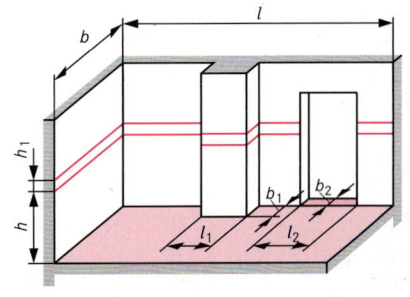

Bauglas (Silikatglas) wird aus Quarzsand und Zusätzen (z.B. Soda, Kalkstein und Dolomit) erschmolzen. Glas ist ein Vielfachgemisch von Silikaten (z.B. Na-Ca-Mg-Silikaten) mit einem **großen Erweichungsbereich**, aber keinem festen Schmelzpunkt.

Bei der Abkühlung aus dem dünnflüssigen Zustand ist es bis auf etwa 500 °C plastisch verformbar. Der Erweichungsbereich hängt von der chemischen Zusammensetzung ab. Reines **Quarzglas** bleibt z.B. bis etwa 1000 °C gebrauchsfähig. Im festen Zustand ist Glas ein **amorpher Stoff**, der als unterkühlte Flüssigkeit bezeichnet werden kann.

Glas mit einem Anteil an kleinen Kristallen heißt **Glaskeramik**. Wegen seiner hohen Erweichungstemperatur wird es für Kochplatten benutzt.

Auch **Glasuren** und **Emaille** sind Gläser.

Druckfestigkeit von Glas: 300 ... 900 N/mm^2,
Zug- und Biegefestigkeit: 30 ... 90 N/mm^2.
Mohshärte von Fensterglas: etwa 6,
Temperatur-Dehnzahl: etwa 0,01 mm/(m · K).
Die **Wärmeleitzahl** von 0,8 W/(m · K) ist trotz der hohen **Dichte** von 2,5 kg/dm^3 gegenüber kristallinen Stoffen ähnlicher Zusammensetzung u. Dichte, z.B. Granit, mit λ_R = 3,5 W/(m · K), sehr niedrig.

Nenndicken von Bauglas in mm

Floatglas DIN EN 572-2: 12		Gezogenes Flachglas DIN EN 572-4: 12		Ornamentglas DIN EN 572-5: 12	
2	± 0,2	2	± 0,2	3	± 0,5
3	± 0,2	3	± 0,2	4	± 0,5
4	± 0,2	4	± 0,2	5	± 0,5
5	± 0,2	5	± 0,3	6	± 0,5
6	± 0,2	6	± 0,3	8	± 0,8
8	± 0,3	8	± 0,4	10	± 1,0
10	± 0,3	10	± 0,5		
12	± 0,3	12	± 0,6		
15	± 0,5	**Poliertes Drahtglas DIN EN 572-3: 12**		**Drahtornamentglas DIN EN 572-6: 12**	
19	± 1,0				
25	± 1,0				
		6	(6,0...7,4)	6	± 0,6
		10	(9,1...10,9)	7	± 0,7
				8	± 0,8
				9	+ 1,5; – 1,0

Floatglas, Gezogenes Flachglas (Fensterglas)
DIN EN 572-2, -4: 12

Klares Alkali-Kalk-Glas, das überwiegend nach dem „Floatglas"-Verfahren hergestellt wird, bei dem das flüssige Glas auf geschmolzenem Zinn bis auf etwa 600 °C abkühlt. Es hat deshalb eine hohe Oberflächengüte, etwa wie **geschliffenes Spiegelglas**. So genanntes Weißglas ist ein besonders eisenarmes Floatglas.

Gartenblankglas/Gartenklarglas
DIN 11 525: 92

Gartenblankglas ist ein den Anforderungen des Gartenbaues entsprechendes Fensterglas. Gartenklarglas ist ein **Gussglas** mit lichtstreuender Unterseite.

Standardabmessungen von Bauglas

Glasart	Lage H in mm	Breite B in mm
Floatglas	4500, 5100 oder 6000	3210
Gezogenes Flachglas	1600 ... 2160	2440 ... 2880
Poliertes Drahtglas	1650 ... 3820	1980 ... 2540
Ornamentglas	2100 ... 4500	1260 ... 2520
Drahtornamentglas	1380 ... 4500	1500 ... 2520

Profilbauglas
DIN EN 572-7: 12

Profilbauglas ist ein durch Gießen oder Walzen in U-Form hergestelltes Kalk-Natronsilikatglas. Es ist als Drahtglas, ornamentiert, durchscheinend, klar oder gefärbt erhältlich.

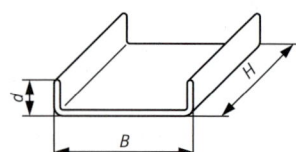

Flanschhöhe d:
41 oder 60 mm
Breite B:
232 bis 498 mm
Länge H:
in Vielfachen von
250 mm bis
max. 7000 mm

Gussgläser
DIN EN 572-5, -6: 12

Meist mit strukturierten Oberflächen, z. B. als **„Ornamentglas"**, das schmückend wirkend, lichtstreuend und durchsichthemmend eingesetzt werden kann, auch als **Drahtglas** oder **Drahtornamentglas**.

Ermitteln der max. zulässigen Scheibenfläche

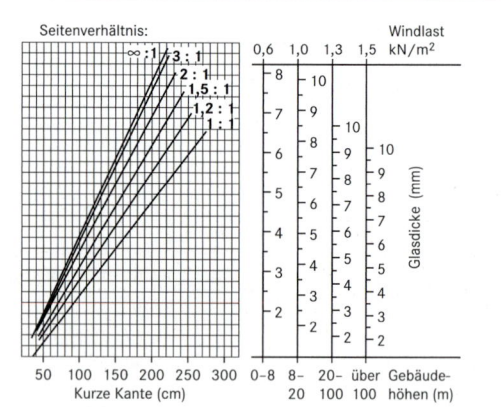

Die größte zulässige Scheibenfläche hängt von der Glasdicke und von der Belastung durch Wind, d. h. von der Höhe der Fensterscheibe über dem Gelände ab. Bei Häusern am Hang muss die Hanghöhe berücksichtigt werden.

(Grafik nach Angaben der Fensterglasindustrie)

Beläge, Beschichtungen

Wärmeschutzverglasungen

Einfachverglasungen und Doppelverglasungen aus normalem Fensterglas (Isolierfenster) erfüllen nicht mehr die Anforderungen an den Wärmeschutz für Wohn- und Bürogebäude.

Wesentlich günstigere U-Werte werden nur durch Mehrscheiben-Verglasungen erzielt, bei denen die innere Scheibe auf der Innenseite mit einem Metalloxid beschichtet ist und teilweise auch der Scheiben-Zwischenraum mit einem Edelgas, meist Argon, gefüllt wird.

Sonnenschutzverglasungen

Sie sollen vor allem in klimatisierten Räumen die Energiekosten im Sommer senken, ohne zu sehr abzudunkeln.

Nach dem Wirkungsprinzip:

a) **Reflektierende**, mit Metall- oder Metalloxidbeschichtung auf der Innenseite der Außenscheibe, die vor allem den Infrarot-Anteil des Sonnenlichtes zurückwirft. Der Gesamtenergiedurchlassgrad g sinkt dadurch bis auf 30%. In der Außenansicht sind sie meist blau oder silbrig spiegelnd.

Die Kennzahlen 60/40 bedeuten z. B., dass 60% der sichtbaren Lichtes, aber nur 40% der gesamten Strahlungsenergie (Licht + Infrarot) hindurchgelassen werden.

b) **Absorbierende**, bei denen die Außenscheibe schwach gefärbt ist (grünlich, gelblich oder grau) und so einen Teil der Sonnenstrahlung schluckt.

Die Ausdehnung der dadurch stärker erwärmten Außenscheibe ist dabei zu beachten. Meist ist zusätzlich die Innenscheibe noch beschichtet und damit reflektierend.

c) **Undurchsichtige**, bei denen der Scheibenzwischenraum mit einem Glasseidengespinst oder einem Kunststoff-Wabenkörper gefüllt ist.

Die Lichtdurchlässigkeit wird dadurch bis auf 50% vermindert, was aber bei Oberlichten und Wirtschaftsgebäuden oder Sporthallen vertretbar ist.

Schallschutzverglasungen

Sie besitzen meist zwei unterschiedlich dicke Scheiben, z. B. außen bis 14 mm und innen bis 4 mm Dicke, um Resonanzen zu verhindern. Der Luftzwischenraum beträgt 12 bis 24 mm, zur Verbesserung kann er mit einem schweren Gas gefüllt werden, was jedoch den U-Wert um 0,3 bis 0,4 W/(m² · K) erhöht. Mit steigender Schalldämmung erhöhen sich auch die Anforderungen an die Fugendichtheit der Fensterrahmen.

Brandschutzgläser   DIN 4102-13: 90; DIN EN 13 501-2: 10

Brandschutzgläser der G-Klassen gewährleisten den Raumabschluss gegen Feuer, heiße Gase und Rauch.

Brandschutzgläser der F-Klassen bestehen aus mehreren verklebten Silikatglasscheiben. Sie wirken wärmedämmend und begrenzen die Erwärmung der dem Feuer abgewandten Seite auf max. 140 K, so dass eine Brandübertragung durch Entzündung von Materialien nicht möglich ist. Erreicht wird dies durch Materialschichten zwischen den Glasscheiben, die im Brandfall verdampfen oder aufschäumen und damit eine Wärmedämmwirkung erzeugen.

Nach DIN EN 13 501-2 sind folgende Klassen eingeführt:

- E   entspricht Klasse G nach DIN 4102-13
- EI   entspricht Klasse F nach DIN 4102-13
- EW Begrenzung des Strahlungsdurchgangs, so dass Brandübertragung unwahrscheinlich ist.

Glassteine   DIN EN 1051-1: 03

aus Pressglas mit luftdicht geschlossenen Hohlräumen, für lichtdurchlässige Wände.

l x h x d in mm			Gewicht kg/Stück
115 x	115 x	80	1,2
190 x	190 x	80	2,5
240 x	115 x	80	2,1
240 x	240 x	80	3,9
300 x	300 x	100	7,0

Ansicht:

Schnitt:

Baugläser   DIN EN 1051-1: 03

für Glas-Stahlbeton als Vollglas, einseitig offen, geschlossener Hohlraum.

Form	b x h mm		Gewicht kg/Stück
A	160 x	30 ± 1	1,7
A	200 x	22 ± 1	1,9
B	220 x	100 ± 1	4,4
C	117 x	60 ± 1	1,2
D	117 x	60 ± 1	0,9

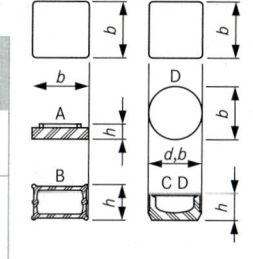

Farben von Baugläsern

blank matt	**klar** = transparent = durchsichtig **trüb** = opak = undurchsichtig	farblos farbig

die miteinander kombiniert werden können:

1. **Opakglas** = blank + trüb + farblos oder farbig,
2. **Milchglas** = weiß, leicht getrübt,
3. **Opalglas** = blank + halb durchsichtig + farblos,
4. **Kobaltglas** = blank + klar + intensiv blau,
5. **Kupferrubinglas** = blank + klar + rot,
6. **Überfangglas** = Klarglas + dünnem Überzug aus farbigem und/oder trübem Glas,
7. *Mattglas* = matt und klar + farblos.

Diese Unterscheidungen gelten auch für Glasuren.

Bezeichnung von Bauglas

Angaben:
- Art
- Färbung (Angabe des Herstellers) oder klar
- Dessin (Angabe des Herstellers)
- Nenndicke in mm
- Nennmaß der Länge H und der Breite B in mm
- Hinweis auf den Teil der Norm

Ornamentglas, klar, „PATTERN", 4 mm, 4500 mm x 1600 mm, EN 572-5

Beispiel:

Ornamentglas: Bezugs-Dessin „PATTERN", klar, Dicke 4 mm, Länge 4,50 m, Breite 1,60 m für Gebäudeverglasungen

Glasbau

Im konstruktiven Ingenieurbau werden zwei Arten von Basis-Gläsern eingesetzt:

Kalknatronglas und Borosilikatglas.

Der weitaus größere Anteil entfällt dabei auf Kalknatronglas mit dem thermischen Ausdehnungskoeffizienten von ca. $9 \cdot 10^{-6} \, K^{-1}$.

Borosilikatgläser haben eine geringere thermische Ausdehnung. Für den konstruktiven Ingenieurbau ist das Produkt Borofloat 40 mit dem thermischen Ausdehnungskoeffizienten ca. $4 \cdot 10^{-6} \, K^{-1}$ von gewisser Bedeutung.

Aus dem Borosilikatglas DURAN 8330 werden Verbundglasrohre im großtechnischen Maßstab hergestellt.

Glasfestigkeit

Die ausnutzbare Festigkeit eines Bauteils aus Glas ist kein reiner Materialwert, sondern eine vom Grad der Schädigung der Glasoberfläche einschließlich Kanten und Bohrungen abhängige Größe. Der Größe und Verteilung der Mikrorisse kommt eine zentrale Bedeutung zu. Bereits bei fabrikneuen Gläsern sind die Festigkeiten weit gestreut, im Mittel aber relativ hoch. Bis zum Einbau und während der ganzen Standzeit des Bauwerkes werden von den Scheiben Oberflächenschäden „angesammelt", so dass die Wahrscheinlichkeit eines kritischen Anrisses in der Scheibe immer größer wird. Vorgeschädigte Gläser haben deshalb eine geringere Festigkeit als fabrikneue Gläser, aber auch wesentlich kleinere Streubreiten der Festigkeiten.

Vorspannung

Anrisse und Kerben führen bei einer Zugbeanspruchung der Glasoberfläche zu Rissausbreitungen. Druckbeanspruchte Scheiben sind wesentlich weniger anfällig. Die Druckvorspannung bewirkt ein Überdrücken der Oberflächenanrisse und -schädigungen. Die Rissufer bleiben geschlossen.

Zugbeanspruchungen des Bauteils oder der Bauteiloberfläche führen bei einer auf Druck vorgespannten Scheibe zunächst zu einem Abbau der Druckvorspannung. Erst wenn die Druckvorspannung auf der Zugseite abgebaut ist, entsteht eine Zugspannung im Glas. Die ausnutzbare Zugfestigkeit des Glasbauteils wird also genau um den Betrag der Oberflächenvorspannung erhöht.

Die maximalen Druckspannungen an der Oberfläche liegen bei **vollvorgespanntem Glas (ESG)** bei 90 bis 120 N/mm^2 und bei **teilvorgespanntem Glas (TVG)** bei 40 bis 75 N/mm^2.

Thermisch vorgespannte Gläser werden bevorzugt dort eingesetzt, wo hohe Tragfähigkeiten erforderlich sind:

– Glasträger

– Glasstützen

Bei punktförmig gestützten Verglasungen ist generell thermisch vorgespanntes Glas zu verwenden.

Eigenspannungszustand nach dem thermischen Vorspannen

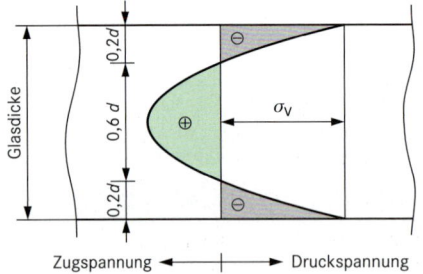

ESG
DIN EN 12 150-1: 12

Das Bruchbild von ESG ist gekennzeichnet durch kleine Glaskrümel, die relativ lose untereinander ohne wesentliche Resttragfähigkeit zusammenhängen. Ein zerbrochenes Einscheiben-Sicherheitsglas ist nicht mehr in der Lage, ohne Stützung sein Eigengewicht selbst abzutragen.

ESG

TVG
DIN EN 1863-1: 12

Die Festigkeit liegt oberhalb der Festigkeit eines gewöhnlichen Spiegelglases und unterhalb der Festigkeit von ESG.

TVG zeigt nach Zerstörung ein grobes Bruchbild, welches hinsichtlich seiner Krümelgröße mit dem Bruchbild von gewöhnlichem Spiegelglas vergleichbar ist. Daher verfügt ein Verbundsicherheitsglas aus zwei TVG-Scheiben im Unterschied zu ESG über ein gutes Resttragfähigkeitsverhalten.

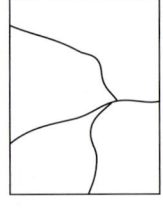

Float

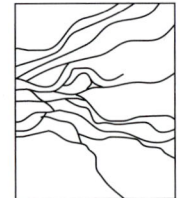

TVG

Verbundglas, Verbundsicherheitsglas
DIN EN ISO 12 543-1: 11
DIN EN ISO 12543-2: 11
DIN EN ISO 12543-3: 11

Verbundglas und Verbundsicherheitsglas besteht aus zwei oder mehr Glasplatten aus Float-, teil- oder vollvorgespannten Gläsern, die ganzflächig durch zähelastische Zwischenschichten miteinander verbunden sind. Bei Verbundglas wird lediglich eine dauerhafte ganzflächige Verbindung verlangt, bei Verbundsicherheitsglas wird zusätzlich gefordert, dass die Zwischenschicht im Falle eines Scheibenbruchs die Bruchstücke zusammenhält, im Falle eines Durchstoßes die Größe der Öffnung begrenzt, bei Scheibenbruch eine Resttragfähigkeit gewährleistet und das Risiko von Schnittverletzungen klein hält. Verbundglas wird mit Zwischenschichten aus Gießharzen (Acrylharze) oder aus Polyvinylbutyral-Folie (PVB-Folie) hergestellt. Gießharze sind flüssige Acrylharze. Für Verbundsicherheitsglas wird bis heute ausschließlich PVB-Folie als Zwischenschicht verwendet. Diese Laminate werden in einem Autoklavprozess bei etwa 140°C und einem Druck von etwa 1,2 bis 1,3 MPa verpresst.

Beläge, Beschichtungen

Resttragfähigkeit für verschiedene Glassorten

Unter Resttragfähigkeit versteht man ganz allgemein den Widerstand gegen vollständiges Versagen eines teilweise zerstörten Systems. Im Glasbau wird dieser Begriff insbesondere im Zusammenhang mit dem Tragverhalten von VSG/VG-Scheiben verwendet, bei denen durch Lasteinwirkung bereits eine oder mehrere Scheiben zerstört wurden.

Resttragfähigkeit bei Zerstörung aller Glasscheiben	gering	mäßig	gut	sehr gut
VSG aus Floatglas				X
VSG aus ESG	X			
VSG aus TVG			X	
VSG aus ESG und TVG		X		
Drahtglas		X		

Resttragfähigkeit für verschiedene Lagerungsarten von VSG

Resttragfähigkcit bei Zerstörung aller Glasscheiben	gering	mäßig	gut	sehr gut
vierseitige Lagerung				X
zweiseitige Lagerung	X			
Punktlagerung mit Tellerhaltern			X	
Punktlagerung mit versenkten Haltern		X		

Glaskonstruktionen und Regelwerke

Konstruktion	Regelwerk	Status
Linienförmig gelagerte Verglasungen	Technische Regeln für die Verwendung von linienförmig gelagerten Verglasungen (TRLV: 2006-08) (DIN EN 18008-2: 10)	Bauaufsichtlich eingeführt TRLV: 98, in Niedersachsen TRLV: 06 als Technische Baubestimmung am 10.8.07 bekannt gemacht
Hinterlüftete Außenwandbekleidungen aus ESG	DIN 18 516-4: 90	Bauaufsichtlich eingeführt
Geklebte lastabtragende Glasfassaden (Structural Sealant Glazing Systems, SSGS)	Richtlinie für europäische Zulassungen (ETA), 1997	Grundlage für Zulassungen, sonst Zustimmung im Einzelfall

Konstruktion	Regelwerk	Status
Absturzsichernde Verglasungen	Technische Regeln für die Verwendung von absturzsichernden Verglasungen TRAV: 03 (DIN EN 18008-4: 13)	Bauaufsichtlich eingeführt
Zu Reinigungszwecken betretbare Überkopfverglasungen	(DIN EN 18008: Zusatzanforderungen in Vorbereitung)	Zulassung, Zustimmung im Einzelfall
Begehbare Verglasungen	(DIN EN 18008-5: 13)	Zulassung, Zustimmung im Einzelfall
Punktförmig gelagerte Eingangs- oder Schaufensterüberdachungen aus Glas für rechteckige Flächen < 1,6 m^2 mit VSG aus TVG	Nachweiserleichterungen in einigen Bundesländern	Zulassung, Zustimmung im Einzelfall; Nachweiserleichterungen z.B. in Baden-Württemberg, Hessen und Thüringen
Punktförmig gelagerte Verglasungen	Technische Regeln für die Bemessung und die Ausführung punktförmig gelagerter Verglasung TRPV: 06 (DIN EN 18008-3: 13)	Zulassung, Zustimmung im Einzelfall, in Niedersachsen als Technische Baubestimmung am 10.8.07 bekannt gemacht
Sonstige tragende Glasbauteile, z.B. Balken, Glaselemente zur Aussteifung, Stützen	(DIN EN 18008: Sonderkonstruktionen in Vorbereitung)	Zulassung, Zustimmung im Einzelfall

Die Zustimmung im Einzelfall wird von der Obersten Bauaufsichtsbehörde des jeweiligen Bundeslandes auf Antrag des Bauherrn erteilt und ist auf das jeweilige Bauvorhaben begrenzt. Bei diesem Verfahren wird die Standsicherheit in der Regel durch Versuche und Berechnungen nachgewiesen.

Verzicht auf die Zustimmung im Einzelfall für die Verwendung nicht geregelter Verglasungskonstruktionen (ZiE-Freistellung)

Bekanntmachung des Wirtschaftsministeriums Baden-Württemberg vom 3. 12. 2003

Punktstützungen mit Zulassung

Z-70.3-37 vom 16. 1. 2001: Vordachsysteme,
Z-70.2-99 vom 7. 9. 2004: Telleranker, Fa. Glassline

Beläge, Beschichtungen

Technische Regeln für die Verwendung von linienförmig gelagerten Verglasungen (TRLV) August 2006 (Auszug)

1.	Geltungsbereich	3.2	Zusätzliche Regelungen für Überkopfverglasungen
1.1	Die technischen Regeln gelten für Verglasungen, die an mindestens zwei gegenüber liegenden Seiten durchgehend linienförmig gelagert sind. Je nach ihrer Neigung zur Vertikalen werden sie eingeteilt in: Überkopfverglasungen Neigung $> 10°$ Vertikalverglasungen Neigung $\leq 10°$	3.2.1	Für Einfachverglasungen bzw. für die untere Scheibe von Isolierverglasungen darf nur Drahtglas oder VSG aus SPG oder VSG aus teilvorgespanntem Glas (TVG) nach Allgemeiner bauaufsichtlicher Zuslassung verwendet werden.
2.1	Als Glaserzeugnisse dürfen verwendet werden:	3.2.2	VSG-Scheiben aus Spiegelglas und/oder aus TVG mit einer Stützweite größer 1,20 m sind allseitig linienförmig zu lagern. Dabei darf das Seitenverhältnis nicht größer als 3:1 sein.
	a) Spiegelglas (SPG) nach Bauregelliste A (BRL A) Teil 1, lfd. Nr. 11.1,	3.2.3	Bei VSG als Einfachverglasung oder als untere Scheibe von Isolierverglasungen muss die Nenndicke der PVB-Folien mindestens 0,76 mm betragen. Abweichend davon ist eine PVB-Folie von 0,38 mm bei allseitiger linienförmiger Lagerung und einer Stützweite in Haupttragrichtung von nicht mehr als 0,80 m zulässig.
	b) Gussglas (Drahtglas, Ornamentglas, Drahtornamentglas) nach BRL A Teil 1, lfd. Nr. 11.2,		
	c) Einscheiben-Sicherheitsglas (ESG) nach BRL A Teil 1, lfd. Nr. 11.4.1 aus Glas nach a) oder b),	3.2.7	Bohrungen und Ausschnitte in den Scheiben sind nicht zulässig.
	d) Heißgelagertes Einscheiben-Sicherheitsglas (ESG-H) nach BRL A Teil 1, lfd. Nr. 11.4.2 aus ESG nach c), welches aus SPG nach a) hergestellt wurde,	3.3	Zusätzliche Regelungen für Vertikalverglasungen
		3.3.1	Einfachverglasungen aus Spiegelglas, Ornamentglas oder VG müssen allseitig gelagert sein.
	e) Teilvorgespanntes Glas (TVG) nach allgemeiner bauaufsichtlicher Zulassung,	3.3.3	Bohrungen und Ausschnitte sind nur in vorgespannten Scheiben oder VSG zulässig.
	f) Verbundsicherheitsglas (VSG) aus Gläsern nach a) bis d) mit Zwischenfolien aus Polyvinyl-Butyral (PVB) nach Bauregelliste A, Teil 1, lfd. Nr. 11.8 oder aus anderen Gläsern und/oder mit anderen Zwischenschichten, deren Verwendbarkeit nachgewiesen ist (z.B. durch eine Allgemeine bauaufsichtliche Zulassung),	4.2	Bei Isolierglasscheiben ist zusätzlich die Einwirkung von Druckdifferenzen p_0 zu berücksichtigen, die sich aus der Veränderung der Temperatur ΔT und des meteorologischen Luftdruckes Δp_{met} sowie aus der Differenz ΔH der Ortshöhe zwischen Herstellungs- und Einbauort ergeben. Als Herstellungsort gilt der Ort der endgültigen Scheibenabdichtung.
	g) Verbundglas (VG) aus Gläsern nach a) bis e) mit sonstigen Zwischenschichten.		
2.2	Für Glas nach den Abschnitten 2.1 a) bis 2.1 c) ist ein Elastizitätsmodul von $E = 70.000$ N/mm^2 und eine Querdehnungszahl von $\mu = 0,23$ und ein thermischer Längenausdehnungskoeffizient von $\alpha = 9 \cdot 10^{-6}$ K^{-1} anzunehmen.	5.1.2	Bei Standsicherheits- und Durchbiegungsnachweisen von VSG- oder VG-Einfachverglasungen darf ein günstig wirkender Schubverbund der Scheiben nicht berücksichtigt werden. Gleiches gilt für die Schubkoppelung von Isolierverglasungen über den Randverbund. Bei Vertikalverglasungen aus Isolierglas mit VSG oder VG ist bei diesen Nachweisen für veränderliche Einwirkungen zusätzlich der Grenzzustand des vollen Schubverbundes zu berücksichtigen.
3.1.2	Die Durchbiegung der Auflagerprofile darf nicht mehr als 1/200 der aufzulagernden Scheibenlänge, höchstens jedoch 15 mm betragen. Bei der Ermittlung der Schnittgrößen der Glasscheiben darf näherungsweise eine kontinuierliche starre Auflagerung vorausgesetzt werden.		
3.1.3	Die linienförmige Lagerung muss beidseitig normal zur Scheibenebene wirksam sein. Dies ist durch hinreichend steife Abdeckprofile oder entsprechende mechanische Befestigungen sicherzustellen.	5.2.2	Die untere Scheibe einer Überkopfverglasung aus Isolierglas ist außer für den Fall der planmäßigen Einwirkungen auch für den Fall des Versagens der oberen Scheibe mit deren Belastung zu bemessen.
3.1.4	Unter Last- und Temperatureinwirkungen darf kein Kontakt zwischen Glas und harten Werkstoffen (z.B. Metall, Glas) auftreten.	5.3.2	Bei der Bemessung der unteren Scheibe einer Überkopfverglasung aus Isolierglas nach Abschnitt 5.2.2 ist ein Durchbiegungsnachweis nicht erforderlich.

Beläge, Beschichtungen

Zulässige Biegespannungen in N/mm²

Glassorte	Vertikalverglasung	Überkopfverglasung
Spiegelglas	18	12
VSG aus Spiegelglas	22,5	15 25 für die untere Scheibe von Isolierverglasungen beim Lastfall „Versagen der oberen Scheibe"
ESG aus Spiegelglas	50	50
ESG aus Gussglas	37	37
Emailliertes ESG aus Spiegelglas (Emaille auf der Zugseite)	30	30
TVG aus Spiegelglas mit Zulassung	29	29
Emailliertes TVG aus Spiegelglas (Emaille auf der Zugseite) mit Zulassung	18	18
Gussglas	10	8
Drahtglas	8	8

Das Floatverfahren dient der Herstellung von Spiegelgläsern mit verzerrungsfreien Oberflächen:
Spiegelglas = Floatglas

Durchbiegungsbegrenzungen

Lagerung	Überkopfverglasung	Vertikalverglasung
vierseitig	1/100 der Stützweite in Haupttragrichtung	Bei Einfachverglasung keine Anforderungen, bei Isolierverglasung Herstellerangaben beachten
zwei- und dreiseitig	Einfachverglasung: 1/100 der Stützweite in Haupttragrichtung	1/100 der freien Kante oder Nachweis, dass unter Last ein Glaseinstand von 5 mm nicht unterschritten wird
zwei- und dreiseitig	Scheiben von Isolierverglasung: 1/200 der freien Kante	1/100 der freien Kante, jedoch Herstellerangaben beachten

Auszug aus den Technischen Regeln für die Bemessung und Ausführung punktförmig gelagerter Verglasungen (TRPV) August 2006

3.1 Die Glasscheiben müssen zwängungsfrei montiert werden können. Es darf **kein Kontakt** der Glasscheiben mit anderen Glasscheiben oder sonstigen harten Bauteilen entstehen.

3.2 Jede Einzelscheibe ist unter Verwendung **elastischer Zwischenschichten** so zu befestigen, dass sie in allen Richtungen formschlüssig gehalten ist.

3.3 Die **Glasscheiben** müssen sowohl vor als auch nach dem Einbau **eben** sein.

3.4 Der freie Glasrand darf **maximal 300 mm** über die von den Glashalterungen aufgespannte Innenfläche auskragen.

3.5 Die **Durchbiegungen** der Verglasungen sind auf 1/100 der maßgebenden Stützweite zu beschränken.

3.6 **Bohrlöcher** sind so anzuordnen, dass sowohl zum freien Rand als auch zu benachbarten Bohrungen eine Glasbreite von mindestens 80 mm erhalten bleibt. Im Eckbereich einer Glasscheibe muss dieser **Abstand zum Glasrand** mindestens 100 mm betragen.

3.7 **Tellerhalter** müssen beidseitig kreisförmige Teller mit einem Mindestdurchmesser von 50 mm aufweisen. Durch Wahl entsprechender Hülsendurchmesser muss auf Dauer ein **Glaseinstand** von mindestens 12 mm gewährleistet sein. Die Dicke der Hülsenwand muss mindestens 3 mm betragen.

Bei Vertikalverglasungen muss die **Glaseinstandstiefe** von Randklemmhaltern mindestens 25 mm betragen. Die glasüberdeckende Klemmfläche der Halterung muss je Seite mindestens 1000 mm² groß sein.

Bei Überkopfverglasungen ist VSG aus TVG aus mindestens 2 x 6 mm und PVB-Folie mit einer Nenndicke von mindestens 1,52 mm zu verwenden.

Maximal zulässiges Stützraster mit nachgewiesener Resttragfähigkeit bei einer gleichmäßig verteilten Schneelast von bis zu 1,0 kN/m²:

Tellerdurchmesser	Min. Glasdicke TVG in mm	Stützweite mm in Richtung 1	Stützweite mm in Richtung 2
70	2 x 6	900	750
60	2 x 8	950	750
70	2 x 8	1100	750
60	2 x 10	1000	900
70	2 x 10	1400	1000

Beschichtungsstoffe

wie **Anstrichstoffe, Spachtelmassen, Lacke** und **Boden-beschichtungen** bestehen aus:

Pigment u. anderem Füllstoff	+	**Binde-mitel**	+	**Lösemittel** u. Verdün-nungsmittel	+	**Zusatz-mittel**

Eine Ausnahme sind Zweikomponenten-Kunststoffbeschich-tungen, die oft kein Lösemittel benötigen.

Eine Übersicht über die **Kornzusammensetzung** der Beschich-tungsstoffe unter → Gemische von Stoffen.
Kitte und Spachtelmassen enthalten mehr Füllstoffe als Anstrich-stoffe.

Beschichtungsaufbauten

Beschichtungsaufbauten (-typen) auf porösem Untergrund, z.B. Beton

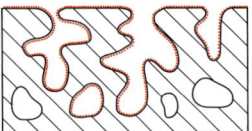

Imprägnierung z. B. aus Siloxanen zum Hydrophobie-ren, nicht filmbildend

Versiegelung z. B. Epoxidharz unter Schweißbahn zu Abdichtung

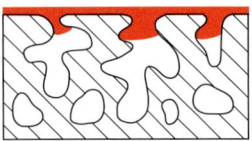

Beschichtung filmbildend z. B. aus EP, PUR oder Polyestern

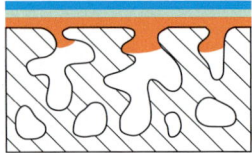

Mehrschichtiges Beschichtungssystem Für Industrieböden oder Parkhäuser

Z.B.:

— Schicht 1: Grundierung aus Epoxidharz

— Schicht 2: Rissüberbrückende Schicht aus Polyurethan

— Schicht 3: Verschleiß- und rutschfeste Schicht aus Epoxidharz und Quarzsand

Bindemittel

1. Mineralische Bindemittel

Kalk, Zement, Kaliwasserglas (Wasserglas für Silikatanstriche). Oft mit organischen Zusätzen (Dispersionen) zur Verbesserung von Verarbeitbarkeit, Haftung und Elastizität, z. B. in **Dispersions-Silikatfarben**.

2. Kunststoffdispersionen

Dies sind mit Hilfe von „Emulgatoren" (→ Tenside) in Wasser feinverteilte Polymerisate, z.B. Polyacrylate, Polyvinylacetate, Polyvinylpropionate, Styrol-Butadien-, Styrol-Acrylat-Copolyme-risate u.a.

Nach Verdunsten des Wassers lagern sich die Harzteilchen eng aneinander zu einem nicht mehr wasserlöslichen glasartigen Film. Besonders fein zerteilte Acrylate bilden sehr gleichmäßige und glatte Filme und werden deshalb **Dispersionslacke oder Wasserlacke** genannt.

3. Organisch gelöste Bindemittel

Öle, Harze, Kunststoffe und bituminöse Stoffe, die in organischen Lösemitteln, z. B. Ethanol, gelöst sind, bilden nach dessen Ver-dunsten einen glatten und dichten Film.

Organische Lösemittel, deren Dämpfe schwerer als Luft sind, konzentrieren sich in tiefgelegenen Räumen und Baugruben.

Die meisten sind **gesundheitsschädlich**, einige sehr giftig, → Lösemittel. Viele sind auch **feuergefährlich** oder im Gemisch mit Luft sogar explosiv.

4. Chemisch härtende „Reaktionsharze"

sind meist 2-Komponenten-Bindemittel, z. B. ungesättigte Polyes-terharze, Epoxidharze, Polyurethanharze, Polyaminharze u.a.

Nachdem die beiden flüssigen Komponenten gründlich gemischt sind, härten sie, indem die Moleküle des „Härters" die Fadenmo-leküle des „Binders" miteinander vernetzen oder indem aus den Molekülen (Monomeren) der beiden Komponenten Fadenmole-küle entstehen. Je nach Art der Monomere bilden sich Thermo-plaste, Elastomere oder Duromere, → makromolekulare Stoffe.

Die Komponenten, z.B. Styrol oder Epoxidharze, sind gesundheits-schädlich, daher sind beim Mischen der Komponenten wegen der Verätzungs- und Vergiftungsgefahr Schutzbrille und angemessene Handschuhe zu tragen.

Zu beachten sind:

a) **Reifezeit** (Quellzeit), vom Anrühren bis zum Erreichen der Verarbeitungsfähigkeit.

b) **Verarbeitungszeit** (Topfzeit), bis zu der der Stoff verarbeitbar bleibt.

c) **Nachrichtezeit** (Korrigierzeit), bis zu der noch ohne Schaden korrigiert werden kann.

d) **Trocknungs- und Erhärtungszeit**, bis zu den Zuständen „staubtrocken", „überstreichbar" und „belastbar".

Benutzte Abkürzungen

AS = Anstrichstoff
BS = Beschichtungsstoff
BM = Bindemittel
LM = Löse- o. Dispergiermittel

Sp = Spachtelmasse
La = Lack
Ko = Kombination

Verwendungsarten

I = Innenbeschichtung im Hochbau
A = Außenbeschichtung im Hochbau
R = Rostschutz-Beschichtung
S = Abdichtung

Name	Bindemittel [1]	Arbeitseigenschaften, Bemerkungen [7]	Verwendung	Gruppen	
1. Kalkfarben	Weißkalkteig, -hydrat Kalkhärtung	stark alkalisch, Ko mit 2 oder 5, vornässen [2] Pigmentzusatz nur ≤ 10 % vom BM	I, A	mineralisch	chemisch härtend
2. Zementfarben	Weißer Portlandzement Zementhärtung	stark alkalisch [3], Ko mit 1 möglich, vornässen, Pigmentzusatz ≤ 5 % vom BM, feucht halten	I, A		
3. Silikatfarben	Kaliwasserglas, mit 5: Dispersions-Silikatfarben	stark alkalisch [4], ätzt Glas- und Keramik, 24 h Trockenzeit zwischen 2 Anstrichen	I, A		
4. Silikonharzfarben	Silicone, Siliconate	gut wasserdampf-, kaum wasserdurchlässig	I, A	organisch	physikalisch trocknend
5. Kunststoff-dispersionsfarben	Acrylat, Polyvinylacetat	wetterbeständig, gut deckend, für Fassaden, wasch- und scheuerbeständig, oft als AS gebraucht	I, A R		
6. Bitumen-Emulsions-AS, BS [6]	→ Bitumen	Voranstrich, Deckaufstrich „Kaltanstrich" für Bauwerksabdichtungen nach DIN 18 195	I, A R, S		
7. Alkydharz-La, Sp, Lasuren	LM: [6]	neutraler Anstrichgrund, nicht für Feuchträume	I, A, R		chemisch härtend
8. Ölfarben, Öllacke Öllackfarben	Leinölfirnis LM: Testbenzin	ölhaltige AS verseifen auf alkalischem Grund, wetterbeständig	I, A, R [5]		
9. PVC-Lacke und -Lackfarben	Polyvinylchlorid, LM: [6]	chemisch beständig; unempfindlich gegen Alkohole, Fette, Öle, rasch trocknend	I, A		physikalisch trocknend
10. Acrylharz-Lacke und -Lackfarben	Polymethylmethacrylat [6]	auch auf alkalischen Untergünden haftend, ausreichende Trockenzeit erforderlich	I, A		
11. Chlorkautschuk- Lackfarben	Kautschukverbindung, [6] LM:	beständig gegen Säuren und Laugen, empfindlich gegen tierische Fette und Öle	A, R [5]		
12. Bitumenlösungen -Lacke	Bitumen	Voranstrich, Deckaufstrich „Kaltanstrich" für Bauwerksabdichtungen nach DIN 18 195	A, R [5]		
13. Epoxidharz-(EP) [7]	Epoxidharz	Korrosionsschutzmittel für Stahl im Stahlbau [5], Bodenbeschichtungen	A, R [5]		chemisch härtend
14. Polyurethan-(PUR) La, Sp, Spa, früher „DD"-Lacke	Polyurethan [7] LM: [6] [8]	sehr harte und abriebfeste Oberflächen, widerstandsfähig gegen Wasser und Chemikalien, Bodenbeschichtungen, Abdichtungen	I, A		
15. Polyesterharz-(UP) Lacke, Lackfarben [7]	ungesättigtes Polyesterharz	sehr widerstandsfähig und beständig, schnellhärtend	I, Sp		

[1] Das Bindemittel als wichtigster Bestandteil bildet mit dem Lösemittel eine Dispersion, eine Lösung oder ein Gemisch von beiden.

[2] Kalkechte Pigmente sind erforderlich.

[3] Zementechte Pigmente sind erforderlich, nicht auf Gipsputz verwenden.

[4] Wasserglasfeste Pigmente, die das Wasserglas nicht andicken, sind erforderlich.

[5] Rostschutz durch Pigmente: Anstatt von sehr giftiger Bleimennige oder Zinkchromat sind Zinkstaub, Zinkphosphat, Eisenglimmer oder Aluminiumpulver zu verwenden.

[6] „Spezialverdünnungsmittel" der Hersteller, meist Lösemittelgemische

[7] Die meisten modernen Beschichtungssysteme sind sehr komplex. Es empfiehlt sich daher, Herstellerangaben in Datenblättern u. Ä. strikt zu beachten. Bei mehrschichtigen Systemen sollten nur Materialien **eines** Herstellers eingesetzt werden.

[8] oft auch lösemittelfrei

Beläge, Beschichtungen

Durch ein Glasprisma kann weißes Sonnenlicht in die **Spektralfarben** zerlegt werden.
Farbkreis und **Grauleiter** können auf besonders anschauliche Weise Ordnung in die Vielfalt der Farbtöne bringen.

Von den **3 Grundfarben** im Innenkreis ausgehend, zeigt der Außenring 24 der möglichen Farbtöne.

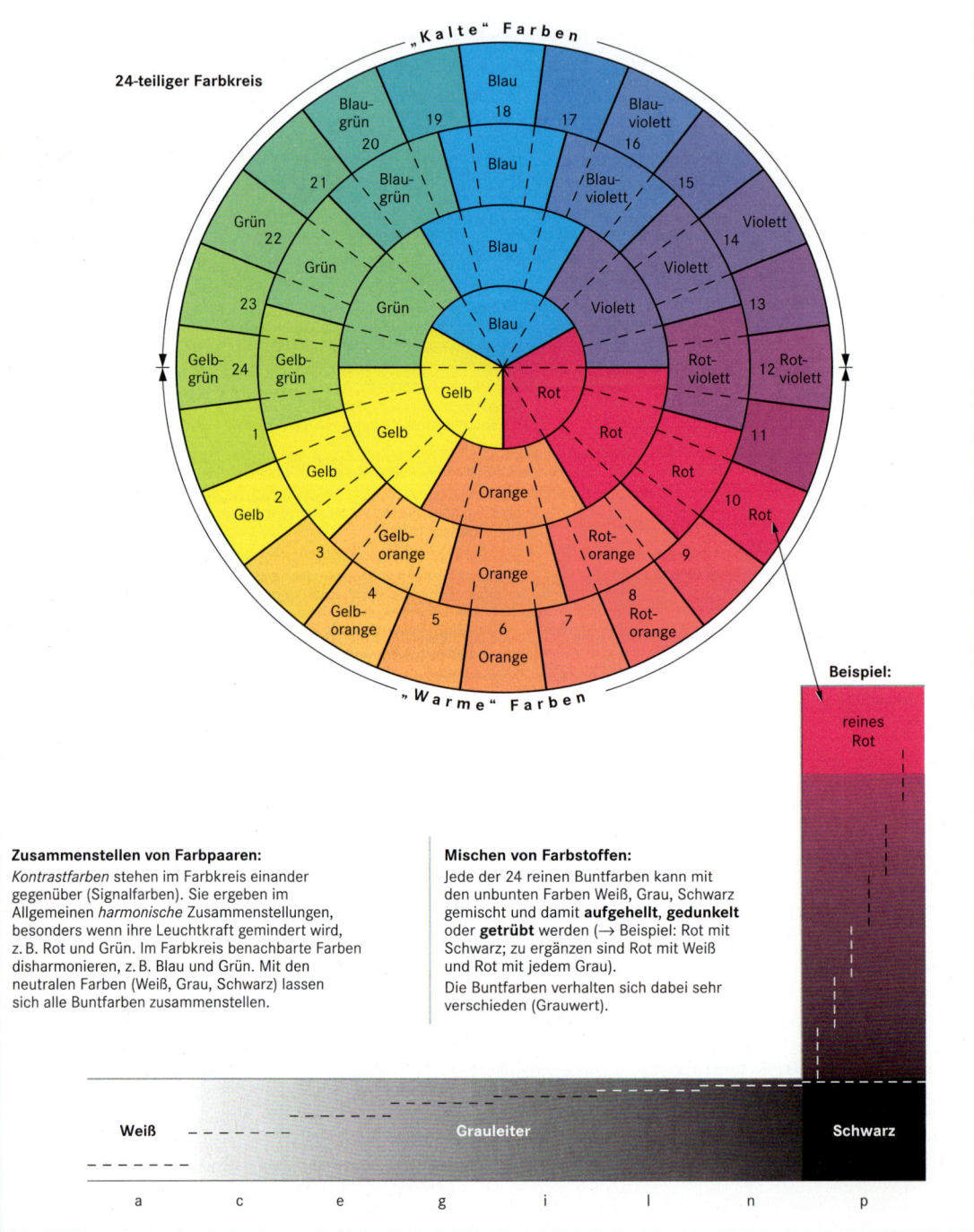

24-teiliger Farbkreis

"Kalte" Farben

"Warme" Farben

Beispiel:

reines Rot

Zusammenstellen von Farbpaaren:
Kontrastfarben stehen im Farbkreis einander gegenüber (Signalfarben). Sie ergeben im Allgemeinen *harmonische* Zusammenstellungen, besonders wenn ihre Leuchtkraft gemindert wird, z. B. Rot und Grün. Im Farbkreis benachbarte Farben disharmonieren, z. B. Blau und Grün. Mit den neutralen Farben (Weiß, Grau, Schwarz) lassen sich alle Buntfarben zusammenstellen.

Mischen von Farbstoffen:
Jede der 24 reinen Buntfarben kann mit den unbunten Farben Weiß, Grau, Schwarz gemischt und damit **aufgehellt**, **gedunkelt** oder **getrübt** werden (→ Beispiel: Rot mit Schwarz; zu ergänzen sind Rot mit Weiß und Rot mit jedem Grau).
Die Buntfarben verhalten sich dabei sehr verschieden (Grauwert).

Weiß — — — — — —   Grauleiter   Schwarz

a   c   e   g   i   l   n   p

Beläge, Beschichtungen

Farbregister RAL 840 HR

In diesem vom **Deutschen Institut für Gütesicherung e.V. (RAL)** entwickelten Farbregister werden die Farben mit **vierstelligen Zahlen** gekennzeichnet.

Das **RAL-Farbregister** ist unterteilt in **9 Farbreihen**, wozu auch Weiß, Aluminium, Grau und Schwarz gehören. Die Farben gehen teilweise ineinander über.

Dieses System ist im Handel weitgehend eingeführt.

Eine Erweiterung ist das RAL-Designsystem, das 1688 Farbtöne umfasst, die nach Buntton, Helligkeit und Buntheit geordnet sind.

Die **9 Farbreihen** des RAL-Registers:

1000 er Reihe:	23	**gelbe** Farben,
2000 er Reihe:	8	**orange** Farben,
3000 er Reihe:	19	**rote** Farben,
4000 er Reihe:	6	**violette** Farben,
5000 er Reihe:	19	**blaue** Farben,
6000 er Reihe:	28	**grüne** Farben,
7000 er Reihe:	29	**graue** Farben,
8000 er Reihe:	17	**braune** Farben,
9000 er Reihe:	8	**weiße**, **Aluminium** und **schwarze** Farben

Beispiele für die RAL-Farben

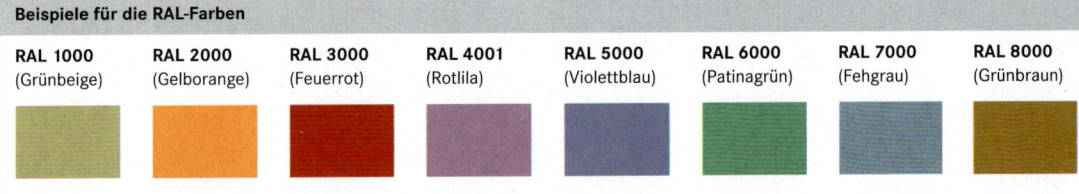

RAL 1000 (Grünbeige)   **RAL 2000** (Gelborange)   **RAL 3000** (Feuerrot)   **RAL 4001** (Rotlila)   **RAL 5000** (Violettblau)   **RAL 6000** (Patinagrün)   **RAL 7000** (Fehgrau)   **RAL 8000** (Grünbraun)

Licht

Licht ist ein kleiner Ausschnitt aus dem Spektrum der elektromagnetischen Wellen. Im Bereich zwischen 400 und 700 milliardstel Meter (nm) Wellenlänge findet sich das sichtbare Licht. Rotes Licht hat längere Wellen und ist energieärmer als das blaue Licht mit kürzeren Wellen.

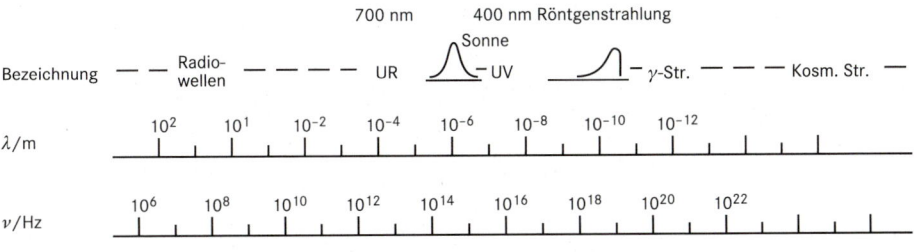

Farbe

Farbe ist eine Lichterscheinung.
Ohne Licht sind alle farbigen Stoffe schwarz. Ein mit weißem Licht beleuchteter Ziegel erscheint unserem Auge rot, weil seine Oberfläche nur die im weißen Licht enthaltenen roten Lichtstrahlen zurückwirft.
Alle anderen Lichtstrahlen schluckt der Ziegel, wobei ihre Strahlungsenergie in Wärmeenergie umgewandelt wird.

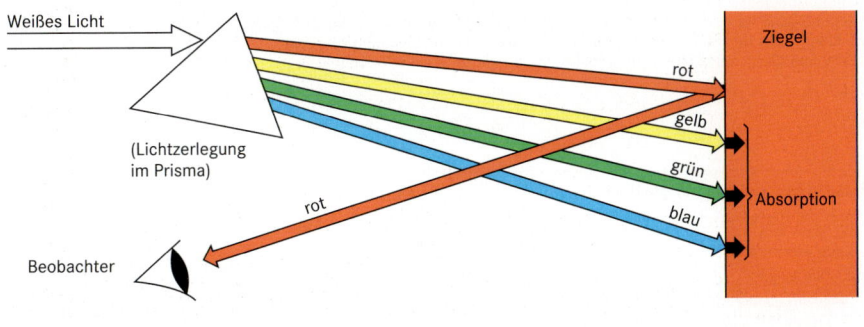

Beläge, Beschichtungen

Farbpigmente – Differenzierung

Pigmente sind im Bindemittel **unlöslich**, **Farbstoffe** sind im Bindemittel **löslich**	
Der Einteilung der Pigmente liegen optische Wirkungen im sichtbaren Bereich des Lichtes zu Grunde, deren Ursachen im Folgenden angegeben sind:	
Weißpigmente	Die optische Wirkung beruht auf wellenlängenunabhängiger Lichtstreuung.
Buntpigmente	Die optische Wirkung beruht auf wellenlängenabhängiger Lichtabsorption verbunden mit Lichtstreuung.
Buntfarbstoffe	Die optische Wirkung beruht auf wellenlängenabhängiger Lichtabsorption.
Schwarzfarbmittel	Die optische Wirkung beruht auf wellenlängenunabhängiger Lichtabsorption.
Effektpigmente	Die optische Wirkung beruht auf mindestens einem der drei folgenden Effekte: • bei Metalleffektpigmenten auf der gerichteten Reflexion an überwiegend flächig ausgebildeten und ausgerichteten metallischen Pigmentteilchen; • bei Perlglanzpigmenten auf der gerichteten Reflexion an überwiegend flächig ausgebildeten und ausgerichteten transparenten Plättchen; • bei Interferenzpigmenten auf dem Phänomen der Licht-Interferenz.
Leuchtfarbmittel	Die optische Wirkung beruht auf ihrer Fähigkeit, Strahlung zu absorbieren und als Licht von größerer Wellenlänge ohne zeitliche Verzögerung (Fluoreszenz) oder mit zeitlicher Verzögerung (Phosphoreszenz) auszusenden

Wichtige Pigmenteigenschaften

Färbevermögen ist die Fähigkeit einen Farbton zu bestimmen oder im Gemisch mit anderen Pigmenten zu ändern.

Deckvermögen ist die Fähigkeit, die Untergrundfarbe und Farbtonunterschiede im Untergrund zu überdecken.

Reinheit bedeutet, dass keine Verunreinigungen, die die beiden o. g. Eigenschaften beeinflussen, vorliegen (insbesondere bei anorganischen Pigmenten).

Verträglichkeit mit dem Bindemittel bedeutet, dass keine chemischen Reaktion mit dem Bindemittel, die zu Farbveränderungen führt, stattfinden darf – insbesondere ist Alkalistabilität bei Zement- oder Kalkfarben notwendig.

Verträglichkeit mit anderen Pigmenten ist notwendig, da Pigmente oft gemischt werden. Es darf dabei keine Farbton-veränderung durch chemische Reaktion erfolgen.

Dispergierbarkeit ist die Mischbarkeit mit Bindemittel; abhängig von Teilchengröße, Benetzbarkeit und Dichte.

Lichtbeständigkeit bedeutet, dass keine Ausbleichung oder Farbveränderung bei Lichteinwirkung erfolgen darf.

Korrosionsschutzpigmente

Korrosionsschutzwirkung	Beispiele
Physikalische Korrosionsschutzwirkung: Chemisch inerte (auch: passive) Pigmente verlängern die Diffusionswege für Wasser, Sauerstoff und korrosionsfördernde Ionen und verbessern die Untergrundhaftung des Anstrichs und der Beschichtung.	Eisenglimmer
Chemische Korrosionsschutzwirkung: Bestimmte pH-Werte in der Beschichtung werden stabilisiert. Es können sich Redoxreaktionen abspielen, so dass neue schützende Verbindungen entstehen. Es werden die korrosionsaktiven Ionen eliminiert.	Zinkoxid, Bleimennige (eingeschränkter Einsatz wegen der Giftigkeit)
Elektrochemische Korrosionsschutzwirkung: Passiviert die zu schützenden Metalloberflächen. Die Korrosionsschutzpigmente werden danach differenziert, ob sie im anodischen Bereich (Schutzschichtbildung) oder im kathodischen Bereich (eigenes, hohen Oxidationspotential) wirksam sind. Beispiele für im anodischen Bereich wirksame Pigmente sind Phosphate.	Anodischer Bereich: Zinkphoshat, Chromphosphat Kathodischer Bereich: Chromate, Zinkstaub, Bleipulver

Füllstoffe

Füllstoff: Material in körniger oder in Pulverform, das in der flüssigen Phase eines Beschichtungsstoffes unlöslich ist und verwendet wird, um bestimmte physikalische Eigenschaften zu erreichen oder zu beeinflussen.

Aufbau mechanisch widerstandsfähiger Beschichtungsfilme
• verstärken das Filmgerüst,
• beeinflussen das Haftvermögen und die Härte,
• beeinflussen in flüssigen Beschichtungsstoffen die rheologischen Eigenschaften.

Abgrenzung zu Pigmenten: Brechungsindex < 1,7, daher fehlt Streu- und Deckvermögen

Beläge, Beschichtungen

Beispiele für Beschichtungssysteme

Korrosionsschutzsystem auf Lüftungsanlage

Untergrund:
 Stahlblech

Bindemittel:
 Alkydharz

Pigmente:
 Korrosionsschutz-
 pigmente
 Farbgebende
 Pigmente

Aufbau:
 Grundierung
 Deckschicht

Korrosionsschutzsystem auf Stahlträgern

Untergrund:
 Stahl

Bindemittel:
 Epoxidharz

Pigmente:
 Korrosionsschutz-
 pigmente
 Farbgebende
 Pigmente

Aufbau:
 Grundierung
 Deckschicht

Mineralische Fassadenbeschichtung auf Ziegelmauerwerk

Untergrund:
 Vollziegel

Bindemittel:
 Kalk mit Disper-
 sionsanteilen

Pigmente:
 Weißpigmente

Aufbau:
 Einschichtig

Hydrophobe Fassadenbeschichtung auf Kalk-Zementputz

Untergrund:
 Kalk-Zementputz

Bindemittel:
 Siliconharzdisper-
 sion

Pigmente:
 Weißpigmente

Aufbau:
 Einschichtig

Bitumendickbeschichtung auf Beton

Untergrund:
 Transportbeton

Bindemittel:
 Polymerbitumen

Pigmente:
 -

Aufbau:
 Einschichtige Dick-
 beschichtung

Beschichtung auf Betonfertigteilen

Untergrund:
 Betonfertigteile

Bindemittel:
 Epoxidharz und
 UP-Harz

Pigmente:
 Farbgebende
 Pigmente

Aufbau:
 Spachtel als Grun-
 dierung
 Deckschicht

Durchsichtige Holzfassadenbeschichtung

Untergrund:
 Holz

Bindemittel:
 Alkydharz

Pigmente:
 farblose UV-
 Schutzpigmente

Aufbau:
 Einschichtige
 Dickschichtlasur

Deckende Holzfassadenbeschichtung

Untergrund:
 Holz

Bindemittel:
 Alkydharz

Pigmente:
 Farbgebende
 Pigmente

Aufbau:
 Einschichtiger Lack

31. BImSchV-Verordnung „VOC-Verordnung"

Die 31. BImSchV-Verordnung zur Begrenzung flüchtiger organischer Verbindungen bei der Verwendung organischer Lösemittel in bestimmten Anlagen regelt den Verbrauch flüchtiger organischer Stoffe in geschlossenen Anlagen wie Lackierereien. Ziel der Verordnung ist – ebenso wie bei der „Decopaint-Richtlinie" – die Verminderung der Emissionen von Lösemitteln, da flüchtige organische Verbindungen (VOC) an der Bildung des umwelt- und gesundheitsschädlichen troposphärischen Ozons (Sommersmog) beteiligt sind.

ChemVOC-FarbV „Decopaint-Verordnung"

Geltungsbereich:

Mit dieser neuen Verordnung sollen VOC-Emissionen aus Beschichtungsstoffen reduziert werden, die nicht in Lackier-Anlagen nach der VOC-Verordnung verarbeitet werden. Betroffen von den Anforderungen der ChemVOCFarbV sind alle Anwender von Farben und Lacken, die zur Beschichtung von Bauwerken, ihren Bauteilen und dekorativen Bauelementen sowie zur Fahrzeugreparaturlackierung, verwendet werden. Dazu zählen u. a. Fertigteile, Fenster, Türen, Zargen, Fußboden, Treppen, Wände, Decken und Vertäfelungen.

Nicht betroffen sind z. B. Möbel.

Durchführung:

Jedes Beschichtungsmaterial, welches unter den Geltungsbereich der ChemVOCFarbV fällt, muss einer Produktkategorie A1 zugeordnet werden. Der tatsächliche VOC-Gehalt des gebrauchsfertigen Produktes darf den dort festgelegten Grenzwert nicht überschreiten. Im Gegensatz zur VOC-Verordnung ist bei der ChemVOCFarbV jedes einzelne Produkt mit einem Grenzwert belegt. Die VOC-Grenzwerte für lösemittelbasierende Produkte sind so niedrig angesetzt, dass im Geltungsbereich der ChemVOC-FarbV die bisher verwendeten lösemittelhaltigen Produkte wie z. B. Cellulosenitratlacke nicht mehr verwendet werden können.

Seit dem 1.1.2007 dürfen keine Produkte mehr in den Verkehr gebracht werden, die unter den Geltungsbereich der ChemVOC-FarbV fallen und die Grenzwerte nicht einhalten. Die Produktkategorie, der dazugehörige VOC-Grenzwert und der tatsächliche VOC-Gehalt des gebrauchsfertigen Produktes muss deutlich lesbar in waagerechter Schrift auf jedem Gebinde vermerkt sein.

Alle Anwender, die keine Anlage nach → VOC-Verordnung betreiben (d. h. der Lösemittelverbrauch liegt zwischen 0 t/a und 5 t/a) und gleichzeitig Türen, Fenster, Treppenstufen usw. beschichten, dürfen nur noch die seit dem 1.1.2007 in Verkehr zu bringenden „Decopaint"-Produkte verwenden.

T1 Produktkategorien

	Kategorie	Typ	VOC [g/l] Stufe II ab 1.1.2010
a	Matte Beschichtungsstoffe (Glanz ≤ 25/60°) für Innenwände und -decken	Wb Lb	30 30
b	Glänzende Beschichtungsstoffe (Glanz > 25/60°) für Innenwände und -decken	Wb Lb	100 100
c	Beschichtungen für Außenwände aus mineralischen Baustoffen	Wb Lb	40 430
d	Beschichtungsstoffe für Holz-, Metall- oder Kunststoffe für Bauwerke, ihre Bauteile und dekorativen Bauelemente (innen und außen)	Wb Lb	130 300
e	Klarlacke und Lasuren für Bauwerke, ihre Bauteile und dekorativen Bauelemente (inne und außen) einschließlich sogenannter deckender Lsuren	Wb Lb	130 400
f	Minimal filmbildende Lasuren	Wb Lb	130 700
g	Absperrende Grundbeschichtungsstoffe	Wb Lb	30 350
h	Verfestigende Grundbeschichtungsstoffe	Wb Lb	30 750
i	Einkomponenten-Speziallacke	Wb Lb	140 500
j	Zweikomponenten-Speziallacke	Wb Lb	140 500
k	Multicolorbeschichtungsstoffe	WB Lb	100 100
l	Beschichtungsstoffe für Dekorationseffekte	Wb Lb	200 200

Beläge, Beschichtungen

1. Kleber, Klebstofftypen

Physikalisch abbindende „trocknende" Klebstoffe

Bezeichnung	Art der Abbindung	Basisrohstoffe	Anwendungsgebiete
Schmelzklebstoffe	Erstarren der Schmelze	Ethylen-Vinylacetat-Copolymere, Polyamide, Polyester, u. a.	Verpackungsindustrie, Druck-, Textil-, Schuh-, Holzverarbeitende Industrie, Fahrzeugbau, Elektrotechnik
Lösungsmittelhaltige Nassklebstoffe	Verdunsten von Lösungsmitteln	polymere Vinylverbindungen, Polymethylmethacrylat, Natur- und Synthesekautschuk, u. a.	Druck- und Verpackungsindustrie, PVC-Rohrbekleidung, Haushaltsklebstoffe
Kontaktklebstoffe		Polychloroprene, Butadien-Acrylnitril-Kautschuk, u.a.	Fußbodenverklebungen, Matratzen- und Schuherstellung, Automobilindustrie
Dispersionsklebstoffe	Verdunsten von Wasser	nicht wasserlösliche Polymere des Vinylacetats, Polyacryl-säureester, u. a.	Verpackungsindustrie, Schuhherstellung, Lebensmittelindustrie, Holzverarbeitende Industrie
wasserbasierte Klebstoffe „Kleister"		Glutin, Casein, Dextrin, Methyl-cellulose, u. a.	Papier, Tapeten
Haftklebstoffe	Oberflächenkontakt dauer-klebriger Schichten	spezielle Polyacrylate, Poly-vinylether, Naturkautschuk, u. a.	Klebebänder für handwerkliche und industrielle Zwecke, Wundpflaster, Etiketten

Chemisch härtende „reaktive" Klebstoffe

Bezeichnung	Art der Abbindung	Basisrohstoffe	Anwendungsgebiete
Cyanacrylate	Polymerisation	Cyanacrylsäureester	Kleben von Kleinteilen; Kleben von Gläsern aller Art, Gewebeklebstoff, Sprühverbände, „Sekundenkleber"
Methylmethacrylate		Methacrylsäuremethylester	Kunststoffkleben von Kunststoffelementen und in Automobil- und Schienenfahrzeug-bau
Anaerob härtende Klebstoffe		Diacrylsäureester von Diolen	Motoren, Elektromotoren, Schrauben-sicherungen, Welle-Nabe-Verbindungen
Strahlenhärtbare Klebstoffe		Epoxyacrylate, Polyester-acrylate	Kleben von Glas und transparenten Kunststoffen, Dentaltechnik
Phenolformaldehydharze	Polykondensation	Phenole, Formaldehyd	Holzwerkstoffe, strukturelle Aluminium-klebungen
Silikone		Polyorganisolaxane	Dichtungen; Automobilbau, Elektrotechnik
Epoxidharzklebstoffe	Polyaddition	Oligomere Diepoxide und Polyamine oder Poly-amidoamine	Strukturklebstoff im Fahrzeug- und Flugzeugbau, Karosseriebau, Elektronik, Verkleben von FVK, Reparaturklebungen
Polyurethane		Di- und ggfs. trifunktionelle Isocyanate, Polyole	Verbinden von Materialien mit stark unterschiedlichen Last- und Temperatur-dehnungsverhalten

Beläge, Beschichtungen

Klebemörtel, Spachtel- und Fugenmasse

Dünnbettmörtel	Spachtel- und Fugenmassen
Dünnbettmörtel für keramische Bekleidungen als Werk-Trockenmörtel mit Zement als Bindemittel, Sand 0/0,5 mm und organischen Zusätzen, die Verarbeitbarkeit und Haftung verbessern. Korrigierzeit > 10 min. Arten des Aufbringens: Im **Floating-Verfahren** den Mörtel mit der Glättkelle auf den Grund dünn aufziehen, dann 2. Schicht mittels Kammspachtel (Zähne und Zwischenräume quadratisch, 3, 4, 6 u. 8 mm tief, je nach Plattengröße). Platten einschieben, bevor der Mörtel eine Haut bildet, einrichten und anklopfen. Im **Buttering-Verfahren**, besonders dann, wenn Fliesen oder Platten ungleich dick sind, Mörtel auf die Rückseite auftragen. Im kombinierten (Floating + Buttering) Verfahren wird die beste Füllung des Mörtelbettes erzielt. **Dünnbettmörtel für das Mauerwerk**, mit Sand 0/1. Wasserrückhaltevermögen so eingestellt, dass der Mörtel i. d. 1 - 3 mm dicken Fugen nicht „verbrennt". Verarbeitungszeit ≥ 4 Stunden, Korrigierzeit ≥ 7 Minuten.	Spachtel- und Fugenmassen haben in der Regel ein Größtkorn ≤ 0,5 · Fugenbreite. Es werden unterschieden: a) Auf Zementbasis als Werktrockenmörtel, z. B. als „Fugenweiß", „Fugengrau", „Fugenbreit" u. Ä. und als Spachtelmassen, ähnlich den Dünnbettmörteln. b) Organische Fugenmassen mit Acrylat oder Silikon als Bindemittel, in trockene fettfreie Fugen, glätten und reinigen mit Schwamm und Wasser während der Topfzeit. Fugen sind sehr dicht und chemikalienbeständig. c) Reaktionsharz-Spachtelmassen mit reaktiven Klebstoffen als Bindemittel, z. B. für das Ausbessern von Zementestrich. Der Bindemittelgehaltgehalt (5 bis 16 M.-%) und der eventuelle Sandzusatz hängen bei einigen Produkten von der Schichtdicke ab und sind nach Gebrauchsvorschrift zu bemessen.

Dichtungsmassen

Eingesetzt für das Abdichten von Außenwandfugen (Bewegungsfugen nach DIN EN ISO 11600:11) zwischen Beton- und Mauerwerksbauteilen oder -abschnitten und auch innen. Entscheidend für ihre Eignung sind ihr Bewegungsvermögen (früher: Dehnfähigkeit) und das Rückstellvermögen, die beide vom verwendeten Bindemittel abhängen.

Dehnfähigkeitsklassen nach DIN EN ISO 11600: 11			Rückstellvermögen nach DIN EN ISO 7389: 04	
Klasse	Prüfamplitude in %	Bewegungsvermögen in %	Verhalten	in % der Fugenbreite
25	± 25	25,0	Elastisch	≥ 70
20	± 20	20,0	Plasto-elastisch	≥ 40 < 70
12,5	± 12,5	12,5	Elasto-plastisch	≥ 20 < 40
7,5	± 7,5	7,5	Plastisch	< 20

Siehe zu diesen Begriffen auch unter Kunststoffe. Für „Bewegungsfugen", die starken und häufigen Breitenänderungen ausgesetzt sind, sind rein elastisches oder plastisches Verhalten nicht geeignet. Rein elastische Massen reißen leicht ab, rein plastische verformen sich stark.

Plasto-elastische (auch „viscoelastische" genannt) erfüllen die Forderungen, wenn die Haftung an den Fugenflanken gut ist und die Haftung am Fugengrund durch eine geschlossenzellige Polyethylenschnur verhindert wird. Haftung an Mauerwerk durch „Primer" verbessern.

Kleberanwendungen

A 2K-Klebstoffe
B Lösemittelhaltige Klebstoffe
C Cyanacrylate
D Spezialklebstoffe
E Dispersionsklebstoffe

		Holz			Kunststoffe						harte Materialien		
		Holz-Furniere	Holz, -werkstoffe, Schichtstoffplatten	Kork	Duromer	Weich-Schaum	Hart-Schaum	Thermoplast, weichgemacht	Thermoplast	Elastomer	Metall	Porzellan, Keramik, Stein, Beton	Glas, Spiegel
harte Materialien	Glas, Spiegel	C D	C D	D	D	B	B	B	D	C	A D	A D	A D
	Porzellan, Keramik, Stein, Beton	B C	B C	B C	B C	C D	B D	B	C	B C	A D	A D	
	Metall	B C	A D	B C	A C	B	B D	B	A B	B C	A D		
Kunststoffe	Elastomer	B C	B C	B	B C	B	B	B	B C	B C			
	Thermoplast	B	B D	B C	A C	B	B D	B	B A				
	Thermoplast, weichgemacht	B	B	B	B C	B	B	B					
	Hart-Schaum	B D	B D	B D	B	B	B D						
	Weich-Schaum	B	B	B	B	B D							
	Duromer	C D	C D	C D	C A								
Holz	Kork	B E	B E	B E									
	Holz, -werkstoffe, Schichtstoffplatten	B E	D E										
	Holz-Furniere	B E											

Beläge, Beschichtungen

Bitumenmassen

Asphaltmastix und Gussasphalt				DIN 18195-2: 09		Klebemassen und Deckenaufstrichmittel			DIN 18195-2: 09
Typ	Massenanteile in M.-%			Erweichungspunkt in °C		Typ (G = gefüllt, U = ungef.)		Massenanteil lösl. Bindemittel in M.-%	Erweichungspunkt in °C 1)
	Lösl. Binde- mittel	Füller	Gest.- Kör- nung	Binde- mittel	Fest- körper	Straßenbau- bitumen	U	≥ 99	54 - 75
							G	≥ 50	54 - 75
		Bez. auf 100 % Gesteinskörnungs- gemisch				Oxidbitumen	U	≥ 99	80 - 125
							G	≥ 50	80 - 125
Asphalt- mastix	13 - 16	≥ 25	≤ 75	45 - 75	85 - 120	Elastomer- bitumen	U	≥ 99	≥ 100
Guss- asphalt	6,5 - 9,0	≥ 20	≤ 45	–	–	1) am extrahierten Bindemittel gemessen			

Polymerbitumen

T6 Straßenbaubitumen						DIN EN 12591: 09
Sortenbezeichnung Penetration 1) DIN EN 1426 [1/10 mm]	**20/30**	**35/50**	**50/70**	**100/150**	**250/330**	
Erweichungspunkt 2) (Ring-Kugel) [°C]	55 - 63	50 - 58	46 - 54	39 - 47	30 - 38	
Brechpunkt 3) höchstens [°C]		– 5	– 8	– 12	– 16	

1) Die Nadelpenetration bestimmt die Sorte. Eine mit 100 g belastete Nadel sinkt bei 25°C in 5 Sek. so viele 1/10-mm in eine
Bitumenprobe ein.

2) Bei diesem Versuch nach DIN EN 1427 wird eine Stahlkugel auf
eine Bitumenprobe gelegt, die in einem Ring eingeschlossen ist
und bei dieser Temperatur eine bestimmte Verformung erfährt.

3) „Brechpunkt nach Fraaß" nach DIN EN 12 593 ist die Temperatur, bei der eine auf Stahlblech aufgeschmolzene Bitumenprobe
bestimmter Dicke bricht, wenn sie gebogen wird. Sie lässt auf
das Verhalten bei tiefen Temperaturen schließen.

Mischungen von Bitumen mit polymeren Kunststoffen, z. B. Thermo-
plasten wie PE, PP oder PVC, vergrößern die „Plastizitätsspanne" und
erhöhen die Beständigkeit gegenüber chemischen Angriffen.

Bei Elastomerbitumen ermöglicht der Zusatz von elastomeren
Kunststoffen, z. B. Polyurethan, dass bei Beschichtungen nachträglich
auftretende Risse im Untergrund überbrückt werden können. Der
Einsatz erfolgt vorwiegend bei Dickbeschichtungen im Kellerbereich
sowie bei Dach- und Dichtungsbahnen.

Bei einigen Kunststoff modifizierten Bitumendickbeschichtungen
(KMB) ist ein Voranstrich erforderlich.

Die Verarbeitung von KMB hat je nach Konsistenz im Spachtel- oder
im Spritzverfahren zu erfolgen. Das Auftragen hat in mindestens zwei
Arbeitsgängen je nach Lastfall mit oder ohne Verstärkungseinlage zu
geschehen. Das Auftragen muss fehlerstellenfrei, gleichmäßig, und
genau nach den Anweisungen des Herstellers erfolgen. Die je nach
Lastfall vorgeschriebene Mindest-Trockenschichtdicke darf an keiner
Stelle unterschritten werden.

Der Hersteller hat die dazu erforderliche Nassschichtdicke anzugeben,
die an keiner Stelle um mehr als 100 % überschritten werden darf.

Bis zum Erreichen der Regenfestigkeit ist Regeneinwirkung zu vermeiden. Wasserbelastung und Frosteinwirkung sind ebenfalls bis zur
Durchtrocknung der Beschichtung auszuschließen.

Kunststoff modifizierte Bitumendickbeschichtungen (KMB)	DIN EN 12591:09
Eigenschaft	Anforderung
Wärmebeständigkeit	≥ + 70°C
Kaltbiegeverhalten	≤ 0 °C
Wasserdichtheit	Wasserdicht, die Anforderungen für den jeweiligen Anwendungsbereich sind zu beachten.
Rissüberbrückung	mindestens 2 mm
Druckbelastbarkeit	bei Verwendung nach DIN 18195-4 und DIN 18195-5: ≥ 0,06 MN/m² ; bei Verwendung nach DIN 18195-6: ≥ 0,3 MN/m²
Beständigkeit gegen Wasser	wasserbeständig
Regenfestigkeit	spätestens nach 8 h
Wasserdampfdiffusionswiderstand	Wert ist anzugeben
Brandverhalten	mindestens „normalentflammbar"
Schichtdickenabnahme bei Durchtrocknung	≤ 50 %, Wert ist anzugeben

KMB können aus ein- oder zweikomponentigen Massen auf Basis von Bitumenemulsionen bestehen. KMB müssen die vorgenannten,
für die Planung wesentlichen Anforderungen erfüllen. Für den Nachweis der stofflichen Eigenschaften gelten die „Prüfgrundsätze für die
Erteilung von allgemeinen bauaufsichtlichen Prüfzeugnissen für normalentflammbare, kunststoffmodifizierte Bitumendickbeschichtungen für
Bauwerksabdichtungen (PG-KMB)" in der jeweils gültigen Fassung, veröffentlicht im amtlichen Teil der DIBt- Mitteilungen. Der Nachweis ist
durch ein allgemeines bauaufsichtliches Prüfzeugnis (abP) für den entsprechenden Anwendungsbereich zu erbringen.

Beläge, Beschichtungen

Abdichtungsbahnen

Bahnentypen und Normung

Dachabdichtungsbahnen	Bitumenbahnen mit Trägereinlage für Dachabdichtungen	DIN EN 13707:13
	Elastomerbahnen für Dachabdichtungen	DIN EN 13956:13
Mauersperrbahnen	Bitumen-Mauersperrbahnen	DIN EN 14967:06
	Kunststoff- und Elastomer-Mauersperrbahnen	DIN EN 14909:12

Anmerkung: Die Anwendung dieser europäischen Produktnormen ist national in den Normen DIN V 20000-201:06 für Dachabdichtungen und DIN V 20000-202:07 für Bauwerkabdichtungen geregelt.

Begriffe

Abdichtung	Maßnahme, um das Eindringen von Wasser von einer Ebene in eine andere zu verhindern
Abdichtungsbahn	werkmäßig hergestellte, flexible Bahn, einschließlich jeglicher Träger, Bestreuungen, Oberflächen-texturen und/oder Kaschierungen
Abdichtungssystem (Dach)	Anordnung von in einer oder mehreren Lagen verlegten und gefügten Dachbahnen, die bestimmte Leistungseigenschaften aufweist und als einheitliches Bauteil beurteilt wird
Bitumenbahn mit Trägereinlage	industriell hergestellte, flexible Bitumenschicht, die innerlich oder äußerlich eine oder mehrere Trägereinlagen enthält und in Rollen gebrauchsfertig geliefert wird
Dachabdichtung	Abdichtung, verwendet auf Dächern einschließlich Parkdecks und Gründächer
Dachbahn	industriell hergestellte, flexible Bahn, einschließlich aller Trägereinlagen, Bestreuungen, Oberflächentexturen und/oder Kaschierungen
Einlage/Trägereinlage	in die Bahn eingearbeitete Vlieseinlage oder Gewebeeinlage oder Textilverbundstoffe aus synthetischen Fasern oder Mineralfasern
Elastomerbitumen	destilliertes Bitumen und/oder oxidiertes Bitumen, das durch Abmischung mit thermoplastischen Elastomeren modifiziert wird
Flexible Bahn	industriell gefertigte flexible Bahn, die zum Erleichtern des Transports auf die Baustelle aufgerollt oder gefaltet werden kann
Kaschierung	Schicht aus einem Gewebe oder Textilverbundstoff aus synthetischen Fasern oder Mineralfasern oder einem anderen Material, die auf der Unterseite der Dachbahn aufgebracht ist, darf eine mechanische Funktion übernehmen
Kleben	Klebevorgang, bei dem auf die zu verbindenden Oberflächen Klebstoff oder ein Klebeband aufgebracht wird und die anschließend angedrückt werden
Mauersperrbahn	Abdichtungsbahnen aus Bitumen, Kunststoff oder Elastomeren oder Verbundstoffen aus diesen Materialien, die den Durchgang von Wasser in flüssiger Form von einem Teil der Wand zu einem anderen verhindern
Mauersperrbahn mit Hinterlüftung oder Entwässerung	Mauersperrbahnen, die in der Lage sind, einen durchgängigen Hohlraum oder eine Struktur zu ermöglichen, die eine freie Bewegung von Wasserdampf oder Wasser in flüssiger Form zwischen der Unterseite der Dichtungsbahn und den weiteren Konstruktionen zulässt
Oxidiertes Bitumen	destilliertes Bitumen oder Fluxbitumen, das durch Einblasen von Luft bei hoher Temperatur mit oder ohne Einsatz eines Katalysators härter und weniger temperaturempfindlich gemacht wird
Plastomerbitumen	destilliertes Bitumen und/oder oxidiertes Bitumen, das durch Abmischung mit Polyolefinen oder Polyolefin-Copolymeren modifiziert wird
Schweißen	Fügevorgang durch Erweichen der zu verbindenden (Bahn-)Oberflächen, entweder durch Wärme oder mit einem Lösemittel (Quellschweißen, Lösemittelschweißen), und Zusammenpressen der erweichten Oberflächen
Trägereinlage	Stoff, der sich in oder auf der industriell hergestellten Dachbahn befindet, um deren Stabilität und/oder mechanische Widerstandsfähigkeit sicherzustellen

Kurzzeichen für Anwendungstypen (Dach) DIN V 20000-201: 06		Kurzzeichen für Anwendungstypen (Bauwerk) DIN V 20000-202: 07		Kurzzeichen für Eigenschaftsklassen Bahnen mit Widerstand gegen ...	
DE	Bahnen für einlagige Dachabdichtung	MSB	Bahnen für Abdichtungen in oder unter Wänden (Mauersperrbahnen)	E1	hohe thermische und hohe mechanische Beanspruchung
DO	Bahnen für die Oberlage einer mehrlagigen Dachabdichtung			E2	mäßige thermische und hohe mechanische Beanspruchung
DU	Bahnen für die untere Lage einer mehrlagigen Dachabdichtung	BA	Bahnen für die Bauwerksabdichtung gegen Bodenfeuchte, nicht drückendes und drückendes Wasser	E3	hohe thermische und mäßige mechanische Beanspruchung
DZ	Bahnen für Zwischenlage bzw. zusätzliche Lage einer mehrlagigen Dachabdichtung			E4	mäßige thermische und mäßige mechanische Beanspruchung

Beläge, Beschichtungen

Abdichtungen gegen Bodenfeuche DIN 18 195-4: 11

Bodenfeuchte = Kapillarwasser, Haftwasser und nicht stauendes Sickerwasser.

In oder unter Wänden → **A1** sind Bitumendachbahnen mindestens in einer Lage mit mindestens 200 mm Überdeckung wie in **A1** einzulegen.

An **Keller-Außenwandflächen** → **A1** erfüllen außer einer Lage Bitumen- oder Kunststoffbahnen auch kunststoffmodifizierte Bitumendickbeschichtungen (KMB) mit mindestens **3 mm** Trockenschichtdicke die Anforderungen.

Das Aufbringen der Schutzschicht (z. B. Dränplatten) darf erst nach ausreichender Trocknung der Abdichtung erfolgen.

In **der Bodenplatte** kann außer einlagiger Abdichtung mit Bitumen- oder Kunststoffbahnen ebenfalls eine KMB-Dickbeschichtung mit einer Mindest-Trockenschichtdicke von **3 mm** erfolgen.

Mit Dichtungsbahnen abgedichtete Gebäude werden als Dichtungssystem auch „Schwarze Wanne" genannt. Erfolgt die Abdichtung ohne Dichtungsbahnen mit WU-Beton, wird das Dichtungssystem „Weiße Wanne" genannt.

Abdichtungen gegen zeitweise aufstauendes Sickerwasser DIN 18 195-6: 11

Außer meist 2-lagiger Bahnenbeschichtung ist auch hier KMB-Dickbeschichtung zulässig. Diese ist in **zwei Arbeitsgängen** aufzubringen. Nach dem ersten Arbeitsgang ist eine **Verstärkungseinlage** (Gewebe oder Vlies) einzulegen.

Vor dem Auftragen der zweiten Abdichtungsschicht muss die erste so weit getrocknet sein, dass sie durch den darauffolgenden Auftrag nicht beschädigt wird. Die KMB-Dickbeschichtung muss eine zusammenhängende Schicht ergeben, die auf dem Untergrund sicher haftet. Die Mindest-Trockenschichtdicke muss **4 mm** betragen. Die Prüfung muss nach DIN 18 195-3: 11 erfolgen.

Die Abdichtung ist grundsätzlich mit einer **Schutzschicht** zu versehen, dies darf erst nach ausreichender Trocknung der Abdichtung erfolgen. Als Schutzschicht sind vorzugsweise Stoffe nach DIN 18 195-10, z. B. Perimeter-Dämmplatten oder Dränplatten mit abdichtungsseitiger Gleitfolie zu verwenden.

Bei dieser Abdichtung darf kein **Daueraufstau** des Sickerwassers zu erwarten sein. Die Unterkante der Kellersohle muss mindestens 300 mm über dem nach Möglichkeit langjährig ermittelten Bemessungs-Grundwasserstand liegen.

Abdichtungen gegen drückendes Wasser DIN 18 195-6: 11

Der auftretende hydrostatische Druck muss von Abdichtung, Sohlplatte und Kellerwänden sicher aufgenommen werden können. Diese Abdichtungen dürfen nur bei Witterungsverhältnissen aufgebracht werden, die sich nicht nachteilig auswirken. Diese Abdichtungen sind einzubetten, erforderlichenfalls einzupressen, das heißt, mit Schutzschichten zu versehen.

Abdichtungen gegen Dauer-Wasserdruck sind so aufwendig, dass sie hier nicht näher beschrieben werden können. KMB-Dickbeschichtungen sind für diesen Zweck in DIN 18 195 nicht aufgeführt, sie dürfen nur mit einer entsprechenden Zulassung ausgeführt werden.

A1 Abdichtungen im Kellerbereich

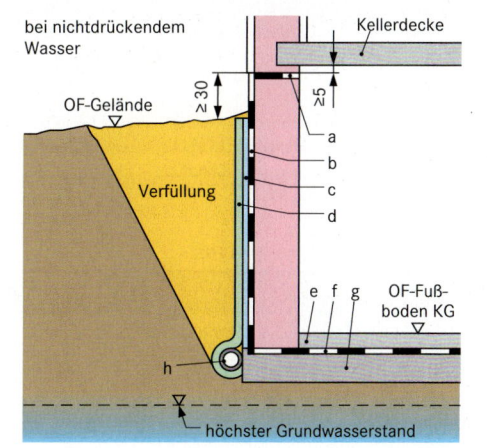

a: Waagerechte Abdichtung (Bitumenbahn),

b: Senkrechte Abdichtung (Bahnen oder Dickbeschichtung),

c: Sickerplatten (Poren-, Well- oder Profilplatten),

d: Filtervlies, bis über das Dränrohr führen,

e: Estrich,

f: waagerechte Abdichtung (2 Lagen Bitumenbahn, mit versetzten Stößen verklebt oder Polymerbitumen-Dickbeschichtung, ≥ 5 mm dick),

g: Stahlbeton-Sohlplatte,

h: Dränrohr-Ringleitung um das Fundament, Abfluss in den Vorfluter muss gesichert sein.

T3 Verbinden von Kunststoff-Dichtungsbahnen

Eignung der Verfahren	PIB	PVC-P	ECB
Quellschweißen (m. Lösemittel)	+	+	–
Warmgasschweißen	–	+	+
Heizelementschweißen	–	+	+
Verkleben mit Bitumen	+	–	+

T4 Schweißbreite

Schweiß-verfahren	Werkstoff	Einfache Naht	Doppelnaht, je Einzelnaht
Quell-schweißen	PIB	30 mm	–
	PVC-P	30 mm	–
Warmgas-schweißen	PVC-P	20 mm	15 mm
	ECB	30 mm	20 mm
Heizelement-schweißen	PVC-P	20 mm	15 mm
	ECB	30 mm	15 mm

Beläge, Beschichtungen

Beanspruchungen

Beanspruchungen von Dachabdichtungen	Beanspruchungsklassen, zugehörige Eigenschaftsklasse E der Bitumenabdichtungsbahnen		
Auf Dachabdichtungen können folgende Beanspruchungen einwirken: • Feuchte • Mechanische Beanspruchungen • Thermische Beanspruchungen • Beanspruchungen durch Wurzelwachstum • Sonstige Beanspruchungen	Beanspruchungs-stufe	Hohe mechanische Beansp., Stufe I	Mäßige mechanische Beansp., Stufe I
	Hohe thermische Beansp., Stufe 1	IA / E1	IIA / E3
	Mäßige thermische Beansp., Stufe 2	IB / E2	IIB / E4

Werkstoffe und Anforderungen

Werkstoffe	Anwendungstypen Dachabdichtung	
Dachabdichtungen können aus folgenden Werkstoffgruppen bestehen: • Haftbrücken • Trenn- und Ausgleichsschichten • Dampfsperrbahnen • Wärmedämmstoffe • Abdichtungsstoffe • Schutzlagen, Oberflächenschutz und Auflast	Kurz-zeichen	Verwendung in Dachabdichtungen
	DE	Bahnen für einlagige Dachabdichtung
	DO	Bahnen für die Oberlage mehrlagiger Dachabdichtungen
	DU	Bahnen für die untere Lage mehrlagiger Dachabd.
	DZ	Bahnen für Zwischenlagen mehrlagiger Dachabd.

Bemessung von Dachabdichtungen aus Bitumen- und Polymerbitumenbahnen

Anwendungskategorie	Beanspruchungsklasse	Lagen und Anwendungstypen	
K1 Standarddachkonstruktion	IA, IB, IIA, IIB	Zweilagig	Obere Lage: DO/E1
			Untere Lage : DU/E2
	IIA, IIB	Zweilagig	Obere Lage: DO/E1
			Untere Lage DU/E4
	IA, IB, IIA, IIB	Einlagig	DE/E1
K2 höherwertige Dachkonstruktion	IA, IB, IIA, IIB	Zweilagig	Obere Lage: DO/E1
			Untere Lage DU/E1

Mehrlagige Deckung

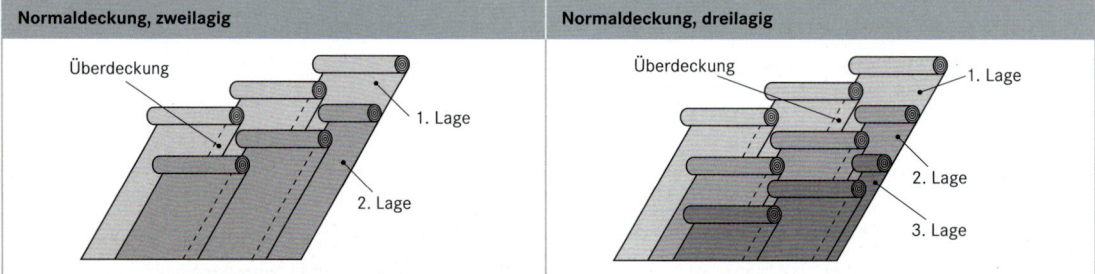

Normaldeckung, zweilagig — Überdeckung, 1. Lage, 2. Lage

Normaldeckung, dreilagig — Überdeckung, 1. Lage, 2. Lage, 3. Lage

Verklebung

Die Verklebung kann bei Bitumenbahnen erfolgen durch:
• Gieß- oder Bürstenstreichverfahren mit flüssigem Heißbitumen, das so reichlich vor der Bahn aufgetragen wird, dass ein Wulst entsteht.
• Schmelzverfahren, wobei die zu verklebenden Bahnen oberfläch-lich angeschmolzen und unter leichtem Druck eingerollt werden. Die offene Flamme kann dabei leicht zu Schwelbränden am Dach führen!

• Kaltklebeverfahren, wobei die Bitumenbahn werkseitig auf der Unterseite mit einer abgedeckten Kaltklebemasse versehen ist, die beim Freilegen und Andrücken wirksam wird. Die Verarbei-tungsvorschriften des Herstellers sind dabei sorgfältig zu beach-ten, was auch für plastische „Kaltkleber" gilt, die aufgetragen werden.

Beläge, Beschichtungen

Verklebung bis zu 25 m Höhe an geschlossenen Gebäuden

Bereiche	Heißbitumen	Kaltbitumen [1] ca. 100g/m und Streifen	PUR-Kleber [1] ca. 40g/m und Streifen
Innenbereich (I)	10% der Fläche	2 Streifen/m^2	4 Streifen/m^2
Innenbereich (H)	20% der Fläche	3 Streifen/m^2	5 Streifen/m^2
Innenbereich (G)	30% der Fläche	3 Streifen/m^2	6 Streifen/m^2
Innenbereich (F)	40% der Fläche	4 Streifen/m^2	8 Streifen/m^2

[1] bei Kaltverkleidung sind die entsprechenden Angaben der der Hersteller zu beachten. Für Kaltbitumenkleber und PUR-Kleber sind insbesondere folgende Herstellerangaben erforderlich:
- Haltbarkeitsdatum
- Anwendungs- und Klimarandbedingungen
- Verarbeitungsvorschriften z. B. Angaben zur Menge, Verteilung, Untergrundbehandlung

Bemessung von Dachabdichtungen aus Kunststoff- und Elastomerbahnen

Stoff	K1	K2
	Mindestnenndicke [1] in min, Eigenschaftsklasse E1	
ECB Ethylencopolymerisat	2,0	2,3
EVA Ethylen-Vinylacetat-Terpolymer	1,2	1,5
FPO Flexibles Polyoletin	1,2	1,5
PE-C chloriertes Polyethylen	1,2	1,5
PIB Polyisobutylen	1,5	1,5 [2]
PVC-P Polyvinylchlorid, weich nicht bitumenverträglich, homogen	1,5	1,8
PVC-Polyvinylchlorid, weich nicht bitumenverträglich mit Einlage, Verstärkung oder Kaschierung	1,2	1,5
PVC-P Polyvinylchlorid, weich, bitumenverträglich	1,2	1,5
TPE Thermoplastisches Elastomer	1,2	1,5
EPDM Ethylen-Propylen-Dien-Terpolymer mit Verstärkung	1,3	1,6
EPDM Ethylen-Propylen-Dien-Terpolymer mit Verstärkung und einseitiger Polymerbitumenschicht (PBS)	1,3	1,6
EPDM Ethylen-Propylen-Dien-Terpolymer homogen	1,1	1,3
IIR Isobutylen-Isopren-Copolymer	1,2	1,5

[1] Dickenangabe ohne Kaschierung und/oder Selbstkleberschicht
[2] zusätzliche Bedingungen:
- Verhalten unter simuliertem Hagelschlag nach DIN EN 13583 auf hartem Untergrund mindestens 25 m/s
- Perforationsverhalten nach DIN 16726: dicht bei Falthöhe 700 mm
- Falzen in der Kälte nach DIN 16726: keine Risse bei –40 °C

Konstruktionsarten nicht belüftetes Dach, Wärmedämmung mit Gefälle

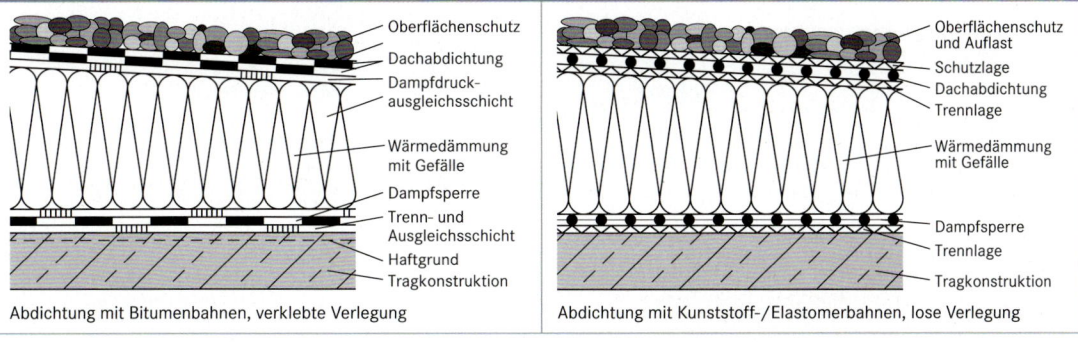

Abdichtung mit Bitumenbahnen, verklebte Verlegung

Abdichtung mit Kunststoff-/Elastomerbahnen, lose Verlegung

Beläge, Beschichtungen

Forderungen an die Dachdeckung

- **regensicher**, Regenwasser rasch ableiten,

- **beweglich**, Winddruck, Temperaturwechsel,

- **wetterbeständig**, besonders gegen Frostwechsel,

- **sturmfest**, abhängig von der Lage,

- **begehungsfest**, bei Reparaturen,

- **dampfdurchlässig**, wenn der Wasserdampf aus dem beheizten Innenraum nicht durch eine ausreichend dampfdichte Unterkonstruktion zurückgehalten wird, → Feuchteschutz.

Dichtheit gegenüber Flugschnee, Staub und Hindurchtreiben von Regenwasser bei Sturm ist bei den meisten Dachdeckungen nur mit einem **Unterdach** oder **Unterspannbahnen** sicherzustellen.

Deckregeln

Hinweis: Das Wort „Stein" kann ersetzt werden durch Faserzement-Dachplatte, Dachziegel, Betondachstein, Schiefer, Schindel u.a.

Für jede Dachdeckung wird eine untere Dachneigungsgrenze, die „**Regeldachneigung**" festgelegt, bei der sich die Eindeckung als ausreichend regensicher erwiesen hat.

- Regeldachneigung gilt auch bei **Aufschieblingen**,

- bei **Ziegelkehlen** muss die Regeldachneigung um mindestens 5° (≈ 9 %) erhöht werden,

- wenn die Regeldachneigung **gering** (< 6°) **unterschritten** wird, ist eine regendichte, aber diffusionsoffene Unterspannbahn vorzusehen,

- bei **größerer Unterschreitung** (≥ 6°) **muss** ein Unterdach angeordnet und die Zustimmung des Ziegelwerkes eingeholt werden.

- Zwischen Eindeckung und Unterspannbahn bzw. Unterdach muss durch **Konterlatten** eine **Belüftungsebene** (≥ 2 cm) geschaffen werden, → Feuchteschutz.

Die **Mindest-Höhenüberdeckungen HÜ** für Dachsteine **ohne Kopfverfalzung**, z.B. Biberschwänze, Hohlpfannen, Falzziegel u. Betondachsteine, zeigt in **Abhängigkeit von der Dachneigung T1**, S. 288.

Bei der Schieferdeckung und der Eindeckung von Firsten mit Steinen ist die **Wetterrichtung** zu beachten („gegen das Wetter" decken).

T1 Lattenquerschnitte und Sparrenabstand

Lattenquerschnitt in mm	Sparrenabstand in m	Sortierklasse, DIN 4074: 12
24/48	bis 0,70	S 13
24/60	bis 0,80	S 13
30/50	bis 0,80	S 10
40/60	bis 1,00	S 10

Deckhöhe h eines Steines ≙ sichtbare Gebindehöhe ≙ Lattweite ≙ Schnurschlagweite.

> **h = Steinlänge – Höhenüberdeckung**

bei Biberschwanz-Doppeldeckung geteilt durch 2.

Dacheinteilung in der Höhe

A1 Maximale Lattweite und Trauflattmaß

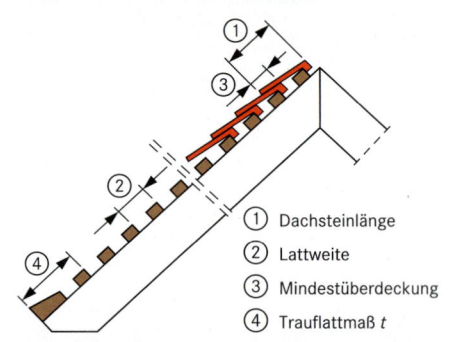

① Dachsteinlänge
② Lattweite
③ Mindestüberdeckung
④ Trauflattmaß t

Ausbildungen der Traufe

a) **mit Traufblech:**
Unterkante der 1. Steinreihe sollte mit der Vorderkante Traufbohle (Sparren) abschließen, wenn nicht, ist etwas Blech zu sehen.

b) **ohne Traufblech:**
1. Steinreihe reicht ca. 1/3 des Rinnendurchmessers (Nennmaß) über die Traufe hinaus.

> **Trauflattmaß = Steinlänge – Einhang – Nase**

A2 Firstlattmaß und einzuteilende Sparrenlänge

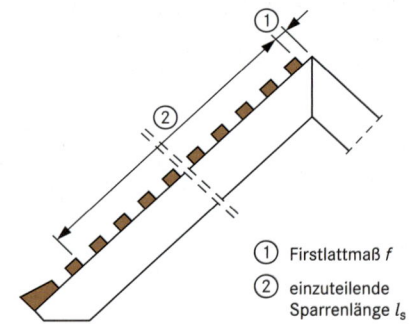

① Firstlattmaß f
② einzuteilende Sparrenlänge l_s

Als **Firstlattmaß** gilt:
bei Trockenfirstsystemen   etwa 4 cm
bei Firstdeckung in Mörtel   etwa 2 cm
Herstellerangaben sind zu verwenden.

Für die **einzuteilende Sparrenlänge l_s**:

> **l_s = Sparrenlänge – Trauflattmaß – Firstlattmaß**

Für das **tatsächliche Lattmaß** gilt:
l_s : max Lattweite = ungefähre Lattreihen,
gewählte Lattreihen = ungefähre Lattreihen aufrunden,
tatsächliches Lattmaß = l_s : gewählte Lattreihen.

Beläge, Beschichtungen

Dacheinteilung in der Breite

Deckbreite eines Steines b:
ohne Seitenüberdeckung, z. B. Biberschwänze:

> **b = Steinbreite – Fugenbreite**

mit Seitenüberdeckung, z. B. Hohlpfannen:

> **b = Steinbreite – Seitenüberdeckung**

Einzuteilende Dachbreite b_D:
b_D = Gebäudelänge   + gew. Ortüberstand
                     – Ortgangsteinbreite

Ziegelreihen:

> **$b_D : b$**

Tatsächlicher Ortüberstand $\ddot{u}$:

> **$\ddot{u}$ = (b + Ortgangstein – Gebäudelänge) : 2**

Deckfläche A eines Steines (sichtbare Fläche):

> **$A = h \cdot b$**

h = Deckhöhe
b = Deckbreite

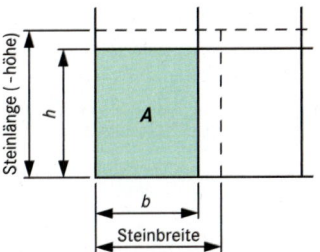

Steinbedarf je m² Dachfläche:

> **Steinbedarf je m² = $\dfrac{10\,000\ \text{cm}^2}{\text{Deckfläche eines Steines in cm}^2}$**

Beispiel

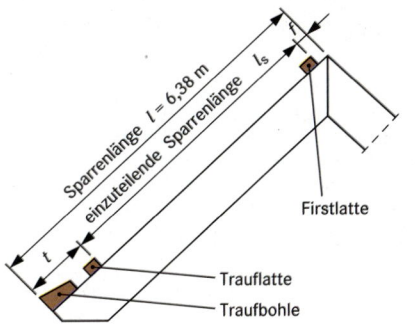

Sparrenlänge l = 6,38 m
einzuteilende Sparrenlänge l_s
Firstlatte
Trauflatte
Traufbohle

Das dargestellte Dach soll mit **Hohlpfannen in Aufschnittdeckung** eingedeckt werden:
Dachneigung α = 40°,   Nasenlänge = 4 cm,
Firstlattung m. f = 2,5 cm,   Gebäudelänge = 11,99 m.
Einhang in Rinne = 6 cm,

Ermittlungsgang

1. Trauflattmaß t:
t = Pfannenlänge – Nase – Einhang in der Rinne
t = 40,0 cm – 4 cm – 6 cm
t = 30,0 cm

2. max Lattweite, nach **A1** = 30 cm
Fachregeln des Deutschen Dachdeckerhandwerks beachten.

3. Einzuteilende Sparrenlänge l_s:
l_s = Sparrenlänge – f – t
l_s = 6,38 m – 0,025 m – 0,30 m
l_s = 6,055 m

4. Tatsächliches Lattmaß:

4.1 $\dfrac{l_S}{\text{max Lattweite}}$ = ungefähre Lattreihen

$\dfrac{6,055\ \text{m}}{0,30\ \text{m}}$ = 20,18, gewählt 21 Lattreihen

4.2 **Tatsächliches Lattmaß** = $\dfrac{\text{einzuteil. Sparrenlänge}}{\text{gewählte Lattreihen}}$

$\dfrac{6,055\ \text{m}}{21}$ = 0,288 m = 28,8 cm

5. Lattenbedarf (für eine Dachseite):
21 + 1 Trauflatte = 22 Latten (+ 1 Traufbohle)

6. Pfannenbedarf:

Deckhöhe h = tatsächliches Lattmaß   = 28,8 cm
Deckbreite b = 20,0 cm

Deckfläche $A = h \cdot b$
A = 28,8 · 20 = 576 cm²

Pfannenbedarf je m² Dachfläche:
$\dfrac{10\,000\ \text{cm}^2}{576\ \text{cm}^2}$ = 17,36 Pfannen/m²
Tabellenwert (**T1**, S. 288) für max Lattweite = 16,7 /m².

Einzuteilende Dachbreite b_D (mit 2 $\ddot{u}$ = 2 · 0,15 m):
b_D = Gebäudelänge + Ortüberstand – Doppelkremper
b_D = 11,99 m + 0,30 m – 0,31 m
b_D = 12,99 m

Pfannenreihen:
$\dfrac{b_D}{b}$ = 12,29 : 0,20 m = 61,45
gewählt: 62 Reihen

Bedarf an Hohlpfannen nach Reihen:
Lattreihen · Pfannenreihen = 21 · 62 = 1302 Stück

Bedarf nach Fläche:
$l \cdot b_D$ = 6,38 · 12,29 = 78,4 m²

Bedarf an Hohlpfannen:
78,4 · 17,36 = 1361 Stück

dazu 21 + 1 = 22 Ortgangsteine (Doppelkremper)

Beläge, Beschichtungen

T1 Werte für Dachziegel und Betondachsteine

		bei Dach-neigung $\sphericalangle$	Höhen-über-deckung mind. cm	Latt-weite h höchst. cm	Bedarf je m² Dach		
					1) Dach-steine Stück	Dach-latten m	1) Latt-nägel Stück
a)	**Deckung mit Biberschwanzziegeln 18 x 38** Deckbreite: 18 cm (ohne Mörtel gedeckt), → **A1** Es gibt auch ein kleineres Format 15,5 x 37,5.						
	Hier nur als **Biberschwanz-Doppeldeckung** → **A2** (Das dritte Deckgebinde überdeckt noch das erste Gebinde)	≤ 35° > 35° > 40° > 45° ≥ 60°	≥ 9 ≥ 8 ≥ 7 ≥ 6 ≥ 5	14 14,5 15 15,5 16	39,7 38,3 37,0 35,8 34,7	7,14 7,00 6,67 6,45 6,25	10,7 10,5 10,0 9,68 9,38
b)	**Hohlpfannen-Deckung** 3) → **A4** Seitenüberdeckung = 3,5 cm Deckbreite b = 20,0 cm	≤ 40° > 40° > 45°	≥ 10 ≥ 9 ≥ 8	30 31 32	16,7 16,1 15,6	3,33 3,23 3,13	5,00 4,85 4,70
c)	**Falzziegel-Deckung** 4) → **A5** Steingröße ≈ 25 cm x 40 cm Deckfläche $b \cdot h$ ≈ 20 cm x 33,3 cm	≥ 30° 6)	form-bedingt	33,3	15	3,00	4,50
				(abweichende Lattweiten möglich)			
d)	**Betondachstein-Deckung** 5) → **A6** Seitenüberdeckung = 3 cm Deckbreite b = 30 cm, Steingröße = 33 cm x 42 cm	< 22° 7) ≥ 22··30° > 30°	≥ 10 ≥ 8,5 ≥ 7,5	32 33,5 34,5	10,4 9,95 9,66	3,13 2,99 2,90	4,70 4,49 4,39
e)	**Deckung der Firste und Grate** mittels nicht genormter Firstziegel				3 Stück je m Länge		
f)	**Deckung der Kehlen**: Eingebunden (mit Biberschwänzen, Formkehlziegeln, Schwenkkehl-ziegeln) oder untergelegt (mit Biberschwänzen, Rinnenkehlziegeln oder mit Metall).				Zuschlag für 1 m Kehle: 1/3 des Dachstuhl für 1 m² Fläche + 10 l Mörtel für 1 m².		

1) Alle Tabellen **ohne Verlustzuschläge**. Für Transport- u. Hiebverluste der Steine: 2 bis 5 %, für Schnittverluste der Dach-latten: 8 bis 10 %, für Streuverlust der Nägel: 10 % zuschlagen.

2) **Biberschwanz-Kronendeckung** wird nur noch selten aus-geführt, → **A3**. Der Baustoffbedarf kann aus Tabellenteil a) entnommen werden: doppelte Lattweite, gleicher Steinbedarf, halber Bedarf an Latten und Nägeln.

3) Aufschnittdeckung. Die Vorschnittdeckung wird nur noch selten ausgeführt.

4) Falzziegel mit Kopf- u. Seitenfalz. Unterschiedliche Gestalt der Stein-Sichtfläche: Muldenfalzziegel, Falzpfanne, Flach-dachziegel, Flachkremper u.a.

5) Unterschiedliche Gestalt der Sichtfläche: Frankfurter Pfanne, Römerpfanne, Heidelberger Pfanne, Doppel-S-Pfanne, plat-tenförmige Betondachsteine. In der Tabelle sind mehrfache Fußverrippung und hochliegender Seitenfalz vorausgesetzt.

6) Für den Flachdachziegel nach **A5** gilt eine Mindest-Dachneigung von 22°.

7) Bei Dachneigungen von 17° bis 22° nur mit Unterspannbahn oder Schalung mit Vordeckung, bei ≤ 16° nur mit mind. 2-lagigem Unterdach und Zustimmung des Herstellerwerkes.

Dachsteine aus Glas, auch aus Acrylglas, gibt es zu fast allen Arten und Formaten von Dachsteinen und Dachziegeln.

Beispiele:
Pressglasfalzsteine und -hohlpfannen,
Acrylglaspfannen und -flachdachpfannen.

T2 Steigungsverhältnisse

Höhe : Länge	%	Winkel $\sphericalangle$
1 : 0	∞	90°
1 : 0,27	373	75°
1 : 0,58	173	60°
1 : 0,81	125	51°
1 : 1	**100**	**45°**
1 : 1,2	84	40°
1 : 1,33	75	36° 50'
1 : 1,43	70	35°
1 : 1,67	60	31°
1 : 2	50	26° 50'
1 : 2,5	40	22°
1 : 2,75	36	20°
1 : 3	33,3	18° 20'
1 : 3,7	27	15°
1 : 4	25	14°
1 : 6	16,7	9° 30'
1 : 7,12	14	8°
1 : 8	12,5	7° 10'
1 : 10	10	5° 40'
	8,8	5°
1 : 12,5	8	4° 30'
	5,2	3°
1 : 20	5	2° 50'
1 : 25	4	2° 20'
1 : 33,3	3	1° 40'
1 : 40	2,5	1° 25'
1 : 66,7	1,5	0° 50'
1 : 100	1	0° 35'
1 : 250	0,4	0° 15'
1 : 500	0,2	0° 7'

Steigungs-winkel
Höhe
Grundlänge

Das **Verhältnis Höhe : Länge** gibt an, wie viel m die Grundlänge bei 1 m Steigungshöhe ist. Genauere Zahlen-werte können der cot-Tabelle entnom-men werden.

Die **Steigungs-%** geben an, wie viel cm die Steigungshöhe bei 1 m (100 cm) Grundlänge ist. Genauere Zahlen-werte liefert die tan-Tabelle.

Beläge, Beschichtungen

A1 Biberschwanzziegel
→ **T1** a)

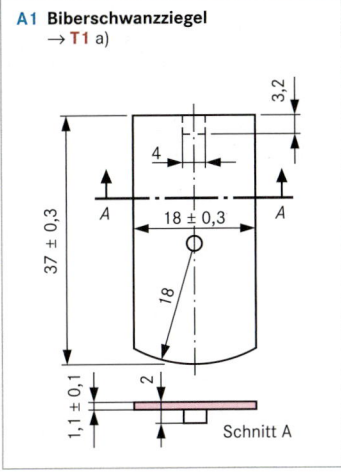

A3 Biberschwanz-Kronendeckung [2)]

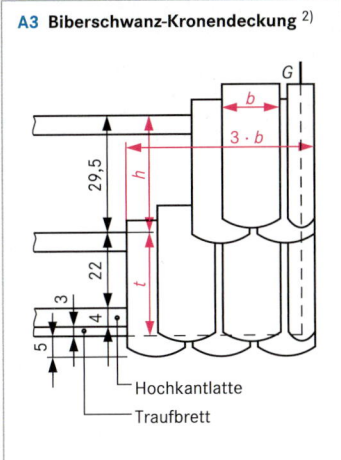

— Hochkantlatte
— Traufbrett

A5 Flachdachpfannen-Ziegel
→ **T1** b)

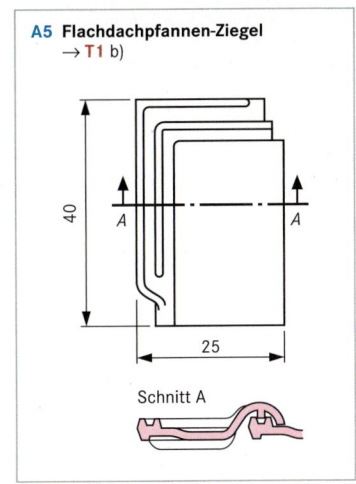

Schnitt A

A2 Biberschwanz-Doppeldeckung,
→ **T1** a)

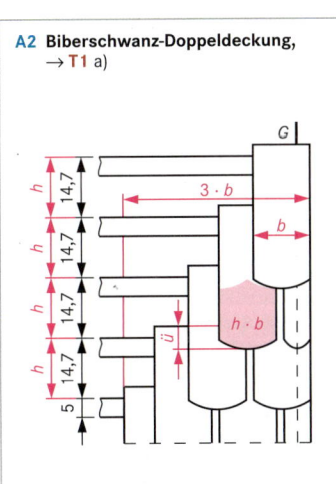

A4 Hohlpfannenziegel
→ **T1** b)

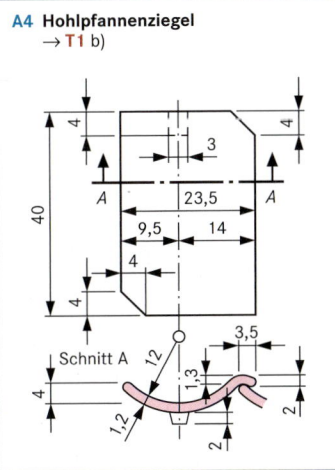

A5 Betondachstein
→ **T1** c),
mit Kopfrippen a. d. Unterseite

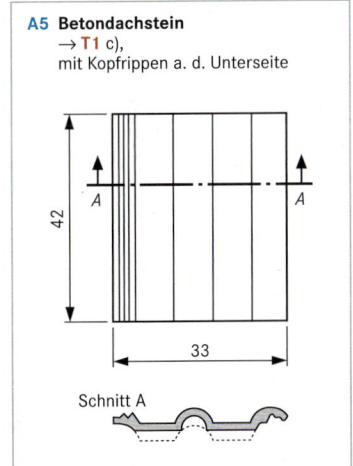

Schnitt A

Dachdeckungen und Dachabdichtungen: Aufmaß und Abrechnung

DIN 18338: 12

Der Ermittlung der Leistung sind zugrunde zu legen:
Bei Dachdeckungen, Dachabdichtungen, Voranstrichen, Trenn-schichten, Sperrschichten, Schutzschichten, Kiesschüttungen, Plattenbelägen und dergleichen

- auf Flächen, die von Bauteilen begrenzt sind, z. B. von Attiken, Wänden, die Fläche bis zu den begrenzenden, ungeputzten, unbekleideten Bauteilen,
- auf Flächen ohne begrenzende Bauteile die Maße der Dach-deckung oder Dachabdichtung, Voranstriche, Trennschichten, Sperrschichten, Schutzschichten, Kiesschüttungen, Platten-beläge und dergleichen.

Bei Dämmstoffschichten die Maße der Dämmung. Bohlen, Sparren und dergleichen werden übermessen.
Bei Außenwandbekleidungen die Maße der Bekleidung.
Bei der Ermittlung der Maße wird jeweils das größte, gegebenen-falls abgewickelte Bauteilmaß zugrunde gelegt, z. B. bei An- und Abschlüssen. Fugen werden übermessen.
Bei Deckungen, Bekleidungen und Abdichtungen von Firsten, Graten, Kehlen, Ortgängen und dergleichen wird die Länge in der Mittellinie einfach gemessen.

Schließen Dachdeckungen oder Dachabdichtungen an Firste, Grate und Kehlen an, wird bis Mitte First, Grat oder Kehle gerechnet.
Bei Abrechnung nach Flächenmaß werden eingebaute Formstücke, z. B. Lüfterziegel, Einzelformziegel, Eckziegel, Glasformstücke, übermessen.
Bindet eine Aussparung anteilig in angrenzende, getrennt zu rech-nende Flächen ein, wird zur Ermittlung der Übermessungsgröße die jeweils anteilige Aussparungsfläche gerechnet.

Es werden abgezogen:

Bei Abrechnung nach Flächenmaß:
Aussparungen über $2,5 m^2$ Einzelgröße in der Dachdeckung, Dachabdichtung oder Außenwandbekleidung, z. B. für Schornsteine, Fenster, Oberlichter, Gauben.

Bei Abrechnung nach Längenmaß:
Unterbrechungen über 1 m Einzellänge. Externe ???

Beläge, Beschichtungen

T1 Schuppen-Einfachdeckung (Schiefer) mit stumpfem Stoß

1	2		3	4	5	6	7	8
geeignet für [2) Dachneigung	Schiefer Höhe x Breite cm x cm		1000 Stk. wiegen kg	Mindest-über-deckung cm [1)	Deckhöhe $h \le$ cm	Deckbreite $b \le$ cm	für 1 m² Dach: Schiefer Stück	Nägel Stück
≥ 25° (22° bis 30°)	42 x 32		1950	12,2	29,8	19,8	16,9	51
	40 x 32		1780	11,6	28,4	20,4	17,3	52
	40 x 30		1730	11,6	28,4	18,4	19,1	58
	38 x 30		1600	11,0	27,0	19,0	19,5	59
≥ 30° (25° bis 35°)	36 x 28		1400	10,4	25,6	17,6	22,2	67
	34 x 28		1370	9,8	24,2	18,2	22,7	68
	32 x 25		1170	9,3	22,7	15,7	28,2	85
≥ 35° (30° bis 40°)	30 x 25		1080	8,7	21,3	16,3	28,7	86
	30 x 23		950	8,7	21,3	14,3	32,8	99
	28 x 23		920	8,1	19,9	14,9	33,8	102
≥ 40° (35° bis 50°)	28 x 21		850	8,1	19,9	12,9	38,8	117
	26 x 21		830	7,5	18,5	13,5	40,0	120
	24 x 21		740	7,0	17,0	14,0	42,0	126
≥ 45° (40° bis 60°)	24 x 19		630	7,0	17,0	12,0	49,0	147
	24 x 17		560	7,0	17,0	10,0	58,0	174
	22 x 17		510	6,4	15,6	10,6	60,7	182
≥ 50° (50° bis 90°)	20 x 15		430	5,8	14,2	9,2	76,5	153
	18 x 15		370	5,2	12,8	9,8	79,5	160
	16 x 13		270	5,0	11,0	8,0	114,0	228

A1 Einfachdeckung: $\ddot{u}$ = Überdeckung

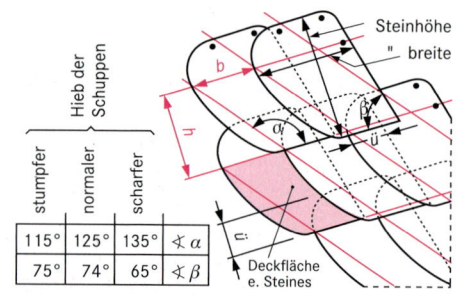

Steinhöhe
" breite

Hieb der Schuppen

stumpfer | normaler | scharfer

| 115° | 125° | 135° | $\angle \alpha$ |
| 75° | 74° | 65° | $\angle \beta$ |

Deckfläche e. Steines

Doppeldeckung:
Das 3. Gebinde überdeckt das erste um ≥ 2 cm.
Für Seitenüberdeckung und b gelten Spalten 6 u. 8.
Die Werte in den Spalten 9 und 10 werden mit 1,5 multipliziert.

Wandbekleidung:
Höhenüberdeckung ≥ 4 cm. Seitenüberdeckung und Deckbreite b wie Spalten 6 und 8, Werte in Spalten 9 und 10 mit 0,85 multiplizieren.

Altdeutsche Schieferdeckung:
Auf demselben Dach wird mit unterschiedlich großen Decksteinen gedeckt. An der Traufe wird mit den größten Steinen begonnen, nach dem First zu werden die Steine immer kleiner.

T2 Rechteckschablonen-Doppeldeckung (Schiefer)

Höhe x Breite cm	entspricht in engl. Zoll ca.	Schiefer Stück [3) pro m²	1000 St. wiegen kg	1 Holzkiste Stück
60 x 30	24 x 12	**12,6**	2410	560
50 x 25	20 x 10	**18,6**	1720	650
40 x 25	16 x 10	**24,2**	1380	1050
35 x 25	14 x 10	**28,6**	1210	1150
40 x 20	16 x 8	**30,3**	1100	1250
35 x 20	14 x 8	**35,7**	970	1450
30 x 20	12 x 8	**43,5**	750	1700
25 x 20	10 x 8	**55,6**	600	2100
25 x 16	10 x 6	**69,4**	550	2900

Höhenüberdeckung in mm bei Dachneigung in Grad							
Höhe der Schiefer in cm	≥ 20 ≤ 25	≥ 26 ≤ 30	≥ 31 ≤ 35	≥ 36 ≤ 40	≥ 41 ≤ 45	≥ 46 ≤ 50	≥ 51 ≤ 90
bis **41**	–	–	75	65	60	55	50
41 bis **55**	98	91	84	77	70	63	56
über **55**	112	104	96	88	80	72	64

[1) Höhenüberdeckung = Seitenüberdeckung = 29 % der Schiefer-höhe. Die Schuppen haben hier **stumpfen Hieb**.

[2) Werden flachere Dächer als nach Sp. 5 gedeckt, dann Über-deckung 34 % der Schieferhöhe und **scharfer Hieb**.

[3) Werte gelten bei 7 cm überdoppelter Überdeckung.

Beläge, Beschichtungen

T3 Doppeldeckung mit Rechteckschablonen

Dach-neigung in Grad	cm Überdeckg.		cm Deckhöhe h				Stück Platten/m²			
	30 x 60 40 x 40	40 x 20 30 x 30	30 x 60	40 x 40	20 x 40	30 x 30	30 x 60	40 x 40	20 x 40	30 x 30
25 ≤ 30	12	z. zul.	24	14	–	–	13,9	17,9	–	–
> 30 ≤ 40	10	10	25	15	15	10	13,3	16,7	33,4	33,3
> 40 ≤ 50	8	8	26	16	16	11	12,8	15,6	31,3	30,3
> 50	7	6	26,5	16,5	17	12	12,6	15,2	29,4	27,8
f. Wand	6	5	27	17	17,5	12,5	12,4	14,7	28,6	26,7

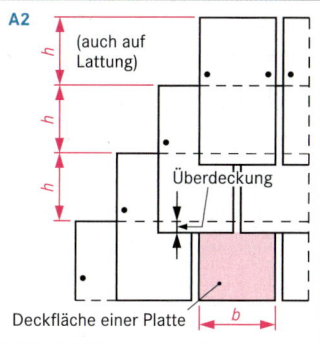

A2 (auch auf Lattung)
Überdeckung
Deckfläche einer Platte

Die Deckung nach A1 gilt auch für die Doppeldeckung mit Schiefer nach T1, vorherige Seite.
Faserzementplatten mit 2 Nägeln und 1 Plattenhaken befestigt.

T4 Waagerechte (Einfach-) Deckung mit Rechteckschablonen

An-wen-dung	Format cm	Überdeckung		Platten-bedarf St./m²	Schiefer-stifte St./m²	Pl.-haken St./m²	Latten m/m²	Schnür-ab-stand cm
		Höhe cm	Seite cm					
Dach	60 x 30	10	12	10,42	20,84	10,42	5,00	20,0
Dach	60 x 30	9	11	9,72	19,44	9,72	4,76	21,0
Dach	60 x 30	8	9	8,91	17,82	8,91	4,55	22,0
Wand	60 x 30	4	5	6,99	13,98	6,99	3,85	26,0
Wand	30 x 20	4	4	25,00	50,00	–	6,25	16,0
Wand	40 x 20	4	4	17,36	34,72	17,36	6,25	16,0
Wand	30 x 15	3	4	32,05	64,10	–	8,3	12,0

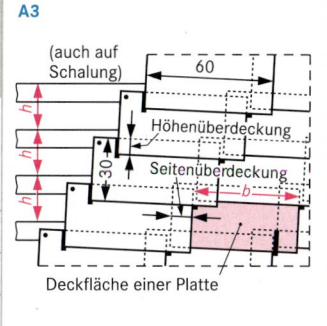

A3 (auch auf Schalung)
Höhenüberdeckung
Seitenüberdeckung
Deckfläche einer Platte

T5 Deutsche Deckung mit Bogenschnittschablonen

Dachnei-gung in Grad	40 x 40 (Seiten-$\ddot{u}$ = $\ddot{u}$)				30 x 30 (Seiten-$\ddot{u}$ = 9 cm)			
	$\ddot{u}$ cm	h cm	Platten St./m²	Nägel St./m²	$\ddot{u}$ cm	h cm	Platten St./m²	Nägel St./m²
25 ≤ 30	12	28	12,8	25,5	11	19	27,7	55,4
> 30 ≤ 35	11	29	11,9	23,8	10	20	25,0	50,0
> 35 ≤ 45	10	30	11,2	22,3	9	21	22,7	45,4
> 45 ≤ 55	9	31	10,5	20,9	8	22	20,7	41,4
> 55	6	34	9,2	18,4	7	23	18,9	37,8
f. Wand	6	34	9,2	18,4	5	25	16,0	32,0

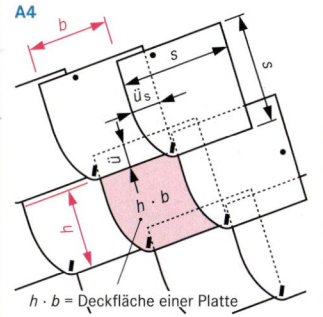

A4
$h \cdot b$ = Deckfläche einer Platte

Seiten-$\ddot{u}$ an der Wand immer 9 cm, nur bei 20 x 20 = 4 cm.
Jede Platte mit 2 Nägeln und 1 Plattenhaken befestigt.

T6 Deckung mit Bitumenschindeln

Die Regeldachneigung beträgt 15° bis 85° und ist von der Sparrenlänge abhängig:		Die 3. Lage muss die Schindeln der 1. Lage um $\ddot{u}$ überdecken (Doppeldeckung):	
Sparrenlänge	Regeldach-neigung	Dachneigung	Mindestüber-deckung $\ddot{u}$
≤ 10 m	≥ 15° (27 %)	≥ 15° ≤ 25°	≥ 10 cm
> 10 m	≥ 20° (36 %)	> 25° ≤ 35°	≥ 8 cm
		> 35° ≤ 45°	≥ 6 cm
Plattenmaß: 1 m x 33,3 cm		> 45°	≥ 5 cm

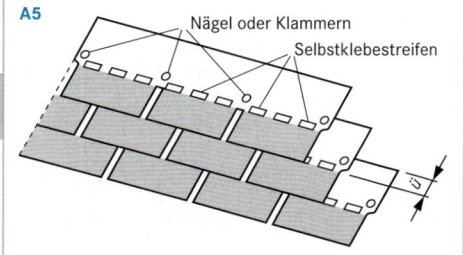

A5 Nägel oder Klammern
Selbstklebestreifen

Beläge, Beschichtungen

Faserzement-Wellplatten sind profilierte Platten aus einer Mischung von Synthetik- und/oder Zellstofffasern oder mineralischen Fasern, Zement und Wasser.

Standardwellplatten haben eine Plattenlänge von > 900 mm, Kurzwellplatten eine von ≤ 900 mm.

Faserzement-Wellplatten werden mit unterschiedlichen Profilen hergestellt; 177/51 u. 130/30 werden vorzugsweise verwendet. Die Festigkeitswerte werden nach DIN EN 494: 06 abhängig von den Wellenhöhen (Kategorien A bis E) ermittelt und in bauaufsichtlichen Zulassungen veröffentlicht.

Bei Kurzwellplatten beträgt das Mindestbiegemoment der Kategorie C 30 Nm/m. Wellplatten sind nur unter Beachtung der UVV-Auflagen (Bohlen, Laufroste, Fangnetze) begehbar.

T1 Standardformate

Wellplatte	Länge [mm]	Profil	
		177/51	130/30
		Breite [mm]/Wellenanzahl	
Standard-wellplatte	1250, 1600, 2000, 2500	920 15 Wellenberge	1000 8 Wellenberge
Kurzwellplatte	625		–

A1 Wellplatte Profil 5 (177/51), Querschnitt: (Standard-Wellplatte)

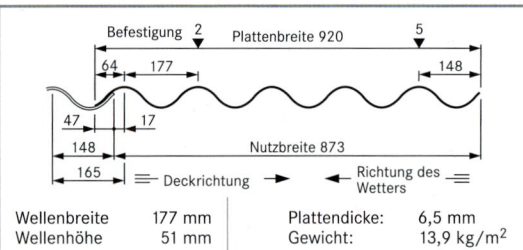

Wellenbreite	177 mm	Plattendicke:	6,5 mm
Wellenhöhe	51 mm	Gewicht:	13,9 kg/m²

A2 Wellplatte Profil 8 (130/30), Querschnitt:

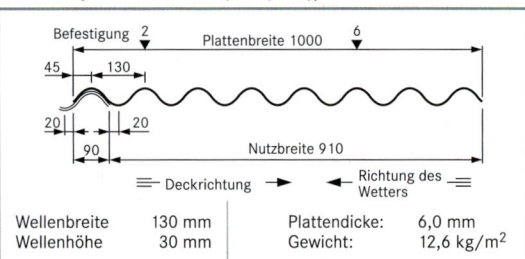

Wellenbreite	130 mm	Plattendicke:	6,0 mm
Wellenhöhe	30 mm	Gewicht:	12,6 kg/m²

T2 Überdeckung von Wellplatten

Wellplatte	Profil	Überdeckung		Deckbreite mm
		Höhe mm	Seite mm	
Standard-platten	177/51 130/30	200 200	47 90	873 910
Kurzwell-platten	177/51	125	47	873

T3 Regeldachneigung in Abhängigkeit von der Entfernung Traufe – First

Well-platten Typ	Traufe – First m	Regeldachneigung in ° (%)	
		mit Kitteinlage	ohne Kitteinlage
Standard-Wellplatte	< 10 ≥ 10 < 20 ≥ 20 < 30 ≥ 30	≥ 7° (~ 12,3) ≥ 8° (~ 14,1) ≥ 10° (~ 17,6) ≥ 12° (~ 21,3)	≥ 10° (~ 17,6) ≥ 10° (~ 17,6) ≥ 12° (~ 21,3) ≥ 14° (~ 24,9)
Kurzwell-platte (625 mm)	< 10 ≥ 10 < 20 ≥ 20 < 30 ≥ 30	≥ 10° (~ 17,6) ≥ 12° (~ 21,3) ≥ 14° (~ 24,9) ≥ 15° (~ 26,8)	} ≥ 25° (~ 46,6)

T4 Auflagerabstände für Standardplatten in mm

Dach-neigung	Profil	Well-platten-länge	Auflagerabstände	
			höchst-zulässig	üblich
≤ 20° (~ 36,4%)	177/51 und 130/30	2500 2000 1600 1250	≤ 1150	1150 900 700 1050
> 20° (~ 36,4%)	177/51	2500 2000 1600 1250	≤ 1450	1150 900 1400 1050
	130/30	2500 2000 1600 1250	≤ 1175	1150 900 700 1050

Bei **Kurzwellplatten** ergibt sich aufgrund der Überdeckung von 125 mm ein gleich bleibender Auflagerabstand von 500 mm.

T5 Zahl und Anordnung der Befestigung bei Platten 177/51

Gebäude-höhe	Dach-nei-gung	Dachbereich			A und C →
		Mitte	Rand	Ecke	+ + / + +
≤ 8 m	≤ 20° > 20° ≤ 35° > 35°	A C C	B B C	B B C	B → ≤ 1,6 m wie A
> 8 m ≤ 20 m	≤ 20° > 20° ≤ 25° > 25° ≤ 35° > 35°	A C C C	B B B C	D D B C	D → ≤ 1,6 m Länge / 1,25 m Länge

Weiteres: „Fachregeln des Dachdeckerhandwerks"

Beläge, Beschichtungen

Metallische Deckstoffe

Verwendet werden **Bleche und Bänder** aus Kupfer, legiertem Zink (z.B. „Titanzink"), Aluminium, feuerverzinktem Stahl, Edelstahl und Blei, für Fassaden auch aus kunststoffbeschichtetem Stahl.

Bisher wurden Metalldeckungen meist auf **zweischalige, belüftete Unterkonstruktionen** aufgebracht. Zunehmend werden jedoch auch **unbelüftete, wärmegedämmte Unterkonstruktionen** mit Metall gedeckt oder bekleidet.

Gefalzte Metalldeckungen gelten als **regensicher** und **regendicht**, sie sind jedoch im Regelfall **nicht wasserdicht**.

Voraussetzung dafür ist, dass **Mindest-Dachneigungen** eingehalten werden:

DIN 18 339 fordert ≥ 3° (5,2 %), die Fachregeln des Klempnerhandwerks empfehlen eine **Mindestneigung von 7° (13 %)**, um das Bilden von Pfützen zu vermeiden.

Bei Neigungen unter 3° sind Sondermaßnahmen erforderlich, z. B. Dichtbänder.

Deckungen nach dem Stehfalzverfahren

Die Bahnen der Deckbleche, „**Scharen**" genannt, dürfen wegen der großen Temperaturdehnungen bei Kupfer, Zink und Aluminium ≤ 10 m, bei Stahl und Edelstahl ≤ 14 m und bei Blei ≤ 1,50 m lang sein.

Die **Scharenbreiten** betragen, fertig gefalzt, 520, 590, 620, 720 und 920 mm.

Die **Befestigung** erfolgt durch „**Haften**", → **A5**.

Festhafte werden bei geringen Neigungen etwa in Scharenmitte, bei großen Neigungen im oberen Bereich angeordnet. In den übrigen Bereichen sind wegen der Temperaturunterschiede bis 100 K (–20°C ... +80°C) **Schiebehafte** erforderlich, die abhängig von Traufhöhe, Dachbereich, Dicke und Breite der Scharen in **Abständen von 21 bis 50 cm** auf die Schalung genagelt oder geschraubt werden.

Doppelstehfalz → A3

Der Doppelstehfalz, die Regelausführung für Bedachungen, wird durch doppeltes Umlegen der Aufkantungen mittels Hand- oder Maschinenfalzung hergestellt.

Winkelstehfalz → A4

Der Winkelstehfalz wird vorzugsweise für Außenwandbekleidungen eingesetzt.
Für Bedachungen ist eine Mindestneigung von 25°, in schneereichen Gegenden von 35° erforderlich.

Deckung nach dem Leistensystem

Diese Art der Deckung (hier: „belgisches" System, → **A6**) muss hinsichtlich Dachneigung, Scharenlänge und Haftenabstand die gleichen Bedingungen wie beim Stehfalzverfahren erfüllen.

A3 Doppelstehfalz:

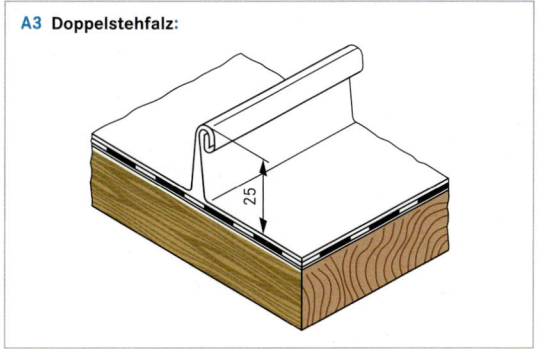

A4 Winkelstehfalz:

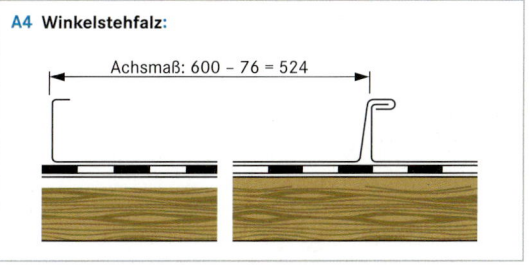

Achsmaß: 600 – 76 = 524

A5 Einfache Formen von „Haften":

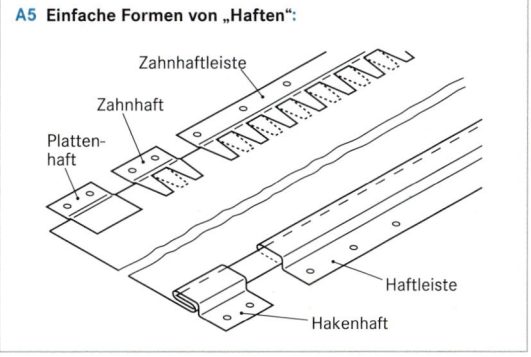

Zahnhaftleiste
Zahnhaft
Plattenhaft
Haftleiste
Hakenhaft

A6 Belgisches Leistensystem:

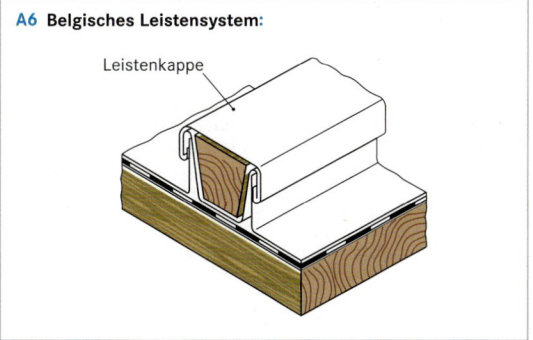

Leistenkappe

Für die weitergehende Information wird auf die Schrift „Klempnertechnik" von Ohl u. Rösch im Verlag Dr. Max Gehlen, Homburg vor der Höhe, 2000, verwiesen, der die Bilder entnommen wurden.

Beläge, Beschichtungen

Regenwasserabfluss

$$Q = \frac{r \cdot C \cdot A}{10\,000}$$

Dabei ist:
- r Berechnungsregenspende in $l/(s \cdot ha)$, ermittelt auf statistischer Grundlage
- C Abflussbeiwert (nach **T1**)
- A wirksame Niederschlagsfläche in m^2
  → Trauflänge · horizontale Projektion der Firstlänge
- Q Regenwasserabfluss in l/s

T1 Abflussbeiwerte C zur Ermittlung des Regenwasserabflusses

Art der Fläche	C
Dach-, Beton- und Asphaltflächen, Pflaster mit Fugenverguss	1,0
Kiesdächer	0,5
begrünte Dachflächen	
mit Intensivbegrünung oder Extensiv- ab 10 cm Aufbaudicke	0,3
mit Extensivbegrünung unter 10 cm Aufbaudicke	0,5
Betonsteinpflaster, in Sand oder Schlacke verlegt	0,7

Bemessung vorgehängter Dachrinnen

Bei der Bemessung wird zwischen halbrunden und rechteckigen Formen und kurzen und langen Dachrinnen unterschieden. Eine Dachrinne ist kurz, wenn ihre Entwässerungslänge kleiner als 50 mal die Sollwassertiefe W (→ **A1**) ist. Ansonsten wird sie als lang bezeichnet.

Abflussvermögen kurzer halbrunder Dachrinnen ohne Gefälle:

$Q_L = 0,9 \cdot Q_N$

$Q_N = 2,78 \cdot 10^{-5} \cdot A_E^{1,25}$

Dabei ist:
- Q_L = Abflussvermögen in l/s
- Q_N = Nennabflussvermögen in l/s
- A_E = Gesamtquerschnitt der Dachrinne in mm^2

Abflussvermögen rechteckiger, trapezförmiger o.ä. Dachrinnen ohne Gefälle:
Berechnung erfolgt unter Berücksichtigung spezieller Formfaktoren (→ DIN EN 12056-3, Bild 5 und 6).

Das Abflussvermögen langer Dachrinnen mit und ohne Gefälle wird über Abflussbeiwerte (F_L), die abhängig von Gefälle und Länge der Dachrinne sind (→ Tabelle 6, DIN EN 12056-3), ermittelt ($Q_N \cdot F_L$).

Bemessung der Dachrinnenabläufe

Dachrinnenabläufe müssen vom Hersteller nach DIN EN 1253 im Hinblick auf das garantierte Abflussvermögen geprüft werden. Bei Verwendung von Gitterabdeckungen/Laubfängen wird das Abflussvermögen von Dachrinnen mit flacher Sohle auf die Hälfte reduziert. Die Anzahl der Abläufe wird ermittelt nach:

$$\text{Mindestanzahl Abläufe} = \frac{\text{Regenwasserabfluss der Dachfläche}}{\text{Abflussvermögen des gewählten Dachablaufes}}$$

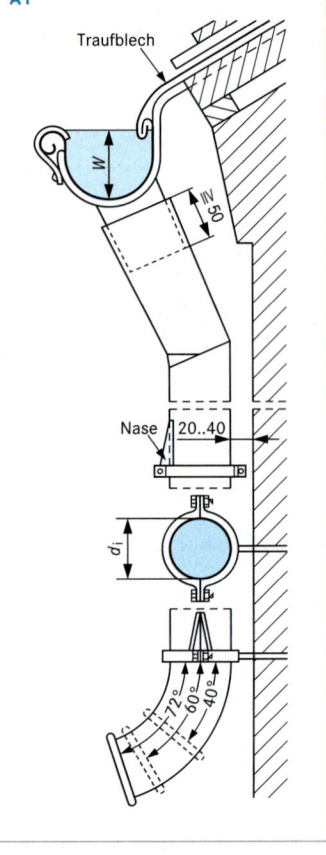

A1

Traufblech

W

≥ 50

Nase   20..40

d_i

72°   60°   40°

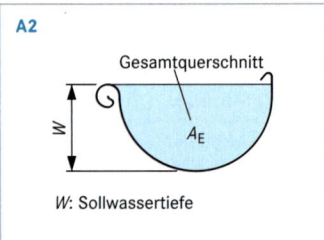

A2

Gesamtquerschnitt

W

A_E

W: Sollwassertiefe

Bemessung der Regenwasserfallleitung

Der maximale Regenwasserabfluss soll in senkrechten Regenwasserfallleitungen kleiner als der Wert der Tabelle **T2** sein. Dabei wird von einem Füllungsgrad = 0,33 ausgegangen. Das Abflussvermögen eines nicht kreisrunden Regenfallrohres kann gleichwertig zum Abflussvermögen eines kreisrunden Regenfallrohres gleicher Querschnittsfläche angenommen werden.

T2 Abflussvermögen Q_{RWP} v. Regenwasserfallleitungen

Innendurch- messer d_i [mm]	Q_{RWP} [l/s]	Innendurch- messer d_i [mm]	Q_{RWP} [l/s]
50	1,7	120	17,4
55	2,2	130	21,6
60	2,7	140	26,3
65	3,4	150	31,6
70	4,1	160	37,5
75	5,0	170	44,1
80	5,9	180	51,4
85	6,9	190	59,3
90	8,1	200	68,0
95	9,3	220	87,7
100	10,7	240	110,6
110	13,8	300	200,6

Beläge, Beschichtungen

Schmutzwasserabfluss

Schmutzwasserabfluss = 0,5 $l/s \cdot \sqrt{\text{Summe der Zuflüsse}}$

im Wohnungsbau [1)] $\quad Q_{WW} = 0,5\ l/s \cdot \sqrt{\Sigma\ DU}$

Q_{WW} = Schmutzwasserabfluss $\quad DU$ = Anschlusswert einer
Σ = Summenzeichen $\quad\quad\quad\quad\quad$ Abwasserquelle

T3 Nennweiten

Nennweite DN	Mindest-Innen-Ø $d_{i\,min}$ [mm]
30	26
40	34
50	44
56	49
60	56
70	68
80	75
90	79
100	96
125	113
150	146
200	184
225	207
250	230
300	290

T5 [1)] Mindestgefälle

Leitungsbereich	Mindestgefälle
Unbelüftete Anschlussleitungen	1,0 %
Belüftete Anschlussleitungen	0,5 %
Grund- und Sammelleitungen für Schmutzwasser (Füllungsgrad 0,5) und f. Regenwasser (Füllungsgrad 0,7)	0,5 %

T6 Bemessung Sammelanschlussleitungen [2)]

belüftet		unbelüftet	
$\Sigma\ DU$	DN	$\Sigma\ DU$	DN
1,0	50	3,0	50
2,0	56/60	5,0	56/60
9,0	70 [3)]	13,0	70 [3)]
13,0 [4)]	80/90	16,0	80
16,0	100	20,0	90
		25,0	100

T4 Bemessung Schmutzwasser-Fallleitung mit Hauptlüftung

DN	Q_{max} Abzweige [l/s]
60	0,5
70	1,5
80 [5)]	2,0
90	2,7
100 [6)]	4,0
125	5,8
150	9,5
200	16,0

A1 Füllungsgrad

(zu **T8**) $\dfrac{h}{d} = 0,5$

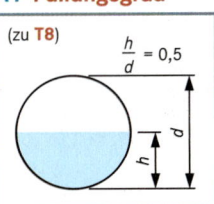

T7 Bemessung Einzelanschlussleitungen [2)]

Entwässerungsgegenstand	Anschlusswert DU	Einzelanschlussleitung DN
Waschbecken, Bidet	0,5	40
Dusche ohne Stöpsel	0,6	50
Urinal mit Druckspüler	0,5	50
Badewanne	0,8	50
Geschirrspüler	0,8	50
Küchenspüle und Geschirrspüler	0,8	50
Waschmaschine für 6-12 kg	1,5	70
WC m. 4,0/4,5 l Spülkasten	1,8	80/90
WC m. 6,0 l Spülkasten/Druckspüler	2,0	80-100
WC m. 9,0 l Spülkasten/Druckspüler	2,5	100
Bodenablauf DN 50	0,8	50
Bodenablauf DN 70	1,5	70
Bodenablauf DN 100	2,0	100

T8 Bemessung Grund- u. Sammelleitung, Füllungsleitung (h/d_i) 0,5 (Schmutzw.) u. 0,7 (Regenw.)

Gefälle [cm/m]	Zulässiger Schmutzwasserabfluss Q_{max} in l/s							
	DN 100		DN 125		DN 150		DN 200	
	0,5	0,7	0,5	0,7	0,5	0,7	0,5	0,7
0,50	1,8	2,9	2,8	4,8	5,4	9,0	10,0	16,7
1,00	2,5	4,2	4,1	6,8	7,7	12,8	14,2	23,7
1,50	3,1	5,1	5,0	8,3	9,4	15,7	17,4	29,1
2,00	3,5	5,9	5,7	9,6	10,9	18,2	20,1	33,6
2,50	4,0	6,7	6,4	10,8	12,2	20,3	22,5	37,6
3,00	4,4	7,3	7,1	11,8	13,3	22,3	24,7	41,2
3,50	4,7	7,9	7,6	12,8	14,4	24,1	26,6	44,5
4,00	5,0	8,4	8,2	13,7	15,4	25,8	28,5	47,6
4,50	5,3	8,9	8,7	14,5	16,3	27,3	30,2	50,5
5,00	5,6	9,4	9,1	15,3	17,2	28,8	31,9	53,3

T9 Verwendbarkeit von Rohren und Formstücken für Entwässerungsleitungen

+ verwendbar – nicht verwendbar **Werkstoff**	Anschl.-leitung	Fall-leitung	Sammel-leitung	Grundleitung		Lüftungs-leitung	Regenwasserltg.		Kondensat-ltg.
				im Bauwerk	im Erdreich		im Bauwerk	im Freien	
Steinzeug, Steckmuffe	–	–	+	+	+	–	+	–	+
" , m. glatten Enden	–	+	+	+	+	–	+	–	+
Betonrohr mit Falz	–	–	–	–	+ [7)]	–	–	–	–
" mit Muffe	–	–	+	+	+	–	–	–	–
Stahlbetonrohr	–	–	+	+	+	–	–	–	–
Gusseisen ohne Muffe	+	+	+	+	+	+	+	+	– [8)]
Stahlrohr	+	+	+	+	+ [9)]	+	+	+	+
PVC-U-Rohr	–	– [10)]	– [10)]	+	+	–	+	–	+
PVC-C-Rohr	+	+	+	+	–	+	+	+ [11)]	+
PE-HD nach DIN 19537	–	–	–	+	+	–	–	–	+
" n. DIN EN 1519	+	+	+	+	+	+	+	+	+
PP-Rohr	+	+	+	+	–	+	+	+	+
Faserzementrohr	+	+	+	+	+	+	+	–	– [8)]
ABS/ASA/PVC-Rohr	+	+	+	+	–	+	+	+	+

[1)] Faktor 0,5 gültig für unregelmäßige Benutzung, z.B. in Wohnhäusern, Pensionen, Büros
[2)] Beschränkung der Leitungslänge, der Umlenkungen und der max. Höhendifferenz
[3)] keine Klosetts
[4)] maximal zwei Klosetts
[5)] Mindestnennweite bei WCs m. 4-6 l Spülvolumen
[6)] Mindestnennweite bei WCs m. Spülvolumen > 6 l
[7)] Nur ab DN 250 und nur für Niederschlagswasser

[8)] Nur bei Verdünnung durch anderes Abwasser, sonst mit Sonderbeschichtung
[9)] Korrosionsschutz außen erforderlich
[10)] Nur für Abwassertemperaturen < 45°C
[11)] Nicht als Standrohr verwendbar

Beläge, Beschichtungen

Steinzeugrohre und Formstücke

DIN EN 295-1: 13

Rohre und Formstücke werden aus Tonen hergestellt und bis zur Sinterung gebrannt. Sie können innen und/oder außen glasiert oder unglasiert sein, mit oder ohne Muffen ausgeführt sein. Sie müssen klar und einwandfrei klingen sowie frei von Fehlern sein, die ihre Funktion beeinträchtigen.

Die bevorzugten Winkel von **Bögen** betragen 11,25°; 15°; 22,5°; 30°; 45° und 90°.

Bei **Abzweigen** betragen die bevorzugten Winkel zwischen Hauptrohr und Abzweigstutzen 45° und 90°.

Zur Bestimmung der Tragfähigkeit wird die **Scheiteldruckkraft (FN)** in kN/m (DIN EN 295-3: 12) ermittelt. Abhängig von Nennweite und Scheiteldruckkraft erfolgt dann die Einteilung in die Tragfähigkeitsklassen 95, 120, 160, 200, 240, 260 und 280.

Um die problemlose Austauschbarkeit von Rohren und Formstücken zu gewährleisten, sind in der Norm **Verbindungssysteme** definiert. Bei den Systemen C, D und J ist der Innendurchmesser (d_i) der Muffe die maßgebende Größe; bei den Systemen E, F, G und H ist es der Außendurchmesser (d_a) des Spitzendes → **A1**.

T1 Innendurchmesser

Nennweite **DN**	Mindestweite [mm]
100	96
150	146
200	195
225	219
250	244
300	293
350	341
400	390
450	439
500	487
600	585
700	682
800	780

Baulängen

Die Baulänge ist der Sollwert der Länge und entspricht annähernd der inneren Länge des Rohrschaftes. Die bevorzugten Baulängen ab DN 200 müssen entweder den Werten in **T2** entsprechen oder ganzzahlige Vielfache von 250 mm sein.
Für DN 100 und 150 sind keine bevorzugten Baulängen festgelegt.

T2 Bevorzugte Baulängen

Nennweite **DN**	Baulänge [m]	
200	1,5/2,0	
225	1,5/1,75/2,0	bis DN 450
250	1,5/2,0	zusätzlich
300	1,5/2,0/2,5	1,0/1,6/1,85
≥ 350	1,5/2,0/2,5/3,0	

A1 Maße der Verbindungssysteme

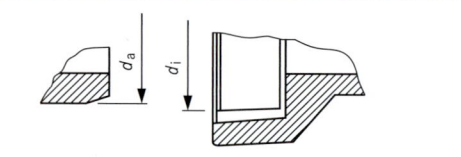

Bezeichnung eines Rohres der Nennweite DN 300, einer Scheiteldruckkraft von 48 kN/m und des Verbindungssystems C:

Rohr EN 295-1 – DN 300 – FN 48 - C

Bezeichnung eines 45°-Bogens der Nennweite DN 200, einer Scheiteldruckkraft von 40 kN/m und des Verbindungssystems E:

Bogen 45 EN 295-1 – DN 200 – FN 40 - E

Rohre aus Beton und Stahlbeton (Auswahl)

DIN 1916: 03, DIN V 1201: 04

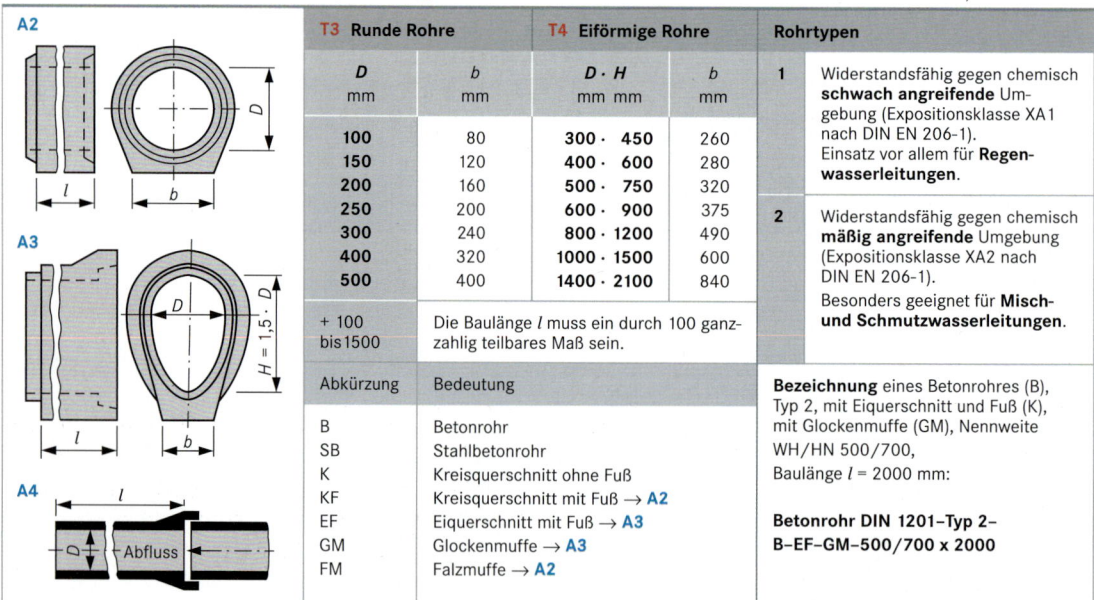

A2

A3

A4

T3 Runde Rohre		T4 Eiförmige Rohre		Rohrtypen	
D mm	**b** mm	**D · H** mm mm	**b** mm	**1**	Widerstandsfähig gegen chemisch **schwach angreifende** Umgebung (Expositionsklasse XA1 nach DIN EN 206-1). Einsatz vor allem für **Regenwasserleitungen**.
100	80	300 · 450	260		
150	120	400 · 600	280		
200	160	500 · 750	320		
250	200	600 · 900	375	**2**	Widerstandsfähig gegen chemisch **mäßig angreifende** Umgebung (Expositionsklasse XA2 nach DIN EN 206-1). Besonders geeignet für **Misch- und Schmutzwasserleitungen**.
300	240	800 · 1200	490		
400	320	1000 · 1500	600		
500	400	1400 · 2100	840		
+ 100 bis 1500	Die Baulänge l muss ein durch 100 ganzzahlig teilbares Maß sein.				
Abkürzung	Bedeutung				
B	Betonrohr				**Bezeichnung** eines Betonrohres (B), Typ 2, mit Eiquerschnitt und Fuß (K), mit Glockenmuffe (GM), Nennweite WH/HN 500/700, Baulänge l = 2000 mm:
SB	Stahlbetonrohr				
K	Kreisquerschnitt ohne Fuß				
KF	Kreisquerschnitt mit Fuß → **A2**				**Betonrohr DIN 1201–Typ 2–**
EF	Eiquerschnitt mit Fuß → **A3**				**B–EF–GM–500/700 x 2000**
GM	Glockenmuffe → **A3**				
FM	Falzmuffe → **A2**				

Beläge, Beschichtungen

Gusseiserne Abflussrohre ohne Muffe (SML) [1]

DIN 19522: 00

A5 alle Maße in mm

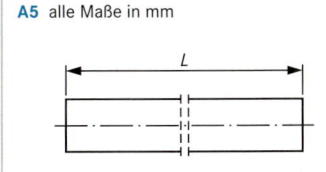

A6

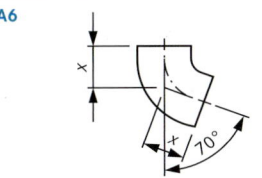

A7

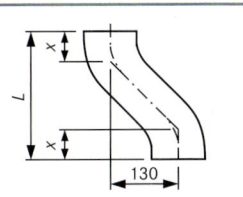

T5 Rohre [2]			T6 Bogen [3]										T7 Sprungrohre [4]					
DN		Masse	15°		30°		45°		70°		88°		Versatz = **65** mm			Versatz = **130** mm		
d_i	d_a	kg	x	kg	x	kg	x	kg	x	kg	x	kg	L	x	kg	L	x	kg
50	58	13,0	40	0,4	45	0,5	50	0,5	65	0,7	75	0,7						
70	78	17,1	45	0,6	50	0,7	60	0,9	75	1,1	90	1,2	185	60	1,6	250	60	2,1
100	110	25,2	50	1,0	60	1,3	70	1,6	90	1,9	110	2,1	205	70	2,5	270	70	3,4
125	135	35,4	60	1,7	70	2,0	80	2,3	105	2,9	125	3,2						
150	160	42,2	65	2,5	80	3,0	90	3,5	120	4,3	145	4,9						
200	210	69,3	80	4,6	95	5,4	110	6,2	145	7,7	180	8,8						

A8

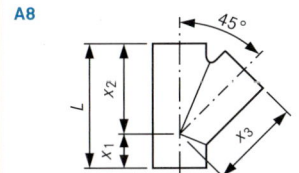

A9

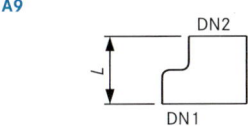

A10

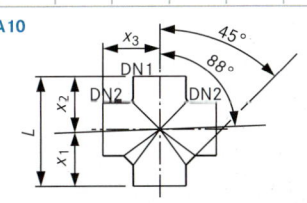

T8 Abzweige [5]											T9 Reduzierstücke				T10 Doppelabzweige				
DN 1	DN 2	45°				88° [5]					DN 1	DN 2			88° [5]				
		L	x_1	x_2	kg	L	x_1	x_2	x_3	kg			L	kg	L	x_1	x_2	x_3	kg
50	**50**	185	50	135	1,4	145	79	66	80	0,9	**70**	**50**	75	0,5	–	–	–	–	–
70	**50**	190	40	150	1,6	155	83	72	90	1,4	**100**	**50**	80	0,9	180	100	80	105	2,2
70	**70**	215	55	160	2,3	180	97	83	95	1,7	**100**	**70**	85	0,9	190	102	88	110	2,7
100	**50**	200	35	165	2,5	170	94	76	105	2,1	**100**	**100**	–	–	230	120	110	120	3,2
100	**70**	235	50	185	3,3	190	102	88	110	2,4	**125**	**70**	90	1,5	–	–	–	–	–
100	**100**	275	70	205	4,2	220	115	105	120	2,9	**125**	**100**	95	1,5	245	130	115	135	5,0
125	**50**	205	20	185	3,4	180	98	82	120	3,0	**150**	**50**	95	2,0	–	–	–	–	–
125	**70**	240	40	200	4,3	200	107	93	125	3,4	**150**	**70**	100	2,1	–	–	–	–	–
125	**100**	280	60	220	5,2	235	125	110	130	4,0	**150**	**100**	105	2,2	245	130	115	145	7,1
125	**125**	320	80	240	6,4	260	137	123	135	4,6	**200**	**100**	115	4,1	–	–	–	–	–
150	**50**	–	–	–	–	200	100	100	140	4,4	**200**	**150**	125	4,3	–	–	–	–	–
150	**70**	245	30	215	5,6	215	115	100	140	4,8									
150	**100**	295	55	240	6,8	245	130	115	145	5,5									
150	**125**	325	70	255	8,0	275	147	128	150	6,2									
150	**150**	355	90	265	9,2	300	158	142	155	6,9									
200	**150**	375	75	300	13,3	325	173	152	185	10,8									
200	**200**	455	115	340	17,2	–	–	–	–	–									

[1] Eine Auswahl, im Handel von DN 40 - DN 600,
[2] kg je 3 m Lieferlänge, zul. Abweichung -15%,
[3] kg pro Stück,
[4] auch mit 200 mm Versatz,
[5] Einlaufwinkel 45°.

Dränrohre aus Ton

DIN 1180: 71

Gebrannt, feinporig, frostbeständig, innen rund, außen auch kantig

333±7

d = DN in mm	w in mm
50	6 … 13
65	7 … 14
80	8 … 16
100	9 … 18
125	10 … 21
150	12 … 23
200	14 … 24

Dränrohre aus PVC

DIN 1187: 82

Innen und außen kreisrund, hergestellt als gewellte, flexible (A) und glatte (B) Rohre. Nennweiten von DN 50 bis DN 200. Gewellte Rohre werden in Ringbunden, glatte in Längen von 5 m geliefert. Breite der Wassereintrittsöffnungen:
eng (0,8 ± 0,2 mm), mittel (1,2 ± 0,2 mm), weit (1,7 ± 0,3 mm)
Bezeichnung eines gewellten Rohres, Nennweite 80, enge Wassereintrittsöffnungen:
Dränrohr DIN 1187 – A 80 – 0,8

Beläge, Beschichtungen

295

Faserzementrohre und -formstücke

DIN EN 12763: 00

Rohr mit bearbeitetem und unbearbeitetem Ende: **A1**

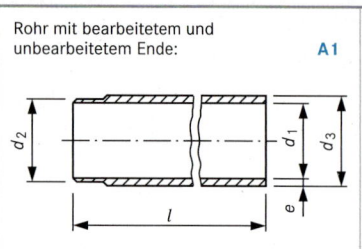

45°-Bogen mit unbearbeiteten Enden und Verbindung:

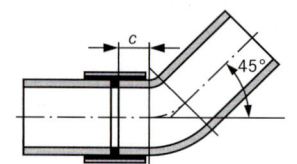

45°-Abzweig mit bearbeiteten Enden:

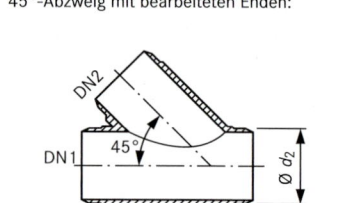

T1 Durchmesser und Wanddicken

Nenn-durchmesser	Innendurchmesser		Wand-dicke
DN	d_1 [mm]	Abmaß [mm]	e_{min} [mm]
50	50	± 2	6
60	60	± 2	6
80	80	± 2	6
100	100	± 2,5	6
125	125	± 3	7
150	150	± 4	7
200	200	± 5	7,5
250	250	± 6	8,5
300	300	± 7	8,5

Winkel für	
Bogen	Abzweige
15°; 20° bis 22°30'; 30°; 45°; 87° bis 90°	45° 87° bis 90°

Faserzementrohre und -formstücke bestehen aus Zement oder Kalziumsilikat und sind mit Nichtasbest-Fasern bewehrt. Rohre und Rohrverbindungen müssen zwei Spitzenden aufweisen, die bearbeitet oder unbearbeitet sein können. Als Verbindungen sind nur Überschiebkupplungen oder Spannverbindungen aus nichtrostendem Edelstahl zugelassen.

Innendurchmesser d_1 und Wanddicke e müssen **T1** entsprechen.

Außendurchmesser d_2 und d_3 sowie Grenzabmaße müssen vom Hersteller angegeben werden.

Die **Baulänge** l eines Rohres ist die Länge zwischen beiden Enden (→ **A1**) und muss 2,0 m; 2,5 m; 3,0 m; 4,0 m oder 5,0 m betragen.

Die Grenzabmaße für die Baulänge betragen + 10 mm und − 20 mm.

Rohre und Formstücke müssen beständig sein gegen: Frost, Warmwasser, SO_2, Temperatureinwirkungen und häusliche Abwasser. Für als Regenwasserrohre gekennzeichnete Rohre wird die Beständigkeit gegen Frost, Temperatureinwirkung und häusliche Abwasser nicht gefordert.

Die Bezeichnung von Rohren und Formstücken muss mindestens enthalten:

– Hinweis auf die Norm;
– Nennweite;
– Rohrlänge in Meter;

– Typ der Rohrverbindung;
– Nennweite und Winkel für Bogen und Abzweige

Rohre und Formstücke aus Polypropylen (PP)

DIN EN 1451-1: 99

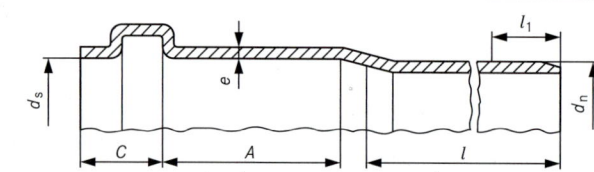

A Muffenlänge hinter Sicke
C Länge Muffenhals + Sicke
d_n Nenn-Außendurchmesser
d_s Muffen-Innendurchmesser
e Wanddicke
l Baulänge
l_1 Länge des Einsteckendes

Nenn-weite DN	Mindestwanddicke e_{min}			Muffe			Einsteck-ende
	S 20	S 16	S 14	A_{min}	C_{max}	$d_{s,min}$	$l_{1,min}$
32	1,8	1,8	1,8	24	18	32,3	42
40	1,8	1,8	1,8	26	18	40,3	44
50	1,8	1,8	1,8	28	18	50,3	46
63	1,8	2,0	2,2	31	18	63,3	49
75	1,9	2,3	2,6	33	18	75,4	51
80	2,0	2,5	2,8	34	19	80,4	53
90	2,2	2,8	3,1	34	20	90,4	54
100	2,5	3,2	3,5	35	21	100,4	56
110	2,7	3,4	3,8	36	22	110,4	58
125	3,1	3,9	4,3	38	26	125,4	64
160	3,9	4,9	5,5	41	32	160,5	73
200	4,9	6,2	–	45	40	200,6	85
250	–	7,7	–	68	50	250,8	118
315	–	9,7	–	81	63	316,0	144

Mindest-Kennzeichnung:	– Herstellername – Nennweite – Mindestwanddicke	– Werkstoff – Anwendungskennzeichen – Rohrreihe

Als **Werkstoff** wird PP-Copolymerisat (PP) oder PP-Homopolymerisat (PP-H) verwendet.

Es gibt zwei **Anwendungsgebiete**:
– innerhalb von Gebäuden oder an Gebäuden befestigt (**B**)
– innerhalb von Gebäuden und erdverlegt, innerhalb der Gebäudestruktur (**BD**)
im Anwendungsgebiet „BD" treten neben hohen Abwassertemperaturen zusätzlich äußere Beanspruchungen auf.

Die **Rohrreihenzahl S** ist eine dimensionslose Größe zur Bezeichnung von Rohren, die von Wanddicke und Durchmesser abhängig ist (siehe ISO 4065). Rohre der Serie S 20 sind ausschließlich für das Anwendungsgebiet „B" vorgesehen.

Die Baulänge l des Rohres ist nicht genormt und vom Hersteller anzugeben.

Beläge, Beschichtungen

Rohre aus chloriertem Polyvinylchlorid (PVC-C 250)

DIN 8079: 09

Wanddicken *s* der lieferbaren Rohr-Außendurchmesser *d*, abhängig von Nenndruck PN [1]

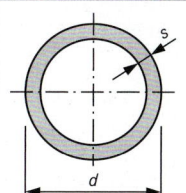

d mm	PN4 s	PN6 s	PN10 s	PN16 s	PN20 s	PN25 s	d mm	PN4 s	PN6 s	PN10 s	PN16 s	PN20 s	PN25 s
10	–	–	–	–	–	1,2	160	3,2	4,7	7,7	11,8	14,6	17,9
12	–	–	–	–	1,2	1,4	180	3,9	5,3	8,5	13,3	16,4	20,1
16	–	–	–	1,2	1,5	1,8	200	4,0	5,9	9,6	14,7	18,2	22,4
20	–	–	–	1,5	1,9	2,3	225	4,4	6,6	10,8	16,6	20,5	25,2
25	–	–	1,5	1,9	2,3	2,8	250	4,9	7,3	11,9	18,4	22,7	27,9
32	–	–	1,5	2,4	2,9	3,6	280	5,5	8,2	13,4	20,6	25,4	–
40	–	1,8	1,9	3,0	3,7	4,5	315	6,2	9,2	15,0	23,2	28,6	–
50	–	1,8	2,4	3,7	4,6	5,6	355	7,0	10,4	16,9	26,1	–	–
63	1,8	1,9	3,0	4,7	5,8	7,1	400	7,9	11,7	19,1	29,4	–	–
75	1,8	2,2	3,5	5,6	6,8	8,4	450	8,8	13,2	21,5	–	–	–
90	1,8	2,7	4,3	6,7	8,2	10,1	500	9,8	14,6	23,9	–	–	–
110	2,2	3,2	5,3	8,1	10,0	12,3	560	11,0	16,4	26,7	–	–	–
124	2,5	3,7	6,0	9,2	11,4	16,0	630	12,3	18,5	30,0	–	–	–
140	2,8	4,1	6,7	10,3	12,8	15,7							

Lieferbar in geraden Festlängen bis 12 m, nach Vereinbarung auch in Längen über 12 m.

Die Kennzeichnung der PVC-C-Rohre erfolgt in Abständen von 1 m, zusätzlich noch mit Herstellerzeichen, Herstellerdatum und Maschinennummer.

Bezeichnungsbeispiel eines PVC-C-Rohres mit d = 32 mm und s = 3,6 mm:
Rohr DIN 8079 - 32 x 3,6 - PVC-C 250

[1] PN-Werte sind in gültiger Norm durch S-(Rohrserie) bzw. SDR-Werte (Verhältnis Durchmesser/Wanddicke) ersetzt.

Rohre und Formstücke aus weichmacherfreiem Polyvinylchlorid (PVC-U) für erdverlegte Abwasserkanäle und -leitungen

DIN EN 1401-1: 09

Die Norm unterscheidet zwei Anwendungsbereiche:
– außerhalb der Gebäudestruktur (Anwendungskennzeichen „U") sowie
– innerhalb der Gebäudestruktur (Anwendungskennzeichen „D") und außerhalb der Gebäudestruktur
Danach erfolgt die Kennzeichnung entweder „U" oder „UD".

Die **Nennweite** bezieht sich auf den Außendurchmesser.
Die **Nenn-Ringsteifigkeit (SN)** ist eine numerische Kennzahl, die die Mindestringsteifigkeit in kN/m^2 angibt. Rohre mit SN 2 sind nur für das Anwendungsgebiet „U" zulässig.

Der **SDR-Wert** entspricht dem Verhältnis von Durchmesser zu Wanddicke.
Bevorzugte Nennwinkel für **Bogen** sind: 15°, 30°, 45°, 67°30' oder 87°30' bis 90°
Bevorzugte Nennwinkel für **Abzweige** sind: 45°, 67°30' oder 87°30' bis 90°

Rohrquerschnitt:

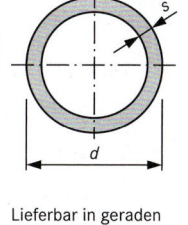

Bogen 45°:

Mindest-Kennzeichnung:	– Herstellername – Nennweite – Mindestwanddicke oder SDR	– Steifigkeitsklasse (SN) – Anwendungskennzeichen – Werkstoff (PVC-U)

Nenn-weite DN	Mindestwanddicke e_{min}			Muffe			Einsteck-ende $l_{1,min}$	Formstück-Kurzzeichen DIN 19534: 00	
	SN2 SDR51	SN 4 SDR41	SN 8 SDR34	A_{min}	C_{max}	$d_{s,min}$		**Formstücke** (Auswahl)	Kurzzeichen
								Bogen 15, 30, 45, 67, 87°	KGB
110	–	3,2	3,2	32	26	110,4	60	Einfachabzweig	KGEA
125	–	3,2	3,7	35	26	125,4	67	Sattelstück 45°, 87°	KGAB
160	3,2	4,0	4,7	42	32	160,5	81	Überschiebemuffe	KGU
200	3,9	4,9	5,9	50	40	200,6	99	Doppelmuffe	KGMM
250	4,9	6,2	7,3	55	70	250,8	125	Übergangsrohr	KGR
315	6,2	7,7	9,2	62	70	316,0	132	Anklebemuffe	KGAM
400	7,9	9,8	11,7	70	80	401,2	150	Muffenstopfen	KGM
500	9,8	12,3	14,6	80	80	501,5	160	Reinigungsrohr	KGRE
630	12,3	15,4	18,4	93	95	631,9	188		
800	15,7	19,6	–	110	110	802,4	220		
1000	19,6	24,5	–	130	140	1003,0	270		

Beläge, Beschichtungen

Werkstoff	Art	Erläuterungen, Beispiele	Kenngrößen für die Eigenschaften
Stahl Eisenwerkstoff mit einem Kohlenstoffgehalt < 2% schweißbar, schmiedbar	**Betonstähle**	für Stahl- und Spannbeton	Streckgrenze R_e in N/mm^2
	Stähle für den Stahlbau	für Profile, Bleche und Drähte	Streckgrenze R_e in N/mm^2
	Nichtrostende Stähle	wetterfester Stahl für Bekleidungen und Verankerungen	Mindest-Zugfestigkeit R_m in N/mm^2
	Werkzeugstähle	für Werkzeuge, härtbar, meist hochfest	Mindest-Zugfestigkeit R_m in N/mm^2 und Härte HRC
	Stahlguss	für Maschinenbauteile, Fachwerkknoten	Mindest-Zugfestigkeit R_m in N/mm^2
Gusseisen	**Gusseisen mit Lamellengraphit**	hohe Druckfestigkeit und Härte, gutes Verschleißverhalten	Mindest-Zugfestigkeit R_m in N/mm^2 Härte HB
	Gusseisen mit Kugelgraphit	fester und zäher als Gusseisen mit Lamellengraphit, stahlähnlich	Mindest-Zugfestigkeit R_m in N/mm^2 Härte HB
	Temperguss	stahlähnlich, Kohlenstoff liegt als Eisen-Kohlenstoff-Verbindung vor	Mindest-Zugfestigkeit R_m in N/mm^2 Härte HB

Bezeichnungssystem für Stähle – Kurznamen
DIN EN 10027-1: 05

Betonstähle

B | 500 | A

└─ Duktilitätsklasse
   A – normalduktil
   B – hochduktil
   C – sehr hoch duktil (Erdbebenstahl)
└─ Streckgrenze in N/mm^2
└─ Stahlgruppe Betonstahl

Stähle für den Stahlbau

S | 235 | J0 | W

└─ Zusatzsymbol: W = wetterfest
└─ Kerbschlagarbeit
└─ Streckgrenze in N/mm^2
└─ Stahlgruppe Stähle für den Stahlbau

Kerbschlagarbeit			Prüftemperatur
27 J	40 J	60 J	°C
JR	KR	LR	+20
J0	K0	L0	0
J2	K2	L2	−20
J3	K3	L3	−30

Unlegierte Baustähle – warmgewalzt
DIN EN 10025: 05

Kurzname	Werkstoffnummer	Bez. n. DIN 17 100	Dicke mm	f_y N/mm^2	f_u N/mm^2	E N/mm^2	G N/mm^2	α_T K^{-1}	Werkstoffkennwerte nach DIN EN 1993-1-1: 10, Tab. 3.1
		St 37-2							
		USt 37-2							
S235JR	1.0038	RSt 37-2	$t \le 40$	235	360				
S235J0	1.0114	St 37-3 U	$40 < t \le 100$	215					
a	a	St 37-3 N							
S235J2	1.0117	–							
S275JR	1.0044	St 44-2	$t \le 40$	275	430				
S275J0	1.0143	St 44-3 U	$40 < t \le 80$	255	410	210 000	81 000	$12 \cdot 10^{-6}$	
a	a	St 44-3 N							Weitere unlegierte Baustähle
S275J2	1.0145	–							E295 1.0050 (St 50-2)
S355JR	1.0045	–	$t \le 40$	355	490				E335 1.0060 (St 60-2)
S355J0	1.0553	St 52-3 U	$40 < t \le 80$	335	470				E360 1.0070 (St 70-2)
a	a	St 52-3 N							
S355J2	1.0577	–							E = Maschinenbaustahl
a	a	–							
S355K2	1.0596	–							

a Wenn ein Erzeugnis im normalgeglühten Zustand geliefert wird, ist +N an die Bezeichnung (auch Werkstoffnummer) anzufügen.

Bezeichnungen

t Erzeugnisdicke
f_y charakteristische Streckgrenze
f_u chrakteristische Zugfestigkeit

E Elastizitätsmodul
G Schubmodul
α_T Temperaturdehnzahl

Stahlbau

Nichtrostende Stähle — DIN EN 10088-1: 05

Eine Gruppe von Eisenlegierungen mit ≥ 10,5 % Chrom und ≤ 1,2 % Kohlenstoff.
Allgemeine bauaufsichtliche Zulassung Z-30.3-6 vom 20. April 2009, Geltungsdauer bis 30. April 2014, mit Ergänzung von Mai 2011.
Festigkeitsklassen S 235, S 275, S 355, S 460, S 690
Die der jeweils untersten Festigkeitsklasse folgenden Festigkeitsklassen sind durch Kaltverfestigung mittels Kaltverformung erzielt.
Korrosionswiderstandsklassen I/mäßig bis IV/stark
Standardsorte 1.4301 X5CrNi18-10 Bezeichnung nach DIN EN 10027-1:05. Bezeichnung in Deutschland auch V2A.
Bezeichnung der ThyssenKrupp Nirosta GmbH: NIROSTA 4301.

Beispiel Kaltband bei Raumtemperatur:

Name	Werkstoff-Nr.	Dicke s in mm	Zugfestigkeit R_m in N/mm^2	Dehngrenze $R_{p0,2}$ in N/mm^2	Bruchdehnung A_5 in %
X5CrNi18-10	1.4301	≤ 8	540 bis 750	≥ 230	≥ 45

Stahlguss — DIN EN 10293-1: 05

Beispiel:

Name	Nummer	Dicke t in mm	Zugfestigkeit R_m in N/mm^2	Dehngrenze $R_{p0,2}$ in N/mm^2	Bruchdehnung A in %
GE200	1.0420	≤ 300	380 bis 530	≥ 200	≥ 25

Gusseisen mit Lamellengraphit („Grauguss") — DIN EN 1561: 12

Beispiel:

Kurzzeichen	Nummer	Maßgebende Wanddicke	Zugfestigkeit R_m in getrennt gegossenen Probestücken in N/mm^2	Zugfestigkeit R_m Erfahrungswert im Gussstück in N/mm^2	Brinellhärte HB 30
EN-GJL-150	5.1200	über 2,5 bis 50 mm	200	135	
EN-GJL-HB155	5.1101	über 2,5 bis 50 mm			155

Nichteisenmetalle

Aluminium und Aluminiumlegierungen — DIN EN 573-3: 13, DIN EN 754-2: 08, DIN EN 755-2: 08

Für Aluminiumkonstruktionen unter vorwiegend ruhender Belastung gilt DIN EN 1999-1-1: 10.

Für die Ausführung von Aluminiumtragwerken gilt DIN EN 1090-3: 08

Beispiel:

Bezeichnung chem.	Bezeichnung num.	DIN Bezeichnung	DIN Werkstoff-Nr.	R_m	$R_{p0,2}$	A_{50}
EN AW-AlSi1MgMn	EN AW-6082	AlMgSi1	3.2315	275-300	240-255	6-9

Kupfer und Kupferlegierungen — DIN EN 1652: 97; DIN EN 1982: 08

Messing ist eine Legierung aus Kupfer und Zink.
Messingsorten, die außer Kupfer und Zink noch weitere Metalle enthalten, werden als **Sondermessing** bezeichnet.

Kennzeichnung	Zustand	Dicke in mm	Zugfestigkeit in N/mm^2	0,2 %-Dehngrenze	Bruchdehnung bis 2,5 mm $A_{50\,mm}$ in %	über 2,5 mm A in %
CuZn30	halbhart (R350)	0,2 bis 5	350 bis 430	(min 170)	≥ 21	≥ 33
CuZn37	halbhart (R350)	0,2 bis 5	350 bis 440	(min 170)	≥ 19	≥ 28

Bronze ist eine Kupfer-Zinn-Gusslegierung, z.B.:

Kennzeichnung	Werkstoffnummer neu	alt	E-Modul in N/mm^2	Zugfestigkeit R_m in N/mm^2	0,2 %-Dehngrenze $R_{p0,2}$ in N/mm^2	Bruchdehnung A in %	Brinellhärte HB 10
CuSn12-C - GS	CC483 K	2.1052.01	97000	260	140	7	80

Zink und Zinklegierungen — DIN EN 1179: 03

Titanzink: Vormaterial Zink Reinheit 99,995 %, Benennung nach DIN EN 1179:03 Primärzink, Kurzzeichen Z1. Durch Legierung des Halbzeugs unter Hinzufügen geringer Mengen Titan und Kupfer entsteht Titanzink, DIN EN 988 (früher Legiertes Zink nach DIN 17770, Werkstoffnummer 2.2203). RHEINZINK ist Titanzink nach DIN EN 988:96.

T1 Teilsicherheitsbeiwerte

Teilsicherheitsbeiwerte für den Nachweis der Tragfähigkeit		
Beanspruchbarkeit von Querschnitten	γ_{M0}	1,00
Beanspruchbarkeit von Bauteilen bei Stabilitätsversagen	γ_{M1}	1,10
Beanspruchbarkeit von Querschnitten bei Versagen infolge Zugbeanspruchung	γ_{M2}	1,25
Teilsicherheitsbeiwerte für Verbindungen		
Beanspruchbarkeit von Schrauben, Bolzen, Schweißnähten und Blechen auf Lochleibung	γ_{M2}	1,25
Gleitfestigkeit von vorgespannten Schrauben im Grenzzustand der Tragfähigkeit	γ_{M3}	1,25
Gleitfestigkeit von vorgespannten Schrauben im Grenzzustand der Gebrauchstauglichkeit	$\gamma_{M3,ser}$	1,00
Vorspannung hochfester Schrauben	γ_{M7}	1,10

T2 Bemessungsmethoden

Die Schnittgrößen können nach einer der beiden folgenden Methoden ermittelt werden:

– elastische Tragwerksberechnung;

– plastische Tragwerksberechnung.

Die elastische Tragwerksberechnung darf in allen Fällen angewendet werden. Bei einer plastischen Tragwerksberechnung darf die Fließgrenze des Stahls überschritten werden, so dass sich so genannte plastische Gelenke ausbilden. Eine plastische Tragwerksberechnung darf daher nur dann durchgeführt werden, wenn das Tragwerk über ausreichende Rotationskapazität an den Stellen verfügt, an denen sich die plastischen Gelenke bilden, sei es in Bauteilen oder in Anschlüssen. Das bedeutet, dass diese Methode nur für Querschnitte der Klasse 1 (s. **T4**) verwendet werden darf.

T3 Allgemeines Bemessungsverfahren

Grundsätzlich kann der statische Nachweis von Stahlquerschnitten der Querschnittsklassen 1, 2 und 3 (s. **T4**) nach der Elastizitätstheorie geführt werden. Bei Querschnitten der Querschnittsklassen 1 und 2 werden allerdings die plastischen Tragreserven nicht ausgenutzt, die Bemessung ist daher unter Umständen weniger wirtschaftlich.

Wenn für die Querkräfte gilt: $V_{Ed} < 0,5 \cdot V_{pl,Rd}$ kann der Nachweis wie folgt geführt werden ($V_{pl,Rd}$ s. **T9**)

$$\frac{N_{Ed}}{N_{Rd}} + \frac{M_{y,Ed}}{M_{y,Rd}} + \frac{M_{z,Ed}}{M_{z,Rd}} \leq 1,0$$

mit: $N_{Rd} = A \cdot f_y / \gamma_{M0}$
$M_{y,Rd} = W_y \cdot f_y / \gamma_{M0}$
$M_{z,Rd} = W_y \cdot f_y / \gamma_{M0}$
A, W_y und W_z s. Profiltafeln

Einen allgemein gültigen Nachweis nach der Elastizitätstheorie stellt die folgende Gleichung dar, die für jeden Querschnittspunkt erfüllt sein muss:

$$\left(\frac{\sigma_{x,Ed}}{f_y/\gamma_{M0}}\right)^2 + \left(\frac{\sigma_{z,Ed}}{f_y/\gamma_{M0}}\right)^2 - \left(\frac{\sigma_{x,Ed}}{f_y/\gamma_{M0}}\right) \cdot \left(\frac{\sigma_{z,Ed}}{f_y/\gamma_{M0}}\right) + 3 \cdot \left(\frac{\tau_{Ed}}{f_y/\gamma_{M0}}\right)^2 \leq 1,0$$

mit: $\sigma_{x,Ed}$ Normalspannung in Längsrichtung
$\sigma_{z,Ed}$ Normalspannung in Querrichtung
τ_{Ed} Schubspannung

T4 Querschnittsklassen

Mit der Klassifizierung von Querschnitten soll die Begrenzung der Beanspruchbarkeit und Rotationskapazität durch lokales Beulen von Querschnittsteilen festgestellt werden. Es werden vier Querschnittsklassen definiert:

Querschnittsklasse	Momenten-Rotations-Verhalten	Rotationsvermögen	Verfahren zur Bestimmung der Beanspruchungen	Verfahren zur Bestimmung der Beanspruchbarkeit	Anmerkungen
1	M, M_{pl}, M_{el}, θ	hoch	plastisch	plastisch	Querschnitte der Klasse 1 können plastische Gelenke oder Fließzonen mit ausreichender plastischer Momententragfähigkeit und Rotationskapazität für die plastischen Berechnung ausbilden.
2	M, M_{pl}, M_{el}, θ	gering	elastisch	plastisch	Querschnitte der Klasse 2 können die plastische Momententragfähigkeit entwickeln, haben aber aufgrund örtlichen Beulens nur eine begrenzte Rotationskapazität.
3	M, M_{pl}, M_{el}, θ	keines	elastisch	elastisch	Querschnitte der Klasse 3 erreichen für eine elastische Spannungsverteilung die Streckgrenze in der ungünstigsten Querschnittsfaser, können aber wegen örtlichen Beulens die plastische Momententragfähigkeit nicht entwickeln.
4	M, M_{pl}, M_{el}, θ	keines	elastisch	elastisch	Querschnitte der Klasse 4 sind solche, bei denen örtliches Beulen vor Erreichen der Streckgrenze in einem oder mehreren Teilen des Querschnitts auftritt.

A1 Spannungsverteilung bei einachsiger Biegung

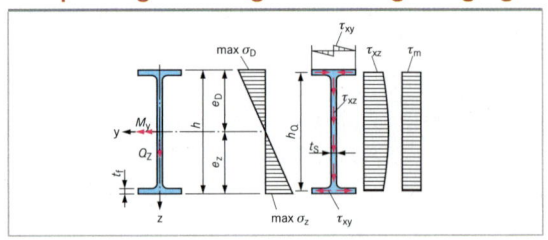

T5 Zugbeanspruchung

Beim Nachweis für eine Zugbeanspruchung gilt für alle Querschnittsklassen:

$$\frac{N_{t,Ed}}{N_{t,Rd}} \leq 0,1$$

mit: $N_{t,Ed}$ Bemessungswert der Zugkraft

$N_{t,Rd}$ Grenzzugkraft = min $\begin{cases} N_{pl,Rd} = \dfrac{A \cdot f_y}{\gamma_{M0}} \\[2mm] N_{u,Rd} = \dfrac{0,9 \cdot A_{net} \cdot f_u}{\gamma_{M2}} \end{cases}$

$N_{pl,Rd}$ Grenzzugkraft des Bruttoquerschnitts (ohne Berücksichtigung von Schraubenlöchern)

A Bruttoquerschnittsfläche

$N_{u,Rd}$ Grenzzugkraft des Nettoquerschnitts (mit Berücksichtigung von Schraubenlöchern)

A_{net} Nettoquerschnittsfläche

T6 Querkraftbeanspruchung

Beim Nachweis für eine Querkraftbeanspruchung gilt für alle Querschnittsklassen:

$$\frac{V_{Ed}}{V_{c,Rd}} \leq 0,1$$

mit: V_{Ed} Bemessungswert der Querkraft

$V_{c,Rd} = V_{pl,Rd} = A_V \cdot \dfrac{f_y}{\sqrt{3}} \cdot \dfrac{1}{\gamma_{M0}}$ (s. Tabelle Grenzschnittgrößen)

A_V wirksame Schubfläche, bei I-Profilen mit Lastrichtung parallel zum Steg gilt:
$A_V = A - 2 \cdot b \cdot t_f + (t_w + 2 \cdot r) \cdot t_f$
(Bezeichnungen siehe Profiltafeln)

Beispiel 1: Kragträger

Geführt wird der Nachweis für einachsige Biegung nach (**T7**), das heißt mit Ausnutzung von plastischen Tragreserven.

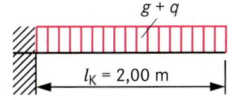

Profil HEA 120 aus Stahl S235
Belastung: $g = 3,2$ kN/m
$q = 5,0$ kN/m

$l_K = 2,00$ m

Bemessungsschnittgrößen:
$V_{z,Ed} = (1,35 \cdot 3,2$ kN/m $+ 1,5 \cdot 5,0$ kN/m$) \cdot 2,0$ m $= 23,6$ kN
$M_{y,Ed} = (1,35 \cdot 3,2$ kN/m $+ 1,5 \cdot 5,0$ kN/m$) \cdot (2,0$ m$)^2/2$
      $= 23,6$ kNm

Da $V_{z,Ed} \leq 0,5 \cdot V_{pl,Rd} = 0,5 \cdot 114$ kN $= 57$ kN ist (s. **T9**), darf der Nachweis nach **T3** ohne Berücksichtigung der Querkraftbeanspruchung geführt werden.

$$\frac{M_{y,Ed}}{M_{pl,y,Rd}} = \frac{23,6 \text{ kNm}}{28,1 \text{ kNm}} = 0,84 \leq 1,0$$

Der Querschnitt ist zu 84 % ausgenutzt.

T7 Einachsige Biegung

Beim Nachweis für eine Biegebeanspruchung gilt für die Querschnittsklassen 1 bis 3:

$$\frac{M_{Ed}}{M_{c,Rd}} \leq 1,0$$

mit: M_{Ed} Bemessungswert des Biegemoments

$M_{c,Rd} = M_{pl,Rd} = \dfrac{W_{pl} \cdot f_y}{\gamma_{M0}}$ für QK 1 und 2

$M_{c,Rd} = M_{el,Rd} = \dfrac{W_{el} \cdot f_y}{\gamma_{M0}}$ für QK 3

Werte für $M_{pl,Rd}$ und $M_{el,Rd}$ siehe Tabelle Grenzschnittgrößen.

Löcher für Verbindungsmittel im druckbeanspruchten Flansch von I-Profilen müssen nicht abgezogen werden, sofern sie mit Verbindungsmitteln (Schrauben, Niete) gefüllt sind und es sich nicht um übergroße Löcher oder Langlöcher handelt. Im zugbeanspruchten Flansch eines I-Profils muss die folgende Bedingung eingehalten sein, damit Löcher unberücksichtigt bleiben können:

$$\frac{0,9 \cdot A_{f,net} \cdot f_u}{\gamma_{M2}} \geq \frac{A_f \cdot f_y}{\gamma_{M0}}$$

T8 Beanspruchung aus unterschiedlichen Schnittgrößen

Beim gleichzeitigen Auftreten unterschiedlicher Schnittgrößen müssen bei plastischer Tragwerksberechnung (s. **T2**) die Einflüsse der Beanspruchung aus Querkraft und bzw. oder Normalkraft auf die Momententragfähigkeit berücksichtigt werden (Interaktion). Diese Interaktionsnachweise können DIN EN 1993-1-1, Abschnitt 6.2.8 bis 6.2.10 entnommen werden. Bei elastischer Tragwerksberechnung kann das allgemeine Bemessungsverfahren nach Tabelle **T3** angewendet werden.

Beispiel 2: Einfeldträger

Geführt wird der Nachweis nach dem allgemeinen Bemessungsverfahren (**T3**), also ohne Ausnutzung von plastischen Tragreserven.

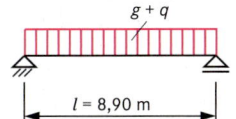

Profil IPE 300 aus Stahl S235
Belastung: $g = 3,8$ kN/m
$q = 2,0$ kN/m

$l = 8,90$ m

Bemessungsschnittgrößen:
$V_{z,Ed} = (1,35 \cdot 3,8$ kN/m $+ 1,5 \cdot 2,0$ kN/m$) \cdot 8,9/2$ m
      $= 36,2$ kN
$M_{y,Ed} = (1,35 \cdot 3,8$ kN/m $+ 1,5 \cdot 2,0$ kN/m$) \cdot (8,9$ m$)^2/8$
      $= 80,5$ kNm

Da $V_{z,Ed} \leq 0,5 \cdot V_{pl,z,Rd} = 0,5 \cdot 348$ kN $= 174$ kN ist (s. **T9**), darf der Nachweis nach **T3** ohne Berücksichtigung der Querkraftbeanspruchung geführt werden.

$$\frac{M_{y,Ed}}{M_{el,y,Rd}} = \frac{80,5 \text{ kNm}}{131 \text{ kNm}} = 0,61 \leq 1,0$$

Der Querschnitt ist zu 61 % ausgenutzt.

Beschränkung der Durchbiegung auf $f \leq l/300$:
$l_{y,erf} = 14,9 \cdot (3,8$ kN/m $+ 2,0$ kN/m$) \cdot (8,9$cm$)^2/8 \cdot 8,9$m $= 7615$ cm^4
$l_{y,vorh} = 8360$ cm$^4 \geq l_{y,erf}$

T1 Grenzschnittgrößen und Querschnittsklassen für Stahl S235

Profil		$N_{pl,Rd}$	$V_{pl,y,Rd}$	$M_{el,y,Rd}$	$M_{pl,y,Rd}$	$V_{pl,z,Rd}$	$M_{el,z,Rd}$	$M_{pl,z,Rd}$	QK M_y;M_z S235/S355
IPE	80	180	67,8	4,7	5,5	48,5	0,9	1,4	1/1
	100	242	90,5	8,0	9,3	68,7	1,4	2,1	1/1
	120	310	115	12,5	14,3	85,4	2,0	3,2	1/1
	140	385	142	18,2	20,8	103	2,9	4,5	1/1
	160	472	174	25,6	29,1	131	3,9	6,1	1/1
	180	562	206	34,3	39,1	152	5,2	8,1	1/1
	200	670	248	45,6	51,8	190	6,7	10,5	1/1
	220	785	292	59,2	67,1	216	8,8	13,7	1/1
	240	919	345	76,1	86,2	260	11,1	17,4	1/1
	270	1079	399	101	114	300	14,6	22,8	1/1
	300	1264	462	131	148	348	18,9	29,4	1/1
	330	1471	537	168	189	418	23,1	36,1	1/1
	360	1709	623	212	240	476	28,8	44,9	1/1
	400	1986	711	273	307	580	34,5	53,8	1/1
	450	2322	804	353	400	690	41,6	65,0	1/1
	500	2726	926	454	516	819	50,3	78,9	1/1
	550	3149	1042	573	655	976	59,8	94,1	1/1
	600	3666	1202	722	825	1137	72,4	114	1/1
HEA	100	498	233	17,1	19,5	102	6,3	9,7	1/1
	120	595	277	24,9	28,1	114	9,0	13,8	1/1
	140	738	340	36,4	40,8	137	13,1	19,9	1/1
	160	912	417	51,7	57,6	180	18,1	27,6	1/1
	180	1065	491	69,1	76,4	197	24,2	36,8	1/2
	200	1264	580	91,4	101	245	31,5	47,9	1/2
	220	1511	694	121	134	280	41,8	63,6	1/2
	240	1805	832	159	175	341	54,3	82,6	1/2
	260	2040	949	197	216	390	66,3	101	1/3
	280	2287	1055	237	261	431	79,9	122	1/3
	300	2656	1231	296	325	512	98,9	151	1/3
	320	2914	1342	348	383	553	110	167	1/2
	340	3126	1422	395	435	604	117	178	1/1
	360	3361	1513	444	491	668	124	189	1/1
	400	3737	1632	543	602	778	134	205	1/1
	450	4183	1794	682	756	892	148	227	1/1
	500	4653	1964	834	928	1020	162	249	1/1
	550	4982	2042	975	1086	1139	169	260	1/1
	600	5311	2114	1126	1257	1258	177	272	1/1
HEB	100	611	288	21,1	24,5	122	7,9	12,1	1/1
	120	799	375	33,8	38,8	149	12,4	19,0	1/1
	140	1011	473	50,8	57,7	178	18,4	28,2	1/1
	160	1276	591	73,1	83,2	239	26,1	40,0	1/1
	180	1535	711	100	113	275	35,5	54,3	1/1
	200	1835	852	134	151	337	47,0	71,9	1/1
	220	2139	992	173	194	378	60,6	92,6	1/1
	240	2491	1159	220	248	451	76,8	117	1/1
	260	2773	1296	270	302	504	92,8	142	1/1
	280	3079	1430	324	361	553	111	169	1/1
	300	3502	1631	395	439	642	134	205	1/1
	320	3784	1749	454	505	698	145	221	1/1
	340	4019	1837	508	566	762	152	232	1/1
	360	4254	1922	564	631	827	159	243	1/1
	400	4653	2042	677	760	953	169	259	1/1
	450	5123	2202	834	936	1081	184	282	1/1
	500	5617	2369	1008	1132	1224	198	304	1/1
	550	5969	2445	1168	1314	1357	205	315	1/1
	600	6345	2528	1340	1510	1504	212	327	1/1

Umrechnungsfaktor für S355:	1,51
Umrechnungsfaktor für S460:	1,96

T2 Druckstäbe (Stützen) mit mittiger Belastung

Der Nachweis der Tragfähigkeit von Druckstäben mit mittiger (zentrischer) Belastung kann im Stahlbau am aus dem Gesamttragwerk herausgelösten Stab mit Hilfe des Ersatzstabverfahrens geführt werden. Neben der Stahlgüte ist die Tragfähigkeit von Druckstäben durch die Schlankheit des Stabes sowie der für den Querschnitt zu berücksichtigenden Knicklinie (T3) bestimmt. Die Schlankheit ist abhängig von Knicklänge des Stabes (Euler-Fall) und der Querschnittsgeometrie (Trägheitsradius i). Unter Berücksichtigung dieser Einflüsse auf die Tragfähigkeit des Druckstabes wird ein Abminderungsfaktor $\varkappa$ ermittelt, mit dem der Nachweis geführt wird.

Ermittlung der Knicklänge
$L_{cr} = \beta \cdot l$ mit: β = Knicklänenbeiwert (s. rechts)
l = Stablänge

Ermittlung des bezogenen Schlankheitsgrades für QK 1-3:

$\overline{\lambda} = \dfrac{\lambda}{\lambda_1} = \dfrac{L_{cr}}{i \cdot \lambda_1}$ mit i = Trägheitsradius (s. Profiltafeln)

Knicklängenbeiwerte einfacher Stäbe mit konstantem Querschnitt nach Euler:

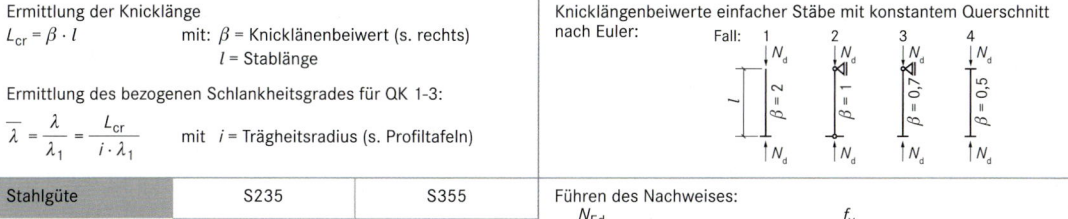

Stahlgüte	S235	S355
Materialbeiwert λ_1	93,9	76,4

Führen des Nachweises:
$\dfrac{N_{Ed}}{N_{b,Rd}} \leq 1,0$ mit: $N_{b,Rd} = \varkappa \cdot A \dfrac{f_y}{\gamma_{M1}}$ ($\varkappa$ s. T3)

T3 Zuordnung der Querschnitte zu den Knickspannungslinien

Querschnitte			Ausweichen rechtwinklig zur Achse	Knickspannungslinie
Hohlprofile:	warm gefertigt		y-y z-z	a
	kalt gefertigt		y-y z-z	b
geschweißte Kastenquerschnitte:			y-y z-z	b
gewalzte I-Profile:	alle IPE ≥ HEA 400 ≥ HEB 400	$h/b > 12; t \leq 40$	y-y z-z	a b
	≤ HEA 360 ≤ HEB 360	$h/b > 1,2; 40 < t \leq 80$ $h/b \leq 1,2; t \leq 80$ mm	y-y z-z	b c
		$t > 80$ mm	y-y z-z	d
I-Querschnitte geschweißt:	$t_i \leq 40$ mm		y-y z-z	b c
	$t_i > 40$ mm		y-y z-z	c d
U-, T- und Vollquerschnitte und mehrteilige Stäbe nach Abschnitt 4.4:			y-y z-z	c
L-Querschnitte			y-y z-z	b

T4 Abminderungsfaktoren $\varkappa$

$\overline{\lambda}$	Knicklinien				$\overline{\lambda}$	Knicklinien				$\overline{\lambda}$	Knicklinien			
	a	b	c	d		a	b	c	d		a	b	c	d
0,2	1,000	1,000	1,000	1,000	1,2	0,530	0,478	0,434	0,376	2,2	0,187	0,176	0,166	0,151
0,3	0,977	0,964	0,949	0,923	1,3	0,470	0,427	0,389	0,339	2,3	0,172	0,163	0,154	0,140
0,4	0,953	0,926	0,897	0,850	1,4	0,418	0,382	0,349	0,306	2,4	0,159	0,151	0,143	0,130
0,5	0,924	0,884	0,843	0,779	1,5	0,372	0,342	0,315	0,277	2,5	0,147	0,140	0,132	0,121
0,6	0,890	0,837	0,785	0,710	1,6	0,333	0,308	0,284	0,251	2,6	0,136	0,130	0,123	0,113
0,7	0,848	0,784	0,725	0,643	1,7	0,299	0,278	0,258	0,229	2,7	0,127	0,121	0,115	0,106
0,8	0,796	0,724	0,662	0,580	1,8	0,270	0,252	0,235	0,209	2,8	0,118	0,113	0,108	0,100
0,9	0,734	0,661	0,600	0,521	1,9	0,245	0,229	0,214	0,192	2,9	0,111	0,106	0,101	0,094
1,0	0,666	0,597	0,540	0,467	2,0	0,223	0,209	0,196	0,177	3,0	0,104	0,099	0,095	0,088
1,1	0,596	0,535	0,484	0,419	2,1	0,204	0,192	0,180	0,163	3,1	0,097	0,093	0,090	0,083

T1 Kategorien von Schraubenverbindungen

	Kategorie		SFK	Nachweiskriterium	Merkmale
Scherverbindungen	A	Scher-/Lochleibungs-verbindungen	4.6 – 10.9	$F_{v,Ed} \leq F_{v,Rd}$ $F_{v,Ed} \leq F_{b,Rd}$	Keine Vorspannung erforderlich, Nachweis der Scher- und Lochleibungsfestigkeit im Grenzzustand der Tragfähigkeit (GZT).
	B	Gleitfeste Verbindungen im Grenzzustand der Tragfähigkeit	8.8 – 10.9	$F_{v,Ed,ser} \leq F_{s,Rd,ser}$ $F_{v,Ed} \leq F_{v,Rd}$ $F_{v,Ed} \leq F_{b,Rd}$	Vorgespannte Verbindung mit hochfesten Schrauben, Nachweis des Gleitens im Grenzzustand der Gebrauchstauglichkeit (GZG), Nachweis der Scher- und Lochleibungsfestigkeit im GZT.
	C	Gleitfeste Verbindungen im Grenzzustand der Gebrauchstauglichkeit	8.8 – 10.9	$F_{v,Ed} \leq F_{s,Rd}$ $F_{v,Ed} \leq F_{b,Rd}$ $F_{v,Ed} \leq N_{net,Rd}$	Vorgespannte Verbindung mit hochfesten Schrauben, kein Gleiten im GZT, Nachweis der Lochleibungsfestigkeit und des Nettoquerschnitts (unter Berücksichtigung der Schraubenlöcher) im GZT
Zugverbindungen	D	Nicht vorgespannt	4.6 – 10.9	$F_{t,Ed} \leq F_{t,Rd}$ $F_{t,Ed} \leq B_{p,Rd}$	Nachweis der Zugfestigkeit und des Durchstanzens im GZT, darf nicht bei veränderlichen Zugbeanspruchungen mit Ausnahme von Wind verwendet werden.
	E	Vorgespannt	8.8 – 10.9	$F_{t,Ed} \leq F_{t,Rd}$ $F_{t,Ed} \leq B_{p,Rd}$	Nachweis der Zugfestigkeit und des Durchstanzens im GZT.

T2 Schraubenwerkstoffe

Festigkeitsklasse (SFK)	Streckgrenze $f_{y,b}$ in [N/mm^2]	Zugfestigkeit $f_{u,b}$ in [N/mm^2]
4.6	240	360
5.6	300	500
8.8	640	800
10.9	900	1000

T3 Loch- und Randabstände

Bezeichnung der Loch- und Randabstände

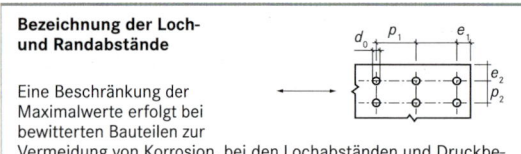

Eine Beschränkung der Maximalwerte erfolgt bei bewitterten Bauteilen zur Vermeidung von Korrosion, bei den Lochabständen und Druckbeanspruchung auch zur Verhinderung des lokalen Beulens.

Loch-/Randabstände	Min. (red. Tragkraft)	Min. (max. Tragkraft)	Max.
e_1	$\geq 1,2 \cdot d_0$	$\geq 3,0 \cdot d_0$	$\leq 4 \cdot t + 40\,mm$
e_2	$\geq 1,2 \cdot d_0$	$\geq 1,5 \cdot d_0$	$\leq 4 \cdot t + 40\,mm$
p_1	$\geq 2,2 \cdot d_0$	$\geq 3,75 \cdot d_0$	$\leq min\,(14 \cdot t; 200\,mm)$
p_1	$\geq 2,4 \cdot d_0$	$\geq 3,0 \cdot d_0$	$\leq min\,(14 \cdot t; 200\,mm)$

T4 Beanspruchungsarten

Scher-/Lochleibungsverbindungen
Die Schraube wird auf Abscheren beansprucht, die Lochleibung auf Druck.

Einschnittige Verbindung:
maßgebend ist $t_1 = min\, t$, $t_1 < t_2$
(Beispiel: Niet mit Halbrundköpfen)

Zweischnittige Verbindung:
maßgebend ist t_2, wenn $t_2 < 2\,t_1$ ist.
Die Grenzabscherkraft gilt je Scherfuge, kann hier also zweimal aktiviert werden.
(Beispiel: Passschraube)

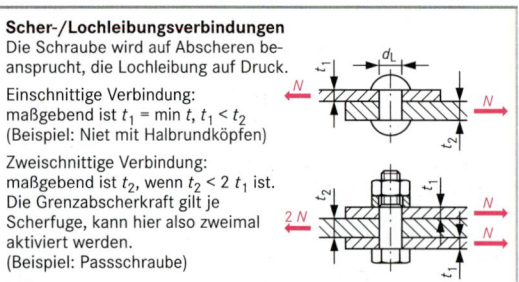

T5 Grenztragfähigkeiten von Schrauben

Festig-keits-klasse	Gewindedurchmesser					
	M12	M16	M20	M22	M24	M27
	Grenzabscherkraft $F_{v,Rd}$ in kN je Scherfuge Schraubenschaft liegt in der Scherfuge					
4.6	21,7	38,6	60,3	73,0	86,8	110,0
5.6	27,1	48,2	75,4	91,2	108,5	137,5
8.8	43,4	77,2	120,6	145,9	173,6	220,0
10.9	54,2	96,5	150,7	182,4	217,0	275,0
	Grenzabscherkraft $F_{v,Rd}$ in kN je Scherfuge Schraubengewinde liegt in der Scherfuge					
4.6	16,2	30,1	47,0	58,2	67,8	88,1
5.6	20,2	37,7	58,8	72,7	84,7	110,2
8.8	32,4	60,3	94,1	116,4	135,6	176,3
10.9	33,7	62,8	98,0	121,2	141,2	183,6
	Maximale Grenzlochleibungskraft $F_{b,Rd}$ in kN für Stahl S235 und 10 mm Blechstärke, obere Werte mit normalem Lochspiel, untere Werte für Passschrauben, Rand- und Lochabstände nach T3, Spalte 3					
	86,4	115,2	144,0	158,4	172,8	194,4
	93,6	122,4	151,2	165,6	180,0	201,6
	Grenzzugkraft $F_{t,Rd}$ in kN je Schraube für alle Schrauben außer Senkschrauben					
4.6	24,3	45,2	70,6	87,3	101,7	132,2
5.6	30,3	56,5	88,2	109,1	127,1	165,2
8.8	48,6	90,4	141,1	174,5	203,3	264,4
10.9	60,7	113,0	176,4	218,2	254,2	330,5
	Grenzdurchstanzkraft $B_{p,Rd}$ in kN für Stahl S235 und 10mm Blechstärke					
	102,7	136,2	170,9	193,5	205,1	234,0
	Grenzgleitkraft $F_{s,Rd}$ in kN je Gleitfuge und Reibzahl 0,5, Kategorie B, Kategorie C					
8.8	21,5	40,0	62,4	77,1	89,9	116,8
10.9	26,8	50,0	78,0	96,4	112,3	146,0
8.8	18,9	35,2	54,9	67,9	79,1	102,8
10.9	23,6	44,0	68,6	84,8	98,8	128,5
	Umrechnungsfaktoren für Lochleibungs- und Durchstanzkräfte:					
S355	1,36					
S460	1,50					

T6 Allgemeines

Eine Schweißverbindung ist definiert als eine Verbindung durch Verschmelzen nach einer Verflüssigung im Bereich der Nahtstelle. Dies erfolgt in der Regel mit Zuführung eines weiteren Werkstoffes. Während des Schweißvorgangs muss das Schweißbad vor Luftsauerstoff und Verunreinigungen geschützt werden, z.B. durch Schutzgas oder Umhüllung der Elektrode mit Schweißzusatz. Die Grenzspannungen in Kehlnähten sind etwas geringer als beim Grundmaterial, voll durchgeschweißte Stumpfnähte erreichen in der Regel die Tragfähigkeit des schwächeren der verbundenen Bauteile. Ein im Bauwesen übliches Schweißverfahren ist das Lichtbogenschweißen.

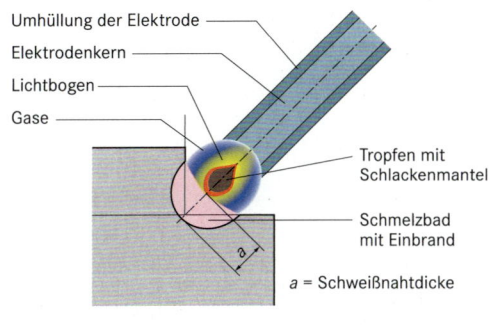

Umhüllung der Elektrode

Elektrodenkern

Lichtbogen

Gase

Tropfen mit Schlackenmantel

Schmelzbad mit Einbrand

a = Schweißnahtdicke

T7 Mindestdicken und -längen von Kehlnähten

Mindestmaße von tragenden Kehlnähten:

Schweißnahtdicke	min a = 3 mm
Schweißnahtlänge	min $l_w \geq$ max $\begin{cases} 30 \text{ mm} \\ 6 \cdot a_w \end{cases}$
Maximal wirksame Kehlnahtlänge	$l_w \leq 150 \cdot a$

T8 Korrelationsbeiwert und Zugfestigkeit

Stahlsorte	Korrelationsbeiwert β_w	f_u in N/mm² für Blechdicken $t \leq 40$ mm
S235	0,8	360
S355	0,9	510
S460	1,0	540

T9 Tragfähigkeit von Kehlnäten – Vereinfachtes Verfahren

Der Bemessungswert der auf die wirksame Kehlnahtfläche einwirkenden Kräfte je Längeneinheit $F_{v,Ed}$ muss kleiner sein als der Bemessungswert der Tragfähigkeit der Schweißnaht je Längeneinheit $F_{w,Rd}$.

Für $F_{w,Rd}$ gilt: $F_{w,Rd} = f_{vw,d} \cdot a$

mit: $f_{vw,d}$ Grenzscherfestigkeit der Schweißnaht

a Dicke der Schweißnaht

$f_{vw,d}$ $\dfrac{f_u}{\sqrt{3} \cdot \beta_w \cdot \gamma_{M2}}$

f_u Zugfestigkeit des schwächeren der angeschlossenen Bauteile (s. **T8**)

β_w Korrelationsbeiwert, abhängig von der Stahlgüte (s. **T8**)

T10 Grenzkräfte für Kehlnähte nach dem vereinfachten Verfahren in kN/cm

Stahl	Nahtdicke a in mm						
	3	4	5	6	8	10	12
S235	6,2	8,3	10,4	12,5	16,6	20,8	24,9
S355	7,9	10,5	13,1	15,7	20,9	26,2	31,4
S460	7,5	10,0	12,5	15,0	20,0	24,9	29,9

T11 Symbole für Schweißverbindungen

Grundsymbole für Nahtarten			Zusammengesetzte Symbole für Nahtarten		
Benennung	Illustration	Symbol	Benennung	Illustration	Symbol
Kehlnaht		◁	Doppel-kehlnaht		⊳◁
V-Naht		V	DV-Naht		X
HV-Naht		V	DHV-Naht		K
Y-Naht		Y	DY-Naht		X
HY-Naht		Y	DHY-Naht		K
Gegennaht (Gegenlage)		⌣	V-Naht mit Gegennaht		⤈
I-Naht		‖	Bezugs-zeichen	Pfeillinie — $a \vee l_w$ — Strichlinie — Stoß	

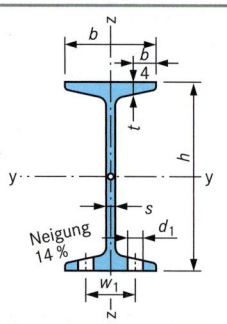

Schmale I-Träger, Auswahl
mit geneigten inneren Flanschflächen, warmgewalzt,
nach DIN 1025-1: 09,
Flanschlöcher nach (DIN 997: 70),
Normallängen
bei Profilhöhen unter 300 mm 8 m bis 16 m,
bei Profilhöhen von 300 mm und mehr 8 m bis 18 m

Bezeichnung: I 200 x 3000, DIN 1025
Bedeutung: Schmaler Doppel-T-Träger, 200 mm hoch,
              3000 mm lang, nach DIN 1025

I		80	100	120	140	160	180	200	220	240	260	280	300	320	340
h	mm	80	100	120	140	160	180	200	220	240	260	280	300	320	340
b	mm	42	50	58	66	74	82	90	98	106	113	119	125	131	137
s	mm	3,9	4,5	5,1	5,7	6,3	6,9	7,5	8,1	8,7	9,4	10,1	10,8	11,5	12,2
t	mm	5,9	6,8	7,7	8,6	9,5	10,4	11,3	12,2	13,1	14,1	15,2	16,2	17,3	18,3
A	cm^2	7,57	10,6	14,2	18,2	22,8	27,9	33,4	39,5	46,1	53,3	61,0	69,0	77,7	86,7
g	kg/m	5,94	8,34	11,1	14,3	17,9	21,9	26,2	31,1	36,2	41,9	47,9	54,2	61,0	68,0
I_y	cm^4	78	171	328	573	935	1450	2140	3060	4250	5740	7590	9800	12510	15700
W_y	cm^3	19,5	34,2	54,7	81,9	117	161	214	278	354	442	542	653	782	923
i_y	cm	3,20	4,01	4,81	5,61	6,40	7,20	8,00	8,80	9,59	10,4	11,1	11,9	12,7	13,5
I_z	cm^4	6,29	12,2	21,5	35,2	54,7	81,3	117	162	221	288	364	451	555	674
W_z	cm^3	3,00	4,88	7,41	10,7	14,8	19,8	26,0	33,1	41,7	51,0	61,2	72,2	84,7	98,4
i_z	cm	0,91	1,07	1,23	1,40	1,55	1,71	1,87	2,02	2,20	2,32	2,45	2,56	2,67	2,80
s_y	cm	6,84	8,57	10,3	12,0	13,7	15,5	17,2	18,9	20,6	22,3	24,0	25,7	27,4	29,1
d_1	mm	6,4	6,4	8,4	11	11	13	13	13	17/13	17	17	21/17	21/17	21
w_1	mm	22	28	32	34	40	44	48	52	56	60	60	64	70	74

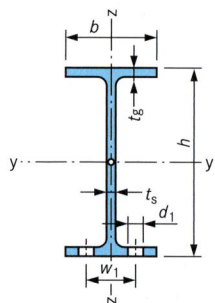

Mittelbreite I-Träger, Auswahl
mit parallelen Flanschflächen, warmgewalzt,
nach DIN 1025-5: 94 und EURONORM 19-57,
Flanschlöcher nach (DIN 997: 70),
Normallängen
bei Profilhöhen unter 300 mm 8 m bis 16 m,
bei Profilhöhen von 300 mm und mehr 8 m bis 18 m

Bezeichnung: IPE 200 x 3000, DIN 1025
Bedeutung: Mittelbreiter Doppel-T-Träger, 200 mm hoch,
              3000 mm lang, nach DIN 1025

Die zitierte EURONORM 19-57 ist formal zurückgezogen, jedoch gibt es keine
entsprechende EN (Hinweis im Anhang C der DIN EN 10 025-1:04).

IPE		80	100	120	140	160	180	200	220	240	270	300	330	360	400
h	mm	80	100	120	140	160	180	200	220	240	270	300	330	360	400
b	mm	46	55	64	73	82	91	100	110	120	135	150	160	170	180
t_s	mm	3,8	4,1	4,4	4,7	5,0	5,3	5,6	5,9	6,2	6,6	7,1	7,5	8,0	8,6
t_G	mm	5,2	5,7	6,3	6,9	7,4	8,0	8,5	9,2	9,8	10,2	10,7	11,5	12,7	13,5
A	cm^2	7,64	10,3	13,2	16,4	20,1	23,9	28,5	33,4	39,1	45,9	53,8	62,6	72,7	84,5
g	kg/m	6,00	8,10	10,4	12,9	15,8	18,8	22,4	26,2	30,7	36,1	42,2	49,1	57,1	66,3
I_y	cm^4	80	171	318	541	869	1320	1940	2770	3890	5790	8360	11770	16270	23130
W_y	cm3	20,0	34,2	53,0	77,3	109	146	194	252	324	429	557	713	904	1160
i_y	cm	3,24	4,07	4,90	5,74	6,58	7,42	8,26	9,11	9,97	11,2	12,5	13,7	15,0	16,5
I_z	cm^4	8,49	15,9	27,7	44,9	68,3	101	142	205	284	420	604	788	1040	1320
W_z	cm^3	3,69	5,79	8,65	12,3	16,7	22,2	28,5	37,3	47,3	62,2	80,5	98,5	123	146
i_z	cm	1,05	1,24	1,45	1,65	1,84	2,05	2,24	2,48	2,69	3,02	3,35	3,55	3,79	3,95
s_y	cm	6,9	8,6	10,5	12,3	14,0	15,8	17,6	19,4	21,2	23,9	26,6	29,3	31,9	35,4
d_1	mm	6,4	8,4	8,4	11	13	13	13	17	17	21/17	23	25/23	25	28/25
w_1	mm	26	30	36	40	44	50	56	60	68	72	80	86	90	96

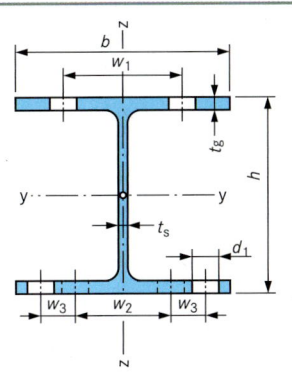

Breite I-Träger, Auswahl
mit parallelen Flanschflächen, warmgewalzt,
Flanschlöcher nach (DIN 997: 70),
Normallängen
bei Profilhöhen unter 300 mm 8 m bis 16 m,
bei Profilhöhen von 300 mm und mehr 8 m bis 18 m

Die zitierte EURONORM 53-62 ist formal zurückgezogen, jedoch gibt es keine
entsprechende EN (Hinweis im Anhang C der DIN EN 10 025-1:04).

Reihe HE-B
DIN 1025-2: 95
EURONORM 53-62

Bezeichnung: IPB 300 x 5000 DIN 1025 oder HE-300-B
DIN 1025
Bedeutung: Breiter Doppel-T-Träger, 300 mm hoch,
5000 mm lang, nach DIN 1025

IPB		100	120	140	160	180	200	240	260	280	300	320	340	360	400
h	mm	100	120	140	160	180	200	240	260	280	300	320	340	360	400
b	mm	100	120	140	160	180	200	240	260	280	300	300	300	300	300
t_s	mm	6	6,5	7	8	8,5	9	10	10	10,5	11	11,5	12	12,5	13,5
t_g	mm	10	11	12	13	14	15	17	17,5	18	19	20,5	21,5	22,5	24
A	cm^2	26,0	34,0	43,0	54,3	65,3	78,1	106	118	131	149	161	171	181	198
g	kg/m	20,4	26,7	33,7	42,6	51,2	61,3	83,2	93,0	103	117	127	134	142	155
I_y	cm^4	450	864	1510	2490	3830	5700	11260	14920	19270	25170	30820	36660	43190	57680
W_y	cm^3	89,9	144	216	311	426	570	938	1150	1380	1680	1930	2160	2400	2880
i_y	cm	4,16	5,04	5,93	6,78	7,66	8,54	10,3	11,2	12,1	13,0	13,8	14,6	15,5	17,1
I_z	cm^4	167	318	550	889	1360	2000	3920	5130	6590	8560	9240	9690	10140	10820
W_z	cm^3	33,5	52,9	78,5	111	151	200	327	395	471	571	616	646	676	721
i_z	cm	2,53	3,06	3,58	4,05	4,57	5,07	6,08	6,58	7,09	7,58	7,57	7,53	7,49	7,40
s_y	cm	8,63	10,5	12,3	14,1	15,9	17,7	21,4	23,3	25,1	26,9	28,7	30,4	32,2	35,7
d_1	mm	13	17	21	23	25	25	25	25	25	28	28	28	28	28
w_1	mm	56	66	76	86	100	110	96	106	110	120	120	120	120	120
w_2	mm	56	66	76	86	100	110	96	106	110	120	120	120	120	120
w_3	mm	–	–	–	–	–	35	40	45	45	45	45	45	45	45

Reihe HE-A, leicht
DIN 1025-3: 94
EURONORM 53-62

Bezeichnung: IPBI 300 x 5000 DIN 1025 oder HE-300-A DIN 1025
Bedeutung: Breiter Doppel-T-Träger, leicht, 290 mm hoch,
5000 mm lang, nach DIN 1025

IPBI		100	120	140	160	180	200	240	260	280	300	320	340	360	400
h	mm	96	114	133	152	171	190	230	250	270	290	310	330	350	390
b	mm	100	120	140	160	180	200	240	260	280	300	300	300	300	300
t_s	mm	5	5	5,5	6	6	6,5	7,5	7,5	8	8,5	9	9,5	10	11
t_g	mm	8	8	8,5	9	9,5	10	12	12,5	13	14	15,5	16,5	17,5	19
A	cm^2	21,2	25,3	31,4	38,8	45,3	53,8	76,8	86,8	97,3	113	124	133	143	159
g	kg/m	16,7	19,9	24,7	30,4	35,5	42,3	60,3	68,2	76,4	88,3	97,6	105	112	125
I_y	cm^4	349	606	1030	1670	2510	3690	7760	10450	13670	18260	22930	27960	33090	45070
W_y	cm^3	72,8	106	155	220	294	389	675	836	1010	1260	1480	1680	1890	2310
i_y	cm	4,06	4,89	5,73	6,57	7,45	8,28	10,1	11,0	11,9	12,7	13,6	14,4	15,2	16,8
I_z	cm^4	134	231	389	616	925	1340	2770	3670	4760	6310	6990	7440	7890	8560
W_z	cm^3	26,8	38,5	55,6	76,9	103	134	231	282	340	421	466	496	526	571
i_z	cm	2,51	3,02	3,52	3,98	4,52	4,98	6,00	6,50	7,00	7,49	7,49	7,46	7,43	7,34
s_y	cm	8,41	10,1	11,9	13,6	15,5	17,2	20,9	22,7	24,6	26,4	28,2	29,9	31,7	35,2
d_1	mm	13	17	21	23	25	25	25	25	25	28	28	28	28	28
w_1	mm	56	66	76	86	100	110	94	100	110	120	120	120	120	120
w_2	mm	56	66	76	86	100	110	94	100	110	120	120	120	120	120
w_3	mm	–	–	–	–	–	–	35	40	45	45	45	45	45	45

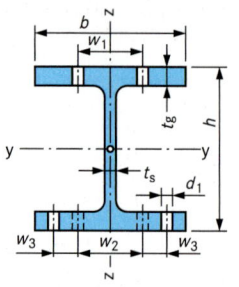

Breite I-Träger, verstärkte Ausführung, Auswahl
mit parallelen Flanschflächen, warmgewalzt,
nach DIN 1025-4: 94 und EURONORM 53-62
Flanschlöcher nach (DIN 997: 70),
Normallängen
bei Profilhöhen unter 300 mm 8 m bis 16 m,
bei Profilhöhen von 300 mm und mehr 8 m bis 18 m

Bezeichnung: IPBv 300 x 5000 DIN 1025 oder HE-300-M
               DIN 1025
Bedeutung: Breiter Doppel-T-Träger, verstärkt, 340 mm hoch,
               5000 mm lang, nach DIN 1025

IPBv		100	120	140	160	180	200	240	260	280	300	320	340	360
h	mm	120	140	160	180	200	220	270	290	310	340	359	377	395
b	mm	106	126	146	166	186	206	248	268	288	310	309	309	308
t_s	mm	12	12,5	13	14	14,5	15	18	18	18,5	21	21	21	21
t_g	mm	20	21	22	23	24	25	32	32,5	33	39	40	40	40
A	cm²	53,2	66,4	80,6	97,1	113	131	200	220	240	303	312	316	319
g	kg/m	41,8	52,1	63,2	76,2	88,9	103	157	172	189	238	245	248	250
I_y	cm⁴	1140	2020	3290	5100	7480	10640	24290	31310	39550	59200	68130	76370	84870
W_y	cm³	190	288	411	566	748	967	1800	2160	2550	3480	3800	4050	4300
i_y	cm	4,63	5,51	6,39	7,25	8,13	9,00	11,0	11,9	12,8	14,0	14,8	15,6	16,3
I_z	cm⁴	399	703	1140	1760	2580	3650	8150	10450	13160	19400	19710	19710	19520
W_z	cm³	75,3	112	157	212	277	354	657	780	914	1250	1280	1280	1270
i_z	cm	2,74	3,25	3,77	4,26	4,77	5,27	6,39	6,90	7,40	8,00	7,95	7,90	7,83
s_y	cm	9,69	11,5	13,3	15,1	16,9	18,7	22,9	24,8	26,7	29,0	30,7	32,4	34,0
d_1	mm	13	17	21	23	25	25	25/23	25	25	25	28	28	28
w_1	mm	60	68	76	86	100	110	100	110	116	120	126	126	126
w_2	mm	60	68	76	86	100	110	100	110	116	120	126	126	126
w_3	mm	–	–	–	–	–		35	40	45	50	47	47	47

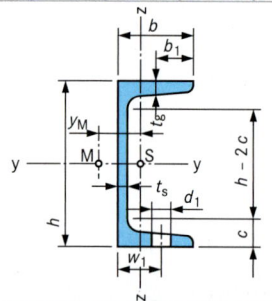

U-Stahl, Auswahl
rundkantig, warmgewalzt,
nach DIN 1026-1: 09,
Flanschlöcher nach (DIN 997: 70),
Normallängen
bei Profilhöhen unter 300 mm 8 m bis 16 m, für U 30 x 15 bis U 65 6 m
bis 12 m,
bei Profilhöhen von 300 mm und mehr 8 m bis 18 m

Bezeichnung: U 200 x 800, DIN 1026
Bedeutung: U-Stahl, 200 mm hoch, 800 mm lang,
               nach DIN 1026

U		40	50	60	65	80	100	120	140	160	180	200	220	240	260
h	mm	40	50	60	65	80	100	120	140	160	180	200	220	240	260
b	mm	35	38	30	42	45	50	55	60	65	70	75	80	85	90
t_s	mm	5	5	6	5,5	6	6	7	7	7,5	8	8,5	9	9,5	10
t_g	mm	7	7	6	7,5	8	8,5	9	10	10,5	11	11,5	12,5	13	14
A	cm²	6,21	7,12	6,46	9,03	11,0	13,5	17,0	20,4	24,0	28,0	32,2	37,4	42,3	48,3
g	kg/m	4,87	5,59	5,07	7,09	8,64	10,6	13,4	16,0	18,8	22,0	25,3	29,4	33,2	37,9
I_y	cm⁴	14,1	26,4	31,6	57,5	106	206	364	605	925	1350	1910	2690	3600	4820
W_y	cm³	7,05	10,6	10,5	17,7	26,5	41,2	60,7	86,4	116	150	191	245	300	371
i_y	cm	1,50	1,92	2,21	2,52	3,10	3,91	4,62	5,45	6,21	6,95	7,70	8,48	9,22	9,99
I_z	cm⁴	6,68	9,12	4,51	14,1	19,4	29,3	43,2	62,7	85,3	114	148	197	248	317
W_z	cm³	3,08	3,75	2,16	5,07	6,36	8,49	11,1	14,8	18,3	22,4	27,0	33,6	39,6	47,7
i_z	cm	1,04	1,13	0,84	1,25	1,33	1,47	1,59	1,75	1,89	2,02	2,14	2,30	2,42	2,56
s_y	cm	–	–	–	–	6,65	8,42	10,0	11,8	13,3	15,1	16,8	18,5	20,1	21,8
d_1	mm	8,4	11	8,4	11	13	13	17/13	17	21/17	21	23/21	23	25/23	25
w_1	mm	20	20	18	25	25	30	30	35	35	40	40	45	45	50

Stahlbau

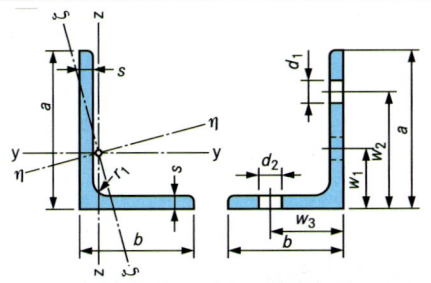

L-Stahl, gleichschenklig, ungleichschenklig, Auswahl
Rundkantiger Winkelstahl, warmgewalzt,
nach DIN EN 10056-1: 98
Schenkellöcher nach (DIN 997: 70),
Normallängen 6 m bis 12 m,

Bezeichnung: L 100 x 50 x 8 x 3200 DIN EN 10056
Bedeutung: Rundkantiger Winkelstahl,
              ungleichschenklig, 100 mm und
              50 mm Schenkelbreiten, 8 mm dick,
              3200 mm lang, nach DIN EN 10056-1

L		L 40 x 20 x 4	L 40 x 4	L 45 x 30 x 4	L 50 x 30 x 5	L 50 x 4	L 60 x 30 x 5	L 60 x 5	L 65 x 50 x 5	L 70 x 50 x 6	L 70 x 7	L 80 x 40 x 6	L 80 x 8	L 90 x 9	L 100 x 50 x 8	L 100 x 8
a	mm	40	40	45	50	50	60	60	65	70	70	80	80	90	100	100
b	mm	20	40	30	30	50	30	60	50	50	70	40	80	90	50	100
s	mm	4	4	4	5	4	5	5	5	6	7	6	8	9	8	8
A	cm²	2,26	3,08	2,87	3,78	3,89	4,28	5,82	5,54	6,89	9,40	6,89	12,3	15,5	11,4	15,6
g	kg/m	1,77	2,42	2,25	2,96	3,06	3,36	4,57	4,35	5,41	7,38	5,41	9,63	12,2	8,97	12,2
I_y	cm⁴	3,59	4,47	5,78	9,36	8,97	15,6	19,4	23,2	33,4	42,3	44,9	72,2	116	116	145
W_y	cm³	1,42	1,55	1,91	2,86	2,46	4,07	4,45	5,14	7,01	8,41	8,73	12,6	17,9	18,2	19,9
i_y	cm	1,26	1,21	1,42	1,57	1,52	1,91	1,82	2,05	2,20	2,12	2,55	2,43	2,73	3,19	3,06
I_z	cm⁴	0,600	4,47	2,05	2,51	8,97	2,63	19,4	11,9	14,2	42,3	7,59	72,2	116	19,7	145
W_z	cm³	0,393	1,55	0,91	1,11	2,46	1,14	4,45	3,19	3,78	8,41	2,44	12,6	17,9	5,08	19,9
i_z	cm	0,514	1,21	0,85	0,816	1,52	0,784	1,82	1,47	1,43	2,12	1,05	2,43	2,73	1,31	3,06
I_η	cm⁴	3,80	7,09	6,65	10,3	14,2	16,5	30,7	28,8	39,7	67,1	47,6	115	184	123	230
i_η	cm²	1,30	1,52	1,52	1,65	1,91	1,97	2,30	2,28	2,40	2,67	2,63	3,06	3,44	3,28	3,85
I_ς	cm⁴	0,393	1,86	1,18	1,54	3,73	1,71	8,03	6,32	7,92	17,5	4,93	29,9	47,9	12,8	59,9
W_ς	cm³		1,17			1,94		3,46			6,28		9,37	13,3		15,5
i_ς	cm	0,417	0,777	0,64	0,639	0,979	0,653	1,17	1,07	1,07	1,36	0,845	1,56	1,76	1,06	1,96
d_1	mm	11	11	13	13	13	17	17	21	21	21	23	23	25	25	25
d_2	mm	4,3	11	8,4	8,4	13	8,4	17	13	13	21	11	23	25	13	25
w_1	mm	22	22	25	30	30	35	35	35	40	40	45	45	50	55	55
w_3	mm	12	22	17	17	30	17	35	30	30	40	22	45	50	30	55

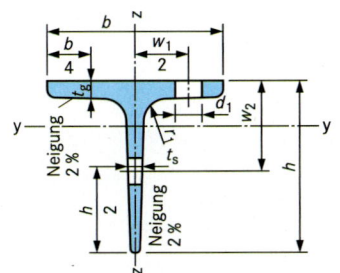

T-Stahl, Auswahl
Rundkantig, hochstegig, warmgewalzt,
nach DIN EN 10055: 95
Löcher nach (DIN 997: 70),
Normallängen 6 m bis 12 m,

Bezeichnung: T 100 x 800 DIN EN 10055
Bedeutung: Rundkantiger, hochstegiger T-Stahl
              100 mm hoch und breit, 800 mm lang,
              nach DIN EN 10055

T	h mm	b mm	$t_s = t_g$ mm	A cm²	g kg/m	e_y cm	I_y cm⁴	W_y cm³	i_y cm	I_z cm⁴	W_z cm³	i_z cm	d_1 mm	w_1 mm	w_2 mm
40	40	40	5	3,77	2,96	1,12	5,28	1,84	1,18	2,58	1,29	0,83	6,4	21	22
50	50	50	6	5,66	4,44	1,39	12,1	3,36	1,46	6,06	2,42	1,03	6,4	30	30
60	60	60	7	7,94	6,23	1,66	23,8	5,48	1,73	12,2	4,07	1,24	8,4	34	35
70	70	70	8	10,6	8,32	1,94	44,4	8,79	2,05	22,1	6,32	1,44	11	38	40
80	80	80	9	13,6	10,7	2,22	73,7	12,8	2,33	37,0	9,25	1,65	11	45	45
100	100	100	11	20,9	16,4	2,74	179	24,6	2,92	88,3	17,7	2,05	13	60	60
120	120	120	13	29,6	23,2	3,28	366	42,0	3,51	178	29,7	2,45	17	70	70
140	140	140	15	39,9	31,3	3,80	660	64,7	4,07	330	47,2	2,88	21	80	75

Stahlbau

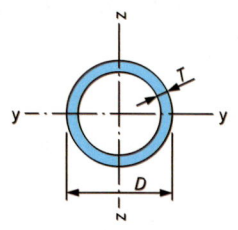 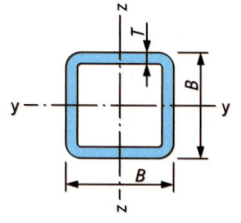 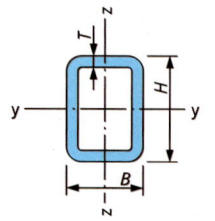

Kreisförmige Hohlprofile, Auswahl
warmgefertigt, nahtlos oder geschweißt, DIN EN 10 210-2: 06, 07 (Berichtigung 1)
kaltgefertigt, geschweißt DIN EN 10 219-2: 06

$I_T = 2 \times I; W_T = 2 \times W_{el}$

D mm	T mm	A cm^2	g kg/m	I cm^4	W_{el} cm^3	W_{pl} cm^3	i cm	D mm	T mm	A cm^2	g kg/m	I cm^4	W_{el} cm^3	W_{pl} cm^3	i cm
33,7	4	3,73	2,93	4,19	2,49	3,55	1,06	101,6	6	18,0	14,1	207	40,7	54,9	3,39
42,4	4	4,83	3,79	8,99	4,24	5,92	1,36	114,3	8	26,7	21,0	379	66,4	90,6	3,77
48,3	4	5,57	4,37	13,8	5,70	7,87	1,57	139,7	4	17,1	13,4	393	56,2	73,7	4,80
48,3	5	6,80	5,34	16,2	6,69	9,42	1,54	139,7	8	31,1	26,0	720	103	139	4,66
60,3	4	7,07	5,55	28,2	9,34	12,7	2,00	168,3	4	20,6	16,2	697	82,8	108	5,81
60,3	5	8,69	6,82	33,5	11,1	15,3	1,96	168,3	10	49,7	39,0	1564	186	251	5,61
76,1	4	9,06	7,11	59,1	15,5	20,8	2,55	177,8	5	27,1	21,3	1014	114	149	6,11
76,1	5	11,2	8,77	70,9	18,6	25,3	2,52	177,8	10	52,7	41,4	1862	209	282	5,94
88,9	4	10,7	8,38	96,3	21,7	28,9	3,00	193,7	8	46,7	36,6	2016	208	276	6,57
88,9	5	13,2	10,3	116	26,2	35,2	2,97	219,1	6	40,2	31,5	2282	208	273	7,54
88,9	6	15,6	12,8	135	30,4	41,3	2,94	219,1	10	65,7	51,6	3598	328	438	7,40
101,6	4	12,3	9,63	146	28,8	38,1	3,45	244,5	6	45,0	35,3	3199	262	341	8,43

Quadrat-Hohlprofile, Auswahl
warmgefertigt, nahtlos oder geschweißt, DIN EN 10 210-2: 06

B mm	T mm	A cm^2	g kg/m	I cm^4	W_{el} cm^3	W_{pl} cm^3	i cm	B mm	T mm	A cm^2	g kg/m	I cm^4	W_{el} cm^3	W_{pl} cm^3	i cm
40	3	4,34	3,41	9,78	4,89	5,97	1,50	140	5	26,7	21,0	807	115	135	5,5
50	3	5,54	4,35	20,2	8,08	9,70	1,91	140	8	41,6	32,6	1195	171	204	5,36
60	4	8,79	6,90	45,4	15,1	18,3	2,27	150	5	28,7	22,6	1002	134	156	5,90
70	4	10,4	8,15	74,7	21,3	25,5	2,68	150	8	44,8	35,1	1491	199	237	5,77
80	4	12,0	9,41	114	28,6	34,0	3,09	160	6	36,6	28,7	1437	180	210	6,27
90	4	13,6	10,7	166	37,0	43,6	3,50	160	10	58,9	46,3	2186	273	329	6,09
90	6	19,8	15,5	230	51,1	61,8	3,41	180	6	41,4	32,5	2077	231	269	7,09
100	4	15,2	11,9	232	46,4	54,4	3,91	180	10	66,9	52,5	3193	355	424	6,91
100	5	18,7	14,7	279	55,9	66,4	3,86	200	6	46,2	36,2	2883	288	335	7,90
100	6	22,2	17,4	323	64,6	77,6	3,82	200	10	74,9	58,8	4471	447	531	7,72
120	5	22,7	17,8	498	83,0	97,6	4,68	220	8	67,2	52,7	5002	455	532	8,63
120	8	35,2	27,6	726	121	146	4,55	220	10	82,9	65,1	6050	550	650	8,54

Quadrat-Hohlprofile, Auswahl
kaltgefertigt, geschweißt, DIN EN 10 219-2: 06, 07 (Berichtigung 1)

B mm	T mm	A cm^2	g kg/m	I cm^4	W_{el} cm^3	W_{pl} cm^3	i cm	B mm	T mm	A cm^2	g kg/m	I cm^4	W_{el} cm^3	W_{pl} cm^3	i cm
40	3	4,21	3,30	9,32	4,66	5,72	1,49	140	5	26,4	20,7	791	113	132	5,48
50	3	5,41	4,25	19,5	7,79	9,39	1,90	140	8	40,0	31,4	1127	161	194	5,30
60	4	8,55	6,71	43,6	14,5	17,6	2,26	150	5	28,4	22,3	882	131	153	5,89
70	4	10,1	7,97	72,1	20,6	24,8	2,67	150	8	43,2	33,9	1412	188	226	5,71
80	4	11,7	9,22	111	27,8	33,1	3,07	160	6	36,0	28,3	1405	176	206	6,21
90	4	13,3	10,5	162	36,0	42,6	3,48	160	10	56,6	44,4	2048	256	311	6,02
90	6	19,2	15,1	220	49,0	59,5	3,39	180	6	40,8	32,1	2037	226	264	7,06
100	4	14,9	11,7	226	45,3	53,3	3,89	180	10	64,6	50,7	3017	335	404	6,84
100	5	18,4	14,4	271	54,2	64,6	3,84	200	6	45,6	35,8	2833	283	330	7,88
100	6	21,6	17,0	311	62,3	75,1	3,79	200	10	72,6	57,0	4251	425	508	7,65
120	5	22,4	17,5	485	80,9	95,4	4,66	220	8	65,6	51,5	4828	439	516	8,58
120	8	33,6	26,4	677	113	138	4,49	220	10	80,6	63,2	5782	526	625	8,47

Rechteck-Hohlprofile, Auswahl
warmgefertigt, nahtlos oder geschweißt, DIN EN 10 210-2: 06

$H \times B$ mm	T mm	A cm^2	g kg/m	I_y cm^4	$W_{el,y}$ cm^3	$W_{pl,y}$ cm^3	i_y cm	I_z cm^4	$W_{el,z}$ cm^3	$W_{pl,z}$ cm^3	i_z cm	I_T cm^4
60 x 40	4	7,19	5,64	32,8	10,9	13,8	2,14	17,0	8,52	10,3	1,54	36,7
80 x 40	4	8,79	6,90	68,2	17,1	21,8	2,79	22,2	11,1	13,2	1,59	55,2
90 x 50	4	10,4	8,15	107	23,8	29,8	3,21	41,9	16,8	19,6	2,01	97,5
100 x 50	4	11,2	8,78	140	27,9	35,2	3,53	46,2	18,5	21,5	2,03	113
100 x 60	4	12,0	9,41	158	31,6	39,1	3,63	70,5	23,5	27,3	2,43	156
120 x 60	4	13,6	10,7	249	41,5	51,9	4,28	83,1	27,7	31,7	2,47	201
120 x 80	4	15,2	11,9	303	50,4	61,2	4,46	161	40,2	46,1	3,25	330
140 x 80	4	16,8	13,2	441	62,9	77,1	5,12	184	46,0	52,2	3,31	411
150 x 100	4	19,2	15,1	607	81,0	97,4	5,63	324	64,8	73,8	4,11	660
160 x 80	4	18,4	14,4	612	76,5	94,7	5,77	207	51,7	58,3	3,35	493
180 x 100	4	21,6	16,9	945	105	128	6,61	379	75,9	85,2	4,19	852
200 x 100	4	23,2	18,2	1223	122	150	7,26	416	83,2	92,8	4,24	983

Flachstahl nach DIN EN 10 058: 04 warmgewalzt	Normallängen 3 m bis 13 m, Abmessungen $b \times s$ von 10 x 5 bis 150 x 80 mm	
Breitflachstahl nach DIN 59 200: 01, warmgewalzt	Ebene Tafeln, die auf allen vier Seiten in Universalwalzwerken oder in geschlossenen Kalibern gewalzt werden; die Breite beträgt mehr als 150 bis einschließlich 1250 mm, die Dicke im Allgemeinen über 4 mm.	
Kaltprofile DIN EN 10 162: 03	L, U, C, Z, Hut- und Doppelquerschnitte werden aus flachgewalztem Stahl hergestellt. Kennzeichnend ist die nahezu gleich bleibende Wanddicke in allen Querschnitten eines Profils.	
Rundstahl nach DIN EN 10 060: 04	Ø 10 bis 385 mm	3 m bis 13 m
Vierkantstahl nach DIN EN 10 059: 04	$8 \le a \le 150$ mm, nicht genormt bis $a = 320$ mm	3 m bis 13 m

Verbindungsmittel
Fastener

Setzbolzen, d = 4,5 mm, Rondelle d = 12 ... 15 mm Der mit Setzgerät gesetzte Bolzen ist häufigstes Verbindungselement für Trapezprofile auf Unterkonstruktionen ($t \ge 6$ mm) aus Stahl	
Blindniet, d = 4 ... 5 mm, ist häufigstes Verbindungsmittel für Längsstoßverbindungen der Trapezprofile untereinander. Setzen durch vorgebohrtes Loch mit einer Spezialzange von einer Seite her	
Gewindefurchende Schraube, d = 6,3 mm, mit Unterlegscheibe $d \ge 16$ mm, 1 mm dick, mit Neoprene-Dichtung. Die Schrauben formen sich in vorgebohrtem Loch spanlos ihr Gewinde.	
Sechskant-Blechschraube, d = 6,3 ... 6,5 mm, mit Unterlegscheibe $d \ge 16$ mm, 1 mm dick, mit Neoprene-Dichtung. Nach Vorbohrung formen sich die Schrauben in Blech und Holz ihr Gewinde.	
Selbstbohrende Schraube, d = 4,5 ... 6,3 mm. Für Längsstoßverbindungen und zur Befestigung auf Stahlbauteilen mit t ≤ 6 mm.	
Gewindeschneidschraube mit Unterlegscheibe $d \ge 16$ mm. Zerspanende Gewindebildung in vorgebohrtem Loch. Anwendung selten, weil teuer.	

Rohe Schrauben, Passschrauben, Muttern, Scheiben
Ordinary (or black) bolts, fitting bolts, nuts, washers

- **Rohe Schrauben** der Festigkeitsklasse 4.6, 5.6 nach DIN 7990: 08
- **Passschrauben** der Festigkeitsklasse 5.6 nach DIN 7968: 07
- **Muttern** nach DIN EN ISO 4034: 01 für Schrauben nach DIN 7990 u. DIN 7968
- **Runde Scheiben** nach DIN 7989-1,2: 01 für Schrauben nach DIN 7990 und DIN 7968
- **Rohe Schrauben** der Festigkeitsklasse 10.9 nach DIN EN 14 399-4: 06
- **Passschrauben** der Festigkeitsklasse 10.9 nach DIN EN 14399-8: 08
- **Muttern** nach DIN EN 14 399-4: 06
- **Runde Scheiben** nach DIN EN 14 399-6: 06 hochfeste planmäßig vorspanbare Schraubenverbindungen

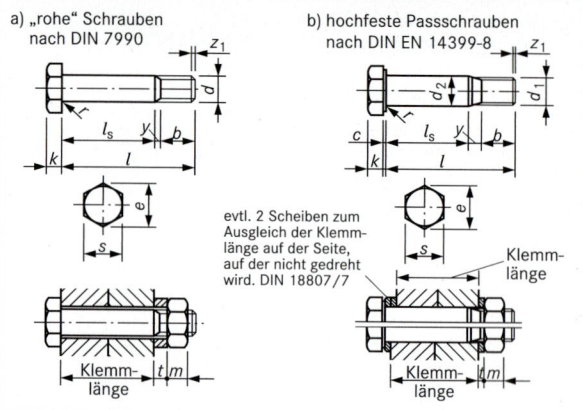

a) „rohe" Schrauben nach DIN 7990

b) hochfeste Passschrauben nach DIN EN 14399-8

evtl. 2 Scheiben zum Ausgleich der Klemm-länge auf der Seite, auf der nicht gedreht wird. DIN 18807/7

	Bezeichnung			M 12	M 16	M 20	M 22	M 24	M 27	M 30
DIN 7990 und DIN 7968	Gewindedurchmesser	d_1		12	16	20	22	24	27	30
	Maß über Eck	e_{min}		20,88	26,17	32,95	35,03	39,55	45,20	50,85
	Kopfhöhe	k		8	10	13	14	15	17	19
	Mutterhöhe m		max	12,2	15,9	19	20,2	22,3	24,7	26,4
			min	10,4	14,1	16,9	18,1	20,2	22,6	24,3
	Schlüsselweite	s		18	24	30	34	36	41	46
DIN 7990	Klemmlänge		max	99	125	147	170	168	165	163
	Lochdurchmesser	d_2		13	17	21	23	25	28	31
	Spannungsquerschnitt	mm²		84,3	157	245	303	353	459	561
	Kernquerschnitt	mm²		76,3	144	225	282	324	427	519
	Schaftquerschnitt	mm²		113	201	314	380	452	573	707
DIN 7968	Klemmlänge		max	99	135	152	170	168	165	163
	Schaftdurchmesser	d_2		13	17	21	23	25	28	31
DIN 7989	Lochdurchmesser	d_1		14	18	22	24	26	30	33
	Scheibendurchmesser	d_2		24	30	37	39	44	50	56
	Dicke			8	8	8	8	8	8	8
DIN EN 14 399-4	Gewindedurchmesser	d		12	16	20	22	24	27	30
	Maß über Eck	e_{min}		23,91	29,56	35,05	39,55	45,20	50,85	55,37
	Kopfhöhe	k		8	10	13	14	15	17	19
	Mutterhöhe	m		10	13	16	18	19	22	24
	Schlüsselweite	s		22	27	32	36	41	46	50
DIN EN 14 399-6	Innendurchmesser	d_1		13	17	21	23	25	28	31
	Außendurchmesser	d_2		24	30	37	39	44	50	56
	Scheibendicke			3	4	4	4	4	5	5

Sinnbilder für Löcher und Schrauben

DIN ISO 5845-1: 97

Bedeutung des Symbols	Zeichenebene senkrecht zur Achse			Zeichenebene parallel zur Achse		
	Nicht gesenkt	Senkung Vorderseite	Senkung Rückseite	Mutterseite freigestellt	Mutterseite oben	Senkung oben
Schraube in der Werkstatt eingebaut						
Schraube auf der Baustelle eingebaut						
Schraube auf der Baustelle gebohrt und eingebaut						

Bei den Sinnbildern für Löcher entfallen der Punkt in der Mitte bzw. in der Ansicht parallel zur Achse der senkrechten Striche. Zusätzlich ist der Lochdurchmesser anzugeben.

Stahlbau

Stahl

Hergestellt werden **warmgewalzte Bleche** nach
DIN EN 10 029: 10, **kaltgewalzte Bleche** nach DIN EN 10 131: 06.

Blech wird meist in ebenen Tafeln mit einer Mindestbreite von
600 mm geliefert. **Blech** kann auch vorgebogen geliefert werden.
Nach der Dicke unterscheidet man Feinblech (Dicke < 3 mm) und
Grobblech (Dicke ≥ 3 mm), beide z. B. Belagbleche, Riffelbleche,
Tränenbleche.

Band ist ein mit frei gebreiteten Kanten gewalztes Erzeugnis,
das unmittelbar nach dem Walzen zu einer Rolle gewickelt wird.
Warmgewalztes Band (DIN EN 10 051: 10) wird eingeteilt in
Warmbreitband mit Breiten ≥ 600 mm, **längsgeteiltes Warmbreitband** mit einer Walzbreite ≥ 600 mm und einer Lieferbreite
unter 600 mm, **Bandstahl** mit Walzbreiten < 600 mm. Als kalt-
gewalzt gelten alle Flachstahlerzeugnisse, die eine Querschnitts-
verminderung um mindestens 25 % durch **Kaltwalzen** bei der
Fertigstellung erfahren haben. Einteilung nach Blech und Band
(**Kaltbreitband, längsgeteiltes Kaltbreitband, Kaltband**).

Feinstblech (DIN EN 10 205: 92) ist ein Flacherzeugnis aus un-
legiertem weichen Stahl. Es wird durch einmaliges oder zweima-
liges Kaltwalzen hergestellt. Das einfach gewalzte Feinstblech
wird in Dicken von 0,17 mm bis einschließlich 0,49 mm, das dop-
peltreduzierte Feinstblech in Dicken von 0,14 mm bis einschließlich 0,29 mm geliefert.

Schwarzblech ist ein unbehandeltes Eisenblech.

Weißblech (DIN EN 10 202: 01) ist ein Feinstblech, das auf
beiden Seiten mit Zinn überzogen ist. Die Zinnschicht wird mit
elektrolytischen Verfahren aufgebracht. Das Gleiche gilt für
Weißband.

Eine **Oberflächenveredelung** von warm- und kaltgewalztem
Blech und Band erfolgt durch Emaille (emailliertes Blech),
metallische Überzüge aus einem Schmelzbad (DIN EN
10 143: 06, verbleites Blech und Band, feuerverzinktes Blech und
Band, aluminiertes Blech und Band, Blech und Band mit Überzügen aus Aluminium-Zink-Legierungen), **mit elektrolytischen
Überzügen** (aus einer Blei-Zinn-Legierung, aus Zink, aus einer
Zink-Nickel-Legierung), **mit organischer Beschichtung** (Flüssig-
beschichtung: Farbe, Folienbeschichtung: Klebefolien).

Profilierte Bleche sind **Wellbleche** und gerippte Bleche. Wellbleche (DIN 59 231: 03, Berechnung nach DIN EN 1993-1-3: 10)
und **Trapezbleche** (DIN EN 1993-1-3: 10) sind durch Formgebung
(Kaltumformung) versteifte Feinbleche. **Sandwichelemente**
bestehen aus zwei Deckschichten mit PUR-Hartschaumstoff
zwischen den Deckschichten.

Durch unterschiedliche Legierungen erhält man **wetterfeste
Stähle und nichtrostende Stähle**. Nach DIN EN 10 020: 00
zählen die **wetterfesten Stähle** zu den Edelstählen. Von den
üblichen Edelstählen unterscheiden sie sich wesentlich dadurch,
dass die Legierungsbestandteile nur sehr geringe Massenanteile
aufweisen. Norm für die wetterfesten Baustähle ist DIN EN
10 025: 05. Die in der DASt-Richtlinie 007 angegebenen Stähle
sind nach der Bauregelliste zugelassen. Als Schrittmacher der
amerikanischen wetterfesten Stähle ist der **COR-TEN-Stahl**
anzusehen.

Die Verwendung von Erzeugnissen und Verbindungsmitteln aus
nichtrostenden Stählen nach DIN EN 10 088-1: 05 ist nach der
allgemeinen bauaufsichtlichen Zulassung vom 20. 04. 2009
mit Ergänzung vom Mai 2011 möglich.

Streckgitter ist ein Halbzeug mit Öffnungen in der Fläche. Es
entsteht durch versetzte Schnitte ohne Materialverlust unter
gleichzeitiger streckender Verformung. Die Maschen des aus
Tafeln oder Bändern gefertigten gitterartigen Materials sind weder
geflochten noch geschweißt. Streckgitter kann, ohne den festen
Zusammenhang zu verlieren, auf jedes gewünschte Maß zuge-
schnitten werden. Streckgitter wird in der Regel aus Stahlblech
mit einer Mindestbruchdehnung von 25 % gefertigt. Doch auch
Streckgitter aus nichtrostendem Stahl, NE-Metallen und Kunststoffen sind möglich (Fa. SORST Streckmetall GmbH).

Langstegstreckgitter,
normal

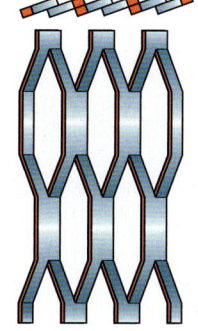

Langstegstreckgitter,
flachgewalzt

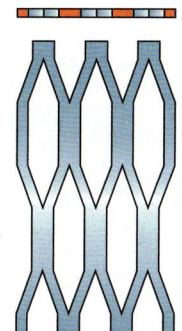

Nichteisenmetalle

Aluminium

Bleche, Platten und Bänder ab 0,35 mm Dicke für Dachdeckung
und Wandbekleidungen (DIN EN 485-1 bis 4). Dünne Folien von
0,021 bis 0,35 mm Dicke für Abdichtungszwecke und Dampf-
sperren in bituminierten Dichtungsbahnen. Trapezbleche nach
DIN 18 807-9: 98 und Wellbleche (Berechnung nach DIN EN 1999-
1-4, A1: 11).

Blei

Bleibleche nach DIN EN 12 588: 07, gewalzt aus Kabelblei von
0,5 bis 10 mm Dicke und Breiten bis 1,25 m; Lieferung vorzugsweise in Rollen von 50 oder 100 kg; für Flachdächer ($d \geq$
2 mm), Rinnenauskleidungen ($d \geq 2,5$ mm), Maueranschlüsse
($d \geq 1,75$ mm), zwischen Bitumenbahnen ($d = 1$ mm als Blech
oder 0,1, bis 0,3 mm dick als Folie); als Absperrung sowie Schall-
und Strahlenschutz (Röntgenräume, Reaktorbau); Ausgleich von
Unebenheiten im Fertigteilbau, Dichtungsringe für Flanschrohre.

Zink

Zinkblech nach DIN EN 988: 96 aus Titanzink in Form von Bändern auf Rollen (Coils), max. 1 m breit, oder Tafeln, Breite bis
1 m, Länge von 2 oder 3 m, Dicken 0,6 bis 0,8 mm; für Dachrinnen und Regenfallrohre (DIN EN 612: 05), Traufbleche, Mauer-
und Gesimsabdeckungen, Randeinfassungen, Bekleidungen,
Anschlüsse; Dacheindeckungen; Befestigung durch Schrauben
und/oder Haften; Dacheindeckungen werden als Doppelstehfalz-
deckung oder Leistendeckung ausgeführt; Nahtverbindungen von
Dachrinnen und Regenfallrohren werden gelötet, geschweißt oder
doppelt gefalzt.

Kupfer

Bleche und Bänder nach DIN EN 1652: 98 in Tafeln 1,00 m x
2,00 m oder als Bänder in Rollen 60 cm breit. Für Dachdeckungen
(0,6 mm bis 0,7 mm dick), Dachrinnen, Fallrohre, Gesims- und
Wandbekleidungen, für dekorativen Innenausbau in Dicken von
0,1 mm bis 2 mm; Verlegung in Falztechnik, Befestigung verschiebbar mit Haften, auch Verklebung mit Heißbitumen möglich.

Aufgaben Arbeitsgerüste

Arbeitsgerüste sind temporäre Baukonstruktionen, die folgenden Zwecken dienen:

- Schaffung eines für die auszuführenden Arbeiten sicheren Arbeitsplatzes einschließlich sicheren Zugangs
- Schutz von Personen gegen Gefahren und Absturz
- Aufnahme von arbeitenden Personen
- sichere Lagerung von Werkzeug und Baustoffen
- Schutz darunter befindlicher Personen gegen herabfallende Gegenstände durch entsprechende Vorrichtungen

T1 Breitenklassen für Gerüstlagen (Breite w = Breite Gerüstlage einschl. Bordbrett)

Breitenklasse	w in m
W06	$0,6 \leq w < 0,9$
W09	$0,9 \leq w < 1,2$
W12	$1,2 \leq w < 1,5$
W15	$1,5 \leq w < 1,8$
W18	$1,8 \leq w < 2,1$
W21	$2,1 \leq w < 2,4$
W24	$2,4 \leq w$

T2 Klassen der lichten Höhen

Kl.	Lichte Höhe		
	Zwischen Gerüstlagen h_3	Zwischen Gerüstlagen und Querriegeln oder Gerüsthaltern h_{1a} und h_{1b}	Schulterhöhe h_2
H1	$h_3 \geq 1,90$ m	$1,75$ m $\leq h_{1a} < 1,90$ m $1,75$ m $\leq h_{1b} < 1,90$ m	$\geq 1,60$ m
H2	$h_2 \geq 1,90$ m	$h_{1a} \geq 1,90$ m $h_{1a} \geq 1,90$ m	$\geq 1,75$ m

A2 Lichte Höhen und Breiten

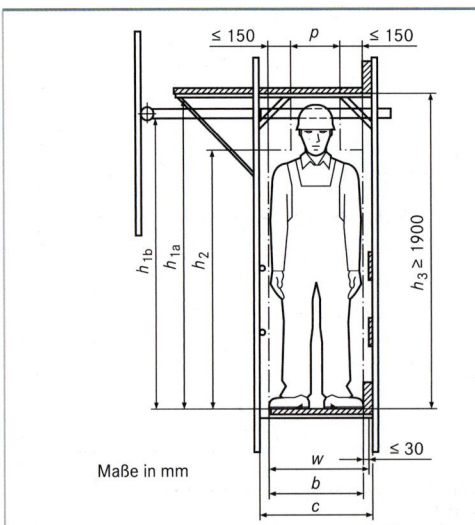

Maße in mm

A1 Bezeichnungen von Bauteilen eines Fassadengerüstes

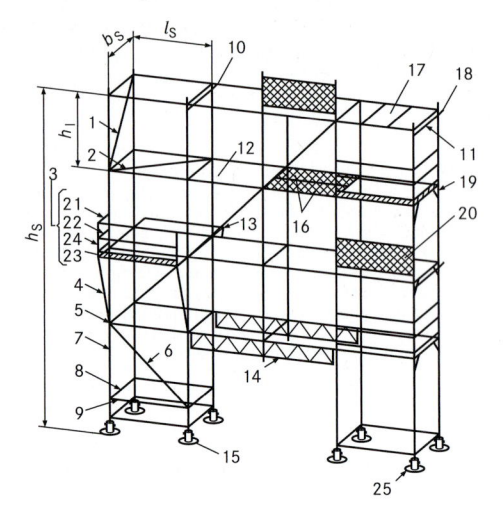

h_S Höhe des Arbeitsgerüstes
b_S Gerüstfeldbreite (Ständermitte bis Ständermitte)
l_S Gerüstfeldlänge (Ständermitte bis Ständermitte)
h_l Abstand benachbarter horizontaler Ebenen

1	Vertikalaussteifung (Querdiagonale)	13	Konsole
2	Horizontalaussteifung	14	Überbrückungsträger
3	Seitenschutz	15	Fußplatte
4	Konsolstrebe	16	Belagteil
5	Knoten	17	Horizontalrahmen
6	Vertikalaussteifung (Längsdiagonale)	18	Gerüstanker
7	Ständer	19	Vertikalrahmen
8	Querriegel	20	Geflecht
9	Längsriegel	21	Geländerholm
10	Kupplung	22	Zwischenholm
11	Gerüsthalter	23	Bordbrett
12	Belagfläche	24	Geländerpfosten
		25	Fußspindel

b freie Durchgangsbreite, größer als 500 mm

c lichter Abstand zwischen Ständern

h_{1a}, h_{1b} lichte Höhe zwischen Gerüstlagen und Querriegeln oder Gerüsthaltern

h_2 lichte Schulterhöhe

h_3 lichte Höhe zwischen Gerüstlagen

p lichte Breite im Kopfbereich, größer als 300 mm

w Breite der Gerüstlagen

Grundlegende Anforderungen/Lastklassen

Zur Berücksichtigung unterschiedlicher Arbeitsvorgänge legt die DIN EN 12811-1 sechs Lastklassen mit sieben möglichen Breitenklassen → T1 für die Gerüstlagen fest.
Drei Belastungsarten sind zu berücksichtigen:

- **Ständige Lasten**: Eigenlasten des Arbeitsgerüstes mit allen zugehörigen Bauteilen (z. B. Belagteile, Schutzdächer, Schutzkonstruktionen) sowie Ergänzungskonstruktionen (z. B. Lastenaufzüge)

- **Veränderliche Lasten**: Verkehrslasten, Windlasten und ggf. Schnee- und Eislasten

- **Außergewöhnliche Lasten**: Geländer, Zwischenholme und alle Seitenschutzbauteile, die Geländer und Zwischenholme ersetzen, müssen eine Einzellast von 1,25 kN aufnehmen können.

Lastkombinationen

Jedes Arbeitsgerüst muss für die ungünstigste Lastkombination bemessen werden.

Lastkombinationen für Fassadengerüste

Wenn nicht zuverlässige Angaben über die Art der Verwendung des Arbeitsgerüstes bekannt sind, müssen die Lastkombinationen a) und b) angewendet werden.

a) Arbeitsbetrieb
   1) Eigenlasten des Arbeitsgerüstes
   2) gleichmäßig verteilte Verkehrslast nach **T3**, Spalte 2
   3) 50 % der Last nach a)2) auf der Gerüstlage unmittelbar ober- oder unterhalb der maßgebenden Gerüstlage, falls das Arbeits-gerüst mehr als eine mit einem Belag versehene Gerüstlage hat.
   4) Arbeitswindlast oder horizontale Ersatzlast aus Arbeitsbetrieb

b) Ruhebetrieb
   1) Eigenlasten des Arbeitsgerüstes
   2) %-Anteil der gleichmäßig verteilten Verkehrslast nach **T3**, Spalte 2 auf der maßgebenden Gerüstlage in Abhängigkeit von der Lastklasse:
      – Klasse 1 (keine Verkehrslast):   0 %
      – Klasse 2 und 3 (Last aus gelagertem Material)   25 %
      – Klasse 4, 5, 6 (Last aus gelagertem Material)   50 %

T1 Verkehrslasten auf Gerüstlagen

Last-Klasse	Gleichmäßig verteilte Last q_1 kN/m^2	Konzentrierte Last auf Fläche 500 mm x 500 mm F_1 kN	Konzentrierte Last auf Fläche 200 mm x 200 mm F_2 kN	Teilflächenlast q_2 kN/m^2	Teilflächenfaktor α_p
1	0,75	1,50	1,00	–	–
2	1,50	1,50	1,00	–	–
3	2,00	1,50	1,00	–	–
4	3,00	3,00	1,00	5,00	0,4
5	4,50	3,00	1,00	7,50	0,4
6	6,00	3,00	1,00	10,00	0,5

Zur Ermittlung der Belastung von Gerüstlagen:
- Jede Gerüstlage muss die in der Tabelle festgelegte gleichmäßig verteilte Last q_1 aufnehmen können
- Hat ein Belagteil eine geringere Breite als 500 mm, ist die Last F_1 anzusetzen
- Als konzentrierte Lasten müssen F_1 und F_2 (nicht gleichzeitig) von der Belagfläche aufgenommen werden können
- In den Lastklassen 4, 5, 6 muss die Belagfläche eine Teilflächenlast q_2 aufnehmen können, die größer als die gleichmäßig verteilte Verkehrslast ist. Für die Ermittlung wird die entsprechende Fläche des Gerüstfeldes mit dem Teilflächenfaktor α_p multipliziert.

Fassadengerüste aus vorgefertigten Bauteilen

DIN EN 12810-1: 04

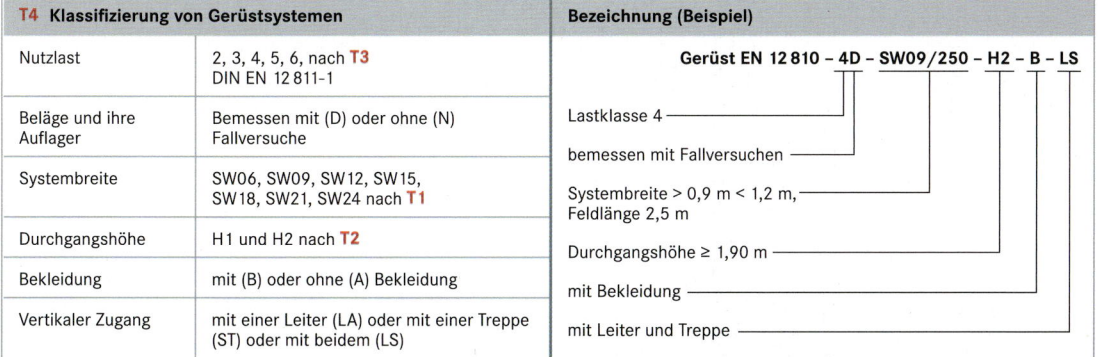

T4 Klassifizierung von Gerüstsystemen		Bezeichnung (Beispiel)
Nutzlast	2, 3, 4, 5, 6, nach T3 DIN EN 12811-1	**Gerüst EN 12810 – 4D – SW09/250 – H2 – B – LS**
Beläge und ihre Auflager	Bemessen mit (D) oder ohne (N) Fallversuche	Lastklasse 4 bemessen mit Fallversuchen
Systembreite	SW06, SW09, SW12, SW15, SW18, SW21, SW24 nach T1	Systembreite > 0,9 m < 1,2 m, Feldlänge 2,5 m
Durchgangshöhe	H1 und H2 nach T2	Durchgangshöhe ≥ 1,90 m
Bekleidung	mit (B) oder ohne (A) Bekleidung	mit Bekleidung
Vertikaler Zugang	mit einer Leiter (LA) oder mit einer Treppe (ST) oder mit beidem (LS)	mit Leiter und Treppe

Schutzgerüste Aufgaben

Schutzgerüste dienen

- Zur Sicherung von Personen gegen Absturz als Fang- oder Dachfanggerüst
- Als Schutzdach zum Schutz für Personen, Maschinen und Gerät gegen herabfallende Gegenstände

Abkürzungen

AGB	Arbeitsgerüst mit Bekleidung
FG	Fanggerüst
DG	Dachfanggerüst
SD	Schutzdach
FL	Fanglage
AD	Abdeckung
SSZ	Seitenschutz
SWD	Schutzwand
BKD	Bekleidung

Klassifizierungen

Fanglagen (FL):
FL1 Absturzhöhe ≤ 2,00 m
FL2 Absturzhöhe ≤ 3,00 m

Schutzwände:
SWD1 Schutzwandhöhe
         1,00 m - 2,00 m
SWD2 Schutzwandhöhe
         > 2,00 m

Bezeichnung (Beispiel)

Schutzgerüst DIN 4420-1 – DG – FL1 – SWD1
Bezeichnung eines Dachfanggerüstes (DG) mit Fanglage (FL) der Klasse 1 und Schutzwand (SWD) der Klasse 1

Fanggerüste

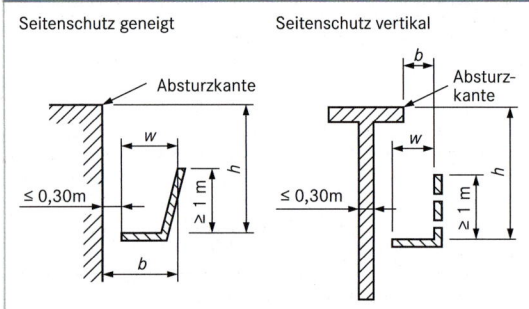

Seitenschutz geneigt   Seitenschutz vertikal

Anforderungen:

- Breite w der Fanglage muss mindestens der Klasse W09 **T1** (Arbeitsgerüste) entsprechen
- Abstand b, Absturzkante bis Seitenschutz:
  bei Absturzhöhe bis 2,00 m ist b = 0,90 m
  bei Absturzhöhe 2,00 - 3,00 m ist b = 1,30 m
- horizontaler Abstand Fanglage – Bauwerk ≤ 0,30 m
- ab 15° Neigung muss die Seitenschutzwand geschlossen sein

Schutzdächer an Arbeitsgerüsten

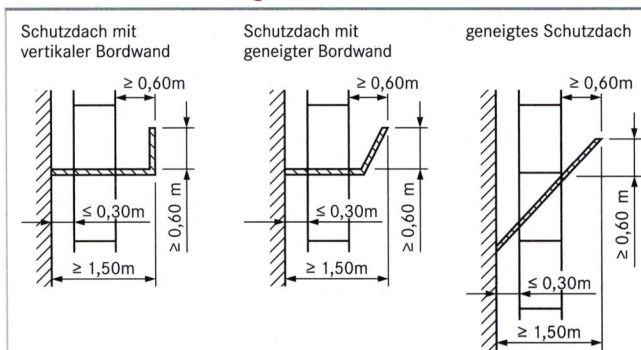

Schutzdach mit vertikaler Bordwand   Schutzdach mit geneigter Bordwand   geneigtes Schutzdach

Anforderungen:

- Breite der Abdeckung mindestens 1,50 m
- Schutzdächer müssen Gerüste allseitig um 0,60 m überragen, wenn die Fallhöhe ≤ 24 m beträgt
- Schutzdächer müssen eine mind. 0,60 m hohe Bordwand haben
- Schutzdächer müssen bis zum Bauwerk belegt werden

Dachfanggerüste

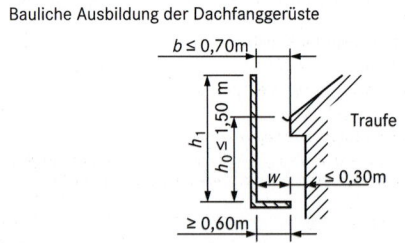

Bauliche Ausbildung der Dachfanggerüste

Anforderungen:

- Breite w der Fanglage muss mindestens der Klasse W06 **T1** (Arbeitsgerüste) entsprechen
- Fanglage darf nicht tiefer als 1,50 m (h_0) unter der Absturzkante liegen
- Abstand b, Absturzkante – Schutzwand ≤ 0,70 m
- Höhe der Schutzwand h_1 ≥ 1,00 m
- Überstand Schutzwand – Absturzkante
  $h_1 - h_0 ≥ 1,50 - b$

Traggerüste sind Baukonstruktionen, die an der Verwendungsstelle aus Einzelteilen zusammengesetzt und wieder auseinandergenommen werden.

Verwendung von Traggerüsten

- Lasten aufnehmen aus frisch eingebautem Beton, bis die Bauwerke selbst eine ausreichende Tragfähigkeit erreicht haben.

- Lasten aufnehmen, die während des Aufbaus, der Instandhaltung, der Änderung oder dem Entfernen von Gebäuden oder anderen Bauwerken entstehen.

- Unterstützungskonstruktionen zur zeitweiligen Lagerung von Baustoffen, Bauteilen und Ausrüstung.

Bemessungsklassen

Klasse A:
Die Standsicherheit des Gerüsts und die Fähigkeiten, die Lasten aufzunehmen, wird auf der Grundlage von fachlicher Erfahrung und bekanntermaßen bewährten Verfahrensweisen beurteilt. Die Anwendung ist beschränkt auf einfache Strukturen, wie beispielsweise vor Ort hergestellte Decken und Träger, wobei folgende Maße nicht überschritten werden dürfen:
- $0,3\ m^2$ Querschnittsfläche der Deckenplatten je Meter Breite
- $0,5\ m^2$ Querschnittsfläche der Träger
- 6 m lichte Spannweite der Träger und Decken
- 3,5 m Höhe des Traggerüsts

Klasse B:
Gerüst, bei dem eine vollständige Bemessung vorgenommen wird. Zeichnungen und schriftliche Angaben zur Berechnung sind erforderlich. Diese Klasse ist in zwei Unterklassen (B1 und B2) unterteilt.

Gründung

Das Traggerüst muss auf eine der folgenden Arten direkt gegründet werden:
- durch eine für diesen Zweck vorgesehene Unterkonstruktion;
- durch die Oberfläche des vorhandenen Untergrunds, z. B. Fels;
- durch eine teilweise ausgeschachtete und vorbereitete Oberfläche, z. B. im Baugrund;
- durch ein bereits vorhandenes Dauerbauwerk.

Bei einer Gründung ohne Einbindetiefe im Baugrund müssen u. a. folgende Bedingungen erfüllt sein:
- der Mutterboden muss stets entfernt werden;
- die Gründung ist gegen Beeinträchtigung durch Oberflächen- und Grundwasser gesichert;
- es tritt kein Frost auf, der den durchlässigen Untergund negativ beeinflusst;
- die Neigung des Gründungsauflagers ist ≤ 8 % oder es werden Vorkehrungen getroffen, die Kraft anderweitig auf den Baugrund abzuleiten;
- die Grundbruchsicherheit wird nachgewiesen.

Bemessung

Das Traggerüst muss so bemessen sein, dass alle einwirkenden Lasten in den Untergrund oder eine tragfähige Unterkonstruktion abgeleitet werden.

Bei der Bemessung sollten die Qualifikation des Personals beim Aufbau sowie die örtlichen Gegebenheiten berücksichtigt werden.

Die Bemessung sollte auf Konzepten beruhen, deren Umsetzung praktisch möglich ist und die auf der Baustelle einfach zu überprüfen sind.

Die Bemessung in der Klasse B1 erfolgt nach Eurocode (DIN V EN 1990, DIN EN 1991 bis 1999) unter der Voraussetzung, dass der Aufbau des Traggerüsts dem von Dauerbauwerken entspricht.

Für die Klasse B2 gelten zusätzlich zum Eurocode die Festlegungen der DIN EN 12 812 mit z.T. vereinfachten Verfahren.

Grundlegende Informationen für Entwurf und Bemessung

Die Beschreibung der Konstruktion muss sämtliche erforderlichen Daten für die Baumaßnahme und das Traggerüst (Aufbau, Anwendung, Abbau, Belastungsschema) enthalten:
- Übersichtszeichnungen mit Höhenangaben und angrenzenden Bauteilen,
- festgelegte Parameter für Windlastberechnung,
- Lage der Versorgungseinrichtungen,
- Anforderungen an Zugang und Sicherheit des Arbeitsplatzes.

Technische Dokumentation für Bemessungsklassen B1 und B2

Schriftliche Angaben zur Berechnung
Die Bemessung muss Folgendes umfassen:
- die Bemessungsklasse;
- eine Beschreibung der angewendeten Konzepte, Berechnungsmodelle und eine Beschreibung der Lastverteilung durch das Bauwerk hindurch bis in den Baugrund;
- Beschreibung zur Verwendung des Traggerüsts mit der Reihenfolge der Arbeitsschritte, z. B.:
  - Aufbau;
  - Ausschalung;
  - Abbau;
  - Betonierabfolge;
  - Betoniergeschwindigkeit;
- eine Werkstoff- und Bauteilspezifikation;
- eine Auflistung aller Dokumente, auf die in der Berechnung Bezug genommen wurde;
- ein Positionsplan.

Zeichnung:
In der Klasse B1 müssen detaillierte Zeichnungen analog zu den Anforderungen für Dauerbauwerke bereitgestellt werden. In der Klasse B2 muss das Gerüst vollständig in Grundriss und Ansicht beschrieben sein. Die Zeichnungen müssen mindestens Folgendes abbilden:
- typische Einzelheiten zur Konstruktion;
- sämtliche Maße und Werkstoffe;
- alle erforderlichen Verankerungspunkte;
- Angaben zur Überhöhung;
- Angaben zur Belastungsabfolge;
- bestimmte für spezielle Zwecke geltende lokale Anforderungen, wie z. B. Zugang für Fahrzeuge und sämtliche erforderlichen Abstände;
- Einzelheiten zur Gründung.

Baustützen aus Stahl mit Ausziehvorrichtung werden als vertikale Stützen für temporäre Konstruktionen (insbesondere im Schalungsbau) eingesetzt.

Eine Baustütze besteht aus zwei Rohren, die ineinander verschiebbar sind. Dabei dient eine Bolzenverbindung zur groben und eine Gewindeverbindung zur Feineinstellung der Länge → **A1**.

Die Klassifizierung der Baustützen erfolgt in fünf Tragfähigkeitsklassen. In den drei Tragfähigkeitsklassen A, B und C wird die Tragfähigkeit nach einer Formel, die die maximale und die vorhandene Ausziehlänge berücksichtigt, berechnet. In den Klassen D und E gibt es eine von der vorhandenen Auszugslänge unabhängig festgelegte Tragfähigkeit.

Klassifizierung von Baustützen aus Stahl mit Ausziehvorrichtung nach DIN EN 1065: 98

Klasse [1]	Tragfähigkeit $R_{y,k}$ in kN [2]
A 25, A 30, A 35, A 40	$R_{A,k} = 51,0 \cdot l_{max}/l_2 \leq 44,0$
B 25, B 30, B 35, B 40, B 45, B 50, B 55	$R_{B,k} = 68,0 \cdot l_{max}/l_2 \leq 51,0$
C 25, C 30, C 35, C 40, C 45, C 50, C 55	$R_{C,k} = 102,0 \cdot l_{max}/l_2 \leq 59,5$
D 25, D 30, D 35, D 40, D 45, D 50, D 55	$R_{D,k} = 34,0$
E 25, E 30, E 35, E 40, E 45, E 50, E 55	$R_{E,k} = 51,0$

[1] Die **maximale Auszugslänge** in Meter wird durch den Beiwert (dividiert durch 10) angegeben.

Beispiel: Klasse A 30 → max. Auszugslänge = 3,0 m

[2] l_{max} = maximale Auszugslänge in Meter
l = vorhandene Auszugslänge in Meter

A1 Baustütze aus Stahl mit Ausziehvorrichtung

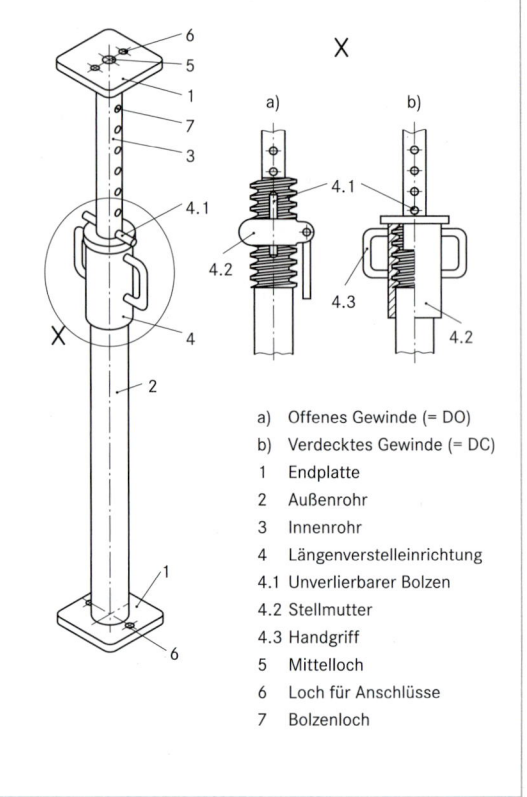

a) Offenes Gewinde (= DO)
b) Verdecktes Gewinde (= DC)
1 Endplatte
2 Außenrohr
3 Innenrohr
4 Längenverstelleinrichtung
4.1 Unverlierbarer Bolzen
4.2 Stellmutter
4.3 Handgriff
5 Mittelloch
6 Loch für Anschlüsse
7 Bolzenloch

Verantwortlich für den Auf- und Abbau ist der Gerüstunternehmer. Für Betriebssicherheit und Benutzbarkeit das Unternehmen, das sich des Gerüstes bedient.

Die Sicherheit ist vor Beginn der Arbeit, nach längerer Unterbrechung und besonders nach Sturm und Frost zu prüfen, desgl. Absperr- und Warnzeichen. Feuermelder, Hydranten u.a. öffentliche Anlagen dürfen von Gerüsten nicht verdeckt werden.

Elektrische Leitungen u. Geräte müssen stromlos oder dauerhaft abgedeckt oder abgeschrankt sein, wenn in ihrer Nähe auf-, um- oder abgerüstet wird. E-Werk benachrichtigen. In **A2** genannte Mindestabstände von Freileitung. müssen eingehalten werden!

Benutzt werden dürfen nur vollständig fertige Gerüste. Gerüstlagen dürfen nur über dafür vorgesehene Leitern, Treppen oder Laufbrücken betreten oder verlassen werden. Auf Arbeitsgerüsten dürfen Baustoffe nur im Rahmen ihrer Tragfähigkeit, auf **Schutzgerüsten keine** Baustoffe abgesetzt und gelagert werden.

Fahrbare Standgerüste dürfen nur auf ebener und fester Unterlage benutzt werden. Sie müssen gegen Wegrollen und gegen Umkippen bei starkem Wind (Windstärke > 6) gesichert werden.

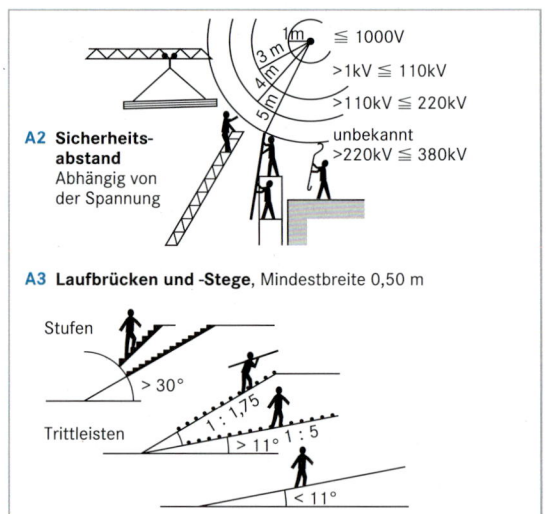

A2 Sicherheitsabstand
Abhängig von der Spannung

≤ 1000V
>1kV ≤ 110kV
>110kV ≤ 220kV
unbekannt
>220kV ≤ 380kV

A3 Laufbrücken und -Stege, Mindestbreite 0,50 m

Stufen
> 30°

Trittleisten
1 : 1,75
> 11° 1 : 5
< 11°

T1 Tragfähigkeiten für Anschlagseile mit Stahleinlage für die Seilklassen 6 x 19,6 x 36 und 8 x 36 mit verpressten Seil-Endverbindungen (Seilnenndurchmesser 48-60 mm nicht aufgeführt)

	einsträngiges Anschlagseil	zweisträngiges Anschlagseil		drei- und viersträngiges Anschlagseil		Endlosseil
Neigungswinkel	0°	0° bis 45°	über 45° bis 60°	0° bis 45°	über 45° bis 60°	0°
	direkt	direkt	direkt	direkt	direkt	geschnürt
Seilnenndurch-messer			Tragfähigkeiten in Tonnen t			
8	0,750	1,05	0,750	1,55	1,10	1,20
9	0,950	1,30	0,950	2,00	1,40	1,50
10	1,15	1,60	1,15	2,40	1,70	1,85
11	1,40	2,00	1,40	3,00	2,12	2,25
12	1,70	2,30	1,70	3,55	2,50	2,70
13	2,00	2,80	2,00	4,15	3,00	3,15
14	2,25	3,15	2,25	4,80	3,40	3,70
16	3,00	4,20	3,00	6,30	4,50	4,80
18	3,70	5,20	3,70	7,80	5,65	6,00
20	4,60	6,50	4,60	9,80	6,90	7,35
22	5,65	7,80	5,65	11,8	8,40	9,00
24	6,70	9,40	6,70	14,0	10,0	10,6
26	7,80	11,0	7,80	16,5	11,5	12,5
28	9,00	12,5	9,00	19,0	13,5	14,5
32	11,8	16,5	11,8	25,0	17,5	19,0
36	15,0	21,0	15,0	31,5	22,5	23,5
40	18,5	26,0	18,5	39,0	28,0	30,0
44	22,5	31,5	22,5	47,0	33,5	36,0

Eine weitere Tabelle der Norm beschreibt die hier nicht dargestellten Anschlagseile mit Faserverstärkung.

Beispiele für Seil-Endbeschläge

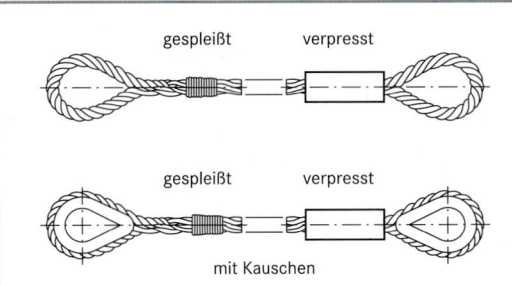

gespleißt   verpresst

gespleißt   verpresst

mit Kauschen

Jedes Anschlagseil ist mit folgenden Informationen gekennzeichnet:
- Herstellerkennzeichen
- Zuordnung zur Prüfbescheinigung (diese enthält u. a. die Beschreibung des Anschlagseils und ist dem Seil beizufügen)
- Tragfähigkeiten für Neigungswinkel nach **T1**
- allen gesetzlichen Kennzeichen

Gründe, um Anschlagseile auszuwechseln

Ein Anschlagseil darf nicht mehr verwendet werden, wenn an einer Stelle festgestellt wird:

Seilart	Anzahl sichtbarer Drahtbrüche auf einer Länge von:		
	$3\,d$	$6\,d$	$30\,d$
Litzenseil	4	6	16
Kabelschlagseil	10	15	40

Außerdem darf ein Anschlagseil beim Auftreten folgender Schäden nicht mehr verwendet werden:
a) Bruch einer Litze,
b) Lockerung der äußeren Lage in der freien Länge,
c) Quetschungen in der freien Länge,
d) Quetschungen im Auflagebereich der Öse mit mehr als 4 Drahtbrüchen bei Litzenseilen bzw. 10 bei Kabelschlagseilen,
e) Knicke und Kinken (Kanken),
f) Korrosionsnarben,
g) Beschädigungen oder starker Verschleiß der Seilverbindung oder Seil-Endverbindung.

Stahlbau

Nadelhölzer

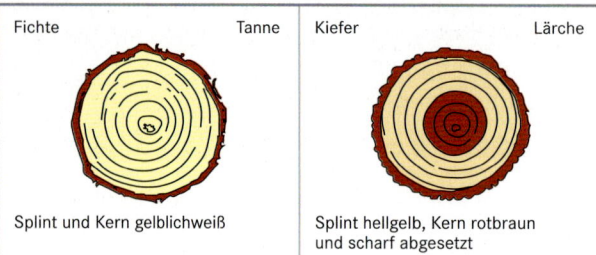

Fichte / Tanne — Splint und Kern gelblichweiß

Kiefer / Lärche — Splint hellgelb, Kern rotbraun und scharf abgesetzt

Laubhölzer

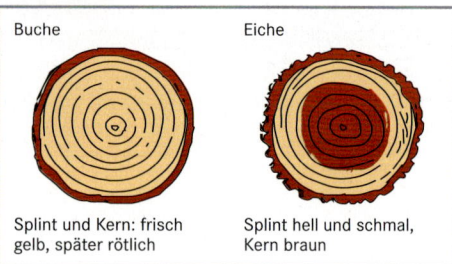

Buche — Splint und Kern: frisch gelb, später rötlich

Eiche — Splint hell und schmal, Kern braun

Wichtige Eigenschaften einiger Holzarten

(DIN 4076-1: 85); DIN EN 13556: 03

Kurzzeichen DIN 4076-1		Kurzzeichen DIN EN 13556	Holznamen [1] [2] (alphabetisch)	Wuchsgebiete	Farbe [1] [3]		Rohdichte, darrtrock. $\frac{kg}{dm^3}$	Schwindmaß in % [4] längs radial tangential		
					Splint	Kern		l	r	t
Nadelholz	DG	PSMN	Douglasie (Oregon Pine)	Nordamerika	gelbweiß	gelbbraun	0,50	0,3	4,2	7,4
	FI	PCAB	Fichte (pinus)	Europa	gelbweiß	glänzend	0,43	0,3	3,6	7,8
	HEM	TSHT	Hemlock	Nordamerika [5]	hellgelb	braun	0,43	0,2	3,0	6,8
	KI	PNSY	Kiefer (Föhre)	Europa, Nordasien	hellgelb	rotbraun	0,48	0,4	4,0	7,7
	LA	LADC	Lärche	Mitteleuropa	gelbweiß	rotbraun	0,55	0,3	3,3	7,8
	PIP	PNEL	Pitchpine	Nord- u. Zentralamerika	gelbweiß	braun	0,63	0,2	5,1	7,5
	RCW	THPL	Redcedar-Western	Nordamerika	weiß	rotbraun	0,43	0,2	2,4	5,0
	TA	ABAL	Tanne (Weißt.)	Süd- u. Mitteleuropa	gelblich bis rötlich weiß		0,43	0,1	3,8	7,6
Laubholz	ABA	TRSC	Abachi	Westafrika	blassgelb	kaum dkler	0,36	0,3	3,5	6,0
	AFZ	AFXX	Afzelia	Tropisches Afrika	grau	braun	0,70	0,3	4,0	7,0
	BI	BTXX	Birke	Europa, Nordasien	weiß bis bräunlich		0,60	0,6	5,3	7,8
	BU	FASY	Buche (Rotbuche)	Europa	gelb → rotbraun		0,66	0,3	5,8	11,8
	EI	QCXE	Eiche	Europa	gelblich	hellbraun	0,63	0,4	4,0	7,8
	ES	FXEX	Esche	Europa, Westasien	gelblich	hellbraun	0,65	0,2	5,0	8,0
	LMB	TMSP	Limba	Westafrika	gelblich (grünlich)		0,52	0,3	3,5	6,3
	MAU	ENUT	Mahagoni, Sipo- [7]	Westafrika	rötlich	rotbraun	0,58	0,3	4,0	6,0
	MAC	TGHC	Makore	Sierra Leone, Ghana	graurosa	hellrot	0,62	0,3	4,5	7,0
	MER	SHDR	Meranti, Dark Red	Südostasien	gelb	gelb	0,48			
	NBA	JGRG	Nussbaum	Nordam., Indien, Europa	graurot	graubraun	0,58	0,5	5,4	7,5
	OKU	AUKL	Okoume	Gabun, Kongo	grau	graurosa	0,40	0,2	4,1	6,6
	POH	GCXX	Pockholz	Süd- u. Mittelamerika	gelb	grün → oliv	1,23	0,1	5,6	9,3
	RAM	GYBN	Ramin	Südostasien	gelblichweiß		0,58			
	TEK	TEGR	Teak	Südostasien [6]	grau	braun	0,65	0,6	3,0	5,8

DIN 4076-1 mit den deutschen Kurzzeichen ist seit 2010 zurückgezogen. Die Nomenklatur der in Europa verwendeten Handelshölzer und damit auch deren Kurzzeichen ist mit botanischen Bezeichnungen in DIN EN 13556 festgelegt.

Das Kurzzeichen einer Holzart besteht aus vier Buchstaben. Die ersten beiden Buchstaben kennzeichnen die Gattung, der dritte und vierte Buchstabe kennzeichnet die Holzart. Mit zwei weiteren Buchstaben kann die Herkunft angegeben werden. EU-Europa, AF-Afrika, AM-Amerika, AS-Asien, AP-Australien.

Beispiel:
Kiefer europäischer Herkunft: **Pi**nus **sy**lvestris – PSNY EU

[1] F. Kollmann „Technologie des Holzes", Berlin, 1982.
[2] Etliche Hölzer haben mehrere Handels-Namen.
[3] → bedeutet: nachdunkeln zu …
[4] Schwindmaß vom grünen zum darrtrockenen Holz, bezogen auf die Grünabmessungen. Die Werte streuen erheblich je nach Standort und Alter.
[5] Kultiviert auch in Europa.
[6] Kultiviert in allen tropischen Gebieten.
[7] DIN 4076 nennt 6 Mahagoni-Arten, von denen hier nur Sipo als Beispiel genannt wird. Ähnliches gilt auch für andere Hölzer.

Ziel der Holzschutznormen

DIN 68800-1: 11

DIN 68800-1 regelt die allgemeinen Voraussetzungen für den Schutz von verbautem Holz und Holzwerkstoffen gegen eine Wertminderung oder Zerstörung durch Organismen sowie für eventuell notwendige Bekämpfungsmaßnahmen.

Grundbegriffe zum Holzschutz

DIN 68800-2: 12; -3: 12; -4: 12

Begriff	Erklärung	Begriff	Erklärung
Bauliche Maßnahme	Planerische, konstruktive, bauphysikalische und organisatorische Maßnahme, die eine Minderung der Funktionstüchtigkeit von Holz und Holzwerkstoffen besonders durch Pilze, Insekten oder Meerestiere während der Gebrauchsdauer verhindert oder einschränkt und darüber hinaus Schäden durch übermäßiges Quellen und Schwinden des Holzes und der Holzwerkstoffe verhindert.	Grundsätzliche bauliche Maßnahme	Bauliche Maßnahme, die bei Bauteilen aus Holz oder Holzwerkstoffen in jedem Fall vorzunehmen ist.
		Besondere bauliche Maßnahme	Bauliche Maßnahme, die ermöglicht, Bauteile aus Holz und Holzwerkstoffen in GK 0 einzustufen, wenn die grundsätzlichen baulichen Maßnahmen nicht ausreichen.
Holzschutz mit Holzschutzmitteln	Vorbeugender Einsatz von fungiziden (pilzabtötenden) und insektiziden (insektentötenden) Wirkstoffen. Holschutzwirkstoffe sind Gifte.	Bekämpfungsmaßnahme	Behandlung von befallenem Holz, um Holz zerstörende Insekten abzutöten.

Natürliche Dauerhaftigkeit gegen holzzerstörende Pilze

DIN EN 350-2: 94

Dauerhaftigkeitsklasse	Beschreibung	Holzarten
1	sehr dauerhaft	Afzelia, Greenheart, Makoré, Teak, Teak (kultiviert)[1]
1 bis 2		Merbau, Afrormosia, Robinie, Teak (kultiviert)[1]
2	dauerhaft	Eibe, Edelkastanie, Freijo, Angelique, Ovèngkol, Wengé, Eiche, Bangkirai, Amerikanisches Mahagoni, Azobé, Teak (kultiviert)[1], Dark red Meranti[1]
2 bis 3		Sipo, Teak (kultiviert)[1], Dark red Meranti[1]
3	mäßig dauerhaft	Western Redcedar, Nussbaum, Khaya-Mahagoni, Douglasie (amerik.), Keruing, Teak (kultiviert)[1], Dark red Meranti[1]
3 bis 4		Lärche, Kiefer, Douglasie (europ.), Light red Meranti, Dark red Meranti[1]
4	wenig dauerhaft	Weißtanne, Fichte, Schwarzkiefer, Weymouthskiefer, Hickory, Western Hemlock, Rüster, Limba, Dark red Meranti[1]
4 bis 5		Brasilkiefer
5	nicht dauerhaft	Ahorn, Roßkastanie, Erle, Birke, Hainbuche, Buche, Esche, Ramin, Linde, Pappel

[1] Teak (kultiviert) ist je nach Qualität in die Klassen 1 bis 3, Dark red Meranti in die Klassen 2 bis 4 eingestuft.

Natürliche Dauerhaftigkeit gegen Hausbock

DIN EN 350-2: 94

Dauerhaftigkeitsklasse	Beschreibung	Holzarten
D	dauerhaft	Brasilkiefer; Laubhölzer werden nicht angegriffen
S	anfällig	Lärche, Schwarzkiefer, Weymouthkiefer, Kiefer, Douglasie, Eibe, Western Redcedar, Western Hemlock
SH	auch Kernholz als anfällig bekannt	Tanne, Fichte

Natürliche Dauerhaftigkeit gegen Anobien

DIN EN 350-2: 94

Dauerhaftigkeitsklasse	Beschreibung	Holzarten
D	dauerhaft	–
S	anfällig	Brasilkiefer, Lärche, Schwarzkiefer, Kiefer, Douglasie, Eibe, Western Redcedar, Ahorn, Birke, Edelkastanie, Keruing, Buche, Esche, Nussbaum, Pappel, Eiche, Robinie
SH	auch Kernholz als anfällig bekannt	Tanne, Fichte, Weymouthkiefer, Western Hemlock, Roßkastanie
n/a	kaum Daten verfügbar	Afzelia, Hainbuche, Hickory, Freijo, Angélique, Sipo, Ramin, Bubinga, Ovèngkol, Khaya-Mahagoni, Azobé, Wengé, Bangkirai, Dark red Meranti

Holzbau

Gebrauchsklassen

DIN 68800-1: 11

Gebrauchs-klasse	Holzfeuchte/ Exposition	Allgemeine Gebrauchsbedingungen	Gefährdung durch				Auswasch-beanspru-chung
			Insekten	Pilze	Moder-fäule	Holzschäd-linge im Meerwasser	
0	Trocken (ständig ≤ 20 %) mittlere relative Luftfeuchte bis 85 %	Holz oder Holzprodukt unter Dach, nicht der Bewitterung und keiner Befeuchtung ausgesetzt, die Gefahr von Bauschäden durch Insekten kann ausgeschlossen werden	nein	nein	nein	nein	nein
1	Trocken (ständig ≤ 20 %) mittlere relative Luftfeuchte bis 85 %	Holz oder Holzprodukt unter Dach, nicht der Bewitterung und keiner Befeuchtung ausgesetzt	ja	nein	nein	nein	nein
2	Gelegentlich feucht (> 20 %) mittlere relative Luftfeuchte über 85 % oder zeitweise Befeuchtung durch Kondensation	Holz oder Holzprodukt unter Dach, nicht der Bewitterung ausgesetzt, eine hohe Um-gebungsfeuchte kann zu gelegentlicher, aber nicht dauernder Befeuchtung führen	ja	ja	nein	nein	nein
3.1	Gelegentlich feucht (> 20 %) Anreicherung von Wasser im Holz, auch räumlich begrenzt, nicht zu erwarten	Holz oder Holzprodukte nicht unter Dach, mit Bewitterung, aber ohne ständigen Erd- oder Wasserkontakt, Anreicherung von Wasser im Holz, auch räumlich begrenzt, ist aufgrund rascher Rücktrocknung nicht zu erwarten	ja	ja	nein	nein	ja
3.2	Häufig feucht (> 20 %) Anreicherung von Wasser im Holz, auch räumlich be-grenzt, zu erwarten	Holz oder Holzprodukte nicht unter Dach, mit Bewitterung, aber ohne ständigen Erd- oder Wasserkontakt, Anreicherung von Wasser im Holz, auch räumlich begrenzt, zu erwarten	ja	ja	nein	nein	ja
4	Vorwiegend bis ständig feucht (> 20 %)	Holz oder Holzprodukt in Kon-takt mit Erde oder Süßwasser und so bei mäßiger bis starker Beanspruchung vorwiegend bis ständig einer Befeuchtung ausgesetzt	ja	ja	ja	nein	Ja
5	Ständig feucht (> 20 %)	Holz oder Holzprodukt, ständig Meerwasser ausgesetzt	ja	ja	ja	ja	ja

Verwendung von Holzarten in den Gebrauchsklassen

DIN 68800-1: 11

Holzart	Gebrauchsklasse		Allgemeines zur Gefährdung von Holz und Holzwerkstoffen durch Pilze und Insekten
	Splintholz	Farbkernholz	
Douglasie	0	0, 1, 2, 3.1	Holz kann von Organismen wie Pilzen und Insekten abgebaut werden. Dies kann nur erfolgen, wenn für die betreffenden Organismen geeignete Lebensbedingun-gen vorliegen.
Fichte	0	0	
Kiefer	0	0, 1, 2	Eine Entwicklung von Holz zerstörenden Pilzen kann bei einer lokalen Holzfeuch-te etwa ab Fasersättigung eintreten. Insekten können sich auch bei geringerer Feuchte entwickeln.
Lärche	0	0, 1, 2, 3.1	
Southern Pine	0	0, 1	Für Bauteile aus Brettschichtholz und Brettsperrholz ist in den Gebrauchsklassen 1 und 2 erfahrungsgemäß die Gefahr eines Bauschadens durch Holz zerstörende Insekten nicht zu erwarten, bei anderen bei Temperaturen ≥ 55 °C technisch getrockneten Hölzern als unbedeutend einzustufen.
Tanne	0	0	
Western Hemlock	0	0	
Afzelia	0, 1	0, 1, 2, 3.1, 3.2, 4	Holzwerkstoffe werden in der Regel von Insekten nicht zerstört, mit Ausnahme von Holzwerkstoffen aus hellen tropischen Holzarten wie beispielsweise Abachi und Limba.
Azobé/Bongossi	0. 1	0, 1, 2, 3.1, 3.2, 5	
Eiche	0	0, 1, 2, 3.1, 3.2	Bläuepilze treten überwiegend im Splintholz auf und führen zu einer blauen bis schwarzen Verfärbung des Holzes. Für ihre Entwicklung benötigen sie eine Holzfeuchte etwa ab Fasersättigung.
Teak	0, 1	0, 1, 2, 3.1, 3.2, 4	

Vorbeugende Maßnahmen

DIN 68800-1: 11

Als alternative Schutzmaßnahmen kommen vorbeugende bauliche Maßnahmen und ein vorbeugender Schutz mit Holzschutzmitteln in Betracht. Ausführungen mit besonderen baulichen Maßnahmen sollten gegenüber vorbeugenden Maßnahmen mit Holzschutzmitteln bevorzugt werden.

Gebrauchs-klasse	Vorbeugende bauliche Maßnahmen	Vorbeugender Schutz mit Holzschutzmitteln	
		Anforderungen an Holzschutzmittel	Prüfprädikat
$0^{1)}$	–	Keine Holzschutzmittel erforderlich	
1	Bauliche Maßnahmen zur Vermeidung eines Bauschadens durch Insekten$^{2)}$ oder Farbkernhölzer mit Splintholzanteil ≤ 10 %	Insektenvorbeugend	Iv
2	Bauliche Maßnahmen zur Vermeidung eines Bauschadens durch Insekten oder Befalls durch Pilze$^{2)}$ oder Holzarten der Dauerhaftigkeitsklasse 1, 2 oder 3 und natür-licher Dauerhaftigkeit gegen Insekten	Insektenvorbeugend Pilzwidrig	Iv, P
3.1	Bauliche Maßnahmen zur Vermeidung eines Bauschadens durch Insekten oder Befalls durch Pilze$^{2)}$ oder Holzarten der Dauerhaftigkeitsklasse 1, 2 oder 3 und natür-licher Dauerhaftigkeit gegen Insekten	Insektenvorbeugend Pilzwidrig Witterungsbeständig	Iv, P, W
3.2	Bauliche Maßnahmen zur Vermeidung eines Bauschadens durch Insekten oder Befalls durch Pilze$^{2)}$ oder Holzarten der Dauerhaftigkeitsklasse 1 oder 2 und natür-licher Dauerhaftigkeit gegen Insekten		
4	Farbkernhölzer der Dauerhaftigkeitsklasse 1 und natürlicher Dauerhaftigkeit gegen Insekten	Insektenvorbeugend Pilzwidrig Witterungsbeständig Moderfäulewidrig	Iv, P, W, E
5	Farbkernhölzer mit ausgewiesener Dauerhaftigkeit gegen Holzschädlinge im Meerwasser	Wie für GK 4; zusätzlich Wirksamkeit gegen Holzschäd-linge im Meerwasser	

$^{1)}$ Gebrauchsklasse, in der das Befalls- und Schadensrisiko vermieden oder vernachlässigbar wird bzw. in der durch bauliche Maßnahmen keine Notwendigkeit für Maßnahmen mit Holzschutzmitteln vorliegt.
$^{2)}$ nach folgender Tabelle

Besondere bauliche Maßnahmen gegen holzzerstörende Pilze und Insekten

DIN 68800-2: 12

Maßnahmen gegen Pilze	Maßnahmen gegen Insekten
Begrenzung der Holzfeuchte auf 20 % durch • Begrenzung der Rissbildung durch Beschränkung der Quer-schnittsmaße und durch kerngetrennten Einschnitt bei Vollholz • Verwendung von Brettschichtholz und technisch getrocknetem Vollholz • gehobelte Oberfläche • Verhinderung von Stauwasser in den Anschlüssen • Abdecken von Hirnholz • Abführen von Niederschlagswasser • Abdeckung von nicht vertikal stehenden Bauteilen	• Einsatz von Holz in Räumen mit üblichem Wohnklima oder vergleichbaren Räumen oder Einsatz unter entsprechenden Bedin-gungen • Einsatz von Brettschichtholz, Brettsperrholz, technisch getrockne-tem Bauholz oder Holzwerkstoffen mit einer Holzfeuchte u ≤ 20 % • allseitige insektenundurchlässige Abdeckung des zu schützenden Holzes • offene Anordnung des Holzes, so dass es kontrollierbar ist und an sichtbar bleibender Stelle dauerhaft ein Hinweis auf die Notwen-digkeit einer regelmäßigen Kontrolle angebracht ist • Verwendung von Farbkernhölzern, die einen Splintholzanteil ≤ 10 % aufweisen

Holzschutzmitteleinsatz – Prüfprädikate und Eindringtiefeklassen

DIN 68800-3: 12

Prüfprädikat	Beschreibung	Eindring-tiefeklasse	Eindringtiefenanforderung
Iv	gegen Insekten vorbeugend wirksam	NP 1	keine
P	gegen Pilze vorbeugend wirksam (Fäulnisschutz)	NP 2	mindestens 3 mm seitlich im Splintholz
W	auch für Holz, das der Witterung ausgesetzt ist, jedoch weder im ständigen Erdkontakt noch im ständigen Kontakt mit Wasser	NP 3	mindestens 6 mm seitlich im Splintholz
		NP 4	mindestens 25 mm seitlich
E	Auch für Holz, das extremer Beanspruchung ausgesetzt ist (im ständigen Erdkontakt oder im ständigen Kontakt mit Wasser sowie bei Schmutz-ablagerungen in Rissen und Fugen	NP 5	gesamtes Splintholz
		NP 6	gesamtes Splintholz und mindestens 6 mm im freiliegenden Kernholz
B	Gegen Verblauung an verarbeitetem Holz wirksam		

Holzbau

T1 Schnittholzeinteilung

DIN 4074-1: 12

Bezeichnung	Dicke d o. Höhe h	Breite b
Latte	$d \leq 40$ mm	$b < 80$ mm
Brett [1] (Dicke ≥ 6 mm)	$d \leq 40$ mm	$b \geq 80$ mm
Bohle [1]	$d > 40$ mm	$b > 3\,d$
Kantholz, Kreuzholz, Balken	$b \leq h \leq 3\,b$	$b > 40$ mm

Allgemeines zur Sortierung

- Die Sortierung darf nur von einer geschulten Fachkraft ausgeführt werden.
- Die Sortierkriterien sind auf eine Holzfeuchte von 20 % bezogen.
- Sortiermerkmale sind an der ungünstigsten Stelle im Schnittholz zu ermitteln.

T2 Sortierkriterien

Sortiermerkmale (A1 - A11, s. Folgeseite)		Sortierklassen		
		S 7	S 10	S 13
1. Baumkante → A1		bis 1/3	bis 1/3	bis 1/3
2. Äste → A2, A3, A4, A5	Kanthölzer	bis 3/5	bis 2/5	bis 1/5
	Latten	–	bis 1/2	bis 1/3
	Bohlen	bis 1/2	bis 1/3	bis 1/5
	- Astansammlung	bis 2/3	bis 1/2	bis 1/3
3. Jahrringbreite → A6	Kanthölzer, Bohlen	bis 6 mm	bis 6 mm	bis 4 mm
	bei Duoglasie	bis 8 mm	bis 8 mm	bis 6 mm
	Latten: allgemeine		bis 6 mm	bis 6 mm
	bei Douglasie	–	bis 8 mm	bis 8 mm
4. Faserneigung → A8	Kanthölzer	bis 12 %	bis 12 %	bis 7 %
	Bohlen	bis 16 %	bis 12 %	bis 7 %
	Latten	–	bis 12 %	bis 7 %
5. Schwindrisse → A7, A8 Blitzrisse, Ringschäle	Kanthölzer, Bohlen, Latten	bis 1/2 zulässig nicht zulässig	bis 1/2 zulässig nicht zulässig	bis 1/2 zulässig nicht zulässig
6. Verfärbungen: – Bläue – nagelfeste braune und rote Streifen – Braunfäule, Weißfäule	Kanthölzer Bohlen Laten	zulässig bis 2/5 bis 3/5 – nicht zulässig	zulässig bis 2/5 bis 2/5 bis 3/5 nicht zulässig	zulässig bis 1/5 bis 1/5 bis 2/5 nicht zulässig
7. Druckholz	Kanthölzer Bohlen Latten	bis 2/5 bis 3/5 –	bis 2/5 bis 2/5 bis 3/5	bis 1/5 bis 3/5 bis 2/5
8. Insektenfraß		Fraßgänge von Frischholzinsekten bis 2 mm Ø zulässig		
9. Krümmung → A9, A10, A11 – Längskrümmung – Verdrehung – Querkrümmung	Kanthölzer Bohlen Latten Bohlen	bis 8 mm bis 12 mm – 1 mm/25 mm bis 1/20	bis 8 mm bis 8 mm bis 12 mm 1 mm/25 mm bis 1/30	bis 8 mm bis 8 mm bis 8 mm 1 mm/25 mm bis 1/50
10. Markröhre		zulässig	zulässig	nicht zulässig

Bezeichnung eines trocken sortierten Kantholzes der Sortierklasse S 10 aus Fichte (Fi): **Kantholz DIN 4074 - S 10TS - Fi**.

Die Messung der Holzfeuchte erfolgt nach DIN EN 13183-2 mit elektrischer Widerstandsmessung.

Sortierklasse S 15

Die Sortierklasse S15 kennzeichnet visuell mit apparativer Unterstützung sortiertes Holz. Es gelten die Sortierkriterien der Sortierklasse 10. Ein häufig dafür verwendeter Begriff ist maschinelle Sortierung.

Messen und Berechnen der Baumkante

Die Breite der Baumkante wird als Bruchteil K der zugehörigen Querschnittsseite berechnet. Maßgeblich ist jeweils der größere Wert.

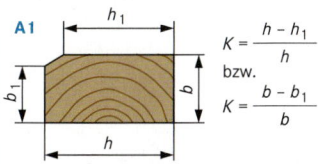

A1

$$K = \frac{h - h_1}{h}$$

bzw.

$$K = \frac{b - b_1}{b}$$

Messen und Berechnen der Ästigkeit in Kanthölzern

Maßgebend ist der kleinste sichtbare Durchmesser d der Äste.

Bei angeschnittenen Ästen gilt die Bogenhöhe d_1, wenn diese kleiner als der Durchmesser ist. Äste werden kantenparallel und dort gemessen, wo der Astquerschnitt zutage tritt.

Der auf einer inneren (rechten) Seite sichtbare Teil eines Kantenastes, a_2 in **A3**, bleibt unberücksichtigt, wenn das auf der Schmalseite vorhandene Astmaß (a_3 in **A3**), auf die Schmalseite bezogen, die in der Tabelle angegebenen Werte nicht überschreitet:

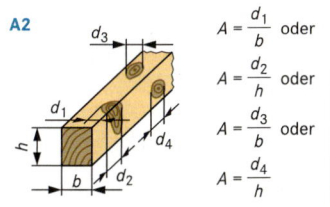

A2

$$A = \frac{d_1}{b} \text{ oder}$$
$$A = \frac{d_2}{h} \text{ oder}$$
$$A = \frac{d_3}{b} \text{ oder}$$
$$A = \frac{d_4}{h}$$

Berechnen der Ästigkeit beim Einzelast

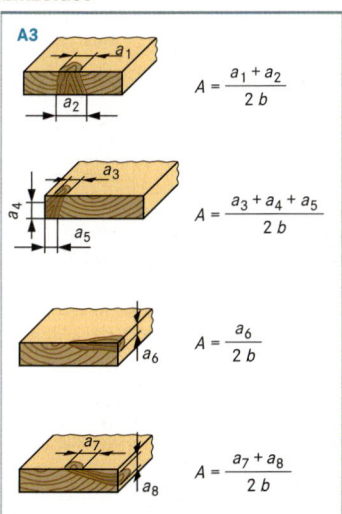

A3

$$A = \frac{a_1 + a_2}{2\,b}$$

$$A = \frac{a_3 + a_4 + a_5}{2\,b}$$

$$A = \frac{a_6}{2\,b}$$

$$A = \frac{a_7 + a_8}{2\,b}$$

Messen der Äste in Bohlen, Brettern und Latten

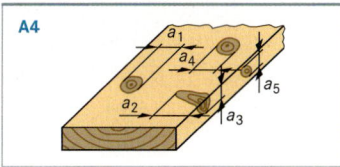

A4

Berechnen der Ästigkeit A bei Ästeansammlung

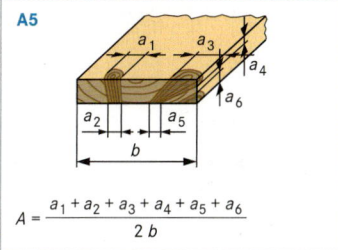

A5

$$A = \frac{a_1 + a_2 + a_3 + a_4 + a_5 + a_6}{2\,b}$$

Maßgebender Bereich für das Bestimmen der Jahrringbreite

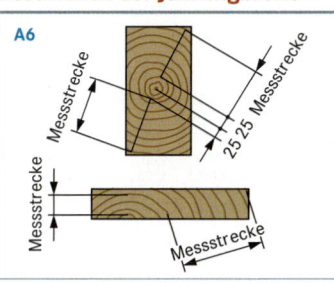

A6

Risse

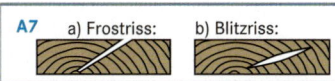

A7   a) Frostriss: b) Blitzriss:

Gleichgewichtsfeuchte

	M %
a) In allseitig geschlossenen Bauwerken:	
– mit Heizung	9 ± 3
– ohne Heizung	12 ± 3
b) in überdeckten offenen Bauwerken	15 ± 3
c) in der Witterung ausgesetzten Bauwerken	18 ± 6

Schwind- und Quellmaße (Rechenwerte)

bei Änderung der Holzfeuchte um 1 % unterhalb der Fasersättigung		
bei a) und b): Mittel aus tangentialen und radialen Werten		in %
a) Alle Nadelhölzer, Brettschichtholz, Eiche		0,24
b) Buche, Keruing, Angelique, Greenheart		0,30
c) Bau-Furniersperrholz	Werte	0,020
d) Flachpress-Spanplatten	in Plattenebene	0,035

Bestimmen der Faserneigung nach Schwindrissen

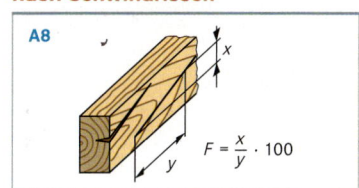

A8

$$F = \frac{x}{y} \cdot 100$$

Verdrehung von Schnittholz

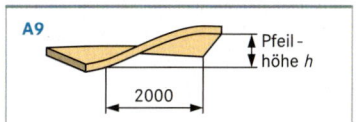

A9   Pfeilhöhe h 2000

Querkrümmung von Schnittholz (Schüsselung)

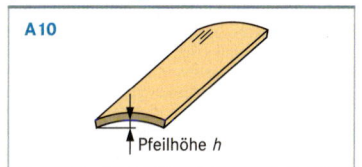

A10   Pfeilhöhe h

Längskrümmung von Schnittholz

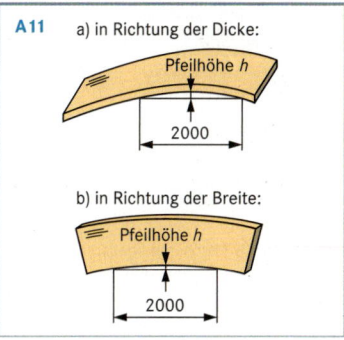

A11   a) in Richtung der Dicke:

Pfeilhöhe h

2000

b) in Richtung der Breite:

Pfeilhöhe h

2000

Holzbau

Einwirkungen

Siehe Bemessungs- und Sicherheitskonzept → Mechanik

Widerstände

Der Bemessungswert der Festigkeit (Index d) ergibt sich aus

$$f_d = k_{mod} \cdot \frac{f_k}{\gamma_M}$$

f_k charakteristischer Wert der Festigkeitseigenschaft
γ_M Teilsicherheitsbeiwert für eine Baustoffeigenschaft
k_{mod} Modifikationsfaktor zur Berücksichtigung des
    Einflusses der Lasteinwirkungsdauer und der Holzfeuchte
    auf die Baustoffeigenschaft.

Als **charakteristische Werte der Festigkeit** gelten dabei
bestimmte Quantilwerte einer angenommenen statistischen
Verteilung von Versuchswerten (Einwirkungsdauer 300 s, 20 °C,
65 % rel. Luftfeuchte).

Die sich einstellende Holzfeuchte beeinflusst die technischen
Eigenschaften. Deshalb müssen **Nutzungsklassen** definiert werden, die hauptsächlich zur **Modifikation** der Festigkeits- und Trag-
fähigkeitskennwerte und zur Berechnung von Verformungen unter
festgelegten Umweltbedingungen dienen. Der Modifikations-
beiwert k_{mod} berücksichtigt den Einfluss der **Lasteinwirkungsdauer (KLED)** und den Einfluss des Feuchtegehalts (Nutzungsklasse NKL) auf die Festigkeit. Bei **Lastkombinationen** mit
Einwirkungen, die zu unterschiedlichen Klassen der Lasteinwirkungsdauer gehören, wird die Einwirkung mit der kürzesten Dauer
maßgebend.

Teilsicherheitsbeiwerte γ_M für Festigkeits- und Steifig-keitseigenschaften in ständiger und vorübergehender Bemessungssituation

Holz und Holz- und Gipswerkstoffe	1.3
Auf Biegung beanspruchte stiftförmige Verbin-dungsmittel aus Stahl	1.3
Auf Zug oder Abscheren beanspruchte Teile aus Stahl beim Nachweis gegen die Streckgrenze im Nettoquerschnitt	1.3

Zuordnung visueller Sortierklassen nach DIN EN 1912: 2013-10 zu Festigkeiten für europäisches Nadelholz

Holzart	Sortierklasse nach DIN 4074-1	Festigkeitsklasse
Fichte, Kiefer	S7 S10 S13	C18 C24 C30
Tanne, Lärche	S7 S10 S13	C18 C24 C30
Douglasie	S10 S13	C24 C35
Pappel	LS10 LS13	C27 C22

Zuordnung visueller Sortierklassen nach DIN EN 1912: 2010-07 zu Festigkeiten für europäisches Laubholz

Holzart	Sortierklasse nach DIN 4074-5	Festigkeitsklasse
Eiche	LS10	D30
Buche	LS10 LS13	D35 D40

Klassen der Lasteinwirkungsdauer KLED

Kategorie	Einwirkung	KLED
	Eigenlasten nach DIN EN 1991-1-1	**ständig**
	Lotrechte Nutzlasten nach DIN EN 1991-1-1	
A	Spitzböden, Wohn-, Arbeitsräume	**mittel**
B	Büro-, Arbeitsflächen, Flure	**mittel**
C	Räume, Versammlungsräume und Flächen die der Ansammlung von Personen dienen können mit Ausnahme der unter A, B, D, E festgelegten Kategorien	**kurz**
D	Verkaufsräume	**mittel**
E	Fabriken und Werkstätten, Ställe, Lager-räume und Zugänge	**lang**
F	Verkehrs- und Parkflächen für leichte Fahrzeuge (Gesamtlast ≤ 25 kN), Zufahrts-rampen zu diesen Flächen	**kurz**
H	Nichtbegehbare Dächer, außer für übliche Erhaltungsmaßnahmen	**kurz**
K	Hubschrauber-Regellasten	**kurz**
T	Treppen und Podeste	**kurz**
Z	Zugänge, Balkone und Ähnliches	**kurz**
	Horizontale Nutzlasten nach DIN EN 1991-1-1	
	Horizontale Nutzlasten infolge von Personen auf Brüstungen, Geländern und anderen Konstruktionen, die als Absper-rung dienen	**kurz**
	Horizontallasten für Hubschrauber-Lande-plätze auf Dachdecken für horizontale Nutzlasten für Überrollschutz	**kurz** **sehr kurz**
	Windlasten nach DIN EN 1991-1-4	**kurz/ sehr kurz** *
	Schnee- und Eislasten DIN EN 1991-1-3, Geländehöhe des Bauwerkstandortes über NN ≤ 1000 m > 1000 m	**kurz** **mittel**
	Anpralllasten nach DIN EN 1991-1-7	**sehr kurz**
	Baugrundsetzungen	**ständig**

* für k_{mod} darf das Mittel aus kurz und sehr kurz angenommen werden.

Rechenwerte für die Modifikationsbeiwerte k_{mod}

Baustoff	Norm	Nutzungs-klasse	Klasse der Lasteinwirkungsdauer				
			ständige Einwirkung	lange Einwirkung	mittlere Einwirkung	kurze Einwirkung	sehr kurze Einwirkung
Vollholz	EN 14081-1	1	0,60	0,70	0,80	0,90	1,10
		2	0,60	0,70	0,80	0,90	1,10
		3	0,50	0,55	0,65	0,70	0,90
Brettschichtholz	EN 14080	1	0,60	0,70	0,80	0,90	1,10
		2	0,60	0,70	0,80	0,90	1,10
		3	0,50	0,55	0,65	0,70	0,90
Furnierschichtholz (LVL)	EN 14374, EN 14279	1	0,60	0,70	0,80	0,90	1,10
		2	0,60	0,70	0,80	0,90	1,10
		3	0,50	0,55	0,65	0,70	0,90
Sperrholz	EN 636						
	Typ EN 636-1	1	0,60	0,70	0,80	0,90	1,10
	Typ EN 636-2	2	0,60	0,70	0,80	0,90	1,10
	Typ EN 636-3	3	0,50	0,55	0,65	0,70	0,90
OSB	EN 300						
	OSB/2	1	0,30	0,45	0,65	0,85	1,10
	OSB/3, OSB/4	1	0,40	0,50	0,70	0,90	1,10
	OSB/3, OSB/4	2	0,30	0,40	0,55	0,70	0,90
Spanplatten	EN 312						
	Typ P4, Typ P5	1	0,30	0,45	0,65	0,85	1,10
	Typ P5	2	0,20	0,30	0,45	0,60	0,80
	Typ P6, Typ P7	1	0,40	0,50	0,70	0,90	1,10
	Typ P7	2	0,30	0,40	0,55	0,70	0,90
Holzfaserplatten, hart	EN 622-2						
	HB.LA	1	0,30	0,45	0,65	0,85	1,10
	HB.HLA1 oder 2	1	0,30	0,45	0,65	0,85	1,10
	HB.HLA1 oder 2	2	0,20	0,30	0,45	0,60	0,80
Holzfaserplatten, mittelhart	EN 622-3						
	MBH.LA1 oder 2	1	0,20	0,40	0,60	0,80	1,10
	MBH.HLS1 oder 2	1	0,20	0,40	0,60	0,80	1,10
	MBH.HLS1 oder 2	2	-	-	-	0,45	0,80
Holzfaserplatten, MDF	EN 622-5						
	MDF.LA	1	0,20	0,40	0,60	0,80	1,10
	MDF.HLS	1	0,20	0,40	0,60	0,80	1,10
	MDF.HLS	2	-	-	-	0,45	0,80
Balkenschichtholz, Brettsperrholz, Massivholzplatten		1	0,60	0,70	0,80	0,90	1,10
		2	0,60	0,70	0,80	0,90	1,10
Gipsplatten (Typen GKB[1], GKF[1], GKBI und GKFI), Gipsfaserplatten	DIN 18180, DIN EN 15283-2	1	0,20	0,40	0,60	0,80	1,10
		2	0,15	0,30	0,45	0,60	0,80
Zementgebundene Spanplatten		1	0,30	0,45	0,65	0,85	1,10
		2	0,20	0,30	0,45	0,60	0,80

[1] nur Nutzungsklasse 1

Holzbau

Rechenwerte für die charakteristischen Festigkeitskennwerte in N/mm²

Vollholz: VH (C für NH, D für LH) DIN EN 338: 2010-02

Festigkeitsklasse	Biegung $f_{m,k}$	Zug $f_{t,0,k}$	Zug $f_{t,90,k}$	Druck $f_{c,0,k}$	Druck $f_{c,90,k}$	Schub, Torsion $f_{v,k}$	Rollschub $f_{R,k}$
C16	16	10	0,4	17	2,2	3,2	
C24	24	14	0,4	21	2,5	4,0	
C30	30	18	0,4	23	2,7	4,0	0,8
C35	35	21	0,4	25	2,8	4,0	
C40	40	24	0,4	26	2,9	4,0	
D30	30	18	0,6	23	8,0	4,0	
D35	35	21	0,6	25	8,1	4,0	1,2
D40	40	24	0,6	26	8,3	4,0	

Brettschichtholz (GL: h = homogen, c = kombiniert) EN 1194: 1999

Festigkeitsklasse	Biegung $f_{m,g,k}$	Zug $f_{t,0,g,k}$	Zug $f_{t,90,g,k}$	Druck $f_{c,0,g,k}$	Druck $f_{c,90g,k}$	Schub, Torsion $f_{v,g,k}$	Rollschub $f_{R,g,k}$
GL24h	24	16,5	0,4	24	2,7	2,2	0,8
GL24c	24	14	0,35	21	2,4	2,2	0,7
GL28h	28	19,5	0,45	26,5	3,0	3,2	0,9
GL28c	28	16,5	0,4	24	2,7	2,7	0,8
GL32h	32	22,5	0,5	29	3,3	3,8	1,0
GL32c	32	19,5	0,45	26,5	3,0	3,2	0,9
GL36h	36	26	0,6	31	3,6	4,3	1,2
GL36c	36	22,5	0,5	29	3,3	3,8	1,0

Rollschub: Schubspannungen, die in einer Ebene senkrecht zur Faserrichtung zu Gleitungen führen.

Nachweise der Querschnittstragfähigkeit

Zug (Druck) parallel zur Faser

$$\sigma_{t(c),0,d} = \frac{F_{t(c),0,d}}{A_n} \le f_{t(c),0,d}$$

Einachsige Biegung

$$\sigma_{m,y(z),d} = \frac{M_{y,d}}{W_{y(z),n}} \le f_{m,y(z),d}$$

Schub
(Rechteckquerschnitt)

$$\tau_{,d} = \frac{V_{,d}}{b_{ef} \cdot h} \le f_{v(,d}$$

$$b_{ef} = k_{cr} \cdot b$$

k_{cr} = 0,67 VH aus Laubholz
k_{cr} = 2,0/ $f_{v,k}$ VH und BaSH aus NH
k_{cr} = 2,5/ $f_{v,k}$ BSH
k_{cr} = 1,0 andere holzbasierte Produkte

OSB-Platten nach DIN EN 13 986: 05

Festigkeitsklasse	Beanspruchungs-richtung	Platten-beanspruchung				Scheiben-beanspruchung			
		Biegung $f_{m,k}$	Druck $f_{c,90,k}$	Schub $f_{v,k}$		Biegung $f_{m,k}$	Zug $f_{t,k}$	Druck $f_{c,k}$	Schub $f_{v,k}$
OSB/2,3 > 6 bis 10	‖	18	10	1,0		9,9	9,9	15,9	6,8
	⊥	9	10	1,0		7,2	7,2	12,9	6,8
OSB/2,3 >10 bis 18	‖	16,4	10	1,0		9,4	9,4	15,4	6,8
	⊥	8,2	10	1,0		7,0	7,0	12,7	6,8
OSB/2,3 >18 bis 25	‖	14,8	10	1,0		9,0	9,0	14,8	6,8
	⊥	7,4	10	1,0		6,8	6,8	12,4	6,8
OSB/4 > 6 bis 10	‖	24,5	10	1,1		11,9	11,9	18,1	6,9
	⊥	13	10	1,1		8,5	8,5	14,3	6,9
OSB/4 >10 bis 18	‖	23,0	10	1,1		11,4	11,4	17,6	6,9
	⊥	12,2	10	1,1		8,2	8,2	14,0	6,9
OSB/4 >18 bis 25	‖	21,0	10	1,1		10,9	10,9	17,0	6,9
	⊥	11,4	10	1,1		8,0	8,0	13,7	6,9

Sperrholz nach DIN EN 636: 03

Festigkeitsklasse	Beanspruchungs-richtung	Platten-beanspruchung			Scheiben-beanspruchung			
		Biegung $f_{m,k}$	Druck $f_{c,90,k}$	Schub $f_{v,k}$	Biegung $f_{m,k}$	Zug $f_{t,k}$	Druck $f_{c,k}$	Schub $f_{v,k}$
F20/10 E40/20 $\varrho_k \ge 350$ kg/m³	‖	20	4	0,90	9	9	15	3,5
	⊥	10	4	0,60	7	7	10	3,5
F20/15 E30/25 $\varrho_k \ge 350$ kg/m³	‖	20	4	1,0	8	8	13	4,0
	⊥	15	4	0,7	7	7	13	4,0
F40/30 E60/40 $\varrho_k \ge 600$ kg/m³	‖	40	9	2,2	29	29	21	9,5
	⊥	30	9	2,2	31	31	22	9,5
F50/25 E70/25 $\varrho_k \ge 600$ kg/m³	‖	50	10	2,5	36	36	36	11
	⊥	25	10	2,5	24	24	17	11
F60/10 E90/10 $\varrho_k \ge 600$ kg/m³	‖	60	10	2,5	36	36	26	11
	⊥	10	10	2,5	24	24	18	11
‖	parallel zur Faserrichtung der Deckfurniere							
⊥	rechtwinklig zur Faserrichtung der Deckfurniere							

Rechenwerte für die charakteristischen Steifigkeitskennwerte in N/mm^2 und Rohdichtekennwerte in kg/m^3

Vollholz: (C für NH, D für LH)

Festigkeitsklasse	Elastizitätsmodul		Schubmodul		Rohdichte
	* $E_{0,mean}$	$E_{90,mean}$	G_{mean}	$G_{R,mean}$	ϱ_k
C16	8000	270	500	50	310
C24	11000	370	690	69	350
C30	12000	400	750	75	380
C35	13000	430	810	81	400
C40	14000	470	880	88	420
D30	11000	730	690	60	530
D35	12000	800	750	65	540
D40	13000	860	810	70	550

Brettschichtholz: (GL; h = homogen, c = kombiniert)

Festigkeitsklasse	Elastizitätsmodul		Schubmodul		Rohdichte
	$E_{0,g,mean}$	$E_{90,g,mean}$	$G_{g,mean}$	$G_{R,mean}$	ϱ_k
GL24h	11600	390	720	72	380
GL24c	11600	320	590	59	350
GL28h	12600	420	780	78	410
GL28c	12600	390	720	72	380
GL32h	13700	460	850	85	430
GL32c	13700	420	780	78	410
GL36h	14700	490	910	91	450
GL36c	14700	460	850	85	430

Sperrholz nach DIN EN 636: 03

Festigkeitsklasse	Beanspruchungsrichtung	Plattenbeanspruchung		Scheibenbeanspruchung		Rohdichte
		E_{mean}	G_{mean}	E_{mean}	G_{mean}	ϱ_k
F20/10 E40/20	‖	4000	35	4000	350	350
	⊥	2000	25	3000	350	
F20/15 E30/25	‖	3000	35	4000	350	350
	⊥	2500	25	3000	350	
F40/30 E60/40	‖	6000	150	4400	600	600
	⊥	4000	150	4700	600	
F50/25 E70/25	‖	7000	200	5500	700	600
	⊥	2500	200	3650	700	
F60/10 E90/10	‖	9000	200	5500	700	600
	⊥	1000	200	3700	700	

Für die charakteristischen Steifigkeitskennwerte E_{05} und G_{05} gelten die Rechenwerte:
$E_{05} = 0,8 \cdot E_{mean}$ und $G_{05} = 0,8 \cdot G_{mean}$

OSB-Platten nach DIN EN 13986: 05

OSB/2 OSB/3	‖	4930	50	3800	1080	550
	⊥	1980	50	3000	1080	
OSB/4	‖	6780	60	4300	1090	550
	⊥	2680	60	3200	1090	

Für die charakteristischen Steifigkeitskennwerte E_{05} und G_{05} gelten die Rechenwerte:
$E_{05} = 0,85 \cdot E_{mean}$ und $G_{05} = 0,85 \cdot G_{mean}$

Nutzungsklassen

NKL 1

Umgebungsklima 20 °C und 65 % relative Luftfeuchte, die nur für wenige Wochen pro Jahr überschritten wird.
Beispiel: allseitig geschlossene Gebäude und beheizte Bauwerke außer Gewächshäusern, Tierhäusern in Zoos.
Ausgleichsfeuchten 5 bis 15 %.
In den meisten Nadelhölzern wird eine mittlere Gleichgewichtsfeuchte von 12 % nicht überschritten.

NKL 2

Umgebungsklima 20 °C und 85 % relative Luftfeuchte, die nur für einige Wochen pro Jahr überschritten wird.
Beispiel: überdachte offene Bauwerke, die der unmittelbaren Bewitterung nicht ausgesetzt sind, auch belüftete Dachkonstruktionen.
Gleichgewichtsfeuchten 10 bis 20 %.
In den meisten Nadelhölzern wird eine mittlere Gleichgewichtsfeuchte von 20 % nicht überschritten.

NKL 3

Umgebungsklima: Klimabedingungen, die zu höheren Holzfeuchten führen als in NKL 2.
Gleichgewichtsfeuchten 12 bis 24 %.
Beispiel: frei der Witterung ausgesetzte Bauteile, in Sonderfällen auch Teile überdachter Bauten wie Eissporthallen.

Rechenwerte für die Verformungsbeiwerte k_{def} für Holzbaustoffe und ihre Verbindungen bei ständiger und quasi-ständiger Lasteinwirkung

Baustoff	Nutzungsklasse		
	1	2	3
Vollholz, Brettschichtholz, Furnierschichtholz, 1) Balkenschichtholz, 2) Brettsperrholz 2), Massivplatten 1)	0,60	0,80	2,00
Sperrholz, Furnierschichtholz 3)	0,80	1,00	2,50
OSB/3, OSB/4	1,50	2,25	–
Kunstharzgebundene, zementgebundene Spanplatten, Faserplatten Typ HB.HLA2 DIN EN 622-2: 2004/07 OSB/2 4)	2,25	3,00	4,00
Faserplatte Typ MBH.LA2 4) DIN EN 622-3: 2004/07 Gipsplatte	3,00	4,00	

1) mit allen Furnieren faserparallel   2) nicht in NKL3 zugelassen
3) mt Querfurnieren   4) nur in NKL1

Grenzwerte für die Durchbiegungen von Biegestäben

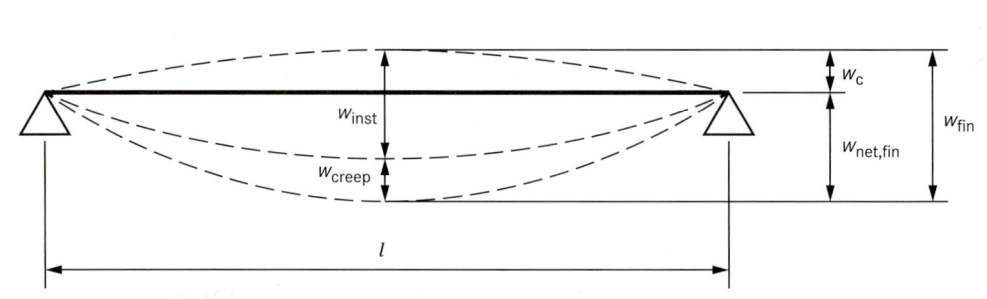

Gesamte Enddurchbiegung bezogen auf eine die Auflager verbindende Gerade:

$w_{net,fin} = w_{inst} + w_{creep} - w_c = w_{fin} - w_c$

w_c Überhöhung (falls vorhanden)
w_{inst} Anfangsdurchbiegung;
w_{creep} Durchbiegung infolge Kriechens;
w_{fin} Enddurchbiegung;
$w_{net,fin}$ gesamte Enddurchbiegung
(Enddurchbiegung abzüglich Überhöhung)

Die Ermittlung der Durchbiegung erfolgt nach den Regeln der Statik mit den Einwirkungskombinationen nach DIN EN 1990

Anfangsdurchbiegung	
Entsprechend der charakteristischen Kombination nach DIN EN 1990 $w_{inst} = w_{G,inst} + w_{Q,1,inst} + \Sigma\, \Psi_0 \cdot w_{Q,i,inst}$	Ψ_0 – Werte: siehe Bemessungskonzept

Enddurchbiegung	
Entsprechend der quasi-ständigen Kombination nach DIN EN 1990 $w_{fin} = w_{G,inst} \cdot (1 + k_{def}) + \Sigma\, \Psi_{2,i} \cdot w_{Q,i,inst} \cdot (1 + k_{def})$	$\Psi_{2,i}$ – Werte: siehe Bemessungskonzept

Grenzwerte von Biegestäben	w_{inst}	$w_{net,fin}$	w_{fin}
Beidseitig aufgelagerte Biegestäbe	l/300	l/300	l/200
Auskragende Biegestäbe	l/150	l/150	l/100
Überhöhte Bauteile, untergeordnete Bauteile, wie Bauteile landwirtschaftlicher Gebäude, Sparren und Pfetten	l/200	l/250	l/150

Schwingungen

Schwingungsnachweis
Eigenfrequenz beim Einfeldträger mit Gleichstreckenlast

$f = \dfrac{\pi}{200 \cdot l^2} \cdot \sqrt{\dfrac{EI}{g_k}}$	$\geq f_{grenz} = 8\ Hz$	l : Spannweite [m]
		E: Elastizitätsmodul [N/mm^2]
		I : Flächenmoment 2.Grades; $I_{Rechteck} = b \cdot h^3 / 12$ [mm^4]
		g_k : charakteristische Eigenlast [kN/m]

Holzbau

Beispiel

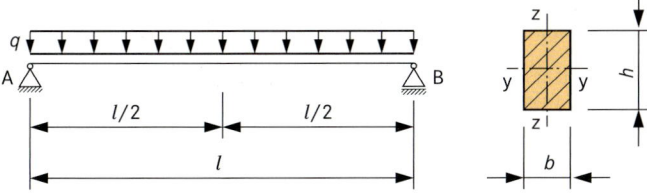

$q_{G,k}$ = 2,50 kN/m, ständig
$q_{Q,k}$ = 2,50 kN/m, veränderlich

Bürogebäude

KLED mittel, NKL 1
l = 4,00 m; b/h = 12/24 cm; Festigkeitsklasse C24

Bemessungswerte der Einwirkungen
$q_{G,d}$ = 1,35 · 2,50 = 3,4 kN/m
$q_{Q,d}$ = 1,50 · 2,50 = 3,8 kN/m
q_d = $q_{G,d}$ + $q_{Q,d}$ = 3,4 + 3,8 = 7,2 kN/m

Bemessungsschnittgrößen
$M_{y,d}$ = 7,2 · 4,0^2/8 = 14,4 kNm
$V_{z,d}$ = 7,2 · 4,0/2 = 14,4 kN

Querschnittswerte
A_{ef} = b_{ef} · h = k_{cr} · b · h
 = 2,0/4,0 · 12 · 24 = 144 cm^2
W_y = b · h^2/6 = 12 · 24^2/6
 = 1152 cm^3
I_y = b · h^3/12 = 12 · 24^3/12
 = 13824 cm^4

Bemessungswerte der Beanspruchungen
$\sigma_{m,y,d}$ = 1440/1152 =
 = 1,25 kN/cm^2 = 12,5 N/mm^2
τ_d = 1,5 · 14,4/144
 = 0,15 kN/cm^2 = 1,5 N/mm^2

Bemessungswerte der Festigkeiten
$f_{m,y,d}$ = k_{mod} · $f_{m,y,k}$/γ_M
 = 0,8 · 24 N/mm^2/1,3 = 14,8 N/mm^2
$f_{v,d}$ = k_{mod} · $f_{v,k}$/γ_M
 = 0,8 · 4,0 N/mm^2/1,3 = 2,46 N/mm^2

Nachweise der Querschnittstragfähigkeiten

Biegung

$\sigma_{m,y,d}/f_{m,y,d}$ = 12,5 N/mm^2/14,8 N/mm^2
 = 0,84 < 1

Ggf. muss das Biegedrillknicken nach DIN EN 1995-1-1:2010-12, Absatz 6.3.3 nachgewiesen werden

Schub
τ_d /$f_{v,d}$ = 1,5 N/mm^2/2,46 N/mm^2
 = 0,61 < 1

Grenzzustand der Gebrauchstauglichkeit

elastische Anfangsverformung infolge ständiger Lasten

$$w_{G,inst} = \frac{5}{384} \cdot \frac{q_{G,k} \cdot l^4}{E_{0,mean} \cdot I_y} = 5,5 \text{ mm}$$

elastische Anfangsverformung infolge einer veränderlichen Last

$$w_{Q,inst} = \frac{5}{384} \cdot \frac{q_{G,k} \cdot l^4}{E_{0,mean} \cdot I_y} = 5,5 \text{ mm}$$

Anfangsverformung insgesamt
w_{inst} = 5,5 + 5,5 = 11 mm

keine Überhöhung im lastfreien Zustand

Gebrauchstauglichkeitsnachweis in der charakteristischen Kombination

$w_{inst} \le l/300$
11 mm ≤ 4000 /300 = 13,3 mm

Endverformungen infolge ständiger Last
$w_{G,fin}$ = $w_{G,inst}$ · (1 + k_{def})
Vollholz, NKL 1, k_{def} = 0,6
$w_{G,fin}$ = 5,5 · (1 + 0,6) = 8,8 mm

Endverformung infolge einer veränderlichen Last
$w_{Q,fin}$ = Ψ_2 · $w_{Q,inst}$ · (1 + k_{def})
Ψ_2 = 0,3
$w_{Q,fin}$ = 0,3 · 5,5 · (1 + 0,6) = 2,64 mm

Endverformung insgesamt
w_{fin} = 8,8 + 2,64 = 11,44 mm

Gebrauchstauglichkeitsnachweis in der quasi-ständigen Kombination

$w_{fin} \le l/200$
11 mm < 4000/200 = 20 mm

Knickbeiwerte k_c für Nadelholz (C) und Laubholz (D)

	C24	C30	D30	D35	D40
$f_{c,0,k}$	21	23	23	25	26
$E_{0,mean}$	11000	12000	11000	12000	13000
$E_{0,05}$	7370	8040	9240	10080	10920
$\lambda =$ 50	0,795	0,794	0,829	0,829	0,838
60	0,675	0,673	0,724	0,725	0,739
70	0,552	0,550	0,607	0,608	0,624
80	0,448	0,447	0,500	0,501	0,517
90	0,367	0,365	0,412	0,413	0,428
100	0,304	0,303	0,343	0,344	0,357
110	0,255	0,255	0,289	0,290	0,301
120	0,217	0,217	0,246	0,247	0,257
130	0,187	0,186	0,212	0,213	0,221
140	0,162	0,162	0,185	0,185	0,193
150	0,142	0,142	0,162	0,163	0,169
160	0,126	0,125	0,143	0,144	0,149
170	0,112	0,112	0,128	0,128	0,133
180	0,100	0,100	0,114	0,115	0,119
190	0,090	0,090	0,103	0,103	0,107
200	0,082	0,081	0,093	0,094	0,097
210	0,074	0,074	0,085	0,085	0,089
220	0,068	0,068	0,078	0,078	0,081
230	0,062	0,062	0,071	0,071	0,074
240	0,057	0,057	0,065	0,066	0,068
250	0,053	0,053	0,060	0,061	0,063

Knickbeiwerte k_c für Brettschichtholz (GL)

	Gl24h	GL24c	GL28h	GL28c	GL32h	GL32c
$f_{c,0,g,k}$	24	21	26,5	24	29	26,5
$E_{0,mean}$	11600	11600	12600	12600	13700	13700
$E_{0,05}$	9667	9667	10500	10500	11417	11417
$\lambda =$ 50	0,898	0,918	0,895	0,911	0,894	0,909
60	0,806	0,848	0,800	0,833	0,798	0,828
70	0,675	0,736	0,667	0,713	0,664	0,706
80	0,548	0,611	0,541	0,587	0,538	0,580
90	0,446	0,502	0,440	0,480	0,437	0,474
100	0,368	0,416	0,362	0,397	0,360	0,391
110	0,307	0,349	0,303	0,332	0,301	0,328
120	0,260	0,296	0,256	0,282	0,255	0,278
130	0,223	0,254	0,220	0,242	0,218	0,238
140	0,193	0,220	0,190	0,210	0,189	0,207
150	0,169	0,193	0,167	0,183	0,165	0,181
160	0,149	0,170	0,147	0,162	0,146	0,159
170	0,133	0,151	0,130	0,144	0,130	0,142
180	0,118	0,135	0,117	0,128	0,116	0,127
190	0,107	0,121	0,105	0,116	0,104	0,114
200	0,096	0,110	0,095	0,104	0,094	0,103
210	0,088	0,100	0,086	0,095	0,086	0,094
220	0,080	0,091	0,079	0,087	0,078	0,085
230	0,073	0,083	0,072	0,079	0,072	0,078
240	0,067	0,077	0,066	0,073	0,066	0,072
250	0,062	0,071	0,061	0,067	0,061	0,066

Ersatzstabverfahren

– Ermittlung der Ersatzstablänge l_{ef}
– Querschnittswahl
– Materialwahl
– Ablesen des Knickbeiwertes k_c aus nebenstehender Tabelle
– Berechnung des Bemessungswertes der Druckspannung
– Vergleich des Bemessungswertes der Druckspannung mit dem k_c-fachen Bemessungswert der Druckfestigkeit
– Anschluss der Stabenden für eine Querkraft
  $V_d = N_d (1 - k_c) / 50$ für VH und Balkenschichtholz,
  $V_d = N_d (1 - k_c) / 80$ für BS-Holz und Furnierschichtholz

Beispiel: Stütze unter einer Pfette,
Geländehöhe ü. NN < 1000 m

Lastfall	$F_{c,d}$	KLED	k_{mod}
g	30,0 kN	ständig	0,6
$g + s$	50,4 kN	kurz	0,9

Maßgeblicher Lastfall $g + s$

Knicklängen: $l_{ef,y} = l_{ef,z} = 3,40$ m

Stützenquerschnitt gewählt: 140/140 VH C24

Querschnittsfläche: 196 cm²

Wirksame Querdruckfläche Pfette:
$A_{ef} = b \cdot (l + 2 \cdot 30 \text{ mm}) \le 3 \cdot b \cdot l$
$A_{ef} = 14 \cdot (14 + 2 \cdot 3) = 280$ cm²
$i = 0,289 \cdot 14 = 4,05$ cm

Schlankheitsgrad:
$\lambda_y = \lambda_z = 340/4,05 = 84 > 30$
Knickbeiwert: $k_c = 0,416$

Bemessungswert der Beanspruchung:
$\sigma_{c,0,d} = 50,4/196 = 0,257$ kN/cm² = 2,57 N/mm²
$\sigma_{c,90,d} = 50,4/280 = 0,180$ kN/cm² = 1,80 N/mm²

Baustoffeigenschaften:
$f_{c,0,k}$ = 21 N/mm²
$f_{c,0,d}$ = 0,9 · 21/1,3 = 14,5 N/mm²

Druck rechtwinklig zur Faserrichtung in Pfette aus VH C24:
$f_{c,90,k}$ = 2,5 N/mm²
$f_{c,90,d}$ = 0,9 · 2,5/1,3 = 1,73 N/mm²
$k_{c,90}$ = 1,5

Nachweise:
Knicknachweis

$$\frac{2,57}{0,416 \cdot 14,5} = 0,43 < 1$$

Querdrucknachweis

$$\frac{1,80}{1,5 \cdot 1,73} = 0,69 < 1$$

Oben und unten seitliche Halterungen für

$$V_d = \frac{50,4 \cdot (1 - 0,416)}{50} = 0,6 \text{ kN}$$

Charakteristische Tragfähigkeit $F_{v,Rk}$ je Scherfuge von Holz-Holz-Nagelverbindungen, Mindestwerte der Holzdicken t_{req} bzw. Einbindetiefen für Nägel nach DIN EN 10 230-1: 2000

Nagel-Ø	Nagellänge	Kopf-Ø	Einbindetiefe	nvb: nicht vorgebohrt vb: vorgehrt	C 24 GL24c		C30 Gl24h GL28c		GL28h GL32c		GL32h GL36c		GL36h	
d	t	d_k	$t_{E,req}$	–	$F_{v,Rk}$	t_{req}	$F_{v,Rk}$	t_{req}	$F_{v,Rk}$	t_{req}	$F_{v,Rk}$	t_{req}	$F_{v,Rk}$	t_{req}
mm	mm	mm	mm	–	N	mm	N	mm	N	mm	N	mm	N	mm
2,7	40, 50, 60	6,1	24	nvb	523	38	545	38	567	38	580	38	593	38
				nv	599	24	624	24	649	24	664	24	679	24
3,0	50, 60, 70, 80	6,8	27	nvb	623	42	649	42	674	42	690	42	706	42
				nv	723	27	754	27	783	27	802	27	820	27
3,4	60, 70, 80, 90	7,7	31	nvb	766	48	798	48	829	48	849	48	868	48
				nv	904	31	942	31	979	31	1002	31	1025	31
3,8	70, 80, 90, 100	7,6	34	nvb	920	53	959	53	996	53	1020	53	1043	53
				nv	1102	34	1149	34	1193	34	1222	34	1250	34
4,2	90, 100, 110	8,4	38	nvb	1085	59	1131	59	1174	59	1203	59	1230	59
				nv	1317	38	1372	38	1426	38	1460	38	1493	38
4,6	90, 100, 120	9,2	41	nvb	1261	64	1314	64	1365	64	1397	64	1430	67
				nv	1548	41	1613	41	1676	41	1716	41	1756	41
5	100, 120, 140	10	45	nvb	1447	70	1507	70	1566	72	1604	75	1640	79
				nv	1795	45	1871	45	1943	45	1990	45	2036	45
5,5	140	11	50	nvb	1693	77	1764	79	1833	85	1877	89	1920	93
				nv	2125	50	2215	50	2300	50	2356	50	2410	50

Auf Abscheren beanspruchte Verbindungen müssen aus mindestens zwei Nägeln bestehen. Dies gilt nicht für die Befestigung von Schalungen, Trag- und Konterlatten und die Zwischenanschlüsse von Windrispen, auch nicht für die Befestigung von Sparren und Pfetten auf Bindern und Rahmen sowie von Querträgern auf Rahmenhölzern, wenn diese Bauteile insgesamt mit mindestens zwei Nägeln angeschlossen sind. Nägel, die parallel zur Faserrichtung des Holzes eingeschlagen sind, dürfen nicht zur Kraftübertragung in Rechnung gestellt werden. Bei Einbindelängen < 4 d gilt für die der Nagelspitze nächstliegende Scherfuge:

$F_{v,Rd} = 0$.

Bei Holz mit einer charakteristischen Rohdichte von über 500 kg/m³ sind die Nagellöcher über die ganze Nagellänge vorzubohren.

Vorgebohrte Nagellöcher:

Bohrloch–Ø im Holz 0,9 d

Bohrloch-Ø im Stahlblech ≤ d + 1 mm

Falls (t – t_2) nach DIN EN 1995-1-1, Bild 8.5 größer ist als 4 d, dürfen sich die Nägel, die von beiden Seiten in nicht vorgebohrte Nagellöcher eingeschlagen sind, im Mittelholz übergreifen.

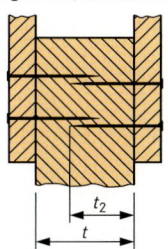

Wirksame Anzahl für mehrere in Faserrichtung in einer Reihe angeordnete Nägel

in einer Reihe rechtwinklig zur Faser nicht um mind. 1d versetzt: $n_{ef} = n^{k_{ef}}$

Nagel-abstand	k_{ef}	
	nicht vorgebohrt	vorgebohrt
$a_1 \geq 14\,d$	1	1
$a_1 = 10\,d$	0,85	0,85
$a_1 = 7\,d$	0,7	0,7
$a_1 = 5\,d$	–	0,5

Holz-Stahlverbindungen

Modifikationen für Holz-Stahl-Verbindungen			
Anordnung	$F_{v,Rd}$	t_{req}	$t_{E,req}$
außenliegendes dünnes Blech ($t_s \leq d/2$)	$1,0 \cdot F_{v,Rd}$	$1,0 \cdot t_{req(vb)}$	$1,0 \cdot t_{E,req}$
innenliegendes dünnes oder dickes Blech	$\sqrt{2} \cdot F_{v,Rd}$	$1,111 \cdot t_{req(vb)}$	$1,111 \cdot t_{E,req}$
außenliegendes dickes Blech ($t_s \geq d$)	$\sqrt{2} \cdot F_{v,Rd}$	$1,111 \cdot t_{req(vb)}$	$1,111 \cdot t_{E,req}$

Holzbau

Charakteristische Tragfähigkeit $F_{v,Rk}$ je Stabdübel S235 je Scherfuge für $\alpha = 0^0$, Mindestwerte der Holzdicken

Holz-Holz-Verbindungen (ein- oder zweischnittig) mit gleichen Holzgüten $\beta = 1$

Ø	C 24 GL24c			C30 Gl24h GL28c			GL28h GL32c			GL32h GL36c			GL38h		
d	$F_{v,Rk}$	$t_{1,req}$	$t_{2,req}$	$F_{v,Rk}$	$t_{1,req}$	$t_{2,req}$	$F_{v,Rk}$	$t_{1,req}$	$t_{2,req}$	$F_{v,Rk}$	$t_{1,req}$	$t_{2,req}$	$F_{v,Rk}$	$t_{1,req}$	$t_{2,req}$
mm	kN	mm	mm	kN	mm	mm	kN	mm	mm	kN	mm	mm	kN	mm	mm
6	1,92	33	27	2,00	32	26	2,08	30	25	2,13	30	25	2,18	29	24
8	3,19	42	35	3,32	40	33	3,45	39	32	3,53	38	31	3,62	37	31
10	4,71	51	42	4,91	49	40	5,10	47	39	5,22	46	38	5,34	45	37
12	6,47	59	49	6,74	57	47	7,00	55	45	7,17	54	44	7,34	52	43
16	10,61	76	63	11,06	73	61	11,48	71	58	11,76	69	57	12,03	67	56
20	15,47	94	77	16,12	90	74	16,75	87	72	17,15	84	70	17,54	83	68
24	20,94	111	92	21,82	107	88	22,66	103	85	23,21	100	83	23,74	98	81
30	30,03	138	114	31,29	133	110	32,50	128	106	33,28	125	103	34,05	122	101

$t_{2,req}$ gilt für Mittelhölzer

Die Regeln für Stabdübel gelten auch für Passbolzen. Die Löcher sind mit dem Nenndurchmesser des Stabdübels zu bohren. Der Durchmesser der Stabdübel muss mindestens 6 mm und darf höchstens 30 mm betragen.	Tragende Verbindungen mit Stabdübeln sollen vier Scherflächen besitzen. Dabei sollten mindestens zwei Stabdübel vorhanden sein. Verbindungen mit nur einem Stabdübel sind zulässig, falls der charakteristische Wert der Tragfähigkeit nur zur Hälfte in Rechnung gestellt wird.

Beiwert k_α für Nadelholz zur Berücksichtigung des Kraft-Faser-Winkels

$k_\alpha = 1/(k_{90} \cdot \sin^2\alpha + \cos^2\alpha)$

mit $k_{90} = 1{,}35 + 0{,}015\,d$ für Nadelholz

Winkel zwischen Kraft- und Faserrichtung:

$\alpha_1 \leq 90°;\ \alpha_2 \leq 90°;\ \alpha_{ges} = \alpha_1 + \alpha_2$

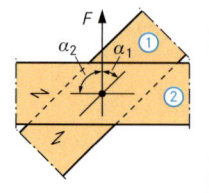

$F_{V,\alpha,Rk} = \sqrt{k_\alpha} \cdot F_{V,Rk}$

Holz-Stahlverbindungen

Modifikationen für Holz-Stahlverbindungen		
Anordnung	$F_{v,rd}$	t_{req}
außenliegendes dünnes Blech $\left(t_s \leq \dfrac{d}{2}\right)$	$1{,}0 \cdot F_{v,Rd}$	$1{,}0 \cdot t_{2,req}$
innenliegendes dünnes oder dickes Blech	$\sqrt{2} \cdot F_{v,Rd}$	$1{,}1716 \cdot t_{1,req}$
außenliegendes dickes Blech ($t_s \geq d$)	$\sqrt{2} \cdot F_{v,Rd}$	$1{,}1716 \cdot t_{1,req}$

Holz-Holz-Bolzenverbindungen

Bolzenverbindungen allein sind nicht in Dauerbauten zu verwenden, bei denen es auf Steifigkeit und Formbeständigkeit der Konstruktion ankommt. Sie werden hauptsächlich bei Verbindungen mit Dübeln besonderer Bauart eingesetzt.

Unter dem Kopf und der Mutter der Bolzen müssen Unterlegscheiben mit einer Seitenlänge oder einem Durchmesser von mindestens $3 \cdot d$ und einer Dicke von mindestens $0{,}3 \cdot d$ angeordnet werden.

Die Löcher für Bolzen dürfen bis zu 1 mm größer sein als der Nenndurchmesser des Bolzens.

Hintereinander angeordnete stiftförmige Verbindungsmittel

Die Tragfähigkeit einer Verbindung mit Stabdübeln, Passbolzen, Bolzen, Gewindestangen sowie Nägeln und Schrauben mit $d > 6$ mm und n in Kraftrichtung angeordneten Verbindungsmitteln beträgt

$R_k = n_{ef} \cdot m \cdot p \cdot F_{V,Rk}$

mit

$n_{ef} = n^{0,9} \cdot (13 \cdot d/a_1)^{-0,25} \cdot (90 - \alpha)/90 + n \cdot \alpha/90 \geq n$

m	Anzahl der Verbindungsmittelreihen mit je n Verbindungsmitteln in Kraftrichtung hintereinander
a_1	Abstand der Verbindungsmittel in Faserrichtung, mindestens jedoch $5 \cdot d$
α	Winkel zwischen Kraft- und Faserrichtung
p	Anzahl der Scherfugen pro Verbindungsmittel
R_k	Charakt. Wert der Tragfähigkeit eines Verbindungsmittels pro Scherfuge

Mindestabstände nach DIN EN 1995-1-1, Bild 8.7

α ist der Winkel zwischen Kraft- und Faserrichtung.

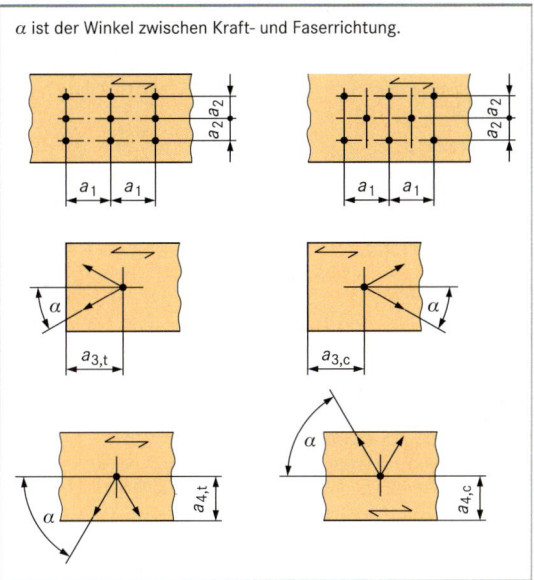

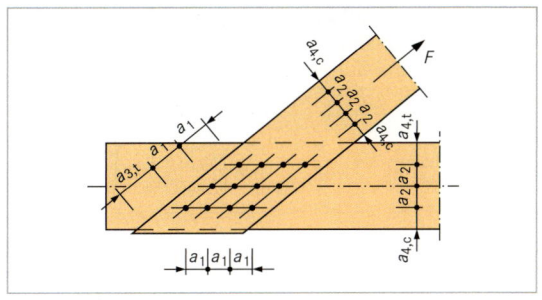

Höchstabstände von Nägeln

$20 \cdot d$	Tragende Nägel und Heftnägel rechtwinklig zur Faserrichtung
$40 \cdot d$	Tragende Nägel und Heftnägel in Faserrichtung, Platten aus Holzwerkstoffen
$80 \cdot d$	Aussteifende Platten aus Holzwerkstoffen, Anschluss mittragender Beplankungen an Mittelrippen von Wandscheiben

Bei Brettschichtholz darf für die Bestimmung der Nagelabstände eine Rohdichte $\varrho_k \leq 420 \text{ kg/m}^3$ zugrunde gelegt werden.

Mindestabstände von Nägeln

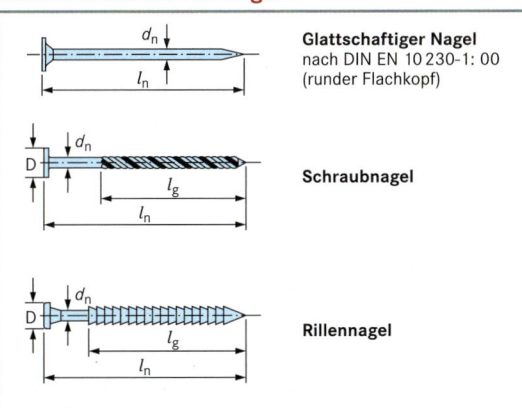

Glattschaftiger Nagel
nach DIN EN 10230-1: 00
(runder Flachkopf)

Schraubnagel

Rillennagel

Ab-stand	Winkel α	Nicht vorgebohrte Nägellöcher $\varrho_k \leq 420 \text{ kg/m}^3$	Vorgebohrte Nägellöcher
a_1	$0° \leq \alpha \leq 360°$	$d < 5$ mm $(5+5 \cdot \lvert\cos\alpha\rvert) \cdot d$ $d \geq 5$ mm $(5+7 \cdot \lvert\cos\alpha\rvert) \cdot d$	$(4 + \lvert\cos\alpha\rvert) \cdot d$
a_2	$0° \leq \alpha \leq 360°$	$5 \cdot d$	$(3 + \lvert\cos\alpha\rvert) \cdot d$
$a_{3,t}$	$-90° \leq \alpha \leq 90°$	$(10+5 \cdot \lvert\cos\alpha\rvert) \cdot d$	$(7+5 \cdot \lvert\cos\alpha\rvert) \cdot d$
$a_{3,c}$	$90° \leq \alpha \leq 180°$	$10 \cdot d$	$7 \cdot d$
$a_{4,t}$	$0° \leq \alpha \leq 180°$	$d < 5$ mm $(5+2 \cdot \sin\alpha) \cdot d$ $d \geq 5$ mm $(5+5 \cdot \sin\alpha) \cdot d$	$d < 5$ mm $(3+2 \cdot \sin\alpha) \cdot d$ $d \geq 5$ mm $(3+4 \cdot \sin\alpha) \cdot d$
$a_{4,c}$	$180° \leq \alpha \leq 360°$	$5 \cdot d$	$3 \cdot d$

Mindestabstände von Stabdübeln und Passbolzen

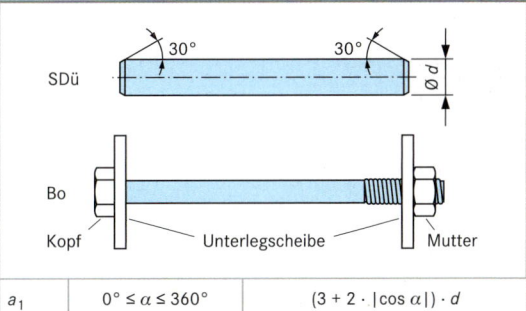

SDü

Bo

Kopf — Unterlegscheibe — Mutter

a_1	$0° \leq \alpha \leq 360°$	$(3 + 2 \cdot \lvert\cos\alpha\rvert) \cdot d$
a_2	$0° \leq \alpha \leq 360°$	$3 \cdot d$
$a_{3,t}$	$-90° \leq \alpha \leq 90°$	$\max\{(7d,\ 80\text{ mm}\}$
$a_{3,c}$	$90° \leq \alpha \leq 180°$	$\max\{(a3, \cdot \lvert\sin\alpha\rvert) \cdot d;\ 3 \cdot d\}$ $3 \cdot d$ $\max\{(a3, \cdot \lvert\sin\alpha\rvert) \cdot d;\ 3 \cdot d\}$
$a_{4,t}$	$0° \leq \alpha \leq 180°$	$\max\{(2 + 2 \cdot \lvert\sin\alpha\rvert) \cdot d;\ 3 \cdot d\}$
$a_{4,c}$	$180° \leq \alpha \leq 360°$	$3 \cdot d$

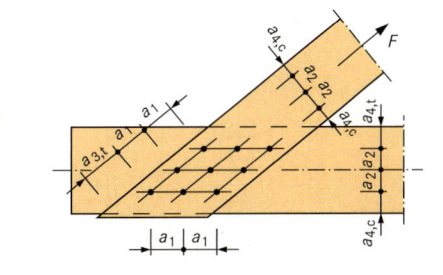

Charakteristischer Wert des Ausziehwiderstandes (Herausziehen) (Nagelung ⊥ zu Faserrichtung und bei Schrägnagelung)

Nägel	
Nägel mit anderem als glattem Schaft	$F_{ax,Rd} = \min \begin{pmatrix} f_{ax,k} \cdot d \cdot t_{pen} \\ f_{head,k} \cdot d_h^2 \end{pmatrix}$
Nägel mit glattem Schaft	$F_{ax,Rd} = \min \begin{pmatrix} f_{ax,k} \cdot d \cdot t_{pen} \\ f_{ax,k} \cdot d \cdot t + f_{head,k} \cdot d_h^2 \end{pmatrix}$

Mindesteindringtiefen	
Glattschaftige Nägel	$8 \cdot d$
Nägel mit profiliertem Schaft	$6 \cdot d$

Modifikationsbeiwerte	
Glattschaftige Nägel, wenn $8 \cdot d \leq t_{pen} \leq 12 \cdot d$	$(t_{pen}/4\,d - 2)$
Nägel mit profiliertem Schaft, wenn $6 \cdot d \leq t_{pen} \leq 8 \cdot d$	$(t_{pen}/2\,d - 3)$

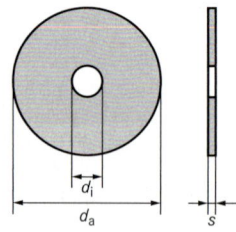

$f_{ax,k}$ Ausziehfestigkeit
$f_{head,k}$ Kopfdurchziehfestigkeit
t_{pen} Eindringtiefe auf der Seite der Nagelspitze oder Länge des profilierten Schaftteils
t Dicke des Bauteils beim Nagelkopf
d_h Kopfdurchmesser des VM
d Nageldurchmesser

Charakteristische Werte für die Auszieh- und Kopfdurchziehfestigkeit

Nageltyp	$f_{ax,k}$ [3]	$f_{head,k}$ [1] in N/mm²
Glattschaftige Nägel [2] (nicht vb)	$20 \cdot 10^{-6} \cdot \varrho_k^2$	$70 \cdot 10^{-6} \cdot \varrho_k^2$
Profilierte Nägel der Tragfähigkeitsklasse 1[2] bzw. A	$30 \cdot 10^{-6} \cdot \varrho_k^2$	$60 \cdot 10^{-6} \cdot \varrho_k^2$
Profilierte Nägel der Tragfähigkeitsklasse 2 bzw. B	$40 \cdot 10^{-6} \cdot \varrho_k^2$	$80 \cdot 10^{-6} \cdot \varrho_k^2$
Tragfähigkeitsklasse 3 bzw. C	$50 \cdot 10^{-6} \cdot \varrho_k^2$	$100 \cdot 10^{-6} \cdot \varrho_k^2$

ϱ_k in kg/m³, jedoch höchstens 500 kg/m³
[1] für Massivholzplatten, Sperrholz, OSB-Platten, kunstharzgebundene oder zementgebundene Holzplatten mit $t < 20$ mm: siehe unten
[2] nur für kurze Lasteinwirkungen
[3] bei profilierten, vorgebohrten Nägeln, darf $f_{ax,k}$ nur zu 70 % angesetzt werden, wenn das Bohrloch nicht größer als der Kerndurchmesser ist.

Charakteristische Werte zur Ermittlung des Widerstandes gegen Kopfdurchziehen für Brettsperrholz, Sperrholz, OSB-Platten, kunstharzgebundene oder zementgebundene Holzplatten ($t \leq 20$ mm)

Nageltragfähigkeitsklasse	für alle Plattendicken	Plattendicke t in mm	
		$12 \leq t \leq 20$	$t < 12$
	ϱ_k in kg/m³	$f_{head,k}$ in N/mm²	$F_{ax,Rd}$ in N
Glattschaftig A, B, C	380	8	400

Charakteristischer Wert $R_{ax,k}$ der Tragfähigkeit (Druck in kN ⊥ zur Faserrichtung unter Unterlegscheiben von Bolzen)

Bolzen	d_i	Scheibe	s	A_{ef}	C24	C30	GL24		GL28		GL32	
	mm	mm	mm	cm²			h	c	h	c	h	c
M 12	14	58	6	58,52	14,63	15,80	15,80	14,05	17,56	19,31	19,31	17,56
M 16	18	68	6	74,57	18,64	20,13	20,13	17,90	22,37	24,61	24,61	22,37
M 20	22	80	8	94,46	23,62	25,51	25,51	22,67	28,34	31,17	31,17	28,34
M 24	27	105	8	143,86	35,97	38,84	38,84	34,53	43,16	47,48	47,48	43,16

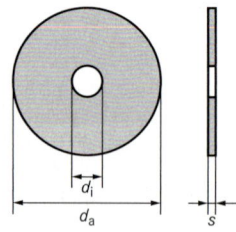
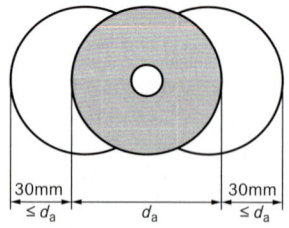

Die Tragfähigkeit in Richtung der Bolzenachse wird durch das Minimum aus Bolzenzugkraft und der Tragfähigkeit infolge Druck unter der Unterlegscheibe bestimmt.

Dübel besonderer Bauart   **DIN EN 912: 01**

- für VH, BSH, Balkenschichtholz und FSH ohne Querlagen, $\varrho_k \leq 500$ kg/m^3

- für LH nur Einlassdübel A1, B1

- für Stahl-Holz-Verbindungen einseitige Dübel

Alle Dübel müssen durch **nachziehbare** Bolzen aus Stahl mit Scheiben unter Kopf und Mutter, die Dübelverbindung eventuell durch zusätzliche Klemmbolzen, gesichert werden. Ein Nachziehen kann unterbleiben, wenn die Holzfeuchte beim Einbau nicht mehr als fünf Prozentpunkte über der zu erwartenden mittleren Ausgleichfeuchte liegt. Der Ersatz von Bolzen durch Gewindestangen oder Holzschrauben ist in einigen Fällen unter Einhaltung von Bedingungen möglich.

Tafel für $\varrho_k = 350$ kg/m^3 Seitenholzdicke $t_1 \geq 3 \cdot h_e$ Mittelholzdicke $t_2 \geq 5 \cdot h_e$		Außen-Ø / Seitenlänge	Dicke	Einlasstiefe Einpresstiefe	Ø Mittelloch	Dübelfehlfläche	Bolzen-Ø		Bemessungswert der Tragfähigkeit für eine Verbindungseinheit $F_{V,\alpha,Rk}$		
Dübeltyp und Dübelform		d_c	t	h_e	d_1	ΔA	min d_b	max d_b	$\alpha = 0°$	$\alpha = 45°$	$\alpha = 90°$
		mm	mm	mm	mm	cm^2	mm	mm	kN	kN	kN
A1	Ringdübel, eingelassen, bisherige Bezeichnungen Typ A, Appel $a_{3,t} \geq 2\,d_c$	65	5	15		9,80	12	24	18,34	15,51	13,44
		80	6	15		12,0	12	24	25,04	21,05	18,15
		95	6	15		14,3	12	24	32,41	27,06	23,23
		126	6	15		18,9	12	24	49,50	40,81	34,71
		128	8	15		28,8	12	24	50,69	41,75	35,49
		160	10	22,5		36,0	16	24	70,84	57,59	48,52
		190	10	22,5		42,8	16	24	91,66	73,63	61,52
B1	Scheibendübel, eingelassen, bisherige Bezeichnungen Typ A, Appel $a_{3,t} \geq 2\,d_c$	65	5	15	13	9,80			18,34	15,51	13,44
		80	6	15	13	12,0			32,41	27,06	23,23
		95	6	22,5	13	14,3	$d_1 - 1$	d_1	49,50	40,81	34,71
		128	8	22,5	13	28,8			50,69	41,75	35,49
		160	10	22,5	16,5	36,0			70,84	57,59	48,52
		190	10	22,5	16,5	42,8			91,66	73,63	61,52
C1	zweiseitige Scheibendübel mit Zähnen, eingepresst, bisherige Bezeichnungen: Typ C, Bulldog $a_{3,t} \geq 1,5\,d_c$	50	1,00	6,0		1,70		16	6,36	jeweils $+ F_{V,\alpha,Rk}$ des Bolzen	
		62	1,20	7,4		3,00		20	8,79		
		75	1,25	9,1		4,20		24	11,69		
		95	1,35	11,3		6,70	10	30	16,67		
		117	1,50	14,3		10,0		30	22,78		
		140	1,65	14,7		12,4		30	29,82		
		165	1,80	15,6		14,9		30	38,15		
C2	einseitige Scheibendübel mit Zähnen, eingepresst, bisherige Bezeichnungen: Typ C, Bulldog $a_{3,t} \geq 1,5\,d_c$	50	1,00	5,6	10,4;12,4;16,4;20,4	1,70			6,36	jeweils $+ F_{V,\alpha,Rk}$ des Bolzen	
		62	1,20	7,5	12,4;16,4;20,4	3,00			8,79		
		75	1,25	9,2	12,4;16,4;20,4;22,4; 24,4	4,20			11,69		
		95	1,35	11,4	16,4;20,4;22,4;24,4	6,70	$d_1 - 1$	d_1	16,67		
		117	1,50	14,5	16,4;20,4;22,4;24,4	10,0			22,78		
C10	zweiseitige Scheibendübel mit Dornen, Dornen eingepresst, Scheibe evtl. ≤ 3 mm eingelassen, bisherige Bezeichnungen: Typ D, Geka $a_{3,t} \geq 2\,d_c$	50	3			4,60			8,84	jeweils $+ F_{V,\alpha,Rk}$ des Bolzen	
		65	3			5,90			13,10		
		80	3			7,50			17,89		
		95	3	12		9,00	10	30	23,15		
		115	3			10,4			30,83		
C11	einseitige Scheibendübel mit Dornen, Dornen eingepresst, Scheibe evtl. ≤ 3 mm eingelassen, bisherige Bezeichnungen: Typ D, Geka $a_{3,t} \geq 2\,d_c$	50	3		12,5	5,40			8,84	jeweils $+ F_{V,\alpha,Rk}$ des Bolzen	
		65	3		16,5	7,10			13,10		
		80	3		20,5	8,70			17,89		
		95	3		24,5	10,7			23,15		
		115	3	12	24,5	12,4	$d_1 - 1$	d_1	30,83		

Holzbau

Wirksame Anzahl für mehrere in Kraftrichtung hintereinander angeordnete Dübel

$n_{ef} = [2+(1-n/20) \cdot (n-2)] \cdot (90°-\alpha) / 90° + n \cdot \alpha/90°$

n	α	2	3	4	5	6	7	8	9	10
n_{ef}	0	2,00	2,85	3,60	4,25	4,80	5,25	5,60	5,85	6,00
	30	2,67	3,57	4,40	5,17	5,87	6,50	7,07	7,57	8,00
	45	3,00	3,93	4,80	5,63	6,40	7,13	7,80	8,43	9,00
	60	3,33	4,28	5,20	6,08	6,93	7,75	8,53	9,28	10,0

Charakteristische Tragfähigkeit je Scherfuge von Bolzen $f_{u,k} = 400$ N/mm^2 für den Dübeltyp C in VH C24

α_{ges}	Bolzendurchmesser in mm					
	10	12	16	20	24	30
0°	4,97	6,82	11,18	16,31	22,07	31,65
30°	4,68	6,41	10,44	15,13	20,34	28,90
45°	4,44	6,06	9,83	14,17	18,96	26,75
60°	4,24	5,77	8,69	13,37	17,83	25,02

Die für in Faserrichtung hintereinanderliegende erforderliche Abminderung ist zu beachten.
Beiwerte zur Berücksichtigung anderer Rohdichten oder Stahlsorten
$k_R = (\varrho_k/350)^{0,5}; (f_u/400)^{0,5}$

Dübel besonderer Bauart

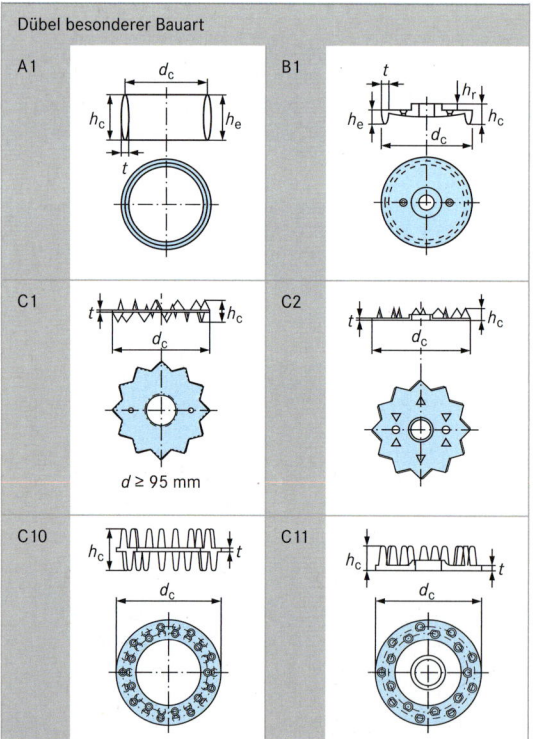

Mindestabstände von Dübeln besonderer Bauart	
Typ A1/B1 (Appel)	
a_1 II Faser	$(1,2 + 0,8 \cdot \cos \alpha) \cdot d_c$
$a_2 \perp$ Faser	$1,2 \cdot d_c$
$a_{3,t}$ beanspruchtes Hirnholzende $-90° \leq \alpha \leq 90°$	$2 \cdot d_c$, $1,5 \cdot d_c$ bei $\alpha \leq 30°$ und Abminderung der Verbindungseinheit um $a_{1,t}/(2 \cdot d_c)$
$a_{3,c}$ unbeanspruchtes Hirnholzende $150° \leq \alpha \leq 210°$	$1,2 \cdot d_c$
$a_{3,c}$ unbeanspruchtes Hirnholzende $90° \leq \alpha \leq 150°$ $210° \leq \alpha \leq 270°$	$(0,4 + 1,6 \cdot \sin \alpha) \cdot d_c$
$a_{4,t}$ beanspruchter Rand	$(0,6 + 0,2 \cdot \sin \alpha) \cdot d_c$
$a_{4,c}$ unbeanspruchter Rand	$0,6 \cdot d_c$
Typ C1/C2 (Bulldog)	
a_1 II Faser	$(1,2 + 0,3 \cdot \cos \alpha) \cdot d_c$
$a_2 \perp$ Faser	$1,2 \cdot d_c$
$a_{3,t}$ beanspruchtes Hirnholzende $-90° \leq \alpha \leq 90°$	$1,5 \cdot d_c$, $1,1 \cdot d_c$ höchstens auf 80 mm und $7 \cdot d_b$, bei $\alpha \leq 30°$ und Abminderung der Verbindungseinheit um $a_{1,t}/(1,5 \cdot d_c)$
$a_{3,c}$ unbeanspruchtes Hirnholzende $150° \leq \alpha \leq 210°$	$1,2 \cdot d_c$
$a_{3,c}$ unbeanspruchtes Hirnholzende $90° \leq \alpha \leq 150°$ $210° \leq \alpha \leq 270°$	$(0,9 + 0,6 \cdot \sin \alpha) \cdot d_c$
$a_{4,t}$ beanspruchter Rand	$(0,6 + 0,2 \cdot \sin \alpha) \cdot d_c$
$a_{4,c}$ unbeanspruchter Rand	$0,6 \cdot d_c$
Typ C10/C11 (Geka)	
a_1 II Faser	$(1,2 + 0,8 \cdot \cos \alpha) \cdot d_c$
$a_2 \perp$ Faser	$1,2 \cdot d_c$
$a_{3,t}$ beanspruchtes Hirnholzende $-90° \leq \alpha \leq 90°$	$2,0 \cdot d_c$, $1,5 \cdot d_c$ höchstens auf 80 mm und $7 \cdot d_b$, bei $\alpha \leq 30°$ und Abminderung der Verbindungseinheit um $a_{1,t}/(2 \cdot d_c)$
$a_{3,c}$ unbeanspruchtes Hirnholzende $150° \leq \alpha \leq 210°$	$1,2 \cdot d_c$
$a_{4,c}$ unbeanspruchtes Hirnholzende $90° \leq \alpha \leq 150°$ $210° \leq \alpha \leq 270°$	$(0,4 + 1,6 \cdot \sin \alpha) \cdot d_c$
$a_{4,t}$ beanspruchter Rand	$(0,6 + 0,2 \cdot \sin \alpha) \cdot d_c$

Versätze

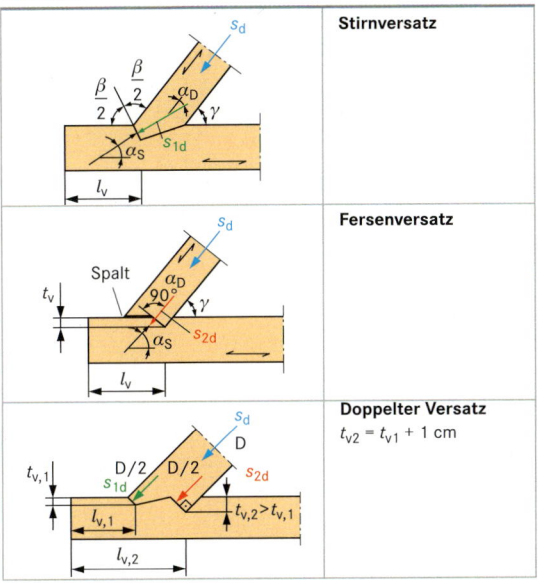

	Stirnversatz
	Fersenversatz
	Doppelter Versatz $t_{v2} = t_{v1} + 1$ cm

Versatztiefe

Einseitiger Einschnitt	
$\gamma \leq 50°$	$t_v \leq h/4$
$50° < \gamma \leq 60°$	$t_v \leq h/4 \cdot [1 - (\gamma - 50)/30]$
$60° < \gamma$	$t_v \leq h/6$

Zweiseitiger Einschnitt
$t_v \leq h/6$

Bemessungswerte der Strebendruckkraft	
Stirnversatz (S)	$R_{S,d} = k_S \cdot f_{c,0,d} \cdot t_V \cdot b$
Fersenversatz (F)	$R_{F,d} = k_F \cdot f_{c,0,d} \cdot t_V \cdot b$
Doppelter Versatz (D)	$R_{D,d} = R_{S,d} + R_{F,d}$

Beiwerte für Nadelholz C24					
α	15°	20°	25°	30°	35°
k_S	0,976	0,958	0,937	0,912	0,886
k_F	0,881	0,808	0,736	0,671	0,620
α	40°	45°	50°	55°	60°
k_S	0,860	0,835	0,812	0,792	0,775
k_F	0,582	0,560	0,553	0,564	0,596

Rechenwert der Horizontalkraft im Vorholz
Vorholzlänge
$l_v \geq 20$ cm konstruktiv
$l_v \leq 8 \cdot t_v$ rechnerisch
$S_{H,d} = S_d \cdot \cos \gamma$
$\tau_{v,d} = S_{H,d}/(l_v \cdot b)$
Nachweis
$\tau_{v,d}/f_{v,d} \leq 1$

Ältere zimmermannsmäßige Verbindungen

	Gerades Blatt oder langer Blattstoß verschraubt
	Schräges Hakenblatt (auch mit Dübel statt Haken) verschraubt
	Gerades Hakenblatt (auch Bogenschloss genannt) mit Hartholzkeilen verspannt
	Zapfenstoß mit Schwalbenschwanz
	Blattstoß mit Schwalbenschwanz (auch mit geradem Zapfen üblich)
	Ecküberblattung mit schrägem Schnitt
	Schräger Eckkamm
	Einfache Überblattung
	Haken-Überblattung
	Stufenkamm mit Kreuzschnitt

Holzbau

Kehlbalkendach

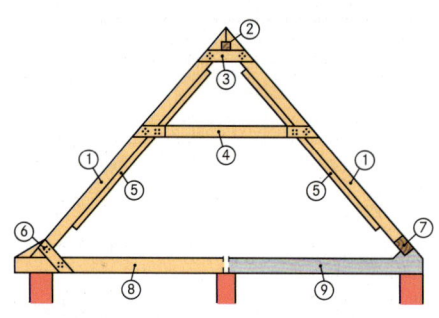

① Sparren
② Firstholz, auch als Bohle üblich
③ Brettlaschen
④ Kehlbalken, mit Brettlaschen angeschlossen, auch mit Überblattung üblich
⑤ Windrispen, zur Aussteifung in Längsrichtung
⑥ Brettlaschen zur Lagesicherung, dafür auch Zapfen, Schraubbolzen oder Nägel
⑦ Fußschwelle auf Stahlbetonwiderlager verankert
⑧ Holzbalkendecke
⑨ Stahlbetondecke

Pfettendach mit doppeltem Sprengwerk

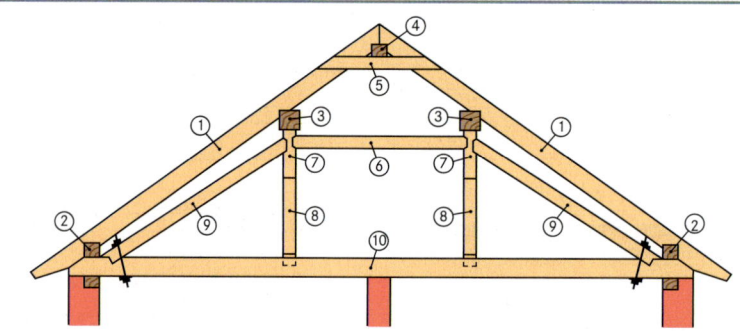

① Sparren
② Schwelle
③ Mittelpfette, auch „Stuhlrahmen" genannt
④ Firstholz
⑤ Brettzange, genagelt
⑥ Spannriegel

⑦ Kopfbänder
⑧ Stiele, auch „Stuhlsäulen" genannt, unten mit „Schwebezapfen" angeschlossen
⑨ Sprengstrebe, in den Balken „eingeschuht" und mit Schraubenbolzen gesichert
⑩ Deckenbalken

Traditioneller Fachwerkbau, stockwerkweise abgebunden

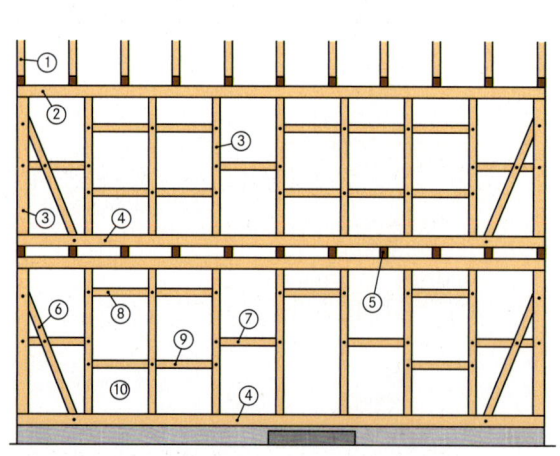

① Dachgespärre
② Rähm
③ Ständer, auch „Stiel" oder „Pfosten", als „Eck-" oder „Bundständer"
④ Schwelle
⑤ Deckenbalken
⑥ Strebe, zur Aussteifung, wenn in Knotennähe aus breiter Bohle; dann „Kopf-" bzw. „Fußband"
⑦ Riegel
⑧ Sturzriegel
⑨ Brustriegel
⑩ Gefach, deshalb „Fachwerk"

Ständerbau, wenn die Ständer mehrere Geschosse durchlaufen und die Deckenbalken in sie „eingeschossen", das heißt „eingezapft" sind.

Die Holztafeln sind Scheiben aus dünnen Holzwerkstoffplatten mit umlaufenden Randhölzern. Für die Scheibenwirkung brauchen die Randhölzer nicht miteinander verbunden zu werden, sie müssen jedoch mit der Beplankung eng „vernäht" werden: Der maximale Abstand der Verbindungsmittel sollte 40 x Durchmesser des Nagels, der Schraube oder der Klammer betragen. Die Randhölzer dienen zur Krafteinleitung in die Beplankung. Die äußeren Lasten werden somit nicht punktweise, sondern stetig in die dünne Holzwerkstoffplatte eingeleitet. Stoßstellen sind zu hinterlegen, damit parallel zum Rand wirkende Kräfte von der einen Platte in die andere Platte übertragen werden können. Schwebende Stöße sind unter gewissen Umständen für Dach- und Deckenscheiben zulässig.

Entsprechend ihrer Anordnung im Gebäude werden sie als Wand-, Decken- oder Dachtafeln bezeichnet und nachgewiesen.

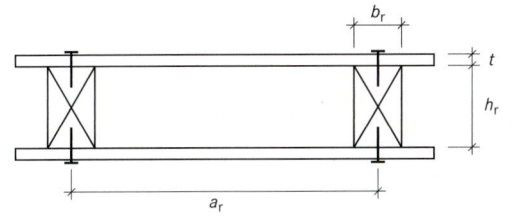

Vereinfachter Nachweis von Dach- und Deckentafeln

- Die Scheiben werden durch eine Gleichstreckenlast belastet
- Die Scheibenstützweite l beträgt weniger als $6b$
- Die Bemessung im GZT ist das Versagen des VM
- Nachweis der Randrippe für die Aufnahme des max. Biegemomentes
- Der Schubfluß wird konstant über die Scheibenhöhe verteilt
- Bei $l < 2b$: Einleitung der Lasten durch durchgehende Rippen oder die Scheibenhöhe rechnerisch auf $b \leq l/2$ begrenzen

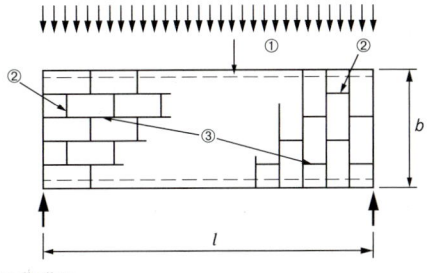

① Randbalken
② nicht durchgehende Stöße
③ Plattenanordnungen

Grundlagen für vereinfachte Nachweise

• Rippen gelten als seitlich gehalten, wenn	
bei beidseitiger Beplankung	$a_r/t \leq 50$
bei einseitiger Beplankung	$a_r/t \leq 50$ und $b_r/h_r \leq 4$

- Randrippen dürfen nicht gestoßen werden oder die Stöße müssen verformungsarm ausgeführt werden ($1{,}5\ F_{Ed}$)

- Plattenstöße befinden sich

in einer Richtung immer auf den Innenrippen	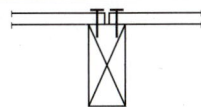
in anderer Richtung sind die Plattenränder frei (nur bei Dach- und Deckentafeln zulässig)	
oder	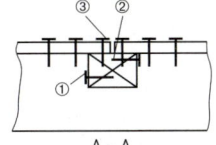
durch Stoßhölzer schubsteif verbunden	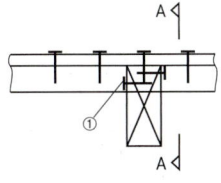

① Rahmenholz durch Schrägnagelung an Rippen oder Querhölzer angeschlossen
② Rahmenholz
③ Beplankung auf Rahmenholz genagelt

Beplankung

Freie Plattenränder sind zulässig, wenn gilt:

- die Platten sind um mindestens einen Rippenabstand a_r versetzt angeordnet,
- der Rippenabstand a_r beträgt höchstens das 0,75-fache der Seitenlänge der Platten l_p in Rippenrichtung,
- die Platten sind auch an die Rippen, auf denen die Platten nicht gestoßen sind, mit Nägeln im Abstand a_v angeschlossen,
- die Stützweite l der Tafel beträgt weniger als 12,5 m oder es sind höchstens drei Plattenreihen vorhanden,
- die Tafelhöhe b in Lastrichtung beträgt mindestens $l/4$,
- der Bemessungswert der Einwirkungen ist nicht größer als 5,0 kN/m,
- die Schubtragfähigkeit der Tafel wird mit dem Faktor 2/3 vermindert
- Randabstand $a_{4,t}$ muss für 90° gewählt werden

Öffnungen dürfen vernachlässigt werden, wenn:	
auf einer Fläche von 2,5 m^2	$\sum A_{öffnungen} \leq 300\ cm^2$
für jede Richtung	$\sum b_{öffnungen} \leq 20\ cm$

Tafeldurchbiegung

Der Nachweis der Tafeldurchbiegung ist nicht erforderlich, wenn

- die Tafelhöhe mindestens $l/4$ beträgt,
- die Seitenlänge der Platten mindestens 1,0 m beträgt,
- der Verbindungsmittelabstand a_v an allen nicht freien Plattenrändern der Tafel eingehalten wird,
- die Erhöhung der charakteristischen Werte der Tragfähigkeit der Verbindungsmittel nach 9.2.3.1 (2) nicht in Anspruch genommen wird

Verbindungsmittel

Der Verbindungsmittelabstand a_v muss an allen Plattenrändern konstant sein.

Nachweise

Nachweis des Biegemomentes in den Randgurten

$F_{c,Ed} = F_{t,Ed} = \max M_{Ed}/b$
Nachweis des Druckgurtes auf Stabilität

Nachweis der Schubbeanspruchung in der Beplankung

$s_{v,o,Ed}/f_{v,o,Rd} \leq 1$ ggf. $s_{v,90,Ed}/f_{v,90,Rd} \leq 1$
$f_{v,o,Rd}$ Bemessungswert der Schubfestigkeit (siehe Wandscheiben)

Vereinfachter Nachweis für Wandscheiben-Verfahren A

- Die Scheiben sind für horizontale und vertikale Lasteinwirkungen zu bemessen
- Die Scheiben müssen mit einer Endverankerung versehen werden
- Die Bemessung im GZT erfolgt durch den Nachweis des Bemessungswertes der Scheiben-Beanspruchbarkeit $F_{v,Rd}$

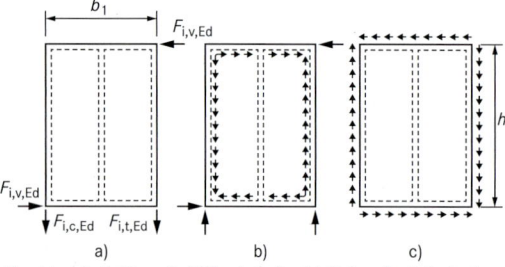

Einwirkende Kräfte auf: a) Wandscheibe; b) Stabwerk; c) Beplankung

Beplankung

Stabilitätsversagen (Beulen)

- ist bei Plattendicken kleiner 1/35 des Rippenabstands durch eine Verminderung der Tragfähigkeit mit dem Faktor $35t/b_r$ zu berücksichtigen

Horizontalstöße

Ein horizontaler Stoß bei schubsteif verbundenen Plattenrändern ist möglich, bei $b \leq h/2$ muss zusätzlich $F_{v,Rd}$ um 1/6 gemindert werden

Öffnungen dürfen vernachlässigt werden, wenn:

auf einer Fläche von 2,5 m^2	200 mm · 200 mm
für jede Richtung	$\sum b_{\text{öffnungen}} \leq 10\%$ von h bzw. l

Horizontale Verformung (bzw. Ansatz von Imperfektionen)

Der Nachweis der horizontalen Verformung ist nicht erforderlich, wenn:

- die Tafellänge mindestens $h/3$ beträgt,
- die Breite der Platten mindestens $h/4$ beträgt,
- die Tafel direkt in einer steifen Unterkonstruktion gelagert ist,
- die Erhöhung der charakteristischen Werte der Tragfähigkeit der Verbindungsmittel nach 9.2.4.2 (5) nicht in Anspruch genommen wird.

Verbindungsmittel

Verbindungsmittelabstände

- Der Verbindungsmittelabstand a_v ist an allen Plattenrändern konstant
- Für den Randabstand darf bei allseitig schubsteif verbunden Plattenrändern $a_{4,c}$ gewählt werden
- Der Abstand der Verbindungsmittel auf dem Mittelpfosten sollte nicht mehr als doppelt so groß sein wie der Abstand der Verbindungsmittel entlang der Beplankungsränder.

Nachweise

Nachweis der Randrippen eines Tafelelements i für

$F_{i,c,Ed} = F_{i,t,Ed} = F_{i,v,Ed} \cdot h/b_i$

Nachweis der Zugverankerung eines Tafelelementes i für

$F_{i,t,Ed} = F_{i,t,Ed,dst} - F_{i,c,Ed,stb}$
$F_{i,t,Ed,dst}$: aus destabilisierender Einwirkung ($\gamma_Q = 1,5$)
$F_{i,c,Ed,stb}$: aus stabilisierender ständiger Einwirkung ($\gamma_G = 0,9$)

Nachweis der Schwellenpressung

$f_{c,90,k}$ darf um 20 % erhöht werden

Nachweis der Scheiben-Beanspruchbarkeit

$F_{i,v,Ed}/F_{i,v,Rd} \leq 1$ $\qquad F_{i,v,Ed} = f_{v,o,Rd} \cdot b_i$

Bemessungswert der Schubfestigkeit $f_{v,o,Rd}$

$k_{mod} = \sqrt{k_{mod,1} \cdot k_{mod,2}}$

$f_{v,o,Rd} = \min \begin{cases} k_1 \cdot F_{v,Rd}/a_v \\ k_1 \cdot k_2 \cdot f_{v,d} \cdot t \\ k_1 \cdot k_2 \cdot f_{v,d} \cdot 35 \cdot t^2/a_r \end{cases}$

$f_{v,o,Rd} = f_{v,o,Rd,1} + f_{v,o,Rd,2}$ $\qquad$ bei beidseitig gleicher Beplankung

$f_{v,o,Rd} = \max \begin{cases} f_{v,o,Rd,1} + 0,75 \cdot f_{v,o,Rd,2} \\ 0,75 \cdot f_{v,o,Rd,1} + f_{v,o,Rd,2} \end{cases}$ bei unterschiedlicher Beplankung, jedoch VM mit gleichem Verschiebungsmodul

$F_{v,Rd}$	Bemessungswert der Verbindungsmitteltragfähigkeit
k_1	Faktor zur Berücksichtigung von quer zu den Rippen angeordneten Plattenstößen $k_1 = 1,0$ für Tafeln mit allseitig schubsteif verbundenen Plattenrändern $k_1 = 0,66$ für Tafeln mit nicht allseitig schubsteif verbundenen Plattenrändern
k_2	Faktor zur Berücksichtigung einseitiger oder beidseitiger Beplankung des Elementes $k_2 = 0,33$ bei einseitiger Beplankung, $k_2 = 0,5$ bei beidseitiger Beplankung
$f_{v,d}$	Bemessungswert der Schubfestigkeit der Beplankung (muss kleiner sein als die niedrigste Zugfestigkeit des Plattenmaterials bei Scheibenbeanspruchung)
a_r	Rippenabstand
a_v	Verbindungsmittelabstand
t	Plattendicke der Beplankung

Bauschnittholz (Auswahl)
Sawn structural timber

Querschnitt		$1\ m^3$ Holz enthält lfd. m	$1\ m$ Kantholz enthält m^3	$M^{3)}$ kg/m	Für Biegeachse y-y			Für Biegeachse z-z		
b/h cm/cm	A cm^2				I_y cm^4	W_y cm^3	i_y cm	I_z cm^4	W_z cm^3	i_z cm
6/6	36	277,8	0,0036	2,16	108	36	1,73	108	36	1,73
6/8	48	208,3	0,0048	2,88	256	64	2,31	144	48	1,73
6/10	60	166,7	0,0060	3,59	500	100	2,89	180	60	1,73
6/12	72	138,9	0,0072	4,32	864	144	3,46	216	72	1,73
6/14	84	119,0	0,0084	5,04	1372	196	4,04	252	84	1,73
6/16	96	104,2	0,0096	5,75	2044	256	4,62	288	96	1,73
6/18	108	92,6	0,0108	6,47	2916	324	5,20	324	108	1,73
6/20	120	83,3	0,0120	7,20	4000	400	5,78	360	120	1,73
6/22	132	75,7	0,0132	7,92	5324	484	6,36	396	132	1,73
6/24	144	69,4	0,0144	8,64	6910	576	6,94	432	144	1,73
8/8	64	156,2	0,0064	3,84	341	85	2,31	341	85	2,31
8/10	80	125,0	0,0080	4,80	667	133	2,89	427	107	2,31
8/12	96	104,2	0,0096	5,75	1162	192	3,46	512	128	2,31
8/14	112	89,3	0,0112	6,72	1829	261	4,04	597	149	2,31
8/16	128	78,2	0,0128	7,68	2731	341	4,62	683	171	2,31
8/18	144	69,4	0,0144	8,64	3888	432	5,20	768	192	2,31
8/20	160	62,5	0,0160	9,60	5333	533	5,77	853	213	2,31
8/22	176	56,8	0,0176	10,57	7099	645	6,35	939	235	2,31
8/24	192	52,0	0,0192	11,54	9216	768	6,94	1024	256	2,31
10/10	100	100,0	0,0100	6,00	833	167	2,89	833	167	2,89
10/12	120	83,3	0,0120	7,20	1440	240	3,46	1000	200	2,89
10/14	140	71,4	0,0140	8,40	2287	327	4,04	1167	233	2,89
10/16	160	62,5	0,0160	9,60	3413	427	4,62	1333	267	2,89
10/18	180	55,5	0,0180	10,80	4860	540	5,20	1500	300	2,89
10/20	200	50,0	0,0200	12,00	6667	667	5,78	1667	333	2,89
10/22	220	45,4	0,0220	13,20	8873	807	6,35	1833	367	2,89
10/24	240	41,6	0,0240	14,42	11520	960	6,93	2000	400	2,89
12/12	144	69,4	0,0144	8,64	1728	288	3,46	1728	288	3,46
12/14	168	59,5	0,0168	10,07	2744	392	4,04	2016	336	3,46
12/16	192	52,0	0,0192	11,51	4096	512	4,62	2304	384	3,46
12/20	240	41,6	0,0240	14,42	8000	800	5,78	2880	480	3,46
12/24	288	34,7	0,0288	17,30	13824	1152	6,93	3456	576	3,46
12/26	312	32,0	0,0312	18,75	17576	1352	7,51	3744	624	3,46
14/14	196	51,0	0,0196	11,77	3201	457	4,04	3201	457	4,04
14/16	224	44,6	0,0224	13,45	4779	597	4,62	3659	523	4,04
14/20	280	35,7	0,0280	16,81	9333	933	5,78	4573	652	4,04
14/24	336	29,7	0,0336	20,17	16128	1344	6,33	5488	784	4,04
16/16	256	39,0	0,0256	15,38	5461	683	4,62	5461	683	4,62
16/18	288	34,7	0,0288	17,28	7776	864	5,20	6144	768	4,62
16/20	320	31,2	0,0320	19,23	10677	1067	5,78	6827	853	4,62
18/18	324	30,8	0,0324	19,48	8748	972	5,20	8748	972	5,20
18/22	396	25,2	0,0396	23,73	15972	1452	6,35	10692	1188	5,20
20/20	400	25,0	0,0400	24,00	13333	1333	5,77	13333	1333	5,77
20/24	480	20,8	0,0480	28,86	23040	1920	6,93	16000	1600	5,77
24/30	720	13,9	0,0720	43,17	54000	3600	8,66	34560	2880	6,93
26/26	676	14,8	0,0676	40,54	38081	2929	7,51	38081	2929	7,51
30/30	900	11,1	0,0900	54,05	67500	4500	8,66	67500	4500	8,66

■ Vorzugsquerschnitt von Konstruktionsvollholz   ■ Vorratskantholz $^{3)}$ Maßangaben M für Rohdichte ϱ_R = 600 kg/m³

Holzbau

A1

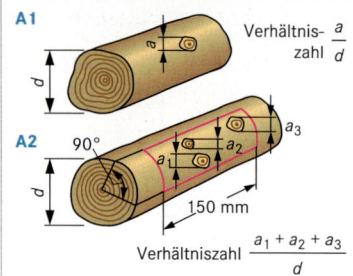

Verhältnis- $\dfrac{a}{d}$ zahl

A2

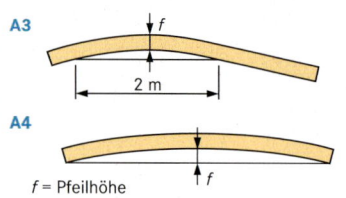

Verhältniszahl $\dfrac{a_1 + a_2 + a_3}{d}$

A3

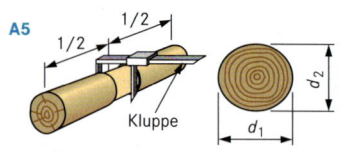

2 m

A4

f = Pfeilhöhe

A5

1/2   1/2

Kluppe d_1 d_2

Mittlerer Ø ohne Rinde $\quad d_m = \dfrac{d_1 + d_2}{2}$

Überschießende Bruchteile eines cm bleiben beim Kluppen und im Ergebnis unberücksichtigt.

$$I = \frac{\pi \cdot d^4}{64} \qquad W = \frac{\pi \cdot d^3}{32}$$

$$I = 0{,}0491 \cdot d^4 \qquad W = 0{,}0982 \cdot d^3$$

$$i = \sqrt{\frac{I}{A}} = \frac{d}{4}$$

1) Knickstäbe der Güteklasse I brauchen die Gütebedingungen nur zu erfüllen:

für $\lambda \leq 100$ auf d. mittleren 3/4,

für $\lambda > 100$ auf d. mittleren Hälfte der Knicklänge.

2) Die Zahlen der Spalte U geben zugleich die Oberfläche des Holzes in m^2 je m Länge an.

3) Die Massen der Spalte M gelten für Holz mit der Rohdichte ϱ_R = 600 kg/m^3.

Für Hölzer mit Dichte:	Spalte M multiplizieren
500 kg/m^3	mit 0,83
550 kg/m^3	mit 0,90
650 kg/m^3	mit 1,10
800 kg/m^3	mit 1,33

Gütebedingungen für Nadelrundholz

dessen Querschnitt nach der **Tragfähigkeit** bemessen wird.

Im eingebauten Zustand muss das Rundholz ohne Rinde und Bast sein.
Allgemeine Beschaffenheit, Feuchtegehalt, Mindestdichte und **Jahresringbreite** wie für Nadelschnittholz.

Güteklasse I (S 13) mit hoher Tragfähigkeit 1)	**Güteklasse II** (S 10) mit gewöhnlicher Tragfähigkeit	**Güteklasse III** (S 7) mit geringer Tragfähigkeit
Einzeläste, → **A1**, zulässige Astdurchmesser a:		
bis $1/6 \cdot d$	bis $1/4 \cdot d$	bis $2/5 \cdot d$
Summe der Ast-Ø, → **A2**, auf 15 cm · 1/4 vom Rundholzumfang:		
bis $1/3 \cdot d$	bis $1/2 \cdot d$	bis $3/5 \cdot d$
Krümmung a) auf **2 m Messlänge**, → **A3** (Stelle größter Krümmung):		
$f \leq 10$ mm	$f \leq 15$ mm	$f \leq 20$ mm
b) auf die **Gesamtlänge** bezogen, → **A4**:		
Biegestäbe: $f \leq l/200$ Druckstäbe: $f \leq l/300$	$f \leq l/100$ $f \leq l/200$	– –

Rundhölzer

d_m = mittlerer Duchmesser ohne Rinde

Ø d_m cm	Masse M 3) kg/m	Raum-inhalt V m^3/m	Umfang 2) U m	Quer-schnitt A cm^2	Trägheits-moment I cm^4	Widerst.-moment W cm^3	Trägheits-radius i cm
13	7,95	0,0133	0,408	133	1400	216	3,25
14	9,24	0,0154	0,440	154	1890	269	3,50
15	10,60	0,0177	0,471	177	2490	331	3,75
16	12,1	0,0201	0,503	201	3220	402	4,00
17	13,6	0,0227	0,534	227	4100	482	4,25
18	15,3	0,0254	0,565	254	5150	573	4,50
19	17,0	0,0284	0,579	284	6400	673	4,75
20	18,9	0,0314	0,628	314	7850	785	5,00
21	20,0	0,0346	0,660	346	9550	909	5,25
22	22,8	0,0380	0,691	380	11500	1050	5,50
23	24,9	0,0415	0,723	415	13740	1190	5,75
24	27,1	0,0452	0,754	452	16290	1360	6,00
25	29,4	0,0491	0,785	491	19180	1530	6,25

Für **Rundhölzer aus Laubholz** gelten andere Festlegungen. So wird beispielsweise Eichen- und Buchenrundholz anhand einer Vielzahl von Qualitätsmerkmalen (bei der Eiche z. B. Splint in cm, Jahrringbreite, Drehwuchs, Krümmung, Kern-, Stern-, Frost- oder Schwindrisse, Insektenfraßgänge, Faulflecken u.s.w.) gemäß DIN EN 1316-1: 97 in jeweils 4 Klassen eingeteilt:

Klasse Eiche	Klasse Buche	Qualität
Q-A	F-A	außergewöhnlich gute Qualität
Q-B	F-B	normale Qualität
Q-C	F-C	mäßige Qualität
Q-D	F-D, es muss mehr als 40% des Volumens verwendbar sein	Qualität, die Stämme oder Stammabschnitte einschließt, die den vorstehenden Qualitäts-klassen nicht zugeordnet werden können

Für Rundholz-Palisaden gibt es eigene Güte- und Prüfbestimmungen.

Brettschichtholz
(DIN EN 386: 01), DIN EN 390: 95

Definition	Lage der Lamellen im Querschnitt
Brettschichtholz (BSH) wird durch Verklebung einer Anzahl von Lamellen bzw. Holzbrettlagen hergestellt, deren Faserrichtung im Wesentlichen parallel verläuft. Auf diese Art kann ein Bauteil mit rechteckigem Querschnitt hergestellt werden. Rechteckquerschnitt von Brettschichtholz: Breiten: 50 mm ... 300 mm Höhen: 100 mm ... 2500 mm Fertige Lamellendicke der einzelnen Brettlagen beträgt max. 45 mm.	Allgemeine Lage Lage BSH im Außenbereich

Geeignete Holzarten	Klebstofffugen in Querschnitten
Fichte, Tanne, Kiefer, Douglasie, Western Hemlock, Korsische Kiefer, österreichische Schwarzkiefer, Lärche, Seekiefer, Pappel, Radiata-Kiefer, Sitka-Fichte, Western Red Cedar	Horizontal laminiertes BSH Vertikal laminiertes BSH

Feuchtegehalt und Rahmenbedingungen bei Herstellung

- Unbehandeltes Holz: jede Lamelle zwischen 8 % und 15 %,
- Mit Schutzmitteln behandeltes Holz: jede Lamelle zwischen 11 % und 18 %
- Der Feuchteunterschied zwischen einzelnen Lamellen darf maximal 4 % betragen.
- Temperatur in den Herstellungsräumen maximal 15 °C.
- Die relative Luftfeuchte muss 40 % bis 75 % betragen.

Keilzinkverbindung für Brettschichtholz
(DIN EN 387: 02)

Profil einer Keilzinkverbindung	Herstellung von Keilzinkverbindungen
Legende: l Zinkenlänge p Zinkenteilung b Breite des Zinkengrundes l_t Zinkenspiel 1) Symmetrieachse Günstige Abmessungen für das Zinkenprofil: Zinkenlänge: l = 50 mm Zinkenteilung: p = 12 mm Breite des Zinkengrundes: b_t = 2 mm	Mit Keilzinkenverbindungen lassen sich Brettlagen in der Länge Stoßen und Rahmenecken aus Brettschichtholz herstellen. Folgende Regeln müssen eingehalten werden: • Die Zinkenlänge muss mindestens 45 mm betragen. • Die Klebstofffugendicke darf an keiner Stelle mehr als 0,5 mm betragen. • Der Klebstoff muss fugenfüllend für Fugen von mindestens 1,0 mm sein. • Der Feuchtegehalt in einem Bauteil muss weniger als 15 %, zur Verwendung im Außenbereich weniger als 18 % betragen. Der Unterschied im durchschnittlichen Feuchtegehalt beider zu verbindender Bauteile darf 2 % nicht übersteigen.

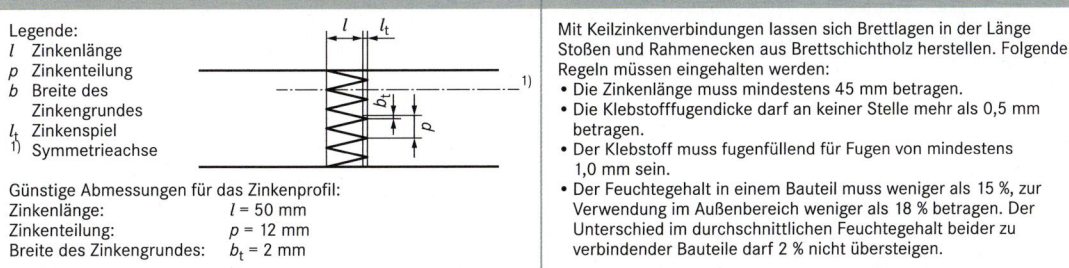

Klebstoffe für Brettschichtholz
DIN EN 301: 13

Klebstoff	Beschreibung	
Aminoplast	wärmehärtbares Kunstharz, gebildet durch eine Kondensationsreaktion zwischen –NH-Gruppen oder –NH2-Gruppen von Aminen oder Amiden mit Aldehyden	
Phenolharz	wärmehärtbares Kunstharz, gebildet durch eine Kondensationsreaktion eines Phenols mit einem Aldehyd	
Polykondensationsklebstoff	Klebstoffgemisch, hergestellt aus einem durch eine Polymerisationsreaktion unter Wasserabgabe gebildeten Harz, üblicherweise mit einem Härter	
Klebstofftyp	Anwendungsbereich	
Typ I	Verwendung im Trocken-, Feucht- und Außenbereich	
Typ II	Verwendung nur im Trockenbereich	
Unterklasse des Klebstofftyps	Kurzzeichen	Anwendung
für allgemeine Zwecke	GP	Klebstofffugen bei Schichtverklebungen, Keilzinkenverbindungen bei Schichtverklebungen und in Bauholz und für Universal-Keilzinkenverbindungen
für Keilzinken-verbindungen	FJ	nur Keilzinkenverbindungen bei Schichtverklebungen und in Bauholz
Fugenfüllender Klebstoff	GF	Verklebungen parallel zur Faserrichtung, z. B. Klebstofffugen zwischen blockverklebten Brettschichtholz-Bauteilen und Universal-Keilzinkenverbindungen oder Klebstofffugen bei Schichtverklebungen und Keilzinkungen von Schichtverklebungen und Bauholz

Holzschrauben

Holzschrauben mit Längsschlitz

A1 Senk-Holzschrauben mit Längsschlitz DIN 97: 10

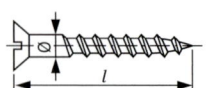

A3 Halbrund-Holzschrauben mit Längsschlitz DIN 96: 10

A2 Linsensenk-Holzschrauben mit Längsschlitz DIN 95: 10

A4 Sechskant-Holzschrauben DIN 571: 10

$b \approx 0,6 \cdot l$

Übliche Gewindegrößen im mm: 2; 2,5; 3; 3,5; 4; 4,5; 5; 6
Übliche Längenmaße im mm: 8; 10; 12; 16; 20; 25; 30; 35; 40; 45; danach weiter in Schritten zu 10 mm

Holzschrauben mit Kreuzschlitz

A5 Linsensenk-Holzschrauben DIN 7995: 10

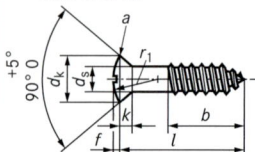

A7 Halbrund-Holzschrauben DIN 7996: 10

A6 Senk-Holzschrauben DIN 7997: 10

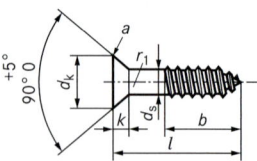

$b \geq 0,6\, l$

Bezeichnung einer Linsensenk-Holzschraube nach dieser Norm mit Gewindegröße 4, Länge l (Nennmaß) = 20 mm, aus Stahl (St), mit Kreuzschlitz H
Holzschraube DIN 7995 — 4 × 20 — St — H

Schlitzformen von Kreuzschlitzschrauben

A8 Kreuzschlitz H

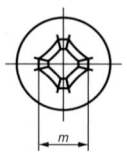

A9 Kreuzschlitz Z

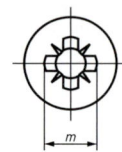

Kreuzschlitz-Größen: 1 – Gewindegrößen 2,5 und 3
2 – Gewindegrößen 3,5 … 5
3 – Gewindegrößen 5,5 … 7
4 – Gewindegröße 8

Übliche Maße von Kreuzschlitzschrauben

Länge in mm (Nennmaß)	Gewindegröße in mm						
	2,5	3	3,5	4	4,5	5	6
10	●	●	●				
12	●	●	●	●			
16	●	●	●	●	●	●	
20	●	●	●	●	●	●	●
25		●	●	●	●	●	●
30		●	●	●	●	●	●
35		●	●	●	●	●	●
40		●	●	●	●	●	●
45			●	●	●	●	●
50				●	●	●	●
60				●	●	●	●
70						●	●
80						●	●

Schrauben mit Innensechsrund (Torx)   DIN EN ISO 10664: 05

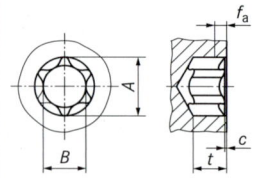

Holzschrauben sind anstelle des Kreuzschlitzes auch mit einem Antrieb in Form eines Innensechsrunds erhältlich.

Die Maße entsprechen denen der Holzschrauben mit Kreuzschlitz.

Holzschrauben nach Zulassung

ASSY® plus VG Z-9.1-614	Platten aus Holzwerkstoffen	Mindestdicke
Vollgewindeschraube mit Senkfrästaschenkopf.	Sperrholz	6 mm ≥ 5 Lagen ≥ 3 Lagen bei mittragender Beplankung von Wandtafeln
Gewindeaußendurchmesser d: 8; 10 mm Kopfdurchmesser dk: 15; 18,5 mm Längen: 120 bis 300 mm	Kunstharzgebundene Spanplatten OSB/3 und OSB/4	8 mm 6 mm bei aussteifender Beplankung von Holztafel
	Zementgebundene Spanplatten	8 mm
Im Allgemeinen erfolgt die Bemessung nach DIN EN 1995-1-1: $d \leq 6$ mm: sinngemäß wie Nägel $d > 6$ mm: sinngemäß wie Stabdübel $m_{i\,fu,k} = 400$ N/mm^2	Faserplatten HB.HLA2	4 mm
	Faserplatten HBH.LA2	6 mm

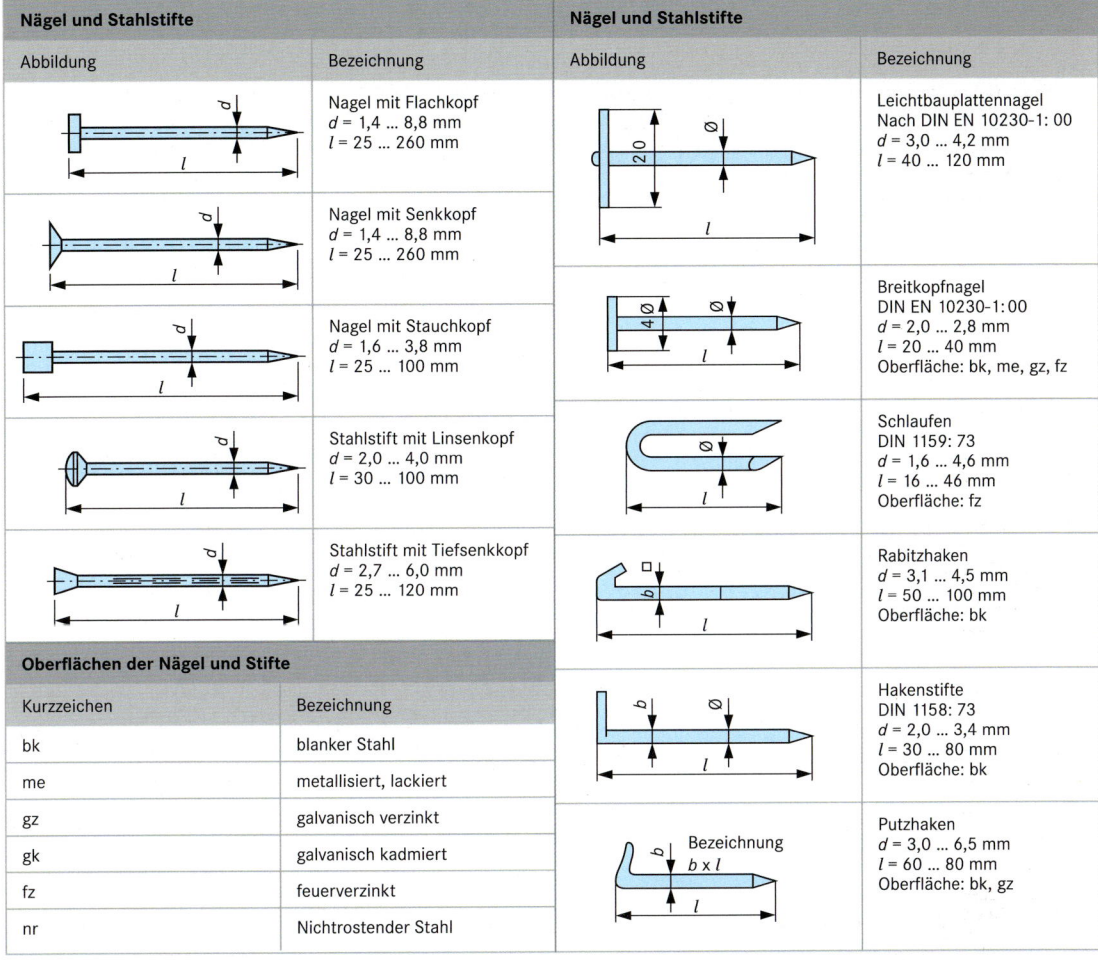

Nägel und Stahlstifte	
Abbildung	Bezeichnung
	Nagel mit Flachkopf d = 1,4 ... 8,8 mm l = 25 ... 260 mm
	Nagel mit Senkkopf d = 1,4 ... 8,8 mm l = 25 ... 260 mm
	Nagel mit Stauchkopf d = 1,6 ... 3,8 mm l = 25 ... 100 mm
	Stahlstift mit Linsenkopf d = 2,0 ... 4,0 mm l = 30 ... 100 mm
	Stahlstift mit Tiefsenkkopf d = 2,7 ... 6,0 mm l = 25 ... 120 mm

Oberflächen der Nägel und Stifte	
Kurzzeichen	Bezeichnung
bk	blanker Stahl
me	metallisiert, lackiert
gz	galvanisch verzinkt
gk	galvanisch kadmiert
fz	feuerverzinkt
nr	Nichtrostender Stahl

Nägel und Stahlstifte	
Abbildung	Bezeichnung
	Leichtbauplattennagel Nach DIN EN 10230-1: 00 d = 3,0 ... 4,2 mm l = 40 ... 120 mm
	Breitkopfnagel DIN EN 10230-1: 00 d = 2,0 ... 2,8 mm l = 20 ... 40 mm Oberfläche: bk, me, gz, fz
	Schlaufen DIN 1159: 73 d = 1,6 ... 4,6 mm l = 16 ... 46 mm Oberfläche: fz
	Rabitzhaken d = 3,1 ... 4,5 mm l = 50 ... 100 mm Oberfläche: bk
	Hakenstifte DIN 1158: 73 d = 2,0 ... 3,4 mm l = 30 ... 80 mm Oberfläche: bk
Bezeichnung $b \times l$	Putzhaken d = 3,0 ... 6,5 mm l = 60 ... 80 mm Oberfläche: bk, gz

Befestigungsdübel
Fastening dowels

Dübelarten für Befestigungen an Mauerwerk oder Beton

Kunststoff-Spreizdübel:
Durch Eindrehen der Schrauben werden die Zungen im Spreizbereich der Dübelhülse gleichmäßig gegen die Bohrlochwandung gepresst.

Metall-Spreizdübel:
Sie können hohe Kräfte übertragen, führen jedoch zu hohen Spreizkräften. Verfügbar als kraft- oder wegkontrolliert.

Eingemörtelte Dübel:
Sie gibt es als Verbundanker (Gewindestange mit Harzmörtel verklebt) oder als Injektionsanker (Mörtel wird in einen „Strumpf" gespritzt und füllt Hohlräume).

Hinterschnittdübel:
Sie werden durch Formschluss in konischen Bohrlöchern verankert.

Dübel für Fassadenbekleidungen

An **Mauerwerk** darf wegen der hohen Spreizkräfte nicht mit Metall-Spreizdübeln verankert werden. Sie müssen eine Kraft von mindestens 1 kN bei 1 mm Schlupf aufnehmen können.
Bei Hochlochziegeln müssen dazu vom Spreizbereich mindestens 3 Stege erfasst werden, was auch für Injektionsanker gilt.

Bei **Spreizdübeln** dürfen Dübelhülsen und Schrauben nur als **zugelassene Einheiten** verwendet werden, damit die erforderliche Einschraubtiefe sicher erreicht wird.

An **Porenbeton** sollte möglichst nur mittels **Hinterschnittdübeln** mit Mörtelfüllung verankert werden.

An **Beton** dürfen auch Metalldübel mit hohen Spreizkräften eingesetzt werden.

Holzbau

Paneele und Kassetten

DIN 68 740-1: 99

Paneele und Kassetten dienen zur Bekleidung von Wänden und Decken.

Paneele sind oberflächenveredelte, meist rechteckige Fertigteile mit Mittellagen aus Holzwerkstoffen (z. B. Spanplatten, Sperrholz, Faserplatten oder Holzwerkstoff-Formplatten) und Decklagen, meist auf beiden Seiten. Sie sind gewöhnlich viel länger als breit.

Kassetten sind kurze Paneele. Verhältnis Länge zu Breite max. 4:1, oft quadratisch, auch mit Zierleisten.

Paneele mit Furnierdecklagen auf Spanplatten

DIN 68 740-2: 99

Bezeichnungsbeispiel:
Paneel DIN 68 740 - EI - 4 - 3500 x 200 x 13
EI = Eiche
4 = alle Kanten genutet (2 = nur Längskanten genutet)

Maße: Länge x Breite x Dicke in mm.
→ **T1, T2, T3.**

Die Mittellage muss aus Spanplatten der Formaldehyd-Emissionsklasse E1 bestehen.
E1 nach der „Richtlinie über die Klassifizierung von Spanplatten bezüglich der Formaldehydabgabe", herausgegeben vom Ausschuss für Einheitliche Technische Baubestimmungen (ETB-Ausschuss).
Zu beziehen durch Beuth-Verlag GmbH Berlin.

Parkett

Parkett ist Holzfußboden aus sorgfältig getrocknetem, gesundem Holz.

Zu unterscheiden ist zwischen:

Stabparkett aus ringsum genuteten Parkettstäben, die mit Hirnholz- (Querholz-) Federn verbunden werden.

Parkettriemen besitzen an einer Längskantenfläche eine angehobelte Feder, an der anderen Seitenfläche eine Nut, an den Hirnholzflächen Nut und Feder oder beidseitig eine Nut.

Abmessungen für beide Arten:
Dicke: 22 ±2 mm, Breiten: 45 bis 80 mm,
Längen von Kurzstäben: 250 bis 560 mm,
Längen von Langstäben: 600 bis 1000 mm.

Tafelparkett sind Verlegeeinheiten aus massiven oder furnierten Einheiten, ringsum genutet oder mit Nut und Feder.

Holzarten: Eiche (EI), Buche (BU) und viele andere
Gütesorten: Exquisit (E), Standard (S), Rustikal (R)

Mosaikparkettlamellen haben glatte Kanten.

Fertigparkettelemente, fertig versiegelt, mit Nut und Feder oder ringsum genutet:

Form	Dicke	Breite	Länge
lang	(7) 8 ... 26	100 ... 240	> 1200
kurz	(7) 8 ... 26	200 ... 400	> 400
quadratisch	(7) 8 ... 26	200 ... 650	200 ... 650

T1 Kantenprofilmaße in mm

	Maßbereich	zul. Abweichung
Wangendicke (Auflageseite)	3 bis 7	± 0,5
Nut-Tiefe	5 bis 12	± 1

T2 Handelsübliche Paneelmaße in mm

Maßbereich		Vorzugsmaße	zul. Abweichung
Länge [1]	min. 400	2600, 3500, 4100	± 2
Breite [1]	80 ·· 625	100, 125, 200	± 1
Dicke	10 ·· 30	13	± 0,5
Rechtwinkligkeit für 100 mm Schenkel			2

T3 Handelsübliche Kassetten-Vorzugsmaße in mm

		zul. Abweichung	
		□	▭
Länge [1]	. . . . 500, 625, 900, 1200	± 1	± 2
Breite [1]	. . . . 300, 500, 625	± 1	± 1
Rechtwinkligkeit für 100 mm Schenkel		2	

[1] „Deckmaß" = Sichtbreite bzw. -länge einschließlich der Breite der Einsteckfeder, die nach der Verlegung sichtbar bleibt, üblich sind 10 mm.

Holzpflaster

DIN 68 702: 09

Holzpflaster sind Fußböden für Innenräume aus Holzklötzen, die zu gepflasterten Flächen verlegt werden und als Nutzfläche eine Hirnholzfläche haben.

RE für repräsentative rustikale Fußböden in öffentlichen Gebäuden und im Wohnbereich

WE für Werkräume ohne Fahrzeug- oder Staplerverkehr und ohne große Klimaschwankungen

GE für gewerbliche Zwecke bei hoher Beanspruchung durch Druck oder Schub infolge Stapler- oder Fahrzeugverkehr

Maße der Klötze:
für **RE** und **WE** in mm:
Höhe: 20 ... 80 ±1
Breite: 40 ... 80 ±1
Länge: bei RE 40 ... 120
bei WE 40 ... 140

für **GE** in mm:
Höhe: 50, 60, 80 u. 100 ±1
Breite: 60 ... 80 ±1,5
Länge: 60 ... 140

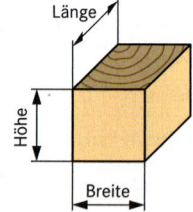

Gütebedingungen

RE: 8 ... 12 % feucht (bei Anlieferung), Oberfläche geschliffen und versiegelt, geölt oder gewachst.

WE: 8 ... 13 % feucht (bei Anlieferung), versiegelt oder mit öligen oder paraffinhaltigen Mitteln behandelt.

GE: 10 ... 14 % feucht (bei Anlieferung), mit öligen oder paraffinhaltigen Mitteln behandelt.

Gespundete Fasebretter

DIN 68 122: 77

b = Profilbreite = „Profilmaß"
s_1 = Brettdicke, gehobelt, ± 0,5 mm.

Nadelholz	s_1	s_2	s_3	t_1	t_2	t_3	f
europäische	**15,5**	4	4,5	5,5	5	2	0,5
	19,5	6	6,5	6	5,5	4	0,5
nordische	**12,5**	4	4,5	4	3,5	2	0,3

Profilmaß b	europäisch	nordisch [1]
	95, 115 ± 1,5	96, 111 ± 1,5

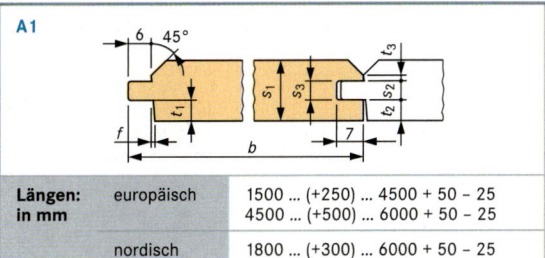
A1

Längen: in mm	europäisch	1500 ... (+250) ... 4500 + 50 − 25
		4500 ... (+500) ... 6000 + 50 − 25
	nordisch	1800 ... (+300) ... 6000 + 50 − 25

Profilholz mit Nut und Feder

DIN EN 14519: 05

Profilholz mit Nut und Feder ist vorgesehen für Innen- und Außenbekleidungen aus Massivholz. Diese Norm gilt für die in Europa am meisten verbreiteten Nadelholzarten.

- Fichte/Tanne,
- Kiefer,
- Lärche,
- Europäische Douglasie und
- Seekiefer.

Mindestdicke: ≥ 9,5 mm,   Mindestbreite: ≥ 40 mm
Längenabstufungen: 300 mm und 500 mm
Der Feuchtegehalt muss zum Zeitpunkt der Lieferung im Bereich zwischen 17 ± 2 % und 12 ± 2 % liegen.
Die in der folgenden Tabelle für einen Feuchtegehalt von 12 % angegebenen Breitenmaße müssen bei einem Feuchtegehalt von 17 % um ca. 2 mm erhöht werden.
Die Dicke und Breite der Profilhölzer nimmt je 1 % Feuchtezunahme um 0,25 % zu bzw. nimmt je 1 % Feuchteabnahme um 0,25 % ab.

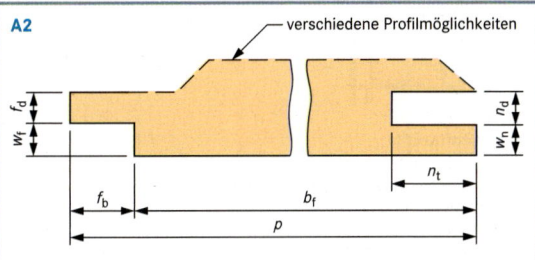
A2 — verschiedene Profilmöglichkeiten

t Dicke
p Breite
f_d Federdicke
n_d Nutweite
w_f Dicke unter der Feder

w_n Dicke der unteren Nutwange
f_b Federbreite
n_t Nuttiefe
b_f Deckbreite

Zielmaße für die Dicke bei 12 % Feuchtegehalt						Zielmaße für die Breite bei 12 % Feuchtegehalt				
t	Dickenbereich	f_d	n_d	w_f	w_n	p	Breitenbereich	f_b	n_t	b_f
10	9,5 bis 10	3	3,5	3,5	3	69	67 bis 69	5	6	62 bis 64
12	11,5 bis 12	4	4,5	4	3,5	75	73 bs 75	5	6	68 bis 70
13	12,5 bis 13	4	4,5	4,5	4	94	92 bis 94	8	8,5	84 bis 86
15	14,5 bis 15	4	4,5	4,5	4	114	112 bis 114	8	8,5	104 bis 106
18	17,5 bis 18,5	6	6,5	5,5	5	119	117 bis 119	10	10,5	107 bis 109
20	19,5 bis 20,5	6	6,5	5,5	5	144	142 bis 144	10	10,5	132 bis 134

Fußleisten

DIN 68 125-1: 70

europäisches Nadel- und Laubholz, gehobelt.

$s \cdot b$ = 15 · 73; 19,5 · 42; 21 · 42 ±0,5/±0,1
l = 1500 ... (+500) ... 3000 ... (+250) ... 4500 ... (+500) ... 6500

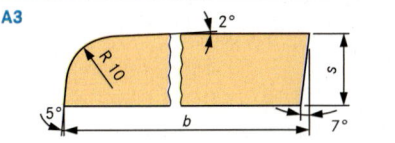
A3

Balkonbretter

DIN 68 128: 77

	europäische	nordische [1]	überseeische
s	26 ±1	27 ±1	26 ±1
b	150, 190 ±2	143, 193 ±2	140, 190 ±2

A4
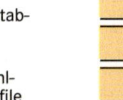
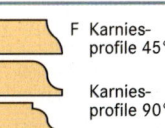

Holzprofile, Grundformen

DIN 68 120: 68

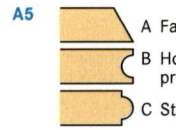

A5

A Faseprofile
B Hohlkehlenprofile
C Stabprofile
D Viertelstabprofile
E Halbhohlkehlprofile
F Karniesprofile 45°
Karniesprofile 90°

[1] Nordisch umfasst finnisches, schwedisches und norwegisches Holz sowie russische „Seeware".

Fensterrahmenwerkstoffe

Holzrahmen
- gute Biegefestigkeit
- relativ gute Wärmedämmeigenschaften
- erhöhter Wartungsaufwand für Beschichtung

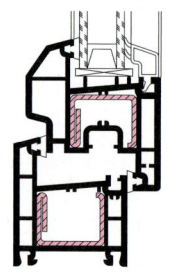

Kunststoffprofile
- Aufteilung in mehrere Kammern zur Verbesserung der Wärmedämmung
- Stahlprofile im Kern für ausreichende Biegefestigkeit

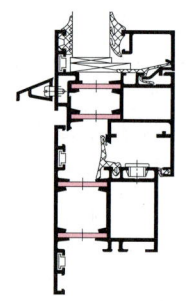

Aluminiumprofile
- gute Biegefestigkeit
- sehr wetterbeständig
- Kunststoffstege und Schaum zur besseren Wärmedämmung (Thermische Trennung)

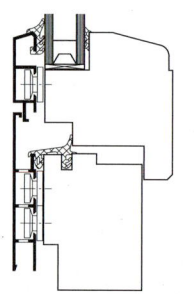

Holz-/Aluminiumprofile
- im Prinzip ein Holzrahmen mit wetterbeständiger Aluminiumverkleidung

Holzfenster

DIN 68 121-1: 93

Lotrechter Schnitt durch ein Fenster:

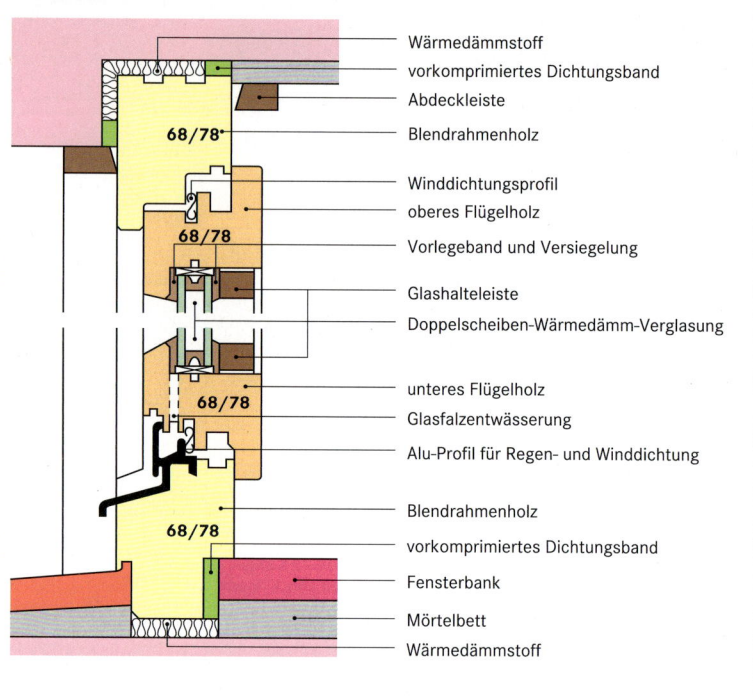

- Wärmedämmstoff
- vorkomprimiertes Dichtungsband
- Abdeckleiste
- Blendrahmenholz
- Winddichtungsprofil
- oberes Flügelholz
- Vorlegeband und Versiegelung
- Glashalteleiste
- Doppelscheiben-Wärmedämm-Verglasung
- unteres Flügelholz
- Glasfalzentwässerung
- Alu-Profil für Regen- und Winddichtung
- Blendrahmenholz
- vorkomprimiertes Dichtungsband
- Fensterbank
- Mörtelbett
- Wärmedämmstoff

Waagerechter Schnitt:

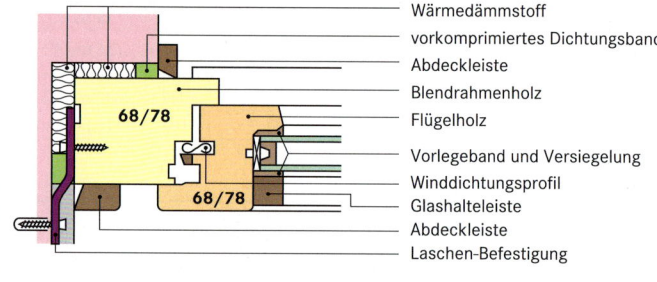

- Wärmedämmstoff
- vorkomprimiertes Dichtungsband
- Abdeckleiste
- Blendrahmenholz
- Flügelholz
- Vorlegeband und Versiegelung
- Winddichtungsprofil
- Glashalteleiste
- Abdeckleiste
- Laschen-Befestigung

Fensterarten

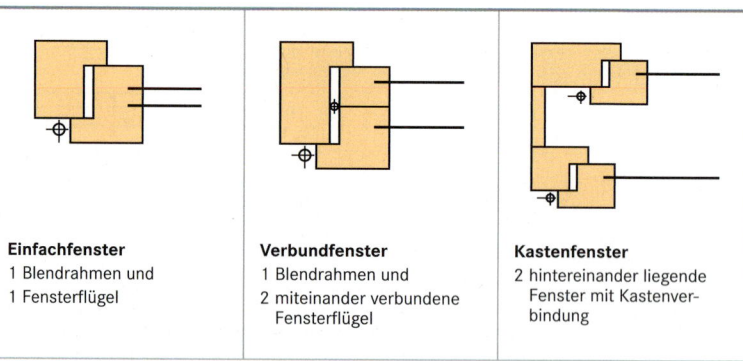

Einfachfenster
1 Blendrahmen und
1 Fensterflügel

Verbundfenster
1 Blendrahmen und
2 miteinander verbundene Fensterflügel

Kastenfenster
2 hintereinander liegende Fenster mit Kastenverbindung

Befestigung

Durch Verformungen von Wand oder Fenster dürfen keine Spannungen im Fenster entstehen. Aus der Wand dürfen keine Kräfte auf das Fenster übertragen werden. Das Fenster muss sich bei den erheblichen Temperaturschwankungen in der Fassade spannungsfrei ausdehnen können.	Die seitliche Befestigung eines Fensters muss ausschließlich Kräfte senkrecht zur Fensterebene (z.B. Winddruck) ableiten. Alle Kräfte in der Fensterebene (Eigengewicht) werden über Tragklötze, auf denen das Fenster steht, in die Wand geleitet.

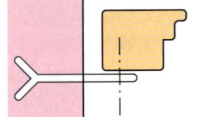 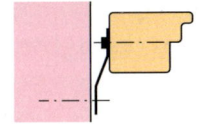 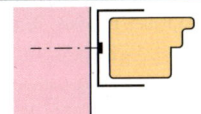 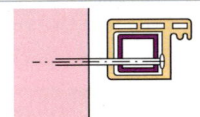

Maueranker können große Kräfte aufnehmen, behindern insbesondere bei großen Fenstern die Längenausdehnung.	**Laschenanker** ermöglichen Bewegungen in der Fensterebene, können aber nur geringere Kräfte aufnehmen.	**Montagezargen** für Fenstersysteme ermöglichen passgenaue Montage und Bewegungen in der Fensterebene.	**Rahmendübel** oder **Fensterschrauben** ermöglichen schnelle Montage und Bewegungen des Fensters in Dübelrichtung.

Abdichtung

Die Abdichtung des Fensterrahmens zur Wand muss trotz der Bewegungen des Fensters dauerhaft dicht sein.

Die **äußere Abdichtung** wirkt als Wind- und Schlagregensperre. Hierzu eignen sich Dichtstoffe und vorkomprimierte imprägnierte Dichtungsbänder.

Die **innere Abdichtung** trennt das Raumklima vom Außenklima. Sie muss luftdicht abschließen und mindestens genauso wasserdampfdicht sein wie die äußere Abdichtung.

Fugenausbildung → Bewegungsfugen

Die Fuge zwischen Blendrahmen und Wand muss wärmegedämmt werden, um Wärmebrücken und folglich Tauwasserausfall zu vermeiden.

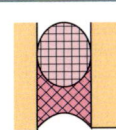

Dichtstoffe
- Auswahl → mörtelartige Massen,
- Ausführung → Bewegungsfugen,
- einfache Verarbeitung,
- wasserdampfdicht

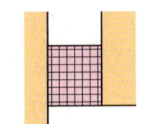

Dichtbänder
- vorkomprimiert, dehnen sich in Fuge aus,
- ausschließlich auf Druck belastet,
- wind- und schlagregendicht,
- relativ wasserdampfdiffusionsoffen

Dichtfolien
- verklebt an Blendrahmen und Mauerwerk
- wasserdampf-diffusionshemmend bis wasserdampfdicht
- werden anschließend überputzt

Einbruchhemmung
Burglar protection

DIN EN 1627: 11

Widerstandsklasse	Widerstandsklasse nach DIN V ENV 1627-99	Widerstand gegen
RC 1 N		Körperliche Gewalt (Gegentreten, Gegenspringen, Schulterwurf, Herausreißen)
RC 2 N	WK 2	Gelegenheitstäter mit einfachen Werkzeugen (Schraubendreher, Zange, Keile)
RC 2	WK 2	
RC 3	WK 3	Einsatz von zweitem Schraubendreher, Kuhfuß
RC 4	WK 4	Erfahrene Täter mit Säge- und Schlagwerkzeugen, Akku-Bohrmaschine
RC 5	WK 5	Erfahrene Täter mit Elektrowerkzeugen (Bohrmaschine, Stichsäge, Winkelschleifer)
RC 6	WK 6	Erfahrene Täter mit leistungsfähigen Elektrowerkzeugen

Mit der überarbeiteten Norm haben sich die Kurzzeichen der Widerstandsklassen geändert. Die Widerstandsklasse RC 2 N stellt bei Fenstern und Türen im Gegensatz zu RC 2 keine Anforderungen an die Verglasung. Als Orientierung für die Anwendung der Widerstandsklassen gilt: Bei durchschnittlichem Risiko werden allgemein die Klassen RC 2 oder RC 2 N, bei hohem Risiko die Klasse RC 3 empfohlen. Für Gewerbeobjekte oder öffentliche Gebäude mit hoher Gefährdung wird bei geringem Risiko die Klasse RC 4, bei durchschnittlichem Risiko die Klasse RC 5 und bei hohem Risiko die Klasse RC 6 empfohlen. Fachkundige Beratung durch Polizei oder Sicherheitsexperten ist unerlässlich.

Innentüren als Sperrtüren

DIN 68 706-1: 02

Innentüren nach DIN 18 101 sind einflügelig mit Türblättern in gefälzter Ausführung mit Nenndicken von 39 bis 42 mm und schlagen in Holz- oder Stahlzargen.

Die untere Bezugskante entspricht der Oberfläche des fertigen Fußbodens (OFF), die obere ist der obere Zargenfalz. Der Luftspalt in den Falzen, seitlich und oben soll 2,5 bis 6,5 mm, zwischen Türblatt und Fußboden etwa 7 mm weit sein.

Als Beispiel: **Sperrtür mit Falz:**

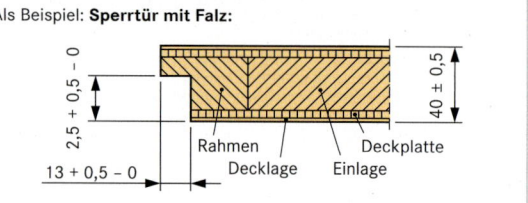

Maße an Innentüren

DIN 18 101: 14, DIN 68706-1: 02

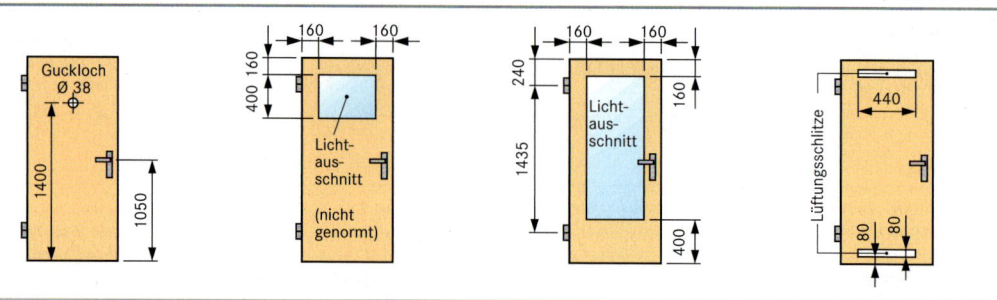

Wandöffnung = Baurichtmaß				Türblatt				Türzarge		
		(alle Maße in mm)		Außenmaß		Falzmaß		Falzmaß		
Nr.	am	Breite	Höhe	Breite	Höhe	Breite	Höhe	Breite	Höhe	
1	**7 x 15**	875	1875	860 ±1	1860+2–0	834 ±1	1847+2–0	841 ±1	1858+0–2	
2	**5 x 16**	625	2000	610 ±1	1985+2–0	584 ±1	1972+2–0	591 ±1	1983+0–2	
3	**6 x 16**	750	2000	735 ±1	1985+2–0	709 ±1	1972+2–0	716 ±1	1983+0–2	
4	**7 x 16**	875	2000	860 ±1	1985+2–0	834 ±1	1972+2–0	841 ±1	1983+0–2	
5	**8 x 16**	1000	2000	985 ±1	1985+2–0	959 ±1	1972+2–0	966 ±1	1983+0–2	
6	**6 x 17**	750	2125	735 ±1	2110+2–0	709 ±1	2097+2–0	716 ±1	2108+0–2	
7	**7 x 17**	875	2125	860 ±1	2100+2–0	834 ±1	2097+2–0	841 ±1	2108+0–2	
8	**8 x 17**	1000	2125	985 ±1	2110+2–0	959 ±1	2097+2–0	966 ±1	2108+0–2	
9	**9 x 17**	1125	2125	1110 ±1	2110+2–0	1084 ±1	2097+2–0	1091 ±1	2108+0–2	

Wohnungsabschlusstüren

Türelemente aus zusammenpassenden Teilen:
Zarge, Türflügel, Türbänder, Türschloss, Beschläge, Schließmittel, Dichtungsprofile austauschbar.

Schallschutz: Bewertetes Schall-Dämm-Maß
$R'_W \geq 27$ dB, für höhere Ansprüche 32 oder 37 dB.

Brandschutz: Mindestens „feuerhemmend" T 30; bauaufsichtliche Zulassung erforderlich.

Feuerschutzabschluss-Stahltüren

Zusätzlich zu den Angaben und Anforderungen für Wohnungsabschlusstüren gilt:

Bauart	b x h in mm	Je Zargen-Längsseite
A	750 ·· 1000 x 1750 ·· 2000	3 Maueranker 35 x 2 140 m lang + > 10 mm am freien Ende abgekantet.
B	750 ·· 1250 x 1750 ·· 2250	

Türen für Rollstuhlbenutzer

DIN 18040-2: 11

Für Rollstuhlfahrer sind für die Bewegung mit dem Rollstuhl notwendige Flächen vorzusehen. Für Drehtüren sind folgende Maße einzuhalten.

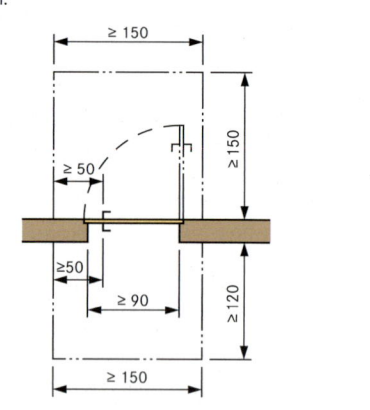

Einteilung der Hozwerkstoffe in Werkstoffgruppen

Lagenholz		Spanwerkstoffe	Faserwerkstoffe
Schichtholz	Sperrholz		
Verklebte Lagen aus Furnieren oder Brettern, Faserrichtungen aufeinander folgender Lagen parallel zueinander	Verklebte Lagen auf Furnieren oder Leisten, Faserrichtungen aufeinander folgender Lagen rechtwinklig zueinander	Mit Bindemitteln (Kleber, Gips, Zement) gebundene Späne unterschiedlicher Größe und Ausrichtung	Mit Bindemitteln (Kleber, Gips) verpresste Fasern unter- schiedlicher Dichte
Furnierschichtholz Furnierstreifenholz Brettschichtholz	Furniersperrholz Stabsperrholz Stäbchensperrholz	Flachpressplatten OSB-Platten Spanstreifenholz Gipsgebundene Spanplatten	Harte Faserplatten Mitteldichte Faserplatten (MDF) Poröse Platten Gipsfaserplatten

Holzwerkstoffe zur Verwendung im Bauwesen
DIN EN 13986: 05

Anwendungsbereich	Leistungseigenschaften	Einheit oder Klasse
DIN EN 13986 definiert Holzwerkstoffe für die Verwendung im Bauwesen und legt deren wesentliche Eigenschaften fest. Sie beschreibt geeignete Prüfverfahren zur Bestimmung dieser Eigen- schaften für Holzwerkstoffe. Auf dieser Grundlage beschreibt die Norm die Bewertung der Konformität dieser Erzeugnisse sowie die Anforderungen an ihre Kennzeichnung (CE-Kennzeichen). Diese Norm gilt für: • Massivholzplatten, • Furnierschichtholz (LVL), • Sperrholz, • OSB-Platten, • Kunstharz- und zementgebundene Spanplatten, • Faserplatten nach dem Nassverfahren (harte, mittelharte und poröse Platten), • Faserplatten nach dem Trockenverfahren (MDF). DIN EN 13986 gilt nicht für Holzwerkstoffe zur Verwendung außer- halb des Bauwesens (z. B. Möbel). Die auf einer Platte oder auf dem Etikett angebrachte CE-Kennzeich- nung muss mindestens folgende Angaben enthalten: • CE-Zeichen, • Kennzeichen des Herstellers,, • EN 13986, • Plattentyp (Technische Klasse), • Nenndicke, • Formaldehyd-Klasse, • Brandverhalten, • PCP, wenn mehr als 5 ppm, • Behandlung mit Holzschutzmitteln (sofern zutreffend). Die vollständige Kennzeichnung aller für den Verwendungszweck bedeutsamen Leistungseigenschaften muss in den Begleitpapieren aufgeführt sein. Die Angabe „keine Leistungsbestimmung" (NPD) darf verwendet werden, wenn die Eigenschaft für einen bestimmten Verwendungs- zweck nicht Gegenstand gesetzlicher Bestimmungen ist.	Biegefestigkeit und/oder Alterungsbestän- digkeit	N/mm^2
	Biegesteifigkeit	N/mm^2
	Verklebungsqualität	Klasse 1, 2, oder 3
	Querzugfestigkeit	N/mm^2
	Dauerhaftigkeit (Dickenquellung)	N/mm^2
	Stoßwiderstand für tragende Verwendung	Mm oder J
	Dauerhaftigkeit (Feuchtebeständigkeit)	N/mm^2
	Brandverhalten	Klasse A ...F
	Wasserdampfdurchlässigkeit (Wasser- dampf-Diffusionswiderstand)	(–)
	Formaldehyd	Klasse E1 oder E2
	Luftschalldämmung	dB
	Schallabsorption	(–)
	Wärmeleitfähigkeit	$W/(m \cdot K)$
	Festigkeit und Steifigkeit für tragende Verwendung	N/mm^2
	Festigkeit und Steifigkeit unter Punktlast für tragende Verwendung	N und N/mm
	Mechanische Dauerhaftigkeit	(–)
	Gehalt an Pentachlorphenol (PCP)	Keine Angabe oder „> 5 ppm"
	Behandlung mit Holzschutzmitteln	„PT"

Anwendungsbereiche für Holzwerkstoffe im Bauwesen
DIN EN 13986: 05, DIN EN 314-2: 93

Kategorie	Anwendung	Verklebungsklasse nach DIN EN 314-2
Trockenbereich	Nutzungsklasse 1: Es stellt sich ein Feuchtegehalt des Bauteils ein, entsprechend einer Temperatur von 20 °C und einer relativen Luftfeuchte der umgebenden Luft, die nur einige Wochen pro Jahr einen Wert von 65 % übersteigt.	Klasse 1
Feuchtbereich	Nutzungsklasse 2: Es stellt sich ein Feuchtegehalt des Bauteils ein, entsprechend einer Temperatur von 20 °C und einer relativen Luftfeuchte der umgebenden Luft, die nur einige Wochen pro Jahr einen Wert von 85 % übersteigt.	Klasse 2
Außenbereich	Nutzungsklasse 3: Die vorhandenen Klimaverhältnisse führen zu einem höheren Feuchtege- halt des Bauteils als in Nutzungsklasse 2.	Klasse 3
Tragende Verwendung	Verwendung einer Platte unter lasttragenden Bedingungen als Teil eines Gebäudes oder ande- rer Konstruktion (planmäßig miteinander verbundene Teile, die statisch berechnet werden).	-

Massivholzplatten

DIN 12775: 01

Beschreibung	Bereich	Klasse	Verwendung
Massivholzplatten (Solid wood panels – SWP) bestehen aus Holzstücken in Form von Brettern, Lamellen, Kanteln, Stäben oder Bohlen, die an ihren Schmalseiten oder falls mehrlagig an ihren Breitseiten miteinander verleimt sind.	Trockenbereich	SWP/1 NS SWP/1 S SWP/1 SD	Nicht tragend Tragend Tragend nach deklarierten Werten
Einlagige Massivholzplatten sind Lagen in der Breite verklebt. Beim Typ „NC" verlaufen die Holzstücke ungekürzt über die ganze Plattenlänge. Beim Typ „SC" werden gekürzte Holzstücke verwendet und an den Stoßstellen miteinander verklebt oder keilgezinkt. Einlagige Platten werden mit dem Symbol „L1" gekennzeichnet.	Feuchtbereich	SWP/2 NS SWP/2 S SWP/2 SD	Nicht tragend Tragend Tragend nach deklarierten Werten
Mehrlagige Massivholzplatten bestehen aus zwei, in Faserrichtung parallel verlaufenden Decklagen und zumindest einer, zur Faserrichtung der Decklagen um 90° versetzten Innenlage. Mehrlagige Platten werden mit dem Buchstaben „L" und der Anzahl der Lagen gekennzeichnet.	Außenbereich	SWP/3 NS SWP/3 S SWP/3 SD	Nicht tragend Tragend Tragend nach deklarierten Werten

Sperrholz

DIN EN 313-2: 96; DIN EN 636: 12

Beschreibung	Bereich	Klasse	Verwendung
Sperrholz ist ein Holzwerkstoff aus einem Verbund miteinander verklebter Lagen, wobei die Faserrichtungen aufeinanderfolgender Lagen meistens rechtwinklig zueinander verlaufen. Bei **Furniersperrhölzern** bestehen alle Lagen aus parallel zur Plattenebene liegenden Furnieren. **Stabsperrholz** ist ein Mittellagen-Sperrholz, dessen Mittellage aus verklebten oder nicht verklebten 7 mm bis 30 mm breiten Vollholzstäben besteht. **Stäbchensperrholz** ist ein Mittellagen-Sperrholz, dessen Mittellage aus maximal 7 mm breiten hochkant angeordneten Schälfurnierstreifen besteht, wobei alle oder die meisten miteinander verklebt sind.	Trockenbereich	EN 636-1 NS EN 636-1 S	Nicht tragend Tragend
	Feuchtbereich	EN 636-2 NS EN 636-2 S	Nicht tragend Tragend
	Außenbereich	EN 636-3 NS EN 636-3 S	Nicht tragend Tragend

Furnierschichtholz (LVL)

DIN EN 14279: 09; DIN EN 14374: 04

Beschreibung	Bereich	Klasse	Verwendung
Furnierschichtholz (Laminated veneer lumber – LVL) ist ein Holzwerkstoff aus einem Verbund von Furnieren, in dem die Furniere vorwiegend in derselben Faserrichtung ausgerichtet sind. Dies schließt einzelne Querlagen nicht aus. DIN EN 14279 legt die Anforderungen für allgemeine Zwecke und für die Verwendung im Bauwesen als Werkstoff zur Herstellung eines Produktes fest, DIN EN 14374 legt die Anforderungen an das Produkt LVL für tragende Zwecke fest. Danach muss die Anzahl der Furniere im Querschnitt mindestens fünf betragen. Die Dicke der Furniere darf bis zu 6 mm betragen.	Trockenbereich	LVL/1 NS LVL/1 S	Nicht tragend Tragend
	Feuchtbereich	LVL/2 NS LVL/2 S	Nicht tragend Tragend
	Außenbereich	SWP/3 NS SWP/3 S	Nicht tragend Tragend

Großflächen-Schalungsplatten für den Betonbau

aus **Furnier-Sperrholz** **SFU** n. DIN 68792: 79 aus **Stab-Sperrholz** **SST** aus **Stäbchen-Sperrholz** **SSTAE** n. DIN 68791: 79	Faserrichtung des Deckfurniers zur Längsachse	Plattendicke mm	Biegefestigkeit N/mm^2	Biege-E-Modul N/mm^2
Speziell für den Betonbau hergestellt, oberflächenvergütet, beidseitig verwendbar. **Plattenlänge** (längs der Faserrichtung der Deckfurniere) ist stets zuerst zu nennen, die Platten können deshalb breiter als lang sein. **SFU** ≥ 3 Furnierlagen, ≥ 4 mm dick, ≥ 3 m^2 groß. **SST** u. **SSTAE** = 19 ·· 30 mm dick, 7 bis 10 m^2 groß.	parallel quer parallel quer	6 ... 12 6 ... 12 – –	$\beta_B \parallel 45$ $\beta_B \perp 30$ $\beta_B \parallel 30$ $\beta_B \perp 35$	E $\parallel$ 5000 E $\perp$ 2500 E $\parallel$ 4000 E $\perp$ 5000

Stab- und Stäbchensperrholz für allgemeine Zwecke

DIN 68705-2: 03

Stab- und Stäbchensperrholz für allgemeine Zwecke findet Einsatz im Gehäuse- und Möbelbau, im Behälter- und Fahrzeugbau, im Maschinen- und Anlagenbau und im Werkzeug- und Vorrichtungsbau. Neben dem unter Sperrholz beschriebenen Aufbau können für diese Einsatzbereiche die Mittellagen auch aus einem anderen Holzwerkstoff, einem anderen plattenförmigen Material oder einer Hohlraumkonstruktion bestehen.	Nach der Verklebung werden folgende Plattentypen unterschieden: IF Verklebung nur beständig in Räumen mit im Allgemeinen niedriger Luftfeuchte (nicht wetterbeständig) AW Verklebung beständig auch bei erhöhter Feuchtebeanspruchung (bedingt wetterbeständig)

Holzbau

Einteilung von Spanplatten

Spanplatten nach dem Bindemittel:
Kunstharzgebundene: Normalfall,
Zementgebundene, auch magnesitgebundene,
Gipsgebundene, nur für den Innenausbau.

Spanplatten nach der Herstellung:
Flachpressplatten, DIN EN 312: 03
Strangpressplatten, DIN EN 14 755: 06
OSB-Platten (**O**riented **S**trand **B**oard), Platten aus langen, schlanken, ausgerichteten Spänen, DIN EN 300: 06

Andere mit besonderen Zulassungen

Plattentypen von Flachpressplatten   DIN EN 312: 10

P 1	Platten für allgemeine Zwecke zur Verwendung im Trockenbereich
P 2	Platten für Inneneinrichtungen (einschließlich Möbel) zur Verwendung im Trockenbereich
P 3	Platten für nicht tragende Zwecke zur Verwendung im Feuchtbereich
P 4	Platten für tragende Zwecke zur Verwendung im Trockenbereich
P 5	Platten für tragende Zwecke zur Verwendung im Feuchtbereich
P 6	Hoch belastbare Platten für tragende Zwecke zur Verwendung im Trockenbereich
P 7	Hoch belastbare Platten für tragende Zwecke zur Verwendung im Feuchtbereich

Mineralisch gebundene Spanplatten

Mit Zement oder Magnesit gebunden, im Flachpressverfahren, bauaufsichtlich zugelassen.

Beständig gegen Wasser, Witterung, Fäulnis, Pilz- und Insektenbefall.

Schwer entflammbar: Baustoffklasse B1.

Die **Plattenrohdichte** beträgt etwa 1200 kg/m^3.

Abmessungen in mm:
Längen: 2800 und 3200, Breite: 1250.
Dicken: 8, 10, 12, 16, 18, 20, 24, 28.

Dickenquellung nach 28 Tagen Wasserlagerung ≤ 2 %,

Längsdehnung ≈ 0,03 % je 1 % Feuchteaufnahme.

Stoffkennwerte:

Wärmeausdehnung	α = 10 · 10^{-6} K^{-1}
Wärmeleitzahl	λ = 0,255 W/(m · K)
Biegezugfestigkeit	β_B ≥ 9 N/mm^2
Zugfestigkeit	β_Z ≥ 5 N/mm^2 (Tafelebene)
Wasserdampfwiderstand	μ ≈ 22,6

Flach- und Strangpressplatten für Sonderzwecke im Bauwesen   DIN 68 762: 82

LF: leichte Flachpressplatte mit und ohne Beschichtung
LR: Strangpress-Röhrenplatte mit geschlossener Oberfläche.

Anwendung: mit geschlossener Oberfläche für Trennwände, mit durchbrochener Oberfläche für Schallschutzzwecke (auch LRM u. LMD).

Typ	Roh-dichte ϱ kg/m^3	für Dicke in mm	Zug- festigkeit $\|\|$ N/mm^2	Biege- festigkeit $\perp$ N/mm^2	Schall- schluckgrad α bei 50 mm Wandabstand
LF	250 ·· 500	≤ 20 > 20 ≤ 32	– –	5 3,5	≥ 0,2 bei 125··250 Hz ≥ 0,5 bei 250··4000 Hz
LR	300 bis 600	≤ 30 > 30 ≤ 45 > 45 ≤ 70	0,4 0,3 0,2	– – –	– – –

Strangpressplatten   DIN EN 14 755: 06

Typ	Beschreibung
ES	Extruded Solid: Platte ohne Hohlräume (Röhren) mit einer Rohdichte von mindestens 550 kg/m^3
ET	Extruded Tubes: Platte mit durchgehenden Hohlräumen (Röhren) mit einer Vollspanrohdichte von mindestens 550 kg/m^3 und einer Wanddicke von mindestens 5 mm
ESL	Extruded Solid Light: Platte ohne Hohlräume (Röhren) mit einer Rohdichte von weniger als 550 kg/m^3
ETL	Extruded Tubes Light: Platte mit durchgehenden Hohlräumen (Röhren) mit einer Vollspanrohdichte von weniger als 550 kg/m^3 oder einer Wanddicke von weniger als 5 mm

Alte Bezeichnungen nach (DIN 68 764-1: 73)
SV = Strangpress-Vollplatte
SR = Strangpress-Röhrenplatte

Melaminbeschichtete Platten   DIN EN 14 322: 04

Melaminbeschichtete Platten zur Verwendung im Innenbereich werden nach der Abriebbeständigkeit, die mit einem drehenden Schleifmittel ermittelt wird, in Klassen unterteilt:	Klasse	Umdrehungen
	1	< 150
	2	≥ 150
	3A	≥ 350
	3B	≥ 650
	4	≥ 1000

Holzbau

Biegefestigkeit von Flachpressplatten

DIN EN 312: 10

Typ	Biegefestigkeit in N/mm^2 bei einer Plattendicke in mm von							
	< 3	3 ... 6	> 6 ... 13	> 13 ... 20	> 20 ... 25	> 25 ... 32	> 32 ... 40	> 40
P 1	11,5	14	11,5	10	10	8,5	7	5,5
P 2	13	13	12	13	11,5	10	8,5	7
P 3	13	14	15	14	12	11	9	7,5
P 4	15	16	16	15	13	11	9	7
P 5	20	19	18	16	14	12	10	9
P 6	–	–	20	18	16	15	14	12
P 7	–	–	22	20	18,5	17	16	15

Platten aus langen, schlanken, ausgerichteten Spänen (OSB)

DIN EN 300: 06

Plattentyp	Kurzzeichen	Biegefestigkeit (Hauptachse/Nebenachse) in N/mm^2 bei Plattendicke von				
		6 ... 10	> 10 ... < 18	18 ... 25	> 25 ... 32	> 32 ... 40
Allgemeine Zwecke und Inneneinrichtungen im Trockenbereich	OSB/1	20/10	18/9	16/8	–	–
Tragende Zwecke im Trockenbereich	OSB/2	22/11	20/10	18/9	16/8	14/7
Tragende Zwecke im Feuchtbereich	OSB/3	22/11	20/10	18/9	16/8	14/7
Hochbelastbar für tragende Zwecke im Feuchtbereich	OSB/4	30/16	28/15	26/14	24/13	22/12

Faserplatten: Plattentypen und Kurzzeichen

DIN EN 316: 09

Faserplattentyp	Rohdichte ϱ in kg/m^3	Kurzzeichen	Alte Bezeichnungen	Anwendung
Harte Platten	≥ 900	HB	Harte und mittelharte Holzfaserplatten	**Hohe und mittlere Dichte:** Beplankung zum Aussteifen von Holzkonstruktionen; Decken- und Dachtafeln, Bekleidungen.
Mittelharte Platten geringer Dichte hoher Dichte	400 ... < 560 560 ... < 900	MBL MBH		
Poröse Platten	230 ... < 400	SB	Holzfaserdämmplatten Bitumen-Holzfaserplatten	**Geringe Dichte:** Wärmedämmung, Luft- und Trittschalldämmung, mit Bitumen-Zugabe auch in Bereichen erhöhter Feuchte
Platten nach dem Trockenverfahren	≥ 450	MDF	Mitteldichte Faserplatten (MDF)	

Faserplatten werden i. A. im Nassverfahren hergestellt. Dabei wird das im Holz vorhandene Lignin als Klebstoff genutzt.
Im Trockenverfahren bei der MDF-Herstellung kommen die gleichen Klebstoffe wie bei der Spanplattenherstellung zum Einsatz.
Der Klebstoffanteil kann bis zu 14 % betragen. Die Grenzwerte für die Formaldehyd-Emission sind deshalb auch bei MDF-Platten
einzuhalten. → Formaldehyd-Emissionsklassen

Hartfaserplatten: Plattentypen und Anwendungsbereiche

DIN EN 622-1: 03

Anwendungsbereich	Harte Platten	Mittelharte Platten	Poröse Platten	Platten nach den Trockenverfahren
Allgemein, trocken	HB	MBL, MBH	SB	MDF
Allgemein, feucht	HB.H	MBL.H, MBH.H	SB.H	MDF.H
Allgemein, außen	HB.E	MBL.E, MBH.E	SB.E	–
Tragend, trocken	HB.LA	MBH.LA1	SB.LS	MDF.LA
Tragend, hoch belastbar, trocken	–	MBH.LA2	–	–
Tragend, feucht	HB.HLA1	MBH.HLS1	SB.HLS	MDF.HLS
Tragend, hoch belastbar, feucht	HB.HLA2	MBH.HLS2	–	–

Platten mit dem Kurzzeichen LA sind für alle Kategorien der Lasteinwirkungsdauer, Platten mit dem Kurzzeichen LS sind für
Momentan- und Kurzzeitbelastung geeignet.

Furniere

DIN 4079: 76; DIN 68330: 76

Furnier ist ein dünnes Blatt aus Holz, das durch Schälen, Messern oder Sägen vom Stamm abgetrennt wurde.

Langfurniere werden parallel zur Stammachse abgetrennt.

Maserfurniere werden aus unregelmäßig gewachsenem Holz oder aus Wurzelknollen hergestellt.

Nach der Verwendung:

Deckfurnier (Außenfurnier), das als Sichtfläche z. B. für Möbel und Innenausbauten geeignet ist.

Unterfurnier zur Verbesserung der Oberfläche z. B. bei Möbeln.

Sperrfurnier zur Verbesserung der Formstabilität. Aus Sperrfurnieren werden z. B. Furnierplatten hergestellt.

Nenndicken in mm einiger Langfurniere:

1,00 **Tanne**, **Fichte**

0,90 **Kiefer**, **Lärche**

0,85 Douglasie

0,75 Wengé

0,70 Abachi

0,65 Eiche, Linde

0,60 Esche, **Limba**, **Okuome**, Rüster, Sen

0,55 **Birke**, **Buche**, **Mahagoni** u. a.

Fettgedruckt sind die Holzarten, die nach DIN 68 705 als Deckfurniere für Bau- und Furnierplatten geeignet sind.

Dekorative Hochdruck-Schicht-Pressstoffplatten HPL

DIN EN 438: 05

Sie bestehen aus mit Reaktionsharzen imprägnierten Faserstoffbahnen, meist Papier, die zwischen ebenen oder strukturierten Pressplatten bei hoher Temperatur und einem Druck von $\geq 7\ N/mm^2$ homogen verpresst und unter dem gleichen Druck rückgekühlt werden.

HPL müssen mindestens eine dekorative Oberfläche aufweisen. Sie bestehen aus Deckschichten auf Aminoharzbasis, meist Melaminharzen, und Kernschichten auf Phenoplastharzbasis.

HPL, < 2 mm dick, mit einseitiger dekorativer Deckschicht, sind in der Regel zum Aufkleben auf eine Grundplatte bestimmt.

HPL, ≥ 2 mm dick, werden als Kompakt-Schichtpressstoffe bezeichnet.

HPL, ≥ 5 mm dick, mit doppelseitiger dekorativer Deckschicht sind sebsttragend.

Anwendungsklassen

In der dreistelligen Kennzahl bedeutet die **1. Ziffer** das Verhalten bei **Abriebbeanspruchung**

1 ≥	50	
2 ≥	150	Zahl der Umdrehungen einer Reibplatte, bei der ≤ 50 des Dessins angegriffen werden, aber der Plattenkern unsichtbar bleibt.
3 ≥	350	
4 ≥	650	

Die **2. Ziffer** das Verhalten bei **Stoßbeanspruchung**

1 ≥	12 N	
2 ≥	15 N	Größe der Federkraft im Stoßversuch
3 ≥	20 N	
4 ≥	25 N	

Die **3. Ziffer** für das Verhalten bei **Kratzbeanspruchung**

1 ≥	1,5 N	
2 ≥	1,75 N	Größe der angreifenden Kraft im Kratzversuch.
3 ≥	2,0 N	Bei hellem und rauem Dekor bis > 5 N.
4 ≥	3,0 N	

Plattentypen

N	für allgemeine (normale) Anwendung,
P	bei angegebener Temperatur nachformbar,
F	erhöhter Widerstand gegen Flammeneinwirkung,
C	Kompakt-Schichtpressstoff,
CF	Eigenschaften von C und F.

Charakteristische Eigenschaften

Harte, weitestgehend verschleiß- u. kratzfeste Oberfläche, hohe Stoßfestigkeit, Unempfindlichkeit gegen kochendes Wasser und die üblichen Haushaltschemikalien sowie gegen trockene und feuchte Hitze.

Dicken: 0,5; 1,2; 2,5; 3; 4; > 5 mm

Länge x Breite: meist 2500 (2440) x 1200 (1220) mm

Anwendungsklassen

↓	**und typische Anwendungsgebiete** von HPL
434	Zahltheken und Fußböden,
333	Küchenarbeitsplatten, Gaststättentische,
223	Küchenfronten, Regalböden,
111	Möbelkorpus.

Bezeichnungsbeispiel:

HPL DIN 16 926 - N - 1,2 - 333

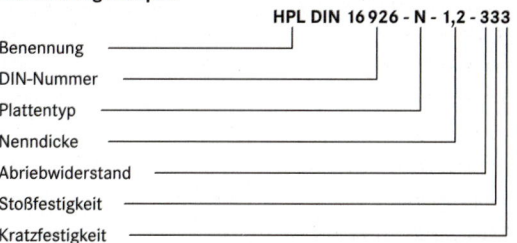

Benennung

DIN-Nummer

Plattentyp

Nenndicke

Abriebwiderstand

Stoßfestigkeit

Kratzfestigkeit

Zeichnungsarten und Maßstäbe

Vorentwurfszeichnungen: 1 : 500 bzw. 1 : 200,
Entwurfszeichnungen: 1 : 100, gegebenenf. 1 : 200,
Bauvorlagenzeichnungen: nach Landesverordnung,
Werkzeichnungen: 1 : 50, gegebenenfalls 1 : 20,
Detail- (Teil-)zeichnungen: 1 : 20, 1 : 10, 1 : 5 u. 1 : 1,

Baubestandszeichnungen: 1 : 100 bzw. 1 : 50,
Schalpläne: 1 : 50, wenn nötig: 1 : 20, 1 : 10, 1 : 5,
Bewehrungszeichnungen: 1 : 50, 1 : 25, 1 : 20,
Fertigteilzeichnungen: 1 : 25, 1 : 20.

Linienarten und Linienbreiten

DIN 1356-1: 95

Linienarten	Linie	Anwendungsbereich	Liniengruppe zu Maßstäben	I [1] $\leq$ 1 : 100	II	III [1] $\geq$ 1 : 50	IV [2]
Voll-Linie	————	Begrenzung der Schnittflächen		0,5	**0,5**	**1,0**	1,0
Voll-Linie	————	Sichtbare Kanten und Umrisse von Bauteilen. Begrenzung von Schnittflächen schmaler und kleiner Bauteile		0,25	**0,35**	**0,5**	0,7
Voll-Linie	————	Maßlinien, Maßhilfslinien, Hinweislinien, Lauflinien, Begrenzung von Ausschnittdarstellungen, vereinfachte Darstellungen		0,18	**0,25**	**0,35**	0,5
Strichlinie	– – – –	Verdeckte Kanten und verdeckte Umrisse von Bauteilen		0,25	**0,35**	**0,5**	0,7
Strichpunktlinie	—·—·—	Kennzeichnung der Lage von Schnittebenen		0,5	**0,5**	**1,0**	1,0
Strichpunktlinie	·—·—·—	Achsen		0,18	**0,25**	**0,35**	0,5
Punktlinie	·········	Bauteile vor bzw. über der Schnittlinie		0,25	**0,35**	**0,5**	0,7
Maßzahlen		Schriftgröße in mm		2,5	**3,5**	**5,0**	7,5

Linienbreiten für

[1] Liniengruppe I nur dann anwenden, wenn Zeichnung mit Liniengruppe III angefertigt, im Verhältnis 2 : 1 verkleinert wurde u. die Verkleinerung weiterbearbeitet werden soll. Schriftgröße in der Originalzeichnungen wegen Mikroverfilmung 5 mm.

[2] Liniengruppe IV für Ausführungszeichnungen anwenden, wenn Verkleinerung, z.B. von 1 : 50 in 1 : 100, vorgesehen ist u. Mikroverfilmung möglich sein soll. Die Verkleinerung kann dann mit der Liniengruppe II weiterbearbeitet werden.

Bemaßung

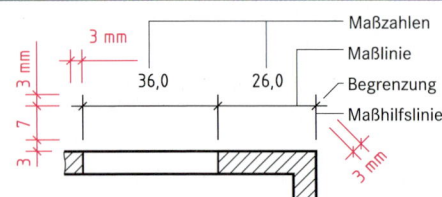

Maßzahlen
Maßlinie
Begrenzung
Maßhilfslinie

Maßlinienbegrenzung durch
Schrägstriche oder Punkte, im Metallbau Pfeile.

Beispiele für Maßeinheiten

Bemaßung in		unter 1 m	über 1 m
cm	24	88,5 [1]	388,5 [1]
cm und m	24	88⁵	3,88⁵ [1]
mm	240	885	3885

[1] Anstelle des Kommas ist auch ein Punkt erlaubt.
Die Wahl der Maßeinheit richtet sich nach der Bauart und Art des Bauteiles. Die Maßeinheit ist mit dem Maßstab im Schriftfeld anzugeben.

Maßzahlen über der zugehörigen durchgezogenen **Maßlinie** so anordnen, dass sie in der Gebrauchslage der Zeichnung von unten bzw. von rechts lesbar sind.

Maßhilfslinien 3 mm vor den zugehörigen Körperkanten ansetzen.

Maßanordnung im Allgemeinen unter bzw. rechts der Darstellung. Bei mehreren parallelen Maßketten sind diese entsprechend der Lage der zu bemaßenden Bauteile von innen nach außen, in $\geq$ 7 mm Abstand, anzuordnen. Die Flächen in der Raummitte sollen möglichst frei bleiben.

Bei Fenstern und Türen ist die Breite über die Maßlinie, die Höhe direkt unter die Maßlinie zu schreiben.

Rechteckquerschnitte dürfen zur Vereinfachung auch durch Angabe ihrer Seitenlängen in Bruchform bemaßt werden, z.B. 12/16 (Breite/Höhe).

Runde Querschnitte erhalten vor der Maßzahl das Durchmesserzeichen Ø, z.B. Ø 12.

Radien sind vor der Maßzahl mit dem Großbuchstaben R zu kennzeichnen, s. Abb. rechts:

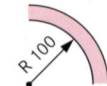

Papierformate

DIN EN ISO 5457: 99

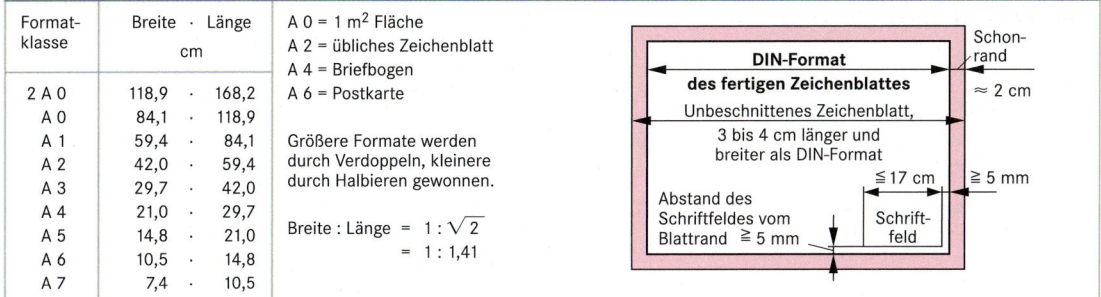

Format-klasse	Breite · Länge cm	
2 A 0	118,9 ·	168,2
A 0	84,1 ·	118,9
A 1	59,4 ·	84,1
A 2	42,0 ·	59,4
A 3	29,7 ·	42,0
A 4	21,0 ·	29,7
A 5	14,8 ·	21,0
A 6	10,5 ·	14,8
A 7	7,4 ·	10,5

A 0 = 1 m² Fläche
A 2 = übliches Zeichenblatt
A 4 = Briefbogen
A 6 = Postkarte

Größere Formate werden durch Verdoppeln, kleinere durch Halbieren gewonnen.

Breite : Länge $= 1 : \sqrt{2}$
$= 1 : 1,41$

Falten der Zeichenblätter auf DIN A4 für Ordner

DIN 824: 81

Beschriftung

DIN EN ISO 3098-0: 98

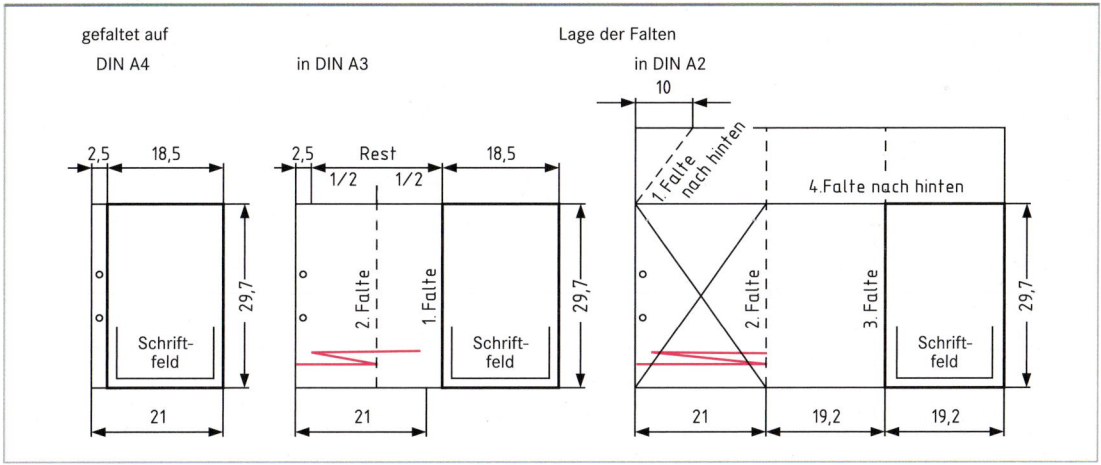

Schriftform B: Linienbreite $\frac{1}{10} \cdot h$

geneigt: unter 75°

vertikal: unter 90°

Nennhöhe der Schrift

Nennhöhe in mm	h	2,5	3,5	5	7	10	14	20
Höhe der Kleinbuchstaben	$(7/10) \cdot h$	1,8	2,5	3,5	5	7	10	14
Linienbreite für Tuscheschrift	$(1/10) \cdot h$	**0,25**	**0,35**	**0,5**	**0,7**	1	1,4	2
Abstand zwischen den Buchstaben	$(2/10) \cdot h$	0,5	0,7	1	1,4	2	2,8	4
Abstand zwischen den Wörtern	$(5/10) \cdot h$	1,25	1,75	2,5	3,5	5	7	10
Abstand zwischen den Grundlinien	$(15/10) \cdot h$	3,5	4,9	7	9,8	14	19,6	28

Perspektivdarstellungen

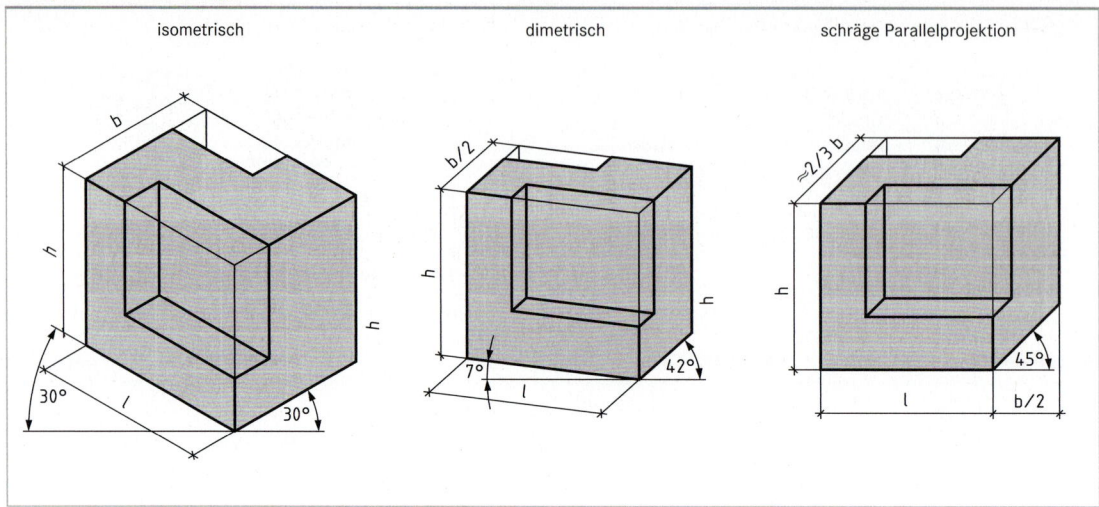

isometrisch   dimetrisch   schräge Parallelprojektion

Darstellung in rechtwinkliger Parallelprojektion

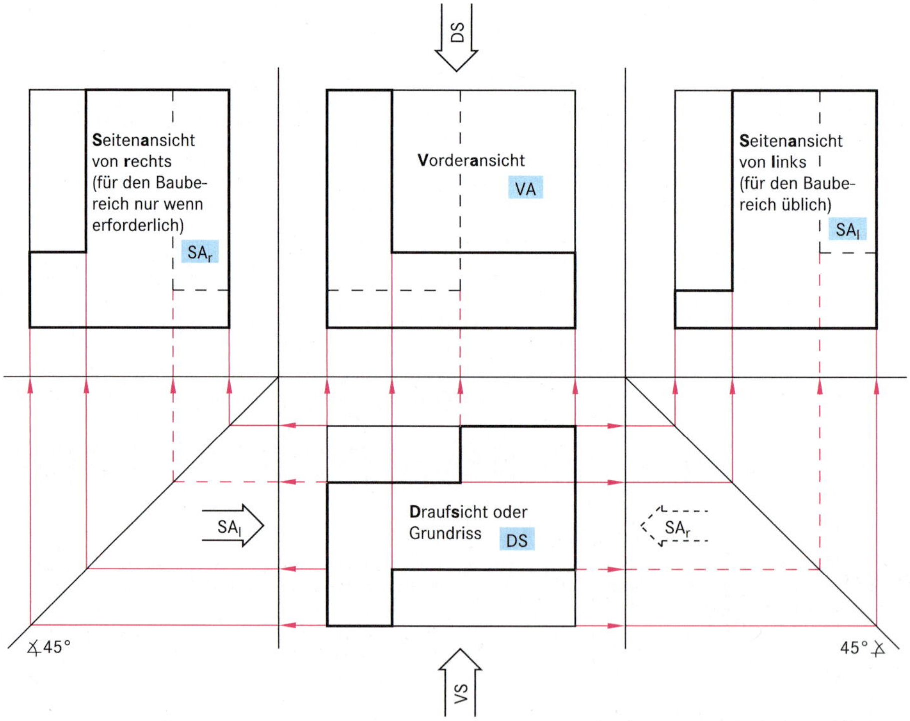

DS

Seiten**a**nsicht von **r**echts (für den Baubereich nur wenn erforderlich)
SA$_r$

Vorder**a**nsicht
VA

Seiten**a**nsicht von **l**inks (für den Baubereich üblich)
SA$_l$

SA$_l$

Draufsicht oder Grundriss
DS

SA$_r$

∢ 45°   45° ∢

VS

Veranschaulichung der Schnitte

Schnittrichtung (Schnittebene): **waagerecht**

Schnittrichtung (Schnittebene): **senkrecht**

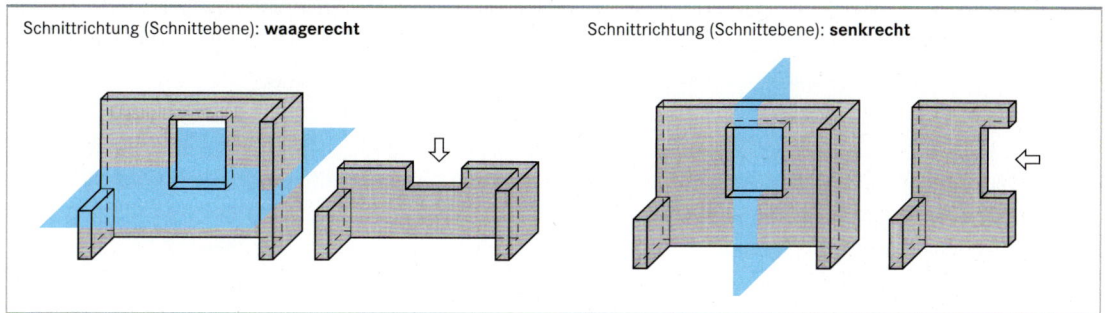

Schnitte in rechtwinkliger Parallelprojektion

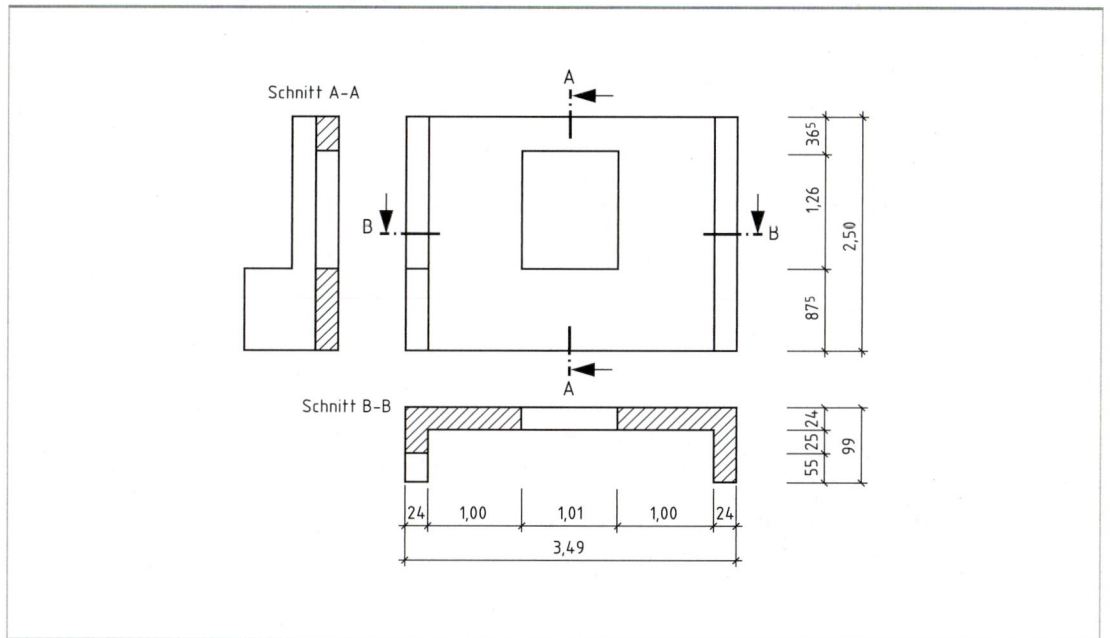

Angabe der Schnittführung

DIN 1356-1: 95

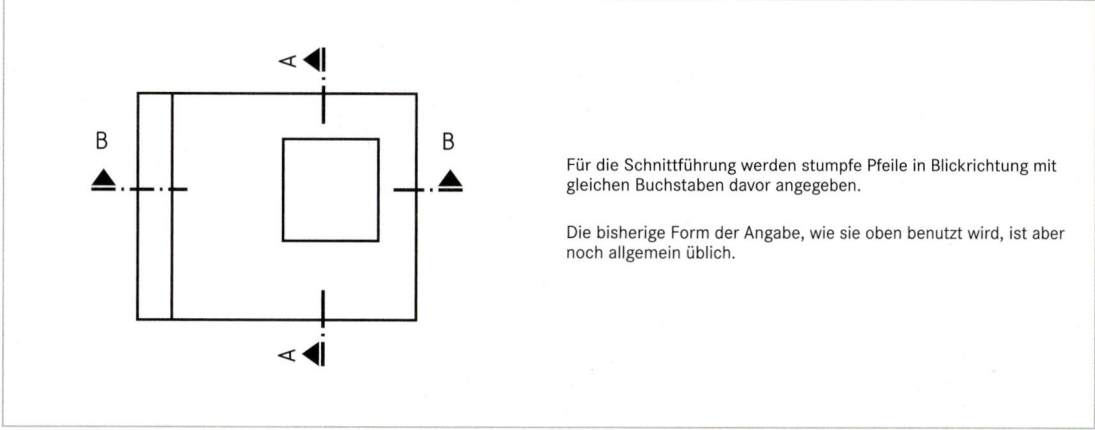

Für die Schnittführung werden stumpfe Pfeile in Blickrichtung mit gleichen Buchstaben davor angegeben.

Die bisherige Form der Angabe, wie sie oben benutzt wird, ist aber noch allgemein üblich.

Wochenendhaus in Ansichten, Grundriss und Schnitt

Ansicht von Süden   Ansicht von Osten

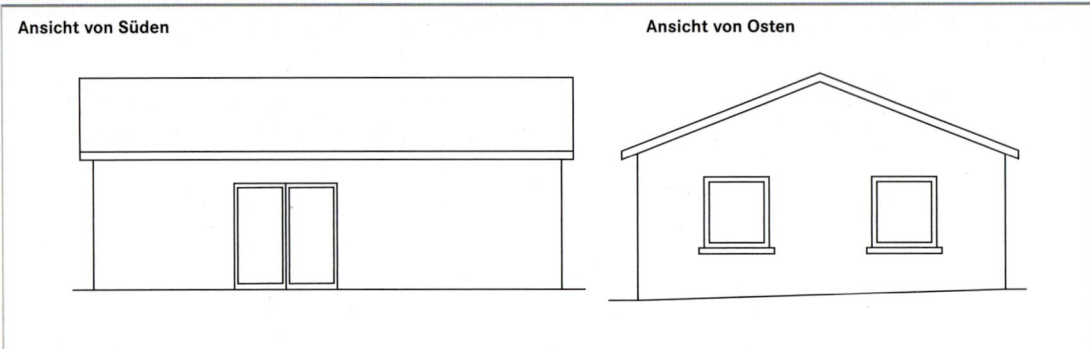

Grundriss

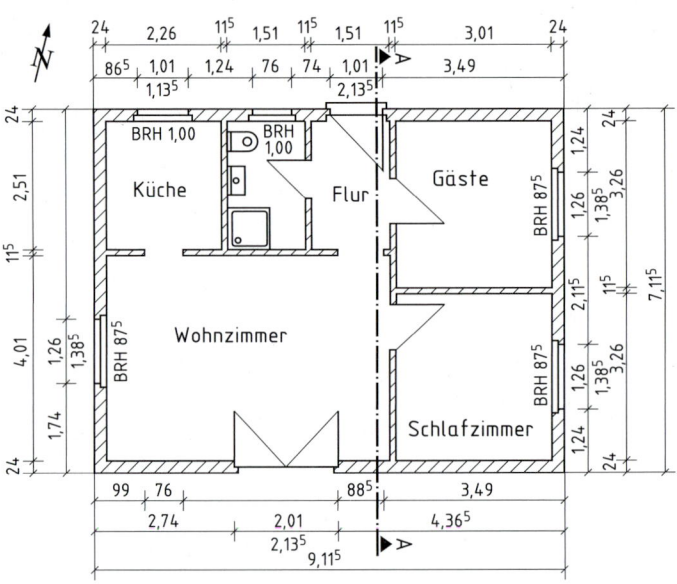

Schnitt A - A

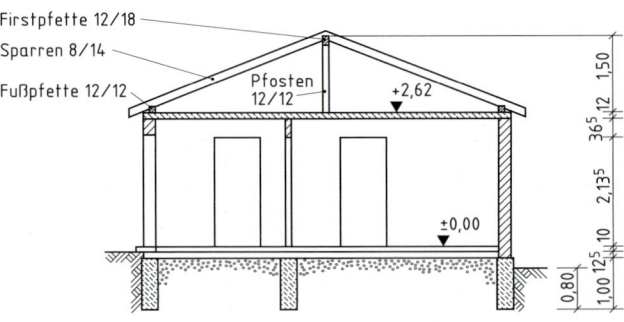

Kennzeichnung von Schnittflächen

DIN 1356-1: 95; DIN ISO 128-50: 02

Baustoff, Bauteile	Darstellung	Baustoff, Bauteile	Darstellung	Baustoff, Bauteile	Darstellung
Mauerwerk aus künstlichen Steinen		Holz in Schnittflächen (quer zur Faser)		Holz, quer zur Faser (DIN ISO 128-50)	
Unbewehrter Beton		Holz in Schnittflächen (längs zur Faser)		Holz in Faserrichtung (DIN ISO 128-50)	
Bewehrter Beton (Stahlbeton)		Beton-Fertigteile		Holzwerkstoff (DIN ISO 128-50)	
Gewachsener Boden (DIN 201)		Dämmschicht gegen Schall, Wärme oder Kälte		Kunststoff (DIN ISO 128-50)	
Aufgefüllter Boden		Abdichtung (Sperrschicht) gegen Feuchtigkeit		Glas (DIN ISO 128-50)	
Putz, Mörtel (in Teilzeichnung)		Baustahl		Kiesschicht	

Spannrichtungen von Decken

DIN 1356-1: 95

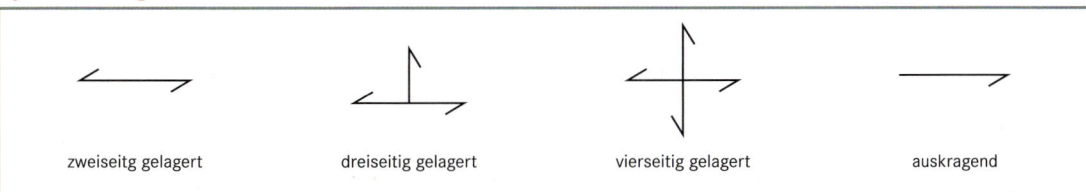

zweiseitg gelagert   dreiseitig gelagert   vierseitig gelagert   auskragend

Sinnbilder aus dem Straßen- und Tiefbau

Bituminöse Deckschicht		Tragschicht aus Schotter		frostsicheres Material (Kiessand)	
Binderschicht		Bodenverfestigung (durch Zement oder bituminös)		Fließrichtung Gefälle	
Bituminöse Tragschicht		frostsicheres Material (Sand)		Böschung Oberkante	

Bauzeichnen

T1 Tür- und Fenstertür-Öffnungen, Rohbau-Richtmaße (RR) nach (DIN 18 100: 83)

		Breitenmaße			Achtelmeterordnung						Breitenmaße			Zehntelmeterodnung			
		RR 2)	5 am	6 am	7 am	8 am	9 am	14 am	16 am	RR 2)	7 M	8 M	9 M	10 M	13 M	20 M
			62,5	75	87,5	1,00	1,125	1,75	2,00		70	80	90	1,00	1,30	2,00

Höhenmaße

	15 am	1,875 m			1					20 M	2,00 m	☐		☐	☐		☐
	16 am	2,00 m	2	3	4	5		┆	┆	21 M	2,10 m			☐	☐	☐	☐
	17 am	2,125 m		6	7	8	9			23 M	2,30 m			☐	☐	☐	☐
										25 M	2,50 m			☐	☐	☐	☐

Bezeichnung-Beispiel: DIN 18 100 – 875 x 2000
Nennmaß im Mauerwerksbau 885 x 2005

Zahlen 1 bis 9 kennzeichnen Türgrößen, für die in DIN 18 101: 85 Zargen und Türblätter und in DIN 18 111: 04 Stahlzargen genormt sind.

T2 Darstellung von Fenstern und Türen

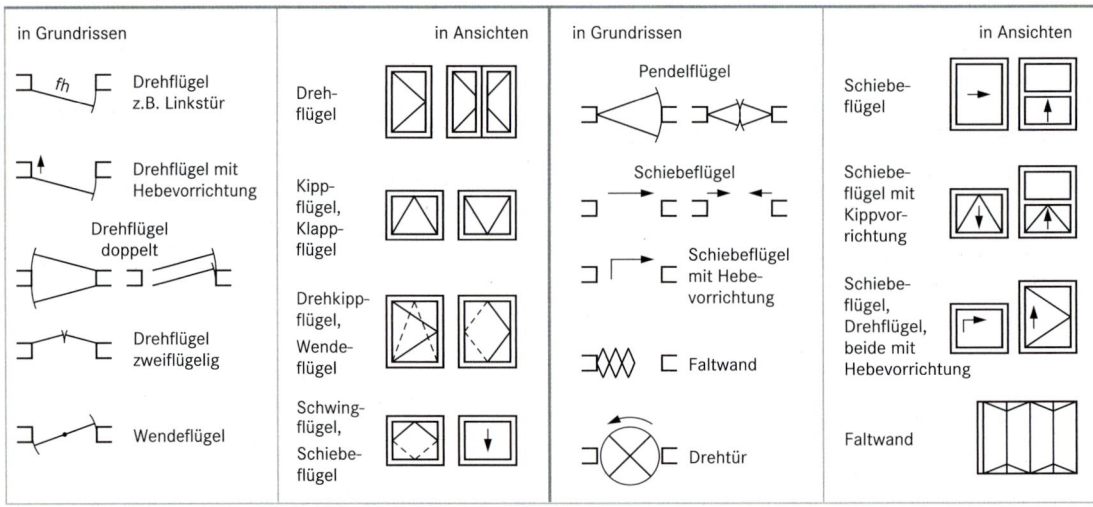

in Grundrissen — in Ansichten

Drehflügel z.B. Linkstür — Drehflügel
Drehflügel mit Hebevorrichtung — Kippflügel, Klappflügel
Drehflügel doppelt — Drehkippflügel, Wendeflügel
Drehflügel zweiflügelig — Schwingflügel, Schiebeflügel
Wendeflügel

in Grundrissen — in Ansichten

Pendelflügel — Schiebeflügel
Schiebeflügel — Schiebeflügel mit Kippvorrichtung
Schiebeflügel mit Hebevorrichtung — Schiebeflügel, Drehflügel, beide mit Hebevorrichtung
Faltwand — Faltwand
Drehtür

T3 Anschlagarten für Fenster und Außentüren

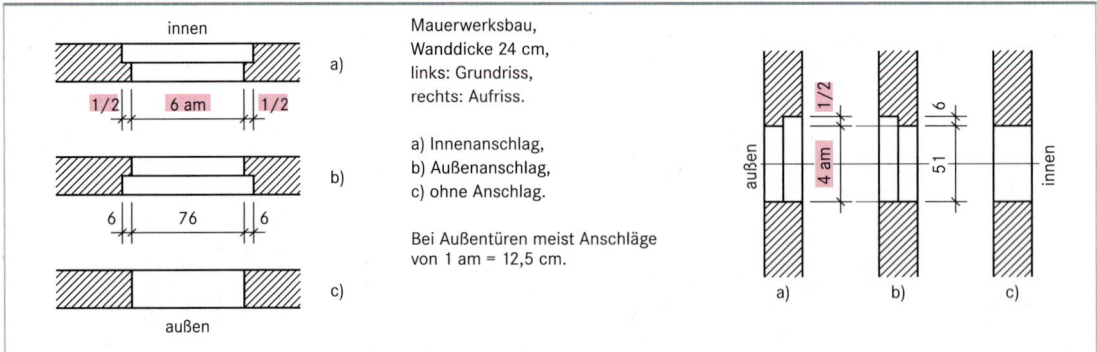

innen

a) 1/2 | 6 am | 1/2
b) 6 | 76 | 6
c)

außen

Mauerwerksbau, Wanddicke 24 cm, links: Grundriss, rechts: Aufriss.

a) Innenanschlag,
b) Außenanschlag,
c) ohne Anschlag.

Bei Außentüren meist Anschläge von 1 am = 12,5 cm.

außen | 1/2 | 6
4 am | 51 | innen
a) b) c)

Bauzeichnen

Links – Rechts – Bezeichnungen

für Drehflügeltüren, -fenster, -läden

Betrachte die Flügel von der Seite, nach der sie aufschlagen. Sind die Bänder links, sind es Linksflügel, die Bänder Linksbänder und der Verschluss (Schloss) ein Linksverschluss.

Türen, Fenster, Nischen   DIN 1356-1: 95

A1 Türen mit und ohne Schwelle, Fenster

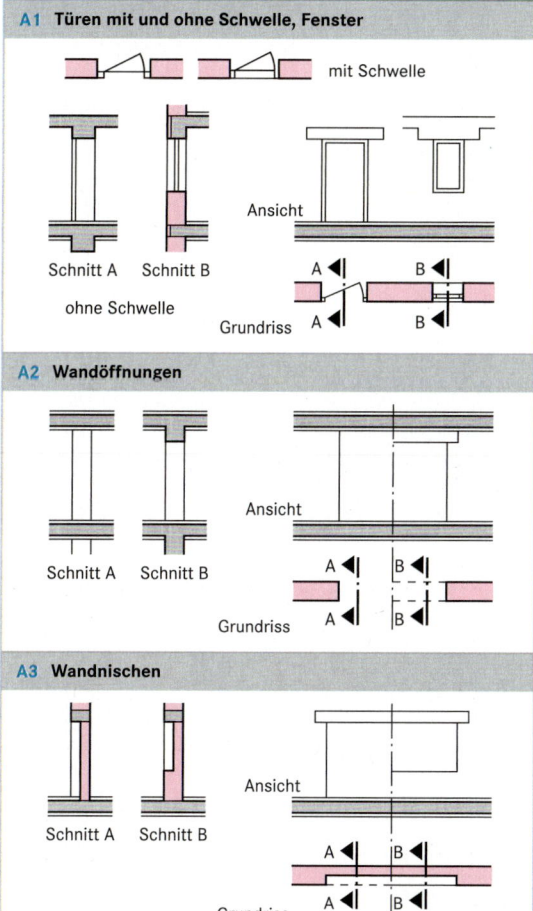

A4 Aussparungen, Schlitze   DIN 1356-1: 95

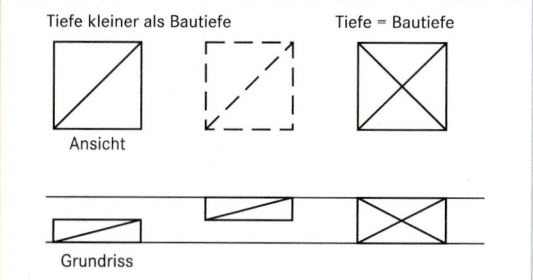

T4 Mindest-Schlitzquerschnitte

Breite x Tiefe in mm
d = Mindest-Rohwanddicke, $t = d + 20$ mm

Breite x Tiefe in mm
d = Mindest-Rohwanddicke, $t = d + 20$ mm

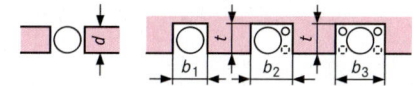

NW	Muffenlose Rohre				Rohre mit Muffen und dergleichen			
mm	d	b_1	b_2	b_3	d	b_1	b_2	b_3
50	65	90	150	210	92	115	175	235
70	85	110	170	230	116	140	200	260
100	115	140	200	260	150	170	230	290
125	140	165	225	285	177	200	260	320
150	170	190	250	310	206	225	285	345
200	220	240	300	360	266	275	335	395

Aussparungen in Decken   ISO 2594: 72

Für die Darstellung von Decken werden zwei Verfahren angewendet. Im Werkplan des Architekten wird die Decke mit dem darüber liegenden Geschoss in der Draufsicht dargestellt → **A5**.

In Schalungs- und Bewehrungsplänen wird die Deckenunterschicht gespiegelt mit dem darunter liegenden Geschoss dargestellt → **A6**.

A5 Typ A: Werkplan des Architekten (direkte Projektion)

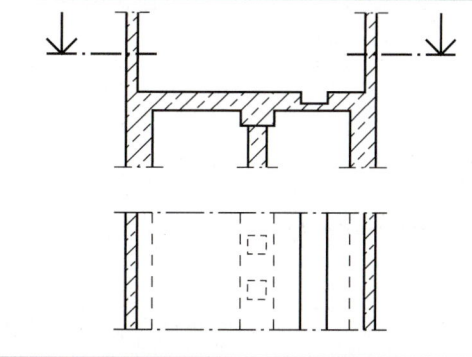

A6 Typ B: Tragwerksplan (gespiegelte Projektion)

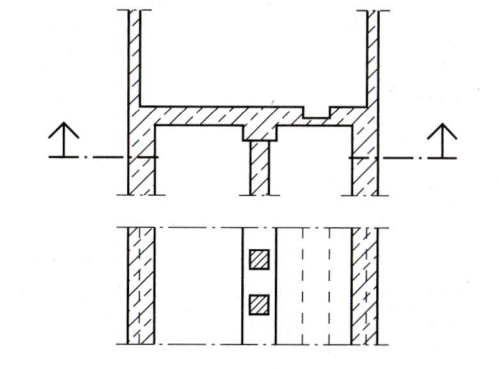

Bauzeichnen

Darstellung von Lüftungs-, Abgas- und Rauchleitungen
Representation of vent lines, vent connectors and smoke lines

A1 Lüftung mit Ventilatoren
DIN 18017-3: 09

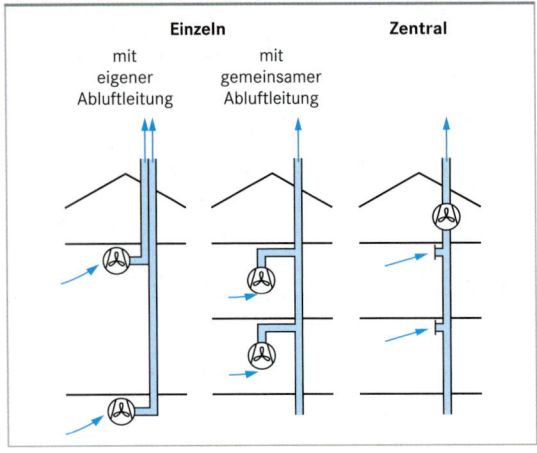

A2 Schornsteine (Rohre) für Abgas und Rauch

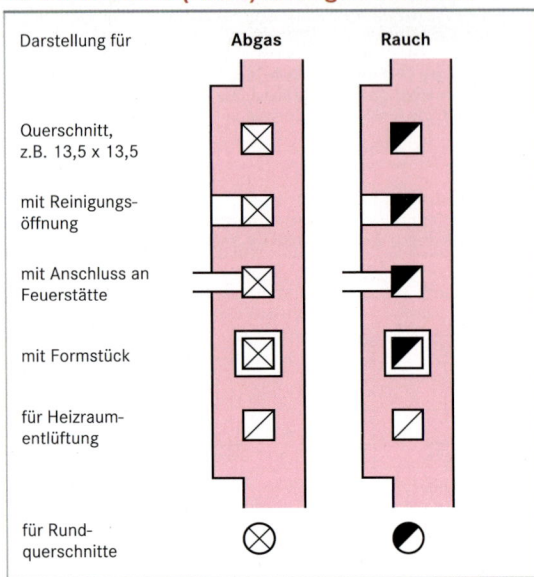

Sinnbilder in der Ramlufttechnik
Conventional signs in room ventilation technique
DIN EN 12792:04

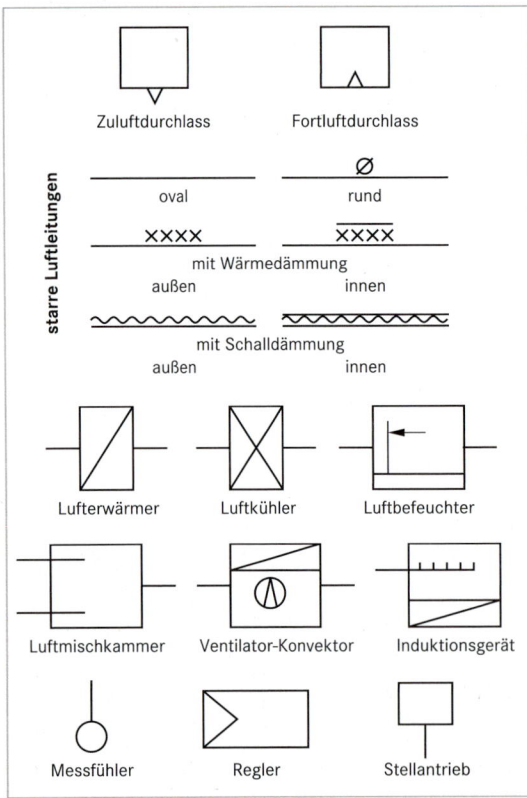

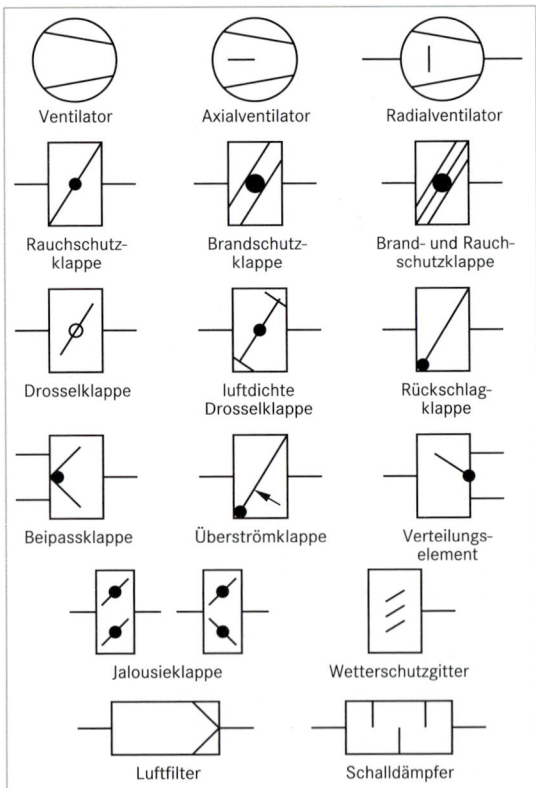

366

Bauzeichnen

Hausanschlussraum
DIN 18 012: 08

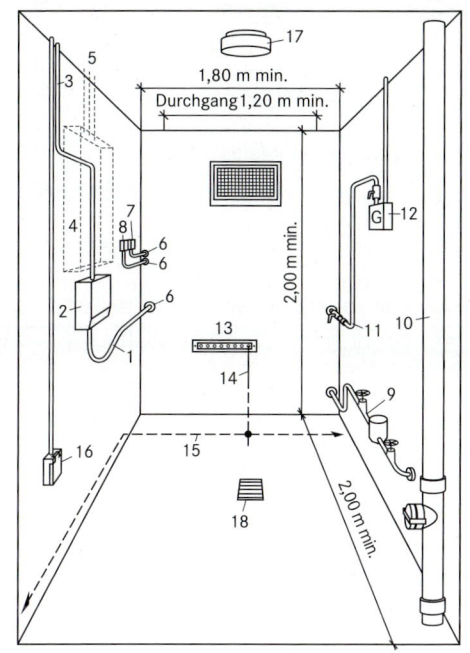

1 Hauseinführungsleitung für Strom

2 Strom-Hausanschlusskasten mit Hausanschlusssicherungen

3 Strom-Hauptleitung

4 gegebenenfalls Zählerplätze

5 Verbindungsleitung zum Stromkreisverteiler

6 Hauseinführung

7 APL – Abschlusspunkt für Telekommunikationsanlagen

8 HÜP – Hausübergabepunkt für Breitbandkommunikationsanlagen

9 Anschlussleitung für Trinkwasser mit Wasserzähler

10 Entwässerung

11 Anschlussleitung für Gasversorgung mit Hauptabsperreinrichtung zum Gasrohr

12 Gaszähler

13 Haupterdungsschiene (Potentialausgleichsschiene)

14 Erdungsleiter

15 Fundamenterder

16 Schutzkontaktsteckdose

17 Leuchte

18 Bodenablauf

Abstandsmaße bei Anschlusseinrichtungen

Höhe Oberkante über Fußboden	≤ 1,5 m
Höhe Unterkante über Fußboden	≥ 0,3 m
zu seitlichen Wänden	≥ 0,3 m

Anforderungen an den Hausanschlussraum

Einrichtungen für Strom und Fernmeldeeinrichtungen nicht an der gleichen Seitenwand des Raumes wie Wasser, Gas und Fernwärme.

Tür ≥ 0,875 m breit und ≥ 2,00 m hoch, abschließbar, Entwässerungsmöglichkeit (Bodenablauf).

Lüftung direkt ins Freie.

Anschlussfahne des Fundamenterders mit Potentialausgleichsschiene anordnen.

Freie **Durchgangshöhe** unter Leitungen ≥ 1,80 m.

Schutz- und Arbeitsabstand zwischen Leitungen und Einrichtungen der Versorgungsträger ≥ 0,30 m.

Fest installierte schaltbare Beleuchtung und Schutzkontaktsteckdose.

Zählernischen
DIN 18 013: 10

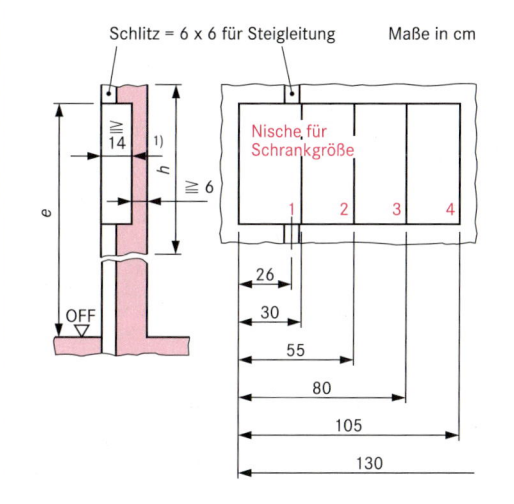

Nischen für Elektrizitätszähler allein,
e = 1,80 m
h = 975, 1125, 1275 oder 1425 mm

Nischen für Gaszähler NB3 und NB6, auch für Elt- und Gaszähler gemeinsam

Zähler	An-zahl der Zäh-ler	Zähleranordnung			
		übereinander		nebeneinander	
		b ≥ cm	h ≥ cm	b ≥ cm	h ≥ cm
für Gas allein	1	60	65	60	65
	2	65	130	95	65
	3	70	195	130	65
für Elt und Gas	1 + 1	130	60	90	65

Heizungs-Leitungen (→ Rohrleitungen, Sinnbilder ●)

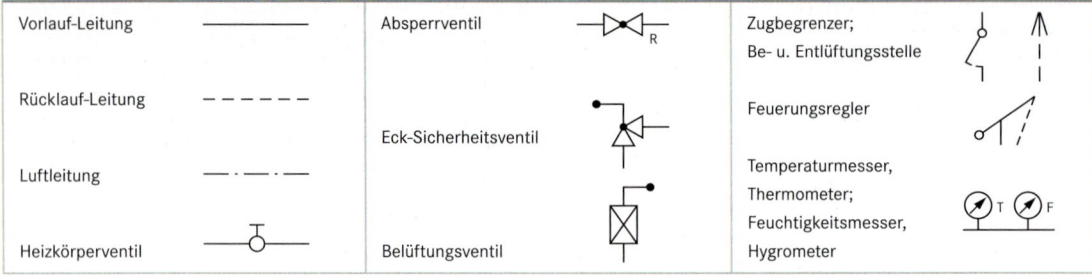

Vorlauf-Leitung	Absperrventil	Zugbegrenzer; Be- u. Entlüftungsstelle
Rücklauf-Leitung	Eck-Sicherheitsventil	Feuerungsregler
Luftleitung		Temperaturmesser, Thermometer;
Heizkörperventil	Belüftungsventil	Feuchtigkeitsmesser, Hygrometer

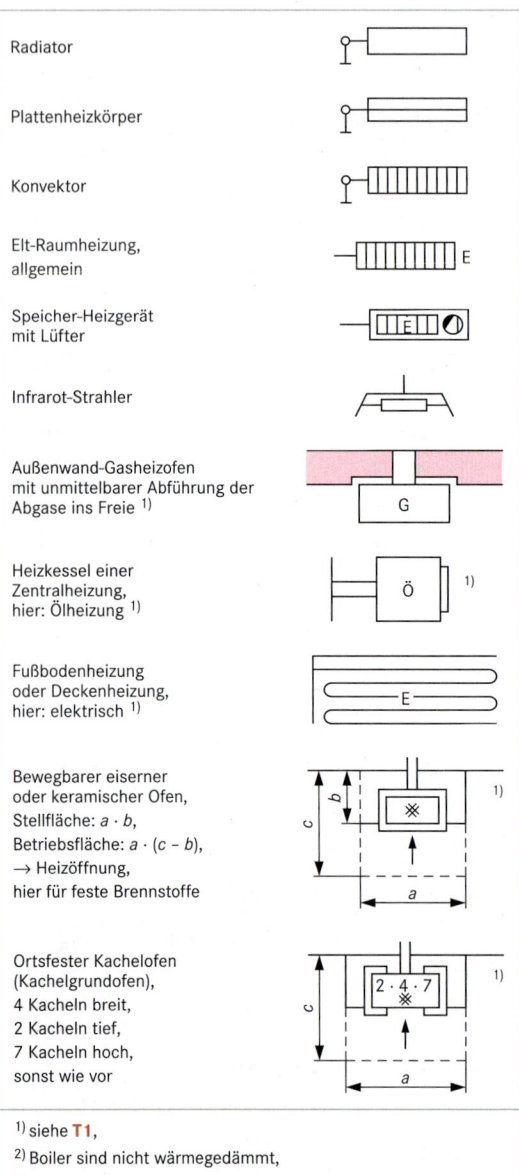

Radiator

Plattenheizkörper

Konvektor

Elt-Raumheizung, allgemein

Speicher-Heizgerät mit Lüfter

Infrarot-Strahler

Außenwand-Gasheizofen mit unmittelbarer Abführung der Abgase ins Freie [1]

Heizkessel einer Zentralheizung, hier: Ölheizung [1]

Fußbodenheizung oder Deckenheizung, hier: elektrisch [1]

Bewegbarer eiserner oder keramischer Ofen, Stellfläche: $a \cdot b$, Betriebsfläche: $a \cdot (c - b)$, → Heizöffnung, hier für feste Brennstoffe

Ortsfester Kachelofen (Kachelgrundofen), 4 Kacheln breit, 2 Kacheln tief, 7 Kacheln hoch, sonst wie vor

[1] siehe **T1**,
[2] Boiler sind nicht wärmegedämmt,
[3] Speicher sind wärmegedämmt.

Abmessungen der Warmwasserbereiter

Energie	Geräteart	Inhalt oder Leistung	b cm	l cm	h cm
Elektro	Boiler [2]	$5\,l$	25	25	40
	Speicher [3] nach DIN 44 902	$15\,l$	35	35	75
		$30\,l$	40	40	110
		$80\,l$	50	50	120
	Badeboiler [2]	$80\,l$	40	40	110
	Durchlauf-erhitzer	$8 \ldots 11\,l/min$	25	25	65
Gas	Durchlaufer-hitzer nach DIN 3368-4	$5\,l/min$	35	30	65
		$13 \ldots 16\,l/min$	50	30	140

Links-Rechts-Bezeichnungen bei Sanitärobjekten
DIN 107: 74

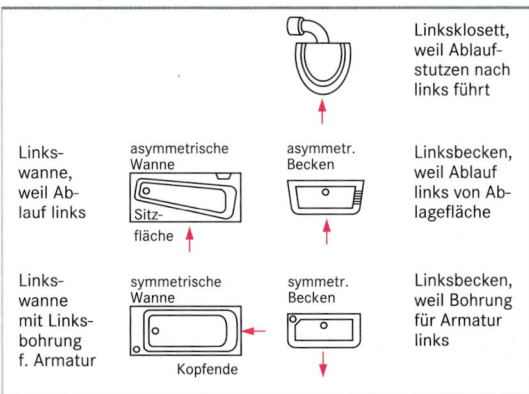

Linksklosett, weil Ablaufstutzen nach links führt

Links-wanne, weil Ablauf links — asymmetrische Wanne (Sitzfläche)

asymmetr. Becken — Linksbecken, weil Ablauf links von Ablagefläche

Links-wanne mit Linksbohrung f. Armatur — symmetrische Wanne (Kopfende)

symmetr. Becken — Linksbecken, weil Bohrung für Armatur links

T1 Die Energie- bzw. Brennstoffart wird in den Normen unterschiedlich gekennzeichnet:

meist:	K	Ö	G	D	E
auch:	✕	◊◊		⌢	⚡
für:	feste Brenn-stoffe	Öl	Gas	Dampf	Elektri-zität

Bauzeichnen

Rohrleitungen werden, der Pausfähigkeit der Zeichnungen wegen, meist schwarz gekennzeichnet.

Farbige Darstellung → **T1, T2, T3**

Allgemeine Sinnbilder[1] in allen Rohrleitungsplänen gebräuchlich:

Rohr allgemein

Schlauch

Rohr mit Mantelrohr

Rippenrohr

Rohr gedämmt

Werkstoffwechsel

Flanschpaar

Schraubverbindung Gewindemuffe

Klammerflanschpaar

Kupplung

Einsteckmuffe

Schweiß- und Lötverbindung

Eingeschweißte Armatur (hier Absperr.)

Rohrgleitlager

– mit Führung

– auf Rollen

– auf Kugeln

– stehend

– hängend

– federnd hängend

– federnd gestützt

– Ausgleichsunterstützung

Festpunkt

Durchgang durch Wand
- mit Spiel
- abgedichtet
- Schutzrohr

Kreuzung zweier Leitungen
- ohne Verbindung
- mit Verbindung
- Abzweigung

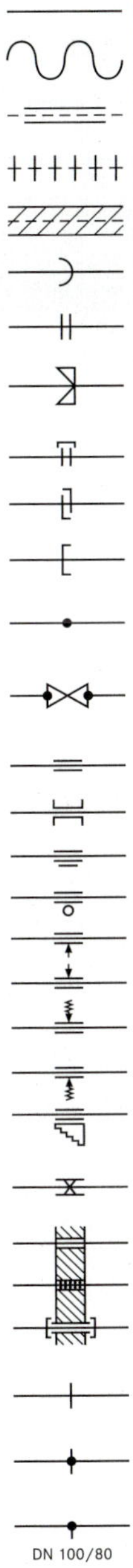

DN 100/80

[1] Die in mehreren (aber nicht allen) Planarten angewendeten Sinnbilder wurden auf dieser und der folgenden Seite nur einmal dargestellt.

T1 Allgemeine Kennzeichnung nach DIN 2403: 07

Wasser	grün
Wasserdampf	rot
Luft	grau
Brennbare Gase	gelb
Säuren	orange
Laugen	violett
Brennbare Flüssigkeiten	braun
Sauerstoff	blau

T2 Heizungs-Rohrleitungen nach DIN 2404: 42

Niederdruckdampf		orange
Kondenswasser		hellgrün
Warmwasserheizung	Vorlauf	rot
	Rücklauf	blau
Warmwasserversorgung	Vorlauf	karminrot
	Rücklauf	violett
Kaltwasserleitung		hellblau
Luftleitung		braun

T3 Lüftungskanäle nach DIN 1946-6: 98 (Lüftungsanlagen)

Außenluft	grün	Abluft	gelb
Zuluft	violett	Umluft	orange

Formstücke für Druckrohrleitungen aus Kunststoffen

DIN 16 450: 94

Benennung	Sinnbilder und Kurzzeichen für	
	Rohre mit Steckmuffe	Rohre mit Klebmuffe
Überschiebemuffe	U-KS	
Doppelmuffe	MM-KS	MM-KK
– mit Flanschstutzen	MMA-KS	
– mit Muffenstützen	MMB-KS	MMB-KK
– mit Innengewindestutzen	MMI-KS	MMI-KK
– mit Übergangsstück	MMR-KS	MMR-KK
Flanschmuffenstück	E-KS	E-KK
Einflanschstück	F-KS	F-KK
Anpressflansch	AF-KS	
90° 45° 30° 22,5° 11,25° — Muffenbogen	MK-KS	MK-KK
Doppelmuffenbogen	MMK-KS	MMK-KK

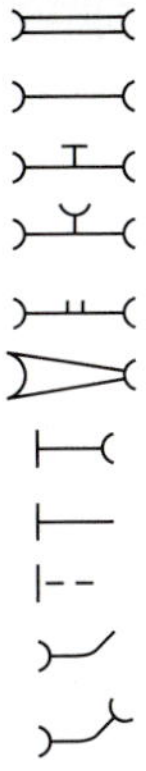

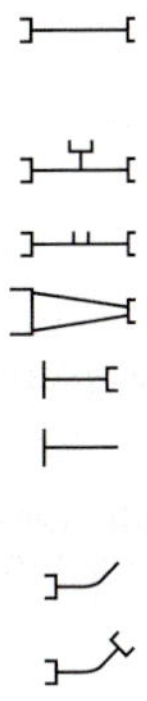

KS = Kunststoff-Steckmuffe, KK = Kunststoff-Klebmuffe

Reduzierung	Eckhahn	
Absperrorgan allgemein	Dreiweghahn	
Absperrschieber	Vierweghahn allgemein	
Quetscharmatur, Schlauchklemme	Rückschlagventil	
Verschlussboden geschweißt, gesteckt, geschraubt	Absperrklappe	
gesperrter Durchfluss	Brandschutzklappe	
Berstscheibe gewölbt	Rückschlagklappe	
Absperrventil mit Sicherheitsfunktion	Be- u. Entlüftungsarmatur	
Absperrventil	Stellantrieb mit	
Absperrkegelhahn	– E-, Hydromotor, Pneumomotor	
Eckventil	– Kolben, Magnet, Durchflussstoff, Membran	
Absperrkugelhahn	– Handantrieb, Feder, Gewicht, Schwimmer	
Hahn allgemein		

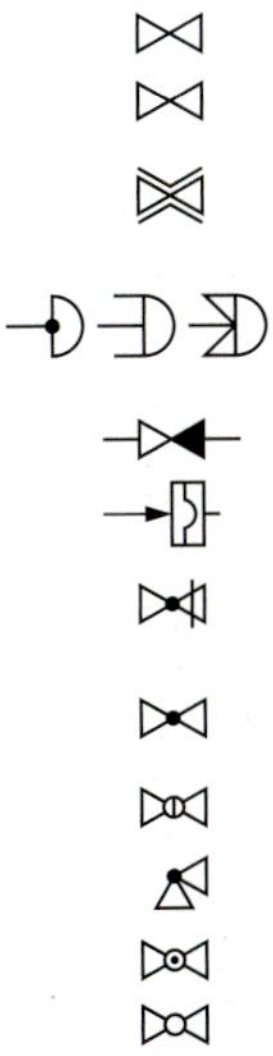

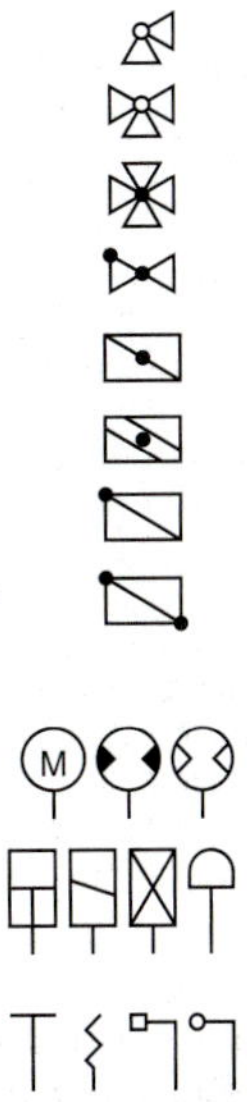

Allgemeine Sinnbilder (Fortsetzung)

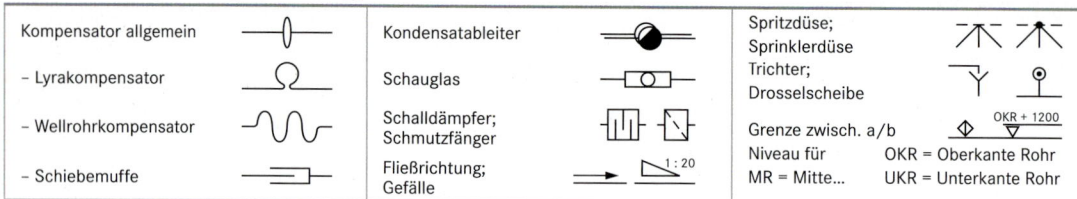

Kompensator allgemein		Kondensatableiter	Spritzdüse; Sprinklerdüse
– Lyrakompensator		Schauglas	Trichter; Drosselscheibe
– Wellrohrkompensator		Schalldämpfer; Schmutzfänger	Grenze zwisch. a/b OKR + 1200
– Schiebemuffe		Fließrichtung; Gefälle 1:20	Niveau für OKR = Oberkante Rohr MR = Mitte... UKR = Unterkante Rohr

Trinkwasserleitungen   DIN EN 806-1: 01

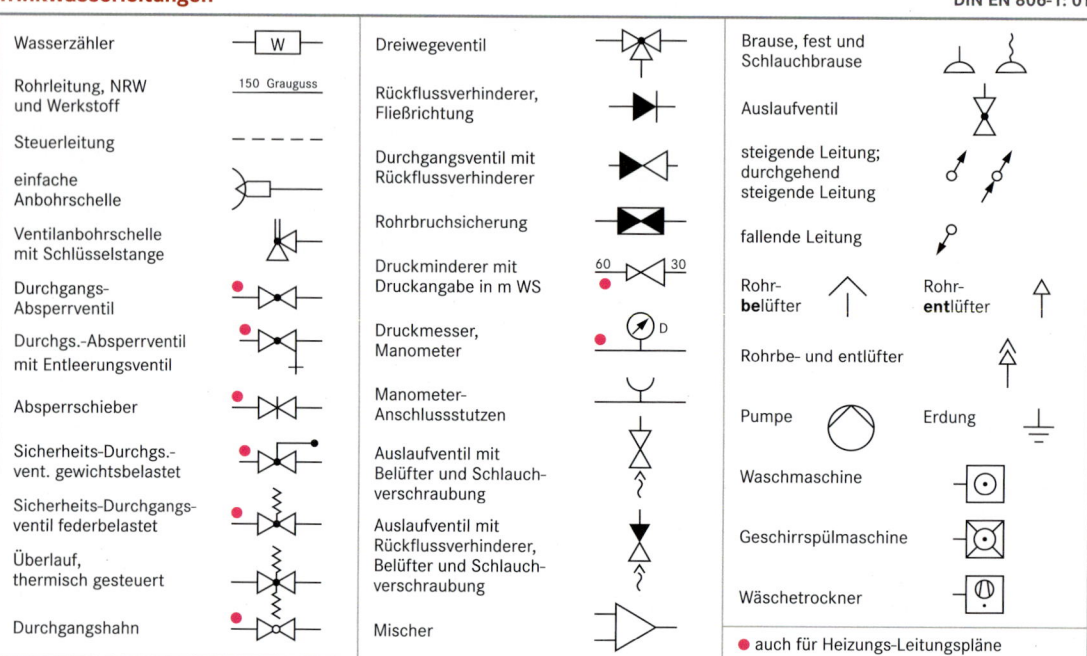

Wasserzähler — W
Rohrleitung, NRW und Werkstoff — 150 Grauguss
Steuerleitung
einfache Anbohrschelle
Ventilanbohrschelle mit Schlüsselstange
Durchgangs-Absperrventil
Durchgs.-Absperrventil mit Entleerungsventil
Absperrschieber
Sicherheits-Durchgs.-vent. gewichtsbelastet
Sicherheits-Durchgangs-ventil federbelastet
Überlauf, thermisch gesteuert
Durchgangshahn

Dreiwegeventil
Rückflussverhinderer, Fließrichtung
Durchgangsventil mit Rückflussverhinderer
Rohrbruchsicherung
Druckminderer mit Druckangabe in m WS — 60 | 30
Druckmesser, Manometer — D
Manometer-Anschlussstutzen
Auslaufventil mit Belüfter und Schlauch-verschraubung
Auslaufventil mit Rückflussverhinderer, Belüfter und Schlauch-verschraubung
Mischer

Brause, fest und Schlauchbrause
Auslaufventil
steigende Leitung; durchgehend steigende Leitung
fallende Leitung
Rohr-belüfter   Rohr-entlüfter
Rohrbe- und entlüfter
Pumpe   Erdung
Waschmaschine
Geschirrspülmaschine
Wäschetrockner

● auch für Heizungs-Leitungspläne

Abwasser-Leitungen   DIN 1986-100: 08

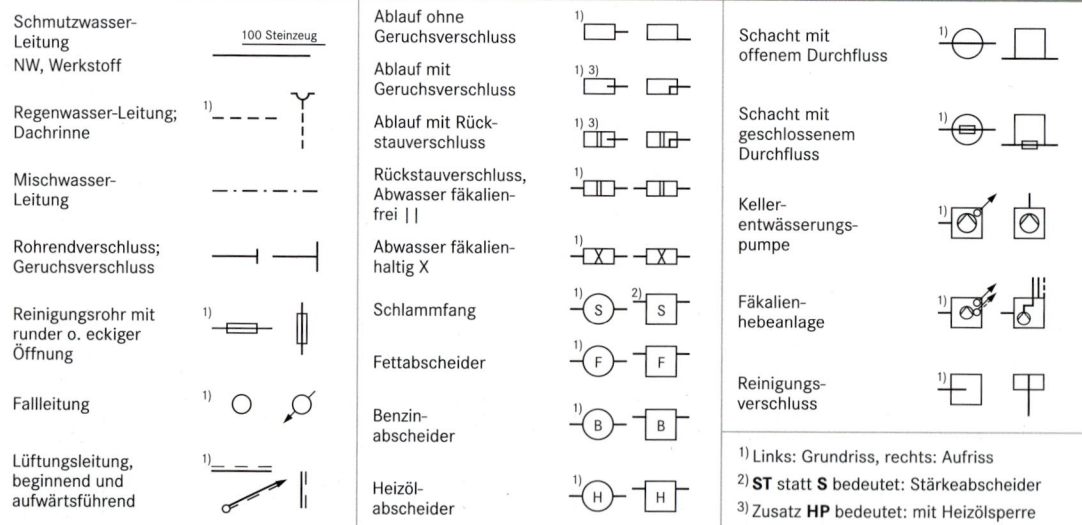

Schmutzwasser-Leitung NW, Werkstoff — 100 Steinzeug
Regenwasser-Leitung; Dachrinne [1)]
Mischwasser-Leitung
Rohrendverschluss; Geruchsverschluss
Reinigungsrohr mit runder o. eckiger Öffnung [1)]
Fallleitung [1)]
Lüftungsleitung, beginnend und aufwärtsführend [1)]

Ablauf ohne Geruchsverschluss [1)]
Ablauf mit Geruchsverschluss [1) 3)]
Ablauf mit Rück-stauverschluss [1) 3)]
Rückstauverschluss, Abwasser fäkalien-frei | | [1)]
Abwasser fäkalien-haltig X [1)]
Schlammfang [1)] S [2)] S
Fettabscheider [1)] F — F
Benzin-abscheider [1)] B — B
Heizöl-abscheider [1)] H — H

Schacht mit offenem Durchfluss [1)]
Schacht mit geschlossenem Durchfluss [1)]
Keller-entwässerungs-pumpe
Fäkalien-hebeanlage
Reinigungs-verschluss [1)]

1) Links: Grundriss, rechts: Aufriss
2) ST statt S bedeutet: Stärkeabscheider
3) Zusatz HP bedeutet: mit Heizölsperre

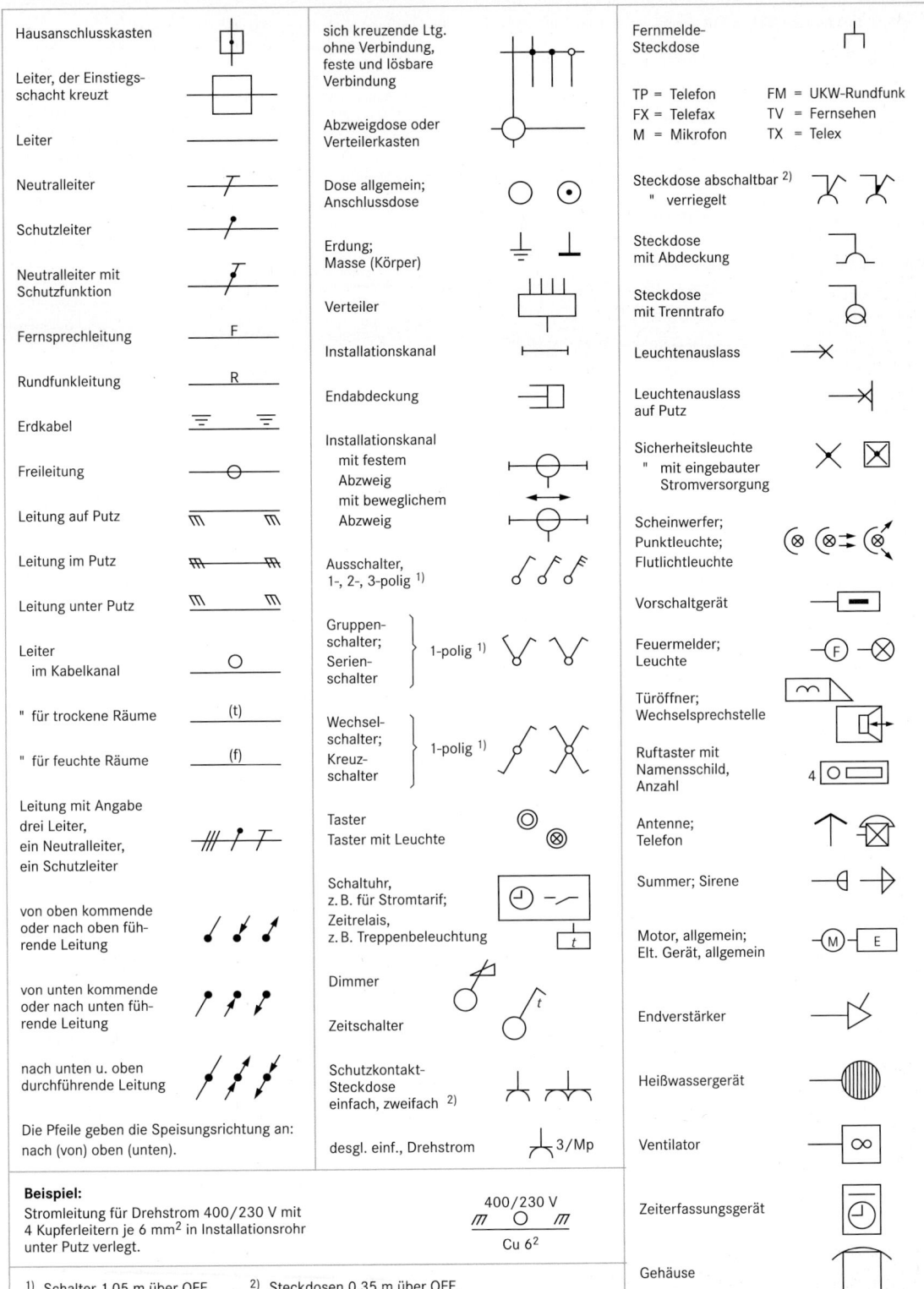

Hausanschlusskasten		sich kreuzende Ltg. ohne Verbindung, feste und lösbare Verbindung	Fernmelde-Steckdose
Leiter, der Einstiegsschacht kreuzt		Abzweigdose oder Verteilerkasten	TP = Telefon, FX = Telefax, M = Mikrofon; FM = UKW-Rundfunk, TV = Fernsehen, TX = Telex
Leiter		Dose allgemein; Anschlussdose	Steckdose abschaltbar [2], " verriegelt
Neutralleiter		Erdung; Masse (Körper)	Steckdose mit Abdeckung
Schutzleiter		Verteiler	Steckdose mit Trenntrafo
Neutralleiter mit Schutzfunktion		Installationskanal	Leuchtenauslass
Fernsprechleitung	F	Endabdeckung	Leuchtenauslass auf Putz
Rundfunkleitung	R	Installationskanal mit festem Abzweig mit beweglichem Abzweig	Sicherheitsleuchte " mit eingebauter Stromversorgung
Erdkabel			Scheinwerfer; Punktleuchte; Flutlichtleuchte
Freileitung		Ausschalter, 1-, 2-, 3-polig [1]	
Leitung auf Putz		Gruppenschalter; Serienschalter } 1-polig [1]	Vorschaltgerät
Leitung im Putz		Wechselschalter; Kreuzschalter } 1-polig [1]	Feuermelder; Leuchte
Leitung unter Putz			Türöffner; Wechselsprechstelle
Leiter im Kabelkanal		Taster; Taster mit Leuchte	Ruftaster mit Namensschild, Anzahl 4
" für trockene Räume	(t)	Schaltuhr, z. B. für Stromtarif; Zeitrelais, z. B. Treppenbeleuchtung	Antenne; Telefon
" für feuchte Räume	(f)	Dimmer	Summer; Sirene
Leitung mit Angabe drei Leiter, ein Neutralleiter, ein Schutzleiter		Zeitschalter	Motor, allgemein; Elt. Gerät, allgemein
von oben kommende oder nach oben führende Leitung		Schutzkontakt-Steckdose einfach, zweifach [2]	Endverstärker
von unten kommende oder nach unten führende Leitung		desgl. einf., Drehstrom 3/Mp	Heißwassergerät
nach unten u. oben durchführende Leitung			Ventilator
Die Pfeile geben die Speisungsrichtung an: nach (von) oben (unten).			Zeiterfassungsgerät

Beispiel:
Stromleitung für Drehstrom 400/230 V mit 4 Kupferleitern je 6 mm^2 in Installationsrohr unter Putz verlegt.

400/230 V
Cu 6^2

Gehäuse

[1] Schalter 1,05 m über OFF.   [2] Steckdosen 0,35 m über OFF.

Bauzeichnen

Mindestmaße nach DIN 18 022, die bei Planungen nicht unterschritten werden dürfen:

Stellflächen geben den Platzbedarf der Einrichtungen im Grundriss nach Breite (b) und Tiefe (t) an.

Abstände sind die Maße zwischen zwei Stellflächen sowie zwischen Stellflächen und fertiger Wandoberfläche.

Bewegungsflächen sind zur Nutzung erforderliche und durch die notwendigen Abstände sichergestellte Flächen.

Als **Abstände für Bad und WC** sind erforderlich:

zwischen Stellflächen oder Wänden und

– gegenüberliegenden Stellflächen	≥ 75 cm
– bei gegenüberliegenden Stellflächen von Waschmaschinen und Wäschetrocknern	≥ 90 cm

zwischen Stellflächen für bewegliche Einrichtungen

– und anliegenden Wänden	≥ 3 cm
zwischen Stellflächen und Türleibungen	≥ 10 cm

Bei Badewannen Abstand auf ≥ 90 cm Breite einhalten.

Bad- und WC-Einrichtungen

Bezeichnung	Darstellung	Stellfläche	
		b	t
Einzelwaschtisch		≥ 60	≥ 55
Doppelwaschtisch		≥ 120	≥ 55
Einbauwaschtisch mit 1 Becken und Unterschrank		≥ 70	≥ 60
Einbauwaschtisch mit 2 Becken und Unterschrank		≥ 140	≥ 60
Handwaschbecken		≥ 45	≥ 35
Sitzwaschbecken (Bidet) bodenstehend oder wandhängend		40	60
Duschwanne		≥ 80 (≥ 90)	≥ 80 (75)
Badewanne		≥ 170	≥ 75
Klosettbecken mit Spülkasten oder Druckspüler vor der Wand		40	75
Klosettbecken mit Spülkasten oder Druckspüler in der Wand		40	60
Urinalbecken		40	40
Waschmaschine		60	60
Wäschetrockner		60	60
Hochschrank (Unterschrank, Oberschrank)		≥ 30	≥ 40

Kücheneinrichtungen

Bezeichnung	Darstellung	Stellfläche	
		b	t
Unterschrank		30 - 150	60
Hochschrank		60	60
Oberschrank		30 - 150	≤ 40
Kühlgerät oder Kühl-Gefrier-Kombination		60	60
Gefrierschrank		60	60
Gefriertruhe		≥ 90	nach Fabrikat
Kleine Arbeitsfläche zwischen Herd und Spüle		≥ 60	60
Große Arbeitsfläche		≥ 120	60
Fläche zum Aufstellen von Küchenmaschinen		≥ 60	60
Abstellfläche neben Herd, Einbaukochstelle oder Spüle		≥ 30	60
Abstell- oder Abtropffläche neben der Spüle		≥ 60	60
Herd mit Backofen darüber Dunstabzug (Gas)		60	60
Einbaukochstelle mit Unterschrank (elektrisch)		60 - 90	60
Einbaubackofen mit Schrank		60	60
Mikrowellenherd mit Schrank		60	60
Einbeckenspüle mit Abtropffläche		≥ 90	60
Doppelbeckenspüle mit Abtropffläche		≥ 120	60
Geschirrspülmaschine		60	60
Spülzentrum (Einbeckenspüle mit Abtropffläche, Unterschrank und Geschirrspülmaschine)		≥ 90	60

Abstände in Küchen

Erforderlich sind zwischen Stellflächen und
– gegenüberliegenden Stellflächen $\geq$ 120 cm,
– gegenüberliegenden Wänden $\geq$ 120 cm,
– anliegenden Wänden $\geq$ 3 cm,
– Türleibungen $\geq$ 10 cm.

Die Anordnung von Schaltern, Steckdosen, Leuchten und Lüftungseinrichtungen sowie von Warmwasserbereitern, Heizkörpern und Rohrleitungen ist bei der Planung der Stellflächen und Beständen zu berücksichtigen.
Für Vorwand-Installationen ist der zusätzliche Platzbedarf zu beachten.

Die **Höhe** von Arbeits- und Abstellflächen, Herden und Spülen kann maximal 92 cm betragen, **allgemein üblich sind 82 oder 87 cm.** Fensterbrüstungen sind in ihrer Höhe entsprechend festzulegen.

Regelmaße

Die **Koordinierungsmaße** für Möbel und Gerät in Haushaltsküchen nach DIN EN 1116 sind in der Zeichnung **A3** rot eingetragen, sie legen die Maße für Höhen, Breiten, Tiefen und Abstände so fest, dass Möbel, Geräte, Spülen u. Dekorplatten als Elemente einer Kücheneinrichtung zueinander passen.

Beispiele für die Anordnung von Stellflächen:
A1 Zweizeilige Küche

A2 Kleinküche

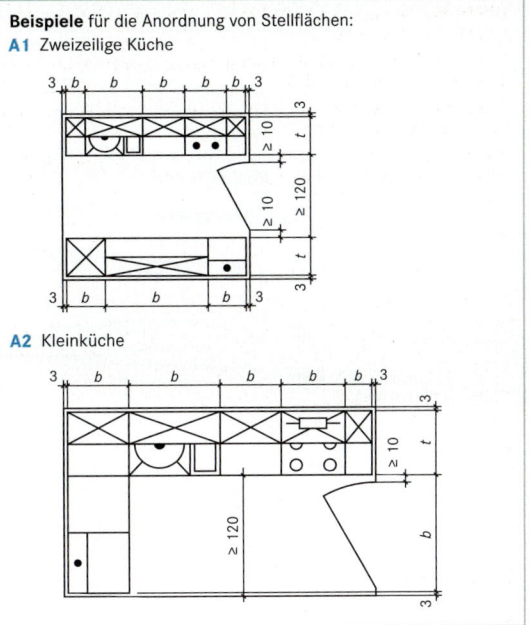

A3 Bsp. Kücheneinrichtung als Kombination von Küchenmöbeln und Küchengeräten

DIN EN 1116: 04

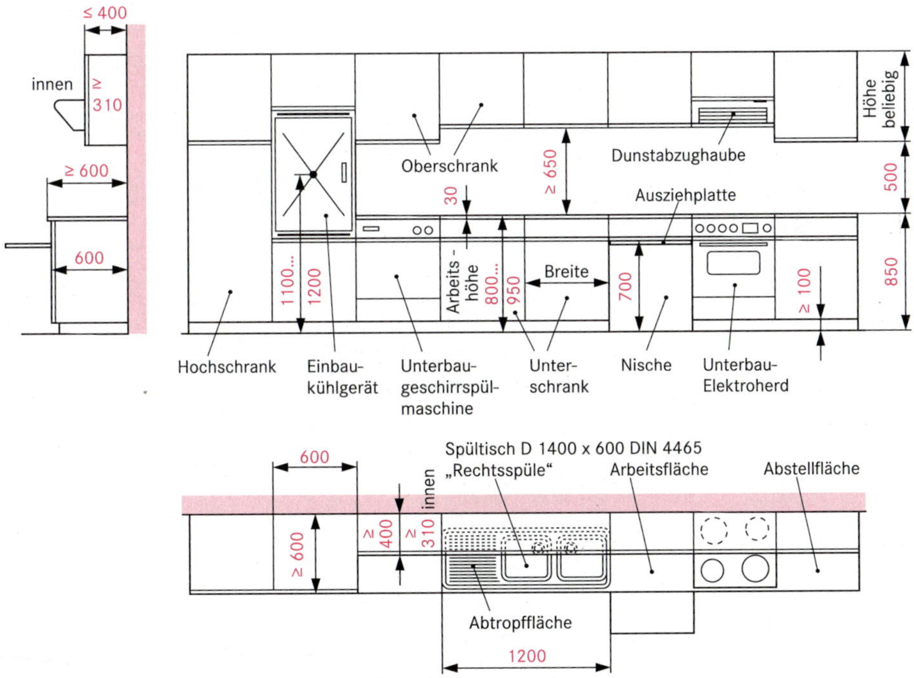

Wohnräume

Tisch	1,20 · 80	
Ausziehtisch	2,40 · 80	
Tisch, rund	Ø 1,10	
Ausziehtisch, oval	2,10 · 1,10	
Schreibtisch	1,60 · 80	
Nebentisch	60 · 80	
Stuhl	50 · 45	
Sessel	80 · 65	
Sitzbank, je Sitz	60 · 60	
Sofa	2,00 · 80	
Liege, Couch	2,00 · 1,00	
Wohnzimmer-Mehrzweckschrank	2,00 · 45	
Anbauschrank	1,00 · 45	
Bücherregal	(n · 60) · 20	
Bücherschrank	(n · 60) · 25	
Klavier	1,50 · 65	
Hocker	Ø 35	

Schlafräume und Kinderzimmer

(Liege u. Stuhl, → oben)

Kleiderschrank	2,20 · 65	
besser	2,50 · 65	
für Kind	1,10 · 65	
Bett	2,05 · 1,00	
Kinderbett	1,40 · 70	
oder	1,10 · 55	
Nachtschrank	55 · 40	
Arbeitstisch oder Kindertisch	1,00 · 60	
Kommode	1,10 · 55	
Waschtisch	1,10 · 60	
„ , einfach	80 · 60	

Gangbreiten

zwischen Stellfläche und Stellfläche bzw. Wand $\geq$ 70 cm,
am Essplatz, hinter Stühlen, zur Wand $\geq$ 30 cm,
im Eingangsflur $\geq$ 130 cm, im Nebenflur $\geq$ 90 cm.
Spielfläche im Kinderzimmer mind. 1,20 · 1,80 m.

Mindestabstände

zwischen Möbelstellfläche und Rohbauwand $\geq$ 5 cm,
zwischen Möbelstellfläche und Fensterleibung
für Möbel,
die höher als die Brüstung sind $\geq$ 15 cm,
die höher als d. Brüstung in Küchen sind $\geq$ 10 cm,
zwischen Möbelstellfläche und Türbekleidung $\geq$ 10 cm,
desgleichen an der Elt-Schalter-Seite $\geq$ 20 cm.

Mindestflächen

Wohnzimmer ohne Essplatz $\geq$ 18 m^2,

Wohnzimmer mit Essplatz

in Wohnungen für 4 Personen $\geq$ 20 m^2,
5 Personen $\geq$ 22 m^2,
6 Personen $\geq$ 24 m^2,

Abstellraum in Geschosswohnung

für Reinigungsgeräte ($\geq$ 75 cm breit) $\geq$ 1 m^2,
Nische ($\geq$ 30 cm tief) $\geq$ 0,25 m^2,
oder Schrank 50 cm · 60 cm
Erwünscht sind 2 % der Wohnfläche und
zusätzlich Hängeböden.

Im **Flur** ist eine $\geq$ 1 m breite Kleiderablage.

Loggien und Balkone, die als Sitzplatz genutzt werden sollen:
$\geq$ 3 m^2 Grundfläche u. $\geq$ 1,5 m Tiefe.

Hat die **Wohnung kein Kinderzimmer**, so ist im Elternschlaf-
zimmer die Stellfläche eines Kinderbettes von 1,10 m · 0,55 m
anzuordnen.

Einrichtungsbeispiel

In mehrfarbigen Darstellungen
Möbelinnbilder hellbraun zeichnen
oder anlegen

Beispiel für das Ermitteln der Grund-
rissflächen von Räumen aus den
Mindeststellflächen der Einrichtungsgegenstände und den gewählten
Bewegungsflächen und Abständen.

Beispiel für Achsbemaßung an
der Fensterseite, für Pfeiler- und
Öffnungsmaße an der Türseite.

A ≙ 7 cm hoher Schlitz zwischen
Unterkante Fensterbank und Oberfläche Tischplatte als Luftauslass.

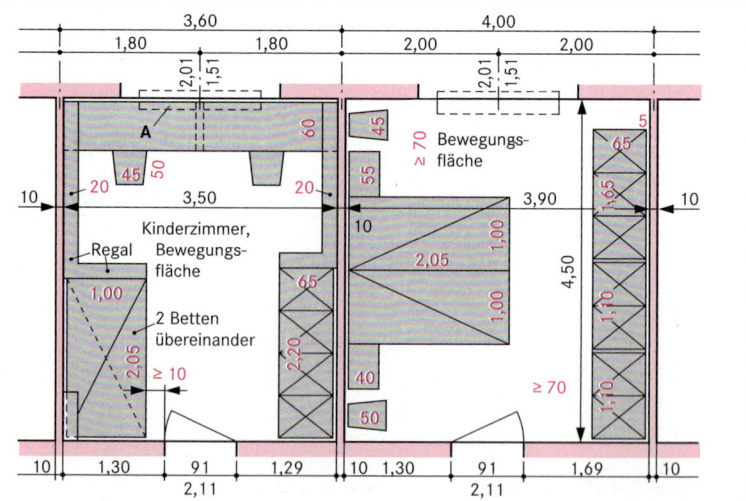

Grundflächen
DIN 277: 05

in lotrechter Projektion auf eine waagerechte Ebene in m^2.

Fläche des Baugrundstückes: FBG = BF + UBF

Bebaute Fläche: BF

Von Hochbauten bedeckt

Unbebaute Fläche: UBF

Brutto-Grundfläche: BGF = KGF + NGF

Summe der Grundflächen (Geschossflächen) eines Bauwerks mit Nutzungen und deren umschließende Bauteile in Fußbodenhöhe. Nicht dazu gehören Flächen ausschließlich zur Wartung, Inspektion und Instandsetzung, z.B. fest installierte Dachleitern oder nicht nutzbare Dachflächen.

Konstruktions-Grundfläche: KGF

Summe aller begrenzenden Bauteile, Wände (einschließlich Fenster- und Türöffnungen), Nischen, Pfeiler, Stützen, Lichtschächte, Schornsteine usw.

Netto-Grundfläche: NGF = VF + TF + NF

Nutzbare Grundfläche zwischen den begrenzenden Flächen (meist Wänden), errechnet aus den lichten Fertigmaßen in Fußbodenhöhe, wobei Sockel-, Fuß- und Scheuerleisten oder Ähnliches unberücksichtigt bleiben. Getrennt ermittelt werden (auch bei BGF):

a) GF, allseitig umschlossen und überdeckt.
b) GF, nicht allseitig in voller Höhe umschlossen, aber überdeckt (Freisitze).
c) GF, von Geländer, Brüstung oder Attika umschlossen, nicht überdeckt (z.T. Balkone).

Verkehrsflächen: VF

z.B. Treppenräume, Dielen, Flure, Rampen, Aufzugschächte, Rolltreppen und Ähnliches.

Technische Funktionsfläche: TF

Technische Anlagen, z.B. Heizungs-, Lüftungs-, Wasserversorgungs- und Entsorgungsanlagen.

Nutzfläche: NF

Grundflächen werden in Nutzungsgruppen eingeteilt:
– Wohnen und Aufenthalt
– Büroarbeit
– Produktion, Hand- und Maschinenarbeit
– Lagern, Verteilen, Verkaufen
– Bildung, Unterricht, Kultur
– Heilen und Pflegen
– Sonstige Nutzflächen

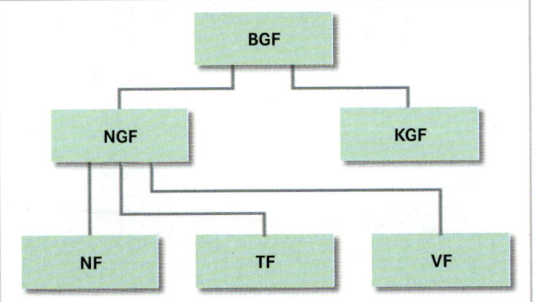

Rauminhalte
DIN 277: 05

Sie werden in m^3 angegeben und aus den Grundflächen und den zugehörigen Höhen errechnet.
Wie bei den Grundflächen sind Räume mit unterschiedlicher Umschließung und Überdeckung getrennt zu erfassen.
Als anzunehmende Höhe gilt beim untersten Geschoss (z.B. beim Keller) die Raumhöhe plus Bodenplatte und Decke. Bei den übrigen Geschossen gilt Raumhöhe plus Decke.

Brutto-Rauminhalt: BRI

Der Bruttorauminhalt wird aus der NGF und dem senkrechten Abstand zwischen den Oberflächen des Bodenbelags der jeweiligen Grundrissebene bzw. bei Dächern der Oberfläche des Dachbelages ermittelt. Er wird vor allem zum Schätzen der Baukosten benötigt.
Konstruktive und gestalterische Vor- und Rücksprünge sowie untergeordnete Bauteile, wie z.B. Kellerlichtschächte, Außentreppen, Eingangsüberdachungen, Dachüberstände, Dachgauben und Lichtkuppeln, bleiben unberücksichtigt.
Bei nicht überdachten, aber von einem Geländer, einer Brüstung oder Attika umschlossenen Bereichen gilt als Höhe die Geländer- bzw. Brüstungshöhe.

Netto-Rauminhalt: NRI

Er wird aus den Lichtmaßen zwischen den inneren Begrenzungsflächen errechnet und dient vor allem zur Beurteilung der Nutzbarkeit des Gebäudes.

Wohnflächen
WoFIV: 03

Sie werden nach der Wohnflächenverordnung (WoFIV) berechnet.

Zur Wohnfläche gehören alle Räume einer Wohnung einschließlich Wintergärten, Balkonen, Loggien, Dachgärten und Terrassen.

Nicht zur Wohnfläche gehören Kellerräume, Waschküchen, Bodenräume, Trockenräume, Heizungsräume und Garagen.

Die Grundfläche einer Wohnung wird aus den lichten Maßen der Räume ermittelt. Zur Grundfläche gehören z.B. Türbekleidungen, Fußleisten, Öfen, Badewannen, Einbaumöbel und versetzbare Raumteiler.
Nicht berücksichtigt werden z.B. Schornsteine, Pfeiler, Säulen, Treppen mit mehr als drei Steigungen und Türnischen.

Bei der Berechnung der Grundfläche werden gerechnet:
– vollständig
  alle Räume und Raumteile mit lichter Höhe von mindestens zwei Metern,

– zur Hälfte
  alle Räume und Raumteile mit lichter Höhe von mindestens einem Meter und weniger als zwei Metern sowie unbeheizte Wintergärten,

– zu einem Viertel bis zur Hälfte
  Balkone, Loggien, Dachgärten und Terrassen.

Nutzungsgruppen und Räume

DIN 277-2: 05

Nutzungs-gruppe	Räume
Wohnen und Aufenthalt	Wohnräume, Gemeinschaftsräume, Pausenräume, Warteräume, Speiseräume, Hafträume
Büroarbeit	Büroräume, Großraumbüros, Besprechungsräume, Konstruktionsräume, Schalterräume, Bedienräume, Aufsichtsräume, Bürotechnikräume
Produktion, Hand- und Maschinenarbeit, Experimente	Werkhallen, Werkstätten, technologische, physikalische, physikalisch-technische, chemische, bakteriologische, morphologische Labore, Räume für Tierhaltung oder Pflanzenzucht, Küchen, Sonderarbeitsräume
Lagern, Verteilen und Verkaufen	Lagerräume, Archive, Sammlungsräume, Kühlräume, Annahme- und Ausgaberäume, Verkaufsräume, Ausstellungsräume
Bildung, Unterricht und Kultur	Unterrichtsräume mit festem Gestühl, allgemeine oder besondere Unterrichts- und Übungsräume ohne festes Gestühl, Bibliotheksräume, Sporträume, Versammlungsräume, Bühnen- oder Studioräume, Schauräume, Sakralräume
Heilen und Pflegen	Räume mit allgemeiner oder besonderer medizinischer Ausstattung, Räume für operative Eingriffe, Endoskopien und Entbindungen, Räume für Strahlendiagnostik oder Strahlentherapie, Räume für Physiotherapie und Rehabilitation, Bettenräume mit allgemeiner Ausstattung in Krankenhäusern, Pflegeheimen, Heil- und Pflegeanstalten, Bettenräume mit besonderer Ausstattung, sonstige Pflegeräume
Sonstige Nutzflächen	Sanitärräume, Garderoben, Abstellräume, Fahrzeugabstellflächen, Fahrgastflächen, Räume für zentrale Technik, Schutzräume, Sonstige Räume
Technische Anlagen	Abwasseraufbereitung und -beseitigung, Wasserversorgung, Gase, Heizung und Brauchwassererwärmung, raumlufttechnische Anlagen, elektrische Stromversorgung, Fernmeldetechnik, Aufzugs- und Förderanlagen, sonstige betriebstechnische Anlagen
Verkehrserschließung und -sicherung	Flure, Hallen, Treppen, Schächte für Förderanlagen, Fahrzeugverkehrsflächen, sonstige Verkehrsflächen

Begriffe zu Kosten im Bauwesen

DIN 276-1: 08

Begriff	Definition
Kostenplanung	Gesamtheit aller Maßnahmen der Kostenermittlung, der Kostenkontrolle und der Kostensteuerung
Kostenermittlung	Vorausberechnung der entstehenden Kosten bzw. Feststellung der tatsächlich entstandenen Kosten
Kostenvorgabe	Festlegung der Kosten als Obergrenze oder als Zielgröße für die Planung
Kostenprognose	Ermittlung der Kosten auf den Zeitpunkt der Fertigstellung
Kostenkontrolle	Vergleichen aktueller Kostenermittlungen mit Kostenvorgaben und früheren Kostenermittlungen
Kostensteuerung	Eingreifen in die Planung zur Einhaltung von Kostenvorgaben

Stufen der Kostenermittlung

DIN 276-1: 08

Kostenrahmen

Grundlage für
- die Entscheidung über die Bedarfsplanung
- grundsätzliche Wirtschaftlichkeits- und Finanzierungsüberlegungen
- die Festlegung der Kostenvorgabe

Zugrunde liegende Informationen:
- quantitative Bedarfsangaben, z. B. Raumprogramm mit Nutzeinheiten, Funktionselemente und deren Flächen
- qualitative Bedarfsangaben, z. B. bautechnische Anforderungen, Funktionsanforderungen, Ausstattungsstandards
- gegebenenfalls auch Angaben zum Standort

Innerhalb der Gesamtkosten werden mindestens die Bauwerkskosten gesondert ausgewiesen

Kostenschätzung

Grundlage für
- die Entscheidung über die Vorplanung

Zugrunde liegende Informationen:
- Ergebnisse der Vorplanung, insbesondere Planungsunterlagen, zeichnerische Darstellungen
- Berechnung der Mengen von Bezugseinheiten der Kostengruppen
- Erläuternde Angaben zu den planerischen Zusammenhängen, Vorgängen und Bedingungen
- Angaben zum Baugrundstück und zur Erschließung

Gesamtkosten nach Kostengruppen bis zur ersten Ebene der Kostengliederung

Kostenberechnung

Grundlage für
- die Entscheidung über die Ausführungsplanung und die Vorbereitung der Vergabe

Zugrunde liegende Informationen:
- Planungsunterlagen, z. B. endgültige vollständige Ausführungs-, Detail- und Konstruktionszeichnungen
- Berechnungen, z. B. für Standsicherheit, Wärmeschutz, technische Anlagen
- Berechnung der Mengen von Bezugseinheiten der Kostengruppen
- Erläuterungen zur Bauausführung, z. B. Leistungsbeschreibungen
- Zusammenstellung von Angeboten, Aufträgen und bereits entstandenen Kosten (z. B. für das Grundstück, Baunebenkosten usw.)

Gesamtkosten nach Kostengruppen bis zur dritten Ebene der Kostengliederung und nach vorgesehenen Vergabeeinheiten

Kostenfeststellung

dient
- zum Nachweis der entstandenen Kosten
- zu Vergleichen und Dokumentationen

Zugrunde liegende Informationen:
- geprüfte Abrechnungsbelege, z. B. Schlussrechnungen, Nachweise der Eigenleistungen
- Planungsunterlagen, z. B. Abrechnungsbezeichnungen
- Erläuterungen

Gesamtkosten nach Kostengruppen bis zur dritten Ebene der Kostengliederung

Bauzeichnen

Aufbau der Kostengliederung

DIN 276-1: 08

Grundlegendes	Ordnungszahl	Kostengruppe
Die Kostengliederung ist eine Ordnungsstruktur für die Darstellung von Baukosten in drei Ebenen mit einem System aus dreistelligen Ordnungszahlen. In der ersten Ebene werden die Kosten in die rechts aufgeführten Kostengruppen unterteilt. Jede Kostengruppe wird in der zweiten und dritten Ebene weiter differenziert. In der folgenden Tabelle sind alle Kostengruppen in der zweiten Ebene und die Kostengruppe 300 in der dritten Ebene aufgeführt. Die Kostengruppen 300 und 400 können zu Bauwerkskosten zusammengefasst werden.	100 200 300 400 500 600 700	Grundstück Herrichten und Erschließen Bauwerk - Baukonstruktionen Bauwerk –Technische Anlagen Außenanlagen Ausstattung und Kunstwerke Baunebenkosten

Aufbau der Kostengliederung

DIN 276-1: 08

Ordnungszahl	Kostengruppe	Ordnungszahl	Kostengruppe
100	Grundstück	360	Dächer
110	Grundstückswert	361	Dachkonstruktionen
120	Grundstücksnebenkosten	362	Dachfenster, Dachöffnungen
130	Freimachen	363	Dachbeläge
		364	Dachbekleidungen
200	Herrichten und Erschließen	369	Dächer, sonstiges
210	Herrichten	370	Baukonstruktive Einbauten
220	Öffentliche Erschließung	371	Allgemeine Einbauten
230	Nichtöffentliche Erschließung	372	Besondere Einbauten
240	Ausgleichsabgaben	379	Baukonstruktive Einbauten, sonstiges Sonstige
250	Übergansmaßnahmen	390	Maßnahmen für Baukonstruktionen
300	Bauwerk – Baukonstruktionen (in der 3. Gliederungsebene)	391	Baustelleneinrichtung
		392	Gerüste
310	Baugrube	393	Sicherungsmaßnahmen
311	Baugrubenherstellung	394	Abbruchmaßnahmen
312	Baugrubenumschließung	395	Instandsetzungen
313	Wasserhaltung	396	Materialentsorgung
319	Baugrube, sonstiges	397	Zusätzliche Maßnahmen
		398	Provisorische Baukonstruktionen
320	Gründung	399	Sonstige Maßnahmen für Baukonstruktionen, sonstiges
321	Baugrundverbesserung		
322	Flachgründungen	400	Bauwerk – Technische Anlagen
323	Tiefgründungen	410	Abwasser-, Wasser-, Gasanlagen
324	Unterböden und Bodenplatten	420	Wärmeversorgungsanlagen
325	Bodenbeläge	430	Lufttechnische Anlagen
326	Bauwerksabdichtungen	440	Starkstromanlagen
327	Dränanlagen	450	Fernmelde- und informationstechnische
329	Gründung, sonstiges	460	Analgen
		470	Förderanlagen
330	Außenwände	480	Nutzungsspezifische Anlagen
331	Tragende Außenwände	490	Gebäudeautomation
332	Nichttragende Außenwände		Sonstige Maßnahmen für technische Anlagen
333	Außenstützen		
334	Außentüren und –fenster	500	Außenanlagen
335	Außenwandbekleidungen, außen	510	Geländeflächen
336	Außenwandbekleidungen, innen	520	Befestigte Flächen
337	Elementierte Außenwände	530	Baukonstruktionen in Außenanlagen
338	Sonnenschutz	540	Technische Anlagen in Außenanlagen
339	Außenwände, sonstiges	550	Einbauten in Außenanlagen
		560	Wasserflächen
340	Innenwände	570	Pflanz- und Saatflächen
341	Tragende Innenwände	590	Sonstige Außenanlagen
342	Nichttragende Innenwände		
343	Innenstützen	600	Ausstattung und Kunstwerke
344	Innentüren und -fenster	610	Ausstattung
345	Innenwandbekleidungen	620	Kunstwerke
346	Elementierte Innenwände		
349	Innenwände, sonstiges	700	Baunebenkosten
		710	Bauherrenaufgaben
350	Decken	720	Vorbereitung der Objektplanung
351	Deckenkonstruktionen	730	Architekten- und Ingenieurleistungen
352	Deckenbeläge	740	Gutachten und Beratung
353	Deckenbekleidungen	750	Künstlerische Leistungen
359	Decken, sonstiges	760	Finanzierungskosten
		770	Allgemeine Baunebenkosten
		790	Sonstige Baunebenkosten

Bauzeichnen

Anordnung von Ansichten und Schnitten

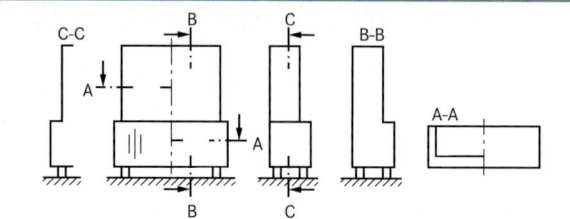

Benennung der Schnitte:

A-A: Horizontalschnitt (früher Querschnitt)

B-B: Vertikalschnitt (früher Höhenschnitt)

C-C: Frontalschnitt (früher Längsschnitt)

||| Soweit erforderlich, wird der Faserverlauf in der Holzoberfläche durch drei schmale Volllinien dargestellt.

Sinnbilder in Schnittzeichnungen

Vollholz	**Hirnholz** Schraffur etwa unter 45° (schmale Freihandlinien)		**Langholz** Schraffur parallel zur Längsrichtung	
Trägerplatten	**allgemein** weite Schraffur quer zur Längsrichtung **besondere Trägerplatten** Kurzzeichen innen und Nenndicke in mm (FPY 16)		**Mittellagen-sperrholz** (Stab-/ Stäbchen-sperrholz)	Mittellage Hirnholz (STAE 16) Mittellage Längsholz (ST 16)
Belegstoffe	**Beschich-tungen** oder **Furniere** Deck-furnier Hirnholz (AH 0,8 / FPY 19) kurze schmale Volllinie in ~1mm Abstand Deck-furnier Längsholz (AH 0,8 / FPY 19)		**Dicke Belege-platten**	Bezeichnung außen (und extra breite Umrisslinien) Glas, farbig Filzstreifen (FPY 16) mit Bezeichnung innen (evtl. Punktierung) Marmor
Beschläge	**geschnitten:** Schnittfläche eng, schwarz schraffieren, Drehpunkt kennzeichnen, Art des Beschlages durch Beschriftung angeben.		**nicht geschnitten:** nicht schraffieren, aber Drehpunkt kennzeichnen. Art des Beschlages durch Beschriftung angeben.	
Verbindungs-mittel	Verleimungen werden durch vier kurze Linien rechtwinklig zur Leimfuge dargestellt. Schraffur der kleineren Schnittfläche in gleicher Richtung, aber enger.		Schrauben und Nägel werden vereinfacht durch Angabe ihrer Mittelachse, der Maßbezeichnung und der Norm dargestellt.	Senkholzschraube DIN 97-4x30St Furnier-platte
Oberflächen-güte	schleifen 180 fräsen schleifen 180		Acryl-Lack 140 g/m² sägen	

Stufenarten und -maße

A1 Geschlossene Treppe aus Plattenstufen

Trittkante · Trittfläche · Stoßfläche · Trittstufe · Setzstufe · Steigung s · Stufendicke d · Auftritt a · u Unterschneidung

$\dfrac{s}{a}$ = Steigungsverhältnis

$2\,s + a = 59...65$ cm (= Schrittmaß)

A2 Offene Treppe aus Plattenstufen

s · a · u · d · b · lichter Stufenabstand · Stufenbreite

A3 Länge x Breite einer linken Wendelstufe

b Stufenbreite · l Stufenlänge

A4 Blockstufen

s · a · h · b

A5 Dreieckstufen, Keilstufen
ähnlich: Fertig-Treppenläufe

b · a · s · h

A6 L-Stufen

a · s · h · d · b · Stufenkeil

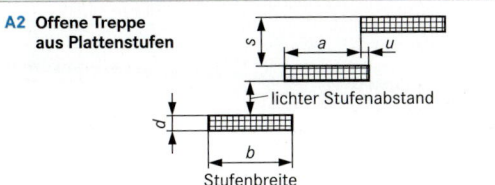
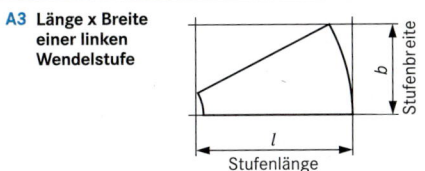
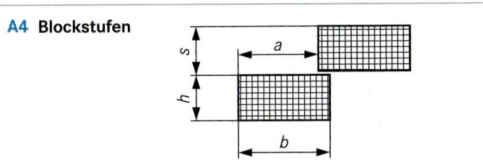
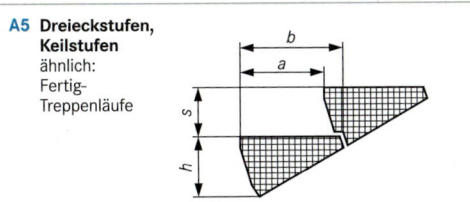
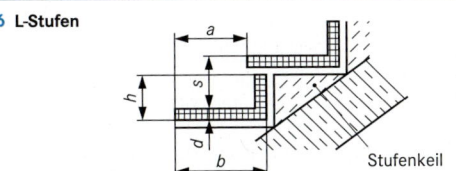

Toleranzen

Toleranzen der Lage der Stufenvorderkanten: Das Istmaß von Treppensteigung s und Treppenauftritt a innerhalb eines (fertigen) Treppenlaufs darf gegenüber dem Nennmaß (Sollmaß) um nicht mehr als 0,5 cm abweichen.

Für Treppen in Wohngebäuden mit höchstens zwei Wohnungen darf das Istmaß der Steigung der Antrittsstufe höchstens um 1,5 cm vom Nennmaß abweichen.

Weiteres siehe DIN 18 065: 11.

Steigungsverhältnisse

A7 Treppenneigungen und Steigungsverhältnisse

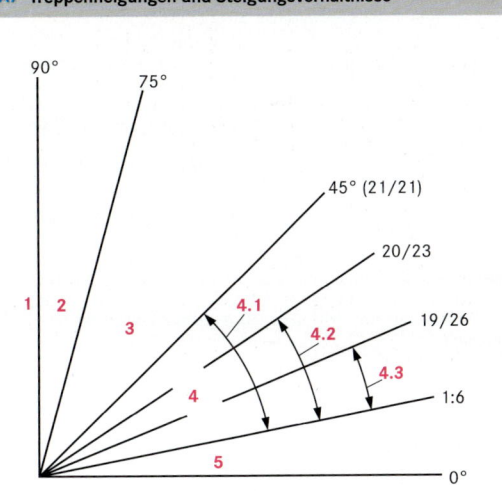

90° · 75° · 45° (21/21) · 20/23 · 19/26 · 1:6 · 0°

1 · 2 · 3 · 4.1 · 4.2 · 4.3 · 4 · 5

1 Steigeisen

2 Leitern

3 Leitertreppen

4 Treppen

4.1 Keller- und Bodentreppen, die nicht zu Aufenthaltsräumen führen, sowie baurechtlich nicht notwendige (zusätzliche) Treppen.

4.2 Baurechtlich notwendige Treppen, die zu Aufenthaltsräumen führen, für Wohngebäude mit nicht mehr als zwei Wohnungen.

4.3 Baurechtlich notwendige Treppen in sonstigen Gebäuden.

Das **Steigungsverhältnis** einer Treppe wird als das Verhältnis der Maße für **Steigung s** und **Auftritt a**, gemessen in cm, bestimmt; es soll sich in der Lauflinie der Treppe nicht ändern.

Wie aus den Abb. **A1** bis **A6** hervorgeht, ist die **Auftrittsbreite a die nutzbare Stufenbreite** und meist breiter als die wirkliche Stufenbreite. Der Unterschied wird als **Unterschneidung** und früher Untertritt bezeichnet. Offene Treppen, wie **A2**, sind um mindestens 3 cm, geschlossene Treppen nach Fußnoten [4] und [5] bei **T2**, S. 381 zu unterschneiden.

Errechnen des Steigungsverhältnisses s/a:

Nach der **Schrittmaßregel**:

$2\,s + a = 59$ bis 65 cm   meist 63 cm.

Nach der **Sicherheitsregel**:

$a + s = 46$ cm

Nach der **Bequemlichkeitsregel**:

$a - s = 12$ cm   ideales $a/s = 29/17$

Bauzeichnen

Begriffe

Gehbereich, → **A2**, seine Begrenzungslinien haben keine Knickpunkte, Krümmungsradien sind ≥ 30 cm.

Lauflinie: Sie liegt im Gehbereich, im geraden Treppenlauf in der Mitte, im gewendelten ohne Knickpunkt mit ≥ 30 cm Krümmungsradius. An der Lauflinie wird der **Auftritt** gemessen. Im Bereich der Krümmung ist er gleich der Sehne zwischen den Schnittpunkten der Lauflinie mit den Stufenvorderkanten.

Zwischenpodest ist nach 18 Stufen erforderlich. Die nutzbare Podesttiefe muss mindestens der nutzbaren Treppenlaufbreite entsprechen.

Wendelstufen in Wohngebäuden mit ≤ 2 Wohnungen müssen am schmalen Ende 15 cm vom Ende der nutzbaren Laufbreite, **≥ 10 cm Mindestauftritt** haben. Das gilt nicht für Spindeltreppen.
Für das **Verziehen** von Wendeltreppen wird in DIN 18 065 auf die „handwerklichen Verziehverfahren" hingewiesen.

Geländer müssen ≥ 0,90 m, bei Absturzhöhen ≥ 12 m 1,10 m hoch sein, gemessen über Stufenvorderkante oder Podestoberfläche, gilt nicht für Treppenaugen mit Ø ≤ 20 cm. Muss mit Anwesenheit von Kindern gerechnet werden, dann Abstand zwischen Geländerteilen ≤ 12 cm und keinen „Leitereffekt" für Überklettern entstehen lassen.
Gilt für das Gebäude die Arbeitsstättenverordnung, muss das Geländer ≥ 1,00 m sein.

Handläufe, ≥ 80 cm, ≤ 1,15 m hoch, gemessen über Stufenoberkante bis Oberkante Handlauf, lichter Abstand zu benachbarten Bauteilen, z. B. der Wand, ≥ 5 cm.

Links-, Rechtstreppen: Liegt beim Hinaufsteigen die freie Geländerseite (die Frei- oder Lichtwange) rechts, bzw. dreht man sich dabei auf einer gewendelten Treppe nach rechts, dann ist es eine Rechtstreppe. Liegt ein Geländer beim Aufwärtsgehen rechts, ist es ein Rechtsgeländer.

Benennungen (Auswahl)

○──▷ Lauflinie, Pfeil zeigt aufwärts.

Rampe, mit Angabe der Steigung in %.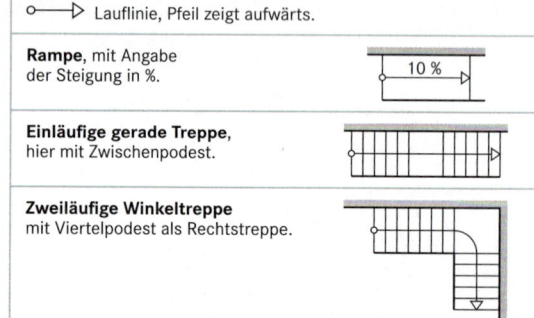

Einläufige gerade Treppe, hier mit Zwischenpodest.

Zweiläufige Winkeltreppe mit Viertelpodest als Rechtstreppe.

Zweiläufige U-Treppe mit Halbpodest

Dreiläufige, zweimal abgewinkelte Treppe mit Zwischenpodesten als Linkstreppe.

Einläufige Bogentreppe mit rechteckiger Treppenumfassung als Rechtstreppe.

Einläufige Wendeltreppe mit Treppenauge als Rechtstreppe. **Spindeltreppe**, wenn das Auge zur Spindel verengt mit Ø ≈ 15 bis 25 cm.

Einläufige, im An- und Austritt **viertelgewendelte Treppe**, als Rechtstreppe.

A1 Treppenmaße

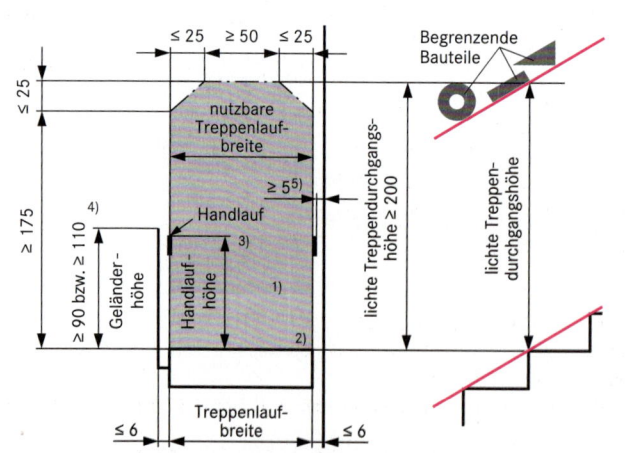

1) Lichtraumprofil

2) Unten darf das Lichtraumprofil durch die Treppenwangen in der Höhe um ≤ 15 cm und in der Breite um ≤ 2 x 10 cm eingeschränkt werden.

3) Das Lichtraumprofil wird durch die Innenkanten der Handläufe begrenzt.

4) Die jeweils kleinere Geländer- bzw. Handlaufhöhe gilt für Wohngebäude bei Absturzhöhen bis 12 m, die größere für andere Gebäude bei Absturzhöhen über 12 m.

5) Der Abstand zwischen Handlauf und Wand ist ≥ 5cm.

Bauzeichnen

A2 Gehbereich von Treppen

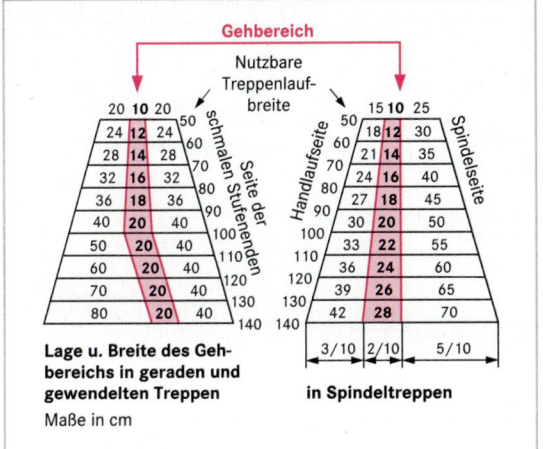

Lage u. Breite des Geh-
bereichs in geraden und
gewendelten Treppen

in Spindeltreppen

Maße in cm

A3 Einläufige gerade Treppe aus Stahlbeton-Fertigstufen oder Fertiglauf

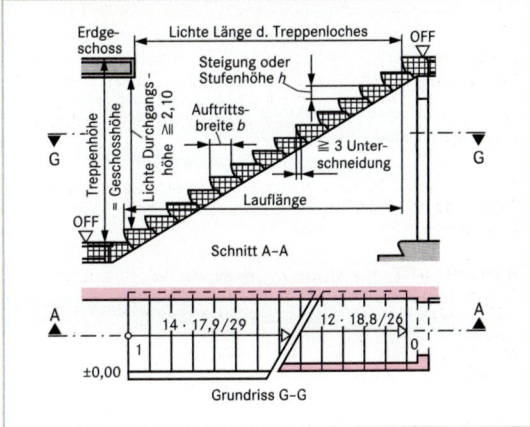

T1 Wohnhaustreppen, Beispiele für günstige Stufenhöhen und Auftrittsbreiten

Ge-schoss-höhe in m	Steigung		Auf-tritts-breite in cm	Lauf-länge [2] in m	s + a [3] in cm	2s + a in cm
	An-zahl	s cm				
2,25 [1]	12	18,8	–	2,86	44,8	63,6
	13	17,3		3,12	43,3	60,6
2,50	14	17,9	–	3,38	43,9	61,8
	14	17,9	29	3,77	46,9	64,8
2,75	15	18,3	– 26	3,64	44,3	62,6
	16	17,2	– 26	3,90	43,2	60,4
	16	17,2	29	4,35	46,2	63,4

A4 Zweiläufige gerade Treppe mit Halbpodest aus Stein oder Beton

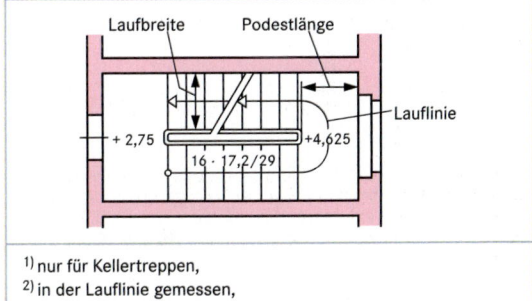

[1] nur für Kellertreppen,

[2] in der Lauflinie gemessen,

[3] „Sicherheitsformel": $s + a \approx 46$ cm.

T2 Grenzmaße (Fertigmaße im Endzustand) Maße in cm

Gebäudeart	Treppenart	Nutzbare Laufbreite	Steigung s [2]	Auftritt a [3]
Wohngebäude mit nicht mehr als zwei Wohnungen [1]	Treppen, die zu Aufenthalts-räumen führen	≥ 80	≤ 20	≥ 23 [4]
	Kellertreppen, die nicht zu Aufenthaltsräumen führen	≥ 80	≤ 21	≥ 21 [5]
	Bodentreppen, die nicht zu Aufenthaltsräumen führen	≥ 50	≤ 21	≥ 21 [5]
Sonstige Gebäude	Baurechtlich notwendige Treppen	≥ 100	≤ 19	≥ 26
Alle Gebäude	Baurechtlich nicht notwendige (zusätzliche) Treppen	≥ 50	≤ 21	≥ 21

[1] schließt auch Maisonetten-Wohnungen in Gebäuden mit mehr als zwei Wohnungen ein.

[2] aber nicht < 14 cm } unter Beachtung der Schrittmaßregel: $25 + b = 59$ bis 65 cm, aber auch der Sicherheitsregel:

[3] aber nicht > 37 cm } $a + s = 46$ cm oder der Bequemlichkeitsregel: $a - s = 12$ cm.

[4] bei Stufen, deren Auftritt a unter 26 cm liegt, muss die Unterschneidung u mindestens so groß sein, dass insgesamt 26 cm Trittlänge ($a + u$) erreicht werden.

[5] bei Stufen, deren Auftritt a unter 24 cm liegt, muss die Unterschneidung u mindestens so groß sein, dass insgesamt 24 cm Trittlänge ($a + u$) erreicht werden.

Bauzeichnen

Angaben für Bewehrungen aus Stabstahl

Reihenfolge der Angaben	Beispiel
a) Anzahl	19
b) Qualität	B
c) Stabdurchmesser in mm	20
d) Formschlüssel des Bewehrungsstabs	23
e) Abstand in mm	200
f) Lage im Bauteil	T
Beispielangabe: 19B20-23-200T	

Kurzzeichen nach DIN EN ISO 3766 u. (DIN 1356-10)

(DIN 1356-10: 91)	DIN EN ISO 3766: 04
u = unten	B
o = oben	T
1. Lage	1
2. Lage	2
v = vorn	N
h = hinten	F

Übersicht über Schlüsselnummern

Erstes Zeichen		Zweites Zeichen	
0	Keine Bögen	0	Gerader Stab
1	Ein Bogen	1	90° Bogen/Bögen mit vorgegebenem Radius, alle Bögen in derselben Richtung gebogen
2	Zwei Bögen	2	90° Bogen/Bögen mit anzugebendem Radius, alle Bögen in derselben Richtung gebogen
3	Drei Bögen	3	180° Bogen/Bögen mit ungenormten Radius, alle Bögen in derselben Richtung gebogen
4	Vier Bögen	4	90° Bogen/Bögen mit vorgegebenem Radius, nicht alle Bögen in derselben Richtung gebogen
5	Fünf Bögen	5	Bögen < 90°, alle in derselben Richtung gebogen
6	Bogen (Bogenmaß)	6	Bögen < 90°, nicht alle in derselben Richtung gebogen
7	Vollständige Windungen	7	Kreisabschnitte oder vollständige Windungen
99	Besondere, ungenormte Stabformen, die in einer Zeichnung beschrieben werden. Schlüsselnummer 99 ist für alle ungenormten Stabformen in jedem Fall anzuwenden. Biegeradien für Stabformen mit Schlüsselnummer 99 entsprechen entweder dem Regelfall (r), oder der Biegeradius ist besonders angegeben (R).		

Informationen in einer Stabliste

Eine Stabliste muss die folgenden Informationen in der angegebenen Reihenfolge enthalten:

a) Bauteil, dem der Bewehrungsstab zugeordnet ist

b) Stabnummer (Positionsnummer)

c) Stahlsorte. Stahlsorte und Stabdurchmesser dürfen zusammengefasst werden, z.B. 12

d) Stabdurchmesser in mm

e) Stablänge in mm (Ausgleichsfaktoren für Biegerollendurchmesser berücksichtigen)

f) Anzahl der Bauteile

g) Anzahl der Stäbe bezogen auf die Anzahl 1 eines Bauteils

h) Gesamtzahl der Stäbe [f) · g)]

i) Gesamtlänge [e) · h)] in mm (aufgerundet auf die nächsten 25 mm)

j) Stabform (Schlüsselnummer)

k) Biegerollendurchmesser in mm (aufgerundet auf die nächsten 5 mm)

Stabformen n. DIN EN ISO 3766 und (DIN 1356-10)

DIN EN ISO 3766: 04	DIN 1356-10: 91
00	A1/D1
11	A2
12	A2
13	–
15	C1
21	A3
25	–
26	C2
31	A4
33	–
41	A4/B4
44	C3/D2
51	B2
46	B3
67	–
77	E1
99	X1, X2

Stabformen

DIN EN ISO 3766: 04

Schlüssel-nummer	Stabform	Schlüssel-nummer	Stabform
00	a	33	Beide Enden bilden Halbkreis (c), a, b
11	(b), a	41	a, b, c, (e), d
12	R, (b), a	44	a, b, c, (e), d
13	(c), b, a	46	a, b, b, c, (e), d
15	b, a, (c)	51	a, c, b, (d), b, a
21	a, b, (c)	67	a, R
25	c, a, b, d, (e)	77	a, b, c: Anzahl der vollständigen Windungen
26	b, (c), d, a		
31	a, b, c, (d)	99	Alle anderen Formen

Bauzeichnen

383

Einfache Bewehrung

Ansicht eines Stabes

allgemeine Darstellung

Schnitt durch Stab

Ansicht eines Stabes mit Endhaken

Winkelhaken (90°)

Schlaufe (180°)

Ansicht von oben

Stab ohne Endanker

Endverankerung mit Platte oder Scheibe

Seiten- oder Draufsicht

Ansicht auf Profilform

Stab aus der Zeichenebene rechtwinklig

nach unten gebogen

nach oben gebogen

Stäbe, mechanisch verbunden

Muffenverbindung
für Zugbeanspruchung,

Kontaktstoß für
Druckbeanspruchung

Pressmuffenstoß

Schraubenverbindungen
mit Kegelgewinde

mit aufgerolltem Gewinde

mit geschnittenem,
zylindrischen Gewinde

mit gewindeförmig
ausgebildeten Rippen,

mit Stiftschrauben

Geschweißte Matte

im Schnitt,

Draufsicht,

gleiche Matten
in einer Reihe

Bewehrungsstäbe mit Vorspannung

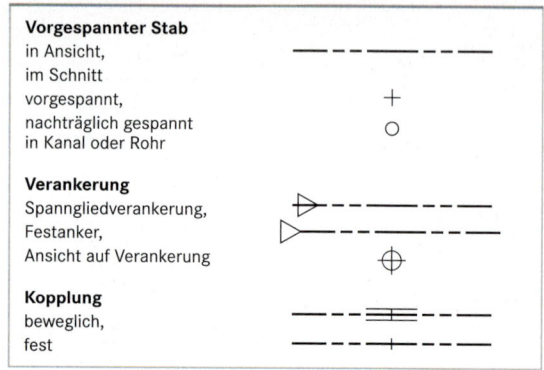

Vorgespannter Stab
in Ansicht,
im Schnitt
vorgespannt,
nachträglich gespannt
in Kanal oder Rohr

Verankerung
Spanngliedverankerung,
Festanker,
Ansicht auf Verankerung

Kopplung
beweglich,
fest

Zeichenregeln

Bögen
durch Radien dargestellt

Stabbündel
einzelne Linie,
Anzahl der Stäbe am
Stabende gezeichnet

Stäbe in Gruppen
bei demselben Abstand und
gleicher Anzahl Stäbe

Bewehrung mit
beidseitiger Verankerung

**Darstellung der einzelnen
Lagen in der Ansicht von oben**
B = Untere Bewehrung
T = Obere Bewehrung
1 = Erste Lage in Bezug auf
     die Betonoberfläche
2 = Zweite Lage in Bezug auf
     die Betonoberfläche
Obere und Untere Bewehrung
a) getrennt dargestellt,
b) in derselben Darstellung

**Darstellung der einzelnen
Lagen in der Seitenansicht**
N = Untere Bewehrung
F = Obere Bewehrung
1 = Erste Lage in Bezug auf
     die Betonoberfläche
2 = Zweite Lage in Bezug auf
     die Betonoberfläche
Ansicht von vorn und hinten
a) getrennt dargestellt,
b) in derselben Darstellung

Bauzeichnen

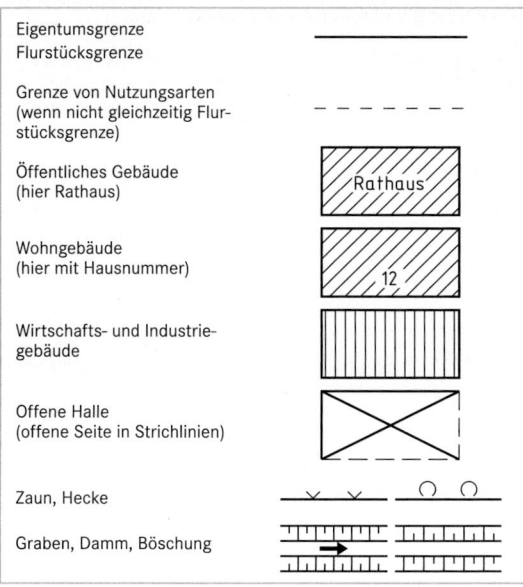

Eigentumsgrenze
Flurstücksgrenze

Grenze von Nutzungsarten
(wenn nicht gleichzeitig Flurstücksgrenze)

Öffentliches Gebäude
(hier Rathaus)

Rathaus

Wohngebäude
(hier mit Hausnummer)

12

Wirtschafts- und Industriegebäude

Offene Halle
(offene Seite in Strichlinien)

Zaun, Hecke

Graben, Damm, Böschung

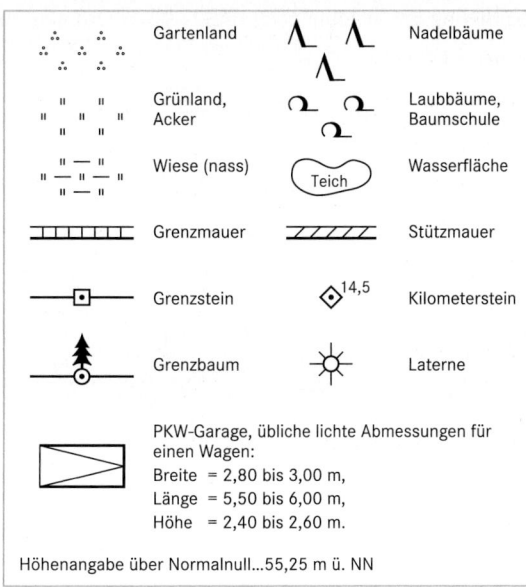

Gartenland — Nadelbäume

Grünland, Acker — Laubbäume, Baumschule

Wiese (nass) — Wasserfläche (Teich)

Grenzmauer — Stützmauer

Grenzstein — Kilometerstein $\diamondsuit^{14,5}$

Grenzbaum — Laterne

PKW-Garage, übliche lichte Abmessungen für
einen Wagen:
Breite = 2,80 bis 3,00 m,
Länge = 5,50 bis 6,00 m,
Höhe = 2,40 bis 2,60 m.

Höhenangabe über Normalnull...55,25 m ü. NN

Zusätzliche Sinnbilder für Baustellen-Einrichtungspläne
Additional conventional signs for site mobilization plans

Länge und Breite jeder Einrichtung in den Plan eintragen (sonst
Gefahr, dass zu eng geplant wird), sowie deren Lage zum Bauwerk, damit eingemessen werden kann.

Bauzaun, Ein- u. Ausfahrt

Umfang um **Baugrube**,
einschließlich der Schutzabstände

Baustraße, einspurig, befestigt,
möglichst ohne Gegenverkehr
als Umfahrt oder Durchfahrt.
Falls erforderlich Stichstraße mit
Wendekreis
(D $\geqq$ 15 m wenn ohne Anhänger,
D $\geqq$ 25 m wenn mit Anhänger)
oder **Wendeplatz** 18 x 18 m
Ausweichstelle, l = Zuglänge

Kran, Schwenkkreise und
Tragfähigkeit; Drehkreis
des Ballastkastens: Ø $\approx$ 6 m
+ Sicherheitsabstand 0,5 m.
Kurvenradius der Kranbahn $\geqq$ 3,50 m.

Boxen für Gesteinskörnungen,
Messvorrichtung u. Mischer.

Z = Zementsilo,
Box oder Hubsilo für
Kalk-Vormörtel.

Stapelplätze für: Betonstahlmatten,
gebogenen Betonstahl, Baufertigteile,
Mauersteine (Steinart),
Schal- und Rüstzeug [2]

Aushub, Mutterboden
getrennt und gepflegt.

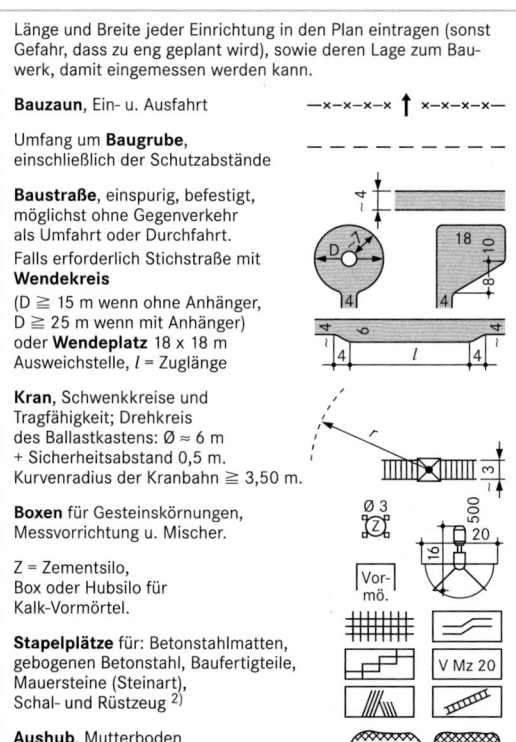

Baubuden (Container $\approx$ 2,4 x 6 m[2])
B = Bauführer, Baubüro
P = Polier, Fernsprecher
U = Unterkünfte (a.z. Wohnen) [1]
S = Raum für Erste Hilfe
W = Waschanlage [1], A = Abort
M = Magazin f. Werkzeug u. Gerät
Z, K = Zement-, Kalkschuppen [2]

B

Z, K

Stahlrohr- oder Stangen**gerüst**,
rechts: Leitergerüst.

Bauaufzug, Laufstege, Laufbrücken,
Bautreppen $b \geqq$ 0,80 m,
zum Befördern von Lasten $\geqq$ 1,25 m.

Wasserleitung mit Zapfstelle

Fernsprechleitung

Drehstromleitung mit verschließbarem
Anschluss-Verteilerschrank und
FI-Schutzschaltung,
Anschlusswert in A. — 62 A

Transformator für Schutzspannung
< 42 V Baustellenleuchte — 42 V

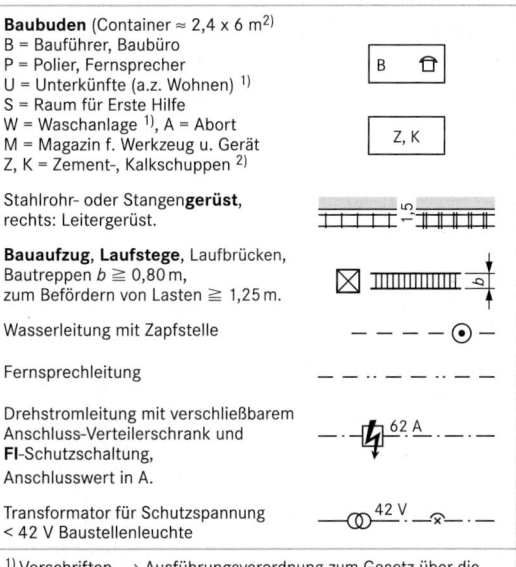

[1] Vorschriften, → Ausführungsverordnung zum Gesetz über die
Unterkunft bei Bauten vom 21.2.1959,
Arbeitsstättenverordnung vom 12.8.2004
Richtlinien für die Unterkünfte ausländischer Arbeitnehmer in
der BR-Deutschland vom 29.3.1971 des Bundesministers für
Arbeit und Sozialordnung.

[2] Werkplätze, z.B. für das Herstellen der Schalung oder die Bewehrung und eine Werkstatt für das Instandsetzen von Baugerät
werden nur auf sehr großen Baustellen eingerichtet.

Bauzeichnen

Einteilung der Straßen nach RAS-L: 95 (Richtlinien zur Anlage von Straßen-Linienführung)

Straßenfunktion		Verkehrsart	Quer-schnitt	Knoten	Entwurfsgeschwindigkeit in km/h
Kategoriegruppe	Straßenkategorie				
A anbaufreie Straßen außerhalb bebauter Gebiete mit maßgebender Verbindungsfunktion	**A I** großräumige Verbindung	Kfz Kfz	zweibahnig einbahnig	planfrei plangleich	120, 100 100, 90, 80
	A II regionale Verbindung	Kfz (Kfz) Allg.	zweibahnig einbahnig	planfrei plangleich	100, 90, (80) 90, 80, (70)
	A III Zwischengemeindliche Verbindung	Kfz Allgemein	zweibahnig einbahnig	plangleich plangleich	90, 80, 70 80, 70, 60
	A IV Flächenerschließende Verbindung	Allgemein	einbahnig	plangleich	70, 60, (50)
	A V untergeordnete Verbindung	Allgemein	einbahnig	plangleich	(50), keine
B anbaufreie Straße im Vorfeld und innerhalb bebauter Gebiete mit maßgeblicher Verbindungsfunktion	**B II** Schnellverkehr	Kfz	zweibahnig	planfrei	80, 70, (60)
	B III Hauptverkehrsstraße	Allgemein Allgemein	zweibahnig einbahnig	plangleich plangleich	70, 60, (50) 70, 60, (50)
	B IV Hauptsammelstraße	Allgemein	einbahnig	plangleich	60, 50
C angebaut innerhalb bebauter Gebiete mit maßgeblicher Verbindungsfunktion	**C III** Hauptverkehrsstraße	Allgemein Allgemein	zweibahnig einbahnig	plangleich plangleich	(70), (60), 50, (40) (60), (50), (40)
	C IV Hauptsammelstraße	Allgemein	einbahnig	plangleich	50, (40)
D angebaut innerhalb bebauter Gebiete mit maßgeblicher Erschließungsfunktion	**D IV** Sammelstraße	Allgemein	einbahnig	plangleich	keine
	D V Anliegerstraße	Allgemein	einbahnig	plangleich	keine
E angebaut innerhalb bebauter Gebiete mit maßgeblicher Aufenthaltsfunktion	**E V** Anliegerstraße	Allgemein	einbahnig	plangleich	keine
	E VI befahrbarer Wohnweg	Allgemein	einbahnig	plangleich	keine

Bestandteile des Straßenquerschnittes nach RAS-Q: 96

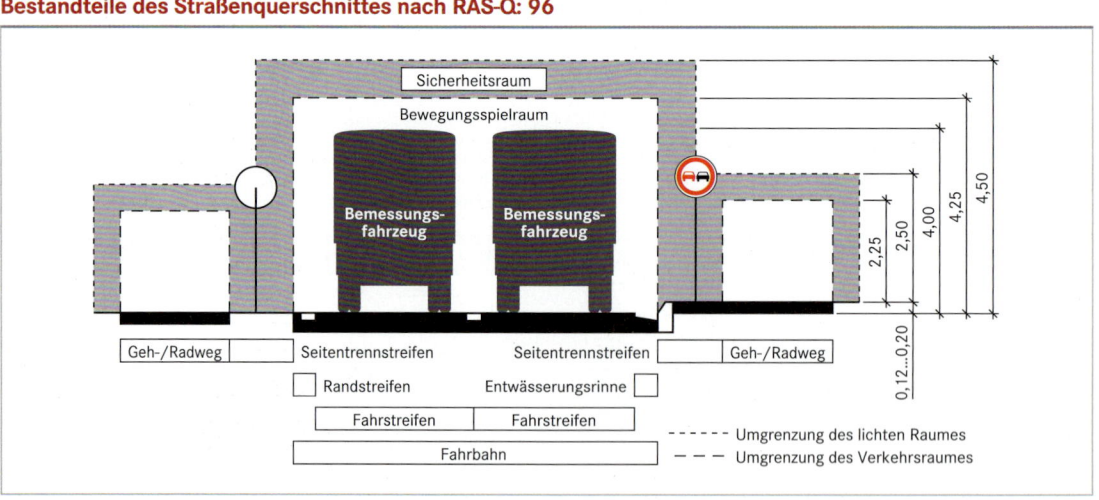

Bauzeichnen

Regelquerschnitte zweibahniger Straßen nach RAS-Q: 96 (Auswahl)

RQ 35,5

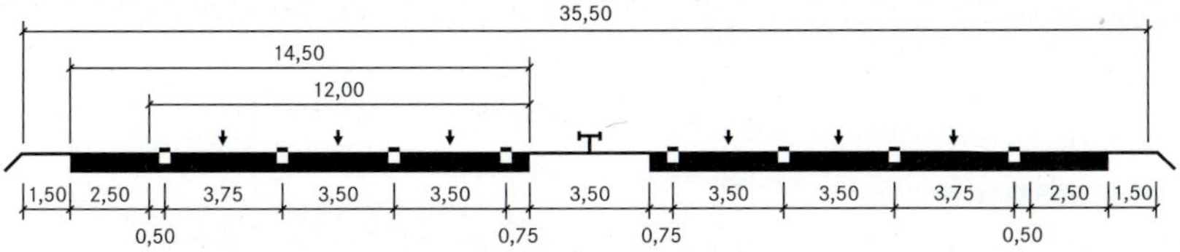

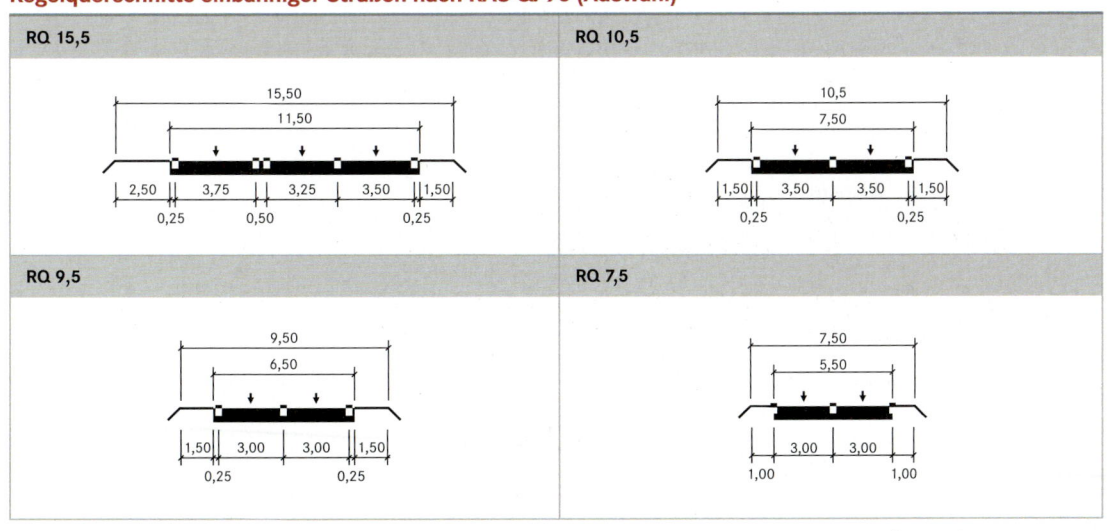

RQ 29,5

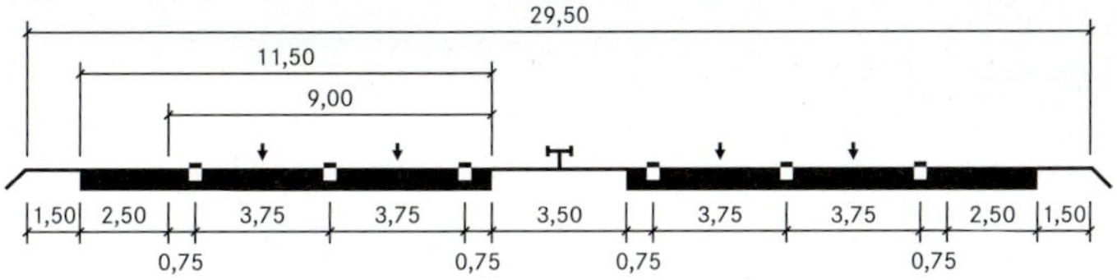

RQ 26

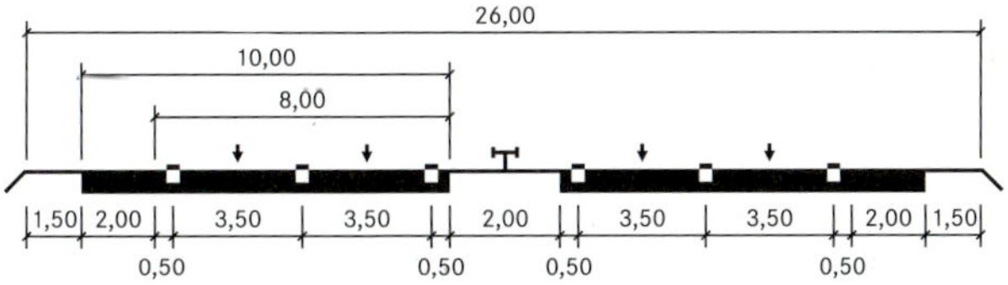

RQ 20

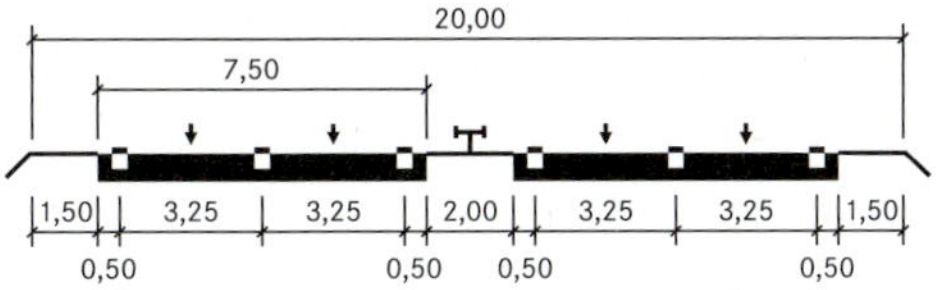

Regelquerschnitte einbahniger Straßen nach RAS-Q: 96 (Auswahl)

RQ 15,5

RQ 10,5

RQ 9,5

RQ 7,5

Übergangsbögen (Klotoiden)

Klotoiden sind Kurven stetig zunehmender Krümmung (Spiralen), sie sind bei Straßen der Kategorien A, B II und B III erforderlich, bei den Kategorien B IV, C III und C IV erwünscht.

Die **Konstruktion der Klotoiden** erfolgt mit Hilfe von Klotoidentafeln und -linealen.

Einfacher Klotoide

Begriffe und Symbole

R Radius des Kreisbogens, welcher im Punkt P an die Klotoide anschließt,

L Länge des Übergangsbogens vom Anfangspunkt 0 bis zum jeweiligen Berührungspunkt P,

ΔR Abrückung des Kreisbogens von der Grundtangente,

T_b Berührungspunkt der Tangente an dem Kreisbogen im Abstand ΔR von der Grundtangente,

x_M waagerechter Abstand des Tangentenberührungspunktes vom Klotoidenanfang,

x waagerechter Abstand des Punktes P vom Klotoidenanfang,

y senkrechter Abstand des Punktes P von der Grundtangente,

T_L lange Tangente,

T_K kleine Tangente.

Wendeklotoide

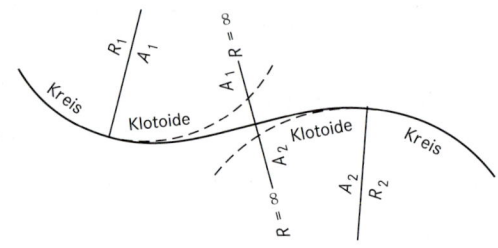

Eiklotoide

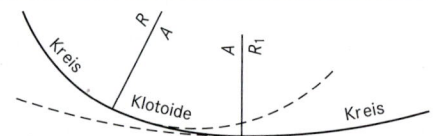

Konstruktionselemente der Klotoide

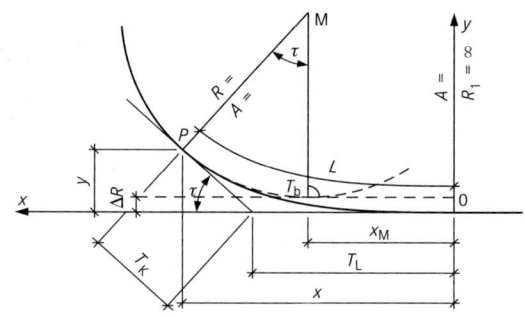

Bildungsgesetz einer Klotoide

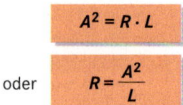

$$A^2 = R \cdot L$$

oder

$$R = \frac{A^2}{L}$$

A = Klotoidenparameter (Vergrößerungsfaktor) in m, abhängig von der Entwurfsgeschwindigkeit.

Beispiel für eine Klotoide mit dem Vergrößerungsfaktor (Parameter) 80 m (A 80) für eine Entwurfsgeschwindigkeit v_e von ≈ 65 km/h.

R in m	L in m	A in m	A^2 in m²
200	32	80	6400
100	64	80	6400
50	128	80	6400

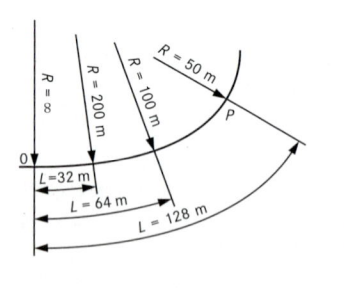

Bauzeichnen

Querneigung der Fahrbahn

in der Geraden:
Notwendig zur Fahrbahnentwässerung,
Mindest- und Regelquerneigung $q = 2,5$ %.
Bei Straßen der Kategoriegruppe C kann z.B. bei Pflasterdecken
die Mindestquerneigung auf 3 % bis 3,5 % erhöht werden.

im Kreisbogen:
Die Kurven sind aus fahrdynamischen Gründen mit einer Querneigung zur Kurven-Innenseite anzulegen.

Abhängigkeit der Höchst-
querneigung von der Straßen-
kategoriegruppe
A: max $q = 7$ % (8 %)
B: max $q = 6$ % (7 %)
C: max $q = 5$ %
(Ausnahmen in Klammern)

Anrampung und Verwindung

Auf einer **Übergangsstrecke** wird eine Änderung der Fahrbahn-
Querneigung vollzogen.

Die **Fahrbahnränder** werden innerhalb dieser Strecke angerampt
und die **Fahrbahnflächen** verwunden.

Anrampung:
Anrampung ist die höhenmäßige Veränderung der Fahrbahnränder.

Verwindung:
Verwindung ist der gesamte Vorgang der Querneigungsänderung.

Querneigungsformen nach RAS-L: 95

Fahrbahn	Querneigung	Fahrbahn	Querneigung
	1)		

1) Nur in Ausnahmefällen bei Straßen der Kategoriegruppen A und B erlaubt.

Krümmungsband

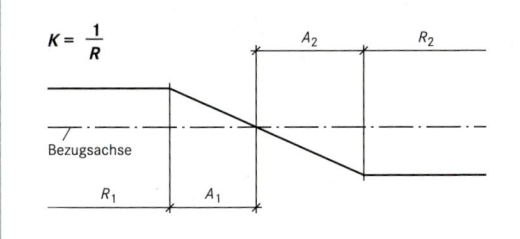

Querneigungsband

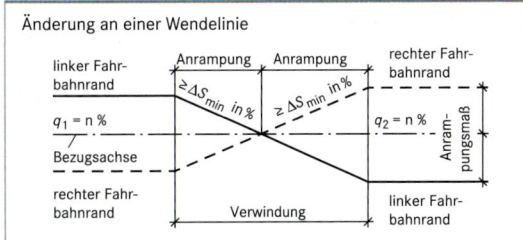

Verwindung der Fahrbahn

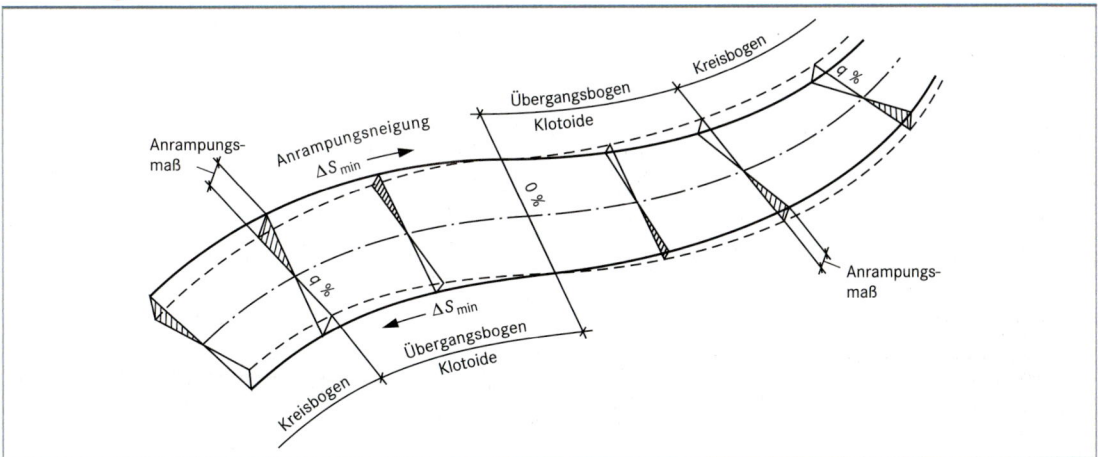

Bauzeichnen

389

Lageplan

M 1:500 m, cm

Darstellung des Höhenverlaufs der Gradiente im Höhenschnitt, Angabe von Steigung und Gefälle.

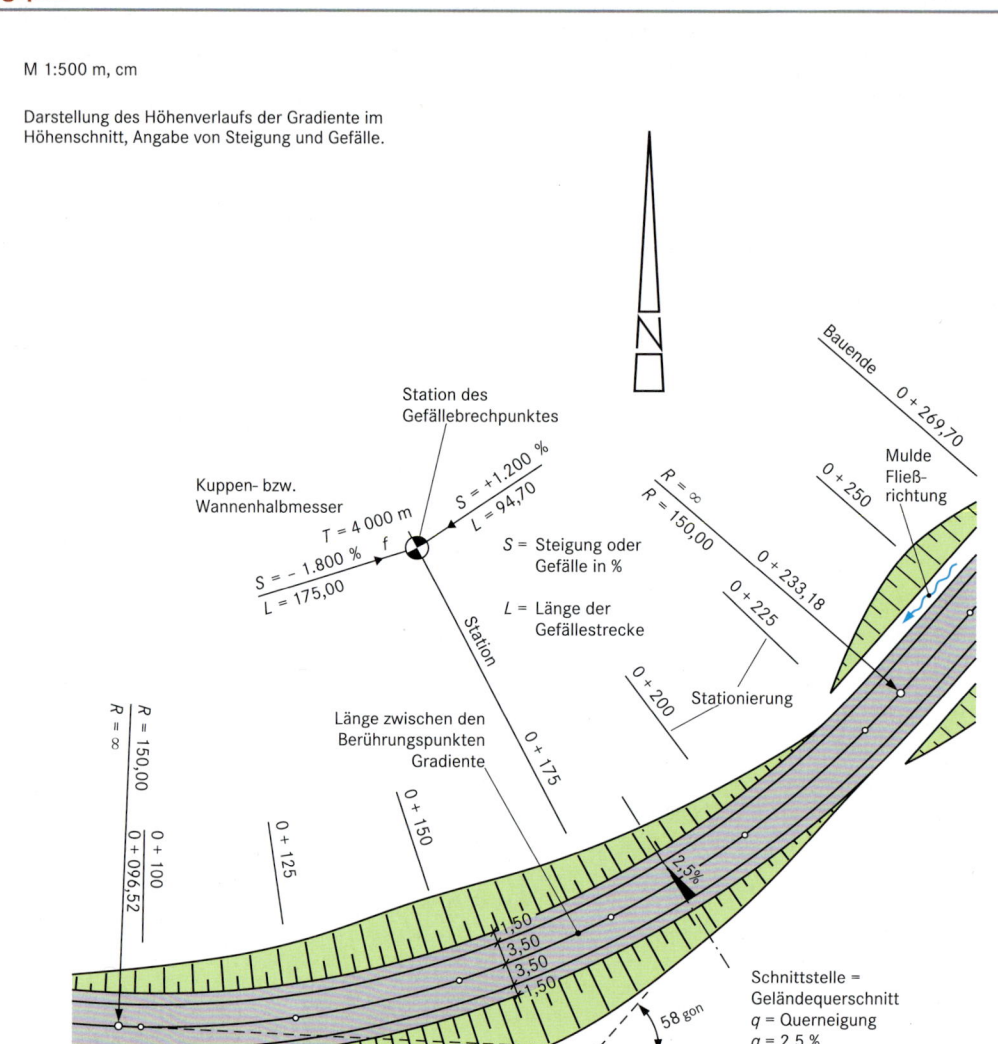

T = Tangente
f = Scheitelabstand

Grundlage sind die RAS   →   Richtlinien für die Anlage von Straßen

RAS Teil	L	→	Linienführung
RAS Teil	Q	→	Querschnitte
RAS Teil	K	→	Knotenpunkte
RAS Teil	LG	→	Landschaftsgestaltung

Beispiele für den Fahrbahnaufbau nach RStO: 01

(Dickenangaben in cm, Angaben des Verformungsmoduls $E_{V,2}$ in MN/m^2)

1. Asphaltdecke mit bituminöser Tragschicht auf Schottertragschicht und Frostschutzschicht:

Bauklasse   SV   I   II   III

- ▮ Deckschicht
- ▨ Binderschicht
- ⬡ bitum. geb. Tragschicht
- ⬭ Schottertragschicht
- $E_{V,2} \geq 150\ (120)$ MN/m^2
- ▧ Frostschutzschicht

2. Betondecke und Bodenverfestigung mit hydraulischem Bindemittel auf Frostschutzschicht:

Bauklasse   SV   I   II   III

- ▨ Betondecke/Vliesstoff
- ◪ Bodenverfestigung
- ⬚ Frostschutzschicht mit enggestuftem Material nach (DIN 18 196: 88)

3. Pflasterdecken und Kiestragschicht auf Frostschutzschicht:

Bauklasse   III   IV   V   VI

- ⦀ Pflasterdecke
- ⬭ Kiestragschicht
- ▨ Frostschutzschicht

Der Oberbau besteht aus Decke mit Tragschichten

Asphaltdecken aus Walz- oder Gussasphalt sind entweder einschichtig oder zweischichtig mit einer **Binderschicht** als Übergang von der grobkörnigen Tragschicht zur feinkörnigeren Deckschicht, die auch „Verschleißschicht" genannt wird.

Zu **„Straßenbaubitumen"**, → Bituminöse Massen

zu **„Mineralstoffe"** → Baustoffstrukturen

zu **„Kiessand"**, → Betonzuschläge.

Gebrochene Mineralstoffe für Asphalt und bitumengebundene Tragschichten sind:

Schotter: 32/56 und 45/56 mm,

Splitt: 0/5, 5/11, 11/16, 16/22, (11/22) u. 22/32 mm,

Brechsand: 0/2 mm; Füller: 0/0,09 mm.

Die **Kornzusammensetzung** richtet sich danach, ob die Schicht hohlräumig, hohlraumarm oder praktisch dicht (z. B. Gussasphalt) werden soll.

Näheres, → ZTVT StB 95 und ZTV Asphalt-StB 94.

Betondecken werden ein- oder zweischichtig aus steifem Beton (KS) mit W/Z-Werten ≤ 0,45 und LP-Mittel-Zusatz mit Fertigern aufgebracht und durch Fugen (Temperaturdehnung) aufgeteilt.

Pflasterdecken, meist für Erschließungsstraßen, Zufahrten, Rad- u. Gehwege, werden bevorzugt mit Beton-Verbundsteinen oder Klinkern, seltener mit Natursteinen, z. B. im „Bogenmuster" hergestellt.

Tragschichten sind das „Fundament" der Decken

Bituminös gebundene „Asphalt-Tragschichten" sind ähnlich den Asphaltdecken zusammengesetzt, aber meist nicht so dicht.

Hydraulisch (meist mit Zement) gebundene Tragschichten bestehen meist aus C12/15 nach (DIN 1045: 88) und werden wie Betondecken mit Fugen hergestellt. Sie werden bevorzugt dort verwendet, wo die Verkehrslasten auf einen nachgiebigen Untergrund übertragen werden sollen.

Bodenverfestigung als Tragschicht, mit Zement, auch mit Kalk oder Bitumen, ist bei Sand- oder Kiesböden, die sich gut zerkleinern lassen (wenig Steine und Ton, kein Torf) sinnvoll.

Ungebundene Kies- oder Schotter-Tragschichten können auch als Frostschutzschichten dienen, wenn die Mindestdicke eingehalten wird.

Frostschutzschichten (kapillarbrechende Schicht) sollen verhindern, dass Bodenwasser kapillar aus dem Untergrund in den Oberbau hochgesaugt wird, und soll bewirken, dass eindringendes Oberflächenwasser auf dem Planum abfließt (Quergefälle ≥ 2,5%). Der Anteil an Bestandteilen ≤ 0,063 mm (Schluff und Ton) in der Frostschutzschicht darf höchstens 8 % betragen.

Bauzeichnen

Böschungen

Böschungen sind erforderlich, wenn eine Randeinfassung durch Bordsteine nicht vorgesehen ist.
Dafür müssen die einzelnen Schichten entsprechend verbreitert werden.

Bei **Bauweisen mit Betondecken** muss die Verbreiterung der Tragschichten beiderseits der Betondecke mindestens 35 cm, je nach Einbaumethode aber auch mehr betragen.

Beispiel:

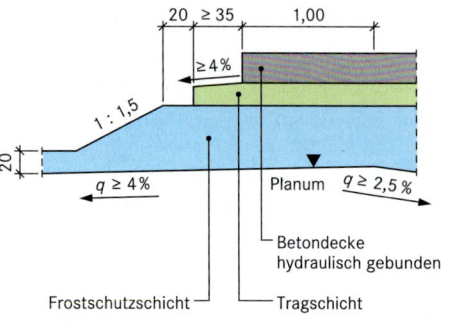

Betondecke hydraulisch gebunden
Frostschutzschicht — Tragschicht

Beispiel für Bauweisen mit Asphaltdecken:

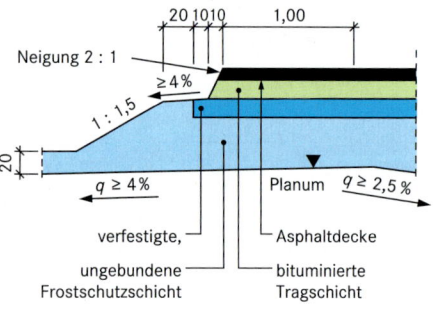

verfestigte, — Asphaltdecke
ungebundene Frostschutzschicht — bituminierte Tragschicht

Betonstein-Pflastermulde

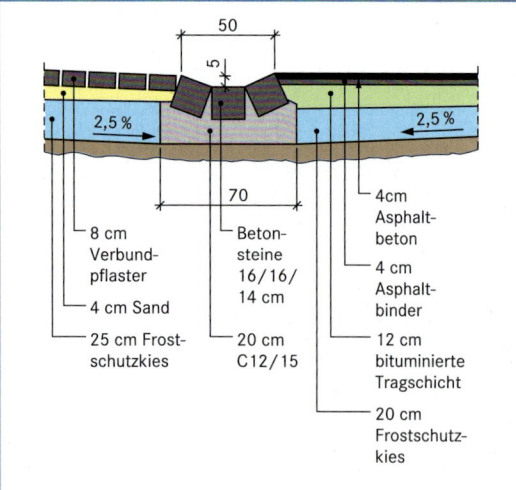

8 cm Verbund-pflaster
4 cm Sand
25 cm Frost-schutzkies
Beton-steine 16/16/14 cm
20 cm C12/15
4cm Asphalt-beton
4 cm Asphalt-binder
12 cm bituminierte Tragschicht
20 cm Frostschutz-kies

Bordsteine aus Beton   DIN EN 1340: 10; DIN 483: 05

DIN EN 1340 legt Materialien, Eigenschaften, Anforderungen und Prüfverfahren für unbewehrte Betonsteine fest. Abmessungen und Profile für die Verwendung in Deutschland sind in DIN 483 geregelt.

Hochbordstein (Form HB)	Tiefbordstein (Form TB)
Tritt-fläche 30 Anlauf-fläche R 15 150 h Vorder-fläche F b	Trittfläche R 15 h Vorder-fläche F b

Rundbordstein (Form RB)	Flachbordstein (Form FB)
Tritt-fläche Anlauf-fläche R50 h Vorder-fläche F b	Tritt-fläche b₂ Anlauf-fläche h₂ h₂ Vorder-fläche F b₁

Form	Breite b mm		Höhe h mm		Länge l mm
HB	150 180		250 300		1000
RB	150 180		220		1000
TB	80 100		200 250 300 400		1000
FB	b_1 100 200 200 300	b_2 50 100 100 200	h_1 200 200 250 250	h_2 50 70 100 150	1000

Beispiel: Bordstein DIN EN 1340 Typ DIT
DIN 483 HB 150 x 250
Hochbordstein mit b = 150 mm, h = 250 mm

Kurvensteine haben gleiche Querschnittsform und -maße wie gerade Bordsteine. Die Bogenlänge beträgt, an der Fahrbahnseite gemessen, 780 ±5 mm.

Beispiel: KA8 – Kurvenstein für Außenbogen
mit Radius 8000 mm

Bauzeichnen

Rohrleitungen

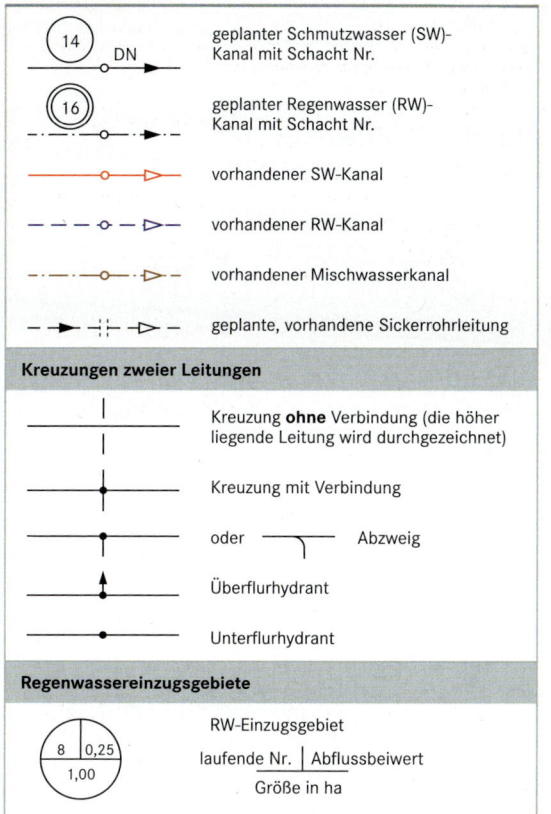

geplanter Schmutzwasser (SW)-Kanal mit Schacht Nr.

geplanter Regenwasser (RW)-Kanal mit Schacht Nr.

vorhandener SW-Kanal

vorhandener RW-Kanal

vorhandener Mischwasserkanal

geplante, vorhandene Sickerrohrleitung

Kreuzungen zweier Leitungen

Kreuzung **ohne** Verbindung (die höher liegende Leitung wird durchgezeichnet)

Kreuzung mit Verbindung

oder   Abzweig

Überflurhydrant

Unterflurhydrant

Regenwassereinzugsgebiete

RW-Einzugsgebiet

laufende Nr. | Abflussbeiwert

Größe in ha

Schächte, Abläufe

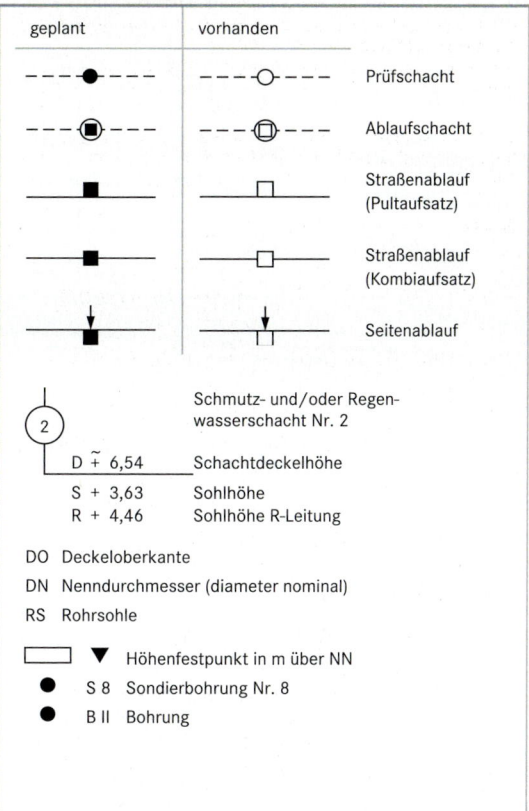

geplant	vorhanden	
		Prüfschacht
		Ablaufschacht
		Straßenablauf (Pultaufsatz)
		Straßenablauf (Kombiaufsatz)
		Seitenablauf

Schmutz- und/oder Regenwasserschacht Nr. 2

D $\tilde{+}$ 6,54   Schachtdeckelhöhe
S + 3,63   Sohlhöhe
R + 4,46   Sohlhöhe R-Leitung

DO   Deckeloberkante
DN   Nenndurchmesser (diameter nominal)
RS   Rohrsohle

Höhenfestpunkt in m über NN
S 8   Sondierbohrung Nr. 8
B II   Bohrung

Ausschnitt aus einem Lageplan für den Bau von Regen- und Schmutzwasserleitungen

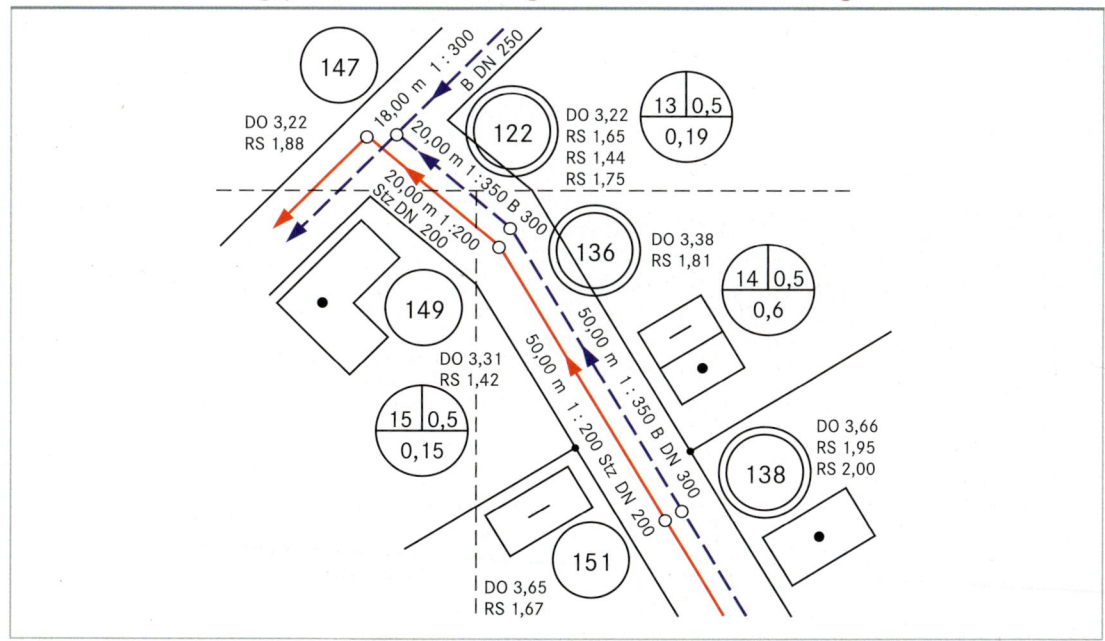

Die Normen sind in folgender Reihenfolge aufgeführt:
DIN
DIN EN
DIN ISO
DIN EN ISO
ISO
EURONORM
Sonstige Regelwerke
Eurocode

DIN...

DIN EN...

Sonstige Regelwerke...

Die Eurocodes 1 bis 9 sind in den europäischen Normentwürfen in mehrere Teilnormen unterteilt.
Hier eine Gegenüberstellung von Eurocode und Europäischen Normen:

Bildquellenverzeichnis
List of picture reference

Verlag und Autoren danken den Firmen und sonstigen Einrichtungen für die freundliche und großzügige Unterstützung durch Hinweise, Anregungen sowie durch Bereitstellen von Fotos, Zeichnungsvorlagen und digitalisierte Medien.

Hinweis: für den Fall, dass berechtigte Ansprüche von Rechteinhabern unbeabsichtigt nicht berücksichtigt wurden, sichert der Verlag die Vergütung im Rahmen der üblichen Vereinbarungen zu.

Beuth Verlag GmbH, Berlin S. 206.1-8

Verbotszeichen

DIN 1234

Rauchen verboten	Feuer, offenes Licht und Rauchen verboten	Für Fußgänger verboten	Mit Wasser löschen verboten	Kein Trinkwasser

Berühren verboten	Für Flurförderfahrzeuge verboten	Mitführen von Tieren verboten	Abstellen und Lagern verboten	Zutritt für Unbefugte verboten

Verboten für Personen mit Herzschrittmacher	Mobiltelefone verboten	Nicht schalten	Betreten der Fläche verboten	Verboten für Personen mit Metallimplantaten

Spritzen mit Wasser verboten	Personenbeförderung (Seilfahrt) verboten	Nicht berühren: Spannung!	Essen und Trinken verboten	Allgemeines Verbotszeichen

Rettungszeichen

Rettungsweg	Rettungsweg	Rettungsweg durch Ausgang	Richtungsangabe [1)]

Notausgang	Erste Hilfe	Krankentrage	Notdusche

Augenspüleinrichtung	Notruftelefon	Arzt	Sammelstelle

[1)] Nur in Verbindung mit einem weiteren Rettungszeichen